GILLES CHARRON ■ PIERRE PARENT

ALGÈBRE LINÉAIRE ET GÉOMÉTRIE VECTORIELLE

4e ÉDITION

Algèbre linéaire et géométrie vectorielle
4e édition

Gilles Charron et Pierre Parent

Conception éditoriale: Sophie Gagnon
Édition: France Vandal
Coordination: Jean-Philippe Michaud
Révision linguistique et correction d'épreuves: Marie Le Toullec
Conception graphique: Josée Bégin
Adaptation de la conception graphique originale et infographie: Interscript
Impression: Imprimeries Transcontinental

Coordination éditoriale du matériel complémentaire Web: Julie Prince et Julie Dagenais

Source iconographique

Photo de la couverture: Dominique Parent.

Dans cet ouvrage, le masculin est utilisé comme représentant des deux sexes, sans discrimination à l'égard des hommes et des femmes, et dans le seul but d'alléger le texte.

Le matériel complémentaire mis en ligne dans notre site Web est réservé aux résidants du Canada, et ce, à des fins d'enseignement uniquement.

Catalogage avant publication de Bibliothèque et Archives nationales du Québec et Bibliothèque et Archives Canada

Charron, Gilles-

Algèbre linéaire et géométrie vectorielle

4e éd.

Comprend un index.
Pour les étudiants du niveau collégial.

ISBN 978-2-7616-5603-0

1. Algèbre linéaire. 2. Géometrie vectorielle. 3. Algèbre linéaire – Problèmes et exercices. 4. Géométrie vectorielle – Problèmes et exercices. I. Parent, Pierre- . II. Titre.

QA184.2.C43 2011 512'.5 C2011-940392-7

CHENELIÈRE ÉDUCATION

7001, boul. Saint-Laurent
Montréal (Québec) Canada H2S 3E3
Téléphone : 514 273-1066
Télécopieur : 450 461-3834 / 1 888 460-3834
info@cheneliere.ca

ISBN 978-2-7616-5603-0

Dépôt légal: 2e trimestre 2011
Bibliothèque et Archives nationales du Québec
Bibliothèque et Archives Canada

Imprimé au Canada

1 2 3 4 5 ITIB 15 14 13 12 11

Nous reconnaissons l'aide financière du gouvernement du Canada par l'entremise du Programme d'aide au développement de l'industrie de l'édition (PADIÉ) pour nos activités d'édition.

Gouvernement du Québec – Programme de crédit d'impôt pour l'édition de livres – Gestion SODEC.

Membre du CERC

Membre de l'Association nationale des éditeurs de livres

ASSOCIATION NATIONALE DES ÉDITEURS DE LIVRES

AVANT-PROPOS

Cette quatrième édition d'*Algèbre linéaire et géométrie vectorielle* a été préparée en fonction des besoins exprimés par le milieu collégial. Ainsi, lors de l'élaboration du présent ouvrage qui complète la trilogie des volumes collégiaux de la série Charron et Parent, les auteurs ont tenu compte des commentaires et des suggestions d'un grand nombre d'utilisatrices et d'utilisateurs.

Cet ouvrage se présente sous une toute **nouvelle facture visuelle** qui exploite la couleur de façon pédagogique. Cela favorise entre autres la visualisation des notions mathématiques étudiées. Grâce à une utilisation judicieuse de la couleur, l'élève est aussi en mesure de repérer les notions clés et les aspects importants de la matière.

L'**approche programme** se reflète dans toutes les parties du livre. Tout d'abord dans les exemples, où l'on traite de sujets variés, puis dans les exercices, qui relèvent de plusieurs champs d'études du domaine des sciences naturelles et des sciences humaines. Les auteurs ont utilisé la terminologie ainsi que les notations propres à la physique, à la chimie et à l'économie. Les exercices se rapportant à une matière en particulier sont accompagnés d'un pictogramme représentant cette matière.

Le présent ouvrage comporte toujours les caractéristiques appréciées des enseignants. Chaque chapitre s'ouvre sur un **problème type** qui est repris plus loin dans le chapitre. Ce problème sert de pont entre la matière théorique et l'application pratique de l'algèbre linéaire et de la géométrie vectorielle.

Nous retrouvons toujours au début de chaque chapitre une **perspective historique** qui met en relation le contenu du chapitre et le contexte des découvertes en mathématiques. De plus, des **bulles historiques** présentent divers mathématiciens et quelques rappels sur l'origine ou l'utilisation de certains outils mathématiques.

Des **exercices préliminaires** en début de chaque chapitre permettent à l'étudiant de revoir des notions étudiées au secondaire ainsi que des notions abordées dans les chapitres précédents et qui sont essentielles à l'étude du nouveau chapitre.

Les auteurs proposent la résolution de problèmes à l'aide d'**outils technologiques**. Ils fournissent également des exemples faisant appel au logiciel Maple et à la calculatrice à affichage graphique. Certains exercices et problèmes sont accompagnés d'un pictogramme « outil technologique » suggérant ainsi une résolution à l'aide d'un de ces outils technologiques.

Un **réseau de concepts** permet de saisir les liens entre les notions étudiées dans chaque chapitre.

Finalement, une nouvelle composante, la **vérification des apprentissages**, est offerte dans cet ouvrage. Située avant les exercices de fin de chapitre, celle-ci permet à l'élève de compléter un résumé des notions étudiées dans le chapitre, avant de résoudre les **exercices récapitulatifs** et les **problèmes de synthèse**. L'élève prendra ainsi conscience de ses acquis et de ses lacunes avant d'entreprendre la partie pratique.

Nous espérons que vous pourrez tirer le meilleur d'*Algèbre linéaire et géométrie vectorielle*, et que cet ouvrage restera ou deviendra votre outil d'apprentissage privilégié.

PARTICULARITÉS DE L'OUVRAGE

Chapitre 9 La droite dans l'espace cartésien

Dans ce chapitre, nous étudierons la droite dans l'espace cartésien et nous déterminerons différents types d'équations pouvant définir cette même droite. Nous verrons les positions relatives possibles de deux droites dans l'espace. Nous calculerons également la distance entre un point et une droite, ainsi que la distance entre deux droites.

En particulier, l'élève pourra résoudre le problème suivant.

Une montgolfière, partant du point M(0 ; 0 ; 0,08) se déplace à une hauteur constante à la vitesse de 2 km/h, dans la direction du vecteur $\overrightarrow{u_m} = (4, 3, 0)$. Un dirigeable situé au point $E(x_1, y_1, 0)$ part livrer un message à un passager de la montgolfière. Le vecteur vitesse $\overrightarrow{v_d}$ du dirigeable est $\overrightarrow{v_d} = (-11 ; -6 ; 0,24)$. Considérant que les distances sont en kilomètres, et le temps, en heures, déterminer

a) le vecteur position $\overrightarrow{p_m}$ de la montgolfière en fonction du temps t ;

b) la vitesse du dirigeable ;

c) le temps nécessaire pour que le dirigeable atteigne la montgolfière ;

d) les coordonnées du point de rencontre R du dirigeable et de la montgolfière ;

e) les coordonnées du point de départ D du dirigeable ;

f) les distances respectives parcourues par la montgolfière et le dirigeable entre leur point de départ et leur point de rencontre.

(Problèmes de synthèse, n° 15, page 370)

< Plan du chapitre et introduction

L'introduction trace les grandes lignes du chapitre et fait le lien entre les différents chapitres, permettant ainsi un apprentissage graduel et continu. Cette page contient un plan du chapitre, afin de repérer rapidement le contenu de l'enseignement, et propose aux élèves un problème concret à résoudre à l'aide des concepts qui seront étudiés.

Perspective historique >

Chaque chapitre débute par une perspective historique. Elle donne un visage humain à la matière enseignée en retraçant le contexte historique des découvertes importantes dans le domaine étudié.

Exercices préliminaires >

Reprenant une formule éprouvée, cette quatrième édition intègre des exercices préliminaires à chacun des chapitres. Les élèves peuvent ainsi évaluer le niveau de leurs connaissances avant de poursuivre leur apprentissage.

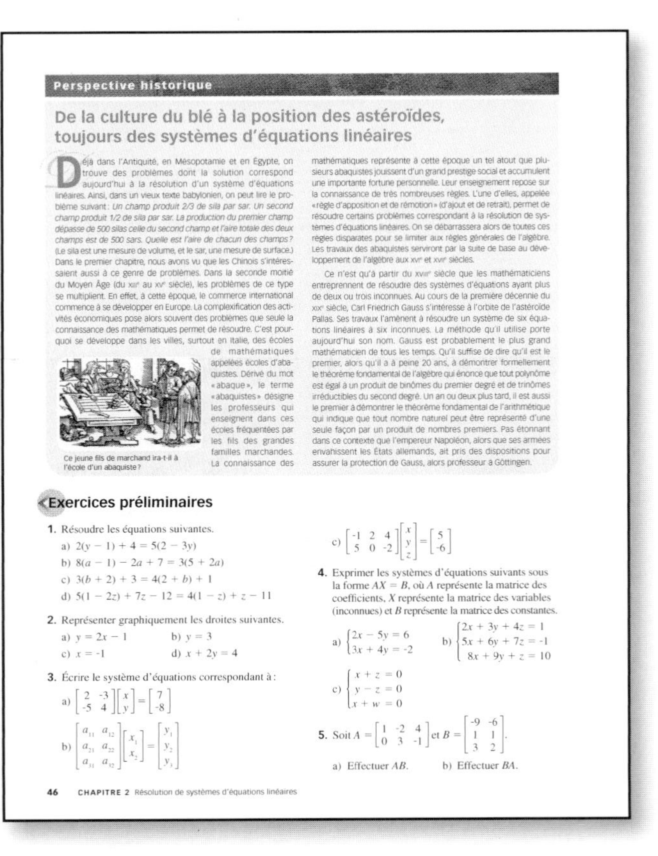
Perspective historique

De la culture du blé à la position des astéroïdes, toujours des systèmes d'équations linéaires

Déjà dans l'Antiquité, en Mésopotamie et en Égypte, on trouve des problèmes dont la solution correspond aujourd'hui à la résolution d'un système d'équations linéaires. Ainsi, dans un vieux texte babylonien, on peut lire le problème suivant : *Un champ produit 2/3 de sila par sar. Un second champ produit 1/2 de sila par sar. La production du premier champ dépasse de 500 silas celle du second champ et l'aire totale des deux champs est de 500 sars. Quelle est l'aire de chacun des champs ?* (Le sila est une mesure de volume, et le sar, une mesure de surface.) Dans le premier chapitre, nous avons vu que les Chinois s'intéressaient aussi à ce genre de problèmes. Dans la seconde moitié du Moyen Âge (du XIIIe au XVe siècle), les problèmes de ce type se multiplient. En effet, à cette époque, le commerce international commence à se développer en Europe. La complexification des activités économiques pose alors souvent des problèmes que seule la connaissance des mathématiques permet de résoudre. C'est pourquoi se développe dans les villes, surtout en Italie, des écoles de mathématiques appelées écoles d'abaquistes. Dérivé du mot « abaque », le terme « abaquistes » désigne les professeurs qui enseignent dans ces écoles fréquentées par les fils des grandes familles marchandes. La connaissance des mathématiques représente à cette époque un tel atout que plusieurs abaquistes jouissent d'un grand prestige social et accumulent une importante fortune personnelle. Leur enseignement repose sur la connaissance de très nombreuses règles. L'une d'elles, appelée « règle d'apposition et de rémotion » (d'ajout et de retrait), permet de résoudre certains problèmes correspondant à la résolution de systèmes d'équations linéaires. On se débarrassera alors de toutes ces règles disparates pour se limiter aux règles générales de l'algèbre. Les travaux des abaquistes serviront par la suite de base au développement de l'algèbre aux XVIe et XVIIe siècles.

Ce jeune fils de marchand ira-t-il à l'école d'un abaquiste ?

Ce n'est qu'à partir du XVIIIe siècle que les mathématiciens entreprennent de résoudre des systèmes d'équations ayant plus de deux ou trois inconnues. Au cours de la première décennie du XIXe siècle, Carl Friedrich Gauss s'intéresse à l'orbite de l'astéroïde Pallas. Ses travaux l'amènent à résoudre un système de six équations linéaires à six inconnues. La méthode qu'il utilise porte aujourd'hui son nom. Gauss est probablement le plus grand mathématicien de tous les temps. Qu'il suffise de dire qu'il est le premier, alors qu'il a à peine 20 ans, à démontrer formellement le théorème fondamental de l'algèbre qui énonce que tout polynôme est égal à un produit de binômes du premier degré et de trinômes irréductibles du second degré. Un an ou deux plus tard, il est aussi le premier à démontrer le théorème fondamental de l'arithmétique qui indique que tout nombre naturel peut être représenté d'une seule façon par un produit de nombres premiers. Pas étonnant dans ce contexte que l'empereur Napoléon, alors que ses armées envahissent les États allemands, ait pris des dispositions pour assurer la protection de Gauss, alors professeur à Göttingen.

<Exercices préliminaires

1. Résoudre les équations suivantes.

a) $2(y - 1) + 4 = 5(2 - 3y)$

b) $8(a - 1) - 2a + 7 = 3(5 + 2a)$

c) $3(b + 2) + 3 = 4(2 + b) + 1$

d) $5(1 - 2z) + 7z - 12 = 4(1 - z) + z - 11$

2. Représenter graphiquement les droites suivantes.

a) $y = 2x - 1$ b) $y = 3$

c) $x = -1$ d) $x + 2y = 4$

3. Écrire le système d'équations correspondant à :

a) $\begin{bmatrix} 2 & -3 \\ -5 & 4 \end{bmatrix}\begin{bmatrix} x \\ y \end{bmatrix} = \begin{bmatrix} 7 \\ -8 \end{bmatrix}$

b) $\begin{bmatrix} a_{11} & a_{12} \\ a_{21} & a_{22} \\ a_{31} & a_{32} \end{bmatrix}\begin{bmatrix} x_1 \\ x_2 \end{bmatrix} = \begin{bmatrix} y_1 \\ y_2 \\ y_3 \end{bmatrix}$

c) $\begin{bmatrix} -1 & 2 & 4 \\ 5 & 0 & -2 \end{bmatrix}\begin{bmatrix} x \\ y \\ z \end{bmatrix} = \begin{bmatrix} 5 \\ -6 \end{bmatrix}$

4. Exprimer les systèmes d'équations suivants sous la forme $AX = B$, où A représente la matrice des coefficients, X représente la matrice des variables (inconnues) et B représente la matrice des constantes.

a) $\begin{cases} 2x - 5y = 6 \\ 3x + 4y = -2 \end{cases}$ b) $\begin{cases} 2x + 3y + 4z = 1 \\ 5x + 6y + 7z = -1 \\ 8x + 9y + z = 10 \end{cases}$

c) $\begin{cases} x + z = 0 \\ y - z = 0 \\ x + w = 0 \end{cases}$

5. Soit $A = \begin{bmatrix} 1 & -2 & 4 \\ 0 & 3 & -1 \end{bmatrix}$ et $B = \begin{bmatrix} -9 & -6 \\ 1 & 1 \\ 3 & 2 \end{bmatrix}$.

a) Effectuer AB. b) Effectuer BA.

Objectifs d'apprentissage >

Les objectifs d'apprentissage établissent de façon claire et précise, pour chaque section d'un chapitre, les connaissances et les compétences que les élèves devront acquérir. Ces objectifs sont d'une grande utilité à l'élève pour la planification de son étude.

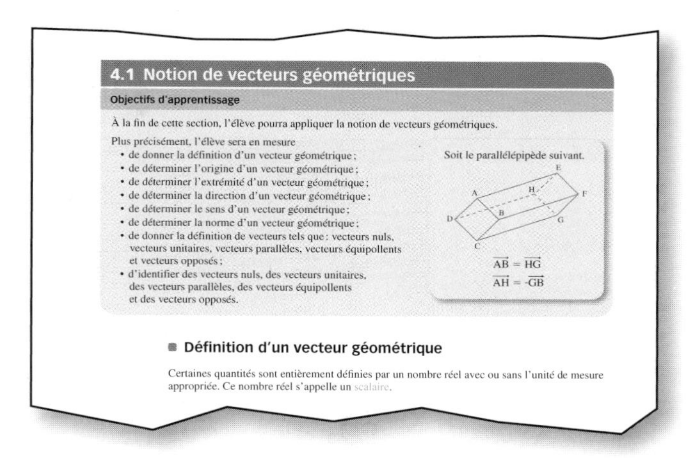

4.1 Notion de vecteurs géométriques

Objectifs d'apprentissage

À la fin de cette section, l'élève pourra appliquer la notion de vecteurs géométriques.

Plus précisément, l'élève sera en mesure
- de donner la définition d'un vecteur géométrique ;
- de déterminer l'origine d'un vecteur géométrique ;
- de déterminer l'extrémité d'un vecteur géométrique ;
- de déterminer la direction d'un vecteur géométrique ;
- de déterminer le sens d'un vecteur géométrique ;
- de déterminer la norme d'un vecteur géométrique ;
- de donner la définition de vecteurs tels que : vecteurs nuls, vecteurs unitaires, vecteurs parallèles, vecteurs équipollents et vecteurs opposés ;
- d'identifier des vecteurs nuls, des vecteurs unitaires, des vecteurs parallèles, des vecteurs équipollents et des vecteurs opposés.

Soit le parallélépipède suivant.

$\overrightarrow{AB} = \overrightarrow{HG}$

$\overrightarrow{AH} = -\overrightarrow{GB}$

Définition d'un vecteur géométrique

Certaines quantités sont entièrement définies par un nombre réel avec ou sans l'unité de mesure appropriée. Ce nombre réel s'appelle un scalaire.

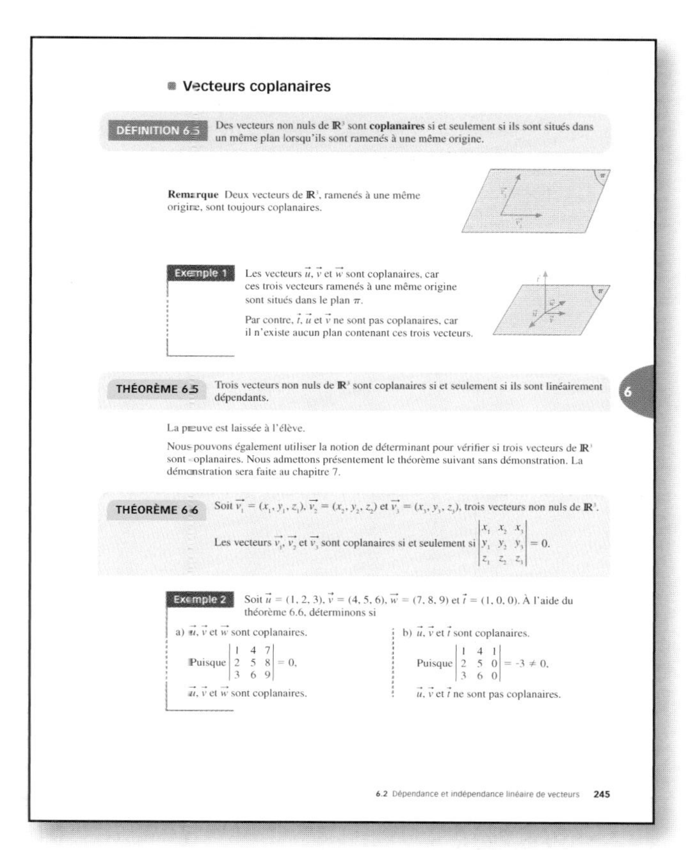

Vecteurs coplanaires

DÉFINITION 6.5 Des vecteurs non nuls de $\mathbb{R}^3$ sont **coplanaires** si et seulement si ils sont situés dans un même plan lorsqu'ils sont ramenés à une même origine.

Remarque Deux vecteurs de $\mathbb{R}^3$, ramenés à une même origine, sont toujours coplanaires.

Exemple 1 Les vecteurs $\vec{u}$, $\vec{v}$ et $\vec{w}$ sont coplanaires, car ces trois vecteurs ramenés à une même origine sont situés dans le plan π.

Par contre, $\vec{t}$, $\vec{u}$ et $\vec{v}$ ne sont pas coplanaires, car il n'existe aucun plan contenant ces trois vecteurs.

THÉORÈME 6.5 Trois vecteurs non nuls de $\mathbb{R}^3$ sont coplanaires si et seulement si ils sont linéairement dépendants.

La preuve est laissée à l'élève.

Nous pouvons également utiliser la notion de déterminant pour vérifier si trois vecteurs de $\mathbb{R}^3$ sont coplanaires. Nous admettons présentement le théorème suivant sans démonstration. La démonstration sera faite au chapitre 7.

THÉORÈME 6.6 Soit $\vec{v_1} = (x_1, y_1, z_1)$, $\vec{v_2} = (x_2, y_2, z_2)$ et $\vec{v_3} = (x_3, y_3, z_3)$, trois vecteurs non nuls de $\mathbb{R}^3$.

Les vecteurs $\vec{v_1}$, $\vec{v_2}$ et $\vec{v_3}$ sont coplanaires si et seulement si $\begin{vmatrix} x_1 & x_2 & x_3 \\ y_1 & y_2 & y_3 \\ z_1 & z_2 & z_3 \end{vmatrix} = 0$.

Exemple 2 Soit $\vec{u} = (1, 2, 3)$, $\vec{v} = (4, 5, 6)$, $\vec{w} = (7, 8, 9)$ et $\vec{t} = (1, 0, 0)$. À l'aide du théorème 6.6, déterminons si

a) $\vec{u}$, $\vec{v}$ et $\vec{w}$ sont coplanaires.

Puisque $\begin{vmatrix} 1 & 4 & 7 \\ 2 & 5 & 8 \\ 3 & 6 & 9 \end{vmatrix} = 0$,

$\vec{u}$, $\vec{v}$ et $\vec{w}$ sont coplanaires.

b) $\vec{u}$, $\vec{v}$ et $\vec{t}$ sont coplanaires.

Puisque $\begin{vmatrix} 1 & 4 & 1 \\ 2 & 5 & 0 \\ 3 & 6 & 0 \end{vmatrix} = -3 \neq 0$,

$\vec{u}$, $\vec{v}$ et $\vec{t}$ ne sont pas coplanaires.

6.2 Dépendance et indépendance linéaire de vecteurs 245

< Utilisation pédagogique de la couleur

La couleur est utilisée de façon pédagogique pour mettre en relief les aspects importants de la matière et guider l'élève dans son cheminement. Les théorèmes, définitions et formules clés sont présentés sous forme d'encadrés. Dans le même esprit, certains passages du texte sont en couleur afin de souligner une notion particulière. Les graphiques et les illustrations, qui accompagnent plusieurs exemples, ajoutent à la clarté de la présentation.

Exemples >

Tout au long des chapitres, les exemples favorisent l'assimilation et la mise en pratique des concepts appris par l'élève. L'utilisation du logiciel Maple et de la calculatrice à affichage graphique a été intégrée à certains exemples facilement repérables grâce aux pictogrammes « outil technologique ».

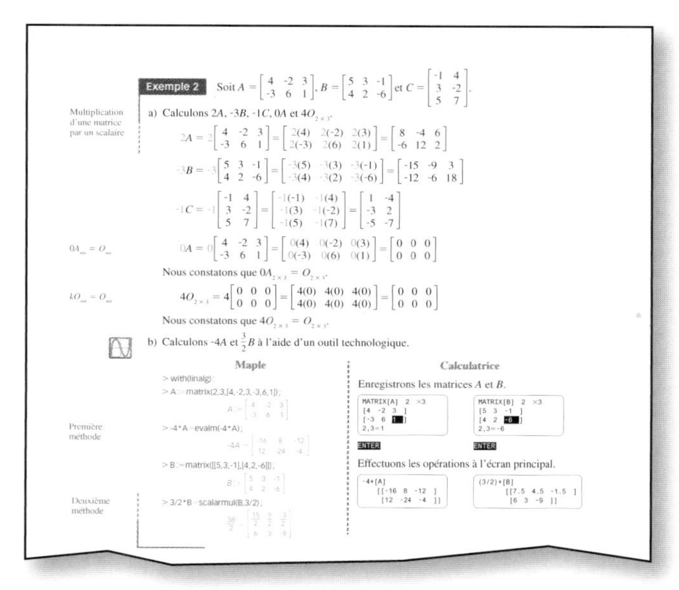

Exemple 2 Soit $A = \begin{bmatrix} 4 & -2 & 3 \\ -3 & 6 & 1 \end{bmatrix}$, $B = \begin{bmatrix} 5 & 3 & -1 \\ 4 & 2 & -6 \end{bmatrix}$ et $C = \begin{bmatrix} -1 & 4 \\ 3 & -2 \\ 5 & 7 \end{bmatrix}$.

Multiplication d'une matrice par un scalaire

a) Calculons $2A$, $-3B$, $-1C$, $0A$ et $4O_{2\times 3}$.

$2A = 2\begin{bmatrix} 4 & -2 & 3 \\ -3 & 6 & 1 \end{bmatrix} = \begin{bmatrix} 2(4) & 2(-2) & 2(3) \\ 2(-3) & 2(6) & 2(1) \end{bmatrix} = \begin{bmatrix} 8 & -4 & 6 \\ -6 & 12 & 2 \end{bmatrix}$

$-3B = -3\begin{bmatrix} 5 & 3 & -1 \\ 4 & 2 & -6 \end{bmatrix} = \begin{bmatrix} -3(5) & -3(3) & -3(-1) \\ -3(4) & -3(2) & -3(-6) \end{bmatrix} = \begin{bmatrix} -15 & -9 & 3 \\ -12 & -6 & 18 \end{bmatrix}$

$-1C = -1\begin{bmatrix} -1 & 4 \\ 3 & -2 \\ 5 & 7 \end{bmatrix} = \begin{bmatrix} -1(-1) & -1(4) \\ -1(3) & -1(-2) \\ -1(5) & -1(7) \end{bmatrix} = \begin{bmatrix} 1 & -4 \\ -3 & 2 \\ -5 & -7 \end{bmatrix}$

$0A_{m\times n} = O_{m\times n}$

$0A = 0\begin{bmatrix} 4 & -2 & 3 \\ -3 & 6 & 1 \end{bmatrix} = \begin{bmatrix} 0(4) & 0(-2) & 0(3) \\ 0(-3) & 0(6) & 0(1) \end{bmatrix} = \begin{bmatrix} 0 & 0 & 0 \\ 0 & 0 & 0 \end{bmatrix}$

Nous constatons que $0A_{2\times 3} = O_{2\times 3}$.

$kO_{m\times n} = O_{m\times n}$

$4O_{2\times 3} = 4\begin{bmatrix} 0 & 0 & 0 \\ 0 & 0 & 0 \end{bmatrix} = \begin{bmatrix} 4(0) & 4(0) & 4(0) \\ 4(0) & 4(0) & 4(0) \end{bmatrix} = \begin{bmatrix} 0 & 0 & 0 \\ 0 & 0 & 0 \end{bmatrix}$

Nous constatons que $4O_{2\times 3} = O_{2\times 3}$.

b) Calculons $-4A$ et $\frac{3}{2}B$ à l'aide d'un outil technologique.

Maple

Première méthode

```
> with(linalg):
> A:=matrix(2,3,[4,-2,3,-3,6,1]);
> -4*A=evalm(-4*A);
```

Deuxième méthode

```
> B:=matrix([[5,3,-1],[4,2,-6]]);
> 3/2*B=scalarmul(B,3/2);
```

Calculatrice

Enregistrons les matrices A et B.

ENTER

Effectuons les opérations à l'écran principal.

```
-4*[A]
 [[-16 8 -12 ]
  [12 -24 -4 ]]
```

```
(3/2)*[B]
 [[7.5 4.5 -1.5 ]
  [6 3 -9 ]]
```

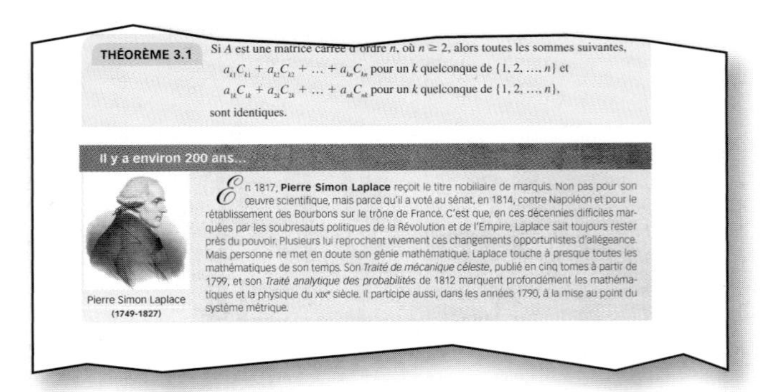

THÉORÈME 3.1 Si A est une matrice carrée d'ordre n, où $n \geq 2$, alors toutes les sommes suivantes,

$a_{k1}C_{k1} + a_{k2}C_{k2} + \dots + a_{kn}C_{kn}$ pour un k quelconque de $\{1, 2, \dots, n\}$ et

$a_{1k}C_{1k} + a_{2k}C_{2k} + \dots + a_{nk}C_{nk}$ pour un k quelconque de $\{1, 2, \dots, n\}$,

sont identiques.

Il y a environ 200 ans...

En 1817, **Pierre Simon Laplace** reçoit le titre nobiliaire de marquis. Non pas pour son œuvre scientifique, mais parce qu'il a voté au sénat, en 1814, contre Napoléon et pour le rétablissement des Bourbons sur le trône de France. C'est que, en ces décennies difficiles marquées par les soubresauts politiques de la Révolution et de l'Empire, Laplace sait toujours rester près du pouvoir. Plusieurs lui reprochent vivement ces changements opportunistes d'allégeance. Mais personne ne met en doute son génie mathématique. Laplace touche à presque toutes les mathématiques de son temps. Son *Traité de mécanique céleste*, publié en cinq tomes à partir de 1799, et son *Traité analytique des probabilités* de 1812 marquent profondément les mathématiques et la physique du XIXe siècle. Il participe aussi, dans les années 1790, à la mise au point du système métrique.

Pierre Simon Laplace (1749-1827)

< Bulles historiques

Les bulles historiques permettent aux élèves de faire une incursion dans la vie des personnalités qui ont marqué leur époque dans le domaine des mathématiques. Parfois, ces bulles donnent un complément d'information sur un concept présenté dans une section.

Réseau de concepts >

À la fin de chaque chapitre, un réseau de concepts illustre les notions essentielles qui ont été étudiées. Présenté sous forme hiérarchique, le réseau de concepts permet de schématiser le contenu des chapitres et d'établir, d'un coup d'œil, les liens qui unissent ces concepts.

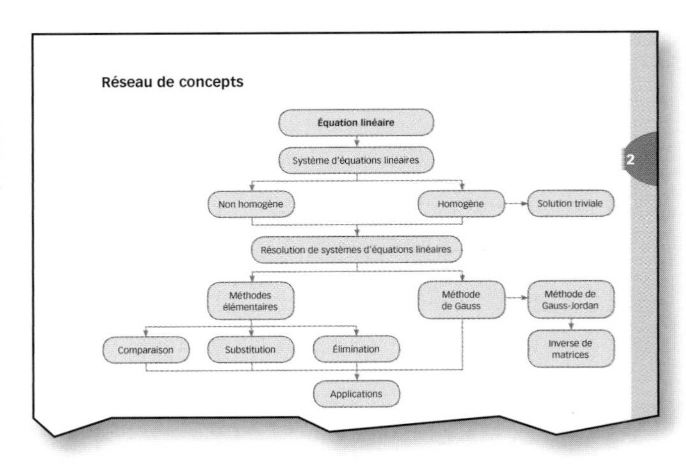

Vérification des apprentissages

Après l'étude de ce chapitre, je suis en mesure de compléter le résumé suivant avant de résoudre les exercices récapitulatifs et les problèmes de synthèse.

Vecteurs géométriques

Soit le vecteur géométrique $\overrightarrow{AB}$ ci-dessous.

1) A est ____
2) B est ____
3) La direction est donnée par ____
4) Le sens est ____
5) La norme $\|\overrightarrow{AB}\|$ est ____

Vecteurs géométriques particuliers

Deux vecteurs non nuls $\vec{u}$ et $\vec{v}$ sont

équipollents si et seulement si les deux vecteurs ont
1) ____
2) ____
3) ____

opposés si et seulement si les deux vecteurs ont
1) ____
2) ____
3) ____

Le vecteur $\vec{u}$ est unitaire si ____

Addition de vecteurs géométriques

Exprimer en fonction de $\vec{u}$ et de $\vec{v}$.
$\overrightarrow{AC}$ = ____
$\overrightarrow{DB}$ = ____

Loi de Chasles : $\overrightarrow{AX_1} + \overrightarrow{X_1X_2} + \overrightarrow{X_2X_3} + \dots + \overrightarrow{X_{n-1}X_n} + \overrightarrow{X_nB}$ = ____

Propriétés de l'addition de vecteurs géométriques

Si V est l'ensemble des vecteurs géométriques, alors $\forall\ \vec{u}$, $\vec{v}$ et $\vec{w} \in$ V, nous avons :

Propriété 1 $(\vec{u} + \vec{v}) \in$ ____
Propriété 2 $\vec{u} + \vec{v}$ = ____
Propriété 3 $\vec{u} + (\vec{v} + \vec{w})$ = ____
Propriété 4 il existe $\vec{O} \in$ V, tel que $\vec{u} + \vec{O}$ = ____
Propriété 5 il existe $(-\vec{u}) \in$ V, tel que $\vec{u} + (-\vec{u})$ = ____

182 CHAPITRE 4 Vecteurs géométriques

< Vérification des apprentissages

La vérification des apprentissages permet à l'élève de déterminer s'il a acquis ou non les notions relatives à la réalisation des exercices récapitulatifs et des problèmes de synthèse. L'élève est ainsi en mesure de vérifier sa compréhension des notions présentées dans le chapitre et de corriger d'éventuelles faiblesses.

Exercices >

À l'instar de l'édition précédente, cet ouvrage propose de nombreux exercices. Certains sont marqués d'un pictogramme relié à différentes disciplines (administration ou économie, chimie, géométrie, et physique), en accord avec l'approche du programme qui cherche à intégrer les acquis de plusieurs domaines d'études. L'utilisation d'outils technologiques est aussi conseillée dans plusieurs cas. Chaque section se termine par une série d'exercices. À la fin de chaque chapitre, on retrouve des exercices récapitulatifs et des problèmes de synthèse.

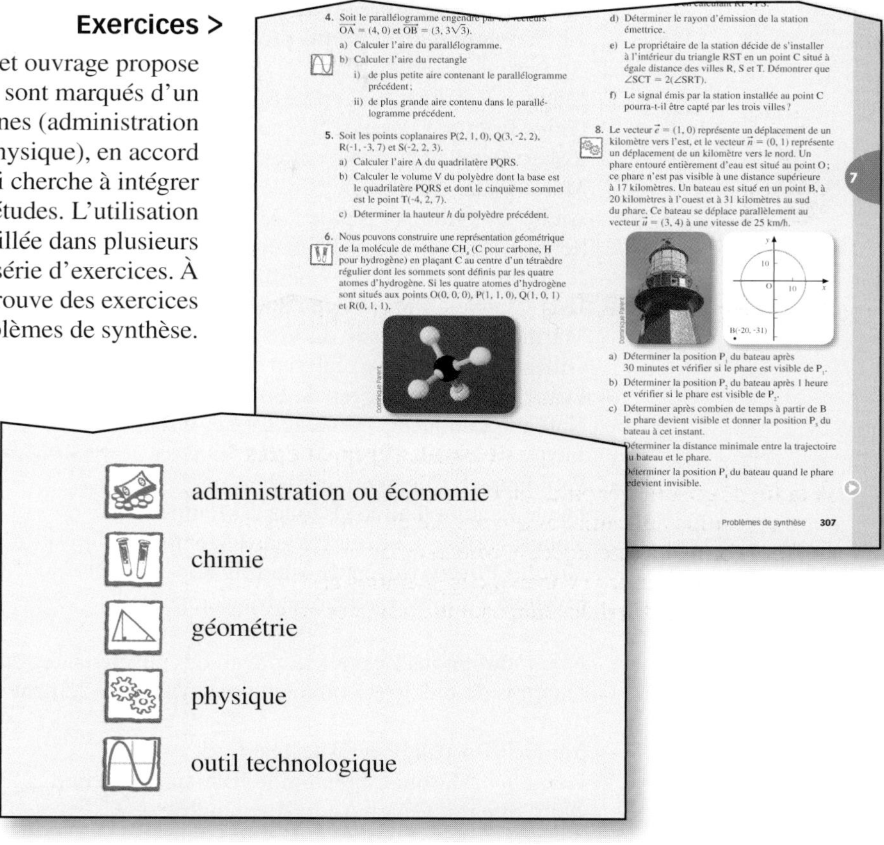

4. Soit le parallélogramme engendré par les vecteurs $\overrightarrow{OA} = (4, 0)$ et $\overrightarrow{OB} = (3, 3\sqrt{3})$.
   a) Calculer l'aire du parallélogramme.
   b) Calculer l'aire du rectangle
      i) de plus petite aire contenant le parallélogramme précédent ;
      ii) de plus grande aire contenu dans le parallélogramme précédent.
5. Soit les points coplanaires P(2, 1, 0), Q(3, -2, 2), R(-1, -3, 7) et S(-2, 2, 3).
   a) Calculer l'aire A du quadrilatère PQRS.
   b) Calculer le volume V du polyèdre dont la base est le quadrilatère PQRS et dont le cinquième sommet est le point T(-4, 2, 7).
   c) Déterminer la hauteur h du polyèdre précédent.
6. Nous pouvons construire une représentation géométrique de la molécule de méthane CH_4 (C pour carbone, H pour hydrogène) en plaçant C au centre d'un tétraèdre régulier dont les sommets sont définis par les quatre atomes d'hydrogène. Si les quatre atomes d'hydrogène sont situés aux points O(0, 0, 0), P(1, 1, 0), Q(1, 0, 1) et R(0, 1, 1),

d) Déterminer le rayon d'émission de la station émettrice.
e) Le propriétaire de la station décide de s'installer à l'intérieur du triangle RST en un point C situé à égale distance des villes R, S et T. Démontrer que ∠SCT = 2(∠SRT).
f) Le signal émis par la station installée au point C pourra-t-il être capté par les trois villes ?

8. Le vecteur $\vec{e} = (1, 0)$ représente un déplacement de un kilomètre vers l'est, et le vecteur $\vec{n} = (0, 1)$ représente un déplacement de un kilomètre vers le nord. Un phare entouré entièrement d'eau est situé au point O ; ce phare n'est pas visible à une distance supérieure à 17 kilomètres. Un bateau est situé en un point B, à 20 kilomètres à l'ouest et à 31 kilomètres au sud du phare. Ce bateau se déplace parallèlement au vecteur $\vec{u} = (3, 4)$ à une vitesse de 25 km/h.
   a) Déterminer la position P_1 du bateau après 30 minutes et vérifier si le phare est visible de P_1.
   b) Déterminer la position P_2 du bateau après 1 heure et vérifier si le phare est visible de P_2.
   c) Déterminer après combien de temps à partir de B le phare devient visible et donner la position P_3 du bateau à cet instant.
   d) Déterminer la distance minimale entre la trajectoire du bateau et le phare.
   e) Déterminer la position P_4 du bateau quand le phare devient invisible.

Problèmes de synthèse 307

- administration ou économie
- chimie
- géométrie
- physique
- outil technologique

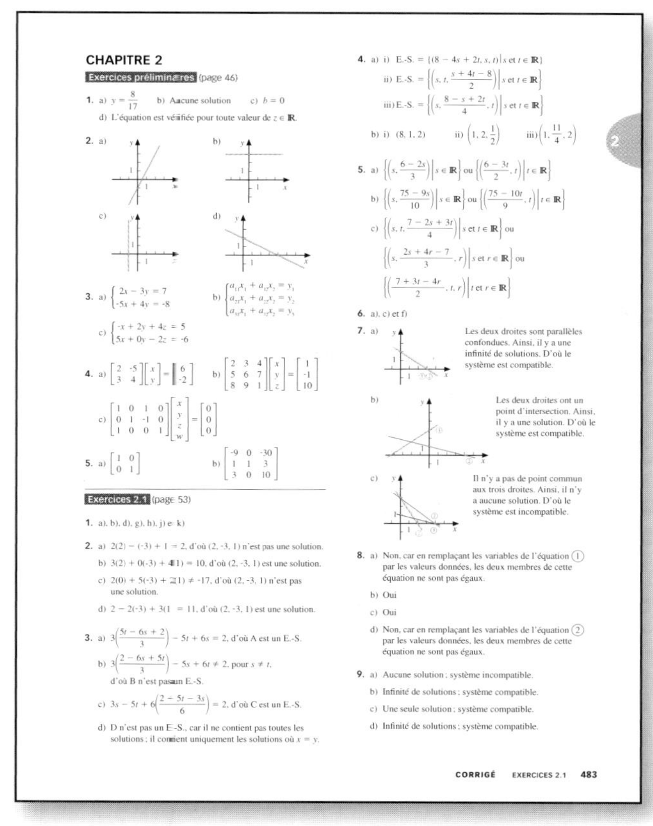

CHAPITRE 2

Exercices préliminaires (page 46)

1. a) $y = \frac{8}{17}$ b) Aucune solution c) $b = 0$
   d) L'équation est vérifiée pour toute valeur de $z \in \mathbb{R}$.
2. a) b) c) d)
3. a) $\begin{cases} 2x - 3y = 7 \\ -5x + 4y = -8 \end{cases}$ b) $\begin{cases} a_{11}x_1 + a_{12}x_2 = y_1 \\ a_{21}x_1 + a_{22}x_2 = y_2 \\ a_{31}x_1 + a_{32}x_2 = y_3 \end{cases}$
   c) $\begin{cases} -x + 2y + 4z = 5 \\ 5x + 0y - 2z = -6 \end{cases}$
4. a) $\begin{bmatrix} 2 & -5 \\ 3 & 4 \end{bmatrix}\begin{bmatrix} x \\ y \end{bmatrix} = \begin{bmatrix} 6 \\ -2 \end{bmatrix}$ b) $\begin{bmatrix} 2 & 3 & 4 \\ 5 & 6 & 7 \\ 8 & 9 & 1 \end{bmatrix}\begin{bmatrix} x \\ y \\ z \end{bmatrix} = \begin{bmatrix} 1 \\ -1 \\ 10 \end{bmatrix}$
   c) $\begin{bmatrix} 1 & 0 & 1 & 0 \\ 0 & 1 & -1 & 0 \\ 1 & 0 & 0 & 1 \end{bmatrix}\begin{bmatrix} x \\ y \\ z \\ w \end{bmatrix} = \begin{bmatrix} 0 \\ 0 \\ 0 \end{bmatrix}$
5. a) $\begin{bmatrix} 1 & 0 \\ 0 & 1 \end{bmatrix}$ b) $\begin{bmatrix} -9 & 0 & -30 \\ 1 & 1 & 3 \\ 3 & 0 & 10 \end{bmatrix}$

Exercices 2.1 (page 53)

1. a), b), d), g), h), j) et k)
2. a) 2(2) − (-3) + 1 ≠ 2, d'où (2, -3, 1) n'est pas une solution.
   b) 3(2) + 0(-3) + 4(1) = 10, d'où (2, -3, 1) est une solution.
   c) 2(0) + 5(-3) + 2(1) ≠ -17, d'où (2, -3, 1) n'est pas une solution.
   d) 2 − 2(-3) + 3(1) = 11, d'où (2, -3, 1) est une solution.
3. a) $3\left(\frac{5t - 6s + 2}{3}\right) - 5t + 6s = 2$, d'où A est un E.-S.
   b) $3\left(\frac{2 - 6s + 5t}{3}\right) - 5s + 6t \neq 2$, pour $s \neq t$, d'où B n'est pas un E.-S.
   c) $3s - 5t + 6\left(\frac{2 - 5t - 3s}{6}\right) = 2$, d'où C est un E.-S.
   d) D n'est pas un E.-S., car il ne contient pas toutes les solutions ; il contient uniquement les solutions où $x = y$.
4. a) i) E.-S. = {(8 − 4s + 2t, s, t) | s et t ∈ ℝ}
   ii) E.-S. = $\left\{\left(s, t, \frac{s + 4t - 8}{2}\right) \middle| s \text{ et } t \in \mathbb{R}\right\}$
   iii) E.-S. = $\left\{\left(s, \frac{8 - s + 2t}{4}, t\right) \middle| s \text{ et } t \in \mathbb{R}\right\}$
   b) i) (8, 1, 2) ii) $\left(1, 2, \frac{1}{2}\right)$ iii) $\left(1, \frac{11}{4}, 2\right)$
5. a) $\left\{\left(s, \frac{6 - 2s}{3}\right) \middle| s \in \mathbb{R}\right\}$ ou $\left\{\left(\frac{6 - 3t}{2}, t\right) \middle| t \in \mathbb{R}\right\}$
   b) $\left\{\left(s, \frac{75 - 9s}{10}\right) \middle| s \in \mathbb{R}\right\}$ ou $\left\{\left(\frac{75 - 10t}{9}, t\right) \middle| t \in \mathbb{R}\right\}$
   c) $\left\{\left(s, t, \frac{7 - 2s + 3t}{4}\right) \middle| s \text{ et } t \in \mathbb{R}\right\}$ ou $\left\{\left(s, \frac{2s + 4r - 7}{3}, r\right) \middle| s \text{ et } r \in \mathbb{R}\right\}$ ou $\left\{\left(\frac{7 + 3t - 4r}{2}, t, r\right) \middle| t \text{ et } r \in \mathbb{R}\right\}$
6. a), c) et f)
7. a) Les deux droites sont parallèles confondues. Ainsi, il y a une infinité de solutions. D'où le système est compatible.
   b) Les deux droites ont un point d'intersection. Ainsi, il y a une solution. D'où le système est compatible.
   c) Il n'y a pas de point commun aux trois droites. Ainsi, il n'y a aucune solution. D'où le système est incompatible.
8. a) Non, car en remplaçant les variables de l'équation (1) par les valeurs données, les deux membres de cette équation ne sont pas égaux.
   b) Oui
   c) Oui
   d) Non, car en remplaçant les variables de l'équation (2) par les valeurs données, les deux membres de cette équation ne sont pas égaux.
9. a) Aucune solution ; système incompatible.
   b) Infinité de solutions ; système compatible.
   c) Une seule solution ; système compatible.
   d) Infinité de solutions ; système compatible.

CORRIGÉ EXERCICES 2.1 483

< Corrigé

À la fin du manuel, l'élève trouvera un corrigé des exercices préliminaires et des exercices de fin de section. Il y trouvera également la majorité des réponses aux exercices récapitulatifs et aux problèmes de synthèse. Ce recueil de solutions développe l'esprit d'autonomie de l'élève dans son processus d'apprentissage.

REMERCIEMENTS

Nous tenons d'abord à remercier les nombreuses personnes-ressources qui ont collaboré à l'élaboration des éditions précédentes :

Magella Bélanger, Cégep de Saint-Hyacinthe
Gilles Boutin, Cégep de Sainte-Foy
Robert Bradley, Collège Ahuntsic
Marie-Paule Dandurand, Collège Gérald-Godin
André Douville, Cégep de l'Abitibi-Témiscamingue
Serge Fontaine, Cégep Saint-Jean-sur-Richelieu
Jean Fradette, Cégep de Sherbrooke
Jean-Claude Girard, Cégep Saint-Jean-sur-Richelieu
Marthe Grenier, Cégep du Vieux Montréal
Gilles Goulet, Cégep régional de Lanaudière
Daniel Lachance, Cégep de Sorel-Tracy
Nathalie Ladouceur, Collège Lionel-Groulx
Jacques Lafond, Cégep de Trois-Rivières
Paul Paquet, Cégep de Saint-Jérôme
Diane Paquin, Collège Édouard-Montpetit
Robert Paquin, Collège Édouard-Montpetit
Nicolas Pfister, Cégep de Sherbrooke
Suzanne Phillips, Collège de Maisonneuve

Nous soulignons l'excellent travail des enseignantes et des enseignants du réseau collégial qui ont émis de précieux commentaires ayant grandement aidé à la création de cet ouvrage :

Yannick Brochu, Cégep de Thetford
Géraldine Martin, Cégep Saint-Jean-sur-Richelieu
Marc Simard, Cégep André-Laurendeau
Nathalie Sirois, Collège de Shawinigan
Normand Vanier, Cégep de Saint-Jérôme
Dimitri Zuchowski, Cégep de Saint-Laurent

Nous remercions également les consultantes et les consultants qui ont permis, grâce à leurs commentaires éclairés, d'enrichir les versions provisoires de chacun des chapitres :

Robert Bradley, Collège Ahuntsic
Nancy Crosnier, Cégep de l'Outaouais
Christiane Lacroix, Collège Lionel-Groulx
Pierre Lantagne, Collège de Maisonneuve

Nous témoignons également notre gratitude aux enseignants et aux enseignantes du Département de mathématiques du Cégep André-Laurendeau pour leurs suggestions.

Finalement, nous remercions les personnes suivantes :

Louis Charbonneau, pour avoir rédigé les perspectives et les bulles historiques
Sophie Gagnon et France Vandal, pour leur gestion efficace du projet
Jean-Philippe Michaud, pour sa vigilance et son engagement au cours de la production du volume
Marie Le Toullec, pour la qualité exceptionnelle de son travail
Dominique Parent, pour les nombreuses photographies, dont celle de la page de couverture
Geneviève Séguin, pour sa collaboration aux photos

Gilles Charron
Pierre Parent

TABLE DES MATIÈRES

Chapitre 1

Matrices

Dominique Parent

Les matrices sont des tableaux contenant des éléments disposés en lignes et en colonnes. Ces représentations sont fréquemment utilisées dans des domaines comme l'administration, les sciences de la nature, les sciences humaines, etc. Dans ce chapitre, nous définirons trois opérations élémentaires sur les matrices : l'addition de matrices, la multiplication d'une matrice par un scalaire et la multiplication de matrices.

En particulier, l'élève pourra résoudre le problème suivant.

Le schéma ci-contre représente quelques rues d'une municipalité qui sont à sens unique (⟵) ou à double sens (⟷).

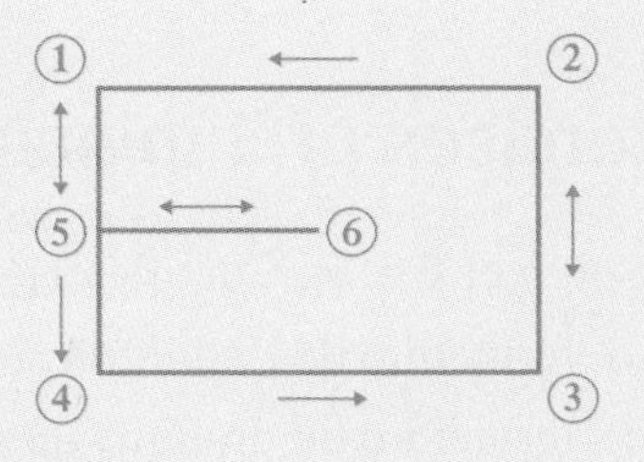

a) Déterminer la matrice $A_{6\times 6}$, matrice appelée **matrice d'adjacence**, où

$$a_{ij} = \begin{cases} 1 & \text{si on peut aller directement de l'intersection } (i) \\ & \text{à l'intersection } (j) \\ 0 & \text{autrement} \end{cases}$$

b) Calculer $B = A^2$, où b_{ij} correspond au nombre de trajets possibles menant de l'intersection (i) à l'intersection (j) en deux étapes.

c) Calculer A^3 et interpréter le résultat.

d) Déterminer la valeur minimale de n, telle que A^n ne contient aucun zéro.

(Problèmes de synthèse, n° 2, page 41)

Perspective historique

De l'empire du Milieu à l'Empire britannique : décrire beaucoup avec peu de symboles

La notion de matrice prend son origine dans les travaux visant à résoudre des systèmes d'équations linéaires. (Pour un aperçu de l'histoire de la résolution des systèmes d'équations linéaires, voir la perspective historique du chapitre 2, page 46.) L'exemple probablement le plus ancien se trouve dans un livre intitulé *Neuf chapitres de l'art des mathématiques* (*Jiuzhang*) écrit en Chine entre 200 et 100 av. J.-C., au début de la dynastie des Han. L'auteur veut montrer comment résoudre le problème suivant : « Il y a trois sortes de grains dont trois paquets de la première sorte, deux de la deuxième sorte et un de la troisième correspondent à 39 mesures. Deux paquets de la première sorte, trois de la deuxième et un de la troisième correspondent à 34 mesures. Enfin, un paquet de la première sorte, deux de la deuxième et trois de la troisième font 26 mesures. Combien de mesures de grains sont contenues dans un paquet de chacune des sortes ? » Résoudre ce problème revient, dans notre écriture symbolique actuelle, à résoudre le système d'équations suivant :

$$\begin{aligned} 3x + 2y + z &= 39 \\ 2x + 3y + z &= 34 \\ x + 2y + 3z &= 26 \end{aligned}$$

La peinture chinoise est un peu comme la représentation mathémathique, elle est minimaliste.

Pour sa part, l'auteur chinois propose une méthode basée sur la manipulation du tableau de nombres suivants :

1	2	3
2	3	2
3	1	1
26	34	39

Dans ce tableau, les colonnes sont formées des coefficients et des termes constants de nos équations, de la dernière à la première.

Voilà l'ancêtre de nos matrices. Cette idée d'utiliser des tableaux de nombres n'est pas vraiment exploitée en Occident avant le XVIIIe siècle. Soulignons au passage que la notation a_{ij} pour noter les coefficients de façon générale, et plus tard les nombres composant une matrice, tire son origine d'une lettre datée de 1683 que le mathématicien et philosophe Gottfried Wilhelm Leibniz (1646-1716), un des créateurs du calcul différentiel et intégral, adresse à son ami le marquis de L'Hospital (1661-1704). Dans cette lettre, Leibniz écrit $10 + 11x + 12y = 0$ pour la première équation d'un système. Dans cette équation, les nombres ont une signification qui n'est pas numérique, mais plutôt symbolique. D'abord, le « 10 » ne représente pas le nombre 10 ; le « 1 » représente la première équation et le « 0 » représente le terme constant. Ensuite, le premier « 1 » du « 11 » représente la première équation et le second « 1 » représente le coefficient de x. Finalement, le « 1 » du « 12 » représente la première équation et le « 2 » représente le coefficient de y. La seconde équation s'écrira donc $20 + 21x + 22y = 0$. Selon la notation utilisée aujourd'hui, la première équation de Leibniz s'écrirait $a_{10} + a_{11}x + a_{12}y = 0$.

La première publication sur les tableaux de nombres dans laquelle ceux-ci sont étudiés pour eux-mêmes, un peu comme on le fait dans le présent chapitre, paraît en 1858. Écrit par le mathématicien britannique Arthur Cayley, cet article définit notamment les opérations d'addition et de multiplication et les inverses multiplicatifs de tableaux. Il est tout à fait dans l'esprit des mathématiques de l'époque, alors qu'on cherche à établir des théories abstraites pour réunir sous un même thème plusieurs règles et méthodes jusqu'alors considérées indépendantes les unes des autres. Le mot « matrice » n'a toutefois pas d'abord été utilisé par Cayley, mais par son ami James Joseph Sylvester (1814-1897). Nous en reparlerons au chapitre 3. Cayley a écrit cet article, comme bon nombre d'autres articles sur les mathématiques qui l'ont rendu célèbre, alors qu'il pratiquait le droit à Londres.

Exercices préliminaires

1. Soit a et $b \in \mathbb{R}$. Compléter :

a) fermeture de l'addition : $(a + b) \in$ _____

b) fermeture du produit : $ab \in$ _____

2. Soit a, b et $c \in \mathbb{R}$. Compléter les égalités suivantes qui correspondent aux propriétés de l'addition et de la multiplication pour les nombres réels.

a) Commutativité de l'addition : $a + b =$ _____

b) Associativité de l'addition : $(a + b) + c =$ _____

c) Existence d'un élément neutre, $0 \in \mathbb{R}$, pour l'addition : $a + 0 =$ _____

d) Existence d'un élément inverse pour l'addition : $a + (-a) =$ _____

e) Commutativité de la multiplication : $ab =$ _____

f) Associativité de la multiplication : $(ab)c =$ _____

g) Existence d'un élément neutre, $1 \in \mathbb{R}$, pour la multiplication : $1a =$ _____

h) Distributivité de la multiplication sur l'addition :

i) $a(b + c) =$ _____ ii) $(a + b)c =$ _____

3. Répondre par vrai (V) ou faux (F).

a) Pour tout $a \in \mathbb{N}$ et $b \in \mathbb{N}$.

i) $(a + b) \in \mathbb{N}$ ii) $(a - b) \in \mathbb{N}$

iii) $ab \in \mathbb{N}$ iv) $\frac{a}{b} \in \mathbb{N}$, où $b \neq 0$

b) Pour tout $c \in \mathbb{Z}$ et $d \in \mathbb{Z}$.

i) $(c + d) \in \mathbb{Z}$ ii) $(c - d) \in \mathbb{Z}$

iii) $cd \in \mathbb{Z}$ iv) $\frac{c}{d} \in \mathbb{Z}$, où $d \neq 0$

c) Pour tout $r \in \mathbb{Q}$ et $s \in \mathbb{Q}$.

i) $(r - s) \in \mathbb{Q}$ ii) $\left(\sqrt{2} + r\right) \in \mathbb{Q}$

iii) $\frac{r}{s} \in \mathbb{Q}$, où $s \neq 0$ iv) $\frac{r}{\pi} \in \mathbb{Q}$

4. a) Soit $a_{ij} = i - j^2$, calculer :

i) a_{34} ii) a_{52}

b) Soit $b_{ij} = \frac{-3i + j}{i}$, calculer :

i) b_{13} ii) b_{31}

c) Soit $c_{ij} = (-1)^{i+j}\, ij$, calculer :

i) c_{34} ii) c_{13}

5. Développer les sommations suivantes.

a) $\sum_{k=1}^{4} a_k b_k$ b) $\sum_{i=1}^{5} (-1)^{(i+4)} a_i$

c) $\sum_{i=1}^{3} a_{4i} b_{i5}$ d) $\sum_{k=1}^{p} a_{ik} b_{kj}$

6. Utiliser le symbole Σ pour représenter la somme suivante.

$a_{p1}b_{1q} + a_{p2}b_{2q} + \ldots + a_{p8}b_{8q}$

1.1 Notion de matrices

Objectifs d'apprentissage

À la fin de cette section, l'élève pourra distinguer certaines matrices.

Plus précisément, l'élève sera en mesure

- de donner la définition d'une matrice ;
- de déterminer la dimension d'une matrice ;
- de déterminer les éléments d'une matrice ;
- de donner la définition des matrices suivantes : matrice nulle, matrice ligne, matrice colonne, matrice carrée, matrice triangulaire supérieure, matrice triangulaire inférieure, matrice diagonale, matrice scalaire, matrice identité, matrice symétrique, matrice antisymétrique ;
- de donner la définition de la trace d'une matrice.

$$A_{m \times n} = \begin{bmatrix} a_{11} & a_{12} & \ldots & a_{1j} & \ldots & a_{1n} \\ a_{21} & a_{22} & \ldots & a_{2j} & \ldots & a_{2n} \\ \vdots & \vdots & & \vdots & & \vdots \\ a_{i1} & a_{i2} & \ldots & a_{ij} & \ldots & a_{in} \\ \vdots & \vdots & & \vdots & & \vdots \\ a_{m1} & a_{m2} & \ldots & a_{mj} & \ldots & a_{mn} \end{bmatrix}$$

Définition de matrices

Il est fréquent que les revues, les journaux et les manuels présentent sous forme de tableau les données servant à analyser un sujet précis.

Exemple 1 Le tableau suivant comporte plusieurs données sur le rendement des équipes de la division Ouest de la Ligue de hockey junior majeur du Québec.

Classement final

Équipe	PJ	V	D	DP	DF	BP	BC	Pts
Gatineau	68	38	25	2	3	232	232	81
Montréal	68	34	30	2	2	211	202	72
Rouyn-Noranda	68	30	30	5	3	210	245	68
Val-d'Or	68	19	41	3	5	206	293	46

Ainsi, ce tableau nous permet de constater que l'équipe de Gatineau a joué 68 parties (PJ) dont voici les résultats : 38 victoires (V), 25 défaites (D), 2 défaites en prolongation (DP) et 3 défaites en fusillade (DF).

Le tableau permet également d'observer que l'équipe de Val-d'Or a marqué 206 buts (BP), qu'elle en a alloué 293 (BC) et qu'elle a accumulé 46 points (Pts) au classement, car une victoire donne 2 points et une défaite en prolongation ou en fusillade donne 1 point.

Un tel tableau ou arrangement de nombres disposés en lignes et en colonnes s'appelle une matrice.

Cette matrice, donnant le classement final des équipes, est constituée de quatre lignes et de huit colonnes. Nous dirons qu'elle est de dimension ou de format 4 par 8, notée 4×8.

Exemple 2 Le tableau suivant indique le prix à la fermeture, en dollars américains, ainsi que la variation journalière et annuelle, en pourcentage, de différents métaux.

Métaux	Fermeture	Variation (%)	
		1 jour	1 an
Aluminium ($ US/livre)	0,86	-1,35	-32,94
Argent ($ US/once)	14,60	2,41	-14,85
Cuivre ($ US)/livre)	2,68	-0,92	-25,15
Étain ($ US/livre)	6,71	-3,99	-29,89
Nickel ($ US/livre)	8,47	0,54	3,75
Palladium ($ US/once)	278,90	1,57	-21,32
Platine ($ US/once)	1270,00	2,44	-18,75
Plomb ($ US/livre)	0,86	-2,82	-9,38
Zinc ($ US/livre)	0,81	-0,88	-0,11

Pour chacun des métaux, nous retrouvons le prix à la fermeture par unité en dollars américains dans la première colonne, la variation en pourcentage du dernier jour dans la deuxième colonne et la variation en pourcentage de la dernière année dans la troisième colonne.

Cette matrice est constituée de 9 lignes et de 3 colonnes ; elle est ainsi de dimension 9 par 3, notée 9×3.

Exemple 3 Le tableau suivant montre les résultats que Jean, Marie et Lucie ont obtenus dans une matière scolaire.

	Épreuve 1	Épreuve 2	Épreuve 3	Devoir	Note finale
Jean	75	90	85	90	85
Marie	78	87	87	92	86
Lucie	69	78	90	87	81

Ce tableau nous permet de constater, par exemple, que Jean a obtenu 75 à la première épreuve, que Lucie a obtenu la meilleure note à la troisième épreuve et que Marie a obtenu une note finale de 86.

La dimension de cette matrice est 3×5.

Les valeurs 75, 78, 69, 90, …, 86 et 81 sont les éléments de cette matrice.

DÉFINITION 1.1 Une **matrice de dimension *m* par *n*** est un tableau rectangulaire ordonné de $(m \times n)$ éléments disposés sur m lignes et n colonnes.

À moins d'avis contraire, les éléments d'une matrice sont des nombres réels.

Une matrice A de dimension m par n peut être représentée de l'une ou l'autre des façons suivantes.

Représentation d'une matrice

$$A = \begin{bmatrix} a_{11} & a_{12} & \cdots & a_{1j} & \cdots & a_{1n} \\ a_{21} & a_{22} & \cdots & a_{2j} & \cdots & a_{2n} \\ \vdots & \vdots & & \vdots & & \vdots \\ a_{i1} & a_{i2} & \cdots & a_{ij} & \cdots & a_{in} \\ \vdots & \vdots & & \vdots & & \vdots \\ a_{m1} & a_{m2} & \cdots & a_{mj} & \cdots & a_{mn} \end{bmatrix} \leftarrow \text{ligne } i \quad (\text{colonne } j \downarrow)$$

$$A = [a_{ij}]_{m \times n}$$

De façon générale, nous désignons une matrice à l'aide d'une lettre majuscule, et les éléments de celle-ci à l'aide de la même lettre, en minuscule et accompagnée des indices appropriés.

Ainsi, dans ce tableau, a_{ij} $(1 \leq i \leq m,\ 1 \leq j \leq n)$ représentent les éléments (ou entrées) de la matrice A. De façon particulière, les indices i et j donnent la position des éléments de la matrice ; ainsi a_{ij} est l'élément situé sur la i-ième ligne et la j-ième colonne. Les nombres entiers positifs m et n représentent respectivement le nombre de lignes et le nombre de colonnes de la matrice (le nombre de lignes précède toujours le nombre de colonnes).

Nous pouvons également noter la matrice A précédente de l'une des façons suivantes.

$$A_{m \times n} \qquad A_{mn} \qquad [a_{ij}]_{mn}$$

Exemple 4 Soit les matrices A, B et C suivantes.

$A = \begin{bmatrix} 7 & -4 & 5 \end{bmatrix}$ La dimension de A est 1×3. L'élément a_{11} est 7.

$B = \begin{bmatrix} 1 & -2 & 8 & 4 \\ -4 & -3 & -2 & 1 \\ 9 & 6 & 7 & 8 \end{bmatrix}$ La dimension de B est 3×4. L'élément b_{23} est -2. L'élément b_{32} est 6.

$C = \begin{bmatrix} \sin \pi \\ \sqrt{3} \\ -e \\ \ln 7 \end{bmatrix}$ La dimension de C est 4×1. L'élément c_{21} est $\sqrt{3}$.

Exemple 5 Construisons une matrice $F_{3 \times 4}$ dont les éléments de la première ligne sont des fonctions, ceux de la deuxième ligne sont la dérivée première des fonctions de la première ligne, et ceux de la troisième ligne sont la dérivée seconde des fonctions de la première ligne. Une telle matrice est appelée matrice de Wronski.

$$\begin{matrix} f(x) \\ f'(x) \\ f''(x) \end{matrix} \begin{bmatrix} x^n & \sin x & e^{ax} & \ln x \\ nx^{n-1} & \cos x & ae^{ax} & \dfrac{1}{x} \\ n(n-1)x^{n-2} & -\sin x & a^2e^{ax} & \dfrac{-1}{x^2} \end{bmatrix} = F_{3 \times 4}$$

Voici différentes méthodes pour enregistrer une matrice et ses éléments à l'aide d'outils technologiques.

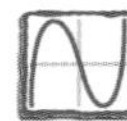

Exemple 6

a) Enregistrons les matrices $\begin{bmatrix} 2 & -4 & 5 \\ -1 & 0 & 6 \end{bmatrix}$ et $A = \begin{bmatrix} 2 & -4 \\ 5 & -1 \\ 0 & 6 \end{bmatrix}$ à l'aide de Maple et identifions certains éléments.

Première méthode

```
> matrix(2,3,[2,-4,5,-1,0,6]);
```

$$\begin{bmatrix} 2 & -4 & 5 \\ -1 & 0 & 6 \end{bmatrix}$$

Il est parfois essentiel de nommer une matrice, afin d'identifier un ou plusieurs éléments de la matrice ou pour effectuer des opérations avec cette matrice.

```
> A:=matrix(3,2,[2,-4,5,-1,0,6]);
```

$$A := \begin{bmatrix} 2 & -4 \\ 5 & -1 \\ 0 & 6 \end{bmatrix}$$

Identification d'un élément d'une matrice

```
> A[1,2];
```

$$-4$$

```
> a(3,2):=A[3,2];
```

$$a(3,2) := 6$$

b) Enregistrons la matrice $B = \begin{bmatrix} \frac{1}{2} & 0{,}2 & \frac{1}{3} \\ \frac{7}{4} & \sqrt{5} & 6 \end{bmatrix}$ à l'aide de Maple d'une façon différente.

Deuxième méthode

```
> B:=matrix([[1/2,0.2,1/3],[7/4,5^(1/2),6]]);
```

$$B := \begin{bmatrix} \frac{1}{2} & 0.2 & \frac{1}{3} \\ \frac{7}{4} & \sqrt{5} & 6 \end{bmatrix}$$

c) Enregistrons la matrice $C = \begin{bmatrix} 1 & 2 & 3 \\ 4 & 5 & 6 \\ 7 & 8 & 9 \end{bmatrix}$ à l'aide de Maple en utilisant « matrix ».

Troisième méthode

Il suffit de cliquer sur l'icône appropriée pour ensuite entrer les éléments de la matrice.

$$C := \begin{bmatrix} 1 & 2 & 3 \\ 4 & 5 & 6 \\ 7 & 8 & 9 \end{bmatrix}$$

Remarque Dans Maple, on ne peut pas désigner une matrice par la lettre D. Cette lettre est associée à la dérivée d'une fonction.

d) Enregistrons la matrice $D = \begin{bmatrix} 1 & 2 & 3 \\ 4 & 5 & 6 \end{bmatrix}$ à l'aide d'une calculatrice à affichage graphique.

Nous pouvons enregistrer dans une calculatrice à affichage graphique plusieurs matrices. Il faut d'abord nommer chacune d'elles à l'aide de [A], [B], ..., [M], et saisir toutes les valeurs des éléments de chacune des matrices.

1) Nommons une matrice.

Appuyons sur la touche MATRIX de la calculatrice.

```
NAMES  MATH  EDIT
1:  [A]
2:  [B]
3:  [C]
4:  [D]
5:  [E]
6:  [F]
7↓  [G]
```

2) Utilisons les touches fléchées pour sélectionner EDIT.

```
NAMES  MATH  EDIT
1:  [A]
2:  [B]
3:  [C]
4:  [D]
5:  [E]
6:  [F]
7↓  [G]
```

ENTER

3) Pour définir les dimensions de la matrice, nous entrons d'abord le nombre de lignes, nous appuyons sur la touche ENTER, nous entrons ensuite le nombre de colonnes, et nous appuyons sur la touche ENTER.

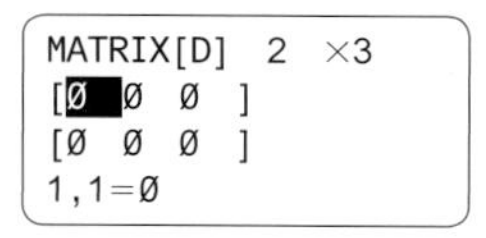

Remarque Nous apercevons des tirets à l'écran lorsque la dimension demandée dépasse la grandeur de l'écran.

4) Pour enregistrer les éléments de la matrice, nous devons entrer les valeurs numériques désirées en appuyant sur la touche ENTER à chaque fois. Nous pouvons nous déplacer d'un élément à l'autre en utilisant les touches fléchées, pour corriger une erreur par exemple.

```
MATRIX[D] 2 ×3
[1 2 3 ]
[4 5 6 ]
2,3=6
```

ENTER

5) Pour enregistrer la matrice sur l'écran principal, nous devons saisir le nom de la matrice.

```
NAMES MATH EDIT
1: [A]
2: [B]
3: [C]
4: [D] 2×3
5: [E]
6: [F]
7↓ [G]
```

ENTER

```
[D]
```

Nous voyons apparaître le nom de la matrice sur l'écran principal. Par la suite, nous pourrons effectuer des opérations matricielles avec les éléments de la matrice.

Exemple 7

a) Construisons la matrice $A_{3 \times 3}$ telle que $a_{ij} = (-1)^{i+j}\, ij$.

Soit $A_{3 \times 3} = \begin{bmatrix} a_{11} & a_{12} & a_{13} \\ a_{21} & a_{22} & a_{23} \\ a_{31} & a_{32} & a_{33} \end{bmatrix}$.

Déterminons les éléments de la matrice.

$a_{11} = (-1)^{1+1}(1)(1) = 1$ $\quad a_{12} = (-1)^{1+2}(1)(2) = -2$ $\quad a_{13} = (-1)^{1+3}(1)(3) = 3$

$a_{21} = (-1)^{2+1}(2)(1) = -2$ $\quad a_{22} = (-1)^{2+2}(2)(2) = 4$ $\quad a_{23} = (-1)^{2+3}(2)(3) = -6$

$a_{31} = (-1)^{3+1}(3)(1) = 3$ $\quad a_{32} = (-1)^{3+2}(3)(2) = -6$ $\quad a_{33} = (-1)^{3+3}(3)(3) = 9$

d'où $A_{3 \times 3} = \begin{bmatrix} 1 & -2 & 3 \\ -2 & 4 & -6 \\ 3 & -6 & 9 \end{bmatrix}$

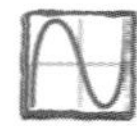

b) Utilisons Maple pour construire la matrice A précédente.

```
> f:=(i,j)->(-1)^(i+j)*i*j;
```

$$f := (i, j) \to (-1)^{(i+j)}\, ij$$

```
> A:=matrix(3,3,f);
```

$$A := \begin{bmatrix} 1 & -2 & 3 \\ -2 & 4 & -6 \\ 3 & -6 & 9 \end{bmatrix}$$

Matrices particulières

Voici la définition de quelques matrices particulières.

DÉFINITION 1.2 Une matrice $A_{m \times n}$ est une **matrice nulle**, si $a_{ij} = 0$, $\forall\ i$ et j.
Cette matrice nulle est notée $O_{m \times n}$ ou O.

Ainsi, une matrice nulle est une matrice dont tous les éléments sont égaux à zéro.

Donc, $O_{m \times n} = [0]_{m \times n}$

Exemple 1 Écrivons explicitement les éléments des matrices $O_{3 \times 2}$, $O_{2 \times 4}$ et $O_{1 \times 3}$.

$$O_{3 \times 2} = \begin{bmatrix} 0 & 0 \\ 0 & 0 \\ 0 & 0 \end{bmatrix}, O_{2 \times 4} = \begin{bmatrix} 0 & 0 & 0 & 0 \\ 0 & 0 & 0 & 0 \end{bmatrix} \text{ et } O_{1 \times 3} = \begin{bmatrix} 0 & 0 & 0 \end{bmatrix}$$

DÉFINITION 1.3

1) Une **matrice ligne** est une matrice de dimension $1 \times n$.
2) Une **matrice colonne** est une matrice de dimension $m \times 1$.

Exemple 2

a) $L_{1 \times 5} = \begin{bmatrix} 1 & -5 & \pi & \sqrt{5} & \sin 30° \end{bmatrix}$ est une matrice ligne.

b) $C_{4 \times 1} = \begin{bmatrix} -4 \\ 1{,}2 \\ 10 \\ \sin 30° \end{bmatrix}$ est une matrice colonne.

DÉFINITION 1.4

1) Une **matrice carrée d'ordre n**, notée $A_{n \times n}$, est une matrice contenant n lignes et n colonnes.

$$A_{n \times n} = \begin{bmatrix} a_{11} & a_{12} & \dots & a_{1j} & \dots & a_{1n} \\ a_{21} & a_{22} & \dots & a_{2j} & \dots & a_{2n} \\ \vdots & \vdots & & \vdots & & \vdots \\ a_{i1} & a_{i2} & \dots & a_{ij} & \dots & a_{in} \\ \vdots & \vdots & & \vdots & & \vdots \\ a_{n1} & a_{n2} & \dots & a_{nj} & \dots & a_{nn} \end{bmatrix}$$

2) Les éléments $a_{11}, a_{22}, a_{33}, \dots, a_{nn}$ forment la **diagonale principale** de la matrice carrée $A_{n \times n}$.

3) Les éléments $a_{n1}, a_{(n-1)2}, a_{(n-2)3}, \dots, a_{1n}$ forment la **diagonale secondaire** ou la **deuxième diagonale** de la matrice carrée $A_{n \times n}$.

DÉFINITION 1.5 La **trace** d'une matrice carrée A d'ordre n est la somme des éléments de la diagonale principale de cette matrice, c'est-à-dire

$$\text{Tr}(A) = a_{11} + a_{22} + \dots + a_{nn}$$

Exemple 3 Soit les matrices A et B suivantes.

$$A = \begin{bmatrix} 3 & 7 & 1 \\ 8 & -9 & 14 \\ -4 & 5 & 2 \end{bmatrix}$$

La matrice A est une matrice carrée d'ordre 3.

Les éléments

- 3, -9 et 2 forment la diagonale principale,
- -4, -9 et 1 forment la diagonale secondaire.

La trace de A est

$$\text{Tr}(A) = 3 + (-9) + 2 = -4$$

$$B = \begin{bmatrix} 1 & 2 & 3 & 4 \\ 5 & 6 & 7 & 8 \\ 9 & 10 & 11 & 12 \\ 13 & 14 & 15 & 16 \end{bmatrix}$$

La matrice B est une matrice carrée d'ordre 4.

Les éléments

- 1, 6, 11 et 16 forment la diagonale principale,
- 13, 10, 7 et 4 forment la diagonale secondaire.

La trace de B est

$$\text{Tr}(B) = 1 + 6 + 11 + 16 = 34$$

DÉFINITION 1.6 Soit A, une matrice.

1) A est une **matrice triangulaire supérieure** si A est carrée et si $a_{ij} = 0$, $\forall\, i > j$, c'est-à-dire que tous les éléments situés au-dessous de la diagonale principale sont nuls.

2) A est une **matrice triangulaire inférieure** si A est carrée et si $a_{ij} = 0$, $\forall\, i < j$, c'est-à-dire que tous les éléments situés au-dessus de la diagonale principale sont nuls.

3) A est une **matrice diagonale** si A est carrée et si $a_{ij} = 0$, $\forall\, i \neq j$, c'est-à-dire que tous les éléments qui ne sont pas situés sur la diagonale principale sont nuls.

4) A est une **matrice scalaire** si A est carrée et si

$$a_{ij} = \begin{cases} k & \text{si} \quad i = j \\ 0 & \text{si} \quad i \neq j \end{cases}$$

c'est-à-dire que tous les éléments situés sur la diagonale principale sont égaux et que tous les autres éléments sont nuls.

Remarque 1) Une matrice diagonale est une matrice qui est à la fois triangulaire supérieure et triangulaire inférieure.

2) Une matrice scalaire est une matrice diagonale dont tous les éléments de la diagonale principale sont égaux.

Exemple 4

a) Si $A = \begin{bmatrix} 1 & -3 & 0 \\ 0 & -9 & 14 \\ 0 & 0 & 2 \end{bmatrix}$, alors A est une matrice triangulaire supérieure.

b) Si $B = \begin{bmatrix} 0 & 0 & 0 \\ 0 & 9 & 0 \\ 0 & 0 & 2 \end{bmatrix}$, alors B est une matrice diagonale.

c) Si $C = \begin{bmatrix} 1 & 0 & 0 & 0 \\ 2 & -9 & 0 & 0 \\ 4 & 5 & 0 & 0 \\ 7 & 8 & 9 & 4 \end{bmatrix}$, alors C est une matrice triangulaire inférieure.

d) Si $E = \begin{bmatrix} 3 & 0 & 0 & 0 \\ 0 & 3 & 0 & 0 \\ 0 & 0 & 3 & 0 \\ 0 & 0 & 0 & 3 \end{bmatrix}$, alors E est une matrice scalaire.

DÉFINITION 1.7 Une matrice carrée A d'ordre n est la **matrice identité** d'ordre n si

$$a_{ij} = \begin{cases} 1 & \text{si} \quad i = j \\ 0 & \text{si} \quad i \neq j \end{cases}$$

Cette matrice est notée $I_{n \times n}$ ou I_n ou I.

Ainsi, une matrice identité est une matrice carrée dont tous les éléments de la diagonale principale sont égaux à 1 et tous les autres éléments sont nuls.

Exemple 5 Écrivons explicitement les éléments des matrices $I_{3 \times 3}$ et I_4.

$$I_{3 \times 3} = \begin{bmatrix} 1 & 0 & 0 \\ 0 & 1 & 0 \\ 0 & 0 & 1 \end{bmatrix} \quad \text{et} \quad I_4 = \begin{bmatrix} 1 & 0 & 0 & 0 \\ 0 & 1 & 0 & 0 \\ 0 & 0 & 1 & 0 \\ 0 & 0 & 0 & 1 \end{bmatrix}$$

DÉFINITION 1.8 Soit A, une matrice.

1) A, est une **matrice symétrique** si A est carrée et si $a_{ij} = a_{ji}$, $\forall$ i et j.

2) A est une **matrice antisymétrique** si A est carrée et si $a_{ij} = -a_{ji}$, $\forall$ i et j.

Ainsi,

dans une matrice symétrique, les éléments symétriques par rapport à la diagonale principale sont égaux.

$$A_{n \times n} = \begin{bmatrix} * & & & & \\ & * & \ddots & a_{ji} & \\ & & & & \\ & a_{ij} & \ddots & * & \\ & & & & * \end{bmatrix}_{n \times n}$$

$a_{ij} = a_{ji}$, $\forall$ i et j

dans une matrice antisymétrique, les éléments symétriques par rapport à la diagonale principale sont opposés. De plus, tous les éléments de la diagonale principale sont nuls.

$$A_{n \times n} = \begin{bmatrix} 0 & & & & \\ & 0 & \ddots & -a_{ji} & \\ & & & & \\ & a_{ij} & \ddots & 0 & \\ & & & & 0 \end{bmatrix}_{n \times n}$$

$a_{ij} = -a_{ji}$, $\forall$ i et j

Exemple 6 Soit les matrices A et B suivantes.

$$A = \begin{bmatrix} 1 & 2 & -4 \\ 2 & 4 & 6 \\ -4 & 6 & -7 \end{bmatrix}$$

A est une matrice symétrique, car A est carrée et $a_{ij} = a_{ji}$, $\forall$ i et j.

$$B = \begin{bmatrix} 0 & 5 & -7 & -2 \\ -5 & 0 & 1 & 0 \\ 7 & -1 & 0 & 3 \\ 2 & 0 & -3 & 0 \end{bmatrix}$$

B est une matrice antisymétrique, car B est carrée et $b_{ij} = -b_{ji}$, $\forall$ i et j.

Exemple 7 La matrice M suivante, indiquant la distance en kilomètres entre certaines villes du Québec, est une matrice symétrique.

Matrice symétrique

	Gatineau	Matane	Rimouski	Sherbrooke
Gatineau	0	828	736	347
Matane	828	0	93	620
Rimouski	736	93	0	527
Sherbrooke	347	620	527	0

$= M$

Exercices 1.1

1. La matrice A indique la distance en kilomètres entre certaines villes du Québec.

	Drummondville	Gaspé	Joliette	Montréal	Québec
Drummondville	0	869	100	111	153
Gaspé	869	0	910	930	700
Joliette	100	910	0	75	214
Montréal	111	930	75	0	253
Québec	153	700	214	253	0

$= A$

a) Déterminer la distance séparant les villes

i) de Drummondville et de Gaspé ;

ii) de Joliette et de Montréal.

b) Quelles villes sont distantes de

i) 111 km ? ii) 700 km ?

c) Déterminer a_{24} et interpréter le résultat.

d) Déterminer a_{53} et interpréter le résultat.

2. Soit les matrices A, B et C définies par

$$A = \begin{bmatrix} 1 & 2 & 3 & 4 \\ -4 & -3 & -2 & -1 \\ -5 & 6 & 7 & 8 \end{bmatrix}, B = \begin{bmatrix} 1 & 5 & 3 \end{bmatrix}$$

$$\text{et } C = \begin{bmatrix} \pi \\ \sqrt{2} \\ -e \\ \ln 4 \end{bmatrix}.$$

a) Donner la dimension des matrices A, B et C.

b) Déterminer les éléments a_{12}, a_{24}, b_{12} et c_{21}.

c) Donner la position des éléments 8, $-e$ et 5.

d) À l'aide de Maple, construire la matrice

i) A et donner les éléments a_{22} et a_{14} ;

ii) $I_{3 \times 3}$ et une matrice triangulaire supérieure de dimension 4×4.

3. Écrire explicitement les éléments des matrices $O_{3 \times 4}$, $O_{2 \times 2}$, $I_{2 \times 2}$ et I_4.

4. a) Déterminer le nombre de lignes, le nombre de colonnes et le nombre d'éléments des matrices suivantes.

i) $A_{3 \times 4}$ ii) B_{42}

iii) I_6 iv) $O_{m \times n}$

b) Déterminer les dimensions possibles d'une matrice ayant

i) 16 éléments ; ii) 31 éléments.

5. Soit $A = \begin{bmatrix} 5 & 0 & 1 & -2 \\ 8 & -9 & 14 & 10 \\ -4 & 9 & 0 & 2 \\ 0 & 7 & -5 & -1 \end{bmatrix}$, $I_{5 \times 5}$ et I_8.

a) Pour les matrices précédentes, déterminer les éléments de la diagonale

i) principale ; ii) secondaire.

b) Calculer :

i) $\text{Tr}(A)$ ii) $\text{Tr}(I_{5 \times 5})$ iii) $\text{Tr}(I_8)$

6. Soit les matrices suivantes.

$$A = \begin{bmatrix} 1 & 4 & 5 \\ 0 & 8 & 3 \\ 0 & 0 & 9 \end{bmatrix} \quad B = \begin{bmatrix} -4 & 0 & 0 \\ 0 & -4 & 0 \\ 0 & 0 & -4 \end{bmatrix}$$

$$C = \begin{bmatrix} 4 & 0 & 0 & 0 \\ 0 & -1 & 0 & 0 \\ 0 & 0 & 2 & 0 \\ 0 & 1 & 0 & 4 \end{bmatrix} \quad E = \begin{bmatrix} 1 & 0 & 0 \\ 0 & 1 & 0 \\ 0 & 0 & 1 \\ 0 & 0 & 0 \end{bmatrix}$$

$$F = \begin{bmatrix} 7 & 0 & 0 \\ 0 & 7 & 0 \end{bmatrix} \quad G = \begin{bmatrix} 1 & 0 \\ 0 & 1 \end{bmatrix}$$

$$H = \begin{bmatrix} 0 & 0 & 1 \\ 0 & 1 & 0 \\ 1 & 0 & 0 \end{bmatrix} \quad J = \begin{bmatrix} 1 \\ 2 \\ 3 \end{bmatrix}$$

Parmi ces matrices, déterminer, si c'est possible,

a) la ou les matrices triangulaires supérieures ;

b) la ou les matrices triangulaires inférieures ;

c) la ou les matrices carrées ;

d) la ou les matrices diagonales ;

e) la ou les matrices lignes ;

f) la ou les matrices colonnes ;

g) la ou les matrices identité ;

h) la ou les matrices scalaires.

7. Déterminer les matrices

a) $A_{2\times 3}$ telle que $a_{13} = 5$, $a_{21} = -4$, $a_{11} = 2$, $a_{23} = 6$, $a_{12} = 8$ et $a_{22} = 9$;

b) $A_{3\times 2}$ telle que $a_{ij} = i + j$;

c) $A_{2\times 3}$ telle que $a_{ij} = (-1)^{i+j}$;

d) $A_{3\times 2}$ telle que $a_{ij} = ij$;

e) $A_{3\times 4}$ telle que $a_{ij} = i$;

f) $A_{3\times 3}$ telle que $a_{ij} = 1$ si $i = j$ et $a_{ij} = 0$ si $i \neq j$.

8. Déterminer les matrices

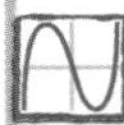

a) $A_{4\times 4}$ telle que $a_{ij} = (-1)^{ij}(i + j - 1)^2$;

b) $B_{3\times 6}$ telle que $b_{ij} = \dfrac{(i-j)^j}{i}$.

9. Soit $A = \begin{bmatrix} 3 & 0 \\ 0 & -3 \end{bmatrix}$, $B = \begin{bmatrix} 0 & 3 \\ -3 & 0 \end{bmatrix}$,

$C = \begin{bmatrix} 1 & 4 & 5 \\ -4 & 1 & 7 \\ -5 & -7 & 1 \end{bmatrix}$, $E = \begin{bmatrix} 0 & 1 & 2 \\ -1 & 0 & -3 \\ -2 & 3 & 0 \end{bmatrix}$ et

$F = [f_{ij}]_{n\times n}$ tel que $f_{ij} = i + j$, $\forall$ i et j.

Parmi les matrices précédentes, déterminer les matrices

a) symétriques ; b) antisymétriques.

10. Soit la **matrice de Vandermonde**, qui tient son nom du mathématicien français Alexandre-Théophile Vandermonde (1735-1796), définie par

$$V_{nn} = \begin{bmatrix} a_{11} & a_{12} & a_{13} & \dots & a_{1n} \\ (a_{11})^2 & (a_{12})^2 & (a_{13})^2 & \dots & (a_{1n})^2 \\ (a_{11})^3 & (a_{12})^3 & (a_{13})^3 & \dots & (a_{1n})^3 \\ \vdots & \vdots & \vdots & & \vdots \\ (a_{11})^n & (a_{12})^n & (a_{13})^n & \dots & (a_{1n})^n \end{bmatrix}, \text{ où } a_{1j} \in \mathbb{R}.$$

Déterminer la matrice de Vandermonde dans les cas suivants.

a) V_{33} si $a_{11} = 1$, $a_{12} = 2$ et $a_{13} = 3$

b) V_{44} si $a_{11} = -1$ et $a_{1j} = 0$ si $j > 1$

c) V_{44} si $a_{1j} = (-1)^{j+1}$

d) $V_{33} = \begin{bmatrix} \_\_ & \_\_ & 5 \\ \_\_ & 81 & \_\_ \\ -8 & \_\_ & \_\_ \end{bmatrix}$

11. À la suite de la fusion de quelques municipalités, les employés de la nouvelle ville sont regroupés dans quatre catégories salariales. En 2010, les salaires respectifs étaient de 40 000 $, 46 000 $, 50 000 $ et 59 000 $. Cette ville accorde une augmentation de 3 % la première année et de 2 % l'année suivante. Représenter sous la forme d'une matrice le salaire annuel de ces employés pour les années 2010, 2011 et 2012.

12. a) Soit le carré ci-contre dont les côtés mesurent 2 cm. Construire une matrice $M_{4\times 4}$, où m_{ij} représente la distance entre les sommets S_i et S_j.

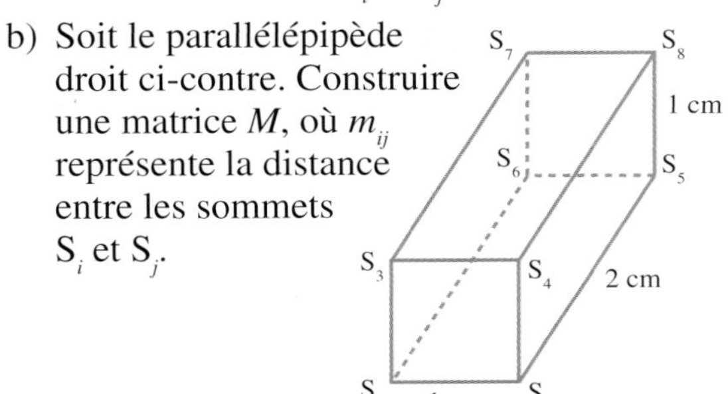

b) Soit le parallélépipède droit ci-contre. Construire une matrice M, où m_{ij} représente la distance entre les sommets S_i et S_j.

c) Le schéma suivant nous donne certaines distances entre les villes V_1, V_2, V_3 et V_4.

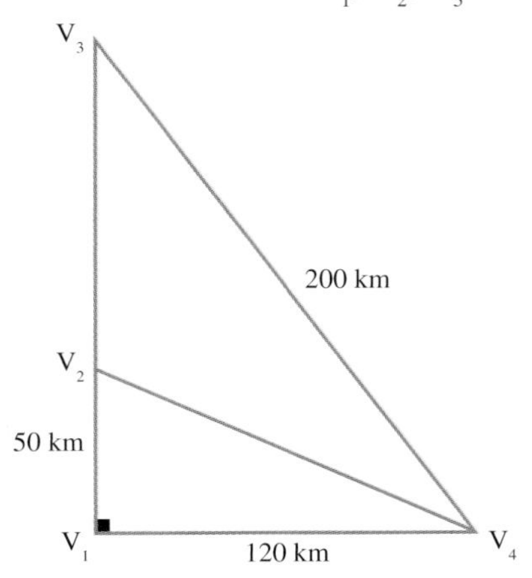

Déterminer la matrice V dont les éléments v_{ij} indiquent la distance, en kilomètres, entre les villes V_i et V_j.

1.2 Addition de matrices et multiplication d'une matrice par un scalaire

1

Objectifs d'apprentissage

À la fin de cette section, l'élève pourra appliquer la définition de l'addition de matrices et celle de la multiplication d'une matrice par un scalaire.

Plus précisément, l'élève sera en mesure

- de déterminer si deux matrices sont égales ;
- d'additionner des matrices de même dimension ;
- d'effectuer la multiplication d'une matrice par un scalaire ;
- de définir la matrice opposée ;
- d'énumérer les propriétés de l'addition de matrices ;
- d'énumérer les propriétés de la multiplication d'une matrice par un scalaire ;
- de démontrer les propriétés précédentes ;
- d'appliquer les propriétés précédentes.

$$[a_{ij}]_{mn} + [b_{ij}]_{mn} = [a_{ij} + b_{ij}]_{mn}$$

$$k[a_{ij}]_{mn} = [ka_{ij}]_{mn}$$

De façon générale, les éléments des matrices sont des nombres réels. De plus, dans un contexte donné, les opérations ont une signification uniquement lorsque les éléments sont compatibles.

Égalité de deux matrices

DÉFINITION 1.9 Soit les matrices $A_{m \times n}$ et $B_{p \times q}$.

Les deux matrices sont **égales**, c'est-à-dire $A_{m \times n} = B_{p \times q}$, si et seulement si

1) $m = p$ et $n = q$

2) $a_{ij} = b_{ij}$, $\forall$ i et j

Ainsi, deux matrices sont égales si

1) elles ont la même dimension, c'est-à-dire qu'elles ont le même nombre de lignes et le même nombre de colonnes ;

2) les éléments qui ont la même position sont égaux.

Exemple 1 Soit les matrices $A = \begin{bmatrix} 3 \\ 7 \end{bmatrix}$, $B = \begin{bmatrix} 3 & 7 \end{bmatrix}$, $C = \begin{bmatrix} 3 & 0 \\ 7 & 0 \end{bmatrix}$, $E = \begin{bmatrix} -1 & 0,5 \\ 0 & 5 \end{bmatrix}$, $F = \begin{bmatrix} 3 \\ 7 \\ 0 \end{bmatrix}$

et $G = \begin{bmatrix} -2^0 & \sin 30° \\ \ln 1 & \sqrt{\sqrt{81} + 16} \end{bmatrix}$.

Nous avons

$A \neq B, A \neq C, A \neq E, A \neq F$ et $A \neq G$	(dimensions différentes)
$B \neq C, B \neq E, B \neq F$ et $B \neq G$	(dimensions différentes)
$C \neq E$ et $C \neq G$	($c_{11} \neq e_{11}$ et $c_{11} \neq g_{11}$)
$C \neq F$	(dimensions différentes)
$E \neq F$	(dimensions différentes)
$E = G$	(définition 1.9 satisfaite)
$F \neq G$	(dimensions différentes)

Exemple 2 Déterminons la valeur des éléments x, y, z et w tels que

$$\begin{bmatrix} x & 5 \\ 4y - 1 & w^2 - 1 \end{bmatrix} = \begin{bmatrix} 4 & y - 3 \\ -z & 4 \end{bmatrix}.$$

Puisque les matrices ont la même dimension, les éléments qui ont la même position doivent être égaux. Ainsi,

$$x = 4$$

$$5 = y - 3$$
$$y = 8$$

$$4y - 1 = -z$$
$$4(8) - 1 = -z \quad \text{(car } y = 8\text{)}$$
$$z = -31$$

$$w^2 - 1 = 4$$
$$w^2 = 5$$
$$w = \sqrt{5} \text{ ou } w = -\sqrt{5}$$

d'où les matrices sont égales si $x = 4$, $y = 8$, $z = -31$ et $w = \sqrt{5}$ ou $w = -\sqrt{5}$.

Addition de matrices

Exemple 1 Soit les matrices T_1 et T_2 représentant le nombre d'automobiles neuves (AN) et d'automobiles usagées (AU) vendues dans une région au cours du premier et du deuxième trimestre d'une année, par les concessionnaires A, B, C, D et E.

$$T_1 = \begin{bmatrix} 157 & 97 \\ 160 & 62 \\ 190 & 67 \\ 113 & 40 \\ 162 & 17 \end{bmatrix} \begin{matrix} \textbf{A} \\ \textbf{B} \\ \textbf{C} \\ \textbf{D} \\ \textbf{E} \end{matrix} \quad (\text{colonnes } \textbf{AN}, \textbf{AU})$$

$$T_2 = \begin{bmatrix} 193 & 102 \\ 170 & 65 \\ 223 & 72 \\ 135 & 51 \\ 191 & 21 \end{bmatrix} \begin{matrix} \textbf{A} \\ \textbf{B} \\ \textbf{C} \\ \textbf{D} \\ \textbf{E} \end{matrix} \quad (\text{colonnes } \textbf{AN}, \textbf{AU})$$

Dominique Parent

Pour connaître le nombre total d'automobiles neuves et d'automobiles usagées vendues depuis le début de l'année, il suffit d'additionner respectivement les éléments qui sont à la même position de ces deux matrices. Nous obtenons ainsi la matrice S suivante.

$$S = \begin{bmatrix} 157 + 193 & 97 + 102 \\ 160 + 170 & 62 + 65 \\ 190 + 223 & 67 + 72 \\ 113 + 135 & 40 + 51 \\ 162 + 191 & 17 + 21 \end{bmatrix} \begin{matrix} \textbf{A} \\ \textbf{B} \\ \textbf{C} \\ \textbf{D} \\ \textbf{E} \end{matrix}$$

d'où, en effectuant les additions, nous obtenons

$$S = \begin{bmatrix} 350 & 199 \\ 330 & 127 \\ 413 & 139 \\ 248 & 91 \\ 353 & 38 \end{bmatrix} \begin{matrix} \textbf{A} \\ \textbf{B} \\ \textbf{C} \\ \textbf{D} \\ \textbf{E} \end{matrix} \quad (\text{colonnes } \textbf{AN}, \textbf{AU})$$

DÉFINITION 1.10 Soit $A_{m \times n}$ et $B_{m \times n}$, deux matrices de même dimension.

La **somme** $A + B$ de ces deux matrices est la matrice $S_{m \times n} = [s_{ij}]_{m \times n}$, où

$$s_{ij} = a_{ij} + b_{ij}, \forall\, i \text{ et } j$$

Ainsi, pour obtenir la somme de deux matrices de même dimension, il suffit d'additionner respectivement les éléments qui sont à la même position de ces deux matrices.

On ne peut pas additionner deux matrices de dimensions différentes.

Si A et B sont deux matrices de dimension $m \times n$, alors nous pouvons expliciter la somme de ces matrices de deux façons différentes.

Façon 1

$$A + B = \begin{bmatrix} a_{11} & a_{12} & \dots & a_{1j} & \dots & a_{1n} \\ a_{21} & a_{22} & \dots & a_{2j} & \dots & a_{2n} \\ \vdots & \vdots & & \vdots & & \vdots \\ a_{i1} & a_{i2} & \dots & a_{ij} & \dots & a_{in} \\ \vdots & \vdots & & \vdots & & \vdots \\ a_{m1} & a_{m2} & \dots & a_{mj} & \dots & a_{mn} \end{bmatrix} + \begin{bmatrix} b_{11} & b_{12} & \dots & b_{1j} & \dots & b_{1n} \\ b_{21} & b_{22} & \dots & b_{2j} & \dots & b_{2n} \\ \vdots & \vdots & & \vdots & & \vdots \\ b_{i1} & b_{i2} & \dots & b_{ij} & \dots & b_{in} \\ \vdots & \vdots & & \vdots & & \vdots \\ b_{m1} & b_{m2} & \dots & b_{mj} & \dots & b_{mn} \end{bmatrix}$$

$$= \begin{bmatrix} a_{11} + b_{11} & a_{12} + b_{12} & \dots & a_{1j} + b_{1j} & \dots & a_{1n} + b_{1n} \\ a_{21} + b_{21} & a_{22} + b_{22} & \dots & a_{2j} + b_{2j} & \dots & a_{2n} + b_{2n} \\ \vdots & \vdots & & \vdots & & \vdots \\ a_{i1} + b_{i1} & a_{i2} + b_{i2} & \dots & a_{ij} + b_{ij} & \dots & a_{in} + b_{in} \\ \vdots & \vdots & & \vdots & & \vdots \\ a_{m1} + b_{m1} & a_{m2} + b_{m2} & \dots & a_{mj} + b_{mj} & \dots & a_{mn} + b_{mn} \end{bmatrix}$$

$$= \begin{bmatrix} s_{11} & s_{12} & \dots & s_{1j} & \dots & s_{1n} \\ s_{21} & s_{22} & \dots & s_{2j} & \dots & s_{2n} \\ \vdots & \vdots & & \vdots & & \vdots \\ s_{i1} & s_{i2} & \dots & s_{ij} & \dots & s_{in} \\ \vdots & \vdots & & \vdots & & \vdots \\ s_{m1} & s_{m2} & \dots & s_{mj} & \dots & s_{mn} \end{bmatrix}, \text{ où } s_{ij} = a_{ij} + b_{ij}, \forall\, i \text{ et } j$$

$$= S$$

Façon 2

$$A + B = [a_{ij}]_{mn} + [b_{ij}]_{mn}$$

$$= [a_{ij} + b_{ij}]_{mn}$$

$$= [s_{ij}]_{mn}, \text{ où } s_{ij} = a_{ij} + b_{ij}$$

$$= S$$

Exemple 2

Soit les matrices $A = \begin{bmatrix} -3 & 1 & 5 \\ 4 & 8 & -2 \end{bmatrix}$, $B = \begin{bmatrix} 3 & 5 & -1 \\ 7 & -2 & 4 \end{bmatrix}$, $C = \begin{bmatrix} 1 & -4 \\ -7 & 8 \\ 3 & 5 \end{bmatrix}$,

$O_{3 \times 2} = \begin{bmatrix} 0 & 0 \\ 0 & 0 \\ 0 & 0 \end{bmatrix}$, $E = \begin{bmatrix} -1 & 4 \\ 7 & -8 \\ -3 & -5 \end{bmatrix}$, $F = \begin{bmatrix} \frac{3}{2} & \frac{7}{3} \\ \frac{8}{5} & \frac{-3}{7} \end{bmatrix}$ et $G = \begin{bmatrix} \frac{3}{11} & \frac{-2}{5} \\ \frac{4}{13} & \frac{5}{12} \end{bmatrix}$.

Calculons, si c'est possible, les sommes suivantes.

a) $A + B = \begin{bmatrix} -3 & 1 & 5 \\ 4 & 8 & -2 \end{bmatrix} + \begin{bmatrix} 3 & 5 & -1 \\ 7 & -2 & 4 \end{bmatrix}$

$= \begin{bmatrix} -3 + 3 & 1 + 5 & 5 + (-1) \\ 4 + 7 & 8 + (-2) & -2 + 4 \end{bmatrix}$

$= \begin{bmatrix} 0 & 6 & 4 \\ 11 & 6 & 2 \end{bmatrix}$

b) $A + A = \begin{bmatrix} -3 & 1 & 5 \\ 4 & 8 & -2 \end{bmatrix} + \begin{bmatrix} -3 & 1 & 5 \\ 4 & 8 & -2 \end{bmatrix}$

$= \begin{bmatrix} -3 + (-3) & 1 + 1 & 5 + 5 \\ 4 + 4 & 8 + 8 & -2 + (-2) \end{bmatrix}$

$= \begin{bmatrix} -6 & 2 & 10 \\ 8 & 16 & -4 \end{bmatrix}$

c) $A + C$ n'est pas définie, car A et C ne sont pas de même dimension.

d) $C + O = \begin{bmatrix} 1 & -4 \\ -7 & 8 \\ 3 & 5 \end{bmatrix} + \begin{bmatrix} 0 & 0 \\ 0 & 0 \\ 0 & 0 \end{bmatrix}$

$= \begin{bmatrix} 1+0 & -4+0 \\ -7+0 & 8+0 \\ 3+0 & 5+0 \end{bmatrix}$

$= \begin{bmatrix} 1 & -4 \\ -7 & 8 \\ 3 & 5 \end{bmatrix}$

Nous constatons que $C + O = C$.

e) $C + E = \begin{bmatrix} 1 & -4 \\ -7 & 8 \\ 3 & 5 \end{bmatrix} + \begin{bmatrix} -1 & 4 \\ 7 & -8 \\ -3 & -5 \end{bmatrix}$

$= \begin{bmatrix} 1+(-1) & -4+4 \\ -7+7 & 8+(-8) \\ 3+(-3) & 5+(-5) \end{bmatrix}$

$= \begin{bmatrix} 0 & 0 \\ 0 & 0 \\ 0 & 0 \end{bmatrix}$

Nous constatons que $C + E = O$.

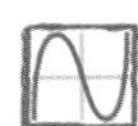

f) Calculons $F + G$ à l'aide de Maple.

```
> with(linalg):
> F:=matrix(2,2,[3/2,7/3,8/5,-3/7]);
```

$F := \begin{bmatrix} \frac{3}{2} & \frac{7}{3} \\ \frac{8}{5} & \frac{-3}{7} \end{bmatrix}$

```
> G:=matrix([[3/11,-2/5],[4/13,5/12]]);
```

$G := \begin{bmatrix} \frac{3}{11} & \frac{-2}{5} \\ \frac{4}{13} & \frac{5}{12} \end{bmatrix}$

Première méthode

```
> F+G=evalm(F+G);
```

$F + G = \begin{bmatrix} \frac{39}{22} & \frac{29}{15} \\ \frac{124}{65} & \frac{-1}{84} \end{bmatrix}$

Deuxième méthode

```
> F+G=matadd(F,G);
```

$F + G = \begin{bmatrix} \frac{39}{22} & \frac{29}{15} \\ \frac{124}{65} & \frac{-1}{84} \end{bmatrix}$

g) Calculons $A + B$ à l'aide d'une calculatrice à affichage graphique.

Enregistrons la matrice A.

```
MATRIX[A]  2  ×3
[-3  1  5  ]
[4  8  -2 ]
2,3=-2
```

ENTER

Enregistrons la matrice B.

```
MATRIX[B]  2  ×3
[3  5  -1  ]
[7  -2  4 ]
2,3=4
```

ENTER

Retournons à l'écran principal et additionnons B à A.

```
[A]+[B]
     [[Ø  6  4  ]
      [11  6  2  ]]
```

Multiplication d'une matrice par un scalaire

Exemple 1 La matrice P représente le prix de trois types de voitures selon leur équipement.

	Équipement A	Équipement B	
$P =$	12 000	15 000	**Type A**
	16 000	20 000	**Type B**
	25 000	31 000	**Type C**

Déterminons la matrice N des nouveaux prix obtenus à la suite d'une augmentation de 5 % des prix suggérés en P.

Dominique Parent

Pour déterminer les éléments de N, il suffit de multiplier chaque élément de P par 1,05. Ainsi,

$$N = \begin{bmatrix} 1{,}05(12\,000) & 1{,}05(15\,000) \\ 1{,}05(16\,000) & 1{,}05(20\,000) \\ 1{,}05(25\,000) & 1{,}05(31\,000) \end{bmatrix} \begin{matrix} \textbf{Type A} \\ \textbf{Type B} \\ \textbf{Type C} \end{matrix}$$

(colonnes : **Équipement A**, **Équipement B**)

Donc, en effectuant les multiplications, nous obtenons la matrice des nouveaux prix.

$$N = \begin{bmatrix} 12\,600 & 15\,750 \\ 16\,800 & 21\,000 \\ 26\,250 & 32\,550 \end{bmatrix} \begin{matrix} \textbf{Type A} \\ \textbf{Type B} \\ \textbf{Type C} \end{matrix}$$

(colonnes : **Équipement A**, **Équipement B**)

DÉFINITION 1.11 Soit $A_{m \times n}$, une matrice et $k \in \mathbb{R}$.

Le produit kA de la matrice A par le scalaire k est la matrice $P_{m \times n} = [p_{ij}]_{m \times n}$, où

$$p_{ij} = ka_{ij},\ \forall\ i \text{ et } j$$

Ainsi, pour obtenir le produit d'une matrice par un scalaire, il suffit de multiplier chaque élément de la matrice par ce scalaire.

Si A est une matrice $m \times n$ et si $k \in \mathbb{R}$, alors nous pouvons expliciter le produit de la matrice par ce scalaire k de deux façons différentes.

Façon 1

$$kA = k\begin{bmatrix} a_{11} & a_{12} & \cdots & a_{1j} & \cdots & a_{1n} \\ a_{21} & a_{22} & \cdots & a_{2j} & \cdots & a_{2n} \\ \vdots & \vdots & & \vdots & & \vdots \\ a_{i1} & a_{i2} & \cdots & a_{ij} & \cdots & a_{in} \\ \vdots & \vdots & & \vdots & & \vdots \\ a_{m1} & a_{m2} & \cdots & a_{mj} & \cdots & a_{mn} \end{bmatrix}$$

$$= \begin{bmatrix} ka_{11} & ka_{12} & \cdots & ka_{1j} & \cdots & ka_{1n} \\ ka_{21} & ka_{22} & \cdots & ka_{2j} & \cdots & ka_{2n} \\ \vdots & \vdots & & \vdots & & \vdots \\ ka_{i1} & ka_{i2} & \cdots & ka_{ij} & \cdots & ka_{in} \\ \vdots & \vdots & & \vdots & & \vdots \\ ka_{m1} & ka_{m2} & \cdots & ka_{mj} & \cdots & ka_{mn} \end{bmatrix}$$

$$= \begin{bmatrix} p_{11} & p_{12} & \cdots & p_{1j} & \cdots & p_{1n} \\ p_{21} & p_{22} & \cdots & p_{2j} & \cdots & p_{2n} \\ \vdots & \vdots & & \vdots & & \vdots \\ p_{i1} & p_{i2} & \cdots & p_{ij} & \cdots & p_{in} \\ \vdots & \vdots & & \vdots & & \vdots \\ p_{m1} & p_{m2} & \cdots & p_{mj} & \cdots & p_{mn} \end{bmatrix}, \text{ où } p_{ij} = ka_{ij},\ \forall\ i \text{ et } j$$

$$= P$$

Façon 2

$$kA = k[a_{ij}]_{mn}$$

$$= [ka_{ij}]_{mn}$$

$$= [p_{ij}]_{mn}, \text{ où } p_{ij} = ka_{ij}$$

$$= P$$

Exemple 2 Soit $A = \begin{bmatrix} 4 & -2 & 3 \\ -3 & 6 & 1 \end{bmatrix}$, $B = \begin{bmatrix} 5 & 3 & -1 \\ 4 & 2 & -6 \end{bmatrix}$ et $C = \begin{bmatrix} -1 & 4 \\ 3 & -2 \\ 5 & 7 \end{bmatrix}$.

Multiplication d'une matrice par un scalaire

a) Calculons $2A$, $-3B$, $-1C$, $0A$ et $4O_{2 \times 3}$.

$$2A = 2\begin{bmatrix} 4 & -2 & 3 \\ -3 & 6 & 1 \end{bmatrix} = \begin{bmatrix} 2(4) & 2(-2) & 2(3) \\ 2(-3) & 2(6) & 2(1) \end{bmatrix} = \begin{bmatrix} 8 & -4 & 6 \\ -6 & 12 & 2 \end{bmatrix}$$

$$-3B = -3\begin{bmatrix} 5 & 3 & -1 \\ 4 & 2 & -6 \end{bmatrix} = \begin{bmatrix} -3(5) & -3(3) & -3(-1) \\ -3(4) & -3(2) & -3(-6) \end{bmatrix} = \begin{bmatrix} -15 & -9 & 3 \\ -12 & -6 & 18 \end{bmatrix}$$

$$-1C = -1\begin{bmatrix} -1 & 4 \\ 3 & -2 \\ 5 & 7 \end{bmatrix} = \begin{bmatrix} -1(-1) & -1(4) \\ -1(3) & -1(-2) \\ -1(5) & -1(7) \end{bmatrix} = \begin{bmatrix} 1 & -4 \\ -3 & 2 \\ -5 & -7 \end{bmatrix}$$

$0A_{mn} = O_{mn}$

$$0A = 0\begin{bmatrix} 4 & -2 & 3 \\ -3 & 6 & 1 \end{bmatrix} = \begin{bmatrix} 0(4) & 0(-2) & 0(3) \\ 0(-3) & 0(6) & 0(1) \end{bmatrix} = \begin{bmatrix} 0 & 0 & 0 \\ 0 & 0 & 0 \end{bmatrix}$$

Nous constatons que $0A_{2 \times 3} = O_{2 \times 3}$.

$kO_{mn} = O_{mn}$

$$4O_{2 \times 3} = 4\begin{bmatrix} 0 & 0 & 0 \\ 0 & 0 & 0 \end{bmatrix} = \begin{bmatrix} 4(0) & 4(0) & 4(0) \\ 4(0) & 4(0) & 4(0) \end{bmatrix} = \begin{bmatrix} 0 & 0 & 0 \\ 0 & 0 & 0 \end{bmatrix}$$

Nous constatons que $4O_{2 \times 3} = O_{2 \times 3}$.

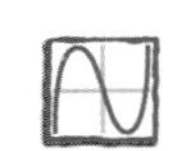

b) Calculons $-4A$ et $\frac{3}{2}B$ à l'aide d'un outil technologique.

Maple

Première méthode

```
> with(linalg):
> A:=matrix(2,3,[4,-2,3,-3,6,1]);
```

$$A := \begin{bmatrix} 4 & -2 & 3 \\ -3 & 6 & 1 \end{bmatrix}$$

```
> -4*A=evalm(-4*A);
```

$$-4A = \begin{bmatrix} -16 & 8 & -12 \\ 12 & -24 & -4 \end{bmatrix}$$

Deuxième méthode

```
> B:=matrix([[5,3,-1],[4,2,-6]]);
```

$$B := \begin{bmatrix} 5 & 3 & -1 \\ 4 & 2 & -6 \end{bmatrix}$$

```
> 3/2*B=scalarmul(B,3/2);
```

$$\frac{3B}{2} = \begin{bmatrix} \frac{15}{2} & \frac{9}{2} & \frac{-3}{2} \\ 6 & 3 & -9 \end{bmatrix}$$

Calculatrice

Enregistrons les matrices A et B.

```
MATRIX[A]  2  ×3
[4  -2  3  ]
[-3  6  1 ]
2,3=1
```

```
MATRIX[B]  2  ×3
[5  3  -1  ]
[4  2  -6 ]
2,3=-6
```

ENTER ENTER

Effectuons les opérations à l'écran principal.

```
-4*[A]
   [[-16  8  -12 ]
    [12  -24  -4 ]]
```

```
(3/2)*[B]
   [[7.5  4.5  -1.5 ]
    [6  3  -9 ]]
```

DÉFINITION 1.12 La matrice $B_{m \times n}$ est la **matrice opposée** de la matrice $A_{m \times n}$ lorsque $b_{ij} = -a_{ij}$, $\forall$ i et j. Nous notons la matrice opposée de A par $-A$, où $-A = [-a_{ij}]_{m \times n}$.

Remarque Ainsi, nous avons $-A = -1A$ pour toute matrice A.

Exemple 3 Soit $A = \begin{bmatrix} 5 & -6 & 3 \\ 7 & 4 & -2 \end{bmatrix}$ et $B = \begin{bmatrix} 3 & -4 & -2 \\ 0 & 1 & -3 \end{bmatrix}$.

a) Déterminons l'opposée de A.

$$-A = \begin{bmatrix} -5 & -(-6) & -3 \\ -7 & -4 & -(-2) \end{bmatrix} = \begin{bmatrix} -5 & 6 & -3 \\ -7 & -4 & 2 \end{bmatrix}$$

b) Calculons $A + (-A)$.

$$A + (-A) = \begin{bmatrix} 5 & -6 & 3 \\ 7 & 4 & -2 \end{bmatrix} + \begin{bmatrix} -5 & 6 & -3 \\ -7 & -4 & 2 \end{bmatrix} = \begin{bmatrix} 0 & 0 & 0 \\ 0 & 0 & 0 \end{bmatrix}$$

Nous constatons que $A + (-A) = O$.

Soustraction de deux matrices

c) Calculons $A - B$.

La matrice $A - B$ est obtenue en faisant la somme de $A + (-B)$.

$A - B = A + (-B)$

$$A - B = \begin{bmatrix} 5 & -6 & 3 \\ 7 & 4 & -2 \end{bmatrix} + \begin{bmatrix} -3 & -(-4) & -(-2) \\ 0 & -1 & -(-3) \end{bmatrix} = \begin{bmatrix} 2 & -2 & 5 \\ 7 & 3 & 1 \end{bmatrix}$$

Nous constatons que $A - B$ peut être obtenue en soustrayant les éléments de B des éléments de la même position de A.

d) Calculons $-5A + 2B$.

$$-5A + 2B = -5\begin{bmatrix} 5 & -6 & 3 \\ 7 & 4 & -2 \end{bmatrix} + 2\begin{bmatrix} 3 & -4 & -2 \\ 0 & 1 & -3 \end{bmatrix}$$

$$= \begin{bmatrix} -25 & 30 & -15 \\ -35 & -20 & 10 \end{bmatrix} + \begin{bmatrix} 6 & -8 & -4 \\ 0 & 2 & -6 \end{bmatrix} \quad \text{(définition 1.11)}$$

$$= \begin{bmatrix} -19 & 22 & -19 \\ -35 & -18 & 4 \end{bmatrix} \quad \text{(définition 1.10)}$$

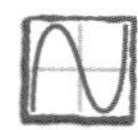

e) Calculons $5A - 2B$ et $\frac{1}{2}A - \frac{2}{3}B$ à l'aide d'un outil technologique.

Maple

```
> A:=matrix(2,3,[5,-6,3,7,4,-2]);
```

$$A := \begin{bmatrix} 5 & -6 & 3 \\ 7 & 4 & -2 \end{bmatrix}$$

```
> B:=matrix([[3,-4,-2],[0,1,-3]]);
```

$$B := \begin{bmatrix} 3 & -4 & -2 \\ 0 & 1 & -3 \end{bmatrix}$$

```
> 5*A-2*B=evalm(5*A-2*B);
```

$$5A - 2B = \begin{bmatrix} 19 & -22 & 19 \\ 35 & 18 & -4 \end{bmatrix}$$

```
> (1/2)*A-(2/3)*B=evalm((1/2)*A-(2/3)*B);
```

$$\frac{A}{2} - \frac{2B}{3} = \begin{bmatrix} \frac{1}{2} & \frac{-1}{3} & \frac{17}{6} \\ \frac{7}{2} & \frac{4}{3} & 1 \end{bmatrix}$$

Calculatrice

Enregistrons A et B.

```
MATRIX[A]  2  ×3
[5  -6  3  ]
[7  4  -2 ]
2,3=-2
```

ENTER

```
MATRIX[B]  2  ×3
[3  -4  -2  ]
[Ø  1  -3 ]
2,3=-3
```

ENTER

Effectuons les opérations à l'écran principal.

```
5[A]-2[B]
        [[19  -22  19  ]
         [35  18  -4  ]]

(1/2)[A]-(2/3)[B]
      [[.5  -.333...3  2.833...3  ]
       [3.5  1.333...3  1]]
```

Propriétés de l'addition de matrices et de la multiplication d'une matrice par un scalaire

Il y a environ 200 ans...

George Peacock (1791-1858)

C'est d'abord en Angleterre, dans la première moitié du XIXe siècle, que de nombreux mathématiciens commencent à s'intéresser aux propriétés des opérations sur les symboles. Tant que l'algèbre se limitait à représenter des nombres par des lettres, la nature même des nombres suffisait à justifier ces propriétés. Ce n'est pas le cas lorsque des symboles représentent autre chose, par exemple des nombres complexes ou des matrices. Dès lors, les mathématiciens considèrent que les objets symboliques sont caractérisés non pas par leur nature, mais plutôt par les règles explicites régissant les opérations sur ces objets. C'est là l'approche de **George Peacock** dans son *Treatise of Algebra* dont la première édition date de 1830. À bien des égards, cette approche correspond à celle des mathématiciens d'aujourd'hui.

Les propriétés relatives à l'addition de matrices et à la multiplication d'une matrice par un scalaire qui sont énoncées ici s'appliquent à des matrices dont les éléments sont des nombres réels.

Propriétés de l'addition de matrices et de la multiplication d'une matrice par un scalaire

Si $\mathcal{M}_{m \times n}$ est l'ensemble des matrices de dimension $m \times n$ dont les éléments sont des nombres réels, alors $\forall A, B$ et $C \in \mathcal{M}_{m \times n}$ et $\forall r$ et $s \in \mathbb{R}$, nous avons les propriétés suivantes :

Propriété 1 $(A + B) \in \mathcal{M}_{m \times n}$ (fermeture pour l'addition)

Propriété 2 $A + B = B + A$ (commutativité de l'addition)

Propriété 3 $A + (B + C) = (A + B) + C$ (associativité de l'addition)

Propriété 4 Il existe un **élément neutre** pour l'addition, noté O, où $O \in \mathcal{M}_{m \times n}$, tel que $A + O = A$, $\forall A \in \mathcal{M}_{m \times n}$.

Propriété 5 Pour toute matrice A, il existe un **élément opposé** pour l'addition, noté $-A$, où $-A \in \mathcal{M}_{m \times n}$, tel que $A + (-A) = O$.

Propriété 6 $rA \in \mathcal{M}_{m \times n}$ (fermeture pour la multiplication par un scalaire)

Propriété 7 $(r + s)A = rA + sA$ (pseudo-distributivité de la multiplication sur l'addition de scalaires)

Propriété 8 $r(A + B) = rA + rB$ (pseudo-distributivité de la multiplication par un scalaire sur l'addition de matrices)

Propriété 9 $r(sA) = (rs)A$ (pseudo-associativité de la multiplication par un scalaire)

Propriété 10 $1A = A$ (1 est le pseudo-élément neutre pour la multiplication par un scalaire)

Nous allons démontrer quelques-unes de ces propriétés.

PROPRIÉTÉ 2 $A + B = B + A$ (commutativité de l'addition)

PREUVE Nous allons procéder de deux façons différentes.

Façon 1

$$A + B = \begin{bmatrix} a_{11} & a_{12} & \dots & a_{1j} & \dots & a_{1n} \\ a_{21} & a_{22} & \dots & a_{2j} & \dots & a_{2n} \\ \vdots & \vdots & & \vdots & & \vdots \\ a_{i1} & a_{i2} & \dots & a_{ij} & \dots & a_{in} \\ \vdots & \vdots & & \vdots & & \vdots \\ a_{m1} & a_{m2} & \dots & a_{mj} & \dots & a_{mn} \end{bmatrix} + \begin{bmatrix} b_{11} & b_{12} & \dots & b_{1j} & \dots & b_{1n} \\ b_{21} & b_{22} & \dots & b_{2j} & \dots & b_{2n} \\ \vdots & \vdots & & \vdots & & \vdots \\ b_{i1} & b_{i2} & \dots & b_{ij} & \dots & b_{in} \\ \vdots & \vdots & & \vdots & & \vdots \\ b_{m1} & b_{m2} & \dots & b_{mj} & \dots & b_{mn} \end{bmatrix}$$

$$= \begin{bmatrix} a_{11} + b_{11} & a_{12} + b_{12} & \dots & a_{1j} + b_{1j} & \dots & a_{1n} + b_{1n} \\ a_{21} + b_{21} & a_{22} + b_{22} & \dots & a_{2j} + b_{2j} & \dots & a_{2n} + b_{2n} \\ \vdots & \vdots & & \vdots & & \vdots \\ a_{i1} + b_{i1} & a_{i2} + b_{i2} & \dots & a_{ij} + b_{ij} & \dots & a_{in} + b_{in} \\ \vdots & \vdots & & \vdots & & \vdots \\ a_{m1} + b_{m1} & a_{m2} + b_{m2} & \dots & a_{mj} + b_{mj} & \dots & a_{mn} + b_{mn} \end{bmatrix}$$

Façon 2

$$A + B = [a_{ij}]_{mn} + [b_{ij}]_{mn}$$

$$= [a_{ij} + b_{ij}]_{mn}$$

(définition de l'addition de matrices)

$$= \begin{bmatrix} b_{11}+a_{11} & b_{12}+a_{12} & \dots & b_{1j}+a_{1j} & \dots & b_{1n}+a_{1n} \\ b_{21}+a_{21} & b_{22}+a_{22} & \dots & b_{2j}+a_{2j} & \dots & b_{2n}+a_{2n} \\ \vdots & \vdots & & \vdots & & \vdots \\ b_{i1}+a_{i1} & b_{i2}+a_{i2} & \dots & b_{ij}+a_{ij} & \dots & b_{in}+a_{in} \\ \vdots & \vdots & & \vdots & & \vdots \\ b_{m1}+a_{m1} & b_{m2}+a_{m2} & \dots & b_{mj}+a_{mj} & \dots & b_{mn}+a_{mn} \end{bmatrix} \qquad = [b_{ij}+a_{ij}]_{mn}$$

(commutativité de l'addition dans ℝ)

$$= \begin{bmatrix} b_{11} & b_{12} & \dots & b_{1j} & \dots & b_{1n} \\ b_{21} & b_{22} & \dots & b_{2j} & \dots & b_{2n} \\ \vdots & \vdots & & \vdots & & \vdots \\ b_{i1} & b_{i2} & \dots & b_{ij} & \dots & b_{in} \\ \vdots & \vdots & & \vdots & & \vdots \\ b_{m1} & b_{m2} & \dots & b_{mj} & \dots & b_{mn} \end{bmatrix} + \begin{bmatrix} a_{11} & a_{12} & \dots & a_{1j} & \dots & a_{1n} \\ a_{21} & a_{22} & \dots & a_{2j} & \dots & a_{2n} \\ \vdots & \vdots & & \vdots & & \vdots \\ a_{i1} & a_{i2} & \dots & a_{ij} & \dots & a_{in} \\ \vdots & \vdots & & \vdots & & \vdots \\ a_{m1} & a_{m2} & \dots & a_{mj} & \dots & a_{mn} \end{bmatrix} \qquad = [b_{ij}]_{mn} + [a_{ij}]_{mn}$$

(définition de l'addition de matrices)

$$= B + A \qquad = B + A$$

PROPRIÉTÉ 8 $r(A + B) = rA + rB$ (pseudo-distributivité de la multiplication par un scalaire sur l'addition de matrices)

PREUVE Soit $r \in \mathbb{R}$ et deux matrices, A et B, définies par $A = [a_{ij}]_{mn}$ et $B = [b_{ij}]_{mn}$.

$r(A + B) = r([a_{ij}]_{mn} + [b_{ij}]_{mn})$

$= r[a_{ij} + b_{ij}]_{mn}$ (définition de l'addition de matrices)

$= [r(a_{ij} + b_{ij})]_{mn}$ (définition de la multiplication d'une matrice par un scalaire)

$= [ra_{ij} + rb_{ij}]_{mn}$ (distributivité dans ℝ)

$= [ra_{ij}]_{mn} + [rb_{ij}]_{mn}$ (définition de l'addition de matrices)

$= r[a_{ij}]_{mn} + r[b_{ij}]_{mn}$ (définition de la multiplication d'une matrice par un scalaire)

$= rA + rB$

Exercices 1.2

1. Parmi les matrices suivantes, déterminer celles qui sont égales.

$A = \begin{bmatrix} -3 & 4 & 5 \end{bmatrix}$ $\quad B = \begin{bmatrix} -3 & 5 & 4 \end{bmatrix}$

$C = \begin{bmatrix} -3 \\ 4 \\ 25 \end{bmatrix}$ $\quad E = \begin{bmatrix} 2 \text{ Arc tan } 1 \\ 3 \ln 2 \\ \cos 90° \end{bmatrix}$

$F = \begin{bmatrix} \text{Arc sin } 1 \\ \ln 4 + \ln 2 \\ \text{Arc tan } 0 \end{bmatrix}$ $\quad G = \begin{bmatrix} 1 & 2 & 3 \\ 4 & 5 & 6 \end{bmatrix}$

$H = \begin{bmatrix} 1 & 4 \\ 2 & 5 \\ 3 & 6 \end{bmatrix}$ $\quad J = \begin{bmatrix} -3 \\ \sqrt{16} \\ 5^2 \end{bmatrix}$

2. Soit les matrices A, B et C définies par

$A = \begin{bmatrix} 2 & -3 & 4 \\ 5 & 0 & 1 \end{bmatrix}$, $B = \begin{bmatrix} -4 & 12 & -8 \\ 0 & 8 & 16 \end{bmatrix}$

et $C = \begin{bmatrix} 1 & 4 \\ -5 & 3 \\ 6 & -8 \end{bmatrix}$.

Calculer, si c'est possible :

a) $A + B$ b) $A - B$

c) $3C$ d) $A + C$

e) $3A - \frac{3}{4}B$ f) $A + O_{3 \times 3}$

3. Calculer :

a) $3\begin{bmatrix} 5 & 0 & 1 & 2 \\ -2 & 3 & -5 & -4 \\ 1 & -3 & 8 & 5 \end{bmatrix} - 4\begin{bmatrix} 2 & 5 & 0 & 1 \\ 1 & -6 & -1 & -3 \\ 0 & 7 & 1 & 5 \end{bmatrix}$

b) $\left(\begin{bmatrix} 4 & -1 \\ 5 & 2 \\ 3 & 7 \end{bmatrix} + \begin{bmatrix} 0 & 7 \\ 1 & -6 \\ 3 & 2 \end{bmatrix}\right) + \begin{bmatrix} 3 & 5 \\ -2 & 0 \\ 4 & -9 \end{bmatrix}$

c) $\begin{bmatrix} 1 & 0 & 0 \\ 2 & 4 & 0 \\ 3 & 6 & 5 \end{bmatrix} - \begin{bmatrix} 1 & 2 & 3 \\ 0 & 4 & 6 \\ 0 & 0 & 5 \end{bmatrix} + 3I_{3 \times 3}$

4. Soit les matrices lignes ou colonnes suivantes.

$A = \begin{bmatrix} 2 & 5 & -3 & 4 \end{bmatrix}$ $B = \begin{bmatrix} -5 & 0 & 2 & -3 \end{bmatrix}$

$C = \begin{bmatrix} 3 \\ 1 \\ -4 \\ 5 \end{bmatrix}$ $E = \begin{bmatrix} 6 \\ 10 \\ -8 \\ 4 \end{bmatrix}$

Calculer, si c'est possible :

a) $2A - 3B$ b) $A + C$

c) $0{,}5E - 4B$ d) $4C - 2E$

5. Soit la matrice $M = \begin{bmatrix} 3 & -5 & 2 & 3 \\ -2 & 1 & 4 & -5 \\ -6 & 7 & -8 & 0 \end{bmatrix}$.

a) Déterminer la matrice N, où N est la matrice opposée de M.

b) Calculer $M + N$.

c) Calculer $M - N$ et exprimer le résultat en fonction de M.

d) Calculer $4M + N$ et exprimer le résultat en fonction de M.

e) Exprimer $kM + N$ et $kM - N$, où $k \in \mathbb{R}$, en fonction de M.

6. Déterminer les valeurs de a, b, c et d si :

a) $\begin{bmatrix} a & -2 \\ c & 6 \end{bmatrix} = \begin{bmatrix} 5 & b \\ \pi & d \end{bmatrix}$

b) $\begin{bmatrix} 2a & b-1 & 9 \\ 0 & 5 & 7-4d \end{bmatrix} = \begin{bmatrix} -1 & 7 & 9 \\ 3c & 5 & -1 \end{bmatrix}$

c) $\begin{bmatrix} 3a+7 & a \\ -c & ab \end{bmatrix} = \begin{bmatrix} 1 & 2b \\ b & d-1 \end{bmatrix}$

d) $\begin{bmatrix} a-4 & 3b-6 \\ a+b & d^2 \end{bmatrix} = \begin{bmatrix} 5 & a \\ c & c-a \end{bmatrix}$

e) $\begin{bmatrix} a+2d & 6 \\ ab & d^3 \end{bmatrix} = \begin{bmatrix} 4 & 2c-3a \\ c & 9d \end{bmatrix}$

7. Soit $A = \begin{bmatrix} 2 & 8 & 6 \\ 2 & -4 & 10 \end{bmatrix}$. Trouver une matrice B et un nombre réel k tels que $A = kB$ et $b_{12} = 4$.

8. La matrice E_1 suivante représente les résultats (sur 100) obtenus par Luc, Guy et Léa à leur examen respectif de mathématiques et de chimie.

$$E_1 = \begin{bmatrix} 70 & 80 \\ 72 & 74 \\ 75 & 87 \end{bmatrix} \begin{matrix} \textbf{Luc} \\ \textbf{Guy} \\ \textbf{Léa} \end{matrix}$$
(colonnes : **Math**, **Chimie**)

Les matrices E_2, E_3 et E_4 suivantes représentent respectivement les notes obtenues par Luc, Guy et Léa aux deuxième, troisième et quatrième examens de mathématiques et de chimie.

$E_2 = \begin{bmatrix} 80 & 67 \\ 65 & 75 \\ 72 & 79 \end{bmatrix}$, $E_3 = \begin{bmatrix} 90 & 70 \\ 85 & 74 \\ 87 & 88 \end{bmatrix}$ et $E_4 = \begin{bmatrix} 78 & 90 \\ 82 & 78 \\ 81 & 85 \end{bmatrix}$

La pondération des examens est la même dans les deux matières, c'est-à-dire 20 % pour le premier examen, 22 % pour le deuxième, 28 % pour le troisième et 30 % pour le quatrième.

a) Donner, sous la forme d'une matrice F, les notes finales de Luc, de Guy et de Léa en mathématiques et en chimie.

b) Déterminer la note finale de Luc en chimie et indiquer à quel élément de F correspond cette note.

c) Déterminer f_{31} et préciser à quoi correspond cette valeur.

9. Soit $A = \begin{bmatrix} 4 & -6 \\ 3 & 10 \end{bmatrix}$ et $B = \begin{bmatrix} -4 & 2 \\ 11 & 5 \end{bmatrix}$.

À l'aide de Maple, vérifier que :

a) $7(A + B) = 7A + 7B$

b) $\left(\frac{1}{2} + \frac{3}{7}\right)A = \frac{1}{2}A + \frac{3}{7}A$

10. Démontrer la propriété 9, c'est-à-dire $r(sA_{mn}) = (rs)A_{mn}$.

11. Démontrer que :

a) $0A_{mn} = O_{mn}$

b) $kO_{mn} = O_{mn}$, où $k \in \mathbb{R}$

1.3 Multiplication de matrices

Objectifs d'apprentissage

À la fin de cette section, l'élève pourra appliquer la définition de produit de matrices.

Plus précisément, l'élève sera en mesure

- de vérifier si les matrices sont compatibles pour le produit matriciel;
- d'effectuer la multiplication de deux matrices compatibles;
- de vérifier si une matrice est l'inverse multiplicatif d'une matrice donnée;
- d'énoncer les propriétés de la multiplication de matrices;
- de démontrer les propriétés de la multiplication de matrices;
- de donner la définition des matrices suivantes: matrice idempotente, matrice nilpotente, matrice transposée, matrice symétrique, matrice antisymétrique.

$$A_{m \times p} B_{p \times n} = C_{m \times n}$$

$$\text{où } c_{ij} = \sum_{k=1}^{p} a_{ik} b_{kj}, \ \forall\ i \text{ et } j$$

Multiplication de matrices

Avant de définir le produit AB, résultat de la multiplication de la matrice A par la matrice B, considérons l'exemple suivant.

Exemple 1 Mylène achète 3 kilogrammes de pommes, 4 kilogrammes de bananes et 2 kilogrammes de raisins. Ces fruits coûtent respectivement 0,90 $, 0,40 $ et 2,50 $ le kilogramme.

Le coût total de l'achat de Mylène est de 3(0,90) + 4(0,40) + 2(2,50), c'est-à-dire 9,30 $.

La situation précédente peut être représentée par les matrices suivantes.

La matrice Q représente le nombre de kilogrammes de chaque sorte de fruits achetés par Mylène.

$$\begin{array}{cccc} & \textbf{Pommes} & \textbf{Bananes} & \textbf{Raisins} \\ Q = & [\ 3 & 4 & 2\ ] \end{array} \ \textbf{Achat de Mylène (kg)}$$

La matrice P représente le prix des fruits, au kilogramme.

$$\begin{array}{c} \textbf{Prix (\$/kg)} \end{array}$$
$$P = \begin{bmatrix} 0{,}90 \\ 0{,}40 \\ 2{,}50 \end{bmatrix} \begin{array}{l} \textbf{Pommes} \\ \textbf{Bananes} \\ \textbf{Raisins} \end{array}$$

Dominique Parent

La matrice C représente le coût total de l'achat de Mylène.

$$\textbf{\$}$$
$$C = [\ 9{,}30\ ]\ \textbf{Coût de l'achat de Mylène}$$

Nous constatons que la matrice C est obtenue en calculant la somme des produits appropriés des éléments de Q et de P.

En effet, $3(0{,}90) + 4(0{,}40) + 2(2{,}50) = 2{,}70 + 1{,}60 + 5{,}00$

$= 9{,}30$

que nous représentons de la façon suivante.

$$\begin{bmatrix} 3 & 4 & 2 \end{bmatrix}\begin{bmatrix} 0{,}90 \\ 0{,}40 \\ 2{,}50 \end{bmatrix} = \begin{bmatrix} 3(0{,}90) + 4(0{,}40) + 2(2{,}50) \end{bmatrix}$$

$$= \begin{bmatrix} 9{,}30 \end{bmatrix}$$

Nous écrivons $QP = C$.

Remarque Pour obtenir le coût total de l'achat, il faut que, dans la première matrice, le nombre des différents produits achetés (nombre de colonnes) soit égal au nombre de prix (nombre de lignes) de la deuxième matrice.

Exemple 2 Jean et Lyse, sachant le nombre de kilogrammes de pommes, de bananes et de raisins qu'ils souhaitent acheter, veulent comparer le coût total de leur achat dans trois épiceries différentes.

Soit la matrice Q, donnant la quantité, en kilogrammes, de pommes, de bananes et de raisins que Jean et Lyse désirent acheter, et la matrice P, donnant le prix, en $/kg, aux épiceries A, B et C.

Dominique Parent

$$Q = \begin{array}{c} \\ \\ \end{array}\overset{\begin{array}{ccc}\textbf{Pommes} & \textbf{Bananes} & \textbf{Raisins}\end{array}}{\begin{bmatrix} 2 & 0 & 3 \\ 4 & 1 & 2 \end{bmatrix}}\begin{array}{l} \textbf{Achat de Jean (kg)} \\ \textbf{Achat de Lyse (kg)} \end{array}$$

$$P = \overset{\begin{array}{ccc}\textbf{Épicerie A (\$/kg)} & \textbf{Épicerie B (\$/kg)} & \textbf{Épicerie C (\$/kg)}\end{array}}{\begin{bmatrix} 0{,}90 & 0{,}80 & 0{,}75 \\ 0{,}40 & 0{,}30 & 0{,}50 \\ 2{,}50 & 2{,}40 & 2{,}45 \end{bmatrix}}\begin{array}{l} \textbf{Pommes} \\ \textbf{Bananes} \\ \textbf{Raisins} \end{array}$$

Pour obtenir la matrice C, donnant le coût d'achat de Jean et de Lyse, aux différentes épiceries, nous devons multiplier la matrice Q par la matrice P de la façon suivante. Notons que le produit de la matrice P par la matrice Q n'a aucun sens.

$$C = \overset{Q_{2\times 3}}{\begin{bmatrix} 2 & 0 & 3 \\ 4 & 1 & 2 \end{bmatrix}}\overset{P_{3\times 3}}{\begin{bmatrix} 0{,}90 & 0{,}80 & 0{,}75 \\ 0{,}40 & 0{,}30 & 0{,}50 \\ 2{,}50 & 2{,}40 & 2{,}45 \end{bmatrix}} = \overset{\begin{array}{ccc}\textbf{Épicerie A} & \textbf{Épicerie B} & \textbf{Épicerie C}\end{array}}{\begin{bmatrix} c_{11} & c_{12} & c_{13} \\ c_{21} & c_{22} & c_{23} \end{bmatrix}}\begin{array}{l} \textbf{Jean} \\ \textbf{Lyse} \end{array}$$

où les éléments c_{ij} de C s'obtiennent en additionnant les produits respectifs des éléments de la i-ième ligne de la première matrice, par les éléments de la j-ième colonne de la seconde matrice. Ainsi,

$$c_{11} = 2(0{,}90) + 0(0{,}40) + 3(2{,}50) = 9{,}30$$

$$c_{12} = 2(0{,}80) + 0(0{,}30) + 3(2{,}40) = 8{,}80$$

$$c_{13} = 2(0{,}75) + 0(0{,}50) + 3(2{,}45) = 8{,}85$$

$$c_{21} = 4(0{,}90) + 1(0{,}40) + 2(2{,}50) = 9{,}00$$

$$c_{22} = 4(0{,}80) + 1(0{,}30) + 2(2{,}40) = 8{,}30$$

$$c_{23} = 4(0{,}75) + 1(0{,}50) + 2(2{,}45) = 8{,}40$$

Nous obtenons donc la matrice des coûts C suivante.

$$C = \overset{\begin{array}{ccc}\textbf{Épicerie A} & \textbf{Épicerie B} & \textbf{Épicerie C}\end{array}}{\begin{bmatrix} 2(0{,}90) + 0(0{,}40) + 3(2{,}50) & 2(0{,}80) + 0(0{,}30) + 3(2{,}40) & 2(0{,}75) + 0(0{,}50) + 3(2{,}45) \\ 4(0{,}90) + 1(0{,}40) + 2(2{,}50) & 4(0{,}80) + 1(0{,}30) + 2(2{,}40) & 4(0{,}75) + 1(0{,}50) + 2(2{,}45) \end{bmatrix}}\begin{array}{l} \textbf{Jean} \\ \textbf{Lyse} \end{array}$$

c'est-à-dire

	Épicerie A	**Épicerie B**	**Épicerie C**	
$C =$	9,30	8,80	8,85	**Jean**
	9,00	8,30	8,40	**Lyse**

Par conséquent, pour $Q = [q_{ij}]_{2 \times 3}$ et $P = [p_{ij}]_{3 \times 3}$, nous obtenons $C = [c_{ij}]_{2 \times 3}$.

$$\underset{Q}{\begin{bmatrix} q_{11} & q_{12} & q_{13} \\ q_{21} & q_{22} & q_{23} \end{bmatrix}} \underset{P}{\begin{bmatrix} p_{11} & p_{12} & p_{13} \\ p_{21} & p_{22} & p_{23} \\ p_{31} & p_{32} & p_{33} \end{bmatrix}} = \underset{C}{\begin{bmatrix} c_{11} & c_{12} & c_{13} \\ c_{21} & c_{22} & c_{23} \end{bmatrix}}, \text{ où}$$

$$c_{11} = q_{11}p_{11} + q_{12}p_{21} + q_{13}p_{31}$$
$$c_{12} = q_{11}p_{12} + q_{12}p_{22} + q_{13}p_{32}$$
$$c_{13} = q_{11}p_{13} + q_{12}p_{23} + q_{13}p_{33}$$
$$c_{21} = q_{21}p_{11} + q_{22}p_{21} + q_{23}p_{31}$$
$$c_{22} = q_{21}p_{12} + q_{22}p_{22} + q_{23}p_{32}$$
$$c_{23} = q_{21}p_{13} + q_{22}p_{23} + q_{23}p_{33}$$

DÉFINITION 1.13 Soit $A_{m \times p}$ et $B_{p \times n}$, deux matrices dont les éléments sont des nombres réels. Le **produit** AB **des matrices** A et B est la matrice $C_{m \times n} = [c_{ij}]_{m \times n}$, où

$$c_{ij} = a_{i1}b_{1j} + a_{i2}b_{2j} + a_{i3}b_{3j} + \ldots + a_{ip}b_{pj}, \ \forall\, i \text{ et } j, \text{ c'est-à-dire}$$

$$c_{ij} = \sum_{k=1}^{p} a_{ik}b_{kj}$$

Ainsi, chaque élément c_{ij} de la matrice C est la somme du produit des éléments de la i-ième ligne de A, c'est-à-dire $a_{i1}, a_{i2}, a_{i3}, \ldots, a_{ip}$, par les éléments respectifs de la j-ième colonne de B, c'est-à-dire $b_{1j}, b_{2j}, b_{3j}, \ldots, b_{pj}$.

Par exemple :

- $c_{11} = a_{11}b_{11} + a_{12}b_{21} + a_{13}b_{31} + \ldots + a_{1p}b_{p1} = \sum_{k=1}^{p} a_{1k}b_{k1}$, soit la somme des produits des éléments de la première ligne de A par les éléments respectifs de la première colonne de B.
- $c_{45} = a_{41}b_{15} + a_{42}b_{25} + a_{43}b_{35} + \ldots + a_{4p}b_{p5} = \sum_{k=1}^{p} a_{4k}b_{k5}$, soit la somme des produits des éléments de la quatrième ligne de A par les éléments respectifs de la cinquième colonne de B.

Ainsi, si A est une matrice de dimension $m \times p$, et B, une matrice de dimension $p \times n$, alors

$$AB = \begin{bmatrix} a_{11} & a_{12} & \ldots & a_{1p} \\ a_{21} & a_{22} & \ldots & a_{2p} \\ \vdots & \vdots & & \vdots \\ a_{i1} & a_{i2} & \ldots & a_{ip} \\ \vdots & \vdots & & \vdots \\ a_{m1} & a_{m2} & \ldots & a_{mp} \end{bmatrix} \begin{bmatrix} b_{11} & b_{12} & \ldots & b_{1j} & \ldots & b_{1n} \\ b_{21} & b_{22} & \ldots & b_{2j} & \ldots & b_{2n} \\ \vdots & \vdots & & \vdots & & \vdots \\ b_{p1} & b_{p2} & \ldots & b_{pj} & \ldots & b_{pn} \end{bmatrix}$$

$$AB = [a_{ij}]_{m \times p}\,[b_{ij}]_{p \times n}$$

$$= \begin{bmatrix} c_{11} & c_{12} & \cdots & c_{1j} & \cdots & c_{1n} \\ c_{21} & c_{22} & \cdots & c_{2j} & \cdots & c_{2n} \\ \vdots & \vdots & & \vdots & & \vdots \\ c_{i1} & c_{i2} & \cdots & c_{ij} & \cdots & c_{in} \\ \vdots & \vdots & & \vdots & & \vdots \\ c_{m1} & c_{m2} & \cdots & c_{mj} & \cdots & c_{mn} \end{bmatrix} \qquad = [c_{ij}]_{m \times n}$$

$$= C, \qquad = C,$$

où $c_{ij} = a_{i1}b_{1j} + a_{i2}b_{2j} + a_{i3}b_{3j} + \ldots + a_{ip}b_{pj}$, $\forall\ i$ et j c'est-à-dire $c_{ij} = \sum_{k=1}^{p} a_{ik}b_{kj}$, $\forall\ i$ et j

Ainsi, le produit matriciel AB de deux matrices est défini seulement lorsque le nombre de colonnes de A égale le nombre de lignes de B.

De plus, la dimension de la matrice résultante C, où $C = AB$, est telle que

1) le nombre de lignes de C égale le nombre de lignes de A ;

2) le nombre de colonnes de C égale le nombre de colonnes de B.

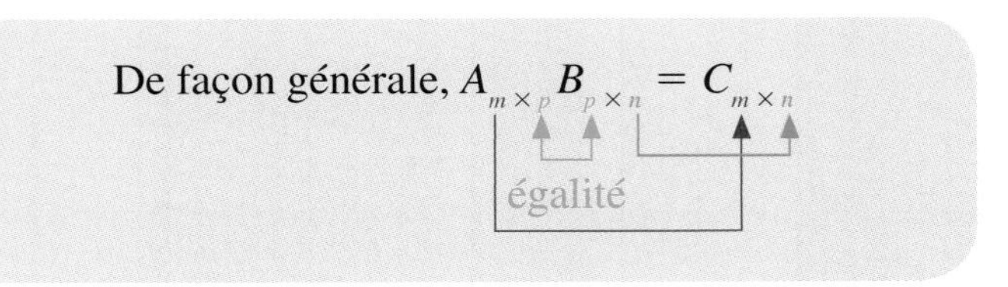

De façon générale, $A_{m \times p}B_{p \times n} = C_{m \times n}$
égalité

Exemple 3 Soit les matrices $A_{4 \times 2}$ et $B_{3 \times 4}$. Vérifions si les multiplications suivantes sont possibles.

a) La multiplication de $A_{4 \times 2}$ par $B_{3 \times 4}$ est impossible, car le produit $A_{4 \times 2}B_{3 \times 4}$ n'est pas défini.

pas d'égalité

b) La multiplication de $B_{3 \times 4}$ par $A_{4 \times 2}$ est possible, car le produit $B_{3 \times 4}A_{4 \times 2}$ est défini.

égalité

La dimension de la matrice résultante C est 3×2, car $B_{3 \times 4}A_{4 \times 2} = C_{3 \times 2}$.

Exemple 4 Soit $A = \begin{bmatrix} 1 & 4 & 3 \\ 2 & 5 & 6 \end{bmatrix}$ et $B = \begin{bmatrix} 2 & -5 \\ -4 & 8 \\ 7 & 9 \end{bmatrix}$.

a) Vérifions si nous pouvons effectuer la multiplication de la matrice A par la matrice B. La multiplication de A par B est possible, car le produit $A_{2 \times 3}B_{3 \times 2}$ est défini.

égalité

b) Déterminons la dimension de la matrice résultante C.

$A_{2 \times 3}B_{3 \times 2} = C_{2 \times 2}$, d'où la dimension de C est 2×2.

égalité

c) Effectuons la multiplication AB.

$$\begin{bmatrix} 1 & 4 & 3 \\ 2 & 5 & 6 \end{bmatrix}\begin{bmatrix} 2 & -5 \\ -4 & 8 \\ 7 & 9 \end{bmatrix} = \begin{bmatrix} 7 & \square \\ \square & \square \end{bmatrix} \qquad c_{11} = 1(2) + 4(-4) + 3(7) = 7$$

$$\begin{bmatrix} 1 & 4 & 3 \\ 2 & 5 & 6 \end{bmatrix}\begin{bmatrix} 2 & -5 \\ -4 & 8 \\ 7 & 9 \end{bmatrix} = \begin{bmatrix} \square & 54 \\ \square & \square \end{bmatrix} \qquad c_{12} = 1(-5) + 4(8) + 3(9) = 54$$

$A_{2\times 3}B_{3\times 2} = C_{2\times 2}$

$A_{2\times 3}B_{3\times 2} = \begin{bmatrix} c_{11} & c_{12} \\ c_{21} & c_{22} \end{bmatrix}$

$$\begin{bmatrix} 1 & 4 & 3 \\ 2 & 5 & 6 \end{bmatrix}\begin{bmatrix} 2 & -5 \\ -4 & 8 \\ 7 & 9 \end{bmatrix} = \begin{bmatrix} \square & \square \\ 26 & \square \end{bmatrix} \qquad c_{21} = 2(2) + 5(-4) + 6(7) = 26$$

$$\begin{bmatrix} 1 & 4 & 3 \\ 2 & 5 & 6 \end{bmatrix}\begin{bmatrix} 2 & -5 \\ -4 & 8 \\ 7 & 9 \end{bmatrix} = \begin{bmatrix} \square & \square \\ \square & 84 \end{bmatrix} \qquad c_{22} = 2(-5) + 5(8) + 6(9) = 84$$

D'où $AB = \begin{bmatrix} 7 & 54 \\ 26 & 84 \end{bmatrix}$

Exemple 5 Soit $A = \begin{bmatrix} 3 & 5 & -1 \end{bmatrix}$ et $B = \begin{bmatrix} 1 \\ 0 \\ -6 \end{bmatrix}$. Calculons AB et BA.

$A_{1\times 3}B_{3\times 1} = C_{1\times 1}$

$B_{3\times 1}A_{1\times 3} = C_{3\times 3}$

$$A_{1\times 3}B_{3\times 1} = \begin{bmatrix} 3 & 5 & -1 \end{bmatrix}\begin{bmatrix} 1 \\ 0 \\ -6 \end{bmatrix}$$

égalité

$$= \begin{bmatrix} 3(1) + 5(0) + (-1)(-6) \end{bmatrix}$$

d'où $AB = \begin{bmatrix} 9 \end{bmatrix}$

$$B_{3\times 1}A_{1\times 3} = \begin{bmatrix} 1 \\ 0 \\ -6 \end{bmatrix}\begin{bmatrix} 3 & 5 & -1 \end{bmatrix}$$

égalité

d'où $BA = \begin{bmatrix} 3 & 5 & -1 \\ 0 & 0 & 0 \\ -18 & -30 & 6 \end{bmatrix}$

Remarque L'exemple précédent nous permet de constater que $AB \neq BA$. De façon générale, la multiplication de matrices n'est pas commutative.

Exemple 6 Soit $A = \begin{bmatrix} 1 & 2 & 3 \\ 4 & 5 & 6 \end{bmatrix}$ et $B = \begin{bmatrix} 9 & 8 & 7 \\ 6 & 5 & 4 \\ 3 & 2 & 1 \end{bmatrix}$.

a) Calculons IA et AI, en choisissant I de façon adéquate.

$$I_{2\times 2}A_{2\times 3} = \begin{bmatrix} 1 & 0 \\ 0 & 1 \end{bmatrix}\begin{bmatrix} 1 & 2 & 3 \\ 4 & 5 & 6 \end{bmatrix}$$

égalité

$$= \begin{bmatrix} 1 & 2 & 3 \\ 4 & 5 & 6 \end{bmatrix}$$

d'où $IA = A$

$$A_{2\times 3}I_{3\times 3} = \begin{bmatrix} 1 & 2 & 3 \\ 4 & 5 & 6 \end{bmatrix}\begin{bmatrix} 1 & 0 & 0 \\ 0 & 1 & 0 \\ 0 & 0 & 1 \end{bmatrix}$$

égalité

$$= \begin{bmatrix} 1 & 2 & 3 \\ 4 & 5 & 6 \end{bmatrix}$$

d'où $AI = A$

b) Calculons IB et BI, en choisissant I de façon adéquate.

$$I_{3\times3}B_{3\times3} = \begin{bmatrix}1&0&0\\0&1&0\\0&0&1\end{bmatrix}\begin{bmatrix}9&8&7\\6&5&4\\3&2&1\end{bmatrix} = \begin{bmatrix}9&8&7\\6&5&4\\3&2&1\end{bmatrix}$$

égalité

d'où $IB = B$

$$B_{3\times3}I_{3\times3} = \begin{bmatrix}9&8&7\\6&5&4\\3&2&1\end{bmatrix}\begin{bmatrix}1&0&0\\0&1&0\\0&0&1\end{bmatrix} = \begin{bmatrix}9&8&7\\6&5&4\\3&2&1\end{bmatrix}$$

égalité

d'où $BI = B$

Remarque Si A est une matrice de dimension $m \times n$, alors $I_m A_{m\times n} = A_{m\times n}$ et $A_{m\times n} I_n = A_{m\times n}$.
De plus, si A est une matrice carrée d'ordre n, alors $IA = AI = A$, où I est d'ordre n.

Exemple 7 Soit $A = \begin{bmatrix}0&1\\0&0\end{bmatrix}$, $B = \begin{bmatrix}2&8\\4&0\end{bmatrix}$ et $C = \begin{bmatrix}6&9\\4&0\end{bmatrix}$. Calculons AB et AC.

$$AB = \begin{bmatrix}0&1\\0&0\end{bmatrix}\begin{bmatrix}2&8\\4&0\end{bmatrix} = \begin{bmatrix}4&0\\0&0\end{bmatrix}$$

$$AC = \begin{bmatrix}0&1\\0&0\end{bmatrix}\begin{bmatrix}6&9\\4&0\end{bmatrix} = \begin{bmatrix}4&0\\0&0\end{bmatrix}$$

Remarque L'exemple précédent nous permet de constater que $AB = AC$, même si $B \neq C$; par conséquent, lorsque $AB = AC$, on ne peut pas conclure que $B = C$.

Exemple 8 Soit $A = \begin{bmatrix}2&4\\4&8\end{bmatrix}$ et $B = \begin{bmatrix}-2&-12\\1&6\end{bmatrix}$. Calculons AB.

$$AB = \begin{bmatrix}2&4\\4&8\end{bmatrix}\begin{bmatrix}-2&-12\\1&6\end{bmatrix} = \begin{bmatrix}0&0\\0&0\end{bmatrix} = O$$

Remarque L'exemple précédent nous permet de constater que $AB = O$, même si $A \neq O$ et $B \neq O$; par conséquent, lorsque $AB = O$, on ne peut pas conclure que $A = O$ ou que $B = O$.

Exemple 9 Soit $A = \begin{bmatrix}2&-3\\6&4\end{bmatrix}$. Calculons A^2, c'est-à-dire AA.

$$A^2 = \begin{bmatrix}2&-3\\6&4\end{bmatrix}\begin{bmatrix}2&-3\\6&4\end{bmatrix} = \begin{bmatrix}-14&-18\\36&-2\end{bmatrix}$$

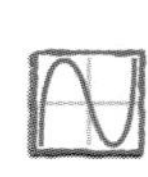

Exemple 10 Soit $A = \begin{bmatrix}1&3\\-4&2\\6&-2\\1&0\\4&-3\end{bmatrix}$, $B = \begin{bmatrix}-4&2&11&5&0\\-4&0&\frac{1}{3}&\frac{2}{5}&\frac{-3}{7}\end{bmatrix}$, $C = \begin{bmatrix}4&-5\\2&3\end{bmatrix}$ et $E = \begin{bmatrix}-1&0&-2&4\\0&2&-3&-6\end{bmatrix}$.

a) Calculons AB et BA à l'aide de Maple.

```
> with(linalg):
> A:=matrix(5,2,[1,3,-4,2,6,-2,1,0,4,-3]):
> B:=matrix([[-4,2,11,5,0],[-4,0,1/3,2/5,-3/7]]):
```

b) Calculons C^2 et CE à l'aide d'une calculatrice à affichage graphique.

Enregistrons C et E.

```
MATRIX[C]  2  ×2
[4  -5  ]
[2  3 ]
2,2=3
```

ENTER

```
MATRIX[E]  2  ×4
_0  -2  4  ]
_2  -3  -6 ]
2,4=-6
```

ENTER

Première méthode

```
> AB:=evalm(A&*B);
```

$$AB := \begin{bmatrix} -16 & 2 & 12 & \frac{31}{5} & \frac{-9}{7} \\ 8 & -8 & \frac{-130}{3} & \frac{-96}{5} & \frac{-6}{7} \\ -16 & 12 & \frac{196}{3} & \frac{146}{5} & \frac{6}{7} \\ -4 & 2 & 11 & 5 & 0 \\ -4 & 8 & 43 & \frac{94}{5} & \frac{9}{7} \end{bmatrix}$$

Deuxième méthode

```
> BA:=multiply(B,A);
```

$$BA := \begin{bmatrix} 59 & -30 \\ \frac{-116}{35} & \frac{-239}{21} \end{bmatrix}$$

Effectuons les opérations à l'écran principal.

```
[C]^2
     [[6  -35]
      [14  -1  ]]

[C][E]
     [[-4  -10  7  46...
      [-2  6  -13  -1...
```

1

Propriétés de la multiplication de matrices

Il y a environ 150 ans...

William R. Hamilton
(1805-1865)

En général, la multiplication de matrices n'est pas commutative, même pour le produit de matrices carrées (voir les explications qui suivent l'exemple 5, page 27). Cette absence de commutativité illustre bien jusqu'à quel point les propriétés des opérations sur les matrices s'éloignent de celles sur les nombres réels. Avant que Cayley introduise les matrices en 1858, **William R. Hamilton** créa d'autres objets mathématiques, qu'il appelle quaternions, pour lesquels la multiplication n'est pas commutative. Dans le processus de découverte de ces quaternions, plusieurs années s'écoulent avant que Hamilton se rende compte qu'il doit abandonner la commutativité. La glace étant brisée, la non-commutativité de la multiplication des matrices de Cayley est acceptée sans problème.

Énonçons maintenant des propriétés relatives à la multiplication de matrices dont les éléments sont des nombres réels.

Propriétés de la multiplication de matrices

Si A, B et C sont trois matrices de dimensions compatibles et dont les éléments sont des nombres réels, nous avons alors les propriétés suivantes :

Propriété 1 $(AB)C = A(BC)$ (associativité)

Propriété 2 $A(B + C) = AB + AC$ (distributivité à gauche)

Propriété 3 $(A + B)C = AC + BC$ (distributivité à droite)

Propriété 4 $k(AB) = (kA)B = A(kB)$, où $k \in \mathbb{R}$

Démontrons la propriété 2.

PROPRIÉTÉ 2 $A_{mn}(B_{np} + C_{np}) = A_{mn}B_{np} + A_{mn}C_{np}$ (distributivité à gauche)

PREUVE Nous constatons que les matrices $A_{mn}(B_{np} + C_{np})$ et $(A_{mn}B_{np} + A_{mn}C_{np})$ ont la même dimension, soit $m \times p$.

$$
\begin{aligned}
A(B+C) &= AE && \text{(où } E = B + C\text{)}\\
&= \left[\sum_{k=1}^{n} a_{ik}e_{kj}\right] && \text{(définition de la multiplication de matrices)}\\
&= \left[\sum_{k=1}^{n} a_{ik}(b_{kj}+c_{kj})\right] && \text{(car } e_{kj} = b_{kj} + c_{kj}\text{)}\\
&= \left[\sum_{k=1}^{n} (a_{ik}b_{kj}+a_{ik}c_{kj})\right] && \text{(distributivité de la multiplication sur l'addition dans } \mathbb{R}\text{)}\\
&= \left[\sum_{k=1}^{n} a_{ik}b_{kj} + \sum_{k=1}^{n} a_{ik}c_{kj}\right] && \text{(en regroupant de façon différente)}\\
&= \left[\sum_{k=1}^{n} a_{ik}b_{kj}\right] + \left[\sum_{k=1}^{n} a_{ik}c_{kj}\right] && \text{(définition de l'addition de matrices)}\\
&= AB + AC && \text{(définition de la multiplication de matrices)}
\end{aligned}
$$

La preuve de la propriété 1 (associativité) étant laborieuse, nous allons vérifier cette propriété à l'aide de l'exemple suivant. Une vérification n'est pas une preuve.

Exemple 1 Soit $A = \begin{bmatrix} 4 & 0 & 3 \\ -1 & 5 & 2 \end{bmatrix}$, $B = \begin{bmatrix} 7 \\ -2 \\ 5 \end{bmatrix}$ et $C = \begin{bmatrix} 2 & -3 & 5 & 4 \end{bmatrix}$.

Vérifions que $(AB)C = A(BC)$.

D'une part, $\left(\begin{bmatrix} 4 & 0 & 3 \\ -1 & 5 & 2 \end{bmatrix}\begin{bmatrix} 7 \\ -2 \\ 5 \end{bmatrix}\right)\begin{bmatrix} 2 & -3 & 5 & 4 \end{bmatrix} = \begin{bmatrix} 43 \\ -7 \end{bmatrix}\begin{bmatrix} 2 & -3 & 5 & 4 \end{bmatrix}$

$$= \begin{bmatrix} 86 & -129 & 215 & 172 \\ -14 & 21 & -35 & -28 \end{bmatrix}$$

D'autre part, $\begin{bmatrix} 4 & 0 & 3 \\ -1 & 5 & 2 \end{bmatrix}\left(\begin{bmatrix} 7 \\ -2 \\ 5 \end{bmatrix}\begin{bmatrix} 2 & -3 & 5 & 4 \end{bmatrix}\right) = \begin{bmatrix} 4 & 0 & 3 \\ -1 & 5 & 2 \end{bmatrix}\begin{bmatrix} 14 & -21 & 35 & 28 \\ -4 & 6 & -10 & -8 \\ 10 & -15 & 25 & 20 \end{bmatrix}$

$$= \begin{bmatrix} 86 & -129 & 215 & 172 \\ -14 & 21 & -35 & -28 \end{bmatrix}$$

d'où $(AB)C = A(BC)$

Exemple 2 Soit $A = \begin{bmatrix} 1 & 0 & 1 \\ 2 & 1 & 0 \\ 0 & 1 & -1 \end{bmatrix}$ et $B = \begin{bmatrix} -1 & 1 & -1 \\ 2 & -1 & 2 \\ 2 & -1 & 1 \end{bmatrix}$. Calculons AB et BA.

$$\underbrace{\begin{bmatrix} 1 & 0 & 1 \\ 2 & 1 & 0 \\ 0 & 1 & -1 \end{bmatrix}}_{A}\underbrace{\begin{bmatrix} -1 & 1 & -1 \\ 2 & -1 & 2 \\ 2 & -1 & 1 \end{bmatrix}}_{B} = \underbrace{\begin{bmatrix} 1 & 0 & 0 \\ 0 & 1 & 0 \\ 0 & 0 & 1 \end{bmatrix}}_{I_{3\times 3}} \qquad \underbrace{\begin{bmatrix} -1 & 1 & -1 \\ 2 & -1 & 2 \\ 2 & -1 & 1 \end{bmatrix}}_{B}\underbrace{\begin{bmatrix} 1 & 0 & 1 \\ 2 & 1 & 0 \\ 0 & 1 & -1 \end{bmatrix}}_{A} = \underbrace{\begin{bmatrix} 1 & 0 & 0 \\ 0 & 1 & 0 \\ 0 & 0 & 1 \end{bmatrix}}_{I_{3\times 3}}$$

d'où $AB = BA = I_{3\times 3}$

DÉFINITION 1.14 Soit $A_{n \times n}$, une matrice carrée. S'il existe une matrice $B_{n \times n}$ telle que

$$AB = BA = I_{n \times n}$$

alors la matrice A est inversible et la matrice B est appelée l'**inverse multiplicatif** de A. Cette matrice B est notée A^{-1}. Ainsi, $AA^{-1} = A^{-1}A = I_{n \times n}$.

Dans les chapitres 2 et 3, nous verrons comment déterminer l'inverse A^{-1} d'une matrice carrée A lorsque A^{-1} existe.

THÉORÈME 1.1 Si A est une matrice carrée inversible, alors l'inverse de A est unique.

PREUVE Soit B et C, deux matrices inverses de A. Ainsi,

$$\begin{aligned} BA &= I && \text{(définition 1.14)} \\ (BA)C &= IC && \\ B(AC) &= C && \text{(associativité et } IC = C) \\ BI &= C && \text{(car } AC = I) \\ B &= C && \text{(car } BI = B) \end{aligned}$$

d'où $B = C$

DÉFINITION 1.15 Pour une matrice carrée A, $A^k = \underbrace{AAA \ldots A}_{k \text{ fois}}$, où $k \in \{1, 2, 3, \ldots\}$.

Remarque De la définition précédente, nous avons les propriétés suivantes.

Si A est une matrice carrée d'ordre n, et si r et $s \in \mathbb{N}$, alors

1) $A^rA^s = A^{r+s}$
2) $A^0 = I_n$, si $A \neq O_{n \times n}$
3) $(A^r)^s = A^{rs}$

Exemple 3 Soit $A = \begin{bmatrix} 3 & 1 \\ 0 & 2 \end{bmatrix}$.

a) Calculons A^3.

$$\begin{aligned} A^3 &= (AA)A \\ &= \left(\begin{bmatrix} 3 & 1 \\ 0 & 2 \end{bmatrix}\begin{bmatrix} 3 & 1 \\ 0 & 2 \end{bmatrix}\right)\begin{bmatrix} 3 & 1 \\ 0 & 2 \end{bmatrix} \\ &= \begin{bmatrix} 9 & 5 \\ 0 & 4 \end{bmatrix}\begin{bmatrix} 3 & 1 \\ 0 & 2 \end{bmatrix} \\ &= \begin{bmatrix} 27 & 19 \\ 0 & 8 \end{bmatrix} \end{aligned}$$

b) Calculons A^4.

$$\begin{aligned} A^4 &= A^{3+1} \\ &= A^3A \\ &= \begin{bmatrix} 27 & 19 \\ 0 & 8 \end{bmatrix}\begin{bmatrix} 3 & 1 \\ 0 & 2 \end{bmatrix} \\ &= \begin{bmatrix} 81 & 65 \\ 0 & 16 \end{bmatrix} \end{aligned}$$

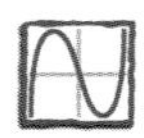

c) Calculons A^{10} à l'aide d'un outil technologique.

Maple

```
> with(linalg):
> A:=matrix(2,2,[3,1,0,2]);
```

$$A := \begin{bmatrix} 3 & 1 \\ 0 & 2 \end{bmatrix}$$

```
> A^10=evalm(A^10);
```

$$A^{10} = \begin{bmatrix} 59049 & 58025 \\ 0 & 1024 \end{bmatrix}$$

Calculatrice

Enregistrons A.

```
MATRIX[A]  2  ×2
[3  1  ]
[0  2 ]
2,2=2
```

ENTER

Effectuons l'opération à l'écran principal.

```
[A]^10
    [[59049  58025]
     [0  1024]]
```

Matrices idempotente, nilpotente, transposée, symétrique, antisymétrique

Définissons d'autres matrices particulières.

DÉFINITION 1.16 Une matrice carrée A est dite **idempotente** lorsque $A^2 = A$.

Exemple 1 Soit $A = \begin{bmatrix} 1 & 0 \\ 0 & 0 \end{bmatrix}$ et $B = \begin{bmatrix} 0 & -5 \\ 0 & 1 \end{bmatrix}$. Vérifions que les matrices A et B sont idempotentes.

Matrice idempotente

$$A^2 = \begin{bmatrix} 1 & 0 \\ 0 & 0 \end{bmatrix}\begin{bmatrix} 1 & 0 \\ 0 & 0 \end{bmatrix} = \begin{bmatrix} 1 & 0 \\ 0 & 0 \end{bmatrix} = A$$

d'où A est idempotente.

$$B^2 = \begin{bmatrix} 0 & -5 \\ 0 & 1 \end{bmatrix}\begin{bmatrix} 0 & -5 \\ 0 & 1 \end{bmatrix} = \begin{bmatrix} 0 & -5 \\ 0 & 1 \end{bmatrix} = B$$

d'où B est idempotente.

DÉFINITION 1.17 1) Une matrice carrée est dite **nilpotente** lorsqu'il existe un entier positif n tel que

$$A^n = O$$

2) Le plus petit entier positif n tel que $A^n = O$ est appelé **indice de nilpotence**.

Exemple 2 Soit $A = \begin{bmatrix} 1 & -2 & 1 \\ 1 & -2 & 1 \\ 1 & -2 & 1 \end{bmatrix}$. Vérifions que la matrice A est nilpotente et trouvons l'indice de nilpotence de A.

Matrice nilpotente

$$A^2 = \begin{bmatrix} 1 & -2 & 1 \\ 1 & -2 & 1 \\ 1 & -2 & 1 \end{bmatrix}\begin{bmatrix} 1 & -2 & 1 \\ 1 & -2 & 1 \\ 1 & -2 & 1 \end{bmatrix} = \begin{bmatrix} 0 & 0 & 0 \\ 0 & 0 & 0 \\ 0 & 0 & 0 \end{bmatrix}$$

d'où A est nilpotente et l'indice de nilpotence de A est 2.

DÉFINITION 1.18 Soit une matrice $A_{m \times n} = [a_{ij}]_{m \times n}$.

La **matrice transposée** de A, notée A^T, est la matrice de dimension $n \times m$ telle que

$$A^T_{n \times m} = [a_{ji}]_{n \times m}$$

Ainsi, la première ligne de A devient la première colonne de A^T, la deuxième ligne de A devient la deuxième colonne de A^T, etc.

Exemple 3

a) Déterminons la transposée des matrices A et B suivantes.

Si $A = \begin{bmatrix} 1 & 5 & -2 & 7 \\ 3 & 6 & 0 & 8 \end{bmatrix}$, alors $A^T = \begin{bmatrix} 1 & 3 \\ 5 & 6 \\ -2 & 0 \\ 7 & 8 \end{bmatrix}$

Si $B = \begin{bmatrix} b_{11} & b_{12} \\ b_{21} & b_{22} \\ b_{31} & b_{32} \end{bmatrix}$, alors $B^T = \begin{bmatrix} b_{11} & b_{21} & b_{31} \\ b_{12} & b_{22} & b_{32} \end{bmatrix}$

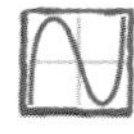

b) Trouvons la transposée de C, où $C = \begin{bmatrix} 1 & -2 & 4 \\ 3 & 0 & 5 \end{bmatrix}$, à l'aide de Maple.

```
> with(linalg):
> C:=matrix(2,3,[1,-2,4,3,0,5]);
```

$$C := \begin{bmatrix} 1 & -2 & 4 \\ 3 & 0 & 5 \end{bmatrix}$$

```
> CT=transpose(C);
```

$$CT = \begin{bmatrix} 1 & 3 \\ -2 & 0 \\ 4 & 5 \end{bmatrix}$$

Puisque dans une matrice symétrique, $a_{ij} = a_{ji}$, $\forall$ i et j, et que dans une matrice antisymétrique, $a_{ij} = -a_{ji}$, $\forall$ i et j (définition 1.8), nous pouvons énoncer le théorème suivant.

THÉORÈME 1.2

1) Une matrice carrée A est symétrique si et seulement si $A^T = A$.

2) Une matrice carrée A est antisymétrique si et seulement si $A^T = -A$.

Les preuves sont laissées à l'élève.

Exemple 4 Soit $A = \begin{bmatrix} 1 & -2 & 3 \\ -2 & 5 & 7 \\ 3 & 7 & 4 \end{bmatrix}$ et $B = \begin{bmatrix} 0 & 4 \\ -4 & 0 \end{bmatrix}$.

a) Déterminer si A est symétrique ou antisymétrique.

Puisque $A^T = \begin{bmatrix} 1 & -2 & 3 \\ -2 & 5 & 7 \\ 3 & 7 & 4 \end{bmatrix} = A$, A est symétrique. (théorème 1.2)

b) Déterminer si B est symétrique ou antisymétrique.

Puisque $B^T = \begin{bmatrix} 0 & -4 \\ 4 & 0 \end{bmatrix} = -1\begin{bmatrix} 0 & 4 \\ -4 & 0 \end{bmatrix} = -B$, B est antisymétrique. (théorème 1.2)

Énonçons maintenant des propriétés relatives à la transposée d'une matrice.

Propriétés de la transposée d'une matrice

Si A et B sont deux matrices de dimensions compatibles, et si $k \in \mathbb{R}$, nous avons alors les propriétés suivantes.

Propriété 1 $(A^T)^T = A$

Propriété 2 $(A + B)^T = A^T + B^T$

Propriété 3 $(AB)^T = B^T A^T$

Propriété 4 $(kA)^T = kA^T$

La preuve de ces propriétés est laissée à l'élève.

Exemple 5 Soit $A = \begin{bmatrix} 1 & -2 & 4 \\ 3 & 0 & 5 \end{bmatrix}$ et $B = \begin{bmatrix} -1 & 4 \\ 0 & 2 \\ 1 & 3 \end{bmatrix}$. Vérifions la propriété 3.

D'une part, $AB = \begin{bmatrix} 1 & -2 & 4 \\ 3 & 0 & 5 \end{bmatrix} \begin{bmatrix} -1 & 4 \\ 0 & 2 \\ 1 & 3 \end{bmatrix} = \begin{bmatrix} 3 & 12 \\ 2 & 27 \end{bmatrix}$. Donc, $(AB)^T = \begin{bmatrix} 3 & 2 \\ 12 & 27 \end{bmatrix}$

D'autre part, $B^T A^T = \begin{bmatrix} -1 & 0 & 1 \\ 4 & 2 & 3 \end{bmatrix} \begin{bmatrix} 1 & 3 \\ -2 & 0 \\ 4 & 5 \end{bmatrix} = \begin{bmatrix} 3 & 2 \\ 12 & 27 \end{bmatrix}$

d'où $(AB)^T = B^T A^T$.

THÉORÈME 1.3 Si A est une matrice de dimension $m \times n$, alors AA^T et A^TA sont des matrices symétriques.

PREUVE

$(AA^T)^T = (A^T)^T A^T$ (propriété 3)

$(AA^T)^T = AA^T$ (propriété 1)

$(A^TA)^T = A^T(A^T)^T$ (propriété 3)

$(A^TA)^T = A^TA$ (propriété 1)

d'où AA^T et A^TA sont des matrices symétriques. (théorème 1.2)

Exemple 6 Soit $A = \begin{bmatrix} 2 & -3 & 4 & 7 \\ -5 & 9 & 15 & 0 \\ 6 & 11 & 1 & -7 \end{bmatrix}$. Vérifions, à l'aide d'un outil technologique, que AA^T et A^TA sont des matrices symétriques.

Maple

```
> with(linalg):
> A:=matrix(3,4,[2,-3,4,7,-5,9,15,0,6,11,1,-7]);
```

$$A := \begin{bmatrix} 2 & -3 & 4 & 7 \\ -5 & 9 & 15 & 0 \\ 6 & 11 & 1 & -7 \end{bmatrix}$$

```
> AT:=transpose(A);
```

$$AT := \begin{bmatrix} 2 & -5 & 6 \\ -3 & 9 & 11 \\ 4 & 15 & 1 \\ 7 & 0 & -7 \end{bmatrix}$$

Calculatrice

Enregistrons A.

```
MATRIX[A]  3  ×4
[2  -3  4  _
[-5  9  15  _
[6  11  1  _
3,1=6
```

```
MATRIX[A]  3  ×4
_  -3  4  7  ]
_  9  15  0  ]
_  -11  1  -7  ]
3,4=-7
```

Enregistrons la transposée de A.

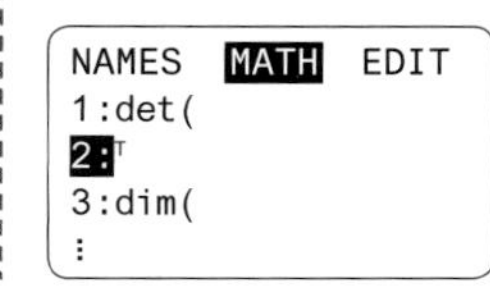

> multiply(A,AT);

$$\begin{bmatrix} 78 & 23 & -66 \\ 23 & 331 & 84 \\ -66 & 84 & 207 \end{bmatrix}$$

> multiply(AT,A);

$$\begin{bmatrix} 65 & 15 & -61 & -28 \\ 15 & 211 & 134 & -98 \\ -61 & 134 & 242 & 21 \\ -28 & -98 & 21 & 98 \end{bmatrix}$$

Effectuons l'opération à l'écran principal.

```
[A]*[A]ᵀ
   [[78  23  -66]
    [23  331  84]
    [-66  84  207]]
```

```
[A]ᵀ*[A]
[[65  15  -61  -...
 [15  211  134  -...
 [-61  134  242  2...
 [-28  -98  21  9...
```

```
[A]ᵀ*[A]
 ...  15  -61  -28  ]
 ...  211  134  -98  ]
 ...1  134  242  21  ]
 ...8  -98  21  98  ]]
```

D'où AA^{T} et $A^{\text{T}}A$ sont des matrices symétriques.

THÉORÈME 1.4 Si A est une matrice carrée d'ordre n, alors

1) $(A + A^{\text{T}})$ est une matrice symétrique;

2) $(A - A^{\text{T}})$ est une matrice antisymétrique.

PREUVE 1)

$(A + A^{\text{T}})^{\text{T}} = A^{\text{T}} + (A^{\text{T}})^{\text{T}}$ (propriété 2)

$= A^{\text{T}} + A$ (propriété 1)

$= A + A^{\text{T}}$ (commutativité de l'addition de matrices)

d'où $(A + A^{\text{T}})$ est une matrice symétrique. (théorème 1.2)

2) La preuve est laissée à l'élève.

Exercices 1.3

1. Soit les matrices $A_{2\times 3}$, $B_{4\times 3}$, $C_{3\times 3}$, $E_{3\times 2}$ et $F_{3\times 7}$. Déterminer, si c'est possible, la dimension des matrices suivantes.

a) AC b) EA c) AE

d) EC e) BC f) BF

g) FE h) ACB i) BEA

j) ACF k) $BCEA$ l) $EACF$

2. a) Déterminer la dimension de la matrice B si le produit $(AB)C$ est défini lorsque A est de dimension 2×2 et C, de dimension 4×3.

b) Soit A et B, deux matrices telles que A est de dimension 3×5 et telles que les produits AB et BA sont définis. Déterminer la dimension de B.

3. Effectuer, si c'est possible, AB et BA lorsque:

a) $A = \begin{bmatrix} 4 & -2 \\ 3 & 1 \end{bmatrix}$ et $B = \begin{bmatrix} 0 & 7 \\ -5 & 8 \end{bmatrix}$

b) $A = \begin{bmatrix} 1 & 0 & 6 \\ 2 & -3 & 5 \end{bmatrix}$ et $B = \begin{bmatrix} 3 & -4 \\ 1 & 10 \end{bmatrix}$

c) $A = [\,2 \quad 1 \quad 3\,]$ et $B = \begin{bmatrix} -1 \\ 4 \\ 7 \end{bmatrix}$

d) $A = \begin{bmatrix} 11 & -8 \\ 5 & 7 \\ 9 & 2 \end{bmatrix}$ et $B = \begin{bmatrix} -11 \\ 10 \\ 22 \end{bmatrix}$

e) $A = \begin{bmatrix} -2 & 5 & 1 \\ 1 & -2 & 0 \\ 0 & -1 & 3 \\ 4 & 6 & -2 \end{bmatrix}$ et $B = \begin{bmatrix} 2 & 4 & 1 & 0 & -2 \\ 0 & -3 & 3 & 0 & 1 \\ 1 & 2 & -2 & 0 & 4 \end{bmatrix}$

4. Soit $A = \begin{bmatrix} 2 & -1 \\ 0 & 3 \\ 1 & -2 \end{bmatrix}$, $B = \begin{bmatrix} 1 & -2 \\ 2 & 3 \end{bmatrix}$ et

$C = \begin{bmatrix} 2 & 1 & -1 & 1 \\ -3 & 4 & 0 & 2 \end{bmatrix}$.

Vérifier que $(AB)C = A(BC)$.

5. Soit $A = \begin{bmatrix} -1 & 0 & 2 \\ 4 & 1 & 3 \end{bmatrix}$, $B = \begin{bmatrix} 2 & 4 \\ 1 & -3 \\ 0 & 5 \end{bmatrix}$ et

$C = \begin{bmatrix} -2 & -2 \\ 0 & 4 \\ 1 & -3 \end{bmatrix}$. Vérifier que

a) $A(B + C) = AB + AC$;

b) $(B + C)A = BA + CA$.

6. Déterminer si les matrices suivantes sont idempotentes.

a) $A = \begin{bmatrix} 0 & 1 \\ 0 & 1 \end{bmatrix}$ b) $B = \begin{bmatrix} 2 & -1 \\ 2 & 4 \end{bmatrix}$

c) $C = \begin{bmatrix} -11 & 4 \\ -33 & 12 \end{bmatrix}$ d) $E = \begin{bmatrix} 1 & 0 & 0 \\ 0 & 1 & 1 \\ 0 & -1 & 1 \end{bmatrix}$

7. Déterminer l'indice de nilpotence des matrices suivantes.

a) $A = \begin{bmatrix} 2 & -4 \\ 1 & -2 \end{bmatrix}$ b) $B = \begin{bmatrix} 0 & -1 & -2 \\ 0 & 0 & -3 \\ 0 & 0 & 0 \end{bmatrix}$

8. Soit $A = \begin{bmatrix} 2 & 0 \\ 1 & 4 \end{bmatrix}$. Calculer :

a) A^2 b) A^3

c) A^6 d) $A^2 - 3A + 5I$

9. Soit $A = \begin{bmatrix} 1 & 2 & 3 & -1 \end{bmatrix}$. Calculer :

a) AA^{T} b) $A^{\mathrm{T}}A$

10. Soit $A = \begin{bmatrix} 1 & 4 \\ 2 & 5 \\ 3 & 6 \end{bmatrix}$ et $B = \begin{bmatrix} 0 & 2 \\ 1 & 3 \end{bmatrix}$.

a) Vérifier que $(AB)^{\mathrm{T}} = B^{\mathrm{T}}A^{\mathrm{T}}$.

b) Calculer $AB + (B^{\mathrm{T}}A^{\mathrm{T}})^{\mathrm{T}}$.

11. Soit $A = \begin{bmatrix} 1 & 2 & -4 \\ 5 & -6 & 3 \\ -3 & 2 & 1 \end{bmatrix}$ et $B = \begin{bmatrix} 3 & -2 & 1 \\ 5 & 6 & -8 \\ 2 & 3 & 4 \end{bmatrix}$.

Déterminer :

a) B^{T} b) $(I_{3 \times 3} + B)^{\mathrm{T}}$

c) $3A^{\mathrm{T}} + 2B$ d) $(A + B)^{\mathrm{T}}$

e) $A^{\mathrm{T}} + B^{\mathrm{T}}$ f) $A^{\mathrm{T}}B$

g) $((AB)^{\mathrm{T}} - (BA)^{\mathrm{T}})^{\mathrm{T}}$ h) $(A^{\mathrm{T}})^{\mathrm{T}}$

12. Soit $A = \begin{bmatrix} 2 & 1 & 0 \\ -4 & -1 & -3 \\ 3 & 1 & 2 \end{bmatrix}$ et $B = \begin{bmatrix} 1 & -2 & -3 \\ -1 & 4 & 6 \\ -1 & 1 & 2 \end{bmatrix}$.

a) Déterminer AB et BA.

b) Quel nom particulier peut-on donner à B ? Expliquer.

c) Exprimer B en fonction de A.

d) Utiliser une des propriétés de la matrice transposée pour déterminer $B^{\mathrm{T}}A^{\mathrm{T}}$.

13. Soit $A = \begin{bmatrix} -1 & 4 & 0 \\ -1 & 3 & 0 \end{bmatrix}$ et $B = \begin{bmatrix} 3 & -4 \\ 1 & -1 \\ 3 & 5 \end{bmatrix}$.

a) Calculer AB.

b) Pouvons-nous conclure que $B = A^{-1}$? Expliquer.

14. Déterminer les valeurs de a, b, c, d et e telles que :

a) $\begin{bmatrix} a & 2 \\ 4 & b \end{bmatrix}\begin{bmatrix} 5 \\ 3 \end{bmatrix} = \begin{bmatrix} -4 \\ 8 \end{bmatrix}$

b) $\begin{bmatrix} 2 & a & -1 \\ -4 & 1 & b \end{bmatrix}\begin{bmatrix} -2 & c \\ 3 & -1 \\ 4 & 1 \end{bmatrix} = \begin{bmatrix} 1 & 3 \\ -4 & -3 \end{bmatrix}^{\mathrm{T}}$

c) $\begin{bmatrix} 1 & a & b \\ 1 & 0 & c \\ 0 & 0 & 2 \end{bmatrix}\begin{bmatrix} 2 & 0 & 0 \\ 3 & 1 & 0 \\ 0 & 0 & 1 \end{bmatrix} = \begin{bmatrix} -4 & e & 2 \\ 2 & 0 & -5 \\ d & 0 & 2 \end{bmatrix}$

15. Soit $A = \begin{bmatrix} 1 & 2 \\ 3 & 4 \end{bmatrix}$, $B = \begin{bmatrix} 5 & 6 \\ 7 & 8 \end{bmatrix}$, où k et $m \in \mathbb{R}$.

Vérifier que $(km)(AB) = (kA)(mB) = A(km)B$.

16. Soit $A = \begin{bmatrix} 1 & 2 \\ 1 & 0 \end{bmatrix}$ et $B = \begin{bmatrix} -1 & 3 \\ 0 & 2 \end{bmatrix}$.

a) Calculer A^2, B^2, AB et BA.

b) Calculer $(A - B)(A + B)$ et $(A^2 - B^2)$, puis comparer les résultats.

c) Calculer $(A + B)^2$ et $A^2 + 2AB + B^2$, puis comparer les résultats.

d) Calculer $A^2 + AB + BA + B^2$, puis comparer le résultat avec $(A + B)^2$.

17. Soit $M = \begin{bmatrix} a & b \\ 0 & a \end{bmatrix}$, où a et $b \in \mathbb{R}$.

a) Calculer M^2, M^3 et M^4.

b) Déterminer M^n, où $n \in \mathbb{N}$.

18. Soit $A = \begin{bmatrix} a & b \\ c & d \end{bmatrix}$ et $B = \begin{bmatrix} e & f \\ g & h \end{bmatrix}$.

Vérifier que $(AB)^{\mathrm{T}} = B^{\mathrm{T}}A^{\mathrm{T}}$.

19. Démontrer que

a) $A_{mn}I_n = A_{mn}$;

b) $I_pB_{pq} = B_{pq}$;

c) $C_{nn}I_n = I_nC_{nn} = C_{nn}$.

20. Soit A_{mn} et B_{mn}, deux matrices. Démontrer que

a) $(A^{\mathrm{T}})^{\mathrm{T}} = A$;

b) $(A + B)^{\mathrm{T}} = A^{\mathrm{T}} + B^{\mathrm{T}}$;

c) $(kA)^{\mathrm{T}} = kA^{\mathrm{T}}$, où $k \in \mathbb{R}$;

d) si $m = n$, alors $(A - A^{\mathrm{T}})$ est antisymétrique.

21. Une entreprise de construction offre quatre modèles de maison différents dans trois villes distinctes.

Dominique Parent

Le tableau suivant indique le nombre de fenêtres, de portes extérieures et de portes intérieures associées à chacun des modèles.

	Fenêtres	Portes extérieures	Portes intérieures
Aster	18	3	10
Hosta	20	4	11
Jonc	24	5	12
Lis	16	2	8

Le tableau qui suit indique le nombre de maisons par modèle en construction dans les trois villes.

	Brossard	Laval	Candiac
Aster	12	7	8
Hosta	9	5	4
Jonc	2	4	1
Lis	3	5	0

Le prix moyen d'une porte intérieure est de 95 $, celui d'une porte extérieure est de 675 $ et celui d'une fenêtre est de 815 $.

a) Effectuer le produit matriciel approprié pour déterminer le nombre
   i) de fenêtres nécessaires à Brossard;
   ii) de portes extérieures requises à Candiac;
   iii) de portes intérieures requises à Laval.

b) Déterminer le nombre total de portes extérieures que l'entreprise doit se procurer.

c) Effectuer le produit matriciel approprié pour déterminer le coût total de ces matériaux dans chacune des villes.

Réseau de concepts

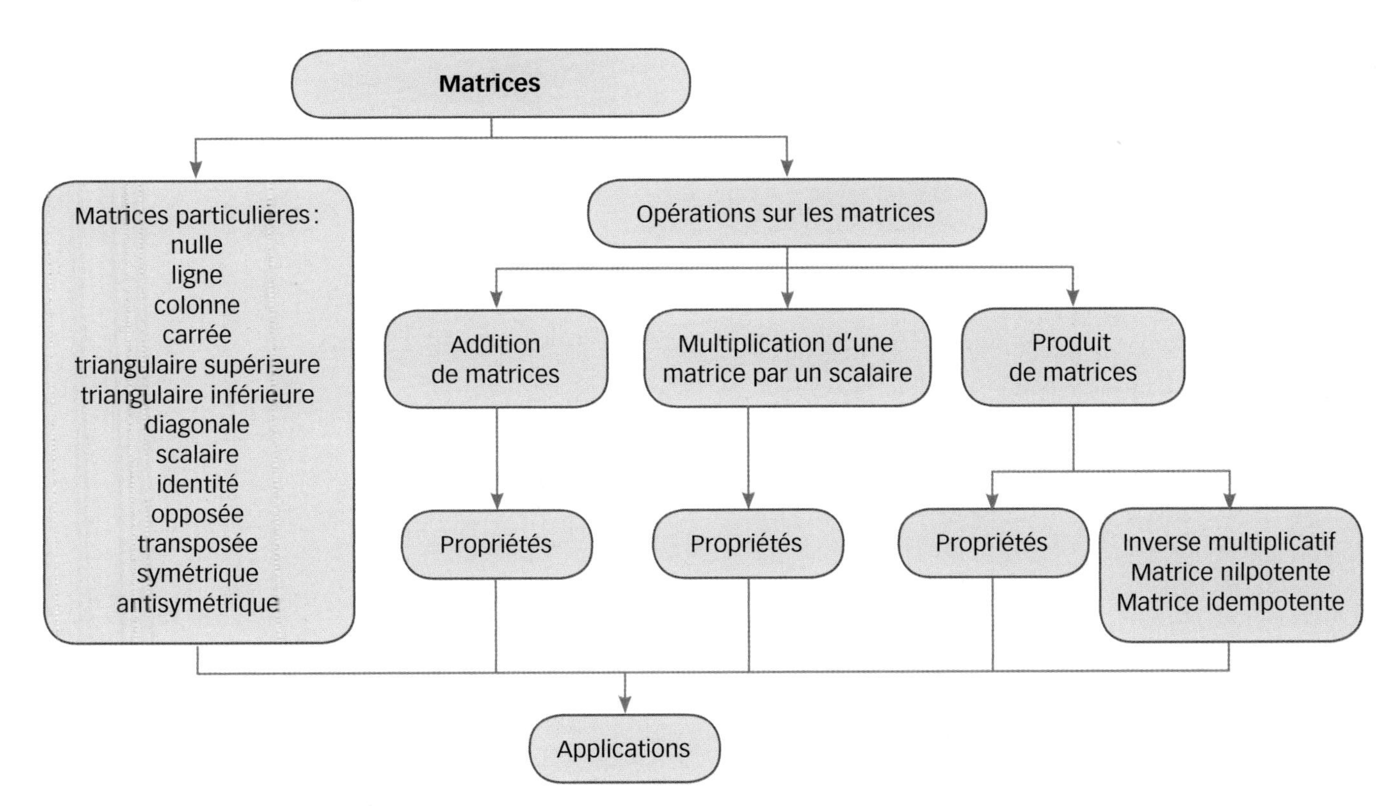

Vérification des apprentissages

Après l'étude de ce chapitre, je suis en mesure de compléter le résumé suivant avant de résoudre les exercices récapitulatifs et les problèmes de synthèse.

Matrices particulières

Une matrice A est une matrice

nulle si ______

ligne si ______

colonne si ______

diagonale si ______

triangulaire supérieure si ______

triangulaire inférieure si ______

symétrique si ______

antisymétrique si ______

scalaire si ______

identité si ______

idempotente si ______

nilpotente si ______

Égalité de deux matrices

Les matrices $A_{m \times n}$ et $B_{r \times s}$ sont égales si et seulement si 1) ______ 2) ______

Addition de matrices et multiplication d'une matrice par un scalaire

$A_{m \times n} + B_{m \times n} = [a_{ij}]_{m \times n} + [b_{ij}]_{m \times n} =$ ______

$kA_{m \times n} = k[a_{ij}]_{m \times n} =$ ______

Propriétés de l'addition de matrices et de la multiplication d'une matrice par un scalaire

Si $\mathcal{M}$ est l'ensemble des matrices de dimension $m \times n$ dont les éléments sont des nombres réels, alors $\forall$ A, B et $C \in \mathcal{M}$ et $\forall$ r et $s \in \mathbb{R}$, et nous avons les propriétés suivantes :

Propriété 1 $(A + B) \in$ ______

Propriété 2 $A + B =$ ______

Propriété 3 $A + (B + C) =$ ______

Propriété 4 $A + O =$ ______

Propriété 5 $A + (-A) =$ ______

Propriété 6 $rA \in$ ______

Propriété 7 $r(A + B) =$ ______

Propriété 8 $(r + s)A =$ ______

Propriété 9 $r(sA) =$ ______

Propriété 10 $1A =$ ______

Multiplication de matrices

$A_{m \times \_\_} B_{p \times \_\_} = C_{\_\_ \times n}$

Si A est une matrice de dimension $m \times p$, et B, une matrice de dimension $p \times n$, alors

$$AB = \begin{bmatrix} a_{11} & a_{12} & \cdots & a_{1p} \\ a_{21} & a_{22} & \cdots & a_{2p} \\ \vdots & \vdots & & \vdots \\ a_{i1} & a_{i2} & \cdots & a_{ip} \\ \vdots & \vdots & & \vdots \\ a_{m1} & a_{m2} & \cdots & a_{mp} \end{bmatrix} \begin{bmatrix} b_{11} & b_{12} & \cdots & b_{1j} & \cdots & b_{1n} \\ b_{21} & b_{22} & \cdots & b_{2j} & \cdots & b_{2n} \\ \vdots & \vdots & & \vdots & & \vdots \\ b_{p1} & b_{p2} & \cdots & b_{pj} & \cdots & b_{pn} \end{bmatrix} = \begin{bmatrix} c_{11} & c_{12} & \cdots & c_{1j} & \cdots & c_{1n} \\ c_{21} & c_{22} & \cdots & c_{2j} & \cdots & c_{2n} \\ \vdots & \vdots & & \vdots & & \vdots \\ c_{i1} & c_{i2} & \cdots & c_{ij} & \cdots & c_{in} \\ \vdots & \vdots & & \vdots & & \vdots \\ c_{m1} & c_{m2} & \cdots & c_{mj} & \cdots & c_{mn} \end{bmatrix}$$

, où $c_{ij} =$ ______

$AI = IA =$ ______

Si $AB = BA = I$, alors $B =$ ______

Propriétés de la multiplication de matrices

Si A, B et C sont trois matrices de dimensions compatibles et dont les éléments sont des nombres réels, nous avons alors les propriétés suivantes :

Propriété 1 $(AB)C =$ ______ **Propriété 3** $(A + B)C =$ ______

Propriété 2 $A(B + C) =$ ______ **Propriété 4** $k(AB) =$ ______ $=$ ______, où $k \in \mathbb{R}$

Transposée d'une matrice

Une matrice B est la transposée d'une matrice A, c'est-à-dire $B = A^{\mathrm{T}}$, si ______

Si A et B sont deux matrices de dimensions compatibles, et si $k \in \mathbb{R}$, nous avons alors les propriétés suivantes :

Propriété 1 $(A^{\mathrm{T}})^{\mathrm{T}} =$ ______ **Propriété 3** $(AB)^{\mathrm{T}} =$ ______

Propriété 2 $(A + B)^{\mathrm{T}} =$ ______ **Propriété 4** $(kA)^{\mathrm{T}} =$ ______

Si $A^{\mathrm{T}} = A$, alors A est une matrice ______ Si $A^{\mathrm{T}} = -A$, alors A est une matrice ______

Exercices récapitulatifs

Les réponses des exercices suivants, à l'exception des exercices notés en rouge, sont données à la fin du volume.

1. Dans une usine fonctionnant 24 heures par jour, 3 équipes de travailleurs assurent la production de 4 articles différents. La matrice P suivante nous renseigne sur le nombre d'articles produits par chacune des équipes au cours d'une même journée.

Dominique Parent

$$P = \begin{array}{c} \\ \\ \\ \end{array}\begin{array}{c} \begin{array}{cccc} \mathbf{A} & \mathbf{B} & \mathbf{C} & \mathbf{D} \end{array} \\ \begin{bmatrix} 32 & 21 & 5 & 12 \\ 20 & 11 & 3 & 6 \\ 7 & 4 & 1 & 3 \end{bmatrix} \end{array} \begin{array}{l} \\ \mathbf{I} \\ \mathbf{II} \\ \mathbf{III} \end{array}$$

a) Déterminer la dimension de P.

b) Déterminer les éléments p_{12}, p_{23}, p_{32} et p_{14}.

c) Donner la signification de $p_{21} + p_{22} + p_{23} + p_{24}$.

d) Donner la signification de $p_{13} + p_{23} + p_{33}$.

e) Déterminer la matrice représentant la production de cinq jours.

2. Soit $A = \begin{bmatrix} 1 & 4 & 6 & 8 \\ 5 & -2 & 7 & -9 \\ -4 & 17 & 8 & 10 \\ 12 & 15 & 9 & 5 \end{bmatrix}$.

a) Déterminer

i) les éléments de la diagonale principale ;

ii) les éléments de la diagonale secondaire ;

iii) la matrice A^{T} ;

iv) les éléments de la diagonale principale de $(A - A^{\mathrm{T}})$.

b) Calculer

i) $\mathrm{Tr}(A)$; ii) $\mathrm{Tr}(A^{\mathrm{T}})$.

3. Soit les matrices $A_{4 \times 3}$, $B_{3 \times 5}$, $C_{4 \times 3}$ et $E_{1 \times 3}$. Parmi les opérations suivantes, déterminer celles qui sont définies et donner, dans ce cas, la dimension de la matrice résultante.

a) AB b) AC c) EB

d) $A - C$ e) $(AB)C$ f) $C(AB)$

g) CB h) $E(A + C)$ i) $EB + C$

j) $(A + C)B$ k) $A^{\mathrm{T}}C$ l) $(CE^{\mathrm{T}})^{\mathrm{T}}$

m) AI_3 n) I_3C o) $E + O_{3 \times 1}$

4. Soit $A = \begin{bmatrix} 4 & 5 & -2 \\ 0 & 3 & 2 \end{bmatrix}$, $B = \begin{bmatrix} 4 & 3 \\ 1 & -6 \\ 2 & 7 \end{bmatrix}$,

$C = \begin{bmatrix} 4 & 7 \\ 2 & -3 \end{bmatrix}$, $E = \begin{bmatrix} 2 & -1 & 0 & -3 \\ 1 & 4 & 2 & 1 \\ 0 & 5 & 3 & -2 \end{bmatrix}$,

$F = \begin{bmatrix} 1 & 0 & 2 \\ 3 & 5 & -3 \\ -2 & 2 & 4 \\ 4 & 7 & 6 \end{bmatrix}$ et $G = \begin{bmatrix} 1 & 0 & 3 & 7 \\ 0 & 1 & 2 & 5 \end{bmatrix}$.

Effectuer, si c'est possible :

a) $A - B^{\mathrm{T}}$ b) $(4A)(5B)$

c) $(A^T + 2B)G$ d) $2GC^T$

e) C^2 f) GF

g) FG h) EG^T

i) $2E + F^T$ j) $(FB)^T$

k) $(2B^T - 3A)E$ l) F^3E^3

m) EF, $(EF)^3$, FE et $(FE)^3$

5. Soit $A = \begin{bmatrix} -1 & 7 & -9 \\ a & 2 & -3 \\ b+2 & c-1 & d \end{bmatrix}$ et

$B = \begin{bmatrix} r & -2 & 5 \\ s & 0 & -4 \\ v+s & u^2 & t+4 \end{bmatrix}$.

a) Déterminer les valeurs de a, b, c et d pour que

i) A soit une matrice symétrique;

ii) $\text{Tr}(A) = 15$.

b) Déterminer les valeurs de r, s, t, u et v pour que B soit une matrice antisymétrique.

6. Déterminer les matrices X et Y telles que:

a) $3X + \begin{bmatrix} 3 & -4 \\ 2 & 1 \\ 4 & 5 \end{bmatrix} = 2\begin{bmatrix} -1 & 8 \\ 7 & -5 \\ 4 & 1 \end{bmatrix}$

b) $3Y^T + \begin{bmatrix} 3 & -4 \\ 2 & 1 \\ 4 & 5 \end{bmatrix} = 2\begin{bmatrix} -1 & 7 & 4 \\ 8 & -5 & 1 \end{bmatrix}^T$

7. Soit $A = \begin{bmatrix} 1 & 1 & 1 \\ 1 & 1 & 1 \\ 1 & 1 & 1 \end{bmatrix}$, $B = \begin{bmatrix} a & 0 & 0 \\ 0 & b & 0 \\ 0 & 0 & c \end{bmatrix}$ et

$C = \begin{bmatrix} c & 0 & 0 \\ 0 & c & 0 \\ 0 & 0 & c \end{bmatrix}$. Effectuer:

a) CA b) BA c) AB

d) ABA e) A^2B^2 f) $ABBA$

8. Soit $A = \begin{bmatrix} 1 & 3 & 4 \\ -2 & 0 & 5 \end{bmatrix}$.

a) Déterminer AA^T et A^TA.

b) Calculer $\text{Tr}(AA^T)$ et $\text{Tr}(A^TA)$.

c) Répondre par vrai (V) ou faux (F).

i) $A^TA = AA^T$.

ii) A^TA et AA^T sont des matrices symétriques.

9. Soit $A = \begin{bmatrix} 1 & 0 \\ 1-k & k \end{bmatrix}$, où $k \in \mathbb{R}$.

a) Déterminer A^n, où $n \in \mathbb{N}$, après avoir calculé $A^2, A^3, A^4, \ldots$.

b) Déterminer A^n si $k = -1$.

c) Calculer:

i) $\begin{bmatrix} 1 & 0 \\ -1 & 2 \end{bmatrix}^{10}$ ii) $\begin{bmatrix} 1 & 0 \\ -1 & 2 \end{bmatrix}^{11}$

d) Calculer:

i) $\begin{bmatrix} 1 & 0 \\ 3 & -2 \end{bmatrix}^{10}$ ii) $\begin{bmatrix} 1 & 0 \\ 3 & -2 \end{bmatrix}^{11}$

10. Déterminer l'indice de nilpotence de:

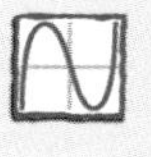

a) $M = \begin{bmatrix} 1 & 1 \\ -1 & -1 \end{bmatrix}$ b) $M = \begin{bmatrix} 0 & 0 & 0 & 0 \\ -1 & 0 & 0 & 0 \\ -2 & -1 & 0 & 0 \\ -3 & -2 & -1 & 0 \end{bmatrix}$

11. Soit la matrice $A_{2\times 3}$ telle que $a_{ij} = ij$, et la matrice $B_{3\times 2}$ telle que $b_{ij} = \frac{i}{j}$. Calculer AB et BA.

12. Aux Jeux olympiques d'hiver de 2010 qui se sont déroulés à Vancouver, l'Allemagne a obtenu 10 médailles d'or, 13 médailles d'argent et 7 médailles de bronze; l'Autriche, 4 médailles d'or, 6 d'argent, 6 de bronze; le Canada, 14 médailles d'or, 7 d'argent, 5 de bronze; les États-Unis, 9 médailles d'or, 15 d'argent, 13 de bronze; la Norvège, 9 médailles d'or, 8 d'argent, 6 de bronze; et la Russie, 3 médailles d'or, 5 d'argent et 7 de bronze.

a) Représenter les résultats précédents sous la forme d'une matrice où l'on retrouve le nombre de médailles de chaque type ainsi que le nombre total de médailles gagnées par chaque pays.

b) En utilisant le calcul matriciel, déterminer la matrice donnant le nombre de points obtenus par chaque pays, si une médaille d'or vaut 5 points, une médaille d'argent, 3 points, et une médaille de bronze, 1 point.

13. Le magasin d'électronique Brosseau a trois succursales. Dans la première succursale, en une semaine, on a vendu six téléviseurs, quatre cinémas maison, deux caméras vidéo et sept lecteurs de disques. Dans la deuxième succursale, au cours de la même période, on a vendu cinq téléviseurs, trois cinémas maison, une caméra vidéo et neuf lecteurs de disques. Finalement, dans la troisième succursale, on a vendu quatre téléviseurs, un cinéma maison, aucune caméra vidéo et six lecteurs de disques. Ces articles se vendent respectivement 700 \$, 400 \$, 900 \$ et 250 \$. Le marchand a payé ces mêmes articles 550 \$, 300 \$, 700 \$ et 200 \$ l'unité.

a) Donner la matrice N correspondant au nombre d'articles vendus dans chacune des succursales.

b) Donner les matrices C et V correspondant respectivement au prix d'achat et au prix de vente de chacun des articles.

c) Donner les matrices A et B correspondant respectivement au coût total et aux ventes totales pour chacune des succursales.

d) Donner la matrice P correspondant aux profits réalisés par chacune des succursales.

14. Répondre par vrai (V) ou faux (F) et justifier la réponse.

a) Une matrice A est symétrique lorsque $a_{ij} = a_{ji}$.

b) Une matrice A_{23} peut être symétrique.

c) Une matrice A_{22} est toujours symétrique.

d) Si A est une matrice symétrique, alors $A - A^T = O$.

e) Si A est une matrice antisymétrique, alors $A - A^T = O$.

f) Si A est une matrice symétrique, alors A^T est une matrice symétrique.

g) Si A est une matrice triangulaire supérieure, alors A^T est également une matrice triangulaire supérieure.

h) Si A est une matrice triangulaire supérieure, alors AA^T est une matrice diagonale.

i) Toutes les matrices diagonales sont antisymétriques.

j) Si A est une matrice telle que la matrice A^2 est définie, alors A est une matrice carrée.

k) Si $A_{n \times n}$ et $B_{n \times n}$ sont deux matrices diagonales, alors $AB = BA$.

l) Si A est une matrice carrée, alors $(A^2)^T = (A^T)^2$.

m) Si A et B sont deux matrices triangulaires inférieures de même dimension, alors A^TB^T est aussi une matrice triangulaire inférieure.

n) Soit trois matrices, A, B et C. Si $AB = AC$, alors $B = C$.

o) Soit deux matrices, A et B. Si $AB = O$, alors $A = O$ ou $B = O$.

p) Soit deux matrices, A et B. Les produits AB et BA sont définis seulement lorsque A et B sont deux matrices carrées de même dimension.

q) Si A et B sont deux matrices carrées de même dimension, alors $(AB)^2 = A^2B^2$.

r) Si A est une matrice carrée, alors $\text{Tr}(A^2) = (\text{Tr}(A))^2$.

s) Si A est une matrice carrée, alors $\text{Tr}(A) = \text{Tr}(A^T)$.

t) Si A et B sont deux matrices carrées de même dimension, alors $\text{Tr}(AB) = \text{Tr}(A^TB)$.

u) Si A est une matrice carrée antisymétrique, alors $\text{Tr}(A) = 0$.

Problèmes de synthèse

Les réponses des problèmes suivants, à l'exception des problèmes notés en rouge, sont données à la fin du volume.

1. À l'aide des figures suivantes, déterminer la matrice $M_{4 \times 4}$, où $m_{ij} = 1$ lorsque les points i et j $(i \neq j)$ sont reliés et $m_{ij} = 0$ dans les autres cas.

a)

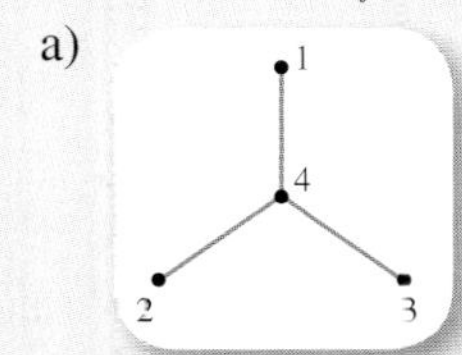

b)

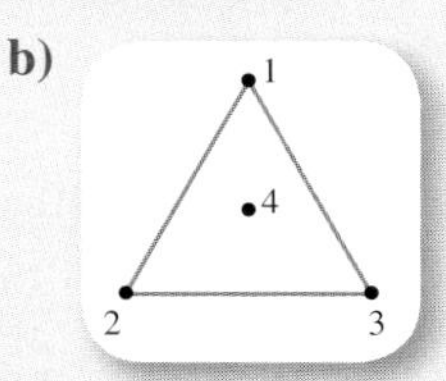

c)

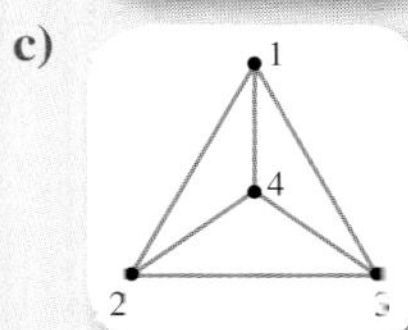

2. Le schéma suivant représente quelques rues d'une municipalité qui sont à sens unique (⟵) ou à double sens (⟷).

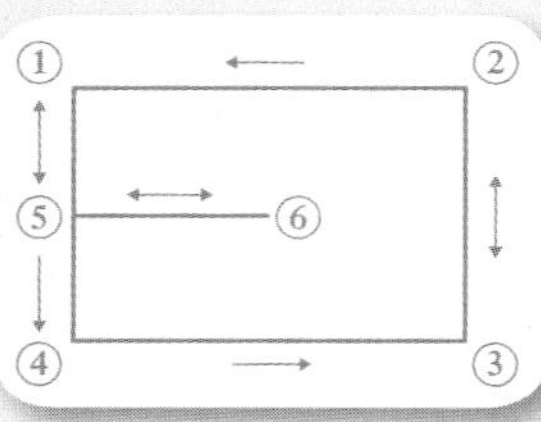

a) Déterminer la matrice $A_{6 \times 6}$, matrice appelée **matrice d'adjacence**, où

$$a_{ij} = \begin{cases} 1 & \text{si on peut aller directement de l'intersection (i) à l'intersection (j)} \\ 0 & \text{autrement} \end{cases}$$

b) Calculer $B = A^2$, où b_{ij} correspond au nombre de trajets possibles menant de l'intersection (i) à l'intersection (j) en deux étapes, et interpréter

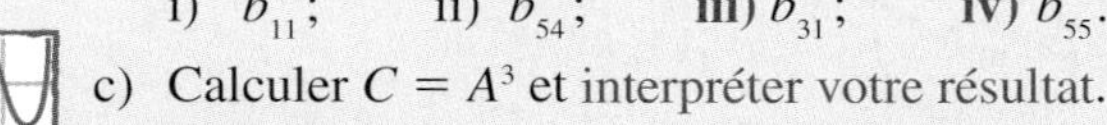

i) b_{11}; ii) b_{54}; **iii)** b_{31}; **iv)** b_{55}.

c) Calculer $C = A^3$ et interpréter votre résultat.

d) Calculer $M = A^4$ et interpréter les élèments

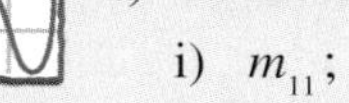

i) m_{11}; ii) m_{53}; iii) m_{55}.

e) Déterminer la valeur minimale de n, telle que A^n ne contient aucun zéro. Donner cette matrice et interpréter le fait que cette matrice ne contient aucun zéro.

3. Après l'analyse du jeu de puissance d'une équipe atome adverse, l'entraîneur et ses adjoints déterminent que :

- le défenseur gauche (DG) passe la rondelle deux fois plus souvent à l'ailier gauche qu'au joueur de centre et ne passe jamais la rondelle aux autres joueurs ;

- le défenseur droit (DD) passe la rondelle deux fois plus souvent au joueur de centre qu'aux autres joueurs ;
- le centre (C) passe la rondelle deux fois plus souvent à l'ailier droit et au défenseur gauche qu'aux autres joueurs ;
- l'ailier gauche (AG) passe la rondelle trois fois plus souvent au défenseur gauche et au joueur de centre qu'à l'ailier droit, et il ne passe jamais la rondelle au défenseur droit ;
- l'ailier droit (AD) passe la rondelle aux quatre joueurs avec la même fréquence.

Pierre Parent

a) Compléter la matrice H suivante représentant la situation précédente. (Une telle matrice s'appelle une **matrice stochastique**, c'est-à-dire une matrice carrée telle que la somme des éléments de chaque ligne ou de chaque colonne vaut 1.)

$$H = \begin{array}{c} \begin{matrix} \textbf{DG} & \textbf{DD} & \textbf{C} & \textbf{AG} & \textbf{AD} \end{matrix} \\ \begin{bmatrix} 0 & 0 & \frac{1}{3} & \frac{2}{3} & 0 \\ & & & & \\ & & & & \\ & & & & \\ & & & & \end{bmatrix} \end{array} \begin{matrix} \textbf{DG} \\ \textbf{DD} \\ \textbf{C} \\ \textbf{AG} \\ \textbf{AD} \end{matrix}$$

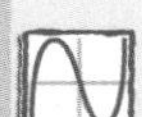

b) Déterminer $M = H^2$, et interpréter m_{11}, m_{35} et m_{53}.

4. Soit $A = \begin{bmatrix} 0 & 1 \\ -1 & 0 \end{bmatrix}$.

a) Déterminer A^2, A^3 et A^4.

b) Déduire l'inverse de A.

c) Déterminer toutes les valeurs de k, où $k \in \{1, 2, 3, \ldots\}$, telles que :

i) $A^k = I$ ii) $A^k = A$

iii) $A^k = A^2$ iv) $A^k = A^3$

d) Vérifier que la matrice F est l'inverse de la matrice G si :

$$F = \begin{bmatrix} -5 & 4 & -3 \\ 10 & -7 & 6 \\ 8 & -6 & 5 \end{bmatrix} \text{ et } G = \begin{bmatrix} -1 & 2 & -3 \\ 2 & 1 & 0 \\ 4 & -2 & 5 \end{bmatrix}$$

e) La matrice $O_{n \times n}$ est-elle inversible ? Expliquer.

f) Trouver la matrice inverse de la matrice diagonale suivante.

$$H = \begin{bmatrix} 5 & 0 & 0 & 0 & 0 \\ 0 & -1 & 0 & 0 & 0 \\ 0 & 0 & -6 & 0 & 0 \\ 0 & 0 & 0 & 7 & 0 \\ 0 & 0 & 0 & 0 & 1 \end{bmatrix}$$

g) Déterminer à quelles conditions une matrice diagonale est inversible.

5. Donner un exemple d'une matrice A

a) de dimension 3×3 telle que A est à la fois idempotente et nilpotente ;

b) de dimension 2×2 telle que $A = A^{-1}$ et $A \neq I$, où l'un des éléments de A est 0 ;

c) de dimension 2×2 telle que $A = A^{-1}$ et $A \neq I$, où $a_{ij} \neq 0$;

d) de dimension 3×3 telle que A est scalaire et $\mathrm{Tr}(A) = 5$.

6. a) Déterminer les valeurs de x et y telles que

$$\begin{bmatrix} -11 & 1 & -3 \end{bmatrix} \begin{bmatrix} x & y \\ 4 & x \\ x^2 & -1 \end{bmatrix} = O.$$

b) Déterminer les valeurs de θ, où $0° \leq \theta \leq 360°$, telles que

$$\begin{bmatrix} \sin\theta & 2\sin\theta & -2 \end{bmatrix} \begin{bmatrix} -3 \\ 3\sin\theta \\ 1 \end{bmatrix} = \begin{bmatrix} 1 \end{bmatrix}.$$

c) Déterminer les valeurs de x et y telles que

$$A = A^{\mathrm{T}} \text{ si } A = \begin{bmatrix} x \\ 4 \\ y \end{bmatrix} \begin{bmatrix} -1 & 2 & 5 \end{bmatrix}.$$

7. Soit $A = \begin{bmatrix} -a & b \\ b & a \end{bmatrix}$ et $B = \begin{bmatrix} -a & a \\ a & a \end{bmatrix}$.

a) Déterminer les valeurs de k telles que $A^2 = kI$.

b) Utiliser le résultat obtenu en a) pour exprimer B^2 en fonction de I.

c) Exprimer B^{2n}, où $n \in \mathbb{N}$, en fonction de I.

8. a) Soit A et B, deux matrices carrées d'ordre n.

Démontrer que :

i) $\mathrm{Tr}(kA) = k\,\mathrm{Tr}(A)$, où $k \in \mathbb{R}$

ii) $\mathrm{Tr}(A + B) = \mathrm{Tr}(A) + \mathrm{Tr}(B)$

iii) $\mathrm{Tr}(AB) = \mathrm{Tr}(BA)$, dans le cas où $n = 3$

iv) $\mathrm{Tr}\,(AA^{\mathrm{T}}) = \sum_{i=1}^{n} \left(\sum_{j=1}^{n} (a_{ij})^2 \right)$

b) Soit $C_{n \times n}$, une matrice scalaire telle que $\mathrm{Tr}(C) = 8$, déterminer :

i) $\mathrm{Tr}(C^2)$ ii) $\mathrm{Tr}(C^{-1})$ iii) $\mathrm{Tr}(C - I)$

9. Soit $A = \begin{bmatrix} 1 & 0 & 1 \\ 0 & 0 & 0 \\ 1 & 0 & 1 \end{bmatrix}$, $B = \begin{bmatrix} 1 & 1 & 1 \\ 1 & 1 & 1 \\ 1 & 1 & 1 \end{bmatrix}$

et $n \in \{1, 2, 3, \ldots\}$.

a) Exprimer A^n, en fonction de A, après avoir calculé $A^2, A^3, A^4, \ldots$

b) Exprimer B^n, en fonction de B.

10. a) Soit $M = \begin{bmatrix} m & \sqrt{1-m^2} \\ \sqrt{1-m^2} & -m \end{bmatrix}$, où $-1 \leq m \leq 1$.

i) Déterminer M^2 et en déduire M^{-1}.

ii) Déterminer M^n, où n est un entier positif.

iii) Déterminer M^3 et M^6 si $m = \dfrac{\sqrt{3}}{2}$.

b) Soit $A = \begin{bmatrix} \sin\theta & \cos\theta \\ \cos\theta & -\sin\theta \end{bmatrix}$, déterminer A^7 et A^{10}.

11. Soit les matrices $A = \begin{bmatrix} 1 & 1 \\ 0 & 1 \end{bmatrix}$ et $B = \begin{bmatrix} 2 & -1 \\ 1 & 0 \end{bmatrix}$,

et soit $n \in \{1, 2, 3, \ldots\}$.

a) Calculer A^2 et A^3, puis donner une conjecture pour A^n, en fonction de n.

b) Démontrer par récurrence la conjecture de A^n.

c) Calculer B^2 et B^3, puis donner une conjecture pour B^n, en fonction de n.

d) Démontrer par récurrence la conjecture de B^n.

12. a) Soit $A = \begin{bmatrix} \cos^2\alpha & \cos\alpha\sin\alpha \\ \cos\alpha\sin\alpha & \sin^2\alpha \end{bmatrix}$ et

$B = I - A$, et $n \in \{1, 2, 3, \ldots\}$.

Déterminer :

i) A^n **ii)** B^n

iii) AB **iv)** BA

b) Déterminer C^n si $C = \begin{bmatrix} 1 - c^2 & -c\sqrt{1-c^2} \\ -c\sqrt{1-c^2} & c^2 \end{bmatrix}$,

où $-1 \leq c \leq 1$.

13. Soit la matrice $P = \begin{bmatrix} 1 & 0 & 0 & 0 \\ 0 & 1 & 0 & 0 \\ 0 & 0 & 0 & 1 \\ 0 & 0 & 1 & 0 \end{bmatrix}$,

qui a été obtenue en permutant les deux dernières lignes de la matrice identité $I_{4 \times 4}$. Cette matrice P est appelée **matrice de permutation**.

Soit la matrice $M = \begin{bmatrix} a & b & c \\ d & e & f \\ g & h & i \\ j & k & l \end{bmatrix}$.

a) Effectuer PM et $P(PM)$, c'est-à-dire P^2M, et comparer les résultats obtenus avec M.

b) Soit la matrice de permutation

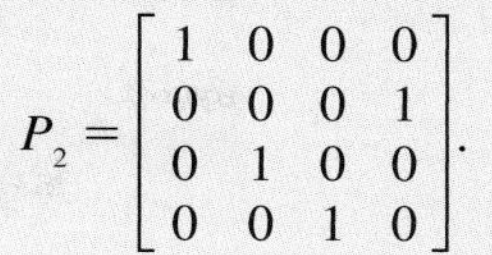

$P_2 = \begin{bmatrix} 1 & 0 & 0 & 0 \\ 0 & 0 & 0 & 1 \\ 0 & 1 & 0 & 0 \\ 0 & 0 & 1 & 0 \end{bmatrix}$.

Effectuer P_2M et déterminer n, le plus petit entier positif, tel que $(P_2)^nM = M$.

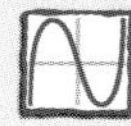

c) Soit la matrice de permutation

$P_3 = \begin{bmatrix} 0 & 0 & 1 & 0 \\ 1 & 0 & 0 & 0 \\ 0 & 0 & 0 & 1 \\ 0 & 1 & 0 & 0 \end{bmatrix}$.

Déterminer n, le plus petit entier positif, tel que $(P_3)^nM = M$.

14. Soit f et g, deux fonctions dérivables, et $W(x)$, la **matrice de Wronski**, définie par

$W(x) = \begin{bmatrix} f(x) & g(x) \\ f'(x) & g'(x) \end{bmatrix}$.

Déterminer $W(x)$ lorsque :

a) $f(x) = 1$ et $g(x) = x$

b) $f(x) = e^{ax}$ et $g(x) = \ln bx$

c) $f(x) = \sin 2x$ et $g(x) = \cos^2 3x$

d) $f(x) = x^2$ et $g(x) = 2^x$

e) $f'(x) = \sin x$ et $g'(x) = e^{-x}$

f) $f(x) = g'(x) = \tan x$

15. Soit $\mathcal{M}_{2 \times 2}$, l'ensemble des matrices d'ordre 2 telles que

$A_x = \begin{bmatrix} 1 & x \\ \dfrac{-1}{x} & -1 \end{bmatrix}$, où $x \in \mathbb{R} \setminus \{0\}$.

a) Démontrer que $A_tA_s = A_sA_t \Leftrightarrow t = s$.

b) Calculer $(A_t)^2$ et déterminer la caractéristique de A_t.

c) Exprimer en fonction de I :

i) $A_tA_s + A_sA_t$ **ii)** $(A_t + A_s)^2$

16. Soit A et B, deux matrices carrées d'ordre n. Donner la raison pour laquelle, généralement,

a) $(A - B)(A + B) \neq A^2 - B^2$;

b) $(A + B)^2 \neq A^2 + 2AB + B^2$.

17. Générer trois matrices arbitraires, $A_{4 \times 4}$, $B_{4 \times 4}$ et $C_{4 \times 4}$, dont les éléments sont entre -20 et 30, à l'aide des commandes suivantes :

```
> with(linalg):
> A:=randmatrix(4,4,entries=rand(-20..30));
> B:=randmatrix(4,4,entries=rand(-20..30));
> C:=randmatrix(4,4,entries=rand(-20..30));
```

Vérifier que

a) $(AB)C = A(BC)$;

b) $(A + B)C = AC + BC$;

c) $k(AB) = (kA)B = A(kB)$;

d) $(AB)^T = B^T A^T$;

e) $(AB)^2 \neq A^2B^2$.

18. Soit les matrices

$$A_{2\times 2} = \begin{bmatrix} \begin{bmatrix} 1 & 3 \\ -2 & 0 \end{bmatrix} & \begin{bmatrix} 0 & 1 \\ 1 & 0 \end{bmatrix} \\ \begin{bmatrix} 1 & 1 \\ 1 & 1 \end{bmatrix} & \begin{bmatrix} -2 & 2 \\ 4 & -1 \end{bmatrix} \end{bmatrix} \text{ et}$$

$$B_{2\times 2} = \begin{bmatrix} \begin{bmatrix} 2 & 0 \\ 1 & 1 \end{bmatrix} & \begin{bmatrix} 1 & 2 \\ -1 & -1 \end{bmatrix} \\ \begin{bmatrix} 3 & -2 \\ 0 & 1 \end{bmatrix} & \begin{bmatrix} 2 & -1 \\ -3 & 3 \end{bmatrix} \end{bmatrix}.$$

Déterminer

a) $A + B$; **b)** $2A - 3B$; c) AB ;

d) N telle que $AN = NA = A$, où les éléments de N sont des matrices carrées d'ordre 2.

19. Soit A, B et C, trois matrices de même dimension. Démontrer que si $A + B = A + C$, alors $B = C$.

20. Soit les matrices $A_{m\times n}$ et $B_{n\times p}$. Démontrer que $(kA)(cB) = (kc)(AB)$, $\forall\, k$ et $c \in \mathbb{R}$.

21. **a)** Démontrer le **théorème de Cayley**, qui tient son nom du mathématicien britannique Arthur Cayley (1821-1895), s'énonçant comme suit.

Toute matrice carrée est égale à la somme d'une matrice symétrique et d'une matrice antisymétrique, et cette décomposition est unique.

b) Soit $A = \begin{bmatrix} 1 & 4 & 7 \\ 2 & 5 & 8 \\ 3 & 6 & 9 \end{bmatrix}$.

Déterminer la matrice B symétrique et la matrice C antisymétrique telles que $A = B + C$.

22. Soit $\mathcal{M}_{2\times 2}$, l'ensemble des matrices carrées d'ordre 2 de la forme $\begin{bmatrix} a & b \\ c & d \end{bmatrix}$, où a, b, c et $d \in \mathbb{R}$, et telles que $a + b = 1$ et $c + d = 1$. Démontrer que, si A et $B \in \mathcal{M}_{2\times 2}$, alors

a) $A^2 \in \mathcal{M}_{2\times 2}$; b) $AB \in \mathcal{M}_{2\times 2}$;

c) $\frac{1}{2}(A + B) \in \mathcal{M}_{2\times 2}$.

23. Soit A et B, deux matrices telles que $AB = A$ et $BA = B$. Démontrer que A et B sont des matrices idempotentes.

24. Le nombre d'animaux d'une certaine colonie est répertorié à tous les lundis et la population est donnée par la matrice suivante.

$M = \begin{bmatrix} m_1 \\ m_2 \\ m_3 \end{bmatrix}$, où

m_1 représente le nombre d'animaux dont l'âge $a \in [0$ jour, 7 jours$[$,

m_2 représente le nombre d'animaux dont l'âge $a \in [7$ jours, 14 jours$[$ et

m_3 représente le nombre d'animaux dont l'âge $a \in [14$ jours, 21 jours$[$.

Soit $N_0 = \begin{bmatrix} x \\ y \\ z \end{bmatrix}$, indiquant le nombre d'animaux de chaque groupe d'âge pour un lundi donné,

et $N_1 = \begin{bmatrix} 2y + 2z \\ \dfrac{2x}{5} \\ \dfrac{y}{4} \end{bmatrix}$, indiquant le nombre d'animaux de chaque groupe d'âge le lundi suivant.

a) Donner la signification de $2y + 2z$, de $\dfrac{2x}{5}$ et de $\dfrac{y}{4}$.

b) Déterminer les matrices A et N_2 telles que $N_1 = AN_0$ et $N_2 = AN_1$.

c) Dans le cas où $N_0 = \begin{bmatrix} 1000 \\ 800 \\ 400 \end{bmatrix}$, déterminer N_1, N_2, N_3, N_4 et N_5.

Chapitre 2

Résolution de systèmes d'équations linéaires

Dominique Parent

La résolution de systèmes d'équations linéaires est utilisée dans plusieurs domaines : mathématiques, sciences, économie, etc.

Dans ce chapitre, nous étudierons différentes méthodes pour résoudre des systèmes d'équations linéaires.

Nous verrons spécialement la méthode de Gauss et celle de Gauss-Jordan. Ces deux méthodes font appel à la notion de matrice que nous avons étudiée au chapitre précédent.

En particulier, l'élève pourra résoudre le problème de chimie suivant.

Équilibrer, si c'est possible, les équations chimiques suivantes.

a) $Al_2O_3 + H_2O \rightarrow Al(OH)_3$

b) $CCl_4 + SbF_3 \rightarrow CCl_2F_2 + SbCl_3$

c) $Cr + H_2O \rightarrow Cr(OH)_2 + O_2$

d) $BiCl_3 + NH_3 + H_2O \rightarrow Bi(OH)_3 + NH_4Cl$

e) $CO + CO_2 + H_2 \rightarrow CH_4 + H_2O$

f) $KNO_3 + S + C \rightarrow CO_2 + CO + N_2 + K_2CO_3 + K_2S_3$

g) $Cu + HNO_3 \rightarrow (NO_3)_2Cu + NO_2 + H_2O$

(Exercices récapitulatifs, n° 13, page 88)

Perspective historique

De la culture du blé à la position des astéroïdes, toujours des systèmes d'équations linéaires

Déjà dans l'Antiquité, en Mésopotamie et en Égypte, on trouve des problèmes dont la solution correspond aujourd'hui à la résolution d'un système d'équations linéaires. Ainsi, dans un vieux texte babylonien, on peut lire le problème suivant: *Un champ produit 2/3 de sila par sar. Un second champ produit 1/2 de sila par sar. La production du premier champ dépasse de 500 silas celle du second champ et l'aire totale des deux champs est de 500 sars. Quelle est l'aire de chacun des champs?* (Le sila est une mesure de volume, et le sar, une mesure de surface.) Dans le premier chapitre, nous avons vu que les Chinois s'intéressaient aussi à ce genre de problèmes. Dans la seconde moitié du Moyen Âge (du XIIIe au XVe siècle), les problèmes de ce type se multiplient. En effet, à cette époque, le commerce international commence à se développer en Europe. La complexification des activités économiques pose alors souvent des problèmes que seule la connaissance des mathématiques permet de résoudre. C'est pourquoi se développe dans les villes, surtout en Italie, des écoles de mathématiques appelées écoles d'abaquistes. Dérivé du mot «abaque», le terme «abaquistes» désigne les professeurs qui enseignent dans ces écoles fréquentées par les fils des grandes familles marchandes. La connaissance des mathématiques représente à cette époque un tel atout que plusieurs abaquistes jouissent d'un grand prestige social et accumulent une importante fortune personnelle. Leur enseignement repose sur la connaissance de très nombreuses règles. L'une d'elles, appelée «règle d'apposition et de rémotion» (d'ajout et de retrait), permet de résoudre certains problèmes correspondant à la résolution de systèmes d'équations linéaires. On se débarrassera alors de toutes ces règles disparates pour se limiter aux règles générales de l'algèbre. Les travaux des abaquistes serviront par la suite de base au développement de l'algèbre aux XVIe et XVIIe siècles.

Ce jeune fils de marchand ira-t-il à l'école d'un abaquiste?

Ce n'est qu'à partir du XVIIIe siècle que les mathématiciens entreprennent de résoudre des systèmes d'équations ayant plus de deux ou trois inconnues. Au cours de la première décennie du XIXe siècle, Carl Friedrich Gauss s'intéresse à l'orbite de l'astéroïde Pallas. Ses travaux l'amènent à résoudre un système de six équations linéaires à six inconnues. La méthode qu'il utilise porte aujourd'hui son nom. Gauss est probablement le plus grand mathématicien de tous les temps. Qu'il suffise de dire qu'il est le premier, alors qu'il a à peine 20 ans, à démontrer formellement le théorème fondamental de l'algèbre qui énonce que tout polynôme est égal à un produit de binômes du premier degré et de trinômes irréductibles du second degré. Un an ou deux plus tard, il est aussi le premier à démontrer le théorème fondamental de l'arithmétique qui indique que tout nombre naturel peut être représenté d'une seule façon par un produit de nombres premiers. Pas étonnant dans ce contexte que l'empereur Napoléon, alors que ses armées envahissent les États allemands, ait pris des dispositions pour assurer la protection de Gauss, alors professeur à Göttingen.

Exercices préliminaires

1. Résoudre les équations suivantes.

a) $2(y - 1) + 4 = 5(2 - 3y)$

b) $8(a - 1) - 2a + 7 = 3(5 + 2a)$

c) $3(b + 2) + 3 = 4(2 + b) + 1$

d) $5(1 - 2z) + 7z - 12 = 4(1 - z) + z - 11$

2. Représenter graphiquement les droites suivantes.

a) $y = 2x - 1$ b) $y = 3$

c) $x = -1$ d) $x + 2y = 4$

3. Écrire le système d'équations correspondant à:

a) $\begin{bmatrix} 2 & -3 \\ -5 & 4 \end{bmatrix}\begin{bmatrix} x \\ y \end{bmatrix} = \begin{bmatrix} 7 \\ -8 \end{bmatrix}$

b) $\begin{bmatrix} a_{11} & a_{12} \\ a_{21} & a_{22} \\ a_{31} & a_{32} \end{bmatrix}\begin{bmatrix} x_1 \\ x_2 \end{bmatrix} = \begin{bmatrix} y_1 \\ y_2 \\ y_3 \end{bmatrix}$

c) $\begin{bmatrix} -1 & 2 & 4 \\ 5 & 0 & -2 \end{bmatrix}\begin{bmatrix} x \\ y \\ z \end{bmatrix} = \begin{bmatrix} 5 \\ -6 \end{bmatrix}$

4. Exprimer les systèmes d'équations suivants sous la forme $AX = B$, où A représente la matrice des coefficients, X représente la matrice des variables (inconnues) et B représente la matrice des constantes.

a) $\begin{cases} 2x - 5y = 6 \\ 3x + 4y = -2 \end{cases}$ b) $\begin{cases} 2x + 3y + 4z = 1 \\ 5x + 6y + 7z = -1 \\ 8x + 9y + z = 10 \end{cases}$

c) $\begin{cases} x + z = 0 \\ y - z = 0 \\ x + w = 0 \end{cases}$

5. Soit $A = \begin{bmatrix} 1 & -2 & 4 \\ 0 & 3 & -1 \end{bmatrix}$ et $B = \begin{bmatrix} -9 & -6 \\ 1 & 1 \\ 3 & 2 \end{bmatrix}$.

a) Effectuer AB. b) Effectuer BA.

2.1 Systèmes d'équations linéaires

Objectifs d'apprentissage

À la fin de cette section, l'élève pourra distinguer certains systèmes d'équations.

Plus précisément, l'élève sera en mesure

- de donner la définition d'une équation linéaire ;
- de déterminer l'ensemble-solution d'une équation linéaire ;
- de donner la définition d'un système d'équations linéaires ;
- de donner la définition d'une solution d'un système d'équations linéaires ;
- de donner la définition d'un système d'équations compatible ;
- de donner la définition d'un système d'équations incompatible ;
- de donner la définition de deux systèmes d'équations équivalents ;
- d'énumérer les opérations permettant de transformer un système d'équations linéaires en un système équivalent.

Soit le système d'équations linéaires

$$\begin{cases} 3x - 4y + 2z = 10 & \text{①} \\ 2x + 2y - z = 2 & \text{②} \\ 5x - 3y + 4z = 23 & \text{③} \\ x + 5y - 8z = -25 & \text{④} \end{cases}$$

Ensemble-solution $= \{(2, 1, 4)\}$

Équations linéaires

Toute équation de premier degré qui peut être exprimée sous la forme $a_1x + a_2y = b$, où a_1, a_2 et b sont des constantes réelles telles que $a_1 \neq 0$ ou $a_2 \neq 0$, est une équation définissant une droite dans le plan.

Une telle équation est dite équation linéaire où x et y sont les variables dont les coefficients sont respectivement a_1 et a_2.

Exemple 1 L'équation $y = \frac{3}{2}x - \frac{7}{3}$ est une équation linéaire, car elle peut être exprimée sous la forme $\frac{3}{2}x - y = \frac{7}{3}$.

DÉFINITION 2.1 Toute équation de premier degré qui peut être exprimée sous la forme

$$a_1x_1 + a_2x_2 + \ldots + a_nx_n = b,$$

où $a_1, a_2, \ldots, a_n$ et b sont des constantes réelles, est une **équation linéaire**. Les variables (ou inconnues) de cette équation sont $x_1, x_2, \ldots, x_n$, dont les coefficients sont respectivement $a_1, a_2, \ldots, a_n$.

Exemple 2 Les équations suivantes

sont des équations linéaires.

$$4x - 2y - 6 = 0$$

$$w = 7 - 2x + 4z$$

$$x_1 - 2x_2 + 5x_3 = 4$$

$$(\sin 2)x + \sqrt{3}y = \left(\tan \frac{\pi}{6}\right)z - e^3$$

ne sont pas des équations linéaires.

$$x^2 + y^2 = 1$$

$$3x + 5xy - 4y = 0$$

$$\frac{y}{x} = 10$$

$$\sin x + \cos y = 1$$

DÉFINITION 2.2

1) Une **solution** d'une équation linéaire $a_1x_1 + a_2x_2 + \ldots + a_nx_n = b$ est une suite ordonnée de nombres $s_1, s_2, s_3, \ldots, s_n$ telle que, si nous remplaçons x_1 par s_1, x_2 par s_2, x_3 par s_3, …, x_n par s_n dans l'équation, nous obtenons une égalité vraie entre les deux membres de l'équation, soit

$$a_1s_1 + a_2s_2 + a_3s_3 + \ldots + a_ns_n = b$$

Cette solution est notée par le n-uplet ordonné : $(s_1, s_2, s_3, \ldots, s_n)$.

2) L'**ensemble-solution** d'une équation, noté E.-S., est l'ensemble de toutes les solutions de cette équation.

Résoudre une équation linéaire consiste à déterminer l'ensemble-solution de cette équation.

Exemple 3 Déterminons l'ensemble-solution (E.-S.) de l'équation linéaire $4x - 2y = 6$.

En remplaçant x par 0 et y par -3 dans l'équation, nous obtenons $4(0) - 2(-3) = 6$. Puisque les deux membres de l'équation sont égaux, (0, -3) est donc une solution.

De plus, il est facile de vérifier que (1, -1), (4, 5), (-1, -5), $\left(\frac{3}{2}, 0\right)$ sont aussi des solutions.

Pour déterminer E.-S., nous pouvons isoler x dans l'équation $4x - 2y = 6$ et nous obtenons $x = \frac{3}{2} + \frac{1}{2}y$.

Nous constatons que, pour toute valeur attribuée à y, nous obtenons un x correspondant. Il y a donc une infinité de solutions. Ainsi, en remplaçant la variable y par une autre variable, appelée variable libre, par exemple $y = t$, où $t \in \mathbb{R}$, nous obtenons $x = \frac{3}{2} + \frac{1}{2}t$.

Variable libre

D'où E.-S. $= \left\{\left(\frac{3}{2} + \frac{1}{2}t, t\right)\right\}$, où $t \in \mathbb{R}$, que nous pouvons aussi noter $\left\{\left(\frac{3}{2} + \frac{1}{2}t, t\right) \middle| t \in \mathbb{R}\right\}$.

Ensemble-solution

Cette variable libre t est appelée paramètre.

Paramètre

Par contre, en isolant y dans l'équation $4x - 2y = 6$, nous obtenons $y = 2x - 3$.

En remplaçant x par une variable libre, par exemple $x = p$, où $p \in \mathbb{R}$, nous obtenons $y = 2p - 3$.

D'où E.-S. $= \{(p, 2p - 3)\}$, où $p \in \mathbb{R}$, que nous pouvons aussi noter $\{(p, 2p - 3) \mid p \in \mathbb{R}\}$.

Bien que nous obtenions deux E.-S. de formes différentes, ceux-ci représentent le même ensemble-solution. Par exemple, en posant $t = 5$, nous obtenons $\left(\frac{3}{2} + \frac{1}{2}(5), 5\right)$, c'est-à-dire (4, 5), et en posant $p = 4$, nous obtenons $(4, (2(4) - 3))$, c'est-à-dire (4, 5).

Ainsi, (4, 5) est appelée solution particulière de l'équation $4x - 2y = 6$.

Solution particulière

Exemple 4 Soit l'équation linéaire $2x_1 - 5x_2 + 8x_3 = 8$.

a) Déterminons l'ensemble-solution (E.-S.) de l'équation, en fonction de x_2 et de x_3.

Pour résoudre l'équation $2x_1 - 5x_2 + 8x_3 = 8$ en fonction de x_2 et de x_3, il faut isoler x_1.

En isolant x_1, nous obtenons $x_1 = 4 + \frac{5}{2}x_2 - 4x_3$.

Dans ce cas, nous avons besoin de deux variables libres, c'est-à-dire de deux paramètres.

Choisissons $x_2 = s$ et $x_3 = t$, où s et $t \in \mathbb{R}$; nous obtenons alors

E.-S. $= \left\{\left(4 + \frac{5}{2}s - 4t, s, t\right)\right\}$, où s et $t \in \mathbb{R}$, ou $\left\{\left(4 + \frac{5}{2}s - 4t, s, t\right) \middle| s \text{ et } t \in \mathbb{R}\right\}$.

b) Trouvons une solution particulière de l'équation $2x_1 - 5x_2 + 8x_3 = 8$.

Solution particulière

Pour trouver une solution particulière, il suffit d'attribuer aux variables libres s et t des valeurs particulières.

Par exemple, pour $s = 4$ et $t = -2$, nous obtenons $x_1 = 4 + \frac{5}{2}(4) - 4(-2)$, c'est-à-dire $x_1 = 22$.

D'où (22, 4, -2) est une solution particulière de l'équation $2x_1 - 5x_2 + 8x_3 = 8$.

2

Systèmes d'équations linéaires

Il arrive souvent que nous ayons à résoudre simultanément plusieurs équations linéaires. Dans ce cas, il peut être utile de numéroter chaque équation.

DÉFINITION 2.3 Un **système de m équations linéaires à n variables** $x_1, x_2, \ldots, x_n$, noté S, est constitué de m équations linéaires de la forme

$$S\begin{cases} a_{11}x_1 + a_{12}x_2 + \ldots + a_{1n}x_n = b_1 & \textcircled{1} \\ a_{21}x_1 + a_{22}x_2 + \ldots + a_{2n}x_n = b_2 & \textcircled{2} \\ \vdots \\ a_{m1}x_1 + a_{m2}x_2 + \ldots + a_{mn}x_n = b_m & \textcircled{m} \end{cases}$$

où les a_{ij}, les coefficients des variables et les b_i sont des constantes réelles, $i \in \{1, 2, 3, \ldots, m\}$ et $j \in \{1, 2, 3, \ldots, n\}$.

Dans la définition précédente, chaque équation a été numérotée : ①, ②, …, ⓜ.

Exemple 1 Le système S suivant est un système d'équations linéaires de quatre équations à trois variables : x, y et z.

$$S\begin{cases} 3x - 4y + 2z = 10 & \textcircled{1} \\ 2x + 2y - z = 2 & \textcircled{2} \\ 5x - 3y + 4z = 23 & \textcircled{3} \\ x + 5y - 8z = -25 & \textcircled{4} \end{cases}$$

DÉFINITION 2.4 1) Une **solution** d'un système d'équations linéaires de la forme

$$S\begin{cases} a_{11}x_1 + a_{12}x_2 + \ldots + a_{1n}x_n = b_1 & \textcircled{1} \\ a_{21}x_1 + a_{22}x_2 + \ldots + a_{2n}x_n = b_2 & \textcircled{2} \\ \vdots \\ a_{m1}x_1 + a_{m2}x_2 + \ldots + a_{mn}x_n = b_m & \textcircled{m} \end{cases}$$

est une suite ordonnée de nombres $s_1, s_2, s_3, \ldots, s_n$ telle que, si nous remplaçons x_1 par s_1, x_2 par s_2, x_3 par s_3, …, x_n par s_n dans chacune des équations du système S, nous obtenons une égalité vraie entre les deux membres.

Cette solution est notée par le n-uplet ordonné : $(s_1, s_2, s_3, \ldots, s_n)$.

2) L'**ensemble-solution** d'un système d'équations, noté E.-S., est l'ensemble de toutes les solutions du système.

Exemple 2 Vérifions que (2, 1, 4) est une solution du système d'équations linéaires S suivant.

$$S\begin{cases} 3x - 4y + 2z = 10 & (1) \\ 2x + 2y - z = 2 & (2) \\ 5x - 3y + 4z = 23 & (3) \\ x + 5y - 8z = -25 & (4) \end{cases}$$

Pour vérifier si (2, 1, 4) est une solution de S, il suffit de remplacer x par 2, y par 1 et z par 4 dans chaque équation et de vérifier si nous obtenons une égalité vraie entre les deux membres.

Ainsi, dans (1): $3(2) - 4(1) + 2(4) = 10$ (égalité vraie)

dans (2): $2(2) + 2(1) - (4) = 2$ (égalité vraie)

dans (3): $5(2) - 3(1) + 4(4) = 23$ (égalité vraie)

dans (4): $(2) + 5(1) - 8(4) = -25$ (égalité vraie)

d'où (2, 1, 4) est une solution de S.

Remarque Il peut arriver qu'un système d'équations linéaires ait plus d'une solution ou qu'il n'en ait aucune.

Exemple 3 Soit les systèmes d'équations linéaires S_1 et S_2 suivants.

$$S_1\begin{cases} x - y - z = 4 \\ 4x + y - 2z = -1 \end{cases} \quad \text{et} \quad S_2\begin{cases} x + y + z = 4 \\ x + y + z = -2 \end{cases}$$

a) Nous pouvons vérifier que (3, -5, 4) et (0, -3, -1) sont des solutions particulières de S_1. Le système a donc plus d'une solution. De fait, ce système a une infinité de solutions.

b) Le système S_2 n'a aucune solution, car $(x + y + z)$ ne peut pas être égal à 4 et à -2 simultanément.

Exemple 4 Représentons graphiquement les droites définies dans chacun des systèmes S_1, S_2 et S_3 suivants et, à l'aide du graphique, déterminons le nombre de solutions.

$$S_1\begin{cases} 2x + y = 4 & (1) \\ x + 2y = 6 & (2) \end{cases}$$

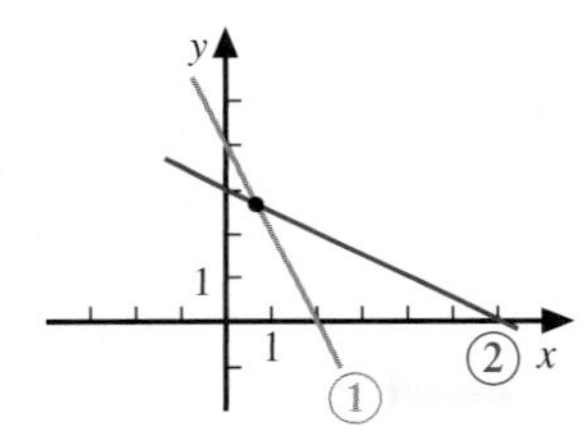

Puisque les droites ne sont pas parallèles, elles ont un seul point d'intersection et le système a donc une seule solution.

$$S_2\begin{cases} x + 3y = 9 & (1) \\ 2x + 6y = 18 & (2) \end{cases}$$

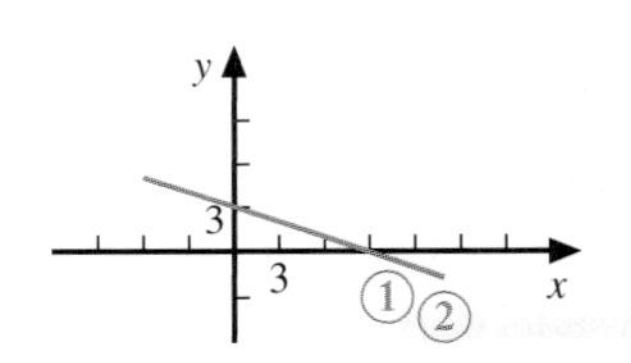

Puisque les deux droites sont parallèles confondues, le système a donc une infinité de solutions.

$$S_3\begin{cases} 2x + y = 4 & (1) \\ 2x + y = 8 & (2) \end{cases}$$

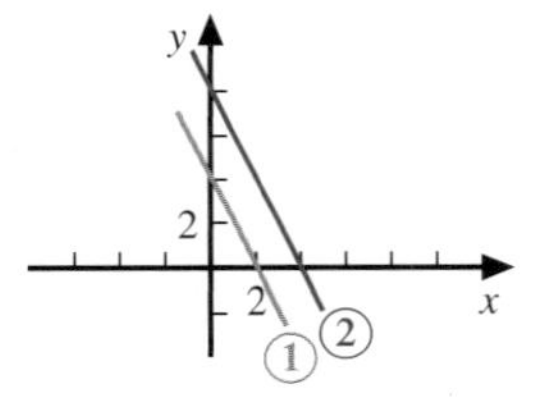

Puisque les deux droites sont parallèles distinctes, le système n'a donc aucune solution.

En considérant les graphiques, nous constatons qu'un système d'équations linéaires de deux équations à deux variables réelles peut

- avoir une solution unique ;
- avoir une infinité de solutions ;
- n'avoir aucune solution.

2

DÉFINITION 2.5 Un système d'équations linéaires est dit

1) **compatible** (**cohérent** ou **non contradictoire**) lorsqu'il a au moins une solution ;
2) **incompatible** (**incohérent** ou **contradictoire**) lorsqu'il n'a aucune solution. Nous écrivons alors E.-S. = Ø.

Dans l'exemple 4 précédent, les systèmes S_1 et S_2 sont compatibles, tandis que le système S_3 est incompatible.

De façon générale, tout système d'équations linéaires de m équations à n inconnues peut

- avoir une solution unique ; (système compatible)
- avoir une infinité de solutions ; (système compatible)
- n'avoir aucune solution. (système incompatible)

Systèmes d'équations linéaires équivalents

DÉFINITION 2.6 Deux systèmes d'équations linéaires S_1 et S_2 à n variables sont des systèmes **équivalents** si les deux systèmes ont le même ensemble-solution. Cette équivalence est notée $S_1 \sim S_2$.

Exemple 1 Soit les systèmes suivants.

$$S_1\begin{cases} x + y = 6 \\ 2x - 3y = 7 \end{cases} \quad \text{et} \quad S_2\begin{cases} 2x + 2y = 12 \\ 2x + 5y = 15 \end{cases}$$

Ces systèmes sont équivalents, car ils ont le même ensemble-solution, c'est-à-dire {(5, 1)}.

Nous pouvons donc écrire $S_1 \sim S_2$.

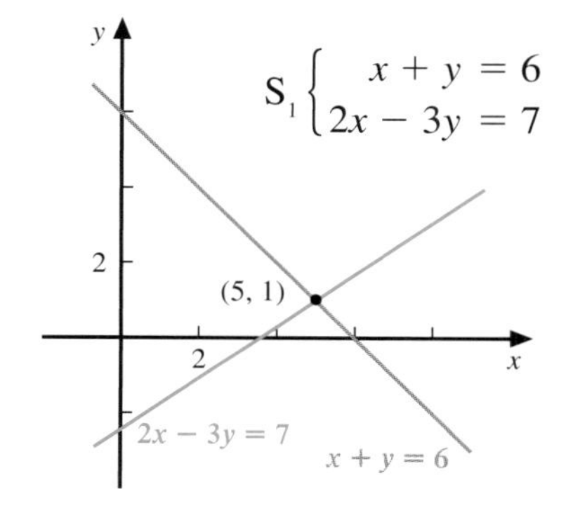

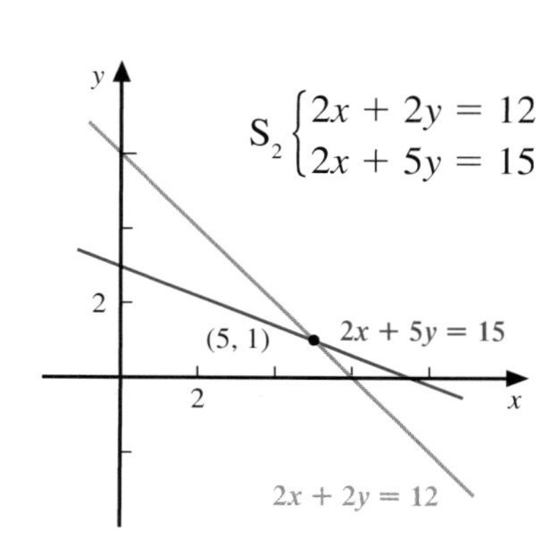

Opérations élémentaires sur les équations

Les trois opérations élémentaires suivantes permettent de transformer un système d'équations linéaires en un système équivalent, c'est-à-dire en un système ayant le même ensemble-solution.

1) Permuter des équations ($E_i \leftrightarrow E_j$), c'est-à-dire ($E_i \rightarrow E_j$) et ($E_j \rightarrow E_i$).
2) Multiplier les deux membres d'une équation par une constante k, où $k \in \mathbb{R}$ et $k \neq 0$ ($kE_i \rightarrow E_i$).
3) Additionner, membre à membre, à une équation une autre équation dont les deux membres ont été multipliés par k, où $k \in \mathbb{R}$ ($E_i + kE_j \rightarrow E_i$).

Remarque En effectuant les opérations 2) et 3) simultanément sur les équations E_i et E_j, nous obtenons $k_1E_i + k_2E_j \rightarrow E_i$, où $k_1 \neq 0$.

Exemple 2

a) Soit $S \begin{cases} 2x - 3y = 1 & ① \\ x + y + z = 7 & ② \\ 8y - 2z = 0 & ③ \end{cases}$

En permutant les équations ① et ②, $E_1 \leftrightarrow E_2$, nous obtenons

$$S_1 \begin{cases} x + y + z = 7 & ① & E_2 \rightarrow E_1 \\ 2x - 3y = 1 & ② & E_1 \rightarrow E_2 \\ 8y - 2z = 0 & ③ \end{cases}$$

d'où $S_1 \sim S$

b) Soit $S \begin{cases} 2x + 3y = 7 & ① \\ -6x + 2y = 8 & ② \end{cases}$

En multipliant par 3 les deux membres de l'équation ①, $3E_1 \rightarrow E_1$, nous obtenons

$$S_1 \begin{cases} 6x + 9y = 21 & ① & 3E_1 \rightarrow E_1 \\ -6x + 2y = 8 & ② \end{cases}$$

d'où $S_1 \sim S$

c) Soit $S \begin{cases} x - 2y + 2z = 5 & ① \\ 3x + 3y - 4z = -4 & ② \\ -2x - y + 3z = 10 & ③ \end{cases}$

En additionnant membre à membre l'équation ② à l'équation ① multipliée par -3, $E_2 - 3E_1 \rightarrow E_2$, et en additionnant membre à membre l'équation ③ à l'équation ① multipliée par 2, $E_3 + 2E_1 \rightarrow E_3$, nous obtenons

$$S_1 \begin{cases} x - 2y + 2z = 5 & ① \\ 9y - 10z = -19 & ② & E_2 - 3E_1 \rightarrow E_2 \\ -5y + 7z = 20 & ③ & E_3 + 2E_1 \rightarrow E_3 \end{cases}$$

d'où $S_1 \sim S$

En additionnant membre à membre l'équation ③ de S_1 multipliée par 9 à l'équation ② de S_1 multipliée par 5, $9E_3 + 5E_2 \rightarrow E_3$, nous obtenons

$$S_2 \begin{cases} x - 2y + 2z = 5 & ① \\ 9y - 10z = -19 & ② \\ 13z = 85 & ③ & 9E_3 + 5E_2 \rightarrow E_3 \end{cases}$$

ainsi, $S_2 \sim S_1$, d'où $S_2 \sim S$

Le système S ainsi transformé en S_2 peut, par substitution inverse, être résolu de la façon suivante.

De l'équation ③, nous obtenons $z = \frac{85}{13}$.

En remplaçant z par $\frac{85}{13}$ dans ②, nous obtenons $y = \frac{67}{13}$.

En remplaçant z par $\frac{85}{13}$ et y par $\frac{67}{13}$ dans ①, nous obtenons $x = \frac{29}{13}$.

D'où E.-S. $= \left\{\left(\frac{29}{13}, \frac{67}{13}, \frac{85}{13}\right)\right\}$

2

Exercices 2.1

1. Déterminer les équations linéaires parmi les équations suivantes.

a) $3y + 4 = 5 + 2x$ b) $5x - 8y + 9z = 10$

c) $\dfrac{x - 4}{y + 5} = 9$ d) $\dfrac{x}{4} + \dfrac{t}{9} = 1$

e) $xy = 4$ f) $x\left(\dfrac{1}{x} + 4\right) = y$

g) $\pi x + y = \ln 2$ h) $x = \sqrt{3} + y$

i) $\cos^2 x + \sin^2 y = 1$

j) $(\log k)x + e^2 y = 2$, où $k \in \mathbb{R}^+$

k) $x + y - \sin k = 0$, où $k \in \mathbb{R}$

l) $\dfrac{1}{x} + y = 4$

2. Vérifier si (2, -3, 1) est une solution des équations suivantes.

a) $2x - y + z = 2$ b) $3x + 4z = 10$

c) $5y + 2z = -17$ d) $x - 2y + 3z = 11$

3. Parmi les ensembles suivants, déterminer ceux qui sont un ensemble-solution de l'équation $3x - 5y + 6z = 2$.

a) $A = \left\{\left(\dfrac{5t - 6s + 2}{3}, t, s\right) \middle| s \text{ et } t \in \mathbb{R}\right\}$

b) $B = \left\{\left(\dfrac{2 - 6s + 5t}{3}, s, t\right)\right\}$, où s et $t \in \mathbb{R}$

c) $C = \left\{\left(s, t, \dfrac{2 + 5t - 3s}{6}\right)\right\}$, où s et $t \in \mathbb{R}$

d) $D = \left\{\left(s, s, \dfrac{s + 1}{3}\right) \middle| s \in \mathbb{R}\right\}$

4. Soit l'équation $x + 4y - 2z = 8$.

a) Trouver l'ensemble-solution en posant :

i) $y = s$ et $z = t$, où s et $t \in \mathbb{R}$

ii) $x = s$ et $y = t$, où s et $t \in \mathbb{R}$

iii) $x = s$ et $z = t$, où s et $t \in \mathbb{R}$

b) Trouver une solution particulière de l'équation précédente si, à la question a), $s = 1$ et $t = 2$.

5. Déterminer toutes les formes de l'ensemble-solution si :

a) $2x + 3y = 6$ b) $\frac{3}{5}x + \frac{2}{3}y - 5 = 0$

c) $2x - 3y + 4z = 7$

6. Déterminer les systèmes d'équations linéaires parmi les systèmes d'équations suivants.

a) $\begin{cases} x + y = 6 \\ x - 4 = 0 \end{cases}$ b) $\begin{cases} x + 3y - 6 = 0 \\ x^2 + y - 5 = 0 \end{cases}$

c) $\begin{cases} x_1 + x_3 - x_4 = 5 \\ x_2 - x_3 = 3 \\ x_4 = 7 \end{cases}$ d) $\begin{cases} x_1 + \sqrt{2x_2} = 3 \\ x_1 + x_2 = 1 \end{cases}$

e) $\begin{cases} 3x_1 + 4x_2 - 5x_3 + x_4 = 1 \\ 2x_1 - 2x_1x_2 + 3x_4 = 5 \end{cases}$

f) $\begin{cases} x_1 + 2x_2 + \sqrt{3}x_3 = 4 \\ 2x_1 - 3x_2 = 5 \end{cases}$

7. En représentant graphiquement les droites des systèmes suivants, déterminer si ces systèmes sont compatibles ou incompatibles.

a) $\begin{cases} 6x + 9y = 18 & ① \\ 4x + 6y = 12 & ② \end{cases}$

b) $\begin{cases} -2x + 3y = 9 & ① \\ x + 4y = 4 & ② \end{cases}$

c) $\begin{cases} 3x + 2y = 6 & ① \\ 3x + 4y = 12 & ② \\ x + 4y = 4 & ③ \end{cases}$

8. Soit le système $S \begin{cases} 3x + 4y + z - 17w = 15 & ① \\ 3x + 5y + z - 20w = 20 & ② \\ 2x + 3y + z - 12w = 13 & ③ \end{cases}$

Déterminer si les valeurs suivantes sont des solutions du système précédent.

a) $x = -2$, $y = 6$, $z = 5$ et $w = 1$

b) $x = -1$, $y = 8$, $z = 3$ et $w = 1$

c) $x = -3$, $y = 5$, $z = 4$ et $w = 0$

d) $x = 0$, $y = 0$, $z = -2$ et $w = -1$

9. Déterminer si les systèmes suivants n'ont aucune solution, ont une seule solution ou une infinité de solutions, et préciser si le système est compatible ou incompatible.

a) $\begin{cases} x + y = 3 \\ x + y = 4 \end{cases}$

b) $\{x + y + z = 1$

c) $\begin{cases} 4x + y = 1 \\ y = -4 \end{cases}$

d) $\begin{cases} x + y = 3 \\ 2x + 2y = 6 \end{cases}$

e) $\begin{cases} 4x - y = 1 \\ -8x + 2y = 2 \end{cases}$

f) $\begin{cases} x + y + z = 4 \\ y + z = 5 \end{cases}$

10. Expliquer pourquoi le système suivant est compatible.

$$S \begin{cases} 3x - 2y + z = 0 \\ x + y - 4z = 0 \\ -2x + 3y + 2z = 0 \\ 4x - 5y - 2z = 0 \end{cases}$$

11. Déterminer, si c'est possible, pour quelles valeurs de k le système

$$\begin{cases} kx + y = 1 \\ 4x + ky = 2 \end{cases}$$

a) a une infinité de solutions ;

b) n'a aucune solution ;

c) a une seule solution ;

d) est compatible ;

e) est incompatible.

12. Soit le système suivant.

$$S \begin{cases} -4x + 2y - 3z = -2 & ① \\ 3x - y + 2z = 1 & ② \\ x + 2y - z = 3 & ③ \end{cases}$$

a) Déterminer $S_1 \sim S$ en effectuant $E_3 \leftrightarrow E_1$.

b) Déterminer $S_2 \sim S_1$ en effectuant $E_2 - 3E_1 \rightarrow E_2$ et $E_3 + 4E_1 \rightarrow E_3$.

c) Déterminer $S_3 \sim S_2$ en effectuant $7E_3 + 10E_2 \rightarrow E_3$.

d) Établir la relation entre S_3 et S.

e) Établir la relation entre l'ensemble-solution de S_3 et l'ensemble-solution de S.

2.2 Résolution de systèmes d'équations linéaires par des méthodes élémentaires

Objectifs d'apprentissage

À la fin de cette section, l'élève pourra résoudre des systèmes d'équations linéaires par les méthodes de comparaison, de substitution ou d'addition.

Plus précisément, l'élève sera en mesure

- de déterminer l'ensemble-solution d'un système d'équations linéaires à l'aide de la méthode de comparaison ;
- de déterminer l'ensemble-solution d'un système d'équations linéaires à l'aide de la méthode de substitution ;
- de déterminer l'ensemble-solution d'un système d'équations linéaires à l'aide de la méthode d'élimination ;
- de trouver une solution particulière d'un système d'équations linéaires à partir de l'ensemble-solution ;
- d'utiliser les méthodes de comparaison, de substitution ou d'élimination pour résoudre certains problèmes.

Méthode de comparaison

Méthode de substitution

Méthode d'élimination

Dans cette section, nous réviserons des méthodes qui ont été utilisées au secondaire pour résoudre des systèmes d'équations linéaires.

Méthode de comparaison

Exemple 1 Résolvons le système S suivant par la méthode de comparaison.

$$S\begin{cases} 3x + 4y = 11 & \text{①} \\ 5x - y = 3 & \text{②} \end{cases}$$

En suivant les étapes décrites ci-dessous, nous trouverons l'ensemble-solution du système S.

Étape 1 Isoler une même variable dans chaque équation

Ici, en choisissant x, nous obtenons de l'équation ① $x = \dfrac{11 - 4y}{3}$

et de l'équation ② $x = \dfrac{3 + y}{5}$

Étape 2 Faire une équation avec les deux expressions correspondant à la variable isolée

$$\frac{11 - 4y}{3} = \frac{3 + y}{5}$$

Étape 3 Résoudre l'équation obtenue à l'étape 2

$$55 - 20y = 9 + 3y \qquad \text{(en multipliant les deux membres de l'équation par 15)}$$

$$46 = 23y$$

$$y = 2$$

Étape 4 Trouver la valeur de la variable isolée à l'étape 1

En remplaçant y par 2 dans $x = \dfrac{11 - 4y}{3}$ ou dans $x = \dfrac{3 + y}{5}$, nous trouvons $x = 1$.

D'où E.-S. = {(1, 2)}

Vérification

On peut vérifier que (1, 2) est une solution de S. Il suffit de remplacer x par 1 et y par 2 dans les équations de S pour vérifier l'égalité entre les deux membres de chaque équation du système.

$$\begin{cases} \text{①}\ 3(1) + 4(2) = 11 & \text{(égalité vraie)} \\ \text{②}\ 5(1) - (2) = 3 & \text{(égalité vraie)} \end{cases}$$

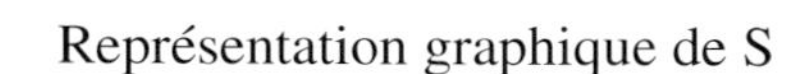
Représentation graphique de S

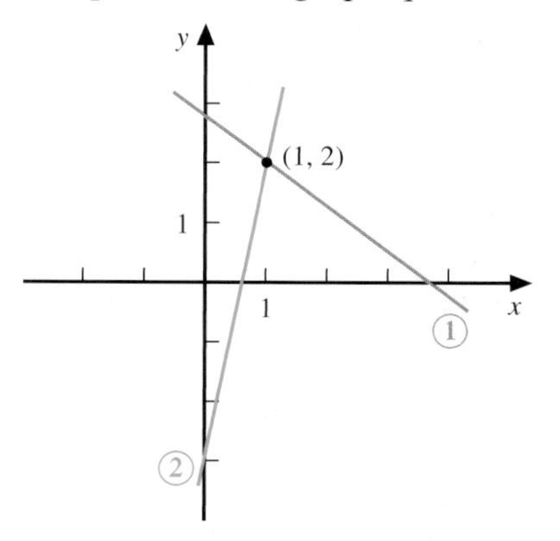

Remarque Lorsqu'un système d'équations linéaires a plus de deux équations et plus de deux variables, il est préférable d'utiliser une autre méthode pour déterminer l'ensemble-solution.

Méthode de substitution

Exemple 1 Résolvons le système S suivant par la méthode de substitution.

$$S\begin{cases} 3x + 4y + z = 7 & \text{①} \\ -2x + y - z = 6 & \text{②} \\ x - y + 2z = -3 & \text{③} \end{cases}$$

En suivant les étapes décrites ci-après, nous trouverons l'ensemble-solution du système S.

Étape 1 Isoler une des variables dans une des équations

Choisissons une variable simple à isoler, par exemple la variable z dans l'équation ①.

Nous avons donc $z = 7 - 3x - 4y$.

Étape 2 Substituer cette valeur dans les autres équations

De l'équation ②, nous obtenons $-2x + y - (7 - 3x - 4y) = 6$

$$x + 5y = 13 \qquad ④$$

De l'équation ③, nous obtenons $x - y + 2(7 - 3x - 4y) = -3$

$$-5x - 9y = -17 \qquad ⑤$$

Nous obtenons ainsi un nouveau système d'équations S_1 contenant seulement deux variables.

$$S_1 \begin{cases} x + 5y = 13 & ④ \\ -5x - 9y = -17 & ⑤ \end{cases}$$

Étape 3 Reprendre, au besoin, les étapes 1 et 2 avec les nouvelles équations

Ainsi, en isolant x dans l'équation ④ de S_1, nous obtenons $x = 13 - 5y$.

En substituant cette valeur dans l'équation ⑤ de S_1, nous obtenons

$$-5(13 - 5y) - 9y = -17$$
$$16y = 48$$
$$y = 3$$

Étape 4 Trouver la valeur des autres variables

Trouvons la valeur de x en remplaçant y par 3 dans l'équation $x = 13 - 5y$ obtenue à l'étape 3.

Substitution inverse

Nous obtenons alors $x = 13 - 5(3) = -2$.

Trouvons la valeur de z en remplaçant y par 3 et x par -2 dans l'équation $z = 7 - 3x - 4y$ obtenue à l'étape 1.

Nous obtenons alors $z = 7 - 3(-2) - 4(3) = 1$,

d'où E.-S. = $\{(-2, 3, 1)\}$

Vérification

Il suffit de remplacer x par -2, y par 3 et z par 1 dans les équations de S pour vérifier l'égalité entre les deux membres de chaque équation du système.

$$\begin{cases} ① \ 3(-2) + 4(3) + (1) = 7 & \text{(égalité vraie)} \\ ② \ -2(-2) + (3) - (1) = 6 & \text{(égalité vraie)} \\ ③ \ (-2) - (3) - 2(1) = -3 & \text{(égalité vraie)} \end{cases}$$

Remarque Lorsqu'un système d'équations linéaires a plus de trois équations et plus de trois variables, il est préférable d'utiliser une autre méthode pour déterminer l'ensemble-solution.

Méthode d'élimination

Cette méthode, appelée aussi méthode d'addition ou méthode de réduction, consiste à faire en sorte que les coefficients d'une des variables, dans deux équations, soient des nombres opposés : cela peut être obtenu en multipliant chaque membre d'une équation par un nombre approprié et chaque membre de l'autre équation par un autre nombre approprié.

En additionnant membre à membre les équations obtenues, la variable choisie sera éliminée.

Exemple 1 Résolvons le système S suivant par la méthode d'élimination.

$$S\begin{cases}3x + 4y = -5 & \text{①}\\ 2x - 5y = 12 & \text{②}\end{cases}$$

En suivant les étapes décrites ci-dessous, nous trouverons l'ensemble-solution du système S.

Étape 1 Éliminer une variable pour obtenir un système à une variable

Pour que la variable x ait des coefficients opposés, nous pouvons multiplier E_1 par 2 et E_2 par -3.

Nous obtenons alors $6x + 8y = -10$ ③

$-6x + 15y = -36$ ④

En additionnant membre à membre les équations ③ et ④, nous pouvons trouver la valeur de la variable restante.

Ainsi, $23y = -46$

donc, $y = -2$

Étape 2 Trouver la valeur de l'autre variable

En remplaçant cette valeur dans l'équation ① ou ② de S, nous pouvons déterminer la valeur de l'autre variable. De l'équation ①, nous obtenons $3x + 4(-2) = -5$, donc $x = 1$.

D'où E.-S. = {(1, -2)}

Représentation graphique

Représentons le système d'équations.

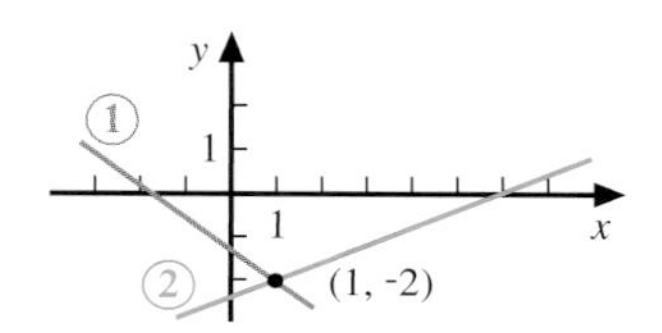

Exemple 2 Résolvons le système S suivant par la méthode d'élimination.

$$S\begin{cases}x - 2y + 4z = -6 & \text{①}\\ 5x + 3y - z = 25 & \text{②}\\ 3x - 4y + 2z = 4 & \text{③}\end{cases}$$

Étape 1 Éliminer une variable pour obtenir un système à deux variables

Pour éliminer x, effectuons les opérations suivantes.

En effectuant $E_2 - 5E_1$, nous obtenons $13y - 21z = 55$ ④

En effectuant $E_3 - 3E_1$, nous obtenons $2y - 10z = 22$ ⑤

Étape 2 Éliminer une variable dans le système obtenu à l'étape 1

En effectuant $2E_4 - 13E_5$, nous obtenons $88z = -176$

$z = -2$

Étape 3 Trouver la valeur des autres variables

En remplaçant z par -2 dans l'équation ④ ou ⑤, nous obtenons $y = 1$.

En remplaçant z par -2 et y par 1 dans l'équation ①, ② ou ③, nous obtenons $x = 4$.

D'où E.-S. = {(4, 1, -2)}

Remarque Les méthodes que nous venons d'étudier permettent également de déterminer l'ensemble-solution lorsqu'il n'y a aucune solution ou lorsqu'il y a une infinité de solutions.

Exemple 3 Soit le système S $\begin{cases} x + y + z = 3 & ① \\ x - 2y + 3z = 2 & ② \\ 5x - y + 9z = 13 & ③ \end{cases}$

a) Résolvons le système S par la méthode d'élimination.

Étape 1 Éliminer une variable pour obtenir un système à deux variables

En effectuant $E_1 - E_2$, nous obtenons $3y - 2z = 1$ ④

En effectuant $-5E_1 + E_3$, nous obtenons $-6y + 4z = -2$ ⑤

Étape 2 Éliminer une variable dans le système obtenu à l'étape 1

En effectuant $2E_4 + E_5$, nous obtenons $0y + 0z = 0$.

Une infinité de valeurs de y et de z vérifient cette dernière équation. Cependant, ces valeurs doivent satisfaire les équations ④ et ⑤.

En posant $z = s$, où $s \in \mathbb{R}$, dans l'équation ④ ou ⑤, nous obtenons $y = \dfrac{1 + 2s}{3}$.

En remplaçant z par s et y par $\dfrac{1 + 2s}{3}$ dans l'équation ①, ② ou ③, nous obtenons $x = \dfrac{8 - 5s}{3}$.

D'où E.-S. $= \left\{\left(\dfrac{8 - 5s}{3}, \dfrac{1 + 2s}{3}, s\right)\right\}$, où $s \in \mathbb{R}$

b) Déterminons deux solutions particulières du système S précédent.

Solution particulière

Pour obtenir deux solutions particulières du système précédent, il suffit d'attribuer deux valeurs différentes à s. Par exemple,

pour $s = 1$, nous trouvons $(1, 1, 1)$; pour $s = 0$, nous trouvons $\left(\dfrac{8}{3}, \dfrac{1}{3}, 0\right)$.

Exercices 2.2

1. Résoudre les systèmes suivants par la méthode de comparaison.

a) $\begin{cases} 3x + 4y = 7 \\ 5x - 3y = 2 \end{cases}$ b) $\begin{cases} \dfrac{-3x}{2} + y = 2 \\ 3x - 2y = -4 \end{cases}$

c) $\begin{cases} 6x + 9y = 1 \\ 6y + 4x = 1 \end{cases}$

2. Résoudre les systèmes suivants par la méthode de substitution.

a) $\begin{cases} x + 3y = -5 \\ -3x + 2y = -18 \end{cases}$ b) $\begin{cases} 12x - 4y = -28 \\ 3x - y + 7 = 0 \end{cases}$

c) $\begin{cases} x - 2y + z = -4 \\ x + 5y - z = 11 \\ x + 3y - 4z = 21 \end{cases}$

3. Résoudre les systèmes suivants par la méthode d'élimination.

a) $\begin{cases} x + 3y = 11 \\ 3x + y = -7 \end{cases}$

b) $\begin{cases} 6y = 8 - 3x \\ 15 = 10y + 5x \end{cases}$

c) $\begin{cases} 3x + 5y - 4z = 1 \\ 2x - y + 5z = 4 \\ 7x + 3y + 6z = 9 \end{cases}$

4. Représenter graphiquement les trois droites suivantes et trouver les points d'intersection.

$\begin{cases} x - y = 2 & ① \\ 7x + 4y = -2 & ② \\ -x - 4y = -9 & ③ \end{cases}$

5. Représenter graphiquement les trois droites suivantes et trouver le point d'intersection P de ces droites.

$$\begin{cases} 5x - 2y = 26 & \textcircled{1} \\ -x + 3y = -13 & \textcircled{2} \\ 3x + 4y = 0 & \textcircled{3} \end{cases}$$

6. Pour des raisons stratégiques, Dominique investit une partie de son capital de 25 000 $ à 3 % d'intérêt par année et l'autre partie à 3,4 % d'intérêt par année.

Dominique Parent

Si le total des intérêts s'élève à 819 $ après un an, déterminer la somme investie dans chacun des placements.

7. Une usine dispose de deux machines, A et B, pour fabriquer deux produits, P et R. La machine A peut fonctionner 12 heures par jour et la machine B, 7 heures par jour. Pour fabriquer une unité du produit P, la machine A doit fonctionner pendant 45 minutes et la machine B, pendant 30 minutes. Pour fabriquer une unité du produit R, la machine A doit fonctionner pendant 30 minutes et la machine B, pendant 15 minutes.

Dominique Parent

Déterminer le nombre d'unités de P et de R produites quotidiennement si les machines fonctionnent au maximum.

2

2.3 Résolution de systèmes d'équations linéaires par la méthode de Gauss

Objectifs d'apprentissage

À la fin de cette section, l'élève pourra résoudre des systèmes d'équations linéaires par la méthode de Gauss.

Plus précisément, l'élève sera en mesure

- d'exprimer un système d'équations linéaires à l'aide d'un produit de matrices ;
- de déterminer la matrice augmentée correspondant à un système d'équations linéaires ;
- d'énumérer les opérations sur une matrice augmentée permettant de transformer un système d'équations linéaires en un système équivalent ;
- de transformer une matrice augmentée en une matrice augmentée échelonnée ;
- de déterminer l'ensemble-solution d'un système d'équations linéaires à l'aide de la méthode de Gauss ;
- d'utiliser la méthode de Gauss pour résoudre certains problèmes.

Soit le système S d'équations linéaires

$$S \begin{cases} x - y + 3z = 7 \\ 2x + 5z = 12 \\ -5x + y + 7z = 13 \end{cases}$$

Matrice augmentée correspondante

$$\left[\begin{array}{ccc|c} 1 & -1 & 3 & 7 \\ 2 & 0 & 5 & 12 \\ -5 & 1 & 7 & 13 \end{array}\right]$$

Lorsque le nombre d'équations est différent du nombre de variables, ou lorsqu'il y a plus de trois équations, les méthodes que nous avons étudiées dans la section 2.2 ne sont pas toujours efficaces pour trouver l'ensemble-solution. Dans cette section, nous présenterons une méthode permettant de déterminer l'ensemble-solution d'un système d'équations linéaires de m équations à n inconnues.

Introduction à la méthode de Gauss

Il y a environ 200 ans...

Carl Friedrich Gauss
(1777-1855)

Carl Friedrich Gauss est sans conteste un des plus grands mathématiciens de tous les temps. Issu d'une famille aux revenus très modestes, il se fait remarquer dès son jeune âge par sa vive intelligence. Il peut ainsi entreprendre des études universitaires aux frais du duc de Brunswick. À peine âgé de 24 ans, il publie un livre fondamental sur la théorie des nombres. Gauss passe presque toute sa vie d'universitaire à Göttingen ; il est professeur d'astronomie et directeur de l'observatoire. Ses intérêts dépassent donc largement les mathématiques pures. De fait, c'est dans le cadre de ses recherches en astronomie qu'il est amené à développer la méthode qui porte son nom et qui fait l'objet de cette section.

Exemple 1 Soit le système S $\begin{cases} 2x - y + 2z = 15 \\ 4x + 3y - 3z = -25 \\ -2x + 2y + z = -4 \end{cases}$

À l'aide des trois opérations présentées à la page 52, transformons le système S en un système équivalent afin de déterminer l'ensemble-solution.

$$S \sim \begin{cases} 2x - y + 2z = 15 & \\ 5y - 7z = -55 & E_2 - 2E_1 \to E_2 \\ y + 3z = 11 & E_3 + E_1 \to E_3 \end{cases}$$

$$S \sim \begin{cases} 2x - y + 2z = 15 & \\ 5y - 7z = -55 & \\ -22z = -110 & -5E_3 + E_2 \to E_3 \end{cases}$$

De E_3, nous obtenons $z = 5$.

En remplaçant z par 5 dans E_2, nous obtenons $5y - 7(5) = -55$, d'où $y = -4$.

En remplaçant z par 5 et y par -4 dans E_1, nous obtenons $2x - (-4) + 2(5) = 15$, d'où $x = \frac{1}{2}$.

D'où E.-S. $= \left\{\left(\frac{1}{2}, -4, 5\right)\right\}$

Pour résoudre le système S précédent à l'aide de matrices, transformons d'abord le système sous la forme de l'équation matricielle $AX = B$ suivante, en s'assurant que la position de chaque variable est la même dans toutes les équations du système.

$AX = B$

$$\underbrace{\begin{bmatrix} 2 & -1 & 2 \\ 4 & 3 & -3 \\ -2 & 2 & 1 \end{bmatrix}}_{\text{Matrice des coefficients}} \underbrace{\begin{bmatrix} x \\ y \\ z \end{bmatrix}}_{\text{Matrice des variables}} = \underbrace{\begin{bmatrix} 15 \\ -25 \\ -4 \end{bmatrix}}_{\text{Matrice des constantes}}$$

En tenant compte seulement des coefficients et des constantes dans le système précédent, nous pouvons écrire la matrice suivante.

Matrice augmentée

$$\left[\begin{array}{ccc|c} 2 & -1 & 2 & 15 \\ 4 & 3 & -3 & -25 \\ -2 & 2 & 1 & -4 \end{array}\right]$$

$[A \mid B]$

Cette matrice $[A \mid B]$ est appelée matrice augmentée correspondant au système S.

Étudions maintenant les effets sur la matrice augmentée des transformations effectuées sur S.

Systèmes équivalents	Transformations sur les équations	Matrices augmentées correspondantes	Transformations sur les lignes des matrices augmentées
$\begin{cases} 2x - y + 2z = 15 \\ 4x + 3y - 3z = -25 \\ -2x + 2y + z = -4 \end{cases}$		$\left[\begin{array}{ccc\|c} 2 & -1 & 2 & 15 \\ 4 & 3 & -3 & -25 \\ -2 & 2 & 1 & -4 \end{array}\right]$	
$\begin{cases} 2x - y + 2z = 15 \\ 5y - 7z = -55 \\ y + 3z = 11 \end{cases}$	$E_2 - 2E_1 \rightarrow E_2$ $E_3 + E_1 \rightarrow E_3$	$\left[\begin{array}{ccc\|c} 2 & -1 & 2 & 15 \\ 0 & 5 & -7 & -55 \\ 0 & 1 & 3 & 11 \end{array}\right]$	$L_2 - 2L_1 \rightarrow L_2$ $L_3 + L_1 \rightarrow L_3$
$\begin{cases} 2x - y + 2z = 15 \\ 5y - 7z = -55 \\ -22z = -110 \end{cases}$	$-5E_3 + E_2 \rightarrow E_3$	$\left[\begin{array}{ccc\|c} 2 & -1 & 2 & 15 \\ 0 & 5 & -7 & -55 \\ 0 & 0 & -22 & -110 \end{array}\right]$	$-5L_3 + L_2 \rightarrow L_3$

Opérations élémentaires sur les lignes d'une matrice augmentée

Les trois opérations élémentaires suivantes, analogues aux opérations élémentaires sur les équations (voir page 52), permettent de transformer une matrice augmentée correspondant à un système d'équations S en une matrice augmentée équivalente correspondant à un système d'équations équivalent à S.

1) Permuter des lignes ($L_i \leftrightarrow L_j$), c'est-à-dire ($L_i \rightarrow L_j$) et ($L_j \rightarrow L_i$).
2) Multiplier une ligne par une constante k, où $k \in \mathbb{R}$ et $k \neq 0$ ($kL_i \rightarrow L_i$).
3) Additionner un multiple k, où $k \in \mathbb{R}$, d'une ligne à une autre ligne ($L_i + kL_j \rightarrow L_i$).

Remarque En effectuant les opérations 2) et 3) précédentes simultanément sur les lignes L_i et L_j, nous obtenons $k_1L_i + k_2L_j \rightarrow L_i$, où $k_1 \neq 0$.

Nous utilisons le symbole $\sim$ pour indiquer que deux matrices augmentées sont équivalentes. Par exemple, du tableau précédent, nous avons

$$\left[\begin{array}{ccc|c} 2 & -1 & 2 & 15 \\ 4 & 3 & -3 & -25 \\ -2 & 2 & 1 & -4 \end{array}\right] \sim \left[\begin{array}{ccc|c} 2 & -1 & 2 & 15 \\ 0 & 5 & -7 & -55 \\ 0 & 1 & 3 & 11 \end{array}\right] \quad \begin{array}{l} L_2 - 2L_1 \rightarrow L_2 \\ L_3 + L_1 \rightarrow L_3 \end{array}$$

$$\sim \left[\begin{array}{ccc|c} 2 & -1 & 2 & 15 \\ 0 & 5 & -7 & -55 \\ 0 & 0 & -22 & -110 \end{array}\right] \quad 5L_3 + L_2 \rightarrow L_3$$

Méthode de Gauss

Soit le système S de m équations linéaires à n variables $x_1, x_2, \ldots, x_n$

$$S \begin{cases} a_{11}x_1 + a_{12}x_2 + \ldots + a_{1n}x_n = b_1 \\ a_{21}x_1 + a_{22}x_2 + \ldots + a_{2n}x_n = b_2 \\ \vdots \\ a_{m1}x_1 + a_{m2}x_2 + \ldots + a_{mn}x_n = b_m \end{cases}$$

où a_{ij} et $b_i \in \mathbb{R}$

Nous pouvons exprimer le système S précédent sous la forme $AX = B$, c'est-à-dire

$$\underbrace{\begin{bmatrix} a_{11} & a_{12} & \dots & a_{1n} \\ a_{21} & a_{22} & \dots & a_{2n} \\ \vdots & \vdots & & \vdots \\ a_{m1} & a_{m2} & \dots & a_{mn} \end{bmatrix}}_{\substack{\text{Matrice}\\\text{des}\\\text{coefficients}}} \underbrace{\begin{bmatrix} x_1 \\ x_2 \\ \vdots \\ x_n \end{bmatrix}}_{\substack{\text{Matrice}\\\text{des}\\\text{variables}}} = \underbrace{\begin{bmatrix} b_1 \\ b_2 \\ \vdots \\ b_m \end{bmatrix}}_{\substack{\text{Matrice}\\\text{des}\\\text{constantes}}}$$

DÉFINITION 2.7

Soit le système d'équations linéaires S $\begin{cases} a_{11}x_1 + a_{12}x_2 + \dots + a_{1n}x_n = b_1 \\ a_{21}x_1 + a_{22}x_2 + \dots + a_{2n}x_n = b_2 \\ \vdots \\ a_{m1}x_1 + a_{m2}x_2 + \dots + a_{mn}x_n = b_m \end{cases}$

La matrice $\left[\begin{array}{cccc|c} a_{11} & a_{12} & \dots & a_{1n} & b_1 \\ a_{21} & a_{22} & \dots & a_{2n} & b_2 \\ \vdots & \vdots & & \vdots & \vdots \\ a_{m1} & a_{m2} & \dots & a_{mn} & b_m \end{array}\right]$ est appelée **matrice augmentée** de S.

À l'aide des opérations élémentaires sur les lignes, nous voulons transformer la matrice augmentée correspondant à un système d'équations en une matrice augmentée où le nombre de zéros précédant la première entrée non nulle de chaque ligne augmente de ligne en ligne, jusqu'à n'avoir possiblement que des lignes de zéros.

Voici une forme possible de la dernière matrice augmentée que nous voulons obtenir, où les éléments ■ sont différents de zéro.

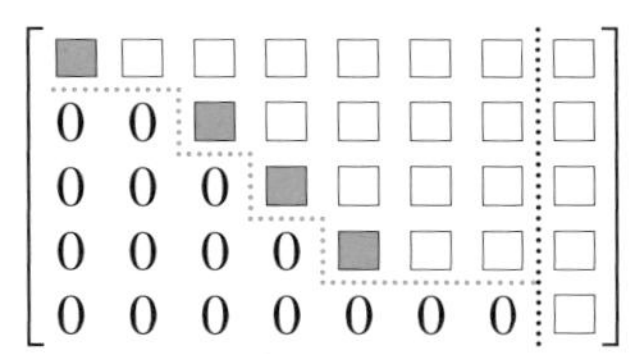

Cette matrice augmentée nous permettra de trouver l'ensemble-solution du système initial. Une telle matrice augmentée est appelée matrice augmentée échelonnée.

DÉFINITION 2.8

Une matrice est appelée **matrice échelonnée** si le nombre de zéros précédant la première entrée non nulle de chaque ligne augmente de ligne en ligne jusqu'à n'avoir possiblement que des lignes de zéros.

DÉFINITION 2.9

Dans une matrice échelonnée, le premier élément non nul d'une ligne s'appelle le **pivot** de cette ligne.

Exemple 1

a) Les matrices suivantes sont des matrices échelonnées.

$A = \begin{bmatrix} 5 & 0 & 2 \\ 0 & 4 & 1 \\ 0 & 0 & 7 \end{bmatrix}$ $\quad B = \begin{bmatrix} -2 & 2 & 5 & 6 & 7 \\ 0 & 0 & 4 & 8 & 9 \\ 0 & 0 & 0 & 0 & 0 \end{bmatrix}$ $\quad C = \begin{bmatrix} 0 & 8 & 0 \\ 0 & 0 & 5 \\ 0 & 0 & 0 \\ 0 & 0 & 0 \end{bmatrix}$

Pivots : 5, 4 et 7 — Pivots : -2 et 4 — Pivots : 8 et 5

$$E = \left[\begin{array}{ccc|c} 1 & 2 & 4 & 0 \\ 0 & 0 & 3 & 5 \\ 0 & 0 & 0 & 1 \end{array}\right] \qquad F = \left[\begin{array}{ccc|c} 1 & 2 & 4 & 6 \end{array}\right] \qquad G = \left[\begin{array}{ccc|c} 3 & 0 & 1 & 5 \\ 0 & -2 & 4 & 0 \\ 0 & 0 & 7 & 2 \end{array}\right]$$

Pivots : 1, 3 et 1 — Pivot : 1 — Pivots : 3, -2 et 7

b) Les matrices suivantes ne sont pas des matrices échelonnées.

$$A = \begin{bmatrix} 1 & 2 & 3 \\ 4 & 5 & 6 \end{bmatrix}$$

a_{21} devrait être 0 au lieu de 4.

$$B = \left[\begin{array}{ccc|c} 1 & 2 & 3 & 4 \\ 0 & 0 & 1 & 2 \\ 0 & 5 & 6 & 7 \end{array}\right]$$

Les lignes 2 et 3 devraient être permutées.

$$C = \left[\begin{array}{ccc|c} 5 & 1 & 7 & 9 \\ 0 & 1 & 1 & 4 \\ 0 & 6 & 5 & 3 \end{array}\right]$$

c_{32} devrait être 0 au lieu de 6.

Méthode de Gauss

La méthode de Gauss pour résoudre un système d'équations linéaires consiste à transformer la matrice augmentée, qui correspond au système d'équations, en une matrice augmentée échelonnée.

Il suffit alors de résoudre le système d'équations correspondant à la matrice augmentée échelonnée en commençant par la dernière équation et en remplaçant la ou les valeurs trouvées dans les équations précédentes. Nous appelons cette étape la substitution inverse.

Remarque Il est toujours possible de transformer, en un nombre fini d'opérations, une matrice augmentée en une matrice augmentée échelonnée.

Notons que cette dernière matrice augmentée échelonnée n'est pas unique, car le résultat dépend des opérations faites sur les lignes.

Exemple 2 Résolvons le système d'équations linéaires suivant par la méthode de Gauss.

$$\begin{cases} 2x - 4y + z - 3w = 6 \\ 4x + 16y - 3z - w = -10 \\ 6x - 2y - 5z - w = -3 \\ -2x - 8y + z - w = 0 \end{cases}$$

Transformons la matrice augmentée correspondant au système d'équations en une matrice augmentée échelonnée.

Étape 1
On veut obtenir des 0

$$\left[\begin{array}{cccc|c} 2 & -4 & 1 & -3 & 6 \\ 4 & 16 & -3 & -1 & -10 \\ 6 & -2 & -5 & -1 & -3 \\ -2 & -8 & 1 & -1 & 0 \end{array}\right]$$

Étape 2
On veut obtenir des 0

$$\sim \left[\begin{array}{cccc|c} 2 & -4 & 1 & -3 & 6 \\ 0 & 24 & -5 & 5 & -22 \\ 0 & 10 & -8 & 8 & -21 \\ 0 & -12 & 2 & -4 & 6 \end{array}\right] \quad \begin{array}{l} L_2 - 2L_1 \to L_2 \\ L_3 - 3L_1 \to L_3 \\ L_4 + L_1 \to L_4 \end{array}$$

Étape 3
On veut obtenir un 0

$$\sim \left[\begin{array}{cccc|c} 2 & -4 & 1 & -3 & 6 \\ 0 & 24 & -5 & 5 & -22 \\ 0 & 0 & 142 & -142 & 284 \\ 0 & 0 & -1 & -3 & -10 \end{array}\right] \quad \begin{array}{l} -24L_3 + 10L_2 \rightarrow L_3 \\ 2L_4 + L_2 \rightarrow L_4 \end{array}$$

$$\sim \left[\begin{array}{cccc|c} 2 & -4 & 1 & -3 & 6 \\ 0 & 24 & -5 & 5 & -22 \\ 0 & 0 & 142 & -142 & 284 \\ 0 & 0 & 0 & -568 & -1136 \end{array}\right] \quad 142L_4 + L_3 \rightarrow L_4$$

Le système d'équations linéaires correspondant est

Système compatible avec une solution

$$\begin{cases} 2x - 4y + z - 3w = 6 \\ 24y - 5z + 5w = -22 \\ 142z - 142w = 284 \\ -568w = -1136 \end{cases}$$

De E_4, nous obtenons $w = 2$.

Substitution inverse

En remplaçant w par 2 dans E_3, nous trouvons $z = 4$.

En remplaçant w par 2 et z par 4 dans E_2, nous trouvons $y = \frac{-1}{2}$.

En remplaçant w par 2, z par 4 et y par $\frac{-1}{2}$ dans E_1, nous trouvons $x = 3$.

D'où E.-S. $= \left\{\left(3, \frac{-1}{2}, 4, 2\right)\right\}$

Exemple 3 Résolvons le système d'équations linéaires suivant par la méthode de Gauss.

$$\begin{cases} x - y - z = 4 \\ 4x + y - 2z = -1 \end{cases}$$

Transformons la matrice augmentée correspondant au système d'équations en une matrice augmentée échelonnée.

On veut obtenir un 0

$$\left[\begin{array}{ccc|c} 1 & -1 & -1 & 4 \\ 4 & 1 & -2 & -1 \end{array}\right] \sim \left[\begin{array}{ccc|c} 1 & -1 & -1 & 4 \\ 0 & 5 & 2 & -17 \end{array}\right] \quad L_2 - 4L_1 \rightarrow L_2$$

Le système d'équations linéaires correspondant est

Système compatible avec une infinité de solutions

$$\begin{cases} x - y - z = 4 \\ 5y + 2z = -17 \end{cases}$$

Ce système possède une infinité de solutions.

En posant $z = s$, où $s \in \mathbb{R}$, nous trouvons $5y + 2s = -17$

$$y = \frac{-17 - 2s}{5}$$

En remplaçant z par s et y par $\frac{-17 - 2s}{5}$ dans l'équation $x - y - z = 4$, nous obtenons

$$x - \frac{-17 - 2s}{5} - s = 4$$

$$x = \frac{3s + 3}{5}$$

d'où E.-S. $= \left\{\left(\frac{3s + 3}{5}, \frac{-17 - 2s}{5}, s\right) \middle| s \in \mathbb{R}\right\}$

Dans l'exemple précédent, la variable z est une variable libre, car elle peut prendre n'importe quelle valeur réelle. Les variables x et y sont des variables liées parce qu'elles sont dépendantes de la valeur attribuée à z.

Par exemple, si $z = 0$, alors $x = \frac{3}{5}$ et $y = \frac{-17}{5}$; si $z = 1$, alors $x = \frac{6}{5}$ et $y = \frac{-19}{5}$.

2

Exemple 4 Résolvons le système d'équations linéaires suivant par la méthode de Gauss.

$$\begin{cases} 4x - y + 3z = 7 \\ 3x + 5z = 12 \\ 5x - 2y + z = 13 \end{cases}$$

Transformons la matrice augmentée correspondante en une matrice augmentée échelonnée.

Étape 1
On veut obtenir des 0

Étape 2
On veut obtenir un 0

$$\left[\begin{array}{ccc|c} 4 & -1 & 3 & 7 \\ 3 & 0 & 5 & 12 \\ 5 & -2 & 1 & 13 \end{array}\right] \sim \left[\begin{array}{ccc|c} 4 & -1 & 3 & 7 \\ 0 & 3 & 11 & 27 \\ 0 & -3 & -11 & 17 \end{array}\right] \begin{array}{l} \\ 4L_2 - 3L_1 \to L_2 \\ 4L_3 - 5L_1 \to L_3 \end{array}$$

Système incompatible

$$\sim \left[\begin{array}{ccc|c} 1 & -1 & 3 & 7 \\ 0 & 3 & 11 & 27 \\ 0 & 0 & 0 & 44 \end{array}\right] \quad L_3 + L_2 \to L_3$$

Le système précédent est incompatible car, de la dernière ligne de la matrice augmentée échelonnée, nous obtenons $0x + 0y + 0z = 44$, ce qui n'est jamais vérifié quelle que soit la valeur attribuée à x, y ou z.

D'où E.-S. $= \emptyset$

Remarque Si une matrice augmentée contient une ligne de la forme

$$\left[\begin{array}{ccccc|c} \vdots & \vdots & \vdots & & \vdots & \vdots \\ 0 & 0 & 0 & \dots & 0 & k \\ \vdots & \vdots & \vdots & & \vdots & \vdots \end{array}\right], \text{ où } k \neq 0$$

alors le système d'équations linéaires correspondant est incompatible et E.-S. $= \emptyset$. En effet,

$0(x_1) + 0(x_2) + 0(x_3) + \dots + 0(x_n) = k$, où $k \neq 0$, est une égalité fausse $\forall\, x_i \in \mathbb{R}$.

Exemple 5 Résolvons le système d'équations linéaires suivant par la méthode de Gauss.

$$\begin{cases} y + 2z = 9 \\ 2x - 6y - 2z = -10 \\ 2x - z = 0 \\ -6x + 3y + 2z = -1 \\ 3x - y + 3z = 17 \end{cases}$$

Transformons la matrice augmentée correspondante en une matrice augmentée échelonnée.

Étape 1
On veut obtenir un nombre différent de 0

Étape 2
On veut obtenir des 0

(Il est avantageux d'avoir 1 pour faciliter les calculs)

$$\left[\begin{array}{ccc|c} 0 & 1 & 2 & 9 \\ 2 & -6 & -2 & -10 \\ 2 & 0 & -1 & 0 \\ -6 & 3 & 2 & -1 \\ 3 & -1 & 3 & 17 \end{array}\right] \sim \left[\begin{array}{ccc|c} 1 & -3 & -1 & -5 \\ 0 & 1 & 2 & 9 \\ 2 & 0 & -1 & 0 \\ -6 & 3 & 2 & -1 \\ 3 & -1 & 3 & 17 \end{array}\right] \begin{array}{l} (\frac{1}{2})L_2 \to L_1 \\ L_1 \to L_2 \\ \\ \\ \\ \end{array}$$

Étape 3
On veut obtenir des 0

$$\sim \left[\begin{array}{ccc|c} 1 & -3 & -1 & -5 \\ 0 & 1 & 2 & 9 \\ 0 & 6 & 1 & 10 \\ 0 & -15 & -4 & -31 \\ 0 & 8 & 6 & 32 \end{array}\right] \begin{array}{l} \\ \\ L_3 - 2L_1 \to L_3 \\ L_4 + 6L_1 \to L_4 \\ L_5 - 3L_1 \to L_5 \end{array}$$

Étape 4
On veut obtenir des 0

$$\sim \left[\begin{array}{ccc|c} 1 & -3 & -1 & -5 \\ 0 & 1 & 2 & 9 \\ 0 & 0 & -11 & -44 \\ 0 & 0 & 26 & 104 \\ 0 & 0 & -10 & -40 \end{array}\right] \begin{array}{l} \\ \\ L_3 - 6L_2 \to L_3 \\ L_4 + 15L_2 \to L_4 \\ L_5 - 8L_2 \to L_5 \end{array}$$

$$\sim \left[\begin{array}{ccc|c} 1 & -3 & -1 & -5 \\ 0 & 1 & 2 & 9 \\ 0 & 0 & -11 & -44 \\ 0 & 0 & 0 & 0 \\ 0 & 0 & 0 & 0 \end{array}\right] \begin{array}{l} \\ \\ \\ 11L_4 + 26L_3 \to L_4 \\ 11L_5 - 10L_3 \to L_5 \end{array}$$

Le système d'équations correspondant est $\begin{cases} x - 3y - z = -5 \\ y + 2z = 9 \\ -11z = -44 \end{cases}$

De E_3, nous obtenons $z = 4$.

Par substitution inverse, nous trouvons $y = 1$ et $x = 2$.

D'où E.-S. $= \{(2, 1, 4)\}$

Remarque Si une matrice augmentée échelonnée contient une ligne de la forme

$$\left[\begin{array}{ccccc|c} \vdots & \vdots & \vdots & & \vdots & \vdots \\ 0 & 0 & 0 & \dots & 0 & 0 \\ \vdots & \vdots & \vdots & & \vdots & \vdots \end{array}\right],$$

cette ligne est omise lorsque nous écrivons le système d'équations correspondant, car elle ne fournit aucune information sur la valeur des variables. En effet,

$0(x_1) + 0(x_2) + 0(x_3) + \dots + 0(x_n) = 0$ est une égalité vraie $\forall\, x_i \in \mathbb{R}$.

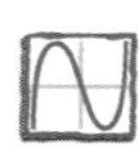

Exemple 6 À l'aide de Maple, résolvons le système $\begin{cases} x - 4y + 6z + 3w = 16 \\ 3x + y - 2z + 6w = 0 \\ -2x - y + 4z - 3w = 2 \\ 5x + 2y - 6z + 98w = -3 \end{cases}$

a) en utilisant la commande « addrow( ) » qui permet d'expliciter les étapes de la méthode de Gauss;

```
> with(linalg):
> eq1:=x-4*y+6*z+3*w=16:
> eq2:=3*x+y-2*z+6*w=0:
> eq3:=(-2)*x-y+4*z-3*w=2:
> eq4:=5*x+2*y-6*z+98*w=-3:
```

b) en utilisant la commande « gausselim( ) », qui nous donne une matrice augmentée échelonnée;

```
> with(linalg):
> eq1:=x-4*y+6*z+3*w=16:
> eq2:=3*x+y-2*z+6*w=0:
> eq3:=(-2)*x-y+4*z-3*w=2:
> eq4:=5*x+2*y-6*z+98*w=-3:
```

```
> A:=genmatrix([eq1,eq2,eq3,eq4],[x,y,z,w],flag);
```

$$A := \begin{bmatrix} 1 & -4 & 6 & 3 & 16 \\ 3 & 1 & -2 & 6 & 0 \\ -2 & -1 & 4 & -3 & 2 \\ 5 & 2 & -6 & 98 & -3 \end{bmatrix}$$

```
> A1:=addrow(A,1,2,-3):
> A2:=addrow(A1,1,3,2):
> B:=addrow(A2,1,4,-5);
```

$$B := \begin{bmatrix} 1 & -4 & 6 & 3 & 16 \\ 0 & 13 & -20 & -3 & -48 \\ 0 & -9 & 16 & 3 & 34 \\ 0 & 22 & -36 & 83 & -83 \end{bmatrix}$$

```
> solve(k*B[2,2]+B[3,2]=0);
```

$$\frac{9}{13}$$

```
> solve(k*B[2,2]+B[4,2]=0);
```

$$\frac{-22}{13}$$

```
> B1:=addrow(B,2,3,9/13):
> C:=addrow(B1,2,4,-22/13);
```

$$C := \begin{bmatrix} 1 & -4 & 6 & 3 & 16 \\ 0 & 13 & -20 & -3 & -48 \\ 0 & 0 & \frac{28}{13} & \frac{12}{13} & \frac{10}{13} \\ 0 & 0 & \frac{-28}{13} & \frac{1145}{13} & \frac{-23}{13} \end{bmatrix}$$

```
> E:=addrow(C,3,4,1);
```

$$E := \begin{bmatrix} 1 & -4 & 6 & 3 & 16 \\ 0 & 13 & -20 & -3 & -48 \\ 0 & 0 & \frac{28}{13} & \frac{12}{13} & \frac{10}{13} \\ 0 & 0 & 0 & 89 & -1 \end{bmatrix}$$

Substitution inverse

```
> w:=solve(89*w=-1);
```

$$w := \frac{-1}{89}$$

```
> z:=solve(28*z/13+(12/13)*(w)=10/13);
```

$$z := \frac{451}{1246}$$

```
> y:=solve(13*y-20*(z)-3*(w)=-48);
```

$$y := \frac{-1955}{623}$$

```
> x:=solve(x-4*(y)+6*(z)+3*(w)=16);
```

$$x := \frac{816}{623}$$

```
> A:=genmatrix([eq1,eq2,eq3,eq4],[x,y,z,w],flag);
```

$$A := \begin{bmatrix} 1 & -4 & 6 & 3 & 16 \\ 3 & 1 & -2 & 6 & 0 \\ -2 & -1 & 4 & -3 & 2 \\ 5 & 2 & -6 & 98 & -3 \end{bmatrix}$$

```
> gausselim(A);
```

$$\begin{bmatrix} 1 & -4 & 6 & 3 & 16 \\ 0 & -9 & 16 & 3 & 34 \\ 0 & 0 & \frac{28}{9} & \frac{4}{3} & \frac{10}{9} \\ 0 & 0 & 0 & 89 & -1 \end{bmatrix}$$

```
> w:=solve(89*w=-1);
```

$$w := \frac{-1}{89}$$

```
> z:=solve(28*z/13+(12/13)*(w)=10/13);
```

$$z := \frac{451}{1246}$$

```
> y:=solve(13*y-20*(z)-3*(w)=-48);
```

$$y := \frac{-1955}{623}$$

```
> x:=solve(x-4*(y)+6*(z)+3*(w)=16);
```

$$x := \frac{816}{623}$$

c) en utilisant la commande « solve( ) », qui nous donne directement l'ensemble-solution.

```
> with(linalg):
> eq1:=x-4*y+6*z+3*w=16:
> eq2:=3*x+y-2*z+6*w=0:
> eq3:=(-2)*x-y+4*z-3*w=2:
> eq4:=5*x+2*y-6*z+98*w=-3:
> solve({eq1,eq2,eq3,eq4},{x,y,z,w});
```

$$\left\{z = \frac{451}{1246}, w = \frac{-1}{89}, x = \frac{816}{623}, y = \frac{-1955}{623}\right\}$$

Exemple 7

a) Résolvons le système d'équations linéaires suivant par la méthode de Gauss et déterminons les variables liées et les variables libres.

$$\begin{cases} 6c + 2d - 4e - 8f = 8 \\ 9c + 3d - 6e - 12f = 12 \\ 2a - 3b + c + 4d - 7e + f = 2 \\ 6a - 9b + 11d - 19e + 3f = 0 \end{cases}$$

Transformons la matrice augmentée correspondante en une matrice augmentée échelonnée.

$$\left[\begin{array}{cccccc|c} 0 & 0 & 6 & 2 & -4 & -8 & 8 \\ 0 & 0 & 9 & 3 & -6 & -12 & 12 \\ 2 & -3 & 1 & 4 & -7 & 1 & 2 \\ 6 & -9 & 0 & 11 & -19 & 3 & 0 \end{array}\right] \sim \left[\begin{array}{cccccc|c} 2 & -3 & 1 & 4 & -7 & 1 & 2 \\ 0 & 0 & 9 & 3 & -6 & -12 & 12 \\ 0 & 0 & 6 & 2 & -4 & -8 & 8 \\ 6 & -9 & 0 & 11 & -19 & 3 & 0 \end{array}\right] \quad \begin{array}{l} L_3 \to L_1 \\ \\ L_1 \to L_3 \\ \\ \end{array}$$

$$\sim \left[\begin{array}{cccccc|c} 2 & -3 & 1 & 4 & -7 & 1 & 2 \\ 0 & 0 & 9 & 3 & -6 & -12 & 12 \\ 0 & 0 & 6 & 2 & -4 & -8 & 8 \\ 0 & 0 & -3 & -1 & 2 & 0 & -6 \end{array}\right] \quad \begin{array}{l} \\ \\ \\ L_4 - 3L_1 \to L_4 \end{array}$$

$$\sim \left[\begin{array}{cccccc|c} 2 & -3 & 1 & 4 & -7 & 1 & 2 \\ 0 & 0 & 9 & 3 & -6 & -12 & 12 \\ 0 & 0 & 0 & 0 & 0 & 0 & 0 \\ 0 & 0 & 0 & 0 & 0 & -12 & -6 \end{array}\right] \quad \begin{array}{l} \\ \\ 3L_3 - 2L_2 \to L_3 \\ 3L_4 + L_2 \to L_4 \end{array}$$

$$\sim \left[\begin{array}{cccccc|c} 2 & -3 & 1 & 4 & -7 & 1 & 2 \\ 0 & 0 & 9 & 3 & -6 & -12 & 12 \\ 0 & 0 & 0 & 0 & 0 & -12 & -6 \\ 0 & 0 & 0 & 0 & 0 & 0 & 0 \end{array}\right] \quad \begin{array}{l} \\ \\ L_4 \to L_3 \\ L_3 \to L_4 \end{array}$$

Le système d'équations linéaires correspondant est

$$\begin{cases} 2a - 3b + c + 4d - 7e + f = 2 & (1) \\ 9c + 3d - 6e - 12f = 12 & (2) \\ -12f = -6 & (3) \end{cases}$$

De (3), nous obtenons $f = \frac{1}{2}$. En remplaçant f par $\frac{1}{2}$ et en posant $e = r$, où $r \in \mathbb{R}$, et $d = s$, où $s \in \mathbb{R}$, dans (2), nous trouvons $c = \frac{-1}{3}s + \frac{2}{3}r + 2$;

en remplaçant f par $\frac{1}{2}$ et e, d et c par leur valeur respective, et en posant $b = t$, où $t \in \mathbb{R}$, dans (1), nous trouvons $a = \frac{3}{2}t - \frac{11}{6}s + \frac{19}{6}r - \frac{1}{4}$.

$$\text{D'où E.-S.} = \left\{\left(\overbrace{\frac{3t}{2} - \frac{11s}{6} + \frac{19r}{6} - \frac{1}{4}}^{a}, \overset{b}{t}, \overbrace{\frac{-s}{3} + \frac{2r}{3} + 2}^{c}, \overset{d}{s}, \overset{e}{r}, \overset{f}{\frac{1}{2}}\right)\right\}, \text{ où } r, s \text{ et } t \in \mathbb{R}$$

Les variables a, c et f sont les variables liées, et les variables b, d et e sont les variables libres.

b) Trouvons une solution particulière au système précédent.

En posant $r = 0$, $s = 0$ et $t = 0$, nous trouvons $a = \frac{-1}{4}$, $b = 0$, $c = 2$, $d = 0$, $e = 0$ et $f = \frac{1}{2}$.

D'où $\left(\frac{-1}{4}, 0, 2, 0, 0, \frac{1}{2}\right)$ est une solution particulière.

Exemple 8

Geneviève Séguin achète trois sortes de crayons à bille qui se vendent respectivement 0,30 $, 0,50 $ et 0,60 $ l'unité, taxes incluses. Elle débourse 5,50 $ pour 12 crayons. Déterminer combien de crayons de chaque sorte elle a achetés, sachant qu'elle a au moins un crayon de chaque sorte.

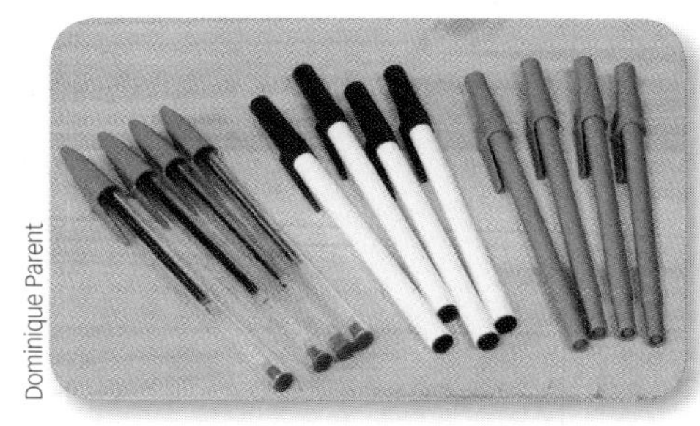
Dominique Parent

1) Définissons d'abord les variables.

Soit x, le nombre de crayons à 0,30 $,
y, le nombre de crayons à 0,50 $ et
z, le nombre de crayons à 0,60 $.

2) Déterminons le système d'équations linéaires correspondant à la situation.

$$\begin{cases} x + y + z = 12 \\ 0{,}3x + 0{,}5y + 0{,}6z = 5{,}5 \end{cases}$$

2

3) Résolvons ce système d'équations linéaires par la méthode de Gauss.

Méthode de Gauss

$$\left[\begin{array}{ccc|c} 1 & 1 & 1 & 12 \\ 0{,}3 & 0{,}5 & 0{,}6 & 5{,}5 \end{array}\right] \sim \left[\begin{array}{ccc|c} 1 & 1 & 1 & 12 \\ 0 & 2 & 3 & 19 \end{array}\right] \quad 10L_2 - 3L_1 \to L_2$$

Le système d'équations linéaires possède une infinité de solutions réelles.

En posant $z = t$, nous obtenons $y = \dfrac{19 - 3t}{2}$ et $x = \dfrac{t + 5}{2}$.

Ainsi, E.-S. $= \left\{\left(\dfrac{t + 5}{2}, \dfrac{19 - 3t}{2}, t\right) \middle| t \in \mathbb{R}\right\}$

Dans la situation présente, seules les solutions entières et positives sont acceptables.

En posant $t = 1$, nous obtenons $z = 1$, $y = 8$ et $x = 3$.

En posant $t = 2$, nous obtenons $z = 2$, $y = \frac{13}{2}$ (à rejeter).

Toutes les valeurs paires de t sont à rejeter, car y doit être un entier positif.

En posant $t = 3$, nous obtenons $z = 3$, $y = 5$ et $x = 4$.

En posant $t = 5$, nous obtenons $z = 5$, $y = 2$ et $x = 5$.

En posant $t = 7$, nous obtenons $z = 7$, $y = -1$ (à rejeter).

Toutes les valeurs de t telles que $t > 7$ sont à rejeter, car y doit être un entier positif.

Donc, les solutions acceptables sont (3, 8, 1), (4, 5, 3) et (5, 2, 5).

4) Formulons la réponse.

Geneviève Séguin peut avoir acheté
3 crayons à 0,30 $, 8 crayons à 0,50 $ et 1 crayon à 0,60 $; ou
4 crayons à 0,30 $, 5 crayons à 0,50 $ et 3 crayons à 0,60 $; ou encore
5 crayons à 0,30 $, 2 crayons à 0,50 $ et 5 crayons à 0,60 $.

Les étapes à suivre pour résoudre un problème contextuel impliquant des équations linéaires sont les suivantes.

1) Définir les variables.
2) Déterminer le système d'équations linéaires correspondant à la situation.
3) Résoudre le système d'équations linéaires.
4) Formuler la réponse.

Exercices 2.3

1. Exprimer les systèmes d'équations linéaires suivants à l'aide d'une équation matricielle.

a) $\begin{cases} x + 3y = 4 \\ 5x - y = 8 \end{cases}$ b) $\begin{cases} x_1 - 2x_2 = 6 \\ 2x_1 + 4x_3 = 4 \end{cases}$

c) $\begin{cases} 3x - y = 2 \\ 2x + 5y = 7 \\ x + 6y = 9 \end{cases}$ d) $\begin{cases} x_1 + x_2 + x_3 = 5 \\ 2x_1 + 4x_3 = 6 \\ 3x_2 - 5x_3 = 1 \end{cases}$

2. Déterminer la matrice augmentée correspondant aux systèmes d'équations linéaires suivants.

a) $\begin{cases} x - y - z = -1 \\ 2x + y - 3z = 4 \\ 5x - 6y + z = 1 \end{cases}$ b) $\begin{cases} 3x + 4y - z = 5 \\ 2x + 3z - 6w = 7 \end{cases}$

c) $\begin{cases} a + b = 5 \\ 3a - b = 7 \\ 2a + 7b = -5 \\ a - b = 2 \end{cases}$ d) $\begin{cases} x = 3 \\ y = 5 \\ z = -1 \\ w = 7 \\ u = -8 \end{cases}$

3. Déterminer un système d'équations linéaires qui correspond à chacune des matrices augmentées suivantes.

a) $\left[\begin{array}{cccc|c} 1 & 2 & 3 & 4 & 5 \\ -2 & 3 & -4 & 1 & 7 \end{array}\right]$ b) $\left[\begin{array}{cccc|c} 1 & 0 & 1 & 0 & 0 \end{array}\right]$

c) $\left[\begin{array}{ccc|c} 3 & 2 & -1 & 5 \\ 0 & 6 & 3 & 2 \\ 0 & 0 & 5 & 10 \end{array}\right]$ d) $\left[\begin{array}{cccc|c} 1 & 0 & 0 & 0 & 3 \\ 0 & 1 & 0 & 0 & 4 \\ 0 & 0 & 1 & 0 & 5 \\ 0 & 0 & 0 & 1 & 2 \end{array}\right]$

4. Parmi les matrices suivantes, identifier les matrices échelonnées.

a) $\begin{bmatrix} 8 & 3 & 0 & 0 & 4 \\ 0 & 0 & 1 & 5 & 2 \end{bmatrix}$ b) $\begin{bmatrix} 0 & 0 & 1 & 5 \\ 0 & 1 & 0 & 0 \\ 0 & 0 & 2 & 6 \end{bmatrix}$

c) $\begin{bmatrix} 3 & 2 & 1 & 5 & 6 \\ 0 & 2 & 1 & 3 & 7 \\ 0 & 0 & 1 & 2 & 5 \\ 0 & 0 & 1 & 3 & 6 \end{bmatrix}$ d) $\left[\begin{array}{ccccc|c} 1 & 2 & 0 & 3 & 1 & 6 \\ 0 & 0 & 2 & 5 & 7 & 3 \\ 0 & 0 & 0 & 0 & 1 & 2 \end{array}\right]$

e) $\left[\begin{array}{cccc|c} 3 & 4 & 2 & 1 & 8 \\ 0 & 0 & 0 & 0 & 0 \end{array}\right]$ f) $\left[\begin{array}{cccc|c} 0 & 1 & 0 & 0 & 1 \\ 0 & 0 & 1 & 2 & 1 \\ 0 & 0 & 0 & 1 & 1 \end{array}\right]$

5. Donner l'ensemble-solution du système d'équations linéaires correspondant à chacune des matrices augmentées échelonnées suivantes.

a) $\left[\begin{array}{ccc|c} 1 & 0 & 0 & 3 \\ 0 & 3 & 0 & 6 \\ 0 & 0 & 2 & 5 \end{array}\right]$ b) $\left[\begin{array}{ccc|c} 3 & -4 & 1 & 14 \\ 0 & -2 & 3 & 13 \\ 0 & 0 & 2 & 6 \\ 0 & 0 & 0 & 0 \\ 0 & 0 & 0 & 0 \end{array}\right]$

c) $\left[\begin{array}{ccc|c} 3 & 0 & 2 & 5 \\ 0 & 0 & 4 & 6 \\ 0 & 0 & 0 & 3 \end{array}\right]$ d) $\left[\begin{array}{cccc|c} 2 & 0 & 0 & 2 & 6 \\ 0 & 3 & 0 & 3 & 18 \\ 0 & 0 & -1 & 4 & 2 \end{array}\right]$

e) $\left[\begin{array}{ccccc|c} 1 & 2 & 0 & 0 & 5 & 2 \\ 0 & 0 & 2 & 0 & 0 & -2 \\ 0 & 0 & 0 & 3 & 1 & 3 \\ 0 & 0 & 0 & 0 & 0 & 0 \end{array}\right]$ f) $\left[\begin{array}{ccccc|c} 1 & 1 & 1 & 1 & 1 & 1 \\ 0 & 0 & 1 & 1 & 1 & 1 \\ 0 & 0 & 0 & 1 & 1 & 1 \\ 0 & 0 & 0 & 0 & 1 & 1 \end{array}\right]$

g) $\left[\begin{array}{cccccc|c} 1 & 2 & -2 & 4 & 0 & 0 & 8 \\ 0 & 0 & 3 & 0 & 0 & 0 & -6 \\ 0 & 0 & 0 & 0 & 2 & 6 & 4 \\ 0 & 0 & 0 & 0 & 0 & 0 & 0 \end{array}\right]$

6. Résoudre les systèmes d'équations linéaires suivants par la méthode de Gauss.

a) $\begin{cases} 6x + 3y = 3 \\ 2x - y = -9 \end{cases}$ b) $\begin{cases} 2a + 5b + 2c = 5 \\ 3a - b - 3c = 6 \\ 12a + 13b = 20 \end{cases}$

c) $\begin{cases} 2a + 3b = 6 \\ 6b + 4a = 11 \end{cases}$ d) $\begin{cases} 2x_1 + 4x_2 - 6x_3 = 0 \\ x_2 - x_1 - 3x_3 = -6 \\ 2x_1 + 3x_2 - 4x_3 = 2 \end{cases}$

e) $\begin{cases} x + y = 5 \\ x + z = 7 \\ y + z = 8 \end{cases}$ f) $\begin{cases} a - b + 2c = 0 \\ c + b + \frac{3}{4}a = -9 \\ b - 3c + \frac{a}{6} = -18 \end{cases}$

g) $\begin{cases} 3x - z - w = 4 \\ y + z + w = -2 \\ x + y - 2w = 8 \\ 2x + 3y + z - w = 6 \end{cases}$

h) $\begin{cases} a + 2b + c + d = 0 \\ 2a - b + 3c - d = 0 \\ 4a + 7b + c + 2d = 0 \\ 3a + 4b - 2c + d = 0 \end{cases}$

i) $\begin{cases} 2x - 3y + 6z = 0 \\ 4x + 8y - z = -4 \\ -6x + 23y - 31z = -4 \\ 4x - 48y + 51z = 12 \end{cases}$

j) $\begin{cases} x - y - z + w = -8 \\ x + y + z + w = 2 \\ 0{,}3x + 2{,}6y - 0{,}4z + w = 4{,}5 \\ 0{,}4x - 1{,}2y + 0{,}6z - w = -4{,}6 \end{cases}$

7. a) Soit les matrices augmentées équivalentes suivantes.

$$\left[\begin{array}{ccc|c} 1 & 1 & 1 & -2 \\ 2 & 5 & -1 & 2 \\ -3 & 4 & 5 & 35 \end{array}\right] \sim \left[\begin{array}{ccc|c} 1 & 1 & 1 & -2 \\ 0 & 1 & a & 2 \\ 0 & 0 & 1 & b \end{array}\right]$$

Déterminer les valeurs de a et b.

b) Utiliser le résultat obtenu en a) pour déterminer l'ensemble-solution du système d'équations linéaires suivant.

$$\begin{cases} 2x + 5y - z = 2 \\ x + y + z = -2 \\ -3x + 4y + 5z = 35 \end{cases}$$

8. a) Soit les matrices augmentées équivalentes suivantes.

$$\left[\begin{array}{cccc|c} 1 & 1 & 2 & 1 & 5 \\ 1 & 2 & 4 & 2 & 8 \\ 1 & -1 & -2 & -1 & -1 \end{array}\right] \sim \left[\begin{array}{cccc|c} 1 & 1 & 2 & 1 & 5 \\ 0 & 1 & a & b & c \\ 0 & 0 & 0 & 0 & d \end{array}\right]$$

Déterminer les valeurs de a, b, c et d.

b) Utiliser le résultat obtenu en a) pour déterminer l'ensemble-solution du système d'équations linéaires suivant.

$$\begin{cases} x + 2y + 4z + 2w = 8 \\ x - y - 2z - w = -1 \\ x + y + 2z + w = 5 \end{cases}$$

c) Déterminer les variables libres et les variables liées dans le système précédent.

d) Déterminer la solution particulière lorsque $z = 0$ et $w = 0$; $z = 1$ et $w = -1$; $y = -3$ et $w = 5$.

9. Gilles a rangé 200 conserves de fruits (pêches, cerises et ananas) dans sa chambre froide. Une boîte de pêches coûte 0,80 \$, une boîte de cerises, 1,20 \$, et une boîte d'ananas, 0,60 \$. Gilles a déboursé 152,40 \$. Combien de conserves de fruits de chaque sorte Gilles a-t-il achetées, s'il y a 26 boîtes d'ananas de plus que de boîtes de pêches ?

Dominique Parent

10. Le directeur d'un collège achète 30 ordinateurs valant 2000 \$, 5000 \$ et 15 000 \$, selon le modèle. S'il désire au moins un ordinateur de chaque modèle, mais pas plus de 18 ordinateurs d'un modèle donné, combien de modèles de chaque sorte a-t-il achetés s'il a déboursé 144 000 \$?

11. Sophie songe à acheter des anges, des guppies et des poissons rouges pour mettre dans son aquarium qui peut contenir 100 poissons. Les anges coûtent 10 \$ chacun, les guppies, 3 \$ chacun, et les poissons rouges, 0,50 \$ chacun.

Dominique Parent

Déterminer le nombre de poissons de chaque espèce que Sophie achètera si elle dépense 100 \$ et qu'elle désire

a) au moins un poisson de chaque espèce ;

b) seulement deux espèces de poissons.

2.4 Résolution de systèmes d'équations linéaires par la méthode de Gauss-Jordan et inversion de matrices carrées par cette méthode

Objectifs d'apprentissage

À la fin de cette section, l'élève pourra résoudre des systèmes d'équations linéaires par la méthode de Gauss-Jordan et inverser une matrice.

Plus précisément, l'élève sera en mesure

- de transformer une matrice augmentée en une matrice augmentée échelonnée de Gauss-Jordan ;
- de déterminer l'ensemble-solution d'un système d'équations linéaires à l'aide de la méthode de Gauss-Jordan ;
- de déterminer l'inverse d'une matrice à l'aide de la méthode de Gauss-Jordan ;
- de donner la définition d'une matrice régulière ;
- de donner la définition d'une matrice singulière.

$$\left[\begin{array}{c|c}\underbrace{\begin{matrix}1&3&-2\\4&1&0\\2&2&-4\end{matrix}}_{A}&\underbrace{\begin{matrix}1&0&0\\0&1&0\\0&0&1\end{matrix}}_{I}\end{array}\right]\sim\left[\begin{array}{c|c}\underbrace{\begin{matrix}1&0&0\\0&1&0\\0&0&1\end{matrix}}_{I}&\underbrace{\begin{matrix}\frac{-1}{8}&\frac{1}{4}&\frac{1}{16}\\\frac{1}{2}&0&\frac{-1}{4}\\\frac{3}{16}&\frac{1}{8}&\frac{-11}{32}\end{matrix}}_{A^{-1}}\end{array}\right]$$

Résolution de systèmes d'équations linéaires par la méthode de Gauss-Jordan

La méthode de Gauss-Jordan pour résoudre un système d'équations linéaires consiste d'abord à transformer la matrice augmentée correspondant au système d'équations en une matrice augmentée échelonnée.

Cette matrice augmentée échelonnée doit ensuite être transformée afin d'obtenir une matrice augmentée échelonnée de Gauss-Jordan.

Il y a environ 130 ans...

Wilhelm Jordan
(1842-1899)

Comme nous l'avons déjà dit, Gauss développe sa méthode de résolution des systèmes d'équations en se penchant sur un problème d'astronomie. Comme tout astronome, il est préoccupé par les erreurs de mesures qui entachent forcément les observations astronomiques. Plus spécifiquement, il cherche à définir une fonction qui décrirait la probabilité que se produise une erreur donnée dans la détermination d'une grandeur observée. La méthode qu'il élabore pour définir une telle fonction s'appelle la méthode des moindres carrés. Pour l'appliquer, il est toutefois nécessaire de résoudre un système d'équations linéaires ayant un bon nombre d'inconnues. Les méthodes élaborées jusqu'alors nécessitaient un trop grand nombre de calculs lorsqu'il y avait plus de trois ou quatre inconnues. La méthode systématique de Gauss réduit et facilite grandement ces calculs. Elle est améliorée en 1888 par un autre Allemand, **Wilhelm Jordan,** qui applique la méthode des moindres carrés à l'arpentage et à la géodésie.

DÉFINITION 2.10 Une matrice échelonnée est appelée **matrice échelonnée de Gauss-Jordan** si elle possède les propriétés suivantes.

Propriété 1 Le premier élément non nul de chaque ligne de la matrice est 1.

Propriété 2 Cet élément 1 doit être le seul élément non nul de la colonne où il se trouve.

Une matrice échelonnée de Gauss-Jordan est également appelée matrice échelonnée réduite.

À l'aide des opérations élémentaires, nous voulons transformer la matrice augmentée correspondant à un système d'équations en une matrice augmentée échelonnée de Gauss-Jordan qui pourrait être de la forme suivante.

$$\left[\begin{array}{ccccccc|c} 1 & \square & 0 & 0 & 0 & \square & \square & \square \\ 0 & 0 & 1 & 0 & 0 & \square & \square & \square \\ 0 & 0 & 0 & 1 & 0 & \square & \square & \square \\ 0 & 0 & 0 & 0 & 1 & \square & \square & \square \\ 0 & 0 & 0 & 0 & 0 & 0 & 0 & \square \\ 0 & 0 & 0 & 0 & 0 & 0 & 0 & 0 \end{array}\right]$$

Exemple 1

a) Les matrices suivantes sont des matrices échelonnées de Gauss-Jordan.

$$A = \left[\begin{array}{ccc|c} 1 & 0 & 0 & -2 \\ 0 & 1 & 0 & 5 \\ 0 & 0 & 1 & 4 \end{array}\right] \qquad B = \left[\begin{array}{cccc|c} 1 & 5 & 7 & 0 & 7 \\ 0 & 0 & 0 & 1 & 5 \end{array}\right]$$

$$C = \begin{bmatrix} 1 & 0 & 0 & 0 & -1 \\ 0 & 0 & 1 & 0 & 0 \\ 0 & 0 & 0 & 1 & 5 \\ 0 & 0 & 0 & 0 & 1 \end{bmatrix} \qquad E = \begin{bmatrix} 1 & 0 & 0 & 4 & 2 \\ 0 & 1 & 0 & 3 & 1 \\ 0 & 0 & 1 & 1 & 0 \\ 0 & 0 & 0 & 0 & 0 \end{bmatrix}$$

b) Les matrices suivantes ne sont pas des matrices échelonnées de Gauss-Jordan.

$$A = \begin{bmatrix} 1 & 0 & 1 & 0 \\ 0 & 1 & 0 & 0 \\ 0 & 0 & 1 & 0 \end{bmatrix}$$

a_{13} devrait être 0 au lieu de 1.

$$B = \begin{bmatrix} 1 & 0 & -2 \\ 0 & 0 & 3 \\ 0 & 0 & 4 \\ 0 & 1 & 0 \end{bmatrix}$$

Ce n'est pas une matrice échelonnée.

$$C = \left[\begin{array}{cccc:c} 1 & 0 & 0 & 0 & 5 \\ 0 & 1 & 0 & 0 & -6 \\ 0 & 0 & 1 & 0 & 2 \\ 0 & 0 & 0 & -1 & 1 \end{array}\right]$$

Le premier élément non nul de la ligne 4 n'est pas 1.

Exemple 2 Résolvons le système d'équations linéaires suivant par la méthode de Gauss-Jordan.

$$\begin{cases} 2x - 3y + 4z = 14 \\ x - y - 4z = 3 \\ 2y + 8z = 0 \end{cases}$$

Transformons la matrice augmentée correspondant à ce système en une matrice augmentée échelonnée de Gauss-Jordan.

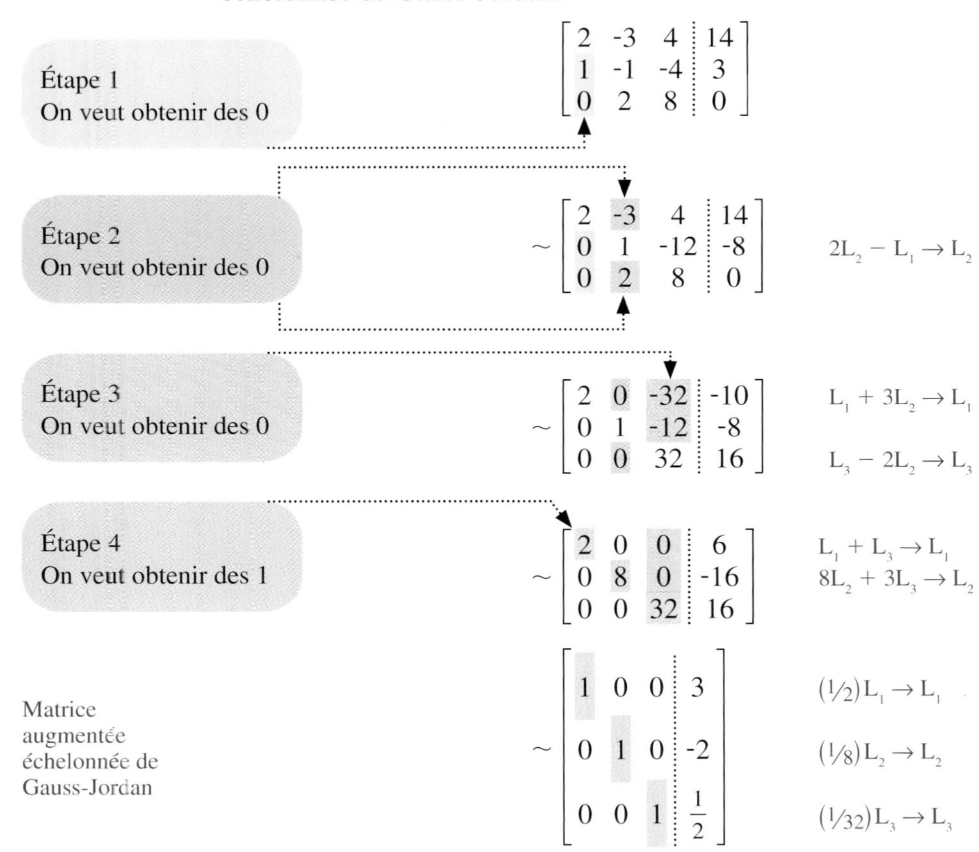

$$\left[\begin{array}{ccc:c} 2 & -3 & 4 & 14 \\ 1 & -1 & -4 & 3 \\ 0 & 2 & 8 & 0 \end{array}\right] \sim \left[\begin{array}{ccc:c} 2 & -3 & 4 & 14 \\ 0 & 1 & -12 & -8 \\ 0 & 2 & 8 & 0 \end{array}\right] \sim \left[\begin{array}{ccc:c} 2 & 0 & -32 & -10 \\ 0 & 1 & -12 & -8 \\ 0 & 0 & 32 & 16 \end{array}\right] \sim \left[\begin{array}{ccc:c} 2 & 0 & 0 & 6 \\ 0 & 8 & 0 & -16 \\ 0 & 0 & 32 & 16 \end{array}\right] \sim \left[\begin{array}{ccc:c} 1 & 0 & 0 & 3 \\ 0 & 1 & 0 & -2 \\ 0 & 0 & 1 & \frac{1}{2} \end{array}\right]$$

Le système d'équations linéaires correspondant est

Système compatible avec une seule solution

$$\begin{cases} x = 3 \\ y = -2 \\ z = \frac{1}{2} \end{cases}$$

d'où E.-S. $= \left\{\left(3, -2, \frac{1}{2}\right)\right\}$

Exemple 3 Résolvons le système d'équations linéaires suivant par la méthode de Gauss-Jordan.

$$\begin{cases} x + y + 2z + w = 4 \\ 2x + 3y - z + 2w = 1 \\ 5x - y + z - w = 2 \\ x + 7z + w = 11 \end{cases}$$

Transformons la matrice augmentée correspondant à ce système en une matrice augmentée échelonnée de Gauss-Jordan.

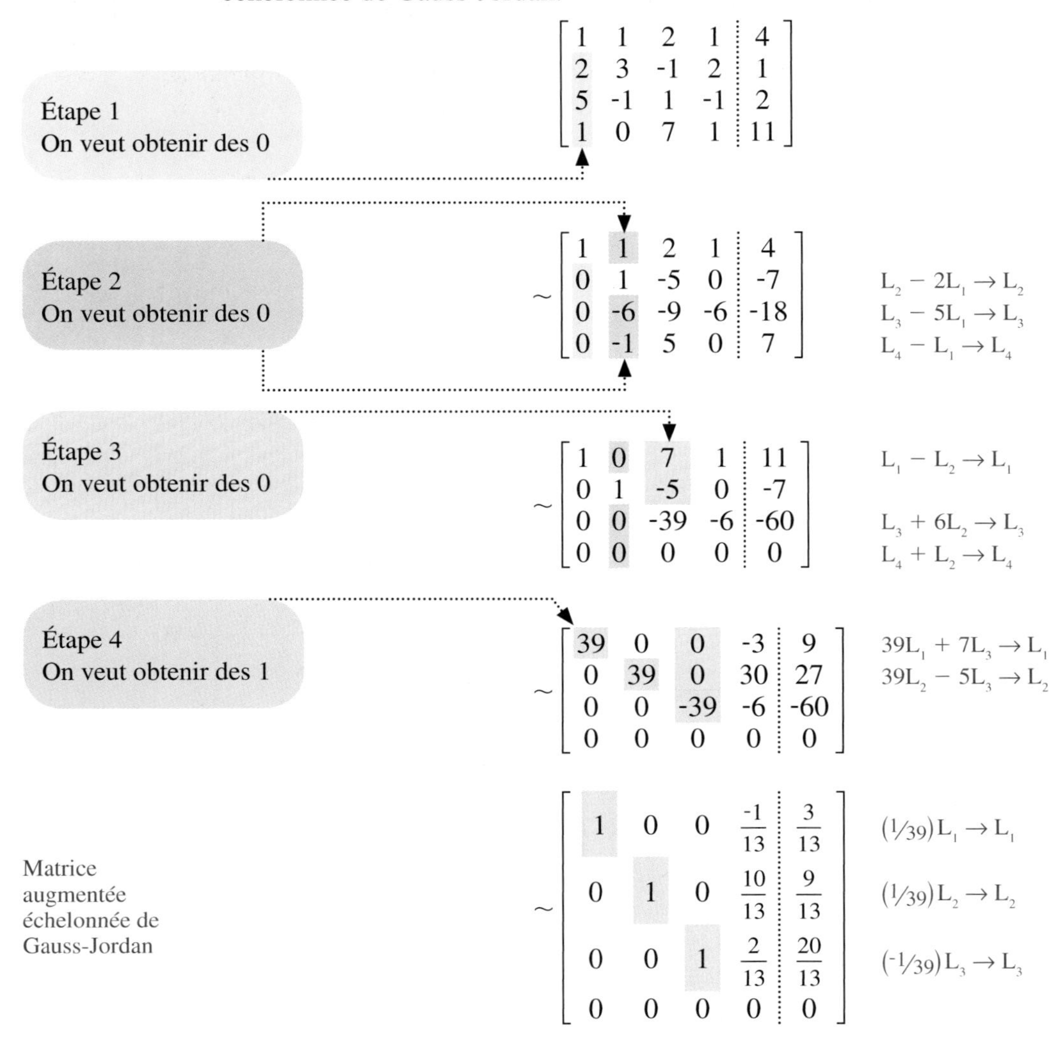

Étape 1
On veut obtenir des 0
$\left[\begin{array}{cccc|c} 1 & 1 & 2 & 1 & 4 \\ 2 & 3 & -1 & 2 & 1 \\ 5 & -1 & 1 & -1 & 2 \\ 1 & 0 & 7 & 1 & 11 \end{array}\right]$
Étape 2
On veut obtenir des 0
$\sim \left[\begin{array}{cccc|c} 1 & 1 & 2 & 1 & 4 \\ 0 & 1 & -5 & 0 & -7 \\ 0 & -6 & -9 & -6 & -18 \\ 0 & -1 & 5 & 0 & 7 \end{array}\right]$
$L_2 - 2L_1 \to L_2$
$L_3 - 5L_1 \to L_3$
$L_4 - L_1 \to L_4$
Étape 3
On veut obtenir des 0
$\sim \left[\begin{array}{cccc|c} 1 & 0 & 7 & 1 & 11 \\ 0 & 1 & -5 & 0 & -7 \\ 0 & 0 & -39 & -6 & -60 \\ 0 & 0 & 0 & 0 & 0 \end{array}\right]$
$L_1 - L_2 \to L_1$
$L_3 + 6L_2 \to L_3$
$L_4 + L_2 \to L_4$
Étape 4
On veut obtenir des 1
$\sim \left[\begin{array}{cccc|c} 39 & 0 & 0 & -3 & 9 \\ 0 & 39 & 0 & 30 & 27 \\ 0 & 0 & -39 & -6 & -60 \\ 0 & 0 & 0 & 0 & 0 \end{array}\right]$
$39L_1 + 7L_3 \to L_1$
$39L_2 - 5L_3 \to L_2$
Matrice augmentée échelonnée de Gauss-Jordan
$\sim \left[\begin{array}{cccc|c} 1 & 0 & 0 & \frac{-1}{13} & \frac{3}{13} \\ 0 & 1 & 0 & \frac{10}{13} & \frac{9}{13} \\ 0 & 0 & 1 & \frac{2}{13} & \frac{20}{13} \\ 0 & 0 & 0 & 0 & 0 \end{array}\right]$
$(1/39)L_1 \to L_1$
$(1/39)L_2 \to L_2$
$(-1/39)L_3 \to L_3$

Le système d'équations linéaires correspondant est

Système compatible avec une infinité de solutions

$$\begin{cases} x - \dfrac{1}{13}w = \dfrac{3}{13} \\ y + \dfrac{10}{13}w = \dfrac{9}{13} \\ z + \dfrac{2}{13}w = \dfrac{20}{13} \end{cases}$$

Ce système possède une infinité de solutions. En posant $w = s$, où $s \in \mathbb{R}$, et en isolant les variables liées x, y et z, nous obtenons

$$x = \frac{1}{13}s + \frac{3}{13}, \qquad y = \frac{-10}{13}s + \frac{9}{13} \qquad \text{et} \qquad z = \frac{-2}{13}s + \frac{20}{13}$$

d'où $\text{E.-S.} = \left\{\left(\frac{s+3}{13}, \frac{-10s+9}{13}, \frac{-2s+20}{13}, s\right) \middle| \, s \in \mathbb{R}\right\}$

2

Inversion de matrices carrées par la méthode de Gauss-Jordan

La méthode de Gauss-Jordan, utilisée pour résoudre un système d'équations linéaires, peut être adaptée pour déterminer l'inverse d'une matrice carrée si cette matrice est inversible.

Exemple 1 Soit $A = \begin{bmatrix} 2 & 8 \\ 1 & 5 \end{bmatrix}$. Déterminons l'inverse de A, si A est inversible.

Soit B, l'inverse de A si A est inversible.

Ainsi, par la définition 1.14, nous avons $\qquad A_{2\times 2}B_{2\times 2} = I_{2\times 2}$

En posant $B = \begin{bmatrix} x & y \\ z & w \end{bmatrix}$, nous obtenons $\qquad \begin{bmatrix} 2 & 8 \\ 1 & 5 \end{bmatrix}\begin{bmatrix} x & y \\ z & w \end{bmatrix} = \begin{bmatrix} 1 & 0 \\ 0 & 1 \end{bmatrix}$

$$\begin{bmatrix} 2x + 8z & 2y + 8w \\ x + 5z & y + 5w \end{bmatrix} = \begin{bmatrix} 1 & 0 \\ 0 & 1 \end{bmatrix}$$ (en effectuant la multiplication)

Les systèmes d'équations linéaires correspondants sont

$$\begin{cases} 2x + 8z = 1 \\ x + 5z = 0 \end{cases} \qquad \begin{cases} 2y + 8w = 0 \\ y + 5w = 1 \end{cases}$$

Les matrices augmentées correspondantes sont

$$\begin{array}{c} x \;\; z \\ \left[\begin{array}{cc|c} 2 & 8 & 1 \\ 1 & 5 & 0 \end{array}\right] \end{array} \qquad \begin{array}{c} y \;\; w \\ \left[\begin{array}{cc|c} 2 & 8 & 0 \\ 1 & 5 & 1 \end{array}\right] \end{array}$$

Résolvons parallèlement les deux systèmes d'équations linéaires précédents.

$$\left[\begin{array}{cc|c} 2 & 8 & 1 \\ 1 & 5 & 0 \end{array}\right] \sim \left[\begin{array}{cc|c} 2 & 8 & 1 \\ 0 & 2 & -1 \end{array}\right] \quad 2L_2 - L_1 \to L_2$$

$$\sim \left[\begin{array}{cc|c} 2 & 0 & 5 \\ 0 & 2 & -1 \end{array}\right] \quad L_1 - 4L_2 \to L_1$$

$$\sim \left[\begin{array}{cc|c} 1 & 0 & \frac{5}{2} \\ 0 & 1 & \frac{-1}{2} \end{array}\right] \quad \begin{array}{l} (1/2)L_1 \to L_1 \\ (1/2)L_2 \to L_2 \end{array}$$

Donc, $x = \frac{5}{2}$ et $z = \frac{-1}{2}$

$$\left[\begin{array}{cc|c} 2 & 8 & 0 \\ 1 & 5 & 1 \end{array}\right] \sim \left[\begin{array}{cc|c} 2 & 8 & 0 \\ 0 & 2 & 2 \end{array}\right] \quad 2L_2 - L_1 \to L_2$$

$$\sim \left[\begin{array}{cc|c} 2 & 0 & -8 \\ 0 & 2 & 2 \end{array}\right] \quad L_1 - 4L_2 \to L_1$$

$$\sim \left[\begin{array}{cc|c} 1 & 0 & -4 \\ 0 & 1 & 1 \end{array}\right] \quad \begin{array}{l} (1/2)L_1 \to L_1 \\ (1/2)L_2 \to L_2 \end{array}$$

Donc, $y = -4$ et $w = 1$

D'où $B = \begin{bmatrix} \frac{5}{2} & -4 \\ \frac{-1}{2} & 1 \end{bmatrix}$ est l'inverse de A. $\left(\text{car } B = \begin{bmatrix} x & y \\ z & w \end{bmatrix}\right)$

Il est à remarquer que nous avons effectué des opérations identiques sur les lignes pour résoudre les systèmes d'équations linéaires.

Il est possible de résoudre simultanément les deux systèmes d'équations linéaires de la façon suivante, à l'aide d'une seule matrice augmentée.

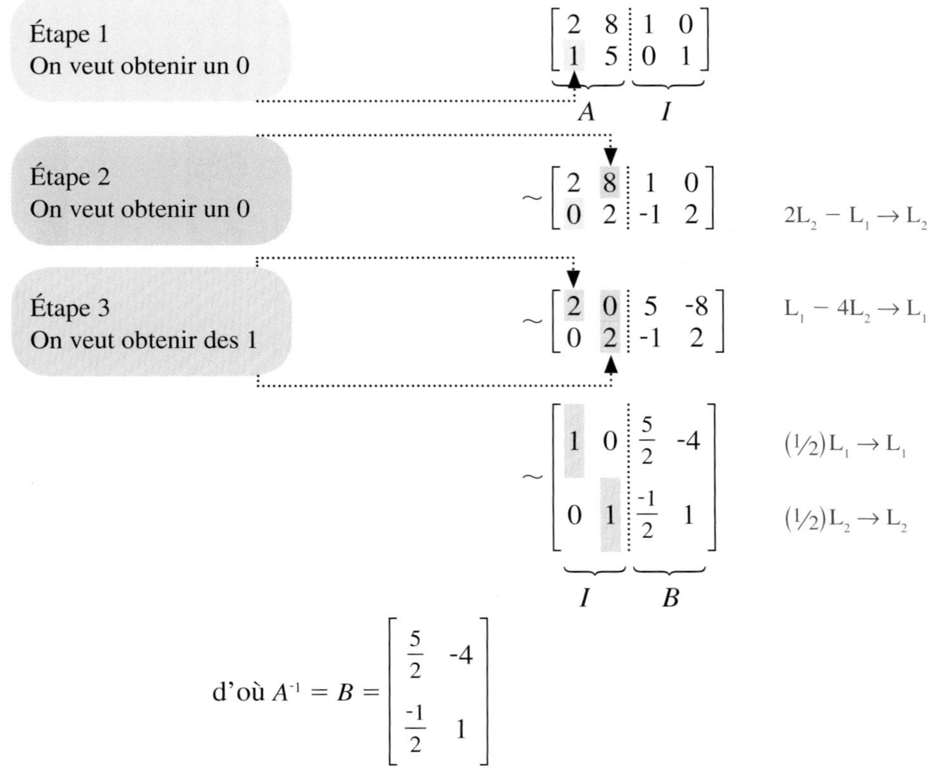

Étape 1
On veut obtenir un 0
Étape 2
On veut obtenir un 0
Étape 3
On veut obtenir des 1

$$\left[\begin{array}{cc|cc} 2 & 8 & 1 & 0 \\ 1 & 5 & 0 & 1 \end{array}\right]$$

$$\sim \left[\begin{array}{cc|cc} 2 & 8 & 1 & 0 \\ 0 & 2 & -1 & 2 \end{array}\right] \quad 2L_2 - L_1 \rightarrow L_2$$

$$\sim \left[\begin{array}{cc|cc} 2 & 0 & 5 & -8 \\ 0 & 2 & -1 & 2 \end{array}\right] \quad L_1 - 4L_2 \rightarrow L_1$$

$$\sim \left[\begin{array}{cc|cc} 1 & 0 & \frac{5}{2} & -4 \\ 0 & 1 & \frac{-1}{2} & 1 \end{array}\right] \quad \begin{array}{l} (1/2)L_1 \rightarrow L_1 \\ (1/2)L_2 \rightarrow L_2 \end{array}$$

d'où $A^{-1} = B = \begin{bmatrix} \frac{5}{2} & -4 \\ \frac{-1}{2} & 1 \end{bmatrix}$

Vérifions que B est l'inverse de A.

Puisque l'inverse de A est unique (théorème 1.1), il suffit de vérifier que $AB = I$.

Vérification

$$AB = \begin{bmatrix} 2 & 8 \\ 1 & 5 \end{bmatrix} \begin{bmatrix} \frac{5}{2} & -4 \\ \frac{-1}{2} & 1 \end{bmatrix} = \begin{bmatrix} 1 & 0 \\ 0 & 1 \end{bmatrix} = I$$

Méthode de Gauss-Jordan

La méthode de Gauss-Jordan pour trouver l'inverse d'une matrice carrée A, lorsque cette matrice est inversible, consiste à écrire une matrice augmentée de la forme $[A \,\vdots\, I]$ et de la transformer, si c'est possible, à l'aide des opérations permises, de manière à obtenir une nouvelle matrice augmentée de la forme $[I \,\vdots\, B]$, c'est-à-dire

$$\underbrace{\left[\begin{array}{cccc|cccc} a_{11} & a_{12} & \dots & a_{1n} & 1 & 0 & \dots & 0 \\ a_{21} & a_{22} & \dots & a_{2n} & 0 & 1 & \dots & 0 \\ \vdots & \vdots & & \vdots & \vdots & \vdots & & \vdots \\ a_{n1} & a_{n2} & \dots & a_{nn} & 0 & 0 & \dots & 1 \end{array}\right]}_{A \qquad I} \sim \dots \sim \underbrace{\left[\begin{array}{cccc|cccc} 1 & 0 & \dots & 0 & b_{11} & b_{12} & \dots & b_{1n} \\ 0 & 1 & \dots & 0 & b_{21} & b_{22} & \dots & b_{2n} \\ \vdots & \vdots & & \vdots & \vdots & \vdots & & \vdots \\ 0 & 0 & \dots & 1 & b_{n1} & b_{n2} & \dots & b_{nn} \end{array}\right]}_{I \qquad B}$$

où $B = A^{-1}$

Remarque Le résultat obtenu serait identique si l'on transformait la matrice augmentée de la forme $[I \mid A]$ en une matrice augmentée de la forme $[B \mid I]$.

Exemple 2 Soit $A = \begin{bmatrix} 1 & 3 & -2 \\ 4 & 1 & 0 \\ 2 & 2 & -4 \end{bmatrix}$.

Déterminons, par la méthode de Gauss-Jordan, A^{-1} si A est inversible.

Transformons la matrice augmentée correspondante en une matrice augmentée échelonnée de Gauss-Jordan.

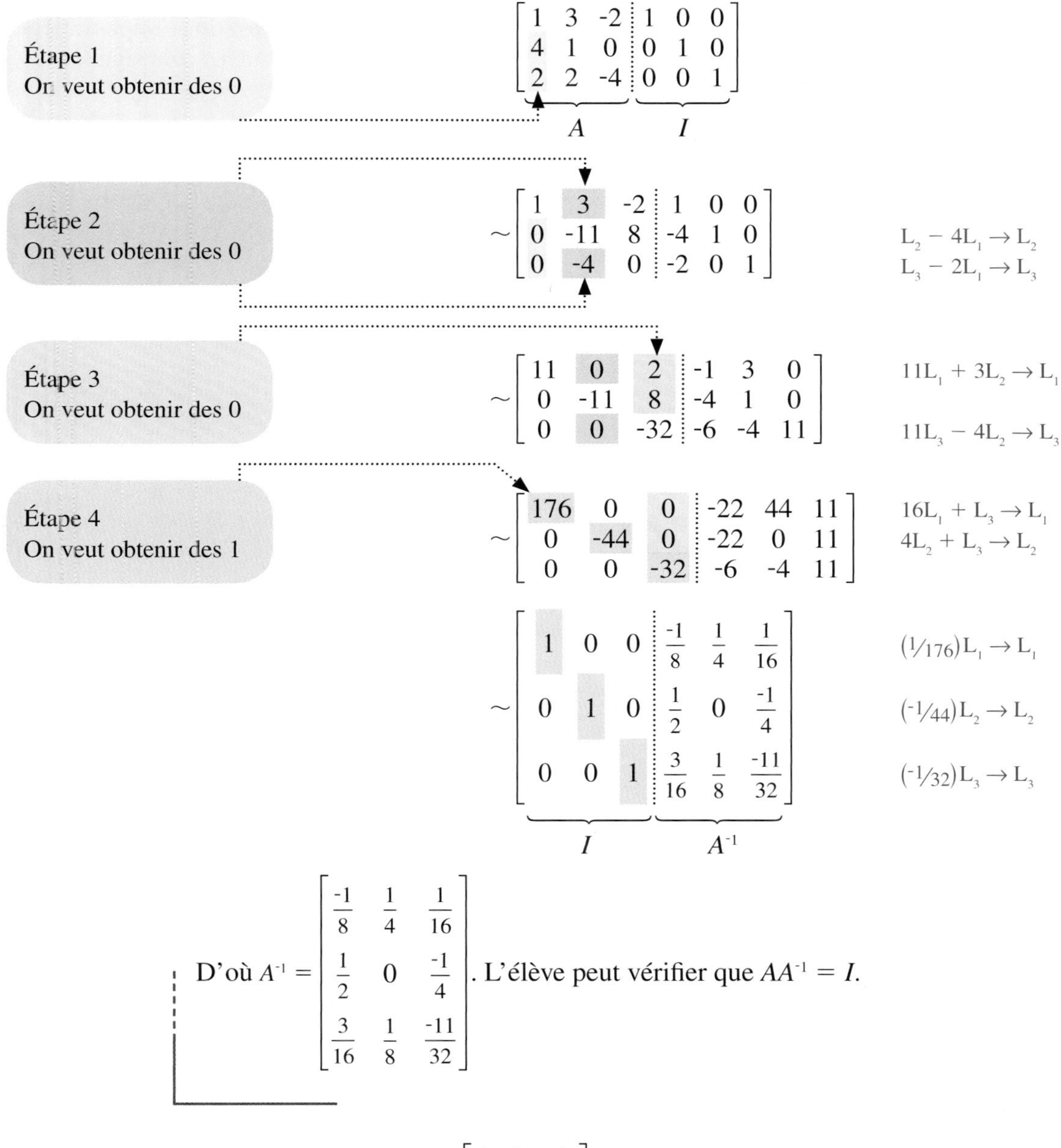

Étape 1
On veut obtenir des 0
$\left[\begin{array}{ccc|ccc} 1 & 3 & -2 & 1 & 0 & 0 \\ 4 & 1 & 0 & 0 & 1 & 0 \\ 2 & 2 & -4 & 0 & 0 & 1 \end{array}\right]$
A
I
Étape 2
On veut obtenir des 0
$\sim \left[\begin{array}{ccc|ccc} 1 & 3 & -2 & 1 & 0 & 0 \\ 0 & -11 & 8 & -4 & 1 & 0 \\ 0 & -4 & 0 & -2 & 0 & 1 \end{array}\right]$
$L_2 - 4L_1 \to L_2$
$L_3 - 2L_1 \to L_3$
Étape 3
On veut obtenir des 0
$\sim \left[\begin{array}{ccc|ccc} 11 & 0 & 2 & -1 & 3 & 0 \\ 0 & -11 & 8 & -4 & 1 & 0 \\ 0 & 0 & -32 & -6 & -4 & 11 \end{array}\right]$
$11L_1 + 3L_2 \to L_1$
$11L_3 - 4L_2 \to L_3$
Étape 4
On veut obtenir des 1
$\sim \left[\begin{array}{ccc|ccc} 176 & 0 & 0 & -22 & 44 & 11 \\ 0 & -44 & 0 & -22 & 0 & 11 \\ 0 & 0 & -32 & -6 & -4 & 11 \end{array}\right]$
$16L_1 + L_3 \to L_1$
$4L_2 + L_3 \to L_2$
$\sim \left[\begin{array}{ccc|ccc} 1 & 0 & 0 & \frac{-1}{8} & \frac{1}{4} & \frac{1}{16} \\ 0 & 1 & 0 & \frac{1}{2} & 0 & \frac{-1}{4} \\ 0 & 0 & 1 & \frac{3}{16} & \frac{1}{8} & \frac{-11}{32} \end{array}\right]$
$(1/176)L_1 \to L_1$
$(-1/44)L_2 \to L_2$
$(-1/32)L_3 \to L_3$
I
A^{-1}

D'où $A^{-1} = \begin{bmatrix} \frac{-1}{8} & \frac{1}{4} & \frac{1}{16} \\ \frac{1}{2} & 0 & \frac{-1}{4} \\ \frac{3}{16} & \frac{1}{8} & \frac{-11}{32} \end{bmatrix}$. L'élève peut vérifier que $AA^{-1} = I$.

Exemple 3 Soit $A = \begin{bmatrix} 1 & 3 & 4 \\ 2 & 5 & -3 \\ 1 & 4 & 15 \end{bmatrix}$.

Déterminons, par la méthode de Gauss-Jordan, A^{-1} si A est inversible.

Transformons la matrice augmentée correspondante en une matrice augmentée échelonnée de Gauss-Jordan.

$$\left[\begin{array}{ccc|ccc} 1 & 3 & 4 & 1 & 0 & 0 \\ 2 & 5 & -3 & 0 & 1 & 0 \\ 1 & 4 & 15 & 0 & 0 & 1 \end{array}\right] \sim \left[\begin{array}{ccc|ccc} 1 & 3 & 4 & 1 & 0 & 0 \\ 0 & -1 & -11 & -2 & 1 & 0 \\ 0 & 1 & 11 & -1 & 0 & 1 \end{array}\right] \quad \begin{array}{l} L_2 - 2L_1 \to L_2 \\ L_3 - L_1 \to L_3 \end{array}$$

$$\sim \left[\begin{array}{ccc|ccc} 1 & 0 & -29 & -5 & 3 & 0 \\ 0 & -1 & -11 & -2 & 1 & 0 \\ 0 & 0 & 0 & -3 & 1 & 1 \end{array}\right] \quad \begin{array}{l} L_1 + 3L_2 \to L_1 \\ \\ L_3 + L_2 \to L_3 \end{array}$$

Puisque nous obtenons une ligne de zéros dans la partie gauche de la matrice augmentée, les systèmes d'équations linéaires correspondants sont incompatibles. Il est donc impossible d'obtenir la matrice I dans la partie gauche de la dernière matrice augmentée; cela signifie que A n'est pas inversible.

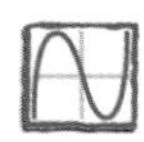

Exemple 4 Soit $A = \begin{bmatrix} 3 & 10 & -5 \\ 23 & -15 & 7 \\ -12 & 18 & 25 \end{bmatrix}$. Utilisons Maple pour déterminer A^{-1}

a) par la méthode de Gauss-Jordan en explicitant les étapes de la méthode;

```
> with(linalg):
> A:=matrix([[3,10,-5],[23,-15,7],[-12,18,25]]);
```

$$A := \begin{bmatrix} 3 & 10 & -5 \\ 23 & -15 & 7 \\ -12 & 18 & 25 \end{bmatrix}$$

```
> i:=diag(1,1,1);
```

$$i := \begin{bmatrix} 1 & 0 & 0 \\ 0 & 1 & 0 \\ 0 & 0 & 1 \end{bmatrix}$$

```
> B:=augment(A,i);
```

$$B := \begin{bmatrix} 3 & 10 & -5 & 1 & 0 & 0 \\ 23 & -15 & 7 & 0 & 1 & 0 \\ -12 & 18 & 25 & 0 & 0 & 1 \end{bmatrix}$$

```
> B1:=addrow(B,1,2,-23/3):
> C:=addrow(B1,1,3,4);
```

$$C := \begin{bmatrix} 3 & 10 & -5 & 1 & 0 & 0 \\ 0 & \frac{-275}{3} & \frac{136}{3} & \frac{-23}{3} & 1 & 0 \\ 0 & 58 & 5 & 4 & 0 & 1 \end{bmatrix}$$

```
> k1:=solve(k*C[3,2]+C[1,2]=0);
```

$$k1 := \frac{-5}{29}$$

```
> k2:=solve(k*C[2,2]+C[3,2]=0);
```

$$k2 := \frac{174}{275}$$

```
> E:=addrow(C,3,1,k1):
> F:=addrow(E,2,3,k2);
```

$$F := \begin{bmatrix} 3 & 0 & \frac{-170}{29} & \frac{9}{29} & 0 & \frac{-5}{29} \\ 0 & \frac{-275}{3} & \frac{136}{3} & \frac{-23}{3} & 1 & 0 \\ 0 & 0 & \frac{9263}{275} & \frac{-234}{275} & \frac{174}{275} & 1 \end{bmatrix}$$

```
> k3:=solve(k*F[3,3]+F[1,3]=0);
```

$$k3 := \frac{46750}{268627}$$

b) en utilisant la commande « gaussjord( ) »;

```
> with(linalg):
> A:=matrix([[3,10,-5],[23,-15,7],[-12,18,25]]);
```

$$A := \begin{bmatrix} 3 & 10 & -5 \\ 23 & -15 & 7 \\ -12 & 18 & 25 \end{bmatrix}$$

```
> i:=diag(1,1,1)
```

$$i := \begin{bmatrix} 1 & 0 & 0 \\ 0 & 1 & 0 \\ 0 & 0 & 1 \end{bmatrix}$$

```
> B:=augment(A,i);
```

$$B := \begin{bmatrix} 3 & 10 & -5 & 1 & 0 & 0 \\ 23 & -15 & 7 & 0 & 1 & 0 \\ -12 & 18 & 25 & 0 & 0 & 1 \end{bmatrix}$$

```
> gaussjord(B);
```

$$\begin{bmatrix} 1 & 0 & 0 & \frac{501}{9263} & \frac{340}{9263} & \frac{5}{9263} \\ 0 & 1 & 0 & \frac{659}{9263} & \frac{-15}{9263} & \frac{136}{9263} \\ 0 & 0 & 1 & \frac{-234}{9263} & \frac{174}{9263} & \frac{275}{9263} \end{bmatrix}$$

```
> k4:=solve(k*F[3,3]+F[2,3]=0);
```

$$k4 := \frac{-37400}{27789}$$

```
> E1:=addrow(F,3,1,k3):
> F1:=addrow(E1,3,2,k4);
```

$$F1 := \begin{bmatrix} 3 & 0 & 0 & \frac{1503}{9263} & \frac{1020}{9263} & \frac{15}{9263} \\ 0 & \frac{-275}{3} & 0 & \frac{-181225}{27789} & \frac{1375}{9263} & \frac{-37400}{27789} \\ 0 & 0 & \frac{9263}{275} & \frac{-234}{275} & \frac{174}{275} & 1 \end{bmatrix}$$

```
> G:=mulrow(F1,1,1/3):
> G1:=mulrow(G,2,-3/275):
> H:=mulrow(G1,3,275/9263);
```

$$H := \begin{bmatrix} 1 & 0 & 0 & \frac{501}{9263} & \frac{340}{9263} & \frac{5}{9263} \\ 0 & 1 & 0 & \frac{659}{9263} & \frac{-15}{9263} & \frac{136}{9263} \\ 0 & 0 & 1 & \frac{-234}{9263} & \frac{174}{9263} & \frac{275}{9263} \end{bmatrix}$$

c) en utilisant la commande « inverse( ) » qui nous donne directement A^{-1}.

```
> with(linalg):
> A:=matrix([[3,10,-5],[23,-15,7],[-12,18,25]]);
```

$$A := \begin{bmatrix} 3 & 10 & -5 \\ 23 & -15 & 7 \\ -12 & 18 & 25 \end{bmatrix}$$

```
> inverse(A);
```

$$\begin{bmatrix} \frac{501}{9263} & \frac{340}{9263} & \frac{5}{9263} \\ \frac{659}{9263} & \frac{-15}{9263} & \frac{136}{9263} \\ \frac{-234}{9263} & \frac{174}{9263} & \frac{275}{9263} \end{bmatrix}$$

DÉFINITION 2.11

1) Une matrice carrée est dite **régulière** lorsqu'elle est inversible.

2) Une matrice carrée est dite **singulière** lorsqu'elle n'est pas inversible.

Exemple 4 précédent

La matrice $\begin{bmatrix} 3 & 10 & -5 \\ 23 & -15 & 7 \\ -12 & 18 & 25 \end{bmatrix}$ est une matrice régulière, car elle est inversible.

Exemple 3 précédent

La matrice $\begin{bmatrix} 1 & 3 & 4 \\ 2 & 5 & -3 \\ 1 & 4 & 15 \end{bmatrix}$ est une matrice singulière, car elle n'est pas inversible.

Exercices 2.4

1. Parmi les matrices suivantes, identifier les matrices échelonnées de Gauss-Jordan.

a) $\left[\begin{array}{ccc|c} 1 & 0 & 1 & 0 \\ 0 & 1 & 0 & 1 \\ 0 & 0 & 1 & 0 \end{array}\right]$ b) $\left[\begin{array}{ccccc|c} 1 & 5 & 0 & 2 & 0 & 4 \\ 0 & 0 & 1 & 0 & 1 & -3 \\ 0 & 0 & 0 & 0 & 0 & 1 \end{array}\right]$

c) $\begin{bmatrix} 1 & 0 & 0 & 3 \\ 0 & 1 & 0 & 1 & -2 \\ 0 & 0 & 1 & 1 & 1 \end{bmatrix}$ d) $\begin{bmatrix} 1 & 0 & 0 & 1 \\ 0 & -1 & 0 & 1 \\ 0 & 0 & 1 & 1 \end{bmatrix}$

2. Transformer les matrices augmentées suivantes de sorte qu'elles deviennent des matrices augmentées échelonnées de Gauss-Jordan.

a) $\left[\begin{array}{cc|c} 4 & 2 & 3 \\ 7 & -3 & 5 \end{array}\right]$ b) $\left[\begin{array}{ccc|c} 1 & -1 & 4 & -1 \\ 2 & 1 & 0 & 1 \\ 4 & -1 & 8 & -1 \end{array}\right]$

c) $\left[\begin{array}{ccc|c} 1 & 1 & 1 & 1 \\ 2 & -2 & 0 & 3 \\ 3 & -3 & 2 & 2 \end{array}\right]$ d) $\left[\begin{array}{ccc|c} 0 & 0 & -1 & -7 \\ 5 & 0 & 0 & 10 \\ 0 & -3 & 0 & 12 \end{array}\right]$

3. Résoudre les systèmes d'équations linéaires suivants par la méthode de Gauss-Jordan.

a) $\begin{cases} 2x - y = 5 \\ 3x + 4y = -9 \end{cases}$ b) $\begin{cases} 6x - 9y = 15 \\ 12y - 8x = -20 \end{cases}$

c) $\begin{cases} 3x + 4y + z = 4 \\ 2y - 9x - z = -3 \\ 4y - 4z - 6x = -4 \end{cases}$ d) $\begin{cases} 3x - y + 2z = -5 \\ 3x + y + 2z = 6 \\ x - 2y + 5z = 4 \\ 2x + y - 3z = 0 \end{cases}$

e) $\begin{cases} 2x + 3y - z + 2w = 5 \\ x + z = 5 \end{cases}$

4. Trouver, si c'est possible, l'inverse des matrices suivantes par la méthode de Gauss-Jordan.

a) $A = \begin{bmatrix} 2 & 1 \\ 1 & 2 \end{bmatrix}$ b) $B = \begin{bmatrix} -4 & 2 \\ 12 & -6 \end{bmatrix}$

c) $C = \begin{bmatrix} 1 & 1 & 1 \\ -1 & 2 & -1 \\ 0 & 0 & 3 \end{bmatrix}$ d) $E = \begin{bmatrix} 1 & 3 & -4 \\ 2 & 1 & 3 \\ 4 & 7 & -5 \end{bmatrix}$

e) $F = \begin{bmatrix} 1 & 2 & 3 & 4 \\ 0 & 2 & 0 & 0 \\ 0 & 0 & 3 & 0 \\ 0 & 0 & 0 & 4 \end{bmatrix}$ f) $G = \begin{bmatrix} 2 & 0 & 0 & 0 & 0 \\ 0 & -3 & 0 & 0 & 0 \\ 0 & 0 & \frac{4}{3} & 0 & 0 \\ 0 & 0 & 0 & -5 & 0 \\ 0 & 0 & 0 & 0 & 6 \end{bmatrix}$

5. Pour chacune des matrices suivantes, préciser à quelles conditions la matrice inverse existe et déterminer cette matrice inverse.

a) $A = \begin{bmatrix} 1 & 1 \\ 1 & a \end{bmatrix}$, où $a \in \mathbb{R}$

b) $M = \begin{bmatrix} a & b \\ c & d \end{bmatrix}$, où a, b, c et $d \in \mathbb{R}$

6. Une personne investit 25 000 $ dans deux types de placement, un à risque élevé et l'autre à risque modéré. Après un an, le montant placé à risque élevé a eu un rendement de 6,5 %, et l'autre, un rendement de 3,8 %, pour une somme totale de 1171,40 $. Déterminer, en utilisant la méthode de Gauss-Jordan, la somme investie dans chaque type de placement.

7. Soit un nombre entier de trois chiffres. En enlevant le chiffre des unités, la différence entre le nombre initial et ce nouveau nombre est de 762. En enlevant le chiffre des dizaines, la somme du nombre initial et de ce nouveau nombre est de 932. De plus, nous obtenons 198 en soustrayant du nombre initial le nombre obtenu en permutant le chiffre des centaines et celui des unités. Après avoir trouvé le système d'équations correspondant, déterminer le nombre initial en utilisant la méthode de Gauss-Jordan.

8. Une compagnie de transport par autocar prévoit acheter 30 autocars de trois types différents pour transporter 960 passagers. Selon le type d'autocars, le nombre de passagers pouvant être transportés est respectivement de 18, 24 et 42.

Dominique Parent

a) Utiliser la méthode de Gauss-Jordan pour déterminer le nombre d'autocars de chaque type satisfaisant les conditions précédentes.

b) Le prix des autocars pouvant transporter 18 passagers est de 180 000 $, celui des autocars pouvant transporter 24 passagers est de 220 000 $ et celui des autocars pouvant transporter 42 passagers est de 350 000 $. Déterminer la solution donnant le coût minimal et trouver ce coût.

2.5 Système homogène d'équations linéaires

Objectifs d'apprentissage

À la fin de cette section, l'élève pourra résoudre des systèmes homogènes d'équations linéaires.

Plus précisément, l'élève sera en mesure

- de donner la définition d'un système homogène d'équations linéaires ;
- de donner la définition d'un système homogène dépendant d'équations linéaires ;
- de donner la définition d'un système homogène indépendant d'équations linéaires ;
- de déterminer l'ensemble-solution d'un système homogène d'équations linéaires.

Système homogène d'équations linéaires

$$\begin{cases} x + y + z - 3w = 0 \\ 2x + 4y + 2z - 6w = 0 \\ -x - y - 5z + 3w = 0 \end{cases}$$

E.-S. $= \{(3s, 0, 0, s) \mid s \in \mathbb{R}\}$

Solution triviale $(0, 0, 0, 0)$

Dans cette section, nous résoudrons des systèmes particuliers d'équations, appelés systèmes homogènes d'équations linéaires.

DÉFINITION 2.12 Tout système de m équations linéaires à n inconnues de la forme

$$\begin{aligned} a_{11}x_1 + a_{12}x_2 + \ldots + a_{1n}x_n &= 0 \\ a_{21}x_1 + a_{22}x_2 + \ldots + a_{2n}x_n &= 0 \\ &\vdots \\ a_{m1}x_1 + a_{m2}x_2 + \ldots + a_{mn}x_n &= 0 \end{aligned}$$

est appelé **système homogène d'équations linéaires**.

2

Dans un système homogène d'équations linéaires, toutes les constantes b_i sont nulles. Nous avons alors sous la forme de l'équation matricielle

$$\begin{bmatrix} a_{11} & a_{12} & \ldots & a_{1n} \\ a_{21} & a_{22} & \ldots & a_{2n} \\ \vdots & \vdots & & \vdots \\ a_{m1} & a_{m2} & \ldots & a_{nm} \end{bmatrix}\begin{bmatrix} x_1 \\ x_2 \\ \vdots \\ x_n \end{bmatrix} = \begin{bmatrix} 0 \\ 0 \\ \vdots \\ 0 \end{bmatrix}, \text{ c'est-à-dire } AX = O.$$

Tout système homogène d'équations linéaires admet au moins la solution

$x_1 = 0, x_2 = 0, x_3 = 0, \ldots, x_n = 0$, c'est-à-dire $(0, 0, 0, \ldots, 0)$.

Par conséquent, tout système homogène d'équations linéaires est compatible.

DÉFINITION 2.13 Dans un système homogène d'équations linéaires, la solution $(0, 0, 0, \ldots, 0)$ est appelée **solution triviale** du système.

Toutefois, un système homogène d'équations linéaires peut admettre d'autres solutions que la solution triviale.

Exemple 1 Résolvons le système homogène d'équations linéaires $\begin{cases} x + 2y - 3z = 0 \\ 2x - y + 2z = 0 \\ 4x + 3y - 4z = 0 \end{cases}$

Ce système admet la solution triviale $(0, 0, 0)$.

Vérifions, par la méthode de Gauss, si ce système possède une solution autre que la solution triviale.

En transformant la matrice augmentée correspondant à ce système en une matrice augmentée échelonnée, nous obtenons

$$\left[\begin{array}{ccc|c} 1 & 2 & -3 & 0 \\ 2 & -1 & 2 & 0 \\ 4 & 3 & -4 & 0 \end{array}\right] \sim \left[\begin{array}{ccc|c} 1 & 2 & -3 & 0 \\ 0 & -5 & 8 & 0 \\ 0 & -5 & 8 & 0 \end{array}\right] \quad \begin{array}{l} L_2 - 2L_1 \to L_2 \\ L_3 - 4L_1 \to L_3 \end{array}$$

$$\sim \left[\begin{array}{ccc|c} 1 & 2 & -3 & 0 \\ 0 & -5 & 8 & 0 \\ 0 & 0 & 0 & 0 \end{array}\right] \quad L_3 - L_2 \to L_3$$

En posant $z = s$, où $s \in \mathbb{R}$, nous obtenons $y = \frac{8}{5}s$ et $x = \frac{-1}{5}s$

d'où E.-S. $= \left\{\left(\frac{-1}{5}s, \frac{8}{5}s, s\right) \middle| s \in \mathbb{R}\right\}$. Ce système possède une infinité de solutions.

Solutions particulières

Pour toute valeur attribuée à s, nous obtenons une solution particulière du système.
Par exemple, lorsque $s = 0$, nous obtenons la solution triviale $(0, 0, 0)$;
lorsque $s = 5$, nous obtenons la solution particulière $(-1, 8, 5)$.

Exemple 2 Résolvons le système homogène d'équations linéaires $\begin{cases} x - y + 2z = 0 \\ 2x + y - 4z = 0 \\ -x + 2y + z = 0 \end{cases}$

Ce système admet la solution triviale (0, 0, 0).

Vérifions, par la méthode de Gauss, si ce système possède une solution autre que la solution triviale.

En transformant la matrice augmentée correspondant à ce système en une matrice augmentée échelonnée, nous obtenons

$$\left[\begin{array}{ccc|c} 1 & -1 & 2 & 0 \\ 2 & 1 & -4 & 0 \\ -1 & 2 & 1 & 0 \end{array}\right] \sim \left[\begin{array}{ccc|c} 1 & -1 & 2 & 0 \\ 0 & 3 & -8 & 0 \\ 0 & 1 & 3 & 0 \end{array}\right] \quad \begin{array}{l} L_2 - 2L_1 \to L_2 \\ L_3 + L_1 \to L_3 \end{array}$$

$$\sim \left[\begin{array}{ccc|c} 1 & -1 & 2 & 0 \\ 0 & 3 & -8 & 0 \\ 0 & 0 & -17 & 0 \end{array}\right] \quad -3L_3 + L_2 \to L_3$$

De L_3, nous obtenons $-17z = 0$; donc, $z = 0$.

De L_2, nous obtenons $3y - 8(0) = 0$; donc, $y = 0$.

De L_1, nous obtenons $x - 1(0) + 2(0) = 0$; donc, $x = 0$.

D'où E.-S. $= \{(0, 0, 0)\}$, c'est-à-dire que la solution triviale (0, 0, 0) est l'unique solution du système.

DÉFINITION 2.14 Un système homogène d'équations linéaires est dit

1) **dépendant** lorsqu'il admet d'autres solutions que la solution triviale ;

2) **indépendant** lorsque la solution triviale est la seule solution du système.

Ainsi, le système de l'exemple 1 précédent est un système dépendant, car il admet d'autres solutions que la solution triviale, tandis que le système de l'exemple 2 précédent est un système indépendant, car il admet seulement la solution triviale.

Nous énonçons maintenant un théorème que nous acceptons sans démonstration.

THÉORÈME 2.1 Tout système homogène d'équations linéaires où le nombre de variables est supérieur au nombre d'équations possède une infinité de solutions réelles.

Exemple 3 Déterminons l'ensemble-solution du système homogène d'équations linéaires suivant.

$$\begin{cases} x + y + z - 3w = 0 \\ 2x + 4y + 2z - 6w = 0 \\ -x - y - 5z + 3w = 0 \end{cases}$$

En transformant la matrice augmentée correspondant à ce système en une matrice augmentée échelonnée, nous obtenons

$$\left[\begin{array}{cccc|c} 1 & 1 & 1 & -3 & 0 \\ 2 & 4 & 2 & -6 & 0 \\ -1 & -1 & -5 & 3 & 0 \end{array}\right] \sim \left[\begin{array}{cccc|c} 1 & 1 & 1 & -3 & 0 \\ 0 & 2 & 0 & 0 & 0 \\ 0 & 0 & -4 & 0 & 0 \end{array}\right] \quad \begin{array}{l} L_2 - 2L_1 \to L_2 \\ L_3 + L_1 \to L_3 \end{array}$$

De L_3, nous obtenons $-4z = 0$; donc, $z = 0$.

De L_2, nous obtenons $2y = 0$; donc, $y = 0$.

De L_1, nous obtenons $x + 1(0) + 1(0) - 3w = 0$, c'est-à-dire $x - 3w = 0$.

En posant $w = s$, où $s \in \mathbb{R}$, nous obtenons $x = 3s$.

D'où E.-S. $= \{(3s, 0, 0, s) \mid s \in \mathbb{R}\}$. Ce système possède une infinité de solutions.

Par exemple, lorsque $s = 0$, nous obtenons la solution triviale $(0, 0, 0, 0)$;
lorsque $s = 1$, nous obtenons la solution particulière $(3, 0, 0, 1)$.

Application en chimie

La résolution de systèmes homogènes d'équations linéaires est utilisée en chimie pour équilibrer des équations chimiques.

Exemple 1 Équilibrons l'équation chimique $H_3PO_4 + Ca \rightarrow Ca_3P_2O_8 + H_2$.

Pour ce faire, il suffit de trouver les plus petites valeurs entières positives de x, y, z et w de l'équation chimique

$$xH_3PO_4 + yCa \rightarrow zCa_3P_2O_8 + wH_2$$

telles que le nombre d'atomes des éléments du membre de gauche égale le nombre d'atomes des éléments du membre de droite.

Ainsi, nous obtenons

Nombre d'atomes	Système homogène correspondant
pour H : $3x = 2w$	$3x - 2w = 0$ ①
pour P : $x = 2z$	$x - 2z = 0$ ②
pour O : $4x = 8z$	$4x - 8z = 0$ ③
pour Ca : $y = 3z$	$y - 3z = 0$ ④

Résolvons ce système.

$$\left[\begin{array}{cccc|c} 3 & 0 & 0 & -2 & 0 \\ 1 & 0 & -2 & 0 & 0 \\ 4 & 0 & -8 & 0 & 0 \\ 0 & 1 & -3 & 0 & 0 \end{array}\right] \sim \left[\begin{array}{cccc|c} 1 & 0 & -2 & 0 & 0 \\ 0 & 1 & -3 & 0 & 0 \\ 4 & 0 & -8 & 0 & 0 \\ 3 & 0 & 0 & -2 & 0 \end{array}\right] \begin{array}{l} L_2 \rightarrow L_1 \\ L_4 \rightarrow L_2 \\ \\ L_1 \rightarrow L_4 \end{array}$$

$$\sim \left[\begin{array}{cccc|c} 1 & 0 & -2 & 0 & 0 \\ 0 & 1 & -3 & 0 & 0 \\ 0 & 0 & 0 & 0 & 0 \\ 0 & 0 & 6 & -2 & 0 \end{array}\right] \begin{array}{l} \\ \\ L_3 - 4L_1 \rightarrow L_3 \\ L_4 - 3L_1 \rightarrow L_4 \end{array}$$

$$\sim \left[\begin{array}{cccc|c} 1 & 0 & -2 & 0 & 0 \\ 0 & 1 & -3 & 0 & 0 \\ 0 & 0 & 6 & -2 & 0 \\ 0 & 0 & 0 & 0 & 0 \end{array}\right] \begin{array}{l} \\ \\ L_4 \rightarrow L_3 \\ L_3 \rightarrow L_4 \end{array}$$

Ce système homogène d'équations linéaires possède une infinité de solutions.

En posant $w = s$, où $s \in \mathbb{R}$, nous obtenons $z = \frac{s}{3}$, $y = s$ et $x = \frac{2s}{3}$

Ainsi, E.-S. $= \left\{\left(\frac{2s}{3}, s, \frac{s}{3}, s\right) \middle| s \in \mathbb{R}\right\}$

Puisque nous voulons attribuer à chacune des variables la plus petite valeur entière positive possible, il faut choisir s égale 3. La solution cherchée est donc (2, 3, 1, 3).

D'où l'équation chimique équilibrée est $2H_3PO_4 + 3Ca \rightarrow Ca_3P_2O_8 + 3H_2$.

Exercices 2.5

1. Parmi les systèmes suivants, déterminer les systèmes homogènes d'équations linéaires.

a) $\begin{cases} x + 2y = z \\ 3x - 2z = y \\ 5y + 3z = w \end{cases}$

b) $\begin{cases} 3x - 1 = y \\ 2y + 1 = x \end{cases}$

c) $\begin{cases} u + v - 3w = 0 \\ v - 5 + u = 0 \\ w + 2u - 6v = 0 \end{cases}$

d) $\begin{cases} x + y + z = 0 \\ xy + z = 0 \\ xz + w = 0 \end{cases}$

2. Déterminer l'ensemble-solution des systèmes homogènes d'équations linéaires correspondant aux matrices augmentées suivantes.

a) $\left[\begin{array}{ccc|c} 1 & 0 & 0 & 0 \\ 0 & 1 & 0 & 0 \\ 0 & 0 & 1 & 0 \end{array}\right]$ b) $\left[\begin{array}{cc|c} 1 & 2 & 0 \\ 0 & 0 & 0 \\ 0 & 0 & 0 \end{array}\right]$

c) $\left[\begin{array}{ccc|c} 1 & -1 & 0 & 0 \\ 0 & 0 & 1 & 0 \\ 0 & 0 & 0 & 0 \end{array}\right]$ d) $\left[\begin{array}{cccc|c} 1 & 0 & 0 & 1 & 0 \\ 0 & 1 & 0 & 0 & 0 \\ 0 & 0 & 1 & 0 & 0 \end{array}\right]$

e) $\left[\begin{array}{cccc|c} 1 & 0 & 0 & 1 & 0 \\ 0 & 1 & 0 & 1 & 0 \\ 0 & 0 & 1 & 1 & 0 \\ 0 & 0 & 0 & 0 & 0 \end{array}\right]$ f) $\left[\begin{array}{cccc|c} 1 & 0 & -1 & 0 & 0 \\ 0 & 1 & 1 & -1 & 0 \\ 0 & 0 & 0 & 0 & 0 \\ 0 & 0 & 0 & 0 & 0 \end{array}\right]$

3. Trouver l'ensemble-solution des systèmes homogènes suivants et préciser si les systèmes sont dépendants ou indépendants.

a) $\begin{cases} 3x - 4y + z = 0 \\ x + 2y + 5z = 0 \\ 5x + 12z = 0 \end{cases}$

b) $\begin{cases} 3x - 4y + z = 0 \\ x + 2y + 5z = 0 \\ 5x + 11z = 0 \end{cases}$

c) $\begin{cases} -u + 3v - 6w = 0 \\ u + v + w = 0 \\ 2u - 6v + 4w = 0 \end{cases}$

d) $\begin{cases} -3a + 2b - 5c + d = 0 \\ 2a + b + 2c - 3d = 0 \\ 4a - b + 4c + 2d = 0 \end{cases}$

e) $\begin{cases} 3z - w + 2u = 0 \\ -2y + w - u = 0 \\ 5w - 6u = 0 \\ 7u = 0 \\ -6x + 6y + 9z + 4w + 3u = 0 \end{cases}$

f) $\begin{cases} 2x + 3y - 3z - w + 2u = 0 \\ -2y + w - u = 0 \\ 5w - 6u = 0 \\ 7u = 0 \\ -6x + 6y + 9z + 4w - 3u = 0 \end{cases}$

4. Équilibrer les équations chimiques suivantes en donnant le système homogène d'équations linéaires correspondant.

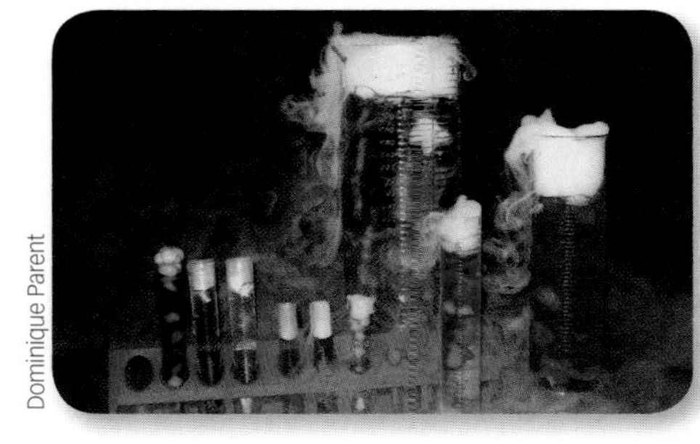

Dominique Parent

a) $CH_4 + O_2 \rightarrow CO_2 + H_2O$

b) $Al + H_2SO_4 \rightarrow Al_2(SO_4)_3 + H_2$

5. Une mère et ses trois filles célèbrent aujourd'hui leur anniversaire de naissance. Sachant que l'âge de la mère est égal au double de la somme des âges de ses filles, et à 13 fois la différence d'âge entre la cadette et la benjamine ; sachant aussi que l'âge de l'aînée est égal au triple de la différence d'âge entre ses sœurs et que le quart de l'âge de l'aînée est égal au tiers de l'âge de la cadette, déterminer l'âge de chaque personne, en ce jour d'anniversaire, après avoir trouvé l'ensemble-solution.

Réseau de concepts

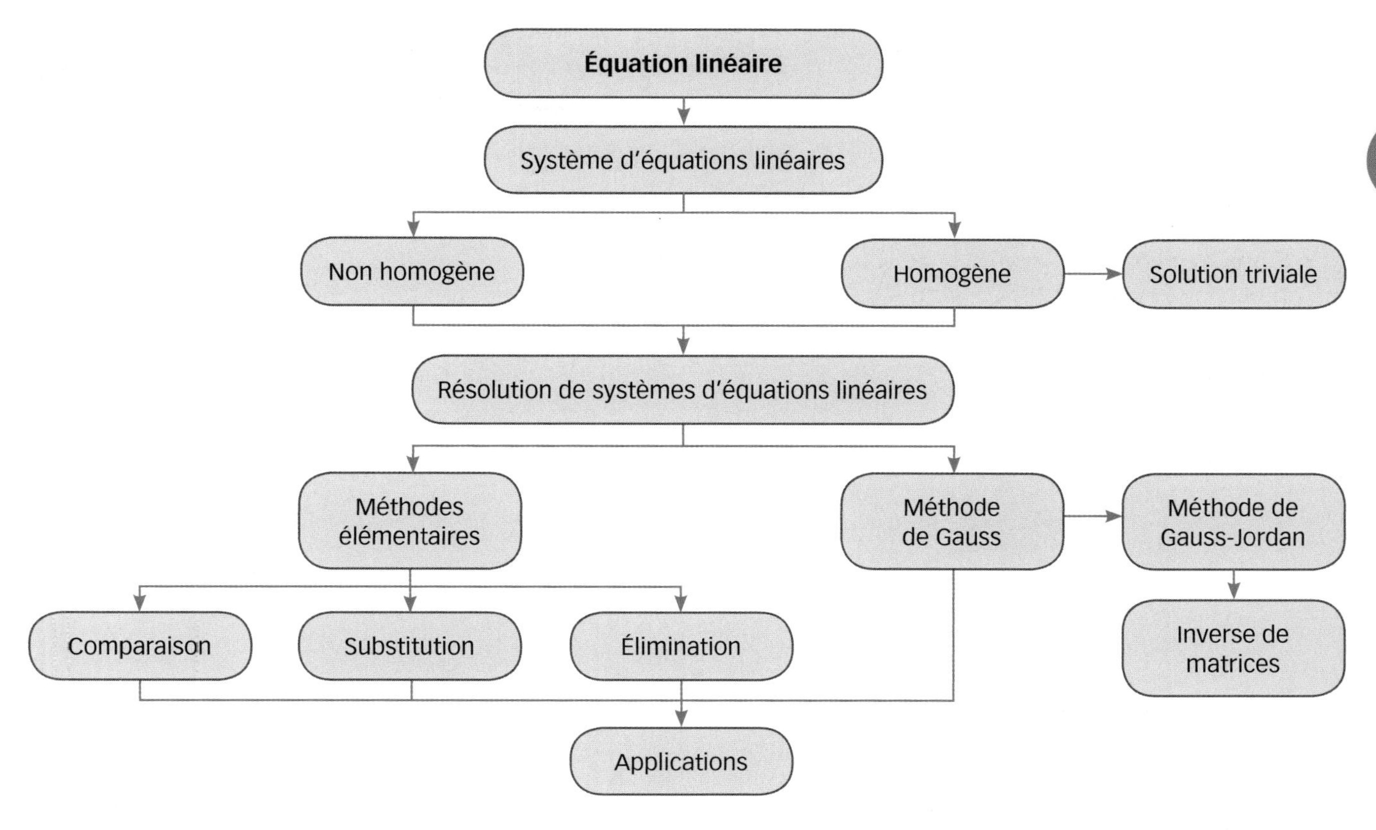

Vérification des apprentissages

Après l'étude de ce chapitre, je suis en mesure de compléter le résumé suivant avant de résoudre les exercices récapitulatifs et les problèmes de synthèse.

Système d'équations linéaires

Un système d'équations linéaires est dit :

1) compatible si ______ 2) incompatible si ______

Opérations permettant de transformer un système d'équations linéaires en un système équivalent :

1) ______

2) ______

3) ______

Soit le système S $\begin{cases} a_{11}x_1 + a_{12}x_2 + \ldots + a_{1n}x_n = b_1 \\ a_{21}x_1 + a_{22}x_2 + \ldots + a_{2n}x_n = b_2 \\ \vdots \\ a_{m1}x_1 + a_{m2}x_2 + \ldots + a_{mn}x_n = b_m \end{cases}$ Matrice augmentée correspondante : ______

Opérations permettant de transformer une matrice augmentée en une matrice augmentée échelonnée :

1) ______

2) ______

3) ______

Matrice échelonnée de Gauss-Jordan

Une matrice échelonnée est appelée « matrice échelonnée de Gauss-Jordan » si elle possède les propriétés suivantes.

1) ______

2) ______

Pour les matrices échelonnées de Gauss-Jordan suivantes, déterminer le nombre de solutions du système d'équations linéaires correspondant si r et $s \in \mathbb{R}$, et $k \in \mathbb{R} \setminus \{0\}$.

1) $\left[\begin{array}{cc|c} 1 & 0 & r \\ 0 & 0 & s \end{array}\right]$ ______ 2) $\left[\begin{array}{cc|c} 1 & k & r \\ 0 & 0 & 0 \end{array}\right]$ ______ 3) $\left[\begin{array}{cc|c} 1 & r & s \\ 0 & 0 & k \end{array}\right]$ ______

Système homogène d'équations linéaires

Un système homogène d'équations linéaires est un système de la forme

$$\begin{cases} a_{11}x_1 + a_{12}x_2 + \ldots + a_{1n}x_n = \_\_\_\_\_\_ \\ a_{21}x_1 + a_{22}x_2 + \ldots + a_{2n}x_n = \_\_\_\_\_\_ \\ \qquad \vdots \\ a_{m1}x_1 + a_{m2}x_2 + \ldots + a_{mn}x_n = \_\_\_\_\_\_ \end{cases}$$

Un système homogène d'équations linéaires est dit :

1) dépendant si ______ 2) indépendant si ______

Matrice inverse de $A_{n \times n}$

$$[A_{n \times n} \vdots I_{n \times n}] \sim \ldots \sim [I_{n \times n} \vdots B_{n \times n}], \text{ où } B_{n \times n} = \_\_\_\_\_\_$$

Exercices récapitulatifs

Les réponses des exercices suivants, à l'exception des exercices notés en rouge, sont données à la fin du volume.

1. Écrire chacun des systèmes d'équations linéaires suivants sous la forme $AX = B$ et donner la matrice augmentée correspondante.

a) $\begin{cases} 2x - 4y = 7 \\ x + 8y = 5 \end{cases}$

b) $\begin{cases} x + 4z = 1 \\ y + z = 4 \\ z = 1 \end{cases}$

c) $\begin{cases} x_1 = 0 \\ x_2 = 0 \\ x_3 = 0 \\ x_4 = 0 \end{cases}$

d) $\begin{cases} a + b - c + d = 2 \\ 5b - c - d + a = 0 \\ 3a - d + 2c + b = 3 \\ d + 2b - 3a + 2c = 3 \end{cases}$

e) $\begin{cases} 3x_1 + 4x_3 = 7 - 2x_2 + 5x_4 \\ 2 + 4x_2 - 5x_3 = 2x_4 - 3x_1 \\ x_3 = x_4 \end{cases}$

2. Déterminer si le système d'équations linéaires associé à chacune des matrices augmentées suivantes est compatible ou incompatible, et déterminer le nombre de solutions.

a) $\left[\begin{array}{ccc|c} 4 & 2 & 3 & 5 \\ 0 & 4 & 2 & -7 \\ 0 & 0 & 2 & 0 \end{array}\right]$

b) $\left[\begin{array}{ccc|c} 5 & -7 & 3 & 6 \\ 0 & 1 & 4 & 8 \\ 0 & 0 & 0 & 9 \end{array}\right]$

c) $\left[\begin{array}{ccc|c} 3 & -2 & 4 & 5 \\ 0 & 3 & 2 & 6 \\ 0 & 0 & 0 & 0 \end{array}\right]$

d) $\left[\begin{array}{cccc|c} 2 & 4 & 0 & 0 & -1 \\ 0 & 0 & 3 & 0 & 5 \\ 0 & 0 & 0 & 1 & 0 \end{array}\right]$

e) $\left[\begin{array}{ccc|c} 1 & 0 & 3 & k_1 \\ 0 & 1 & 5 & k_2 \\ 0 & 0 & 0 & 0 \end{array}\right]$

f) $\left[\begin{array}{ccc|c} 1 & 0 & c_1 & k_1 \\ 0 & 1 & c_2 & k_2 \\ 0 & 0 & 0 & k_3 \end{array}\right]$

g) $\left[\begin{array}{cccccc:c} 1 & 5 & 3 & 7 & -4 & 5 & 0 \\ 2 & -4 & 2 & 4 & 6 & -4 & 0 \\ 5 & -1 & 5 & -2 & 8 & 2 & 0 \end{array}\right]$

h) $\left[\begin{array}{cc:c} 1 & 1 & 0 \\ 0 & k+1 & 0 \\ 0 & 0 & k^2-1 \end{array}\right]$

3. Résoudre les systèmes d'équations linéaires suivants par la méthode de Gauss.

a) $\begin{cases} 2x - 2y + 4z = 6 \\ 2x - y + 5z = 15 \\ -x + y + 3z = 7 \end{cases}$ b) $\begin{cases} 2x + 3y + 3z = 17 \\ x - 8y - 5z = 13 \\ -5x + 2y - z = -23 \end{cases}$

c) $\begin{cases} a + 2b + c = 0 \\ -2a + b + 3c = 0 \\ 2a + 3b + 5c = 0 \end{cases}$ d) $\begin{cases} a + 2b + c = 0 \\ -2a + b + 3c = 0 \\ 4a + 13b + 9c = 0 \end{cases}$

e) $\begin{cases} x + y + z + w = 1 \\ x - y + z - w = 1 \\ x + z = 1 \end{cases}$

4. Résoudre les systèmes d'équations linéaires suivants par la méthode de Gauss-Jordan.

a) $\begin{cases} 2x + 3y = 2 \\ -5x + 12y = -5 \\ 3x - 2y = 3 \end{cases}$ b) $\begin{cases} x - y + 3z + w = 0 \\ 2x + 2y + z - w = 0 \\ 2x - y + z + 2w = 0 \end{cases}$

c) $\begin{cases} \frac{2}{3}x - \frac{1}{4}y + 3z = \frac{41}{2} \\ \frac{1}{6}x - \frac{1}{2}y + z = 4 \\ \frac{1}{2}x - \frac{1}{4}y + \frac{1}{3}z = \frac{13}{2} \end{cases}$

d) $\begin{cases} u + y = x + 2w \\ x = z \\ x + z = 0 \end{cases}$

5. Résoudre les systèmes d'équations linéaires suivants.

a) $\begin{cases} 3(x + 1) - 4y + 13 = 0 \\ -2(x + y - 4) = 0 \end{cases}$

b) $\begin{cases} 3x_1 + 2x_2 + x_3 = 0 \\ x_1 - 3x_2 - x_3 = 0 \end{cases}$

c) $\begin{cases} 3x - 2y = 6 \\ 6x + 4y = -8 \\ -9x + 2y = -8 \\ 15x - 6y = 20 \end{cases}$

d) $\begin{cases} x - 3y - 4z = 0 \\ 2x + 4y + 7z = 0 \\ 3x + y + 3z = 0 \\ 4x + 2y + 5z = 0 \end{cases}$

e) $\begin{cases} x - 2y + z = -4 \\ 4x + y + 7z = -4 \\ 2x + 5y + 8z = 7 \end{cases}$

f) $\begin{cases} x + y + 2w = 3 \\ y = 2 \\ -z + 3w = 6 \end{cases}$

6. Résoudre les systèmes d'équations linéaires suivants :

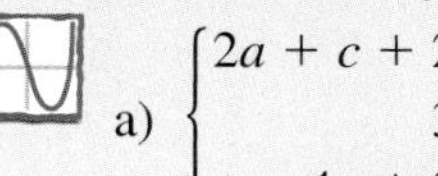

a) $\begin{cases} 2a + c + 2d = 3b \\ 3a = b + 2c + 3d \\ 4a + 2b = c + 4d \end{cases}$

en utilisant la commande « addrow( ) » ;

b) $\begin{cases} 3x - y + z - 4w = 2 \\ 6x + 3y - z - 4w = 3 \\ 9x + 2y - 8w = 6 \end{cases}$

en utilisant la commande « gausselim( ) » ;

c) $\begin{cases} x + 2y + z = 7 \\ -x + 3y - z = -2 \\ 3x + 4y - 5z = 3 \\ 2x - 4z = -2 \\ 5y + 2z = 9 \end{cases}$

en utilisant la commande « solve( ) ».

d) $\begin{cases} 2a - b + c - d = 2 \\ 6a + 4c + d = 5 \\ 3a + 2b + c + 2d = -5 \\ a - b + c - d = 3 \end{cases}$

7. Déterminer, si c'est possible, la matrice inverse des matrices suivantes par la méthode de Gauss-Jordan et préciser si les matrices sont régulières ou singulières.

a) $A = \begin{bmatrix} -1 & 4 \\ -3 & 5 \end{bmatrix}$ b) $B = \begin{bmatrix} 9 & -12 \\ -12 & 16 \end{bmatrix}$

c) $E = \begin{bmatrix} 2 & 0 & 1 \\ 3 & 1 & 2 \\ 1 & -1 & 0 \end{bmatrix}$ d) $C = \begin{bmatrix} 2 & 1 & 0 \\ -4 & -1 & -3 \\ 3 & 1 & 2 \end{bmatrix}$

e) $F = \begin{bmatrix} \frac{1}{2} & 0 & \frac{1}{2} \\ 0 & 1 & 0 \\ \frac{1}{2} & 0 & \frac{-1}{2} \end{bmatrix}$ f) $G = \begin{bmatrix} 1 & 2 & 3 & 1 \\ 1 & 3 & 3 & 2 \\ 2 & 4 & 3 & 3 \\ 1 & 1 & 1 & 1 \end{bmatrix}$

g) $H = \begin{bmatrix} 1 & -1 & 2 & 0 \\ 1 & 2 & 3 & 4 \\ -2 & 1 & 2 & 1 \\ -1 & 0 & 4 & 1 \end{bmatrix}$

8. Soit le système d'équations linéaires suivant.

$\begin{cases} x + 2y + z = a \\ 2x - y + z = b \\ 3x + y + 2z = c \end{cases}$

Déterminer l'ensemble-solution en fonction de a, b et c.

9. Dans les systèmes d'équations linéaires suivants, déterminer les valeurs de k de sorte que le système est compatible.

a) $\begin{cases} 3x - 9y = 4k \\ -2x + 6y = 5 \end{cases}$ b) $\begin{cases} 3x - 4y = -6 \\ 5x + 2y = 16 \\ 7x + 3y = k \end{cases}$

c) $\begin{cases} x - 2y + 3z = 1 \\ -3x + y - 3z = 2 \\ -2x - y + (k^2 - 2k)z = k + 3 \end{cases}$

10. Soit le système d'équations linéaires suivant.

$\begin{cases} x + y - 4 = 0 \\ x + a^2y - 15y - a = 0 \end{cases}$

Pour quelles valeurs de a le système

a) admet-il une seule solution ?

b) n'admet-il aucune solution ?

c) admet-il une infinité de solutions ?

11. Répondre par vrai (V) ou faux (F) et justifier la réponse.

a) Tout système d'équations linéaires
- i) compatible est homogène ;
- ii) compatible a une infinité de solutions ;
- iii) incompatible n'a aucune solution ;
- iv) ayant une infinité de solutions est homogène ;
- v) où le nombre de variables est supérieur au nombre d'équations possède toujours une infinité de solutions ;
- vi) ayant une infinité de solutions admet la solution triviale.

b) Tout système homogène d'équations linéaires
- i) est compatible ;
- ii) a une infinité de solutions ;
- iii) où le nombre de variables est supérieur au nombre d'équations possède toujours une infinité de solutions.

c) Toutes les matrices carrées sont régulières.

d) Soit les deux systèmes d'équations linéaires suivants.

$S_1 \begin{cases} a_{11}x_1 + a_{12}x_2 + a_{13}x_3 = b_1 \\ a_{21}x_1 + a_{22}x_2 + a_{23}x_3 = b_2 \end{cases}$

$S_2 \begin{cases} c_{11}x_1 + c_{12}x_2 + c_{13}x_3 = 0 \\ c_{21}x_1 + c_{22}x_2 + c_{23}x_3 = 0 \end{cases}$

Si $b_1 \neq 0$ ou si $b_2 \neq 0$, alors les deux systèmes ne sont pas équivalents.

12. Déterminer les valeurs de A, B, C, … de sorte que les équations suivantes sont vérifiées $\forall\, x \in \mathbb{R}$.

a) $9x + 5 = (A + B)x + A - B$

b) $3x^4 - x^3 + 2x^2 - x + 2 = (A + B)x^4 + Cx^3 + (2A + B + D)x^2 + (C + E)x + A$

c) $26x^2 - x - 30 = (2A + 4B + 2C)x^2 + (A + 6B - 2C)x - 3A$

d) $6x^2 - x = (A + B - D)x^3 + (A + 2B + C)x^2 + (3B + 2C - D)x + 2A - 3B + 5C + D$

13. Équilibrer, si c'est possible, les équations chimiques suivantes.

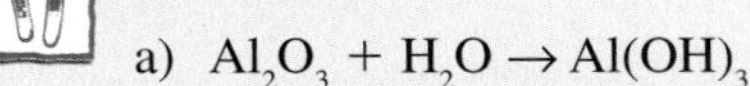

a) $Al_2O_3 + H_2O \rightarrow Al(OH)_3$

b) $CCl_4 + SbF_3 \rightarrow CCl_2F_2 + SbCl_3$

c) $Cr + H_2O \rightarrow Cr(OH)_2 + O_2$

d) $BiCl_3 + NH_3 + H_2O \rightarrow Bi(OH)_3 + NH_4Cl$

e) $CO + CO_2 + H_2 \rightarrow CH_4 + H_2O$

f) $KNO_3 + S + C \rightarrow CO_2 + CO + N_2 + K_2CO_3 + K_2S_3$

g) $Cu + HNO_3 \rightarrow (NO_3)_2Cu + NO_2 + H_2O$

14. En descendant une rivière, une embarcation a mis 1 heure et 15 minutes pour parcourir 20 kilomètres. Pour revenir au point de départ, elle met 2 heures. Déterminer la vitesse constante v_c du courant et la vitesse moyenne v_e de l'embarcation.

15. a) Déterminer la valeur des éléments omis dans l'étoile ci-contre, telle que la somme des éléments de chaque ligne de l'étoile est identique, et déterminer cette somme.

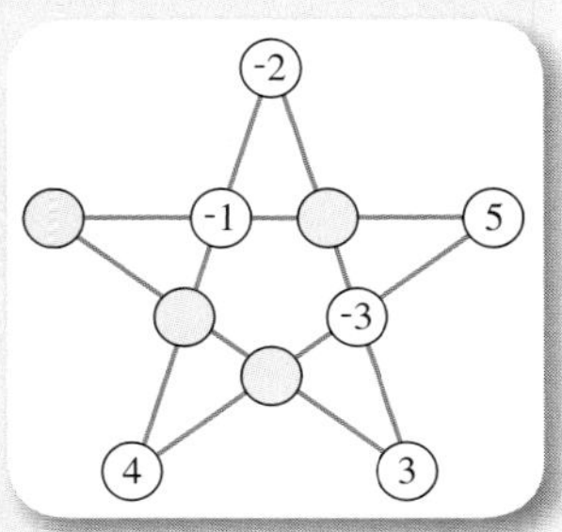

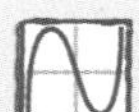

b) Déterminer une valeur possible des éléments omis dans le carré suivant, telle que la somme des éléments de chaque ligne, de chaque colonne et de chaque diagonale

- i) est identique ;
- ii) est égale à 50 ;
- iii) est égale à -50.

4		10	
	11		3
	1		15
14		2	

16. Une compagnie produit des téléviseurs de 35 cm, de 53 cm et de 71 cm.

Dominique Parent

Le tableau suivant indique le temps requis pour assembler, tester et emballer chaque modèle.

Modèle	Assemblage	Tests	Emballage
35 cm	45 min	30 min	10 min
53 cm	1 heure	45 min	15 min
71 cm	1,5 heure	1 heure	15 min

Si les employés consacrent 17,75 h par jour à l'assemblage, 12,5 h par jour aux tests et 3,75 h par jour à l'emballage, combien d'unités de chaque modèle la compagnie peut-elle produire par jour ?

17.  Un entrepreneur de construction se propose de bâtir 65 maisons. Il offre des modèles à 1, 2 ou 3 chambres à coucher.

Dominique Parent

Si, à la fin de la construction, il y a 145 chambres et 2 fois plus de maisons à 3 chambres qu'à 1 chambre, déterminer le nombre de maisons de chaque modèle.

18.  Une usine fabrique des robots de type A, B et C. Chaque robot de type A nécessite 1 heure d'assemblage et 2 heures de préparation, chaque robot de type B nécessite 2 heures d'assemblage et 3 heures de préparation et chaque robot de type C nécessite 3 heures d'assemblage et 8 heures de préparation. La ligne d'assemblage fonctionne pendant exactement 63 heures et le temps alloué à la préparation est de 130 heures pile.

a) Déterminer le nombre total de robots de type A, B et C que l'usine peut fabriquer durant cette période.

b) Si la demande totale est de 35 robots, déterminer le nombre de robots de chaque type.

19.  Pour assister à un concert, les étudiants doivent débourser 4 $, les adultes 10 $ et les personnes du troisième âge 6 $. Au moins une personne de chaque catégorie assiste au concert.

Pierre Parent

Déterminer, si c'est possible, la solution unique du nombre de spectateurs de chaque catégorie si

a) 25 spectateurs ont déboursé 114 $ au total ;

b) 26 spectateurs ont déboursé 114 $ au total.

20. Math Jones revient d'une expédition périlleuse avec quelques souvenirs vivants. Lors de son arrivée au poste-frontière, le douanier lui demande :

— Qu'avez-vous à déclarer ?

Math Jones répond :

— Quelques animaux : des décapodes, des araignées et des capybaras, qui totalisent 18 têtes et 156 pattes, mais une quantité différente de chaque espèce.

Peut-on déterminer de façon précise le nombre exact de chaque espèce ?

21. Geneviève écrit au tableau un nombre n de quatre chiffres. Mylène efface le chiffre des dizaines ; la différence entre n et le nouveau nombre est alors de 3480. Robin omet le chiffre des unités de n pour obtenir n_1 et omet le chiffre des milliers de n pour obtenir n_2. En additionnant n_1 et n_2, il obtient 1248. Déterminer n.

22. Jean-Philippe achète trois types d'aliments. L'aliment I contient 1 unité de vitamine A, 3 unités de vitamine B et 4 unités de vitamine C, l'aliment II en contient respectivement 2, 3 et 5, et l'aliment III en contient respectivement 3, 0 et 3.

a) Déterminer le nombre de portions de chaque aliment pour obtenir 15 unités de vitamine A, 9 unités de vitamine B et 24 unités de vitamine C.

b) Si l'aliment I coûte 0,40 $/portion, l'aliment II, 0,60 $/portion, et l'aliment III, 0,30 $/portion, déterminer le nombre de portions de chaque aliment pour que le coût soit minimal et déterminer ce coût.

Problèmes de synthèse

Les réponses des problèmes suivants, à l'exception des problèmes notés en rouge, sont données à la fin du volume.

1. Déterminer les valeurs de A, B, C, ... de sorte que les équations suivantes sont vérifiées ; $\forall x \in \mathbb{R}$.

a) $\dfrac{5x - 2}{x(3x + 1)(x - 4)} = \dfrac{A}{x} + \dfrac{B}{3x + 1} + \dfrac{C}{x - 4}$

b) $\dfrac{4x^3 + x^2 + 2x + 1}{x^3(x + 1)^2} = \dfrac{A}{x} + \dfrac{B}{x^2} + \dfrac{C}{x^3} + \dfrac{D}{x + 1} + \dfrac{E}{(x + 1)^2}$

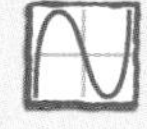 c) $\dfrac{7x^3 - x^2 + 17x - 3}{(x^2 + 3)(x^2 + 1)} = \dfrac{Ax + B}{x^2 + 3} + \dfrac{Cx + D}{x^2 + 1}$

2. a) Déterminer les coordonnées du sommet S de la parabole qui passe par les points P(1, 2), Q(-1, 6) et R(2, 9).

b) Déterminer les coordonnées du centre C et le rayon r du cercle passant par les points P(1, 5), R(-6, 4) et S(2, -2).

c) Déterminer l'équation de la parabole et du cercle passant par les points P(2, -5), Q(8, 3) et R(1, 2) ; déterminer les coordonnées de l'autre point d'intersection entre la parabole et le cercle, et représenter graphiquement.

3. Résoudre les systèmes d'équations suivants.

a) $\begin{cases} 3^{4x}\left(\dfrac{1}{9}\right)^y = \dfrac{1}{3} \\ (25)^{\frac{x}{2}}(125)^{2y} = 1 \end{cases}$ b) $\begin{cases} \ln(x^3y) = 4 \\ \ln\left(\dfrac{x}{\sqrt{y}}\right) = -2 \end{cases}$

c) $\begin{cases} \dfrac{1}{x^2} + y^2 + z = 5 \\ \dfrac{2}{x^2} - 3y^2 - z = 3 \\ \dfrac{3}{x^2} + 4y^2 + 19z = 1 \end{cases}$

4. Déterminer les valeurs de k pour lesquelles le système homogène d'équations linéaires suivant possède une solution non triviale et, pour chacune de ces valeurs, déterminer l'ensemble-solution du système.

$$\begin{cases} kx + y + z = 0 \\ kx + (4 - k)y + 2z = 0 \\ kx + y + (5 - k)z = 0 \end{cases}$$

5. Soit le système d'équations linéaires suivant.

$$\begin{cases} -x_1 + x_2 = -3 \\ -2x_2 - 3x_3 = -8 \\ x_1 + x_3 = 5 \end{cases}$$

a) Écrire le système sous la forme $AX = B$.

b) Déterminer A^{-1}.

c) Effectuer $A^{-1}AX = A^{-1}B$ et déterminer X.

6. Soit le système d'équations linéaires suivant.

$$\begin{cases} 2a - 3b + c - d + e = 0 \\ 4a - 6b + 2c - 3d - e = -5 \\ -2a + 3b - 2c + 2d - e = 3 \end{cases}$$

Déterminer

a) l'ensemble-solution du système ;

b) une solution entière du système ;

c) l'ensemble des solutions si $e = 0$;

d) l'ensemble des solutions si $b = 0$ et $e = 0$;

e) l'ensemble des solutions si $b = e$;

f) l'ensemble des solutions entières si $b = e$;

g) l'ensemble des solutions si $c = 3e$;

h) l'ensemble des solutions si $b = c = e$;

i) l'ensemble des solutions si $c = d$;

j) l'ensemble des solutions si $a = 2b$ et $b = 2e$.

7. Soit le système d'équations linéaires suivant.

$$\begin{cases} x + ay + 3z = 11 \\ ax + y + 2z = -1 \\ (a + 2)x + (1 + 2a)y + 9z = 23 \end{cases}$$

Déterminer l'ensemble-solution du système selon les valeurs de a.

8. Soit le système S de la forme $AX = B$ et le système S_1 de la forme $CT = X$, définis par

$$S\begin{cases} 3x_1 - 2x_2 = 7 \\ 6x_1 + 3x_2 = 9 \end{cases} \quad \text{et} \quad S_1\begin{cases} 2t_1 + 3t_2 = x_1 \\ 5t_1 - 4t_2 = x_2 \end{cases}$$

a) Donner le système obtenu en remplaçant x_1 et x_2 dans S par les valeurs données en S_1.

b) Écrire le système obtenu à la question a) sous la forme $DT = B$.

c) Exprimer D en fonction de A et de C.

9. Soit les systèmes d'équations linéaires suivants.

$$S\begin{cases} y_1 = 3x_1 - 4x_2 + 2x_3 \\ y_2 = 2x_1 - 3x_2 + 5x_3 \\ y_3 = x_1 + 2x_2 - x_3 \end{cases} \quad \text{et} \quad S_1\begin{cases} x_1 = 3t_1 + 4t_2 + t_3 \\ x_2 = 2t_1 - 3t_2 - t_3 \\ x_3 = t_1 + 7t_2 \end{cases}$$

Exprimer y_1, y_2 et y_3 en fonction de t_1, t_2 et t_3, en utilisant le produit matriciel.

10. Soit un système d'équations linéaires de trois équations à deux variables. Répondre par vrai (V) ou faux (F) et justifier la réponse.

a) Si le système est compatible, alors nous pouvons enlever

i) une des équations sans affecter l'ensemble-solution ;

ii) n'importe laquelle des équations sans affecter l'ensemble-solution.

b) Si le système est incompatible et que nous enlevons une des équations

i) alors le système devient compatible ;

ii) alors le système peut devenir compatible.

11. a) La solution générale de l'équation différentielle $y'' - y = 0$ est une fonction de la forme $f(x) = \text{A}e^x + \text{B}e^{-x}$, où $y = f(x)$. Déterminer la solution si $f(0) = 1$ et $f'(0) = 0$.

b) La solution générale de l'équation différentielle $y'' + y = 0$ est une fonction de la forme $f(x) = \text{A} \sin x + \text{B} \cos x$, où $y = f(x)$. Déterminer la solution si $f\left(\dfrac{\pi}{6}\right) = 4$ et $f'\left(\dfrac{\pi}{3}\right) = -2$.

12. Un rayon lumineux est réfléchi par les miroirs M_1, M_2 et M_3 tel qu'illustré dans la représentation suivante. De plus, nous savons que l'angle d'incidence α est égal à l'angle de réflexion.

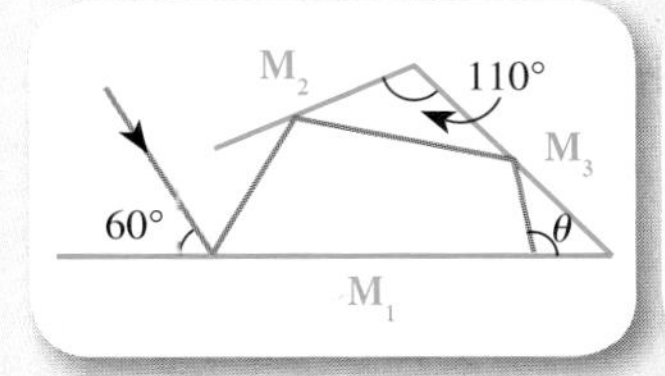

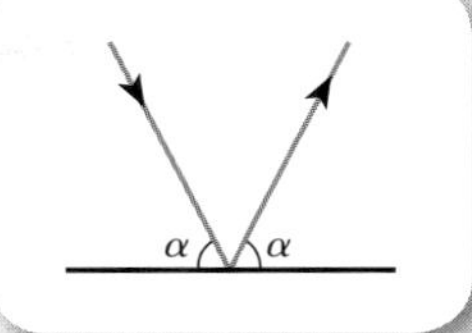

Déterminer la valeur de θ.

13. Soit trois objets A, B et C dont nous voulons déterminer la masse en kilogrammes. Un principe de physique établit que, lorsque le système est en équilibre, la somme des moments (la masse multipliée par la distance du point d'appui) du côté gauche est égale à la somme des moments du côté droit. Les trois représentations suivantes illustrent trois situations où le système est en équilibre.

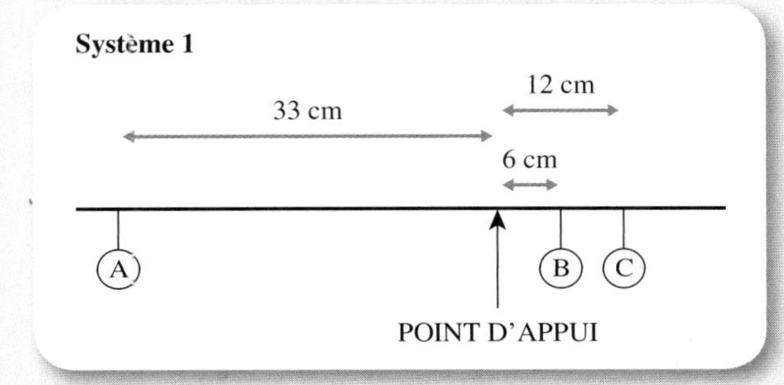

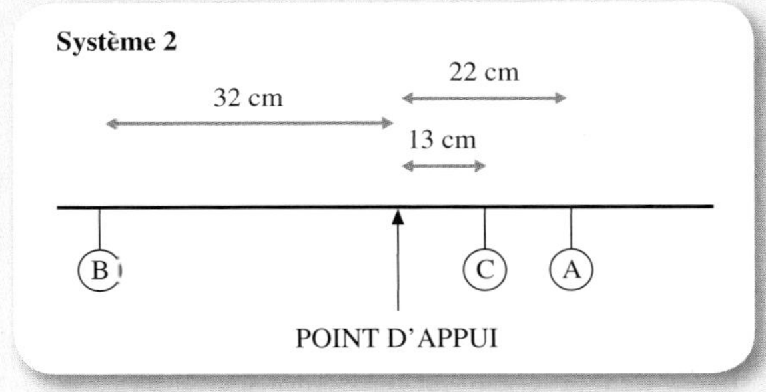

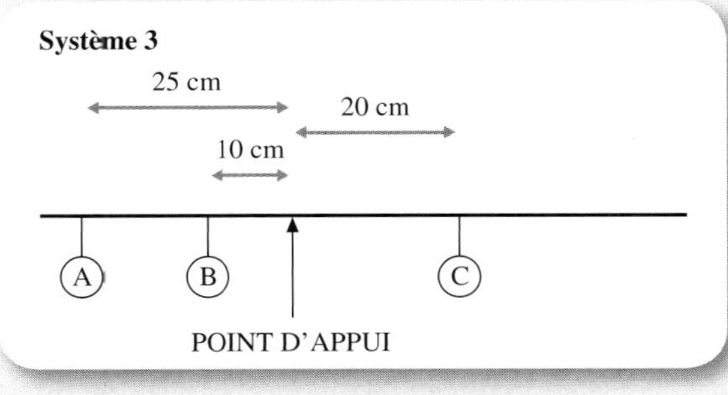

a) Écrire le système d'équations linéaires correspondant.

b) Déterminer la masse de A, de B et de C sachant que chaque masse est une valeur entière comprise entre 1 kg et 5 kg.

14. Une personne a investi 25 000 $ dans deux types de placements, A et B. Le placement de type A, un investissement sans risque, rapportait 4 % d'intérêt par année ; le placement de type B, à risque élevé, pouvait rapporter jusqu'à 13 % d'intérêt par année. Au bout d'un an, si la personne a obtenu un rendement moyen de 7,5 % et si le second placement a effectivement rapporté 13 % d'intérêt, déterminer la somme que la personne a investie dans chacun des placements.

15. En économie, le point d'équilibre est le point de rencontre entre la fonction représentant la demande d'un produit et la fonction représentant l'offre d'un produit (voir la représentation suivante).

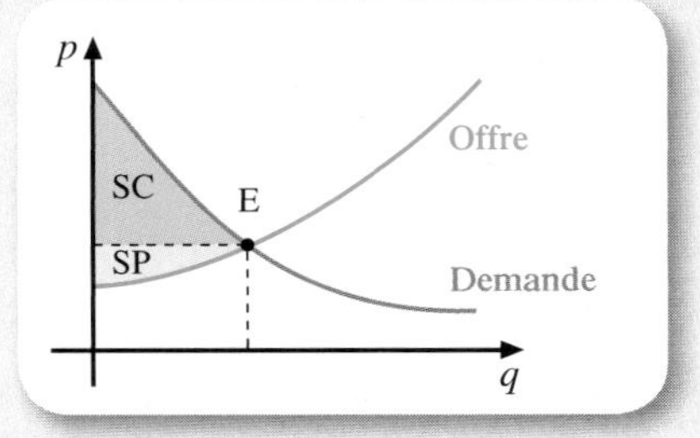

a) Déterminer le point d'équilibre $E(q_e, p_e)$ entre l'offre et la demande d'un produit si une compagnie estime que l'offre du produit est $O(q) = 2{,}5q + 3{,}5$ et la demande, $D(q) = 54{,}85 - 5{,}4q$, où $q \geq 0$.

b) Représenter graphiquement les fonctions précédentes et indiquer le point d'équilibre.

c) Déterminer, si $q = q_e$,

i) le surplus du consommateur SC, qui correspond à l'aire de la région SC ;

ii) le surplus du producteur SP, qui correspond à l'aire de la région SP ;

iii) le surplus total ST, où ST = SC + SP.

16. Soit 3 substances S_1, S_2 et S_3 ayant respectivement un taux d'acidité de 30 %, de 40 % et de 50 %. Si un mélange de 24 litres de ces 3 substances a un taux d'acidité de 36,6 % et que le nombre de litres de la substance S_1 est égal à la somme du nombre de litres des 2 autres substances, déterminer le nombre de litres de chacune des 3 substances.

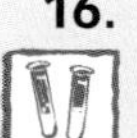

17. Un bassin circulaire est alimenté par 3 robinets de tailles inégales. Les 2 plus gros robinets remplissent le bassin en 1 heure et 12 minutes, le plus gros et le plus petit en 1 heure et 30 minutes, et les 2 plus petits en 2 heures. Déterminer le temps nécessaire pour remplir le bassin lorsque les 3 robinets sont ouverts.

18. Résoudre le système d'équations $\begin{cases} ax + by = f \\ cx + dy = g \end{cases}$ dans le cas où

a) $(ad - bc) \neq 0$; b) $(ad - bc) = 0$.

19. Soit le système homogène d'équations linéaires suivant.

$$\begin{cases} ax + by = 0 \\ cx + dy = 0 \end{cases}$$

Démontrer que si (x_0, y_0) et (x_1, y_1) sont des solutions, alors $(rx_0 + sx_1, ry_0 + sy_1)$, où r et $s \in \mathbb{R}$, est également une solution.

20. Soit le système d'équations $\begin{cases} a + b + c = 6 \\ 2a + 3b + 2c = 17 \end{cases}$

Déterminer la valeur de $a^4 + b^4 + c^4$, sachant que $a^2 + c^2 = 2$.

21. Soit un système d'équations linéaires de la forme $AX = B$ admettant deux solutions différentes, X_1 et X_2. Démontrer que $X_1 + r(X_1 - X_2)$, où $r \in \mathbb{R}$, est également une solution.

22. Soit un système homogène d'équations linéaires. Démontrer que si X_1 et X_2 sont des solutions, alors $rX_1 + sX_2$, où r et $s \in \mathbb{R}$, est également une solution.

23. Soit le système d'équations $\begin{cases} 4x - y + 5z = 11 \\ 2x + 3y + 6z = 23 \\ 4x - 5y + z = -9 \end{cases}$

admettant $X_1 = (1, 3, 2)$ et $X_2 = (-2, 1, 4)$ comme solution.

a) Déterminer l'ensemble des solutions de la forme $X_1 + r(X_1 - X_2)$.

b) Utiliser le résultat obtenu en a) pour trouver la solution lorsque $x = 13$.

c) Déterminer l'ensemble des solutions de la forme $X_2 + t(X_2 - X_1)$.

d) Utiliser le résultat obtenu en c) pour trouver la solution lorsque $z = -6$.

e) Déterminer l'ensemble des solutions $\{(x, y, z)\}$ telles que $x \geq 0$, $y \geq 0$ et $z \geq 0$.

f) Déterminer l'ensemble des solutions $\{(x, y, z)\}$ telles que $x < 0$, $y < 0$ et $z < 0$.

g) Déterminer l'ensemble des solutions entières $\{(x, y, z)\}$ telles que $x \geq 0$, $y \geq 0$ et $z \geq 0$.

24. 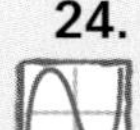 La vitesse d'un mobile est donnée par $v(t) = at^4 + bt^3 + ct^2 + dt + e$, où t est en secondes, v, en mètres/minute, et $v(t) \geq 0$. Lors d'essais, nous trouvons $v(0) = 0$, $v(1) = 7$, $v(2) = 48$, $v(3) = 135$ et $v(4) = 256$.

a) Déterminer $v(t)$.

b) Déterminer la vitesse maximale de ce mobile.

c) Calculer la distance parcourue par ce mobile sur [0 min, 8 min], où $v(t) \geq 0$.

25. Une étude de la ville de Montréal révèle qu'à l'heure de pointe, le nombre de véhicules par heure traversant les intersections des rues à sens unique suivantes est donné par ce schéma

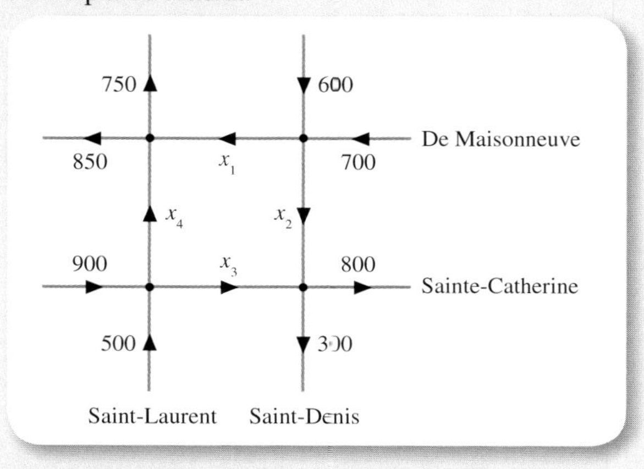

où x_i représente le nombre de véhicules par heure se déplaçant entre les intersections.

Dominique Parent

a) Déterminer le système d'équations correspondant à cette situation et résoudre ce système.

b) Déterminer le nombre maximum et le nombre minimum de véhicules pouvant circuler de l'intersection du boulevard Saint-Laurent et de la rue Sainte-Catherine à l'intersection du boulevard Saint-Laurent et du boulevard De Maisonneuve.

c) Le feu de circulation à l'intersection du boulevard Saint-Laurent et de la rue Sainte-Catherine permet le passage d'un maximum de 950 véhicules par heure en direction du boulevard De Maisonneuve. Refaire le schéma en y indiquant les valeurs appropriées.

Chapitre 3 Déterminants

Dominique Parent

La notion de déterminant peut être abordée de nombreuses façons, par exemple à partir d'axiomes, de propriétés, de sommes de permutations, etc. Quelques-unes de ces façons sont présentées dans les cours plus avancés.

Dans ce chapitre, nous introduisons la notion de déterminant par la résolution de systèmes d'équations linéaires. Il deviendra ensuite possible de résoudre certains systèmes d'équations linéaires à l'aide de déterminants.

Dans le chapitre précédent, nous avons constaté qu'une matrice carrée A était inversible seulement lorsque nous pouvions transformer la matrice augmentée de la forme $[\, A \,\vdots\, I \,]$ en une nouvelle matrice augmentée de la forme $[\, I \,\vdots\, B \,]$, où $B = A^{-1}$.

Dans ce chapitre, nous utiliserons le déterminant d'une matrice carrée pour établir si la matrice est inversible et pour trouver cette matrice inverse.

En particulier, l'élève pourra résoudre le problème suivant.

> La composition de trois alliages, R, S et T, est la suivante : R est constitué de 75 % de cuivre, 5 % de zinc et 20 % d'étain ; S est constitué de 25 % de cuivre, 25 % de zinc et 50 % d'étain ; T est constitué de 30 % de cuivre, 20 % de zinc et 50 % d'étain. En mélangeant les alliages R, S et T, on veut obtenir un quatrième alliage, V, de 64 kg, constitué de $\frac{16}{41}$ de cuivre, de $\frac{15}{82}$ de zinc et de $\frac{35}{82}$ d'étain.
>
> Déterminer les quantités, en kilogrammes, de R, S et T contenues dans V.
>
> (Problèmes de synthèse, n° 19 c), page 152)

Perspective historique

De la matrice au déterminant : une chronologie qui s'est inversée

Le cours de l'histoire est souvent étonnant. En effet, alors qu'aujourd'hui les matrices sont habituellement étudiées avant la notion de déterminant, sur le plan historique, la notion de déterminant a précédé celle de matrice. La notion de déterminant apparaît d'abord dans une règle de résolution des équations qui fait référence uniquement aux coefficients. Cette règle, connue sous le nom de règle de Cramer, est énoncée par le mathématicien suisse Gabriel Cramer (1704-1752) dans un ouvrage intitulé *Introduction à l'analyse des lignes courbes algébriques* publié en 1750. La règle énoncée par Cramer n'est pas tout à fait celle qui apparaît à la fin du chapitre, mais plutôt celle que vous avez vue au secondaire et qui s'énonce ainsi pour les variables x et y d'un système à deux inconnues :

Soit le système $\begin{cases} a_{11}x + a_{12}y = b_1 \\ a_{21}x + a_{22}y = b_2 \end{cases}$

Si les deux équations ne sont pas redondantes, les valeurs de x et de y satisfaisant ce système seront

$$x = \frac{b_1a_{22} - b_2a_{12}}{a_{11}a_{22} - a_{21}a_{12}} \text{ et } y = \frac{a_{11}b_2 - b_1a_{21}}{a_{11}a_{22} - a_{21}a_{12}}$$

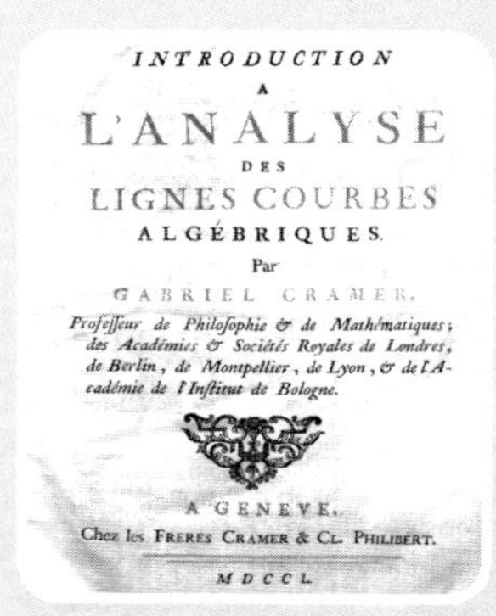

INTRODUCTION
A
L'ANALYSE
DES
LIGNES COURBES
ALGÉBRIQUES.
Par
GABRIEL CRAMER,
Professeur de Philosophie & de Mathématiques; des Académies & Sociétés Royales de Londres, de Berlin, de Montpellier, de Lyon, & de l'Académie de l'Institut de Bologne.
A GENEVE,
Chez les FRERES CRAMER & CL. PHILIBERT.
MDCCL.

La page titre du livre de Gabriel Cramer

En fait, Cramer n'est pas le premier à formuler cette règle. Leibniz l'énonce déjà en 1683 dans une lettre adressée à son ami Guillaume de L'Hospital (voir la perspective historique du chapitre 1). Par une étrange coïncidence, cette même année, le Japonais Seki Kowa (1642-1708) l'énonce aussi pour des systèmes d'équations comprenant jusqu'à cinq inconnues. Hélas ! À cette époque, le Japon s'est volontairement isolé du reste du monde. De plus, la lettre de Leibniz restera ignorée pendant plus de deux siècles. Deux ans avant la publication du livre de Cramer, l'Écossais Colin Maclaurin (1698-1746), dans son ouvrage posthume intitulé *A Treatise of Algebra in Three Parts* (1748), formule la même règle pour les systèmes d'équations comprenant jusqu'à quatre inconnues, mais sa notation, trop lourde, rend sa règle peu engageante. En étant plus claire, la règle telle qu'énoncée par Cramer est immédiatement remarquée. Le nom de ce dernier y est de la sorte associé.

Le mot « déterminant » est introduit pour la première fois par Gauss en 1801 dans une étude sur les expressions de la forme $ax^2 + 2bxy + cy^2$ pour « déterminer » les propriétés de ce genre d'expression du second degré. Pour comprendre la signification du mot dans ce contexte, pensez au discriminant $b^2 - 4ac$ de la forme générale de l'équation du second degré. Ce discriminant est en quelque sorte un déterminant. Il détermine, selon sa valeur dans la formule de résolution de la racine de l'équation, la nature, réelle ou imaginaire, de ces racines. Cependant, le mot « déterminant » prend véritablement son sens actuel dans un article du grand mathématicien français Augustin-Louis Cauchy (1789-1857) publié en 1815. Cauchy utilise la notation a_{ij}, mais il n'emploie pas encore le mot « matrice » ; il parle plutôt de « tableau ». Il étudie les mineurs et les adjointes. Plusieurs résultats présentés dans le chapitre 3 ont été publiés pour la première fois dans cet article de 1815. Cauchy y expose l'essentiel de la théorie des déterminants dans sa forme actuelle. En 1844, Arthur Cayley introduira la notation $|A|$ pour le déterminant du tableau A. Pourtant, comme on l'a vu dans le premier chapitre, ce n'est que dans la seconde moitié du XIXe siècle qu'on étudiera les tableaux pour eux-mêmes.

C'est dans le contexte où les tableaux de nombres n'ont d'intérêt que pour le calcul de déterminants que le mot « matrice » apparaît. En 1850, l'Anglais James Joseph Sylvester (1814-1897) utilise le mot « matrice » plutôt que « tableau de nombres » car, en anglais, *matrix* signifie « ce dont une chose provient ». C'est un peu comme un moule duquel sort un objet. Comme le déterminant est calculé à partir d'un tableau, ce tableau est la matrice du déterminant. Une fois cette constatation faite, il devient naturel, pédagogiquement, de considérer d'abord les matrices, puis de voir comment on en extrait le déterminant, inversant ainsi l'ordre historique.

Exercices préliminaires

1. Résoudre les systèmes d'équations linéaires suivants par la méthode de Gauss.

a) $\begin{cases} 3x + 2y = -4 \\ 5x - y = 15 \end{cases}$ b) $\begin{cases} 2x - 5y = a \\ 7x + 3y = b \end{cases}$

2. Effectuer les opérations suivantes.

a) $3\begin{bmatrix} 1 & -2 & 4 \\ 0 & 5 & 2 \\ -1 & 3 & -3 \end{bmatrix}$ b) $\begin{bmatrix} 1 & 0 \\ -3 & 1 \\ 2 & 4 \end{bmatrix}\begin{bmatrix} -1 & 3 & -2 \\ 0 & 4 & 1 \end{bmatrix}$

3. Déterminer les valeurs de a et b si l'inverse de

$$A = \begin{bmatrix} 3 & 5 \\ -1 & 4 \end{bmatrix} \text{ est } A^{-1} = \begin{bmatrix} \frac{4}{17} & a \\ b & \frac{3}{17} \end{bmatrix}.$$

4. Déterminer les valeurs de a, b, c et d si

$$\begin{bmatrix} a & b \\ c & d \end{bmatrix}\begin{bmatrix} 8 & 5 \\ -3 & -2 \end{bmatrix} = \begin{bmatrix} 1 & 0 \\ 0 & 1 \end{bmatrix}.$$

5. a) Compléter : Deux matrices carrées M et P d'ordre n sont l'inverse l'une de l'autre si…

b) Parmi les matrices suivantes, déterminer celles qui sont l'inverse l'une de l'autre.

$$A = \begin{bmatrix} 1 & 2 & 1 \\ 1 & 0 & 0 \\ 0 & 1 & 1 \end{bmatrix}, B = \begin{bmatrix} 2 & 8 & -36 \\ -5 & -16 & 84 \\ 4 & 8 & -48 \end{bmatrix}, C = \begin{bmatrix} 1 & 1 & 1 \\ 1 & \frac{1}{2} & \frac{1}{8} \\ \frac{1}{4} & \frac{1}{6} & \frac{1}{12} \end{bmatrix} \text{ et } E = \begin{bmatrix} 0 & 1 & 0 \\ 1 & -1 & -1 \\ -1 & 1 & 2 \end{bmatrix}$$

3

3.1 Déterminant d'une matrice carrée

Objectifs d'apprentissage

À la fin de cette section, l'élève pourra calculer le déterminant d'une matrice carrée.

Plus précisément, l'élève sera en mesure

- de donner la définition d'un mineur ;
- de calculer un mineur ;
- de donner la définition d'un cofacteur ;
- de calculer un cofacteur ;
- de déterminer la matrice des cofacteurs ;
- de donner la définition du déterminant d'une matrice carrée ;
- de calculer le déterminant d'une matrice carrée.

$$\begin{vmatrix} a & b \\ c & d \end{vmatrix} = ad - bc$$

$$\begin{vmatrix} a_{11} & a_{12} & a_{13} \\ a_{21} & a_{22} & a_{23} \\ a_{31} & a_{32} & a_{33} \end{vmatrix} = a_{11}\begin{vmatrix} a_{22} & a_{23} \\ a_{32} & a_{33} \end{vmatrix} - a_{12}\begin{vmatrix} a_{21} & a_{23} \\ a_{31} & a_{33} \end{vmatrix} + a_{13}\begin{vmatrix} a_{21} & a_{22} \\ a_{31} & a_{32} \end{vmatrix}$$

Avant de définir le déterminant d'une matrice carrée, nous allons résoudre de façon générale des systèmes d'équations linéaires où le nombre d'inconnues est égal au nombre d'équations.

Nous pourrons ainsi introduire la notion de déterminant d'une matrice carrée.

Ensuite, dans les sections suivantes, nous utiliserons le déterminant d'une matrice carrée pour établir si la matrice est inversible et pour trouver son inverse, s'il y a lieu. Nous utiliserons également des déterminants pour résoudre certains systèmes d'équations linéaires.

Système d'équation linéaire d'une équation à une variable

Soit le système d'équation $a_{11}x_1 = b_1$, où $a_{11} \in \mathbb{R} \setminus \{0\}$ et $b_1 \in \mathbb{R}$,

que nous pouvons écrire sous la forme matricielle $AX = B$ de la façon suivante.

$$[a_{11}]\,[x_1] = [b_1]$$

En résolvant le système $a_{11}x_1 = b_1$, nous obtenons $x_1 = \dfrac{b_1}{a_{11}}$, car $a_{11} \neq 0$.

L'expression a_{11} du dénominateur s'appelle le déterminant de la matrice A, où $A = [a_{11}]$.

Première notation

Le déterminant d'une matrice carrée A est noté dét A.

De façon générale, nous avons la définition suivante.

DÉFINITION 3.1 Soit $A = [a_{11}]$, où $a_{11} \in \mathbb{R}$. Le **déterminant** de la matrice A est défini par

$$\text{dét } A = a_{11}$$

Exemple 1 Calculons le déterminant des matrices $A = [\ 3\ ]$ et $B = [\ \text{-}7\ ]$.

dét $A = 3$ et dét $B = \text{-}7$

Système d'équations linéaires de deux équations à deux variables

Soit le système d'équations

$$\begin{cases} a_{11}x_1 + a_{12}x_2 = b_1 & \textcircled{1} \\ a_{21}x_1 + a_{22}x_2 = b_2 & \textcircled{2} \end{cases} \qquad \text{où } a_{ij} \text{ et } b_i \in \mathbb{R}, \text{ et } a_{11} \neq 0$$

que nous pouvons écrire sous la forme matricielle $AX = B$ de la façon suivante.

$$\begin{bmatrix} a_{11} & a_{12} \\ a_{21} & a_{22} \end{bmatrix} \begin{bmatrix} x_1 \\ x_2 \end{bmatrix} = \begin{bmatrix} b_1 \\ b_2 \end{bmatrix}$$

Résolvons ce système par la méthode de Gauss.

Méthode de Gauss

$$\left[\begin{array}{cc:c} a_{11} & a_{12} & b_1 \\ a_{21} & a_{22} & b_2 \end{array}\right] \sim \left[\begin{array}{cc:c} a_{11} & a_{12} & b_1 \\ 0 & (a_{11}a_{22} - a_{12}a_{21}) & (a_{11}b_2 - b_1a_{21}) \end{array}\right] \quad a_{11}L_2 - a_{21}L_1 \rightarrow L_2$$

Ainsi, $(a_{11}a_{22} - a_{12}a_{21})x_2 = a_{11}b_2 - b_1a_{21}$

donc, $$x_2 = \frac{a_{11}b_2 - b_1a_{21}}{a_{11}a_{22} - a_{12}a_{21}} \quad \text{si } (a_{11}a_{22} - a_{12}a_{21}) \neq 0$$

En substituant cette valeur dans $\textcircled{1}$, nous obtenons

$$a_{11}x_1 + a_{12}\left(\frac{a_{11}b_2 - b_1a_{21}}{a_{11}a_{22} - a_{12}a_{21}}\right) = b_1$$

$$a_{11}x_1 = b_1 - \frac{a_{12}a_{11}b_2 - a_{12}b_1a_{21}}{a_{11}a_{22} - a_{12}a_{21}}$$

$$a_{11}x_1 = \frac{a_{11}(b_1a_{22} - a_{12}b_2)}{a_{11}a_{22} - a_{12}a_{21}}$$

$$x_1 = \frac{b_1a_{22} - a_{12}b_2}{a_{11}a_{22} - a_{12}a_{21}} \qquad (\text{car } a_{11} \neq 0)$$

Nous constatons que le dénominateur de x_1 est identique à celui de x_2.

L'expression $(a_{11}a_{22} - a_{12}a_{21})$ s'appelle le déterminant de la matrice A, où $A = \begin{bmatrix} a_{11} & a_{12} \\ a_{21} & a_{22} \end{bmatrix}$.

De façon générale, nous avons la définition suivante.

DÉFINITION 3.2 Soit $A = \begin{bmatrix} a_{11} & a_{12} \\ a_{21} & a_{22} \end{bmatrix}$, où $a_{ij} \in \mathbb{R}$. Le **déterminant** de la matrice A est défini par

$$\text{dét } A = a_{11}a_{22} - a_{12}a_{21}$$

Ainsi, le déterminant d'une matrice 2×2 est obtenu par la multiplication des éléments de la diagonale principale de laquelle est soustrait le produit des éléments de la diagonale secondaire.

Deuxième notation

Le déterminant de la matrice A, où $A = \begin{bmatrix} a_{11} & a_{12} \\ a_{21} & a_{22} \end{bmatrix}$, est également noté $\begin{vmatrix} a_{11} & a_{12} \\ a_{21} & a_{22} \end{vmatrix}$.

Ainsi, dét $A = \begin{vmatrix} a_{11} & a_{12} \\ a_{21} & a_{22} \end{vmatrix} = a_{11}a_{22} - a_{12}a_{21}$

Voici un moyen mnémotechnique pour retenir la formule du déterminant d'une matrice carrée d'ordre 2.

$$\begin{vmatrix} a_{11} & a_{12} \\ a_{21} & a_{22} \end{vmatrix} = a_{11}a_{22} - a_{12}a_{21}$$

$a_{12}a_{21}$ $a_{11}a_{22}$

Exemple 1 Soit $A = \begin{bmatrix} 4 & -5 \\ 2 & -8 \end{bmatrix}$ et $B = \begin{bmatrix} 4 & -2 \\ 12 & -6 \end{bmatrix}$. Calculons le déterminant des matrices A et B.

dét $A = \begin{vmatrix} 4 & -5 \\ 2 & -8 \end{vmatrix} = 4(-8) - (-5)(2) = -22$

(-5)2 4(-8)

$\begin{vmatrix} 4 & -2 \\ 12 & -6 \end{vmatrix} = 4(-6) - (-2)12 = 0$

Interprétation géométrique des déterminants 2 × 2

Soit les points P(a, b) et Q(c, d), et les segments de droite reliant ces points à l'origine O(0, 0).

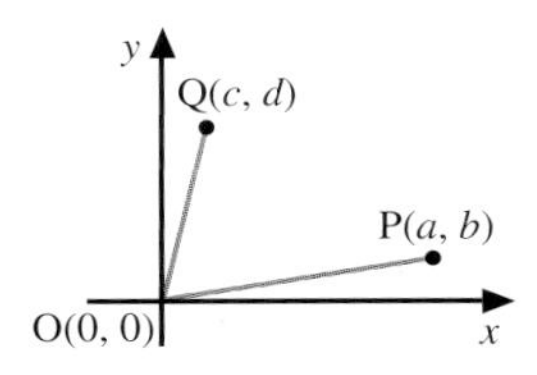

Complétons le parallélogramme OQSP, où S($a + c$, $b + d$).

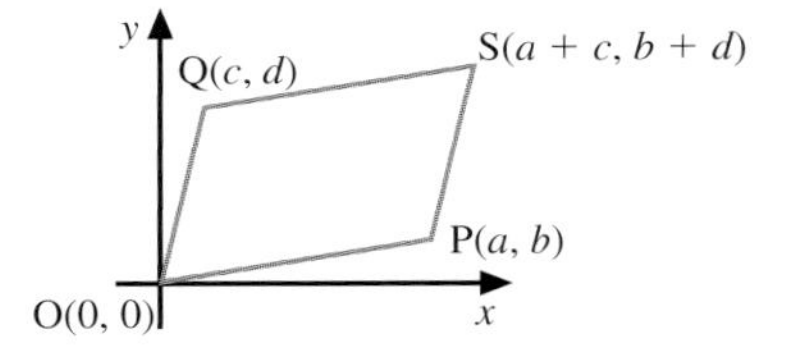

Calculons l'aire du parallélogramme OQSP en calculant l'aire du rectangle OESF et en soustrayant l'aire des rectangles R_1 et R_2, de même que celle des triangles T_1, T_2, T_3 et T_4.

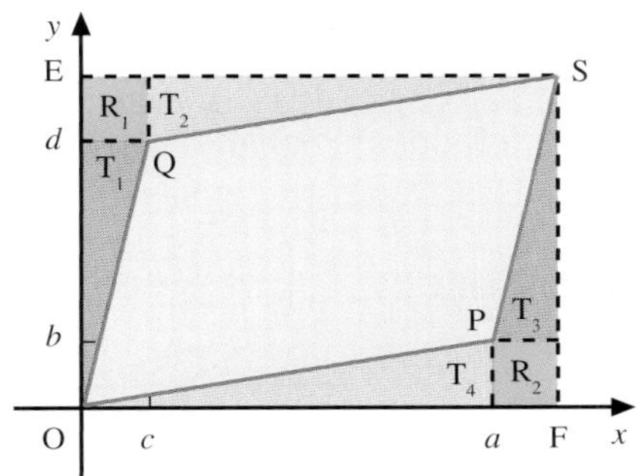

Soit x = aire T_1 = aire T_3
y = aire T_2 = aire T_4
z = aire R_1 = aire R_2. Ainsi,

$$\begin{aligned} \text{aire OQSP} &= \text{aire OESF} - 2x - 2y - 2z \\ &= (a + c)(b + d) - 2\left(\frac{cd}{2}\right) - 2\left(\frac{ab}{2}\right) - 2cb \\ &= ab + ad + cb + cd - cd - ab - 2cb \\ &= ad - cb \end{aligned}$$

L'aire du parallélogramme correspond donc à $\begin{vmatrix} a & b \\ c & d \end{vmatrix}$, c'est-à-dire au dét M, où $M = \begin{bmatrix} a & b \\ c & d \end{bmatrix}$.

De façon générale, nous admettons que, peu importe la position des points P(a, b) et Q(c, d) dans le plan cartésien, le calcul de $\begin{vmatrix} a & b \\ c & d \end{vmatrix}$ permet d'obtenir, à un signe près, l'aire du parallélogramme engendré par les segments de droite OP et OS.

Aire d'un parallélogramme

> Ainsi, l'aire A du parallélogramme ci-contre est donnée par
>
> $$A = |\text{dét } M|, \text{ où } M = \begin{bmatrix} a & b \\ c & d \end{bmatrix}.$$

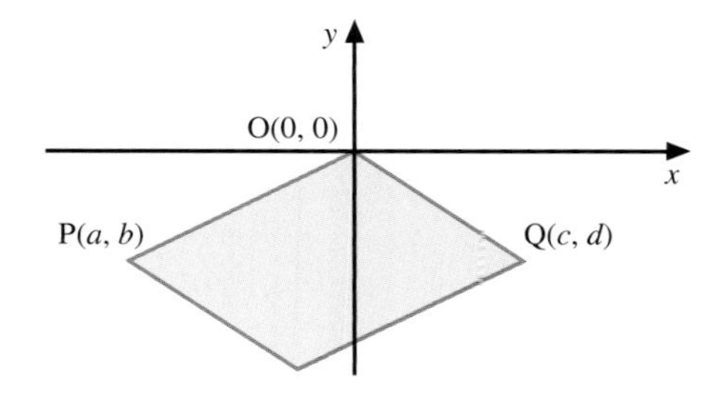

Exemple 1 Soit P(-1, 2) et Q(4, 3), deux points du plan cartésien.

a) Représentons le parallélogramme engendré par les segments de droite OP et OQ.

b) Calculons l'aire A du parallélogramme précédent.

Valeur absolue du dét M

$$A = |\text{dét } M|, \text{ où } M = \begin{bmatrix} -1 & 2 \\ 4 & 3 \end{bmatrix}$$

$$\text{dét } M = \begin{vmatrix} -1 & 2 \\ 4 & 3 \end{vmatrix} = (-1)3 - 2(4) = -11$$

$$A = |-11| = 11$$

d'où A = 11 unités carrées.

Exemple 2 Soit P(2, 3) et Q(4, 6), deux points du plan cartésien appartenant à la droite d'équation $y = \frac{3}{2}x$.

Calculons l'aire A du parallélogramme engendré par les segments de droite OP et OQ.

$$A = |\text{dét } M|, \text{ où } M = \begin{bmatrix} 2 & 3 \\ 4 & 6 \end{bmatrix}$$

$$A = |2(6) - 3(4)| = 0$$

d'où A = 0 unité carrée.

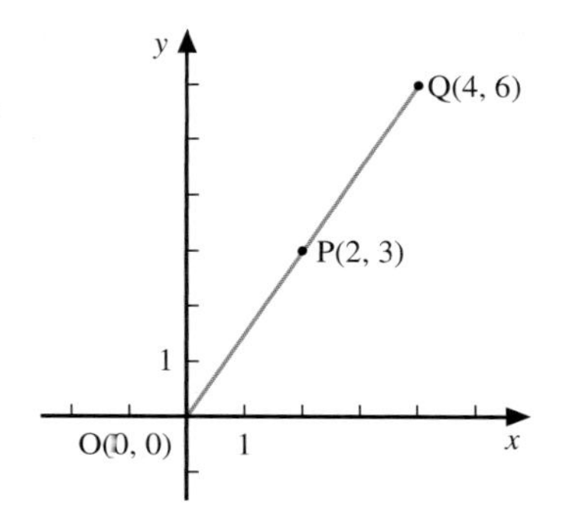

Remarque Lorsque les points O, P et Q sont alignés, l'aire du parallélogramme est nulle.

Nous pouvons également calculer l'aire d'un triangle à l'aide du calcul d'un déterminant.

Exemple 3 Soit les points S(2, -3) et P(-4, 1). Calculons l'aire A du triangle OSP.

$$A = \frac{1}{2}|\text{dét } M|, \text{ où } M = \begin{bmatrix} 2 & -3 \\ -4 & 1 \end{bmatrix}$$

$$= \frac{1}{2}|2(1) - (-3)(-4)| = \frac{1}{2}|-10| = 5$$

d'où A = 5 unités carrées.

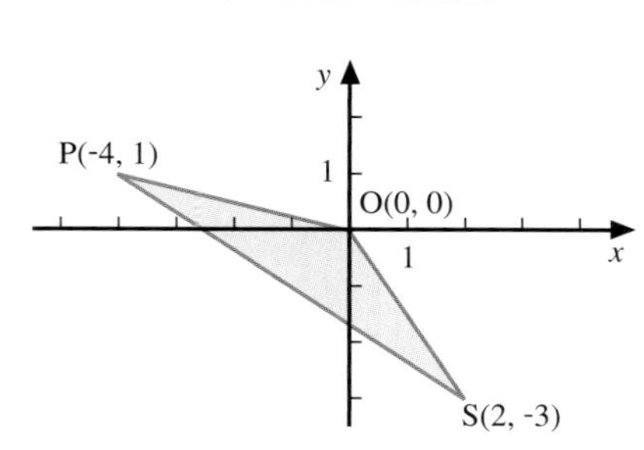

Système d'équations linéaires de trois équations à trois variables

Soit le système d'équations

$$\begin{cases} a_{11}x_1 + a_{12}x_2 + a_{13}x_3 = b_1 & \text{①} \\ a_{21}x_1 + a_{22}x_2 + a_{23}x_3 = b_2 & \text{②} \\ a_{31}x_1 + a_{32}x_2 + a_{33}x_3 = b_3 & \text{③} \end{cases} \qquad \text{où } a_{ij} \text{ et } b_i \in \mathbb{R} \text{ et } a_{11} \neq 0$$

que nous pouvons écrire sous la forme matricielle $AX = B$ de la façon suivante.

$$\begin{bmatrix} a_{11} & a_{12} & a_{13} \\ a_{21} & a_{22} & a_{23} \\ a_{31} & a_{32} & a_{33} \end{bmatrix} \begin{bmatrix} x_1 \\ x_2 \\ x_3 \end{bmatrix} = \begin{bmatrix} b_1 \\ b_2 \\ b_3 \end{bmatrix}$$

Résolvons ce système par la méthode de Gauss.

Méthode de Gauss

$$\left[\begin{array}{ccc|c} a_{11} & a_{12} & a_{13} & b_1 \\ a_{21} & a_{22} & a_{23} & b_2 \\ a_{31} & a_{32} & a_{33} & b_3 \end{array}\right] \sim \left[\begin{array}{ccc|c} a_{11} & a_{12} & a_{13} & b_1 \\ 0 & (a_{11}a_{22} - a_{21}a_{12}) & (a_{11}a_{23} - a_{21}a_{13}) & (a_{11}b_2 - a_{21}b_1) \\ 0 & (a_{11}a_{32} - a_{31}a_{12}) & (a_{11}a_{33} - a_{31}a_{13}) & (a_{11}b_3 - a_{31}b_1) \end{array}\right] \begin{array}{l} \\ a_{11}L_2 - a_{21}L_1 \rightarrow L_2 \\ a_{11}L_3 - a_{31}L_1 \rightarrow L_3 \end{array}$$

$$\sim \left[\begin{array}{ccc|c} a_{11} & a_{12} & a_{13} & b_1 \\ 0 & (a_{11}a_{22} - a_{21}a_{12}) & (a_{11}a_{23} - a_{21}a_{13}) & (a_{11}b_2 - a_{21}b_1) \\ 0 & 0 & D & D_3 \end{array}\right] \begin{array}{r} (a_{11}a_{22} - a_{21}a_{12})L_3 - (a_{11}a_{32} - a_{31}a_{12})L_2 \rightarrow L_3 \\ \text{si } (a_{11}a_{22} - a_{21}a_{12}) \neq 0 \end{array}$$

où $D = a_{11}a_{22}a_{33} + a_{12}a_{23}a_{31} + a_{13}a_{21}a_{32} - a_{31}a_{22}a_{13} - a_{32}a_{23}a_{11} - a_{33}a_{21}a_{12}$

et $D_3 = a_{11}a_{22}b_3 + a_{12}b_2a_{31} + b_1a_{21}a_{32} - a_{31}a_{22}b_1 - a_{32}b_2a_{11} - b_3a_{21}a_{12}$

Ainsi, $x_3 = \dfrac{D_3}{D}$ si $D \neq 0$

En faisant les substitutions appropriées, nous trouvons $x_2 = \dfrac{D_2}{D}$ et $x_1 = \dfrac{D_1}{D}$

où $D_2 = a_{11}b_2a_{33} + b_1a_{23}a_{31} + a_{13}a_{21}b_3 - a_{31}b_2a_{13} - b_3a_{23}a_{11} - a_{33}a_{21}b_1$

et $D_1 = b_1a_{22}a_{33} + a_{12}a_{23}b_3 + a_{13}b_2a_{32} - b_3a_{22}a_{13} - a_{32}a_{23}b_1 - a_{33}b_2a_{12}$

Nous constatons que l'expression D,

où $D = a_{11}a_{22}a_{33} + a_{12}a_{23}a_{31} + a_{13}a_{21}a_{32} - a_{31}a_{22}a_{13} - a_{32}a_{23}a_{11} - a_{33}a_{21}a_{12}$,

se retrouve au dénominateur de x_1, x_2 et x_3.

De façon générale, nous avons la définition suivante.

DÉFINITION 3.3

Soit $A = \begin{bmatrix} a_{11} & a_{12} & a_{13} \\ a_{21} & a_{22} & a_{23} \\ a_{31} & a_{32} & a_{33} \end{bmatrix}$, où $a_{ij} \in \mathbb{R}$. Le **déterminant** de la matrice A est défini par

$$\text{dét } A = a_{11}a_{22}a_{33} + a_{12}a_{23}a_{31} + a_{13}a_{21}a_{32} - a_{31}a_{22}a_{13} - a_{32}a_{23}a_{11} - a_{33}a_{21}a_{12}$$

Le déterminant de A, où $A = \begin{bmatrix} a_{11} & a_{12} & a_{13} \\ a_{21} & a_{22} & a_{23} \\ a_{31} & a_{32} & a_{33} \end{bmatrix}$, est également noté $\begin{vmatrix} a_{11} & a_{12} & a_{13} \\ a_{21} & a_{22} & a_{23} \\ a_{31} & a_{32} & a_{33} \end{vmatrix}$.

Il n'est pas nécessaire de mémoriser cette expression. En effet, il est possible de regrouper les termes du déterminant de la matrice A de façon à retrouver des expressions égales à des déterminants de matrices carrées d'ordre 2.

Plusieurs regroupements différents peuvent être effectués.

Par exemple, si nous regroupons les termes de façon à pouvoir factoriser les éléments de la première ligne, nous obtenons

$$\begin{aligned}\text{dét } A &= a_{11}a_{22}a_{33} - a_{11}a_{32}a_{23} + a_{12}a_{23}a_{31} - a_{12}a_{33}a_{21} + a_{13}a_{21}a_{32} - a_{13}a_{31}a_{22} \\ &= a_{11}(a_{22}a_{33} - a_{32}a_{23}) - a_{12}(a_{21}a_{33} - a_{23}a_{31}) + a_{13}(a_{21}a_{32} - a_{22}a_{31})\end{aligned}$$

Ainsi, $\text{dét } A = a_{11}\begin{vmatrix} a_{22} & a_{23} \\ a_{32} & a_{33} \end{vmatrix} - a_{12}\begin{vmatrix} a_{21} & a_{23} \\ a_{31} & a_{33} \end{vmatrix} + a_{13}\begin{vmatrix} a_{21} & a_{22} \\ a_{31} & a_{32} \end{vmatrix}$

est le déterminant de A développé selon les éléments de la première ligne de A.

Par exemple, si nous regroupons les termes de façon à pouvoir factoriser les éléments de la deuxième ligne, nous obtenons

$$\text{dét } A = -a_{21}(a_{12}a_{33} - a_{13}a_{32}) + a_{22}(a_{11}a_{33} - a_{13}a_{31}) - a_{23}(a_{11}a_{32} - a_{12}a_{31})$$

Ainsi, $\text{dét } A = -a_{21}\begin{vmatrix} a_{12} & a_{13} \\ a_{32} & a_{33} \end{vmatrix} + a_{22}\begin{vmatrix} a_{11} & a_{13} \\ a_{31} & a_{33} \end{vmatrix} - a_{23}\begin{vmatrix} a_{11} & a_{12} \\ a_{31} & a_{32} \end{vmatrix}$

est le déterminant de A développé selon les éléments de la deuxième ligne de A.

Par exemple, si nous regroupons les termes de façon à pouvoir factoriser les éléments de la troisième colonne, nous obtenons

$$\text{dét } A = a_{13}(a_{21}a_{32} - a_{31}a_{22}) - a_{23}(a_{11}a_{32} - a_{12}a_{31}) + a_{33}(a_{11}a_{22} - a_{12}a_{21})$$

Ainsi, $\text{dét } A = a_{13}\begin{vmatrix} a_{21} & a_{22} \\ a_{31} & a_{32} \end{vmatrix} - a_{23}\begin{vmatrix} a_{11} & a_{12} \\ a_{31} & a_{32} \end{vmatrix} + a_{33}\begin{vmatrix} a_{11} & a_{12} \\ a_{21} & a_{22} \end{vmatrix}$

est le déterminant de A développé selon les éléments de la troisième colonne de A.

Nous pouvons constater qu'en regroupant les termes d'une façon différente, nous n'obtenons pas nécessairement les mêmes déterminants de matrices carrées d'ordre 2.

Cependant, la valeur numérique du déterminant de la matrice A est toujours la même.

Exemple 1 Soit $A = \begin{bmatrix} 3 & -2 & -5 \\ -4 & 0 & -1 \\ 5 & 9 & 8 \end{bmatrix}$.

a) Calculons dét A selon le développement des éléments de la première ligne.

$$\begin{aligned}\begin{vmatrix} 3 & -2 & -5 \\ -4 & 0 & -1 \\ 5 & 9 & 8 \end{vmatrix} &= 3\begin{vmatrix} 0 & -1 \\ 9 & 8 \end{vmatrix} - (-2)\begin{vmatrix} -4 & -1 \\ 5 & 8 \end{vmatrix} + (-5)\begin{vmatrix} -4 & 0 \\ 5 & 9 \end{vmatrix} \\ &= 3(0(8) - (-1)(9)) + 2(-4(8) - (-1)(5)) - 5(-4(9) - 0(5)) \\ &= 3(9) + 2(-27) - 5(-36) = 153\end{aligned}$$

b) Recalculons dét A développé selon les éléments de la deuxième ligne.

$$\begin{vmatrix} 3 & -2 & -5 \\ -4 & 0 & -1 \\ 5 & 9 & 8 \end{vmatrix} = -(-4)\begin{vmatrix} -2 & -5 \\ 9 & 8 \end{vmatrix} + 0\begin{vmatrix} 3 & -5 \\ 5 & 8 \end{vmatrix} - (-1)\begin{vmatrix} 3 & -2 \\ 5 & 9 \end{vmatrix}$$

$$= 4(-2(8) - (-5)9) + 0(3(8) - (-5)(5)) + 1(3(9) - (-2)5)$$

$$= 4(29) + 0(49) + 1(37) = 153$$

Voici un moyen mnémotechnique pour calculer le déterminant d'une matrice d'ordre 3.

Cette méthode, appelée méthode de Sarrus, qui tient son nom du mathématicien français Pierre Frédéric Sarrus (1798-1861), consiste à récrire les deux premières colonnes de A,

où $A = \begin{bmatrix} a & b & c \\ d & e & f \\ g & h & i \end{bmatrix}$, et à effectuer la somme des produits des éléments selon chaque flèche,

en tenant compte des signes, comme l'illustre le schéma suivant.

Méthode de Sarrus

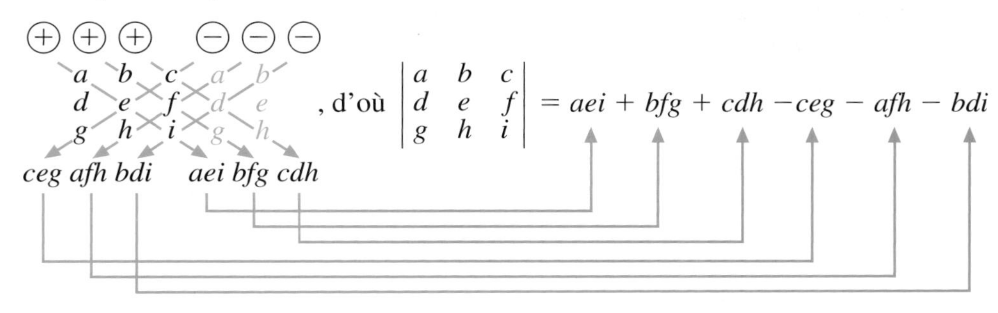

$$\begin{vmatrix} a & b & c \\ d & e & f \\ g & h & i \end{vmatrix} = aei + bfg + cdh - ceg - afh - bdi$$

L'élève peut recalculer le déterminant de la matrice A de l'exemple précédent en utilisant la méthode de Sarrus.

Notons que la méthode de Sarrus énoncée ci-dessus est valable uniquement pour les déterminants de matrices carrées d'ordre 3.

Volume d'un parallélépipède

Remarque Soit les points P(a, b, c), Q(d, e, f) et R(g, h, i) de $\mathbb{R}^3$. Nous démontrerons au chapitre 7 que le volume V du parallélépipède engendré par les segments de droite OP, OQ et OR est donné par

$$V = |\text{dét } M|, \text{ où } M = \begin{bmatrix} a & b & c \\ d & e & f \\ g & h & i \end{bmatrix}$$

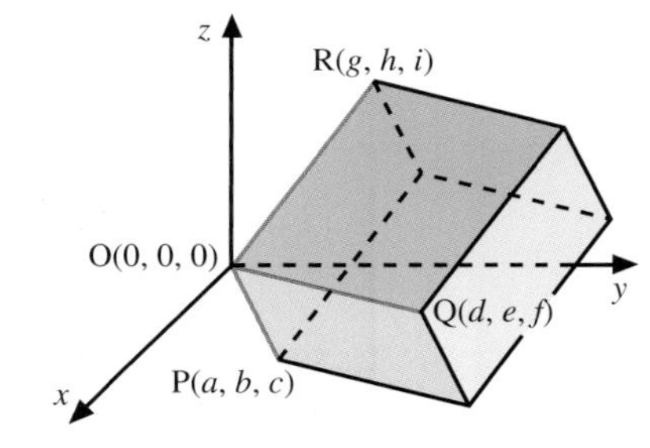

Mineur, cofacteur et déterminant

Nous définirons maintenant de façon générale le déterminant d'une matrice carrée d'ordre n. Cette définition nous permettra d'exprimer le déterminant de la matrice en termes de déterminants de matrices carrées d'ordre $(n - 1)$.

Lorsque nous avons exprimé le déterminant de la matrice A, où $A = \begin{bmatrix} a_{11} & a_{12} & a_{13} \\ a_{21} & a_{22} & a_{23} \\ a_{31} & a_{32} & a_{33} \end{bmatrix}$, en développant

selon les éléments de la première ligne, nous avons obtenu

$$\text{dét } A = \begin{vmatrix} a_{11} & a_{12} & a_{13} \\ a_{21} & a_{22} & a_{23} \\ a_{31} & a_{32} & a_{33} \end{vmatrix} = a_{11}\begin{vmatrix} a_{22} & a_{23} \\ a_{32} & a_{33} \end{vmatrix} - a_{12}\begin{vmatrix} a_{21} & a_{23} \\ a_{31} & a_{33} \end{vmatrix} + a_{13}\begin{vmatrix} a_{21} & a_{22} \\ a_{31} & a_{32} \end{vmatrix}$$

Le premier déterminant 2×2 du développement précédent est obtenu en enlevant la ligne et la colonne contenant l'élément a_{11} de la matrice A.

De $\begin{bmatrix} a_{11} & a_{12} & a_{13} \\ a_{21} & a_{22} & a_{23} \\ a_{31} & a_{32} & a_{33} \end{bmatrix}$, nous obtenons la matrice $\begin{bmatrix} a_{22} & a_{23} \\ a_{32} & a_{33} \end{bmatrix}$.

Le déterminant $\begin{vmatrix} a_{22} & a_{23} \\ a_{32} & a_{33} \end{vmatrix}$ est appelé le mineur de a_{11} et est noté M_{11}.

DÉFINITION 3.4 Le **mineur** d'un élément a_{ij}, noté M_{ij}, d'une matrice carrée A d'ordre n, où $n \geq 2$, est le déterminant de la matrice obtenue en enlevant la i-ième ligne et la j-ième colonne de la matrice A.

Exemple 1 Soit $A = \begin{bmatrix} a_{11} & a_{12} & a_{13} \\ a_{21} & a_{22} & a_{23} \\ a_{31} & a_{32} & a_{33} \end{bmatrix}$ et $B = \begin{bmatrix} 1 & 2 & 3 \\ -4 & 5 & 6 \\ 7 & 8 & 9 \end{bmatrix}$.

a) Déterminons le mineur de a_{12}, c'est-à-dire M_{12}.

Le mineur M_{12} de a_{12} est le déterminant de la matrice obtenue en enlevant la première ligne et la deuxième colonne de A.

De $\begin{bmatrix} a_{11} & a_{12} & a_{13} \\ a_{21} & a_{22} & a_{23} \\ a_{31} & a_{32} & a_{33} \end{bmatrix}$, nous obtenons $M_{12} = \begin{vmatrix} a_{21} & a_{23} \\ a_{31} & a_{33} \end{vmatrix} = a_{21}a_{33} - a_{23}a_{31}$ (en calculant)

b) Calculons M_{32} et M_{23} de B.

De $\begin{bmatrix} 1 & 2 & 3 \\ -4 & 5 & 6 \\ 7 & 8 & 9 \end{bmatrix}$, nous obtenons

$M_{32} = \begin{vmatrix} 1 & 3 \\ -4 & 6 \end{vmatrix} = 1(6) - 3(-4) = 18$

d'où $M_{32} = 18$

De $\begin{bmatrix} 1 & 2 & 3 \\ -4 & 5 & 6 \\ 7 & 8 & 9 \end{bmatrix}$, nous obtenons

$M_{23} = \begin{vmatrix} 1 & 2 \\ 7 & 8 \end{vmatrix} = 1(8) - 2(7) = -6$

d'où $M_{23} = -6$

Exemple 2 Soit $A = \begin{bmatrix} 3 & 2 & 5 & -4 \\ 5 & -3 & 6 & 9 \\ -2 & 1 & 5 & 8 \\ -6 & 7 & 0 & -8 \end{bmatrix}$. Calculons M_{32} de A.

Le mineur M_{32} de a_{32} est le déterminant de la matrice obtenue en enlevant la troisième ligne et la deuxième colonne de A.

De $\begin{bmatrix} 3 & 2 & 5 & -4 \\ 5 & -3 & 6 & 9 \\ -2 & 1 & 5 & 8 \\ -6 & 7 & 0 & -8 \end{bmatrix}$, nous obtenons $M_{32} = \begin{vmatrix} 3 & 5 & -4 \\ 5 & 6 & 9 \\ -6 & 0 & -8 \end{vmatrix} = 3\begin{vmatrix} 6 & 9 \\ 0 & -8 \end{vmatrix} - 5\begin{vmatrix} 5 & 9 \\ -6 & -8 \end{vmatrix} + (-4)\begin{vmatrix} 5 & 6 \\ -6 & 0 \end{vmatrix}$

$= 3(-48) - 5(14) - 4(36) = -358$

d'où $M_{32} = -358$

DÉFINITION 3.5 Le **cofacteur** d'un élément a_{ij} d'une matrice carrée A d'ordre n, où $n \geq 2$, est égal au produit de $(-1)^{i+j}$ par le mineur de cet élément.

Le cofacteur de l'élément a_{ij} est noté C_{ij}. Ainsi, $C_{ij} = (-1)^{i+j}M_{ij}$.

Exemple 3 Soit $A = \begin{bmatrix} 4 & 0 & 7 \\ 5 & 1 & -3 \\ -2 & 6 & -8 \end{bmatrix}$. Calculons les cofacteurs C_{12}, C_{21} et C_{31} de A.

$$C_{12} = (-1)^{1+2}M_{12} = (-1)\begin{vmatrix} 5 & -3 \\ -2 & -8 \end{vmatrix} = -(-40 - 6) = 46, \text{ d'où } C_{12} = 46$$

$$C_{21} = (-1)^{2+1}M_{21} = (-1)\begin{vmatrix} 0 & 7 \\ 6 & -8 \end{vmatrix} = -(0 - 42) = 42, \text{ d'où } C_{21} = 42$$

$$C_{31} = (-1)^{3+1}M_{31} = (+1)\begin{vmatrix} 0 & 7 \\ 1 & -3 \end{vmatrix} = (0 - 7) = -7, \text{ d'où } C_{31} = -7$$

DÉFINITION 3.6 La **matrice des cofacteurs** des éléments d'une matrice carrée A d'ordre n, où $n \geq 2$, notée Cof A, est la matrice obtenue en remplaçant chaque élément de la matrice A par son cofacteur. Ainsi,

$$\text{Cof } A = \begin{bmatrix} C_{11} & C_{12} & \dots & C_{1n} \\ C_{21} & C_{22} & \dots & C_{2n} \\ \vdots & \vdots & & \vdots \\ C_{n1} & C_{n2} & \dots & C_{nn} \end{bmatrix}, \text{ où } C_{ij} = (-1)^{i+j}M_{ij}$$

Exemple 4 Soit $A = \begin{bmatrix} 4 & 0 & 7 \\ 5 & 1 & -3 \\ -2 & 6 & -8 \end{bmatrix}$. Déterminons Cof A.

$$\text{Cof } A = \begin{bmatrix} C_{11} & C_{12} & C_{13} \\ C_{21} & C_{22} & C_{23} \\ C_{31} & C_{32} & C_{33} \end{bmatrix} = \begin{bmatrix} (-1)^{1+1}M_{11} & (-1)^{1+2}M_{12} & (-1)^{1+3}M_{13} \\ (-1)^{2+1}M_{21} & (-1)^{2+2}M_{22} & (-1)^{2+3}M_{23} \\ (-1)^{3+1}M_{31} & (-1)^{3+2}M_{32} & (-1)^{3+3}M_{33} \end{bmatrix} \quad (\text{car } C_{ij} = (-1)^{i+j}M_{ij})$$

$$= \begin{bmatrix} +\begin{vmatrix} 1 & -3 \\ 6 & -8 \end{vmatrix} & -\begin{vmatrix} 5 & -3 \\ -2 & -8 \end{vmatrix} & +\begin{vmatrix} 5 & 1 \\ -2 & 6 \end{vmatrix} \\ -\begin{vmatrix} 0 & 7 \\ 6 & -8 \end{vmatrix} & +\begin{vmatrix} 4 & 7 \\ -2 & -8 \end{vmatrix} & -\begin{vmatrix} 4 & 0 \\ -2 & 6 \end{vmatrix} \\ +\begin{vmatrix} 0 & 7 \\ 1 & -3 \end{vmatrix} & -\begin{vmatrix} 4 & 7 \\ 5 & -3 \end{vmatrix} & +\begin{vmatrix} 4 & 0 \\ 5 & 1 \end{vmatrix} \end{bmatrix}$$

$$\text{d'où Cof } A = \begin{bmatrix} 10 & 46 & 32 \\ 42 & -18 & -24 \\ -7 & 47 & 4 \end{bmatrix} \quad (\text{en calculant les déterminants})$$

Remarque Sachant que $(-1)^{i+j} = \begin{cases} 1 \text{ si } (i+j) \text{ est un nombre pair} \\ -1 \text{ si } (i+j) \text{ est un nombre impair} \end{cases}$

nous pouvons construire la matrice des signes de $(-1)^{i+j}$ de la façon suivante.

Matrice 3 × 3	Matrice 4 × 4	Matrice 5 × 5
$\begin{bmatrix} + & - & + \\ - & + & - \\ + & - & + \end{bmatrix}$	$\begin{bmatrix} + & - & + & - \\ - & + & - & + \\ + & - & + & - \\ - & + & - & + \end{bmatrix}$	$\begin{bmatrix} + & - & + & - & + \\ - & + & - & + & - \\ + & - & + & - & + \\ - & + & - & + & - \\ + & - & + & - & + \end{bmatrix}$

Avant d'énoncer le théorème suivant, rappelons qu'à la page 100, nous avons exprimé le déterminant de la matrice carrée A d'ordre 3 en développant selon les éléments de la première ligne.

$$\text{dét } A = \begin{vmatrix} a_{11} & a_{12} & a_{13} \\ a_{21} & a_{22} & a_{23} \\ a_{31} & a_{32} & a_{33} \end{vmatrix} = a_{11}\begin{vmatrix} a_{22} & a_{23} \\ a_{32} & a_{33} \end{vmatrix} - a_{12}\begin{vmatrix} a_{21} & a_{23} \\ a_{31} & a_{33} \end{vmatrix} + a_{13}\begin{vmatrix} a_{21} & a_{22} \\ a_{31} & a_{32} \end{vmatrix}$$

$$= a_{11}(-1)^{1+1}M_{11} + a_{12}(-1)^{1+2}M_{12} + a_{13}(-1)^{1+3}M_{13} \qquad \text{(définition 3.4)}$$

$$= a_{11}C_{11} + a_{12}C_{12} + a_{13}C_{13} \qquad \text{(définition 3.5)}$$

$$= \sum_{j=1}^{3} a_{1j}C_{1j}$$

Nous admettons le théorème suivant sans démonstration.

THÉORÈME 3.1 Si A est une matrice carrée d'ordre n, où $n \geq 2$, alors toutes les sommes suivantes,

$a_{k1}C_{k1} + a_{k2}C_{k2} + \ldots + a_{kn}C_{kn}$ pour un k quelconque de $\{1, 2, \ldots, n\}$ et

$a_{1k}C_{1k} + a_{2k}C_{2k} + \ldots + a_{nk}C_{nk}$ pour un k quelconque de $\{1, 2, \ldots, n\}$,

sont identiques.

Il y a environ 200 ans...

Pierre Simon Laplace
(1749-1827)

En 1817, **Pierre Simon Laplace** reçoit le titre nobiliaire de marquis. Non pas pour son œuvre scientifique, mais parce qu'il a voté au sénat, en 1814, contre Napoléon et pour le rétablissement des Bourbons sur le trône de France. C'est que, en ces décennies difficiles marquées par les soubresauts politiques de la Révolution et de l'Empire, Laplace sait toujours rester près du pouvoir. Plusieurs lui reprochent vivement ces changements opportunistes d'allégeance. Mais personne ne met en doute son génie mathématique. Laplace touche à presque toutes les mathématiques de son temps. Son *Traité de mécanique céleste*, publié en cinq tomes à partir de 1799, et son *Traité analytique des probabilités* de 1812 marquent profondément les mathématiques et la physique du XIXe siècle. Il participe aussi, dans les années 1790, à la mise au point du système métrique.

DÉFINITION 3.7

Formules de Laplace

Le **déterminant** d'une matrice carrée $A_{n \times n}$, où $n \geq 2$, est défini ainsi :

$$\text{dét } A = a_{k1}C_{k1} + a_{k2}C_{k2} + \ldots + a_{kn}C_{kn} \quad \text{(développé selon les éléments de la ligne } k\text{)}$$

$$= \sum_{j=1}^{n} a_{kj}C_{kj} \text{ pour un } k \text{ quelconque de } \{1, 2, \ldots, n\}$$

ou

$$\text{dét } A = a_{1k}C_{1k} + a_{2k}C_{2k} + \ldots + a_{nk}C_{nk} \quad \text{(développé selon les éléments de la colonne } k\text{)}$$

$$= \sum_{i=1}^{n} a_{ik}C_{ik} \text{ pour un } k \text{ quelconque de } \{1, 2, \ldots, n\}$$

Remarque Le théorème 3.1 et la définition 3.7 impliquent que chaque matrice carrée admet un et un seul déterminant, quelle que soit la manière de le développer.

La définition 3.7 précédente, qui présente les formules de Laplace, permet de ramener le calcul du déterminant d'une matrice carrée d'ordre n au calcul de n déterminants de matrices carrées d'ordre $(n - 1)$.

Exemple 5 Soit $A = \begin{bmatrix} 2 & 4 & 6 \\ 8 & 3 & -5 \\ -3 & 1 & 2 \end{bmatrix}$. Calculons le déterminant de la matrice A.

Développons selon les éléments de la deuxième ligne.

$$\begin{bmatrix} 2 & 4 & 6 \\ 8 & 3 & -5 \\ -3 & 1 & 2 \end{bmatrix} = 8C_{21} + 3C_{22} + (-5)C_{23}$$

$$= 8(-1)^{2+1}M_{21} + 3(-1)^{2+2}M_{22} + (-5)(-1)^{2+3}M_{23}$$

$$= -8\begin{vmatrix} 4 & 6 \\ 1 & 2 \end{vmatrix} + 3\begin{vmatrix} 2 & 6 \\ -3 & 2 \end{vmatrix} - (-5)\begin{vmatrix} 2 & 4 \\ -3 & 1 \end{vmatrix}$$

$$= -8(2) + 3(22) + 5(14) = 120$$

Remarque Le calcul de certains déterminants peut devenir long et fastidieux. Puisque nous pouvons calculer le déterminant d'une matrice carrée d'ordre n selon n'importe quelle ligne ou colonne, il est donc préférable de choisir la ligne ou la colonne contenant le plus de zéros. Ce choix réduira le nombre de déterminants de matrices carrées d'ordre $(n - 1)$ à calculer.

Exemple 6 Soit $A = \begin{bmatrix} 2 & -3 & 2 & 0 \\ 1 & 9 & 0 & 8 \\ 0 & 2 & -4 & 1 \\ 4 & 6 & 0 & -2 \end{bmatrix}$.

a) Calculons dét A en développant selon les éléments de la troisième colonne parce que celle-ci contient deux zéros.

$$\begin{vmatrix} 2 & -3 & 2 & 0 \\ 1 & 9 & 0 & 8 \\ 0 & 2 & -4 & 1 \\ 4 & 6 & 0 & -2 \end{vmatrix} = 2\begin{vmatrix} 1 & 9 & 8 \\ 0 & 2 & 1 \\ 4 & 6 & -2 \end{vmatrix} - 0\begin{vmatrix} 2 & -3 & 0 \\ 0 & 2 & 1 \\ 4 & 6 & -2 \end{vmatrix} + (-4)\begin{vmatrix} 2 & -3 & 0 \\ 1 & 9 & 8 \\ 4 & 6 & -2 \end{vmatrix} - 0\begin{vmatrix} 2 & -3 & 0 \\ 1 & 9 & 8 \\ 0 & 2 & 1 \end{vmatrix}$$

$$= 2\left(1\begin{vmatrix} 2 & 1 \\ 6 & -2 \end{vmatrix} - 0\begin{vmatrix} 9 & 8 \\ 6 & -2 \end{vmatrix} + 4\begin{vmatrix} 9 & 8 \\ 2 & 1 \end{vmatrix}\right) - 4\left(2\begin{vmatrix} 9 & 8 \\ 6 & -2 \end{vmatrix} - (-3)\begin{vmatrix} 1 & 8 \\ 4 & -2 \end{vmatrix} + 0\begin{vmatrix} 1 & 9 \\ 4 & 6 \end{vmatrix}\right)$$

$$= 2(1(-4 - 6) + 4(9 - 16)) - 4(2(-18 - 48) + 3(-2 - 32))$$

$$= 860$$

Remarque Nous constatons que, pour évaluer le déterminant d'une matrice $A_{n \times n}$, nous devons calculer des déterminants $(n - 1) \times (n - 1)$. Puis, pour évaluer chacun de ces déterminants $(n - 1) \times (n - 1)$, nous devons calculer des déterminants $(n - 2) \times (n - 2)$, et ainsi de suite.

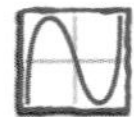

b) Recalculons le déterminant précédent à l'aide d'une calculatrice à affichage graphique.

Entrons la matrice *A*.

```
MATRIX[A]  4  ×4  ENTER
  -  -3  2  Ø  ]
  -  9  Ø  8  ]
  -  2  -4  1  ]
  -  6  Ø  -2  ]
```

MATRIX ▸

```
NAMES  MATH  EDIT
1:det(
2:
```

ENTER

```
det(
```

MATRIX

```
NAMES  MATH  EDIT
1:[A]  4  ×4
```

ENTER

```
det([A])
```

ENTER

```
det([A])
      86Ø
```

c) Calculons le déterminant de la matrice *C* suivante à l'aide de Maple.

```
> with(linalg):
> C:=matrix(4,4,[1/3,2/7,-3/5,1/4,2/5,-4/7,3/11,1/6,
  -5/3,-8/5,2/9,1/13,17/25,-25/13,12/17,1/3]):
```

$$C := \begin{bmatrix} \frac{1}{3} & \frac{2}{7} & \frac{-3}{5} & \frac{1}{4} \\ \frac{2}{5} & \frac{-4}{7} & \frac{3}{11} & \frac{1}{6} \\ \frac{-5}{3} & \frac{-8}{5} & \frac{2}{9} & \frac{1}{13} \\ \frac{17}{25} & \frac{-25}{13} & \frac{12}{17} & \frac{1}{3} \end{bmatrix}$$

```
> dét(C)=det(C);
```

$$\text{dét}(C) = \frac{-535497349}{3445942500}$$

Exercices 3.1

1. Calculer le déterminant des matrices suivantes.

a) $A = [\,8\,]$

b) $B = [\,-5\,]$

c) $C = [\,0\,]$

d) $E = \begin{bmatrix} 7 & 2 \\ -4 & 5 \end{bmatrix}$

e) $F = \begin{bmatrix} 3 & 5 \\ 4 & 1 \end{bmatrix}$

f) $G = \begin{bmatrix} 1 & 0 \\ 0 & 1 \end{bmatrix}$

2. Soit les points B(2, 1), C(-4, 4), D(-4, -2) et E(4, -2). Représenter et calculer l'aire

a) A_1 du parallélogramme engendré par les segments de droite OB et OE;

b) A_2 du parallélogramme engendré par les segments de droite OB et OD;

c) A_3 du triangle OBC.

3. Soit $A = \begin{bmatrix} 4 & 8 \\ -7 & 2 \end{bmatrix}$. Déterminer:

a) a_{21} et a_{22} b) M_{21} et M_{22}

c) C_{21} et C_{22} d) M_{12} et C_{12}

4. Soit $A = \begin{bmatrix} 4 & -2 & -6 \\ 0 & 3 & 8 \\ 5 & -7 & 9 \end{bmatrix}$. Déterminer:

a) M_{11}, M_{32} et M_{12} b) C_{11}, C_{32} et C_{12}

5. Soit $A = \begin{bmatrix} 7 & -3 & 2 & 3 & 4 \\ -4 & 3 & 8 & 0 & 1 \\ 3 & -2 & 4 & -1 & 0 \\ 8 & 9 & 1 & -2 & 5 \\ 1 & 0 & 3 & 5 & 4 \end{bmatrix}$.

Déterminer les cofacteurs suivants en laissant votre réponse sous la forme d'un déterminant.

a) C_{23} b) C_{44}

6. Évaluer $\begin{vmatrix} -1 & 2 & -3 \\ 4 & -5 & 6 \\ 3 & 10 & 9 \end{vmatrix}$

a) selon le développement des éléments de la

i) deuxième ligne; ii) troisième colonne.

b) par la méthode de Sarrus.

7. Évaluer $\begin{vmatrix} 1 & 3 & 0 & 6 \\ 4 & 9 & 2 & -7 \\ 3 & -2 & 0 & -5 \\ 0 & -6 & 7 & 1 \end{vmatrix}$ selon le développement des éléments de la

a) deuxième ligne; b) troisième colonne.

8. Évaluer le déterminant des matrices suivantes.

a) $\begin{bmatrix} 5 & -3 \\ 10 & -4 \end{bmatrix}$ b) $\begin{bmatrix} 2 & 3 & 8 \\ 13 & 23 & 44 \\ 1 & 5 & 3 \end{bmatrix}$

c) $\begin{bmatrix} 3 & 1 & 3 \\ -2 & 4 & -2 \\ 5 & 7 & 5 \end{bmatrix}$ d) $\begin{bmatrix} 3 & 0 & 0 \\ -2 & 1 & 0 \\ 4 & 7 & -1 \end{bmatrix}$

9. Évaluer les déterminants suivants.

a) $\begin{vmatrix} 5 & 2 & 0 & 5 \\ 2 & 0 & 3 & 0 \\ 1 & 4 & 2 & 1 \\ 5 & 2 & 0 & 5 \end{vmatrix}$ b) $\begin{vmatrix} 2 & -3 & -3 & 8 \\ 4 & 0 & 1 & 5 \\ 9 & 0 & -5 & 9 \\ 12 & 0 & 12 & 8 \end{vmatrix}$

c) $\begin{vmatrix} 0 & 0 & 0 & 13 \\ 0 & 0 & 6 & 6 \\ 0 & 3 & 8 & -8 \\ 13 & 4 & 8 & 9 \end{vmatrix}$

d) $\begin{vmatrix} -2 & 0 & 0 & 0 & 0 \\ 3 & 4 & 0 & 0 & 0 \\ -1 & 0 & -3 & 0 & 0 \\ 4 & 6 & 9 & 5 & 0 \\ 2 & 3 & 4 & 5 & 6 \end{vmatrix}$

e) $\begin{vmatrix} 0 & 7 & 3 & 4 & -3 \\ 0 & 0 & 4 & 2 & 5 \\ 5 & 0 & 2 & -3 & -5 \\ 0 & 0 & 0 & 0 & 9 \\ 0 & 0 & 0 & 12 & 1 \end{vmatrix}$

f) $\begin{vmatrix} 3 & 2 & -4 & 0 & 1 \\ 4 & 6 & 2 & 1 & 2 \\ 0 & 1 & 5 & -1 & 1 \\ 5 & 3 & 1 & 2 & -2 \\ 9 & 7 & 0 & 3 & -2 \end{vmatrix}$

g) $\begin{vmatrix} 0{,}5 & -4{,}2 & 2 & 5{,}3 & 6 \\ 9{,}2 & 10 & 8{,}3 & -1{,}3 & 2{,}5 \\ -4 & 3 & -7 & 6 & 12 \\ -2{,}5 & 8{,}1 & 7{,}5 & 6{,}7 & 3{,}2 \\ 3 & 7{,}2 & 8{,}9 & 5{,}3 & -2{,}7 \end{vmatrix}$

10. Soit $A = \begin{bmatrix} 2 & 1 & -8 \\ -3 & 5 & 7 \\ 4 & 0 & 9 \end{bmatrix}$.

a) Calculer dét A.

b) Calculer dét A^T.

c) Comparer les deux réponses.

11. Soit $A = \begin{bmatrix} 5 & -2 \\ 3 & 1 \end{bmatrix}$, $B = \begin{bmatrix} 9 & -6 \\ 15 & -10 \end{bmatrix}$ et $C = \begin{bmatrix} 4 & 0 & -4 \\ -2 & 5 & 3 \\ 1 & -6 & 2 \end{bmatrix}$.

a) i) Calculer dét A.

ii) Exprimer $A(\text{Cof } A)^T$ sous la forme $kI_{2 \times 2}$.

b) i) Calculer dét B.

ii) Exprimer $B(\text{Cof } B)^T$ sous la forme $kI_{2 \times 2}$.

c) i) Calculer dét C.

ii) Exprimer $C(\text{Cof } C)^T$ sous la forme $kI_{3 \times 3}$.

12. Déterminer les valeurs de x telles que :

a) $\begin{vmatrix} x & x \\ 5 & x-2 \end{vmatrix} = 0$ b) $\begin{vmatrix} 1+x & 1 \\ 2+2x & 2 \end{vmatrix} = 0$

c) $\begin{vmatrix} 1-x & 1 \\ 1 & 1+x \end{vmatrix} = -9$

d) $\begin{vmatrix} x-1 & 1 & 1 \\ 0 & x-2 & 1 \\ 0 & 0 & x+3 \end{vmatrix} = 0$

13. Démontrer que :

a) $\begin{vmatrix} a & b \\ c & d \end{vmatrix} = -\begin{vmatrix} c & d \\ a & b \end{vmatrix}$

b) $\begin{vmatrix} a & b & c \\ d & e & f \\ g & h & i \end{vmatrix} = -\begin{vmatrix} c & b & a \\ f & e & d \\ i & h & g \end{vmatrix}$

c) $\begin{vmatrix} a & b & c \\ d & e & f \\ g & h & i \end{vmatrix} = -\begin{vmatrix} a & b & c \\ g & h & i \\ d & e & f \end{vmatrix}$

14. Soit $k \in \mathbb{R}$. Exprimer :

a) $\begin{vmatrix} ka & b \\ kc & d \end{vmatrix}$ en fonction de $\begin{vmatrix} a & b \\ c & d \end{vmatrix}$

b) $\begin{vmatrix} ka & kb & kc \\ d & e & f \\ g & h & i \end{vmatrix}$ en fonction de $\begin{vmatrix} a & b & c \\ d & e & f \\ g & h & i \end{vmatrix}$

15. Démontrer que :

$$\begin{vmatrix} a+x & b \\ c+y & d \end{vmatrix} = \begin{vmatrix} a & b \\ c & d \end{vmatrix} + \begin{vmatrix} x & b \\ y & d \end{vmatrix}$$

16. Soit $A_{3 \times 3}$, une matrice antisymétrique. Démontrer que dét $(A_{3 \times 3}) = 0$.

3.2 Théorèmes relatifs aux déterminants

Objectifs d'apprentissage

À la fin de cette section, l'élève pourra utiliser certains théorèmes relatifs aux déterminants.

Plus précisément, l'élève sera en mesure
- d'énoncer certains théorèmes relatifs aux déterminants ;
- de démontrer certains théorèmes relatifs aux déterminants ;
- de calculer le déterminant d'une matrice carrée à l'aide de théorèmes ;
- de donner la définition du rang d'une matrice ;
- de déterminer le rang d'une matrice.

$$\begin{vmatrix} a & b & c & d \\ 0 & e & f & g \\ 0 & 0 & h & i \\ 0 & 0 & 0 & j \end{vmatrix} = aehj$$

Dans cette section, nous énoncerons plusieurs théorèmes sur les déterminants de matrices carrées, où les éléments sont des nombres réels. Ces théorèmes, dont certains seront démontrés, permettront à l'élève d'évaluer des déterminants en réduisant les calculs.

Il y a environ 200 ans...

Augustin-Louis Cauchy

(1789-1857)

Le mot « déterminant », dans le sens mathématique actuel, est introduit en 1815 par le mathématicien français **Augustin-Louis Cauchy**. Ce dernier fut l'un des grands mathématiciens du XIXe siècle. Sa vie n'en fut pas moins parfois très difficile. Né l'année même du début de la Révolution française, il devient un catholique convaincu réfractaire à tout mouvement politique anticlérical. Il se réjouit de la restauration de la monarchie après la chute de Napoléon en 1815, mais lorsqu'une nouvelle révolution provoque la fuite du roi en juillet 1830, il s'exile pour ne pas prêter serment d'allégeance au nouveau pouvoir. Il laisse alors derrière lui tous les honneurs que lui avait valus son talent de mathématicien, une place à l'Académie des sciences et son poste à l'École polytechnique et au Collège de France.

Théorèmes relatifs aux déterminants de matrices carrées particulières

THÉORÈME 3.2 Si A est une matrice carrée dont tous les éléments d'une colonne ou d'une ligne sont des zéros, alors dét $A = 0$.

PREUVE Soit une matrice $A_{n \times n}$ dont tous les éléments de la j-ième colonne sont des zéros.

$$A = \begin{bmatrix} a_{11} & a_{12} & \dots & 0 & \dots & a_{1n} \\ a_{21} & a_{22} & \dots & 0 & \dots & a_{2n} \\ \vdots & \vdots & & \vdots & & \vdots \\ a_{n1} & a_{n2} & \dots & 0 & \dots & a_{nn} \end{bmatrix}$$

En calculant dét A développé selon les éléments de la colonne contenant uniquement des zéros, nous obtenons

$$\text{dét } A = 0C_{1j} + 0C_{2j} + 0C_{3j} + \dots + 0C_{nj} = 0$$

La preuve est analogue lorsque tous les éléments d'une ligne sont des zéros.

THÉORÈME 3.3 Si A est une matrice carrée triangulaire supérieure (ou triangulaire inférieure), alors dét $A = a_{11} a_{22} a_{33} \dots a_{nn}$.

PREUVE

Soit $A = \begin{bmatrix} a_{11} & a_{12} & a_{13} & \dots & a_{1n} \\ 0 & a_{22} & a_{23} & \dots & a_{2n} \\ 0 & 0 & a_{33} & \dots & a_{3n} \\ \vdots & \vdots & \vdots & & \vdots \\ 0 & 0 & 0 & \dots & a_{nn} \end{bmatrix}$, une matrice $A_{n \times n}$ triangulaire supérieure.

En calculant dét A développé selon les éléments de la première colonne, nous obtenons

$$\text{dét } A = a_{11} \begin{vmatrix} a_{22} & a_{23} & \dots & a_{2n} \\ 0 & a_{33} & \dots & a_{3n} \\ 0 & 0 & \dots & a_{4n} \\ \vdots & \vdots & & \vdots \\ 0 & 0 & \dots & a_{nn} \end{vmatrix} + 0 + \dots + 0$$

En calculant le déterminant précédent développé selon les éléments de la première colonne, nous obtenons

$$\text{dét } A = a_{11} \left(a_{22} \begin{vmatrix} a_{33} & a_{34} & \dots & a_{3n} \\ 0 & a_{44} & \dots & a_{4n} \\ 0 & 0 & \dots & a_{5n} \\ \vdots & \vdots & & \vdots \\ 0 & 0 & \dots & a_{nn} \end{vmatrix} + 0 + \dots + 0 \right)$$

En continuant de la même façon, nous obtenons dét $A = a_{11} a_{22} a_{33} \dots a_{nn}$.

La preuve est analogue lorsque la matrice est triangulaire inférieure.

Ainsi, le déterminant d'une matrice carrée triangulaire supérieure (ou triangulaire inférieure) est égal au produit des éléments de la diagonale principale.

Exemple 1

$$\text{Si } A = \begin{bmatrix} 4 & 5 & 6 & 1 & -4 \\ 0 & -2 & 7 & 2 & 7 \\ 0 & 0 & 1 & 5 & -1 \\ 0 & 0 & 0 & 3 & 2 \\ 0 & 0 & 0 & 0 & 5 \end{bmatrix}, \text{ alors } \begin{vmatrix} 4 & 5 & 6 & 1 & -4 \\ 0 & -2 & 7 & 2 & 7 \\ 0 & 0 & 1 & 5 & -1 \\ 0 & 0 & 0 & 3 & 2 \\ 0 & 0 & 0 & 0 & 5 \end{vmatrix} = 4(-2)(1)(3)(5) = -120$$

THÉORÈME 3.4 Le déterminant de la matrice identité I_n est égal à 1, c'est-à-dire dét $I_n = 1$.

PREUVE Soit la matrice identité d'ordre n suivante.

$$I_n = \begin{bmatrix} 1 & 0 & 0 & \dots & 0 \\ 0 & 1 & 0 & \dots & 0 \\ 0 & 0 & 1 & \dots & 0 \\ \vdots & \vdots & \vdots & & \vdots \\ 0 & 0 & 0 & \dots & 1 \end{bmatrix}$$

Nous avons dét $I_n = (1)(1)(1) \dots (1)$ (théorème 3.3)

d'où dét $I_n = 1$

Théorèmes relatifs aux déterminants de matrices carrées

THÉORÈME 3.5 Le déterminant de la transposée d'une matrice carrée $A_{n \times n}$ est égal au déterminant de la matrice $A_{n \times n}$, c'est-à-dire

dét A^T = dét A

PREUVE Nous allons démontrer ce théorème pour $n = 2$ et $n = 3$.

Cas où $n = 2$ Si $A = \begin{bmatrix} a & b \\ c & d \end{bmatrix}$, alors $A^T = \begin{bmatrix} a & c \\ b & d \end{bmatrix}$

Ainsi, dét $A = ad - bc$ et dét $A^T = ad - cb$

d'où dét A^T = dét A

Cas où $n = 3$ Si $A = \begin{bmatrix} a & b & c \\ d & e & f \\ g & h & i \end{bmatrix}$, alors $A^T = \begin{bmatrix} a & d & g \\ b & e & h \\ c & f & i \end{bmatrix}$

En calculant dét A développé selon les éléments de la première colonne,

$$\text{dét } A = a\begin{vmatrix} e & f \\ h & i \end{vmatrix} - d\begin{vmatrix} b & c \\ h & i \end{vmatrix} + g\begin{vmatrix} b & c \\ e & f \end{vmatrix}$$

En calculant dét A^T développé selon les éléments de la première ligne,

$$\begin{aligned} \text{dét } A^T &= a\begin{vmatrix} e & h \\ f & i \end{vmatrix} - d\begin{vmatrix} b & h \\ c & i \end{vmatrix} + g\begin{vmatrix} b & e \\ c & f \end{vmatrix} \\ &= a\begin{vmatrix} e & f \\ h & i \end{vmatrix} - d\begin{vmatrix} b & c \\ h & i \end{vmatrix} + g\begin{vmatrix} b & c \\ e & f \end{vmatrix} \quad \text{(voir cas où } n = 2) \\ &= \text{dét } A \end{aligned}$$

d'où dét A^T = dét A

De façon analogue, nous pouvons démontrer que dét A^T = dét A dans le cas où $n = 4, 5, 6, 7, \dots$

Le théorème 3.5 nous permet d'affirmer que, pour calculer un déterminant, tous les théorèmes relatifs aux opérations sur les colonnes sont également valables pour les mêmes opérations sur les lignes.

Exemple 1

$$\text{Si}\begin{vmatrix} a & b & c & d \\ 1 & 2 & 3 & 4 \\ 5 & 6 & 7 & 8 \\ 9 & 10 & 11 & 12 \end{vmatrix} = 5, \text{ alors} \begin{vmatrix} a & 1 & 5 & 9 \\ b & 2 & 6 & 10 \\ c & 3 & 7 & 11 \\ d & 4 & 8 & 12 \end{vmatrix} = 5 \qquad \text{(théorème 3.5)}$$

THÉORÈME 3.6 Si une matrice carrée B d'ordre n est obtenue d'une matrice carrée A d'ordre n en multipliant tous les éléments d'une colonne (ligne) de A par k, où $k \in \mathbb{R}$, alors dét $B = k$ dét A.

PREUVE

$$\text{Soit } A = \begin{bmatrix} a_{11} & a_{12} & \dots & a_{1r} & \dots & a_{1n} \\ a_{21} & a_{22} & \dots & a_{2r} & \dots & a_{2n} \\ \vdots & \vdots & & \vdots & & \vdots \\ a_{n1} & a_{n2} & \dots & a_{nr} & \dots & a_{nn} \end{bmatrix} \text{ et } B = \begin{bmatrix} a_{11} & a_{12} & \dots & ka_{1r} & \dots & a_{1n} \\ a_{21} & a_{22} & \dots & ka_{2r} & \dots & a_{2n} \\ \vdots & \vdots & & \vdots & & \vdots \\ a_{n1} & a_{n2} & \dots & ka_{nr} & \dots & a_{nn} \end{bmatrix}.$$

En évaluant dét B développé selon les éléments de la r-ième colonne,

$$\text{dét } B = \sum_{i=1}^{n} ka_{ir}C_{ir} \qquad \text{(définition 3.7)}$$

$$= k\sum_{i=1}^{n} a_{ir}C_{ir} \qquad \text{(propriété des sommations)}$$

$$= k \text{ dét } A \qquad \text{(en évaluant dét } A \text{ développé selon les éléments de la } r\text{-ième colonne)}$$

Exemple 2

a) Soit $A = \begin{bmatrix} 1 & 3 \\ -2 & 4 \end{bmatrix}$ et $B = \begin{bmatrix} 1 & 15 \\ -2 & 20 \end{bmatrix}$.

Exprimons dét B en fonction de dét A.

$$\text{dét } B = \begin{vmatrix} 1 & 15 \\ -2 & 20 \end{vmatrix} = \begin{vmatrix} 1 & 5(3) \\ -2 & 5(4) \end{vmatrix} = 5\begin{vmatrix} 1 & 3 \\ -2 & 4 \end{vmatrix} \qquad \text{(théorème 3.6)}$$

$$= 5 \text{ dét } A$$

En effet, dét $B = 1(20) - 15(-2) = 50$ et dét $A = 1(4) - 3(-2) = 10$

b) Sachant que $\begin{vmatrix} 1 & 3 & a \\ 3 & 5 & b \\ -6 & 1 & c \end{vmatrix} = 71$, évaluons $\begin{vmatrix} \frac{1}{2} & 3 & a \\ \frac{3}{2} & 5 & b \\ -3 & 1 & c \end{vmatrix}$.

$$\begin{vmatrix} \frac{1}{2} & 3 & a \\ \frac{3}{2} & 5 & b \\ -3 & 1 & c \end{vmatrix} = \begin{vmatrix} \frac{1}{2}(1) & 3 & a \\ \frac{1}{2}(3) & 5 & b \\ \frac{1}{2}(-6) & 1 & c \end{vmatrix} \qquad \text{(en factorisant } (\tfrac{1}{2}) \text{ de } C_1\text{)}$$

$$\begin{vmatrix} 1 & 3 & a \\ 3 & 5 & b \\ -6 & 1 & c \end{vmatrix} = 71$$

$$= \frac{1}{2}\begin{vmatrix} 1 & 3 & a \\ 3 & 5 & b \\ -6 & 1 & c \end{vmatrix} \quad \text{(théorème 3.6)}$$

$$= \frac{1}{2}(71) = 35{,}5$$

c) Sachant que $\begin{vmatrix} 2 & 1 & -1 & 0 \\ 1 & -1 & 0 & 1 \\ 2 & 1 & -1 & -2 \\ a & 3 & 2 & 3 \end{vmatrix} = 7$, évaluons $\begin{vmatrix} 4 & 6 & -2 & 0 \\ 1 & -3 & 0 & 1 \\ 2 & 3 & -1 & -2 \\ a & 9 & 2 & 3 \end{vmatrix}$.

$$\begin{vmatrix} 4 & 6 & -2 & 0 \\ 1 & -3 & 0 & 1 \\ 2 & 3 & -1 & -2 \\ a & 9 & 2 & 3 \end{vmatrix} = \begin{vmatrix} 2(2) & 2(3) & 2(-1) & 2(0) \\ 1 & -3 & 0 & 1 \\ 2 & 3 & -1 & -2 \\ a & 9 & 2 & 3 \end{vmatrix} \quad \text{(en factorisant 2 de } L_1\text{)}$$

$$= 2\begin{vmatrix} 2 & 3 & -1 & 0 \\ 1 & -3 & 0 & 1 \\ 2 & 3 & -1 & -2 \\ a & 9 & 2 & 3 \end{vmatrix} \quad \text{(théorème 3.6)}$$

$$= 2\begin{vmatrix} 2 & 3(1) & -1 & 0 \\ 1 & 3(-1) & 0 & 1 \\ 2 & 3(1) & -1 & -2 \\ a & 3(3) & 2 & 3 \end{vmatrix} \quad \text{(en factorisant 3 de } C_2\text{)}$$

$$\begin{vmatrix} 2 & 1 & -1 & 0 \\ 1 & -1 & 0 & 1 \\ 2 & 1 & -1 & -2 \\ a & 3 & 2 & 3 \end{vmatrix} = 7$$

$$= 2(3)\begin{vmatrix} 2 & 1 & -1 & 0 \\ 1 & -1 & 0 & 1 \\ 2 & 1 & -1 & -2 \\ a & 3 & 2 & 3 \end{vmatrix} \quad \text{(théorème 3.6)}$$

$$= 6(7) = 42$$

d) Sachant que $\begin{vmatrix} a & b \\ c & d \end{vmatrix} = 5$, évaluons $\begin{vmatrix} 8a & 8b \\ 8c & 8d \end{vmatrix}$.

$$\begin{vmatrix} 8a & 8b \\ 8c & 8d \end{vmatrix} = 8\begin{vmatrix} a & 8b \\ c & 8d \end{vmatrix} \quad \text{(théorème 3.6)}$$

$$\begin{vmatrix} a & b \\ c & d \end{vmatrix} = 5$$

$$= 8(8)\begin{vmatrix} a & b \\ c & d \end{vmatrix} \quad \text{(théorème 3.6)}$$

$$= 8^2(5) = 320$$

THÉORÈME 3.7 Si A est une matrice carrée d'ordre n et si $k \in \mathbb{R}$, alors dét $(kA) = k^n$ dét A.

La preuve est laissée à l'élève.

Exemple 3 Sachant que $\begin{vmatrix} a & b & c \\ d & e & f \\ g & h & i \end{vmatrix} = -5$, évaluons $\begin{vmatrix} 2a & 2b & 2c \\ 2d & 2e & 2f \\ 2g & 2h & 2i \end{vmatrix}$.

Puisque $\begin{bmatrix} 2a & 2b & 2c \\ 2d & 2e & 2f \\ 2g & 2h & 2i \end{bmatrix} = 2\begin{bmatrix} a & b & c \\ d & e & f \\ g & h & i \end{bmatrix} = 2A$, où $A = \begin{bmatrix} a & b & c \\ d & e & f \\ g & h & i \end{bmatrix}$

$$\begin{vmatrix} a & b & c \\ d & e & f \\ g & h & i \end{vmatrix} = -5$$

$$\begin{vmatrix} 2a & 2b & 2c \\ 2d & 2e & 2f \\ 2g & 2h & 2i \end{vmatrix} = \text{dét}\,(2A) = 2^3 \begin{vmatrix} a & b & c \\ d & e & f \\ g & h & i \end{vmatrix} \quad \text{(théorème 3.7)}$$

$$= 8(-5) \quad \text{(hypothèse)}$$

$$= -40$$

THÉORÈME 3.8 Si une matrice carrée B d'ordre n est obtenue d'une matrice carrée A d'ordre n en permutant deux colonnes (lignes) consécutives, alors dét B = -dét A.

PREUVE

Soit $A = \begin{bmatrix} a_{11} & a_{12} & \dots & a_{1r} & a_{1s} & \dots & a_{1n} \\ a_{21} & a_{22} & \dots & a_{2r} & a_{2s} & \dots & a_{2n} \\ \vdots & \vdots & & \vdots & \vdots & & \vdots \\ a_{n1} & a_{n2} & \dots & a_{nr} & a_{ns} & \dots & a_{nn} \end{bmatrix}$ et $B = \begin{bmatrix} a_{11} & a_{12} & \dots & a_{1s} & a_{1r} & \dots & a_{1n} \\ a_{21} & a_{22} & \dots & a_{2s} & a_{2r} & \dots & a_{2n} \\ \vdots & \vdots & & \vdots & \vdots & & \vdots \\ a_{n1} & a_{n2} & \dots & a_{ns} & a_{nr} & \dots & a_{nn} \end{bmatrix}$.

Colonne r de A — Colonne $(r + 1)$ de A — Colonne r de B — Colonne $(r + 1)$ de B

En évaluant dét B développé selon les éléments de la $(r + 1)$-ième colonne,

$$\text{dét}\, B = \sum_{i=1}^{n} a_{ir} C_{i(r+1)} \quad \text{(définition 3.7)}$$

$$= \sum_{i=1}^{n} a_{ir} (-1)^{i+(r+1)} M_{i(r+1)} \quad \text{(car } C_{i(r+1)} \text{ est le cofacteur de } a_{ir} \text{ dans la matrice } B\text{)}$$

$$= \sum_{i=1}^{n} a_{ir} (-1)^{(i+r)} (-1) M_{i(r+1)}$$

$$= (-1) \sum_{i=1}^{n} a_{ir} (-1)^{(i+r)} M_{i(r+1)}$$

Cependant, comme $M_{i(r+1)}$ dans B est identique à M_{ir} dans A,

$$\text{dét}\, B = (-1) \sum_{i=1}^{n} a_{ir} (-1)^{(i+r)} M_{ir}$$

$$= (-1) \sum_{i=1}^{n} a_{ir} C_{ir} \quad \text{(où } C_{ir} \text{ est le cofacteur de } a_{ir} \text{ dans la matrice } A\text{)}$$

$$= (-1)\, \text{dét}\, A \quad \text{(définition de dét } A\text{)}$$

d'où dét B = -dét A

Exemple 4

a) Soit $A = \begin{bmatrix} -4 & 5 \\ 2 & -3 \end{bmatrix}$ et $B = \begin{bmatrix} 2 & -3 \\ -4 & 5 \end{bmatrix}$.

Calculons $|A|$ et $|B|$ et comparons les résultats.

$|A| = -4(-3) - 5(2) = 2$ et $|B| = 2(5) - (-3)(-4) = -2$

d'où $|B| = -|A|$

b) Évaluons $\begin{vmatrix} 4 & -1 & 1 & 2 \\ 0 & -2 & 2 & 1 \\ 0 & -3 & 0 & 1 \\ 0 & 0 & 0 & 3 \end{vmatrix}$.

$$\begin{vmatrix} 4 & -1 & 1 & 2 \\ 0 & -2 & 2 & 1 \\ 0 & -3 & 0 & 1 \\ 0 & 0 & 0 & 3 \end{vmatrix} = -\begin{vmatrix} 4 & 1 & -1 & 2 \\ 0 & 2 & -2 & 1 \\ 0 & 0 & -3 & 1 \\ 0 & 0 & 0 & 3 \end{vmatrix} \qquad \text{(théorème 3.8, } C_3 \leftrightarrow C_2\text{)}$$

$$= -(4)(2)(-3)(3) \qquad \text{(théorème 3.3)}$$

$$= 72$$

En généralisant le théorème 3.8, nous obtenons le théorème suivant que nous acceptons sans démonstration.

THÉORÈME 3.9 Si une matrice carrée B d'ordre n est obtenue d'une matrice carrée A d'ordre n en permutant deux colonnes (lignes) quelconques, alors dét B = -dét A.

Exemple 5 Soit $A = \begin{bmatrix} 0 & 0 & 3 & 1 \\ 0 & 0 & 0 & 4 \\ 1 & 2 & 1 & 1 \\ 0 & 2 & 1 & 1 \end{bmatrix}$. Évaluons dét A en transformant d'abord la matrice A en une matrice triangulaire pour ensuite utiliser le théorème 3.3.

$$\begin{vmatrix} 0 & 0 & 3 & 1 \\ 0 & 0 & 0 & 4 \\ 1 & 2 & 1 & 1 \\ 0 & 2 & 1 & 1 \end{vmatrix} = -\begin{vmatrix} 1 & 2 & 1 & 1 \\ 0 & 0 & 0 & 4 \\ 0 & 0 & 3 & 1 \\ 0 & 2 & 1 & 1 \end{vmatrix} \qquad \text{(théorème 3.9, } L_3 \leftrightarrow L_1\text{)}$$

$$= (-)(-)\begin{vmatrix} 1 & 2 & 1 & 1 \\ 0 & 2 & 1 & 1 \\ 0 & 0 & 3 & 1 \\ 0 & 0 & 0 & 4 \end{vmatrix} \qquad \text{(théorème 3.9, } L_4 \leftrightarrow L_2\text{)}$$

$$= (1)(2)(3)(4) \qquad \text{(théorème 3.3)}$$

$$= 24$$

THÉORÈME 3.10 Si une matrice carrée A d'ordre n possède deux colonnes (lignes) identiques, alors dét A = 0.

PREUVE Soit A, une matrice carrée d'ordre n ayant deux colonnes identiques, et soit B, la matrice obtenue de la matrice A en permutant ces deux colonnes identiques.

D'une part, puisque nous avons permuté les deux colonnes identiques, nous avons

$B = A$, d'où dét B = dét A (équation 1)

D'autre part, par le théorème 3.9, nous avons

dét B = -dét A (équation 2)

Des deux équations précédentes, nous avons dét A = -dét A

d'où dét A = 0

Exemple 6 Calculons les déterminants suivants.

a) $\begin{vmatrix} 3 & -4 & 6 \\ 2 & 5 & -1 \\ 3 & -4 & 6 \end{vmatrix} = 0$ (théorème 3.10, $L_1 = L_3$)

b) $\begin{vmatrix} 5 & -3 & 4 & -3 \\ 3 & 5 & 2 & 5 \\ 7 & 0 & 1 & 0 \\ 1 & 1 & 5 & 1 \end{vmatrix} = 0$ (théorème 3.10, $C_2 = C_4$)

c) $\begin{vmatrix} 2 & 1 & -8 \\ -1 & 5 & 4 \\ 4 & 3 & -16 \end{vmatrix} = -4\begin{vmatrix} 2 & 1 & 2 \\ -1 & 5 & -1 \\ 4 & 3 & 4 \end{vmatrix}$ (théorème 3.6)

$= -4(0)$ (théorème 3.10, $C_1 = C_3$)

$= 0$

THÉORÈME 3.11 Si une matrice carrée A d'ordre n possède une colonne (ligne) dont les éléments sont un multiple des éléments d'une autre colonne (ligne), alors dét $A = 0$.

La preuve est laissée à l'élève.

Exemple 7 Calculons les déterminants suivants.

a) $\begin{vmatrix} 2 & 1 & 4 \\ 3 & 9 & 6 \\ 4 & 7 & 8 \end{vmatrix} = 0$ (théorème 3.11, $C_3 = 2C_1$)

b) $\begin{vmatrix} 3 & 7 & -1 & 2 \\ 1 & -1 & 2 & -3 \\ 0 & 3 & 2 & -3 \\ 5 & -5 & 10 & -15 \end{vmatrix} = 0$ (théorème 3.11, $L_4 = 5L_2$)

THÉORÈME 3.12

Soit $A = \begin{bmatrix} p_{11} & p_{12} & \cdots & a_{1r} & \cdots & p_{1n} \\ \vdots & \vdots & & \vdots & & \vdots \\ p_{i1} & p_{i2} & \cdots & a_{ir} & \cdots & p_{in} \\ \vdots & \vdots & & \vdots & & \vdots \\ p_{n1} & p_{n2} & \cdots & a_{nr} & \cdots & p_{nn} \end{bmatrix}$ et $B = \begin{bmatrix} p_{11} & p_{12} & \cdots & b_{1r} & \cdots & p_{1n} \\ \vdots & \vdots & & \vdots & & \vdots \\ p_{i1} & p_{i2} & \cdots & b_{ir} & \cdots & p_{in} \\ \vdots & \vdots & & \vdots & & \vdots \\ p_{n1} & p_{n2} & \cdots & b_{nr} & \cdots & p_{nn} \end{bmatrix}$,

deux matrices carrées d'ordre n.

Si P est la matrice définie par $P = \begin{bmatrix} p_{11} & p_{12} & \cdots & (a_{1r} + b_{1r}) & \cdots & p_{1n} \\ \vdots & \vdots & & \vdots & & \vdots \\ p_{i1} & p_{i2} & \cdots & (a_{ir} + b_{ir}) & \cdots & p_{in} \\ \vdots & \vdots & & \vdots & & \vdots \\ p_{n1} & p_{n2} & \cdots & (a_{nr} + b_{nr}) & \cdots & p_{nn} \end{bmatrix}$, alors

dét $P =$ dét $A +$ dét B.

PREUVE En évaluant dét P développé selon les éléments de la r-ième colonne,

dét $P = \sum_{i=1}^{n} (a_{ir} + b_{ir})C_{ir}$ (définition 3.7)

$= \sum_{i=1}^{n} (a_{ir}C_{ir} + b_{ir}C_{ir})$ (distributivité)

$= \sum_{i=1}^{n} a_{ir}C_{ir} + \sum_{i=1}^{n} b_{ir}C_{ir}$ (propriété des sommations)

$=$ dét $A +$ dét B (définition 3.7, car les cofacteurs C_{ir} sont les mêmes dans A, B et P)

d'où dét $P =$ dét $A +$ dét B

Exemple 8

a) Illustrons le théorème 3.12 à l'aide des calculs suivants.

$$\begin{vmatrix} 3 & (4+5) \\ -2 & (-3+6) \end{vmatrix} = \begin{vmatrix} 3 & 9 \\ -2 & 3 \end{vmatrix} = 27 \qquad \begin{vmatrix} 3 & 4 \\ -2 & -3 \end{vmatrix} + \begin{vmatrix} 3 & 5 \\ -2 & 6 \end{vmatrix} = (-1) + (28) = 27$$

D'où $\begin{vmatrix} 3 & (4+5) \\ -2 & (-3+6) \end{vmatrix} = \begin{vmatrix} 3 & 4 \\ -2 & -3 \end{vmatrix} + \begin{vmatrix} 3 & 5 \\ -2 & 6 \end{vmatrix}$

b) Calculons $\begin{vmatrix} a & (b+x) & c \\ d & (e+y) & f \\ g & (h+z) & i \end{vmatrix}$, sachant que $\begin{vmatrix} a & b & c \\ d & e & f \\ g & h & i \end{vmatrix} = 8$ et que $\begin{vmatrix} a & x & c \\ d & y & f \\ g & z & i \end{vmatrix} = -15$.

$$\begin{vmatrix} a & (b+x) & c \\ d & (e+y) & f \\ g & (h+z) & i \end{vmatrix} = \begin{vmatrix} a & b & c \\ d & e & f \\ g & h & i \end{vmatrix} + \begin{vmatrix} a & x & c \\ d & y & f \\ g & z & i \end{vmatrix} = 8 + (-15) = -7 \qquad \text{(théorème 3.12)}$$

THÉORÈME 3.13 Si une matrice carrée B d'ordre n est obtenue d'une matrice carrée A d'ordre n en additionnant respectivement aux éléments d'une colonne (ligne) de A un multiple des éléments d'une autre colonne (ligne) de A, alors dét B = dét A.

PREUVE

Soit $A = \begin{bmatrix} a_{11} & \dots & a_{1r} & \dots & a_{1s} & \dots & a_{1n} \\ \vdots & & \vdots & & \vdots & & \vdots \\ a_{n1} & \dots & a_{nr} & \dots & a_{ns} & \dots & a_{nn} \end{bmatrix}$ et $B = \begin{bmatrix} a_{11} & \dots & a_{1r} & \dots & (a_{1s} + ka_{1r}) & \dots & a_{1n} \\ \vdots & & \vdots & & \vdots & & \vdots \\ a_{n1} & \dots & a_{nr} & \dots & (a_{ns} + ka_{nr}) & \dots & a_{nn} \end{bmatrix}$,

où $k \in \mathbb{R}$.

$$\text{dét } B = \begin{vmatrix} a_{11} & \dots & a_{1r} & \dots & (a_{1s} + ka_{1r}) & \dots & a_{1n} \\ \vdots & & \vdots & & \vdots & & \vdots \\ a_{n1} & \dots & a_{nr} & \dots & (a_{ns} + ka_{nr}) & \dots & a_{nn} \end{vmatrix}$$

$$= \begin{vmatrix} a_{11} & \dots & a_{1r} & \dots & a_{1s} & \dots & a_{1n} \\ \vdots & & \vdots & & \vdots & & \vdots \\ a_{n1} & \dots & a_{nr} & \dots & a_{ns} & \dots & a_{nn} \end{vmatrix} + \begin{vmatrix} a_{11} & \dots & a_{1r} & \dots & ka_{1r} & \dots & a_{1n} \\ \vdots & & \vdots & & \vdots & & \vdots \\ a_{n1} & \dots & a_{nr} & \dots & ka_{nr} & \dots & a_{nn} \end{vmatrix} \qquad \text{(théorème 3.12)}$$

$= \text{dét } A + 0$ (théorème 3.11)

$= \text{dét } A$

d'où dét B = dét A

Exemple 9 Soit $A = \begin{bmatrix} -2 & 4 \\ 3 & 5 \end{bmatrix}$ et $B = \begin{bmatrix} -2 & (4 + 6(-2)) \\ 3 & (5 + 6(3)) \end{bmatrix}$. Vérifions le théorème 3.13.

Les éléments de la deuxième colonne de B sont égaux aux éléments de la deuxième colonne de A à laquelle on a ajouté respectivement six fois les éléments de la première colonne de A. Ainsi,

$$\text{dét } A = \begin{vmatrix} -2 & 4 \\ 3 & 5 \end{vmatrix} = -2(5) - 4(3) = -22 \qquad \text{dét } B = \begin{vmatrix} -2 & -8 \\ 3 & 23 \end{vmatrix} = -2(23) - (-8)(3) = -22$$

D'où dét B = dét A

Exemple 10 Évaluons les déterminants suivants en utilisant des théorèmes relatifs aux déterminants dans le but de faciliter les calculs.

a)
$$\begin{vmatrix} 1 & 0 & 0 & -2 \\ 3 & 2 & 0 & -6 \\ -2 & 1 & 7 & 4 \\ -1 & 3 & -1 & 1 \end{vmatrix} \overset{C_4 + 2C_1 \to C_4}{=} \begin{vmatrix} 1 & 0 & 0 & (-2 + 2(1)) \\ 3 & 2 & 0 & (-6 + 2(3)) \\ -2 & 1 & 7 & (4 + 2(-2)) \\ -1 & 3 & -1 & (1 + 2(-1)) \end{vmatrix}$$ (théorème 3.13)

$$= \begin{vmatrix} 1 & 0 & 0 & 0 \\ 3 & 2 & 0 & 0 \\ -2 & 1 & 7 & 0 \\ -1 & 3 & -1 & -1 \end{vmatrix}$$

$$= (1)(2)(7)(-1) = -14$$ (théorème 3.3)

b)
$$\begin{vmatrix} 2 & 4 & 0 & 2 & -8 \\ 3 & 7 & 4 & -1 & 5 \\ 3 & 6 & -3 & 9 & 0 \\ 1 & 1 & 2 & -3 & 1 \\ 5 & -1 & 4 & 1 & 2 \end{vmatrix} = 2(3)\begin{vmatrix} 1 & 2 & 0 & 1 & -4 \\ 3 & 7 & 4 & -1 & 5 \\ 1 & 2 & -1 & 3 & 0 \\ 1 & 1 & 2 & -3 & 1 \\ 5 & -1 & 4 & 1 & 2 \end{vmatrix}$$ (théorème 3.6, en factorisant 2 de L_1 et 3 de L_3)

$$= 6\begin{vmatrix} 1 & 2 & 0 & 1 & -4 \\ 0 & 1 & 4 & -4 & 17 \\ 0 & 0 & -1 & 2 & 4 \\ 0 & -1 & 2 & -4 & 5 \\ 0 & -11 & 4 & -4 & 22 \end{vmatrix}$$ $L_2 - 3L_1 \to L_2$, $L_3 - L_1 \to L_3$, $L_4 - L_1 \to L_4$, $L_5 - 5L_1 \to L_5$

$$= 6\begin{vmatrix} 1 & 2 & 0 & 1 & -4 \\ 0 & 1 & 4 & -4 & 17 \\ 0 & 0 & -1 & 2 & 4 \\ 0 & 0 & 6 & -8 & 22 \\ 0 & 0 & 48 & -48 & 209 \end{vmatrix}$$ $L_4 + L_2 \to L_4$, $L_5 + 11L_2 \to L_5$

$$= 6\begin{vmatrix} 1 & 2 & 0 & 1 & -4 \\ 0 & 1 & 4 & -4 & 17 \\ 0 & 0 & -1 & 2 & 4 \\ 0 & 0 & 0 & 4 & 46 \\ 0 & 0 & 0 & 48 & 401 \end{vmatrix}$$ $L_4 + 6L_3 \to L_4$, $L_5 + 48L_3 \to L_5$

$$= 6\begin{vmatrix} 1 & 2 & 0 & 1 & -4 \\ 0 & 1 & 4 & -4 & 17 \\ 0 & 0 & -1 & 2 & 4 \\ 0 & 0 & 0 & 4 & 46 \\ 0 & 0 & 0 & 0 & -151 \end{vmatrix}$$ $L_5 - 12L_4 \to L_5$

$$= 6(1)(1)(-1)(4)(-151) = 3624$$ (théorème 3.3)

Exemple 11 Évaluons $\begin{vmatrix} a & (b + c) & c \\ 4 & 1 & 3 \\ 3 & 36 & 21 \end{vmatrix}$, sachant que $\begin{vmatrix} a & 4 & 1 \\ b & -2 & 5 \\ c & 3 & 7 \end{vmatrix} = 13$.

$$\begin{vmatrix} a & (b+c) & c \\ 4 & 1 & 3 \\ 3 & 36 & 21 \end{vmatrix} = \begin{vmatrix} a & 4 & 3 \\ (b+c) & 1 & 36 \\ c & 3 & 21 \end{vmatrix} \quad \text{(théorème 3.5)}$$

$$= \begin{vmatrix} a & 4 & 3 \\ b & -2 & 15 \\ c & 3 & 21 \end{vmatrix} \quad \text{(théorème 3.13, } L_2 - L_3 \rightarrow L_2\text{)}$$

$$= 3\begin{vmatrix} a & 4 & 1 \\ b & -2 & 5 \\ c & 3 & 7 \end{vmatrix} \quad \text{(théorème 3.6, en factorisant 3 de } C_3\text{)}$$

$$= 3(13) = 39 \quad \text{(hypothèse)}$$

$$\begin{vmatrix} a & 4 & 1 \\ b & -2 & 5 \\ c & 3 & 7 \end{vmatrix} = 13$$

Énonçons maintenant un théorème que nous acceptons sans démonstration.

THÉORÈME 3.14 Si A et B sont deux matrices carrées d'ordre n, alors dét (AB) = (dét A)(dét B).

Exemple 12 Soit $A = \begin{bmatrix} 5 & 0 \\ 0 & 1 \end{bmatrix}$ et $B = \begin{bmatrix} 1 & 0 \\ 7 & -3 \end{bmatrix}$, où dét $A = 5$ et dét $B = -3$.

a) Vérifions que dét (AB) = (dét A)(dét B).

Calculons AB et dét (AB).

$$AB = \begin{bmatrix} 5 & 0 \\ 0 & 1 \end{bmatrix}\begin{bmatrix} 1 & 0 \\ 7 & -3 \end{bmatrix} = \begin{bmatrix} 5 & 0 \\ 7 & -3 \end{bmatrix}, \text{ ainsi, dét } (AB) = \begin{vmatrix} 5 & 0 \\ 7 & -3 \end{vmatrix} = -15$$

d'où dét (AB) = (dét A)(dét B) (car $-15 = 5(-3)$)

b) Calculons $A + B$ et dét $(A + B)$.

$$A + B = \begin{bmatrix} 5 & 0 \\ 0 & 1 \end{bmatrix} + \begin{bmatrix} 1 & 0 \\ 7 & -3 \end{bmatrix} = \begin{bmatrix} 6 & 0 \\ 7 & -2 \end{bmatrix}, \text{ ainsi, dét } (A + B) = \begin{vmatrix} 6 & 0 \\ 7 & -2 \end{vmatrix} = -12$$

d'où dét $(A + B) \neq$ dét A + dét B (car $-12 \neq 5 + (-3)$)

Remarque De façon générale, dét $(A + B) \neq$ dét A + dét B.

THÉORÈME 3.15 Si A est une matrice carrée d'ordre n, alors dét (A^n) = (dét $A)^n$, où $n \in \{1, 2, 3, ...\}$.

PREUVE Pour $n = 1$, nous avons dét A = dét A.

Pour $n \geq 2$, nous avons

$$\begin{aligned} \text{dét } (A^n) &= \text{dét } (AA^{n-1}) \\ &= (\text{dét } A)(\text{dét } A^{n-1}) && \text{(théorème 3.14)} \\ &= (\text{dét } A)(\text{dét } (AA^{n-2})) \\ &= (\text{dét } A)(\text{dét } A)(\text{dét } A^{n-2}) && \text{(théorème 3.14)} \\ &\vdots \\ &= (\text{dét } A)(\text{dét } A)(\text{dét } A) \dots (\text{dét } A) \\ &= (\text{dét } A)^n \end{aligned}$$

Exemple 13 Sachant que dét $A = 4$, évaluons dét (A^5) et dét (A^{10}).

$$\text{dét } (A^5) = (\text{dét } A)^5 = 4^5 = 1024 \quad \text{(théorème 3.15)}$$

$$\text{dét } (A^{10}) = (\text{dét } A)^{10} = 4^{10} = 1\,048\,576 \quad \text{(théorème 3.15)}$$

Rang d'une matrice

La notion de rang d'une matrice peut être utilisée pour déterminer si un système d'équations linéaires est compatible ou incompatible.

DÉFINITION 3.8 Soit la matrice $A_{m \times n}$. Une **sous-matrice** de A est une matrice obtenue en supprimant un nombre quelconque de lignes ou de colonnes de A.

Exemple 1 Soit $A = \begin{bmatrix} 2 & 7 & 1 & -4 \\ -1 & 0 & 3 & -5 \\ 5 & 4 & 8 & 9 \end{bmatrix}$ et $B = \begin{bmatrix} 5 & -4 \\ 0 & 7 \\ -1 & 2 \end{bmatrix}$.

a) En supprimant la première ligne et la troisième colonne de A,

c'est-à-dire $\begin{bmatrix} 2 & 7 & 1 & -4 \\ -1 & 0 & 3 & -5 \\ 5 & 4 & 8 & 9 \end{bmatrix}$, nous obtenons la sous-matrice $A_1 = \begin{bmatrix} -1 & 0 & -5 \\ 5 & 4 & 9 \end{bmatrix}$

b) En supprimant la première et la troisième ligne de B,

c'est-à-dire $\begin{bmatrix} 5 & -4 \\ 0 & 7 \\ -1 & 2 \end{bmatrix}$, nous obtenons la sous-matrice $B_1 = [\,0 \quad 7\,]$

DÉFINITION 3.9

1) Le **rang** d'une matrice non nulle $A_{m \times n}$, noté rang (A), est égal à l'ordre de la plus grande sous-matrice carrée dont le déterminant est différent de zéro.

2) Le **rang** d'une matrice nulle $O_{m \times n}$, est égal à zéro, c'est-à-dire rang $(O_{m \times n}) = 0$.

Remarque rang $(A_{m \times n}) \leq \min \{m, n\}$

Pour déterminer le rang d'une matrice, il faut parfois calculer plusieurs déterminants.

Exemple 2 Soit $A = \begin{bmatrix} 1 & 2 & 0 \\ 0 & 0 & 5 \\ 2 & 4 & 0 \end{bmatrix}$, $B = \begin{bmatrix} 2 & 0 & 0 & 0 \\ 0 & -1 & 0 & 0 \\ 0 & 0 & 3 & 0 \\ 0 & 0 & 0 & 5 \end{bmatrix}$ et $C = \begin{bmatrix} 0 & 0 & 0 \\ 0 & 0 & 0 \end{bmatrix}$.

a) Déterminons le rang de A.

Étape 1 En calculant d'abord dét A développé selon les éléments de la deuxième ligne de A, nous obtenons

$$\text{dét } A = 0 + 0 - 5\begin{vmatrix} 1 & 2 \\ 2 & 4 \end{vmatrix} = -5(0) = 0$$

Puisque dét $A = 0$, alors rang $(A) \neq 3$, donc rang $(A) \leq 2$

Étape 2 Calculons le déterminant de sous-matrices carrées d'ordre 2.

En supprimant la première ligne et la troisième colonne de $\begin{bmatrix} 1 & 2 & 0 \\ 0 & 0 & 5 \\ 2 & 4 & 0 \end{bmatrix}$,

nous obtenons $A_1 = \begin{bmatrix} 0 & 0 \\ 2 & 4 \end{bmatrix}$, où $\begin{vmatrix} 0 & 0 \\ 2 & 4 \end{vmatrix} = 0$

En supprimant la première ligne et la première colonne de $\begin{bmatrix} 1 & 2 & 0 \\ 0 & 0 & 5 \\ 2 & 4 & 0 \end{bmatrix}$,

nous obtenons $A_2 = \begin{bmatrix} 0 & 5 \\ 4 & 0 \end{bmatrix}$, où $\begin{vmatrix} 0 & 5 \\ 4 & 0 \end{vmatrix} = -20 \neq 0$

D'où rang $(A) = 2$ (car dét $A_2 \neq 0$)

b) Déterminons rang (B).

Étape 1 Calculons d'abord dét B.

$$\begin{aligned} \text{dét } B &= 2(-1)(3)(5) \quad \text{(théorème 3.3)} \\ &= -30 \end{aligned}$$

Puisque dét $B = -30 \neq 0$, alors rang $(B) = 4$ (car dét $B \neq 0$)

c) Déterminons le rang de C.

rang $(C) = 0$ (définition 3.9, où $C = O_{2 \times 3}$)

Exemple 3 Soit $A = \begin{bmatrix} 1 & 2 & 5 & 3 & 4 \\ 1 & 2 & -4 & 0 & -2 \\ 2 & 4 & 13 & 7 & 10 \end{bmatrix}$ et $B = \begin{bmatrix} 1 & -1 & 5 & 3 & 6 & 3 \\ 0 & 0 & 7 & 2 & 4 & 2 \\ 0 & 0 & 0 & 1 & 2 & 1 \\ 0 & 0 & 0 & 0 & -4 & -2 \\ 0 & 0 & 0 & 0 & 0 & 0 \\ 0 & 0 & 0 & 0 & 0 & 0 \end{bmatrix}$.

a) Déterminons rang (A).

Étape 1 Supprimons d'abord deux colonnes de A pour obtenir des sous-matrices carrées d'ordre 3 et calculons le déterminant de ces sous-matrices.

En supprimant les deux dernières colonnes de A, nous obtenons

$A_1 = \begin{bmatrix} 1 & 2 & 5 \\ 1 & 2 & -4 \\ 2 & 4 & 13 \end{bmatrix}$, où dét $A_1 = 0$

En supprimant les deux premières colonnes de A, nous obtenons

$A_2 = \begin{bmatrix} 5 & 3 & 4 \\ -4 & 0 & -2 \\ 13 & 7 & 10 \end{bmatrix}$, où dét $A_2 = 0$

L'élève peut vérifier que les déterminants des huit autres sous-matrices carrées d'ordre 3, obtenues en supprimant deux colonnes de A, sont égaux à 0.

Ainsi, rang $(A) \neq 3$, donc rang $(A) \leq 2$

Étape 2 Supprimons trois colonnes et une ligne de A pour obtenir des sous-matrices carrées d'ordre 2.

En supprimant les trois dernières colonnes et la troisième ligne de A, nous obtenons

$A_3 = \begin{bmatrix} 1 & 2 \\ 1 & 2 \end{bmatrix}$, où dét $A_3 = 0$

En supprimant les trois premières colonnes et la troisième ligne de A, nous obtenons

$A_4 = \begin{bmatrix} 3 & 4 \\ 0 & -2 \end{bmatrix}$, où dét $A_4 = -6 \neq 0$

D'où rang $(A) = 2$ (car dét $A_4 \neq 0$)

b) Déterminons rang (B).

Puisque B possède deux lignes contenant uniquement des 0, le déterminant de B est 0, et le déterminant de toutes les sous-matrices carrées d'ordre 5 est également 0.

Ainsi, rang $(B) \leq 4$

En choisissant comme sous-matrice la matrice formée des éléments ombrés de B, c'est-à-dire

$$B = \begin{bmatrix} 1 & -1 & 5 & 3 & 6 & 3 \\ 0 & 0 & 7 & 2 & 4 & 2 \\ 0 & 0 & 0 & 1 & 2 & 1 \\ 0 & 0 & 0 & 0 & -4 & -2 \\ 0 & 0 & 0 & 0 & 0 & 0 \\ 0 & 0 & 0 & 0 & 0 & 0 \end{bmatrix}, \text{ où dét} \begin{bmatrix} -1 & 5 & 3 & 6 \\ 0 & 7 & 2 & 4 \\ 0 & 0 & 1 & 2 \\ 0 & 0 & 0 & -4 \end{bmatrix} = (-1)(7)(1)(-4) = 28 \neq 0$$

d'où rang $(B) = 4$

Énonçons maintenant un théorème qui nous permettra de déterminer le rang d'une matrice plus rapidement.

THÉORÈME 3.16 Soit A, une matrice quelconque. Si A_i est une matrice échelonnée obtenue de A à l'aide d'opérations élémentaires, alors

1) rang $(A) =$ rang (A_i) ;

2) le rang de A est égal au nombre de lignes non nulles d'une matrice échelonnée équivalente à A.

Remarque Le nombre de lignes non nulles d'une matrice échelonnée est égal au nombre de pivots de cette matrice échelonnée.

Exemple 4

a) Déterminons le rang de la matrice A de l'exemple 3 a) précédent à l'aide du théorème 3.16.

Transformons la matrice A en une matrice échelonnée équivalente.

$$\begin{bmatrix} 1 & 2 & 5 & 3 & 4 \\ 1 & 2 & -4 & 0 & -2 \\ 2 & 4 & 13 & 7 & 10 \end{bmatrix} \sim \begin{bmatrix} 1 & 2 & 5 & 3 & 4 \\ 0 & 0 & -9 & -3 & -6 \\ 0 & 0 & 3 & 1 & 2 \end{bmatrix} \quad \begin{matrix} \\ L_2 - L_1 \to L_2 \\ L_3 - 2L_1 \to L_3 \end{matrix}$$

$$\sim \begin{bmatrix} 1 & 2 & 5 & 3 & 4 \\ 0 & 0 & -9 & -3 & -6 \\ 0 & 0 & 0 & 0 & 0 \end{bmatrix} \quad 3L_3 + L_2 \to L_3$$

Puisque le nombre de lignes non nulles de la matrice échelonnée équivalente à A est 2, cette matrice échelonnée possède deux pivots, soit 1 et -9,

d'où rang $(A) = 2$.

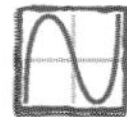

b) Déterminons le rang de la matrice A précédente à l'aide de Maple.

```
> with(linalg):
> A:=matrix(3,5,[1,2,5,3,4,1,2,-4,0,-2,2,4,13,7,10]):
> rank(A);
                    2
```

Le nombre de solutions d'un système d'équations linéaires, écrit sous la forme matricielle $AX = B$, peut être déterminé en comparant le rang de la matrice des coefficients, rang (A), le rang de la matrice augmentée, rang $(A \,\vdots\, B)$, et le nombre n d'inconnues.

Par exemple, pour un système d'équations linéaires de trois équations à trois inconnues, nous obtenons, après avoir échelonné la matrice augmentée, une des situations suivantes, où les éléments ■ sont différents de zéro.

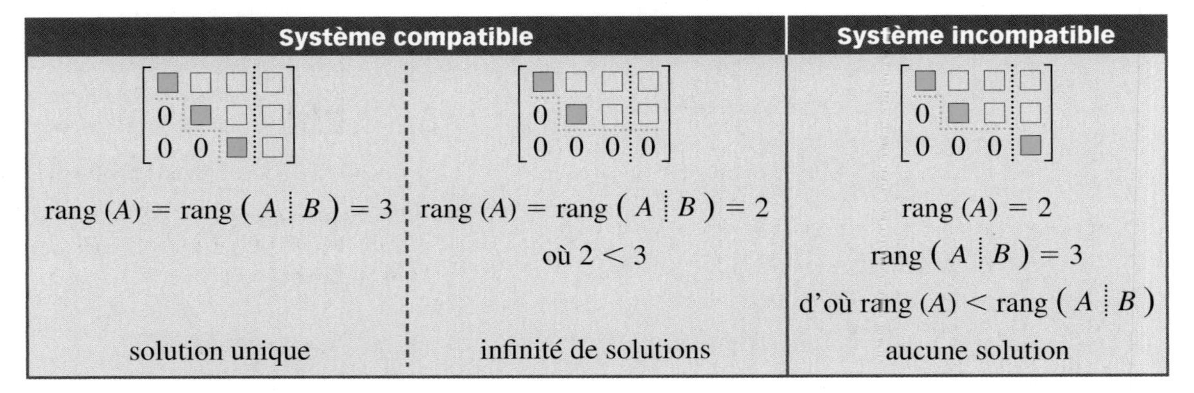

Système compatible		Système incompatible
$\left[\begin{array}{ccc:c} \blacksquare & \square & \square & \square \\ 0 & \blacksquare & \square & \square \\ 0 & 0 & \blacksquare & \square \end{array}\right]$	$\left[\begin{array}{ccc:c} \blacksquare & \square & \square & \square \\ 0 & \blacksquare & \square & \square \\ 0 & 0 & 0 & 0 \end{array}\right]$	$\left[\begin{array}{ccc:c} \blacksquare & \square & \square & \square \\ 0 & \blacksquare & \square & \square \\ 0 & 0 & 0 & \blacksquare \end{array}\right]$
rang (A) = rang $(A \,\vdots\, B) = 3$	rang (A) = rang $(A \,\vdots\, B) = 2$ où $2 < 3$	rang $(A) = 2$ rang $(A \,\vdots\, B) = 3$ d'où rang $(A) <$ rang $(A \,\vdots\, B)$
solution unique	infinité de solutions	aucune solution

De façon générale, pour un système de m équations linéaires à n inconnues que nous pouvons écrire sous la forme matricielle $AX = B$, nous avons le tableau suivant.

Système compatible		Système incompatible
Si rang (A) = rang $(A \,\vdots\, B)$		Si rang $(A) <$ rang $(A \,\vdots\, B)$
lorsque rang $(A) = n$	lorsque rang $(A) < n$	
solution unique	infinité de solutions	aucune solution

Exercices 3.2

1. Sans calculer les déterminants, déterminer si les égalités suivantes sont vraies (V) ou fausses (F) pour $a, b, c, \ldots, z \in \mathbb{R}$. Justifier les réponses.

a) $\begin{vmatrix} a & b & c \\ d & e & f \\ g & h & i \end{vmatrix} = -\begin{vmatrix} a & d & g \\ b & e & h \\ c & f & i \end{vmatrix}$

b) $\begin{vmatrix} 5 & 4 & 10 \\ 3 & 10 & 6 \\ 2 & -7 & 15 \end{vmatrix} = 5\begin{vmatrix} 1 & 4 & 10 \\ 3 & 2 & 6 \\ 2 & -7 & 3 \end{vmatrix}$

c) $\begin{vmatrix} 3 & 6 & 9 \\ 9 & 3 & 6 \\ 6 & 9 & 3 \end{vmatrix} = 3\begin{vmatrix} 1 & 2 & 3 \\ 3 & 1 & 2 \\ 2 & 3 & 1 \end{vmatrix}$

d) $\begin{vmatrix} 2 & -2 & 4 \\ 6 & -2 & 2 \\ 2 & 4 & 8 \end{vmatrix} = 8\begin{vmatrix} 1 & -1 & 2 \\ 3 & -1 & 1 \\ 1 & 2 & 4 \end{vmatrix}$

e) $\begin{vmatrix} 2 & 4 & 6 & 8 \\ 1 & 3 & 5 & 7 \\ a & b & c & d \\ e & f & g & h \end{vmatrix} = -\begin{vmatrix} a & b & c & d \\ e & f & g & h \\ 2 & 4 & 6 & 8 \\ 1 & 3 & 5 & 7 \end{vmatrix}$

f) $\begin{vmatrix} 1 & 2 & 3 \\ a & b & c \\ x & y & z \end{vmatrix} = \begin{vmatrix} b & a & c \\ 2 & 1 & 3 \\ y & x & z \end{vmatrix}$

g) $\begin{vmatrix} a + x & b + y \\ c + z & d + w \end{vmatrix} = \begin{vmatrix} a & b \\ c & d \end{vmatrix} + \begin{vmatrix} x & y \\ z & w \end{vmatrix}$

h) $\begin{vmatrix} a & b & c \\ kd & ke & kf \\ g & h & i \end{vmatrix} = \begin{vmatrix} a & kb & c \\ d & ke & f \\ g & kh & i \end{vmatrix}$

i) $\begin{vmatrix} 2 & 5 & 1 \\ 5 & 25 & 5 \\ 3 & 5 & 2 \end{vmatrix} = 25\begin{vmatrix} 2 & 1 & 1 \\ 1 & 5 & 1 \\ 3 & 1 & 2 \end{vmatrix}$

j) $\begin{vmatrix} a & b & c \\ 1 & 2 & 3 \\ x & y & z \end{vmatrix} = \begin{vmatrix} a + 1 & b + 2 & c + 3 \\ 1 & 2 & 3 \\ x - 1 & y - 2 & z - 3 \end{vmatrix}$

k) $\begin{vmatrix} a & b & c \\ 1 & 2 & 3 \\ a + 1 & b + 2 & c + 3 \end{vmatrix} = 0$

2. Évaluer les déterminants suivants, sachant que

$$\begin{vmatrix} a & b & c \\ d & e & f \\ g & h & i \end{vmatrix} = 9 \quad \text{et} \quad \begin{vmatrix} a & b & x \\ d & e & y \\ g & h & z \end{vmatrix} = \text{-}5.$$

a) $\begin{vmatrix} a & b & c \\ g & h & i \\ d & e & f \end{vmatrix}$ b) $\begin{vmatrix} e & d & f \\ 4b & 4a & 4c \\ h & g & i \end{vmatrix}$

c) $\begin{vmatrix} x & b & 2a \\ 3y & 3e & 6d \\ z & h & 2g \end{vmatrix}$ d) $\begin{vmatrix} 2a & \text{-}3g & 5d \\ 2b & \text{-}3h & 5e \\ 2c & \text{-}3i & 5f \end{vmatrix}$

e) $\begin{vmatrix} a - 3b & b & c \\ d - 3e & e & f \\ g - 3h & h & i \end{vmatrix}$ f) $\begin{vmatrix} \text{-}a & 3c + x & b \\ \text{-}d & 3f + y & e \\ \text{-}g & 3i + z & h \end{vmatrix}$

3. Calculer les déterminants suivants en les exprimant sous la forme $k\begin{vmatrix} a & b & c \\ 0 & d & e \\ 0 & 0 & f \end{vmatrix}$.

a) $\begin{vmatrix} 1 & 5 & \text{-}4 \\ 2 & 2 & 7 \\ 5 & 3 & 8 \end{vmatrix}$ b) $\begin{vmatrix} 4 & 9 & \text{-}1 \\ 2 & 4 & \text{-}3 \\ 1 & 2 & \text{-}5 \end{vmatrix}$

c) $\begin{vmatrix} 3 & 0 & 6 \\ \frac{1}{2} & \frac{\text{-}5}{2} & \frac{3}{4} \\ 5 & \text{-}5 & 0 \end{vmatrix}$ d) $\begin{vmatrix} 1 & 1 & 1 \\ a & b & c \\ a^2 & b^2 & c^2 \end{vmatrix}$

4. Soit $A = \begin{bmatrix} 1 & 5 \\ 1 & 3 \end{bmatrix}$ et $B = \begin{bmatrix} 9 & 4 \\ 3 & 1 \end{bmatrix}$.

a) Calculer AB et $A + B$.

b) Calculer dét (AB).

c) Calculer dét A et dét B.

d) Comparer dét (AB) avec (dét A)(dét B).

e) Calculer dét $(A + B)$.

f) Comparer dét $(A + B)$ avec (dét A + dét B).

5. Soit $A = \begin{bmatrix} 4 & 6 \\ 3 & 5 \end{bmatrix}$ et $B = \begin{bmatrix} \text{-}4 & 0 & 1 \\ 2 & \text{-}2 & 1 \\ 3 & 5 & 3 \end{bmatrix}$.

a) Calculer dét A et dét B.

b) Déterminer Cof A et Cof B.

c) Déterminer $(\text{Cof } A)^{\text{T}}$ et $(\text{Cof } B)^{\text{T}}$.

d) Effectuer $A(\text{Cof } A)^{\text{T}}$ et $B(\text{Cof } B)^{\text{T}}$.

e) Exprimer $A(\text{Cof } A)^{\text{T}}$ en fonction de dét A et de I, et $B(\text{Cof } B)^{\text{T}}$ en fonction de dét B et de I.

6. Déterminer le rang des matrices suivantes en calculant les déterminants appropriés.

a) $A = \begin{bmatrix} 4 & 0 \\ 10 & 2 \end{bmatrix}$ b) $B = \begin{bmatrix} \text{-}6 & \text{-}9 \\ 4 & 6 \end{bmatrix}$

c) $C = \begin{bmatrix} 1 & 3 & 0 \\ 2 & 6 & 0 \\ 3 & 9 & 4 \end{bmatrix}$ d) $E = \begin{bmatrix} 2 & 2 & 2 & 2 \\ 2 & 2 & 2 & 2 \\ 2 & 2 & 2 & 2 \end{bmatrix}$

e) $F = \begin{bmatrix} 1 & 0 & 5 & 0 & 0 & 0 \\ 0 & 0 & 2 & 0 & 3 & 0 \\ 0 & 0 & 0 & 0 & 4 & 0 \\ 0 & 0 & 0 & 0 & 0 & 0 \end{bmatrix}$

7. Déterminer le rang des matrices suivantes à l'aide de la matrice échelonnée associée et vérifier le résultat à l'aide d'un outil technologique.

a) $A = \begin{bmatrix} 3 & 1 & 1 \\ 6 & 2 & 2 \\ 9 & 3 & 3 \\ \text{-}3 & \text{-}1 & \text{-}1 \end{bmatrix}$

b) $B = \begin{bmatrix} 2 & 1 & 0 & 3 & 1 & \text{-}2 \\ \text{-}2 & \text{-}1 & 4 & \text{-}1 & 0 & 5 \\ 6 & 3 & \text{-}4 & 7 & 2 & \text{-}8 \\ 0 & 0 & 4 & 2 & 1 & 3 \end{bmatrix}$

8. Déterminer la nature des systèmes d'équations suivants à l'aide de la notion de rang.

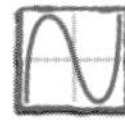

a) $\begin{cases} 3x - y + z - 4w = 2 \\ 6x + 3y - z - 4w = 3 \\ 9x + 2y - 8w = 6 \end{cases}$

b) $\begin{cases} x + 2y + z = 7 \\ \text{-}x + 3y - z = \text{-}2 \\ 3x + 4y - 5z = 3 \\ 2x - 4z = \text{-}2 \\ 5y + 2z = 9 \end{cases}$

c) $\begin{cases} 2a - b + c - d = 2 \\ 6a + 4c + d = 5 \\ 3a + 2b + c + 2d = \text{-}5 \\ a - b + c - d = 3 \end{cases}$

d) $\begin{cases} 2a + c + 2d = 3b \\ 3a = b + 2c + 3d \\ 4a + 2b = c + 4d \end{cases}$

9. a) Soit A, une matrice carré d'ordre n, et $k \in \mathbb{R}$. Démontrer que dét $(kA) = k^n$ dét A (théorème 3.7).

b) Si $\begin{vmatrix} a & b & c \\ 1 & 2 & 3 \\ \frac{1}{3} & \frac{1}{4} & \frac{1}{5} \end{vmatrix} = 3$, évaluer $\begin{vmatrix} 4a & 4b & 4c \\ 4 & 8 & 12 \\ \frac{4}{3} & 1 & \frac{4}{5} \end{vmatrix}$.

3.3 Matrice inverse

Objectifs d'apprentissage

À la fin de cette section, l'élève pourra déterminer l'inverse de certaines matrices carrées.

Plus précisément, l'élève sera en mesure

- de donner la définition de l'adjointe d'une matrice carrée ;
- de démontrer certains théorèmes relatifs aux matrices inverses ;
- de déterminer l'inverse d'une matrice carrée ;
- de donner la définition d'une matrice régulière ;
- de donner la définition d'une matrice singulière ;
- de vérifier si une matrice est l'inverse d'une matrice donnée ;
- de démontrer certaines propriétés relatives aux matrices et aux déterminants.

$$A^{-1} = \frac{1}{\text{dét } A} \text{adj } A$$

$$A^{-1}A = AA^{-1} = I$$

Dans cette section, nous utiliserons le déterminant d'une matrice carrée pour savoir si cette matrice est inversible, puis nous déterminerons l'inverse d'une matrice inversible.

Adjointe et inverse d'une matrice carrée

DÉFINITION 3.10 L'**adjointe** d'une matrice carrée $A_{n \times n}$, où $n \geq 2$, notée adj A, est obtenue en transposant la matrice des cofacteurs de A. Ainsi,

$$\text{adj } A = (\text{Cof } A)^T$$

Ainsi, $\text{adj } A = (\text{Cof } A)^T = \begin{bmatrix} C_{11} & C_{12} & \dots & C_{1n} \\ C_{21} & C_{22} & \dots & C_{2n} \\ \vdots & \vdots & & \vdots \\ C_{n1} & C_{n2} & \dots & C_{nn} \end{bmatrix}^T = \begin{bmatrix} C_{11} & C_{21} & \dots & C_{n1} \\ C_{12} & C_{22} & \dots & C_{n2} \\ \vdots & \vdots & & \vdots \\ C_{1n} & C_{2n} & \dots & C_{nn} \end{bmatrix}$

Dans l'exemple suivant, nous utiliserons l'adjointe d'une matrice carrée A inversible pour déterminer l'inverse A^{-1} de la matrice A.

Exemple 1 Soit $A = \begin{bmatrix} 2 & -6 & 5 \\ -3 & 0 & 7 \\ 4 & -9 & -8 \end{bmatrix}$.

a) Déterminons adj A.

Trouvons d'abord Cof A.

$$\text{Cof } A = \begin{bmatrix} \begin{vmatrix} 0 & 7 \\ -9 & -8 \end{vmatrix} & -\begin{vmatrix} -3 & 7 \\ 4 & -8 \end{vmatrix} & \begin{vmatrix} -3 & 0 \\ 4 & -9 \end{vmatrix} \\ -\begin{vmatrix} -6 & 5 \\ -9 & -8 \end{vmatrix} & \begin{vmatrix} 2 & 5 \\ 4 & -8 \end{vmatrix} & -\begin{vmatrix} 2 & -6 \\ 4 & -9 \end{vmatrix} \\ \begin{vmatrix} -6 & 5 \\ 0 & 7 \end{vmatrix} & -\begin{vmatrix} 2 & 5 \\ -3 & 7 \end{vmatrix} & \begin{vmatrix} 2 & -6 \\ -3 & 0 \end{vmatrix} \end{bmatrix} = \begin{bmatrix} 63 & 4 & 27 \\ -93 & -36 & -6 \\ -42 & -29 & -18 \end{bmatrix}$$

Ainsi, $\text{adj } A = \begin{bmatrix} 63 & 4 & 27 \\ -93 & -36 & -6 \\ -42 & -29 & -18 \end{bmatrix}^T$ (car adj $A = (\text{Cof } A)^T$, définition 3.10)

d'où $\text{adj } A = \begin{bmatrix} 63 & -93 & -42 \\ 4 & -36 & -29 \\ 27 & -6 & -18 \end{bmatrix}$

b) Effectuons $A(\text{adj } A)$.

$$A(\text{adj } A) = \begin{bmatrix} 2 & -6 & 5 \\ -3 & 0 & 7 \\ 4 & -9 & -8 \end{bmatrix}\begin{bmatrix} 63 & -93 & -42 \\ 4 & -36 & -29 \\ 27 & -6 & -18 \end{bmatrix} = \begin{bmatrix} 237 & 0 & 0 \\ 0 & 237 & 0 \\ 0 & 0 & 237 \end{bmatrix}$$

c) Exprimons $A(\text{adj } A)$ en fonction de $I_{3\times 3}$.

$$A(\text{adj } A) = \begin{bmatrix} 237 & 0 & 0 \\ 0 & 237 & 0 \\ 0 & 0 & 237 \end{bmatrix} = 237\begin{bmatrix} 1 & 0 & 0 \\ 0 & 1 & 0 \\ 0 & 0 & 1 \end{bmatrix}$$

d'où $A(\text{adj } A) = 237\, I_{3\times 3}$

d) Calculons dét A.

$$\text{dét } A = -(-3)\begin{vmatrix} -6 & 5 \\ -9 & -8 \end{vmatrix} + 0\begin{vmatrix} 2 & 5 \\ 4 & -8 \end{vmatrix} - 7\begin{vmatrix} 2 & -6 \\ 4 & -9 \end{vmatrix} = 3(93) - 7(6) = 237$$

e) Déterminons A^{-1}.

En multipliant les deux membres de l'équation $A(\text{adj } A) = 237\, I_{3\times 3}$ obtenus en c) par $\frac{1}{237}$, nous avons

$$\frac{1}{237} A(\text{adj } A) = \frac{1}{237}(237\, I_{3\times 3})$$

$$A\left(\frac{1}{237}\text{adj } A\right) = I_{3\times 3}$$

$$\text{d'où } A^{-1} = \frac{1}{237}\text{adj } A = \frac{1}{237}\begin{bmatrix} 63 & -93 & -42 \\ 4 & -36 & -29 \\ 27 & -6 & -18 \end{bmatrix} = \begin{bmatrix} \frac{21}{79} & \frac{-31}{79} & \frac{-14}{79} \\ \frac{4}{237} & \frac{-12}{79} & \frac{-29}{237} \\ \frac{9}{79} & \frac{-2}{79} & \frac{-6}{79} \end{bmatrix}$$

De plus, nous constatons que $A^{-1} = \frac{1}{\text{dét } A}\text{adj } A$. (car dét $A = 237$)

THÉORÈME 3.17 Si A est une matrice carrée d'ordre n, où $n \geq 2$, telle que dét $A \neq 0$, alors la matrice inverse de A, notée A^{-1}, existe et

$$A^{-1} = \frac{1}{\text{dét } A}\text{adj } A$$

Cas où $n = 3$ Démontrons d'abord le théorème dans le cas où $n = 3$.

PREUVE

Soit $A = \begin{bmatrix} a_{11} & a_{12} & a_{13} \\ a_{21} & a_{22} & a_{23} \\ a_{31} & a_{32} & a_{33} \end{bmatrix}$. Ainsi adj $A = \begin{bmatrix} \begin{vmatrix} a_{22} & a_{23} \\ a_{32} & a_{33} \end{vmatrix} & -\begin{vmatrix} a_{12} & a_{13} \\ a_{32} & a_{33} \end{vmatrix} & \begin{vmatrix} a_{12} & a_{13} \\ a_{22} & a_{23} \end{vmatrix} \\ -\begin{vmatrix} a_{21} & a_{23} \\ a_{31} & a_{33} \end{vmatrix} & \begin{vmatrix} a_{11} & a_{13} \\ a_{31} & a_{33} \end{vmatrix} & -\begin{vmatrix} a_{11} & a_{13} \\ a_{21} & a_{23} \end{vmatrix} \\ \begin{vmatrix} a_{21} & a_{22} \\ a_{31} & a_{32} \end{vmatrix} & -\begin{vmatrix} a_{11} & a_{12} \\ a_{31} & a_{32} \end{vmatrix} & \begin{vmatrix} a_{11} & a_{12} \\ a_{21} & a_{22} \end{vmatrix} \end{bmatrix}$.

En effectuant $A(\text{adj } A)$, nous obtenons

$$A(\text{adj } A) = \begin{bmatrix} a_{11} & a_{12} & a_{13} \\ a_{21} & a_{22} & a_{23} \\ a_{31} & a_{32} & a_{33} \end{bmatrix} \begin{bmatrix} \begin{vmatrix} a_{22} & a_{23} \\ a_{32} & a_{33} \end{vmatrix} & -\begin{vmatrix} a_{12} & a_{13} \\ a_{32} & a_{33} \end{vmatrix} & \begin{vmatrix} a_{12} & a_{13} \\ a_{22} & a_{23} \end{vmatrix} \\ -\begin{vmatrix} a_{21} & a_{23} \\ a_{31} & a_{33} \end{vmatrix} & \begin{vmatrix} a_{11} & a_{13} \\ a_{31} & a_{33} \end{vmatrix} & -\begin{vmatrix} a_{11} & a_{13} \\ a_{21} & a_{23} \end{vmatrix} \\ \begin{vmatrix} a_{21} & a_{22} \\ a_{31} & a_{32} \end{vmatrix} & -\begin{vmatrix} a_{11} & a_{12} \\ a_{31} & a_{32} \end{vmatrix} & \begin{vmatrix} a_{11} & a_{12} \\ a_{21} & a_{22} \end{vmatrix} \end{bmatrix} = \begin{bmatrix} x_{11} & x_{12} & x_{13} \\ x_{21} & x_{22} & x_{23} \\ x_{31} & x_{32} & x_{33} \end{bmatrix}$$

D'une part, $x_{11} = a_{11}\begin{vmatrix} a_{22} & a_{23} \\ a_{32} & a_{33} \end{vmatrix} - a_{12}\begin{vmatrix} a_{21} & a_{23} \\ a_{31} & a_{33} \end{vmatrix} + a_{13}\begin{vmatrix} a_{21} & a_{22} \\ a_{31} & a_{32} \end{vmatrix}$

$= \text{dét } A$ (définition du dét A développé selon les éléments de la première ligne)

De même, nous obtenons $x_{22} = \text{dét } A$ et $x_{33} = \text{dét } A$. (en calculant dét A développé selon les éléments de la deuxième ligne et de la troisième ligne respectivement)

D'autre part, $x_{12} = -a_{11}\begin{vmatrix} a_{12} & a_{13} \\ a_{32} & a_{33} \end{vmatrix} + a_{12}\begin{vmatrix} a_{11} & a_{13} \\ a_{31} & a_{33} \end{vmatrix} - a_{13}\begin{vmatrix} a_{11} & a_{12} \\ a_{31} & a_{32} \end{vmatrix}$

$= \begin{vmatrix} a_{11} & a_{12} & a_{13} \\ a_{11} & a_{12} & a_{13} \\ a_{31} & a_{32} & a_{33} \end{vmatrix}$ (selon les éléments de la deuxième ligne)

$= 0$ (car $L_1 = L_2$)

De même, $x_{13} = 0$, $x_{21} = 0$, $x_{23} = 0$, $x_{31} = 0$ et $x_{32} = 0$, car chacune de ces valeurs correspond au déterminant d'une matrice où deux lignes sont identiques.

Ainsi, $A(\text{adj } A) = \begin{bmatrix} \text{dét } A & 0 & 0 \\ 0 & \text{dét } A & 0 \\ 0 & 0 & \text{dét } A \end{bmatrix} = \text{dét } A \begin{bmatrix} 1 & 0 & 0 \\ 0 & 1 & 0 \\ 0 & 0 & 1 \end{bmatrix} = (\text{dét } A)\, I_{3 \times 3}$

donc, $A(\text{adj } A) = (\text{dét } A)\, I_{3 \times 3}$

En multipliant les deux membres de l'équation précédente par $\frac{1}{\text{dét } A}$, où $\text{dét } A \neq 0$,

nous obtenons $\frac{1}{\text{dét } A} A(\text{adj } A) = \frac{1}{\text{dét } A}(\text{dét } A)\, I_{3 \times 3}$

$$A\left(\frac{1}{\text{dét } A} \text{adj } A\right) = I_{3 \times 3}$$

d'où $A^{-1} = \frac{1}{\text{dét } A} \text{adj } A$

Cas général Démontrons le théorème dans le cas général.

PREUVE

Soit $A = \begin{bmatrix} a_{11} & a_{12} & \dots & a_{1n} \\ a_{21} & a_{22} & \dots & a_{2n} \\ \vdots & \vdots & & \vdots \\ a_{n1} & a_{n2} & \dots & a_{nn} \end{bmatrix}$ et $\text{adj } A = \begin{bmatrix} C_{11} & C_{21} & \dots & C_{n1} \\ C_{12} & C_{22} & \dots & \vdots \\ \vdots & \vdots & & \vdots \\ C_{1n} & C_{2n} & \dots & C_{nn} \end{bmatrix}$.

En effectuant $A(\text{adj } A)$, nous obtenons

$$A(\text{adj } A) = \begin{bmatrix} a_{11} & a_{12} & \dots & a_{1n} \\ a_{21} & a_{22} & \dots & a_{2n} \\ \vdots & \vdots & & \vdots \\ a_{i1} & a_{i2} & \dots & a_{in} \\ \vdots & \vdots & & \vdots \\ a_{n1} & a_{n2} & \dots & a_{nn} \end{bmatrix} \begin{bmatrix} C_{11} & \dots & C_{j1} & \dots & C_{n1} \\ C_{12} & \dots & C_{j2} & \dots & C_{n2} \\ \vdots & & \vdots & & \vdots \\ C_{1n} & \dots & C_{jn} & \dots & C_{nn} \end{bmatrix} = \begin{bmatrix} x_{11} & x_{12} & \dots & x_{1j} & \dots & x_{1n} \\ x_{21} & x_{22} & \dots & x_{2j} & \dots & x_{2n} \\ \vdots & \vdots & & \vdots & & \vdots \\ x_{i1} & x_{i2} & \dots & x_{ij} & \dots & x_{in} \\ \vdots & \vdots & & \vdots & & \vdots \\ x_{n1} & x_{n2} & \dots & x_{nj} & \dots & x_{nn} \end{bmatrix}$$

où $x_{ij} = a_{i1}C_{j1} + a_{i2}C_{j2} + \dots + a_{in}C_{jn}$

D'une part, si $i = j$, alors x_{ij} est égal au dét A par définition du dét A développé selon les éléments de la i-ième ligne.

D'autre part, si $i \neq j$, alors x_{ij} est égal à 0, car x_{ij} correspond au déterminant d'une matrice ayant deux lignes identiques.

$$\text{Ainsi, } A(\text{adj } A) = \begin{bmatrix} \text{dét } A & 0 & \dots & 0 \\ 0 & \text{dét } A & \dots & 0 \\ \vdots & \vdots & & \vdots \\ 0 & 0 & \dots & \text{dét } A \end{bmatrix} \qquad \left(\text{car } x_{ij} = \begin{cases} \text{dét } A & \text{si } i = j \\ 0 & \text{si } i \neq j \end{cases} \right)$$

donc, $A(\text{adj } A) = (\text{dét } A)\, I_{n \times n}$

En multipliant les deux membres de l'équation précédente par $\dfrac{1}{\text{dét } A}$, où dét $A \neq 0$,

nous obtenons $\dfrac{1}{\text{dét } A} A(\text{adj } A) = \dfrac{1}{\text{dét } A} (\text{dét } A)\, I_{n \times n}$

$$A\left(\frac{1}{\text{dét } A} \text{adj } A\right) = I_{n \times n}$$

d'où $A^{-1} = \dfrac{1}{\text{dét } A} \text{adj } A$

THÉORÈME 3.18 Une matrice carrée $A_{n \times n}$ est inversible si et seulement si dét $A \neq 0$.

PREUVE

($\Rightarrow$) Si A est inversible, alors A^{-1} existe.

Ainsi, $AA^{-1} = I_{n \times n}$ (définition de l'inverse)

$\text{dét } (AA^{-1}) = \text{dét } I_{n \times n}$

$(\text{dét } A)(\text{dét } A^{-1}) = 1$ (car dét $(AB) = (\text{dét } A)(\text{dét } B)$ et dét $I_{n \times n} = 1$)

d'où dét $A \neq 0$

($\Leftarrow$) Si dét $A \neq 0$, alors $A^{-1} = \dfrac{1}{\text{dét } A} \text{adj } A$ (théorème 3.17)

d'où A^{-1} existe.

Nous pouvons déterminer si une matrice est régulière ou singulière (définition 2.11) en utilisant le corollaire suivant, que nous acceptons sans démonstration.

COROLLAIRE du théorème 3.18

1) Une matrice carrée $A_{n \times n}$ est **régulière** si dét $A \neq 0$.

2) Une matrice carrée $A_{n \times n}$ est **singulière** si dét $A = 0$.

Remarque Lorsque nous voulons déterminer l'inverse d'une matrice carrée $A_{n \times n}$, il est préférable de calculer *a priori* son déterminant.

Dans le cas où dét $A = 0$, la matrice A n'a pas d'inverse.

Dans le cas où dét $A \neq 0$, nous trouvons adj A et nous obtenons, par le théorème 3.17, $A^{-1} = \dfrac{1}{\text{dét } A}$ adj A ; cet inverse est unique (théorème 1.1).

Exemple 2 Soit $A = \begin{bmatrix} 1 & -1 & 2 \\ 1 & 2 & 0 \\ 4 & 1 & 3 \end{bmatrix}$, $B = \begin{bmatrix} 1 & 4 & -3 \\ -2 & 0 & -2 \\ 3 & 6 & -3 \end{bmatrix}$ et $C = \begin{bmatrix} 1 & 2 & 3 & 4 \\ 2 & 3 & 4 & 1 \\ 3 & 4 & 1 & 2 \\ 4 & 1 & 2 & 3 \end{bmatrix}$.

a) Déterminons, si c'est possible, A^{-1}.

Calculons d'abord dét A.

dét $A = -5$

Puisque dét $A \neq 0$, A est inversible. (théorème 3.18)

Déterminons ensuite adj A.

$$\text{adj } A = \begin{bmatrix} \begin{vmatrix} 2 & 0 \\ 1 & 3 \end{vmatrix} & -\begin{vmatrix} -1 & 2 \\ 1 & 3 \end{vmatrix} & \begin{vmatrix} -1 & 2 \\ 2 & 0 \end{vmatrix} \\ -\begin{vmatrix} 1 & 0 \\ 4 & 3 \end{vmatrix} & \begin{vmatrix} 1 & 2 \\ 4 & 3 \end{vmatrix} & -\begin{vmatrix} 1 & 2 \\ 1 & 0 \end{vmatrix} \\ \begin{vmatrix} 1 & 2 \\ 4 & 1 \end{vmatrix} & -\begin{vmatrix} 1 & -1 \\ 4 & 1 \end{vmatrix} & \begin{vmatrix} 1 & -1 \\ 1 & 2 \end{vmatrix} \end{bmatrix} = \begin{bmatrix} 6 & 5 & -4 \\ -3 & -5 & 2 \\ -7 & -5 & 3 \end{bmatrix}$$

Puisque $A^{-1} = \dfrac{1}{\text{dét } A}$ adj A (théorème 3.17), alors $A^{-1} = \dfrac{1}{-5}\begin{bmatrix} 6 & 5 & -4 \\ -3 & -5 & 2 \\ -7 & -5 & 3 \end{bmatrix}$

$$\text{d'où } A^{-1} = \begin{bmatrix} \frac{-6}{5} & -1 & \frac{4}{5} \\ \frac{3}{5} & 1 & \frac{-2}{5} \\ \frac{7}{5} & 1 & \frac{-3}{5} \end{bmatrix}$$

b) Déterminons, si c'est possible, B^{-1}.

Calculons d'abord dét B.

dét $B = 0$

Puisque dét $B = 0$, B n'est pas inversible. (théorème 3.18)

c) Déterminons, si c'est possible, C^{-1}.

Calculons d'abord dét C.

dét $C = 160$

Puisque dét $C \neq 0$, C est inversible. (théorème 3.18)

Déterminons ensuite adj C.

$$\text{adj } C = \begin{bmatrix} \begin{vmatrix} 3 & 4 & 1 \\ 4 & 1 & 2 \\ 1 & 2 & 3 \end{vmatrix} & -\begin{vmatrix} 2 & 3 & 4 \\ 4 & 1 & 2 \\ 1 & 2 & 3 \end{vmatrix} & \begin{vmatrix} 2 & 3 & 4 \\ 3 & 4 & 1 \\ 1 & 2 & 3 \end{vmatrix} & -\begin{vmatrix} 2 & 3 & 4 \\ 3 & 4 & 1 \\ 4 & 1 & 2 \end{vmatrix} \\ \vdots & \vdots & \vdots & \vdots \\ \vdots & \vdots & \vdots & \vdots \\ -\begin{vmatrix} 2 & 3 & 4 \\ 3 & 4 & 1 \\ 4 & 1 & 2 \end{vmatrix} & \begin{vmatrix} 1 & 2 & 3 \\ 3 & 4 & 1 \\ 4 & 1 & 2 \end{vmatrix} & -\begin{vmatrix} 1 & 2 & 3 \\ 2 & 3 & 4 \\ 4 & 1 & 2 \end{vmatrix} & \begin{vmatrix} 1 & 2 & 3 \\ 2 & 3 & 4 \\ 3 & 4 & 1 \end{vmatrix} \end{bmatrix} = \begin{bmatrix} -36 & 4 & 4 & 44 \\ 4 & 4 & 44 & -36 \\ 4 & 44 & -36 & 4 \\ 44 & -36 & 4 & 4 \end{bmatrix}$$

Puisque $C^{-1} = \dfrac{1}{\text{dét } C} \text{adj } C$ (théorème 3.17)

$$C^{-1} = \frac{1}{160} \begin{bmatrix} -36 & 4 & 4 & 44 \\ 4 & 4 & 44 & -36 \\ 4 & 44 & -36 & 4 \\ 44 & -36 & 4 & 4 \end{bmatrix}$$

$$\text{d'où } C^{-1} = \begin{bmatrix} \frac{-9}{40} & \frac{1}{40} & \frac{1}{40} & \frac{11}{40} \\ \frac{1}{40} & \frac{1}{40} & \frac{11}{40} & \frac{-9}{40} \\ \frac{1}{40} & \frac{11}{40} & \frac{-9}{40} & \frac{1}{40} \\ \frac{11}{40} & \frac{-9}{40} & \frac{1}{40} & \frac{1}{40} \end{bmatrix}$$

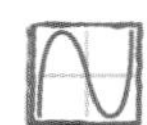

d) Déterminons C^{-1} à l'aide de Maple.

```
> with(linalg):
> C:=matrix(4,4,[1,2,3,4,2,3,4,1,3,4,1,2,4,1,2,3]):
> dét(C):=det(C);
                    dét(C):= 160
> Inverse(C):=inverse(C);
```

$$\text{Inverse}(C) := \begin{bmatrix} \frac{-9}{40} & \frac{1}{40} & \frac{1}{40} & \frac{11}{40} \\ \frac{1}{40} & \frac{1}{40} & \frac{11}{40} & \frac{-9}{40} \\ \frac{1}{40} & \frac{11}{40} & \frac{-9}{40} & \frac{1}{40} \\ \frac{11}{40} & \frac{-9}{40} & \frac{1}{40} & \frac{1}{40} \end{bmatrix}$$

Cryptologie

Nous pouvons utiliser la notion de matrice inverse pour encoder et décoder des messages.

Si nous associons à chaque lettre le nombre auquel elle est jumelée, nous pouvons encoder un message à l'aide d'une matrice inversible.

espace	A	B	C	D	E	F	G	H	I	J	K	L	M	N	O	P	Q	R	S	T	U	V	W	X	Y	Z
0	1	2	3	4	5	6	7	8	9	10	11	12	13	14	15	16	17	18	19	20	21	22	23	24	25	26

Exemple 3 Le message « jour du dîner » correspond à la séquence de nombres suivante.

J	O	U	R		D	U		D	Î	N	E	R
10	15	21	18	0	4	21	0	4	9	14	5	18

a) Utilisons la matrice $A = \begin{bmatrix} 3 & 1 \\ 5 & 2 \end{bmatrix}$, où A est inversible, car dét $A \neq 0$ (dét $A = 6 - 5 = 1$), pour encoder le message.

Écrivons la séquence précédente à l'aide d'une matrice B, où B doit avoir deux lignes.

$$B = \begin{bmatrix} 10 & 21 & 0 & 21 & 4 & 14 & 18 \\ 15 & 18 & 4 & 0 & 9 & 5 & 0 \end{bmatrix}$$

Effectuons AB et posons $AB = C$.

$$AB = \begin{bmatrix} 3 & 1 \\ 5 & 2 \end{bmatrix} \begin{bmatrix} 10 & 21 & 0 & 21 & 4 & 14 & 18 \\ 15 & 18 & 4 & 0 & 9 & 5 & 0 \end{bmatrix}$$

$$C = \begin{bmatrix} 45 & 81 & 4 & 63 & 21 & 47 & 54 \\ 80 & 141 & 8 & 105 & 38 & 80 & 120 \end{bmatrix} \quad \text{(en effectuant } AB\text{)}$$

Le message encodé est donc le suivant.

45 80 81 141 4 8 63 105 21 38 47 80 54 120

Il est envoyé au destinataire.

Ce dernier doit transformer le message encodé en une matrice de deux lignes. Ainsi, il obtient la matrice C.

Il décode le message en effectuant $A^{-1}C$.

Ainsi, $A^{-1}C = A^{-1}(AB) = (A^{-1}A)B = I_{2 \times 2}B = B$, qui est le message original.

b) Le destinataire répond par le message codé suivant, également encodé avec la matrice A précédente.

35 60 67 113 27 45 3 5 48 83 21 38

Déterminons sa réponse.

En transformant cette séquence sous forme d'une matrice ayant deux lignes,

nous obtenons $M = \begin{bmatrix} 35 & 67 & 27 & 3 & 48 & 21 \\ 60 & 113 & 45 & 5 & 83 & 38 \end{bmatrix}$

Trouvons A^{-1}, où $A = \begin{bmatrix} 3 & 1 \\ 5 & 2 \end{bmatrix}$ et dét $A = 1$.

$$A^{-1} = \frac{1}{\text{dét } A} \text{adj } A = \frac{1}{1}\begin{bmatrix} 2 & -1 \\ -5 & 3 \end{bmatrix} = \begin{bmatrix} 2 & -1 \\ -5 & 3 \end{bmatrix}$$

Effectuons $A^{-1}M$ et posons $A^{-1}M = R$.

$$A^{-1}M = \begin{bmatrix} 2 & -1 \\ -5 & 3 \end{bmatrix} \begin{bmatrix} 35 & 67 & 27 & 3 & 48 & 21 \\ 60 & 113 & 45 & 5 & 83 & 38 \end{bmatrix}$$

$$R = \begin{bmatrix} 10 & 21 & 9 & 1 & 13 & 4 \\ 5 & 4 & 0 & 0 & 9 & 9 \end{bmatrix} \quad \text{(en effectuant } A^{-1}M\text{)}$$

La séquence est donc	10	5	21	4	9	0	1	0	13	9	4	9
d'où la réponse est	J	E	U	D	I		À		M	I	D	I

Propriétés des matrices et des déterminants

Nous allons maintenant énoncer quelques propriétés des matrices et des déterminants. Certaines de ces propriétés seront démontrées ; la démonstration des autres sera laissée à l'élève.

Soit $A_{n \times n}$ et $B_{n \times n}$, deux matrices régulières où $n \geq 2$.

Propriété 1 $\text{dét } A^{-1} = \dfrac{1}{\text{dét } A}$

Propriété 2 $(A^{-1})^{-1} = A$

Propriété 3 $(AB)^{-1} = B^{-1}A^{-1}$

Propriété 4 $(A^{T})^{-1} = (A^{-1})^{T}$

Propriété 5 $(A^{n})^{-1} = (A^{-1})^{n}$

Propriété 6 $(kA^{-1}) = \dfrac{1}{k}A^{-1}$ si $k \in \mathbb{R} \setminus \{0\}$

Propriété 7 $\text{dét (adj } A) = (\text{dét } A)^{n-1}$

Propriété 8 $\text{adj }(AB) = (\text{adj } B)(\text{adj } A)$

Propriété 9 $\text{adj }(kA) = k^{n-1}(\text{adj } A)$

PROPRIÉTÉ 1 $\text{dét } A^{-1} = \dfrac{1}{\text{dét } A}$

PREUVE

$\text{dét }(AA^{-1}) = \text{dét } I_{n \times n}$ (car $AA^{-1} = I_{n \times n}$)

$(\text{dét } A)(\text{dét } A^{-1}) = 1$ (car $\text{dét }(AB) = (\text{dét } A)(\text{dét } B)$ et $\text{dét } I_{n \times n} = 1$)

d'où $\text{dét } A^{-1} = \dfrac{1}{\text{dét } A}$

PROPRIÉTÉ 3 $(AB)^{-1} = B^{-1}A^{-1}$

PREUVE Soit $M = (AB)^{-1}$, la matrice inverse de (AB). Déterminons M.

$M(AB) = I_{n \times n}$ (définition de l'inverse)

$(MA)B = I_{n \times n}$ (associativité)

$(MA)BB^{-1} = I_{n \times n}B^{-1}$ (en multipliant à droite les deux membres de l'équation par B^{-1})

$(MA)I_{n \times n} = B^{-1}$ (car $BB^{-1} = I_{n \times n}$ et $I_{n \times n}$ est l'élément neutre pour la multiplication)

$(MA) = B^{-1}$ ($I_{n \times n}$ est l'élément neutre pour la multiplication)

$(MA)A^{-1} = B^{-1}A^{-1}$ (en multipliant à droite les deux membres de l'équation par A^{-1})

$M(AA^{-1}) = B^{-1}A^{-1}$ (associativité)

$MI_{n \times n} = B^{-1}A^{-1}$ (car $AA^{-1} = I_{n \times n}$)

$M = B^{-1}A^{-1}$ ($I_{n \times n}$ est l'élément neutre pour la multiplication)

d'où $(AB)^{-1} = B^{-1}A^{-1}$ (car $M = (AB)^{-1}$)

Exercices 3.3

1. Vérifier que les matrices A et B suivantes sont l'inverse l'une de l'autre.

$$A = \begin{bmatrix} -2 & 2 & 1 \\ 1 & 3 & -2 \\ 2 & 1 & -2 \end{bmatrix} \qquad B = \begin{bmatrix} 4 & -5 & 7 \\ 2 & -2 & 3 \\ 5 & -6 & 8 \end{bmatrix}$$

2. Calculer le déterminant de chacune des matrices suivantes, puis trouver la matrice adjointe et la matrice inverse des matrices régulières.

a) $A = \begin{bmatrix} 4 & 3 \\ 6 & 5 \end{bmatrix}$ b) $B = \begin{bmatrix} 3 & -2 \\ 4 & 1 \end{bmatrix}$

c) $C = \begin{bmatrix} 3 & 1 \\ 6 & 2 \end{bmatrix}$ d) $E = \begin{bmatrix} 2 & 4 & 1 \\ -1 & 1 & 3 \\ 0 & 0 & 1 \end{bmatrix}$

e) $F = \begin{bmatrix} 2 & 1 & 3 \\ -1 & 2 & 4 \\ 3 & 0 & 1 \end{bmatrix}$ f) $G = \begin{bmatrix} 1 & 2 & 0 \\ 2 & 1 & 3 \\ 1 & -1 & 3 \end{bmatrix}$

g) $H = \begin{bmatrix} 3 & 0 & 0 \\ 0 & 4 & 0 \\ 0 & 0 & 5 \end{bmatrix}$ h) $M = \begin{bmatrix} 2 & 0 & 5 & 0 \\ 0 & 7 & 0 & 2 \\ 3 & 0 & 7 & 0 \\ 0 & 0 & 0 & 6 \end{bmatrix}$

3. Déterminer, si c'est possible, l'inverse des matrices suivantes.

a) $\begin{bmatrix} 1 & -2 \\ 2 & 3 \end{bmatrix}$ b) $\begin{bmatrix} 9 & 15 \\ 3 & 5 \end{bmatrix}$

c) $\begin{bmatrix} 2 & 1 & 1 \\ 1 & 0 & 0 \\ 1 & 1 & 3 \end{bmatrix}$ d) $\begin{bmatrix} 1 & 0 & 4 \\ 2 & 1 & -3 \\ 0 & 0,5 & -5 \end{bmatrix}$

e) $\begin{bmatrix} 1 & 4 & -1 \\ 3 & 5 & 2 \\ 2 & 1 & 3 \end{bmatrix}$ f) $\begin{bmatrix} 0 & -1 & 4 \\ 2 & -3 & -3 \\ -3 & 2 & 1 \end{bmatrix}$

g) $\begin{bmatrix} 0 & -3 & 0 & 2 \\ 2 & 0 & -3 & 0 \\ 0 & 2 & 0 & -3 \\ -3 & 0 & 2 & 0 \end{bmatrix}$ h) $\begin{bmatrix} 2 & 6 & 1 & 2 \\ 3 & 5 & 2 & 3 \\ 1 & 2 & 3 & 2 \\ 0 & 3 & 2 & 1 \end{bmatrix}$

i) $\begin{bmatrix} -1 & 0 & 6 & 7 \\ 5 & -3 & 1 & -6 \\ -2 & 2 & 0 & 1 \\ 0 & 1 & 3 & 0 \end{bmatrix}$ j) $\begin{bmatrix} 3 & 3 & 0 & 1 & 1 \\ 1 & 3 & 1 & 2 & -1 \\ 0 & -3 & -1 & -3 & 1 \\ 0 & 1 & 0 & 1 & 3 \\ 3 & 3 & 0 & 1 & 2 \end{bmatrix}$

4. Soit $A = \begin{bmatrix} 1 & 2 & 3 \\ 3 & 2 & 1 \\ 1 & 1 & 0 \end{bmatrix}$ et $B = \begin{bmatrix} 1 & 1 & 0 \\ 1 & 1 & 1 \\ 2 & 0 & 0 \end{bmatrix}$.

Vérifier que $(AB)^{-1} = B^{-1}A^{-1}$.

5. Pour quelles valeurs de x les matrices suivantes sont-elles inversibles ?

a) $A = \begin{bmatrix} x+1 & 2 \\ 3 & x \end{bmatrix}$ b) $B = \begin{bmatrix} x & -1 \\ 1 & x \end{bmatrix}$

c) $C = \begin{bmatrix} x & 0 & 1 \\ 0 & x & 0 \\ 0 & 0 & x \end{bmatrix}$

d) $E = \begin{bmatrix} 2 & -3 & 4 \\ x & -x & 5 \\ 4+x & -6-x & 13 \end{bmatrix}$

e) $F = \begin{bmatrix} x & 2x & 3x & x+1 \\ 0 & 5 & 2x+2 & 23 \\ 0 & 0 & x^2+1 & 5x+6 \\ 0 & 0 & 0 & x^2-4 \end{bmatrix}$

f) $G = \begin{bmatrix} x-3 & 0 & 4-x \\ 4 & x & 3 \\ 1 & 1 & 1 \end{bmatrix}$

6. Déterminer, si c'est possible, l'inverse des matrices suivantes.

a) $A = \begin{bmatrix} 1-x & x \\ -x & 1+x \end{bmatrix}$

b) $B = \begin{bmatrix} x & 3 \\ 5x-3 & x+9 \end{bmatrix}$

c) $C = \begin{bmatrix} \cos\theta & \sin\theta \\ -\sin\theta & \cos\theta \end{bmatrix}$

d) $E = \begin{bmatrix} 1-\sin\theta & \cos\theta \\ \cos\theta & 1+\sin\theta \end{bmatrix}$

e) $F = \begin{bmatrix} a_{11} & 0 & \dots & 0 \\ 0 & a_{22} & \dots & 0 \\ 0 & 0 & \dots & 0 \\ \vdots & \vdots & & \vdots \\ 0 & 0 & \dots & a_{nn} \end{bmatrix}$

7. Soit A et B, deux matrices carrées 4×4 telles que dét $A = 4$ et dét $B = -2$. Évaluer les déterminants suivants.

a) dét A^{-1} b) dét B^{-1}

c) dét $(AB)^{-1}$ d) dét $(A^{-1})^{-1}$

e) dét $(B^{-1})^3$ f) dét $(A^3)^{-1}$

g) dét $(A^{-1})^{T}$ h) dét $\left(\frac{1}{2}A\right)^{-1}$

i) dét (A^3B^{-1}) j) dét $((3A)(2B)^{-1})$

k) dét (adj A) l) dét (adj B)

m) dét (adj (AB)) n) dét (adj $(3B)$)

8. Soit A et B, deux matrices $n \times n$. Si dét $(AB) = 0$, démontrer qu'au moins une des deux matrices est singulière.

9. Soit $A_{n \times n}$ et $B_{n \times n}$, deux matrices, et $C_{n \times n}$, une matrice inversible où $n \geq 2$. Démontrer que :

a) $C^{-1}(AB)C = (C^{-1}AC)(C^{-1}BC)$

b) $(C^{-1}AC)^k = C^{-1}(A^k)C$ si $k \in \{1, 2, 3, 4, \ldots\}$

10. Soit une matrice $A_{n \times n}$ où $n \geq 2$.

a) Démontrer que $A^2 = I_{n \times n}$ si et seulement si $A = A^{-1}$.

b) Démontrer que si $A^2 = I_{n \times n}$, alors dét $A = \pm 1$.

11. Soit $A_{n \times n}$ où $n \geq 2$, une matrice inversible.

a) Démontrer que $(A^{-1})^{-1} = A$.

b) Démontrer que dét (adj A) = (dét $A)^{n-1}$.

3

3.4 Résolution de systèmes d'équations linéaires

Objectifs d'apprentissage

À la fin de cette section, l'élève pourra résoudre certains systèmes d'équations linéaires à l'aide de la matrice inverse et de la règle de Cramer.

Plus précisément, l'élève sera en mesure

- de déterminer l'ensemble-solution d'un système de n équations linéaires à n inconnues à l'aide de la matrice inverse ;
- de déterminer l'ensemble-solution d'un système de n équations linéaires à n inconnues à l'aide de la règle de Cramer.

$$\overbrace{\begin{bmatrix} a_{11} & a_{12} \\ a_{21} & a_{22} \end{bmatrix}}^{A} \begin{bmatrix} x_1 \\ x_2 \end{bmatrix} = \overbrace{\begin{bmatrix} b_1 \\ b_2 \end{bmatrix}}^{B}, \text{ où dét } A \neq 0$$

$$\begin{bmatrix} x_1 \\ x_2 \end{bmatrix} = A^{-1}B$$

$$x_1 = \frac{\begin{vmatrix} b_1 & a_{12} \\ b_2 & a_{22} \end{vmatrix}}{\begin{vmatrix} a_{11} & a_{12} \\ a_{21} & a_{22} \end{vmatrix}} \text{ et } x_2 = \frac{\begin{vmatrix} a_{11} & b_1 \\ a_{21} & b_2 \end{vmatrix}}{\begin{vmatrix} a_{11} & a_{12} \\ a_{21} & a_{22} \end{vmatrix}}$$

Dans cette section, nous utiliserons deux autres méthodes pour résoudre des systèmes d'équations linéaires de n équations à n inconnues (variables) où le déterminant de la matrice des coefficients est différent de zéro.

- La première méthode consiste à utiliser la notion de matrice inverse ;
- la seconde méthode, appelée règle de Cramer, consiste à utiliser des déterminants.

Résolution de certains systèmes d'équations linéaires à l'aide de la matrice inverse

THÉORÈME 3.19 Soit un système d'équations linéaires de n équations à n inconnues

$$\begin{cases} a_{11}x_1 + a_{12}x_2 + \ldots + a_{1n}x_n = b_1 \\ a_{21}x_1 + a_{22}x_2 + \ldots + a_{2n}x_n = b_2 \\ \quad \vdots \qquad\quad \vdots \qquad\qquad\quad \vdots \qquad\quad \vdots \\ a_{n1}x_1 + a_{n2}x_2 + \ldots + a_{nn}x_n = b_n \end{cases}$$

que nous pouvons écrire sous la forme matricielle $AX = B$, où

$$A = \begin{bmatrix} a_{11} & a_{12} & \dots & a_{1n} \\ a_{21} & a_{22} & \dots & a_{2n} \\ \vdots & \vdots & & \vdots \\ a_{n1} & a_{n2} & \dots & a_{nn} \end{bmatrix}, X = \begin{bmatrix} x_1 \\ x_2 \\ \vdots \\ x_n \end{bmatrix} \text{ et } B = \begin{bmatrix} b_1 \\ b_2 \\ \vdots \\ b_n \end{bmatrix}$$

Si dét $A \neq 0$, alors $X = A^{-1}B$

PREUVE Si dét $A \neq 0$, alors A^{-1} existe. (théorème 3.18)

$AX = B$

$A^{-1}(AX) = A^{-1}B$ (en multipliant à gauche les deux membres de l'équation par A^{-1})

$(A^{-1}A)X = A^{-1}B$ (associativité)

$I_{n \times n}X = A^{-1}B$ (car $A^{-1}A = I_{n \times n}$)

d'où $X = A^{-1}B$ (car $I_{n \times n}X = X$)

Exemple 1 Résolvons, si c'est possible, le système d'équations suivant à l'aide de la matrice inverse.

$$\begin{cases} x + 2y + z = 2 \\ 3x - y + 2z = 15 \\ 4x - z = -1 \end{cases}$$

En exprimant le système d'équations sous la forme matricielle $AX = B$, nous obtenons

$$\underbrace{\begin{bmatrix} 1 & 2 & 1 \\ 3 & -1 & 2 \\ 4 & 0 & -1 \end{bmatrix}}_{A} \underbrace{\begin{bmatrix} x \\ y \\ z \end{bmatrix}}_{X} = \underbrace{\begin{bmatrix} 2 \\ 15 \\ -1 \end{bmatrix}}_{B}$$

En calculant dét A, nous obtenons dét $A = 27$.

Puisque dét $A \neq 0$, alors A^{-1} existe.

Déterminons maintenant A^{-1} à l'aide du théorème 3.17.

$$A^{-1} = \frac{1}{\text{dét } A} \text{adj } A = \frac{1}{27}\begin{bmatrix} 1 & 2 & 5 \\ 11 & -5 & 1 \\ 4 & 8 & -7 \end{bmatrix}$$

Déterminons X à l'aide du théorème 3.19.

$$X = A^{-1}B$$

$$\overbrace{\begin{bmatrix} x \\ y \\ z \end{bmatrix}}^{X} = \overbrace{\frac{1}{27}\begin{bmatrix} 1 & 2 & 5 \\ 11 & -5 & 1 \\ 4 & 8 & -7 \end{bmatrix}}^{A^{-1}} \overbrace{\begin{bmatrix} 2 \\ 15 \\ -1 \end{bmatrix}}^{B} = \frac{1}{27}\begin{bmatrix} 27 \\ -54 \\ 135 \end{bmatrix} = \begin{bmatrix} 1 \\ -2 \\ 5 \end{bmatrix}$$

Donc, $x = 1$, $y = -2$ et $z = 5$.

D'où E.-S. $= \{(1, -2, 5)\}$

Exemple 2 Résolvons, si c'est possible, le système homogène d'équations linénaires suivant à l'aide de la matrice inverse.

$$\begin{cases} 3x - 2y + 4z = 0 \\ x + 3y - 2z = 0 \\ 5x - y + 2z = 0 \end{cases}$$

En exprimant le système d'équations sous la forme matricielle $AX = B$, nous obtenons

$$\begin{bmatrix} 3 & -2 & 4 \\ 1 & 3 & -2 \\ 5 & -1 & 2 \end{bmatrix}\begin{bmatrix} x \\ y \\ z \end{bmatrix} = \begin{bmatrix} 0 \\ 0 \\ 0 \end{bmatrix}$$

En calculant dét A, nous obtenons dét $A = -28 \neq 0$.

Par conséquent, A^{-1} existe et

$$X = A^{-1}B \qquad \text{(théorème 3.20)}$$

$$\begin{bmatrix} x \\ y \\ z \end{bmatrix} = A^{-1}\begin{bmatrix} 0 \\ 0 \\ 0 \end{bmatrix} = \begin{bmatrix} 0 \\ 0 \\ 0 \end{bmatrix} \qquad \text{(sans calculer } A^{-1}\text{)}$$

Donc, $x = 0$, $y = 0$ et $z = 0$. (solution triviale)

D'où E.-S. = {(0, 0, 0)}

Lorsque nous avons un système homogène d'équations linéaires de n équations à n inconnues, il y a deux cas possibles.

1) Si le déterminant de la matrice des coefficients est différent de zéro (dét $A \neq 0$), alors le système admet la solution unique $x_1 = 0$, $x_2 = 0$, ..., $x_n = 0$, c'est-à-dire la solution triviale.

2) Si dét $A = 0$, alors le système admet une infinité de solutions que nous pouvons trouver en utilisant une des méthodes étudiées dans le chapitre précédent.

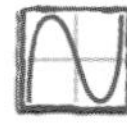

Exemple 3 Résolvons le système d'équations suivant à l'aide de la matrice inverse en utilisant Maple.

$$\begin{cases} 0{,}2x + 0{,}3y - z + 1{,}2w = 1{,}74 \\ -x + 1{,}4y - 0{,}1z + 0{,}2w = -0{,}24 \\ 0{,}3x + 0{,}1y + 5{,}2z - 0{,}7w = -1{,}73 \\ 0{,}9x - 0{,}5y + 2{,}3z - w = -1{,}21 \end{cases}$$

En entrant les coefficients des inconnues sous forme décimale, nous obtenons

```
> with(linalg):
> eq1:=0.2*x+0.3*y-z+1.2*w=1.74:
> eq2:=-x+1.4*y-0.1*z+0.2*w=-0.24:
> eq3:=0.3*x+0.1*y+5.2*z-0.7*w=-1.73:
> eq4:=0.9*x-0.5*y+2.3*z-w=-1.21:
```

En entrant les coefficients des inconnues sous forme fractionnaire, nous obtenons

```
> with(linalg):
> eq1:=(2/10)*x+(3/10)*y-z+(12/10)*w=174/100:
> eq2:=-x+(14/10)*y-(1/10)*z+(2/10)*w=-24/100:
> eq3:=(3/10)*x+(1/10)*y+(52/10)*z-(7/10)*w=-173/100:
> eq4:=(9/10)*x-(5/10)*y+(23/10)*z-w=-121/100:
```

```
> A:=genmatrix([eq1,eq2,eq3,eq4],[x,y,z,w]);
```

$$A := \begin{bmatrix} 0.2 & 0.3 & -1 & 1.2 \\ -1 & 1.4 & -0.1 & 0.2 \\ 0.3 & 0.1 & 5.2 & -0.7 \\ 0.9 & -0.5 & 2.3 & -1 \end{bmatrix}$$

```
> C=inverse(A);
```

$$C = \begin{bmatrix} 0.89660662 & 0.37197731 & -0.47686336 & 1.4841277 \\ 0.56224499 & 1.0301522 & -0.37894317 & 1.1459846 \\ 0.011941486 & -0.094934819 & 0.28221713 & -0.20220917 \\ 0.55328888 & -0.39864663 & 0.40939396 & -0.70235844 \end{bmatrix}$$

```
> B:=matrix(4,1,[1.74,-0.24,-1.73,-1.21]);
```

$$B := \begin{bmatrix} 1.74 \\ -0.24 \\ -1.73 \\ -1.21 \end{bmatrix}$$

```
> matrix([[x],[y],[z],[w]]):=multiply(C,B);
```

$$\begin{bmatrix} x \\ y \\ z \\ w \end{bmatrix} := \begin{bmatrix} 0.499999999 \\ 0. \\ -0.2000000000 \\ 1.200000001 \end{bmatrix}$$

En remplaçant les valeurs trouvées pour x, y, z et w dans les équations du système, les égalités ne sont pas vérifiées, car les éléments de la matrice inverse de A sont donnés par des nombres décimaux approximatifs.

L'élève peut vérifier que E.-S. = {(0,5 ; 0 ; -0,2 ; 1,2)}.

```
> A:=genmatrix([eq1,eq2,eq3,eq4],[x,y,z,w]);
```

$$A := \begin{bmatrix} \frac{1}{5} & \frac{3}{10} & -1 & \frac{6}{5} \\ -1 & \frac{7}{5} & \frac{-1}{10} & \frac{1}{5} \\ \frac{3}{10} & \frac{1}{10} & \frac{26}{5} & \frac{-7}{10} \\ \frac{9}{10} & \frac{-1}{2} & \frac{23}{10} & -1 \end{bmatrix}$$

```
> C=inverse(A);
```

$$C = \begin{bmatrix} \frac{9010}{10049} & \frac{3738}{10049} & \frac{-4792}{10049} & \frac{14914}{10049} \\ \frac{5650}{10049} & \frac{10352}{10049} & \frac{-3808}{10049} & \frac{11516}{10049} \\ \frac{120}{10049} & \frac{-954}{10049} & \frac{2836}{10049} & \frac{-2032}{10049} \\ \frac{5560}{10049} & \frac{-4006}{10049} & \frac{4114}{10049} & \frac{-7058}{10049} \end{bmatrix}$$

```
> B:=matrix(4,1,[174/100,-24/100,-173/100,
  -121/100]);
```

$$B := \begin{bmatrix} \frac{87}{50} \\ \frac{-6}{25} \\ \frac{-173}{100} \\ \frac{-121}{100} \end{bmatrix}$$

```
> matrix([[x],[y],[z],[w]]):=multiply(C,B);
```

$$\begin{bmatrix} x \\ y \\ z \\ w \end{bmatrix} := \begin{bmatrix} \frac{1}{2} \\ 0 \\ \frac{-1}{5} \\ \frac{6}{5} \end{bmatrix}$$

D'où E.-S. $= \left\{\left(\frac{1}{2}, 0, \frac{-1}{5}, \frac{6}{5}\right)\right\}$

Résolution de certains systèmes d'équations linéaires à l'aide de la règle de Cramer

Il y a environ 260 ans...

Gabriel Cramer
(1704-1752)

Gabriel Cramer naît à Genève dans la famille d'un médecin. Il est rapidement remarqué ; à peine âgé de 18 ans, il obtient un doctorat avec une thèse sur la théorie du son. Deux ans plus tard, on lui offre de partager une chaire de mathématiques à l'Académie de Calvin, à Genève. De 1724 à 1726, il voyage, rencontrant les plus grands mathématiciens d'Europe. Sa personnalité avenante l'aide à développer avec chacun des liens cordiaux. Il énonce ce que nous appelons maintenant la règle de Cramer, dans une annexe à son œuvre maîtresse, *Introduction à l'analyse des lignes courbes algébriques* (1750). Il utilise cette règle pour déterminer un polynôme du cinquième degré dont le graphe passe par cinq points donnés.

THÉORÈME 3.20

Règle de Cramer

Soit un système d'équations linéaires de n équations à n inconnues

$$\begin{cases} a_{11}x_1 + a_{12}x_2 + \ldots + a_{1n}x_n = b_1 \\ a_{21}x_1 + a_{22}x_2 + \ldots + a_{2n}x_n = b_2 \\ \vdots \\ a_{n1}x_1 + a_{n2}x_2 + \ldots + a_{nn}x_n = b_n \end{cases}$$

que nous pouvons écrire sous la forme matricielle $AX = B$, où

$$A = \begin{bmatrix} a_{11} & a_{12} & \ldots & a_{1n} \\ a_{21} & a_{22} & \ldots & a_{2n} \\ \vdots & \vdots & & \vdots \\ a_{n1} & a_{n2} & \ldots & a_{nn} \end{bmatrix}, X = \begin{bmatrix} x_1 \\ x_2 \\ \vdots \\ x_n \end{bmatrix} \text{ et } B = \begin{bmatrix} b_1 \\ b_2 \\ \vdots \\ b_n \end{bmatrix}$$

Si dét $A \neq 0$, alors le système d'équations admet une solution unique donnée par

$$x_1 = \frac{\text{dét } A_1}{\text{dét } A}, x_2 = \frac{\text{dét } A_2}{\text{dét } A}, \ldots, x_i = \frac{\text{dét } A_i}{\text{dét } A}, \ldots, x_n = \frac{\text{dét } A_n}{\text{dét } A}, \text{ où}$$

le déterminant du numérateur de la valeur de chaque x_i, noté dét A_i, est obtenu en remplaçant la i-ième colonne du dét A par la colonne des constantes.

Cas où $n = 2$

Démontrons d'abord le théorème dans le cas où $n = 2$.

PREUVE

Soit le système d'équations linéaires $\begin{cases} a_{11}x_1 + a_{12}x_2 = b_1 \\ a_{21}x_1 + a_{22}x_2 = b_2 \end{cases}$

que nous pouvons écrire sous la forme matricielle $AX = B$, où

$$A = \begin{bmatrix} a_{11} & a_{12} \\ a_{21} & a_{22} \end{bmatrix}, X = \begin{bmatrix} x_1 \\ x_2 \end{bmatrix} \text{ et } B = \begin{bmatrix} b_1 \\ b_2 \end{bmatrix}, \text{ et dét } A = \begin{vmatrix} a_{11} & a_{12} \\ a_{21} & a_{22} \end{vmatrix} \neq 0$$

Exprimons x_1 et x_2 à l'aide de déterminants.

$$\begin{vmatrix} b_1 & a_{12} \\ b_2 & a_{22} \end{vmatrix} = \begin{vmatrix} a_{11}x_1 + a_{12}x_2 & a_{12} \\ a_{21}x_1 + a_{22}x_2 & a_{22} \end{vmatrix} \quad \text{(car } b_1 = a_{11}x_1 + a_{12}x_2 \text{ et } b_2 = a_{21}x_1 + a_{22}x_2\text{)}$$

$$= \begin{vmatrix} a_{11}x_1 & a_{12} \\ a_{21}x_1 & a_{22} \end{vmatrix} + \begin{vmatrix} a_{12}x_2 & a_{12} \\ a_{22}x_2 & a_{22} \end{vmatrix} \quad \text{(théorème 3.12)}$$

$$= x_1\begin{vmatrix} a_{11} & a_{12} \\ a_{21} & a_{22} \end{vmatrix} + x_2\begin{vmatrix} a_{12} & a_{12} \\ a_{22} & a_{22} \end{vmatrix} \quad \text{(théorème 3.6)}$$

$$= x_1\begin{vmatrix} a_{11} & a_{12} \\ a_{21} & a_{22} \end{vmatrix} + x_2(0) \quad \text{(théorème 3.10)}$$

ainsi, $x_1 = \dfrac{\begin{vmatrix} b_1 & a_{12} \\ b_2 & a_{22} \end{vmatrix}}{\begin{vmatrix} a_{11} & a_{12} \\ a_{21} & a_{22} \end{vmatrix}}$. De façon analogue, nous obtenons $x_2 = \dfrac{\begin{vmatrix} a_{11} & b_1 \\ a_{21} & b_2 \end{vmatrix}}{\begin{vmatrix} a_{11} & a_{12} \\ a_{21} & a_{22} \end{vmatrix}}$

Le déterminant du numérateur de la valeur de x_1, noté dét A_1, est obtenu en remplaçant la première colonne du dét A par la colonne des constantes.

Le déterminant du numérateur de la valeur de x_2, noté dét A_2, est obtenu en remplaçant la deuxième colonne du dét A par la colonne des constantes.

D'où $x_1 = \dfrac{\text{dét } A_1}{\text{dét } A}$ et $x_2 = \dfrac{\text{dét } A_2}{\text{dét } A}$

Cas général Démontrons le théorème dans le cas général.

PREUVE

Soit le système d'équations linéaires $\begin{cases} a_{11}x_1 + a_{12}x_2 + \dots + a_{1n}x_n = b_1 \\ a_{21}x_1 + a_{22}x_2 + \dots + a_{2n}x_n = b_2 \\ \vdots \\ a_{n1}x_1 + a_{n2}x_2 + \dots + a_{nn}x_n = b_n \end{cases}$

que nous pouvons écrire sous la forme matricielle $AX = B$, où

$$A = \begin{bmatrix} a_{11} & a_{12} & \dots & a_{1n} \\ a_{21} & a_{22} & \dots & a_{2n} \\ \vdots & \vdots & & \vdots \\ a_{n1} & a_{n2} & \dots & a_{nn} \end{bmatrix}, X = \begin{bmatrix} x_1 \\ x_2 \\ \vdots \\ x_n \end{bmatrix} \text{ et } B = \begin{bmatrix} b_1 \\ b_2 \\ \vdots \\ b_n \end{bmatrix}, \text{ et dét } A \neq 0$$

Exprimons x_1, x_2, ..., et x_n à l'aide de déterminants.

$$\begin{vmatrix} b_1 & a_{12} & \dots & a_{1n} \\ b_2 & a_{22} & \dots & a_{2n} \\ \vdots & \vdots & & \vdots \\ b_n & a_{n2} & \dots & a_{nn} \end{vmatrix} = \begin{vmatrix} a_{11}x_1 + a_{12}x_2 + \dots + a_{1n}x_n & a_{12} & \dots & a_{1n} \\ a_{21}x_1 + a_{22}x_2 + \dots + a_{2n}x_n & a_{22} & \dots & a_{2n} \\ \vdots & \vdots & & \vdots \\ a_{n1}x_1 + a_{n2}x_2 + \dots + a_{nn}x_n & a_{n2} & \dots & a_{nn} \end{vmatrix}$$

$$= \begin{vmatrix} a_{11}x_1 & a_{12} & \dots & a_{1n} \\ a_{21}x_1 & a_{22} & \dots & a_{2n} \\ \vdots & \vdots & & \vdots \\ a_{n1}x_1 & a_{n2} & \dots & a_{nn} \end{vmatrix} + \begin{vmatrix} a_{12}x_2 & a_{12} & \dots & a_{1n} \\ a_{22}x_2 & a_{22} & \dots & a_{2n} \\ \vdots & \vdots & & \vdots \\ a_{n2}x_2 & a_{n2} & \dots & a_{nn} \end{vmatrix} + \dots + \begin{vmatrix} a_{1n}x_n & a_{12} & \dots & a_{1n} \\ a_{2n}x_n & a_{22} & \dots & a_{2n} \\ \vdots & \vdots & & \vdots \\ a_{nn}x_n & a_{n2} & \dots & a_{nn} \end{vmatrix}$$

(théorème 3.12)

$$= x_1\begin{vmatrix} a_{11} & a_{12} & \dots & a_{1n} \\ a_{21} & a_{22} & \dots & a_{2n} \\ \vdots & \vdots & & \vdots \\ a_{n1} & a_{n2} & \dots & a_{nn} \end{vmatrix} + x_2\begin{vmatrix} a_{12} & a_{12} & \dots & a_{1n} \\ a_{22} & a_{22} & \dots & a_{2n} \\ \vdots & \vdots & & \vdots \\ a_{n2} & a_{n2} & \dots & a_{nn} \end{vmatrix} + \dots + x_n\begin{vmatrix} a_{1n} & a_{12} & \dots & a_{1n} \\ a_{2n} & a_{22} & \dots & a_{2n} \\ \vdots & \vdots & & \vdots \\ a_{nn} & a_{n2} & \dots & a_{nn} \end{vmatrix}$$

(théorème 3.6)

$$= x_1 \text{ dét } A + x_2(0) + \dots + x_n(0)$$ (théorème 3.10)

ainsi, $x_1 = \dfrac{\begin{vmatrix} b_1 & a_{12} & \dots & a_{1n} \\ b_2 & a_{22} & \dots & a_{2n} \\ \vdots & \vdots & & \vdots \\ b_n & a_{n2} & \dots & a_{nn} \end{vmatrix}}{\text{dét } A}$. De façon analogue, nous obtenons

$$x_2 = \frac{\begin{vmatrix} a_{11} & b_1 & a_{13} & \dots & a_{1n} \\ a_{21} & b_2 & a_{23} & \dots & a_{2n} \\ \vdots & \vdots & \vdots & & \vdots \\ a_{n1} & b_n & a_{n3} & \dots & a_{nn} \end{vmatrix}}{\text{dét } A}, x_3 = \frac{\begin{vmatrix} a_{11} & a_{12} & b_1 & a_{14} & \dots & a_{1n} \\ a_{21} & a_{22} & b_2 & a_{24} & \dots & a_{2n} \\ \vdots & \vdots & \vdots & \vdots & & \vdots \\ a_{n1} & a_{n2} & b_n & a_{n4} & \dots & a_{nn} \end{vmatrix}}{\text{dét } A}, \dots, x_n = \frac{\begin{vmatrix} a_{11} & a_{12} & \dots & b_1 \\ a_{21} & a_{22} & \dots & b_2 \\ \vdots & \vdots & & \vdots \\ a_{n1} & a_{n2} & \dots & b_n \end{vmatrix}}{\text{dét } A}$$

Le déterminant du numérateur de la valeur de chaque x_i, noté dét A_i, est obtenu en remplaçant la i-ième colonne du dét A par la colonne des constantes.

D'où $x_1 = \dfrac{\text{dét } A_1}{\text{dét } A}$, $x_2 = \dfrac{\text{dét } A_2}{\text{dét } A}$, $x_3 = \dfrac{\text{dét } A_3}{\text{dét } A}$, ..., $x_i = \dfrac{\text{dét } A_i}{\text{dét } A}$, ..., $x_n = \dfrac{\text{dét } A_n}{\text{dét } A}$

Exemple 1 Résolvons, si c'est possible, les systèmes d'équations suivants à l'aide de la règle de Cramer.

a) $\begin{cases} 2x + 3y - z = 1 \\ 4x + 3y + 2z = 5 \\ x - y + z = 2 \end{cases}$, où $A = \begin{bmatrix} 2 & 3 & -1 \\ 4 & 1 & 2 \\ 1 & -1 & 1 \end{bmatrix}$ est la matrice des coefficients.

En calculant dét A, nous obtenons dét $A = 5$.

Puisque dét $A \neq 0$, appliquons la règle de Cramer.

$$x = \frac{\text{dét } A_1}{\text{dét } A} = \frac{\begin{vmatrix} 1 & 3 & -1 \\ 5 & 1 & 2 \\ 2 & -1 & 1 \end{vmatrix}}{5} = \frac{7}{5};\ y = \frac{\text{dét } A_2}{\text{dét } A} = \frac{\begin{vmatrix} 2 & 1 & -1 \\ 4 & 5 & 2 \\ 1 & 2 & 1 \end{vmatrix}}{5} = \frac{-3}{5};\ z = \frac{\text{dét } A_3}{\text{dét } A} = \frac{\begin{vmatrix} 2 & 3 & 1 \\ 4 & 1 & 5 \\ 1 & -1 & 2 \end{vmatrix}}{5} = \frac{0}{5}$$

Donc, $x = \frac{7}{5}$, $y = \frac{-3}{5}$ et $z = 0$. D'où E.-S. $= \left\{\left(\frac{7}{5}, \frac{-3}{5}, 0\right)\right\}$

b) $\begin{cases} x + 2y - z + 3w = 8 \\ x + 3y + 2z + 4w = 7 \\ x + 2y + 3z - 2w = -6 \\ x + 2y - z + 5w = 12 \end{cases}$, où $A = \begin{bmatrix} 1 & 2 & -1 & 3 \\ 1 & 3 & 2 & 4 \\ 1 & 2 & 3 & -2 \\ 1 & 2 & -1 & 5 \end{bmatrix}$

En calculant dét A, nous obtenons dét $A = 8$.

Puisque dét $A \neq 0$, appliquons la règle de Cramer.

$$x = \frac{\text{dét } A_1}{\text{dét } A} = \frac{\begin{vmatrix} 8 & 2 & -1 & 3 \\ 7 & 3 & 2 & 4 \\ -6 & 2 & 3 & -2 \\ 12 & 2 & -1 & 5 \end{vmatrix}}{8} = \frac{8}{8};\quad y = \frac{\text{dét } A_2}{\text{dét } A} = \frac{\begin{vmatrix} 1 & 8 & -1 & 3 \\ 1 & 7 & 2 & 4 \\ 1 & -6 & 3 & -2 \\ 1 & 12 & -1 & 5 \end{vmatrix}}{8} = \frac{0}{8};$$

$$z = \frac{\text{dét } A_3}{\text{dét } A} = \frac{\begin{vmatrix} 1 & 2 & 8 & 3 \\ 1 & 3 & 7 & 4 \\ 1 & 2 & -6 & -2 \\ 1 & 2 & 12 & 5 \end{vmatrix}}{8} = \frac{-8}{8};\ w = \frac{\text{dét } A_4}{\text{dét } A} = \frac{\begin{vmatrix} 1 & 2 & -1 & 8 \\ 1 & 3 & 2 & 7 \\ 1 & 2 & 3 & -6 \\ 1 & 2 & -1 & 12 \end{vmatrix}}{8} = \frac{16}{8}$$

Donc, $x = 1$, $y = 0$, $z = -1$ et $w = 2$. D'où E.-S. $= \{(1, 0, -1, 2)\}$

c) $\begin{cases} 3x - 2y + z = 0 \\ x + 4y - 2z = 0 \\ 2x - 3y + 5z = 0 \end{cases}$, où $A = \begin{bmatrix} 3 & -2 & 1 \\ 1 & 4 & -2 \\ 2 & -3 & 5 \end{bmatrix}$

En calculant dét A, nous obtenons dét $A = 49$.

Puisque dét $A \neq 0$, appliquons la règle de Cramer.

$$x = \frac{\text{dét } A_1}{\text{dét } A} = \frac{\begin{vmatrix} 0 & -2 & 1 \\ 0 & 4 & -2 \\ 0 & -3 & 5 \end{vmatrix}}{49} = \frac{0}{49};\ y = \frac{\text{dét } A_2}{\text{dét } A} = \frac{\begin{vmatrix} 3 & 0 & 1 \\ 1 & 0 & -2 \\ 2 & 0 & 5 \end{vmatrix}}{49} = \frac{0}{49};\ z = \frac{\text{dét } A_3}{\text{dét } A} = \frac{\begin{vmatrix} 3 & -2 & 0 \\ 1 & 4 & 0 \\ 2 & -3 & 0 \end{vmatrix}}{49} = \frac{0}{49}$$

Donc, $x = 0$, $y = 0$ et $z = 0$. D'où E.-S. $= \{(0, 0, 0)\}$

Remarque Puisque dét $A \neq 0$, nous savions que le système homogène admettait une seule solution, c'est-à-dire la solution triviale (voir l'encadré à la page 135).

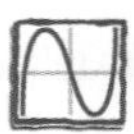

Exemple 2 Résolvons, si c'est possible, le système d'équations suivant à l'aide de la règle de Cramer en utilisant Maple.

$$\begin{cases} \dfrac{2x}{3} + \dfrac{y}{2} - 2z = \dfrac{-2}{5} \\ \dfrac{2x}{5} + \dfrac{y}{4} - \dfrac{4z}{3} = \dfrac{-7}{30} \\ \dfrac{x}{7} + \dfrac{y}{3} + \dfrac{4z}{5} = \dfrac{29}{3150} \end{cases}$$

```
> with(linalg):
> A:=matrix(3,3,[2/3,1/2,-2,2/5,1/4,-4/3,1/7,1/3,4/5]);
```

$$A := \begin{bmatrix} \frac{2}{3} & \frac{1}{2} & -2 \\ \frac{2}{5} & \frac{1}{4} & \frac{-4}{3} \\ \frac{1}{7} & \frac{1}{3} & \frac{4}{5} \end{bmatrix}$$

```
> dét(A):=det(A);
```

$$\text{dét}(A) := \frac{-197}{9450}$$

```
> A1:=matrix(3,3,[-2/5,1/2,-2,-7/30,1/4,-4/3,29/3150,1/3,4/5]);
```

$$A1 := \begin{bmatrix} \frac{-2}{5} & \frac{1}{2} & -2 \\ \frac{-7}{30} & \frac{1}{4} & \frac{-4}{3} \\ \frac{29}{3150} & \frac{1}{3} & \frac{4}{5} \end{bmatrix}$$

```
> dét(A1):=det(A1);
```

$$\text{dét}(A1) := \frac{-197}{18900}$$

```
> A2:=matrix(3,3,[2/3,-2/5,-2,2/5,-7/30,-4/3,1/7,29/3150,4/5]);
```

$$A2 := \begin{bmatrix} \frac{2}{3} & \frac{-2}{5} & -2 \\ \frac{2}{5} & \frac{-7}{30} & \frac{-4}{3} \\ \frac{1}{7} & \frac{29}{3150} & \frac{4}{5} \end{bmatrix}$$

```
> dét(A2):=det(A2);
```

$$\text{dét}(A2) := \frac{197}{14175}$$

```
> A3:=matrix(3,3,[2/3,1/2,-2/5,2/5,1/4,-7/30,1/7,1/3,29/3150]);
```

$$A3 := \begin{bmatrix} \frac{2}{3} & \frac{1}{2} & \frac{-2}{5} \\ \frac{2}{5} & \frac{1}{4} & \frac{-7}{30} \\ \frac{1}{7} & \frac{1}{3} & \frac{29}{3150} \end{bmatrix}$$

```
> dét(A3):=det(A3);
```

$$\text{dét}(A3) := \frac{-197}{47250}$$

```
> x:=det(A1)/det(A);y:=det(A2)/det(A);z:=det(A3)/det(A);
```

$$x := \frac{1}{2}$$

$$y := \frac{-2}{3}$$

$$z := \frac{1}{5}$$

D'où E.-S. $= \left\{\left(\frac{1}{2}, \frac{-2}{3}, \frac{1}{5}\right)\right\}$

Exemple 3 Soit le triangle quelconque ci-dessous. Démontrons la loi des cosinus, c'est-à-dire

Loi des cosinus

$$a^2 = b^2 + c^2 - 2bc \cos A$$
$$b^2 = a^2 + c^2 - 2ac \cos B$$
$$c^2 = a^2 + b^2 - 2ab \cos C$$

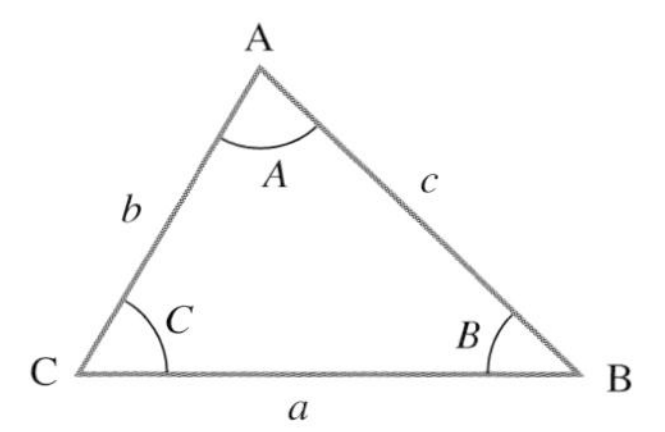

Des trois triangles suivants, nous obtenons

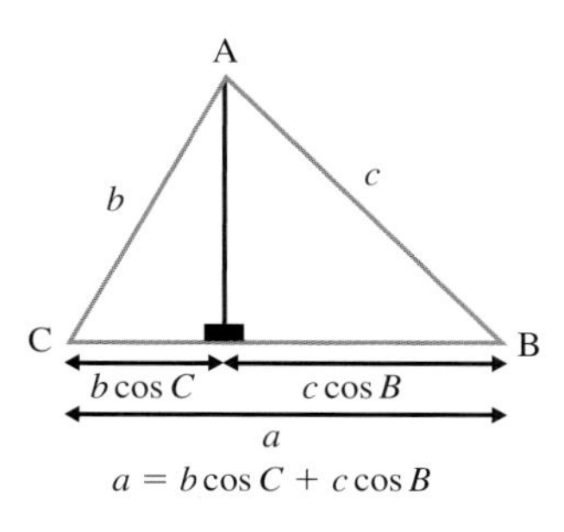

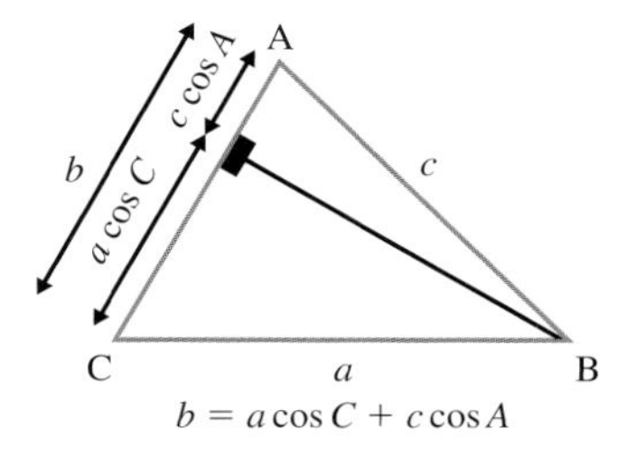

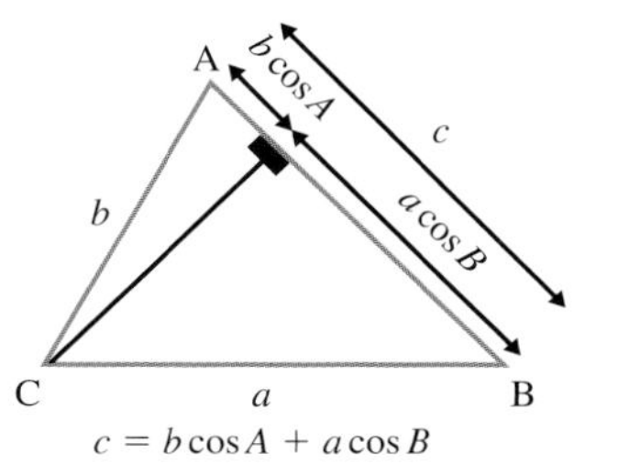

Nous obtenons alors le système d'équations linéaires suivant.

$$\begin{cases} c \cos B + b \cos C = a \\ c \cos A + a \cos C = b \\ b \cos A + a \cos B = c \end{cases}$$, où $\cos A$, $\cos B$ et $\cos C$ sont les inconnues.

La matrice M des coefficients est $M = \begin{bmatrix} 0 & c & b \\ c & 0 & a \\ b & a & 0 \end{bmatrix}$, où dét $M = 2abc$

Puisque $a \neq 0$, $b \neq 0$ et $c \neq 0$, alors dét $M \neq 0$.

La méthode de Cramer nous permet de déterminer l'inconnue cos A.

$$\cos A = \frac{\begin{vmatrix} a & c & b \\ b & 0 & a \\ c & a & 0 \end{vmatrix}}{\begin{vmatrix} 0 & c & b \\ c & 0 & a \\ b & a & 0 \end{vmatrix}} = \frac{-a^3 + ac^2 + b^2a}{2abc}$$

$$\cos A = \frac{c^2 + b^2 - a^2}{2bc}, \text{ ainsi } 2bc \cos A = c^2 + b^2 - a^2$$

D'où $a^2 = b^2 + c^2 - 2bc \cos A$

De façon analogue, nous pouvons démontrer que

$b^2 = a^2 + c^2 - 2ac \cos B$ et que $c^2 = a^2 + b^2 - 2ab \cos C$

La méthode de la matrice inverse et la règle de Cramer ne peuvent pas être utilisées pour résoudre un système d'équations linéaires dans les cas suivants :

1) lorsque le nombre d'équations n'est pas égal au nombre d'inconnues ;

2) lorsque le déterminant de la matrice des coefficients est égal à zéro.

Exercices 3.4

1. Expliquer pourquoi nous ne pouvons utiliser ni la méthode de la matrice inverse ni la règle de Cramer pour résoudre les systèmes d'équations linéaires suivants.

a) $\begin{cases} 3x + 4y = 5 \\ 6x + z = 10 \end{cases}$

b) $\begin{cases} 2x - y + 4z = 5 \\ x + y - 2z = 8 \\ 5x - y + 6z = 17 \end{cases}$

c) $\begin{cases} 3x - 5y + 4w = 1 \\ 2x + y - 3w = 5 \\ x - 2y + w = 7 \\ 2x - 3y + 5w = 0 \end{cases}$

d) $\begin{cases} x + y = 5 \\ x + w = 4 \\ y + z = 6 \\ z + w = 7 \end{cases}$

2. Résoudre les systèmes d'équations suivants à l'aide de la matrice inverse.

a) $\begin{cases} 3x + y = 7 \\ x - 5y = -19 \end{cases}$

b) $\begin{cases} 2x + y + 3z = 1 \\ -x + 2y + 4z = 13 \\ 3x + z = -7 \end{cases}$

c) $\begin{cases} 3x + 5y = 0 \\ 4x - 2y + z = 0 \\ 6x - 3y + 4z = 0 \end{cases}$

d) $\begin{cases} \dfrac{x}{2} + y + 2z = -4 \\ 2x + 3z = -5 \\ \dfrac{2x}{5} + \dfrac{y}{5} + \dfrac{z}{3} = 0 \end{cases}$

e) $\begin{cases} x + 2w = -8 \\ 2x + 3y - 2z + 3w = -23 \\ 2x + 2y - z = -3 \\ -x - y + 3z - 2w = 19 \end{cases}$

3. Résoudre les systèmes d'équations suivants à l'aide de la règle de Cramer.

a) $\begin{cases} 2x + 3y = -5 \\ 3x + 2y = 1 \end{cases}$

b) $\begin{cases} \dfrac{x}{2} + \dfrac{y}{3} = 7 \\ \dfrac{x}{4} - \dfrac{y}{5} = -2 \end{cases}$

c) $\begin{cases} 3x + y - 3z = 0 \\ 2x + 5y + 4z = 0 \\ -3x - 7y - 5z = 0 \end{cases}$

d) $\begin{cases} 2y - 2z = 2{,}5 \\ -2x + y = 0 \\ x + 3y + 2z = 3 \end{cases}$

e) $\begin{cases} 3x + y - 3z + w = 26 \\ 2x + 5y + 4z - 2w = -6 \\ -3x - 7y - 5z + 2w = 4 \\ 4x - 7y - 5z + 3w = 41 \end{cases}$

4. Résoudre les systèmes d'équations suivants en utilisant la méthode indiquée.

a) $\begin{cases} 3x + 4y = 11 \\ 3y - 5x = 1 \end{cases}$; matrice inverse

b) $\begin{cases} 2x = 6y + 1 \\ 9y = 5 - 3x \end{cases}$; règle de Cramer

c) $\begin{cases} a - b - c = \dfrac{-5}{6} \\ 3a + 3b - 4c = \dfrac{17}{2} \\ 2a - 3b = \dfrac{-23}{6} \end{cases}$; matrice inverse

d) $\begin{cases} \dfrac{2}{3}x - \dfrac{1}{4}y + 3z = \dfrac{41}{2} \\ \dfrac{1}{2}x + \dfrac{1}{4}y + \dfrac{1}{3}z = \dfrac{13}{2} \\ \dfrac{1}{6}x - \dfrac{1}{2}y + z = 4 \end{cases}$; règle de Cramer

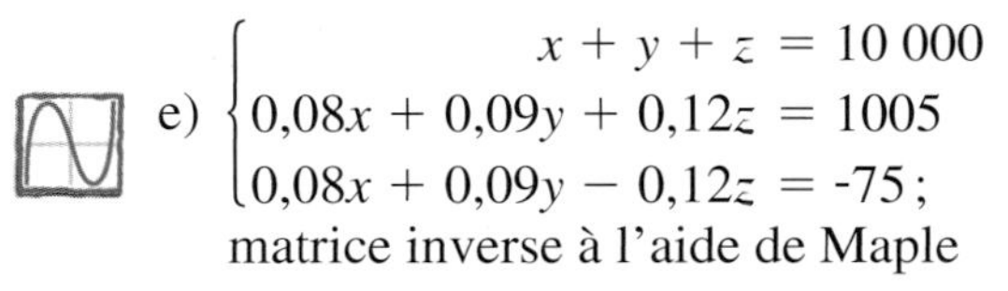

e) $\begin{cases} x + y + z = 10\,000 \\ 0{,}08x + 0{,}09y + 0{,}12z = 1005 \\ 0{,}08x + 0{,}09y - 0{,}12z = -75 \end{cases}$;
matrice inverse à l'aide de Maple

f) $\begin{cases} x + y + z + w = 0 \\ 2x + 4y + 8z + 16w = 26 \\ 3x + 9y + 27z + 81w = 144 \\ 4x + 16y + 64z + 256w = 468 \end{cases}$;
règle de Cramer à l'aide de Maple

5. Soit la matrice $\begin{bmatrix} -2 & 2 & 1 \\ 1 & 3 & -2 \\ 2 & 1 & -2 \end{bmatrix}$ dont l'inverse est la matrice $\begin{bmatrix} 4 & -5 & 7 \\ 2 & -2 & 3 \\ 5 & -6 & 8 \end{bmatrix}$.

Résoudre les systèmes d'équations suivants en utilisant la méthode de la matrice inverse.

a) $\begin{cases} -2x + 2y + z = 4 \\ x + 3y - 2z = -2 \\ 2x + y - 2z = 3 \end{cases}$

b) $\begin{cases} -2x + 2y + z = 0 \\ x + 3y - 2z = 0 \\ 2x + y - 2z = 0 \end{cases}$

c) $\begin{cases} 4a - 5b + 7c = 4 \\ 2a - 2b + 3c = -2 \\ 5a - 6b + 8c = 3 \end{cases}$

6. Une compagnie offre des franchises R à 150 000 $, des franchises S à 275 000 $ et des franchises T à 325 000 $. Au cours d'une année, elle a vendu deux fois plus de franchises R que de franchises T et les 13 franchises vendues lui ont rapporté 2 975 000 $.

a) Déterminer le système d'équations correspondant aux données précédentes après avoir identifié les variables.

b) En utilisant la méthode de la matrice inverse, déterminer le nombre de franchises de chaque type qui ont été vendues.

3

Réseau de concepts

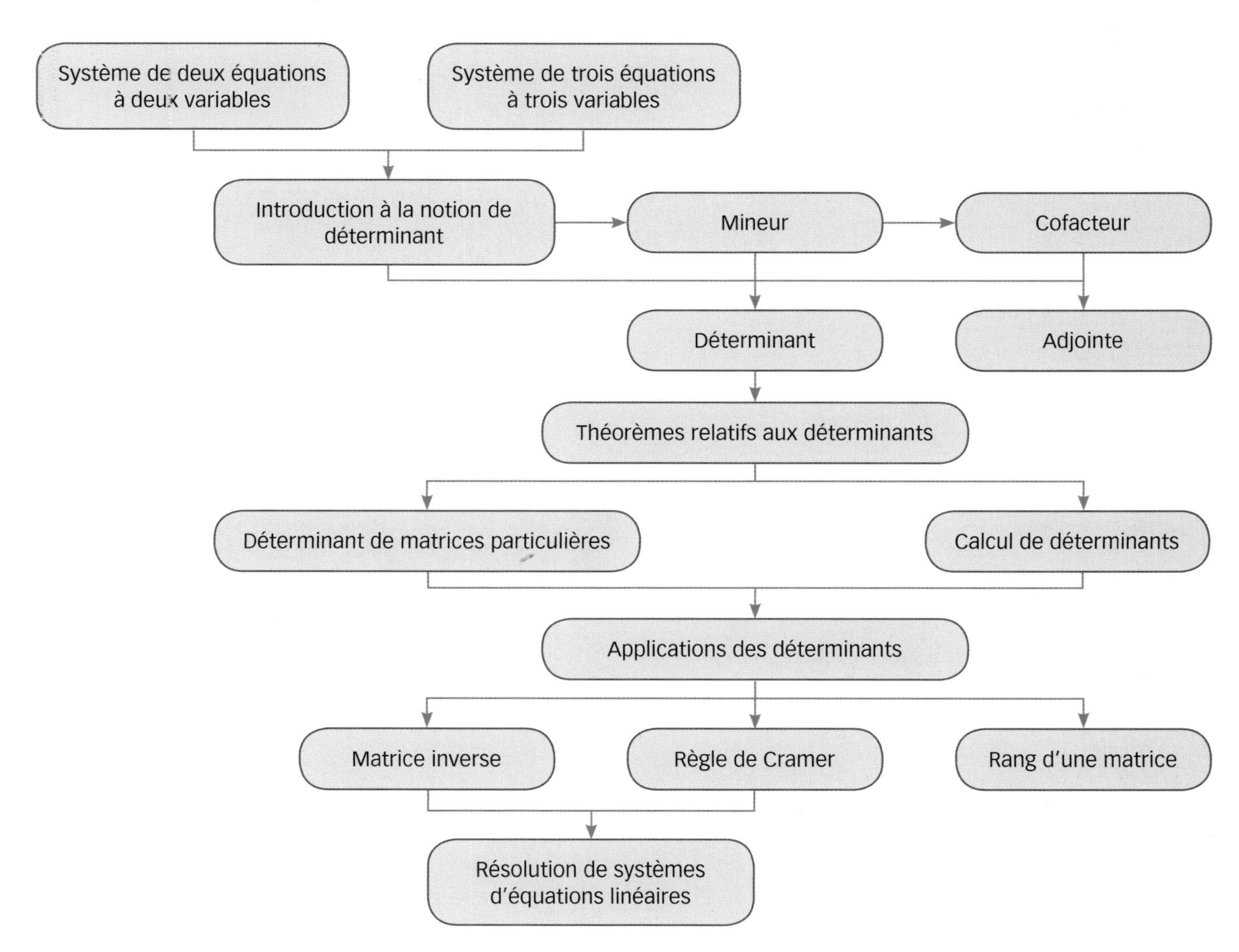

Vérification des apprentissages

Après l'étude de ce chapitre, je suis en mesure de compléter le résumé suivant avant de résoudre les exercices récapitulatifs et les problèmes de synthèse.

Déterminant

Compléter :

1) $\begin{vmatrix} a & b \\ c & d \end{vmatrix} =$ ______

2) $\begin{vmatrix} a & b & c \\ d & e & f \\ g & h & i \end{vmatrix} =$ ______

Mineurs et cofacteurs

Soit $A = \begin{bmatrix} a & b & c \\ d & e & f \\ g & h & i \end{bmatrix}$, déterminer les mineurs et les cofacteurs suivants :

1) $M_{12} =$ ______ 2) $C_{12} =$ ______ 3) $M_{31} =$ ______ 4) $C_{31} =$ ______

Théorèmes relatifs aux déterminants

1) dét $I_{n \times n} =$ ______

2) Si A et B sont deux matrices carrées d'ordre n, alors dét $(AB) =$ ______

3) a) $\begin{vmatrix} a & b & c & d \\ 0 & e & f & g \\ 0 & 0 & h & i \\ 0 & 0 & 0 & j \end{vmatrix} =$ ______

b) $\begin{vmatrix} a & b & 0 & c \\ d & e & 0 & f \\ g & h & 0 & i \\ j & k & 0 & l \end{vmatrix} =$ ______

4) Si $\begin{vmatrix} a & b & c \\ d & e & f \\ g & h & i \end{vmatrix} = r$, alors a) $\begin{vmatrix} c & b & a \\ f & e & d \\ i & h & g \end{vmatrix} =$ ______ b) $\begin{vmatrix} 2a & b & c \\ -6d & -3e & -3f \\ 2g & h & i \end{vmatrix} =$ ______

Matrice inverse

adj $A =$ ______

$A^{-1} =$ ______

Une matrice carrée $A_{n \times n}$ est inversible si et seulement si ______

Soit $A_{n \times n}$, et $B_{n \times n}$, deux matrices régulières où $n \geq 2$.

dét $A^{-1} =$ ______

$(A^{T})^{-1} =$ ______

$(A^{-1})^{-1} =$ ______

$(A^{n})^{-1} =$ ______

$(AB)^{-1} =$ ______

$(kA)^{-1} =$ ______

Résolution de certains systèmes d'équations linéaires

Soit un système d'équations linéaires de n équations à n inconnues

$$\begin{cases} a_{11}x_1 + a_{12}x_2 + \ldots + a_{1n}x_n = b_1 \\ a_{21}x_1 + a_{22}x_2 + \ldots + a_{2n}x_n = b_2 \\ \quad\vdots \qquad\quad \vdots \qquad\qquad\quad \vdots \qquad \vdots \\ a_{n1}x_1 + a_{n2}x_2 + \ldots + a_{nn}x_n = b_n \end{cases}$$

que nous pouvons écrire sous la forme matricielle $AX = B$, où $A =$ ______, $X =$ ______ et $B =$ ______

à l'aide de la matrice inverse

Si dét $A \neq 0$, alors $X =$ ______

à l'aide de la règle de Cramer

Si dét $A \neq 0$, alors

$x_1 =$ ______; $\quad x_2 =$ ______; $\quad \ldots; \quad x_i =$ ______; $\quad \ldots; \quad x_n =$ ______

Si dét $A = 0$, alors le système

1) n'admet aucune solution si ______

2) admet une infinité de solutions si ______

Rang d'une matrice

Soit $AX = B$, un système de m équations à n inconnues.

Si rang $(A) =$ rang $(A \,\vdots\, B)$, alors le système est ______

1) Il admet une solution unique si rang A ______

2) Il admet une infinité de solutions si rang A ______

Si rang $(A) <$ rang $(A \,\vdots\, B)$, alors le système est ______

Exercices récapitulatifs

Les réponses des exercices suivants, à l'exception des exercices notés en rouge, sont données à la fin du volume.

1. Calculer, si c'est possible, le déterminant des matrices suivantes.

a) $[\,5\,]$

b) $[\,-2\,]$

c) $\begin{bmatrix} 5 & 7 \\ -1 & 2 \end{bmatrix}$

d) $\begin{bmatrix} 1 & 2 & 0 \\ -3 & 4 & 0 \end{bmatrix}$

e) $\begin{bmatrix} 2 & 4 & -2 \\ 3 & 2 & -2 \\ 5 & -1 & -3 \end{bmatrix}$

f) $\begin{bmatrix} x & 3 & -4 \\ 5 & -1 & 2 \\ 0 & x & -3 \end{bmatrix}$

g) $\begin{bmatrix} 3 & 0 & 1 \\ 2 & 3 & -2 \\ -1 & 2 & -2 \\ -3 & 3 & 1 \end{bmatrix}$

h) $\begin{bmatrix} 0 & -3 & 0 & 2 \\ 2 & 0 & -3 & 0 \\ 0 & 2 & 0 & -3 \\ -3 & 0 & 2 & 0 \end{bmatrix}$

2. Calculer les déterminants suivants.

a) 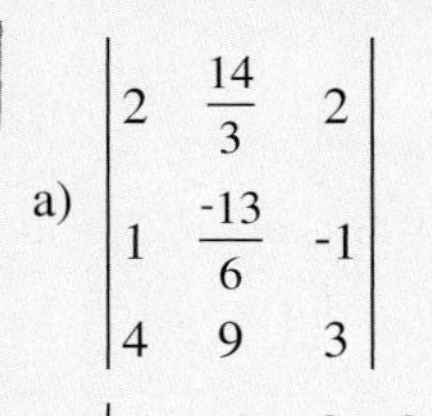

$\begin{vmatrix} 2 & \frac{14}{3} & 2 \\ 1 & \frac{-13}{6} & -1 \\ 4 & 9 & 3 \end{vmatrix}$

b) 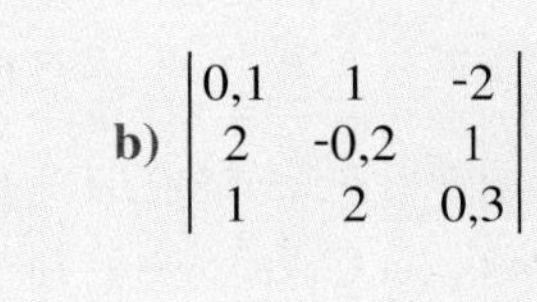

$\begin{vmatrix} 0{,}1 & 1 & -2 \\ 2 & -0{,}2 & 1 \\ 1 & 2 & 0{,}3 \end{vmatrix}$

c) $\begin{vmatrix} 1 & -1 & -2 & 3 \\ 1 & 1 & 1 & 1 \\ 3 & 4 & 8 & 0 \\ -1 & -1 & 3 & -2 \end{vmatrix}$

d) $\begin{vmatrix} 2 & -3 & 3 & 0 \\ -4 & 2 & -1 & 3 \\ 5 & -4 & 3 & 2 \\ -1 & -2 & 3 & -2 \end{vmatrix}$

e) $\begin{vmatrix} 0 & 0 & 3 & 0 & 0 \\ -1 & 37 & 5{,}9 & -9 & 66 \\ 0 & 0 & 2{,}4 & 2 & 0 \\ 0 & -2 & -8 & 1{,}8 & 23 \\ 0 & 0 & 92 & -4 & 1 \end{vmatrix}$

f) $\begin{vmatrix} a & -2 & 5 & b \\ -3a & 0 & 1 & a \\ 3b & \frac{1}{a} & ab & c \\ 4 & \frac{1}{3} & \frac{a}{b} & ac \end{vmatrix}$

3. Soit les points B(3, 5), C(-4, 1) et D(-2, -5). Calculer l'aire A

a) du parallélogramme engendré par les segments de droite OB et OC;

b) du parallélogramme engendré par les segments de droite OD et OC;

c) du triangle BCD.

4. Calculer les déterminants suivants en les transformant de façon à pouvoir appliquer le théorème 3.3.

a) $\begin{vmatrix} 1 & 1 & a \\ 1+a & 1+a & 1 \\ 2+a & -a & 3 \end{vmatrix}$ b) $\begin{vmatrix} 1 & 1 & 1 & 1 \\ 2 & 3 & 4 & 5 \\ 1 & 3 & 6 & 9 \\ -1 & 2 & -2 & 3 \end{vmatrix}$

c) $\begin{vmatrix} 2 & 2 & -1 & 9 \\ 4 & 2 & 1 & 17 \\ 1 & -1 & 1 & 2 \\ 2 & 1 & 1 & 9 \end{vmatrix}$ d) $\begin{vmatrix} 1 & 3 & -2 & 4 & 7 \\ 2 & 4 & -4 & 9 & 20 \\ 3 & 9 & -6 & 12 & 19 \\ -3 & -7 & 7 & -10 & -20 \\ -4 & -12 & 8 & -12 & -19 \end{vmatrix}$

5. Soit $A = \begin{bmatrix} a & b & c \\ d & e & f \\ g & h & i \end{bmatrix}$ telle que dét A = -5.

Évaluer les déterminants suivants.

a) $\begin{vmatrix} e & d & f \\ b & a & c \\ h & g & i \end{vmatrix}$

b) $\begin{vmatrix} 2a & 3b & 4c \\ 2d & 3e & 4f \\ -2g & -3h & -4i \end{vmatrix}$

c) $\begin{vmatrix} 5g & 5a & 5d \\ -2h & -2b & -2e \\ 3i & 3c & 3f \end{vmatrix}$

d) $\begin{vmatrix} a & b & c \\ g & h & i \\ 2a+d & 2b+e & 2c+f \end{vmatrix}$

e) $\begin{vmatrix} a+d & a+2d & g+d \\ b+e & b+2e & h+e \\ c+f & c+2f & i+f \end{vmatrix}$

f) $\begin{vmatrix} 2a & 2b & 2c \\ d+a & e+b & f+c \\ g+d+a & h+e+b & i+f+c \end{vmatrix}$

g) $\begin{vmatrix} a & b & c \\ g+a & b+h & i+c \\ g-a & h-b & i-c \end{vmatrix}$

h) $\begin{vmatrix} -a & -b & -c \\ d+xa & e+xb & f+xc \\ g+yd+za & h+ye+zb & i+yf+zc \end{vmatrix}$

6. Démontrer que:

a) $\begin{vmatrix} a+d & d+g & g+a \\ b+e & e+h & h+b \\ c+f & f+i & i+c \end{vmatrix} = 2\begin{vmatrix} a & d & g \\ b & e & h \\ c & f & i \end{vmatrix}$

b) $\begin{vmatrix} a+e & e+i & i+m & m+a \\ b+f & f+j & j+n & n+b \\ c+g & g+k & k+o & o+c \\ d+h & h+l & l+p & p+d \end{vmatrix} = 0$

c) $\begin{vmatrix} 1 & x & y & z \\ 0 & 1 & r & s \\ 0 & 0 & a & b \\ 0 & 0 & c & d \end{vmatrix} = \begin{vmatrix} a & b \\ c & d \end{vmatrix}$

d) $\begin{vmatrix} a & b & 0 & 0 \\ c & d & 0 & 0 \\ 0 & 0 & e & f \\ 0 & 0 & g & h \end{vmatrix} = \begin{vmatrix} a & b \\ c & d \end{vmatrix}\begin{vmatrix} e & f \\ g & h \end{vmatrix}$

e) $\begin{vmatrix} 1 & 1 & 1 \\ a & b & c \\ b+c & a+c & a+b \end{vmatrix} = 0$

7. Calculer:

a) $\begin{vmatrix} 1 & 2 & 3 & 4 \\ 5 & 6 & 7 & 8 \\ 9 & 10 & 11 & 12 \\ 13 & 14 & 15 & 16 \end{vmatrix}$

b) $\begin{vmatrix} 1 & 2 & 3 & 4 & 5 \\ 6 & 7 & 8 & 9 & 10 \\ 11 & 12 & 13 & 14 & 15 \\ 16 & 17 & 18 & 19 & 20 \\ 21 & 22 & 23 & 24 & 25 \end{vmatrix}$

c) $\begin{vmatrix} 1 & 2 & 3 & \dots & n \\ n+1 & n+2 & \dots & \dots & 2n \\ 2n+1 & \dots & \dots & \dots & \dots \\ \vdots & \vdots & \vdots & \vdots & \vdots \\ \dots & \dots & \dots & \dots & n^2 \end{vmatrix}$, où $n \geq 3$

8. Déterminer le rang des matrices suivantes.

a) $A = \begin{bmatrix} 4 & 1 & 0 & -2 \\ 2 & 5 & 4 & 3 \\ 0 & -3 & 1 & 5 \\ 6 & -2 & 0 & 7 \end{bmatrix}$

b) $A = \begin{bmatrix} 0 & 0 & 1 \\ 1 & 2 & 3 \\ 0 & 0 & 2 \end{bmatrix}$

c) $A = \begin{bmatrix} 3 & 5 & -3 \\ -5 & 3 & -5 \end{bmatrix}$

d) $A = [\,-1 \;\; 0 \;\; 5 \;\; 7 \;\; 9\,]$

e) $A = \begin{bmatrix} \frac{7}{6} & \frac{-2}{3} & \frac{-5}{2} \\ \frac{-7}{3} & \frac{4}{3} & 5 \\ \frac{7}{2} & -2 & \frac{-15}{2} \end{bmatrix}$

f) $A = \begin{bmatrix} 1 & 1 & -1 & -1 \\ 1 & -1 & -1 & 1 \\ -1 & -1 & 1 & 1 \\ -1 & 1 & 1 & -1 \end{bmatrix}$

9. Sans calculer le déterminant,

a) trouver une valeur de x telle que :

i) $\begin{vmatrix} 2 & 1 & 2 \\ 1 & 1 & 1 \\ x & 2 & 3 \end{vmatrix} = 0$ ii) $\begin{vmatrix} 1 & x & x \\ x & 1 & x \\ x & x & 1 \end{vmatrix} = 1$

iii) $\begin{vmatrix} 1 & x & x \\ x & 1 & x \\ x & x & 1 \end{vmatrix} = 0$ iv) $\text{rang}\left(\begin{bmatrix} -2 & 1 & 3 & 4 \\ -4 & 2 & x & 8 \end{bmatrix}\right) = 1$

b) trouver deux valeurs de x telles que :

i) $\begin{vmatrix} 1 & x & x^2 \\ 1 & -2 & 4x \\ 1 & 3 & 9 \end{vmatrix} = 0$ ii) $\begin{vmatrix} 1 & x^2 & x^4 \\ 1 & x & 4x \\ 1 & 4 & 16 \end{vmatrix} = 0$

10. Soit $A_{n \times n}$, une matrice dont les éléments a_{ij} sont des entiers différents et telle que $\text{adj}(A) = O_{n \times n}$. Déterminer une matrice

a) $A_{3 \times 3}$ telle que $\sum_{i,j=1}^{3} (a_{ij})^2$ est minimale ;

b) $A_{4 \times 4}$ telle que $\sum_{i,j=1}^{4} (a_{ij})^2$ est minimale.

11. Déterminer, si c'est possible, l'inverse des matrices suivantes.

a) $\begin{bmatrix} 5 & 9 \\ 2 & -3 \end{bmatrix}$ b) $\begin{bmatrix} 15 & 25 \\ 18 & 30 \end{bmatrix}$

c) $\begin{bmatrix} 1 & -5 & -3 \\ 3 & 2 & 8 \\ 4 & -7 & 1 \end{bmatrix}$ d) $\begin{bmatrix} 2 & -2 & -2 \\ 3 & 3 & 4 \\ 2 & -3 & 0 \end{bmatrix}$

e) $\begin{bmatrix} 4 & -2 & -2 \\ 3 & -4 & 3 \\ 1 & 3 & -3 \end{bmatrix}$

f) $\begin{bmatrix} 3 & 3 & 5 & 1 \\ -5 & -5 & -2 & -3 \\ 2 & 1 & -7 & 1 \\ 3 & -1 & -3 & -2 \end{bmatrix}$

g) $\begin{bmatrix} 2 & 1 & 3 & 5 \\ 3 & -2 & 7 & -10 \\ 1 & 0 & 2 & 0 \\ 1 & 3 & 3 & 15 \end{bmatrix}$

h) $\begin{bmatrix} -2 & 3 & 2 & 1 \\ 0 & 2 & -2 & -3 \\ 2 & 1 & 1 & 1 \\ -4 & -1 & -3 & -2 \end{bmatrix}$

12. Résoudre les systèmes d'équations linéaires suivants en utilisant la méthode de la matrice inverse.

a) $\begin{cases} 2x + 3y = 13 \\ 2x - 5y = -11 \end{cases}$

b) $\begin{cases} 2x - 2y - 4z = 4 \\ 3x - 3z = 9 \\ x + 5y + 2z = 12 \end{cases}$

c) $\begin{cases} 4a - 2b - 2c = \frac{17}{6} \\ 3a - 4b + 3c = \frac{-5}{4} \\ a + 3b - 3c = \frac{31}{12} \end{cases}$

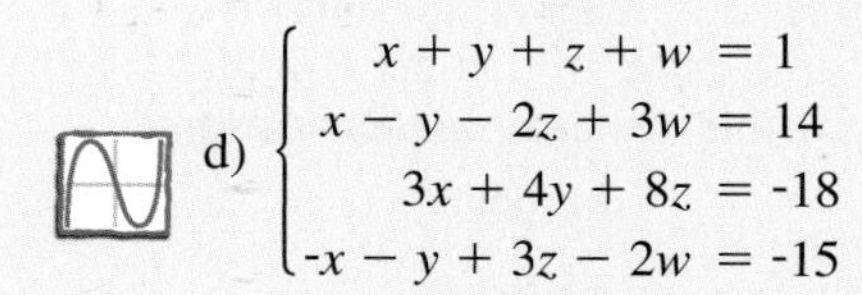

d) $\begin{cases} x + y + z + w = 1 \\ x - y - 2z + 3w = 14 \\ 3x + 4y + 8z = -18 \\ -x - y + 3z - 2w = -15 \end{cases}$

13. Résoudre les systèmes d'équations linéaires suivants en utilisant la règle de Cramer.

a) $\begin{cases} 4u - 9v = -4 \\ -6u + 3v = -1 \end{cases}$

b) $\begin{cases} 2x + y + 2z = \frac{14}{3} \\ x + 2y - z = \frac{-13}{6} \\ 4x - 3y + 3z = 9 \end{cases}$

c) $\begin{cases} 2x + 3y - z = 0 \\ x - 5y + 2z = 0 \\ 5x + 2y - 4z = 0 \end{cases}$

d) $\begin{cases} -2x + 3y + 2z + w = 15 \\ 2y - 2z - 3w = 15 \\ 2x + y + z + w = 5 \\ -4x - y - 3z - 2w = -7 \end{cases}$

14. Résoudre, si c'est possible, les systèmes d'équations linéaires suivants en utilisant la méthode de la matrice inverse ou la règle de Cramer ; sinon, expliquer pourquoi ces méthodes ne peuvent être utilisées.

a) $\begin{cases} 3x + 4y = 1 \\ 3y + 4x = -1 \end{cases}$

b) $\begin{cases} 2a + 3b = -4 \\ 3a + 4c = 13 \\ b - 2c = -7 \end{cases}$

c) $\begin{cases} x - 2y + 3z = 0 \\ 3x + y - 2z = 0 \\ 5x + 4y - 7z = 0 \end{cases}$

d) $\begin{cases} 2x + 3y = 4 \\ 3x + 4y + z = 3 \end{cases}$

15. Soit le système

$$\begin{cases} x + y = 4 \\ x + (a^2 - 15)y = a \end{cases}$$

Déterminer, si c'est possible, les valeurs de a telles que le système

a) a une seule solution, et trouver cette solution;

b) n'admet aucune solution;

c) a une infinité de solutions, et trouver l'ensemble-solution.

16. Soit A, B et C, trois matrices carrées 4×4, et E et F, deux matrices carrées 3×3, telles que dét $A = 2$, dét $B = -3$, dét $C = 4$, dét $E = -2$ et dét $F = 5$. Évaluer, si c'est possible, les déterminants suivants.

a) i) dét A^{-1} ii) dét E^{-1}

b) i) dét B^T ii) dét F^T

c) i) dét (AC) ii) dét (BF)

d) i) dét $(-C)$ ii) dét $(-E)$

e) i) dét $(-3A)$ ii) dét $\left(\frac{-1}{3}E\right)$

f) i) 5 dét F^{-1} ii) dét $(5F^{-1})$

g) i) dét $(2B^2)$ ii) dét $(2B)^2$

h) i) dét (AB^{-1}) ii) dét $(AB)^{-1}$

i) i) dét $(2A^{-1})$ ii) dét $(2A)^{-1}$

j) i) dét (CEF^{-1}) ii) dét $((A^{-1}B)^{-1}C^T)$

k) i) dét (adj B) ii) dét (adj (EF))

l) i) dét $\left(\text{adj}\left(\frac{1}{2}C\right)\right)$ ii) dét $\left(\text{adj}\,\frac{1}{2}(EF)\right)$

17. Trouver, si c'est possible, des matrices $A_{2\times 2}$ et $B_{2\times 2}$ telles que

a) A et B sont inversibles, mais $A + B$ ne l'est pas;

b) A et B ne sont pas inversibles, mais $A + B$ l'est;

c) A et B sont inversibles, mais AB ne l'est pas;

d) rang $(A + B)$ = rang (A) + rang (B), où $A_{2\times 2} \neq O_{2\times 2}$ et $B_{2\times 2} \neq O_{2\times 2}$.

18. Soit A, une matrice carrée d'ordre n, où $n \geq 2$. Parmi les affirmations suivantes, déterminer celles qui sont équivalentes entre elles.

a) A est inversible.

b) $AX = B$ admet une solution unique.

c) A est singulière.

d) A est régulière.

e) $AX = 0$ admet une solution non triviale.

f) dét $A = 0$.

g) rang $(A) = n$.

h) rang $(A) < n$.

19. Soit $A = \begin{bmatrix} a & b \\ c & d \end{bmatrix}$ et $B = \begin{bmatrix} x & y \\ z & w \end{bmatrix}$. Démontrer que dét (AB) = (dét A)(dét B) (théorème 3.14, où $n = 2$).

20. a) Soit A, B et C, trois matrices carrées d'ordre n telles que $AB = AC$. Démontrer que si dét $A \neq 0$, alors $B = C$.

b) Soit $B = \begin{bmatrix} 3 & 1 \\ 1 & 4 \end{bmatrix}$, $C = \begin{bmatrix} 2 & 2 \\ 3 & 2 \end{bmatrix}$ et $A_{2\times 2}$, une matrice telle que $AB = AC$. Déterminer si A est inversible.

c) Vérifier le résultat précédent si $A = \begin{bmatrix} 4 & 2 \\ 2 & 1 \end{bmatrix}$.

21. Démontrer que si une matrice carrée A d'ordre n possède une colonne dont les éléments sont un multiple des éléments d'une autre colonne, alors dét $A = 0$ (théorème 3.11).

22. On associe à chaque lettre le nombre auquel elle est jumelée.

espace	A	B	C	D	…	X	Y	Z
0	1	2	3	4	…	24	25	26

a) Le message M suivant

62 49 57 70 68 57 18 19 13 16 10 15 97 97 78

a été codé à l'aide de la matrice $A = \begin{bmatrix} 1 & 2 & 2 \\ 1 & 1 & 3 \\ 1 & 2 & 1 \end{bmatrix}$.

Déterminer le message M.

b) La réponse R suivante

1 13 -6 102 -12 24 0 90 -3 31 0 90 -13 41

a été codée à l'aide de la matrice $B = \begin{bmatrix} 1 & -2 \\ 3 & 4 \end{bmatrix}$.

Déterminer la réponse R.

Problèmes de synthèse

Les réponses des problèmes suivants, à l'exception des problèmes notés en rouge, sont données à la fin du volume.

1. Soit la matrice $A = \begin{bmatrix} 1 & 0 & 7 \\ -2 & 5 & 3 \\ 4 & -2 & -1 \end{bmatrix}$. Déterminer :

a) i) a_{23} ii) a_{32}

b) i) M_{12} ii) M_{33}

c) i) C_{12} ii) C_{33}

d) i) $\sum_{j=1}^{3} a_{2j}$ ii) $\text{Tr}(A)$

e) i) $\text{dét}\, A$ ii) $\text{dét}\left(\frac{2}{\sqrt[3]{-3}} A\right)$

f) i) $\text{dét}\, A^{-1}$ ii) $\text{dét}\, A^{T}$

g) i) $\text{Cof}\, A$ ii) $\text{adj}\, A$

h) i) A^{-1} ii) $(A^{T})^{-1}$

i) i) $\text{dét}\,(\text{adj}\, A)$ ii) $\text{dét}\,(\text{Cof}\, A)$

j) i) $(3A)(4A^{-1})$ ii) $(3A)(4A)^{-1}$

k) i) $\text{rang}\,(A)$ ii) $\text{rang}\,(2A^{-1})$

2. Soit $A_{n \times n}$ et $B_{n \times n}$, deux matrices où $n \geq 2$. Déterminer si chacune des affirmations suivantes est vraie (V) ou fausse (F). Justifier.

a) Si A et B sont inversibles, alors BA est inversible.

b) Si A est nilpotente, alors A est inversible.

c) $\text{adj}\,(\text{adj}\, A) = A$.

d) Si A est inversible, alors A^k, où $k \in \{2, 3, 4, ...\}$, est inversible.

e) Si $AB = I_{n \times n}$, alors $AB = BA$.

f) Si $\text{dét}\, A = \text{dét}\, B = 5$, alors $A = B$.

g) Si $A = 5B$, alors $\text{dét}\, A = 5\, \text{dét}\, B$.

h) Si $\text{dét}\,(AB) = 0$, alors $\text{dét}\, A = 0$ et $\text{dét}\, B = 0$.

i) $\text{dét}\,(A + B) = \text{dét}\, A + \text{dét}\, B$.

j) $\text{rang}\,(A) = \text{rang}\,(A^{T})$.

k) A est régulière si et seulement si $a_{ii} \neq 0$ pour tout i.

l) $AX = O$ admet une solution non triviale si et seulement si $\text{dét}\, A \neq 0$.

m) Si $A^3 = A$ et si $\text{dét}\, A \neq 0$, alors $A^{-1} = A$.

n) Si $(A^2)^{-1} = B$, alors $AB = BA$.

o) A est inversible si et seulement si A est régulière.

p) $(AB)^{-1} = A^{-1}B^{-1}$.

q) Si A est une matrice idempotente et inversible, alors $\text{dét}\, A = 1$.

3. Sans les résoudre, déterminer si les systèmes homogènes d'équations linéaires suivants admettent d'autres solutions que la solution triviale. Expliquer.

a) $\begin{cases} 2x - 3y = 0 \\ 4x + 6y = 0 \end{cases}$

b) $\begin{cases} 9x - 15y = 0 \\ 10y - 6x = 0 \end{cases}$

c) $\begin{cases} x - y - 2z = 0 \\ -3z = 0 \\ 5y + 2z = 0 \end{cases}$

d) $\begin{cases} -3x - 2y + 7z = 0 \\ 2x - 4y - 26z = 0 \\ 5x - 2y - 33z = 0 \end{cases}$

e) $\begin{cases} 3x - 2y + 4z - w = 0 \\ x + 2y - 4z + 2w = 0 \\ -2x + y - z + w = 0 \end{cases}$

4. Déterminer l'ensemble-solution des systèmes d'équations suivants.

a) $\begin{cases} 3x - y + 2z = -2 \\ x + 2y - 3z = 14 \\ 2x + 3y + z = 0 \end{cases}$

b) $\begin{cases} -2x + y + 2z + w = -8 \\ 2x + y + 3z + 2w = -1 \\ -x - y - 3z - 2w = 3 \end{cases}$

c) $\begin{cases} x + 2y - z = 4 \\ 3x - y + 2z = -5 \\ 5x + 3y = 2 \end{cases}$

d) $\begin{cases} -2x + 4y + 9z = 0 \\ x + y + 3z = 0 \\ 4x + 2y + 7z = 0 \end{cases}$

e) $\begin{cases} 2x + 3y = 0 \\ -3x + 2z = -1 \\ 3y + 4z = 0 \\ 5x + 6y + 2z = 1 \end{cases}$

f) $\begin{cases} 3x + 3y + 5z + w = -22 \\ -5x - 6y - 2z - 3w = 4 \\ 2x + y - 7z + w = 31 \\ 3x - y - 3z - 2w = 7 \end{cases}$

g) $\begin{cases} x + 3y - z + 2w = 6 \\ 5x + 3y - 6z + 6w = 5 \\ 5x + 2y - 4z + 2w = 2 \\ 2x + 6y - 2z + 4w = 7 \end{cases}$

h) $\begin{cases} 2x + y + z + 2w = 3 \\ -6x - 2y - 4w = 0 \\ 2y - 3z + 4w = 0 \\ 3x + 3y - z + 6w = 4 \end{cases}$

5. Soit $A = \begin{bmatrix} \cos\theta & \sin\theta \\ -\sin\theta & \cos\theta \end{bmatrix}$ et $B = \begin{bmatrix} \cos(-\theta) & \sin(-\theta) \\ -\sin(-\theta) & \cos(-\theta) \end{bmatrix}$.

Vérifier que les matrices A et B sont l'inverse l'une de l'autre.

6. Soit le lieu géométrique L défini par $\begin{vmatrix} x & y \\ -y & x+2 \end{vmatrix} = 15$.

a) Déterminer les points d'intersection de L et de la droite passant par les points P(0, 1) et Q(-1, 0).

b) Déterminer les points d'intersection de L et de l'ellipse d'équation $\dfrac{x^2}{25} + \dfrac{y^2}{4} = 1$.

c) Représenter graphiquement, sur un même système d'axes, L, la droite et l'ellipse.

7. a) Résoudre le système S d'équations suivant.

$$S\begin{cases} 3^{3x}9^{y} = 1 \\ 5^{4y}125^{x} = \dfrac{1}{25} \end{cases}$$

b) Soit l'équation

$(2x - 3y + z)^2 + (x + 2y - z)^2 + (5x - 4y + z)^2 = 0$.

i) Résoudre l'équation précédente.

ii) Donner les solutions entières lorsque $0 \leq x \leq 10$, $0 \leq y \leq 10$ et $0 \leq z \leq 10$.

c) Utiliser la règle de Cramer pour exprimer x et y en fonction de u et v si

$u = x\cos\theta - y\sin\theta$;

$v = x\sin\theta + y\cos\theta$.

8. Soit $A_{n\times n} = \begin{bmatrix} x & 0 & 0 & \dots & 0 & -1 \\ 0 & x & 0 & \dots & 0 & 0 \\ 0 & 0 & x & \dots & 0 & 0 \\ \vdots & \vdots & \vdots & & \vdots & \vdots \\ 0 & 0 & 0 & \dots & x & 0 \\ -1 & 0 & 0 & \dots & 0 & x \end{bmatrix}$, où $n \geq 2$.

a) Calculer dét A.

b) Déterminer les valeurs de x telles que dét $A = 0$.

9. Déterminer, si c'est possible, à quelles conditions les matrices suivantes sont inversibles et trouver l'inverse, s'il y a lieu.

a) $M_1 = \begin{bmatrix} a & b \\ b & a \end{bmatrix}$

b) $M_2 = \begin{bmatrix} a & -b \\ b & a \end{bmatrix}$

c) $M_3 = \begin{bmatrix} 1 & 1 & 1 \\ a & b & c \\ b+c & c+a & b+a \end{bmatrix}$

d) $M_4 = \begin{bmatrix} 1 & 0 & 0 \\ a & 1 & 0 \\ a^2 & 2a & 1 \end{bmatrix}$

10. Soit $A = \begin{bmatrix} a & b \\ c & d \end{bmatrix}$. Déterminer dét A si :

a) $\begin{bmatrix} d & -b \\ -c & a \end{bmatrix}\begin{bmatrix} a & b \\ c & d \end{bmatrix} = O_{2\times 2}$

b) $\begin{bmatrix} a & b \\ c & d \end{bmatrix}\begin{bmatrix} -d & b \\ c & -a \end{bmatrix} = I_{2\times 2}$

11. Soit $W(x)$, la **matrice de Wronski** définie par

$W(x) = \begin{bmatrix} f(x) & g(x) \\ f'(x) & g'(x) \end{bmatrix}$,

où $f(x)$ et $g(x)$ sont deux fonctions différentiables. Calculer le wronskien, c'est-à-dire le déterminant des matrices $W(x)$ si :

a) $f(x) = x$ et $g(x) = \ln(x)$

b) $f(x) = e^{ax}$ et $g'(x) = e^{ax}$

c) $f'(x) = \sin x$ et $g'(x) = \cos x$, où $f(0) = 0$ et $g\left(\dfrac{\pi}{6}\right) = 1$

12. a) Résoudre le système d'équations suivant.

$$\begin{bmatrix} x_1 \\ x_2 \end{bmatrix} = \begin{bmatrix} 0 & 0{,}1 \\ 2 & 0 \end{bmatrix}\begin{bmatrix} x_1 \\ x_2 \end{bmatrix} + \begin{bmatrix} 84 \\ 72 \end{bmatrix}$$

b) Soit le système d'équations linéaires représenté par $X = AX + B$. Démontrer que $X = (I - A)^{-1}B$ si dét $(I - A) \neq 0$.

c) À partir de b), déterminer $(I - A)^{-1}$ et X si

$$\begin{bmatrix} x_1 \\ x_2 \\ x_3 \end{bmatrix} = \begin{bmatrix} 0{,}1 & 0{,}1 & 0{,}2 \\ 0{,}5 & 0{,}3 & 0{,}2 \\ 0{,}4 & 0{,}1 & 0{,}4 \end{bmatrix}\begin{bmatrix} x_1 \\ x_2 \\ x_3 \end{bmatrix} + \begin{bmatrix} 1 \\ 3 \\ 12 \end{bmatrix}.$$

13. Soit $A = \begin{bmatrix} a & b \\ c & d \end{bmatrix}$, où a, b, c et d sont des nombres réels non nuls, telle que $A = A^{-1}$.

a) Déterminer les relations entre a, b, c et d.

b) Donner, si c'est possible, deux exemples de A si $a = 3$.

c) Donner, si c'est possible, un exemple de A si $a = -5$ et $b = 2a$.

d) Donner, si c'est possible, un exemple de A si $a = 2$ et $b = c$.

e) Déterminer A si $b = c$, et si $-1 < a < 1$.

14. Déterminer la valeur de a, b, c, d, e et f dans la figure ci-dessous, telle que chaque inconnue est égale à la moyenne arithmétique des valeurs des cases adjacentes.

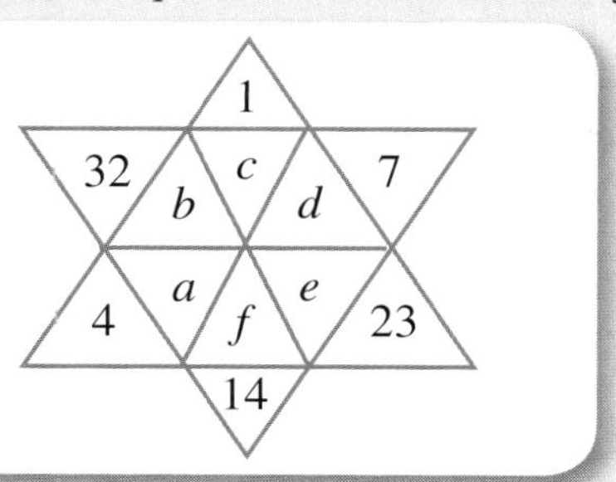

15. Soit A, B, C et E, quatre matrices carrées 3×3. Déterminer si ces matrices sont inversibles si :

a) $A\begin{bmatrix}1\\2\\3\end{bmatrix} = \begin{bmatrix}0\\0\\0\end{bmatrix}$

b) $B = MN$, où M et N sont inversibles

c) $C\begin{bmatrix}3\\5\\6\end{bmatrix} = \begin{bmatrix}5\\7\\9\end{bmatrix}$ et $C\begin{bmatrix}-1\\2\\7\end{bmatrix} = \begin{bmatrix}5\\7\\9\end{bmatrix}$

d) $E\begin{bmatrix}0\\0\\0\end{bmatrix} = \begin{bmatrix}0\\0\\0\end{bmatrix}$

16. Soit les systèmes d'équations S_1 et S_2 suivants.

$$S_1\begin{cases} x - 2y - 3z = a \\ -x + 4y + 6z = b \\ -x + y + 2z = c \end{cases} ; \quad S_2\begin{cases} x + 4y + 7z = a \\ 2x + 5y + 8z = b \\ 3x + 6y + 9z = c \end{cases}$$

a) Dans S_1, exprimer, si c'est possible, $\begin{bmatrix}x\\y\\z\end{bmatrix}$ sous la forme $M\begin{bmatrix}a\\b\\c\end{bmatrix}$ et déterminer x, y, z en fonction de a, b, c.

b) Dans S_2, exprimer, si c'est possible, $\begin{bmatrix}x\\y\\z\end{bmatrix}$ sous la forme $N\begin{bmatrix}a\\b\\c\end{bmatrix}$ et déterminer x, y, z en fonction de a, b, c.

c) Dans S_2, on pose $b = 13$ et $c = 5$. Donner l'ensemble-solution du nouveau système.

17. Soit les systèmes d'équations S_1 et S_2 suivants.

$$S_1\begin{cases} 2x + 2y + z = a \\ -3x + y + 2z = b \\ 4x + 3y - z = c \end{cases} ; \quad S_2\begin{cases} a + b + c = -4 \\ 3a + 3b - c = 8 \\ -2a - 7b + c = -2 \end{cases}$$

a) Exprimer $\begin{bmatrix}-4\\8\\-2\end{bmatrix}$ sous la forme $NM\begin{bmatrix}x\\y\\z\end{bmatrix}$.

b) Exprimer $\begin{bmatrix}x\\y\\z\end{bmatrix}$ sous la forme $PR\begin{bmatrix}-4\\8\\-2\end{bmatrix}$.

c) Déterminer x, y et z.

18. Les **lois de Kirchhoff**, qui tiennent leur nom du physicien allemand Gustav Kirchhoff (1824-1887), nous permettent d'exprimer les circuits suivants sous forme de systèmes d'équations linéaires.

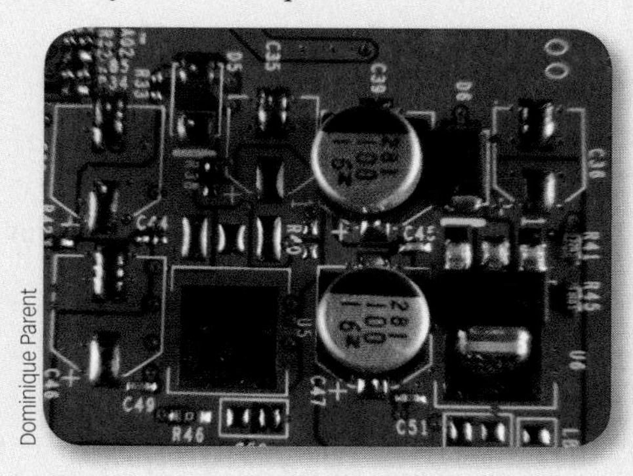

Déterminer les intensités de courant I_1, I_2 et I_3, exprimées en ampères, à l'aide de la règle de Cramer.

a)

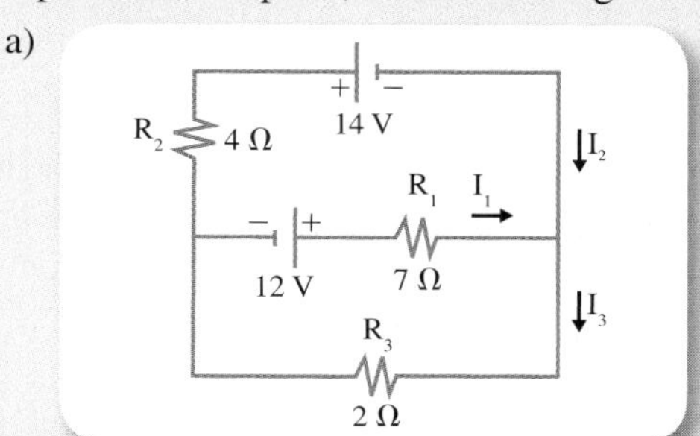

$$\begin{aligned} I_1 + I_2 &= I_3 \\ 7I_1 + 2I_3 &= 12 \\ 7I_1 - 4I_2 &= 26 \end{aligned}$$

b)

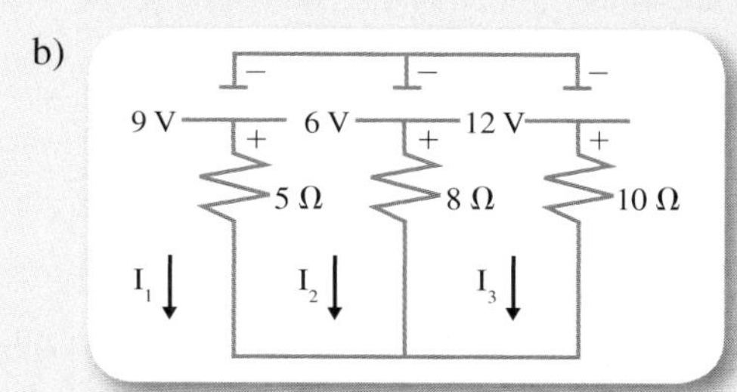

$$\begin{aligned} I_1 + I_2 + I_3 &= 0 \\ -5I_1 + 8I_2 &= -3 \\ -8I_2 + 10I_3 &= 6 \end{aligned}$$

c)

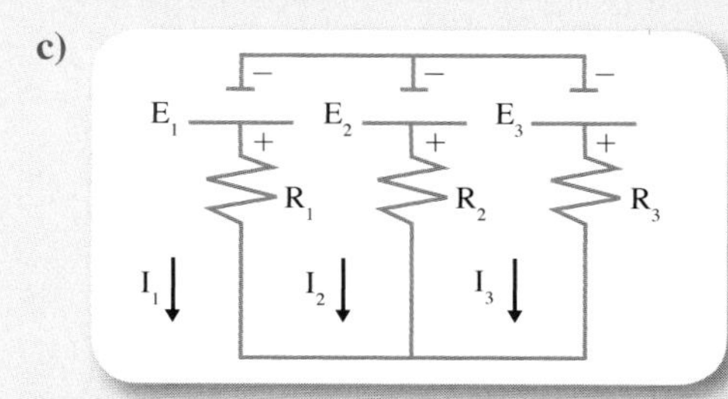

où E_i est en volts et R_i est en ohms

$$\begin{aligned} I_1 + I_2 + I_3 &= 0 \\ -R_1I_1 + R_2I_2 &= E_2 - E_1 \\ -R_2I_2 + R_3I_3 &= E_3 - E_2 \end{aligned}$$

3

19. La composition de trois alliages, R, S et T est la suivante :

R est constitué de 75 % de cuivre, 5 % de zinc et 20 % d'étain ;

S est constitué de 25 % de cuivre, 25 % de zinc et 50 % d'étain ;

T est constitué de 30 % de cuivre, 20 % de zinc et 50 % d'étain.

En mélangeant les alliages R, S et T, on veut obtenir un quatrième alliage, V, de 64 kg, constitué de $\frac{16}{41}$ de cuivre, de $\frac{15}{82}$ de zinc et de $\frac{35}{82}$ d'étain.

a) Déterminer la matrice M exprimant le pourcentage de cuivre, de zinc et d'étain dans les alliages R, S et T.

b) Exprimer $\begin{bmatrix} \text{R} \\ \text{S} \\ \text{T} \end{bmatrix}$, où R, S et T représentent les alliages, en kilogrammes, sous la forme $N\begin{bmatrix} x \\ y \\ z \end{bmatrix}$, où x, y et z représentent la quantité de cuivre, de zinc et d'étain dans le quatrième alliage.

c) Déterminer les quantités, en kilogrammes, de R, S et T contenues dans V.

20. Soit $A = \begin{bmatrix} 2 & 2 & 3 \\ 1 & 2 & 1 \\ 2 & -2 & 1 \end{bmatrix}$ et $I = \begin{bmatrix} 1 & 0 & 0 \\ 0 & 1 & 0 \\ 0 & 0 & 1 \end{bmatrix}$.

a) Déterminer a, b, c et d si dét $(A - xI) = ax^3 + bx^2 + cx + d$.

b) En considérant la réponse obtenue en a), calculer dét A.

c) Vérifier que $A^{-1} = \frac{1}{8}(-A^2 + 5A - 2I)$.

d) Utiliser c) pour déterminer A^{-1}.

e) Les zéros λ_1, λ_2 et λ_3 de dét $(A - \lambda I)$ s'appellent les **valeurs propres** de A. Déterminer ces valeurs.

f) Vérifier que $\sum_{i=1}^{3} \lambda_i = \text{Tr}(A)$ et que $\prod_{i=1}^{3} \lambda_i = \text{dét}\, A$.

21. On associe à chaque lettre le nombre auquel elle est jumelée.

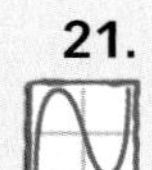

espace	A	B	C	D	…	X	Y	Z
0	1	2	3	4	…	24	25	26

Soit les matrices A et B suivantes.

$$A = \begin{bmatrix} 2 & -1 & 5 \\ 0 & 1 & 4 \\ 3 & 1 & -1 \end{bmatrix}; \quad B = \begin{bmatrix} 3 & 3 & 0 & 1 & 1 \\ 1 & 3 & 1 & 2 & -1 \\ 0 & -3 & -1 & -3 & 1 \\ 0 & 1 & 0 & 1 & 3 \\ 3 & 3 & 0 & 1 & 2 \end{bmatrix}$$

a) Soit le message « Où est né Cramer ». Coder d'abord le message à l'aide de A, puis coder le message résultant à l'aide de B.

b) Sachant que la réponse a aussi été codée successivement par A et par B, décoder la réponse obtenue soit,

475 ⋮ 258 ⋮ -192 ⋮ 200 ⋮ 517 ⋮ 96 ⋮ 32 ⋮ 0 ⋮ 0 ⋮ 96.

22. Deux matrices $A_{n \times n}$ et $B_{n \times n}$ sont dites **anticommutatives** lorsque $AB = -BA$. Soit A et B, des matrices anticommutatives. Démontrer qu'au moins une des deux matrices n'est pas inversible lorsque n est impair.

23. Soit A et B, deux matrices carrées d'ordre n. Démontrer que si $AB = kI_{n \times n}$, où $k \in \mathbb{R}$ et $k \neq 0$, alors $AB = BA$.

24. a) Soit A, une matrice régulière d'ordre n, où $n \geq 2$.

i) Déterminer A si $A^2 = A$.

ii) Démontrer que si $A^3 = A$, alors $A = A^{-1}$.

b) Déterminer les valeurs de a et b pour que M soit une matrice singulière, où $M = \begin{bmatrix} 1 & 2 & 0 \\ a & 8 & 3 \\ 0 & b & 5 \end{bmatrix}$.

25. Déterminer la condition pour que l'inverse de $(I - A)$ soit $(I + A + A^2)$, où A est une matrice carrée d'ordre n.

26. Soit A, B et C, trois matrices carrées d'ordre n, telles que $BC = I_{n \times n}$ et $AB = I_{n \times n}$. Démontrer que $A = C$.

27. Soit $A_{n \times n}$, $B_{n \times n}$ et $(A + B)$, des matrices inversibles.

a) Démontrer que $(A^{-1} + B^{-1})^{-1} = B\,(B + A)^{-1} A$.

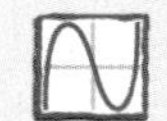

b) Construire des matrices $A_{3 \times 3}$ et $B_{3 \times 3}$ satisfaisant aux conditions initiales et vérifier à l'aide d'un outil technologique la validité du résultat démontré en a).

Chapitre 4 Vecteurs géométriques

Dominique Parent

Le vecteur est un outil mathématique fréquemment utilisé par les scientifiques, car parfois la grandeur ou l'intensité ne suffit pas pour décrire certaines quantités physiques.

En effet, certaines propriétés des vecteurs sont utilisées en mécanique (force, vitesse, etc.) et en électricité (champ électrique).

En mathématique, plusieurs problèmes géométriques peuvent être résolus à l'aide de certaines propriétés des vecteurs.

Dans ce chapitre, nous étudierons les vecteurs géométriques : définition, représentation géométrique, addition de vecteurs et multiplication d'un vecteur par un scalaire.

En particulier, l'élève pourra résoudre le problème suivant.

Soit A et B, deux points directement opposés de chaque côté d'une rivière de 1 km de largeur. Jean-François part de A en pagayant à la vitesse de 6 km/h parallèlement à AB. La vitesse du courant perpendiculaire à AB est de 8 km/h.

a) Déterminer la vitesse à laquelle il s'éloigne de A.
b) À quelle distance de B arrivera-t-il de l'autre côté de la rivière ?
c) Déterminer le temps nécessaire pour traverser la rivière.
d) Déterminer, si c'est possible, la direction qu'il devrait prendre pour arriver directement à B.
e) Déterminer le temps qu'il lui faudrait pour traverser cette rivière s'il n'y avait pas de courant.

(Problèmes de synthèse, n° 3, page 186)

Perspective historique

De la mécanique aux segments orientés

Pendant l'Antiquité, la conception qu'ont les Grecs des mouvements est très différente de la nôtre. Ainsi, ils n'ont pas d'idée claire de la trajectoire exacte d'un projectile lancé dans les airs. La physique d'Aristote offre peu d'outils intellectuels pour aller au-delà des perceptions premières fournies par nos sens. Pour comprendre l'approche des Grecs devant ce problème, pensons à la façon dont est traité le mouvement dans certains dessins animés. Par exemple, nous voyons parfois Bugs Bunny courir jusqu'au bord d'une falaise et se retrouver au-dessus du vide. Pendant un certain temps, il continue horizontalement en ligne droite... puis, tout à coup, il s'arrête un instant avant de tomber verticalement vers le sol. Cette perception du mouvement ne nous semble pas complètement impossible. Elle suppose en fait que les mouvements ne se combinent pas, comme si le mouvement horizontal continue jusqu'à temps qu'il s'épuise. C'est seulement à ce moment que l'attraction terrestre peut entrer en action, et que l'objet, en l'occurrence Bugs Bunny, tombe inexorablement vers le sol. Depuis la fin de la falaise, il a parcouru non pas une trajectoire parabolique, mais plutôt un genre de L inversé. Cette façon de voir la chute des corps ne change pas jusqu'à la Renaissance, aux XVe et XVIe siècles.

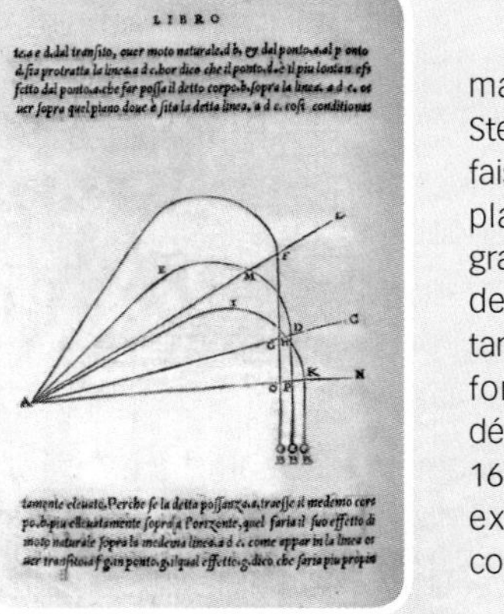

L'ingénieur et mathématicien italien Niccolò Fontana, dit Tartaglia (1499-1557), tente de déterminer la trajectoire d'un boulet de canon. Il propose une trajectoire en trois sections: une ligne droite et un arc de cercle suivis d'une ligne verticale. La mécanique d'Aristote l'influence encore.

En 1586, l'ingénieur et mathématicien belge Simon Stevin (1548-1620) a l'idée, en faisant des expériences sur le plan incliné, du parallélogramme de forces qui permet de combiner l'action simultanée de deux mouvements ou forces. L'une des grandes découvertes de Galilée (1564-1642) sera alors de montrer expérimentalement qu'un corps en chute libre est soumis à l'action simultanée, mais indépendante, de l'inertie et de l'attraction terrestre. Autrement dit, l'effet de l'attraction verticale n'est pas influencée par le déplacement horizontal du corps. Dès lors, Galilée est capable de déterminer que la trajectoire d'un corps qui se déplace horizontalement et qu'on laisse subitement à lui-même tombe en suivant une trajectoire parabolique. Ainsi se met en place l'idée que deux forces agissant sur un corps peuvent être remplacées par une seule, la résultante. Cette idée d'indépendance sera reprise par de nombreux scientifiques, dont le plus célèbre est Isaac Newton (1642-1727).

La représentation géométrique de ces forces laisse à désirer jusqu'au milieu du XIXe siècle. Dans la première moitié de ce siècle, Hermann Grassmann (1809-1877) enseigne dans la petite ville de Stettin, en Allemagne (cette ville fait aujourd'hui partie de la Pologne du Nord et est connue sous le nom de Szczecin), et ne peut consacrer tout son temps aux mathématiques. Au cours des années 1830, en élaborant une théorie des marées, il développe un calcul géométrique basé sur la constatation suivante: « Les segments AB et BA sont des grandeurs opposées et AB + BC = AC même quand A, B et C ne sont pas sur une ligne droite. » Grassmann met donc en forme une théorie des segments orientés, que nous appelons les vecteurs géométriques. Dans un livre publié en 1844, il enrichit grandement ce calcul en définissant le produit de deux segments orientés (nos vecteurs) comme étant la surface du parallélogramme défini par les deux segments et le produit de trois segments comme étant le volume du parallélépipède formé par ces trois segments. À partir de ces définitions purement géométriques, Grassmann arrive à définir ce qui pourrait caractériser les opérations à effectuer sur des segments orientés dans des espaces de plus de trois dimensions. Ces caractéristiques correspondent essentiellement aux 10 propriétés des espaces vectoriels présentées dans la définition 5.25 du chapitre 5.

Malheureusement, Grassmann n'est pas connu des autres mathématiciens et son style lourd en rebute plus d'un. Son ouvrage remporte peu de succès. En réponse aux critiques parfois acerbes, il réédite son livre en 1862 en améliorant la présentation... sans beaucoup plus de succès. Il n'en demeure pas moins qu'il a établi les bases géométriques de ce que nous appelons maintenant le calcul vectoriel.

Exercices préliminaires

1. Soit le triangle rectangle ci-contre.

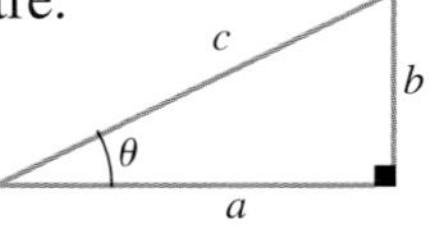

a) Exprimer les fonctions trigonométriques sin θ, cos θ et tan θ en fonction des côtés a, b et c.

b) Exprimer la relation entre a, b et c.

2. Soit le triangle ci-contre.

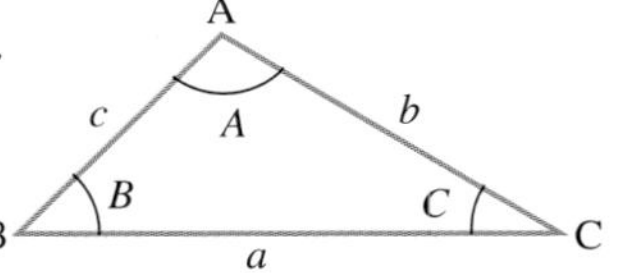

a) Écrire les équations résultant de la loi des sinus.

b) Compléter les égalités suivantes à partir de la loi des cosinus.

i) $a^2 =$ ____ ii) $b^2 =$ ____ iii) $c^2 =$ ____

3. Déterminer, en degrés, la mesure approximative de l'angle θ si :

a) $\sin \theta = \frac{\sqrt{3}}{5}$, où $\theta \in [0°, 90°]$

b) c)

4. Déterminer la valeur de a ainsi que la mesure, en degrés, des angles B et C dans le triangle ci-contre.

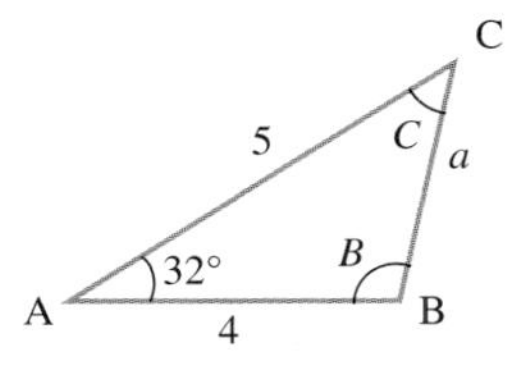

5. Dans un parc d'attractions, la rame de voitures des montagnes russes parcourt 30 m linéairement selon un angle d'élévation de 38°. Déterminer le déplacement horizontal, x, et le déplacement vertical, y, de la rame des voitures.

6. a) Déterminer la mesure des angles α, β et φ représentés ci-dessous, où $D_1 /\!/ D_2$.

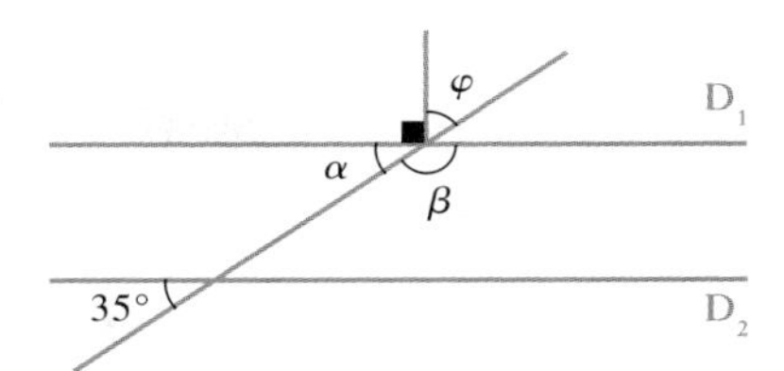

b) Déterminer la mesure des angles α et φ dans le triangle suivant.

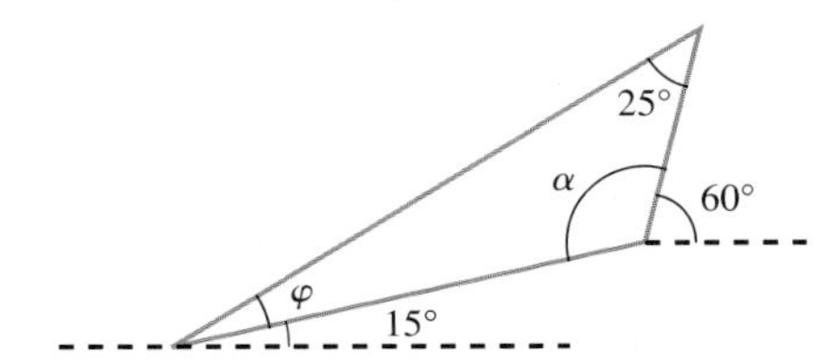

4.1 Notion de vecteurs géométriques

Objectifs d'apprentissage

À la fin de cette section, l'élève pourra appliquer la notion de vecteurs géométriques.

Plus précisément, l'élève sera en mesure

- de donner la définition d'un vecteur géométrique ;
- de déterminer l'origine d'un vecteur géométrique ;
- de déterminer l'extrémité d'un vecteur géométrique ;
- de déterminer la direction d'un vecteur géométrique ;
- de déterminer le sens d'un vecteur géométrique ;
- de déterminer la norme d'un vecteur géométrique ;
- de donner la définition de vecteurs tels que : vecteurs nuls, vecteurs unitaires, vecteurs parallèles, vecteurs équipollents et vecteurs opposés ;
- d'identifier des vecteurs nuls, des vecteurs unitaires, des vecteurs parallèles, des vecteurs équipollents et des vecteurs opposés.

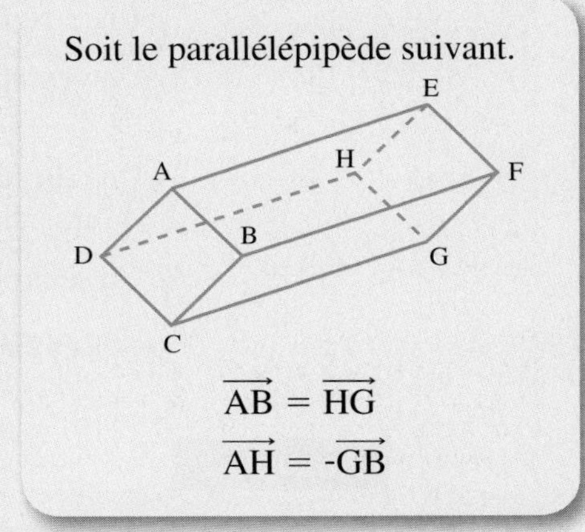

Définition d'un vecteur géométrique

Certaines quantités sont entièrement définies par un nombre réel avec ou sans l'unité de mesure appropriée. Ce nombre réel s'appelle un scalaire.

Exemple 1

Quantité définie par un scalaire	Scalaire avec ou sans unité de mesure
Taille de Françoise	1,52 m
Température extérieure	-4 °C
Volume d'un cube ayant une arête de 2 cm	8 cm^3
Durée d'une activité	1 h 30 min
Masse d'un électron	10^{-28} kg
Potentiel électrique	220 V
Aire d'un cercle ayant un rayon de r mètres	πr^2 m^2
Âge de Pierre	75 ans
Coût d'un téléviseur	659 $
Nombre	5 (aucune unité de mesure)

D'autres quantités ne peuvent pas être définies uniquement par un scalaire et son unité de mesure s'il y a lieu. Il faut donner, en plus, la direction et le sens ; une telle quantité s'appelle quantité vectorielle ou vecteur.

DÉFINITION 4.1 Un **vecteur géométrique** est un segment de droite orienté possédant les caractéristiques suivantes.

1) Une **origine** : point de départ du segment.
2) Une **extrémité** : point d'arrivée du segment, où nous trouvons une pointe de flèche.
3) Une **direction** : donnée par une droite D supportant le segment (ou par toute droite parallèle à D).
4) Un **sens** : de l'origine vers l'extrémité.
5) Une **norme** : distance entre l'origine et l'extrémité du segment.

Exemple 2

Quantité définie par un vecteur	Scalaire avec unité de mesure, direction et sens
Déplacement d'un bateau	3 km, 80° sud-ouest
Force d'attraction que la Terre exerce sur la Lune	$19{,}9 \times 10^{19}$ N vers le centre de la Terre
Accélération d'un corps en chute libre	9,8 m/s^2 vers le centre de la Terre
Vitesse et cap d'un avion	600 km/h, 37° nord-est

Dominique Parent

L'origine et l'extrémité d'un vecteur sont généralement désignées par des lettres majuscules.

Exemple 3 Soit le vecteur géométrique ci-contre.

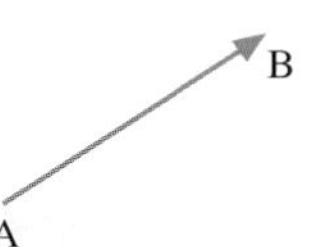

Précisons les caractéristiques de ce vecteur.

Origine

1) A est l'origine de ce vecteur.

Extrémité

2) B est l'extrémité de ce vecteur.

   Ce vecteur est noté $\overrightarrow{AB}$.

   Nous pourrions aussi utiliser une lettre minuscule surmontée d'une flèche pour désigner ce vecteur, par exemple $\vec{v}$.

Direction

3) La droite D, appelée support du vecteur $\overrightarrow{AB}$, donne la direction de ce vecteur. Toute droite parallèle à D donne également la direction de ce vecteur.

   Dans $\mathbb{R}^2$, nous caractérisons la direction du vecteur $\overrightarrow{AB}$ par l'angle θ (où $0° \leq \theta < 180°$) que forme le support D du vecteur avec une droite horizontale.

   Cet angle est mesuré de la droite horizontale vers D, dans le sens inverse des aiguilles d'une montre.

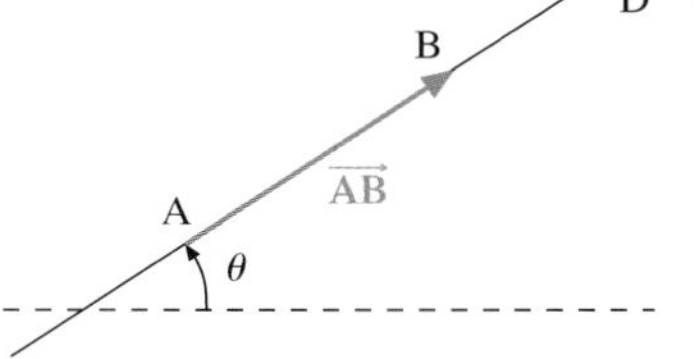

   Dans $\mathbb{R}^3$, nous verrons dans un chapitre ultérieur que la direction d'une droite D sera donnée par les angles directeurs de la droite.

Sens

4) Le sens du vecteur $\overrightarrow{AB}$ indique que le déplacement s'effectue de l'origine A vers l'extrémité B.

   Le sens de deux vecteurs se compare uniquement lorsque ces deux vecteurs ont la même direction.

Norme

5) La norme du vecteur $\overrightarrow{AB}$ est la distance entre A et B.

   Les termes longueur, grandeur ou module sont aussi utilisés pour désigner la distance entre A et B.

   La norme du vecteur $\overrightarrow{AB}$ est notée $\|\overrightarrow{AB}\|$.

   Précisons que $\|\overrightarrow{AB}\| > 0$ lorsque B et A sont différents et que $\|\overrightarrow{AB}\| = 0$ lorsque B et A coïncident.

Exemple 4 Soit les vecteurs $\vec{u}_1$, $\vec{u}_2$, $\vec{u}_3$, $\vec{u}_4$, $\vec{u}_5$, $\vec{u}_6$ et $\vec{u}_7$ suivants.

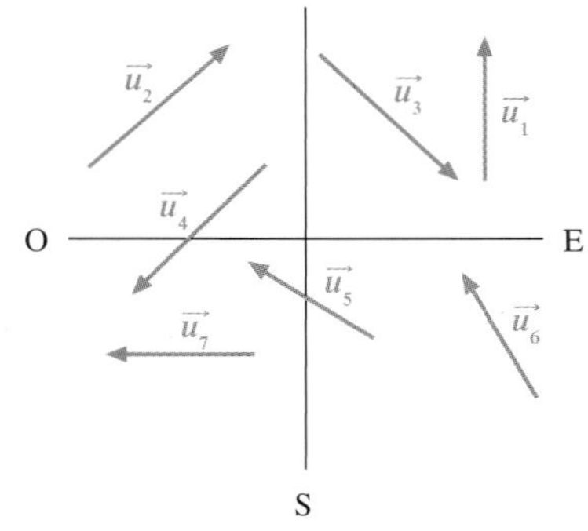

$\vec{u}_1$ est de sens N. ($\theta_1 = 90°$)

$\vec{u}_2$ est de sens N.-E. ($0° < \theta_2 < 90°$)

$\vec{u}_3$ est de sens S.-E. ($90° < \theta_3 < 180°$)

$\vec{u}_4$ est de sens S.-O. ($0° < \theta_4 < 90°$)

$\vec{u}_5$ est de sens N.-O. ($90° < \theta_5 < 180°$)

$\vec{u}_6$ est de sens N.-O. ($90° < \theta_6 < 180°$)

$\vec{u}_7$ est de sens O. ($\theta_7 = 0°$)

Remarquons que même si $\vec{u}_5$ et $\vec{u}_6$ sont tous deux de sens N.-O., ils n'ont pas la même direction car $\theta_5 \neq \theta_6$.

Exemple 5 Représentons les vecteurs $\vec{v}$ et $\vec{w}$ tels que $\|\vec{v}\| = 5$, $\theta = 60°$ dans le sens nord-est (N.-E.) et $\|\vec{w}\| = 4$, $\varphi = 120°$ dans le sens sud-est (S.-E.)

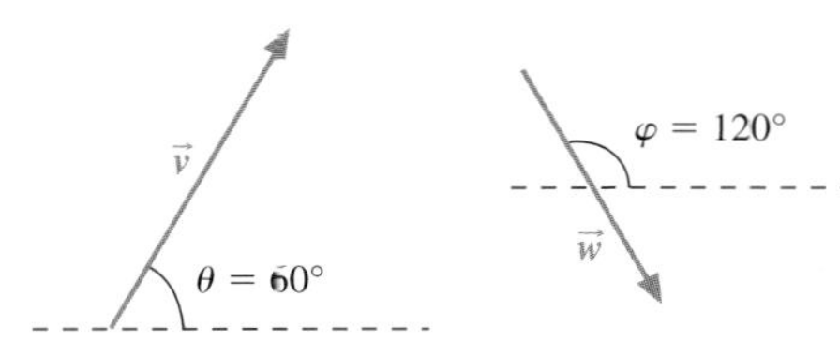

Dans le chapitre 5, nous étudierons de façon plus approfondie les vecteurs représentés dans le plan cartésien.

Exemple 6 Soit le vecteur $\overrightarrow{AB}$ dont l'origine est le point A(5, 3), et l'extrémité, le point B(1, -2).

a) Représentons le vecteur $\overrightarrow{AB}$ dans le plan cartésien.

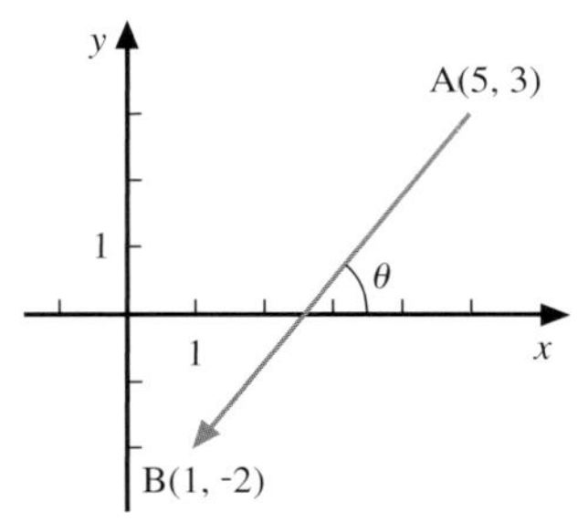

b) Déterminons la direction de ce vecteur, c'est-à-dire l'angle θ que forme le support du vecteur avec une droite horizontale.

Par construction géométrique, nous avons le triangle suivant.

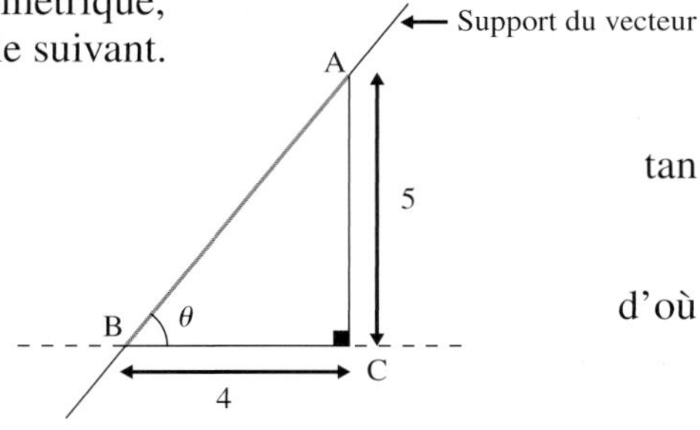

$$\tan \theta = \frac{5}{4}$$

$$\theta = \text{Arc}\tan\left(\frac{5}{4}\right)$$

$$\text{d'où } \theta \approx 51{,}34°$$

c) Le sens de ce vecteur est sud-ouest (S.-O.).

d) Calculons la norme du vecteur $\overrightarrow{AB}$, c'est-à-dire $\|\overrightarrow{AB}\|$.

$$\|\overrightarrow{AB}\| = \sqrt{4^2 + 5^2} \qquad \text{(Pythagore)}$$

$$\approx 6{,}4$$

Vecteurs géométriques particuliers

Définissons maintenant quelques vecteurs géométriques particuliers.

DÉFINITION 4.2 Le **vecteur nul**, noté $\vec{O}$, est le vecteur géométrique dont l'origine et l'extrémité coïncident.

Remarque

1) La direction et le sens de $\vec{O}$ sont indéterminés.

2) La norme de $\vec{O}$ est 0, c'est-à-dire $\|\vec{O}\| = 0$.

3) Si $\|\vec{v}\| = 0$, alors $\vec{v} = \vec{O}$.

DÉFINITION 4.3 Un vecteur $\vec{u}$ tel que $\|\vec{u}\| = 1$ est appelé **vecteur unitaire**.

Exemple 1 Soit le cercle de centre O(0, 0) et de rayon 1.

Tous les vecteurs d'origine O dont l'extrémité est sur la circonférence du cercle sont des vecteurs unitaires.

Les vecteurs $\overrightarrow{OA}$, $\overrightarrow{OB}$, $\overrightarrow{OC}$, $\overrightarrow{OD}$ et $\overrightarrow{OE}$ sont des vecteurs unitaires, car

$$\|\overrightarrow{OA}\| = \|\overrightarrow{OB}\| = \|\overrightarrow{OC}\| = \|\overrightarrow{OD}\| = \|\overrightarrow{OE}\| = 1.$$

DÉFINITION 4.4 Deux **vecteurs** non nuls $\vec{u}$ et $\vec{v}$ sont **parallèles** ($\vec{u} \,/\!/\, \vec{v}$) si et seulement si $\vec{u}$ et $\vec{v}$ ont la même direction.

Exemple 2 Déterminons les vecteurs parallèles parmi les vecteurs suivants.

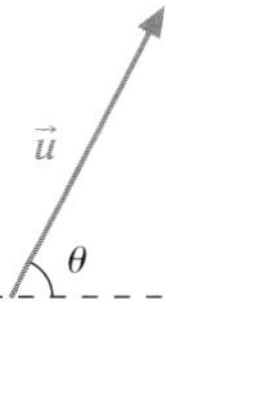

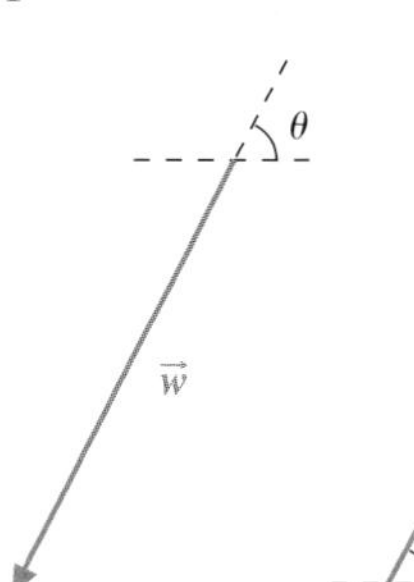

Nous avons

$\vec{u} \,/\!/\, \vec{v}$, $\vec{u} \,/\!/\, \vec{w}$ et $\vec{u} \,/\!/\, \vec{t}$

$\vec{v} \,/\!/\, \vec{w}$ et $\vec{v} \,/\!/\, \vec{t}$

$\vec{w} \,/\!/\, \vec{t}$

$\vec{s}$ n'est pas parallèle à aucun des vecteurs $\vec{u}$, $\vec{v}$, $\vec{w}$ et $\vec{t}$, car il n'a pas la même direction.

Ainsi, $\vec{s} \not\parallel \vec{u}$, $\vec{s} \not\parallel \vec{v}$, $\vec{s} \not\parallel \vec{w}$ et $\vec{s} \not\parallel \vec{t}$.

DÉFINITION 4.5

1) Deux **vecteurs** non nuls $\vec{u}$ et $\vec{v}$ sont **équipollents** ou **égaux** si et seulement si les deux vecteurs ont
   i) la même direction ;
   ii) le même sens ;
   iii) la même norme.

   Ces deux vecteurs équipollents sont notés $\vec{u} = \vec{v}$.

2) Deux **vecteurs** non nuls $\vec{u}$ et $\vec{v}$ sont **opposés** si et seulement si les deux vecteurs ont
   i) la même direction ;
   ii) un sens contraire ;
   iii) la même norme.

   Le vecteur $\vec{v}$, opposé à $\vec{u}$, est noté $\vec{v} = -\vec{u}$.

Remarque Deux vecteurs équipollents sont parallèles et deux vecteurs opposés sont également parallèles puisque, par définition, ils ont la même direction.

Exemple 3 Vérifions si les vecteurs suivants sont équipollents ou opposés.

Représentation	Direction	Sens	Norme	Conclusion
a) $\vec{u}_1$, θ et $\vec{v}_1$, θ	même direction θ	même sens N.-E.	même norme $\lVert\vec{u}_1\rVert = \lVert\vec{v}_1\rVert$	équipollents $\vec{u}_1 = \vec{v}_1$
b) $\vec{u}_2$, θ et $\vec{v}_2$, θ	même direction θ	même sens N.-E.	norme différente $\lVert\vec{u}_2\rVert \neq \lVert\vec{v}_2\rVert$	$\vec{u}_2 \neq \vec{v}_2$ $\vec{u}_2 \neq -\vec{v}_2$
c) $\vec{u}_3$, θ et $\vec{v}_3$, φ	direction différente $\theta \neq \varphi$	même sens N.-E.	même norme $\lVert\vec{u}_3\rVert = \lVert\vec{v}_3\rVert$	$\vec{u}_3 \neq \vec{v}_3$ $\vec{u}_3 \neq -\vec{v}_3$
d) $\vec{u}_4$, θ et $\vec{v}_4$, θ	même direction θ	sens contraire $\vec{u}_4$: N.-E. $\vec{v}_4$: S.-O.	même norme $\lVert\vec{u}_4\rVert = \lVert\vec{v}_4\rVert$	opposés $\vec{v}_4 = -\vec{u}_4$ $\vec{u}_4 = -\vec{v}_4$

Exemple 4 Soit le vecteur $\overrightarrow{AB}$.

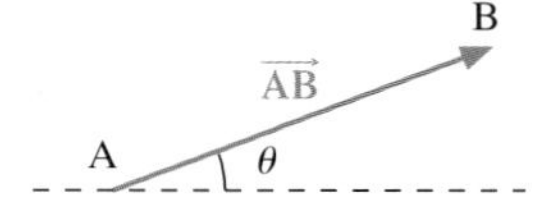

Représentons le vecteur $\overrightarrow{BA}$, le vecteur opposé à $\overrightarrow{AB}$.

$$\overrightarrow{BA} = -\overrightarrow{AB} \qquad \text{(définition 4.3)}$$

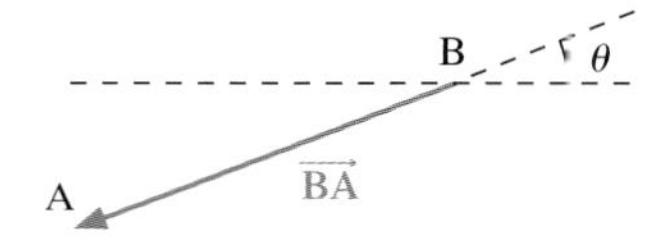

Exemple 5 Soit le parallélogramme ABCD suivant.

Nous pouvons écrire

$\overrightarrow{AB} = \overrightarrow{DC}$; $\overrightarrow{BC} = \overrightarrow{AD}$; $\overrightarrow{AB} = -\overrightarrow{BA}$; $\overrightarrow{AB} = -\overrightarrow{CD}$; $\overrightarrow{DA} = -\overrightarrow{BC}$

Exercices 4.1

1. Parmi les vecteurs suivants, identifier

a) les vecteurs équipollents ;

b) les vecteurs opposés.

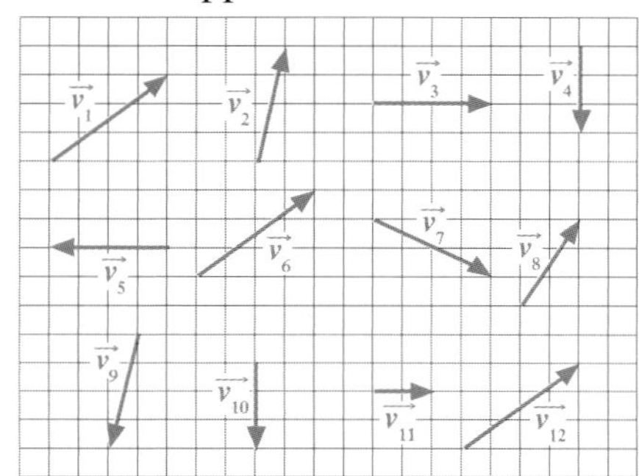

2. a) Du point P, tracer un vecteur équipollent à $\vec{u}$, et du point Q, tracer un vecteur équipollent à $\vec{v}$.

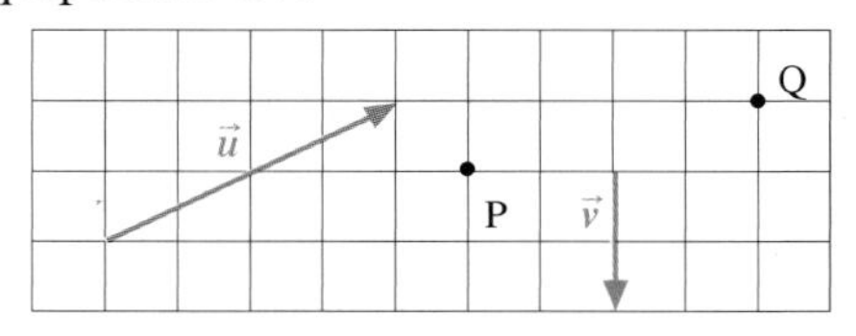

b) Du point P, tracer un vecteur opposé à $\vec{w}$, et du point Q, tracer un vecteur opposé à $\vec{t}$.

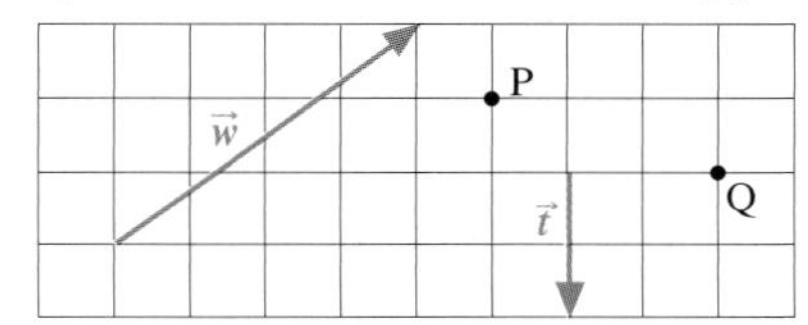

3. Déterminer les coordonnées du point d'origine, les coordonnées du point d'extrémité, la direction, le sens et la norme des vecteurs suivants.

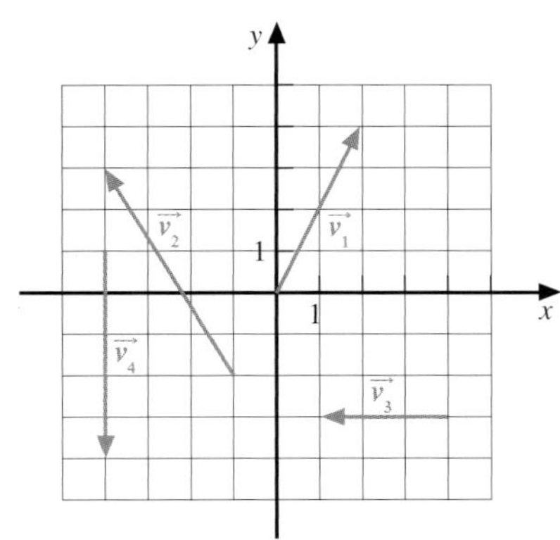

4. Soit le parallélogramme ABCD suivant et M, le point milieu de la diagonale AC.

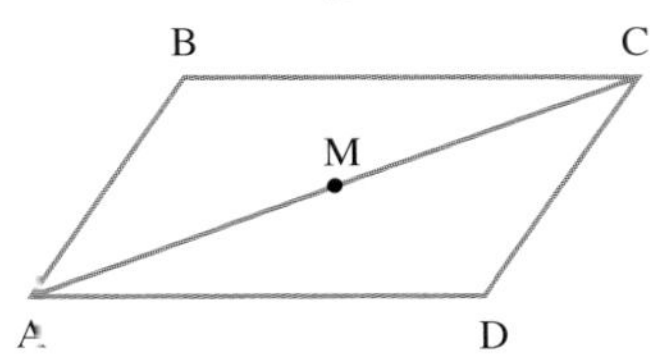

Déterminer, si c'est possible, tous les vecteurs

a) équipollents à $\overrightarrow{AB}$; b) opposés à $\overrightarrow{DA}$;

c) équipollents à $\overrightarrow{AC}$; d) opposés à $\overrightarrow{AM}$;

e) parallèles à $\overrightarrow{CA}$.

5. Soit le parallélépipède droit ci-contre.

E
A H F
B
D G
C

Déterminer, si c'est possible, tous les vecteurs

a) équipollents à $\overrightarrow{CB}$; b) équipollents à $\overrightarrow{HD}$;

c) opposés à $\overrightarrow{HE}$; d) opposés à $\overrightarrow{AH}$;

e) équipollents à $\overrightarrow{DG}$; f) équipollents à $\overrightarrow{CE}$;

g) opposés à $\overrightarrow{DF}$; h) opposés à $\overrightarrow{BD}$.

6. Représenter les vecteurs suivants à partir d'une même origine.

$\vec{u}$, tel que $\theta = 45°$ N.-E. et $\|\vec{u}\| = 1$

$\vec{v}$, tel que $\theta = 90°$ vers le sud et $\|\vec{v}\| = 2$

$\vec{w}$, tel que $\theta = 0°$ vers l'ouest et $\|\vec{w}\| = 1{,}5$

$\vec{t}$, tel que $\theta = 135°$ S.-E. et $\|\vec{t}\| = 3$

$\vec{r}$, tel que $\theta = \frac{\pi}{6}$ S.-O. et $\|\vec{r}\| = 4$

4.2 Addition de vecteurs géométriques

Objectifs d'apprentissage

À la fin de cette section, l'élève pourra appliquer les méthodes d'addition de vecteurs géométriques.

Plus précisément, l'élève sera en mesure

- d'additionner des vecteurs géométriques à l'aide de la méthode du parallélogramme ;
- d'additionner des vecteurs géométriques à l'aide de la méthode du triangle ;
- d'additionner des vecteurs géométriques à l'aide de la loi de Chasles ;
- de soustraire des vecteurs géométriques ;
- d'énumérer les propriétés de l'addition de vecteurs géométriques ;
- de démontrer certaines propriétés de l'addition de vecteurs géométriques ;
- d'appliquer les propriétés de l'addition de vecteurs géométriques ;
- de calculer la norme d'un vecteur somme ;
- de calculer la direction d'un vecteur somme ;
- de déterminer le sens d'un vecteur somme ;
- de décomposer un vecteur en une somme d'un vecteur horizontal et d'un vecteur vertical ;
- de donner la définition de la projection orthogonale d'un vecteur ;
- de calculer la norme de la projection orthogonale d'un vecteur.

Méthode du parallélogramme

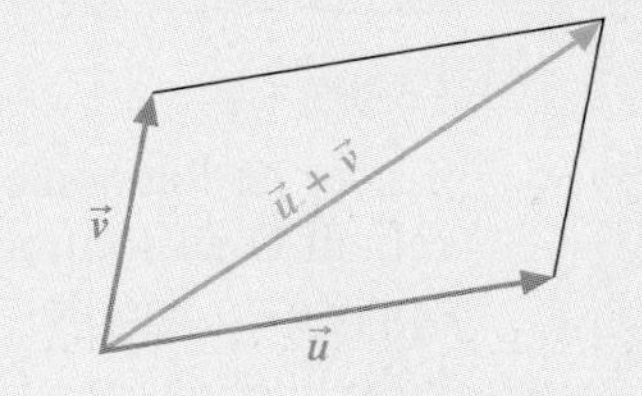

Méthode du triangle

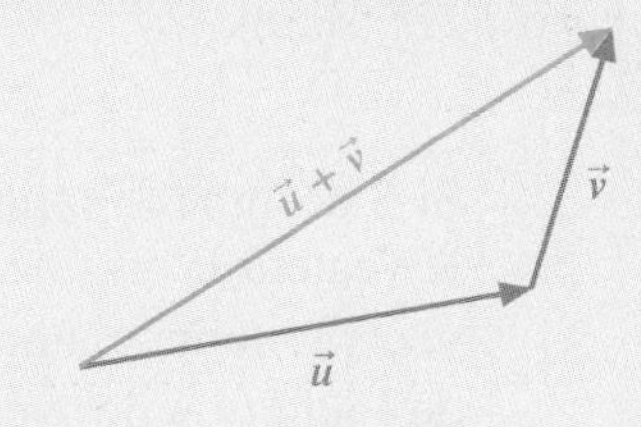

Addition de deux vecteurs géométriques

Il peut être nécessaire d'additionner deux vecteurs, par exemple en mécanique, lorsqu'il faut déterminer l'effet de deux forces appliquées à un objet.

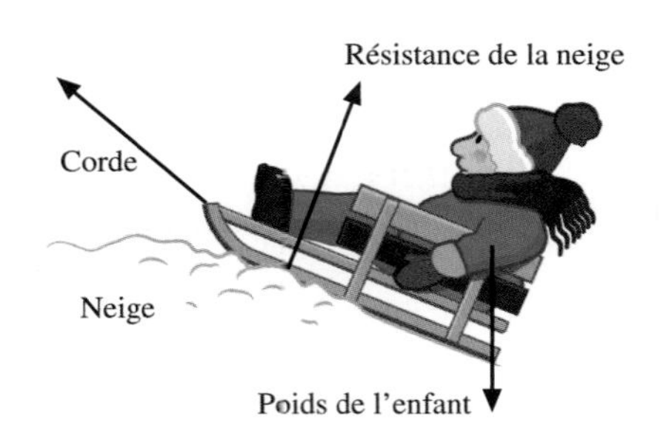

Exemple 1 Soit une force $\overrightarrow{F_1}$ de 5 newtons et une force $\overrightarrow{F_2}$ de 2 newtons appliquées à un objet O de la façon ci-contre.

L'effet résultant de ces deux forces sur O correspond à la somme des vecteurs $\overrightarrow{F_1}$ et $\overrightarrow{F_2}$.

L'addition des vecteurs $\vec{u}$ et $\vec{v}$ donne le vecteur somme noté $\vec{u} + \vec{v}$.
Ce vecteur somme est obtenu en utilisant une des deux méthodes suivantes.

Soit les vecteurs $\vec{u}$ et $\vec{v}$ ci-contre que nous voulons additionner.

Méthode 1 : Méthode du parallélogramme

Étape 1

Faire coïncider l'origine des deux vecteurs en un point O arbitraire, et compléter le parallélogramme engendré par les deux vecteurs.

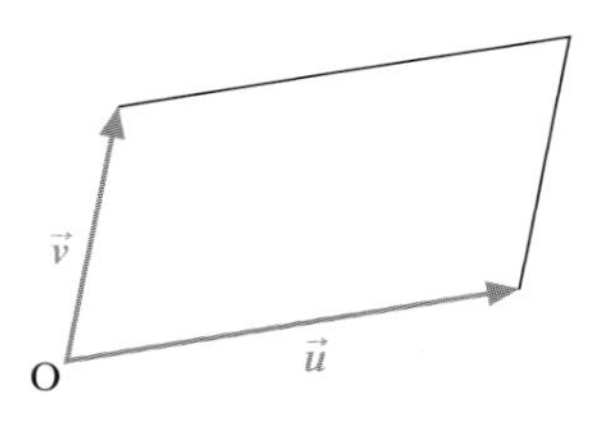

Étape 2

Tracer la diagonale reliant O au sommet opposé du parallélogramme.

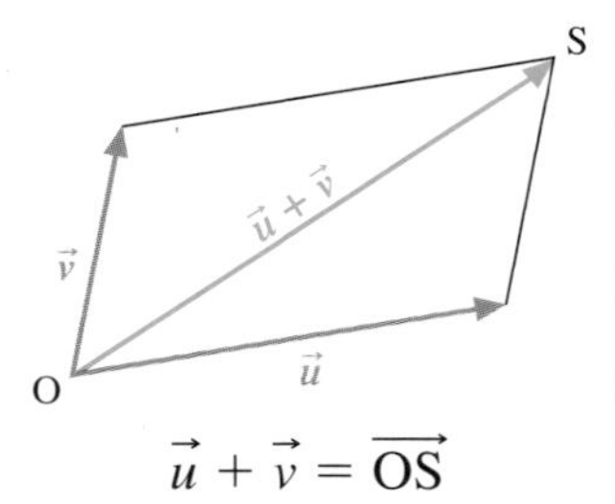

$\vec{u} + \vec{v} = \overrightarrow{OS}$

Si S désigne le sommet opposé à O, alors le vecteur d'origine O et d'extrémité S est le vecteur somme, noté $\vec{u} + \vec{v}$, qui est le résultat de l'addition des vecteurs $\vec{u}$ et $\vec{v}$.

Méthode 2 : Méthode du triangle

Étape 1

Faire coïncider l'origine de $\vec{v}$ avec l'extrémité de $\vec{u}$.

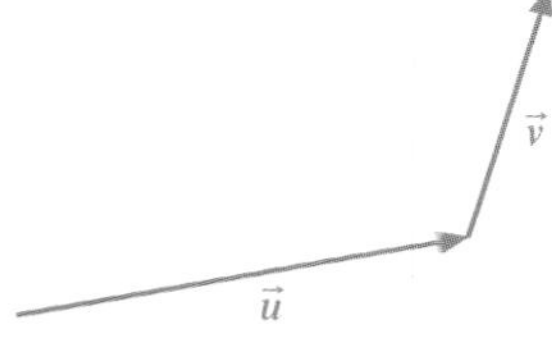

Étape 2

Compléter le triangle engendré par les deux vecteurs.

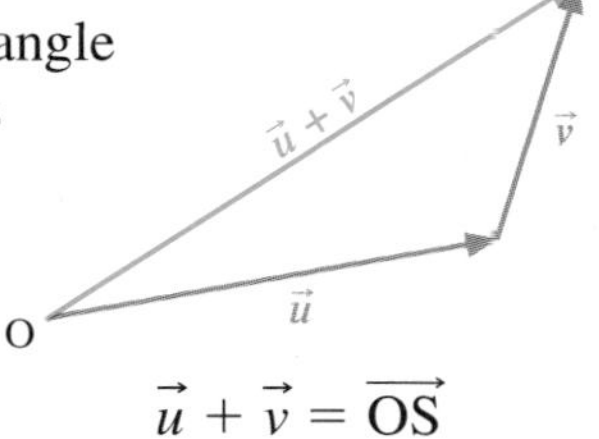

$\vec{u} + \vec{v} = \overrightarrow{OS}$

Si O est l'origine de $\vec{u}$ et S l'extrémité de $\vec{v}$, alors le vecteur d'origine O et d'extrémité S est le vecteur somme, noté $\vec{u} + \vec{v}$, qui est le résultat de l'addition des vecteurs $\vec{u}$ et $\vec{v}$.

Exemple 2 Déterminons le vecteur somme résultant de l'addition des vecteurs $\vec{u}$ et $\vec{v}$ ci-contre à l'aide de la méthode du parallélogramme et de la méthode du triangle.

Méthode du parallélogramme

En traçant, à partir de O, la diagonale du parallélogramme engendré par les vecteurs $\vec{u}$ et $\vec{v}$, nous obtenons le vecteur somme, $\vec{u} + \vec{v}$.

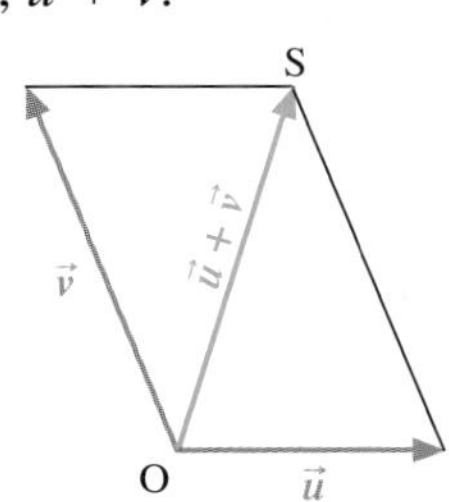

$\vec{u} + \vec{v} = \overrightarrow{OS}$

Méthode du triangle

En complétant le triangle engendré par les vecteurs $\vec{u}$ et $\vec{v}$, nous obtenons le vecteur somme, $\vec{u} + \vec{v}$.

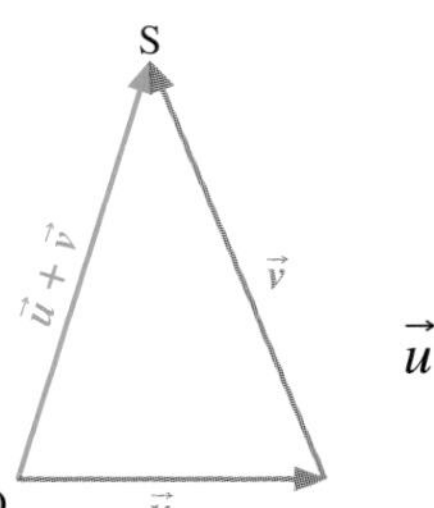

$\vec{u} + \vec{v} = \overrightarrow{OS}$

Remarque Le vecteur somme résultant de l'addition de deux vecteurs est unique à équipollence près. Cependant, un même vecteur peut être obtenu en additionnant des vecteurs différents.

Exemple 3 La figure ci-contre nous permet de constater que :

$\vec{v} = \overrightarrow{u_1} + \overrightarrow{u_2}$

$\vec{v} = \overrightarrow{u_3} + \overrightarrow{u_4}$

$\vec{v} = \overrightarrow{u_5} + \overrightarrow{u_6}$

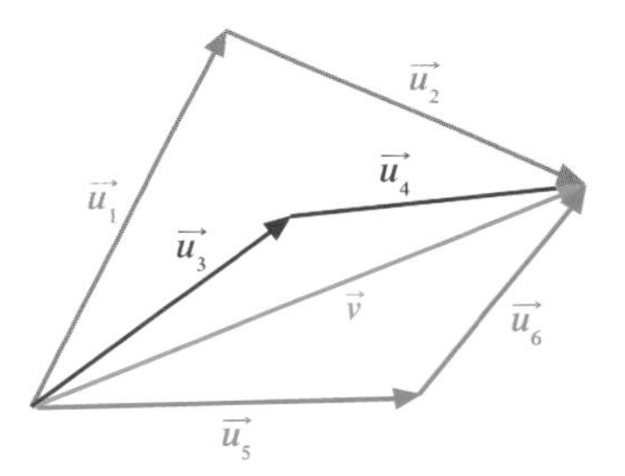

Il peut être utile de décomposer un vecteur en une somme d'un vecteur horizontal et d'un vecteur vertical.

Exemple 4 Soit les vecteurs

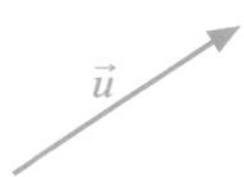

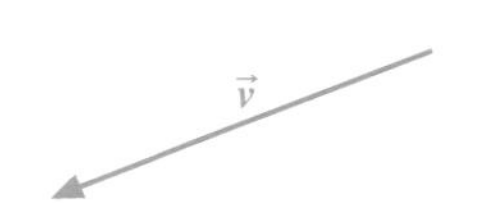

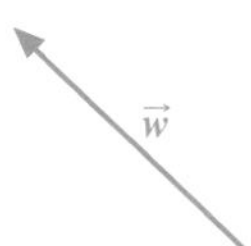

Exprimons chacun des vecteurs précédents sous la forme d'une somme d'un vecteur horizontal et d'un vecteur vertical.

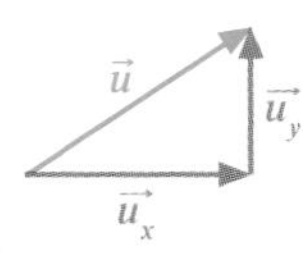

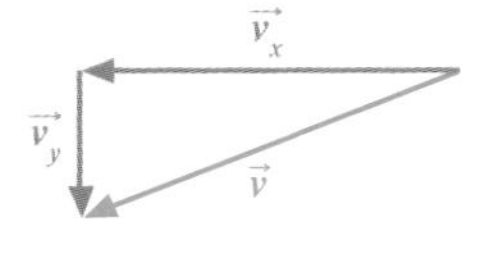

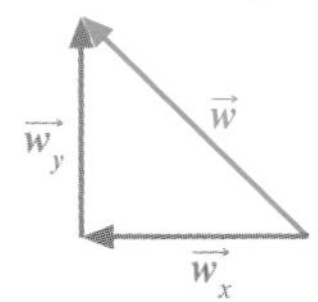

$\vec{u} = \overrightarrow{u_x} + \overrightarrow{u_y}$ $\quad$ $\vec{v} = \overrightarrow{v_x} + \overrightarrow{v_y}$ $\quad$ $\vec{w} = \overrightarrow{w_x} + \overrightarrow{w_y}$

Lorsque nous additionnons deux vecteurs ayant la même direction, le vecteur somme a la même direction que ces deux vecteurs.

Exemple 5 Soit les vecteurs de même direction $\vec{u}$, $\vec{v}$, $\vec{w}$ et $\vec{t}$ suivants.

a) Déterminons $\vec{u} + \vec{v}$.

En faisant coïncider l'origine de $\vec{v}$ avec l'extrémité de $\vec{u}$, nous obtenons

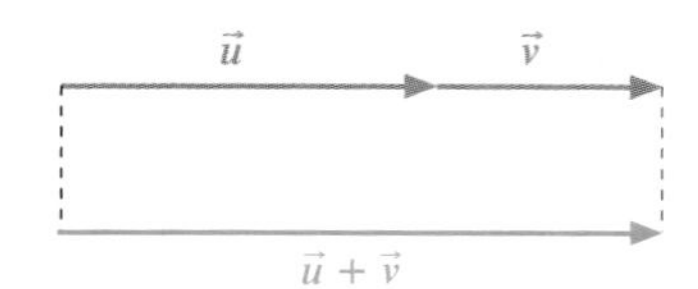

Dans ce cas particulier, nous avons

$$\|\vec{u} + \vec{v}\| = \|\vec{u}\| + \|\vec{v}\|$$

b) Déterminons $\vec{u} + \vec{w}$.

En faisant coïncider l'origine de $\vec{w}$ avec l'extrémité de $\vec{u}$, nous obtenons

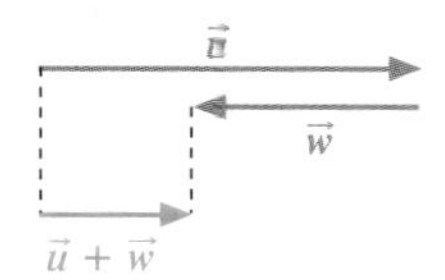

Dans ce cas particulier, nous avons

$$\|\vec{u} + \vec{w}\| = \|\vec{u}\| - \|\vec{w}\|$$

c) Déterminons $\vec{v} + \vec{w}$.

En faisant coïncider l'origine de $\vec{w}$ avec l'extrémité de $\vec{v}$, nous obtenons

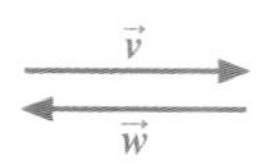

$$\vec{v} + \vec{w} = \vec{O}$$

Dans ce cas particulier, nous avons

$$\|\vec{v} + \vec{w}\| = \|\vec{v}\| - \|\vec{w}\| = 0$$

d) Déterminons $\vec{v} + \vec{t}$.

En faisant coïncider l'origine de $\vec{t}$ avec l'extrémité de $\vec{v}$, nous obtenons

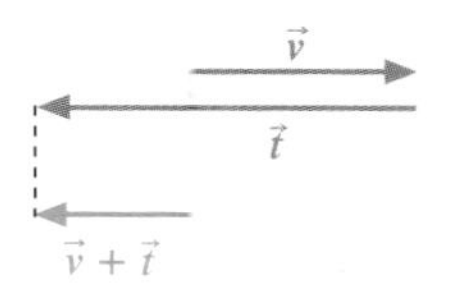

Dans ce cas particulier, nous avons

$$\|\vec{v} + \vec{t}\| = \|\vec{t}\| - \|\vec{v}\|$$

Addition de *n* vecteurs géométriques

De façon générale, lorsque nous devons additionner plus de deux vecteurs, il suffit de placer ces vecteurs de façon consécutive, c'est-à-dire placer le premier vecteur, faire coïncider l'origine du deuxième avec l'extrémité du premier, faire coïncider l'origine du troisième avec l'extrémité du deuxième, et ainsi de suite.

Le vecteur somme est celui dont l'origine coïncide avec celle du premier vecteur, et l'extrémité, avec celle du dernier vecteur.

Exemple 1 Soit les vecteurs $\vec{u}$, $\vec{v}$, $\vec{w}$ et $\vec{t}$ ci-contre.

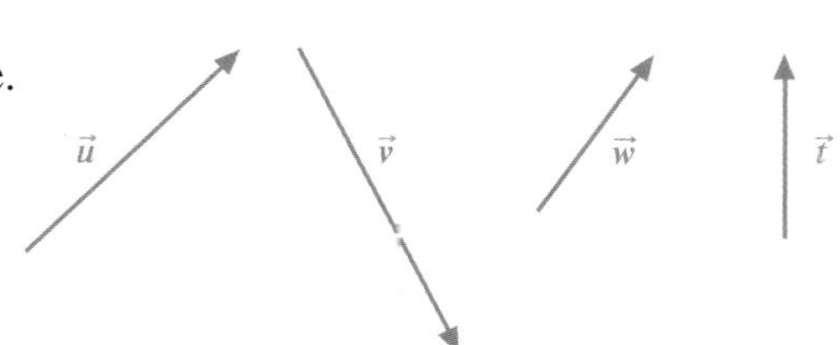

Déterminons $\vec{u} + \vec{v} + \vec{w} + \vec{t}$ en plaçant ces vecteurs de façon consécutive.

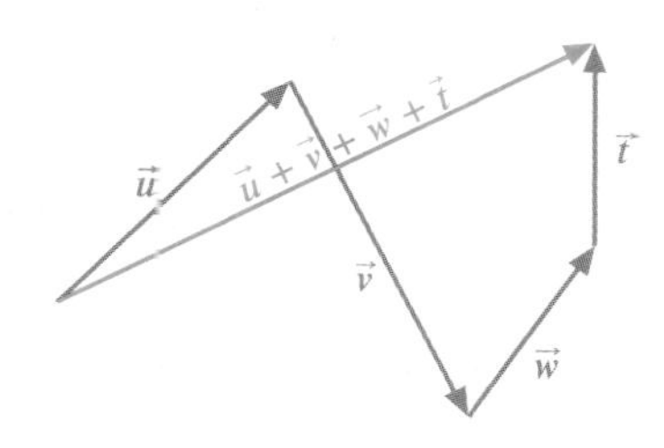

Remarque En désignant chaque origine et chaque extrémité des vecteurs précédents par une lettre, nous obtenons

Loi de Chasles

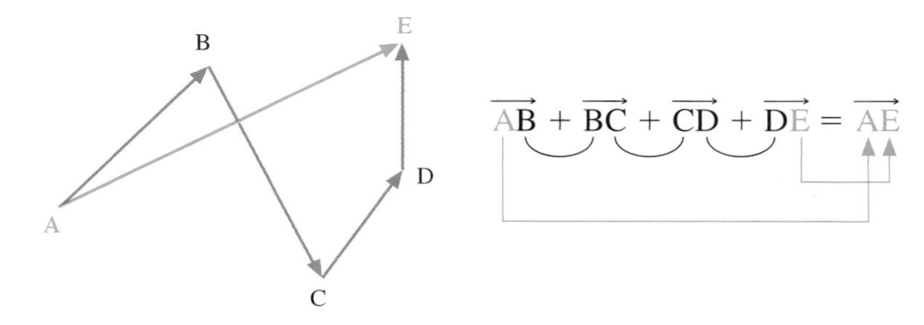

Ce résultat s'appelle la loi de Chasles. Cette loi peut être généralisée de la façon suivante.

Loi de Chasles : $\overrightarrow{AX_1} + \overrightarrow{X_1X_2} + \overrightarrow{X_2X_3} + \ldots + \overrightarrow{X_{n-1}X_n} + \overrightarrow{X_nB} = \overrightarrow{AB}$

Il y a environ 160 ans...

Michel Chasles
(1793-1880)

Michel Chasles commence sa carrière de mathématicien, alors qu'il a près de 44 ans, en publiant un livre qui fait encore autorité aujourd'hui : *Aperçu historique sur l'origine et le développement des méthodes en géométrie*. Dans sa jeunesse, il sert dans les armées de Napoléon avant de tenter, sans succès, sa chance comme courtier. Fort heureusement, issu d'une famille bourgeoise, il n'a pas vraiment besoin de gagner son pain quotidien. La publication de son livre change le cours de sa vie. En 1848, il devient professeur à l'École polytechnique de Paris, puis à la Sorbonne. Il est élu à l'Académie des sciences en 1851. Toutefois, malgré ses talents de géomètre, Chasles fait preuve d'une grande crédulité. Ainsi, il est l'objet d'une fraude importante entre 1861 et 1869, alors qu'un faussaire lui vend pour de fortes sommes de fausses lettres prétendument écrites par Newton, Pascal et d'autres grands scientifiques. Lorsque l'affaire est dévoilée, le pauvre Chasles est la risée du monde scientifique et du public.

Remarque Dans le cas particulier de la loi de Chasles où l'extrémité du dernier vecteur de l'addition coïncide avec l'origine du premier vecteur, nous avons

$$\overrightarrow{AX_1} + \overrightarrow{X_1X_2} + \overrightarrow{X_2X_3} + \ldots + \overrightarrow{X_{n-1}X_n} + \overrightarrow{X_nA} = \overrightarrow{AA} = \vec{O}$$

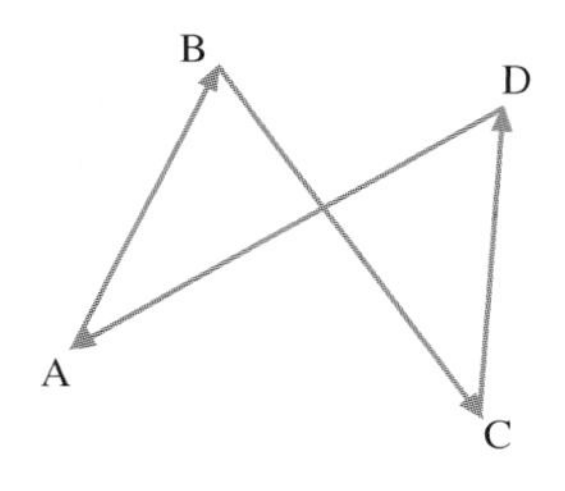

$\overrightarrow{AB} + \overrightarrow{BC} + \overrightarrow{CD} + \overrightarrow{DA} = \vec{O}$

Exemple 2 Soit le parallélépipède droit ci-contre.

a) Déterminons $\overrightarrow{AD} + \overrightarrow{DH}$.

$\overrightarrow{AD} + \overrightarrow{DH} = \overrightarrow{AH}$ (loi de Chasles)

b) Déterminons $\overrightarrow{EF} + \overrightarrow{FB} + \overrightarrow{BC}$.

$\overrightarrow{EF} + \overrightarrow{FB} + \overrightarrow{BC} = \overrightarrow{EC}$ (loi de Chasles)

H G C D F E A B

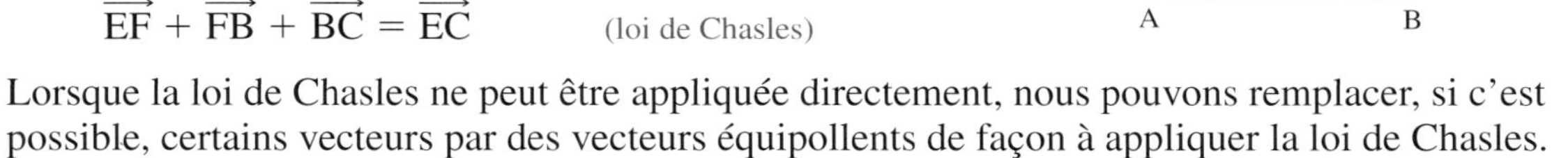

Lorsque la loi de Chasles ne peut être appliquée directement, nous pouvons remplacer, si c'est possible, certains vecteurs par des vecteurs équipollents de façon à appliquer la loi de Chasles.

c) Déterminons $\overrightarrow{DH} + \overrightarrow{EF}$.

$$\begin{aligned} \overrightarrow{DH} + \overrightarrow{EF} &= \overrightarrow{DH} + \overrightarrow{HG} && (\text{car } \overrightarrow{EF} = \overrightarrow{HG}) \\ &= \overrightarrow{DG} && (\text{loi de Chasles}) \end{aligned}$$

d) Déterminons $\overrightarrow{AB} + \overrightarrow{AD} + \overrightarrow{AE}$.

$$\begin{aligned} \overrightarrow{AB} + \overrightarrow{AD} + \overrightarrow{AE} &= \overrightarrow{AB} + \overrightarrow{BC} + \overrightarrow{CG} && (\text{car } \overrightarrow{AD} = \overrightarrow{BC} \text{ et } \overrightarrow{AE} = \overrightarrow{CG}) \\ &= \overrightarrow{AG} && (\text{loi de Chasles}) \end{aligned}$$

e) Déterminons $\overrightarrow{HG} + (-\overrightarrow{AB})$.

$$\begin{aligned} \overrightarrow{HG} + (-\overrightarrow{AB}) &= \overrightarrow{HG} + \overrightarrow{BA} && (\text{car } -\overrightarrow{AB} = \overrightarrow{BA}) \\ &= \overrightarrow{HG} + \overrightarrow{GH} && (\text{car } \overrightarrow{BA} = \overrightarrow{GH}) \\ &= \overrightarrow{HH} && (\text{loi de Chasles}) \\ &= \vec{O} \end{aligned}$$

f) Déterminons $\overrightarrow{HG} + (-\overrightarrow{AE}) + \overrightarrow{BA} + (-\overrightarrow{BD})$.

$$\begin{aligned} \overrightarrow{HG} + (-\overrightarrow{AE}) + \overrightarrow{BA} + (-\overrightarrow{BD}) &= \overrightarrow{HG} + \overrightarrow{EA} + \overrightarrow{BA} + \overrightarrow{DB} && (\text{car } -\overrightarrow{AE} = \overrightarrow{EA} \text{ et } -\overrightarrow{BD} = \overrightarrow{DB}) \\ &= \overrightarrow{HG} + \overrightarrow{GC} + \overrightarrow{CD} + \overrightarrow{DB} && (\text{car } \overrightarrow{EA} = \overrightarrow{GC} \text{ et } \overrightarrow{BA} = \overrightarrow{CD}) \\ &= \overrightarrow{HB} && (\text{loi de Chasles}) \end{aligned}$$

Soustraction de vecteurs géométriques

DÉFINITION 4.6 En soustrayant le vecteur $\vec{v}$ du vecteur $\vec{u}$, nous obtenons le **vecteur différence**, noté $\vec{u} - \vec{v}$, qui est défini par

$$\vec{u} - \vec{v} = \vec{u} + (-\vec{v})$$

Ainsi, pour effectuer $\vec{u} - \vec{v}$, il suffit d'additionner à $\vec{u}$ l'opposé de $\vec{v}$, c'est-à-dire $-\vec{v}$.

Exemple 1 Déterminons $\vec{u} - \vec{v}$ pour les vecteurs $\vec{u}$ et $\vec{v}$ ci-contre.

Par définition, $\vec{u} - \vec{v} = \vec{u} + (-\vec{v})$.

Or, $-\vec{v}$ est représenté par  ainsi, nous obtenons

par la méthode du parallélogramme :

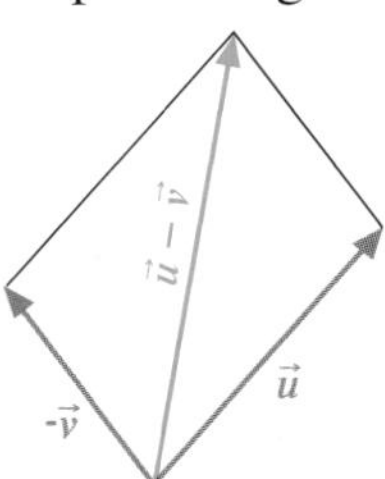

par la méthode du triangle :

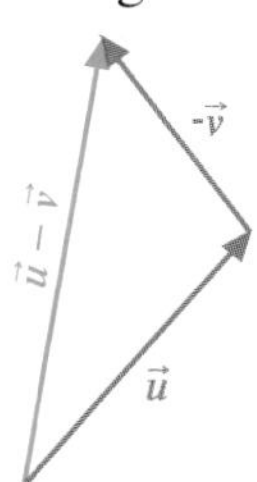

Exemple 2 Soit le parallélogramme ABCD ci-dessous. Exprimons les vecteurs $\overrightarrow{AC}$ et $\overrightarrow{DB}$ en fonction des vecteurs $\overrightarrow{AB}$ et $\overrightarrow{AD}$.

$\overrightarrow{AC} = \overrightarrow{AB} + \overrightarrow{AD}$ (méthode du parallélogramme)

$\overrightarrow{DB} = \overrightarrow{DC} + \overrightarrow{DA}$ (méthode du parallélogramme)

$= \overrightarrow{AB} + (-\overrightarrow{AD})$ (car $\overrightarrow{DC} = \overrightarrow{AB}$ et $\overrightarrow{DA} = -\overrightarrow{AD}$)

$= \overrightarrow{AB} - \overrightarrow{AD}$ (définition de la soustraction)

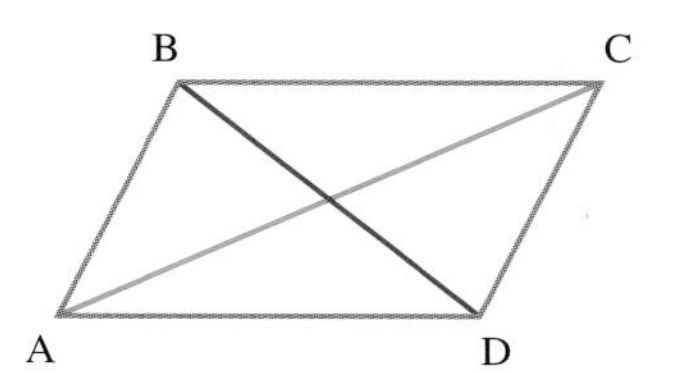

En considérant l'exemple précédent, nous constatons que les diagonales d'un parallélogramme correspondent respectivement à la somme et à la différence des deux vecteurs qui engendrent le parallélogramme.

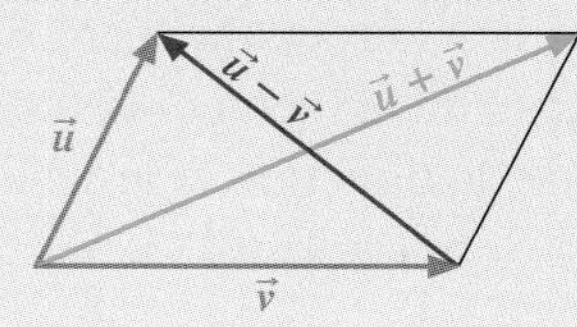

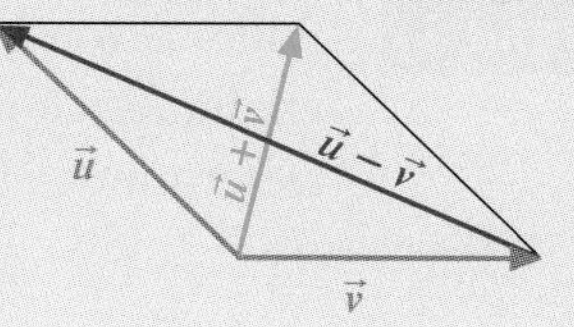

Propriétés de l'addition de vecteurs géométriques

Énonçons maintenant des propriétés relatives à l'addition de vecteurs géométriques.

Si V est l'ensemble des vecteurs géométriques, alors $\forall\ \vec{u}, \vec{v}$ et $\vec{w} \in$ V, nous avons

Propriété 1 $(\vec{u} + \vec{v}) \in$ V (fermeture pour l'addition)

Propriété 2 $\vec{u} + \vec{v} = \vec{v} + \vec{u}$ (commutativité de l'addition)

Propriété 3 $\vec{u} + (\vec{v} + \vec{w}) = (\vec{u} + \vec{v}) + \vec{w}$ (associativité de l'addition)

Propriété 4 Il existe un **élément neutre** pour l'addition, noté $\vec{O}$, où $\vec{O} \in$ V, tel que $\vec{u} + \vec{O} = \vec{u}$, $\forall\ \vec{u} \in$ V.

Propriété 5 Pour tout vecteur $\vec{u}$, il existe un **élément opposé** pour l'addition, noté $-\vec{u}$, où $-\vec{u} \in$ V, tel que $\vec{u} + (-\vec{u}) = \vec{O}$.

Illustrons géométriquement quelques-unes de ces propriétés.

PROPRIÉTÉ 2 $\vec{u} + \vec{v} = \vec{v} + \vec{u}$ (commutativité de l'addition)

À l'aide de la méthode du parallélogramme, nous obtenons

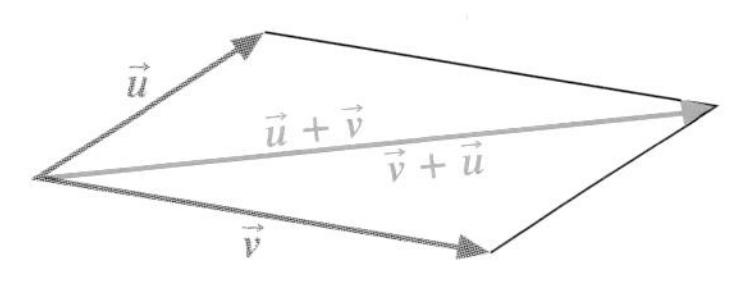

À l'aide de la méthode du triangle, nous obtenons

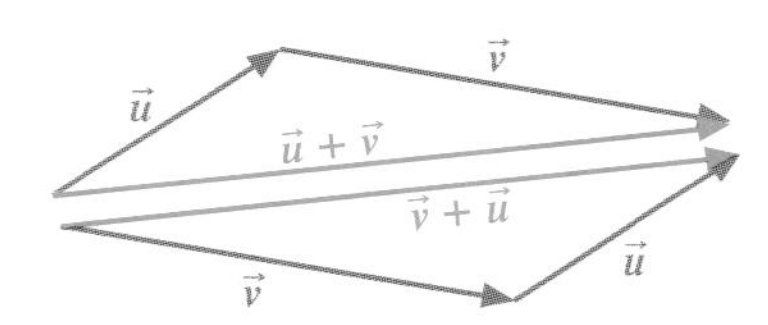

D'où $\vec{u} + \vec{v} = \vec{v} + \vec{u}$

PROPRIÉTÉ 3 $\vec{u} + (\vec{v} + \vec{w}) = (\vec{u} + \vec{v}) + \vec{w}$ (associativité de l'addition)

À l'aide de la méthode du triangle, nous obtenons

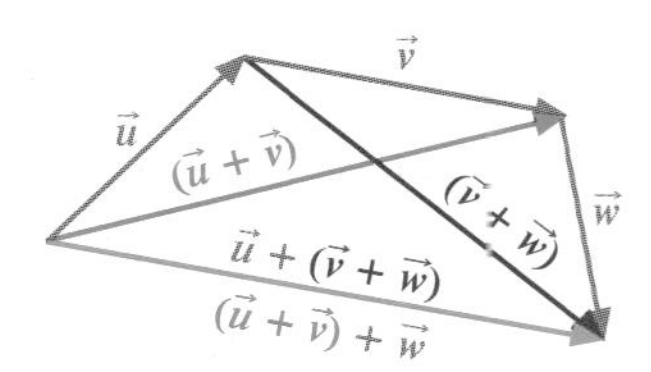

D'où $\vec{u} + (\vec{v} + \vec{w}) = (\vec{u} + \vec{v}) + \vec{w}$

Norme, direction et sens d'un vecteur somme

Revenons au premier exemple de la section 4.2 (page 162).

Exemple 1 Soit une force $\vec{F_1}$ de 5 newtons et une force $\vec{F_2}$ de 2 newtons appliquées à un objet O de la façon ci-contre. Déterminons la norme, la direction et le sens du vecteur $\vec{F}$, où $\vec{F} = \vec{F_1} + \vec{F_2}$.

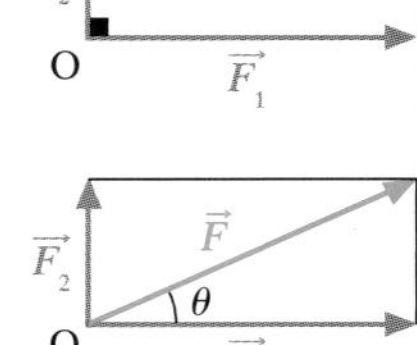

À l'aide de la méthode du parallélogramme, nous trouvons $\vec{F}$.

Norme

Déterminons $\|\vec{F}\|$, sachant que $\|\vec{F_1}\| = 5$ et que $\|\vec{F_2}\| = 2$.

$$\begin{aligned} \|\vec{F}\|^2 &= \|\vec{F_1}\|^2 + \|\vec{F_2}\|^2 \quad \text{(Pythagore)} \\ &= 5^2 + 2^2 = 29 \end{aligned}$$

Donc, $\|\vec{F}\| = \sqrt{29} \approx 5{,}39$.

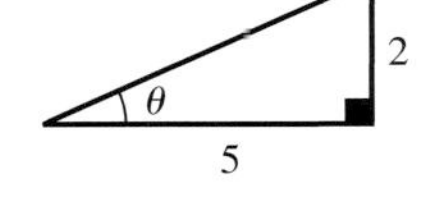

Direction

Sachant que $\tan \theta = \frac{2}{5}$, $\theta = \text{Arc tan}\left(\frac{2}{5}\right)$

Donc, $\theta \approx 21{,}8°$.

Sens

Le sens de $\vec{F}$ est N.-E.

D'où la résultante $\vec{F}$ est une force d'environ 5,39 newtons appliquée dans une direction formant un angle d'environ 21,8° avec la force $\vec{F_1}$ dans le sens N.-E.

De façon générale, lorsque $\vec{u}$ et $\vec{v}$ ne sont ni perpendiculaires ni parallèles, nous pouvons utiliser la loi des cosinus et la loi des sinus pour déterminer $\|\vec{u} + \vec{v}\|$ et la direction de $(\vec{u} + \vec{v})$, après avoir déterminé $(\vec{u} + \vec{v})$ par la méthode du triangle.

Soit le triangle quelconque suivant.

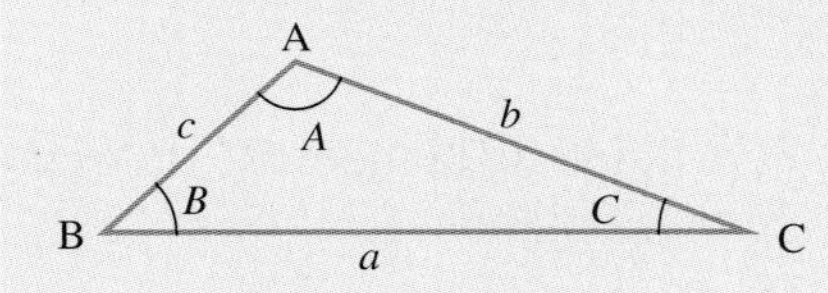

Loi des cosinus

$a^2 = b^2 + c^2 - 2bc \cos A$

$b^2 = a^2 + c^2 - 2ac \cos B$

$c^2 = a^2 + b^2 - 2ab \cos C$

Loi des sinus

$$\frac{\sin A}{a} = \frac{\sin B}{b} = \frac{\sin C}{c}$$

DÉFINITION 4.7 L'**angle entre deux vecteurs** est l'angle φ, où $0° \leq \varphi \leq 180°$, formé par les deux vecteurs ramenés à une même origine.

Exemple 2 Soit $\vec{u}$ tel que $\|\vec{u}\| = 6$, $\theta_{(\vec{u})} = 15°$ dans le sens N.-E.
et $\vec{v}$ tel que $\|\vec{v}\| = 3$, $\theta_{(\vec{v})} = 60°$ dans le sens N.-E.

a) Représentons $\vec{u}$, $\vec{v}$ et $(\vec{u} + \vec{v})$ par la méthode du triangle.

b) Déterminons la norme de $(\vec{u} + \vec{v})$, c'est-à-dire $\|\vec{u} + \vec{v}\|$.

Norme

À l'aide de la loi des cosinus, nous obtenons

$$\|\vec{u} + \vec{v}\|^2 = \|\vec{u}\|^2 + \|\vec{v}\|^2 - 2\,\|\vec{u}\|\,\|\vec{v}\|\cos\alpha, \text{ où } \alpha = (180° - 60°) + 15°$$

$$\|\vec{u} + \vec{v}\| = \sqrt{6^2 + 3^2 - 2(6)(3)\cos 135°} = \sqrt{70,455\ldots}$$

Donc, $\|\vec{u} + \vec{v}\| = 8,393\ldots$

c) Déterminons la direction θ de $(\vec{u} + \vec{v})$, c'est-à-dire $(15° + \varphi)$, où φ est l'angle entre $\vec{u}$ et $(\vec{u} + \vec{v})$.

Direction

À l'aide de la loi des sinus, déterminons φ.

$$\frac{\sin\varphi}{\|\vec{v}\|} = \frac{\sin\alpha}{\|\vec{u} + \vec{v}\|}$$

$$\frac{\sin\varphi}{3} = \frac{\sin 135°}{8,393\ldots}$$

$$\varphi = \text{Arc sin}\left(\frac{3\sin 135°}{8,393\ldots}\right) = 14,638\ldots° \qquad (\varphi < 90°, \text{ car } \alpha = 135°)$$

Donc, la direction de $(\vec{u} + \vec{v})$ est $\theta = 29,638\ldots°$. (car $\theta = 15° + \varphi$)

Sens

Le sens de $(\vec{u} + \vec{v})$ est N.-E.

D'où $\vec{u} + \vec{v}$ est tel que $\|\vec{u} + \vec{v}\| \approx 8,39$, $\theta \approx 29,6°$ dans le sens N.-E.

Projection orthogonale

DÉFINITION 4.8 La **projection orthogonale** d'un vecteur $\vec{u}$ sur un vecteur $\vec{v}$ non nul est notée $\vec{u}_{\vec{v}}$ et est définie comme suit :

1) Lorsque $\vec{u} \neq \vec{O}$ et $\vec{u}$ est non parallèle à $\vec{v}$, $\vec{u}_{\vec{v}}$ est le vecteur parallèle à $\vec{v}$ tel que $(\vec{u} - \vec{u}_{\vec{v}})$ est perpendiculaire à $\vec{v}$.

2) Lorsque $\vec{u} \neq \vec{O}$ et $\vec{u}$ est parallèle à $\vec{v}$, $\vec{u}_{\vec{v}} = \vec{u}$.

3) Lorsque $\vec{u} = \vec{O}$, $\vec{u}_{\vec{v}} = \vec{O}$.

Exemple 1 Représentons $\vec{u}_{\vec{v}}$ pour les vecteurs $\vec{u}$ et $\vec{v}$ suivants, où θ est l'angle entre les deux vecteurs.

a) Lorsque $0° < \theta < 90°$,

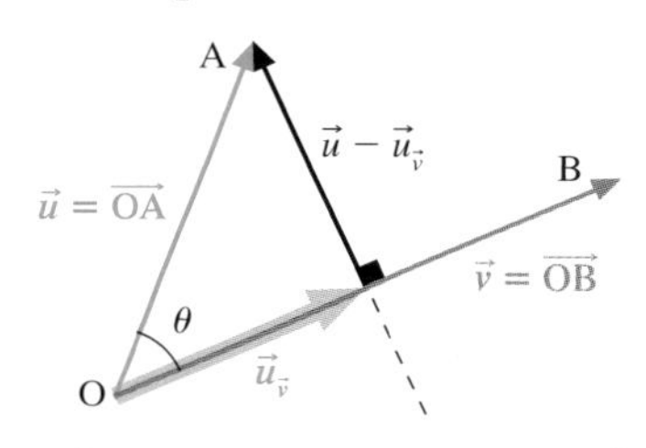

$\vec{u}_{\vec{v}}$ est de même sens que $\vec{v}$.

b) Lorsque $90° < \theta < 180°$,

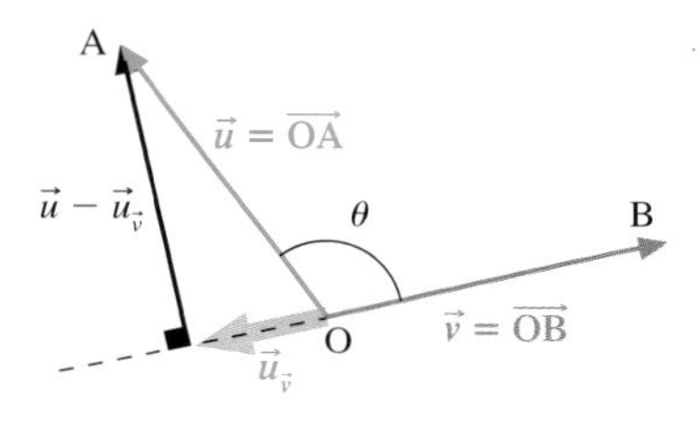

$\vec{u}_{\vec{v}}$ est de sens opposé à $\vec{v}$.

c) Lorsque $\theta = 90°$,

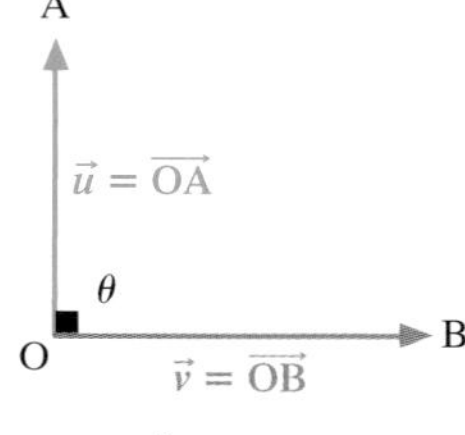

$\vec{u}_{\vec{v}} = \vec{O}$.

d) Lorsque $\theta = 0°$,

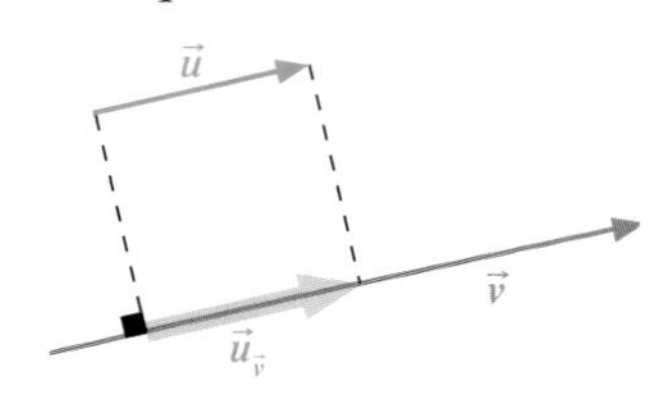

$\vec{u}_{\vec{v}} = \vec{u}$ et $\vec{u}_{\vec{v}}$ est de même sens que $\vec{v}$.

e) Lorsque $\theta = 180°$,

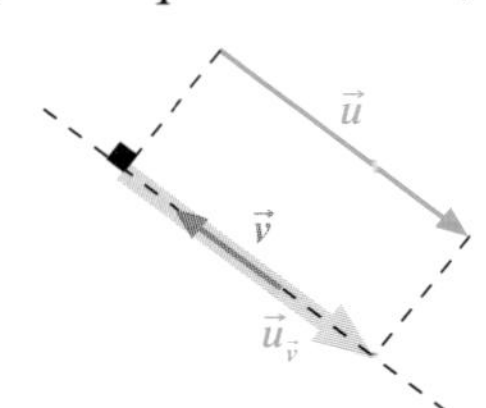

$\vec{u}_{\vec{v}} = \vec{u}$ et $\vec{u}_{\vec{v}}$ est de sens opposé à $\vec{v}$.

Exemple 2 Soit $\vec{u}$, $\vec{v}$ et $\vec{w}$, trois vecteurs tels que $\|\vec{u}\| = 25$, $\theta_{(\vec{u})} = 65°$, $\|\vec{v}\| = 10$, $\theta_{(\vec{v})} = 20°$ et $\|\vec{w}\| = 15$, $\theta_{(\vec{w})} = 170°$.

a) Déterminons la norme de $\vec{u}_{\vec{v}}$ après avoir représenté les vecteurs $\vec{u}$, $\vec{v}$ et la projection $\vec{u}_{\vec{v}}$.

$\vec{u}_{\vec{v}}$ a le même sens que $\vec{v}$

$\vec{u} = \overrightarrow{OA}$

$\vec{v} = \overrightarrow{OB}$

$\vec{u}_{\vec{v}} = \overrightarrow{OC}$

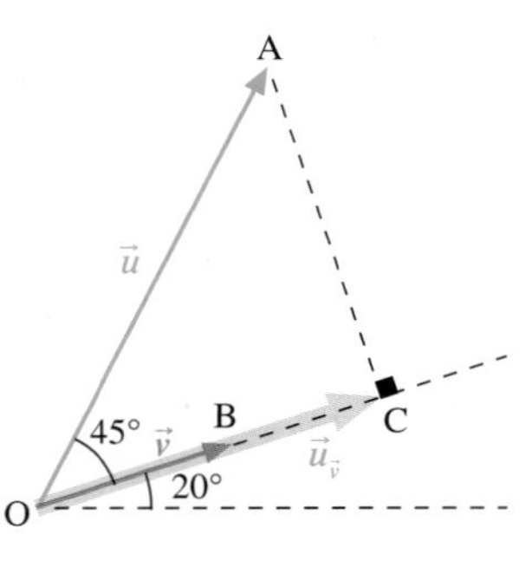

$$\|\vec{u}_{\vec{v}}\| = \|\vec{u}\| \cos 45°$$
$$= 25\,\frac{\sqrt{2}}{2}$$
$$\approx 17{,}68$$

b) Déterminons la norme de $\vec{w}_{\vec{u}}$ après avoir représenté les vecteurs $\vec{w}$, $\vec{u}$ et la projection $\vec{w}_{\vec{u}}$.

$\vec{w}_{\vec{u}}$ est de sens opposé à $\vec{u}$

$\vec{w} = \overrightarrow{OE}$

$\vec{u} = \overrightarrow{OA}$

$\vec{w}_{\vec{u}} = \overrightarrow{OF}$

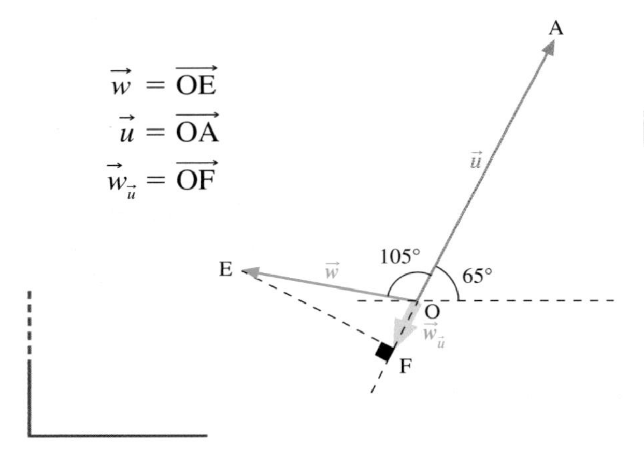

$$\|\vec{w}_{\vec{u}}\| = \|\vec{w}\| \cos (180° - 105°)$$
$$= 15 \cos 75°$$
$$\approx 3{,}88$$

Pour déterminer la norme, la direction et le sens d'un vecteur somme, nous pouvons décomposer chacun des vecteurs de la somme en une somme d'un vecteur horizontal appelé projection horizontale, et d'un vecteur vertical appelé projection verticale.

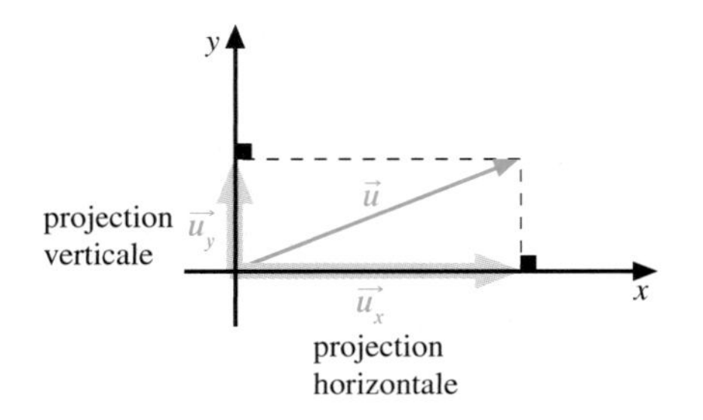

$$\vec{u} = \vec{u}_x + \vec{u}_y$$

Exemple 3 Soit $\vec{r} = \vec{u} + \vec{v} + \vec{w}$ représenté ci-contre, où

$\vec{u}$ est tel que $\|\vec{u}\| = 8$, $\theta_{(\vec{u})} = 30°$ dans le sens N.-E.,

$\vec{v}$ est tel que $\|\vec{v}\| = 9$, $\theta_{(\vec{v})} = 160°$ dans le sens N.-O. et

$\vec{w}$ est tel que $\|\vec{w}\| = 4$, $\theta_{(\vec{w})} = 60°$ dans le sens S.-O.

Déterminons la norme, la direction et le sens de $\vec{r}$ en utilisant la projection horizontale et la projection verticale des vecteurs $\vec{u}$, $\vec{v}$ et $\vec{w}$.

Représentons chacun des vecteurs et leurs projections horizontale et verticale.

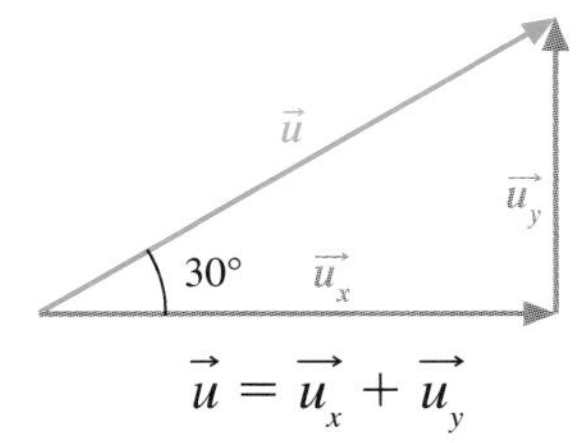

$\vec{u} = \vec{u}_x + \vec{u}_y$

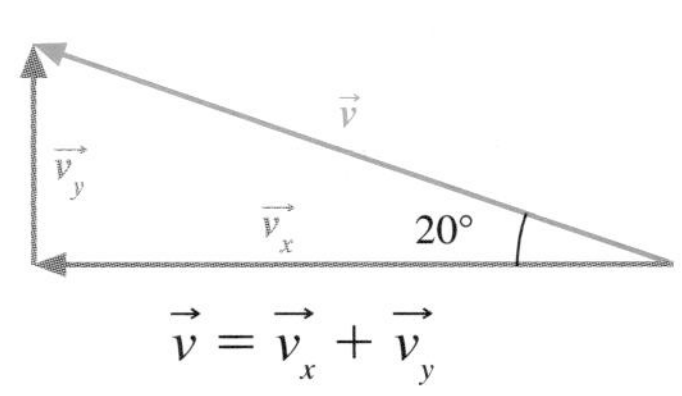

$\vec{v} = \vec{v}_x + \vec{v}_y$

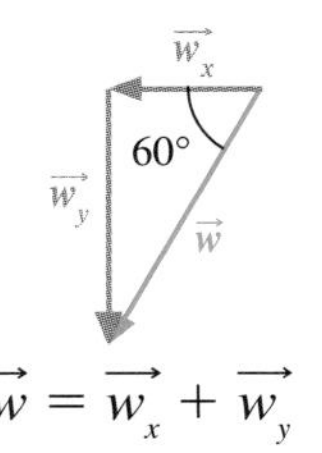

$\vec{w} = \vec{w}_x + \vec{w}_y$

Calculons $\|\vec{u}_x\|$, $\|\vec{u}_y\|$, $\|\vec{v}_x\|$, $\|\vec{v}_y\|$, $\|\vec{w}_x\|$ et $\|\vec{w}_y\|$.

$$\|\vec{u}_x\| = \|\vec{u}\| \cos 30° = 8 \cos 30°$$
$$\|\vec{v}_x\| = \|\vec{v}\| \cos 20° = 9 \cos 20°$$
$$\|\vec{w}_x\| = \|\vec{w}\| \cos 60° = 4 \cos 60°$$

$$\|\vec{u}_y\| = \|\vec{u}\| \sin 30° = 8 \sin 30°$$
$$\|\vec{v}_y\| = \|\vec{v}\| \sin 20° = 9 \sin 20°$$
$$\|\vec{w}_y\| = \|\vec{w}\| \sin 60° = 4 \cos 60°$$

En tenant compte du sens et de la direction des vecteurs, nous avons

$\vec{r}_x = \vec{u}_x + \vec{v}_x + \vec{w}_x$, où

$$\|\vec{r}_x\| = |8 \cos 30° - 9 \cos 20° - 4 \cos 60°|$$
$$= |-3{,}529\ldots|$$
$$= 3{,}529\ldots$$

De plus, le signe négatif obtenu par le calcul $(8 \cos 30° - 9 \cos 20° - 4 \cos 60°)$ nous indique que $\vec{r}_x$ est dans le sens ouest.

$\vec{r}_y = \vec{u}_y + \vec{v}_y + \vec{w}_y$, où

$$\|\vec{r}_y\| = |8 \sin 30° + 9 \sin 20° - 4 \sin 60°|$$
$$= |3{,}614\ldots|$$
$$= 3{,}614\ldots$$

De plus, le signe positif obtenu par le calcul $(8 \sin 30° + 9 \sin 20° - 4 \sin 60°)$ nous indique que $\vec{r}_y$ est dans le sens nord.

Représentation de $\vec{r}_x$, $\vec{r}_y$ et $\vec{r}$

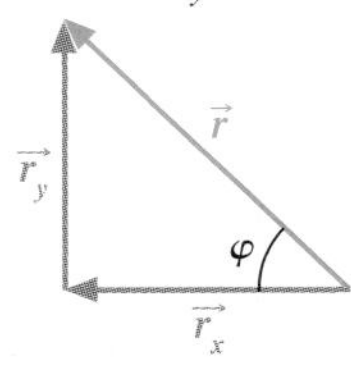

Déterminons la norme de $\vec{r}$.

$$\|\vec{r}\|^2 = \|\vec{r}_x\|^2 + \|\vec{r}_y\|^2 \quad \text{(Pythagore)}$$
$$= (3{,}529\ldots)^2 + (3{,}614\ldots)^2$$

Donc, $\|\vec{r}\| \approx 5{,}05$

Déterminons la direction θ, où $\theta = 180° - \varphi$.

$$\tan \varphi = \frac{\|\vec{r}_y\|}{\|\vec{r}_x\|}$$

$$\varphi = \text{Arc tan}\left(\frac{3{,}614\ldots}{3{,}529\ldots}\right) \approx 45{,}7°$$

Donc, $\theta \approx 134{,}3°$ (car $\theta \approx 180° - 45{,}7°$)

Le vecteur $\vec{r}$, où $\vec{r} = \vec{u} + \vec{v} + \vec{w}$, est dans le sens N.-O.

D'où $\vec{u} + \vec{v} + \vec{w}$ est tel que $\|\vec{u} + \vec{v} + \vec{w}\| \approx 5{,}05$ et $\theta \approx 134{,}3°$ dans le sens N.-O.

Exercices 4.2

1. Soit les vecteurs $\vec{u}$, $\vec{v}$ et $\vec{w}$ suivants.

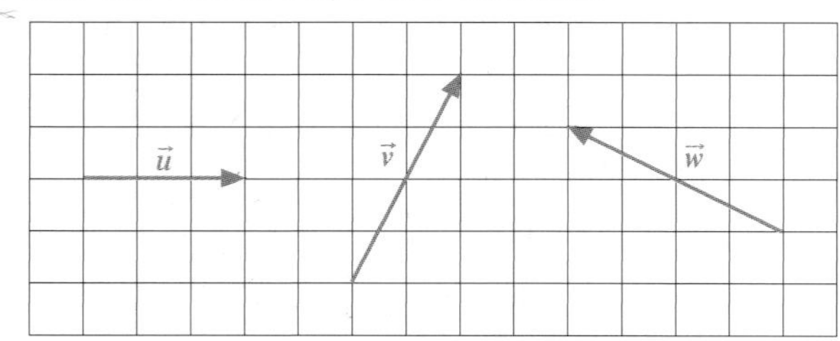

Utiliser la méthode du parallélogramme pour déterminer les vecteurs suivants.

a) $\vec{u} + \vec{v}$, $\vec{u} - \vec{v}$ et $\vec{v} - \vec{u}$

b) $\vec{u} + \vec{w}$ et $\vec{v} - \vec{w}$

c) $(\vec{u} + \vec{v}) + \vec{w}$

2. Soit les vecteurs $\vec{u}$, $\vec{v}$ et $\vec{w}$ suivants.

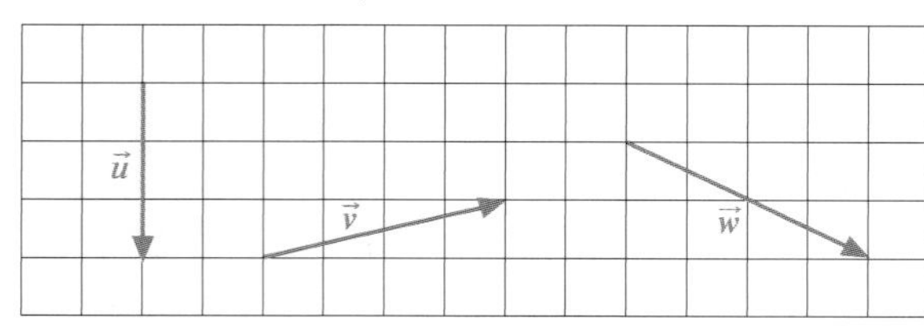

Utiliser la méthode du triangle pour déterminer les vecteurs suivants.

a) $\vec{u} + \vec{v}$ et $\vec{u} - \vec{v}$ b) $\vec{v} + \vec{w}$ et $-\vec{w} - \vec{v}$

c) $\vec{v} + \vec{v}$ d) $\vec{v} + \vec{w} + \vec{u}$ et $\vec{u} - \vec{v} - \vec{w}$

3. Déterminer, parmi les représentations suivantes, lesquelles illustrent correctement l'addition vectorielle des forces $\vec{F}_1$ et $\vec{F}_2$.

a)

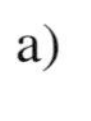

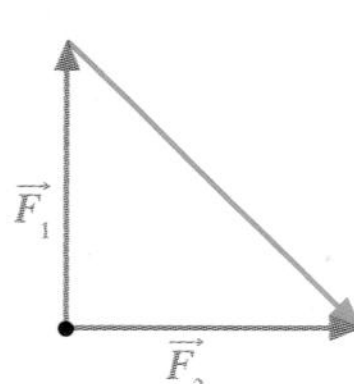

b)

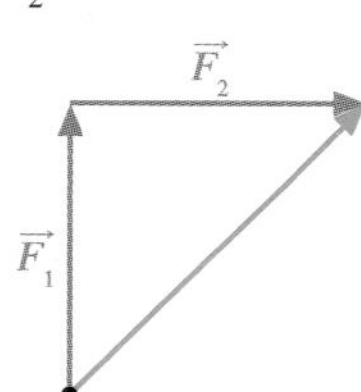

c)

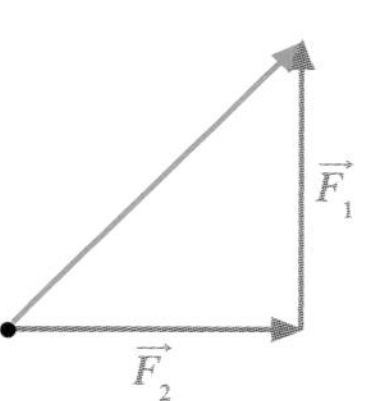

d)

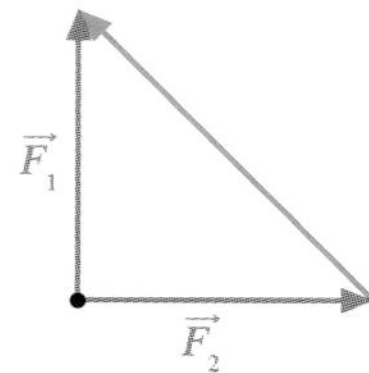

e)

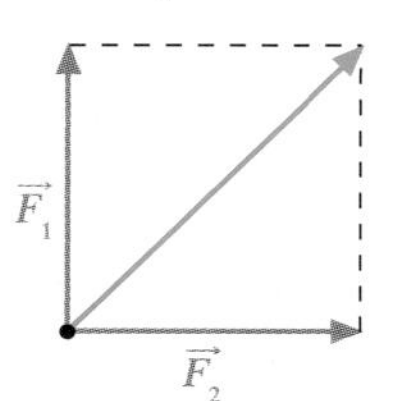

f)

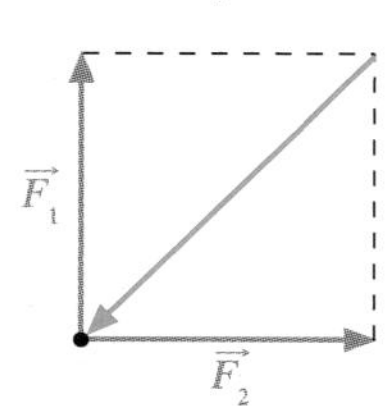

4. À l'aide des représentations suivantes, exprimer le vecteur $\vec{r}$ en fonction des vecteurs $\vec{u}$ et $\vec{v}$.

a)

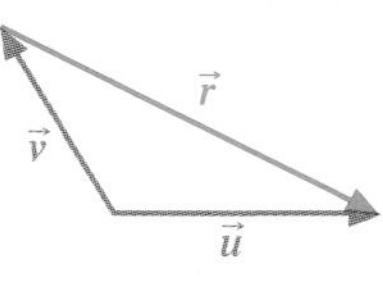

b)

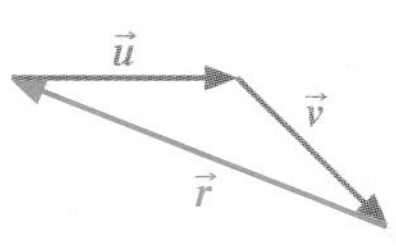

c)

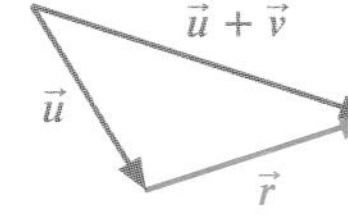

d)

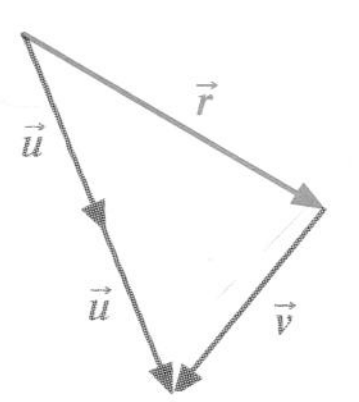

5. Exprimer les vecteurs suivants sous la forme d'une addition ou d'une soustraction des vecteurs $\overrightarrow{AB}$ et $\overrightarrow{AC}$.

a) $\overrightarrow{AD}$ et $\overrightarrow{BC}$

b) $\overrightarrow{AE}$ et $\overrightarrow{FB}$

c) $\overrightarrow{AG}$ et $\overrightarrow{HF}$

d) $\overrightarrow{AI}$ et $\overrightarrow{CH}$

e) $\overrightarrow{HD}$ et $\overrightarrow{EC}$

f) $\overrightarrow{GD}$ et $\overrightarrow{IE}$

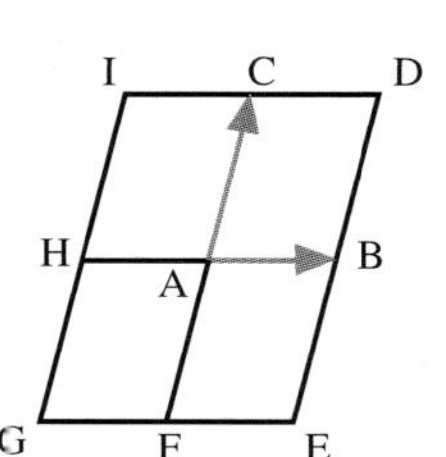

6. Soit le parallélépipède suivant.

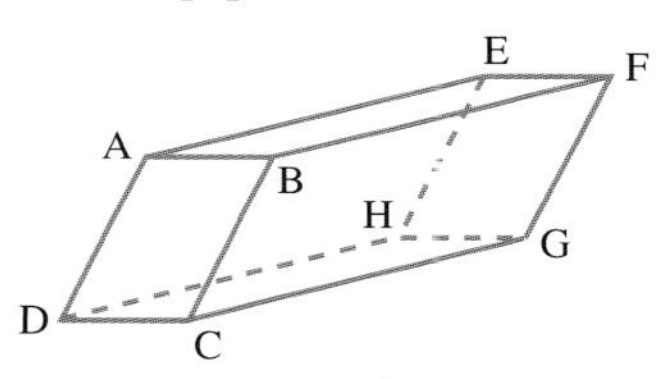

Déterminer un vecteur résultant de :

a) $\overrightarrow{AB} + \overrightarrow{AE}$ b) $\overrightarrow{CD} + \overrightarrow{BF}$

c) $\overrightarrow{FG} + \overrightarrow{CB}$ d) $\overrightarrow{AF} + \overrightarrow{ED}$

e) $\overrightarrow{EG} - \overrightarrow{DH}$ f) $\overrightarrow{AB} + \overrightarrow{AE} + \overrightarrow{AD}$

g) $\overrightarrow{BC} - \overrightarrow{DC} - \overrightarrow{BD}$ h) $\overrightarrow{HC} - \overrightarrow{HA} - \overrightarrow{EC}$

i) $\overrightarrow{GH} + \overrightarrow{BE} - \overrightarrow{CE} - \overrightarrow{FA}$

j) $\overrightarrow{AG} + \overrightarrow{CB} + \overrightarrow{EC} + \overrightarrow{GA}$

7. Soit le parallélépipède droit suivant, où $\|\overrightarrow{AD}\| = 6$, $\|\overrightarrow{DC}\| = 4$ et $\|\overrightarrow{DH}\| = 11$.

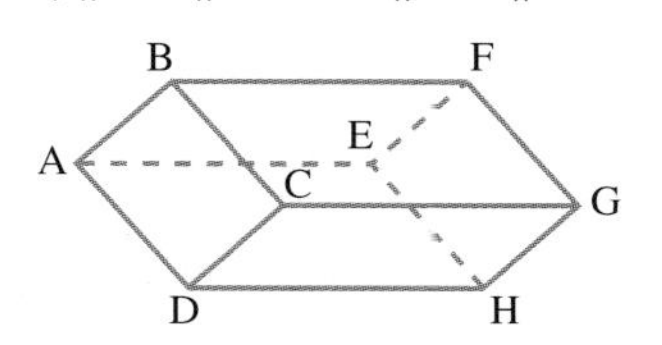

Calculer :

a) $\|\overrightarrow{DG}\|$ b) $\|\overrightarrow{AC}\|$ c) $\|\overrightarrow{BG}\|$ d) $\|\overrightarrow{AG}\|$

8. Soit les vecteurs $\vec{u}$, $\vec{v}$ et $\vec{w}$ tels que
$\|\vec{u}\| = 4$, $\theta_{(\vec{u})} = 0°$ vers l'est ;
$\|\vec{v}\| = 3$, $\theta_{(\vec{v})} = 90°$ vers le nord ;
$\|\vec{w}\| = 5$, $\theta_{(\vec{w})} = 30°$ N.-E.
Déterminer la norme, la direction et le sens des vecteurs suivants, puis représenter graphiquement ces vecteurs.

a) $\vec{u} + \vec{v}$ b) $\vec{u} - \vec{v}$
c) $\vec{u} + \vec{w}$ d) $\vec{v} - \vec{w}$
e) $\vec{u} - \vec{w} + \vec{u}$ f) $(\vec{u} + \vec{v}) + (\vec{v} - \vec{w})$

9. Soit $\vec{v}$ tel que $\|\vec{v}\| = 5$ et $\theta = 27°$ N.-E.

a) Déterminer la norme du vecteur $\vec{v}_x$ qui résulte de la projection de $\vec{v}$ sur une droite horizontale.

b) Déterminer la norme du vecteur $\vec{v}_y$ qui résulte de la projection de $\vec{v}$ sur une droite verticale.

c) Quelle relation existe-t-il entre $\vec{v}_x$, $\vec{v}_y$ et $\vec{v}$?

d) Quelle relation existe-t-il entre $\|\vec{v}_x\|$, $\|\vec{v}_y\|$ et $\|\vec{v}\|$?

10. Soit $\vec{u}$ et $\vec{v}$, deux vecteurs de sens N.-E. tels que $\|\vec{u}\| = 9$, $\theta_{(\vec{u})} = 15°$ et $\|\vec{v}\| = 8$, $\theta_{(\vec{v})} = 70°$.

a) Déterminer la norme du vecteur $\vec{u}_{\vec{v}}$ et représenter graphiquement $\vec{u}$, $\vec{v}$ et $\vec{u}_{\vec{v}}$.

b) Déterminer la norme du vecteur $\vec{v}_{\vec{u}}$ et représenter graphiquement $\vec{u}$, $\vec{v}$ et $\vec{v}_{\vec{u}}$.

11. Soit $\vec{F}$, une force telle que $\|\vec{F}\| = 200$ et $\theta = 90°$ vers le sud. Dans les représentations suivantes, déterminer la norme des vecteurs qui équilibrent $\vec{F}$, si $\|\vec{u}\| = \|\vec{v}\|$.

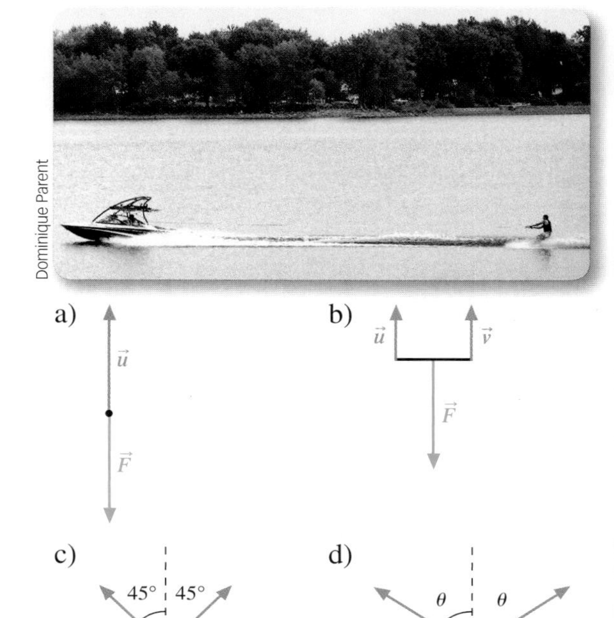

4.3 Multiplication d'un vecteur géométrique par un scalaire

Objectifs d'apprentissage

À la fin de cette section, l'élève pourra appliquer la notion de multiplication d'un vecteur géométrique par un scalaire.

Plus précisément, l'élève sera en mesure

- de donner la définition de la multiplication d'un vecteur géométrique par un scalaire ;
- d'effectuer la multiplication d'un vecteur géométrique par un scalaire ;
- d'énumérer les propriétés de la multiplication d'un vecteur géométrique par un scalaire ;
- de démontrer certaines propriétés de la multiplication d'un vecteur géométrique par un scalaire ;
- d'appliquer les propriétés de la multiplication d'un vecteur géométrique par un scalaire ;
- d'effectuer des démonstrations de propriétés relatives à des figures géométriques données.

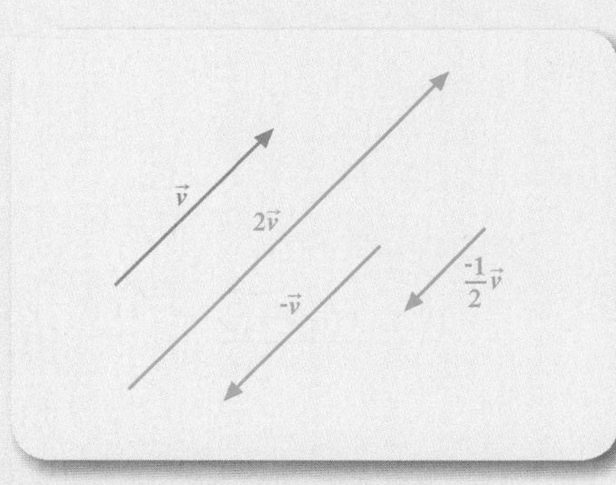

Il y a environ 180 ans...

Sir William Rowan Hamilton
(1805-1865)

Sir William Rowan Hamilton (1805-1865) aurait pu être linguiste. Dès l'âge de cinq ans, il connaît le latin, le grec et l'hébreu. Habitué à être adulé de tous, il subit un choc à 12 ans lorsqu'il est surclassé dans une compétition arithmétique par le calculateur prodige américain Zerah Colburn. Piqué au vif, il s'intéresse alors aux mathématiques. À 21 ans, il devient professeur d'astronomie au Trinity College de Dublin. Bien qu'il soit père de deux garçons et d'une fille, William Hamilton connaît une vie conjugale terne et malheureuse. Souvent déprimé, il a un penchant pour l'alcool. À partir de 1847, il renoue plus ou moins secrètement avec Catherine Disney, son amour de jeunesse. Son état d'esprit dépressif ne s'en trouve guère amélioré. Catherine meurt en 1853. Pendant cette longue période de difficultés personnelles, Hamilton travaille à populariser ses quaternions. Peu avant sa mort, il devient le premier membre étranger élu à l'Académie nationale des sciences des États-Unis.

DÉFINITION 4.9 Le **produit d'un vecteur $\vec{v}$ par un scalaire** k, noté $k\vec{v}$, est un vecteur ayant les caractéristiques suivantes.

1) Si $\vec{v} \neq \vec{O}$ et $k \in \mathbb{R} \setminus \{0\}$, alors

   i) la direction de $k\vec{v}$ est la même que celle de $\vec{v}$;

   ii) le sens de $k\vec{v}$ est le même que celui de $\vec{v}$ lorsque $k > 0$;

   le sens de $k\vec{v}$ est opposé à celui de $\vec{v}$ lorsque $k < 0$;

   iii) $\|k\vec{v}\| = |k|\,\|\vec{v}\|$.

2) Si $\vec{v} = \vec{O}$ ou $k = 0$, alors $k\vec{v} = \vec{O}$.

Remarque $(-1)\vec{v} = -\vec{v}, \forall\, \vec{v} \neq \vec{O}$

Exemple 1 Soit $\vec{v}$ tel que [vecteur $\vec{v}$] et $\|\vec{v}\| = 2$.

Représentons graphiquement les vecteurs $3\vec{v}$, $-2\vec{v}$ et $\frac{1}{2}\vec{v}$, et calculons la norme de ces vecteurs.

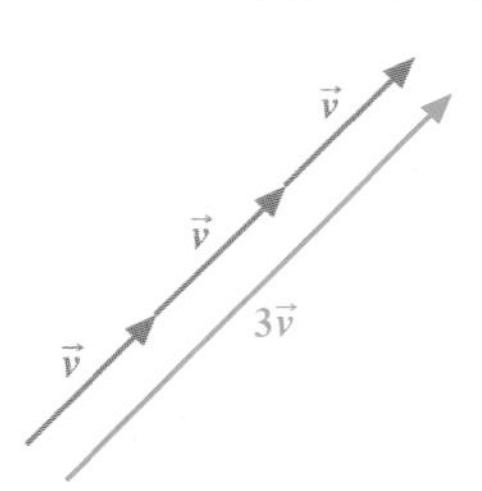

$$\|3\vec{v}\| = |3|\,\|\vec{v}\| = 3(2) = 6$$

$$\|-2\vec{v}\| = |-2|\,\|\vec{v}\| = 2(2) = 4$$

$$\left\|\frac{1}{2}\vec{v}\right\| = \left|\frac{1}{2}\right|\,\|\vec{v}\| = \frac{1}{2}(2) = 1$$

Exemple 2 Soit les vecteurs $\vec{v}$ et $\vec{w}$ ci-contre.

Représentons graphiquement les vecteurs $2\vec{v} - 3\vec{w}$, $2\vec{v} + 2\vec{w}$ et $2(\vec{v} + \vec{w})$.

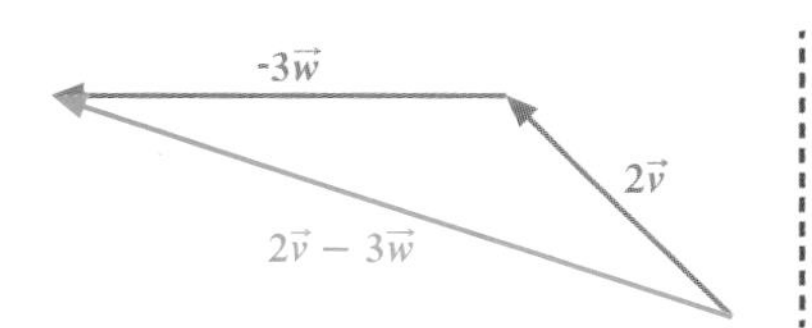

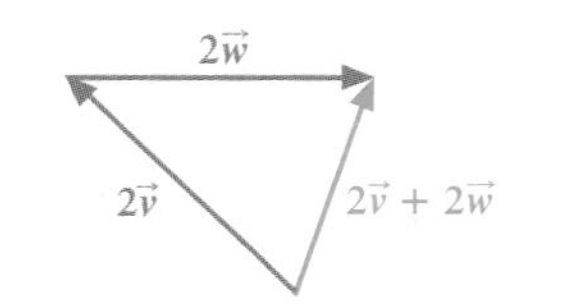

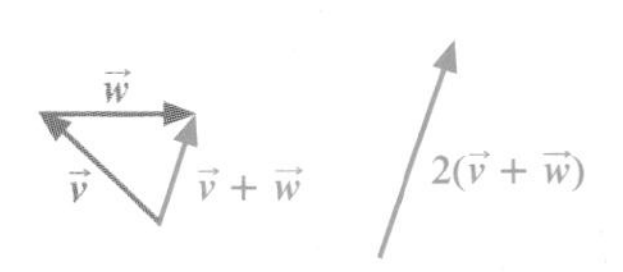

La propriété 3 suivante de la multiplication d'un vecteur géométrique par un scalaire, c'est-à-dire $r(\vec{u} + \vec{v}) = r\vec{u} + r\vec{v}$, nous assure que $2(\vec{v} + \vec{w}) = 2\vec{v} + 2\vec{w}$.

Propriétés de la multiplication d'un vecteur géométrique par un scalaire

Énonçons maintenant des propriétés relatives à la multiplication d'un vecteur géométrique par un scalaire.

Si V est l'ensemble des vecteurs géométriques, alors $\forall\ \vec{u}$ et $\vec{v} \in$ V, et $\forall\ r$ et $s \in \mathbb{R}$, nous avons :

Propriété 1	$r\vec{u} \in$ V	(fermeture pour la multiplication par un scalaire)
Propriété 2	$(r + s)\vec{u} = r\vec{u} + s\vec{u}$	(pseudo-distributivité de la multiplication sur l'addition de scalaires)
Propriété 3	$r(\vec{u} + \vec{v}) = r\vec{u} + r\vec{v}$	(pseudo-distributivité de la multiplication sur l'addition de vecteurs)
Propriété 4	$r(s\vec{u}) = (rs)\vec{u}$	(pseudo-associativité de la multiplication)
Propriété 5	$1\vec{u} = \vec{u}$	(1 est le pseudo-élément neutre pour la multiplication par un scalaire)

Vecteurs géométriques parallèles

Dans la section 4.1, nous avons vu que deux vecteurs $\vec{u}$ et $\vec{v}$ sont parallèles si et seulement si ces vecteurs ont la même direction.

DÉFINITION 4.10 Deux vecteurs géométriques non nuls $\vec{u}$ et $\vec{v}$ sont **parallèles** ($\vec{u} /\!/ \vec{v}$) si et seulement si il existe un scalaire $k \in \mathbb{R} \setminus \{0\}$ tel que $\vec{u} = k\vec{v}$ (ou $\vec{v} = k\vec{u}$).

Exemple 1 Soit les vecteurs suivants.

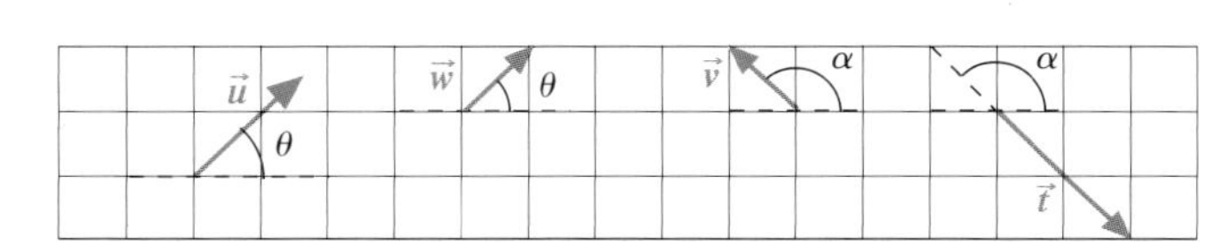

Nous avons $\vec{u} /\!/ \vec{w}$, car $\vec{u} = \frac{3}{2}\vec{w}$ $\left(\text{ou } \vec{w} = \frac{2}{3}\vec{u}\right)$, et $\vec{v} /\!/ \vec{t}$, car $\vec{v} = \frac{-1}{2}\vec{t}$ (ou $\vec{t} = -2\vec{v}$).

THÉORÈME 4.1 Si $\vec{v} \neq \vec{O}$, alors $\dfrac{1}{\|\vec{v}\|}\vec{v}$ et $\dfrac{-1}{\|\vec{v}\|}\vec{v}$ sont deux vecteurs unitaires parallèles à $\vec{v}$.

PREUVE En posant $\vec{u} = \dfrac{1}{\|\vec{v}\|}\vec{v}$, nous avons $\vec{u} \,/\!/\, \vec{v}$. $\left(\text{définition 4.10, où } k = \dfrac{1}{\|\vec{v}\|}\right)$

De plus,
$$\begin{aligned}\|\vec{u}\| &= \left\|\frac{1}{\|\vec{v}\|}\vec{v}\right\| \\ &= \left|\frac{1}{\|\vec{v}\|}\right|\|\vec{v}\| && \text{(définition 4.9)} \\ &= \frac{1}{\|\vec{v}\|}\|\vec{v}\| && (\text{car } \|\vec{v}\| > 0) \\ &= 1\end{aligned}$$

d'où $\dfrac{1}{\|\vec{v}\|}\vec{v}$ est un vecteur unitaire parallèle à $\vec{v}$. De façon analogue, nous pouvons démontrer que $\dfrac{-1}{\|\vec{v}\|}\vec{v}$ est un vecteur unitaire parallèle à $\vec{v}$.

THÉORÈME 4.2 Soit $\vec{v}$, un vecteur algébrique.
$k\vec{v} = \vec{O}$ si et seulement si $k = 0$ ou $\vec{v} = \vec{O}$.

PREUVE

($\Rightarrow$) Si
$$\begin{aligned}k\vec{v} &= \vec{O}, \text{ alors} \\ \|k\vec{v}\| &= \|\vec{O}\| \\ |k|\,\|\vec{v}\| &= 0 && \text{(définition 4.9)}\end{aligned}$$

Donc, $|k| = 0$ ou $\|\vec{v}\| = 0$

d'où $k = 0$ ou $\vec{v} = \vec{O}$

($\Leftarrow$) La preuve est laissée à l'élève.

THÉORÈME 4.3 Si $\vec{u}$ et $\vec{v}$ sont deux vecteurs non nuls tels que $\vec{u} = k\vec{v}$, alors k est unique.

PREUVE Supposons qu'il existe deux scalaires différents, k_1 et k_2, tels que $\vec{u} = k_1\vec{v}$ et $\vec{u} = k_2\vec{v}$.

Preuve par contradiction

Ainsi,
$$\begin{aligned}k_1\vec{v} &= k_2\vec{v} \\ k_1\vec{v} - k_2\vec{v} &= k_2\vec{v} - k_2\vec{v} \\ k_1\vec{v} - k_2\vec{v} &= \vec{O} && \text{(propriété 5 de l'addition)} \\ (k_1 - k_2)\vec{v} &= \vec{O} && \text{(propriété 2 de la multiplication d'un vecteur par un scalaire)}\end{aligned}$$

Puisque $\vec{v} \neq \vec{O}$, alors $(k_1 - k_2) = 0$ (théorème 4.2)

Donc, $k_1 = k_2$, ce qui est une contradiction.

D'où k est unique.

THÉORÈME 4.4 Soit $\vec{u}$ et $\vec{v}$, deux vecteurs non nuls et non parallèles.

$k_1\vec{u} + k_2\vec{v} = \vec{O}$ si et seulement si $k_1 = k_2 = 0$.

PREUVE

($\Rightarrow$) Si $\quad k_1\vec{u} + k_2\vec{v} = \vec{O}$, alors

$$(k_1\vec{u} + k_2\vec{v}) - k_2\vec{v} = \vec{O} - k_2\vec{v} \qquad \text{(en soustrayant } k_2\vec{v} \text{ de chaque membre)}$$

$$k_1\vec{u} + (k_2\vec{v} - k_2\vec{v}) = -k_2\vec{v} \qquad \text{(associativité et élément neutre)}$$

$$k_1\vec{u} + \vec{O} = -k_2\vec{v} \qquad \text{(élément opposé)}$$

$$k_1\vec{u} = -k_2\vec{v} \qquad \text{(élément neutre)}$$

En supposant $k_1 \neq 0$, nous obtenons $\vec{u} = \frac{-k_2}{k_1}\vec{v}$.

Donc, $\vec{u}$ est parallèle à $\vec{v}$ par définition, ce qui est une contradiction.

D'où $k_1 = 0$. De façon analogue, nous pouvons démontrer que $k_2 = 0$.

($\Leftarrow$) La preuve est laissée à l'élève.

Applications des vecteurs géométriques

L'utilisation des propriétés de l'addition de vecteurs géométriques et des propriétés de la multiplication d'un vecteur par un scalaire permet de résoudre certains problèmes de géométrie et de physique.

Exemple 1 Soit un triangle ABC, et M, le point milieu du côté BC.

Démontrons que $\overrightarrow{AM} = \frac{1}{2}\overrightarrow{AB} + \frac{1}{2}\overrightarrow{AC}$.

Représentons le triangle ABC, le point M et les vecteurs $\overrightarrow{AM}$, $\overrightarrow{AB}$ et $\overrightarrow{AC}$.

$$\text{①}\ \overrightarrow{AM} = \overrightarrow{AB} + \overrightarrow{BM} \qquad \text{(loi de Chasles)}$$

$$\text{②}\ \overrightarrow{AM} = \overrightarrow{AC} + \overrightarrow{CM} \qquad \text{(loi de Chasles)}$$

Additionnons ① et ②.

$$\overrightarrow{AM} + \overrightarrow{AM} = \overrightarrow{AB} + \overrightarrow{BM} + \overrightarrow{AC} + \overrightarrow{CM}$$

$$2\overrightarrow{AM} = \overrightarrow{AB} + \overrightarrow{AC} + \overrightarrow{BM} + \overrightarrow{CM} \qquad \text{(commutativité)}$$

$$2\overrightarrow{AM} = \overrightarrow{AB} + \overrightarrow{AC} \qquad \text{(car } \overrightarrow{BM} + \overrightarrow{CM} = \vec{O}\text{, M étant le point milieu de BC)}$$

$$\frac{1}{2}(2\overrightarrow{AM}) = \frac{1}{2}(\overrightarrow{AB} + \overrightarrow{AC})$$

$$\frac{1}{2}(2)\overrightarrow{AM} = \frac{1}{2}\overrightarrow{AB} + \frac{1}{2}\overrightarrow{AC} \qquad \text{(propriétés 3 et 4 de la multiplication d'un vecteur géométrique par un scalaire)}$$

$$1\overrightarrow{AM} = \frac{1}{2}\overrightarrow{AB} + \frac{1}{2}\overrightarrow{AC}$$

d'où $\overrightarrow{AM} = \frac{1}{2}\overrightarrow{AB} + \frac{1}{2}\overrightarrow{AC}$ (car $1\overrightarrow{AM} = \overrightarrow{AM}$)

Exemple 2 Démontrons que les diagonales d'un parallélogramme se coupent en leur milieu.

Soit le parallélogramme ABCD, et P, le point milieu de la diagonale AC.

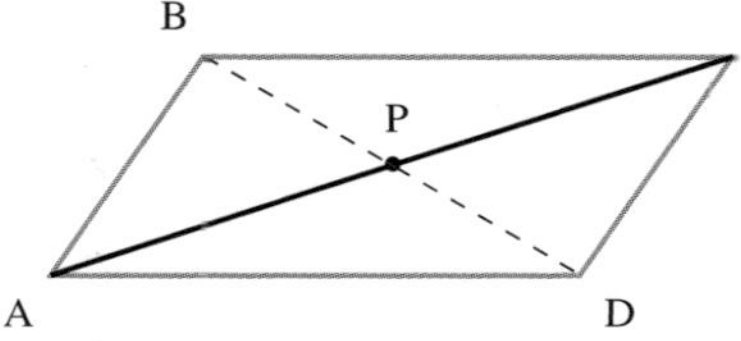

Démontrons que P est également le point milieu de la diagonale BD.

$\overrightarrow{BP} = \overrightarrow{BC} + \overrightarrow{CP}$ (loi de Chasles)

$= \overrightarrow{AD} + \overrightarrow{PA}$ (car $\overrightarrow{AD} = \overrightarrow{BC}$, côtés opposés d'un parallélogramme, et $\overrightarrow{PA} = \overrightarrow{CP}$, P étant le point milieu de la diagonale AC)

$= \overrightarrow{PA} + \overrightarrow{AD}$ (commutativité)

$= \overrightarrow{PD}$ (loi de Chasles)

Ainsi, P est le point milieu de la diagonale BD.

D'où les diagonales d'un parallélogramme se coupent en leur milieu.

La multiplication d'un vecteur par un scalaire nous permet de relier certaines valeurs physiques:

$\vec{F} = m\vec{a}$ (loi de Newton)

$\vec{F} = -k\vec{x}$ (loi de Hooke)

$\vec{F} = q\vec{E}$ (en électricité)

$\vec{v} = \vec{v}_0 + t\vec{a}$ (en mécanique)

$\vec{r} = \vec{r}_0 + t\vec{v}_0 + \frac{1}{2}t^2\vec{a}$ (en mécanique)

Exemple 3 Annie traverse en kayak une rivière perpendiculairement aux rives. La vitesse du kayak est de 10 nœuds et la vitesse du courant, parallèle aux rives, est de 20 nœuds.

a) Représentons la situation précédente à l'aide de deux vecteurs de même origine.

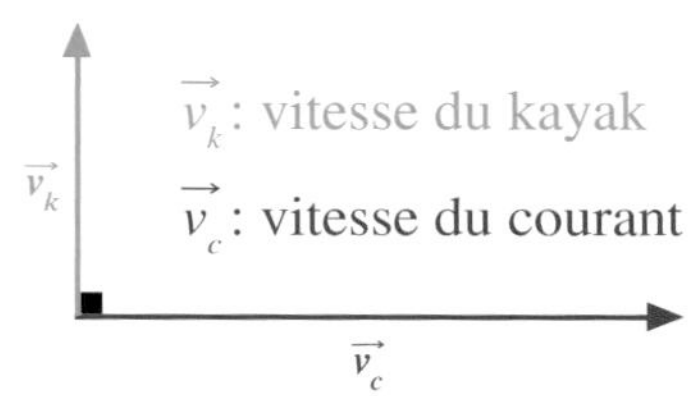

b) Déterminons la direction θ et la vitesse réelle $\|\vec{v}_r\|$ du kayak.

Direction

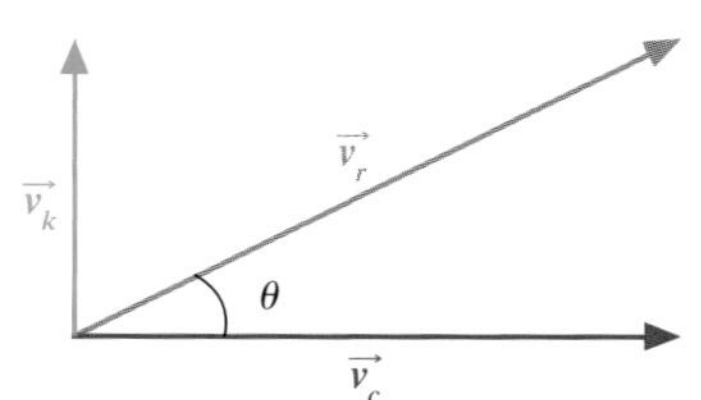

$\tan\theta = \dfrac{\|\vec{v}_k\|}{\|\vec{v}_c\|}$

$\tan\theta = \dfrac{10}{20}$

$\theta = \text{Arc tan}\left(\dfrac{10}{20}\right)$

Norme

De $\|\vec{v}_r\|^2 = \|\vec{v}_k\|^2 + \|\vec{v}_c\|^2$

$\|\vec{v}_r\|^2 = 10^2 + 20^2$

$\|\vec{v}_r\| = \sqrt{500}$

d'où $\theta \approx 26{,}6°$ et $\|\vec{v}_r\| \approx 22{,}4$ nœuds.

Exemple 4 Soit deux forces, $\vec{F}_1 = \frac{2}{3}\vec{u}$ et $\vec{F}_2 = -4\vec{v}$, exprimées en newtons, appliquées en un point O, où $\vec{u}$ et $\vec{v}$ sont tels que

$\|\vec{u}\| = 9$, $\theta_{(\vec{u})} = 30°$ dans le sens N.-E., et

$\|\vec{v}\| = 2$, $\theta_{(\vec{v})} = 135°$ dans le sens N.-O.

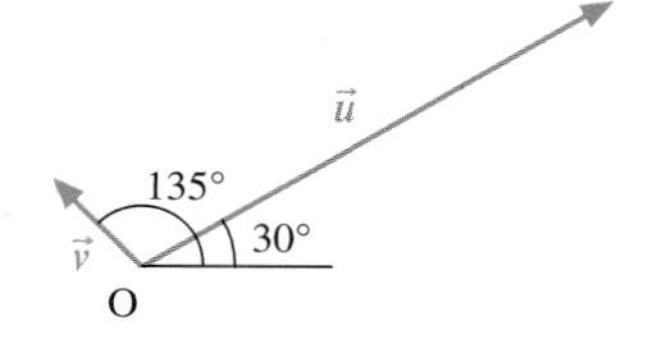

a) Représentons $\vec{r} = \vec{F}_1 + \vec{F}_2$, c'est-à-dire

$$\vec{r} = \frac{2}{3}\vec{u} - 4\vec{v}$$

b) Déterminons la norme, la direction et le sens de $\vec{r}$ en utilisant la projection verticale et la projection horizontale.

Représentons $\vec{t}$, où $\vec{t} = \frac{2}{3}\vec{u}$ et $\vec{w}$, où $\vec{w} = -4\vec{v}$.

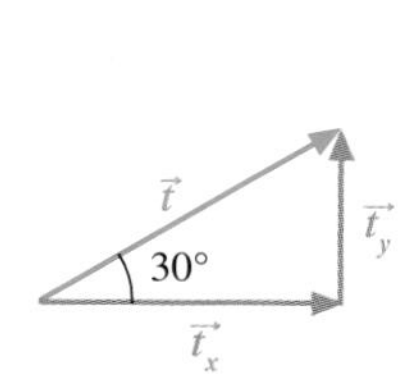

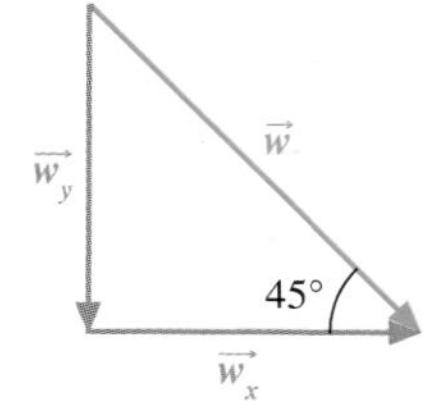

(180° − 135° = 45°)

En calculant $\|\vec{t}_x\|$, $\|\vec{t}_y\|$, $\|\vec{w}_x\|$ et $\|\vec{w}_y\|$, nous obtenons

$\|\vec{t}_x\| = \|\vec{t}\| \cos 30° = 6 \cos 30°$ | $\|\vec{t}_y\| = \|\vec{t}\| \sin 30° = 6 \sin 30°$

$\|\vec{w}_x\| = \|\vec{w}\| \cos 45° = 8 \cos 45°$ | $\|\vec{w}_y\| = \|\vec{w}\| \sin 45° = 8 \sin 45°$

En tenant compte du sens et de la direction des vecteurs, nous avons

$$\vec{r}_x = \vec{t}_x + \vec{w}_x, \text{ où } \|\vec{r}_x\| = |6 \cos 30° + 8 \cos 45°| = |10,853\ldots| = 10,853\ldots$$

$$\vec{r}_y = \vec{t}_y + \vec{w}_y, \text{ où } \|\vec{r}_y\| = |6 \sin 30° - 8 \sin 45°| = |-2,656\ldots| = 2,656\ldots$$

Calculons $\|\vec{r}\|$.

$$\|\vec{r}\| = \sqrt{(10,853\ldots)^2 + (2,656\ldots)^2} \approx 11,17$$

Calculons la direction $\theta_{(\vec{r})}$.

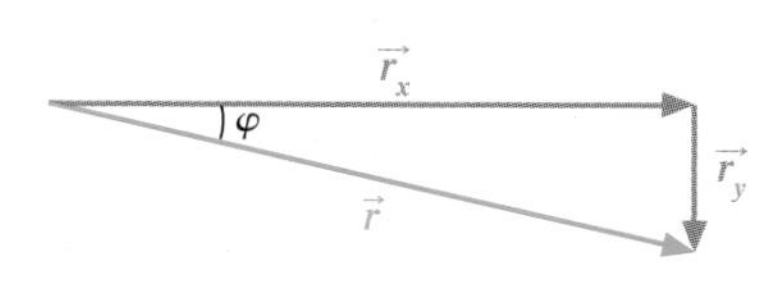

$$\tan \varphi = \frac{\|\vec{r}_y\|}{\|\vec{r}_x\|}$$

$$\varphi = \text{Arc tan}\left(\frac{2,656\ldots}{10,853\ldots}\right) \approx 13,8°$$

d'où $\theta_{(\vec{r})} \approx 166,2°$. (car $\theta_{(\vec{r})} = (180° - \varphi)$)

Le sens de $\vec{r}$ est S.-E.

D'où $\vec{r}$, exprimée en newtons, est telle que $\|\vec{r}\| \approx 11,17$, $\theta \approx 166,2°$ dans le sens S.-E.

Exercices 4.3

1. Soit les vecteurs suivants.

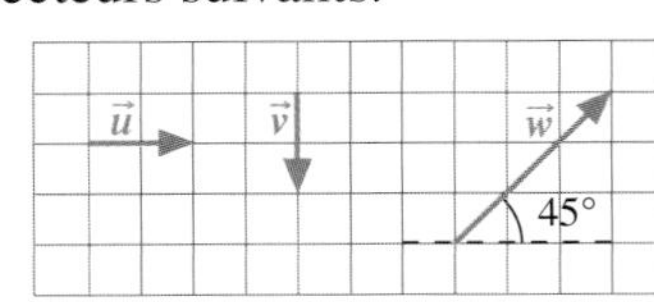

Représenter les vecteurs ci-dessous.

a) $2\vec{u}$ et $-3\vec{u}$

b) $-2\vec{v}$ et $\frac{3}{2}\vec{v}$

c) $\frac{2}{3}\vec{w}$ et $\frac{-4}{3}\vec{w}$

d) $\vec{r} = 3\vec{u} - \frac{2}{3}\vec{w}$

e) $\vec{r} = -2\vec{u} - \frac{3}{2}\vec{v} - \frac{5}{3}\vec{w}$

f) $\vec{r} = 2\vec{u} - 2\vec{v} - \frac{4}{3}\vec{w}$

2. Soit un vecteur $\vec{v}$ tel que $\|\vec{v}\| = 12$. Déterminer la norme des vecteurs suivants.

a) $3\vec{v}$

b) $\frac{1}{12}\vec{v}$

c) $-5\vec{v}$

d) $\frac{-1}{3}\vec{v}$

e) $\frac{-1}{4}(3\vec{v})$

f) $0\vec{v}$

3. Simplifier le plus possible les expressions suivantes.

a) $\overrightarrow{AB} + \overrightarrow{BC} + \overrightarrow{CD}$

b) $\overrightarrow{AB} - \overrightarrow{BA}$

c) $\overrightarrow{AB} - \overrightarrow{CD} - (\overrightarrow{CD} + \overrightarrow{BA}) - \overrightarrow{BA}$

d) $\overrightarrow{AB} - \overrightarrow{CD} - (\overrightarrow{AB} - \overrightarrow{CD}) - \overrightarrow{BA} + \overrightarrow{BC} - \overrightarrow{AC}$

e) $\overrightarrow{BC} - \overrightarrow{BA} + \overrightarrow{AF} + \overrightarrow{CD} - \overrightarrow{DF}$

4. Soit le parallélépipède droit ci-dessous.

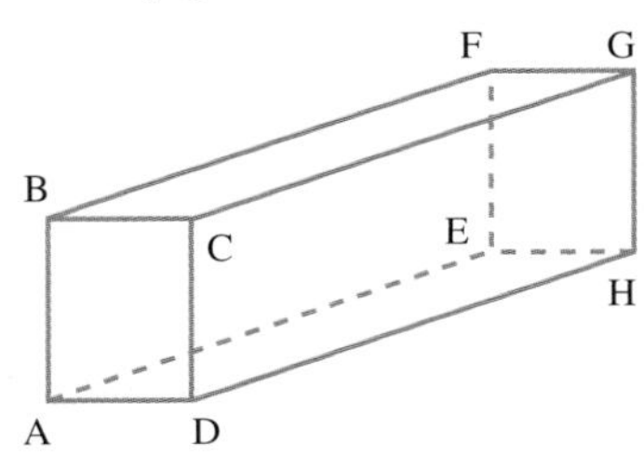

a) Exprimer $\overrightarrow{AC} + \overrightarrow{AF} + \overrightarrow{AH}$ en fonction des arêtes du parallélépipède.

b) Exprimer $\overrightarrow{AC} + \overrightarrow{AF} + \overrightarrow{AH}$ en fonction de $\overrightarrow{AG}$.

c) Exprimer $\|\overrightarrow{AG}\|$ en fonction de $\|\overrightarrow{AB}\|$, $\|\overrightarrow{AD}\|$ et $\|\overrightarrow{AE}\|$.

5. Soit un vecteur $\vec{u}$ tel que $\|\vec{u}\| = 5$, $\theta_{(\vec{u})} = 20°$ dans le sens N.-E., et un vecteur $\vec{v}$ tel que $\|\vec{v}\| = 12$, $\theta_{(\vec{v})} = 135°$ dans le sens N.-O. Déterminer la norme, la direction et le sens des vecteurs suivants en utilisant la méthode indiquée.

a) $\vec{r} = 2\vec{u} + \frac{1}{2}\vec{v}$ (loi des cosinus et loi des sinus)

b) $\vec{s} = \frac{1}{4}(6\vec{u} - 3\vec{v})$ (loi des cosinus et loi des sinus)

c) $\vec{t} = \frac{5}{6}\vec{v} - \frac{6}{5}\vec{u}$ (projection horizontale et projection verticale)

6. Dans la représentation ci-dessous,

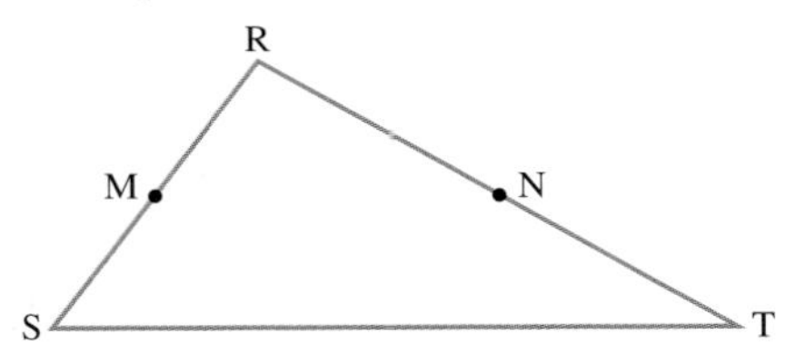

$\overrightarrow{RS} = \vec{u}$, $\overrightarrow{RT} = \vec{v}$, M et N sont respectivement les points milieux des segments RS et RT. Écrire les vecteurs suivants en fonction de $\vec{u}$ et de $\vec{v}$.

a) $\overrightarrow{TR}$

b) $\overrightarrow{MR}$

c) $\overrightarrow{MN}$

d) $\overrightarrow{TM}$

7. Soit le parallélogramme ABCD, où M est le point milieu de AB, et N, le point milieu de CD. Démontrer que AMCN est un parallélogramme.

8. Démontrer que le segment de droite reliant le point milieu de deux côtés d'un triangle est parallèle au troisième côté du triangle et que sa longueur équivaut à la moitié de celle du troisième côté.

9. Soit le triangle ABC, et M, un point du segment de droite BC tel que $\overrightarrow{BM} = k\overrightarrow{BC}$, où $0 \leq k \leq 1$. Démontrer que $\overrightarrow{AM} = (1 - k)\overrightarrow{AB} + k\overrightarrow{AC}$.

10. Tracer le parallélogramme dont les diagonales sont représentées par les vecteurs $\vec{u}$ et $\vec{v}$ suivants.

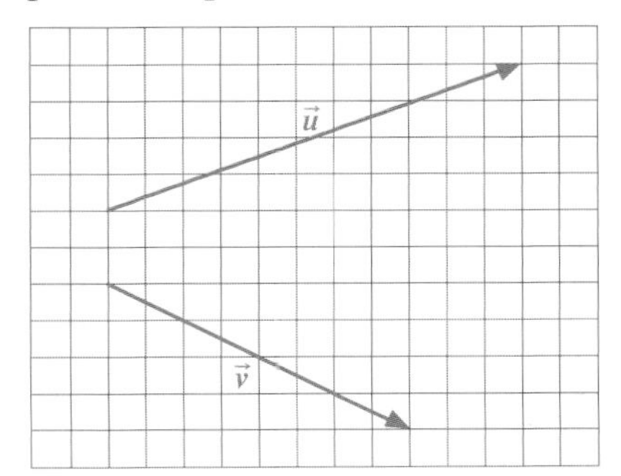

11. En plein vol, un pilote oriente son avion à 120° S.-E., à la vitesse de 150 km/h. Un vent de 25 km/h, par rapport au sol, souffle à 45° S.-O.

Dominique Parent

a) Représenter graphiquement la vitesse de l'avion et la vitesse du vent à l'aide de deux vecteurs de même origine.

b) Déterminer la direction, le sens et la vitesse réelle de l'avion par rapport au sol.

12. Un bateau se dirige vers le sud à une vitesse de 25 nœuds. Un courant de 10 nœuds, dont la direction est de 135° N.-O., agit sur le bateau.

Dominique Parent

a) Représenter graphiquement la vitesse du bateau et la vitesse du courant à l'aide de deux vecteurs de même origine.

b) Déterminer la direction, le sens et la vitesse réelle du bateau.

Réseau de concepts

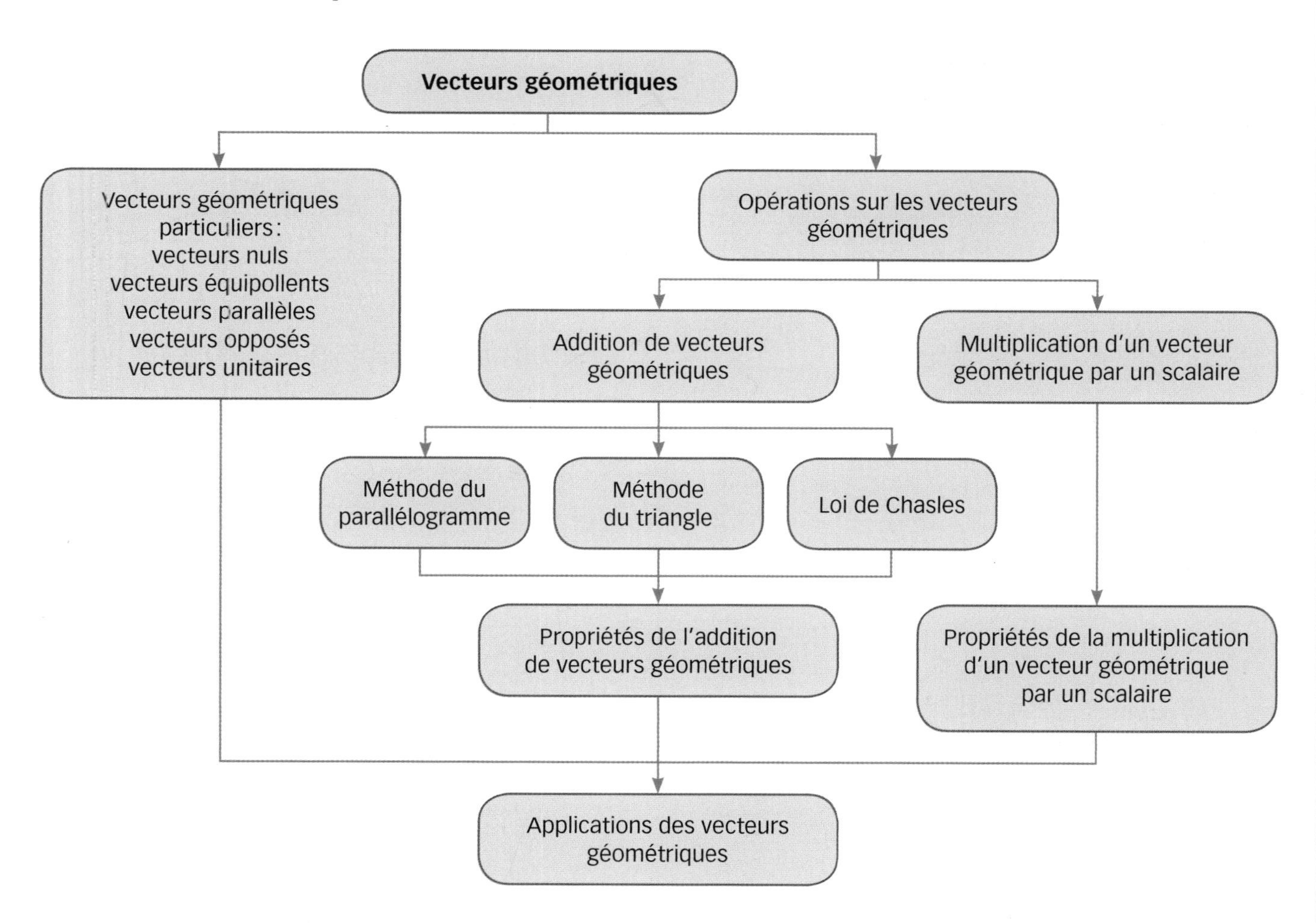

Vérification des apprentissages

Après l'étude de ce chapitre, je suis en mesure de compléter le résumé suivant avant de résoudre les exercices récapitulatifs et les problèmes de synthèse.

Vecteurs géométriques

Soit le vecteur géométrique $\overrightarrow{AB}$ ci-dessous.

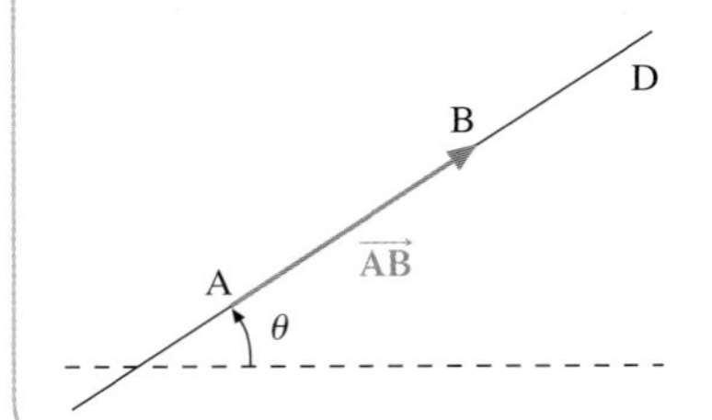

1) A est ______
2) B est ______
3) La direction est donnée par ______
4) Le sens est ______
5) La norme $\|\overrightarrow{AB}\|$ est ______

Vecteurs géométriques particuliers

Deux vecteurs non nuls $\vec{u}$ et $\vec{v}$ sont

équipollents si et seulement si les deux vecteurs ont

1) ______
2) ______
3) ______

opposés si et seulement si les deux vecteurs ont

1) ______
2) ______
3) ______

Le vecteur $\vec{u}$ est unitaire si ______

Addition de vecteurs géométriques

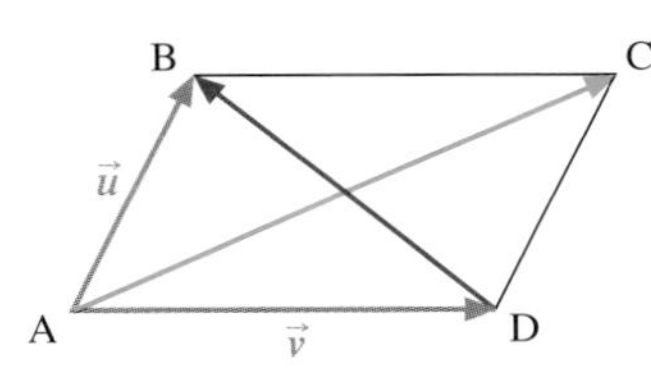

Exprimer en fonction de $\vec{u}$ et de $\vec{v}$.

$\overrightarrow{AC}$ = ______

$\overrightarrow{DB}$ = ______

Loi de Chasles : $\overrightarrow{AX_1} + \overrightarrow{X_1X_2} + \overrightarrow{X_2X_3} + \ldots + \overrightarrow{X_{n-1}X_n} + \overrightarrow{X_nB} =$ ______

Propriétés de l'addition de vecteurs géométriques

Si V est l'ensemble des vecteurs géométriques, alors $\forall\ \vec{u}, \vec{v}$ et $\vec{w} \in$ V, nous avons :

Propriété 1 $(\vec{u} + \vec{v}) \in$ ______

Propriété 2 $\vec{u} + \vec{v} =$ ______

Propriété 3 $\vec{u} + (\vec{v} + \vec{w}) =$ ______

Propriété 4 il existe $\vec{O} \in$ V, tel que $\vec{u} + \vec{O} =$ ______

Propriété 5 il existe $(-\vec{u}) \in$ V, tel que $\vec{u} + (-\vec{u}) =$ ______

Projection orthogonale

Soit $\vec{u}$, le vecteur illustré ci-contre, où $\|\vec{u}\| = r$.

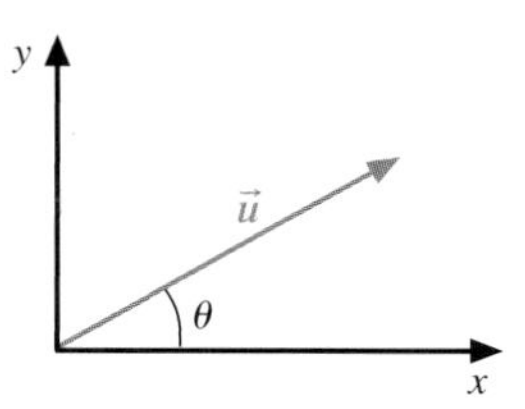

Représenter $\vec{u}_x$ et $\vec{u}_y$ sur le graphique et compléter.

$\|\vec{u}_x\| =$ ______

$\|\vec{u}_y\| =$ ______

Multiplication d'un vecteur géométrique par un scalaire

Soit $\vec{v}$, un vecteur non nul, et $k \in \mathbb{R}$.

1) Si $k \neq 0$, alors la direction de $k\vec{v}$ est ______
   a) Si $k > 0$, alors le sens de $k\vec{v}$ est ______
   b) Si $k < 0$, alors le sens de $k\vec{v}$ est ______
2) Si $k = 0$, alors $k\vec{v} =$ ______
3) $\|k\vec{v}\| =$ ______

Deux vecteurs géométriques non nuls $\vec{u}$ et $\vec{v}$ sont parallèles ($\vec{u} /\!/ \vec{v}$) si et seulement si ______

Soit $\vec{u}$, un vecteur quelconque ; $k\vec{u} = \vec{O}$ si et seulement si ______

Propriétés de la multiplication d'un vecteur géométrique par un scalaire

Si V est l'ensemble des vecteurs géométriques, alors $\forall\ \vec{u}$ et $\vec{v} \in$ V, et $\forall\ r$ et $s \in \mathbb{R}$, nous avons :

Propriété 1 $r\vec{u} \in$ ______

Propriété 2 $(r + s)\vec{u} =$ ______

Propriété 3 $r(\vec{u} + \vec{v}) =$ ______

Propriété 4 $r(s\vec{u}) =$ ______

Propriété 5 $1\vec{u} =$ ______

Exercices récapitulatifs

Les réponses des exercices suivants, à l'exception des exercices notés en rouge, sont données à la fin du volume.

1. Déterminer, parmi les situations suivantes, celles qui correspondent à une quantité vectorielle.

a) Un bébé a une masse de 3,1 kg.

b) Une chaise a un poids de 50 N.

c) Un bateau se dirige vers le sud à 34 km/h.

d) On trace un segment de droite de 10 cm à un angle de 45° par rapport à l'horizontale.

e) On pousse une boîte le long d'un plancher sur une distance de 2 m.

f) Une tasse de café, située à une hauteur de 1 m, est à une température de 90 °C.

g) Un système de poulies utilise une force de 500 N pour soulever un paquet.

h) Le frottement fait ralentir un patineur.

2. Soit $\vec{u}$ et $\vec{v}$, deux vecteurs non nuls. Parmi les expressions suivantes, identifier les vecteurs, les scalaires et les expressions non définies.

a) $3\vec{u} - 4\vec{v}$

b) $\|3\vec{u} - 4\vec{v}\|$

c) $\|3\vec{u}\| - \|4\vec{v}\|$

d) $3\|\vec{u}\| + |-4|\vec{v}$

e) $\vec{O} + \vec{v}$

f) $0 + \vec{O}$

g) $|0| + \|\vec{O}\|$

h) $\frac{1}{\vec{v}}\vec{v}$

i) $\frac{1}{\|\vec{v}\|}\vec{v}$

j) $\frac{1}{\vec{v}}\|\vec{v}\|$

k) $\left\|\frac{1}{\|\vec{v}\|}\vec{v}\right\|$

l) $\left\|\frac{1}{\|\vec{O}\|}\vec{O}\right\|$

3. Soit les vecteurs $\vec{u}$, $\vec{v}$ et $\vec{w}$ ci-dessous.

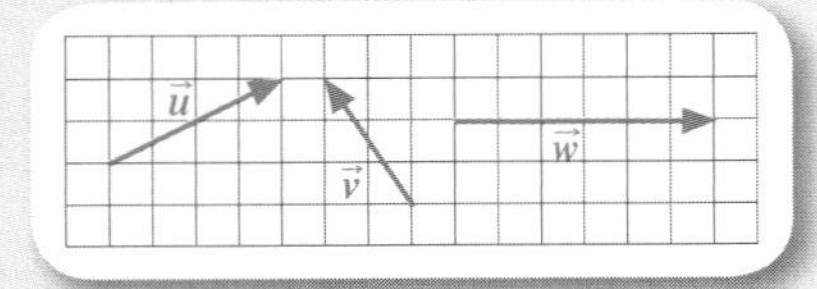

Représenter les vecteurs $\vec{r}$ suivants.

a) $\vec{r} = \vec{u} + \vec{v}$

b) $\vec{r} = \vec{w} + \vec{v} - \vec{u}$

c) $\vec{r} = 3\vec{u} - 2\vec{v} - \vec{w}$

d) $\vec{r} = \frac{1}{2}\vec{u} - \frac{5}{3}\vec{v} + \frac{2}{3}\vec{w}$

e) $\vec{r} = \frac{1}{6}(9\vec{u} + 8\vec{v} + 2\vec{w}) - \frac{1}{3}(6\vec{u} - \vec{v} + \vec{w})$

4. Soit le parallélépipède droit ci-dessous. Déterminer un vecteur équipollent aux vecteurs suivants.

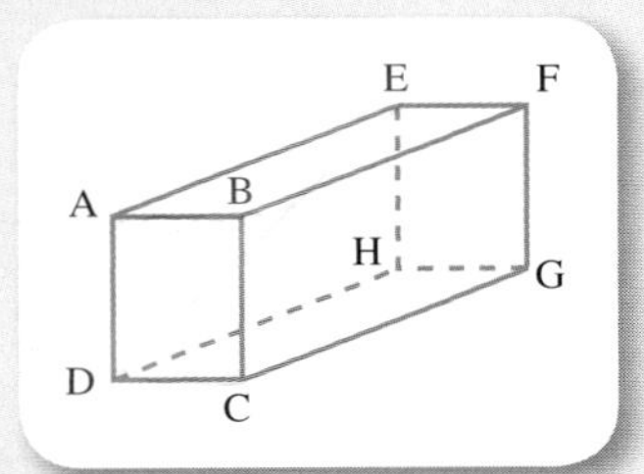

a) $\overrightarrow{AB} + \overrightarrow{DH}$

b) $\overrightarrow{AB} + \overrightarrow{EF}$

c) $\overrightarrow{AB} + \overrightarrow{DE}$

d) $\overrightarrow{AH} + \overrightarrow{DE}$

e) $\overrightarrow{AB} + 2\overrightarrow{DE} + \overrightarrow{HG}$

f) $\overrightarrow{EF} - \overrightarrow{DH} - \overrightarrow{CB}$

g) $\overrightarrow{FA} + \overrightarrow{FH} + \overrightarrow{FC}$

h) $\overrightarrow{GH} + \overrightarrow{EA} + \overrightarrow{CG} - \overrightarrow{CD}$

i) $\overrightarrow{CB} - \overrightarrow{FG} + \overrightarrow{DC} - \overrightarrow{FE} + \overrightarrow{HF}$

j) $\overrightarrow{FG} + \overrightarrow{DG} + \overrightarrow{AH} - \overrightarrow{BH} - \overrightarrow{ED}$

5. Soit le parallélépipède droit suivant où $\|\overrightarrow{AB}\| = 3$, $\|\overrightarrow{AD}\| = 4$ et $\|\overrightarrow{AE}\| = 7$.

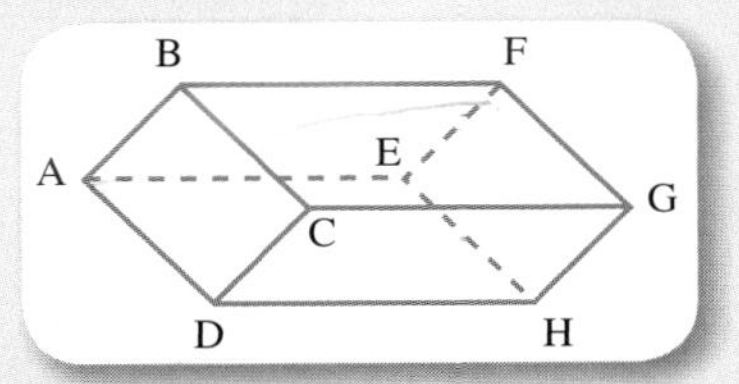

Calculer:

a) $\|\overrightarrow{AC}\|$

b) $\|\overrightarrow{AB} + \overrightarrow{AE}\|$

c) $\|\overrightarrow{DH} + \overrightarrow{FG}\|$

d) $\|\overrightarrow{AG}\|$

e) $\|\overrightarrow{DA} + \overrightarrow{DC} + \overrightarrow{DH}\|$

f) $\|\overrightarrow{GE} + \overrightarrow{GB} + \overrightarrow{GD}\|$

g) $\|\overrightarrow{AD} + \overrightarrow{GF} + \overrightarrow{DC} - \overrightarrow{FE}\|$

h) $\|\overrightarrow{CG} + \overrightarrow{EA} + \overrightarrow{BA} + \overrightarrow{HG}\|$

i) $\|4\overrightarrow{AB} - 3\overrightarrow{HE}\|$

6. Répondre par vrai (V) ou faux (F) et justifier les réponses.

a) Deux vecteurs équipollents ont la même origine.

b) Deux vecteurs opposés ont la même direction.

c) Deux vecteurs opposés ont le même sens.

d) Si $\vec{u} = k\vec{v}$, alors $\|\vec{u} + \vec{v}\| = \|\vec{u}\| + \|\vec{v}\|$.

e) Il est possible de trouver deux vecteurs $\vec{u}$ et $\vec{v}$ non nuls tels que $\|\vec{u} - \vec{v}\| = \|\vec{u}\| - \|\vec{v}\|$.

f) $\|\vec{u}\| - \|\vec{v}\| \leq \|\vec{u} + \vec{v}\| \leq \|\vec{u}\| + \|\vec{v}\|$

g) $\overrightarrow{AB} + \overrightarrow{BC} + \overrightarrow{CD} + \overrightarrow{DA} = 0$

h) $\|\vec{u} - (\vec{u} + \vec{v})\| = \|\vec{v}\|$

i) $\vec{u}$ et $k\vec{u}$ ont le même sens.

j) Si $\vec{u}$ et $\vec{v}$ sont deux vecteurs non nuls et parallèles, alors il existe $k_1 \neq 0$ et $k_2 \neq 0$ tels que $k_1\vec{u} + k_2\vec{v} = \vec{O}$.

k) Si $\|\vec{u}\| = 5\|\vec{v}\|$, alors $\vec{u} /\!/ \vec{v}$.

l) $\vec{u} = k\vec{v} \Leftrightarrow \vec{v} = \frac{1}{k}\vec{u}$ $(k \neq 0)$

m) Si $\vec{v} \neq \vec{O}$, alors $\left\|\frac{1}{\|\vec{v}\|}\vec{v}\right\|$ est un vecteur unitaire.

n) $\|k\vec{v}\| = k\|\vec{v}\|$

7. Les figures ci-dessous illustrent quatre situations où deux forces sont appliquées sur le même bloc placé sur une table. On néglige le frottement entre les surfaces. Déterminer les caractéristiques de la force résultante.

a)

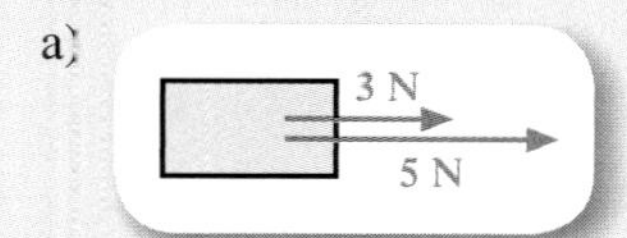

b)

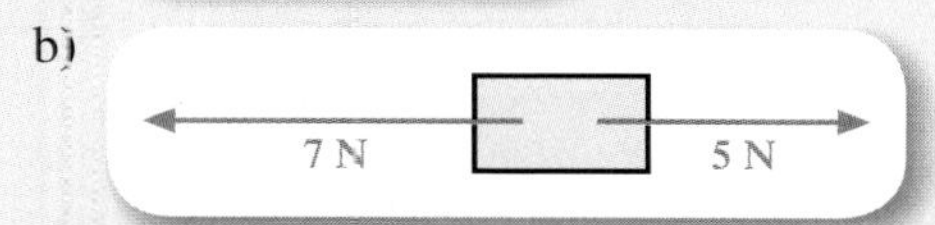

c)

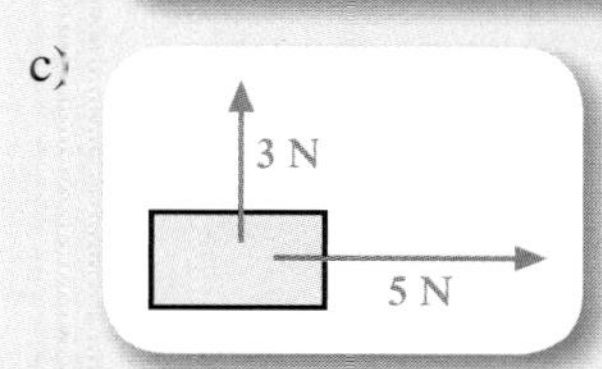

d)

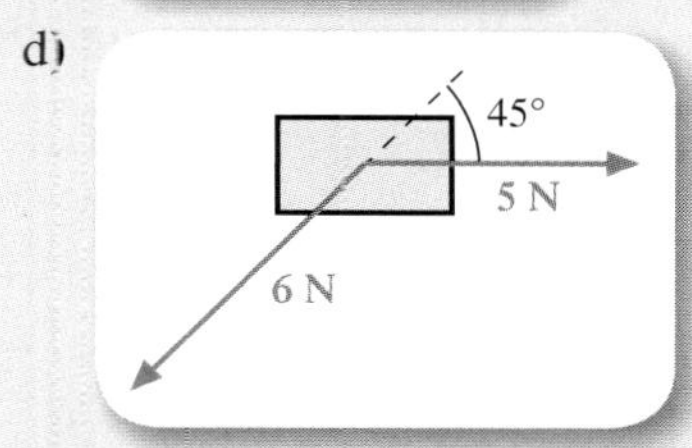

8. a) Déterminer $\|\vec{F}_x\|$ et $\|\vec{F}_y\|$ sachant que $\|\vec{F}\| = 4$.

b) Soit $\vec{u}$ et $\vec{v}$ tels que

$\|\vec{u}\| = 6$, $\theta_{(\vec{u})} = 20°$, N.-E. et

$\|\vec{v}\| = 8$, $\theta_{(\vec{v})} = 135°$, N.-O.

Déterminer la norme, la direction et le sens du vecteur $\vec{v}_{\vec{u}}$.

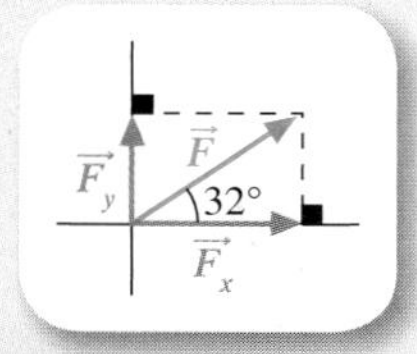

9. Un cerf-volant est soumis aux deux forces suivantes.

$\vec{F}_1$: une force de 4 newtons avec $\theta = 30°$, N.-E. ;

$\vec{F}_2$: une force de 5 newtons avec $\theta = 135°$, S.-E.

Dominique Parent

Représenter graphiquement les forces $\vec{F}_1$ et $\vec{F}_2$, et déterminer la force $\vec{F}$ qu'il faudrait appliquer à l'objet pour annuler l'effet des forces $\vec{F}_1$ et $\vec{F}_2$.

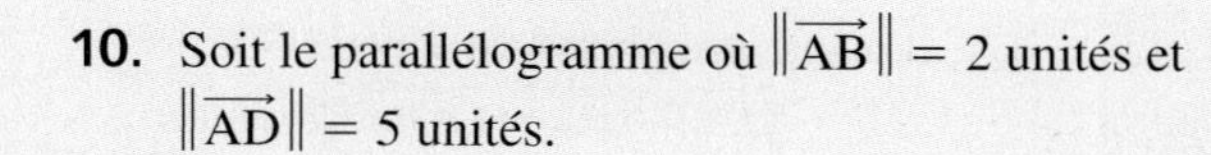

10. Soit le parallélogramme où $\|\overrightarrow{AB}\| = 2$ unités et $\|\overrightarrow{AD}\| = 5$ unités.

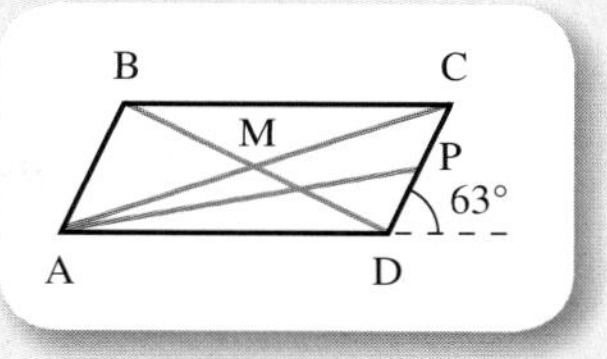

a) Déterminer $\overrightarrow{MD} + \overrightarrow{MC} + \overrightarrow{MB} + \overrightarrow{MA}$.

b) Évaluer $\|\overrightarrow{AC}\|$ et la direction de $\overrightarrow{AC}$.

c) Évaluer $\|\overrightarrow{BM}\|$ et la direction de $\overrightarrow{BM}$.

d) Évaluer $\|\overrightarrow{BM} - \overrightarrow{MC}\|$.

e) Évaluer $\|\overrightarrow{AP}\|$ et la direction de $\overrightarrow{AP}$, où P est le point milieu du segment de droite DC.

f) Exprimer $\overrightarrow{AD} + \overrightarrow{AC}$ en fonction de $\overrightarrow{AP}$.

4

11. Soit les vecteurs $\vec{u}$, $\vec{v}$ et $\vec{w}$, où

$\|\vec{u}\| = 4$, $\theta_{(\vec{u})} = 15°$, N.-E.,

$\|\vec{v}\| = 3$, $\theta_{(\vec{v})} = 45°$, S.-O. et

$\|\vec{w}\| = 6$, $\theta_{(\vec{w})} = 120°$, N.-O.

Déterminer la norme, la direction et le sens des vecteurs suivants.

a) $\vec{r} = \vec{u} + \vec{v}$ b) $\vec{r} = \vec{u} - \vec{w}$

c) $\vec{r} = \vec{w} - \vec{u} - \vec{v}$

12. Le vent souffle à 50 km/h, dans la direction 30° N.-E. Un pilote veut se diriger dans la direction 130° N.-O. à la vitesse de 400 km/h par rapport au sol. Déterminer la direction qu'il devra suivre et sa vitesse de vol.

13. Soit les vecteurs $\vec{u}$, $\vec{v}$ et $\vec{r}$ suivants.

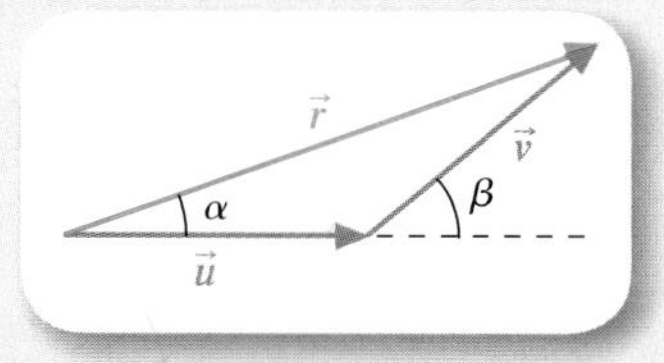

a) Si $\beta = 40°$ et si $\|\vec{u}\| = \|\vec{v}\| = 5$, déterminer α et $\|\vec{r}\|$.

b) Si $0° \leq \beta < 180°$ et si $\|\vec{u}\| = \|\vec{v}\|$,

i) exprimer α en fonction de β ;

ii) exprimer $\|\vec{r}\|$ en fonction de $\|\vec{u}\|$ et de β.

14. Soit A, B, C et D, les sommets d'un quadrilatère.

a) Démontrer que si $\overrightarrow{AB} = \overrightarrow{DC}$, alors $\overrightarrow{AD} = \overrightarrow{BC}$.

b) Quel nom donne-t-on au quadrilatère ABCD lorsque $\overrightarrow{AB} = \overrightarrow{DC}$?

15. Soit A, B, C et D, quatre points distincts, et O, un point tel que $\overrightarrow{OB} - \overrightarrow{OA} = \overrightarrow{OC} - \overrightarrow{OD}$. Démontrer que ABCD est un parallélogramme.

16. Soit O, A, B et C, quatre points tels que $\overrightarrow{OA} = 10\vec{u}$, $\overrightarrow{OB} = 5\vec{v}$ et $\overrightarrow{OC} = 4\vec{u} + 3\vec{v}$.
Démontrer que les points A, B et C sont alignés.

17. Démontrer que, en joignant les points milieux respectifs des côtés adjacents

a) d'un parallélogramme, on obtient un parallélogramme ;

b) d'un quadrilatère quelconque, on obtient un parallélogramme ;

c) d'un rectangle, on obtient un losange ;

d) d'un hexagone régulier, on obtient un hexagone régulier.

18. Soit M et N, les points milieux des deux côtés non parallèles d'un trapèze ABCD. Démontrer que le segment de droite MN est parallèle aux bases du trapèze et que sa longueur est égale à la moitié de la somme des longueurs des bases du trapèze.

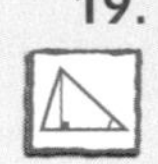

19. Démontrer que le segment de droite joignant les points milieux des diagonales d'un trapèze est parallèle aux bases et que sa longueur équivaut à la moitié de la différence des longueurs des bases du trapèze.

20. Soit le trapèze ci-dessous.

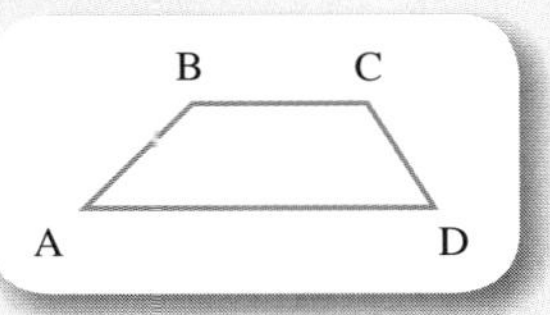

Si nous prolongeons les côtés non parallèles de ce trapèze jusqu'à leur point de rencontre E, si nous joignons les points M et N, milieux de AE et DE respectivement, et si nous joignons également les points P et Q, milieux des diagonales AC et DB, nous obtenons le quadrilatère MNQP. Démontrer que MNQP est un trapèze.

21. Soit le segment de droite AB, et C, un point sur AB tel que $\overrightarrow{AC} = \frac{1}{8}\overrightarrow{AB}$, et O, un point quelconque de l'espace. Démontrer que $\overrightarrow{OC} = \frac{7}{8}\overrightarrow{OA} + \frac{1}{8}\overrightarrow{OB}$.

Problèmes de synthèse

Les réponses des problèmes suivants, à l'exception des problèmes notés en rouge, sont données à la fin du volume.

1. Soit les vecteurs $\vec{u}$, $\vec{v}$ et $\vec{w}$ tels que

$\|\vec{u}\| = 3$ et $\theta_{(\vec{u})} = 0°$ vers l'est,

$\|\vec{v}\| = 6$ et $\theta_{(\vec{v})} = 90°$ vers le nord et

$\|\vec{w}\| = 5$ et $\theta_{(\vec{w})} = 135°$ S.-E.

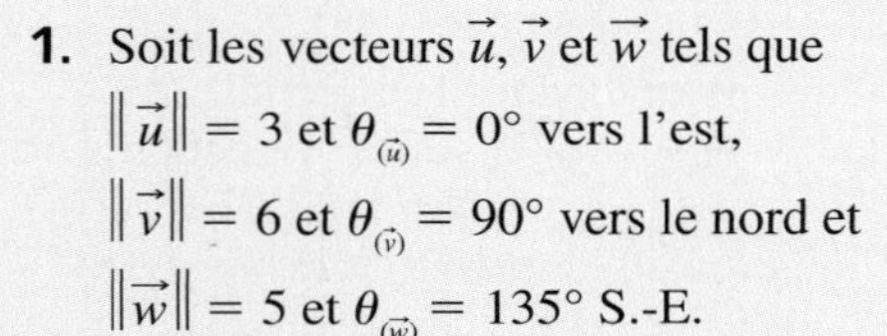

a) Déterminer la norme de $\vec{v}_{\vec{u}}$.

b) Déterminer la norme, la direction et le sens de $(\vec{u} + \vec{v})_{\vec{w}}$.

c) Déterminer la norme, la direction et le sens de $\vec{w}_{(\vec{u} + \vec{v})}$.

2. Soit un parallélogramme ABCD, où M, N, P et Q sont les points milieux des côtés.

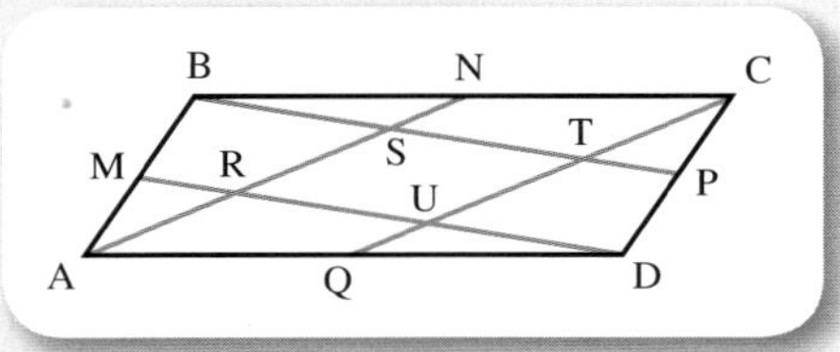

a) Démontrer que le quadrilatère RSTU est un parallélogramme.

b) Exprimer $\overrightarrow{AR}$ et $\overrightarrow{NS}$ en fonction de $\overrightarrow{RS}$.

3. Soit A et B, deux points directement opposés de chaque côté d'une rivière de 1 km de largeur. Jean-François part de A en pagayant à la vitesse de 6 km/h parallèlement à AB. La vitesse du courant perpendiculaire à AB est de 8 km/h.

Dominique Parent

a) Déterminer la vitesse à laquelle il s'éloigne de A.

b) À quelle distance de B arrivera-t-il de l'autre côté de la rivière ?

c) Déterminer le temps nécessaire pour traverser la rivière.

d) Déterminer, si c'est possible, la direction qu'il devrait prendre pour arriver directement à B.

e) Déterminer le temps qu'il lui faudrait pour traverser cette rivière s'il n'y avait pas de courant.

4. Soit P, le centre de l'hexagone régulier ci-dessous.

a) Simplifier $\overrightarrow{PA} + \overrightarrow{PB} + \overrightarrow{PC} + \overrightarrow{PD} + \overrightarrow{PE} + \overrightarrow{PF}$.

b) Si $\overrightarrow{AB} = \vec{u}$ et $\overrightarrow{BC} = \vec{v}$, exprimer $\overrightarrow{CD}$, $\overrightarrow{DE}$, $\overrightarrow{EF}$ et $\overrightarrow{FA}$ en fonction de $\vec{u}$ et de $\vec{v}$.

c) Exprimer $\overrightarrow{AB} + \overrightarrow{AC} + \overrightarrow{AF} + \overrightarrow{AE}$ en fonction

i) de $\overrightarrow{AD}$;

ii) de $\vec{u}$ et de $\vec{v}$.

d) Soit M, N, R et S, les points milieux respectifs des côtés AB, CD, DE et FA.

i) Démontrer que le quadrilatère MNRS est un rectangle.

ii) Comparer l'aire du quadrilatère MNRS à l'aire de l'hexagone.

5. Soit P, le centre de l'octogone régulier ci-dessous, où $\|\overrightarrow{AB}\| = 1$ et $\overrightarrow{PR} \perp \overrightarrow{CD}$.

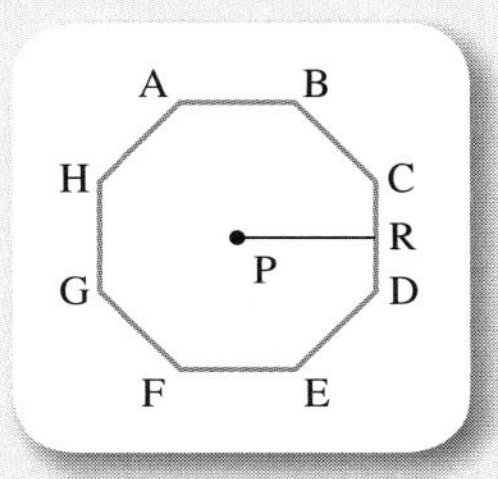

a) Déterminer $\|\overrightarrow{AB} + \overrightarrow{GF} + \overrightarrow{HG} + \overrightarrow{AH}\|$.

b) Déterminer k_1 et k_2 si

i) $\overrightarrow{PR} = k_1\overrightarrow{FE}$;   ii) $\overrightarrow{BC} = k_2\overrightarrow{AD}$.

6. Démontrer que les diagonales d'un parallélépipède se coupent en leur milieu.

7. Soit les vecteurs $\overrightarrow{AB}$ et $\overrightarrow{AC}$ tels que

$\|\overrightarrow{AB}\| = 5$ et $\theta_1 = 0°$ vers l'est et

$\|\overrightarrow{AC}\| = 8$ et $\theta_2 = 30°$ N.-E.

Déterminer l'aire du triangle ABC.

8. a) Démontrer les inégalités suivantes à l'aide de la loi des cosinus.

i) $\|\vec{u}\| - \|\vec{v}\| \leq \|\vec{u} + \vec{v}\| \leq \|\vec{u}\| + \|\vec{v}\|$

ii) $\|\vec{u}\| - \|\vec{v}\| \leq \|\vec{u} - \vec{v}\| \leq \|\vec{u}\| + \|\vec{v}\|$

b) Un marcheur en forêt se rend du point A au point E en suivant les sentiers AB, BC, CD et DE.

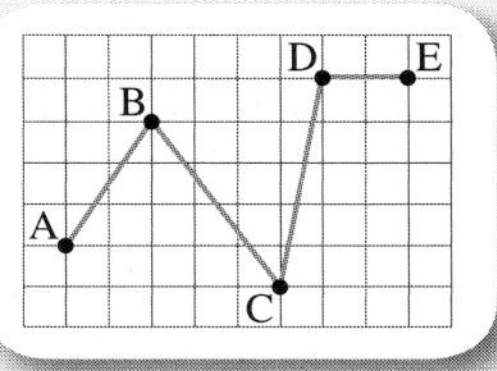

Dominique Parent

En utilisant la notion de norme d'un vecteur,

i) déterminer la distance parcourue;

ii) déterminer la distance entre le point de départ et le point d'arrivée;

iii) comparer les deux réponses.

9. Soit les vecteurs $\vec{u}$ et $\vec{v}$ tels que

$\|\vec{u}\| = 6$ et $\theta_{(\vec{u})} = 10°$ N.-E. et

$\|\vec{v}\| = 9$ et $\theta_{(\vec{v})} = 70°$ N.-E.

Calculer l'aire du parallélogramme ci-dessous.

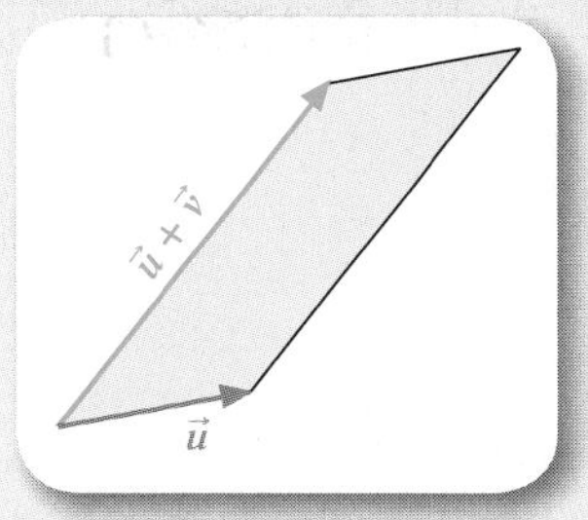

10. a) Soit les vecteurs $\vec{u}_1$, $\vec{u}_2$, $\vec{u}_3$ et $\vec{u}_4$, et $\vec{r}$, le **vecteur de Fresnel**, qui tient son nom du physicien français Augustin Fresnel (1788-1827), défini par $\vec{r} = \sum_{i=1}^{4} \vec{u}_i$, représentés sur la figure suivante.

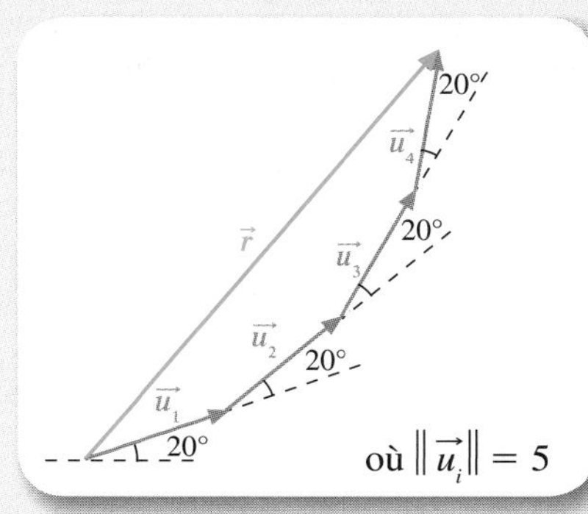

Déterminer $\|\vec{r}\|$ et la direction de $\vec{r}$.

4

b) Soit les vecteurs $\vec{u_i}, \vec{u_2}, \dots \vec{u_n}$ et le vecteur $\vec{r}$ défini par $\vec{r} = \sum_{i=1}^{n} \vec{u_i}$ représentés sur la figure suivante.

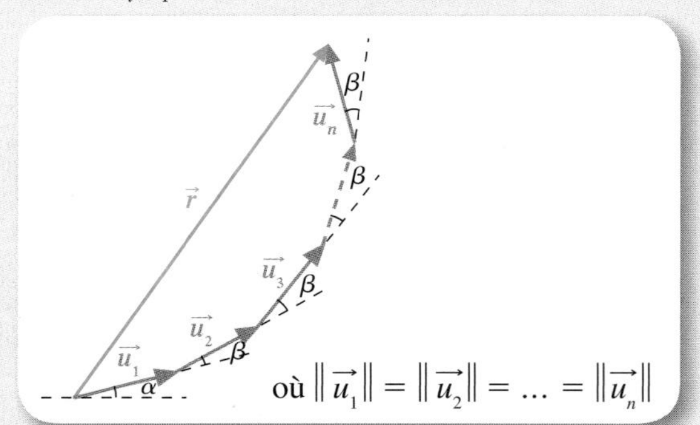

Exprimer la direction θ de $\vec{r}$ en fonction de

i) α et β ; ii) α si $\beta = \alpha$.

11. Soit A, B, C, trois points non alignés, D, un point tel que $\overrightarrow{CD} = \overrightarrow{AB}$, E, le milieu du segment de droite AB, F, le milieu du segment de droite AD, et G, le milieu du segment de droite BD.

a) Démontrer que le quadrilatère EBGF est un parallélogramme.

b) Déterminer le point X tel que $\overrightarrow{BX} = \overrightarrow{BE} + \overrightarrow{BG}$.

c) Exprimer $\overrightarrow{EG}$ en fonction de $\overrightarrow{AD}$.

d) Soit J, le point d'intersection des droites supportant $\overrightarrow{EG}$ et $\overrightarrow{CD}$, et K, le point d'intersection des droites supportant $\overrightarrow{EG}$ et $\overrightarrow{CA}$. Exprimer les vecteurs $\overrightarrow{CD}$, $\overrightarrow{DJ}$ et $\overrightarrow{CJ}$, en fonction de $\overrightarrow{FG}$.

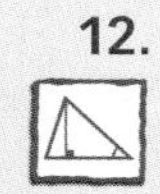

12. a) Démontrer que les médianes d'un triangle quelconque se coupent en un point, appelé **barycentre**, situé aux deux tiers de chacune d'elles à partir du sommet. Ce point est le **centre de gravité** du triangle.

b) Démontrer que la somme des vecteurs issus des sommets et associés aux médianes d'un triangle quelconque est égale à $\vec{O}$.

c) Démontrer que les médianes délimitent à l'intérieur d'un triangle six régions de même aire.

d) Le trapèze ci-dessous a été obtenu en tronquant la partie supérieure d'un triangle isocèle ABF.

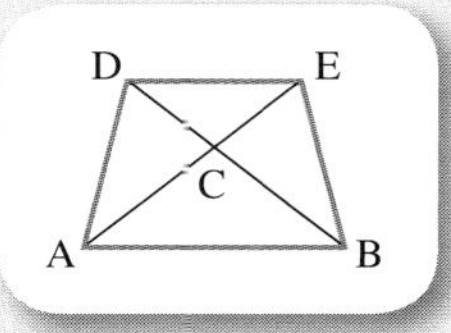

Si l'aire du triangle ABF est de 60 cm² et si l'aire du trapèze ADEB est de 45 cm², calculer l'aire

i) du triangle ACB ;

ii) du triangle DEC ;

iii) du triangle ADC.

13. Soit ABCD, un trapèze tel que $\|\overrightarrow{BC}\| = 4$, $\|\overrightarrow{AB}\| = 5$, $\|\overrightarrow{AD}\| = 10$ et $\|\overrightarrow{CD}\| = 3$.

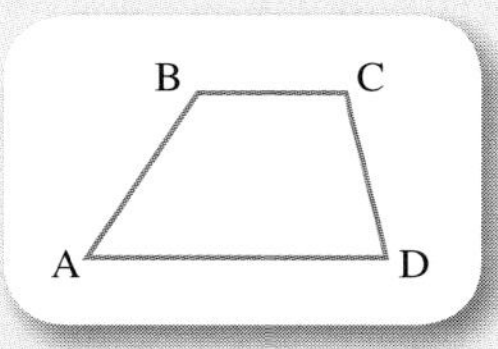

Le point E est tel que $\overrightarrow{AE} = 2\overrightarrow{AC}$, et le point F, situé sur la droite passant par A et D, est tel que $\overrightarrow{FE} \perp \overrightarrow{AD}$.

a) Déterminer k si $k\overrightarrow{AD} = \overrightarrow{AF}$.

b) Calculer l'aire du quadrilatère CEFD.

14. Soit P, Q et R, trois points distincts tels que $\overrightarrow{PQ} = k\overrightarrow{QR}$, où $k \in \mathbb{R} \setminus \{0\}$, et O, un point tel que $\overrightarrow{OP} = \vec{u}$, $\overrightarrow{OQ} = \vec{w}$ et $\overrightarrow{OR} = \vec{v}$. Démontrer que $\vec{w} = \frac{1}{(k+1)}(\vec{u} + k\vec{v})$.

15. Soit le parallélogramme ci-dessous.

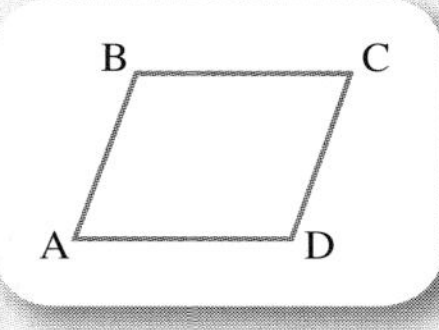

a) Soit M, le point milieu de AD, et P, l'intersection de AC et de BM. Déterminer k tel que $\overrightarrow{AP} = k\overrightarrow{AC}$.

b) Soit R et S, des points sur la diagonale AC tels que $\overrightarrow{AR} = \overrightarrow{SC}$. Démontrer que DRBS est un parallélogramme.

Chapitre 5

Vecteurs algébriques et espaces vectoriels

Dominique Parent

Dans le chapitre précédent, nous avons fait l'étude de vecteurs géométriques. Nous avons vu comment additionner des vecteurs géométriques et comment multiplier un vecteur géométrique par un scalaire. Nous avons également traité des propriétés de ces opérations. Dans le présent chapitre, nous étudierons les vecteurs à l'intérieur de systèmes d'axes, nous définirons des opérations et nous verrons les propriétés de ces opérations. Nous étudierons les vecteurs algébriques dans $\mathbb{R}^2$ et dans $\mathbb{R}^3$ avant de les généraliser dans $\mathbb{R}^n$. Nous terminerons ce chapitre en faisant une étude des espaces vectoriels.

En particulier, l'élève pourra résoudre le problème suivant.

Sachant que k objets, de masse respective $m_1, m_2, \ldots, m_k$, situés aux points $P_1(x_1, y_1), P_2(x_2, y_2), \ldots, P_k(x_k, y_k)$, ont leur centre de gravité au point C tel que

$$\overrightarrow{OC} = \frac{1}{\sum_{i=1}^{k} m_i} \sum_{i=1}^{k} m_i \vec{r}_i, \text{ où } \vec{r}_i = \overrightarrow{OP_i}$$

déterminer les masses m_1, m_2 et m_3 situées respectivement aux points $P_1(-1, 1)$, $P_2(-1, -1)$ et $P_3(2, 1)$ lorsque $m_1 + m_2 + m_3 = 30$ grammes et que

a) $C(0, 0)$; b) $C\left(\frac{1}{5}, \frac{1}{3}\right)$; c) $C\left(1, \frac{1}{3}\right)$; d) $C(2, 0)$.

(Problèmes de synthèse, n° 9, page 229)

Perspective historique

Passer par les nombres complexes pour représenter les mouvements

Ce n'est qu'au XVIIIe siècle que la physique passe de l'étude de grandeurs qui se mesurent simplement par un nombre, comme le poids, l'intensité ou la distance, à l'étude de grandeurs caractérisées à la fois par un nombre et par une direction, comme la vitesse, la force ou l'accélération, grandeurs qualifiées maintenant de vectorielles. La première étude géométrique abstraite de telles grandeurs est entreprise uniquement deux siècles plus tard, par l'Allemand Hermann Grassmann (1809-1877). Parallèlement aux travaux de Grassmann, d'autres mathématiciens essaient de faire un peu la même chose, mais par le moyen du symbolisme algébrique. Étrangement, ils n'y parviendront qu'après un détour du côté de la représentation géométrique des nombres complexes.

La notion de quaternion voit le jour pendant la révolution industrielle.

Afin de comprendre pourquoi la découverte des vecteurs algébriques fut si difficile, parlons un peu des nombres complexes. Si on applique aveuglément la règle de résolution des équations du second degré à l'équation $x^2 - 4x + 5 = 0$, on obtient les racines $x_1 = 2 + \sqrt{-1}$ et $x_2 = 2 - \sqrt{-1}$.

A priori, ces valeurs n'ont aucun sens, mais les mathématiciens du XVIIIe siècle se rendent compte que ces nombres sont utiles dans de nombreux calculs symboliques. C'est alors qu'ils notent i le $\sqrt{-1}$ et qu'ils appellent «nombres complexes» les nombres de la forme $a + bi$ où a et b sont des nombres réels (les nombres complexes sont étudiés au chapitre 11). Toutefois, ils trouvent inconfortable de manipuler des symboles dont la signification demeure obscure. Heureusement, au début du XVIIIe siècle, on réussit à représenter ces nombres géométriquement. Dans le plan cartésien, on représente le nombre complexe $a + bi$ par le segment de droite reliant l'origine (0, 0) au point (a, b). Le vecteur se profile à l'horizon, mais on ne le distingue pas encore nettement…

Le nombre complexe permet maintenant de représenter symboliquement une grandeur orientée comme la vitesse ou le déplacement, mais uniquement dans le plan. Que faire pour les grandeurs à trois dimensions? On tente alors d'étendre l'application des nombres complexes aux grandeurs à trois dimensions. Pour les mathématiciens de l'époque, cela signifie qu'il faut trouver des «nombres hypercomplexes» ayant des propriétés semblables à celles des nombres réels et complexes, des proprietés comme l'associativité et la commutativité des opérations.

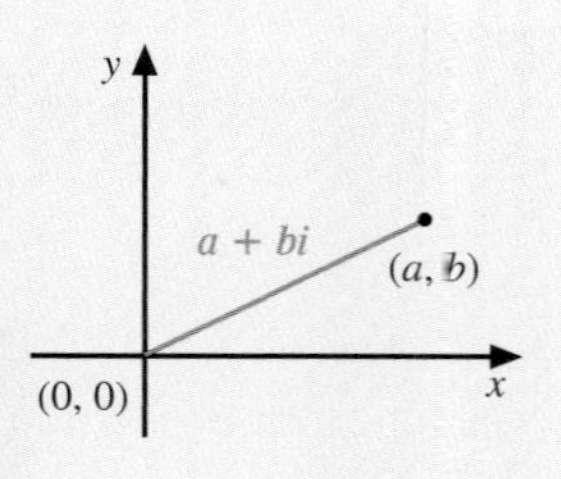

La tâche s'avère beaucoup plus ardue que prévu. Le passage à trois dimensions présente une difficulté qui apparaît insurmontable, à cause de l'exigence que l'on se donne que les opérations soient commutatives. Aussi, en 1843, sir William Rowan Hamilton (1805-1865) se résout finalement à proposer un système non pas à trois mais bien à quatre dimensions, ce qui explique pourquoi il donne le nom de «quaternion» à ces nouveaux nombres. Les quaternions ont la forme $a + bi + cj + dk$ où a, b, c et d sont des nombres réels; i, j, k sont tels que, notamment, $i^2 = j^2 = k^2 = -1$. Dans la représentation géométrique, i, j et k pointent chacun dans l'espace; i pointe dans la direction de l'axe des x, j, dans la direction de l'axe des y, et k, dans la direction de l'axe des z. Hamilton invente les termes «scalaire» et «vecteur», qu'il utilise dans un article paru en 1847. Il écrit que a est un scalaire parce que a peut prendre «toutes les valeurs contenues dans une échelle» (*scale* en anglais) correspondant aux nombres réels. Il ajoute que la partie $bi + cj + dk$ d'un quaternion est «construite géométriquement par une ligne droite ou un rayon vecteur […] ayant une longueur déterminée et une direction dans l'espace». Il nomme cette partie le «vecteur du quaternion». L'expression «rayon vecteur» était utilisée depuis longtemps en référence à l'adjectif latin *vectorius* signifiant «qui sert à transporter». Peu à peu, on se rend compte que, pour plusieurs questions de physique, on n'a besoin que de cette partie géométrique des quaternions. Le simple terme «vecteur» passe alors dans l'usage, même si le souvenir de son origine s'estompe progressivement.

Une quarantaine d'années plus tard, le mathématicien italien Giuseppe Peano (1858-1932) reprend les idées de Grassmann, mais aussi celles de Hamilton et d'autres, et les présente dans son *Calcolo geometrico* (1888). Il y donne explicitement et clairement les propriétés de ce qu'il appelle un système linéaire (notre espace vectoriel) mais avec une grande généralité qui, de fait, dépasse la géométrie. Le début de sa définition le montre: «Il existe des systèmes d'êtres pour lesquels sont données les définitions suivantes […]» (En fait, ce sont les propriétés de la définition 5.25.) Ces «êtres» peuvent donc représenter autre chose que des vecteurs géométriques. Ce livre est célèbre pour une autre raison. Peano y utilise pour la première fois les symboles ensemblistes ∩, ∪ et ∈ maintenant si familiers.

À partir des années 1920, la notion d'espace vectoriel prendra une grande importance en mathématiques.

Exercices préliminaires

1. a) Soit les points $P(x_1, y_1)$ et $Q(x_2, y_2)$. Déterminer la distance $d(P, Q)$ entre P et Q.

b) Soit les points A(-2, -2), B(2, 1) et C(5, -3). Déterminer la distance entre les points

i) A et B ;

ii) A et C ;

iii) B et C.

c) Déterminer la nature du triangle ABC.

2. En choisissant parmi les caractéristiques suivantes :

1) les diagonales se coupent en leur milieu,

2) les diagonales sont orthogonales,

3) les diagonales sont de longueur égale,

donner les caractéristiques des diagonales

a) d'un parallélogramme quelconque ;

b) d'un losange quelconque ;

c) d'un carré ;

d) d'un rectangle quelconque.

3. Donner la formule du volume V d'une sphère de rayon r.

4. Compléter la phrase : Deux vecteurs géométriques non nuls $\vec{u}$ et $\vec{v}$ sont

a) équipollents si ____

b) opposés si ____

c) parallèles si ____

5

5.1 Vecteurs algébriques dans $\mathbb{R}^2$ et dans $\mathbb{R}^3$

Objectifs d'apprentissage

À la fin de cette section, l'élève pourra, dans $\mathbb{R}^2$ et dans $\mathbb{R}^3$, additionner des vecteurs algébriques et multiplier un vecteur algébrique par un scalaire.

Plus précisément, l'élève sera en mesure

- de représenter un point et un vecteur de $\mathbb{R}^3$ dans un système tridimensionnel d'axes à angle droit ;
- de donner la définition d'un vecteur algébrique dans $\mathbb{R}^2$ et dans $\mathbb{R}^3$;
- de déterminer les composantes de vecteurs algébriques dans $\mathbb{R}^2$ et dans $\mathbb{R}^3$;
- d'additionner des vecteurs algébriques dans $\mathbb{R}^2$ et dans $\mathbb{R}^3$;
- de multiplier un vecteur algébrique par un scalaire dans $\mathbb{R}^2$ et dans $\mathbb{R}^3$;
- de soustraire des vecteurs algébriques dans $\mathbb{R}^2$ et dans $\mathbb{R}^3$;
- de calculer la norme d'un vecteur algébrique dans $\mathbb{R}^2$ et dans $\mathbb{R}^3$;
- de définir des vecteurs tels que : vecteur nul, vecteur $\vec{i}$, vecteur $\vec{j}$, vecteur $\vec{k}$, vecteur unitaire, vecteur équipollent, vecteur opposé.

Soit A(-2, 3) et B(4, -1), deux points de $\mathbb{R}^2$.

$$\overrightarrow{AB} = (4 - (-2), -1 - 3) = (6, -4)$$

$$\|\overrightarrow{AB}\| = \sqrt{6^2 + (-4)^2} = 2\sqrt{13}$$

Soit C(4, -3, -2) et D(0, -3, -1), deux points de $\mathbb{R}^3$.

$$\overrightarrow{CD} = (0 - 4, -3 - (-3), -1 - (-2))$$
$$= (-4, 0, 1)$$

$$\|\overrightarrow{CD}\| = \sqrt{(-4)^2 + 0^2 + 1^2} = \sqrt{17}$$

Avant d'aborder l'étude des vecteurs dans $\mathbb{R}^3$, il est utile de se familiariser avec la représentation graphique dans l'espace.

Représentation graphique d'un point dans $\mathbb{R}^3$

Différentes méthodes peuvent être utilisées pour représenter un point dans un système tridimensionnel d'axes gradués à angle droit, appelé espace cartésien, représenté de l'une des façons suivantes.

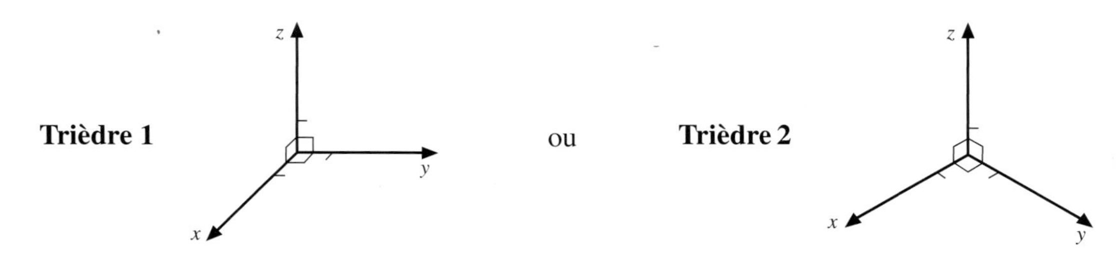

Méthode 1 Pour représenter le point P(3, 7, 5), nous construisons un parallélépipède droit.

Méthode 2 Pour représenter le point P(3, 8, 5), nous construisons un quadrillage dans le plan XOY et un rectangle perpendiculaire à ce plan.

Méthode 3 Nous utilisons des chemins parallèles à l'axe des x, à l'axe des y et à l'axe des z pour représenter le point P(-4, 3, -5).

Exemple 1 Représentons les points P(4, 9, -4), Q(3, -5, 4) et R(-7, -9, 3) en utilisant une des méthodes précédentes pour chacun.

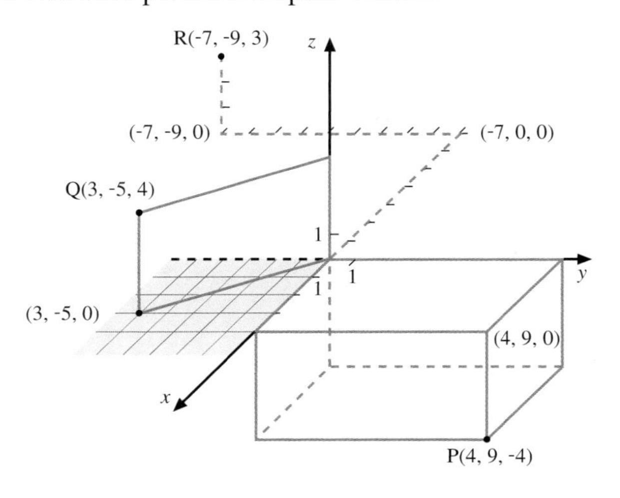

Remarque Soit P(a, b, c), un point de l'espace. Les coordonnées a, b et c de ce point sont respectivement appelées abscisse, ordonnée et cote du point P.

Composantes des vecteurs algébriques de $\mathbb{R}^2$ et de $\mathbb{R}^3$

Dans ce chapitre :

– tous les points et les vecteurs de $\mathbb{R}^2$ sont donnés dans le plan cartésien dont le repère est $\{O ; \{\vec{i}, \vec{j}\}\}$;

– tous les points et les vecteurs de $\mathbb{R}^3$ sont donnés dans l'espace cartésien dont le repère est $\{O ; \{\vec{i}, \vec{j}, \vec{k}\}\}$.

DÉFINITION 5.1

1) Un **vecteur algébrique** $\vec{u}$, de $\mathbb{R}^2$, est défini par $\vec{u} = (a, b)$, où a et $b \in \mathbb{R}$.

2) Un **vecteur algébrique** $\vec{v}$, de $\mathbb{R}^3$, est défini par $\vec{v} = (a, b, c)$, où a, b et $c \in \mathbb{R}$.

Soit le point P(a, b), dont les coordonnées sont a et b.

La représentation du vecteur algébrique $\vec{u}$ dans le plan cartésien est le vecteur géométrique $\overrightarrow{OP}$ représenté ci-dessous.

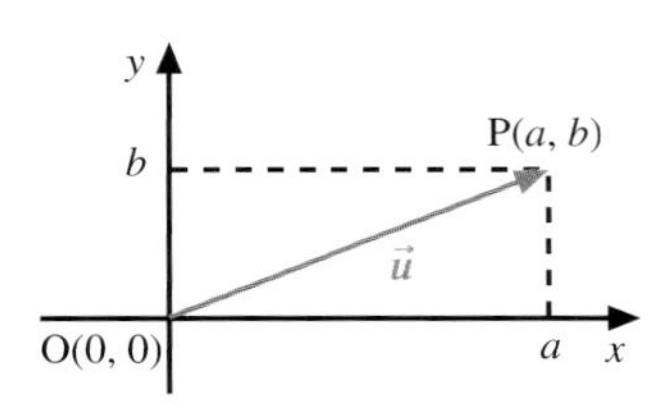

Nous pouvons écrire $\vec{u} = \overrightarrow{OP}$.

Nous appelons a, la *première composante* du vecteur, et b, la *seconde composante* du vecteur, et nous écrivons $\vec{u} = (a, b)$.

Soit le point P(a, b, c), dont les coordonnées sont a, b et c.

La représentation du vecteur algébrique $\vec{v}$ dans l'espace cartésien est le vecteur géométrique $\overrightarrow{OQ}$ représenté ci-dessous.

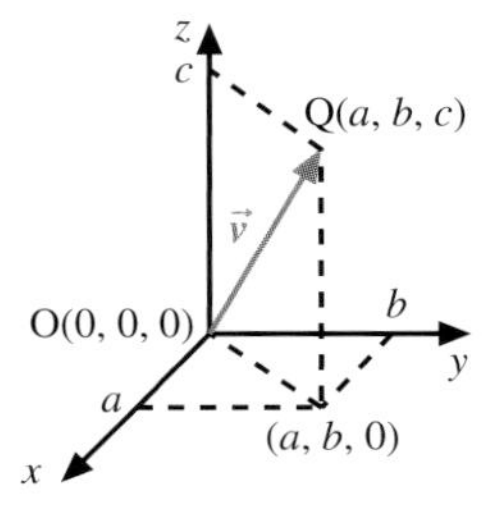

Nous pouvons écrire $\vec{v} = \overrightarrow{OP}$.

Nous appelons a, la *première composante* du vecteur, b, la *deuxième composante* du vecteur, et c, la *troisième composante* du vecteur, et nous écrivons $\vec{v} = (a, b, c)$.

Exemple 1 Représentons

a) dans le plan cartésien les vecteurs $\vec{u} = (4, 8)$, $\vec{v} = (-4, 3)$ et $\vec{w} = (2, -4)$.

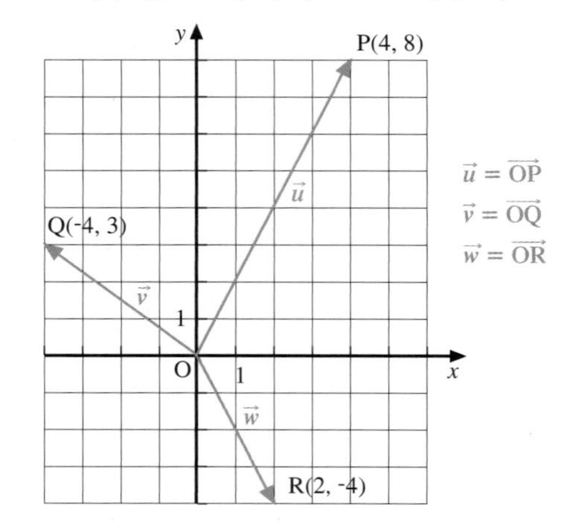

b) dans l'espace cartésien les vecteurs $\vec{u} = (4, 8, -5)$ et $\vec{v} = (-7, -8, -4)$.

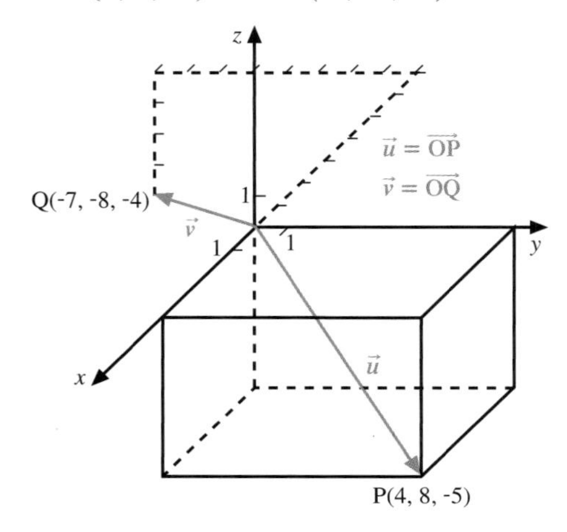

DÉFINITION 5.2

1) Soit $\vec{u} = (u_1, u_2)$ et $\vec{v} = (v_1, v_2)$, deux vecteurs de $\mathbb{R}^2$.

Les **vecteurs** $\vec{u}$ et $\vec{v}$ sont **équipollents** ou **égaux** si et seulement si leurs composantes respectives sont égales, c'est-à-dire que

$$\vec{u} = \vec{v} \Leftrightarrow u_1 = v_1 \text{ et } u_2 = v_2$$

2) Soit $\vec{u} = (u_1, u_2, u_3)$ et $\vec{v} = (v_1, v_2, v_3)$, deux vecteurs de $\mathbb{R}^3$.

Les **vecteurs** $\vec{u}$ et $\vec{v}$ sont **équipollents** ou **égaux** si et seulement si leurs composantes respectives sont égales, c'est-à-dire que

$$\vec{u} = \vec{v} \Leftrightarrow u_1 = v_1,\ u_2 = v_2 \text{ et } u_3 = v_3$$

Déterminons maintenant les composantes d'un vecteur $\overrightarrow{AB}$ quelconque.

Exemple 2

a) Soit les points A(2, 3) et B(7, 5).

Représentons le vecteur $\overrightarrow{AB}$ dans le plan cartésien et déterminons les composantes de $\overrightarrow{AB}$.

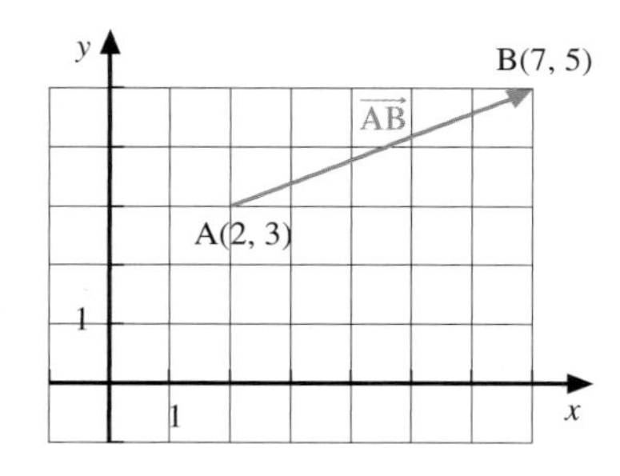

Pour déterminer les composantes de $\overrightarrow{AB}$, il faut trouver un vecteur $\overrightarrow{OC}$ équipollent à $\overrightarrow{AB}$, où O est le point O(0, 0).

Pour déterminer le vecteur $\overrightarrow{OC}$, il suffit d'effectuer la *translation* du point A(2, 3) au point O(0, 0) en soustrayant 2 de l'abscisse de A et 3 de l'ordonnée de A.

En soustrayant ces mêmes valeurs des coordonnées de B, nous trouvons le point C dont les coordonnées sont obtenues par $(7 - 2, 5 - 3)$, c'est-à-dire C(5, 2).

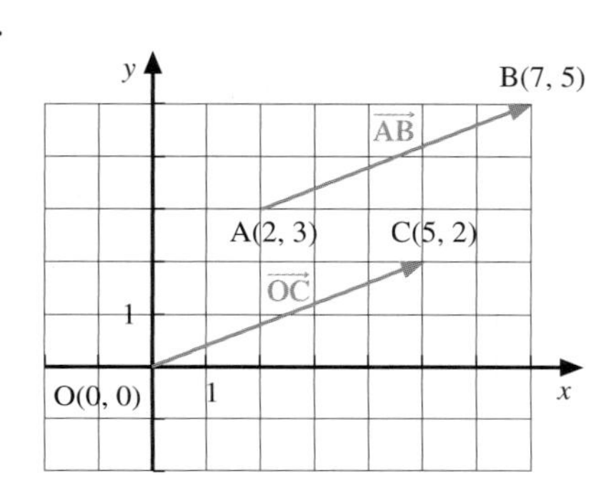

Nous obtenons ainsi le vecteur $\overrightarrow{OC}$ tel que $\overrightarrow{OC} = (5, 2)$. Ce vecteur est équipollent à $\overrightarrow{AB}$.

D'où $\overrightarrow{AB} = (5, 2)$.

b) Soit les points A(4, 5, 2) et B(7, 12, 6).

Représentons le vecteur $\overrightarrow{AB}$ dans l'espace cartésien et déterminons les composantes de $\overrightarrow{AB}$.

Par un procédé analogue à celui qui est utilisé en a) pour déterminer les composantes d'un vecteur de $\mathbb{R}^2$, nous obtenons

$$\overrightarrow{OC} = (7 - 4, 12 - 5, 6 - 2) = (3, 7, 4)$$

Ce vecteur est équipollent à $\overrightarrow{AB}$.

D'où $\overrightarrow{AB} = (3, 7, 4)$.

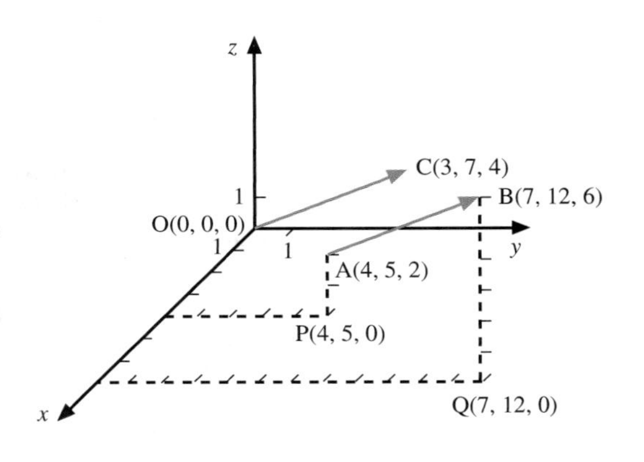

De façon générale, pour les points $A(x_a, y_a)$ et $B(x_b, y_b)$ de $\mathbb{R}^2$, nous avons le vecteur $\overrightarrow{AB}$ représenté ci-contre.

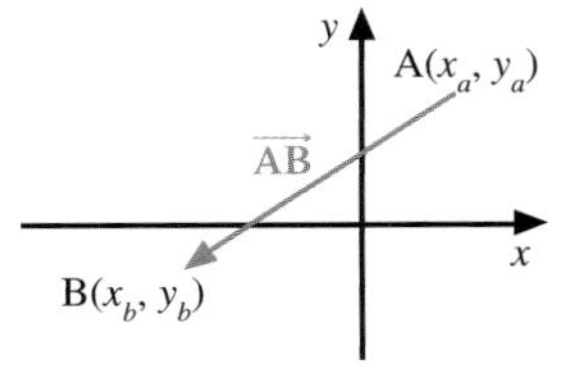

Pour obtenir un vecteur $\overrightarrow{OC}$ équipollent à $\overrightarrow{AB}$, il suffit de soustraire x_a de l'abscisse de A et de l'abscisse de B, et y_a de l'ordonnée de A et de l'ordonnée de B. Nous obtenons alors le vecteur $\overrightarrow{OC}$ tel que $\overrightarrow{AB} = \overrightarrow{OC}$, où les coordonnées de C sont $(x_b - x_a, y_b - y_a)$.

Ainsi, $\overrightarrow{OC} = (x_b - x_a, y_b - y_a)$ et

$\overrightarrow{AB} = (x_b - x_a, y_b - y_a)$ (car $\overrightarrow{AB} = \overrightarrow{OC}$)

D'où les composantes du vecteur $\overrightarrow{AB}$ sont $x_b - x_a$ et $y_b - y_a$.

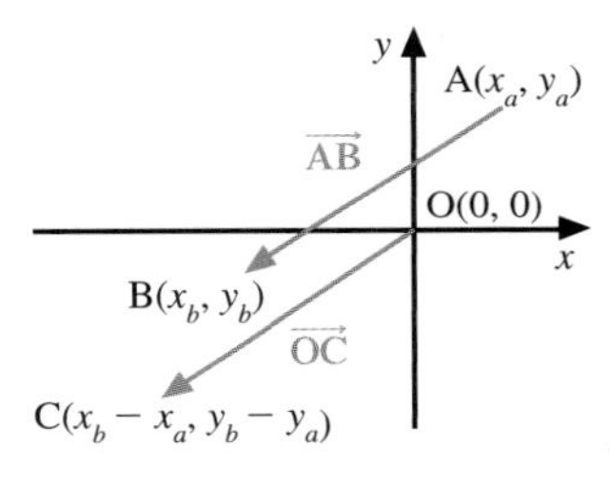

Par un procédé analogue, nous pouvons déterminer les composantes d'un vecteur de $\mathbb{R}^3$.

Pour les points $A(x_a, y_a, z_a)$ et $B(x_b, y_b, z_b)$ de $\mathbb{R}^3$, nous avons $\overrightarrow{AB} = (x_b - x_a, y_b - y_a, z_b - z_a)$.

D'où les composantes du vecteur $\overrightarrow{AB}$ sont $x_b - x_a$, $y_b - y_a$ et $z_b - z_a$.

Exemple 3 Soit les points A(1, -3), B(-3, 1), C(5, -2) et D(1, 2).

Composantes d'un vecteur

a) Déterminons les composantes des vecteurs $\overrightarrow{AB}$ et $\overrightarrow{CD}$.

$$\overrightarrow{AB} = (-3 - 1, 1 - (-3)) = (-4, 4) \text{ et}$$

$$\overrightarrow{CD} = (1 - 5, 2 - (-2)) = (-4, 4)$$

Puisque $\overrightarrow{AB}$ et $\overrightarrow{CD}$ ont les mêmes composantes, ces vecteurs sont équipollents, d'où $\overrightarrow{AB} = \overrightarrow{CD}$.

b) Représentons, dans le plan cartésien, les vecteurs $\overrightarrow{AB}$, $\overrightarrow{CD}$ et $\overrightarrow{OE}$, où $\overrightarrow{OE} = (-4, 4)$.

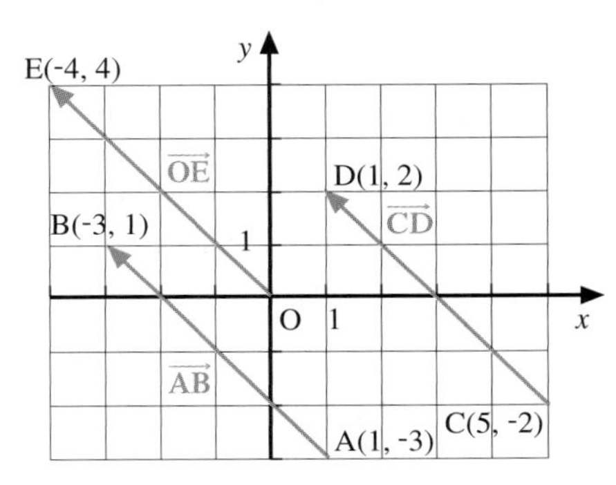

Exemple 4

a) Soit les points A(0, -4), B(-2, 7) et C(4, -1).

Déterminons les composantes des vecteurs $\overrightarrow{AB}$, $\overrightarrow{AC}$, $\overrightarrow{BC}$ et $\overrightarrow{CB}$.

$\overrightarrow{AB} = (-2 - 0, 7 - (-4)) = (-2, 11)$

$\overrightarrow{AC} = (4 - 0, -1 - (-4)) = (4, 3)$

$\overrightarrow{BC} = (4 - (-2), -1 - 7) = (6, -8)$

$\overrightarrow{CB} = (-2 - 4, 7 - (-1)) = (-6, 8)$

b) Soit les points A(3, 0, -7), B(-2, 3, 4) et C(5, -6, 1).

Déterminons les composantes des vecteurs $\overrightarrow{AB}$, $\overrightarrow{AC}$, $\overrightarrow{BC}$ et $\overrightarrow{CA}$.

$\overrightarrow{AB} = (-2 - 3, 3 - 0, 4 - (-7)) = (-5, 3, 11)$

$\overrightarrow{AC} = (5 - 3, -6 - 0, 1 - (-7)) = (2, -6, 8)$

$\overrightarrow{BC} = (5 - (-2), -6 - 3, 1 - 4) = (7, -9, -3)$

$\overrightarrow{CA} = (3 - 5, 0 - (-6), -7 - 1) = (-2, 6, -8)$

Pour des points A, B et C donnés, nous pouvons déterminer les coordonnées du point P, telles que $\overrightarrow{AB} = \overrightarrow{CP}$, et celles du point Q, telles que $\overrightarrow{AB} = \overrightarrow{QC}$.

Exemple 5 Soit les points A(-1, 2), B(3, 5), C(-3, -4) et D(6, 1).

a) Déterminons les coordonnées du point $P(x_p, y_p)$, telles que $\overrightarrow{AB} = \overrightarrow{CP}$.

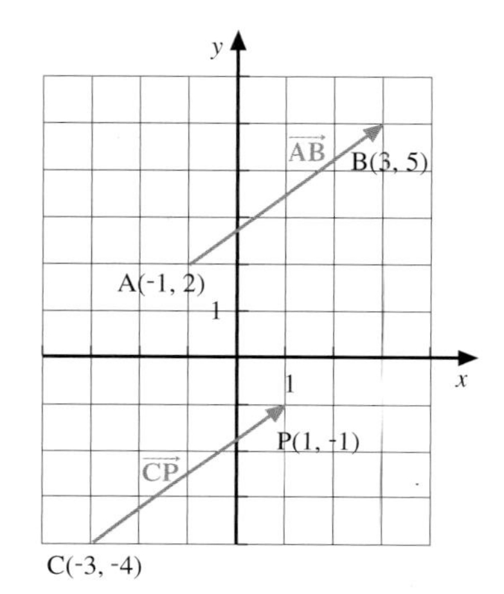

Calculons d'abord les composantes du vecteur $\overrightarrow{AB}$.

$$\overrightarrow{AB} = (3 - (-1), 5 - 2) = (4, 3)$$

Les composantes du vecteur $\overrightarrow{CP}$ sont

$$\overrightarrow{CP} = (x_p - (-3), y_p - (-4)) = (x_p + 3, y_p + 4)$$

Puisque $\overrightarrow{CP} = \overrightarrow{AB}$, nous avons

$$(x_p + 3, y_p + 4) = (4, 3)$$

Ainsi, $x_p + 3 = 4$ et $y_p + 4 = 3$ (définition 5.2)

$x_p = 1$ $\quad$ $y_p = -1$

d'où P(1, -1)

b) Déterminons les coordonnées du point $Q(x_q, y_q)$, telles que $\overrightarrow{AB} = \overrightarrow{QD}$.

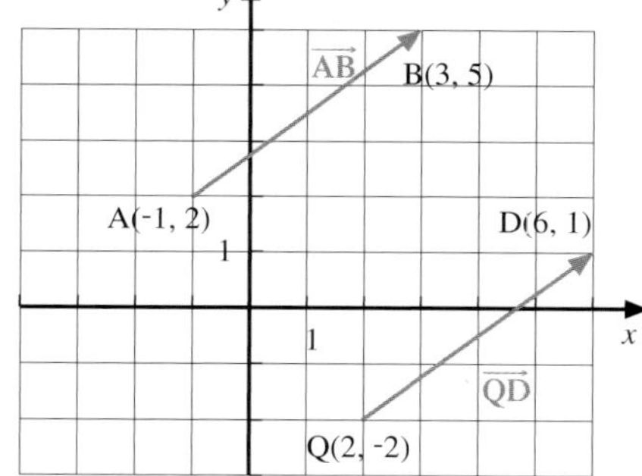

Les composantes du vecteur $\overrightarrow{QD}$ sont

$$\overrightarrow{QD} = (6 - x_q, 1 - y_q)$$

Puisque $\overrightarrow{QD} = \overrightarrow{AB}$, nous avons

$$(6 - x_q, 1 - y_q) = (4, 3)$$

Ainsi, $6 - x_q = 4$ et $1 - y_q = 3$ (définition 5.2)

$x_q = 2$ $\quad$ $y_q = -2$

d'où Q(2, -2)

Exemple 6 Soit le point A(-5, 1, 6) et le vecteur $\vec{v} = (4, -3, 2)$.

a) Déterminons $P(x, y, z)$, tel que $\overrightarrow{AP} = \vec{v}$.

Par définition, $\overrightarrow{AP} = (x + 5, y - 1, z - 6)$.

Puisque $\overrightarrow{AP} = \vec{v}$, nous avons $(x + 5, y - 1, z - 6) = (4, -3, 2)$.

Ainsi, $x + 5 = 4$, $y - 1 = -3$ et $z - 6 = 2$ (définition 5.2)

donc, $x = -1$ $y = -2$ et $z = 8$

d'où P(-1, -2, 8)

b) Déterminons $Q(x, y, z)$, tel que $\overrightarrow{QA} = \vec{v}$.

Par définition, $\overrightarrow{QA} = (-5 - x, 1 - y, 6 - z)$.

Puisque $\overrightarrow{QA} = \vec{v}$, nous avons $(-5 - x, 1 - y, 6 - z) = (4, -3, 2)$.

Ainsi, $-5 - x = 4$, $1 - y = -3$ et $6 - z = 2$ (définition 5.2)

donc, $x = -9$, $y = 4$ et $z = 4$

d'où Q(-9, 4, 4)

Vecteurs algébriques particuliers dans $\mathbb{R}^2$ et dans $\mathbb{R}^3$

DÉFINITION 5.3

1) Le **vecteur nul**, noté $\vec{O}$, est défini dans $\mathbb{R}^2$ par $\vec{O} = (0, 0)$.

2) Le **vecteur nul**, noté $\vec{O}$, est défini dans $\mathbb{R}^3$ par $\vec{O} = (0, 0, 0)$.

DÉFINITION 5.4

1) Les **vecteurs canoniques** $\vec{i}$ et $\vec{j}$ sont définis dans $\mathbb{R}^2$ par

$$\vec{i} = (1, 0) \text{ et } \vec{j} = (0, 1)$$

2) Les **vecteurs canoniques** $\vec{i}$, $\vec{j}$ et $\vec{k}$ sont définis dans $\mathbb{R}^3$ par

$$\vec{i} = (1, 0, 0), \vec{j} = (0, 1, 0) \text{ et } \vec{k} = (0, 0, 1)$$

Représentation graphique de $\vec{i} = (1, 0)$ et $\vec{j} = (0, 1)$ dans le plan cartésien

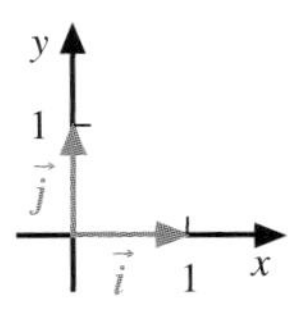

Représentation graphique de $\vec{i} = (1, 0, 0)$, $\vec{j} = (0, 1, 0)$ et $\vec{k} = (0, 0, 1)$ dans l'espace cartésien

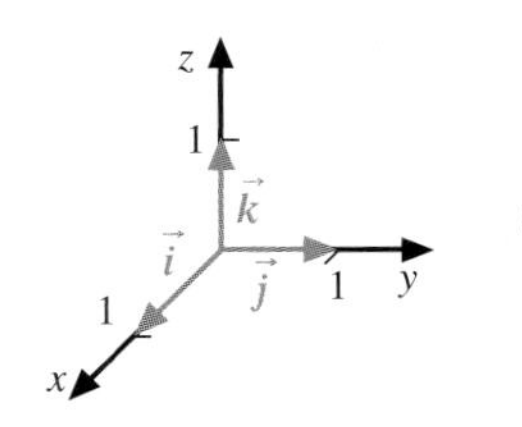

ou

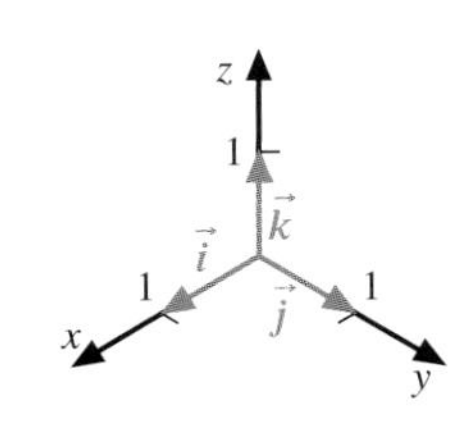

DÉFINITION 5.5

1) Soit $\vec{u} = (u_1, u_2)$, un vecteur de $\mathbb{R}^2$.

Le **vecteur opposé** à $\vec{u}$, noté $-\vec{u}$, se définit ainsi : $-\vec{u} = (-u_1, -u_2)$.

2) Soit $\vec{u} = (u_1, u_2, u_3)$, un vecteur de $\mathbb{R}^3$.

Le **vecteur opposé** à $\vec{u}$, noté $-\vec{u}$, se définit ainsi : $-\vec{u} = (-u_1, -u_2, -u_3)$.

Exemple 1 Trouvons l'opposé de $\vec{u}$.

a) Si $\vec{u} = \left(\frac{4}{3}, \frac{-5}{7}\right)$, alors

$-\vec{u} = \left(-\frac{4}{3}, -\left(\frac{-5}{7}\right)\right)$ (définition 5.5)

d'où $-u = \left(\frac{-4}{3}, \frac{5}{7}\right)$

b) Si $\vec{u} = (-3, 8, -4)$, alors

$-\vec{u} = (-(-3), -8, -(-4))$ (définition 5.5)

d'où $-u = (3, -8, 4)$

Addition de vecteurs algébriques dans $\mathbb{R}^2$ et dans $\mathbb{R}^3$

Exemple 1 Soit les vecteurs $\vec{u} = (5, 1)$ et $\vec{v} = (2, 3)$.
Représentons graphiquement et déterminons les composantes du vecteur $\vec{r}$, où $\vec{r} = \vec{u} + \vec{v}$.

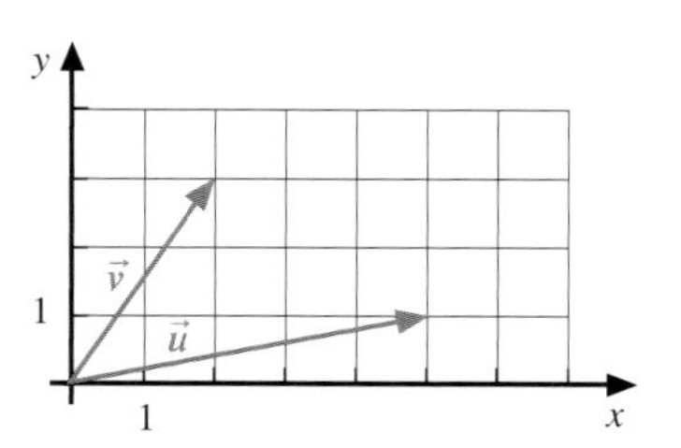

En utilisant la méthode du triangle, nous obtenons le vecteur $\vec{u} + \vec{v}$ ci-contre.

À partir de P(5, 1), nous traçons le vecteur $\vec{v} = (2, 3)$ et nous obtenons Q(5 + 2, 1 + 3), c'est-à-dire Q(7, 4).

Donc, $\vec{r} = \overrightarrow{OQ}$. D'où $\vec{r} = (7, 4)$.

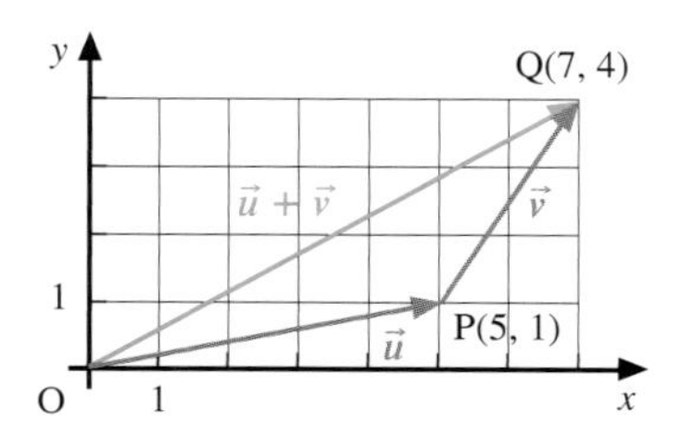

On procède de la même façon pour additionner deux vecteurs de $\mathbb{R}^3$.

DÉFINITION 5.6

1) Soit $\vec{u} = (u_1, u_2)$ et $\vec{v} = (v_1, v_2)$, deux vecteurs de $\mathbb{R}^2$.
L'addition des vecteurs $\vec{u}$ et $\vec{v}$ donne le **vecteur somme**, noté $\vec{u} + \vec{v}$, qui est défini par

$$\vec{u} + \vec{v} = (u_1 + v_1, u_2 + v_2)$$

2) Soit $\vec{u} = (u_1, u_2, u_3)$ et $\vec{v} = (v_1, v_2, v_3)$, deux vecteurs de $\mathbb{R}^3$.
L'addition des vecteurs $\vec{u}$ et $\vec{v}$ donne le **vecteur somme**, noté $\vec{u} + \vec{v}$, qui est défini par

$$\vec{u} + \vec{v} = (u_1 + v_1, u_2 + v_2, u_3 + v_3)$$

Ainsi, pour additionner deux vecteurs algébriques ayant le même nombre de composantes, il suffit d'additionner leurs composantes respectives.

Exemple 2 Calculons la somme des vecteurs suivants.

a) Soit $\vec{u} = (-1, 4)$, $\vec{v} = (2, -7)$, et les points A(-1, 3), B(2, -2), C(0, -4) et D(1, -5).

i) Calculons $\vec{u} + \vec{v}$.

$\vec{u} + \vec{v} = (-1, 4) + (2, -7)$

$= (-1 + 2, 4 + (-7))$ (définition 5.6)

$= (1, -3)$

ii) Calculons $\overrightarrow{AB} + \overrightarrow{CD}$.

$\overrightarrow{AB} + \overrightarrow{CD} = (2 - (-1), -2 - 3) + (1 - 0, -5 - (-4))$ (définition 5.3)

$= (3, -5) + (1, -1)$

$= (3 + 1, -5 + (-1))$ (définition 5.6)

$= (4, -6)$

b) Soit $\vec{u} = (4, -5, 2)$ et $\vec{v} = (-3, -1, 6)$, et les points A(2, 1, 3) et B(-2, 6, 1).

i) Calculons $\vec{u} + \vec{v}$.

$\vec{u} + \vec{v} = (4, -5, 2) + (-3, -1, 6)$

$= (4 + (-3), -5 + (-1), 2 + 6)$ (définition 5.6)

$= (1, -6, 8)$

ii) Calculons $\vec{u} + \overrightarrow{AB}$.

$\vec{u} + \overrightarrow{AB} = (4, -5, 2) + (-2 - 2, 6 - 1, 1 - 3)$ (définition 5.3)

$= (4, -5, 2) + (-4, 5, -2)$

$= (4 + (-4), -5 + 5, 2 + (-2))$ (définition 5.6)

$= (0, 0, 0)$

$= \vec{O}$

Définissons le vecteur somme obtenu en additionnant n vecteurs.

DÉFINITION 5.7 Soit les vecteurs $\vec{w_1}, \vec{w_2}, \vec{w_3}, \ldots, \vec{w_n}$ ayant le même nombre de composantes.
Le **vecteur somme** $\vec{r}$, où $\vec{r} = \vec{w_1} + \vec{w_2} + \ldots + \vec{w_n}$, est obtenu en additionnant les composantes respectives de ces vecteurs.

Exemple 3

a) Si $\vec{u} = (2, -4)$, $\vec{v} = (0, 8)$ et $\vec{w} = (-3, 1)$, alors

$\vec{u} + \vec{v} + \vec{w} = (2 + 0 + (-3), -4 + 8 + 1)$ (définition 5.7)

$= (-1, 5)$

b) Si $\vec{r} = (-5, 9, 8)$, $\vec{s} = (4, 3, 2)$ et $\vec{t} = (6, 0, -7)$, alors

$\vec{r} + \vec{s} + \vec{t} = ((-5) + 4 + 6, 9 + 3 + 0, 8 + 2 + (-7))$ (définition 5.7)

$= (5, 12, 3)$

Multiplication d'un vecteur algébrique par un scalaire et soustraction de vecteurs algébriques dans $\mathbb{R}^2$ et dans $\mathbb{R}^3$

Exemple 1 Soit le vecteur $\vec{u} = (3, 1)$. Déterminons les composantes du vecteur $\vec{r}$, où $\vec{r} = 2\vec{u}$.

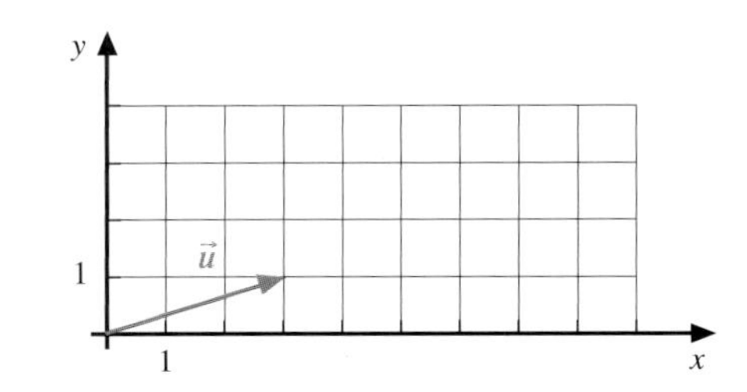

5

Puisque $2\vec{u} = \vec{u} + \vec{u}$, alors le vecteur $\vec{r} = 2\vec{u}$ est représenté ainsi :

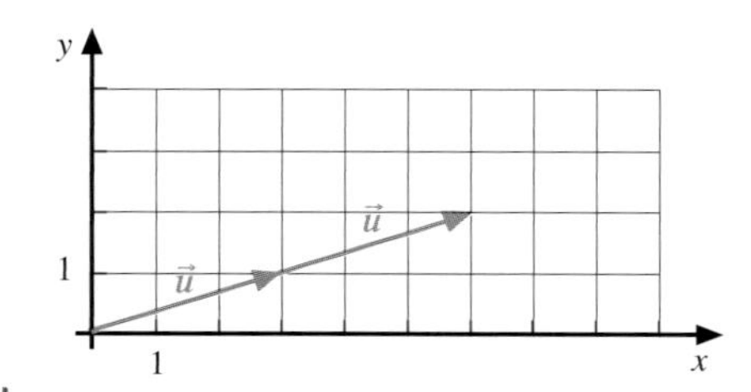

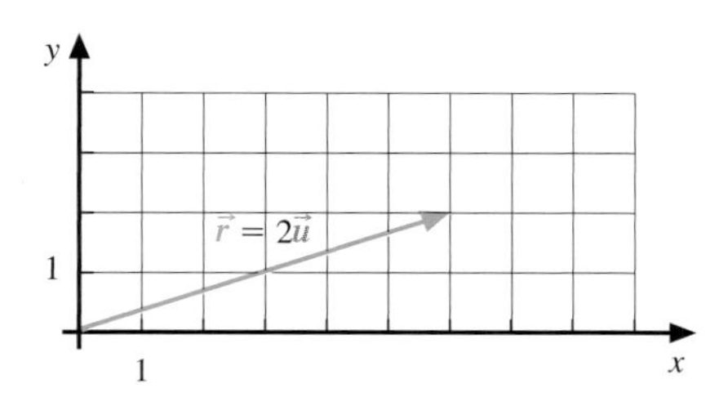

$$\vec{r} = 2\vec{u} = \vec{u} + \vec{u} = (3, 1) + (3, 1) = (3 + 3, 1 + 1)$$

D'où $\vec{r} = (6, 2)$, c'est-à-dire $\vec{r} = (2(3), 2(1))$.

On procède de la même façon pour effectuer la multiplication d'un vecteur de $\mathbb{R}^3$ par un scalaire.

DÉFINITION 5.8

1) Soit $\vec{u} = (u_1, u_2)$, un vecteur de $\mathbb{R}^2$, et le scalaire k, où $k \in \mathbb{R}$.

La **multiplication du vecteur $\vec{u}$ par le scalaire** k, notée $k\vec{u}$, est définie par

$$k\vec{u} = (ku_1, ku_2)$$

2) Soit $\vec{u} = (u_1, u_2, u_3)$, un vecteur de $\mathbb{R}^3$, et le scalaire k, où $k \in \mathbb{R}$.

La **multiplication du vecteur $\vec{u}$ par le scalaire** k, notée $k\vec{u}$, est définie par

$$k\vec{u} = (ku_1, ku_2, ku_3)$$

Ainsi, pour effectuer la multiplication d'un vecteur par un scalaire, il suffit de multiplier chaque composante du vecteur par ce scalaire.

Exemple 2 Effectuons les opérations suivantes.

a) Soit $\vec{u} = (4, -7)$ et $\vec{v} = (-2, 5)$.

i) Calculons $3\vec{u}$.

$3\vec{u} = 3(4, -7)$

$= (3(4), 3(-7))$ (définition 5.8)

$= (12, -21)$

ii) Vérifions que $-\vec{u} = (-1)\vec{u}$.

D'une part,

$-\vec{u} = (-4, -(-7))$ (définition 5.5)

$= (-4, 7)$

D'autre part,

$(-1)\vec{u} = (-1)(4, -7)$

$= ((-1)(4), (-1)(-7))$ (définition 5.8)

$= (-4, 7)$

D'où $-\vec{u} = (-1)\vec{u}$

b) Soit $\vec{u} = (4, -5, 3)$ et $\vec{v} = (-2, 3, 0)$.

i) Calculons $4\vec{u}$.

$4\vec{u} = 4(4, -5, 3)$

$= (4(4), 4(-5), 4(3))$ (définition 5.8)

$= (16, -20, 12)$

ii) Vérifions que $-\vec{u} = (-1)\vec{u}$.

D'une part,

$-\vec{u} = (-4, -(-5), -3)$ (définition 5.5)

$= (-4, 5, -3)$

D'autre part,

$(-1)\vec{u} = (-1)(4, -5, 3)$

$= ((-1)(-4), (-1)(-5), (-1)(3))$ (définition 5.8)

$= (-4, 5, -3)$

D'où $-\vec{u} = (-1)\vec{u}$

iii) Calculons $3\vec{u} + 4\vec{v}$.

$$3\vec{u} + 4\vec{v} = 3(4, -7) + 4(-2, 5)$$
$$= (12, -21) + (-8, 20) \quad \text{(définition 5.8)}$$
$$= (4, -1) \quad \text{(définition 5.6)}$$

iii) Calculons $3\vec{u} + 5\vec{v}$.

$$3\vec{u} + 5\vec{v} = 3(4, -5, 3) + 5(-2, 3, 0)$$
$$= (12, -15, 9) + (-10, 15, 0) \quad \text{(définition 5.8)}$$
$$= (2, 0, 9) \quad \text{(définition 5.6)}$$

DÉFINITION 5.9

Soit $\vec{u}$ et $\vec{v}$, deux vecteurs non nuls ayant le même nombre de composantes.

Les vecteurs $\vec{u}$ et $\vec{v}$ sont **parallèles** ($\vec{u} \,/\!/\, \vec{v}$) si et seulement si il existe un scalaire $k \in \mathbb{R} \setminus \{0\}$ tel que $\vec{u} = k\vec{v}$ (ou $\vec{v} = k\vec{u}$).

De façon générale, pour tout vecteur non nul $\vec{u}$, et pour $k \neq 0$, nous avons $k\vec{u} \,/\!/\, \vec{u}$. Dans le cas où $k = -1$, nous avons $(-1)\,\vec{u} = -\vec{u}$, où $-\vec{u}$ est le vecteur opposé à $\vec{u}$.

Exemple 3 Déterminons si les vecteurs suivants sont parallèles.

a) Soit $\vec{u} = (6, -9)$ et $\vec{v} = (-2, 3)$.

Pour déterminer si $\vec{u}$ est parallèle à $\vec{v}$, il faut déterminer s'il existe une valeur de $k \neq 0$ telle que $\vec{u} = k\vec{v}$, c'est-à-dire

$$(6, -9) = k(-2, 3)$$
$$(6, -9) = (-2k, 3k)$$

Donc, $-2k = 6$ et $3k = -9$ (définition 5.2)

$$k = -3 \quad \text{et} \quad k = -3$$

Puisque $k = -3$, nous avons $\vec{u} = -3\vec{v}$

d'où $\vec{u}$ est parallèle à $\vec{v}$. (définition 5.9)

b) Soit $\vec{w} = (-15, 25, 6)$ et $\vec{t} = (9, -15, -10)$.

Pour déterminer si $\vec{w}$ est parallèle à $\vec{t}$, il faut déterminer s'il existe une valeur de $k \neq 0$ telle que $\vec{w} = k\vec{t}$, c'est-à-dire

$$(-15, 25, 6) = k(9, -15, -10)$$
$$(-15, 25, 6) = (9k, -15k, -10k)$$

Donc, $9k = -15$, $-15k = 25$ et $-10k = 6$ (définition 5.2)

$$k = \frac{-5}{3}, \quad k = \frac{-5}{3} \quad \text{et} \quad k = \frac{-3}{5}$$

Puisque nous obtenons des valeurs différentes de k, $\vec{w} \neq k\vec{t}$

d'où $\vec{w}$ n'est pas parallèle à $\vec{t}$.

DÉFINITION 5.10

Soit $\vec{u}$ et $\vec{v}$, deux vecteurs ayant le même nombre de composantes.

En soustrayant le vecteur $\vec{v}$ du vecteur $\vec{u}$, nous obtenons le **vecteur différence**, noté $\vec{u} - \vec{v}$, qui est défini par

$$\vec{u} - \vec{v} = \vec{u} + (-\vec{v}), \text{ où } -\vec{v} = (-1)\vec{v}$$

Exemple 4 Effectuons les opérations suivantes.

a) Soit $\vec{u} = (-1, 5)$ et $\vec{v} = (4, -7)$. Calculons $\vec{u} - \vec{v}$ et $\vec{v} - \vec{u}$.

$$\vec{u} - \vec{v} = \vec{u} + (-1)\vec{v} \quad \text{(définition 5.10)}$$
$$= (-1, 5) + (-1)(4, -7)$$
$$= (-1, 5) + (-4, 7)$$
$$= (-5, 12)$$

$$\vec{v} - \vec{u} = \vec{v} + (-1)\vec{u} \quad \text{(définition 5.10)}$$
$$= (4, -7) + (-1)(-1, 5)$$
$$= (4, -7) + (1, -5)$$
$$= (5, -12)$$

$\vec{i}$ et $\vec{j}$ sont les vecteurs canoniques de $\mathbb{R}^2$

b) Soit $\vec{i} = (1, 0)$ et $\vec{j} = (0, 1)$. Calculons $\vec{r} = 4\vec{i} - 3\vec{j}$.

$$\begin{aligned} 4\vec{i} - 3\vec{j} &= 4(1, 0) + (-3)(0, 1) \\ &= (4, 0) + (0, -3) \\ &= (4, -3) \end{aligned}$$

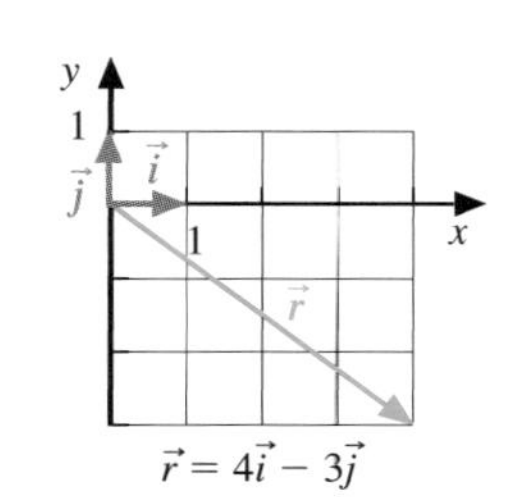

c) Calculons $3\vec{u} - 4\vec{v}$ si $\vec{u} = 2\vec{i} - 8\vec{j}$ et $\vec{v} = 5\vec{i} + 7\vec{j}$.

$$\begin{aligned} 3\vec{u} - 4\vec{v} &= 3(2\vec{i} - 8\vec{j}) + (-4)(5\vec{i} + 7\vec{j}) \\ &= 3(2(1, 0) + (-8)(0, 1)) + (-4)(5(1, 0) + 7(0, 1)) \\ &= 3((2, 0) + (0, -8)) + (-4)((5, 0) + (0, 7)) \\ &= 3(2, -8) + (-4)(5, 7) \\ &= (6, -24) + (-20, -28) \\ &= (-14, -52) \end{aligned}$$

$\vec{i}$, $\vec{j}$ et $\vec{k}$ sont les vecteurs canoniques de $\mathbb{R}^3$

d) Soit $\vec{i} = (1, 0, 0)$, $\vec{j} = (0, 1, 0)$ et $\vec{k} = (0, 0, 1)$. Calculons $3\vec{i} - \vec{j} + 5\vec{k}$.

$$\begin{aligned} 3\vec{i} - \vec{j} + 5\vec{k} &= 3(1, 0, 0) + (-1)(0, 1, 0) + 5(0, 0, 1) \\ &= (3, 0, 0) + (0, -1, 0) + (0, 0, 5) \\ &= (3, -1, 5) \end{aligned}$$

Norme d'un vecteur algébrique dans $\mathbb{R}^2$ et dans $\mathbb{R}^3$

DÉFINITION 5.11 La **norme** d'un vecteur algébrique $\vec{u}$, notée $\|\vec{u}\|$, est égale à la longueur du segment de droite joignant l'origine et l'extrémité du vecteur $\vec{u}$.

THÉORÈME 5.1

1) Soit $\vec{u}$, un vecteur du plan cartésien.
Si $\vec{u} = (u_1, u_2)$, alors $\|\vec{u}\| = \sqrt{u_1^2 + u_2^2}$.

2) Soit $\vec{v}$, un vecteur de l'espace cartésien.
Si $\vec{v} = (v_1, v_2, v_3)$, alors $\|\vec{v}\| = \sqrt{v_1^2 + v_2^2 + v_3^2}$.

PREUVE 1)

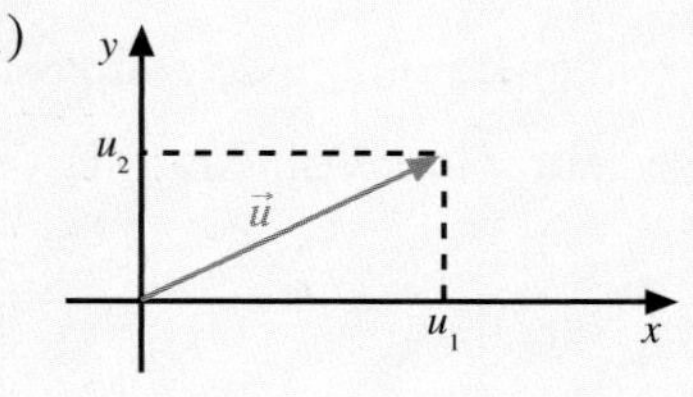

$\|\vec{u}\|^2 = u_1^2 + u_2^2$ (Pythagore)

d'où $\|\vec{u}\| = \sqrt{u_1^2 + u_2^2}$

2)

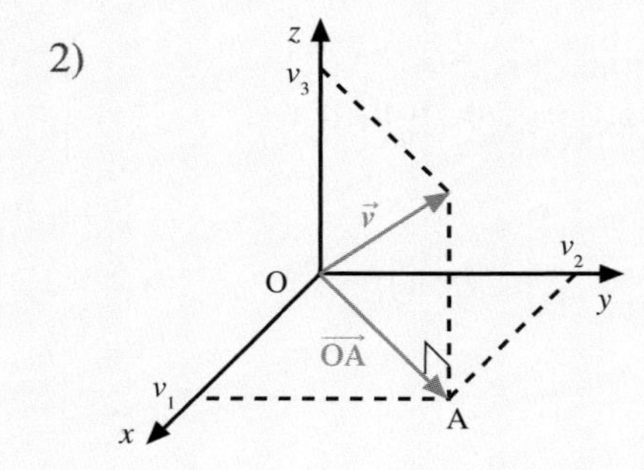

$$\begin{aligned} \|\vec{v}\|^2 &= \|\overrightarrow{OA}\|^2 + v_3^2 && \text{(Pythagore)} \\ &= (v_1^2 + v_2^2) + v_3^2 && \text{(Pythagore)} \end{aligned}$$

d'où $\|\vec{v}\| = \sqrt{v_1^2 + v_2^2 + v_3^2}$

Exemple 1 Calculons la norme des vecteurs suivants.

a) Soit $\vec{u} = (3, -2)$.

$\|\vec{u}\| = \sqrt{(3)^2 + (-2)^2}$ (théorème 5.1 – 1))

$= \sqrt{13}$

b) Soit $\vec{v} = (4, -5, 7)$.

$\|\vec{v}\| = \sqrt{4^2 + (-5)^2 + 7^2}$ (théorème 5.1 – 2))

$= 3\sqrt{10}$

COROLLAIRE du théorème 5.1

1) Soit $A(x_a, y_a)$ et $B(x_b, y_b)$, deux points du plan cartésien.
La norme du vecteur $\overrightarrow{AB}$ est donnée par

$$\|\overrightarrow{AB}\| = \sqrt{(x_b - x_a)^2 + (y_b - y_a)^2}$$

2) Soit $A(x_a, y_a, z_a)$ et $B(x_b, y_b, z_b)$, deux points de l'espace cartésien.
La norme du vecteur $\overrightarrow{AB}$ est donnée par

$$\|\overrightarrow{AB}\| = \sqrt{(x_b - x_a)^2 + (y_b - y_a)^2 + (z_b - z_a)^2}$$

Les preuves sont laissées à l'élève.

Exemple 2

a) Soit les points A(-4, 4) et B(4, -2). Calculons $\|\overrightarrow{AB}\|$.

$\|\overrightarrow{AB}\| = \sqrt{(4 - (-4))^2 + (-2 - 4)^2}$ (corollaire 5.1 – 1))

$= \sqrt{8^2 + (-6)^2}$

d'où $\|\overrightarrow{AB}\| = 10$

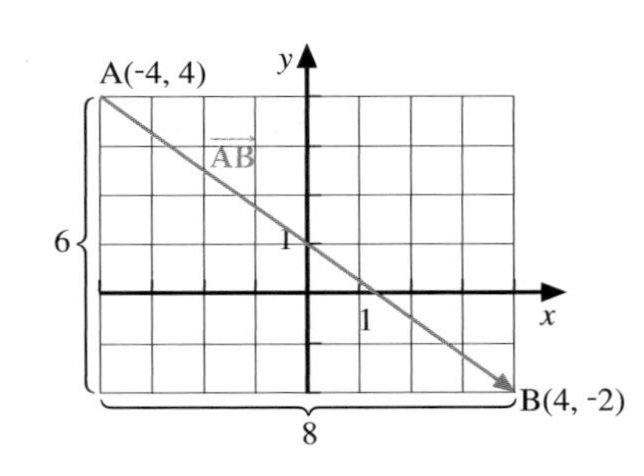

b) Soit les points P(4, 5, 4) et Q(7, 12, 10).
Calculons $\|\overrightarrow{PQ}\|$.

$\|\overrightarrow{PQ}\| = \sqrt{(7 - 4)^2 + (12 - 5)^2 + (10 - 4)^2}$
(corollaire 5.1 – 2))

$= \sqrt{3^2 + 7^2 + 6^2}$

d'où $\|\overrightarrow{PQ}\| = \sqrt{94}$

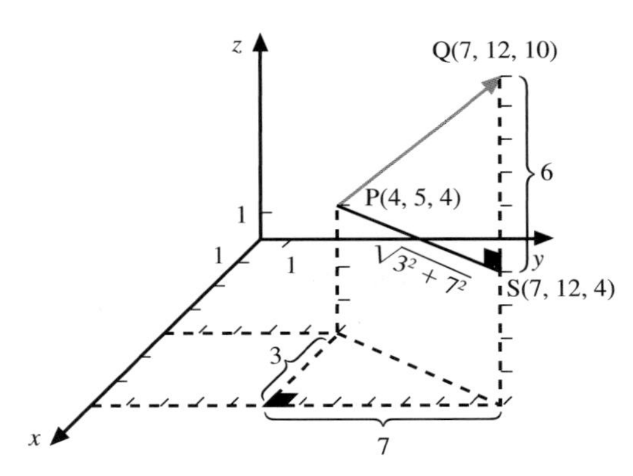

DÉFINITION 5.12 Un vecteur algébrique $\vec{u}$ est un **vecteur unitaire** si $\|\vec{u}\| = 1$.

Exemple 3 Déterminons les vecteurs unitaires parmi les vecteurs de $\mathbb{R}^2$ et de $\mathbb{R}^3$ suivants.

a) Soit $\vec{u} = (1, 1)$.

$$\|\vec{u}\| = \sqrt{1^2 + 1^2} = \sqrt{2}$$

d'où $\vec{u}$ n'est pas un vecteur unitaire.

b) Soit $\vec{v} = \left(\frac{1}{2}, \frac{-\sqrt{3}}{2}\right)$.

$$\|\vec{v}\| = \sqrt{\left(\frac{1}{2}\right)^2 + \left(\frac{-\sqrt{3}}{2}\right)^2} = \sqrt{\frac{1}{4} + \frac{3}{4}} = 1$$

d'où $\vec{v}$ est un vecteur unitaire.

c) Soit $\vec{i} = (1, 0)$.

$$\|\vec{i}\| = \sqrt{(1)^2 + (0)^2} = 1$$

d'où $\vec{i}$ est un vecteur unitaire.

d) Soit $\overrightarrow{AB}$, où $A\left(\frac{7}{5}, \frac{1}{5}\right)$ et $B\left(\frac{4}{5}, 1\right)$.

$$\|\overrightarrow{AB}\| = \sqrt{\left(\frac{4}{5} - \frac{7}{5}\right)^2 + \left(1 - \frac{1}{5}\right)^2}$$

$$= \sqrt{\left(\frac{-3}{5}\right)^2 + \left(\frac{4}{5}\right)^2} = 1$$

d'où $\overrightarrow{AB}$ est un vecteur unitaire.

e) Soit $\vec{r} = (1, 1, 1)$.

$$\|\vec{r}\| = \sqrt{1^2 + 1^2 + 1^2} = \sqrt{3}$$

d'où $\vec{r}$ n'est pas un vecteur unitaire.

f) Soit $\vec{s} = \left(\frac{1}{3}, \frac{1}{3}, \frac{1}{3}\right)$.

$$\|\vec{s}\| = \sqrt{\left(\frac{1}{3}\right)^2 + \left(\frac{1}{3}\right)^2 + \left(\frac{1}{3}\right)^2} = \sqrt{\frac{1}{3}} = \frac{\sqrt{3}}{3}$$

d'où $\vec{s}$ n'est pas un vecteur unitaire.

g) Soit $\vec{k} = (0, 0, 1)$.

$$\|\vec{k}\| = \sqrt{0^2 + 0^2 + 1^2} = 1$$

d'où $\vec{k}$ est un vecteur unitaire.

h) Soit $\vec{w} = \left(\frac{1}{\sqrt{5}}, 0, \frac{-2}{\sqrt{5}}\right)$.

$$\|\vec{w}\| = \sqrt{\left(\frac{1}{\sqrt{5}}\right)^2 + 0^2 + \left(\frac{-2}{\sqrt{5}}\right)^2}$$

$$= \sqrt{\frac{1}{5} + 0 + \frac{4}{5}} = 1$$

d'où $\vec{w}$ est un vecteur unitaire.

THÉORÈME 5.2 Soit $\vec{v}$, un vecteur algébrique non nul.
Si $\vec{u} = \frac{1}{\|\vec{v}\|}\vec{v}$, alors $\vec{u}$ et son opposé $-\vec{u}$ sont deux vecteurs unitaires parallèles à $\vec{v}$.

La preuve est laissée à l'élève.

Ce théorème nous permet de déterminer des vecteurs, avec une norme donnée, qui sont parallèles à un vecteur non nul.

Exemple 4

a) Soit $\vec{v} = (3, -4)$.

i) Déterminons deux vecteurs unitaires parallèles à $\vec{v}$.

Vecteurs unitaires parallèles à $\vec{v}$

Puisque $\|\vec{v}\| = \sqrt{3^2 + (-4)^2} = 5$,

alors $\vec{u} = \frac{1}{5}(3, -4)$, c'est-à-dire $\vec{u} = \left(\frac{3}{5}, \frac{-4}{5}\right)$ est un vecteur unitaire parallèle à $\vec{v}$.

De même, $-\vec{u} = \left(\frac{-3}{5}, \frac{4}{5}\right)$ est un vecteur unitaire parallèle à $\vec{v}$.

ii) Déterminons deux vecteurs, de norme égale à 9, parallèles à $\vec{v}$.

Vecteurs de norme 9 parallèles à $\vec{v}$

Puisque $\vec{u} = \left(\frac{3}{5}, \frac{-4}{5}\right)$ est un vecteur unitaire parallèle à $\vec{v}$ (voir i)),

alors $\vec{w} = 9\vec{u} = 9\left(\frac{3}{5}, \frac{-4}{5}\right) = \left(\frac{27}{5}, \frac{-36}{5}\right)$ est un des deux vecteurs cherchés.

L'autre vecteur est $-\vec{w} = \left(\frac{-27}{5}, \frac{36}{5}\right)$.

b) Soit les points A(-1, 1, 2) et B(3, 0, 4).

Déterminons un vecteur $\vec{v}$ tel que $\vec{v}$ est parallèle à $\overrightarrow{AB}$ et $\|\vec{v}\| = 5$.

Puisque $\overrightarrow{AB} = (4, -1, 2)$, alors $\|\overrightarrow{AB}\| = \sqrt{4^2 + (-1)^2 + (2)^2} = \sqrt{21}$.

Déterminons d'abord un vecteur unitaire $\vec{u}$ parallèle à $\overrightarrow{AB}$.

$$\vec{u} = \frac{1}{\|\overrightarrow{AB}\|}\overrightarrow{AB} = \frac{1}{\sqrt{21}}(4, -1, 2) = \left(\frac{4}{\sqrt{21}}, \frac{-1}{\sqrt{21}}, \frac{2}{\sqrt{21}}\right) = \left(\frac{4\sqrt{21}}{21}, \frac{-1\sqrt{21}}{21}, \frac{2\sqrt{21}}{21}\right)$$

En posant $\vec{v} = 5\vec{u}$, nous obtenons $\vec{v} = \left(\frac{20\sqrt{21}}{21}, \frac{-5\sqrt{21}}{21}, \frac{10\sqrt{21}}{21}\right)$

D'où $\vec{v}$ est un vecteur parallèle à $\overrightarrow{AB}$, car $\vec{v} = \frac{5}{\sqrt{21}}\overrightarrow{AB}$, et $\|\vec{v}\| = 5$.

De même, $-\vec{v} = \left(\frac{-20\sqrt{21}}{21}, \frac{5\sqrt{21}}{21}, \frac{-10\sqrt{21}}{21}\right)$ est également un vecteur de norme 5, parallèle à $\overrightarrow{AB}$.

5

Exercices 5.1

Les vecteurs de cette colonne sont des vecteurs de $\mathbb{R}^2$.

1. Représenter les vecteurs suivants dans le même plan cartésien.

$\vec{u} = (5, 4)$; $\vec{v} = (-2, -6)$; $\vec{w} = (-4, 2)$;
$\overrightarrow{AB}$, où A(1, -2) et B(4, -4)

2. Soit les points O(0, 0), A(5, -3) et B(-1, 7). Déterminer les composantes des vecteurs suivants.

a) $\overrightarrow{OA}$ b) $\overrightarrow{AB}$ c) $\overrightarrow{BA}$ d) $\overrightarrow{BB}$

3. Déterminer les valeurs des constantes a, b et k telles que les vecteurs suivants sont équipollents.

a) $\vec{u} = (3, a)$ et $\vec{v} = (b, -2)$

b) $\vec{u} = k(2, -3)$ et $\vec{v} = (8, a)$

c) $\vec{u} = (a - 2, 2b - a)$ et $\vec{v} = (b, 1)$

d) $\vec{u} = (a^2, a + b)$ et $\vec{v} = (4, 5)$

4. Soit les vecteurs $\vec{u} = (-1, 4)$ et $\vec{v} = (5, -3)$. Déterminer la valeur des coordonnées du point $Q(x_q, y_q)$ telle que

a) $\overrightarrow{PQ}$ est équipollent à $\vec{u}$ pour P(3, -1);

b) $\overrightarrow{QP}$ est équipollent à $\vec{v}$ pour P(3, -1);

c) $\overrightarrow{PQ}$ est équipollent à $\vec{v}$ pour P(-1, 4);

d) $\overrightarrow{QO}$ est équipollent à $\vec{u}$ pour O(0, 0).

Les vecteurs de cette colonne sont des vecteurs de $\mathbb{R}^3$.

17. Représenter les vecteurs suivants dans l'espace cartésien.

a) $\vec{u} = (2, -5, 4)$ b) $\vec{v} = (3, 6, 6)$

c) $\vec{w} = (-4, 3, -2)$

d) $\overrightarrow{AB}$, où A(2, 6, -4) et B(-3, -7, -2)

18. Soit les points O(0, 0, 0), A(3, -2, 4) et B(-5, 0, 8). Déterminer les composantes des vecteurs suivants.

a) $\overrightarrow{AB}$ b) $\overrightarrow{BA}$ c) $\overrightarrow{AO}$ d) $\overrightarrow{AA}$

19. Déterminer les valeurs des constantes a, b, c et k telles que les vecteurs suivants sont équipollents.

a) $\vec{u} = (2a, 9, 4c)$ et $\vec{v} = (7, 3b, -8)$

b) $2(a, 2, b) = k\left(b, \frac{-4}{3}, -2\right)$

c) $(a - b, 2a + c, 18) = 3(1, 2, b - c)$

d) $(a^3, a^2 + 2b, 3a + b) = 8(-1, 2, c^2)$

20. Soit le vecteur $\vec{u} = (4, -2, 1)$. Déterminer la valeur des coordonnées des points $B(x_b, y_b, z_b)$ et $C(x_c, y_c, z_c)$ telle que

a) $\overrightarrow{AB}$ est équipollent à $\vec{u}$ pour A(5, 3, -4);

b) $\overrightarrow{BA}$ est équipollent à $\vec{u}$ pour A(5, 3, -4);

c) $\overrightarrow{CD}$ est équipollent à $\vec{u}$ pour D(-3, 1, -5);

d) $\overrightarrow{BO}$ est équipollent à $\vec{u}$ pour O(0, 0, 0).

5. Soit les vecteurs $\vec{u} = (-3, 4)$, $\vec{v} = (5, -1)$ et $\vec{w} = (-4, 2)$. Déterminer les composantes des vecteurs suivants.

a) $2\vec{u}$ b) $-6\vec{v}$ c) $0\vec{w}$

d) $5\vec{O}$ e) $\vec{u} + \vec{v}$ f) $\vec{w} + \vec{O}$

g) $\vec{u} + \vec{v} - \vec{w}$ h) $\dfrac{1}{\|\vec{u}\|}\vec{u}$ i) $3\vec{u} + 4\vec{w}$

j) $-5\vec{v} - \vec{w}$ k) $3\vec{v} - 2\vec{i}$ l) $\frac{1}{3}\vec{j} + \frac{2}{3}\vec{w}$

6. Soit les vecteurs $\vec{u} = (-3, 4)$, $\vec{v} = (5, -1)$ et $\vec{w} = (-4, 2)$. Calculer:

a) $\|\vec{u}\|$ b) $\|3\vec{v}\|$

c) $\|-\vec{w}\|$ d) $\left\|\frac{-1}{2}\vec{u}\right\|$

e) $\|\vec{u} + \vec{w}\|$ f) $\|6\vec{u} - 10\vec{v} - 17\vec{w}\|$

g) $\left\|\dfrac{1}{\|\vec{w}\|}\vec{w}\right\|$ h) $\left\|\dfrac{1}{\|\vec{u} + \vec{v} + \vec{w}\|}(\vec{u} + \vec{v} + \vec{w})\right\|$

7. Soit les points A(4, 6), B(5, -1), C(-3, 0) et D(-2, -3). Calculer:

a) $\|\overrightarrow{AB}\|$ b) $\|\overrightarrow{DC}\|$

c) $\|-3\overrightarrow{BA}\|$ d) $\|\overrightarrow{AC} + \overrightarrow{DB}\|$

e) $\|\overrightarrow{AD} + \overrightarrow{DA}\|$ f) $\|3\overrightarrow{AB} - 4\overrightarrow{CD}\|$

8. Déterminer les vecteurs parallèles parmi les vecteurs suivants.

$\vec{u} = (6, -4)$; $\vec{v} = (-4, 6)$; $\vec{w} = (14, -21)$;

$\vec{s} = \left(-5, \frac{10}{3}\right)$; $\vec{t} = (-2, -3)$

9. Déterminer les vecteurs unitaires parmi les vecteurs suivants.

$\vec{j} = (0, 1)$; $\vec{u} = \left(\frac{1}{2}, \frac{1}{2}\right)$; $\vec{v} = \left(\frac{\sqrt{3}}{2}, \frac{-1}{2}\right)$;

$\vec{w} = \dfrac{1}{\|\vec{r} - \vec{s}\|}(\vec{r} - \vec{s})$, où $\vec{r} \neq \vec{s}$;

$\vec{t} = (\cos\theta, \sin\theta)$

10. a) Déterminer deux vecteurs unitaires parallèles à $\vec{s} = (-5, 12)$.

b) Déterminer deux vecteurs dont la norme est 5 et qui sont parallèles à $\vec{t} = (-7, 3)$.

21. Soit les vecteurs $\vec{u} = (3, -3, 9)$, $\vec{v} = (-1, 0, 1)$ et $\vec{w} = (-2, 5, -6)$. Déterminer les composantes des vecteurs suivants.

a) $3\vec{u}$ b) $-\vec{w}$

c) $\vec{u} - \vec{v} + \vec{w}$ d) $3\vec{v} - \frac{1}{3}\vec{u}$

e) $4\vec{O} + \vec{w}$ f) $2\vec{u} + 0\vec{w}$

g) $2\vec{u} - 3\vec{j} + \vec{k}$ h) $\frac{2}{3}\vec{u} - \vec{i} + 2\vec{j} - 6\vec{k}$

22. Soit les vecteurs $\vec{u} = (3, -3, 9)$ et $\vec{w} = (-2, 5, -6)$. Calculer:

a) $\|\vec{u}\|$ b) $\left\|\frac{-4}{3}\vec{u}\right\|$

c) $\|-4\vec{w}\|$ d) $-4\|\vec{w}\|$

e) $\|\vec{w} - \vec{u}\|$ f) $\|\vec{w}\| - \|\vec{u}\|$

g) $\left\|\dfrac{1}{\|\vec{w}\|}\vec{w}\right\|$ h) $\left\|\dfrac{1}{\|\vec{u} + \vec{w}\|}(-2\vec{u} - 2\vec{w})\right\|$

23. Soit les points A(1, 2, 3), B(2, 2, 3), C(2, 2, 5) et D(2, 3, 5). Calculer:

a) $\|\overrightarrow{AB} + \overrightarrow{AD} + \frac{1}{2}\overrightarrow{BC} - \overrightarrow{AC}\|$

b) $\|\overrightarrow{AB} - \overrightarrow{AC} - \overrightarrow{CB}\|$

c) $\left\|\dfrac{1}{\|\overrightarrow{AB} + 0{,}5\overrightarrow{BC}\|}(\overrightarrow{AB} + 0{,}5\overrightarrow{BC})\right\|$

24. Déterminer les vecteurs parallèles parmi les vecteurs suivants.

$\vec{u} = (-3, 6, 3)$; $\vec{v} = (2, -4, 2)$; $\vec{w} = \left(\frac{-5}{3}, \frac{10}{3}, \frac{-5}{3}\right)$;

$\vec{s} = (1, 2, 1)$; $\vec{t} = \left(\frac{6}{7}, \frac{-12}{7}, \frac{-6}{7}\right)$

25. Déterminer les vecteurs unitaires parmi les vecteurs suivants.

$\vec{u} = (1, -1, 1)$; $\vec{v} = (-1, 0, 0)$;

$\vec{w} = \left(\frac{\sqrt{3}}{3}, \frac{-\sqrt{3}}{3}, \frac{\sqrt{3}}{3}\right)$;

$\vec{t} = (\sin\theta, \sin\theta\cos\theta, \cos^2\theta)$

26. a) Déterminer deux vecteurs unitaires parallèles à $\vec{s} = (2, -1, 5)$.

b) Déterminer deux vecteurs de norme 4 qui sont parallèles à $\overrightarrow{AB} = (-12, 4, 3)$.

11. Soit les vecteurs $\vec{i} = (1, 0)$ et $\vec{j} = (0, 1)$.

a) Déterminer les composantes des vecteurs suivants.
$\vec{u} = 3\vec{i} + 4\vec{j}$; $\vec{v} = -2\vec{i} + 7\vec{j}$; $\vec{w} = 5\vec{i} - \vec{j}$

b) Exprimer le vecteur $\vec{t} = (a, b)$ en fonction de $\vec{i}$ et $\vec{j}$.

c) Exprimer les vecteurs suivants en fonction de $\vec{i}$ et $\vec{j}$.
$\vec{u_1} = (2, 8)$; $\vec{u_2} = (-4, 2)$; $\vec{u_3} = (0, -5)$;
$\vec{u_4} = \left(\frac{1}{2}, \frac{-3}{4}\right)$; $\vec{u_5} = (0, 0)$;
$\vec{u_6} = 3(4, 5) + 2(1, -3)$

12. a) Soit le segment de droite joignant les points $P_0(x_0, y_0)$ et $P_1(x_1, y_1)$. Déterminer le point milieu M de ce segment de droite.

b) Trouver le point milieu M du segment de droite reliant les points A et B suivants.

i) A(0, 1) et B(-4, 5)

ii) A(-6, 5) et B(6, -5)

iii) A(0,25 ; 5,6) et B(1,25 ; 7,8)

iv) A(7, -4) et B(7, 4)

13. Soit les points A(4, 5) et B(-6, -2).

a) Déterminer les points P et Q qui séparent le segment de droite AB en trois parties de même longueur et représenter graphiquement les points A, B, P et Q.

b) Déterminer les points de la droite passant par A et B, situés quatre fois plus près de B que de A et représenter graphiquement A, B et les points trouvés.

14. Soit les points A(2, 1), B(5, 7), C(10, 14) et D(7, 8).

a) Démontrer que le quadrilatère formé par ces points est un parallélogramme.

b) Vérifier que les diagonales du parallélogramme précédent se coupent en leur milieu.

15. Soit les points A(3, 2), B(2, -4), C(-3, 4), $R(x_1, y_1)$ et $S(x_2, y_2)$ tels que $\overrightarrow{RS} = \overrightarrow{RA} - 2\overrightarrow{RB} + 3\overrightarrow{RC}$.

a) Exprimer x_1 en fonction de x_2, et y_1 en fonction de y_2.

b) Est-il possible que les points R et S coïncident ? Si oui, déterminer leurs coordonnées.

27. Soit les vecteurs $\vec{i} = (1, 0, 0)$, $\vec{j} = (0, 1, 0)$ et $\vec{k} = (0, 0, 1)$.

a) Déterminer les composantes des vecteurs suivants.
$\vec{u} = 2\vec{i} - 3\vec{j} + 5\vec{k}$; $\vec{v} = 3\vec{i} - 4\vec{k}$; $\vec{w} = 7\vec{j}$

b) Exprimer le vecteur $\vec{t} = (a, b, c)$ en fonction de $\vec{i}$, $\vec{j}$ et $\vec{k}$.

c) Exprimer les vecteurs suivants en fonction de $\vec{i}$, $\vec{j}$ et $\vec{k}$.
$\vec{u_1} = (4, -5, 3)$; $\vec{u_2} = (0, 2, -7)$;
$\vec{u_3} = (-1, 0, 6)$; $\vec{u_4} = (0, 0, 0)$;
$\vec{u_5} = 2(1, 2, -4) - 4(0, 3, -2)$

28. a) Soit le segment de droite joignant les points $P_0(x_0, y_0, z_0)$ et $P_1(x_1, y_1, z_1)$. Déterminer le point milieu M de ce segment de droite.

b) Trouver le point milieu M du segment de droite reliant les points A et B suivants.

i) A(0, 0, 1) et B(1, -1, 1)

ii) $A\left(\frac{7}{5}, \frac{-9}{4}, \frac{2}{3}\right)$ et $B\left(\frac{-5}{7}, \frac{4}{9}, \frac{-2}{3}\right)$

29. Soit les points A(2, -3, 4) et B(-1, 5, -3).

a) Déterminer le point P du segment de droite AB situé deux fois plus près de A que de B.

b) Déterminer les points du segment de droite AB partageant ce segment en deux segments, de sorte que la longueur de l'un est égale à trois fois la longueur de l'autre.

c) Déterminer les points Q_1 et Q_2 de la droite passant par A et B, situés cinq fois plus près de B que de A.

30. Soit les vecteurs $\overrightarrow{OA} = (1, 2, 3)$, $\overrightarrow{OB} = 2\vec{i} - 4\vec{j}$ et le point C(5, -6, 5).

a) Déterminer les composantes des vecteurs suivants : $\overrightarrow{OB}$; $\overrightarrow{OC}$; $\overrightarrow{AB}$.

b) Calculer $\|\overrightarrow{AB}\|$, $\|\overrightarrow{BC}\|$, $\|\overrightarrow{AC}\|$.

c) Déterminer la nature du triangle ABC.

31. Soit les points A(-1, 2, 3), B(5, 3, 0), C(11, 4, 9) et $D\left(9, \frac{11}{3}, 6\right)$.

a) Déterminer si les points A, B et C sont alignés.

b) Déterminer si les points B, C et D sont alignés.

5

16. a) Soit les points $A(x_a, y_a)$ et $B(x_b, y_b)$.
Démontrer que $\|\overrightarrow{AB}\| = \|\overrightarrow{BA}\|$.

b) Soit $\vec{u} = (u_1, u_2)$ et $k \in \mathbb{R}$.
Démontrer que $\|k\vec{u}\| = |k|\,\|\vec{u}\|$.

32. Soit un vecteur non nul $\vec{v} = (a, b, c)$.
Démontrer algébriquement que $\frac{1}{\|\vec{v}\|}\vec{v}$ est un vecteur unitaire.

5.2 Vecteurs algébriques dans $\mathbb{R}^n$

Objectifs d'apprentissage

À la fin de cette section, l'élève pourra faire l'addition de vecteurs algébriques dans $\mathbb{R}^n$ et la multiplication d'un vecteur algébrique dans $\mathbb{R}^n$ par un scalaire.

Plus précisément, l'élève sera en mesure

- de donner la définition d'un vecteur algébrique dans $\mathbb{R}^n$;
- de déterminer la dimension d'un vecteur algébrique dans $\mathbb{R}^n$;
- d'additionner et de soustraire des vecteurs algébriques dans $\mathbb{R}^n$;
- d'énoncer les propriétés de l'addition de vecteurs algébriques dans $\mathbb{R}^n$;
- de démontrer les propriétés de l'addition de vecteurs algébriques dans $\mathbb{R}^n$;
- d'effectuer la multiplication d'un vecteur algébrique dans $\mathbb{R}^n$ par un scalaire ;
- d'énoncer les propriétés de la multiplication d'un vecteur algébrique dans $\mathbb{R}^n$ par un scalaire ;
- de démontrer les propriétés de la multiplication d'un vecteur algébrique dans $\mathbb{R}^n$ par un scalaire ;
- de calculer la norme d'un vecteur algébrique dans $\mathbb{R}^n$;
- de donner la définition de vecteurs tels que : vecteur nul, vecteurs canoniques $\vec{e}_1, \vec{e}_2, \vec{e}_3, \ldots, \vec{e}_n$, vecteurs équipollents, vecteur opposé.

Soit les vecteurs $\vec{u} = (u_1, u_2, u_3, \ldots, u_n)$ et $\vec{v} = (v_1, v_2, v_3, \ldots, v_n)$, deux vecteurs de $\mathbb{R}^n$, et $k \in \mathbb{R}$.

$$\vec{u} + \vec{v} = (u_1 + v_1, u_2 + v_2, u_3 + v_3, \ldots, u_n + v_n)$$

$$k\vec{u} = (ku_1, ku_2, ku_3, \ldots, ku_n)$$

Si $\vec{u} = u_1\vec{e}_1 + u_2\vec{e}_2 + \ldots + u_n\vec{e}_n$

alors $\|\vec{u}\| = \sqrt{u_1^2 + u_2^2 + u_3^2 + \ldots + u_n^2}$

Dans les sections précédentes, nous avons étudié des vecteurs algébriques à deux et à trois composantes, et nous avons vu qu'il est possible de représenter graphiquement ces vecteurs dans un système d'axes.

Dans cette section, nous généraliserons la notion de vecteur algébrique en définissant les vecteurs algébriques à n composantes.

Il y a environ 150 ans...

Hermann Grassmann
(1809-1877)

Comme nous l'avons dit, la notion de vecteur algébrique dans l'espace, et plus généralement dans un espace de plus de trois dimensions, est développée pour la première fois par **Hermann Grassmann**. Professeur dans une école secondaire technique durant toute sa vie, il rêve très longtemps de devenir professeur d'université. Malgré plusieurs publications sur des sujets variés, telles l'électricité, la botanique et l'acoustique, il se rend compte au début de la cinquantaine que son rêve ne se réalisera pas. Il se tourne alors vers l'étude des langues et plus particulièrement du sanskrit. Son dictionnaire du sanskrit est utilisé tout au long du XXe siècle et est même réédité en 1996.

Composantes de vecteurs algébriques dans $\mathbb{R}^n$

DÉFINITION 5.13 Un **vecteur algébrique** $\vec{v}$, dans $\mathbb{R}^n$, est défini par $\vec{v} = (v_1, v_2, v_3, \ldots, v_n)$, où $v_i \in \mathbb{R}$.

Ainsi, un vecteur algébrique dans $\mathbb{R}^n$ est un n-uplet ordonné, où $v_1, v_2, v_3, \ldots, v_n$ constituent respectivement la première, la deuxième, la troisième, ..., la n-ième composante du vecteur $\vec{v}$.

DÉFINITION 5.14 La **dimension** d'un vecteur algébrique est donnée par le nombre de composantes du vecteur.

Exemple 1

a) Le vecteur $\vec{u} = (1, -3, 4, 5)$ est un vecteur de dimension 4.

b) Le vecteur $\vec{v} = (0, 0, 0, 0, 1)$ est un vecteur de dimension 5.

5

DÉFINITION 5.15 Soit $\vec{u} = (u_1, u_2, u_3, \ldots, u_n)$ et $\vec{v} = (v_1, v_2, v_3, \ldots, v_n)$, deux vecteurs de même dimension.

Les **vecteurs** $\vec{u}$ et $\vec{v}$ sont **équipollents** ou **égaux** si et seulement si leurs composantes respectives sont égales, c'est-à-dire que

$$\vec{u} = \vec{v} \Leftrightarrow u_1 = v_1, u_2 = v_2, u_3 = v_3, \ldots \text{ et } u_n = v_n$$

Exemple 2 Soit $\vec{u} = (1, -1, 3, 4)$, $\vec{v} = (\sin 90°, -1, \sqrt{9}, 4)$ et $\vec{w} = (1, -1, 3, 4, 0)$.

a) $\vec{u} = \vec{v}$, car les composantes respectives sont égales.

b) $\vec{u} \neq \vec{w}$, car les vecteurs ne sont pas de même dimension.

Vecteurs algébriques particuliers dans $\mathbb{R}^n$

DÉFINITION 5.16 Le **vecteur nul**, noté $\vec{O}$, est défini dans $\mathbb{R}^n$ par le vecteur de n composantes suivant.

$$\vec{O} = (0, 0, 0, \ldots, 0)$$

Exemple 1

a) Dans $\mathbb{R}^5$, $\vec{O} = (0, 0, 0, 0, 0)$.

b) Dans $\mathbb{R}^7$, $\vec{O} = (0, 0, 0, 0, 0, 0, 0)$.

DÉFINITION 5.17 Les **vecteurs canoniques** $\vec{e}_1, \vec{e}_2, \vec{e}_3, \ldots, \vec{e}_n$ sont définis dans $\mathbb{R}^n$ par les vecteurs de n composantes suivants :

$$\begin{aligned}\vec{e}_1 &= (1, 0, 0, \ldots, 0)\\ \vec{e}_2 &= (0, 1, 0, \ldots, 0)\\ \vec{e}_3 &= (0, 0, 1, \ldots, 0)\\ &\vdots\\ \vec{e}_n &= (0, 0, 0, \ldots, 1)\end{aligned}$$

Exemple 2

a) Dans $\mathbb{R}^2$, $\vec{e}_1 = (1, 0)$ et $\vec{e}_2 = (0, 1)$.

b) Dans $\mathbb{R}^5$, $\vec{e}_2 = (0, 1, 0, 0, 0)$, $\vec{e}_4 = (0, 0, 0, 1, 0)$ et $\vec{e}_5 = (0, 0, 0, 0, 1)$.

DÉFINITION 5.18 Soit $\vec{u} = (u_1, u_2, u_3, \ldots, u_n)$, un vecteur de $\mathbb{R}^n$.

Le **vecteur opposé** à $\vec{u}$, noté $-\vec{u}$, se définit ainsi

$$-\vec{u} = (-u_1, -u_2, -u_3, \ldots, -u_n)$$

Addition, multiplication par un scalaire et soustraction de vecteurs algébriques dans $\mathbb{R}^n$

DÉFINITION 5.19 Soit les vecteurs $\vec{u} = (u_1, u_2, u_3, \ldots, u_n)$ et $\vec{v} = (v_1, v_2, v_3, \ldots, v_n)$, deux vecteurs de même dimension.

L'addition des vecteurs $\vec{u}$ et $\vec{v}$ donne le **vecteur somme**, noté $\vec{u} + \vec{v}$, qui est défini par

$$\vec{u} + \vec{v} = (u_1 + v_1, u_2 + v_2, u_3 + v_3, \ldots, u_n + v_n)$$

Exemple 1 Si $\vec{u} = (1, 2, 4, 6, -8)$, $\vec{v} = (-1, 0, -5, 9, 1)$ et $\vec{w} = (1, 2, 4, 6)$, alors

a) $$\begin{aligned}\vec{u} + \vec{v} &= (1, 2, 4, 6, -8) + (-1, 0, -5, 9, 1)\\ &= (1 + (-1), 2 + 0, 4 + (-5), 6 + 9, -8 + 1) \quad \text{(définition 5.19)}\\ &= (0, 2, -1, 15, -7)\end{aligned}$$

b) $\vec{u} + \vec{w}$ n'est pas définie, car les deux vecteurs ne sont pas de même dimension.

DÉFINITION 5.20 Soit $\overrightarrow{w_1}, \overrightarrow{w_2}, \overrightarrow{w_3}, \ldots, \overrightarrow{w_m}$, m vecteurs de même dimension.

Le **vecteur somme** $\vec{r}$, où $\vec{r} = \overrightarrow{w_1} + \overrightarrow{w_2} + \overrightarrow{w_3} + \ldots + \overrightarrow{w_m}$, est obtenu en additionnant les composantes respectives de ces vecteurs.

Exemple 2 Si $\vec{u} = (0, 1, 4, -2)$, $\vec{v} = (1, -3, 5, 6)$ et $\vec{w} = (2, 5, -1, 7)$, alors

$$\vec{u} + \vec{v} + \vec{w} = (0, 1, 4, -2) + (1, -3, 5, 6) + (2, 5, -1, 7)$$
$$= (0 + 1 + 2, 1 + (-3) + 5, 4 + 5 + (-1), -2 + 6 + 7) \quad \text{(définition 5.20)}$$
$$= (3, 3, 8, 11)$$

DÉFINITION 5.21 Soit le vecteur $\vec{u} = (u_1, u_2, u_3, \ldots, u_n)$ et le scalaire k, où $k \in \mathbb{R}$.

La **multiplication du vecteur** $\vec{u}$ **par le scalaire** k, notée $k\vec{u}$, est définie par

$$k\vec{u} = (ku_1, ku_2, ku_3, \ldots, ku_n)$$

L'élève peut vérifier que $-\vec{u} = (-1)\vec{u}$ pour tout $\vec{u} \in \mathbb{R}^n$.

DÉFINITION 5.22 Soit $\vec{u}$ et $\vec{v}$, deux vecteurs de $\mathbb{R}^n$.

En soustrayant le vecteur $\vec{v}$ du vecteur $\vec{u}$, nous obtenons le **vecteur différence**, noté $\vec{u} - \vec{v}$, qui est défini par

$$\vec{u} - \vec{v} = \vec{u} + (-\vec{v}), \text{ où } -\vec{v} = (-1)\vec{v}$$

Exemple 3

a) Soit $\vec{w} = (4, -3, 0, 1, -2)$. Calculons $-5\vec{w}$.

$$-5\vec{w} = -5(4, -3, 0, 1, -2) \quad \text{(définition 5.21)}$$
$$= (-5(4), -5(-3), -5(0), -5(1), -5(-2))$$

d'où $-5\vec{w} = (-20, 15, 0, -5, 10)$

b) Soit $\vec{u} = (-1, 2, -4, 5)$ et $\vec{v} = (0, 3, -2, 6)$. Calculons $3\vec{u} - \vec{v}$.

$$3\vec{u} - \vec{v} = 3\vec{u} + (-\vec{v}) \quad \text{(définition 5.22)}$$
$$= 3(-1, 2, -4, 5) + (-1)(0, 3, -2, 6)$$
$$= (-3, 6, -12, 15) + (0, -3, 2, -6) \quad \text{(définition 5.21)}$$

d'où $3\vec{u} - \vec{v} = (-3, 3, -10, 9)$ (définition 5.19)

c) Soit $\overrightarrow{e_1} = (1, 0, 0, 0)$, $\overrightarrow{e_2} = (0, 1, 0, 0)$, $\overrightarrow{e_3} = (0, 0, 1, 0)$ et $\overrightarrow{e_4} = (0, 0, 0, 1)$, les quatre vecteurs canoniques de $\mathbb{R}^4$.

Déterminons les composantes du vecteur $\vec{v}$, où $\vec{v} = 3\overrightarrow{e_1} - 5\overrightarrow{e_2} + \overrightarrow{e_3} + 2\overrightarrow{e_4}$.

$$\vec{v} = 3(1, 0, 0, 0) + (-5)(0, 1, 0, 0) + (0, 0, 1, 0) + 2(0, 0, 0, 1)$$
$$= (3, 0, 0, 0) + (0, -5, 0, 0) + (0, 0, 1, 0) + (0, 0, 0, 2) \quad \text{(définition 5.21)}$$

d'où $\vec{v} = (3, -5, 1, 2)$ (définition 5.20)

Propriétés de l'addition de vecteurs algébriques et de la multiplication d'un vecteur algébrique par un scalaire dans $\mathbb{R}^n$

Énonçons maintenant les propriétés de l'addition de vecteurs algébriques et les propriétés de la multiplication d'un vecteur algébrique par un scalaire.

Si V est l'ensemble des vecteurs algébriques dans $\mathbb{R}^n$, alors pour tout vecteur de même dimension $\vec{u}$, $\vec{v}$ et $\vec{w} \in$ V, et pour tout r et $s \in \mathbb{R}$, nous avons

Propriété 1 $(\vec{u} + \vec{v}) \in \mathrm{V}$ (fermeture pour l'addition)

Propriété 2 $\vec{u} + \vec{v} = \vec{v} + \vec{u}$ (commutativité de l'addition)

Propriété 3 $\vec{u} + (\vec{v} + \vec{w}) = (\vec{u} + \vec{v}) + \vec{w}$ (associativité de l'addition)

Propriété 4 Il existe un **élément neutre** pour l'addition de même dimension que $\vec{u}$, noté $\vec{O}$, où $\vec{O} \in \mathrm{V}$ tel que $\vec{u} + \vec{O} = \vec{u}$, $\forall\, \vec{u} \in \mathrm{V}$.

Propriété 5 Pour tout vecteur $\vec{u}$, il existe un **élément opposé** pour l'addition de même dimension que $\vec{u}$, noté $-\vec{u}$, où $-\vec{u} \in \mathrm{V}$ tel que $\vec{u} + (-\vec{u}) = \vec{O}$.

Propriété 6 $r\vec{u} \in \mathrm{V}$ (fermeture pour la multiplication par un scalaire)

Propriété 7 $(r + s)\vec{u} = r\vec{u} + s\vec{u}$ (pseudo-distributivité de la multiplication sur l'addition de scalaires)

Propriété 8 $r(\vec{u} + \vec{v}) = r\vec{u} + r\vec{v}$ (pseudo-distributivité de la multiplication par un scalaire sur l'addition de vecteurs)

Propriété 9 $r(s\vec{u}) = (rs)\vec{u}$ (pseudo-associativité de la multiplication par un scalaire)

Propriété 10 $1\vec{u} = \vec{u}$ (1 est le pseudo-élément neutre pour la multiplication par un scalaire)

Démontrons quelques-unes de ces propriétés.

PROPRIÉTÉ 2 $\vec{u} + \vec{v} = \vec{v} + \vec{u}$ (commutativité)

PREUVE Soit $\vec{u} = (u_1, u_2, u_3, \ldots, u_n)$ et $\vec{v} = (v_1, v_2, v_3, \ldots, v_n)$, deux vecteurs de même dimension appartenant à $\mathbb{R}^n$.

$$\begin{aligned}
\vec{u} + \vec{v} &= (u_1, u_2, u_3, \ldots, u_n) + (v_1, v_2, v_3, \ldots, v_n) \\
&= (u_1 + v_1, u_2 + v_2, u_3 + v_3, \ldots, u_n + v_n) && \text{(définition 5.19)} \\
&= (v_1 + u_1, v_2 + u_2, v_3 + u_3, \ldots, v_n + u_n) && \text{(commutativité dans } \mathbb{R}) \\
&= (v_1, v_2, v_3, \ldots, v_n) + (u_1, u_2, u_3, \ldots, u_n) && \text{(définition 5.19)} \\
&= \vec{v} + \vec{u}
\end{aligned}$$

d'où $\vec{u} + \vec{v} = \vec{v} + \vec{u}$

PROPRIÉTÉ 4 Il existe un élément neutre pour l'addition de même dimension que $\vec{u}$, noté $\vec{O}$, où $\vec{O} \in V$ tel que $\vec{u} + \vec{O} = \vec{u}$, $\forall \vec{u} \in V$.

PREUVE Soit $\vec{u} = (u_1, u_2, u_3, \ldots, u_n)$, un vecteur de $\mathbb{R}^n$. Déterminons le vecteur $\vec{O} = (x_1, x_2, x_3, \ldots, x_n)$, l'élément neutre pour l'addition dans $\mathbb{R}^n$.

Puisque $$\vec{u} + \vec{O} = \vec{u}$$

$$(u_1, u_2, u_3, \ldots, u_n) + (x_1, x_2, x_3, \ldots, x_n) = (u_1, u_2, u_3, \ldots, u_n)$$

$$(u_1 + x_1, u_2 + x_2, u_3 + x_3, \ldots, u_n + x_n) = (u_1, u_2, u_3, \ldots, u_n) \qquad \text{(définition 5.19)}$$

Ainsi, par la définition 5.15,

$$u_1 + x_1 = u_1 \text{; donc, } x_1 = 0$$
$$u_2 + x_2 = u_2 \text{; donc, } x_2 = 0$$
$$\vdots \qquad \vdots$$
$$u_n + x_n = u_n \text{; donc, } x_n = 0$$

d'où $\vec{O} = (0, 0, 0, \ldots, 0)$ est l'élément neutre pour l'addition dans $\mathbb{R}^n$ et $\vec{u} + \vec{O} = \vec{u}$.

5

PROPRIÉTÉ 9 $r(s\vec{u}) = (rs)\vec{u}$

PREUVE Soit $\vec{u} = (u_1, u_2, u_3, \ldots, u_n)$ et $r, s \in \mathbb{R}$.

$$\begin{aligned}
r(s\vec{u}) &= r(s(u_1, u_2, u_3, \ldots, u_n)) \\
&= r(su_1, su_2, su_3, \ldots, su_n) && \text{(définition 5.21)} \\
&= (r(su_1), r(su_2), r(su_3), \ldots, r(su_n)) && \text{(définition 5.21)} \\
&= ((rs)u_1, (rs)u_2, (rs)u_3, \ldots, (rs)u_n) && \text{(associativité dans } \mathbb{R}\text{)} \\
&= (rs)\,(u_1, u_2, u_3, \ldots, u_n) && \text{(définition 5.21)} \\
&= (rs)\vec{u}
\end{aligned}$$

d'où $r(s\vec{u}) = (rs)\vec{u}$

Norme d'un vecteur algébrique dans $\mathbb{R}^n$

DÉFINITION 5.23 Soit $\vec{u} = u_1\vec{e}_1 + u_2\vec{e}_2 + u_3\vec{e}_3 + \ldots + u_n\vec{e}_n$, un vecteur de $\mathbb{R}^n$.

La **norme** de $\vec{u}$, notée $\|\vec{u}\|$, est définie par

$$\|\vec{u}\| = \sqrt{u_1^2 + u_2^2 + u_3^2 + \ldots + u_n^2}$$

Exemple 1 Soit $\vec{u} \in \mathbb{R}^4$, où $\vec{u} = 2\vec{e}_1 + 3\vec{e}_2 - 4\vec{e}_3 + \vec{e}_4$, et $\vec{v} \in \mathbb{R}^5$, où $\vec{v} = -\vec{e}_1 + 3\vec{e}_2 - 5\vec{e}_3 + 6\vec{e}_5$. Calculons $\|\vec{u}\|$ et $\|\vec{v}\|$.

$$\|\vec{u}\| = \sqrt{(2)^2 + (3)^2 + (-4)^2 + (1)^2} = \sqrt{30}$$

$$\|\vec{v}\| = \sqrt{(-1)^2 + (3)^2 + (-5)^2 + (0)^2 + (6)^2} = \sqrt{71}$$

DÉFINITION 5.24 Un vecteur algébrique $\vec{u}$ dans $\mathbb{R}^n$ est un **vecteur unitaire** si $\|\vec{u}\| = 1$.

Exemple 2 Soit $\vec{u} = \frac{3}{13}\vec{e}_1 + \frac{12}{13}\vec{e}_3 - \frac{4}{13}\vec{e}_5$, $\vec{v} = \frac{1}{4}(\vec{e}_1 - \vec{e}_2 - \vec{e}_3 + \vec{e}_4)$ et $\vec{e}_6 \in \mathbb{R}^7$.

Déterminons les vecteurs unitaires parmi les trois vecteurs précédents.

$$\|\vec{u}\| = \sqrt{\left(\frac{3}{13}\right)^2 + 0^2 + \left(\frac{12}{13}\right)^2 + 0^2 + \left(\frac{-4}{13}\right)^2} = 1$$

$$\|\vec{v}\| = \sqrt{\left(\frac{1}{4}\right)^2 + \left(\frac{-1}{4}\right)^2 + \left(\frac{-1}{4}\right)^2 + \left(\frac{1}{4}\right)^2} = \sqrt{\frac{1}{4}} = \frac{1}{2}$$

$$\|\vec{e}_6\| = \sqrt{0^2 + 0^2 + 0^2 + 0^2 + 0^2 + 1^2 + 0^2} = 1 \qquad (\text{car } \vec{e}_6 = (0, 0, 0, 0, 0, 1, 0))$$

D'où $\vec{u}$ et $\vec{e}_6$ sont des vecteurs unitaires.

THÉORÈME 5.3 Soit $\vec{v}$, un vecteur algébrique non nul dans $\mathbb{R}^n$.

Si $\vec{u} = \frac{1}{\|\vec{v}\|}\vec{v}$, alors $\vec{u}$ et son opposé $-\vec{u}$ sont deux vecteurs unitaires parallèles à $\vec{v}$.

La preuve est laissée à l'élève.

Exercices 5.2

1. Déterminer la dimension des vecteurs algébriques suivants.

a) $(4, 3, -2)$

b) $(8, 1, 0, 0, 0)$

c) $\vec{v} = (v_1, v_2, v_3, \ldots, v_{24})$

d) $\vec{e}_3 = (0, 0, 1, 0, 0, 0)$

2. Déterminer les composantes des vecteurs suivants.

a) $\vec{O}$ dans $\mathbb{R}^5$

b) $\vec{O}$ dans $\mathbb{R}^n$

c) $\vec{e}_1$ dans $\mathbb{R}^4$

d) $\vec{e}_5$ dans $\mathbb{R}^6$

e) $\vec{j}$ dans $\mathbb{R}^2$

f) $\vec{j}$ dans $\mathbb{R}^3$

g) $\vec{e}_3$ dans $\mathbb{R}^7$

h) $\vec{e}_3$ dans $\mathbb{R}^n$

3. Déterminer si les vecteurs suivants sont égaux.

a) $\vec{u} = (1, 2, 3, 4)$ et $\vec{v} = (1, 2, 3, 4, 0)$

b) $\vec{u} = (\sqrt{4}, 3, 2 \sin 30°)$ et $\vec{v} = (2, \sqrt[4]{81}, 1)$

c) $\vec{u} = (1, 2, 3)$ et $\vec{v} = (2, 3, 1)$

d) $\vec{u} = (0, 0, 0)$ et $\vec{v} = (0, 0, 0, 0)$

e) $\vec{u} = 4(1, 2, -4, 10)$ et $\vec{v} = 2(2, 4, -8, 20)$

f) $\vec{e}_1$ dans $\mathbb{R}^4$ et $\vec{e}_1$ dans $\mathbb{R}^5$

4. Déterminer, si c'est possible, les valeurs des constantes telles que les vecteurs suivants sont égaux.

a) $\vec{u} = (a, 3, 5)$ et $\vec{v} = (-4, 3, 5)$

b) $\vec{u} = (5, 0, b, c)$ et $\vec{v} = (5, a, 7, a + b)$

c) $\vec{u} = 2(0, 1, 2, a, -7)$ et $\vec{v} = (0, b, 4, 10, c)$

d) $\vec{u} = (3, a, b, 9)$ et $\vec{v} = (a, -3, 7, c)$

e) $\vec{u} = 2(8, -6, 4, 2a)$ et $\vec{v} = 4(4, -3, 2, a)$

f) $\vec{u} = 3(a, 2, -4)$ et $\vec{v} = (a, b + a, c + b)$

g) $\vec{u} = k(a, b, c, 0)$ et $\vec{v} = a(k, c, b)$

h) $\vec{u} = k(1, 2, 3, 0)$ et $\vec{v} = (a, -4, b, a + c)$

5. Soit $\vec{u} = (-2, 3, 0, 1, 7)$, $\vec{v} = (4, 0, -2, 1, -5)$, $\vec{w} = (3, 0, 0, 1, -2)$ et $\vec{t} = (4, 0, 5, 6)$. Calculer :

a) $2\vec{u}$

b) $\vec{v} + \vec{w}$

c) $\vec{v} - \vec{w}$

d) $2\vec{w} - 4\vec{u}$

e) $\vec{e}_2 + \vec{v}$

f) $\vec{e}_2 + \vec{t}$

g) $\vec{u} + \vec{v} - \vec{w}$

h) $3(\vec{u} + 2\vec{v})$

i) $(\vec{v} + \vec{O}) + (\vec{w} - \vec{w})$ j) $\frac{1}{2}\vec{v} - 2\vec{w}$

k) $0(\vec{u} + \vec{v})$ l) $\vec{e_1} - 2\vec{e_3} + \vec{t}$

6. Soit $\vec{u} = 2\vec{e_1} + 4\vec{e_3} - 5\vec{e_4}$ et $\vec{v} = 3\vec{e_1} - \vec{e_2} + 4\vec{e_4}$, deux vecteurs de même dimension.

a) Calculer :

i) $\|\vec{u}\|$ ii) $\|-4\vec{u}\|$

iii) $-3\|\vec{v}\|$ iv) $\left\|\frac{1}{\|\vec{u}\|}\vec{u}\right\|$

b) i) Calculer $\|\vec{u} + \vec{v}\|$.

ii) Calculer $\|\vec{u}\| + \|\vec{v}\|$.

iii) Comparer $\|\vec{u} + \vec{v}\|$ et $\|\vec{u}\| + \|\vec{v}\|$.

iv) Trouver un vecteur $\vec{w}$ tel que $\|\vec{u} + \vec{w}\| = \|\vec{u}\| + \|\vec{w}\|$.

7. Les vecteurs $\vec{v_2}$ et $\vec{v_3}$ suivants représentent les ventes quotidiennes (en dollars) enregistrées dans un dépanneur au cours de la deuxième et de la troisième semaine du mois de mars 2011.

$\vec{v_2} = (1089, 495, 660, 781, 638, 891, 1045)$

$\vec{v_3} = (1200, 540, 730, 860, 700, 980, 1150)$

Dominique Parent

a) Déterminer le vecteur $\vec{s}$ représentant les ventes quotidiennes totales de ces deux semaines.

b) Déterminer le vecteur $\vec{m}$ représentant les ventes quotidiennes moyennes de ces deux semaines.

c) Après analyse, le propriétaire constate que $\vec{v_2}$ représente une augmentation de 10 % par rapport aux ventes quotidiennes de la semaine précédente. Déterminer les composantes du vecteur $\vec{v_1}$ représentant les ventes quotidiennes de la première semaine.

d) Le propriétaire estime que les ventes quotidiennes de la quatrième semaine seront de 10 % supérieures à celles de la troisième semaine. Déterminer le vecteur $\vec{v_4}$ représentant les ventes quotidiennes de la quatrième semaine.

5.3 Espaces vectoriels

Objectifs d'apprentissage

À la fin de cette section, l'élève pourra déterminer si un ensemble est un espace vectoriel sur IR.

Plus précisément, l'élève sera en mesure

- de donner la définition d'un espace vectoriel sur IR ;
- de déterminer si un ensemble muni d'une opération interne et d'une opération externe est un espace vectoriel sur IR ;
- de donner la définition d'un sous-espace vectoriel ;
- de déterminer si un ensemble muni d'opérations est un sous-espace vectoriel.

V est un **espace vectoriel** sur IR lorsque pour tout $\boldsymbol{u}$, $\boldsymbol{v}$ et $\boldsymbol{w} \in$ V et pour tout r et $s \in \mathbb{R}$, nous avons

Propriété 1 $(\boldsymbol{u} \oplus \boldsymbol{v}) \in V$

Propriété 2 $\boldsymbol{u} \oplus \boldsymbol{v} = \boldsymbol{v} \oplus \boldsymbol{u}$

⋮

Propriété 9 $r * (s * \boldsymbol{u}) = (rs) * \boldsymbol{u}$

Propriété 10 $1 * \boldsymbol{u} = \boldsymbol{u}$

Au chapitre 4 et à la section 5.2, nous avons étudié les propriétés des opérations sur les vecteurs géométriques et sur les vecteurs algébriques.

Plusieurs autres ensembles, par exemple l'ensemble des matrices et l'ensemble des polynômes munis d'opérations semblables, possèdent les mêmes propriétés.

Nous présentons maintenant la notion d'espace vectoriel. Notre étude se limitera aux espaces vectoriels sur les nombres réels.

Espaces vectoriels sur $\mathbb{R}$

Il y a environ 125 ans...

Giuseppe Peano
(1858-1932)

Lorsque la communauté mathématique n'est pas prête à recevoir et à apprécier un concept ou une notion, on aura beau faire, elle restera rébarbative à ces nouvelles idées. C'est le cas pour les idées de Grassmann. Il en ira de même après 1888 pour le système linéaire (espace vectoriel dans $\mathbb{R}^n$) de **Giuseppe Peano**. À plusieurs reprises, des mathématiciens reprennent, parfois sans le savoir, quelques-unes des idées de Peano, mais la communauté mathématique dans son ensemble n'en voit pas toute la richesse. Les choses ne changent guère en 1918 lorsque Hermann Weyl (1885-1955) reprend cette idée d'axiomatiser ce que nous appelons un espace vectoriel dans $\mathbb{R}^n$ dans son livre *Espace – Temps – Matière* sur la théorie de la relativité. La définition d'espace vectoriel en termes de propriétés, analogue à celle donnée dans cette section, ne frappera l'imagination des mathématiciens que lorsqu'elle sera présentée dans la thèse du polonais Stephan Banach (1892-1945), soutenue en 1920 et qui étudie des ensembles d'objets mathématiques beaucoup plus abstraits que les points d'un espace à n dimensions, en l'occurrence des ensembles dont les éléments sont des fonctions.

DÉFINITION 5.25 Soit V, un ensemble non vide muni d'une opération interne et d'une opération externe. L'opération interne, notée $\oplus$, s'appelle addition, et l'opération externe, notée $*$, s'appelle multiplication d'un élément de V par un scalaire de $\mathbb{R}$.

V est un **espace vectoriel** sur $\mathbb{R}$ lorsque pour tout $\boldsymbol{u}$, $\boldsymbol{v}$ et $\boldsymbol{w} \in$ V et pour tout r et $s \in \mathbb{R}$, nous avons

Propriété 1 $(\boldsymbol{u} \oplus \boldsymbol{v}) \in \mathrm{V}$ (fermeture pour l'addition)

Propriété 2 $\boldsymbol{u} \oplus \boldsymbol{v} = \boldsymbol{v} \oplus \boldsymbol{u}$ (commutativité de l'addition)

Propriété 3 $(\boldsymbol{u} \oplus \boldsymbol{v}) \oplus \boldsymbol{w} = \boldsymbol{u} \oplus (\boldsymbol{v} \oplus \boldsymbol{w})$ (associativité de l'addition)

Propriété 4 Il existe un **élément neutre** pour l'addition, noté $\boldsymbol{O}$, où $\boldsymbol{O} \in \mathrm{V}$, tel que $\boldsymbol{u} \oplus \boldsymbol{O} = \boldsymbol{u}$, $\forall\, \boldsymbol{u} \in \mathrm{V}$.

Propriété 5 Pour tout vecteur $\boldsymbol{u}$, il existe un **élément opposé** pour l'addition, noté $-\boldsymbol{u}$, où $-\boldsymbol{u} \in \mathrm{V}$, tel que $\boldsymbol{u} \oplus (-\boldsymbol{u}) = \boldsymbol{O}$.

Propriété 6 $r * \boldsymbol{u} \in \mathrm{V}$ (fermeture pour la multiplication par un scalaire)

Propriété 7 $(r + s) * \boldsymbol{u} = r * \boldsymbol{u} + s * \boldsymbol{u}$ (pseudo-distributivité de la multiplication sur l'addition de scalaires)

Propriété 8 $r * (\boldsymbol{u} \oplus \boldsymbol{v}) = r * \boldsymbol{u} \oplus s * \boldsymbol{v}$ (pseudo-distributivité de la multiplication sur l'addition de vecteurs)

Propriété 9 $r * (s * \boldsymbol{u}) = (rs) * \boldsymbol{u}$ (pseudo-associativité de la multiplication par un scalaire)

Propriété 10 $1 * \boldsymbol{u} = \boldsymbol{u}$ (1 est le pseudo-élément neutre pour la multiplication par un scalaire)

Les éléments d'un espace vectoriel V sont appelés vecteurs de V et sont notés en caractères gras.

Pour déterminer si un ensemble non vide V muni d'une opération interne $\oplus$ et d'une opération externe $*$ est un espace vectoriel sur $\mathbb{R}$, il faut vérifier si les 10 propriétés de la définition d'un espace vectoriel sont satisfaites.

Toutefois, si une des 10 propriétés n'est pas satisfaite, alors V n'est pas un espace vectoriel.

En particulier pour démontrer les propriétés 2, 3, 7, 8 et 9, nous pouvons

- soit développer un membre de l'égalité jusqu'à obtenir l'autre membre de l'égalité ;
- soit développer les deux membres de l'égalité jusqu'à obtenir la même expression.

Exemple 1 Soit V, l'ensemble des polynômes de degré inférieur ou égal à 1, c'est-à-dire $V = \{ax + b \mid a \text{ et } b \in \mathbb{R}\}$, muni des opérations interne et externe suivantes.

Addition : $(cx + d) \oplus (ex + f) = (c + e)x + (d + f)$

Multiplication : $k * (cx + d) = (kc)x + kd$, où $k \in \mathbb{R}$

Déterminons si V est un espace vectoriel sur $\mathbb{R}$.

Il faut vérifier si les 10 propriétés énoncées dans la définition précédente sont satisfaites.

Soit $\boldsymbol{u} = cx + d$, $\boldsymbol{v} = ex + f$ et $\boldsymbol{w} = gx + h$, des éléments de V, et r et s, des éléments de $\mathbb{R}$.

Propriété 1 Vérifions si $(\boldsymbol{u} \oplus \boldsymbol{v}) \in V$.

$$\begin{aligned} \boldsymbol{u} \oplus \boldsymbol{v} &= (cx + d) \oplus (ex + f) \\ &= (c + e)x + (d + f) && \text{(définition de } \oplus) \\ &= px + q && \text{(où } p = c + e \text{ et } q = d + f) \end{aligned}$$

Puisque c et $e \in \mathbb{R}$, alors $p = (c + e) \in \mathbb{R}$, et puisque d et $f \in \mathbb{R}$, alors $q = (d + f) \in \mathbb{R}$.

D'où $(\boldsymbol{u} \oplus \boldsymbol{v}) \in V$.

Propriété 2 Vérifions si $\boldsymbol{u} \oplus \boldsymbol{v} = \boldsymbol{v} \oplus \boldsymbol{u}$.

$$\begin{aligned} \boldsymbol{u} \oplus \boldsymbol{v} &= (cx + d) \oplus (ex + f) \\ &= (c + e)x + (d + f) && \text{(définition de } \oplus) \\ &= (e + c)x + (f + d) && \text{(commutativité de l'addition dans } \mathbb{R}) \\ &= (ex + f) \oplus (cx + d) && \text{(définition de } \oplus) \\ &= \boldsymbol{v} \oplus \boldsymbol{u} \end{aligned}$$

d'où $\boldsymbol{u} \oplus \boldsymbol{v} = \boldsymbol{v} \oplus \boldsymbol{u}$

Propriété 3 Vérifions si $\boldsymbol{u} \oplus (\boldsymbol{v} \oplus \boldsymbol{w}) = (\boldsymbol{u} \oplus \boldsymbol{v}) \oplus \boldsymbol{w}$.

$$\begin{aligned} \boldsymbol{u} \oplus (\boldsymbol{v} \oplus \boldsymbol{w}) &= (cx + d) \oplus ((ex + f) \oplus (gx + h)) \\ &= (cx + d) \oplus ((e + g)x + (f + h)) && \text{(définition de } \oplus) \\ &= (c + (e + g))x + (d + (f + h)) && \text{(définition de } \oplus) \\ &= ((c + e) + g)x + ((d + f) + h) && \text{(associativité de l'addition dans } \mathbb{R}) \\ &= ((c + e)x + (d + f)) \oplus (gx + h) && \text{(définition de } \oplus) \\ &= ((cx + d) \oplus (ex + f)) \oplus (gx + h) && \text{(définition de } \oplus) \\ &= (\boldsymbol{u} \oplus \boldsymbol{v}) \oplus \boldsymbol{w} \end{aligned}$$

d'où $\boldsymbol{u} \oplus (\boldsymbol{v} \oplus \boldsymbol{w}) = (\boldsymbol{u} \oplus \boldsymbol{v}) \oplus \boldsymbol{w}$

Propriété 4 Vérifions s'il existe dans V un élément neutre pour $\oplus$, noté $\boldsymbol{O}$, tel que $\boldsymbol{u} \oplus \boldsymbol{O} = \boldsymbol{u}$, $\forall\, \boldsymbol{u} \in V$.

Soit $\boldsymbol{O}$, l'élément de V défini par $\boldsymbol{O} = 0x + 0$.

Ainsi,
$$\begin{aligned} \boldsymbol{u} \oplus \boldsymbol{O} &= (cx + d) \oplus (0x + 0) \\ &= (c + 0)x + (d + 0) && \text{(définition de } \oplus) \\ &= cx + d && \text{(0 est l'élément neutre de l'addition dans } \mathbb{R}) \\ &= \boldsymbol{u} \end{aligned}$$

d'où $\boldsymbol{O} = 0x + 0$ est l'élément neutre de l'addition, car $\boldsymbol{u} \oplus \boldsymbol{O} = \boldsymbol{u}$.

5

Propriété 5 Vérifions si, pour tout vecteur $\boldsymbol{u}$, il existe dans V un élément opposé, noté $-\boldsymbol{u}$, tel que $\boldsymbol{u} \oplus (-\boldsymbol{u}) = \boldsymbol{O}$.

Soit $-\boldsymbol{u}$, l'élément de V défini par $-\boldsymbol{u} = -cx + (-d)$.

Ainsi, $\boldsymbol{u} \oplus (-\boldsymbol{u}) = (cx + d) \oplus (-cx + (-d))$

$= ((c + (-c))x + (d + (-d))$ (définition de $\oplus$)

$= 0x + 0$ (car $(-c)$ est l'opposé de c dans $\mathbb{R}$, et $(-d)$ est l'opposé de d dans $\mathbb{R}$)

$= \boldsymbol{O}$ (propriété 4)

d'où $-\boldsymbol{u} = -cx + (-d)$ est l'élément opposé de $\boldsymbol{u}$, car $\boldsymbol{u} + (-\boldsymbol{u}) = \boldsymbol{O}$.

Propriété 6 Vérifions si $r * \boldsymbol{u} \in$ V.

$r * \boldsymbol{u} = r * (cx + d)$

$= (rc)x + rd$ (définition de $*$)

$= px + q$ (où $p = rc$ et $q = rd$)

Puisque r et $c \in \mathbb{R}$, alors $p = rc \in \mathbb{R}$, et puisque r et $d \in \mathbb{R}$, alors $q = rd \in \mathbb{R}$.

D'où $r * \boldsymbol{u} \in$ V.

Propriété 7 Vérifions si $(r + s) * \boldsymbol{u} = r * \boldsymbol{u} \oplus s * \boldsymbol{u}$.

D'une part,

$(r + s) * \boldsymbol{u} = (r + s) * (cx + d)$

$= ((r + s)c)x + (r + s)d$ (définition de $*$)

$= (rc + sc)x + (rd + sd)$ (distributivité dans $\mathbb{R}$)

D'autre part,

$r * \boldsymbol{u} \oplus s * \boldsymbol{u} = r * (cx + d) \oplus s * (cx + d)$

$= ((rc)x + rd) \oplus ((sc)x + sd)$ (définition de $*$)

$= (rc)x + (sc)x + rd + sd$

$= (rc + sc)x + (rd + sd)$

d'où $(r + s) * \boldsymbol{u} = r * \boldsymbol{u} \oplus s * \boldsymbol{u}$

Propriété 8 Vérifions si $r * (\boldsymbol{u} \oplus \boldsymbol{v}) = r * \boldsymbol{u} \oplus r * \boldsymbol{v}$.

D'une part,

$r * (\boldsymbol{u} \oplus \boldsymbol{v}) = r * ((cx + d) \oplus (ex + f))$

$= r * ((c + e)x + (d + f))$ (définition de $\oplus$)

$= (r(c + e))x + r(d + f)$ (définition de $*$)

$= (rc + re)x + (rd + rf)$ (distributivité dans $\mathbb{R}$)

D'autre part,

$r * \boldsymbol{u} \oplus r * \boldsymbol{v} = r * (cx + d) \oplus r * (ex + f)$

$= ((rc)x + rd) \oplus ((re)x + rf)$ (définition de $*$)

$= (rc)x + (re)x + rd + rf$ (définition de $\oplus$)

$= (rc + re)x + (rd + rf)$

d'où $r * (\boldsymbol{u} \oplus \boldsymbol{v}) = r * \boldsymbol{u} \oplus r * \boldsymbol{v}$

Propriété 9 Vérifions si $r * (s * \boldsymbol{u}) = (rs) * \boldsymbol{u}$.

$r * (s * \boldsymbol{u}) = r * (s * (cx + d))$

$= r * ((sc)x + (sd))$ (définition de $*$)

$= (r(sc))x + r(sd)$ (définition de $*$)

$= (rs)(cx) + (rs)d$ (associativité de la multiplication dans $\mathbb{R}$)

$= (rs) * (cx + d)$ (définition de $*$)

$= (rs) * \boldsymbol{u}$

d'où $r * (s * \boldsymbol{u}) = (rs) * \boldsymbol{u}$

Propriété 10 Vérifions si $1 * \boldsymbol{u} = \boldsymbol{u}$.

$$\begin{aligned} 1 * \boldsymbol{u} &= 1 * (cx + d) \\ &= (1c)x + 1d && \text{(définition de } *\text{)} \\ &= cx + d && \text{(1 est l'élément neutre de la multiplication dans } \mathbb{R}\text{)} \\ &= \boldsymbol{u} \end{aligned}$$

d'où $1 * \boldsymbol{u} = \boldsymbol{u}$

Puisque les 10 propriétés sont satisfaites, V est un espace vectoriel sur $\mathbb{R}$.

Exemple 2 L'ensemble V des vecteurs dans $\mathbb{R}^n$, muni des opérations addition et multiplication d'un vecteur par un scalaire (définies dans la section 5.2), est un espace vectoriel sur $\mathbb{R}$.

En effet, les 10 propriétés de l'addition de vecteurs algébriques et de la multiplication d'un vecteur algébrique par un scalaire (page 212) correspondent aux 10 propriétés d'un espace vectoriel (page 216).

Exemple 3 L'ensemble $\mathcal{M}$ des matrices carrées $n \times n$, muni des opérations addition et multiplication d'une matrice par un scalaire (définies dans la section 1.2), est un espace vectoriel sur $\mathbb{R}$.

En effet, les 10 propriétés de l'addition de matrices et de la multiplication d'une matrice par un scalaire (page 20) correspondent aux 10 propriétés d'un espace vectoriel.

Rappelons que, pour conclure qu'un ensemble donné V n'est pas un espace vectoriel sur $\mathbb{R}$, il suffit de démontrer qu'une des 10 propriétés n'est pas satisfaite.

Exemple 4 Soit $\mathcal{M}$, l'ensemble des matrices carrées 2×2 de la forme $\begin{bmatrix} a & b \\ c & 5 \end{bmatrix}$, où a, b et $c \in \mathbb{R}$, muni des opérations addition et multiplication d'une matrice par un scalaire (définies dans la section 1.2).

Déterminons si $\mathcal{M}$ est un espace vectoriel sur $\mathbb{R}$.

Il faut vérifier si les 10 propriétés énoncées dans la définition précédente sont satisfaites.

Soit $\boldsymbol{M}_1 = \begin{bmatrix} a & b \\ c & 5 \end{bmatrix}$, $\boldsymbol{M}_2 = \begin{bmatrix} d & e \\ f & 5 \end{bmatrix}$ et $\boldsymbol{M}_3 = \begin{bmatrix} h & g \\ i & 5 \end{bmatrix}$, des éléments de $\mathcal{M}$, et r et s, des éléments de $\mathbb{R}$.

Propriété 1

Vérifions si $(\boldsymbol{M}_1 \oplus \boldsymbol{M}_2) \in \mathcal{M}$.

$$\begin{aligned} \boldsymbol{M}_1 \oplus \boldsymbol{M}_2 &= \begin{bmatrix} a & b \\ c & 5 \end{bmatrix} \oplus \begin{bmatrix} d & e \\ f & 5 \end{bmatrix} \\ &= \begin{bmatrix} a+d & b+e \\ c+f & 10 \end{bmatrix} && \text{(définition de } \oplus\text{)} \end{aligned}$$

Puisque l'élément de la deuxième ligne et de la deuxième colonne n'est pas égal à 5, $(\boldsymbol{M}_1 \oplus \boldsymbol{M}_2) \notin \mathcal{M}$.

D'où $\mathcal{M}$ n'est pas un espace vectoriel sur $\mathbb{R}$, car la propriété 1 n'est pas satisfaite.

Remarque Pour démontrer qu'une des propriétés n'est pas satisfaite, nous pouvons également trouver un contre-exemple.

Exemple 5 Soit $V = \{(a, b) \mid a \text{ et } b \in \mathbb{R}\}$, l'ensemble des vecteurs dans $\mathbb{R}^2$, muni des opérations suivantes.

Addition : $(c, d) \oplus (e, f) = (c + e, d + f)$

Multiplication : $k*(c, d) = (kc, d)$, où $k \in \mathbb{R}$

Déterminons si V est un espace vectoriel sur $\mathbb{R}$.

Il n'est pas nécessaire de vérifier les propriétés de l'addition, puisque l'addition est définie de façon habituelle.

Toutefois, comme la multiplication du vecteur par un scalaire est définie de façon différente, il est possible qu'une des propriétés relatives à la multiplication par un scalaire ne soit pas satisfaite.

Propriété 6 Vérifions si $r*\boldsymbol{u} \in V$, où $\boldsymbol{u} = (c, d)$ et $r \in \mathbb{R}$.

$$
\begin{aligned}
r*\boldsymbol{u} &= r*(c, d) \\
&= (rc, d) && \text{(définition de } *) \\
&= (f, d) && (\text{où } f = rc)
\end{aligned}
$$

Puisque r et $c \in \mathbb{R}$, alors $f = rc \in \mathbb{R}$.

D'où $r*\boldsymbol{u} \in V$.

Propriété 7 Vérifions si $(r + s)*\boldsymbol{u} = r*\boldsymbol{u} \oplus s*\boldsymbol{u}$, où $\boldsymbol{u} = (c, d)$ et r et $s \in \mathbb{R}$.

D'une part,
$$
\begin{aligned}
(r + s)*\boldsymbol{u} &= (r + s)*(c, d) \\
&= ((r + s)c, d) && \text{(définition de } *)
\end{aligned}
$$

D'autre part,
$$
\begin{aligned}
r*\boldsymbol{u} \oplus s*\boldsymbol{u} &= r*(c, d) \oplus s*(c, d) \\
&= (rc, d) \oplus (sc, d) && \text{(définition de } *) \\
&= (rc + sc, d + d) && \text{(définition de } \oplus) \\
&= ((r + s)c, 2d)
\end{aligned}
$$

Puisque $((r + s)c, d) \neq ((r + s)c, 2d)$ lorsque $d \neq 0$, alors $(r \oplus s)*\boldsymbol{u} \neq r*\boldsymbol{u} \oplus s*\boldsymbol{u}$.

D'où V n'est pas un espace vectoriel sur $\mathbb{R}$, car la propriété 7 n'est pas satisfaite.

Énonçons deux théorèmes se rapportant aux espaces vectoriels sur $\mathbb{R}$.

THÉORÈME 5.4 Soit $\boldsymbol{u}$, $\boldsymbol{v}$ et $\boldsymbol{w} \in V$, où V est un espace vectoriel sur $\mathbb{R}$.

Si $\boldsymbol{v} \oplus \boldsymbol{u} = \boldsymbol{w} \oplus \boldsymbol{u}$, alors $\boldsymbol{v} = \boldsymbol{w}$.

PREUVE

$$
\begin{aligned}
\boldsymbol{v} \oplus \boldsymbol{u} &= \boldsymbol{w} \oplus \boldsymbol{u} \\
(\boldsymbol{v} \oplus \boldsymbol{u}) \oplus (-\boldsymbol{u}) &= (\boldsymbol{w} \oplus \boldsymbol{u}) \oplus (-\boldsymbol{u}) && \text{(l'opposé de } \boldsymbol{u} \text{ existe dans V)} \\
\boldsymbol{v} \oplus (\boldsymbol{u} \oplus (-\boldsymbol{u})) &= \boldsymbol{w} \oplus (\boldsymbol{u} \oplus (-\boldsymbol{u})) && \text{(associativité dans V)} \\
\boldsymbol{v} \oplus \boldsymbol{O} &= \boldsymbol{w} \oplus \boldsymbol{O} && (\text{car } \boldsymbol{u} \oplus (-\boldsymbol{u}) = \boldsymbol{O}) \\
\boldsymbol{v} &= \boldsymbol{w} && (\boldsymbol{O} \text{ est l'élément neutre de } \oplus \text{ dans V})
\end{aligned}
$$

d'où $\boldsymbol{v} = \boldsymbol{w}$

THÉORÈME 5.5 Si V est un espace vectoriel sur $\mathbb{R}$, où $\boldsymbol{O}$ est l'élément neutre pour $\oplus$ de V, alors pour tout $\boldsymbol{u}$ et $\boldsymbol{v} \in$ V, et pour tout r et $s \in \mathbb{R}$, nous avons

1) $0 * \boldsymbol{u} = \boldsymbol{O}$
2) $r * \boldsymbol{O} = \boldsymbol{O}$
3) $(-1) * \boldsymbol{u} = -\boldsymbol{u}$
4) $(-r) * \boldsymbol{u} = -(r * \boldsymbol{u}) = r * (-\boldsymbol{u})$
5) si $r * \boldsymbol{u} = \boldsymbol{O}$, alors $r = 0$ ou $\boldsymbol{u} = \boldsymbol{O}$
6) $-(\boldsymbol{u} \oplus \boldsymbol{v}) = (-\boldsymbol{u}) \oplus (-\boldsymbol{v})$
7) si $r * \boldsymbol{u} = r * \boldsymbol{v}$ et $r \neq 0$, alors $\boldsymbol{u} = \boldsymbol{v}$
8) si $r * \boldsymbol{u} = s * \boldsymbol{u}$ et $\boldsymbol{u} \neq \boldsymbol{O}$, alors $r = s$

PREUVE 1)

$0 * \boldsymbol{u} = (0 * \boldsymbol{u}) \oplus \boldsymbol{O}$ (propriété 4, définition 5.25)

$(0 + 0) * \boldsymbol{u} = (0 * \boldsymbol{u}) \oplus \boldsymbol{O}$ (0 est l'élément neutre pour l'addition dans $\mathbb{R}$)

$(0 * \boldsymbol{u}) \oplus (0 * \boldsymbol{u}) = (0 * \boldsymbol{u}) \oplus \boldsymbol{O}$ (propriété 7, définition 5.25)

d'où $0 * \boldsymbol{u} = \boldsymbol{O}$ (théorème 5.4)

5

Sous-espaces vectoriels

DÉFINITION 5.26 Soit V, un espace vectoriel sur $\mathbb{R}$, et W, un sous-ensemble non vide de V (W $\subseteq$ V).

On dit que W est un **sous-espace vectoriel** de V lorsque W, muni des mêmes opérations que V, est également un espace vectoriel sur $\mathbb{R}$.

Théoriquement, il faudrait vérifier si les 10 propriétés d'un espace vectoriel sont satisfaites pour W (définition 5.25).

En pratique, il n'est pas nécessaire de vérifier les propriétés 2, 3, 7, 8, 9 et 10, puisque le fait qu'elles soient valides pour tous les éléments de V implique qu'elles sont également valides pour les éléments de W, car W $\subseteq$ V.

Il reste donc à vérifier la validité des propriétés 1, 4, 5 et 6 de la définition 5.25.

Énonçons maintenant un théorème nous permettant de déterminer si W est un sous-espace vectoriel de V en vérifiant uniquement la validité des propriétés 1 et 6.

THÉORÈME 5.6 Soit V, un espace vectoriel sur $\mathbb{R}$, et W, un sous-ensemble non vide de V.

Si W est muni des mêmes opérations que V, alors W est un sous-espace vectoriel de V si et seulement si, pour tout $\boldsymbol{u}$ et $\boldsymbol{v} \in$ W, et pour tout $r \in \mathbb{R}$, nous avons

i) $(\boldsymbol{u} \oplus \boldsymbol{v}) \in$ W (fermeture de $\oplus$)

ii) $r * \boldsymbol{u} \in$ W (fermeture de $*$)

Remarque Si i) $(\boldsymbol{u} \oplus \boldsymbol{v}) \in$ W, la propriété 1 de la définition 5.25 est valide ;

si ii) $r * \boldsymbol{u} \in$ W, la propriété 6 de la définition 5.25 est valide.

De plus,

– en posant $r = 0$, nous avons $0 * \boldsymbol{u} = \boldsymbol{O}$, (théorème 5.5 – 1))

donc $\boldsymbol{O} \in W$, (par ii))

ainsi, la propriété 4 de la définition 5.25 est valide ;

– en posant $r = -1$, nous avons $(-1) * \boldsymbol{u} = -\boldsymbol{u}$, (théorème 5.5 – 3))

donc $-\boldsymbol{u} \in W$, (par ii))

ainsi, la propriété 5 de la définition 5.25 est valide.

Exemple 1 Soit $W = \{(a, 0, b) \in \mathbb{R}^3\}$, un sous-ensemble non vide de $\mathbb{R}^3$ ($W \subseteq \mathbb{R}^3$), c'est-à-dire que W est l'ensemble des vecteurs de $\mathbb{R}^3$, dont la deuxième composante est nulle. Déterminons, à l'aide du théorème 5.6, si W, muni des opérations habituelles, est un sous-espace vectoriel de $\mathbb{R}^3$.

Soit $\boldsymbol{u} = (a, 0, b)$ et $\boldsymbol{v} = (c, 0, d)$, deux vecteurs de W, et $r \in \mathbb{R}$.

i) $\boldsymbol{u} \oplus \boldsymbol{v} = (a, 0, b) \oplus (c, 0, d)$

$= (a + c, 0 + 0, b + d)$ (définition de $\oplus$)

$= (a + c, 0, b + d)$

Puisque la deuxième composante est nulle, $(\boldsymbol{u} \oplus \boldsymbol{v}) \in W$.

ii) $r * \boldsymbol{u} = r * (a, 0, b)$

$= (ra, r0, rb)$ (définition de $*$)

$= (ra, 0, rb)$ (car $r0 = 0$ dans $\mathbb{R}$)

Puisque la deuxième composante est nulle, $r * \boldsymbol{u} \in W$.

D'où W est un sous-espace vectoriel de $\mathbb{R}^3$.

Exemple 2 Soit $W = \{(a, b) \in \mathbb{R}^2 \mid ab = 0\}$, un sous-ensemble non vide de $\mathbb{R}^2$ ($W \subseteq \mathbb{R}^2$). Déterminons si W, muni des opérations habituelles, est un sous-espace vectoriel de $\mathbb{R}^2$.

Soit $\boldsymbol{u} = (a, b)$ et $\boldsymbol{v} = (c, d)$, deux vecteurs de W, et $r \in \mathbb{R}$.

i) $\boldsymbol{u} \oplus \boldsymbol{v} = (a, b) \oplus (c, d)$

$= (a + c, b + d)$ (définition de $\oplus$)

Vérifions si $(a + c, b + d) \in W$, c'est-à-dire si

$(a + c)(b + d) = 0$, c'est-à-dire si $ab + ad + cb + cd = 0$.

Nous savons que $ab = 0$ et $cd = 0$, car $\boldsymbol{u}$ et $\boldsymbol{v} \in W$.

Nous devons donc vérifier si $ad + cb = 0$.

En choisissant $a = 0$ et $b \neq 0$, et en choisissant $d = 0$ et $c \neq 0$, nous avons $ad + cb \neq 0$.

Donc, $(\boldsymbol{u} \oplus \boldsymbol{v}) \notin W$.

D'où W n'est pas un sous-espace vectoriel de V, car la première condition du théorème 5.6 n'est pas satisfaite.

Une autre façon de démontrer que W, où W $\subseteq$ V, n'est pas un sous-espace vectoriel de V consiste à trouver un contre-exemple.

Contre-exemple Dans l'exemple précédent, en choisissant $\boldsymbol{u} = (5, 0)$ et $\boldsymbol{v} = (0, 2)$, où $\boldsymbol{u}, \boldsymbol{v} \in$ W, nous obtenons

$$\begin{aligned} \boldsymbol{u} \oplus \boldsymbol{v} &= (5, 0) \oplus (0, 2) \\ &= (5, 2) \qquad \text{(définition de } \oplus\text{)} \end{aligned}$$

Donc, $(\boldsymbol{u} \oplus \boldsymbol{v}) \notin$ W (car $5(2) \neq 0$)

THÉORÈME 5.7 Tout espace vectoriel V possède deux **sous-espaces vectoriels triviaux**, soit

$$W_1 = \{\boldsymbol{O}\} \text{ et } W_2 = V$$

La preuve est laissée à l'élève.

Exercices 5.3

1. Vérifier si les ensembles suivants sont des espaces vectoriels sur $\mathbb{R}$. Dans le cas où un ensemble n'est pas un espace vectoriel sur $\mathbb{R}$, énoncer une propriété qui n'est pas satisfaite.

a) $V = \{(x, -x) \in \mathbb{R}^2\}$, muni des opérations habituelles.

b) $V = \{(a, b, c) \in \mathbb{R}^3\}$, muni des opérations suivantes.

Addition : $(a, b, c) \oplus (d, e, f) = (a + d, b + e, c + f)$

Multiplication : $k * (a, b, c) = (0, 0, 0)$

c) L'ensemble V, contenant un seul élément appelé $\boldsymbol{u}$, muni des opérations suivantes.

Addition : $\boldsymbol{u} \oplus \boldsymbol{u} = \boldsymbol{u}$

Multiplication : $r * (\boldsymbol{u}) = \boldsymbol{u}$

d) $V = \{(a, b) \in \mathbb{R}^2\}$, muni des opérations suivantes.

Addition : $(a, b) \oplus (c, d) = (ad, bc)$

Multiplication : $r * (a, b) = (ra, rb)$

e) $F = \{(ax^2 + bx + c \mid a, b \text{ et } c \in \mathbb{R}\}$, muni des opérations suivantes.

Addition : $(ax^2 + bx + c) \oplus (dx^2 + ex + f) = (a + d)x^2 + (b + e)x + (c + f)$

Multiplication : $r * (ax^2 + bx + c) = (ra)x^2 + (rb)x + rc$

f) L'ensemble $\mathcal{M}$ des matrices $M_{2 \times 2}$, où les éléments m_{ij} de $M_{2 \times 2}$ sont des entiers, muni des opérations addition et multiplication d'une matrice par un scalaire déjà définies.

2. Soit $V = \{(a, b, c) \in \mathbb{R}^3 \mid a > 0, b > 0 \text{ et } c > 0\}$, muni des opérations suivantes.

Addition : $(a, b, c) \oplus (d, e, f) = (ad, be, cf)$

Multiplication : $r * (a, b, c) = (a^r, b^r, c^r)$

a) Déterminer l'élément neutre de l'addition.

b) Déterminer l'élément opposé de l'addition.

c) Vérifier si V est un espace vectoriel sur $\mathbb{R}$.

3. Soit V, un espace vectoriel sur $\mathbb{R}$, où $\boldsymbol{u} \in$ V et $r \in \mathbb{R}$. Démontrer les égalités suivantes.

a) $r * \boldsymbol{O} = \boldsymbol{O}$ (théorème 5.5 − 2)

b) $(-1) * \boldsymbol{u} = -\boldsymbol{u}$ (théorème 5.5 − 3)

4. Soit V, un espace vectoriel sur $\mathbb{R}$, muni des opérations habituelles, et W, un sous-ensemble non vide de V, muni des mêmes opérations. Déterminer si W est un sous-espace vectoriel de V. Si tel n'est pas le cas, expliquer pourquoi ou trouver un contre-exemple.

a) $V = \mathbb{R}^3$; $W = \{(a, 2a, 3a) \in \mathbb{R}^3\}$

b) $V = \mathbb{R}^2$; $W = \{(a, b) \in \mathbb{R}^2 \mid a > 0 \text{ et } b \geq 0\}$

c) $V = \mathbb{R}^3$; $W = \{(a, b, c) \in \mathbb{R}^3 \mid c = a + b\}$

d) $V = \mathbb{R}^3$; $W = \{(a, b, ab) \in \mathbb{R}^3\}$

e) $V = \mathbb{R}^2$; $W = \{(a, b) \in \mathbb{R}^2 \mid a > b\}$

f) $V = \mathbb{R}^3$;

$W = \{(a, b, c) \in \mathbb{R}^3 \mid 3a + 2b - c = 0\}$

g) $V = \{ax^2 + bx + c \mid a, b \text{ et } c \in \mathbb{R}\}$;

$W = \{ax^2 + bx + c \mid b = 0, a \text{ et } c \in \mathbb{R}\}$

h) $V = \{ax^2 + bx + c \mid a, b \text{ et } c \in \mathbb{R}\}$;

$W = \{ax^2 + bx + c \mid b = 1, a \text{ et } c \in \mathbb{R}\}$

i) $V = \{ax^2 + bx + c \mid a, b \text{ et } c \in \mathbb{R}\}$;
$W = \{ax^2 + bx + c \mid a + b + c = 0\}$

j) $V = \mathbb{R}^{\infty}$; $W = \{(a, a, a, \ldots) \mid a \in \mathbb{R}\}$

5. Soit $\mathcal{M}$, l'espace vectoriel sur $\mathbb{R}$ des matrices $M_{2\times 2}$ muni des opérations habituelles. Parmi les sous-ensembles non vides de $\mathcal{M}$ suivants, munis des mêmes opérations, déterminer les sous-espaces vectoriels de $\mathcal{M}$. Lorsqu'il ne s'agit pas d'un sous-espace de $\mathcal{M}$, expliquer pourquoi ou trouver un contre-exemple.

a) $W = \left\{\begin{bmatrix} 0 & a \\ b & 0 \end{bmatrix} \middle| \, a, b \in \mathbb{R}\right\}$

b) $W = \{M \in \mathcal{M} \mid \text{dét } M = 1\}$

c) $W = \{M \in \mathcal{M} \mid \text{dét } M \neq 0\}$

d) $W = \{M \in \mathcal{M} \mid M^{T} = M\}$

e) $W = \left\{\begin{bmatrix} 0 & 0 \\ 0 & 0 \end{bmatrix}\right\}$

6. Soit V, un espace vectoriel sur $\mathbb{R}$, muni des opérations habituelles, et W, un ensemble non vide tel que $W \subseteq V$, muni des mêmes opérations. Démontrer que W est un sous-espace vectoriel de V si et seulement si, pour tout $\boldsymbol{u}$ et $\boldsymbol{v} \in W$ et pour tout r et $s \in \mathbb{R}$, nous avons $(r * \boldsymbol{u} \oplus s * \boldsymbol{v}) \in W$.

7. Utiliser la proposition énoncée au numéro 6) pour vérifier si W est un sous-espace vectoriel de V.

a) $V = \mathbb{R}^3$;
$W = \{(a, b, c) \in \mathbb{R}^3 \mid b = 3a \text{ et } c = -a\}$

b) $V = \mathbb{R}^2$; $W = \{(a, b) \in \mathbb{R}^2 \mid b = |a|\}$

Réseau de concepts

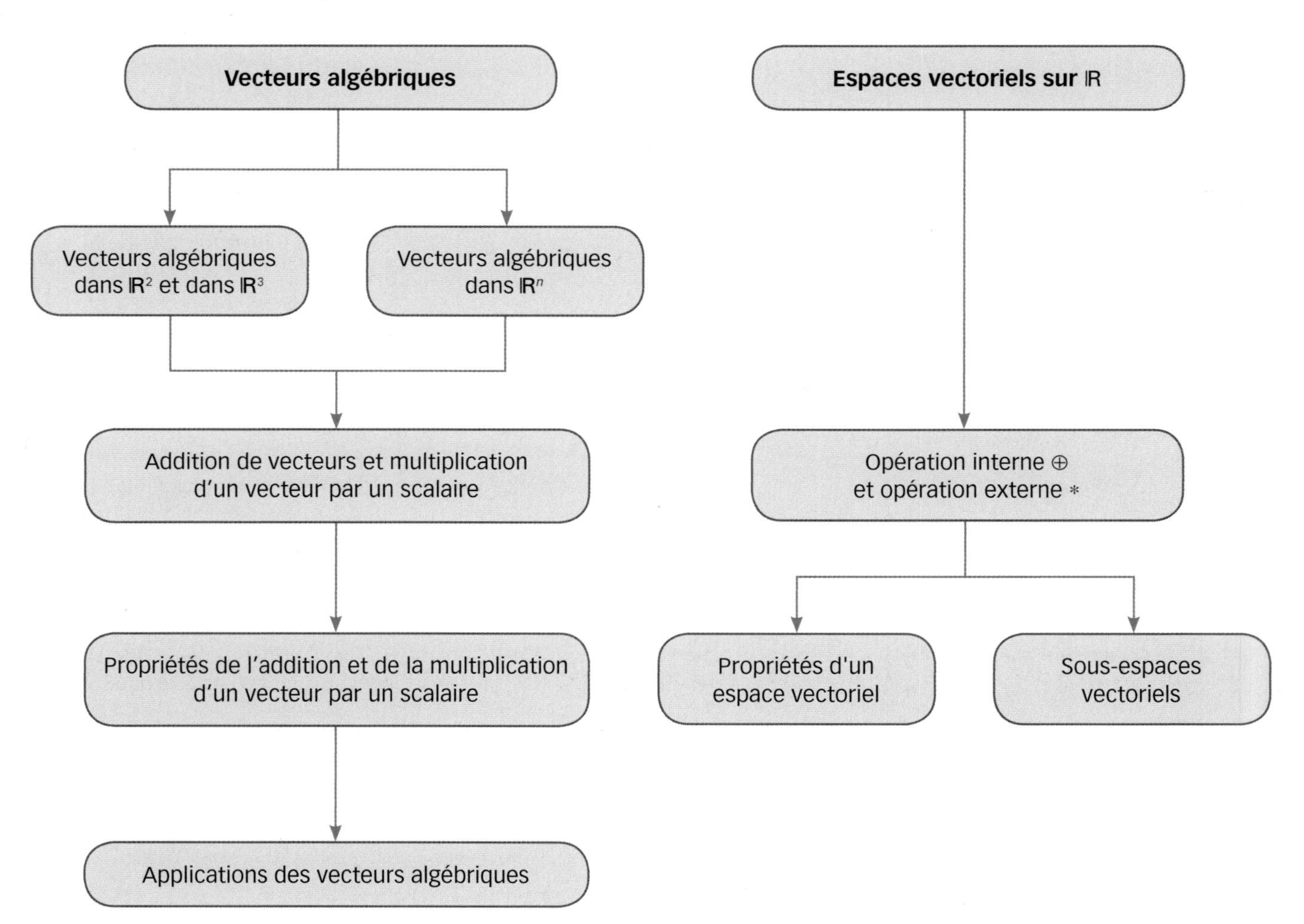

Vérification des apprentissages

Après l'étude de ce chapitre, je suis en mesure de compléter le résumé suivant avant de résoudre les exercices récapitulatifs et les problèmes de synthèse.

Composantes et norme d'un vecteur

Dans $\mathbb{R}^2$

Soit $A(x_a, y_a)$ et $B(x_b, y_b)$, deux points du plan cartésien.

$\overrightarrow{AB} =$ ______

$\|\overrightarrow{AB}\| =$ ______

Dans $\mathbb{R}^3$

Soit $A(x_a, y_a, z_a)$ et $B(x_b, y_b, z_b)$, deux points de l'espace cartésien.

$\overrightarrow{BA} =$ ______

$\|\overrightarrow{BA}\| =$ ______

Vecteurs algébriques particuliers

Dans $\mathbb{R}^2$

$\vec{O} =$ ______

$\vec{i} =$ ______

$\vec{j} =$ ______

Dans $\mathbb{R}^3$

$\vec{O} =$ ______

$\vec{i} =$ ______

$\vec{j} =$ ______

$\vec{k} =$ ______

Dans $\mathbb{R}^n$

$\vec{O} =$ ______

$\vec{e_1} =$ ______

$\vec{e_2} =$ ______

$\vec{e_n} =$ ______

Définitions

Soit $\vec{u} = (u_1, u_2, u_3, \ldots, u_n)$, $\vec{v} = (v_1, v_2, v_3, \ldots, v_n)$ et $\vec{w} = w_1\vec{e_1} + w_2\vec{e_2} + w_3\vec{e_3} + \ldots + w_n\vec{e_n}$, trois vecteurs de $\mathbb{R}^n$.

$\vec{u} = \vec{v} \Leftrightarrow$ ______

$\vec{u} + \vec{v} =$ ______

$-\vec{v} =$ ______

$\vec{u} - \vec{v} =$ ______

$r\vec{u} =$ ______, où $r \in \mathbb{R}$

$\|\vec{w}\| =$ ______

Vecteurs parallèles et vecteurs unitaires

Soit $\vec{u}$ et $\vec{v}$, deux vecteurs non nuls de $\mathbb{R}^2$ (ou de $\mathbb{R}^3$).

$\vec{u} \mathbin{/\!/} \vec{v}$ si et seulement si ______

$\vec{u} =$ ______ est un vecteur unitaire parallèle à $\vec{v}$

Espaces vectoriels

Soit V, un ensemble non vide muni d'une opération interne et d'une opération externe. L'opération interne, notée $\oplus$, s'appelle addition, et l'opération externe, notée $*$, s'appelle multiplication d'un élément de V par un scalaire de $\mathbb{R}$.

V est un espace vectoriel sur $\mathbb{R}$ lorsque pour tout $\boldsymbol{u}$, $\boldsymbol{v}$ et $\boldsymbol{w} \in$ V et pour tout r et $s \in \mathbb{R}$, nous avons

Propriété 1 $(\boldsymbol{u} \oplus \boldsymbol{v}) \in$ ______

Propriété 2 $\boldsymbol{u} \oplus \boldsymbol{v} =$ ______

Propriété 3 $\boldsymbol{u} \oplus (\boldsymbol{v} \oplus \boldsymbol{w}) =$ ______

Propriété 4 Il existe un élément neutre pour l'addition, noté $\boldsymbol{O}$, où $\boldsymbol{O} \in$ V tel que $\boldsymbol{u} \oplus$ ____ = ______

Propriété 5 Pour tout vecteur $\boldsymbol{u}$, il existe un élément opposé pour l'addition, noté $-\boldsymbol{u}$, où $-\boldsymbol{u} \in$ V tel que $\boldsymbol{u} \oplus (-\boldsymbol{u}) =$ ______

Propriété 6 $r * \boldsymbol{u} \in$ ______

Propriété 7 $(r + s) * \boldsymbol{u} =$ ______

Propriété 8 $r * (\boldsymbol{u} + \boldsymbol{v}) =$ ______

Propriété 9 $r * (s * \boldsymbol{u}) =$ ______

Propriété 10 $1 * \boldsymbol{u} =$ ______

Sous-espaces vectoriels

Soit V, un espace vectoriel sur $\mathbb{R}$, et W, un sous-ensemble non vide de V. Si W est muni des mêmes opérations que V, alors W est un sous-espace vectoriel de V si et seulement si, pour tout $\boldsymbol{u}$ et $\boldsymbol{v} \in$ W, et pour tout $r \in \mathbb{R}$, nous avons

i) ______ ii) ______

Exercices récapitulatifs

Les réponses des exercices suivants, à l'exception des exercices notés en rouge, sont données à la fin du volume.

1. Soit les points A(4, 3) et B(2, -1).

a) Représenter, dans le plan cartésien, le vecteur $\overrightarrow{AB}$ et le vecteur $\overrightarrow{OC}$, équipollent à $\overrightarrow{AB}$, et déterminer les coordonnées de C.

b) Calculer $\|\overrightarrow{AB}\|$ et déduire $\|\overrightarrow{OC}\|$.

c) Déterminer la direction θ et le sens de $\overrightarrow{AB}$.

2. Soit les points A(2, 3, -2) et B(-3, 4, 2), et le vecteur $\vec{u} = 2\vec{i} - 3\vec{j} + 6\vec{k}$.

a) Représenter, dans un système tridimensionnel d'axes à angle droit, les vecteurs $\overrightarrow{AB}$ et $\vec{u}$.

b) Calculer $\|\vec{u}\|$ et $\|\overrightarrow{AB}\|$.

c) Déterminer $\vec{v}$ tel que $\vec{u} + \vec{v} = \overrightarrow{AB}$.

3. Soit les points A(3, 4), B(-5, 0), C(7, -3) et D(-4, -3).

a) Déterminer $\overrightarrow{AB}$, $\overrightarrow{CA}$, $\overrightarrow{DC}$, $\overrightarrow{OB}$ et $\overrightarrow{CO}$.

b) Calculer $\|\overrightarrow{AD}\|$, $\|\overrightarrow{OA}\|$ et $\|\overrightarrow{BB}\|$.

c) Déterminer $2\overrightarrow{DA} - 5\overrightarrow{BC}$.

d) Déterminer $\frac{1}{3}\overrightarrow{CB} + \frac{3}{4}\overrightarrow{BA}$.

e) Déterminer $\overrightarrow{AB} + \overrightarrow{BC} + \overrightarrow{CD}$.

f) Déterminer $\overrightarrow{BD} - \overrightarrow{AD} + \overrightarrow{CB} - \overrightarrow{CA}$.

g) Calculer $\|\overrightarrow{AB} + \overrightarrow{CD}\|$ et $\|\overrightarrow{AB}\| + \|\overrightarrow{CD}\|$; comparer les résultats.

h) Déterminer $\frac{1}{\|\overrightarrow{BD}\|}\overrightarrow{BD}$ et $\left\|\frac{1}{\|\overrightarrow{BD}\|}\overrightarrow{BD}\right\|$.

4. Soit les points A(4, -3, 1), B(-2, 0, -1) et C(3, -4, 5).

a) Déterminer $\overrightarrow{AB}$ et $\overrightarrow{BC}$.

b) Calculer $\|\overrightarrow{AC}\|$ et $\|\overrightarrow{BO}\|$.

c) Déterminer $4\overrightarrow{BA} - 3\overrightarrow{CA} + 2\overrightarrow{CO}$.

d) Déterminer $\overrightarrow{BA} + \overrightarrow{AC} + \overrightarrow{CB}$.

e) Calculer :

i) $\left\|\frac{1}{\|\overrightarrow{BA} + \overrightarrow{AC}\|}(\overrightarrow{AB} + \overrightarrow{CA})\right\|$

ii) $\left\|\frac{1}{\|\overrightarrow{BA}\| + \|\overrightarrow{AB}\|}(\overrightarrow{BA} + \overrightarrow{AB})\right\|$

f) Déterminer les coordonnées de D si $\overrightarrow{BD} = (4, 0, -7)$.

g) Déterminer les coordonnées de E si $\overrightarrow{EA} = (-3, 5, 0)$.

h) Déterminer les coordonnées de F si $2\overrightarrow{CF} = 3\overrightarrow{AB}$.

5. Soit les points et les vecteurs suivants.

A(1, 4, -5), B(0, -2, 7), C(3, -6), D(-4, 1), $\overrightarrow{OE} = (3, -2, 1)$, $\vec{u} = (3, -4, 5)$, $\vec{v} = (1, -2, 0, 3)$ et $\vec{t} = (-3, 2, 1, 4)$.

Déterminer, si c'est possible,

a) $\overrightarrow{AB}$ et $\overrightarrow{CB}$;

b) les coordonnées de E; les coordonnées de F si $\overrightarrow{BF} = \vec{u}$;

c) $\vec{v} + \overrightarrow{CD}$ et $\overrightarrow{BA} - \vec{u}$;

d) $2\vec{v} - 3\vec{t}$ et $\|2\vec{v} - 3\vec{t}\|$;

e) $(\vec{u} - \vec{u}) + (\vec{v} - \vec{v})$;

f) $\left\| \dfrac{1}{\|6\vec{i} - 6\vec{v}\|}(2\vec{v} - 2\vec{t}) \right\|$;

g) les points Q et R du segment de droite AB tels que $\overrightarrow{AQ} = \frac{1}{3}\overrightarrow{AB}$ et $\overrightarrow{AR} = \frac{-4}{3}\overrightarrow{AB}$.

6. Déterminer les vecteurs unitaires parmi les vecteurs suivants.

a) $\vec{u} = (\ln \sqrt{e}, \cos 30°, \ln 1)$

b) $\vec{u} = \frac{1}{\sqrt{2}}\vec{e}_1 - \frac{\sqrt{2}}{2}\vec{e}_4$

c) $\vec{u} = \frac{1}{5}\vec{e}_1 + \frac{1}{5}\vec{e}_2 + \frac{1}{5}\vec{e}_3 + \frac{1}{5}\vec{e}_4 + \frac{1}{5}\vec{e}_5$

d) $\vec{u} = (\cos^2 \theta, \sin^2 \theta)$

e) $\vec{u} = (-\cos \theta, \sin \theta \sin \alpha, \sin \theta \cos \alpha)$

f) $\vec{u} = \frac{1}{2}\vec{i} + 0\vec{j} + \frac{\sqrt{3}}{2}\vec{k}$

7. Soit $\vec{u} = \vec{e}_1 - 2\vec{e}_3 + 4\vec{e}_4$ et $\vec{v} = -5\vec{e}_1 + 4\vec{e}_2 + \vec{e}_4$, deux vecteurs de dimension 4, et $\vec{w} = 10\vec{e}_1 - 2\vec{e}_2 + 4\vec{e}_4 + 7\vec{e}_5$ et $\vec{t} = 4\vec{e}_2 + 2\vec{e}_3 - \vec{e}_4 + 5\vec{e}_5$, deux vecteurs de dimension 5. Déterminer, si c'est possible :

a) $\vec{u} + \vec{v}$　　b) $\vec{v} + \vec{t}$　　c) $3\vec{w} - 2\vec{t}$

d) $0\vec{u} + \vec{w}$　　e) $\|\vec{w}\|$　　f) $\|\vec{u}\| + \|\vec{t}\|$

g) $\|\vec{u} + \vec{t}\|$　　h) $\dfrac{1}{\|\vec{w}\|}\vec{w}$　　i) $\left\| \dfrac{-4}{\|\vec{w}\|}\vec{w} \right\|$

j) $\vec{u} + \|\vec{u}\|$　　k) $\|\vec{v}\|\vec{v}$　　l) $\|\|\vec{v}\| - \|\vec{t}\|\|$

8. Soit les points A(-3, 9) et B(3, 1).

a) Déterminer les coordonnées des points C et D tels que $\overrightarrow{OC} = \frac{1}{2}\overrightarrow{OA}$ et $\overrightarrow{OD} = \frac{1}{2}\overrightarrow{OB}$.

b) Déterminer les coordonnées des points M et N, milieux respectifs des segments de droite AB et CD.

c) Les points O, M et N sont-ils alignés ? Justifier.

d) Démontrer que $\overrightarrow{AB}$ est parallèle à $\overrightarrow{CD}$.

e) Les points A, B, C et D sont-ils alignés ? Justifier.

9. Soit les points A(-3, 5, -2) et B(-1, 7, 4). Déterminer

a) le point milieu M du segment de droite AB ;

b) les points qui séparent le segment de droite AB en quatre segments de même longueur ;

c) les points qui partagent le segment de droite AB en deux segments dont la longueur de l'un est égale à quatre fois la longueur de l'autre ;

d) le point C tel que B est le point milieu du segment de droite AC.

10. Soit les vecteurs $\overrightarrow{OA} = 4\vec{i} + \frac{1}{2}\vec{j}$, $\overrightarrow{OB} = 6\vec{i} + 2\vec{j}$ et $\overrightarrow{OC} = -2\vec{i} - 4\vec{j}$, des vecteurs de $\mathbb{R}^2$.

a) Déterminer les composantes de $\overrightarrow{AB}$, $\overrightarrow{AC}$ et $\overrightarrow{BC}$.

b) Les points A, B et C sont-ils alignés ? Pourquoi ?

c) Soit le point D tel que $\overrightarrow{OD} = \overrightarrow{OB} + \overrightarrow{OC}$. Quel est le point N, milieu du segment de droite OD ?

d) Calculer $\|\overrightarrow{OC}\|$, $\|\overrightarrow{OD}\|$ et $\|\overrightarrow{CD}\|$.

e) Déterminer la nature du triangle COD.

f) Déterminer les coordonnées des points E_i telles que les points C, O, D et E_i sont les sommets d'un parallélogramme. Déterminer, s'il y a lieu, la nature particulière des parallélogrammes.

g) Déterminer les coordonnées du point M, milieu du segment de droite CD.

h) Soit P, le point milieu du segment de droite BC. Démontrer que $\overrightarrow{PM}$ est parallèle à $\overrightarrow{OC}$.

11. Soit les vecteurs $\overrightarrow{OA} = (3, 5, -2)$, $\overrightarrow{OB} = 5\vec{i} + 8\vec{j} - \vec{k}$ et $\overrightarrow{BC} = (-1, -5, 3)$.

a) Déterminer les trois angles du triangle ABC.

b) Calculer l'aire du triangle ABC.

c) Déterminer la longueur du segment de droite joignant A au milieu du côté opposé.

d) Déterminer la hauteur issue de A.

e) Déterminer les coordonnées de D si $\overrightarrow{AB} = \overrightarrow{CD}$.

f) Déterminer la nature du quadrilatère ABDC.

g) Déterminer M, le point de rencontre des diagonales du quadrilatère ABDC.

12. Soit la sphère S de rayon 7 unités, centrée au point C(2, -1, 5).

a) Déterminer si les points suivants sont situés à l'intérieur ou à l'extérieur de la sphère, ou sur la sphère.

i) P(1, 2, 8)　　ii) Q(2, 8, 1)　　iii) R(8, 1, 2)

b) Déterminer les points des axes qui sont situés sur S.

13. Soit $\vec{u} = (2, -3, 6)$.

a) Déterminer les vecteurs $\vec{v}$ et $\vec{w}$ parallèles à $\vec{u}$ tels que $\|\vec{v}\| = \|\vec{w}\| = 1$.

b) Soit $\vec{r} = k\vec{u}$, où $\vec{u} \neq \vec{O}$. Déterminer k, si $\|\vec{r}\| = 5$.

14. Déterminer si les ensembles suivants, munis des opérations habituelles, sont des espaces vectoriels sur $\mathbb{R}$. Dans le cas où un ensemble n'est pas un espace vectoriel sur $\mathbb{R}$, donner une propriété qui n'est pas satisfaite.

a) $V = \{(a, a + 1) \in \mathbb{R}^2\}$

b) $V = \{(x, y) \in \mathbb{R}^2 \mid 3x + 2y = 0\}$

c) $V = \{(a, b, c) \in \mathbb{R}^3 \mid abc = 0\}$

d) L'ensemble $\mathcal{M}$ des matrices $M_{3 \times 2}$.

e) L'ensemble $\mathcal{M}$ des matrices scalaires $M_{3 \times 3}$.

f) L'ensemble $\mathcal{M}$ des matrices.

g) L'ensemble $\mathcal{M}$ des matrices $M_{n \times n}$ triangulaires supérieures.

h) $V = \{(a, ar, ar^2) \mid a \in \mathbb{R}$ et r constant$\}$

i) $V = \{(a, ar, ar^2) \mid a \in \mathbb{R}$ et $r \in \mathbb{R}\}$

j) $P = \{p(x) = ax^3 + bx^2 + cx + d \mid a, b, c$ et $d \in \mathbb{R}$ et $p(1) = 0\}$

k) $P = \{p(x) = ax^3 + bx^2 + cx + d \mid a, b, c$ et $d \in \mathbb{Z}\}$

15. Déterminer si les ensembles suivants, munis des opérations données, sont des espaces vectoriels sur $\mathbb{R}$. Dans le cas où un ensemble n'est pas un espace vectoriel sur $\mathbb{R}$, donner une propriété qui n'est pas satisfaite.

a) $V = \{(a, b) \in \mathbb{R}^2\}$

Addition : $(a, b) \oplus (c, d) = (a + d, b + c)$

Multiplication : $r * (a, b) = (ra, rb)$

b) $V = \{(a, b, c) \in \mathbb{R}^3\}$

Addition : $(a, b, c) \oplus (d, e, f) = (a + d, b + e, c + f)$

Multiplication : $r * (a, b, c) = (ra, b, rc)$

c) $V = \{a \in \mathbb{R} \mid a > 0\}$

Addition : $a \oplus b = ab$

Multiplication : $r * a = a^r$

d) $V = \{(a, b, c) \in \mathbb{R}^3\}$

Addition : $(a, b, c) \oplus (d, e, f) = (a + d, b + e, 0)$

Multiplication : $r * (a, b, c) = (ra, rb, 0)$

16. Soit V, un espace vectoriel sur $\mathbb{R}$, muni des opérations habituelles, et W, un sous-ensemble non vide de V, muni des mêmes opérations. Déterminer si W est un sous-espace vectoriel de V dans les cas suivants.

a) $V = \mathbb{R}^2$; $W = \{(a, b) \in \mathbb{R}^2 \mid ab \geq 0\}$

b) $V = \mathbb{R}^2$; $W = \{(a, b) \in \mathbb{R}^2 \mid b = 2a\}$

c) $V = \mathbb{R}^2$; $W = \{(a, b) \in \mathbb{R}^2 \mid b = 2a + 1\}$

d) $V = \{M_{2 \times 2}\}$; $W = \{A_{2 \times 2} \in V \mid \text{dét}\, A_{2 \times 2} = 0\}$

e) $V = \{M_{n \times n}\}$; $W = \{A_{n \times n} \in V \mid A_{n \times n}$ est une matrice diagonale$\}$

f) $V = \mathbb{R}^6$;
$W = \{(a_1, a_2, \ldots, a_6) \in \mathbb{R}^6 \mid a_2 = a_4 = a_6 = 0\}$

g) $V = \mathbb{R}^5$; $W = \left\{(a_1, a_2, \ldots, a_5) \in \mathbb{R}^5 \,\middle|\, \sum_{i=1}^{5} a_i > 0\right\}$

h) $V = \mathbb{R}^2$; $W = \{(\cos \theta, \sin \theta) \in \mathbb{R}^2 \mid \theta \in [0, 2\pi]\}$

i) $V = \{ax^2 + bx + c \mid a, b$ et $c \in \mathbb{R}\}$;
$W = \{ax^2 + bx + c \mid a, b$ et $c \in \mathbb{Q}\}$

17. Soit $\vec{u} = a\vec{e_1} + b\vec{e_2} + c\vec{e_3} + d\vec{e_4} + m\vec{e_5}$. Démontrer que $\|k\vec{u}\| = |k|\,\|\vec{u}\|$.

Problèmes de synthèse

Les réponses des problèmes suivants, à l'exception des problèmes notés en rouge, sont données à la fin du volume.

1. Soit le point A(-3, 4).

a) Trouver les coordonnées du point B symétrique à A par rapport à l'axe des x.

b) Trouver les coordonnées du point D symétrique à A par rapport à l'axe des y.

c) Démontrer que les points B, O et D sont alignés.

d) Déterminer la nature du triangle ABD.

e) Soit le cercle passant par les points A, B et D. Déterminer le centre de ce cercle et calculer son rayon.

f) Le cercle précédent coupe l'axe des x en E (abscisse négative) et en F (abscisse positive). Déterminer la nature du triangle BEF.

g) Calculer l'aire du quadrilatère BEDF.

2. Soit les points A(-1, 0) et B(9, 0).

a) Déterminer les coordonnées du point M, milieu du segment de droite AB.

b) Soit C, le point d'ordonnée positive appartenant à la droite, passant par (0, 0), perpendiculaire à la droite passant par A et B, tel que $\|\overrightarrow{MA}\| = \|\overrightarrow{MC}\|$. Déterminer les coordonnées du point C.

c) Démontrer que $\overrightarrow{CA}$ et $\overrightarrow{CB}$ sont orthogonaux.

d) Soit N, le point milieu du segment de droite BC. Démontrer que $\overrightarrow{AC} = 2\overrightarrow{MN}$.

e) Le cercle de diamètre AB coupe la droite passant par O et C en un point D distinct de C et coupe la droite passant par C et M en un point E distinct de C. Démontrer que le quadrilatère ACBE est un parallélogramme.

f) Démontrer que $\overrightarrow{AB} \mathbin{/\!/} \overrightarrow{DE}$.

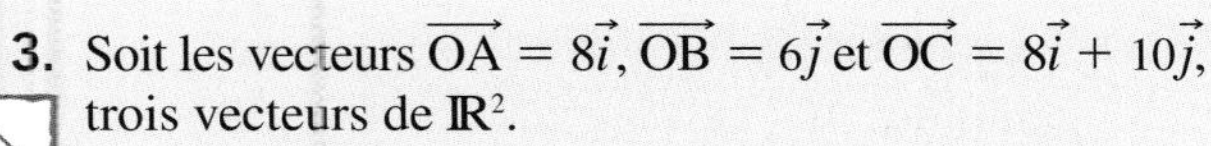

3. Soit les vecteurs $\overrightarrow{OA} = 8\vec{i}$, $\overrightarrow{OB} = 6\vec{j}$ et $\overrightarrow{OC} = 8\vec{i} + 10\vec{j}$, trois vecteurs de $\mathbb{R}^2$.

a) Calculer $\|\overrightarrow{AB}\|$, $\|\overrightarrow{AC}\|$ et $\|\overrightarrow{CB}\|$.

b) Déterminer les coordonnées du point D telles que $\overrightarrow{AD} = \frac{1}{4}\overrightarrow{AM}$, où M est le point milieu du segment de droite BC.

c) La droite W est la droite sur laquelle se trouve le point D ; elle est parallèle à la droite passant par B et C. Le point F est l'intersection de W et de la droite passant par A et C. Le point E est l'intersection de W et de la droite passant par A et B. Démontrer que D est le milieu du segment de droite EF.

d) Soit Q, le point milieu du segment de droite MC, et P, le point milieu du segment de droite MB. Démontrer que la droite passant par E et Q est parallèle à la droite passant par A et C, et que la droite passant par F et P est parallèle à la droite passant par A et B.

e) Le point H est l'intersection des droites passant respectivement par E et Q, et par F et P. Démontrer que AEHF est un parallélogramme.

f) Démontrer que les points A, D et H sont alignés et que H est le point milieu du segment de droite AM.

4. Soit les points A(13, 4, -2), B(7, 6, 1), C(-10, 9, 14) et D(14, 1, 2).

a) Calculer l'aire du trapèze ABCD.

b) Déterminer les coordonnées du point H où H est le point de rencontre des prolongements des côtés DA et CB.

c) Calculer l'aire des triangles HAB et HDC.

5. Soit le parallélépipède droit ci-dessous.

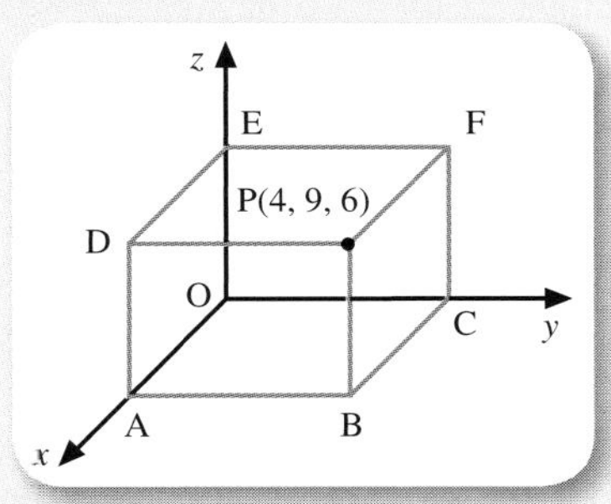

a) Déterminer $\overrightarrow{OP}$, $\overrightarrow{OC}$, $\overrightarrow{OD}$, $\overrightarrow{AC}$, $\overrightarrow{DF}$, $\overrightarrow{BD}$, $\overrightarrow{EC}$ et $\overrightarrow{AF}$.

b) Calculer $\|\overrightarrow{OP}\|$, $\|\overrightarrow{OC}\|$, $\|\overrightarrow{PF}\|$, $\|\overrightarrow{AD}\|$, $\|\overrightarrow{EP}\|$ et $\|\overrightarrow{DC}\|$.

c) Calculer l'angle α formé par $\overrightarrow{OP}$ et $\overrightarrow{OA}$.

d) Calculer l'angle β formé par $\overrightarrow{OP}$ et l'axe des y.

e) Calculer l'angle γ formé par $\overrightarrow{OP}$ et $\vec{k}$.

f) Calculer $\cos^2 \alpha + \cos^2 \beta + \cos^2 \gamma$.

g) Calculer l'angle θ formé par $\overrightarrow{OP}$ et le plan XOY.

h) Calculer le volume de la pyramide OADPB.

6. Soit les sphères tangentes S_1 et S_2 suivantes dont le volume respectif est V_1 et V_2.

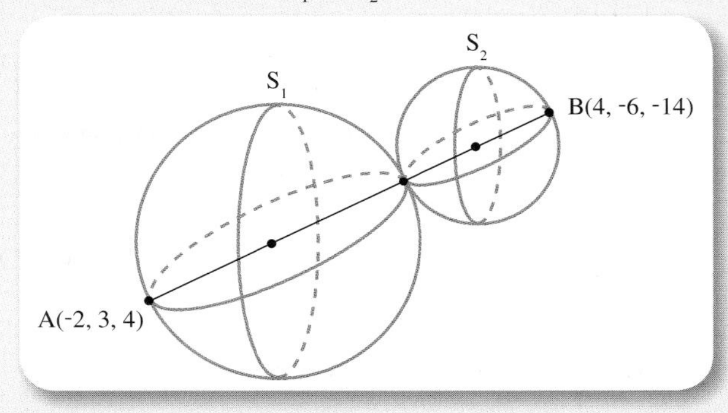

Déterminer les équations de S_1 et de S_2 telles que $V_1 = 8V_2$.

7. Soit les points A(3, -2) et B(15, 7).

a) Déterminer P tel que $\overrightarrow{AP} = \frac{1}{3}\overrightarrow{AB}$.

b) Donner l'équation du lieu géométrique L, des points $P(x, y) \in \mathbb{R}^2$, tel que

i) $\|\overrightarrow{AP}\| = \left\|\frac{1}{3}\overrightarrow{AB}\right\|$. Identifier L ;

ii) $\|\overrightarrow{AP}\| = \|\overrightarrow{PB}\|$. Identifier L ;

iii) $\|\overrightarrow{AP}\| = \left\|\frac{1}{3}\overrightarrow{PB}\right\|$. Identifier L.

8. Soit PQRS, un parallélogramme où P(1, -2, 2), R(0, -1, 2) et $\overrightarrow{PQ} = (-2, -1, 1)$.

a) Déterminer les coordonnées de Q.

b) Déterminer $\overrightarrow{QR}$.

c) Déterminer $\overrightarrow{RS}$.

d) Déterminer les coordonnées de S.

e) Déterminer le point de rencontre A des diagonales du parallélogramme PQRS.

f) Déterminer l'angle formé par les diagonales du parallélogramme PQRS.

g) Déterminer la nature du parallélogramme PQRS.

h) Calculer l'aire du parallélogramme PQRS.

9. Sachant que k objets, de masse respective $m_1, m_2, \ldots, m_k$, situés aux points $P_1(x_1, y_1)$, $P_2(x_2, y_2)$, …, $P_k(x_k, y_k)$, ont leur centre de gravité au point C tel que

$$\overrightarrow{OC} = \frac{1}{\sum_{i=1}^{k} m_i} \sum_{i=1}^{k} m_i \vec{r}_i, \text{ où } \vec{r}_i = \overrightarrow{OP}_i$$

déterminer, si c'est possible, les masses m_1, m_2 et m_3 situées respectivement aux points $P_1(-1, 1)$, $P_2(-1, -1)$ et $P_3(2, 1)$ lorsque $m_1 + m_2 + m_3 = 30$ grammes et que

a) C(0, 0) ;

b) $C\left(\frac{1}{5}, \frac{1}{3}\right)$;

c) $C\left(1, \frac{1}{3}\right)$;

d) C(2, 0).

10. Déterminer les valeurs de a, b, c, k, x, y et z telles que les vecteurs suivants sont égaux.

a) $\vec{u} = (k^2, ak, -k, 4)$ et $\vec{v} = (b, 6, c, b)$

b) $\overrightarrow{PQ} = 2\vec{u}$, où $P(-2x, -y - z, x - y - z)$, $Q(3y, x + z, y - 5z - 2)$ et $\vec{u} = (z, 3, x)$

c) $\vec{u} = (x + 2y, 3x + z, -3y + 5z)$ et $\vec{v} = (4z, y, -2x)$

d) $\vec{u} = (x + 2y, 3x + z, -3y + 5z)$ et $\vec{v} = (4z, y, -2x)$ tel que $\|\vec{u}\| = 1$

11. Un contrôleur de la circulation aérienne voit deux avions sur son écran radar. Le premier avion est à une altitude de 1200 m, à une distance horizontale de 8 km et à 60° au sud de l'est. Le deuxième avion est à une altitude de 1000 m, à une distance horizontale de 9 km et à 20° également au sud de l'est.

Dominique Parent

Déterminer la distance séparant les deux avions.

12. Déterminer si les ensembles suivants, munis des opérations habituelles, sont des espaces vectoriels sur $\mathbb{R}$.

a) L'ensemble $\mathcal{M}$ des matrices $M_{3\times 3}$, telles que $M_{3\times 3}$ est une matrice singulière.

b) L'ensemble $\mathcal{M}$ des matrices $M_{2\times 2}$, telles que $M_{2\times 2}$ est une matrice antisymétrique.

c) L'ensemble $\mathcal{M}$ des matrices $M_{n\times n}$, telles que $M_{n\times n}$ est une matrice inversible.

d) L'ensemble $\mathcal{M}$ des matrices $M_{3\times 3}$, telles que $M_{3\times 3}$ est une matrice symétrique.

13. Déterminer si les ensembles suivants, munis des opérations données, sont des espaces vectoriels sur $\mathbb{R}$.

a) L'ensemble F des fonctions continues sur $[a, b]$, muni des opérations suivantes.

Addition : $(f \oplus g)(x) = f(x) + g(x)$

Multiplication : $(r * f)(x) = rf(x)$

b) L'ensemble D des fonctions dérivables sur $]a, b[$, muni des mêmes opérations qu'en a).

14. Soit V, un espace vectoriel sur $\mathbb{R}$, muni des opérations habituelles, et W, un sous-ensemble de V, muni des mêmes opérations. Déterminer si W est un sous-espace vectoriel de V dans les cas suivants.

a) $V = \{M_{2\times 2}\}$; $W = \{A_{2\times 2} \in V \mid A = A^{-1}\}$

b) V est l'ensemble des fonctions continues sur $[a, b]$; $W = \{f \in V \mid f(a) = f(b)\}$

c) V est l'ensemble des fonctions continues sur $[a, b]$; $W = \{f \in V \mid f(a) = 0\}$

d) V est l'ensemble des fonctions continues sur $[a, b]$; $W = \{f \in V \mid f(a) = 1\}$

e) $V = \mathbb{R}^\infty$; $W = \{(2, 0, 2, 0, \ldots)\}$

f) $V = \mathbb{R}^\infty$; $W = \{(a, 0, a, 0, \ldots) \mid a \in \mathbb{R}\}$

g) $V = \mathbb{R}^\infty$; W est l'ensemble des suites géométriques, c'est-à-dire que $W = \{(a, ar, ar^2, \ldots) \mid a \text{ et } r \in \mathbb{R}\}$

h) $V = \mathbb{R}^\infty$; W est l'ensemble des suites arithmétiques, c'est-à-dire que $W = \{(a, a + r, a + 2r, \ldots) \mid a \text{ et } r \in \mathbb{R}\}$

Chapitre 6

Combinaison linéaire, dépendance linéaire, bases et repères

Dominique Parent

Dans ce chapitre, nous étudierons la combinaison linéaire de vecteurs, de même que la dépendance linéaire et l'indépendance linéaire afin de définir la notion de base d'un espace vectoriel. Il est essentiel de connaître les méthodes de résolution de systèmes d'équations linéaires présentées dans les chapitres 2 et 3.

En particulier, l'élève pourra résoudre le problème suivant.

Soit le pentagone régulier ABCDE.

a) Déterminer k_1, k_2, k_3 si $\overrightarrow{ST} = k_1\overrightarrow{DC} + k_2\overrightarrow{CB} + k_3\overrightarrow{BA}$.

b) Déterminer k_4 et k_5 si $\overrightarrow{ST} = k_4\overrightarrow{DE} + k_5\overrightarrow{EA}$.

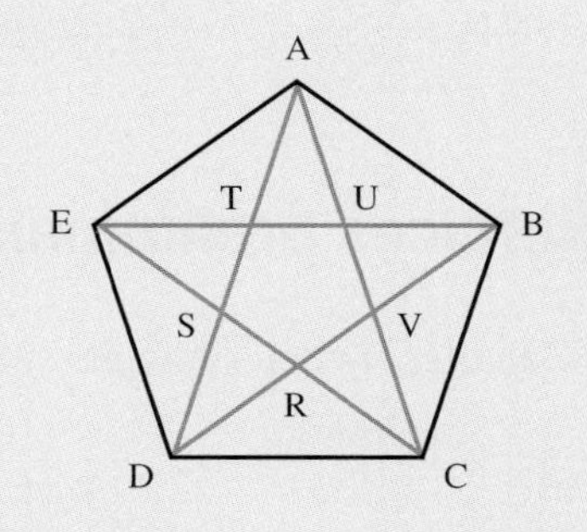

(Problèmes de synthèse, n° 16, page 268)

Perspective historique

De l'addition de vecteurs à la génération de nouveaux mondes vectoriels

Au XVIIe siècle, la géométrie analytique se développe. René Descartes (1596-1650) et Pierre de Fermat (1601-1665) sont les premiers à voir l'utilité des coordonnées et des expressions algébriques exprimant la relation entre les coordonnées des points d'une courbe dans le plan ou dans l'espace. Il leur apparaît clairement que tout point du plan peut être déterminé à l'aide de deux coordonnées seulement, et tout point de l'espace, à l'aide de trois coordonnées, tant par rapport à des axes orthogonaux (à angle droit) qu'à des axes non orthogonaux. L'idée que le plan ait deux dimensions et que l'espace en ait trois est alors indiscutable parce que, dans leurs travaux, les mathématiciens tiennent le plan et l'espace pour acquis : ils les considèrent comme une donnée *a priori*.

Cette perspective change au XIXe siècle. D'une part, la recherche de systèmes de nombres hypercomplexes, par William R. Hamilton (1805-1865) et d'autres, amène de nombreux mathématiciens à vouloir générer des systèmes mathématiques inconnus au point de départ. D'autre part, en géométrie, Hermann Grassmann (1809-1877) soulève la question de déterminer comment générer des espaces géométriques à partir du plan. Pour y arriver, les mathématiciens disposent essentiellement de deux opérations : l'addition de nombres hypercomplexes ou de segments orientés (selon le cas), et la multiplication de nombres hypercomplexes ou de segments orientés (selon le cas) par un nombre réel. En combinant ces deux opérations, il devient possible, à partir d'un ensemble initial, de générer un nouvel ensemble contenant éventuellement d'autres nombres hypercomplexes ou d'autres entités géométriques que celles de l'ensemble initial. C'est le fondement même de la combinaison linéaire.

Cette découverte soulève alors un certain nombre de questions. Ainsi, lorsqu'on génère un système à partir d'un ensemble initial, peut-on trouver un autre ensemble qui générerait exactement ce même système ? Est-il possible de réduire au minimum le nombre d'éléments dans l'ensemble initial de sorte que le système généré reste le même ? Quelles sont les ressemblances entre tous les ensembles minimaux qui génèrent un même système ? En 1844, et de façon encore plus évidente en 1862, Grassmann se pose toutes ces questions de combinaison linéaire (le mode de génération), d'indépendance linéaire (un élément inaccessible à partir d'autres éléments), de base (un ensemble générateur minimal) et de dimension (le nombre d'éléments des ensembles générateurs minimaux). À cause de ses travaux, Grassmann peut être considéré comme le plus important instigateur de l'étude des espaces géométriques à plus de trois dimensions. Comme pour la notion d'espace vectoriel, Giuseppe Peano (1858-1932) reprend en 1888 les idées de Grassmann pour les rendre plus accessibles aux mathématiciens de son temps.

Dans les sections 6.2 et 6.3 du présent chapitre, on constate que la résolution de systèmes d'équations permet de déterminer si des vecteurs forment un ensemble de vecteurs linéairement indépendants, c'est-à-dire si chacun est inaccessible à partir des autres. Quant à l'indépendance entre les équations d'un système d'équations linéaires, elle peut se ramener à celle d'un ensemble de vecteurs. Ce n'est qu'en 1872 que le mathématicien allemand Ferdinand Georg Frobenius (1849-1917) établira explicitement un pont entre l'étude en émergence des espaces vectoriels et celle des systèmes d'équations linéaires.

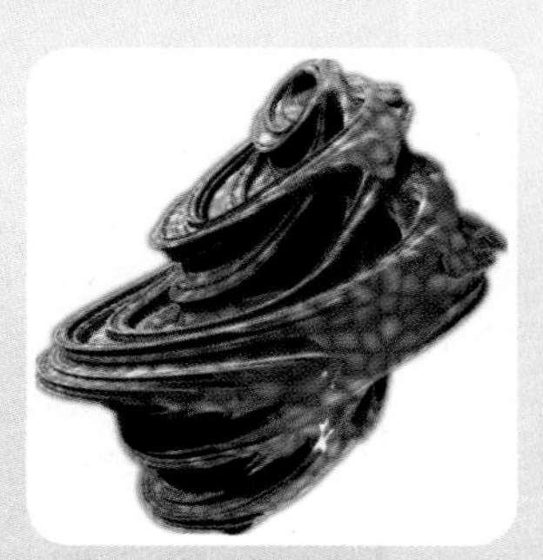

Une coupe tridimensionnelle d'un ensemble quadridimensionnel issu des quaternions

Exercices préliminaires

1. Calculer les déterminants suivants.

a) $\begin{vmatrix} 3 & 5 \\ -6 & 7 \end{vmatrix}$

b) $\begin{vmatrix} -1 & 3 & 0 \\ 2 & 0 & -3 \\ 0 & 5 & 6 \end{vmatrix}$

c) $\begin{vmatrix} 1 & -2 & 3 & 4 \\ 0 & 5 & -1 & 3 \\ 0 & 0 & -2 & -1 \\ 5 & 0 & 0 & 3 \end{vmatrix}$

d) $\begin{vmatrix} -2 & 1 & 3 \\ 1 & 0 & -2 \\ -1 & 1 & 1 \end{vmatrix}$

2. Résoudre les systèmes d'équations linéaires suivants à l'aide de la méthode ou de la règle suggérée.

a) $\begin{cases} 3x - 4y = 5 \\ 2x + y = -7 \end{cases}$ par la règle de Cramer

b) $\begin{cases} 2a - b + 2c = 13 \\ a + 2b - c = -4 \\ 3a - 3b + c = 13 \end{cases}$ par la règle de Cramer

c) $\begin{cases} 2a - 3b + c = 4 \\ -a + b + 2c = -1 \\ 3a - 5b + 4c = 9 \end{cases}$ par la méthode de Gauss

d) $\begin{cases} 3a - 2b - 5c = 2 \\ a + b = 9 \\ b + c = 5 \end{cases}$ par la méthode de Gauss

3. Déterminer, si c'est possible, la valeur de k_i, où $k_i \in \mathbb{R}$, si :

a) $k_1(2, 1, -1) + k_2(1, -1, 4) + k_3(2, -4, 6) = (5, 3, -8)$

b) $k_1(1, 1, 5) + k_2(2, -1, -1) + k_3(1, -2, -6) = (4, -3, 1)$

4. Résoudre les systèmes d'équations linéaires correspondant aux équations suivantes et déterminer s'ils admettent une seule solution ou une infinité de solutions.

a) $k_1\vec{u} + k_2\vec{v} + k_3\vec{w} = \vec{O}$, où $\vec{u} = (3, 1, -3)$, $\vec{v} = (-1, 2, 8)$ et $\vec{w} = (2, 4, 8)$

b) $k_1\vec{u} + k_2\vec{v} + k_3\vec{w} = \vec{O}$, où $\vec{u} = (1, 2, 0)$, $\vec{v} = (2, 1, 0)$ et $\vec{w} = (0, 0, -5)$

5. Soit A, la matrice des coefficients d'un système homogène d'équations linéaires de n équations à n inconnues. Compléter les énoncés suivants.

a) Si dét $A \neq 0$, alors...

b) Si dét $A = 0$, alors...

6. Soit $\vec{u} = (1, -2)$ et $\vec{v} = (4, 3)$.

Déterminer deux vecteurs unitaires, $\vec{s_1}$ et $\vec{s_2}$, parallèles à $\vec{w}$, où $\vec{w} = 3\vec{u} - 2\vec{v}$.

7. Soit les vecteurs $\vec{u_1}$ et $\vec{u_2}$ tels que

$\|\vec{u_1}\| = 2$, $\theta_1 = 45°$, N.-E.

$\|\vec{u_2}\| = 3$, $\theta_2 = 120°$, N.-O.

a) Représenter $\vec{u_1}$, $\vec{u_2}$ et $\vec{w}$, où $\vec{w} = 3\vec{u_1} - 2\vec{u_2}$.

b) Déterminer la norme, la direction et le sens de $\vec{w}$.

c) Déterminer les composantes des vecteurs $\vec{u_1}$ et $\vec{u_2}$.

6.1 Combinaison linéaire de vecteurs

Objectifs d'apprentissage

À la fin de cette section, l'élève pourra appliquer la notion de combinaison linéaire de vecteurs.

Plus précisément, l'élève sera en mesure
- de donner la définition d'une combinaison linéaire de vecteurs ;
- d'exprimer un vecteur comme combinaison linéaire d'autres vecteurs ;
- de représenter un vecteur qui est une combinaison linéaire d'autres vecteurs.

$\boldsymbol{u}$ est une combinaison linéaire des vecteurs de $\{\boldsymbol{v}_1, \boldsymbol{v}_2, ..., \boldsymbol{v}_n\}$ si

$$\boldsymbol{u} = k_1\boldsymbol{v}_1 + k_2\boldsymbol{v}_2 + ... + k_n\boldsymbol{v}_n$$

où $k_1, k_2, ..., k_n \in \mathbb{R}$

Lorsque nous avons étudié les vecteurs géométriques et les vecteurs algébriques, nous avons effectué les opérations addition de vecteurs et multiplication d'un vecteur par un scalaire.

Exemple 1

a) Soit les vecteurs géométriques $\vec{u_1}$, $\vec{u_2}$ et $\vec{u_3}$ ci-dessous.

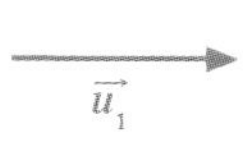

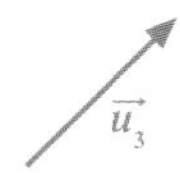

Méthode du triangle

Représentons $\vec{r}$, où $\vec{r} = 2\vec{u_1} - \vec{u_2} + 3\vec{u_3}$.

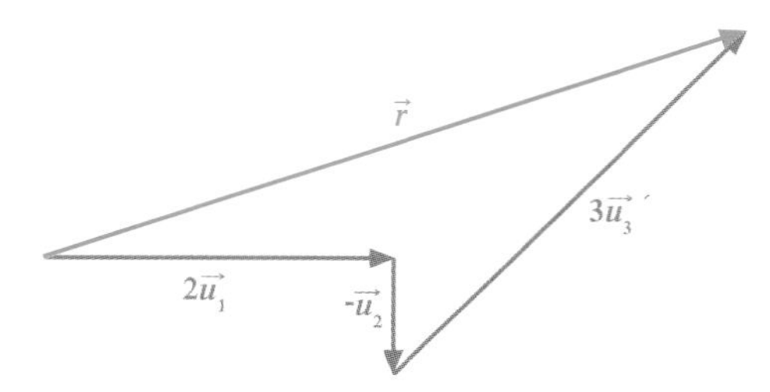

On dit que $\vec{r}$ est une combinaison linéaire des vecteurs $\vec{u_1}$, $\vec{u_2}$ et $\vec{u_3}$, car $\vec{r} = 2\vec{u_1} - \vec{u_2} + 3\vec{u_3}$.

b) Soit les vecteurs algébriques $\vec{v_1} = (1, 4, -3)$ et $\vec{v_2} = (-2, 4, 3)$.

Calculons $\vec{s} = \frac{1}{3}\vec{v_1} + \frac{2}{3}\vec{v_2}$.

$$\vec{s} = \frac{1}{3}(1, 4, -3) + \frac{2}{3}(-2, 4, 3)$$
$$= \left(\frac{1}{3}, \frac{4}{3}, -1\right) + \left(\frac{-4}{3}, \frac{8}{3}, 2\right)$$
$$= (-1, 4, 1)$$

Représentation graphique de $\vec{v_1}$, $\vec{v_2}$ et $\vec{s}$

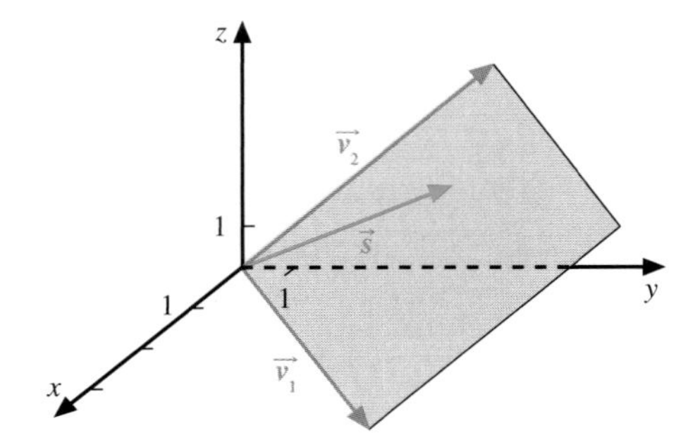

On dit que $\vec{s}$ est une combinaison linéaire des vecteurs $\vec{v_1}$ et $\vec{v_2}$, car $\vec{s} = \frac{1}{3}\vec{v_1} + \frac{2}{3}\vec{v_2}$.

DÉFINITION 6.1 Soit V, un espace vectoriel sur $\mathbb{R}$, et $\{\boldsymbol{v}_1, \boldsymbol{v}_2, \ldots, \boldsymbol{v}_n\}$, un ensemble de n vecteurs de V.

On appelle **combinaison linéaire** des vecteurs de $\{\boldsymbol{v}_1, \boldsymbol{v}_2, \ldots, \boldsymbol{v}_n\}$ toute expression de la forme

$$k_1\boldsymbol{v}_1 + k_2\boldsymbol{v}_2 + \ldots + k_n\boldsymbol{v}_n, \text{ où } k_1, k_2, \ldots, k_n \in \mathbb{R}$$

Comme un espace vectoriel est fermé pour les opérations d'addition de vecteurs et de multiplication d'un vecteur par un scalaire, le résultat d'une combinaison linéaire de vecteurs est un vecteur.

Exemple 2 Soit $\{\vec{u}, \vec{v}, \vec{w}\}$, où $\vec{u} = (1, -3, 2)$, $\vec{v} = (0, 4, -5)$ et $\vec{w} = (0, 1, -3)$.

Combinaison linéaire de vecteurs algébriques

Les vecteurs algébriques $\vec{r}$, $\vec{s}$, $\vec{t}$ et $\vec{O}$ suivants sont des combinaisons linéaires de $\vec{u}$, $\vec{v}$ et $\vec{w}$.

a) $\vec{r} = 2\vec{u} - \vec{v} + 3\vec{w}$, ainsi $\vec{r} = 2(1, -3, 2) - (0, 4, -5) + 3(0, 1, -3) = (2, -7, 0)$

b) $\vec{s} = \vec{u} + 3\vec{v}$, ainsi $\vec{s} = 1(1, -3, 2) + 3(0, 4, -5) + 0(0, 1, -3) = (1, 9, -13)$

c) $\vec{t} = 2\vec{v} - 4\vec{w}$, ainsi $\vec{t} = 0(1, -3, 2) + 2(0, 4, -5) - 4(0, 1, -3) = (0, 4, 2)$

d) $\vec{O} = 0\vec{u} + 0\vec{v} + 0\vec{w}$, ainsi $\vec{O} = 0(1 -3, 2) + 0(0, 4, -5) + 0(0, 1, -3) = (0, 0, 0)$

(combinaison linéaire triviale)

Exemple 3 Soit $\{A, B\}$, où $A = \begin{bmatrix} 0 & 1 \\ 1 & 0 \end{bmatrix}$ et $B = \begin{bmatrix} 1 & 1 \\ 0 & 4 \end{bmatrix}$.

Combinaison linéaire de matrices

Les matrices M_1 et M_2 suivantes sont des combinaisons linéaires de A et B.

a) $M_1 = 3A + 2B$, ainsi $M_1 = 3\begin{bmatrix} 0 & 1 \\ 1 & 0 \end{bmatrix} + 2\begin{bmatrix} 1 & 1 \\ 0 & 4 \end{bmatrix} = \begin{bmatrix} 2 & 5 \\ 3 & 8 \end{bmatrix}$

b) $M_2 = 5A - 3B$, ainsi $M_2 = 5\begin{bmatrix} 0 & 1 \\ 1 & 0 \end{bmatrix} - 3\begin{bmatrix} 1 & 1 \\ 0 & 4 \end{bmatrix} = \begin{bmatrix} -3 & 2 \\ 5 & -12 \end{bmatrix}$

DÉFINITION 6.2 Soit V, un espace vectoriel sur $\mathbb{R}$, et $\{\boldsymbol{v}_1, \boldsymbol{v}_2, \ldots, \boldsymbol{v}_n\}$, un ensemble de n vecteurs de V.

Un vecteur $\boldsymbol{u}$ est une **combinaison linéaire** des vecteurs de $\{\boldsymbol{v}_1, \boldsymbol{v}_2, \ldots, \boldsymbol{v}_n\}$ s'il existe des scalaires $k_1, k_2, \ldots, k_n \in \mathbb{R}$ tels que

$$\boldsymbol{u} = k_1\boldsymbol{v}_1 + k_2\boldsymbol{v}_2 + \ldots + k_n\boldsymbol{v}_n$$

Exemple 4

a) Vérifions si le vecteur $\vec{w}$, où $\vec{w} = (-4, -11, 22)$ est une combinaison linéaire des vecteurs de $\{\vec{u}, \vec{v}\}$ où $\vec{u} = (1, -4, 5)$ et $\vec{v} = (2, 1, -4)$.

Pour vérifier si $\vec{w}$ est une combinaison linéaire de $\vec{u}$ et $\vec{v}$, il faut déterminer s'il existe des scalaires k_1 et k_2 tels que

$$\vec{w} = k_1\vec{u} + k_2\vec{v}$$
$$(-4, -11, 22) = k_1(1, -4, 5) + k_2(2, 1, -4)$$
$$(-4, -11, 22) = (k_1 + 2k_2, -4k_1 + k_2, 5k_1 - 4k_2)$$

Puisque deux vecteurs sont équipollents si et seulement si leurs composantes respectives sont égales, nous devons résoudre le système d'équations suivant.

Système d'équations

$$\begin{cases} k_1 + 2k_2 = -4 \\ -4k_1 + k_2 = -11 \\ 5k_1 - 4k_2 = 22 \end{cases}$$

Par la méthode de Gauss, nous obtenons

Méthode de Gauss

$$\left[\begin{array}{cc|c} 1 & 2 & -4 \\ -4 & 1 & -11 \\ 5 & -4 & 22 \end{array}\right] \sim \left[\begin{array}{cc|c} 1 & 2 & -4 \\ 0 & 9 & -27 \\ 0 & -14 & 42 \end{array}\right] \quad \begin{array}{l} \\ L_2 + 4L_1 \to L_2 \\ L_3 - 5L_1 \to L_3 \end{array}$$

$$\sim \left[\begin{array}{cc|c} 1 & 2 & -4 \\ 0 & 9 & -27 \\ 0 & 0 & 0 \end{array}\right] \quad \begin{array}{l} \\ \\ 9L_3 + 14L_2 \to L_3 \end{array}$$

Donc, $k_2 = -3$ et $k_1 = 2$.

Puisque $\vec{w} = 2\vec{u} - 3\vec{v}$, $\vec{w}$ est une combinaison linéaire de $\vec{u}$ et $\vec{v}$.

b) Vérifions si le vecteur $\vec{r}$, où $\vec{r} = (3, 2, -3)$, est une combinaison linéaire des vecteurs de $\{\vec{u}, \vec{v}, \vec{w}\}$ où $\vec{u} = (1, 1, 1)$, $\vec{v} = (3, 1, 2)$ et $\vec{w} = (1, -3, -1)$.

Pour vérifier si $\vec{r}$ est une combinaison linéaire de $\vec{u}$, $\vec{v}$ et $\vec{w}$, il faut déterminer s'il existe des scalaires k_1, k_2 et k_3 tels que

$$\vec{r} = k_1\vec{u} + k_2\vec{v} + k_3\vec{w}$$
$$(3, 2, -3) = k_1(1, 1, 1) + k_2(3, 1, 2) + k_3(1, -3, -1)$$
$$(3, 2, -3) = (k_1 + 3k_2 + k_3, k_1 + k_2 - 3k_3, k_1 + 2k_2 - k_3)$$

Nous devons alors résoudre le système d'équations suivant.

Système d'équations

$$\begin{cases} k_1 + 3k_2 + k_3 = 3 \\ k_1 + k_2 - 3k_3 = 2 \\ k_1 + 2k_2 - k_3 = -3 \end{cases}$$

Par la méthode de Gauss, nous obtenons

Méthode de Gauss

$$\left[\begin{array}{ccc|c} 1 & 3 & 1 & 3 \\ 1 & 1 & -3 & 2 \\ 1 & 2 & -1 & -3 \end{array}\right] \sim \left[\begin{array}{ccc|c} 1 & 3 & 1 & 3 \\ 0 & 2 & 4 & 1 \\ 0 & 1 & 2 & 6 \end{array}\right] \begin{array}{l} \\ -L_2 + L_1 \to L_2 \\ -L_3 + L_1 \to L_3 \end{array}$$

$$\sim \left[\begin{array}{ccc|c} 1 & 3 & 1 & 3 \\ 0 & 2 & 4 & 1 \\ 0 & 0 & 0 & 11 \end{array}\right] \begin{array}{l} \\ \\ 2L_3 - L_2 \to L_3 \end{array}$$

Comme le système d'équations est incompatible, le système n'admet aucune solution et le vecteur $\vec{r}$ n'est pas une combinaison linéaire de $\vec{u}$, $\vec{v}$ et $\vec{w}$.

Exemple 5 Soit les vecteurs $\vec{u}$, $\vec{v}$ et $\vec{r}$ suivants, où $\|\vec{u}\| = 2$, $\|\vec{v}\| = 10$ et $\|\vec{r}\| = 8$.

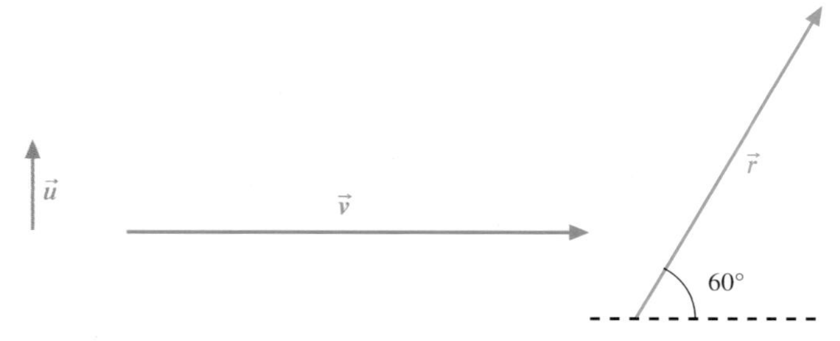

Exprimons le vecteur $\vec{r}$ comme combinaison linéaire des vecteurs $\vec{u}$ et $\vec{v}$.

Déterminons les valeurs de k_1 et k_2 telles que $\vec{r} = k_1\vec{u} + k_2\vec{v}$.

$$\|k_1\vec{u}\| = \|\vec{r}\| \sin 60°$$

$$|k_1|\,\|\vec{u}\| = \|\vec{r}\| \sin 60°$$

$$k_1(2) = 8\frac{\sqrt{3}}{2} \qquad (\text{car } k_1 > 0)$$

$$k_1 = 2\sqrt{3}$$

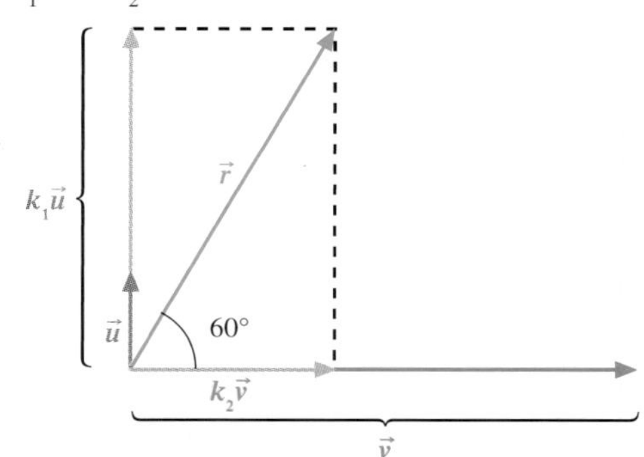

De même, $\|k_2\vec{v}\| = \|\vec{r}\| \cos 60°$

$$|k_2|\,\|\vec{v}\| = \|\vec{r}\| \cos 60°$$

$$k_2(10) = 8\frac{1}{2} \qquad (\text{car } k_2 > 0)$$

$$k_2 = \frac{2}{5}$$

d'où $\vec{r} = 2\sqrt{3}\vec{u} + \frac{2}{5}\vec{v}$

Exemple 6 Soit les vecteurs $\vec{u}$, $\vec{v}$ et $\vec{r}$ suivants.

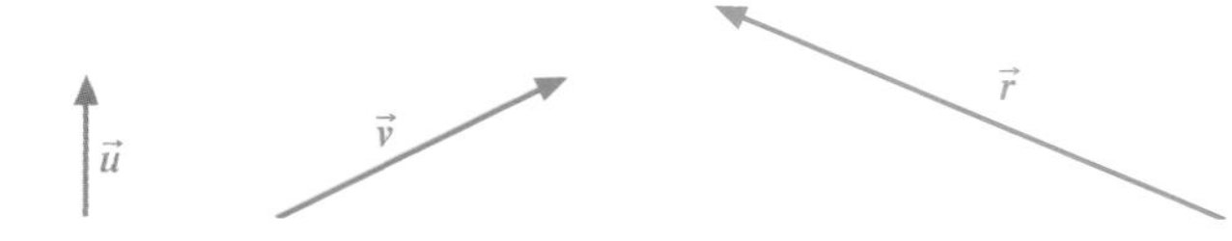

Déterminons approximativement, en utilisant la méthode du triangle, les valeurs de k_1 et k_2 telles que $\vec{r} = k_1\vec{u} + k_2\vec{v}$.

Étape 1

Traçons les vecteurs $\vec{u}$, $\vec{v}$ et $\vec{r}$ à partir d'une même origine O.

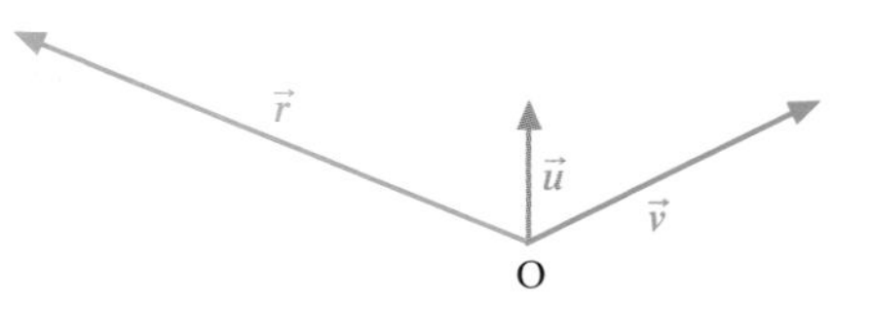

Étape 2

À partir de l'extrémité de $\vec{r}$, traçons la droite D_1 parallèle à $\vec{u}$ et la droite D_2 passant par O et parallèle à $\vec{v}$.

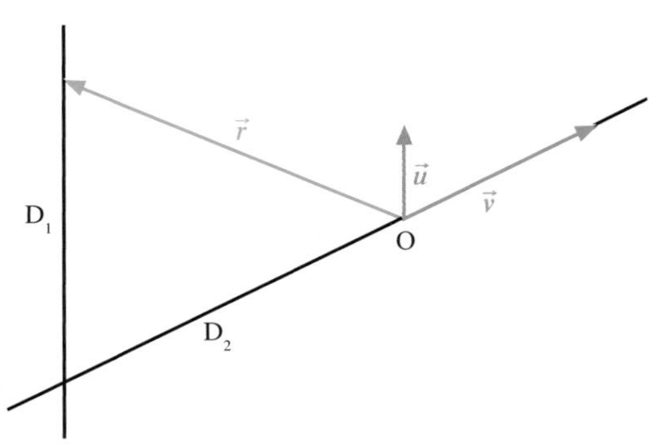

Étape 3

Soit B, l'extrémité de $\vec{r}$, et A, le point d'intersection des droites D_1 et D_2. Par la méthode du triangle pour l'addition de deux vecteurs, exprimons $\vec{r}$ comme la somme des vecteurs $\overrightarrow{OA}$ et $\overrightarrow{AB}$.

$$\begin{aligned}\vec{r} &= \overrightarrow{OA} + \overrightarrow{AB}\\ &= k_2\vec{v} + k_1\vec{u} \qquad (k_1 > 0 \text{ et } k_2 < 0)\end{aligned}$$

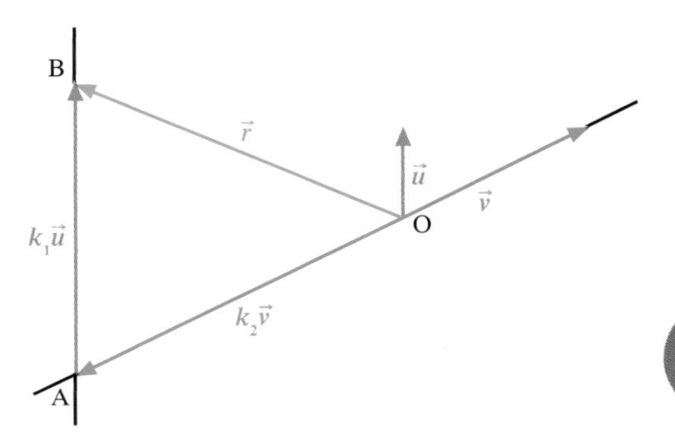

En mesurant, nous trouvons

$$k_1 \approx 3{,}2 \text{ et } k_2 \approx -1{,}8$$

d'où $\vec{r} \approx -1{,}8\vec{v} + 3{,}2\vec{u}$

Exercices 6.1

1. Soit les vecteurs $\vec{u}$, $\vec{v}$ et $\vec{w}$ suivants.

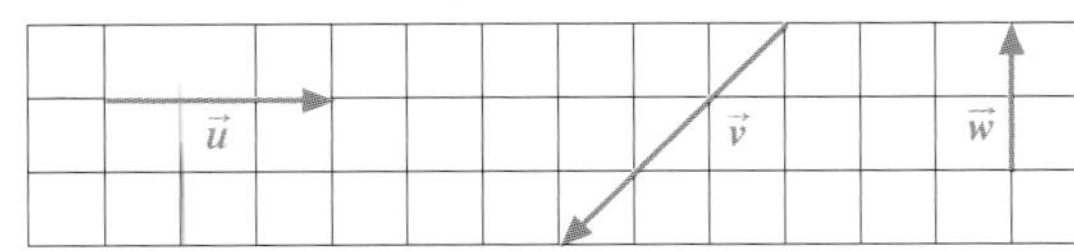

Représenter graphiquement le résultat des combinaisons linéaires suivantes.

a) $\vec{r} = 2\vec{u} - \vec{v}$

b) $\vec{s} = \frac{1}{3}\vec{u} + 2\vec{v} + \vec{w}$

c) $\vec{t} = -3\vec{u} + \vec{v} - 2\vec{w}$

2. Soit les vecteurs $\vec{u}$, $\vec{v}$, $\vec{w}$ et $\vec{r}$ tels que

$\|\vec{u}\| = 4$, $\theta_{(\vec{u})} = 45°$, N.-E.

$\|\vec{v}\| = 6$, $\theta_{(\vec{v})} = 135°$, N.-O.

$\|\vec{w}\| = 5$, $\theta_{(\vec{w})} = 90°$, N.

$\|\vec{r}\| = 8$, $\theta_{(\vec{r})} = 0°$, E.

Exprimer

a) $\vec{w}$ comme combinaison linéaire de $\vec{u}$ et $\vec{v}$;

b) $\vec{u}$ comme combinaison linéaire de $\vec{v}$ et $\vec{w}$;

c) $\vec{v}$ comme combinaison linéaire de $\vec{w}$ et $\vec{r}$.

3. Soit les vecteurs $\vec{u}$ et $\vec{v}$ suivants.

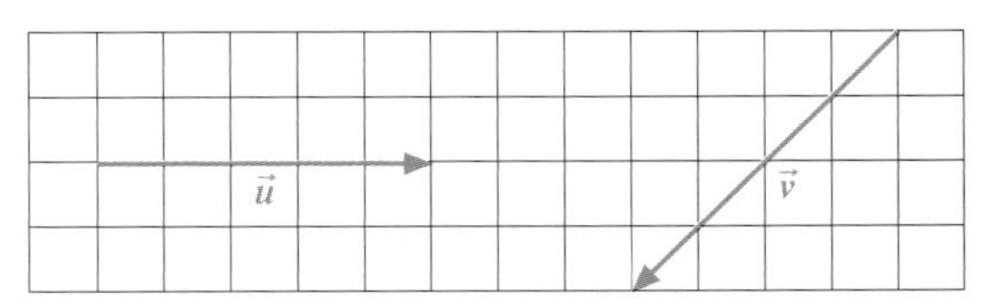

Déterminer approximativement les valeurs de k_1 et k_2 telles que $\vec{r} = k_1\vec{u} + k_2\vec{v}$ si

a)

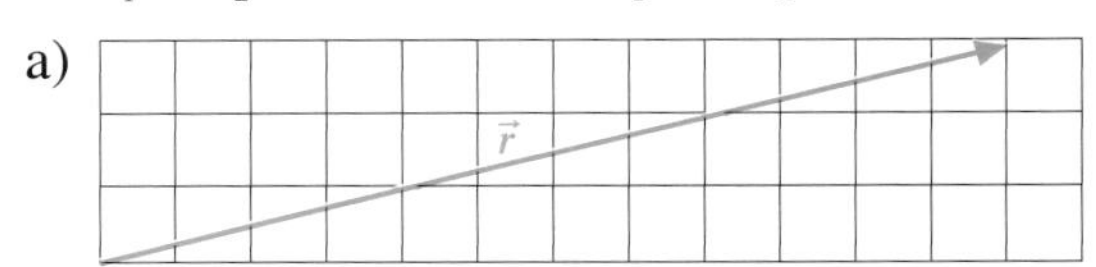

b)

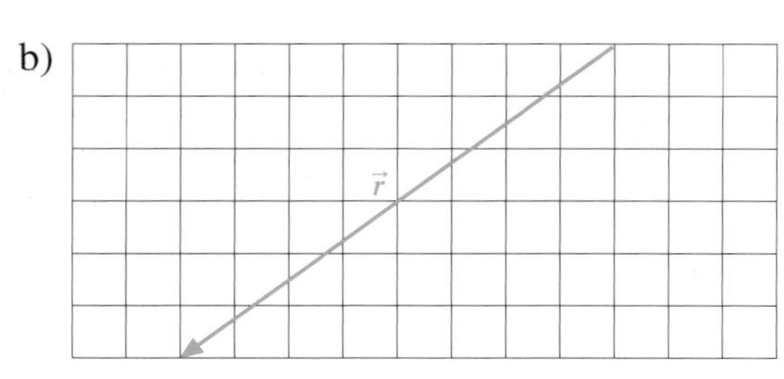

c)

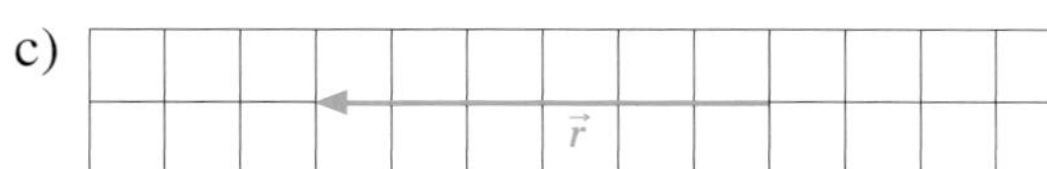

4. Soit $\{\vec{u}, \vec{v}, \vec{w}, \vec{t}\}$, où $\vec{u} = (3, -2)$, $\vec{v} = (0, 4)$, $\vec{w} = (-1, 5)$ et $\vec{t} = (-6, 4)$. Trouver les composantes des vecteurs résultant des combinaisons linéaires suivantes.

a) $\vec{r} = 2\vec{u} - 4\vec{v}$ b) $\vec{s} = 3\vec{u} - \frac{1}{4}\vec{v} + 2\vec{w} + \frac{5}{2}\vec{t}$

5. Soit $\{\vec{u}, \vec{v}, \vec{w}\}$, où $\vec{u} = (-1, 0, 4)$, $\vec{v} = (4, 1, 2)$ et $\vec{w} = (3, -1, 4)$.

a) Trouver les composantes des vecteurs résultant des combinaisons linéaires suivantes.
$\vec{r} = 2\vec{u} - \vec{v}$, $\vec{s} = -5\vec{v} + 4\vec{w}$ et $\vec{t} = 3\vec{u} + 2\vec{v} - 3\vec{w}$

b) Soit $\vec{z}$, le vecteur défini par $\vec{z} = 2\vec{r} - 4\vec{s} + 3\vec{t}$.
Exprimer $\vec{z}$ comme combinaison linéaire de $\vec{u}$, $\vec{v}$ et $\vec{w}$.

c) Déterminer les composantes du vecteur $\vec{z}$.

6. Soit $\{\vec{u}, \vec{v}, \vec{w}, \vec{t}\}$, où $\vec{u} = (2, 1)$, $\vec{v} = (-1, 3)$, $\vec{w} = (3, 2)$ et $\vec{t} = (-4, -2)$. Exprimer, si c'est possible, le vecteur

a) $\vec{r_1} = (2, 15)$ comme combinaison linéaire de $\vec{u}$ et $\vec{v}$;

b) $\vec{r_1} = (2, 15)$ comme combinaison linéaire de $\vec{v}$ et $\vec{w}$;

c) $\vec{r_2} = (0, 0)$ comme combinaison linéaire de $\vec{w}$ et $\vec{t}$;

d) $\vec{r_3} = (2, -6)$ comme combinaison linéaire de $\vec{v}$ et $\vec{t}$;

e) $\vec{r_4} = (1, 2)$ comme combinaison linéaire de $\vec{u}$ et $\vec{t}$;

f) $\vec{r_5} = (-2, 9)$ comme combinaison linéaire de $\vec{u}$, $\vec{v}$ et $\vec{w}$.

7. Soit $\{\vec{i}, \vec{j}, \vec{u}, \vec{v}, \vec{O}\}$, où $\vec{i} = (1, 0)$, $\vec{j} = (0, 1)$, $\vec{u} = (-2, 5)$, $\vec{v} = (3, 4)$ et $\vec{O} = (0, 0)$. Exprimer, si c'est possible, le vecteur

a) $\vec{u}$ comme combinaison linéaire de $\vec{i}$ et $\vec{j}$;

b) $\vec{i}$ comme combinaison linéaire de $\vec{u}$ et $\vec{j}$;

c) $\vec{j}$ comme combinaison linéaire de $\vec{u}$ et $\vec{v}$;

d) $\vec{O}$ comme combinaison linéaire de $\vec{i}$ et $\vec{j}$;

e) $\vec{O}$ comme combinaison linéaire de $\vec{u}$ et $\vec{v}$;

f) $\vec{v}$ comme combinaison linéaire de $\vec{u}$ et $\vec{O}$.

8. Soit $\{\vec{v_1}, \vec{v_2}, \vec{v_3}, \vec{v_4}\}$, où $\vec{v_1} = (1, -2, 3)$, $\vec{v_2} = (0, 4, -2)$, $\vec{v_3} = (-1, 2, 3)$, $\vec{v_4} = (3, -6, 3)$ et $\vec{v_5} = (-4, 8, -12)$. Exprimer, si c'est possible, le vecteur

a) $\vec{u} = (-1, -2, 17)$ comme combinaison linéaire de $\vec{v_1}$, $\vec{v_2}$ et $\vec{v_3}$;

b) $\vec{w} = (1, 0, 4)$ comme combinaison linéaire de $\vec{v_1}$, $\vec{v_2}$ et $\vec{v_4}$;

c) $\vec{t} = (1, -1, 3)$ comme combinaison linéaire de $\vec{v_1}$, $\vec{v_3}$ et $\vec{v_4}$;

d) $\vec{s} = (5, -10, -3)$ comme combinaison linéaire de $\vec{v_1}$, $\vec{v_3}$ et $\vec{v_5}$.

9. Soit $\{\vec{i}, \vec{j}, \vec{k}\}$, où $\vec{i} = (1, 0, 0)$, $\vec{j} = (0, 1, 0)$ et $\vec{k} = (0, 0, 1)$.

a) Exprimer les vecteurs $\vec{u} = (3, -2, 4)$, $\vec{v} = (2, 0, 7)$ et $\vec{O}$ comme combinaison linéaire des vecteurs $\vec{i}$, $\vec{j}$ et $\vec{k}$.

b) Démontrer que tout vecteur $\vec{t}$, où $\vec{t} = (x, y, z)$, peut s'exprimer comme combinaison linéaire des vecteurs $\vec{i}$, $\vec{j}$ et $\vec{k}$, et donner cette combinaison linéaire.

10. Soit $\{\boldsymbol{u}, \boldsymbol{v}, \boldsymbol{w}\}$, où $\boldsymbol{u} = \begin{bmatrix} 1 & 0 \\ 0 & -1 \end{bmatrix}$, $\boldsymbol{v} = \begin{bmatrix} 2 & 1 \\ 0 & 1 \end{bmatrix}$ et $\boldsymbol{w} = \begin{bmatrix} 0 & 1 \\ 2 & 0 \end{bmatrix}$.

a) Déterminer la matrice $\boldsymbol{M_1}$ définie par la combinaison linéaire $(3\boldsymbol{u} - \boldsymbol{v} + 5\boldsymbol{w})$.

b) Exprimer, si c'est possible, les matrices $\boldsymbol{M_2}$ et $\boldsymbol{M_3}$ suivantes comme combinaison linéaire de $\boldsymbol{u}$, $\boldsymbol{v}$ et $\boldsymbol{w}$.

$$\boldsymbol{M_2} = \begin{bmatrix} 8 & -1 \\ -8 & 1 \end{bmatrix} \text{ et } \boldsymbol{M_3} = \begin{bmatrix} 10 & 6 \\ 6 & 3 \end{bmatrix}$$

11. Soit l'ensemble des fonctions polynomiales $\{\boldsymbol{f}, \boldsymbol{g}, \boldsymbol{h}, \boldsymbol{k}\}$, où

$f(x) = x^2 - 4x + 1$, $g(x) = -x^2 + 2$,
$h(x) = 3x - 4$ et $k(x) = 4x^3 + x$.

Exprimer, si c'est possible, la fonction $\boldsymbol{H}$ donnée comme combinaison linéaire de $\boldsymbol{f}$, $\boldsymbol{g}$, $\boldsymbol{h}$ et $\boldsymbol{k}$.

a) $H(x) = -4x^3 + 5x^2 - 13x - 1$

b) $H(x) = 5x + 7$

c) $H(x) = 0$

12. Soit les vecteurs $\vec{u}$ et $\vec{v}$, non nuls et non parallèles, et les vecteurs $\vec{r} = 8\vec{u} - 21\vec{v}$, $\vec{s} = -3\vec{u} + 6\vec{v}$ et $\vec{t} = 2\vec{u} - 5\vec{v}$. Exprimer

a) $\vec{r}$ comme combinaison linéaire de $\vec{s}$ et $\vec{t}$;

b) $\vec{s}$ comme combinaison linéaire de $\vec{r}$ et $\vec{t}$;

c) $\vec{u}$ comme combinaison linéaire de $\vec{r}$ et $\vec{s}$.

13. Soit $\vec{w}$, une combinaison linéaire des vecteurs de $\{\vec{u_1}, \vec{u_2}, \ldots, \vec{u_n}\}$. Démontrer que si chaque $\vec{u_i}$ est une combinaison linéaire des vecteurs de $\{\vec{v_1}, \vec{v_2}, \ldots, \vec{v_m}\}$, alors $\vec{w}$ est une combinaison linéaire des vecteurs de $\{\vec{v_1}, \vec{v_2}, \ldots, \vec{v_m}\}$.

6.2 Dépendance et indépendance linéaire de vecteurs

Objectifs d'apprentissage

À la fin de cette section, l'élève pourra appliquer les notions de dépendance linéaire et d'indépendance linéaire.

Plus précisément, l'élève sera en mesure

- de déterminer si les vecteurs d'un ensemble sont linéairement dépendants ou linéairement indépendants ;
- d'énoncer certains théorèmes relatifs aux notions de dépendance linéaire et d'indépendance linéaire ;
- de démontrer certains théorèmes relatifs aux notions de dépendance linéaire et d'indépendance linéaire ;
- de donner la définition de vecteurs colinéaires ;
- de déterminer si des vecteurs sont colinéaires ;
- de donner la définition de vecteurs coplanaires ;
- de déterminer si des vecteurs sont coplanaires.

Les vecteurs $\boldsymbol{v}_1, \boldsymbol{v}_2, \ldots, \boldsymbol{v}_n$ sont linéairement dépendants si et seulement si il existe au moins un $k_i \neq 0$ tel que

$$k_1\boldsymbol{v}_1 + k_2\boldsymbol{v}_2 + \ldots + k_n\boldsymbol{v}_n = \boldsymbol{O}.$$

6

Dans cette section, nous étudierons la dépendance linéaire et l'indépendance linéaire de vecteurs, ce qui nous permettra, dans la section suivante, de présenter la notion de base d'un espace vectoriel.

Vecteurs linéairement dépendants et vecteurs linéairement indépendants

Il y a environ 125 ans...

Ferdinand Georg Frobenius
(1849-1917)

Ferdinand Georg Frobenius travaille sur la résolution des systèmes d'équations linéaires alors qu'il enseigne dans une école technique supérieure à Zurich. C'est dans le cadre de ces travaux qu'il définit clairement les notions de combinaison linéaire et d'indépendance linéaire qui seront retenues par Peano et certains autres. Frobenius s'inspire, notamment, des publications mathématiques de Charles L. Dodgson (1832-1898), mieux connu sous le nom de Lewis Carroll, l'auteur d'*Alice au pays des merveilles*. Autant Dodgson a une imagination fébrile, autant Frobenius est rigide. On le dit colérique, irascible et même porté à l'injure. Cela ne facilite guère ses relations avec ses collègues, particulièrement à Berlin où il devient professeur en 1892. Excellent mathématicien ayant contribué au développement de la science dans divers domaines, il souhaitait conserver à Berlin sa place prépondérante comme principal foyer des mathématiques allemandes. Son caractère difficile semble toutefois avoir provoqué l'effet contraire, à l'avantage de Göttingen qui deviendra le phare des mathématiques allemandes au début du XXe siècle.

DÉFINITION 6.3 Soit V, un espace vectoriel sur $\mathbb{R}$, et $\{\boldsymbol{v}_1, \boldsymbol{v}_2, \dots, \boldsymbol{v}_n\}$, un ensemble de n vecteurs de V.

1) Les vecteurs $\boldsymbol{v}_1, \boldsymbol{v}_2, \dots, \boldsymbol{v}_n$ sont **linéairement indépendants** si et seulement si $k_1 = k_2 = \dots = k_n = 0$ est la seule solution de $k_1\boldsymbol{v}_1 + k_2\boldsymbol{v}_2 + \dots + k_n\boldsymbol{v}_n = \boldsymbol{O}$.
2) Les vecteurs $\boldsymbol{v}_1, \boldsymbol{v}_2, \dots, \boldsymbol{v}_n$ sont **linéairement dépendants** si et seulement si il existe au moins un $k_i \neq 0$ tel que $k_1\boldsymbol{v}_1 + k_2\boldsymbol{v}_2 + \dots + k_n\boldsymbol{v}_n = \boldsymbol{O}$.

Exemple 1

a) Soit S = $\{\vec{u}, \vec{v}\}$, où $\vec{u} = (1, 2)$ et $\vec{v} = (-4, 3)$.

Déterminons, si $\vec{u}$ et $\vec{v}$ sont linéairement dépendants ou linéairement indépendants.

Trouvons les scalaires k_1 et k_2 tels que

$$k_1\vec{u} + k_2\vec{v} = \vec{O}$$
$$k_1(1, 2) + k_2(-4, 3) = (0, 0)$$
$$(k_1 - 4k_2, 2k_1 + 3k_2) = (0, 0)$$

Nous obtenons alors le système homogène d'équations linéaires suivant.

$$\begin{cases} k_1 - 4k_2 = 0 \\ 2k_1 + 3k_2 = 0 \end{cases}$$

Rappelons que tout système homogène d'équations linéaires admet au moins la solution triviale (définition 2.13).

Si c'est possible, résolvons ce système par la règle de Cramer.

En calculant le déterminant de la matrice A des coefficients, nous obtenons dét $A = \begin{vmatrix} 1 & -4 \\ 2 & 3 \end{vmatrix} = 11$.

Puisque dét $A \neq 0$, la seule solution est la solution triviale. En effet,

Règle de Cramer

$$k_1 = \frac{\begin{vmatrix} 0 & -4 \\ 0 & 3 \end{vmatrix}}{11} = 0 \text{ et } k_2 = \frac{\begin{vmatrix} 1 & 0 \\ 2 & 0 \end{vmatrix}}{11} = 0$$

D'où les vecteurs $\vec{u}$ et $\vec{v}$ sont linéairement indépendants.

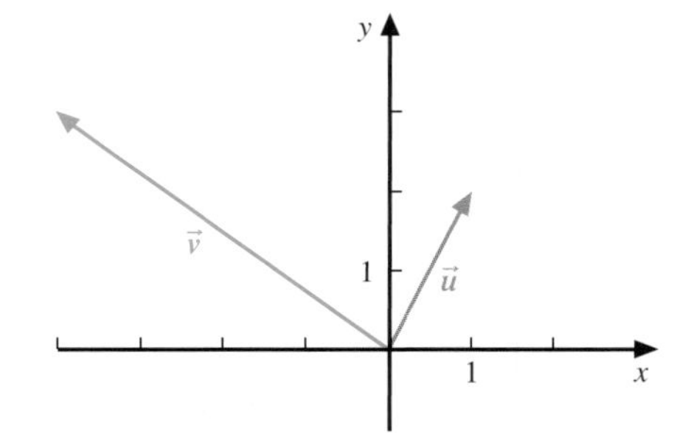

b) Soit S = $\{\vec{r}, \vec{w}\}$, où $\vec{r} = (2, -4)$ et $\vec{w} = (-3, 6)$.

Déterminons si $\vec{r}$ et $\vec{w}$ sont linéairement dépendants ou linéairement indépendants.

Trouvons les scalaires k_1 et k_2 tels que

$$k_1\vec{r} + k_2\vec{w} = \vec{O}$$
$$k_1(2, -4) + k_2(-3, 6) = (0, 0)$$
$$(2k_1 - 3k_2, -4k_1 + 6k_2) = (0, 0)$$

Nous obtenons alors le système homogène d'équations linéaires suivant.

$$\begin{cases} 2k_1 - 3k_2 = 0 \\ -4k_1 + 6k_2 = 0 \end{cases}$$

Si c'est possible, résolvons ce système par la règle de Cramer.

En calculant le déterminant de la matrice A des coefficients, nous obtenons $\begin{vmatrix} 2 & -3 \\ -4 & 6 \end{vmatrix} = 0$.

Méthode de Gauss

Puisque dét $A = 0$, nous ne pouvons pas résoudre ce système par la règle de Cramer. Utilisons la méthode de Gauss.

$$\left[\begin{array}{cc:c} 2 & -3 & 0 \\ -4 & 6 & 0 \end{array}\right] \sim \left[\begin{array}{cc:c} 2 & -3 & 0 \\ 0 & 0 & 0 \end{array}\right] \quad L_2 + 2L_1 \to L_2$$

Donc, E.-S. $= \left\{\left(\frac{3}{2}t, t\right)\right\}$, où $t \in \mathbb{R}$; ainsi il existe une solution non triviale.

Par exemple, si $t = 2$, nous avons $k_1 = 3$ et $k_2 = 2$, donc $3\vec{r} + 2\vec{w} = \vec{O}$.

D'où les vecteurs $\vec{r}$ et $\vec{w}$ sont linéairement dépendants.

y, x, $\vec{w}$, $\vec{r}$, 2, 2

Remarque Dans le chapitre 3 (page 135), nous avons vu que le nombre de solutions d'un système homogène d'équations linéaires, où le nombre d'équations est égal au nombre d'inconnues, dépend de la valeur du déterminant de A, où A est la matrice des coefficients du système d'équations. En effet,

- si dét $A \neq 0$, alors le système admet une solution unique (solution triviale) ;
- si dét $A = 0$, alors le système admet une infinité de solutions.

Ainsi, si l'ensemble $\{\vec{v}_1, \vec{v}_2, \ldots, \vec{v}_n\}$ contient n vecteurs algébriques de $\mathbb{R}^n$, nous avons que

1) si dét $A \neq 0$, alors les vecteurs sont linéairement indépendants,

2) si dét $A = 0$, alors les vecteurs sont linéairement dépendants,

où A est la matrice obtenue en plaçant en colonnes les composantes des n vecteurs.

6

Exemple 2 Soit $\{\vec{u}, \vec{v}, \vec{w}\}$, où $\vec{u} = (1, 2, 7)$, $\vec{v} = (4, 5, -1)$ et $\vec{w} = (0, 2, 3)$. Déterminons si $\vec{u}$, $\vec{v}$ et $\vec{w}$ sont linéairement dépendants ou linéairement indépendants.

Trouvons les scalaires k_1, k_2 et k_3 tels que

$$k_1\vec{u} + k_2\vec{v} + k_3\vec{w} = \vec{O}$$

$$k_1(1, 2, 7) + k_2(4, 5, -1) + k_3(0, 2, 3) = (0, 0, 0)$$

$$(k_1 + 4k_2, 2k_1 + 5k_2 + 2k_3, 7k_1 - k_2 + 3k_3) = (0, 0, 0)$$

Nous obtenons alors le système d'équations suivant.

$$\begin{cases} k_1 + 4k_2 = 0 \\ 2k_1 + 5k_2 + 2k_3 = 0 \\ 7k_1 - k_2 + 3k_3 = 0 \end{cases} \quad \text{où dét } A = \begin{vmatrix} 1 & 4 & 0 \\ 2 & 5 & 2 \\ 7 & -1 & 3 \end{vmatrix} = 49$$

Puisque dét $A \neq 0$, les vecteurs $\vec{u}$, $\vec{v}$ et $\vec{w}$ sont linéairement indépendants.

THÉORÈME 6.1 Soit V, un espace vectoriel sur $\mathbb{R}$, et S $= \{\boldsymbol{v}_1, \boldsymbol{v}_2, \ldots, \boldsymbol{v}_n\}$, un ensemble de n vecteurs de V.

Les vecteurs $\boldsymbol{v}_1, \boldsymbol{v}_2, \ldots, \boldsymbol{v}_n$ sont linéairement dépendants si et seulement si au moins un des vecteurs de S peut être exprimé comme combinaison linéaire des $(n - 1)$ autres vecteurs de S.

La preuve est laissée à l'élève.

Remarque Si aucun des vecteurs de l'ensemble S ne peut s'exprimer comme combinaison linéaire des autres vecteurs de S, alors les vecteurs de S sont linéairement indépendants.

Exemple 3 Soit $S = \{\overrightarrow{u_1}, \overrightarrow{u_2}, \overrightarrow{u_3}, \overrightarrow{u_4}\}$, quatre vecteurs de $\mathbb{R}^n$, où $\overrightarrow{u_1} = 3\overrightarrow{u_2} + 0\overrightarrow{u_3} - 2\overrightarrow{u_4}$.

a) Déterminons, de deux façons différentes, si $\overrightarrow{u_1}$, $\overrightarrow{u_2}$, $\overrightarrow{u_3}$ et $\overrightarrow{u_4}$ sont linéairement dépendants ou linéairement indépendants.

Façon 1

Puisque un des vecteurs de S, soit $\overrightarrow{u_1}$, s'écrit comme combinaison linéaire des vecteurs $\overrightarrow{u_2}$, $\overrightarrow{u_3}$ et $\overrightarrow{u_4}$, les vecteurs de S sont linéairement dépendants (théorème 6.1).

Façon 2

De $\overrightarrow{u_1} = 3\overrightarrow{u_2} + 0\overrightarrow{u_3} - 2\overrightarrow{u_4}$, nous avons

$$\overrightarrow{u_1} - 3\overrightarrow{u_2} + 0\overrightarrow{u_3} + 2\overrightarrow{u_4} = \overrightarrow{O}.$$

D'où les vecteurs de S sont linéairement dépendants, car au moins un des k_i est différent de zéro (définition 6.3).

b) Exprimons, si c'est possible, $\overrightarrow{u_2}$, $\overrightarrow{u_3}$ et $\overrightarrow{u_4}$ comme combinaison linéaire des autres vecteurs de S.

$$\overrightarrow{u_2} = \frac{1}{3}\overrightarrow{u_1} + 0\overrightarrow{u_3} + \frac{2}{3}\overrightarrow{u_4}$$

$\overrightarrow{u_3}$ ne peut pas s'exprimer comme combinaison linéaire des autres vecteurs de S.

$$\overrightarrow{u_4} = \frac{-1}{2}\overrightarrow{u_1} + \frac{3}{2}\overrightarrow{u_2} + 0\overrightarrow{u_3}$$

Remarque Même si $\overrightarrow{u_3}$ ne peut pas s'exprimer comme combinaison linéaire des autres vecteurs de S, les vecteurs $\overrightarrow{u_1}$, $\overrightarrow{u_2}$, $\overrightarrow{u_3}$ et $\overrightarrow{u_4}$ sont linéairement dépendants.

Exemple 4 Soit $\{\vec{u}, \vec{v}, \vec{w}\}$, où $\vec{u} = (4, 3)$, $\vec{v} = (5, -10)$ et $\vec{w} = (-2, 4)$. Déterminons, à l'aide du théorème 6.1, si les vecteurs sont linéairement dépendants.

Essayons d'abord d'exprimer $\vec{u}$ comme combinaison linéaire de $\vec{v}$ et $\vec{w}$.

$$\vec{u} = k_1\vec{v} + k_2\vec{w}, \text{ où } k_1, k_2 \in \mathbb{R}$$
$$(4, 3) = k_1(5, -10) + k_2(-2, 4)$$
$$(4, 3) = (5k_1 - 2k_2, -10k_1 + 4k_2)$$

Système d'équations correspondant

$$\begin{cases} 5k_1 - 2k_2 = 4 \\ -10k_1 + 4k_2 = 3 \end{cases}$$

Comme ce système n'admet aucune solution, $\vec{u}$ ne peut pas être exprimé comme combinaison linéaire de $\vec{v}$ et $\vec{w}$.

Essayons maintenant d'exprimer $\vec{v}$ comme combinaison linéaire de $\vec{u}$ et $\vec{w}$.

$$\vec{v} = k_1\vec{u} + k_2\vec{w}, \text{ où } k_1, k_2 \in \mathbb{R}$$
$$(5, -10) = k_1(4, 3) + k_2(-2, 4)$$
$$(5, -10) = (4k_1 - 2k_2, 3k_1 + 4k_2)$$

Système d'équations correspondant

$$\begin{cases} 4k_1 - 2k_2 = 5 \\ 3k_1 + 4k_2 = -10 \end{cases}$$

En résolvant ce système d'équations, nous obtenons $k_1 = 0$ et $k_2 = \frac{-5}{2}$.

Ainsi, $\vec{v} = 0\vec{u} - \frac{5}{2}\vec{w}$.

D'où $\vec{u}$, $\vec{v}$ et $\vec{w}$ sont linéairement dépendants. (théorème 6.1)

Exemple 5 Soit les vecteurs $\vec{u}$, $\vec{v}$, $\vec{w}$ et $\vec{t}$ suivants.

Déterminons si les vecteurs des ensembles suivants sont linéairement dépendants ou linéairement indépendants.

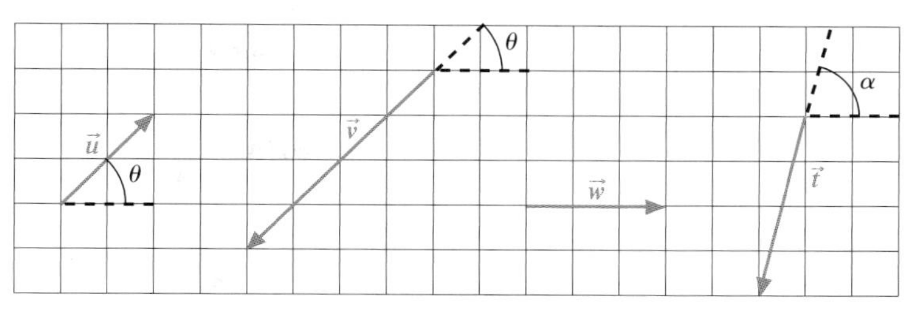

a) $\{\vec{u}, \vec{v}\}$

Puisque $\vec{v} = -2\vec{u}$, par le théorème 6.1, les vecteurs $\vec{u}$ et $\vec{v}$ sont linéairement dépendants.

Les vecteurs contenus respectivement dans les ensembles $\{\vec{u}, \vec{v}, \vec{w}\}$, $\{\vec{u}, \vec{v}, \vec{t}\}$ et $\{\vec{u}, \vec{v}, \vec{t}, \vec{w}\}$ sont linéairement dépendants, car nous avons respectivement $\vec{v} = -2\vec{u} + 0\vec{w}$, $\vec{v} = -2\vec{u} + 0\vec{t}$ et $\vec{v} = -2\vec{u} + 0\vec{t} + 0\vec{w}$.

b) $\{\vec{u}, \vec{w}\}$

Puisque $\vec{u}$ n'est pas parallèle à $\vec{w}$, $\vec{u} \neq k_1\vec{w}$ et $\vec{w} \neq k_2\vec{u}$, et les vecteurs $\vec{u}$ et $\vec{w}$ sont linéairement indépendants (théorème 6.1).

Les vecteurs contenus respectivement dans les ensembles $\{\vec{u}, \vec{t}\}$, $\{\vec{v}, \vec{w}\}$, $\{\vec{v}, \vec{t}\}$ et $\{\vec{w}, \vec{t}\}$ sont linéairement indépendants.

c) $\{\vec{v}, \vec{w}, \vec{t}\}$

Puisque $\vec{t} = \vec{v} + \vec{w}$ (voir figure ci-contre), par le théorème 6.1, les vecteurs $\vec{v}$, $\vec{w}$ et $\vec{t}$ sont linéairement dépendants.

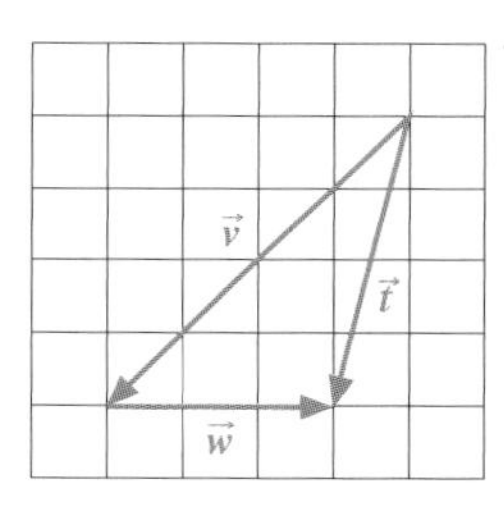

Énonçons maintenant un théorème que nous acceptons sans démonstration.

THÉORÈME 6.2 Soit un ensemble $\{\vec{u_1}, \vec{u_2}, \vec{u_3}, \ldots, \vec{u_m}\}$, de m vecteurs de $\mathbb{R}^n$.

Si $m > n$, alors les vecteurs $\vec{u_1}, \vec{u_2}, \vec{u_3}, \ldots, \vec{u_m}$ sont linéairement dépendants.

Le théorème 6.2 signifie notamment

1) que trois vecteurs ou plus de $\mathbb{R}^2$ sont linéairement dépendants,

   par exemple les trois vecteurs $\vec{i} = (1, 0)$, $\vec{j} = (0, 1)$ et $\vec{s} = (3, 2)$ de $\mathbb{R}^2$ sont linéairement dépendants;

2) que quatre vecteurs ou plus de $\mathbb{R}^3$ sont linéairement dépendants,

   par exemple les quatre vecteurs $\vec{u} = (1, -2, 3)$, $\vec{v} = (-1, 4, -2)$, $\vec{w} = (2, -6, 12)$ et $\vec{t} = (7, -20, 25)$ de $\mathbb{R}^3$ sont linéairement dépendants.

Vecteurs colinéaires

DÉFINITION 6.4 Des vecteurs non nuls de même dimension de $\mathbb{R}^2$ ou de $\mathbb{R}^3$ sont **colinéaires** si et seulement si ils sont parallèles.

Exemple 1 Vérifions si les vecteurs $\vec{u} = (-2, 4, 1)$ et $\vec{v} = (6, -12, -3)$ sont colinéaires.

Puisque $\vec{v} = -3\vec{u}$, les vecteurs $\vec{u}$ et $\vec{v}$ sont parallèles.

D'où les vecteurs $\vec{u}$ et $\vec{v}$ sont colinéaires.

THÉORÈME 6.3 Deux vecteurs non nuls de même dimension de $\mathbb{R}^2$ ou de $\mathbb{R}^3$ sont colinéaires si et seulement si ils sont linéairement dépendants.

La preuve est laissée à l'élève.

Nous pouvons utiliser la notion de déterminant pour vérifier si deux vecteurs de $\mathbb{R}^2$ sont colinéaires.

THÉORÈME 6.4 Soit $\vec{v_1} = (x_1, y_1)$ et $\vec{v_2} = (x_2, y_2)$, deux vecteurs non nuls de $\mathbb{R}^2$.

Les vecteurs $\vec{v_1}$ et $\vec{v_2}$ sont colinéaires si et seulement si $\begin{vmatrix} x_1 & x_2 \\ y_1 & y_2 \end{vmatrix} = 0$.

PREUVE

($\Rightarrow$) Si $\vec{v_1}$ et $\vec{v_2}$ sont colinéaires, ils sont parallèles, alors $\vec{v_1} = k\vec{v_2}$. Donc,

$$\begin{aligned}(x_1, y_1) &= k(x_2, y_2)\\ &= (kx_2, ky_2)\end{aligned}$$

Ainsi, $x_1 = kx_2$ et $y_1 = ky_2$

donc, $\begin{vmatrix} x_1 & x_2 \\ y_1 & y_2 \end{vmatrix} = \begin{vmatrix} kx_2 & x_2 \\ ky_2 & y_2 \end{vmatrix} = k\begin{vmatrix} x_2 & x_2 \\ y_2 & y_2 \end{vmatrix} = 0$ $\left(\text{car} \begin{vmatrix} x_2 & x_2 \\ y_2 & y_2 \end{vmatrix} = 0, \text{ théorème 3.10}\right)$

d'où $\begin{vmatrix} x_1 & x_2 \\ y_1 & y_2 \end{vmatrix} = 0$

($\Leftarrow$) Si $\begin{vmatrix} x_1 & x_2 \\ y_1 & y_2 \end{vmatrix} = 0$, alors $x_1y_2 = x_2y_1$

Puisque $\vec{v_1} \neq \vec{O}$, $x_1 \neq 0$ ou $y_1 \neq 0$

En supposant que $x_1 \neq 0$, nous pouvons écrire $y_2 = \dfrac{x_2}{x_1}y_1$

En posant $\dfrac{x_2}{x_1} = k$, nous avons $k(x_1, y_1) = (kx_1, ky_1) = \left(\dfrac{x_2}{x_1}x_1, \dfrac{x_2}{x_1}y_1\right) = (x_2, y_2)$

donc, $k\vec{v_1} = \vec{v_2}$ (car $(x_1, y_1) = \vec{v_1}$ et $(x_2, y_2) = \vec{v_2}$)

d'où $\vec{v_1}$ et $\vec{v_2}$ sont colinéaires.

De façon analogue, pour $y_1 \neq 0$, nous pouvons démontrer que $\vec{v_1}$ et $\vec{v_2}$ sont colinéaires.

Exemple 2 Soit $\vec{u} = (6, -15)$, $\vec{v} = (5, 10)$ et $\vec{w} = (-4, 10)$. À l'aide du théorème 6.4, déterminons si

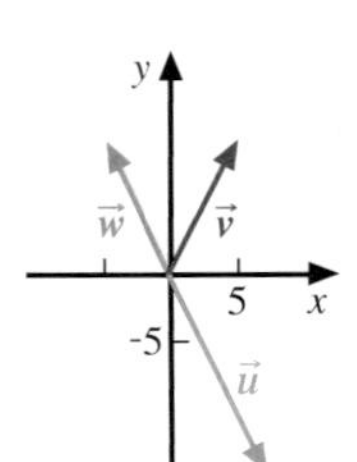

a) $\vec{u}$ et $\vec{w}$ sont colinéaires.

Puisque $\begin{vmatrix} 6 & -4 \\ -15 & 10 \end{vmatrix} = 0$,

$\vec{u}$ et $\vec{w}$ sont colinéaires.

b) $\vec{u}$ et $\vec{v}$ sont colinéaires.

Puisque $\begin{vmatrix} 6 & 5 \\ -15 & 10 \end{vmatrix} = 135 \neq 0$,

$\vec{u}$ et $\vec{v}$ ne sont pas colinéaires.

Vecteurs coplanaires

DÉFINITION 6.5 Des vecteurs non nuls de $\mathbb{R}^3$ sont **coplanaires** si et seulement si ils sont situés dans un même plan lorsqu'ils sont ramenés à une même origine.

Remarque Deux vecteurs de $\mathbb{R}^3$, ramenés à une même origine, sont toujours coplanaires.

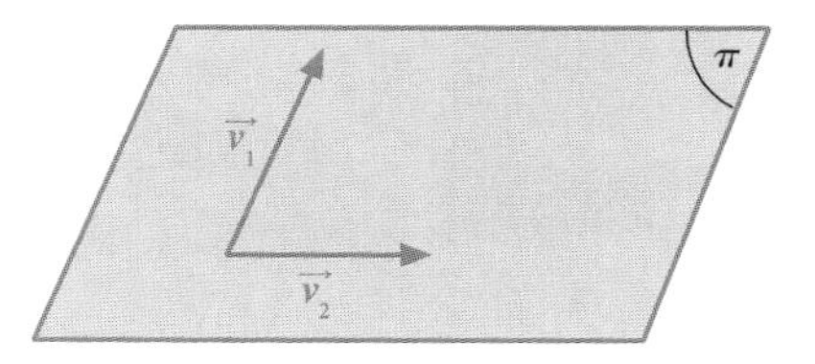

Exemple 1 Les vecteurs $\vec{u}$, $\vec{v}$ et $\vec{w}$ sont coplanaires, car ces trois vecteurs ramenés à une même origine sont situés dans le plan π.

Par contre, $\vec{t}$, $\vec{u}$ et $\vec{v}$ ne sont pas coplanaires, car il n'existe aucun plan contenant ces trois vecteurs.

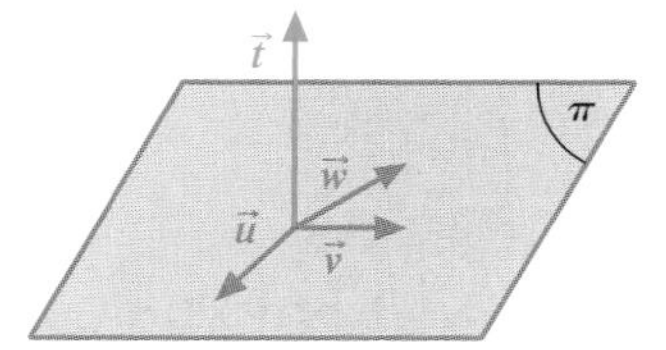

THÉORÈME 6.5 Trois vecteurs non nuls de $\mathbb{R}^3$ sont coplanaires si et seulement si ils sont linéairement dépendants.

La preuve est laissée à l'élève.

Nous pouvons également utiliser la notion de déterminant pour vérifier si trois vecteurs de $\mathbb{R}^3$ sont coplanaires. Nous admettons présentement le théorème suivant sans démonstration. La démonstration sera faite au chapitre 7.

THÉORÈME 6.6 Soit $\vec{v_1} = (x_1, y_1, z_1)$, $\vec{v_2} = (x_2, y_2, z_2)$ et $\vec{v_3} = (x_3, y_3, z_3)$, trois vecteurs non nuls de $\mathbb{R}^3$.

Les vecteurs $\vec{v_1}$, $\vec{v_2}$ et $\vec{v_3}$ sont coplanaires si et seulement si $\begin{vmatrix} x_1 & x_2 & x_3 \\ y_1 & y_2 & y_3 \\ z_1 & z_2 & z_3 \end{vmatrix} = 0$.

Exemple 2 Soit $\vec{u} = (1, 2, 3)$, $\vec{v} = (4, 5, 6)$, $\vec{w} = (7, 8, 9)$ et $\vec{t} = (1, 0, 0)$. À l'aide du théorème 6.6, déterminons si

a) $\vec{u}$, $\vec{v}$ et $\vec{w}$ sont coplanaires.

Puisque $\begin{vmatrix} 1 & 4 & 7 \\ 2 & 5 & 8 \\ 3 & 6 & 9 \end{vmatrix} = 0$,

$\vec{u}$, $\vec{v}$ et $\vec{w}$ sont coplanaires.

b) $\vec{u}$, $\vec{v}$ et $\vec{t}$ sont coplanaires.

Puisque $\begin{vmatrix} 1 & 4 & 1 \\ 2 & 5 & 0 \\ 3 & 6 & 0 \end{vmatrix} = -3 \neq 0$,

$\vec{u}$, $\vec{v}$ et $\vec{t}$ ne sont pas coplanaires.

Dans l'encadré ci-dessous, nous retrouvons un résumé des notions étudiées précédemment.

Soit $\vec{u} = (x_1, y_1)$ et $\vec{v} = (x_2, y_2)$, deux vecteurs non nuls de $\mathbb{R}^2$.	Soit $\vec{u} = (x_1, y_1, z_1)$, $\vec{v} = (x_2, y_2, z_2)$ et $\vec{w} = (x_3, y_3, z_3)$, trois vecteurs non nuls de $\mathbb{R}^3$.
Les énoncés suivants sont équivalents. 1) $\vec{u}$ et $\vec{v}$ sont linéairement dépendants ; 2) $\vec{u}$ et $\vec{v}$ sont colinéaires ; 3) $\vec{u}$ et $\vec{v}$ sont parallèles ; 4) $\vec{u} = k\vec{v}$, où $k \neq 0$; 5) $\begin{vmatrix} x_1 & x_2 \\ y_1 & y_2 \end{vmatrix} = 0$.	Les énoncés suivants sont équivalents. 1) $\vec{u}$, $\vec{v}$ et $\vec{w}$ sont linéairement dépendants ; 2) $\vec{u}$, $\vec{v}$ et $\vec{w}$ sont coplanaires ; 3) au moins un des vecteurs s'écrit comme combinaison linéaire des deux autres ; 4) $\begin{vmatrix} x_1 & x_2 & x_3 \\ y_1 & y_2 & y_3 \\ z_1 & z_2 & z_3 \end{vmatrix} = 0$.

Exercices 6.2

1. Déterminer si les vecteurs suivants sont linéairement indépendants ou linéairement dépendants,

i) à l'aide de la définition 6.3 ;

ii) à l'aide d'un déterminant, si c'est possible.

a) $\vec{u} = (-1, 2)$ et $\vec{v} = (0, 1)$

b) $\vec{u} = (3, -6)$ et $\vec{v} = (-4, 8)$

c) $\vec{u} = (1, 2)$, $\vec{v} = (3, 1)$ et $\vec{w} = (2, -2)$

d) $\vec{u} = (1, 4, -3)$, $\vec{v} = (0, 7, 1)$ et $\vec{w} = (0, 0, 1)$

e) $\vec{u} = (-1, 2, 0)$, $\vec{v} = (4, 1, -3)$ et $\vec{w} = (10, -2, -6)$

f) $\vec{u} = (2, 4, -8, 6)$, $\vec{v} = (5, 1, 2, 0)$, $\vec{w} = (0, 4, 1, 1)$ et $\vec{t} = (-3, -6, 12, -9)$

2. Exprimer, si c'est possible, un vecteur comme combinaison linéaire des autres vecteurs et déterminer si les vecteurs suivants sont linéairement dépendants ou linéairement indépendants.

a) $\vec{u} = (-10, 8)$ et $\vec{v} = (15, -12)$

b) $\vec{u} = (3, 2)$, $\vec{v} = (-9, 6)$ et $\vec{w} = (6, -4)$

c) $\vec{u} = (-1, 2, 4)$, $\vec{v} = (-2, 7, 2)$ et $\vec{w} = (0, -1, 2)$

d) $\vec{u} = (1, -2, -1)$, $\vec{v} = (2, -3, 0)$ et $\vec{w} = (1, -1, 1)$

3. Déterminer si les vecteurs suivants sont linéairement dépendants ou linéairement indépendants.

a) $\vec{u} = (4, -5)$ et $\vec{v} = (-5, 4)$

b) $\vec{u} = (3, -1)$, $\vec{v} = (1, 5)$ et $\vec{w} = (8, -2)$

c) $\vec{i} = (1, 0, 0)$, $\vec{j} = (0, 1, 0)$ et $\vec{k} = (0, 0, 1)$

d) $\vec{u} = (-6, 9, 15)$ et $\vec{v} = (10, -15, -25)$

e) $\vec{u} = (-1, 2, 3)$, $\vec{v} = (4, -1, 0)$, $\vec{w} = (2, -1, 4)$ et $\vec{t} = (4, 0, 5)$

f) $\vec{e_1} = (1, 0, 0, 0)$, $\vec{e_2} = (0, 1, 0, 0)$, $\vec{e_3} = (0, 0, 1, 0)$ et $\vec{e_4} = (0, 0, 0, 1)$

4. Soit la figure suivante, formée de deux parallélépipèdes droits, identiques et adjacents.

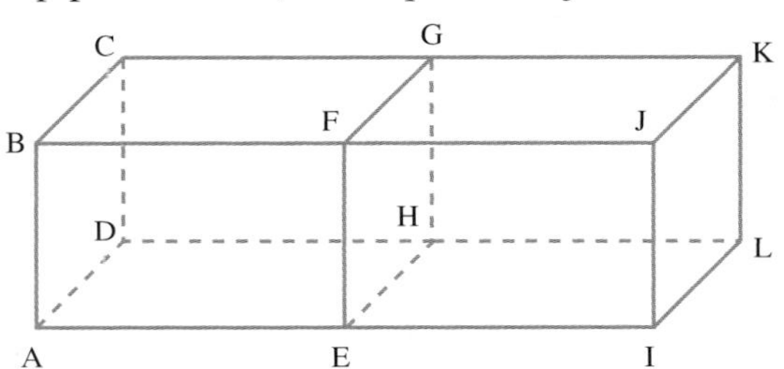

Exprimer, si c'est possible, un vecteur comme combinaison linéaire des autres vecteurs et déterminer si les vecteurs suivants sont linéairement dépendants ou linéairement indépendants.

a) $\overrightarrow{KF}$, $\overrightarrow{DH}$ et $\overrightarrow{IL}$

b) $\overrightarrow{AK}$, $\overrightarrow{EG}$ et $\overrightarrow{HD}$

c) $\overrightarrow{AL}$, $\overrightarrow{BH}$ et $\overrightarrow{CJ}$

d) $\overrightarrow{AC}$, $\overrightarrow{BG}$, $\overrightarrow{CF}$ et $\overrightarrow{DH}$

5. Parmi les vecteurs suivants, déterminer lesquels sont colinéaires.

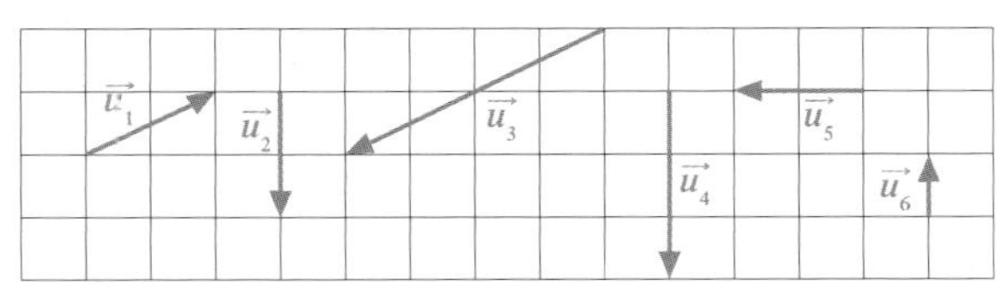

6. a) À l'aide du théorème 6.4, déterminer si les vecteurs suivants sont colinéaires. Si c'est impossible, utiliser une autre méthode.

i) $\vec{u} = (4, -5)$ et $\vec{v} = (5, -4)$

ii) $\vec{u} = (-2, 6)$ et $\vec{v} = (3, -9)$

iii) $\vec{u} = (-1, 2, 5)$ et $\vec{v} = (-2, 4, 10)$

b) Déterminer les valeurs de a et b telles que les vecteurs suivants sont colinéaires.

i) $\vec{u} = (3, -5)$ et $\vec{v} = (a, 8)$

ii) $\vec{u} = (-1, a, 6)$ et $\vec{v} = (3, 5, b)$

7. a) À l'aide du théorème 6.6, déterminer si les vecteurs suivants sont coplanaires. Si c'est impossible, utiliser une autre méthode.

i) $\vec{u} = (2, -1, 4)$, $\vec{v} = (1, 0, -2)$ et $\vec{w} = (-4, 5, 3)$

ii) $\vec{u} = (1, 3, 1)$, $\vec{v} = (-2, 5, 9)$ et $\vec{w} = (4, -2, -10)$

iii) $\vec{u} = (4, -3, 0)$ et $\vec{v} = (5, 0, 2)$

b) Déterminer les valeurs de a, b et c telles que les vecteurs suivants sont coplanaires

i) $\vec{u} = (-2, 1, 4)$, $\vec{v} = (3, -2, 5)$ et $\vec{w} = (a, 0, -3)$

ii) $\vec{u} = (3, -4, 0)$, $\vec{v} = (7, -2, 0)$ et $\vec{w} = (a, b, c)$

8. Répondre par vrai (V) ou faux (F) et justifier les réponses.

a) Deux vecteurs parallèles sont linéairement dépendants.

b) Trois vecteurs de $\mathbb{R}^2$ sont linéairement dépendants.

c) Deux vecteurs de $\mathbb{R}^3$ sont toujours colinéaires.

d) Deux vecteurs de $\mathbb{R}^3$ ramenés à l'origine sont coplanaires.

e) Trois vecteurs coplanaires de $\mathbb{R}^3$ sont linéairement dépendants.

f) Trois vecteurs non nuls linéairement dépendants sont toujours parallèles.

9. Démontrer que les vecteurs des ensembles suivants sont linéairement dépendants.

a) $\{\vec{u}, \vec{v}, (\vec{u} + \vec{v})\}$

b) $\{\vec{u}, \vec{v}, \vec{w}, (3\vec{u} - \vec{v})\}$

c) $\{\vec{O}, \vec{u_2}, \vec{u_3}, \vec{u_4}, \ldots, \vec{u_n}\}$

6

6.3 Bases et repères

Objectifs d'apprentissage

À la fin de cette section, l'élève pourra utiliser les notions de bases et de repères.

Plus précisément, l'élève sera en mesure

- de donner la définition d'un ensemble de générateurs d'un espace vectoriel ;
- de donner la définition d'une base d'un espace vectoriel ;
- de déterminer si les vecteurs d'un ensemble forment une base d'un espace vectoriel ;
- de déterminer si un ensemble de vecteurs est un ensemble de générateurs d'un espace vectoriel ;
- de déterminer les composantes d'un vecteur dans une base donnée ;
- d'énoncer certains théorèmes relatifs aux bases ;
- de démontrer certains théorèmes relatifs aux bases ;
- de donner la définition de la dimension d'un espace vectoriel ;
- de donner la définition d'un repère d'une droite ;
- de donner la définition d'un repère d'un plan ;
- de donner la définition d'un repère de l'espace ;
- de représenter un vecteur dans un repère ;
- de donner la définition d'une base orthogonale ;
- de déterminer si des vecteurs sont orthogonaux ;
- de déterminer si une base est orthogonale ;
- de donner la définition d'une base orthonormée ;
- de déterminer si une base est orthonormée.

$\{\boldsymbol{v}_1, \boldsymbol{v}_2, \boldsymbol{v}_3, \ldots, \boldsymbol{v}_n\}$ est une base de V si

1) les vecteurs $\boldsymbol{v}_1, \boldsymbol{v}_2, \boldsymbol{v}_3, \ldots, \boldsymbol{v}_n$ sont linéairement indépendants ;

2) $\{\boldsymbol{v}_1, \boldsymbol{v}_2, \boldsymbol{v}_3, \ldots, \boldsymbol{v}_n\}$ est un ensemble de générateurs de V.

Dans cette section, nous utiliserons les notions de combinaison linéaire et de vecteurs linéairement indépendants pour définir une base d'un espace vectoriel.

Base d'un espace vectoriel

Il y a environ 375 ans...

René Descartes
(1596-1650)

René Descartes, le soldat philosophe et mathématicien, a écrit *Géométrie* comme une annexe à son *Discours de la méthode*, publié en 1637, afin d'illustrer l'efficacité de sa méthode. C'est dans cette annexe que se trouvent les idées à la base de ce qui sera appelé, près de deux siècles plus tard, «la géométrie analytique». Au secondaire, lorsqu'on parle du plan cartésien, cela suppose toujours la présence d'axes perpendiculaires. Pourtant, dans *Géométrie*, les axes ne sont pas toujours perpendiculaires. Bien au contraire, le choix des axes dépend du problème à résoudre. Aussi, souvent, ce que nous appellerions «les axes» forme plutôt des angles aigus. Il faut alors se demander s'il est possible de choisir arbitrairement l'orientation des axes. Du XVIIe au XIXe siècle, les mathématiciens répondent intuitivement oui à cette question, à la condition que les axes n'aient pas la même orientation. À la fin du XIXe siècle, l'approche vectorielle offrira une réponse plus formelle. C'est l'objet de cette section.

DÉFINITION 6.6

Soit V, un espace vectoriel sur $\mathbb{R}$, et $\{\boldsymbol{v}_1, \boldsymbol{v}_2, \boldsymbol{v}_3, \ldots, \boldsymbol{v}_n\}$, un ensemble de n vecteurs de V.

L'ensemble $\{\boldsymbol{v}_1, \boldsymbol{v}_2, \boldsymbol{v}_3, \ldots, \boldsymbol{v}_n\}$ des vecteurs est un ensemble de **générateurs** de V si tout vecteur $\boldsymbol{u}$ de V peut s'écrire comme combinaison linéaire des vecteurs de $\{\boldsymbol{v}_1, \boldsymbol{v}_2, \boldsymbol{v}_3, \ldots, \boldsymbol{v}_n\}$.

DÉFINITION 6.7

Soit V, un espace vectoriel sur $\mathbb{R}$, et $\{\boldsymbol{v}_1, \boldsymbol{v}_2, \boldsymbol{v}_3, \ldots, \boldsymbol{v}_n\}$, un ensemble de n vecteurs de V.

L'ensemble $\{\boldsymbol{v}_1, \boldsymbol{v}_2, \boldsymbol{v}_3, \ldots, \boldsymbol{v}_n\}$ des vecteurs est une **base** de V si les deux conditions suivantes sont satisfaites.

1) Les vecteurs $\boldsymbol{v}_1, \boldsymbol{v}_2, \boldsymbol{v}_3, \ldots, \boldsymbol{v}_n$ sont linéairement indépendants.

2) $\{\boldsymbol{v}_1, \boldsymbol{v}_2, \boldsymbol{v}_3, \ldots, \boldsymbol{v}_n\}$ est un ensemble de générateurs de V.

Exemple 1

a) Déterminons si $\{\vec{i}, \vec{j}\}$, où $\vec{i} = (1, 0)$ et $\vec{j} = (0, 1)$, est une base de $\mathbb{R}^2$.

Étape 1 Vérifions si les vecteurs $\vec{i}$ et $\vec{j}$ sont linéairement indépendants.

Nous pouvons utiliser l'une ou l'autre des méthodes suivantes.

$\vec{i}$ et $\vec{j}$ sont linéairement indépendants

Méthode 1

Soit $\quad k_1\vec{i} + k_2\vec{j} = \vec{O}$, où k_1 et $k_2 \in \mathbb{R}$.

$$k_1(1, 0) + k_2(0, 1) = (0, 0)$$

$$(k_1, k_2) = (0, 0)$$

donc, $k_1 = 0$ et $k_2 = 0$.

Ainsi, les vecteurs $\vec{i}$ et $\vec{j}$ sont linéairement indépendants (définition 6.3).

Méthode 2

En calculant $\begin{vmatrix} 1 & 0 \\ 0 & 1 \end{vmatrix}$, nous obtenons

$$\begin{vmatrix} 1 & 0 \\ 0 & 1 \end{vmatrix} = 1 \neq 0.$$

Ainsi, les vecteurs $\vec{i}$ et $\vec{j}$ sont linéairement indépendants (théorème 6.4).

Étape 2 Vérifions si $\{\vec{i}, \vec{j}\}$ est un ensemble de générateurs de $\mathbb{R}^2$.

Il faut vérifier si tout vecteur $\vec{u} = (x, y)$ de $\mathbb{R}^2$ peut s'écrire comme combinaison linéaire de $\vec{i}$ et $\vec{j}$.

Soit $\vec{u} = k_1\vec{i} + k_2\vec{j}$ (où k_1 et $k_2 \in \mathbb{R}$)

$$(x, y) = k_1(1, 0) + k_2(0, 1)$$

$\{\vec{i}, \vec{j}\}$ est un ensemble de générateurs de $\mathbb{R}^2$

Il faut exprimer k_1 et k_2 en fonction de x et de y, si c'est possible.

$$(x, y) = (k_1, 0) + (0, k_2)$$

$$(x, y) = (k_1, k_2)$$

donc, $k_1 = x$ et $k_2 = y$.

Puisque k_1 et k_2 s'expriment en fonction de x et de y, nous avons $\vec{u} = x\vec{i} + y\vec{j}$.

$\{\vec{i}, \vec{j}\}$ est appelé base canonique de $\mathbb{R}^2$

Ainsi, tout vecteur $\vec{u} = (x, y)$ de $\mathbb{R}^2$ peut être engendré par $\vec{i}$ et $\vec{j}$.

D'où $\{\vec{i}, \vec{j}\}$ est une base de $\mathbb{R}^2$, car les deux conditions sont vérifiées (définition 6.7).

b) Donnons quelques exemples de vecteurs de $\mathbb{R}^2$ exprimés sous forme de combinaison linéaire des vecteurs de la base $\{\vec{i}, \vec{j}\}$, en utilisant le résultat de l'étape 2.

Pour $\vec{u} = (x, y)$, nous avons $\vec{u} = x\vec{i} + y\vec{j}$.

Donc, pour $\vec{u} = (3, 7)$, nous avons $\vec{u} = 3\vec{i} + 7\vec{j}$

et pour $\vec{u} = (-4, 2)$, nous avons $\vec{u} = -4\vec{i} + 2\vec{j}$.

De façon analogue, on peut démontrer que $\{\vec{i}, \vec{j}, \vec{k}\}$, où $\vec{i} = (1, 0, 0)$, $\vec{j} = (0, 1, 0)$ et $\vec{k} = (0, 0, 1)$, est une base de $\mathbb{R}^3$. La base $\{\vec{i}, \vec{j}, \vec{k}\}$ est appelée base canonique de $\mathbb{R}^3$.

6

À moins d'avis contraire, les vecteurs de $\mathbb{R}^2$ ($\mathbb{R}^3$) sont donnés en fonction de la base canonique $\{\vec{i}, \vec{j}\}$ ($\{\vec{i}, \vec{j}, \vec{k}\}$).

Exemple 2

a) Déterminons si $\{\vec{u}, \vec{v}\}$, où $\vec{u} = (1, 3)$ et $\vec{v} = (-2, 1)$, est une base de $\mathbb{R}^2$.

Étape 1 Vérifions si les vecteurs $\vec{u}$ et $\vec{v}$ sont linéairement indépendants.

Puisque $\begin{vmatrix} 1 & -2 \\ 3 & 1 \end{vmatrix} = 7 \neq 0$, alors $\vec{u}$ et $\vec{v}$ sont linéairement indépendants (théorème 6.4).

Étape 2 Vérifions si $\{\vec{u}, \vec{v}\}$ est un ensemble de générateurs de $\mathbb{R}^2$.

Soit $\vec{w} = k_1\vec{u} + k_2\vec{v}$ (où k_1 et $k_2 \in \mathbb{R}$)

$$(x, y) = k_1(1, 3) + k_2(-2, 1)$$

$$(x, y) = (k_1 - 2k_2, 3k_1 + k_2)$$

Nous obtenons le système d'équations $\begin{cases} k_1 - 2k_2 = x \\ 3k_1 + k_2 = y \end{cases}$

Il faut exprimer k_1 et k_2 en fonction de x et de y, si c'est possible.

En utilisant la règle de Cramer, nous obtenons

Règle de Cramer

$$k_1 = \frac{\begin{vmatrix} x & -2 \\ y & 1 \end{vmatrix}}{\begin{vmatrix} 1 & -2 \\ 3 & 1 \end{vmatrix}} = \left(\frac{x + 2y}{7}\right) \text{ et } k_2 = \frac{\begin{vmatrix} 1 & x \\ 3 & y \end{vmatrix}}{\begin{vmatrix} 1 & -2 \\ 3 & 1 \end{vmatrix}} = \left(\frac{y - 3x}{7}\right)$$

donc, $\vec{w} = \left(\frac{x + 2y}{7}\right)\vec{u} + \left(\frac{y - 3x}{7}\right)\vec{v}$

Ainsi, tout vecteur $\vec{w} = (x, y) \in \mathbb{R}^2$ peut être engendré par $\vec{u}$ et $\vec{v}$.

D'où $\{\vec{u}, \vec{v}\}$ est une base de $\mathbb{R}^2$ (définition 6.7).

b) Donnons un exemple d'un vecteur de $\mathbb{R}^2$ exprimé sous forme de combinaison linéaire des vecteurs de la base $\{\vec{u}, \vec{v}\}$, où $\vec{u} = (1, 3)$ et $\vec{v} = (-2, 1)$, en utilisant le résultat de l'étape 2.

Pour $\vec{w} = (x, y)$ exprimé dans la base $\{\vec{i}, \vec{j}\}$, nous avons $\vec{w} = \left(\frac{x + 2y}{7}\right)\vec{u} + \left(\frac{y - 3x}{7}\right)\vec{v}$.

Donc, pour $\vec{w} = (4, 5)$ exprimé dans la base $\{\vec{i}, \vec{j}\}$, nous avons, en remplaçant x par 4 et y par 5,

$$\vec{w} = \left(\frac{4 + 2(5)}{7}\right)\vec{u} + \left(\frac{5 - 3(4)}{7}\right)\vec{v} = 2\vec{u} - 1\vec{v}$$

Vérification

Vérifions algébriquement que $2\vec{u} - \vec{v} = (4, 5)$.

$$2\vec{u} - \vec{v} = 2(1, 3) - (-2, 1) = (2 + 2, 6 - 1) = (4, 5)$$

Exemple 3 Soit $\{\vec{u}, \vec{v}\}$, où $\vec{u} = (4, -6)$ et $\vec{v} = (-10, 15)$.

a) Déterminons si $\{\vec{u}, \vec{v}\}$ est une base de $\mathbb{R}^2$.

Étape 1 Vérifions si les vecteurs $\vec{u}$ et $\vec{v}$ sont linéairement indépendants.

Puisque $\begin{vmatrix} 4 & -10 \\ -6 & 15 \end{vmatrix} = 0$, alors $\vec{u}$ et $\vec{v}$ sont linéairement dépendants (théorème 6.4).

D'où $\{\vec{u}, \vec{v}\}$ n'est pas une base de $\mathbb{R}^2$ (définition 6.7).

Remarque Lorsque les vecteurs d'un ensemble de vecteurs d'un espace vectoriel V sont linéairement dépendants, nous pouvons conclure que l'ensemble de ces vecteurs n'est pas une base de V. Cependant, il est possible que ces vecteurs soient un ensemble de générateurs de V.

En représentant les vecteurs $\vec{u}$ et $\vec{v}$ graphiquement, nous constatons qu'ils n'engendrent que les vecteurs situés sur la droite D comprenant $\vec{u}$ et $\vec{v}$.

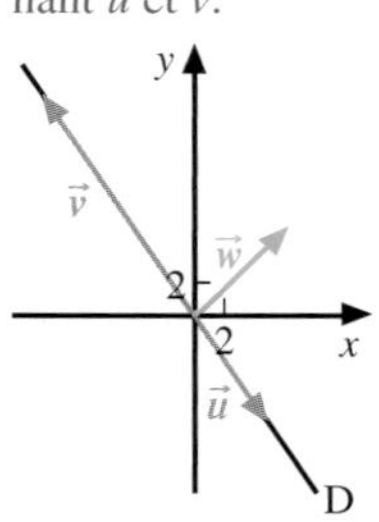

b) Déterminons si $\{\vec{u}, \vec{v}\}$ est un ensemble de générateurs de $\mathbb{R}^2$.

Vérifions si tout vecteur $\vec{w} = (x, y)$ peut être engendré par $\vec{u} = (4, -6)$ et $\vec{v} = (-10, 15)$.

Soit $\vec{w} = k_1\vec{u} + k_2\vec{v}$ (où k_1 et $k_2 \in \mathbb{R}$)

$$(x, y) = k_1(4, -6) + k_2(-10, 15)$$

$$(x, y) = (4k_1 - 10k_2, -6k_1 + 15k_2)$$

Nous obtenons le système d'équations $\begin{cases} 4k_1 - 10k_2 = x \\ -6k_1 + 15k_2 = y \end{cases}$

Il faut exprimer k_1 et k_2 en fonction de x et de y, si c'est possible.

En résolvant ce système par la méthode de Gauss, nous obtenons

$$\left[\begin{array}{cc|c} 4 & -10 & x \\ -6 & 15 & y \end{array}\right] \sim \left[\begin{array}{cc|c} 4 & -10 & x \\ 0 & 0 & 2y + 3x \end{array}\right] \quad 2L_2 + 3L_1 \to L_2$$

Si $(3x + 2y) \neq 0$, le système est incompatible.

$\vec{w}$ n'est pas situé sur la droite D.

Ainsi, les vecteurs $\vec{w} = (x, y)$ tels que $3x + 2y \neq 0$, par exemple $\vec{w} = (6, 6)$, ne sont pas engendrés par $\vec{u}$ et $\vec{v}$.

D'où $\{\vec{u}, \vec{v}\}$ n'est pas un ensemble de générateurs de $\mathbb{R}^2$.

Exemple 4 Soit $\vec{u} = (2, 1)$, $\vec{v} = (7, -2)$ et $\vec{w} = (-3, 4)$.

a) Déterminons si $\{\vec{u}, \vec{v}, \vec{w}\}$ est une base de $\mathbb{R}^2$.

Par le théorème 6.2, $\vec{u}$, $\vec{v}$ et $\vec{w}$, les trois vecteurs de $\mathbb{R}^2$, sont linéairement dépendants.

D'où $\{\vec{u}, \vec{v}, \vec{w}\}$ n'est pas une base de $\mathbb{R}^2$.

b) Déterminons si $\{\vec{u}, \vec{v}, \vec{w}\}$ est un ensemble de générateurs de $\mathbb{R}^2$.

Vérifions si tout vecteur $\vec{t} = (x, y)$ peut être engendré par $\vec{u} = (2, 1)$, $\vec{v} = (7, -2)$ et $\vec{w} = (-3, 4)$.

Soit
$$\vec{t} = k_1\vec{u} + k_2\vec{v} + k_3\vec{w} \qquad \text{(où } k_1, k_2 \text{ et } k_3 \in \mathbb{R}\text{)}$$
$$(x, y) = k_1(2, 1) + k_2(7, -2) + k_3(-3, 4)$$
$$(x, y) = (2k_1 + 7k_2 - 3k_3, k_1 - 2k_2 + 4k_3)$$

Nous obtenons le système d'équations $\begin{cases} 2k_1 + 7k_2 - 3k_3 = x \\ k_1 - 2k_2 + 4k_3 = y \end{cases}$

Il faut exprimer k_1, k_2 et k_3 en fonction de x et de y, si c'est possible.

En résolvant ce système par la méthode de Gauss, nous obtenons

Méthode de Gauss

$$\left[\begin{array}{ccc|c} 2 & 7 & -3 & x \\ 1 & -2 & 4 & y \end{array}\right] \sim \left[\begin{array}{ccc|c} 2 & 7 & -3 & x \\ 0 & -11 & 11 & 2y - x \end{array}\right] \qquad 2L_2 - L_1 \to L_2$$

En posant $k_3 = s$, où $s \in \mathbb{R}$, nous obtenons

$$k_2 = \left(\frac{x - 2y + 11s}{11}\right) \text{ et } k_1 = \left(\frac{2x + 7y - 22s}{11}\right)$$

donc, $\vec{t} = \left(\frac{2x + 7y - 22s}{11}\right)\vec{u} + \left(\frac{x - 2y + 11s}{11}\right)\vec{v} + s\vec{w}$, où $s \in \mathbb{R}$.

Ainsi, tout vecteur $\vec{t} = (x, y)$ peut être engendré par $\vec{u}$, $\vec{v}$ et $\vec{w}$.

D'où $\{\vec{u}, \vec{v}, \vec{w}\}$ est un ensemble de générateurs de $\mathbb{R}^2$.

c) Exprimons un vecteur de $\mathbb{R}^2$, par exemple $\vec{t} = (3, -2)$, comme combinaison linéaire de $\vec{u}$, $\vec{v}$ et $\vec{w}$.

$$\vec{t} = \left(\frac{2(3) + 7(-2) - 22s}{11}\right)\vec{u} + \left(\frac{3 - 2(-2) + 11s}{11}\right)\vec{v} + s\vec{w} \qquad \text{(car } x = 3 \text{ et } y = -2\text{)}$$
$$= \left(\frac{-8 - 22s}{11}\right)\vec{u} + \left(\frac{7 + 11s}{11}\right)\vec{v} + s\vec{w}$$

En posant $s = 0$, nous avons

$$\vec{t} = \frac{-8}{11}\vec{u} + \frac{7}{11}\vec{v} + 0\vec{w}$$

En posant $s = 1$, nous avons

$$\vec{t} = \frac{-30}{11}\vec{u} + \frac{18}{11}\vec{v} + 1\vec{w}$$

L'élève peut vérifier que ces deux combinaisons linéaires donnent (3, -2).

Remarque L'élève peut vérifier que les ensembles $\{\vec{u}, \vec{v}\}$, $\{\vec{u}, \vec{w}\}$ et $\{\vec{v}, \vec{w}\}$ sont des bases de $\mathbb{R}^2$.

6

Exemple 5

a) Déterminons si $\{\vec{u}, \vec{v}, \vec{w}\}$, où $\vec{u} = (1, 2, 3)$, $\vec{v} = (-1, 1, 2)$ et $\vec{w} = (-1, 1, -1)$, est une base de $\mathbb{R}^3$.

Étape 1 Vérifions si $\vec{u}$, $\vec{v}$ et $\vec{w}$ sont linéairement indépendants.

Puisque $\begin{vmatrix} 1 & -1 & -1 \\ 2 & 1 & 1 \\ 3 & 2 & -1 \end{vmatrix} = -9 \neq 0$,

$\vec{u}$, $\vec{v}$ et $\vec{w}$ sont linéairement indépendants (théorème 6.6).

Étape 2 Vérifions si $\{\vec{u}, \vec{v}, \vec{w}\}$ est un ensemble de générateurs de $\mathbb{R}^3$.

Soit $\vec{t} = k_1\vec{u} + k_2\vec{v} + k_3\vec{w}$ (où k_1, k_2 et $k_3 \in \mathbb{R}$)

$$(x, y, z) = k_1(1, 2, 3) + k_2(-1, 1, 2) + k_3(-1, 1, -1)$$

$$(x, y, z) = (k_1 - k_2 - k_3, 2k_1 + k_2 + k_3, 3k_1 + 2k_2 - k_3)$$

Nous obtenons le système d'équations $\begin{cases} k_1 - k_2 - k_3 = x \\ 2k_1 + k_2 + k_3 = y \\ 3k_1 + 2k_2 - k_3 = z \end{cases}$

Il faut exprimer k_1, k_2 et k_3 en fonction de x, de y et de z, si c'est possible.

Puisque le déterminant de la matrice des coefficients est différent de zéro (voir a)), le système possède une solution unique.

En résolvant ce système, nous obtenons

$$k_1 = \frac{x + y}{3},\ k_2 = \frac{-5x - 2y + 3z}{9} \text{ et } k_3 = \frac{-x + 5y - 3z}{9}$$

donc, $\vec{t} = \left(\frac{x + y}{3}\right)\vec{u} + \left(\frac{-5x - 2y + 3z}{9}\right)\vec{v} + \left(\frac{-x + 5y - 3z}{9}\right)\vec{w}$.

Ainsi, tout vecteur (x, y, z) de $\mathbb{R}^3$ peut être engendré par $\vec{u}$, $\vec{v}$ et $\vec{w}$.

D'où $\{\vec{u}, \vec{v}, \vec{w}\}$ est une base de $\mathbb{R}^3$ (définition 6.7).

b) Donnons un exemple d'un vecteur de $\mathbb{R}^3$ exprimé sous forme de combinaison linéaire des vecteurs de la base $\{\vec{u}, \vec{v}, \vec{w}\}$.

Pour $\vec{t} = (x, y, z)$, nous avons

$$\vec{t} = \left(\frac{x + y}{3}\right)\vec{u} + \left(\frac{-5x - 2y + 3z}{9}\right)\vec{v} + \left(\frac{-x + 5y - 3z}{9}\right)\vec{w} \quad \text{(voir a))}$$

donc, pour $\vec{t} = (2, 4, -1)$, nous avons, en remplaçant x par 2, y par 4 et z par -1,

$$\vec{t} = \left(\frac{2 + 4}{3}\right)\vec{u} + \left(\frac{-10 - 8 - 3}{9}\right)\vec{v} + \left(\frac{-2 + 20 + 3}{9}\right)\vec{w} = 2\vec{u} - \frac{7}{3}\vec{v} + \frac{7}{3}\vec{w}$$

L'élève peut vérifier que $2\vec{u} - \frac{7}{3}\vec{v} + \frac{7}{3}\vec{w} = (2, 4, -1)$.

Exemple 6 Déterminons si $\{\vec{u}, \vec{v}\}$, où $\vec{u} = (2, 1, -1)$ et $\vec{v} = (-1, 3, 2)$, est une base de $\mathbb{R}^3$.

Étape 1 Vérifions si $\vec{u}$ et $\vec{v}$ sont linéairement indépendants.

Soit
$$k_1\vec{u} + k_2\vec{v} = \vec{O} \qquad (\text{où } k_1 \text{ et } k_2 \in \mathbb{R})$$
$$k_1(2, 1, -1) + k_2(-1, 3, 2) = (0, 0, 0)$$
$$(2k_1 - k_2, k_1 + 3k_2, -k_1 + 2k_2) = (0, 0, 0)$$

Nous obtenons le système d'équations $\begin{cases} 2k_1 - k_2 = 0 \\ k_1 + 3k_2 = 0 \\ -k_1 + 2k_2 = 0 \end{cases}$

En utilisant la méthode de Gauss, nous obtenons

Méthode de Gauss

$$\left[\begin{array}{cc|c} 2 & -1 & 0 \\ 1 & 3 & 0 \\ -1 & 2 & 0 \end{array}\right] \sim \left[\begin{array}{cc|c} 2 & -1 & 0 \\ 0 & -7 & 0 \\ 0 & 3 & 0 \end{array}\right] \sim \left[\begin{array}{cc|c} 2 & -1 & 0 \\ 0 & -7 & 0 \\ 0 & 0 & 0 \end{array}\right]$$

donc, $k_2 = 0$ et $k_1 = 0$.

Ainsi, $\vec{u}$ et $\vec{v}$ sont linéairement indépendants.

Étape 2 Vérifions si $\{\vec{u}, \vec{v}\}$ est un ensemble de générateurs de $\mathbb{R}^3$.

Soit
$$\vec{w} = k_1\vec{u} + k_2\vec{v} \qquad (\text{où } k_1 \text{ et } k_2 \in \mathbb{R})$$
$$(x, y, z) = k_1(2, 1, -1) + k_2(-1, 3, 2)$$
$$(x, y, z) = (2k_1 - k_2, k_1 + 3k_2, -k_1 + 2k_2)$$

Nous obtenons le système d'équations $\begin{cases} 2k_1 - k_2 = x \\ k_1 + 3k_2 = y \\ -k_1 + 2k_2 = z \end{cases}$

Il faut exprimer k_1 et k_2 en fonction de x, de y et de z, si c'est possible.

En utilisant la méthode de Gauss, nous obtenons

Méthode de Gauss

$$\left[\begin{array}{cc|c} 2 & -1 & x \\ 1 & 3 & y \\ -1 & 2 & z \end{array}\right] \sim \left[\begin{array}{cc|c} 2 & -1 & x \\ 0 & -7 & x - 2y \\ 0 & 3 & x + 2z \end{array}\right] \sim \left[\begin{array}{cc|c} 2 & -1 & x \\ 0 & -7 & x - 2y \\ 0 & 0 & 10x - 6y + 14z \end{array}\right]$$

Si $10x - 6y + 14z \neq 0$, alors le système n'a pas de solution.

En particulier, si $x = 1$, $y = 1$ et $z = 1$, $10(1) - 6(1) + 14(1) = 18 \neq 0$.

Donc, $\vec{w} = (1, 1, 1)$ ne peut être engendré par $\vec{u}$ et $\vec{v}$.

D'où $\{\vec{u}, \vec{v}\}$ n'est pas une base de $\mathbb{R}^3$.

De l'exemple précédent, nous constatons qu'un ensemble contenant deux vecteurs de $\mathbb{R}^3$ n'est pas un ensemble de générateurs de $\mathbb{R}^3$, car la dernière ligne de la méthode de Gauss est de la forme $\left[\begin{array}{cc|c} 0 & 0 & ax + by + cz \end{array}\right]$ et le système d'équations correspondant n'a pas de solution lorsque $ax + by + cz \neq 0$.

Théorèmes sur les bases

THÉORÈME 6.7 Si l'ensemble ordonné $\{\boldsymbol{v}_1, \boldsymbol{v}_2, \boldsymbol{v}_3, \ldots, \boldsymbol{v}_n\}$ est une base de l'espace vectoriel V, alors tout vecteur $\boldsymbol{u} \in$ V s'exprime d'une et d'une seule façon comme combinaison linéaire des vecteurs de l'ensemble ordonné $\{\boldsymbol{v}_1, \boldsymbol{v}_2, \boldsymbol{v}_3, \ldots, \boldsymbol{v}_n\}$.

PREUVE Puisque $\{\boldsymbol{v}_1, \boldsymbol{v}_2, \boldsymbol{v}_3, \ldots, \boldsymbol{v}_n\}$ est une base, alors $\boldsymbol{u}$ peut s'écrire comme combinaison linéaire de vecteurs de $\{\boldsymbol{v}_1, \boldsymbol{v}_2, \boldsymbol{v}_3, \ldots, \boldsymbol{v}_n\}$.

$$\boldsymbol{u} = k_1\boldsymbol{v}_1 + k_2\boldsymbol{v}_2 + k_3\boldsymbol{v}_3 + \ldots + k_n\boldsymbol{v}_n$$

Pour démontrer l'unicité, supposons que $\boldsymbol{u}$ est égal à une seconde combinaison linéaire, soit

$$\boldsymbol{u} = a_1\boldsymbol{v}_1 + a_2\boldsymbol{v}_2 + a_3\boldsymbol{v}_3 + \ldots + a_n\boldsymbol{v}_n$$

Alors, $k_1\boldsymbol{v}_1 + k_2\boldsymbol{v}_2 + k_3\boldsymbol{v}_3 + \ldots + k_n\boldsymbol{v}_n = a_1\boldsymbol{v}_1 + a_2\boldsymbol{v}_2 + a_3\boldsymbol{v}_3 + \ldots + a_n\boldsymbol{v}_n$

Ainsi, $(k_1 - a_1)\boldsymbol{v}_1 + (k_2 - a_2)\boldsymbol{v}_2 + (k_3 - a_3)\boldsymbol{v}_3 + \ldots + (k_n - a_n)\boldsymbol{v}_n = \boldsymbol{O}$

Puisque les vecteurs $\boldsymbol{v}_1, \boldsymbol{v}_2, \boldsymbol{v}_3, \ldots, \boldsymbol{v}_n$ sont linéairement indépendants, alors

$$k_1 - a_1 = 0, \quad k_2 - a_2 = 0, \quad \ldots, \quad k_n - a_n = 0$$

Donc, $k_1 = a_1, k_2 = a_2, \ldots, k_n = a_n$, ce qui démontre l'unicité de la combinaison linéaire.

DÉFINITION 6.8 Soit l'ensemble ordonné $\{\boldsymbol{v}_1, \boldsymbol{v}_2, \boldsymbol{v}_3, \ldots, \boldsymbol{v}_n\}$, une base de l'espace vectoriel V, et $\boldsymbol{u} \in$ V tel que $\boldsymbol{u} = k_1\boldsymbol{v}_1 + k_2\boldsymbol{v}_2 + k_3\boldsymbol{v}_3 + \ldots + k_n\boldsymbol{v}_n$.

Les scalaires $k_1, k_2, k_3, \ldots, k_n$ sont appelés les **composantes** de $\boldsymbol{u}$ dans la base $\{\boldsymbol{v}_1, \boldsymbol{v}_2, \boldsymbol{v}_3, \ldots, \boldsymbol{v}_n\}$ et nous pouvons écrire $\boldsymbol{u} = (k_1, k_2, k_3, \ldots, k_n)$.

Exemple 1 Soit $\overrightarrow{w} = (4, 5)$, un vecteur exprimé dans la base $\{\overrightarrow{i}, \overrightarrow{j}\}$. Déterminons les composantes de $\overrightarrow{w}$ dans la base

a) $\{\overrightarrow{u_1}, \overrightarrow{v_1}\}$, où $\overrightarrow{u_1} = (1, 3)$ et $\overrightarrow{v_1} = (-2, 1)$.

$$(4, 5) = k_1\overrightarrow{u_1} + k_2\overrightarrow{v_1}$$
$$(4, 5) = k_1(1, 3) + k_2(-2, 1)$$
$$(4, 5) = (k_1 - 2k_2, 3k_1 + k_2)$$

Ainsi, $\begin{cases} k_1 - 2k_2 = 4 \\ 3k_1 + k_2 = 5 \end{cases}$

En résolvant ce système, nous obtenons $k_1 = 2$ et $k_2 = -1$.

Donc, dans la base $\{\overrightarrow{u_1}, \overrightarrow{v_1}\}$,

$\overrightarrow{w} = 2\overrightarrow{u_1} - 1\overrightarrow{v_1}$

d'où les composantes de $\overrightarrow{w}$ sont 2 et -1.

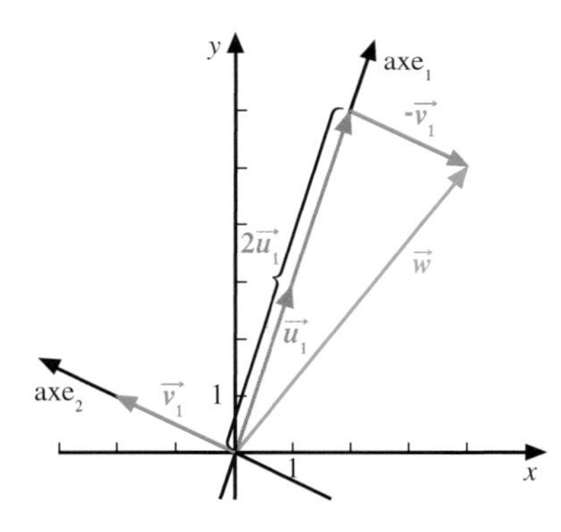

$\overrightarrow{w} = (4, 5)$ dans la base $\{\overrightarrow{i}, \overrightarrow{j}\}$

$\overrightarrow{w} = (2, -1)$ dans la base $\{\overrightarrow{u_1}, \overrightarrow{u_2}\}$

b) $\{\overrightarrow{u_2}, \overrightarrow{v_2}\}$, où $\overrightarrow{u_2} = (-1, -2)$ et $\overrightarrow{v_2} = (1, -1)$.

$$(4, 5) = k_3\overrightarrow{u_2} + k_4\overrightarrow{v_2}$$
$$(4, 5) = k_3(-1, -2) + k_4(1, -1)$$
$$(4, 5) = (-k_3 + k_4, -2k_3 - k_4)$$

Ainsi, $\begin{cases} -k_3 + k_4 = 4 \\ -2k_3 - k_4 = 5 \end{cases}$

En résolvant ce système, nous obtenons $k_3 = -3$ et $k_4 = 1$.

Donc, dans la base $\{\overrightarrow{u_2}, \overrightarrow{v_2}\}$,

$$\overrightarrow{w} = -3\overrightarrow{u_2} + 1\overrightarrow{v_2}$$

d'où les composantes de $\overrightarrow{w}$ sont -3 et 1.

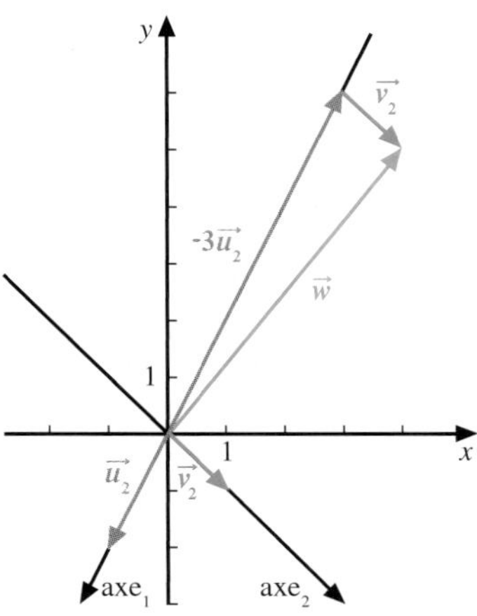

$\overrightarrow{w} = (4, 5)$ dans la base $\{\vec{i}, \vec{j}\}$

$\overrightarrow{w} = (-3, 1)$ dans la base $\{\overrightarrow{u_2}, \overrightarrow{v_2}\}$

Base canonique de $\mathbb{R}^n$

À moins d'avis contraire, les composantes des vecteurs de $\mathbb{R}^n$ sont toujours données en fonction des vecteurs de la base canonique $\{\overrightarrow{e_1}, \overrightarrow{e_2}, \overrightarrow{e_3}, \ldots, \overrightarrow{e_n}\}$, où
$\overrightarrow{e_1} = (1, 0, 0, \ldots, 0)$, $\overrightarrow{e_2} = (0, 1, 0, \ldots, 0)$, …, $\overrightarrow{e_{n-1}} = (0, 0, 0, \ldots, 1, 0)$ et $\overrightarrow{e_n} = (0, 0, 0, \ldots, 0, 1)$.

De plus, tout vecteur $\vec{u} \in \mathbb{R}^n$ peut s'écrire sous les formes suivantes :

- $\vec{u} = k_1\overrightarrow{e_1} + k_2\overrightarrow{e_2} + k_3\overrightarrow{e_3} + \ldots + k_n\overrightarrow{e_n}$ (combinaison linéaire des vecteurs $\overrightarrow{e_i}$) ;
- $\vec{u} = (k_1, k_2, k_3, \ldots, k_n)$ (en fonction de ses composantes).

D'où $k_1\overrightarrow{e_1} + k_2\overrightarrow{e_2} + k_3\overrightarrow{e_3} + \ldots + k_n\overrightarrow{e_n} = (k_1, k_2, k_3, \ldots, k_n)$.

Par exemple, nous pouvons écrire $3\overrightarrow{e_1} - 5\overrightarrow{e_2} + \overrightarrow{e_3} - \overrightarrow{e_4} = (3, -5, 1, -1)$.

THÉORÈME 6.8 Soit $B = \{\boldsymbol{v_1}, \boldsymbol{v_2}, \boldsymbol{v_3}, \ldots, \boldsymbol{v_n}\}$, une base de n vecteurs d'un espace vectoriel V sur $\mathbb{R}$.

Si $W = \{\boldsymbol{w_1}, \boldsymbol{w_2}, \boldsymbol{w_3}, \ldots, \boldsymbol{w_m}\}$ est un ensemble de m vecteurs de V, où $m > n$, alors les vecteurs de W sont linéairement dépendants.

Par conséquent, W n'est pas une base de V.

PREUVE Démontrons que les vecteurs de W sont linéairement dépendants, c'est-à-dire qu'il existe au moins un $k_i \neq 0$ tel que

$$k_1\boldsymbol{w_1} + k_2\boldsymbol{w_2} + k_3\boldsymbol{w_3} + \ldots + k_m\boldsymbol{w_m} = \boldsymbol{O} \qquad \text{(équation 1)}$$

Puisque B est une base de V, chaque $\boldsymbol{w_i}$ peut s'exprimer comme combinaison linéaire des éléments de B.

Ainsi,
$$\begin{aligned} \boldsymbol{w_1} &= a_{11}\boldsymbol{v_1} + a_{12}\boldsymbol{v_2} + \ldots + a_{1n}\boldsymbol{v_n} \\ \boldsymbol{w_2} &= a_{21}\boldsymbol{v_1} + a_{22}\boldsymbol{v_2} + \ldots + a_{2n}\boldsymbol{v_n} \\ &\vdots \\ \boldsymbol{w_m} &= a_{m1}\boldsymbol{v_1} + a_{m2}\boldsymbol{v_2} + \ldots + a_{mn}\boldsymbol{v_n} \end{aligned}$$

En remplaçant ces valeurs dans l'équation 1, nous obtenons

$$k_1(a_{11}\boldsymbol{v_1} + a_{12}\boldsymbol{v_2} + \ldots + a_{1n}\boldsymbol{v_n}) + k_2(a_{21}\boldsymbol{v_1} + \ldots + a_{2n}\boldsymbol{v_n}) + \ldots + k_m(a_{m1}\boldsymbol{v_1} + \ldots + a_{mn}\boldsymbol{v_n}) = \boldsymbol{O}$$

Ainsi,

$$(a_{11}k_1 + a_{21}k_2 + \ldots + a_{m1}k_m)\boldsymbol{v_1} + \ldots + (a_{1n}k_1 + a_{2n}k_2 + \ldots + a_{mn}k_m)\boldsymbol{v_n} = \boldsymbol{O}$$

Puisque les $\boldsymbol{v}_i$ sont linéairement indépendants, nous avons le système homogène d'équations linéaires suivant.

$$\begin{cases} a_{11}k_1 + a_{21}k_2 + \ldots + a_{m1}k_m = 0 \\ \vdots \qquad \vdots \qquad\qquad \vdots \qquad \vdots \\ a_{1n}k_1 + a_{2n}k_2 + \ldots + a_{mn}k_m = 0 \end{cases}$$

Ici, les a_{ij} sont connus et, comme il y a plus d'inconnues (k_i) que d'équations dans ce système homogène d'équations linéaires (car $m > n$), il existe donc une infinité de solutions non triviales, c'est-à-dire qu'il existe au moins un $k_i \neq 0$ tel que l'équation 1 est satisfaite.

D'où les vecteurs de W sont linéairement dépendants, et W n'est pas une base de V.

Énonçons maintenant un corollaire du théorème 6.8 que nous acceptons sans démonstration.

COROLLAIRE du théorème 6.8 Si $B = \{\boldsymbol{v}_1, \boldsymbol{v}_2, \ldots, \boldsymbol{v}_n\}$ est une base de n vecteurs d'un espace vectoriel V sur $\mathbb{R}$, alors toute autre base de V contient aussi n vecteurs.

Exemple 2 Soit $\{\vec{i}, \vec{j}, \vec{k}\}$, une base de $\mathbb{R}^3$, et $\vec{u}$, $\vec{v}$, $\vec{w}$ et $\vec{t}$, quatre vecteurs de $\mathbb{R}^3$.

a) $A = \{\vec{u}, \vec{v}\}$ n'est pas une base de $\mathbb{R}^3$, car l'ensemble A contient deux vecteurs.

b) $B = \{\vec{u}, \vec{v}, \vec{w}, \vec{t}\}$ n'est pas une base de $\mathbb{R}^3$, car l'ensemble B contient quatre vecteurs.

DÉFINITION 6.9 Soit V, un espace vectoriel sur $\mathbb{R}$. La **dimension** de V, notée dim V, est définie de la façon suivante.

$$\dim V = n, \text{ si une base de V contient } n \text{ vecteurs.}$$

Exemple 3 Déterminons la dimension de $\mathbb{R}^2$ et la dimension de $\mathbb{R}^3$.

Puisque $\{\vec{i}, \vec{j}\}$ est une base de $\mathbb{R}^2$ (exemple 1, page 248), dim $\mathbb{R}^2 = 2$.

Puisque $\{\vec{u}, \vec{v}, \vec{w}\}$, où $\vec{u} = (1, 2, 3)$, $\vec{v} = (-1, 1, 2)$ et $\vec{w} = (-1, 1, -1)$ (exemple 5, page 252), dim $\mathbb{R}^3 = 3$.

Remarque Un espace vectoriel V sur $\mathbb{R}$ est de dimension finie lorsqu'une base de V contient un nombre fini de vecteurs. Autrement, V est de dimension infinie.

Par exemple, l'espace vectoriel de l'ensemble des suites de la forme $\{a, 0, a, 0, \ldots \mid a \in \mathbb{R}\}$ (chapitre 5, problèmes de synthèse, n° 14 f), page 230) est de dimension infinie.

THÉORÈME 6.9 Soit $B = \{v_1, v_2, \dots, v_n, w\}$, un ensemble de vecteurs d'un espace vectoriel V sur $\mathbb{R}$.

Si $v_1, v_2, \dots, v_{n-1}$ et v_n sont des vecteurs linéairement indépendants, et si le vecteur w n'est pas une combinaison linéaire de $v_1, v_2, \dots, v_{n-1}$ et v_n, alors $v_1, v_2, \dots, v_n$ et w sont des vecteurs linéairement indépendants.

PREUVE Puisque les vecteurs $v_1, v_2, \dots, v_n$ sont linéairement indépendants et que $w \neq k_1v_1 + k_2v_2 + \dots + k_nv_n$, aucun vecteur de l'ensemble B ne peut être exprimé comme une combinaison linéaire des autres vecteurs de B.

D'où $v_1, v_2, \dots, v_n$ et w sont des vecteurs linéairement indépendants.

THÉORÈME 6.10 Soit V, un espace vectoriel sur $\mathbb{R}$.

Si $\dim V = n$, alors tout ensemble $B = \{v_1, v_2, \dots, v_n\}$ contenant exactement n vecteurs linéairement indépendants de V est une base de V.

PREUVE Puisque les vecteurs $v_1, v_2, \dots, v_{n-1}$ et v_n sont linéairement indépendants, il suffit de démontrer qu'ils engendrent tout vecteur w de V.

Supposons qu'il existe un vecteur $w \in V$ qui n'est pas engendré par $\{v_1, v_2, \dots, v_n\}$, c'est-à-dire que w n'est pas une combinaison linéaire de $v_1, v_2, \dots, v_{n-1}$ et v_n.

Par le théorème 6.9, nous obtenons $\{v_1, v_2, \dots, v_n, w\}$ est un ensemble contenant $(n + 1)$ vecteurs linéairement indépendants.

Or, il y a contradiction, puisque $\dim V = n$, par le théorème 6.8, $\{v_1, v_2, \dots, v_n, w\}$ est un ensemble de vecteurs linéairement dépendants, car $(n + 1) > n$.

Donc, tout vecteur w de V est une combinaison linéaire des vecteurs de B.

D'où B est une base de V.

Exemple 4

a) Déterminons si $\{\vec{s}, \vec{t}\}$, où $\vec{s} = (4, 3)$ et $\vec{t} = (-5, 1)$, est une base de $\mathbb{R}^2$.

Puisque $\dim \mathbb{R}^2 = 2$ et que nous avons deux vecteurs, il suffit de démontrer que $\vec{u}$ et $\vec{v}$ sont linéairement indépendants (théorème 6.10).

Puisque $\begin{vmatrix} 4 & -5 \\ 3 & 1 \end{vmatrix} = 19 \neq 0$, les vecteurs sont linéairement indépendants.

D'où $\{\vec{s}, \vec{t}\}$ est une base de $\mathbb{R}^2$.

b) Déterminons si $\{\vec{u}, \vec{v}, \vec{w}\}$, où $\vec{u} = (-1, 3, 2)$, $\vec{v} = (3, 0, 4)$ et $\vec{w} = (1, 3, 2)$, est une base une base de $\mathbb{R}^3$.

Puisque $\dim \mathbb{R}^3 = 3$ et que nous avons trois vecteurs, il suffit de démontrer que $\vec{u}$, $\vec{v}$ et $\vec{w}$ sont linéairement indépendants (théorème 6.10).

Puisque $\begin{vmatrix} -1 & 3 & 1 \\ 3 & 0 & 3 \\ 2 & 4 & 2 \end{vmatrix} = 24 \neq 0$, les vecteurs sont linéairement indépendants.

D'où $\{\vec{u}, \vec{v}, \vec{w}\}$ est une base de $\mathbb{R}^3$.

Repère sur une droite, dans le plan et dans l'espace

Pour décrire la position d'un point, nous utilisons les coordonnées de ce point. Ainsi, nous pouvons situer un point sur une droite à l'aide d'une coordonnée (l'abscisse), dans un plan à l'aide de deux coordonnées (l'abscisse et l'ordonnée), et dans l'espace à l'aide de trois coordonnées (l'abscisse, l'ordonnée et la cote).

DÉFINITION 6.10 Nous appelons **repère** ou **système de référence**

1) d'une droite : un ensemble $\{O ; \{\vec{u}_1\}\}$, où
   i) O est un point fixe, appelé origine,
   ii) $\vec{u}_1$ est un vecteur non nul parallèle à la droite ;
2) du plan : un ensemble $\{O ; \{\vec{u}_1, \vec{u}_2\}\}$, où
   i) O est un point fixe, appelé origine,
   ii) $\{\vec{u}_1, \vec{u}_2\}$ est une base de $\mathbb{R}^2$;
3) de l'espace : un ensemble $\{O ; \{\vec{u}_1, \vec{u}_2, \vec{u}_3\}\}$, où
   i) O est un point fixe, appelé origine,
   ii) $\{\vec{u}_1, \vec{u}_2, \vec{u}_3\}$ est une base de $\mathbb{R}^3$.

Dans chacun des cas, les vecteurs $\vec{u}_i$ servent à définir un système d'axes orientés, gradués et identifiés.

Exemple 1

a) Soit le point O, le vecteur $\vec{u}$ et la droite D ci-contre.

$\{O ; \{\vec{u}\}\}$ est un repère de D.

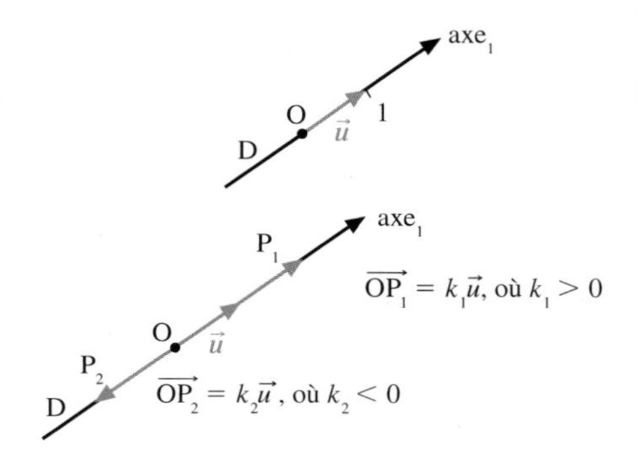

À chaque point P de D correspond un scalaire unique k tel que $\overrightarrow{OP} = k\vec{u}$.

b) Représentons dans le repère $\{O ; \{\vec{v}\}\}$ les vecteurs $\overrightarrow{OR} = 3\vec{v}$ et $\overrightarrow{OQ} = -2\vec{v}$.

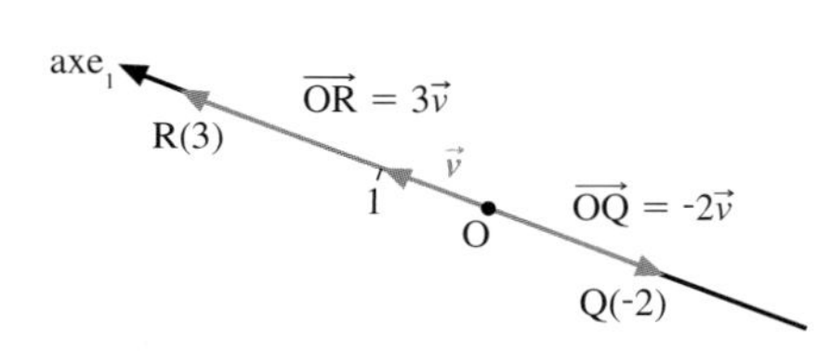

Ainsi, dans le repère $\{O ; \{\vec{v}\}\}$, 3 est la coordonnée du point R, que l'on note R(3), et -2 est la coordonnée du point Q, que l'on note Q(-2).

Dans $\mathbb{R}^2$, nous pouvons avoir des repères en fonction de différentes bases.

Exemple 2

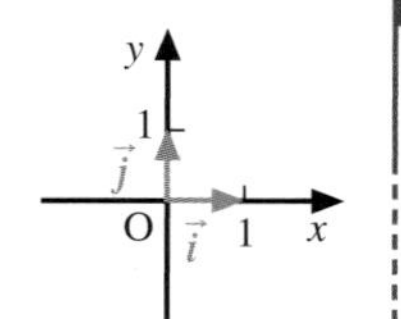

a) Dans $\mathbb{R}^2$, le repère conventionnel est $\{O ; \{\vec{i}, \vec{j}\}\}$.

Dans un tel repère, nous avons

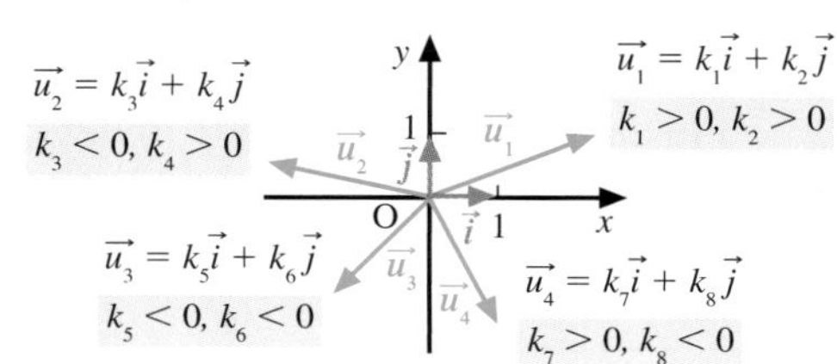

b) Soit $\vec{u}$ et $\vec{v}$, deux vecteurs non colinéaires.

Puisque $\{\vec{u}, \vec{v}\}$ est une base de $\mathbb{R}^2$, nous avons le repère $\{O\,; \{\vec{u}, \vec{v}\}\}$ ci-contre.

Représentons les vecteurs $\overrightarrow{OP} = (2, 3)$ et $\overrightarrow{OQ} = (-2, -2)$ dans le repère $\{O\,; \{\vec{u}, \vec{v}\}\}$.

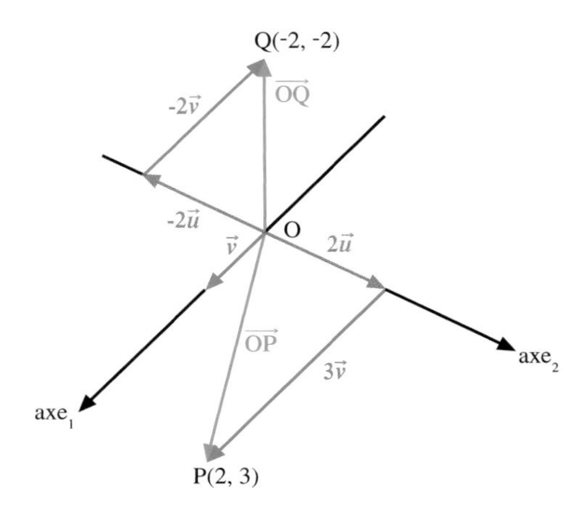

Par définition,

$\overrightarrow{OP} = 2\vec{u} + 3\vec{v}$

$\overrightarrow{OQ} = -2\vec{u} - 2\vec{v}$

Ainsi, dans le repère $\{O\,; \{\vec{u}, \vec{v}\}\}$, 2 et 3 sont les coordonnées du point P, que l'on note P(2, 3), et -2 et -2 sont les coordonnées du point Q, que l'on note Q(-2, -2).

Dans $\mathbb{R}^3$, nous pouvons avoir des repères en fonction de différentes bases.

Exemple 3

a) Dans $\mathbb{R}^3$, le repère conventionnel est $\{O\,; \{\vec{i}, \vec{j}, \vec{k}\}\}$.

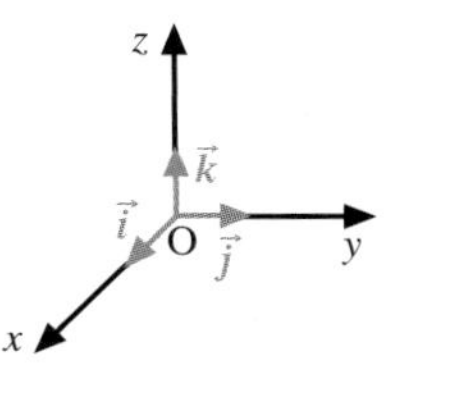

b) Soit $\vec{u}$, $\vec{v}$ et $\vec{w}$, trois vecteurs non coplanaires, c'est-à-dire que $\vec{w}$ n'appartient pas au plan π contenant $\vec{u}$ et $\vec{v}$.

Puisque $\{\vec{u}, \vec{v}, \vec{w}\}$ est une base de $\mathbb{R}^3$, nous avons le repère $\{O\,; \{\vec{u}, \vec{v}, \vec{w}\}\}$ ci-contre.

Représentons le vecteur $\overrightarrow{OP} = (1, 2, -3)$ dans le repère $\{O\,; \{\vec{u}, \vec{v}, \vec{w}\}\}$.

Par définition, $\overrightarrow{OP} = \vec{u} + 2\vec{v} - 3\vec{w}$.

Ainsi, dans le repère $\{O\,; \{\vec{u}, \vec{v}, \vec{w}\}\}$, 1, 2 et -3 sont les coordonnées du point P, que l'on note P(1, 2, -3).

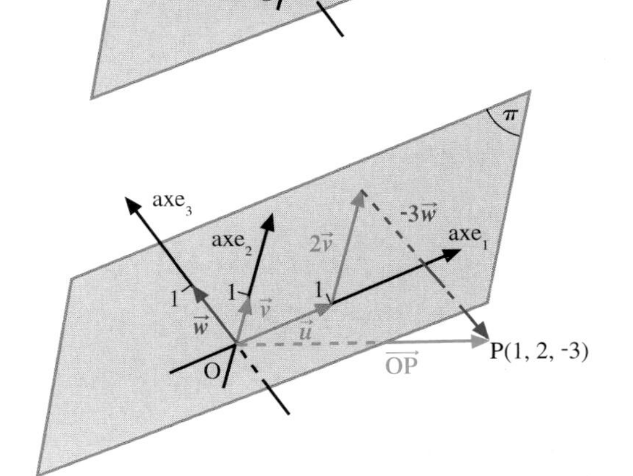

Bases orthogonales et bases orthonormées

DÉFINITION 6.11

1) Une base $\{\vec{u_1}, \vec{u_2}\}$ de $\mathbb{R}^2$ est dite **base orthogonale** si les vecteurs de la base sont perpendiculaires entre eux.

2) Une base $\{\vec{v_1}, \vec{v_2}, \vec{v_3}\}$ de $\mathbb{R}^3$ est dite **base orthogonale** si les vecteurs de la base sont perpendiculaires deux à deux.

Exemple 1

a) La base $\{\vec{u}, \vec{v}\}$, où $\vec{u} = (1, 1)$ et $\vec{v} = (-2, 2)$, est une base orthogonale de $\mathbb{R}^2$, car $\vec{u} \perp \vec{v}$.

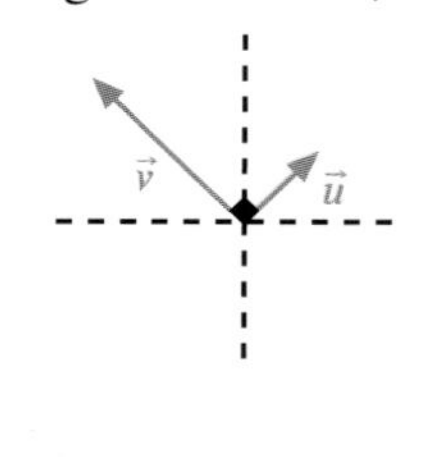

b) La base $\{\vec{u}, \vec{v}, \vec{w}\}$, où $\vec{u} = (3, 0, 0)$, $\vec{v} = (0, -4, 0)$ et $\vec{w} = (0, 0, 5)$, est une base orthogonale de $\mathbb{R}^3$, car $\vec{u} \perp \vec{v}$, $\vec{u} \perp \vec{w}$ et $\vec{v} \perp \vec{w}$.

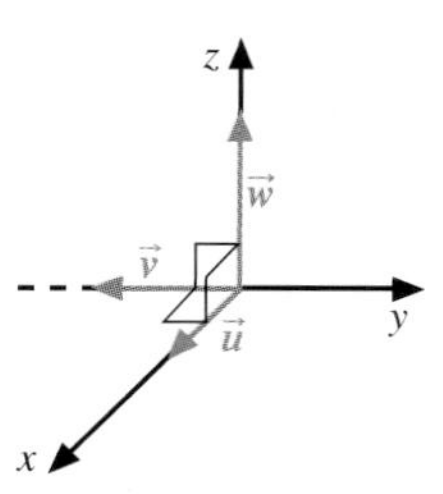

DÉFINITION 6.12

Une base orthogonale de $\mathbb{R}^2$ ou de $\mathbb{R}^3$ est dite **base orthonormée** si tous les vecteurs de la base sont unitaires.

Exemple 2

a) La base $\{\vec{i}, \vec{j}\}$ est une base orthonormée de $\mathbb{R}^2$, car

$\vec{i} \perp \vec{j}$ et

$\|\vec{i}\| = \|\vec{j}\| = 1$

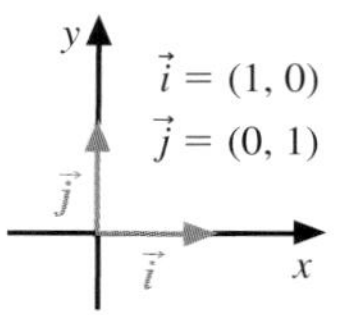

b) La base $\{\vec{u}, \vec{v}\}$, où $\vec{u} = \left(\frac{\sqrt{2}}{2}, \frac{-\sqrt{2}}{2}\right)$ et $\vec{v} = \left(\frac{\sqrt{2}}{2}, \frac{\sqrt{2}}{2}\right)$, est une base orthonormée de $\mathbb{R}^2$, car

$\vec{u} \perp \vec{v}$,

$$\|\vec{u}\| = \sqrt{\left(\frac{\sqrt{2}}{2}\right)^2 + \left(\frac{-\sqrt{2}}{2}\right)^2} = 1 \quad \text{et}$$

$$\|\vec{v}\| = \sqrt{\left(\frac{\sqrt{2}}{2}\right)^2 + \left(\frac{\sqrt{2}}{2}\right)^2} = 1$$

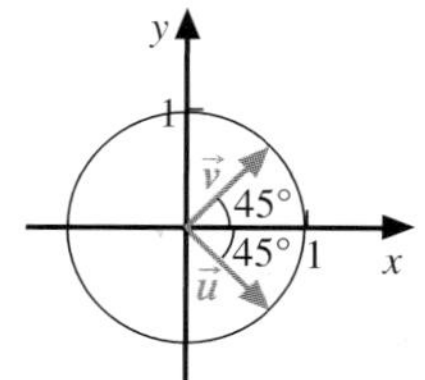

c) La base $\{\vec{i}, \vec{j}, \vec{k}\}$ est une base orthonormée de $\mathbb{R}^3$, car

$\vec{i} \perp \vec{j}, \vec{i} \perp \vec{k}, \vec{j} \perp \vec{k}$ et

$\|\vec{i}\| = \|\vec{j}\| = \|\vec{k}\| = 1$

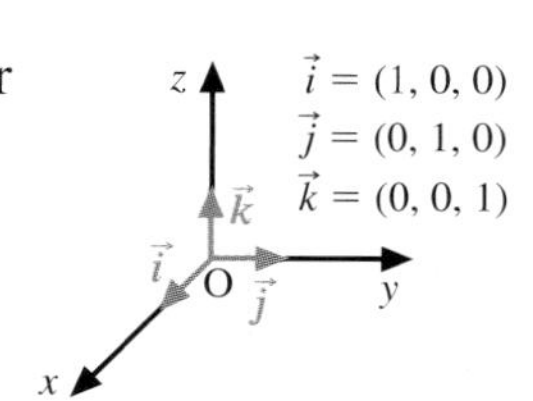

De façon générale,

1) si $\{\vec{u}_1, \vec{u}_2\}$ est une base orthogonale de $\mathbb{R}^2$, alors les quatre combinaisons de $\left\{\frac{\pm 1}{\|\vec{u}_1\|}\vec{u}_1, \frac{\pm 1}{\|\vec{u}_2\|}\vec{u}_2\right\}$, c'est-à-dire $\left\{\frac{1}{\|\vec{u}_1\|}\vec{u}_1, \frac{1}{\|\vec{u}_2\|}\vec{u}_2\right\}$, $\left\{\frac{-1}{\|\vec{u}_1\|}\vec{u}_1, \frac{-1}{\|\vec{u}_2\|}\vec{u}_2\right\}$, $\left\{\frac{1}{\|\vec{u}_1\|}\vec{u}_1, \frac{-1}{\|\vec{u}_2\|}\vec{u}_2\right\}$ et $\left\{\frac{-1}{\|\vec{u}_1\|}\vec{u}_1, \frac{1}{\|\vec{u}_2\|}\vec{u}_2\right\}$ sont des bases orthonormées de $\mathbb{R}^2$,

2) si $\{\vec{v}_1, \vec{v}_2, \vec{v}_3\}$ est une base orthogonale de $\mathbb{R}^3$, alors les huit combinaisons de $\left\{\frac{\pm 1}{\|\vec{v}_1\|}\vec{v}_1, \frac{\pm 1}{\|\vec{v}_2\|}\vec{v}_2, \frac{\pm 1}{\|\vec{v}_3\|}\vec{v}_3\right\}$ sont des bases orthonormées de $\mathbb{R}^3$.

Exemple 3 Soit $\vec{u} = (3, -5)$.

a) Déterminons une base orthogonale de $\mathbb{R}^2$ contenant $\vec{u}$.

La pente de la droite D_1, supportant $\vec{u}$, est $m_1 = \frac{-5}{3}$.

Soit m_2, la pente d'une droite D_2, telle que $D_2 \perp D_1$.

Puisque $m_1(m_2) = -1$, alors $m_2 = \frac{3}{5}$.

Ainsi, $\vec{v} = (5, 3)$, un vecteur supporté par D_2, est perpendiculaire à $\vec{u}$.

D'où $\{\vec{u}, \vec{v}\}$, où $\vec{u} = (3, -5)$ et $\vec{v} = (5, 3)$, est une base orthogonale de $\mathbb{R}^2$.

De façon générale $\{k_1\vec{u}, k_2\vec{v}\}$, où $k_1 \neq 0$ et $k_2 \neq 0$, est une base orthogonale de $\mathbb{R}^2$.

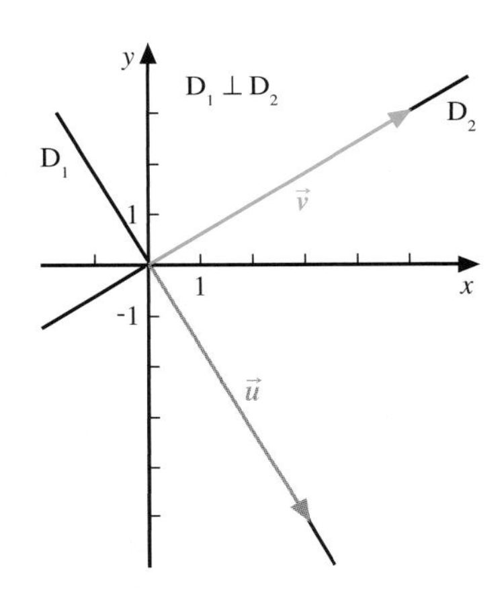

b) Déterminons une base orthonormée à partir de la base orthogonale trouvée en a).

Puisque $\|\vec{u}\| = \sqrt{3^2 + (-5)^2} = \sqrt{34}$ et que $\|\vec{v}\| = \sqrt{5^2 + 3^2} = \sqrt{34}$, nous avons $\left\{\frac{1}{\sqrt{34}}(3, -5), \frac{1}{\sqrt{34}}(5, 3)\right\}$, c'est-à-dire $\left\{\left(\frac{3\sqrt{34}}{34}, \frac{-5\sqrt{34}}{34}\right), \left(\frac{5\sqrt{34}}{34}, \frac{3\sqrt{34}}{34}\right)\right\}$, est une base orthonormée de $\mathbb{R}^2$.

Exercices 6.3

1. Soit $\vec{u} = (1, 2)$ et $\vec{v} = (2, 1)$.

a) À l'aide de la définition 6.7, déterminer si $\{\vec{u}, \vec{v}\}$ est une base de $\mathbb{R}^2$.

b) Exprimer, si c'est possible, $\vec{w} = (3, -6)$, $\vec{t} = (-2, 3)$, $\vec{r} = (5, 10)$ et $\vec{O} = (0, 0)$ comme combinaison linéaire de $\vec{u}$ et $\vec{v}$.

c) Représenter graphiquement $\vec{u}$, $\vec{v}$ et $\vec{s} = 3\vec{u} - 4\vec{v}$.

2. Soit $\vec{u} = (6, -3)$ et $\vec{v} = (-8, 4)$.

a) À l'aide de la définition 6.7, déterminer si $\{\vec{u}, \vec{v}\}$ est une base de $\mathbb{R}^2$.

b) Exprimer, si c'est possible, $\vec{w} = (3, 2)$ et $\vec{t} = (10, -5)$ comme combinaison linéaire de $\vec{u}$ et $\vec{v}$.

c) Représenter graphiquement $\vec{u}$ et $\vec{v}$.

d) Expliquer pourquoi $\vec{w}$ ne peut être une combinaison linéaire de $\vec{u}$ et $\vec{v}$ tandis que $\vec{t}$ peut être une combinaison linéaire de $\vec{u}$ et $\vec{v}$.

3. Soit $\vec{i} = (1, 0)$, $\vec{j} = (0, 1)$ et $\vec{v} = (1, 1)$.

a) À l'aide de la définition 6.7, déterminer si $\{\vec{i}, \vec{j}, \vec{v}\}$ est une base de $\mathbb{R}^2$.

b) Déterminer si $\{\vec{i}, \vec{j}, \vec{v}\}$ est un ensemble de générateurs de $\mathbb{R}^2$.

c) Exprimer $\vec{w} = (4, -5)$ comme combinaison linéaire de $\vec{i}$, $\vec{j}$ et $\vec{v}$.

d) Déterminer les sous-ensembles de $\{\vec{i}, \vec{j}, \vec{v}\}$ qui sont des bases de $\mathbb{R}^2$.

e) Exprimer $\vec{t} = (-3, 7)$ comme combinaison linéaire de

i) $\vec{i}$ et $\vec{j}$; ii) $\vec{i}$ et $\vec{v}$; iii) $\vec{j}$ et $\vec{v}$.

4. Soit $\vec{u} = (1, 1, 1)$, $\vec{v} = (0, 1, 1)$ et $\vec{k} = (0, 0, 1)$.

a) À l'aide de la définition 6.7, déterminer si $\{\vec{u}, \vec{v}, \vec{k}\}$ est une base de $\mathbb{R}^3$.

b) Exprimer $\vec{w} = (1, -2, 3)$, $\vec{i} = (1, 0, 0)$ et $\vec{O} = (0, 0, 0)$ comme combinaison linéaire de $\vec{u}$, $\vec{v}$ et $\vec{k}$.

5. Soit $\vec{u} = (1, -2, -3)$, $\vec{v} = (2, 1, 2)$ et $\vec{w} = (5, 0, 1)$.

a) À l'aide de la définition 6.7, déterminer si $\{\vec{u}, \vec{v}, \vec{w}\}$ est une base de $\mathbb{R}^3$.

b) Exprimer, si c'est possible, $\vec{t} = (11, -7, -9)$ et $\vec{r} = (1, 1, 1)$ comme combinaison linéaire de $\vec{u}$, $\vec{v}$ et $\vec{w}$.

c) Expliquer pourquoi $\vec{t}$ est une combinaison linéaire de $\vec{u}$, $\vec{v}$ et $\vec{w}$ tandis que $\vec{r}$ n'est pas une combinaison linéaire de $\vec{u}$, $\vec{v}$ et $\vec{w}$.

6. Soit $\vec{u} = (2, -1, 4)$ et $\vec{v} = (1, 3, -6)$. À l'aide de la définition 6.7, déterminer si $\{\vec{u}, \vec{v}\}$ est une base de $\mathbb{R}^3$.

7. À l'aide des théorèmes sur les bases, déterminer si chaque ensemble de vecteurs suivant est une base de l'espace vectoriel donné.

a) $\{\vec{u}, \vec{v}, \vec{w}\}$, où $\vec{u} = (1, 2)$, $\vec{v} = (3, 4)$ et $\vec{w} = (4, 5)$, pour $\mathbb{R}^2$.

b) $\{\vec{u}, \vec{v}\}$, où $\vec{u} = (1, 2, 4)$ et $\vec{v} = (-1, 4, -2)$, pour $\mathbb{R}^3$.

c) $\{\vec{u}, \vec{v}\}$, où $\vec{u} = 2\vec{i} - \vec{j}$ et $\vec{v} = 3\vec{i} + 4\vec{j}$, pour $\mathbb{R}^2$.

d) $\{\vec{u}, \vec{v}, \vec{w}\}$, où $\vec{u} = 2\vec{i} + \vec{k}$, $\vec{v} = -4\vec{j} - 2\vec{k}$ et $\vec{w} = \vec{i} - \vec{j}$, pour $\mathbb{R}^3$.

e) $\{\vec{e_1}, \vec{e_2}, \vec{e_3}, \vec{e_4}\}$, pour $\mathbb{R}^4$.

8. À partir des vecteurs de l'ensemble S ci-dessous, énumérer, si c'est possible, les sous-ensembles de S qui sont des bases de l'espace vectoriel donné.

a) $S = \{\vec{u}, \vec{v}, \vec{w}\}$, où $\vec{u} = (2, -1)$, $\vec{v} = (0, 1)$ et $\vec{w} = (-8, 4)$, pour $\mathbb{R}^2$.

b) $S = \{\vec{u}, \vec{v}, \vec{w}, \vec{t}\}$, où $\vec{u} = (1, 1)$, $\vec{v} = (4, 6)$, $\vec{w} = (6, 4)$ et $\vec{t} = (8, 12)$, pour $\mathbb{R}^2$.

c) $S = \{\vec{u}, \vec{v}, \vec{w}, \vec{t}\}$, où $\vec{u} = (0, 0, 1)$, $\vec{v} = (1, 1, 0)$, $\vec{w} = (1, 1, 1)$ et $\vec{t} = (1, 1, -1)$, pour $\mathbb{R}^3$.

d) $S = \{\vec{u}, \vec{v}, \vec{w}, \vec{t}\}$, où $\vec{u} = (1, 0, 0)$, $\vec{v} = (0, 0, 1)$, $\vec{w} = (1, 0, 1)$ et $\vec{t} = (0, 1, 1)$, pour $\mathbb{R}^3$.

9. Soit $\vec{w} = 3\vec{u} - 2\vec{v}$, où $\vec{u}$ et $\vec{v} \in \mathbb{R}^2$. Représenter ce vecteur en fonction des vecteurs de la base $\{\vec{u}, \vec{v}\}$ dans le repère $\{O; \{\vec{u}, \vec{v}\}\}$ si :

a) $\vec{u} = \vec{i}$ et $\vec{v} = \vec{j}$

b) $\vec{u} = -\vec{i} + 3\vec{j}$ et $\vec{v} = 2\vec{i} + \vec{j}$

c) 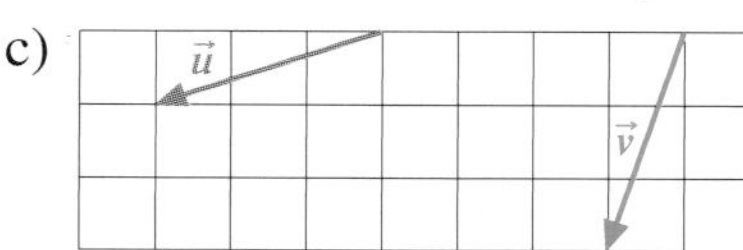

10. Soit la représentation graphique suivante.

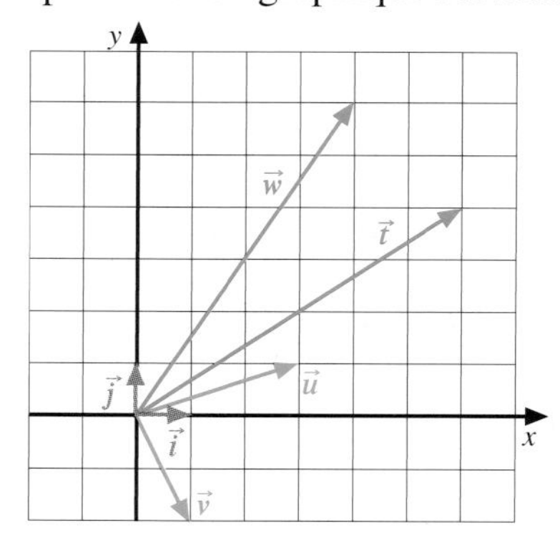

Déterminer les composantes des vecteurs $\vec{w}$ et $\vec{t}$ dans la base

a) $\{\vec{i}, \vec{j}\}$; b) $\{\vec{u}, \vec{v}\}$.

11. a) Déterminer si les vecteurs suivants forment une base de l'espace vectoriel donné. Si tel n'est pas le cas, donner une raison.

i) ii)

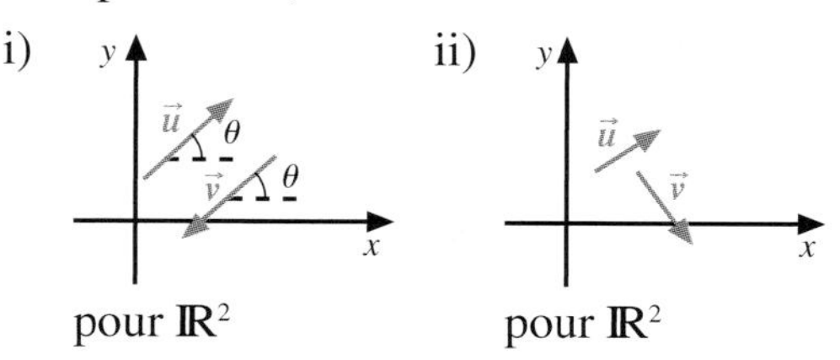

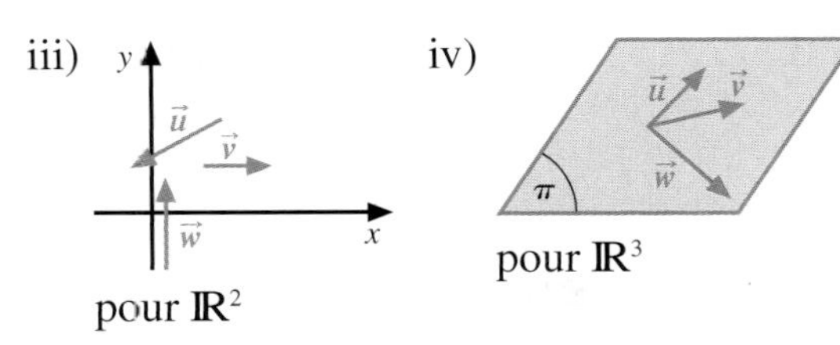

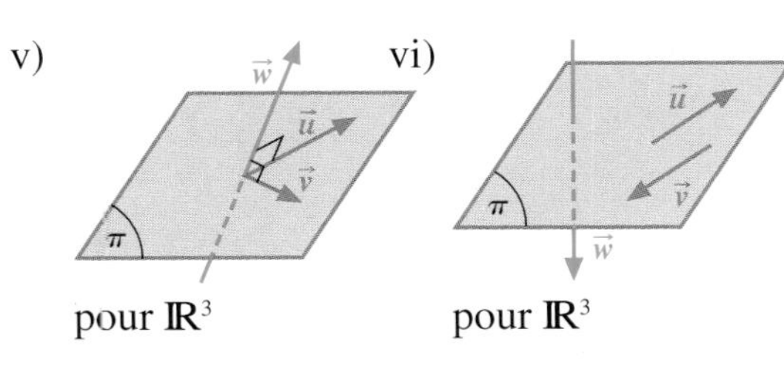

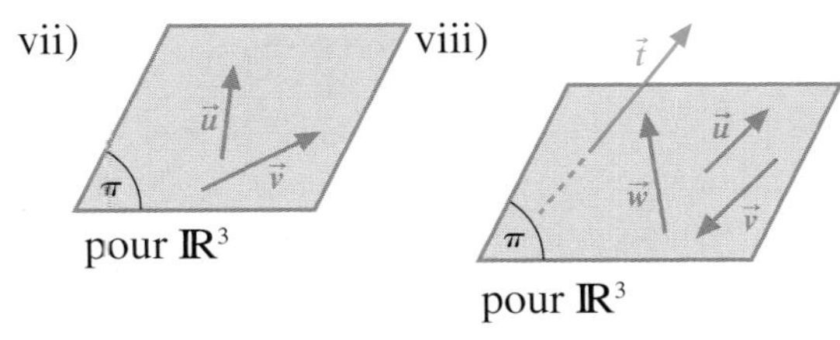

b) Parmi les représentations précédentes, déterminer celles dont les vecteurs forment un ensemble de générateurs pour l'espace vectoriel donné.

12. Déterminer si les vecteurs suivants engendrent une droite de $\mathbb{R}^2$, $\mathbb{R}^2$, une droite de $\mathbb{R}^3$, un plan de $\mathbb{R}^3$ ou $\mathbb{R}^3$.

a) $\vec{u} = (-6, 4)$ et $\vec{v} = (15, -10)$

b) $\vec{u} = (1, 2)$ et $\vec{v} = (2, 1)$

c) $\vec{u} = (1, 2, -1)$ et $\vec{v} = (2, -4, 5)$

d) $\vec{u} = (0, 4, 5)$, $\vec{v} = (-1, 2, 3)$ et $\vec{w} = (4, -1, 2)$

e) $\vec{u} = (6, -18, 12)$, $\vec{v} = (-3, 9, -6)$ et $\vec{w} = (2, -6, 4)$

f) $\vec{u} = (4, 6, -2)$, $\vec{v} = (3, -15, 9)$, $\vec{w} = (-2, 10, -6)$ et $\vec{t} = (-10, -15, 5)$

g) $\vec{i} = (1, 0)$ et $\vec{j} = (0, 1)$

h) $\vec{i} = (1, 0, 0)$ et $\vec{j} = (0, 1, 0)$

13. Soit les vecteurs suivants de $\mathbb{R}^2$.

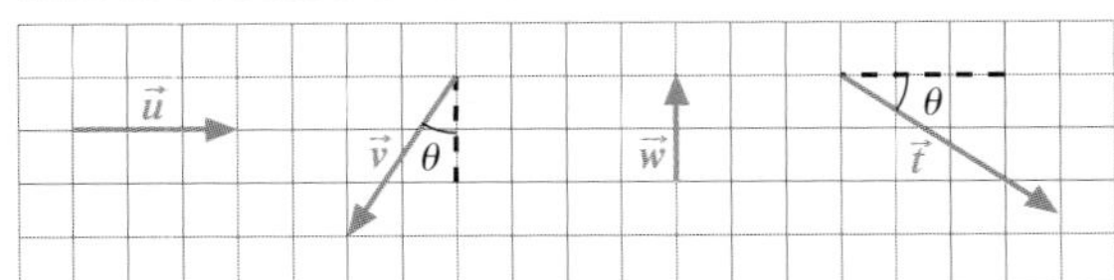

Répondre par vrai (V) ou faux (F) et justifier les réponses.

a) $\{\vec{u}, \vec{v}\}$ est une base orthogonale de $\mathbb{R}^2$.

b) $\{\vec{u}, \vec{w}\}$ est une base orthogonale de $\mathbb{R}^2$.

c) $\{\vec{v}, \vec{t}\}$ est une base orthogonale de $\mathbb{R}^2$.

d) $\left\{\frac{1}{\|\vec{u}\|}\vec{u}, \frac{1}{\|\vec{t}\|}\vec{t}\right\}$ est une base orthonormée de $\mathbb{R}^2$.

e) $\left\{\frac{1}{\|\vec{v}\|}\vec{v}, \frac{1}{\|\vec{t}\|}\vec{t}\right\}$ est une base orthonormée de $\mathbb{R}^2$.

f) $\left\{\frac{1}{\|\vec{u}\|}\vec{u}, \frac{1}{\|\vec{w}\|}\vec{w}\right\}$ est une base orthogonale de $\mathbb{R}^2$.

14. Soit $\vec{u_1} = (1, 1)$, $\vec{u_2} = (-2, -2)$, $\vec{u_3} = (-3, 4)$, $\vec{u_4} = (-3, -4)$, $\vec{u_5} = (4, 3)$ et $\vec{u_6} = (-1, 1)$.

a) Déterminer les ensembles $\{\vec{u_m}, \vec{u_n}\}$ qui sont des bases orthogonales de $\mathbb{R}^2$.

b) Déterminer des bases orthonormées à partir des bases orthogonales trouvées en a).

15. Répondre par vrai (V) ou faux (F) et justifier les réponses.

a) Les vecteurs d'une base sont linéairement dépendants.

b) Trois vecteurs de $\mathbb{R}^3$ forment une base si et seulement si ils sont linéairement indépendants.

c) Toute base orthogonale est orthonormée.

d) Toutes les bases de $\mathbb{R}^2$ sont orthogonales.

e) Une base de $\mathbb{R}^3$ contient exactement trois vecteurs.

f) Si dim V = 5, une base de V peut contenir six vecteurs.

g) Les composantes d'un vecteur dépendent des vecteurs de la base.

h) Des vecteurs qui engendrent V forment une base de V.

i) Toutes les bases d'un espace vectoriel V de dimension finie contiennent le même nombre de vecteurs.

j) Quatre vecteurs de $\mathbb{R}^3$ peuvent être linéairement indépendants.

k) Trois vecteurs de $\mathbb{R}^3$ linéairement indépendants forment une base de $\mathbb{R}^3$.

l) Des vecteurs linéairement indépendants forment nécessairement une base.

Réseau de concepts

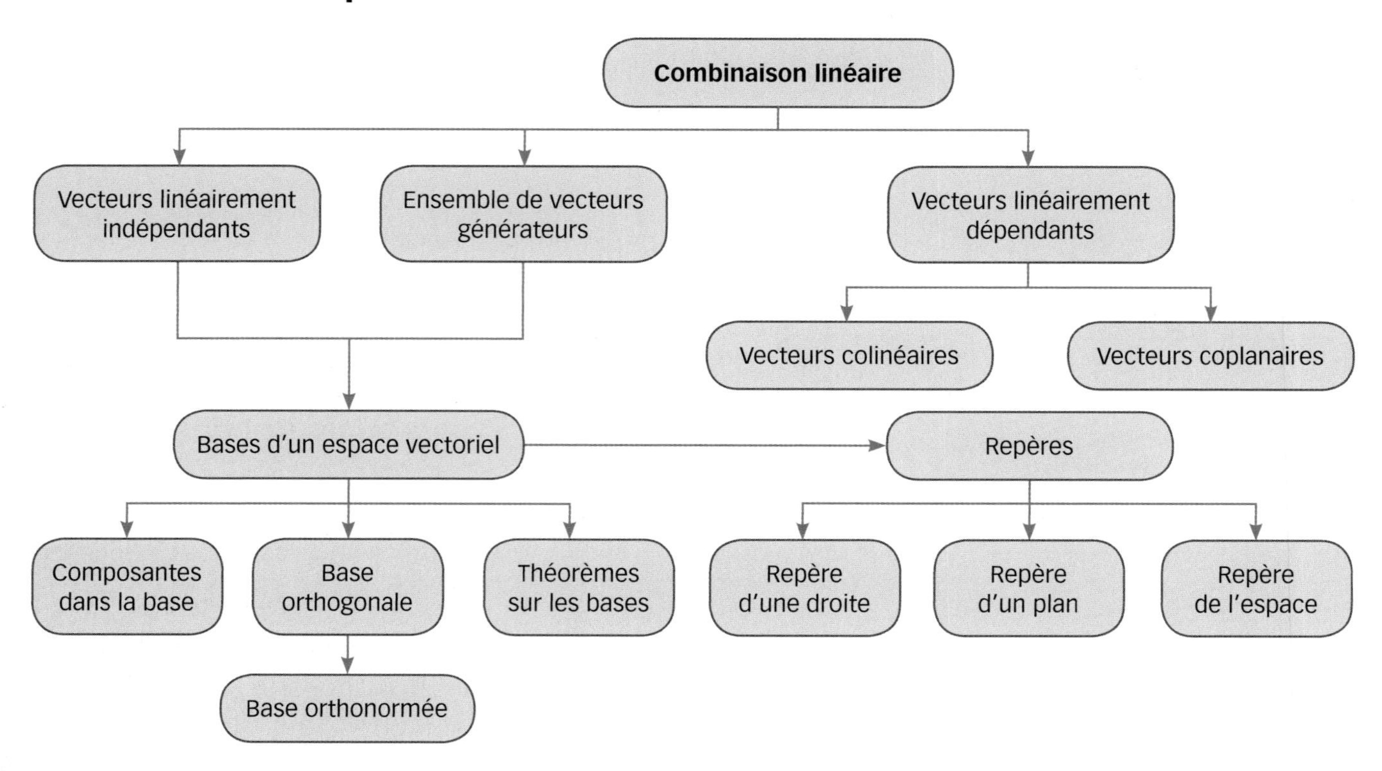

Vérification des apprentissages

Après l'étude de ce chapitre, je suis en mesure de compléter le résumé suivant avant de résoudre les exercices récapitulatifs et les problèmes de synthèse.

Soit V, un espace vectoriel sur $\mathbb{R}$, et $\{\boldsymbol{v}_1, \boldsymbol{v}_2, \boldsymbol{v}_3, \ldots, \boldsymbol{v}_n\}$, un ensemble de n vecteurs de V.

1) $\boldsymbol{u}$ est une combinaison linéaire des vecteurs de $\{\boldsymbol{v}_1, \boldsymbol{v}_2, \boldsymbol{v}_3, \ldots, \boldsymbol{v}_n\}$ si ______
2) Les vecteurs $\boldsymbol{v}_1, \boldsymbol{v}_2, \boldsymbol{v}_3, \ldots, \boldsymbol{v}_n$ sont linéairement indépendants si et seulement si ______
3) Les vecteurs $\boldsymbol{v}_1, \boldsymbol{v}_2, \boldsymbol{v}_3, \ldots, \boldsymbol{v}_n$ sont linéairement dépendants si et seulement si ______
4) L'ensemble $\{\boldsymbol{v}_1, \boldsymbol{v}_2, \boldsymbol{v}_3, \ldots, \boldsymbol{v}_n\}$ des vecteurs est un ensemble de générateurs de V si tout vecteur $\boldsymbol{u}$ de V ______
5) L'ensemble $\{\boldsymbol{v}_1, \boldsymbol{v}_2, \boldsymbol{v}_3, \ldots, \boldsymbol{v}_n\}$ des vecteurs est une base de V si les deux conditions suivantes sont satisfaites :
   condition 1 ______ condition 2 ______

Soit $\overrightarrow{v_1} = (x_1, y_1)$ et $\overrightarrow{v_2} = (x_2, y_2)$, deux vecteurs non nuls de $\mathbb{R}^2$.

1) Si $\begin{vmatrix} x_1 & x_2 \\ y_1 & y_2 \end{vmatrix} = 0$, alors $\overrightarrow{v_1}$ et $\overrightarrow{v_2}$ sont ______

2) Si $\begin{vmatrix} x_1 & x_2 \\ y_1 & y_2 \end{vmatrix} \neq 0$, alors $\overrightarrow{v_1}$ et $\overrightarrow{v_2}$ sont ______

Soit $\overrightarrow{v_1} = (x_1, y_1, z_1)$, $\overrightarrow{v_2} = (x_2, y_2, z_2)$ et $\overrightarrow{v_3} = (x_3, y_3, z_3)$, trois vecteurs non nuls de $\mathbb{R}^3$.

Les vecteurs $\overrightarrow{v_1}$, $\overrightarrow{v_2}$ et $\overrightarrow{v_3}$ sont coplanaires si et seulement si ______

Toute base de

1) $\mathbb{R}^2$ contient ______

2) $\mathbb{R}^3$ contient ______

3) $\mathbb{R}^n$ contient ______

Une base $\{\vec{v}_1, \vec{v}_2\}$ de $\mathbb{R}^2$ est dite

1) base orthogonale si ______

2) base orthonormée si ______

Une base $\{\vec{v}_1, \vec{v}_2, \vec{v}_3\}$ de $\mathbb{R}^3$ est dite

1) base orthogonale si ______

2) base orthonormée si ______

Exercices récapitulatifs

Les réponses des exercices suivants, à l'exception des exercices notés en rouge, sont données à la fin du volume.

1. Compléter les énoncés suivants.

a) $\{\vec{u}, \vec{v}, \vec{w}\}$ est une base d'un espace vectoriel V sur $\mathbb{R} \Leftrightarrow$ ______

b) $\vec{w}$ est une combinaison linéaire des vecteurs $\vec{v}_1, \vec{v}_2, \ldots, \vec{v}_n \Leftrightarrow$ ______

c) Si $k_1 = k_2 = k_3 = k_4 = 0$ est la seule solution de $k_1\vec{v}_1 + k_2\vec{v}_2 + k_3\vec{v}_3 + k_4\vec{v}_4 = \vec{O}$, alors les vecteurs ______

d) Si $\vec{w} = 2\vec{u} + 5\vec{v}$, alors les vecteurs $\vec{u}$, $\vec{v}$ et $\vec{w}$ sont linéairement ______

e) Si $\begin{vmatrix} a & c \\ b & d \end{vmatrix} \neq 0$, alors les vecteurs $\vec{u} = (a, b)$ et $\vec{v} = (c, d)$ sont linéairement ______

f) Les vecteurs $\vec{u} = (x_1, y_1, z_1)$, $\vec{v} = (x_2, y_2, z_2)$ et $\vec{w} = (x_3, y_3, z_3)$ sont coplanaires $\Leftrightarrow$

$\begin{vmatrix} x_1 & x_2 & x_3 \\ y_1 & y_2 & y_3 \\ z_1 & z_2 & z_3 \end{vmatrix}$ ______

g) Une base est dite orthonormée si ______

h) $(n + 1)$ vecteurs d'un espace vectoriel de dimension n sont linéairement ______

i) Une base d'un espace vectoriel de dimension n contient ______

j) Les vecteurs $\vec{v}_1, \vec{v}_2, \ldots, \vec{O}, \ldots, \vec{v}_n$ sont linéairement ______

2. Exprimer, si c'est possible, les vecteurs $\vec{u}$ et $\vec{w}$ suivants comme combinaison linéaire des vecteurs $\vec{v}_i$ donnés.

a) $\vec{v}_1 = (1, 0)$ et $\vec{v}_2 = (0, 1)$, où
i) $\vec{u} = (3, 4)$ ii) $\vec{w} = (x, y)$

b) $\vec{v}_1 = (-4, 6)$ et $\vec{v}_2 = (-6, 9)$ où
i) $\vec{u} = (3, 4)$ ii) $\vec{w} = (50, -75)$

c) $\vec{v}_1 = (2, 1, 0)$, $\vec{v}_2 = (-2, 0, 1)$ et $\vec{v}_3 = (0, 1, 1)$, où
i) $\vec{u} = (-6, -2, 1)$ ii) $\vec{w} = (1, -2, 2)$

d) $\vec{v}_1 = (1, -1, 3)$ et $\vec{v}_2 = (-1, 2, -2)$, où
i) $\vec{u} = (5, -7, 13)$ ii) $\vec{w} = (1, 1, 1)$

e) $\vec{v}_1 = (2, -1, 4)$, $\vec{v}_2 = (1, 4, -5)$ et $\vec{v}_3 = (4, -3, 5)$, où
i) $\vec{u} = \left(\frac{-28}{15}, \frac{7}{10}, \frac{-1}{3}\right)$ ii) $\vec{w} = (x, y, z)$

3. Déterminer si les vecteurs suivants sont linéairement indépendants ou linéairement dépendants. S'ils sont linéairement dépendants, exprimer un des vecteurs comme combinaison linéaire des autres vecteurs.

a) $\vec{v}_1 = (2, -1)$ et $\vec{v}_2 = (-6, 3)$

b) $\vec{v}_1 = (-4, 5)$ et $\vec{v}_2 = (8, -4)$

c) $\vec{v}_1 = (-4, 5)$, $\vec{v}_2 = (5, -4)$ et $\vec{v}_3 = (1, 1)$

d) $\vec{v}_1 = (4, -6, 20)$ et $\vec{v}_2 = (-10, 15, -50)$

e) $\vec{v}_1 = (2, 4, 14)$, $\vec{v}_2 = (-1, 4, 7)$ et $\vec{v}_3 = (7, -3, 15)$

f) $\vec{v}_1 = (1, 2, 7)$, $\vec{v}_2 = (-1, 4, 5)$ et $\vec{v}_3 = (7, -3, 15)$

g) $\vec{v}_1 = (3, 2, 5)$, $\vec{v}_2 = (4, 7, -2)$ et $\vec{v}_3 = (0, 0, 0)$

h) $\vec{v}_1 = (4, -1, 2)$, $\vec{v}_2 = (2, 3, 0)$, $\vec{v}_3 = (-1, 2, -1)$ et $\vec{v}_4 = (5, 3, -2)$

i) $\vec{v}_1 = (1, 0, 2, 3)$, $\vec{v}_2 = (4, 0, 5, 6)$ et $\vec{v}_3 = (7, 0, 8, 9)$

j) $\vec{v}_1 = (1, 2, 3, 4)$, $\vec{v}_2 = (5, 6, 7, 8)$, $\vec{v}_3 = (9, 10, 11, 12)$ et $\vec{v}_4 = (13, 14, 15, 16)$

4. Soit les points A(-4, 0, 1), B(-10, -1, 2), C(10, 3, -1), D(0, 4, -2) et E(-16, -2, 3).

a) Déterminer si les points suivants sont situés sur une même droite.
i) B, C et D ii) A, B et E

b) Déterminer si les points suivants sont situés dans un même plan.
i) A, B, C et E ii) B, C, D et E

5. Déterminer si chaque ensemble suivant est une base de l'espace vectoriel donné. Si tel n'est pas le cas, donner une raison.

a) $\{\vec{u}, \vec{v}\}$, où $\vec{u} = (2, 6)$ et $\vec{v} = (6, -2)$, pour $\mathbb{R}^2$

b) $\{\vec{u}, \vec{v}\}$, où $\vec{u} = (8, -12)$ et $\vec{v} = (10, -15)$, pour $\mathbb{R}^2$

c) $\{\vec{u}, \vec{v}\}$, où $\vec{u} = \left(\frac{5}{13}, \frac{-12}{13}\right)$ et $\vec{v} = \left(\frac{-12}{13}, \frac{-5}{13}\right)$, pour $\mathbb{R}^2$

d) $\{\vec{u}, \vec{v}, \vec{w}\}$, où $\vec{u} = (-1, 0)$, $\vec{v} = (0, 4)$ et $\vec{w} = (5, 3)$, pour $\mathbb{R}^2$

e) $\{\vec{u}, \vec{v}\}$, où $\vec{u} = (1, 2, 3)$ et $\vec{v} = (-4, 5, 1)$, pour $\mathbb{R}^3$

f) $\{\vec{u}, \vec{v}, \vec{w}\}$, où $\vec{u} = (1, -3, 7)$, $\vec{v} = (2, 0, 1)$ et $\vec{w} = (6, -6, 16)$, pour $\mathbb{R}^3$

g) $\{\vec{u}, \vec{v}, \vec{k}\}$, où $\vec{u} = \left(\frac{3}{5}, \frac{4}{5}, 0\right)$, $\vec{v} = \left(\frac{4}{5}, \frac{-3}{5}, 0\right)$ et $\vec{k} = (0, 0, 1)$, pour $\mathbb{R}^3$

h) $\{\vec{u}, \vec{v}, \vec{w}\}$, où $\vec{u} = (1, 2, 5)$, $\vec{v} = (4, 0, 2)$ et $\vec{w} = (-6, 4, 8)$, pour $\mathbb{R}^3$

i) $\{\vec{u}, \vec{v}, \vec{w}, \vec{t}\}$, où $\vec{u} = (2, 4, -2)$, $\vec{v} = (1, -6, 7)$, $\vec{w} = (1, 0, 2)$ et $\vec{t} = (5, -2, 9)$, pour $\mathbb{R}^3$

6. Soit les points A(1, 2), B(4, -2), C(2, -1) et D(6, 2).

a) $\{\overrightarrow{AB}, \overrightarrow{CD}\}$ est-il une base orthogonale de $\mathbb{R}^2$? Expliquer.

b) Utiliser des vecteurs parallèles à $\overrightarrow{AB}$ et à $\overrightarrow{CD}$ pour former une base $\{\vec{v_1}, \vec{v_2}\}$ orthonormée de $\mathbb{R}^2$. Exprimer la réponse à l'aide des composantes des vecteurs.

7. Déterminer le nombre minimal de vecteurs nécessaires pour engendrer

a) $\mathbb{R}^2$;

b) une droite donnée de $\mathbb{R}^2$ qui passe par (0, 0) ;

c) une droite donnée de $\mathbb{R}^3$ qui passe par (0, 0, 0) ;

d) un plan donné de $\mathbb{R}^3$ qui passe par (0, 0, 0) ;

e) $\mathbb{R}^3$.

8. Répondre par vrai (V) ou faux (F) et justifier les réponses.

a) Si $\vec{w} = k_1\vec{v_1} + k_2\vec{v_2}$, alors $\{\vec{w}, \vec{v_1}, \vec{v_2}\}$ peut être une base.

b) Toute base orthonormée est orthogonale.

c) Trois vecteurs colinéaires non nuls de $\mathbb{R}^2$ sont linéairement dépendants.

d) Trois vecteurs non nuls de $\mathbb{R}^2$ sont colinéaires $\Leftrightarrow$ ils sont linéairement dépendants.

e) Deux vecteurs non nuls de $\mathbb{R}^2$ sont colinéaires $\Leftrightarrow$ ils sont linéairement dépendants.

f) Les vecteurs d'un ensemble contenant le vecteur $\vec{O}$ sont linéairement dépendants.

g) Deux vecteurs non nuls sont linéairement indépendants $\Leftrightarrow$ ils sont parallèles.

h) Deux vecteurs $\vec{u}$ et $\vec{v}$ non nuls sont linéairement dépendants $\Leftrightarrow$ $\{\vec{u}, \vec{v}\}$ est une base du plan.

i) Trois vecteurs non nuls de $\mathbb{R}^3$ sont linéairement dépendants $\Leftrightarrow$ ils sont dans un même plan lorsqu'on fait coïncider leur origine.

j) Trois vecteurs $\vec{u}$, $\vec{v}$ et $\vec{w}$ non nuls de $\mathbb{R}^3$ sont linéairement indépendants $\Leftrightarrow$ $\{\vec{u}, \vec{v}, \vec{w}\}$ est une base de l'espace.

9. Soit $\{\vec{u}, \vec{v}, \vec{w}\}$, une base de $\mathbb{R}^3$. Répondre par vrai (V) ou faux (F) et justifier les réponses.

a) $\vec{u}$ et $\vec{v}$ sont linéairement indépendants.

b) $\vec{u}$, $\vec{v}$ et $\vec{w}$ sont perpendiculaires deux à deux.

c) $\vec{u}$, $\vec{v}$, $\vec{w}$ et $\vec{t}$ sont linéairement dépendants, $\forall\, \vec{t} \in \mathbb{R}^3$.

d) $\vec{u}$, $\vec{v}$, $\vec{w}$ et $\vec{t}$ engendrent $\mathbb{R}^3$.

e) $\left\{\frac{1}{\|\vec{u}\|}\vec{u}, \frac{1}{\|\vec{v}\|}\vec{v}, \frac{1}{\|\vec{w}\|}\vec{w}\right\}$ est une base orthonormée de $\mathbb{R}^3$.

f) $\{\vec{v_1}, \vec{v_2}, \vec{v_3}, \vec{v_4}\}$ est une autre base de $\mathbb{R}^3$.

g) Si $\vec{t}$ est une combinaison linéaire des vecteurs $\vec{u}$, $\vec{v}$ et $\vec{w}$, alors $\vec{w}$ est une combinaison linéaire de $\vec{u}$, $\vec{v}$ et $\vec{t}$.

10. Soit $V = \mathbb{R}^n$, un espace vectoriel, où $\vec{u}$ et $\vec{v}$ sont linéairement indépendants, et où $\vec{w}$ et $\vec{t}$ sont également linéairement indépendants. Répondre par vrai (V) ou faux (F) et justifier les réponses.

Les vecteurs $\vec{u}$, $\vec{v}$, $\vec{w}$ et $\vec{t}$

a) sont linéairement indépendants si $n \leq 3$;

b) sont linéairement indépendants si $n > 3$;

c) peuvent être linéairement indépendants si $n \leq 3$;

d) peuvent être linéairement indépendants si $n > 3$.

11. a) Soit A, B, C et D, quatre points de l'espace, M, le point milieu du segment de droite AB, et N, le point milieu du segment de droite CD. Exprimer $\overrightarrow{MN}$ comme combinaison linéaire de

i) $\overrightarrow{AC}$ et $\overrightarrow{BD}$;

ii) $\overrightarrow{AD}$ et $\overrightarrow{BC}$;

iii) $\overrightarrow{AC}$, $\overrightarrow{AD}$, $\overrightarrow{BC}$ et $\overrightarrow{BD}$.

b) Déterminer si les vecteurs $\overrightarrow{AC}$, $\overrightarrow{AD}$, $\overrightarrow{BC}$ et $\overrightarrow{BD}$ sont linéairement dépendants ou linéairement indépendants.

12. Soit la figure suivante, formée de quatre cubes.

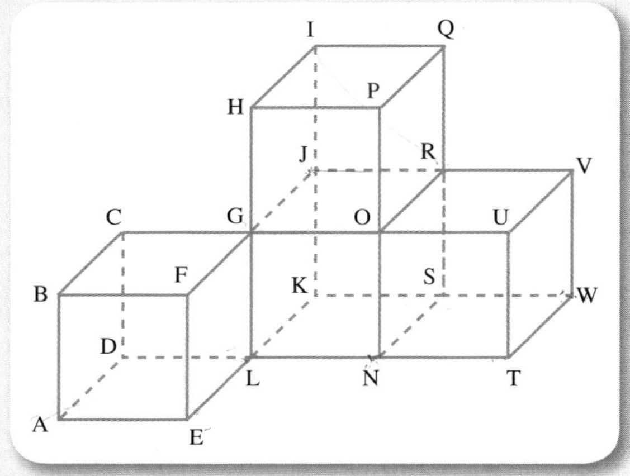

a) Exprimer, si c'est possible, un des vecteurs comme combinaison linéaire des autres vecteurs.

i) $\overrightarrow{GW}$, $\overrightarrow{IR}$ et $\overrightarrow{SA}$

ii) $\overrightarrow{CQ}$, $\overrightarrow{TD}$, $\overrightarrow{FJ}$ et $\overrightarrow{SV}$

iii) $\overrightarrow{LQ}$, $\overrightarrow{AE}$, $\overrightarrow{NW}$ et $\overrightarrow{HN}$

iv) $\overrightarrow{NU}$, $\overrightarrow{KS}$ et $\overrightarrow{FJ}$

v) $\overrightarrow{AV}$, $\overrightarrow{TD}$, $\overrightarrow{GQ}$, $\overrightarrow{PN}$ et $\overrightarrow{RO}$

b) Déterminer et justifier si les vecteurs des ensembles suivants
   – sont linéairement indépendants ;
   – engendrent une droite de $\mathbb{R}^3$, un plan de $\mathbb{R}^3$ ou $\mathbb{R}^3$;
   – forment une base de $\mathbb{R}^3$.

   i) $\{\overrightarrow{CU}, \overrightarrow{JR}\}$ ii) $\{\overrightarrow{OJ}, \overrightarrow{UT}\}$
   iii) $\{\overrightarrow{EI}, \overrightarrow{VT}, \overrightarrow{JR}\}$ iv) $\{\overrightarrow{BG}, \overrightarrow{JU}, \overrightarrow{AA}\}$
   v) $\{\overrightarrow{NS}, \overrightarrow{KS}, \overrightarrow{QS}\}$ vi) $\{\overrightarrow{FJ}, \overrightarrow{LW}, \overrightarrow{EA}\}$
   vii) $\{\overrightarrow{NI}, \overrightarrow{OV}, \overrightarrow{JT}, \overrightarrow{AO}\}$ viii) $\{\overrightarrow{UV}, \overrightarrow{RG}, \overrightarrow{EF}\}$

13. Soit OBC, un triangle où $\overrightarrow{OB} = \vec{b}$ et $\overrightarrow{OC} = \vec{c}$. Les points P et R sont tels que $\overrightarrow{OP} = \frac{3}{4}\vec{b}$ et $\overrightarrow{BR} = \frac{2}{3}\overrightarrow{BC}$.
Exprimer $\overrightarrow{PR}$ comme combinaison linéaire de $\vec{b}$ et $\vec{c}$.

14. Soit la figure suivante composée de trois parallélogrammes identiques.

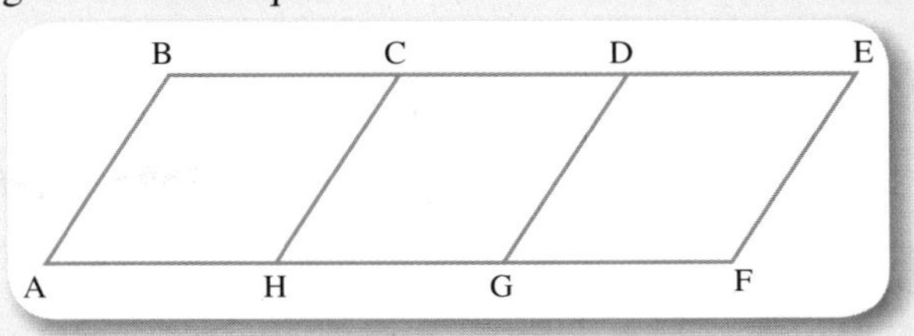

Exprimer
a) $\overrightarrow{AE}$ comme combinaison linéaire de $\overrightarrow{AC}$ et $\overrightarrow{AD}$;
b) $\overrightarrow{GE}$ comme combinaison linéaire de $\overrightarrow{HE}$ et $\overrightarrow{AE}$;
c) $\overrightarrow{EF}$ comme combinaison linéaire de $\overrightarrow{HB}$ et $\overrightarrow{AD}$;
d) $\overrightarrow{FB}$ comme combinaison linéaire de $\overrightarrow{AD}$ et $\overrightarrow{FC}$.

Problèmes de synthèse

Les réponses des problèmes suivants, à l'exception des problèmes notés en rouge, sont données à la fin du volume.

1. Soit un vecteur $\vec{w}$ non nul, situé dans le repère $\{O ; \vec{i}, \vec{j}, \vec{k}\}$, tel que $\vec{w} = a\vec{i} + b\vec{j} + c\vec{k}$. Déterminer les composantes de $\vec{w}$ si
a) $\vec{w}$ est parallèle à l'axe des x ;
b) $\vec{w}$ est parallèle à l'axe des z ;
c) $\vec{w}$ est parallèle au plan XOY ;
d) $\vec{w}$ est parallèle au plan YOZ ;
e) $\vec{w}$ est perpendiculaire au plan XOZ ;
f) $\vec{w}$ est perpendiculaire à l'axe des y.

2. Soit les vecteurs $\vec{u}$ et $\vec{v}$, linéairement indépendants. Déterminer si les vecteurs $\vec{w}$ et $\vec{t}$ suivants sont linéairement dépendants ou linéairement indépendants.
a) $\vec{w} = \vec{u} + \vec{v}$ et $\vec{t} = \vec{u} - \vec{v}$
b) $\vec{w} = 2\vec{u} - \vec{v}$ et $\vec{t} = \vec{u} + 5\vec{v}$
c) $\vec{w} = 6\vec{u} - 2\vec{v}$ et $\vec{t} = -9\vec{u} + 3\vec{v}$

3. Soit $\vec{t_1}$, $\vec{t_2}$ et $\vec{t_3}$, trois vecteurs linéairement indépendants et les vecteurs
$\vec{u} = \vec{t_1} - 5\vec{t_2} + \vec{t_3}$ $\vec{v} = \vec{t_1} + 2\vec{t_2} + 3\vec{t_3}$
$\vec{w} = 3\vec{t_1} + \vec{t_2} + 4\vec{t_3}$ $\vec{r} = \vec{t_1} - 12\vec{t_2} - \vec{t_3}$
a) Exprimer, si c'est possible,
   i) $\vec{r}$ comme combinaison linéaire de $\vec{u}$, $\vec{v}$ et $\vec{w}$;
   ii) $\vec{w}$ comme combinaison linéaire de $\vec{u}$, $\vec{v}$ et $\vec{r}$;
   iii) $\vec{u}$ comme combinaison linéaire de $\vec{v}$ et $\vec{r}$.
b) Déterminer si les vecteurs suivants sont linéairement indépendants.
   i) $\vec{u}$, $\vec{v}$ et $\vec{w}$ ii) $\vec{u}$, $\vec{v}$ et $\vec{r}$

4. Représenter les vecteurs $\vec{w_1} = (-3, -2)$ et $\vec{w_2} = (1, -3)$
a) dans le repère $\{O ; \vec{i}, \vec{j}\}$, et calculer $\|\vec{w_1}\|$ et $\|\vec{w_2}\|$;
b) dans le repère $\{O ; \vec{u}, \vec{v}\}$ ci-contre, où $\|\vec{u}\| = 3$ et $\|\vec{v}\| = 4$, et calculer $\|\vec{w_1}\|$ et $\|\vec{w_2}\|$.

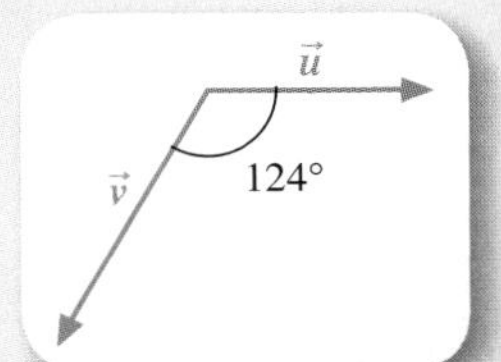

5. Soit les vecteurs $\vec{u}$ et $\vec{v}$ ci-contre, tels que $\|\vec{u}\| = 25$ et $\|\vec{v}\| = 35$.

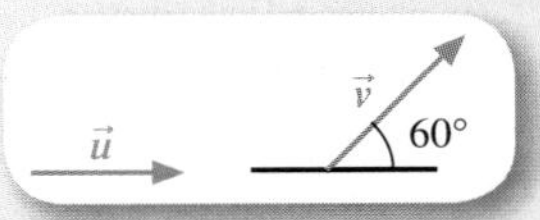

a) Représenter graphiquement $\vec{w}$, où $\vec{w} = 2\vec{u} - 3\vec{v}$.
b) Calculer $\|\vec{w}\|$, et déterminer la direction et le sens de $\vec{w}$.
c) Soit $\vec{t}$, un vecteur tel que $\|\vec{t}\| = 10\sqrt{39}$, dont la direction est de 104° et le sens N.-O. Déterminer algébriquement k_1 et k_2 si $\vec{t} = k_1\vec{u} + k_2\vec{v}$.

6. Soit $\boldsymbol{M}_1 = \begin{bmatrix} 1 & 0 \\ 0 & 0 \end{bmatrix}$, $\boldsymbol{M}_2 = \begin{bmatrix} 0 & 1 \\ 0 & 0 \end{bmatrix}$,
$\boldsymbol{M}_3 = \begin{bmatrix} 0 & 0 \\ 1 & 0 \end{bmatrix}$ et $\boldsymbol{M}_4 = \begin{bmatrix} 0 & 0 \\ 0 & 1 \end{bmatrix}$.
a) Démontrer que $\{\boldsymbol{M}_1, \boldsymbol{M}_2, \boldsymbol{M}_3, \boldsymbol{M}_4\}$ est une base de $\mathcal{M}_{2\times 2}$.
b) Exprimer $\boldsymbol{A} = \begin{bmatrix} 2 & 0 \\ -7 & 4 \end{bmatrix}$, $\boldsymbol{A}^{T}$ et $\boldsymbol{A}^{-1}$ comme combinaison linéaire de $\boldsymbol{M}_1$, $\boldsymbol{M}_2$, $\boldsymbol{M}_3$, et $\boldsymbol{M}_4$.

7. La base $\{\boldsymbol{M}_1, \boldsymbol{M}_2, \boldsymbol{M}_3, \boldsymbol{M}_4\}$ de la question 6 précédente est fréquemment appelée **base naturelle** de $\mathcal{M}_{2\times 2}$. Déterminer, si c'est possible, la base naturelle et la dimension des espaces vectoriels suivants.
a) $W = \{\boldsymbol{M} \in \mathcal{M}_{2\times 3}\}$
b) $W = \left\{\begin{bmatrix} 0 & b \\ a & 0 \end{bmatrix} \middle| a, b \in \mathbb{R}\right\}$

c) $W = \left\{ \begin{bmatrix} a & 0 \\ 0 & a \end{bmatrix} \middle| a \in \mathbb{R} \right\}$

d) $W = \{\boldsymbol{M} \in \mathcal{M}_{2\times 2} \mid \boldsymbol{M}$ est triangulaire supérieure$\}$

e) $W = \{\boldsymbol{M} \in \mathcal{M}_{3\times 3} \mid \boldsymbol{M}$ est diagonale$\}$

f) $W = \{\boldsymbol{M} \in \mathcal{M}_{3\times 3} \mid \boldsymbol{M}$ est diagonale et $m_{22} = 0\}$

g) $W = \{\boldsymbol{M} \in \mathcal{M}_{3\times 3} \mid m_{ij} = 0$ si $(i + j)$ est paire$\}$

h) $W = \{\boldsymbol{M} \in \mathcal{M}_{2\times 3} \mid m_{ij} = 0$ si $i \geq j\}$

i) $W = \{\boldsymbol{M} \in \mathcal{M}_{3\times 2} \mid m_{ij} = 0$ si $i = j\}$

j) $W = \left\{ \begin{bmatrix} a & 0 & 0 & 0 \\ 0 & 2a & 0 & 0 \\ 0 & 0 & 3a & 0 \\ 0 & 0 & 0 & 4a \end{bmatrix} \middle| a \in \mathbb{R} \right\}$

k) $W = \left\{ \begin{bmatrix} a + b & b \\ -b & a - b \end{bmatrix} \middle| a, b \in \mathbb{R} \right\}$

8. Soit $A = \{x^2, x, 1\}$ et $\{\boldsymbol{u}, \boldsymbol{v}, \boldsymbol{w}\}$, où $\boldsymbol{u} = 2x + 3$, $\boldsymbol{v} = 3x^2 - 1$ et $\boldsymbol{w} = 5 - x$.

a) Démontrer que A est une base des polynômes de degré inférieur ou égal à 2.

b) Exprimer, si c'est possible, le polynôme $6x^2 + 37$ comme combinaison linéaire de $\boldsymbol{u}$, $\boldsymbol{v}$ et $\boldsymbol{w}$.

c) Déterminer si $\{\boldsymbol{u}, \boldsymbol{v}, \boldsymbol{w}\}$ est une base des polynômes de degré inférieur ou égal à 2.

9. Soit les vecteurs $\vec{v_1} = \vec{u_1} + \vec{u_2}$, $\vec{v_2} = \vec{u_1} + \vec{u_3}$ et $\vec{v_3} = \vec{u_2} + \vec{u_3}$. Démontrer que

a) si $\vec{u_1}$, $\vec{u_2}$ et $\vec{u_3}$ sont linéairement dépendants, alors $\vec{v_1}$, $\vec{v_2}$ et $\vec{v_3}$ sont linéairement dépendants;

b) si $\vec{u_1}$, $\vec{u_2}$ et $\vec{u_3}$ sont linéairement indépendants, alors $\vec{v_1}$, $\vec{v_2}$ et $\vec{v_3}$ sont linéairement indépendants.

10. Soit $\vec{u}$, $\vec{v}$ et $\vec{w}$, des vecteurs linéairement indépendants, et $\vec{t} = a\vec{u} + b\vec{v} + c\vec{w}$. Déterminer les valeurs de a, b et c qui nous assurent que $\vec{u}$, $\vec{v}$ et $\vec{t}$ sont linéairement indépendants.

11. Soit $\{\vec{e_1}, \vec{e_2}, \vec{e_3}, \ldots, \vec{e_n}\}$, la base canonique de $\mathbb{R}^n$ sur $\mathbb{R}$, et $\{\boldsymbol{x}_1, \boldsymbol{x}_2, \boldsymbol{x}_3, \ldots, \boldsymbol{x}_n\}$, une base d'un espace vectoriel V sur $\mathbb{R}$. Démontrer que

a) $\{\vec{e_1}, \vec{e_1} + \vec{e_2}, \vec{e_1} + \vec{e_2} + \vec{e_3}, \ldots, \vec{e_1} + \vec{e_2} + \ldots + \vec{e_n}\}$ est une base de $\mathbb{R}^n$;

b) $\{\boldsymbol{x}_1, \boldsymbol{x}_1 + \boldsymbol{x}_2, \boldsymbol{x}_1 + \boldsymbol{x}_2 + \boldsymbol{x}_3, \ldots, \boldsymbol{x}_1 + \boldsymbol{x}_2 + \ldots + \boldsymbol{x}_n\}$ est une base de V;

c) $\{\boldsymbol{x}_1, \boldsymbol{x}_1 + \boldsymbol{x}_2, \boldsymbol{x}_1 + \boldsymbol{x}_3, \ldots, \boldsymbol{x}_1 + \boldsymbol{x}_n\}$ est une base de V;

d) $\{\boldsymbol{x}_1 + \boldsymbol{x}_2 + \boldsymbol{x}_3 + \ldots + \boldsymbol{x}_n, \boldsymbol{x}_1 - \boldsymbol{x}_2 + \boldsymbol{x}_3 + \ldots + \boldsymbol{x}_n, \boldsymbol{x}_1 + \boldsymbol{x}_2 - \boldsymbol{x}_3 + \ldots + \boldsymbol{x}_n, \ldots, \boldsymbol{x}_1 + \boldsymbol{x}_2 + \boldsymbol{x}_3 + \ldots + (-\boldsymbol{x}_n)\}$ est une base de V.

12. Soit M et N, les points milieux des diagonales du trapèze ABCD suivant.

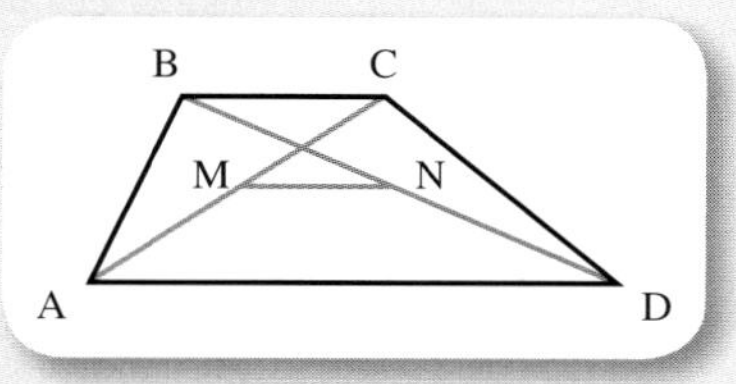

Exprimer $\overrightarrow{MN}$ comme combinaison linéaire des vecteurs $\overrightarrow{AD}$ et $\overrightarrow{BC}$.

13. Soit le trapèze ABCD ci-dessous.

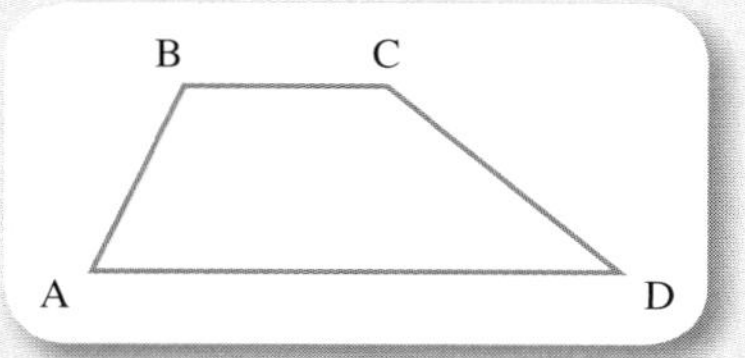

M_1 est le point milieu de AB; M_2 est le point milieu de CD; M_3 est le point milieu de AM_1; M_4 est le point milieu de DM_2; M_5 est le point milieu de M_1B; M_6 est le point milieu de M_2C; M_7 est le point milieu de M_1M_3; et M_8 est le point milieu de M_2M_4. Exprimer comme combinaison linéaire des vecteurs $\overrightarrow{AD}$ et $\overrightarrow{BC}$, le vecteur

a) $\overrightarrow{M_3M_4}$; b) $\overrightarrow{M_5M_6}$; c) $\overrightarrow{M_7M_8}$.

14. Soit le triangle équilatéral ABC, où M est le point milieu du segment de droite BC. À partir de M, nous abaissons une perpendiculaire au segment de droite AB, soit H, le point d'intersection de la perpendiculaire et du segment de droite AB. Déterminer une valeur de k_1 et de k_2 telle que $k_1\overrightarrow{AB} + k_2\overrightarrow{BH} = \vec{O}$.

15. Soit le pentagone régulier ABCDE, et M, le point de rencontre des segments de droite joignant chaque sommet au milieu du côté opposé. Effectuer la somme suivante.

$\overrightarrow{MA} + \overrightarrow{MB} + \overrightarrow{MC} + \overrightarrow{MD} + \overrightarrow{ME}$

16. Soit le pentagone régulier ABCDE.

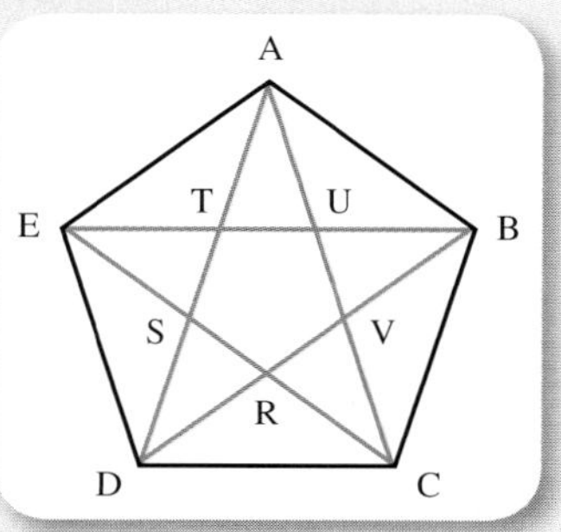

Déterminer

a) k_1, k_2 et k_3 si $\overrightarrow{ST} = k_1\overrightarrow{DC} + k_2\overrightarrow{CB} + k_3\overrightarrow{BA}$;

b) k_4 et k_5 si $\overrightarrow{ST} = k_4\overrightarrow{DE} + k_5\overrightarrow{EA}$.

Chapitre **7**

Produits de vecteurs

Dominique Parent

Dans les chapitres 4 et 5, nous avons défini deux opérations sur les vecteurs : l'addition de vecteurs et la multiplication d'un vecteur par un scalaire.

Dans le présent chapitre, nous définirons trois nouvelles opérations sur les vecteurs, soit le produit scalaire, le produit vectoriel et le produit mixte.

Le produit scalaire permet de calculer l'angle formé par deux vecteurs et le produit vectoriel permet de déterminer des vecteurs orthogonaux à deux vecteurs non parallèles donnés.

De plus, nous serons en mesure de calculer des aires de polygones et des volumes de parallélépipèdes et de tétraèdres.

En particulier, l'élève pourra résoudre le problème suivant.

Nous pouvons construire une représentation géométrique de la molécule de méthane CH_4 (C pour carbone, H pour hydrogène) en plaçant C au centre d'un tétraèdre régulier dont les sommets sont définis par les quatre atomes d'hydrogène. Si les quatre atomes d'hydrogène sont situés aux points O(0, 0, 0), P(1, 1, 0), Q(1, 0, 1) et R(0, 1, 1),

a) déterminer la position de C ;

b) vérifier que le tétraèdre est régulier ;

c) déterminer les angles formés par les quatre valences prises deux par deux consécutivement, c'est-à-dire l'angle formé par les segments de droite joignant C à deux sommets consécutifs.

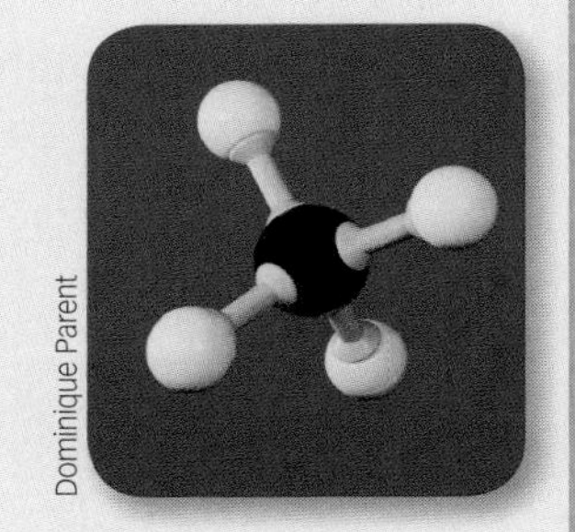

Dominique Parent

(Problèmes de synthèse, n° 6, page 307)

Perspective historique

De deux approches, algébrique et géométrique, à une vision unifiée, celle des vecteurs

En 1827, avant même d'avoir terminé ses études au Trinity College de Dublin, le mathématicien irlandais William Rowan Hamilton (1805-1865) est nommé astronome royal d'Irlande, poste qu'il conservera jusqu'à sa mort. Quelques années auparavant, un premier amour déçu l'avait affecté au point de le rendre malade et de le conduire au bord du suicide. Grâce à la poésie, il reprit goût à la vie. Par la suite, dans les moments difficiles, il se réfugie dans la poésie. Toutefois, à ses yeux, le langage mathématique est aussi artistique que celui de la poésie. C'est dans cet esprit qu'il travaille à généraliser les nombres complexes.

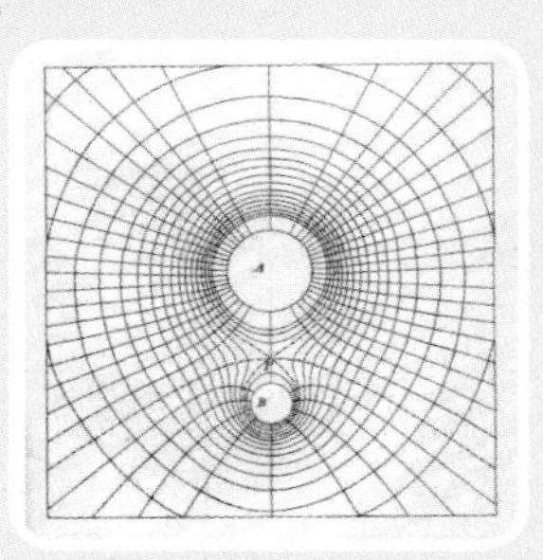

Une illustration tirée de *Treatise on Electricity and Magnetism* de James Clerk Maxwell

Puisqu'il est possible de multiplier deux nombres complexes ensemble, en généralisant aux quaternions, Hamilton en vient tout naturellement à définir la multiplication de deux quaternions (1843). Cette opération conserve toutes les propriétés de la multiplication des nombres, à l'exception de la commutativité. Par exemple, jk est différent de kj. En fait, on a $kj = -jk = i$. De plus, on a $kj = -jk = i$, $ki = -ik = j$ et $ji = -ij = k$. On trouve ici la règle de la main droite dont il sera question dans la définition 7.4 (page 297), règle que vous avez sans doute déjà vue en physique. En partant de ces règles et de celle donnant les carrés de, i, j et k, $i^2 = j^2 = k^2 = -1$, on obtient, dans le cas de la multiplication de deux quaternions n'ayant pas de partie scalaire:

$$(ai + bj + ck)(xi + yj + sk) = -(ax + by + cz) + (bz - cy)i + (cx - az)j + (ay - bx)k \quad (1)$$

La partie scalaire du produit, le tout premier terme, correspond à ce qu'on appelle maintenant le produit scalaire, avec un signe négatif (voir le théorème 7.2, page 274), et la partie vectorielle, la somme des trois derniers termes, correspond à ce que nous appelons le produit vectoriel (voir le début de la section 7.2, page 286). L'approche purement algébrique de Hamilton l'a amené à définir, pour la première fois, ces deux produits, qui font l'objet du présent chapitre.

Hamilton exploite par la suite toutes les ressources de sa riche personnalité pour promouvoir l'utilisation des quaternions en physique. Au début, ses efforts sont récompensés.

Disciple de Hamilton, Peter Guthrie Tait (1831-1901) publie en 1867 un ouvrage intitulé *Elementary Treatise on Quaternions* dans lequel il utilise la notation $\alpha\beta = S\alpha\beta + V\alpha\beta$, où α et β sont des quaternions; $S\alpha\beta$ correspond à la partie scalaire, et $V\alpha\beta$, à la partie vectorielle du produit $\alpha\beta$. Tait démontre alors que, dans les conditions de l'équation (1), c'est-à-dire lorsque α et β n'ont pas de partie scalaire, $S\alpha\beta = -T\alpha T\beta \cos\theta$, où θ est l'angle formé par α et β, que $T\alpha$ et $T\beta$ sont les longueurs respectives de α et β, et que $V\alpha\beta = T\alpha T\beta \sin\theta\eta$, où η est un vecteur unitaire perpendiculaire au plan contenant les deux vecteurs α et β dont la direction est déterminée par la règle de la main droite. Le lien entre la définition algébrique des produits de quaternions vectoriels et une interprétation géométrique est ainsi clairement établi. En dimension trois, le produit scalaire peut être vu comme lié à la projection d'un vecteur sur un autre, et le produit vectoriel, comme la mesure d'un volume. La vision géométrique de Grassmann (voir le chapitre 4) et l'approche algébrique de Hamilton (voir le chapitre 5) se trouvent de la sorte unifiées.

Dans un ouvrage intitulé *Treatise on Electricity and Magnetism* publié en 1873, le physicien britannique James Clerk Maxwell (1831-1879) utilise les quaternions pour établir, pour la première fois, la théorie des champs magnétiques et électromagnétiques. Toutefois, dans les faits, ce traité montre que, pour représenter ces nouveaux éléments physiques, il suffit, dans les calculs, de traiter indépendamment les parties scalaires et les parties vectorielles des quaternions.

À partir des années 1880, le physicien américain Josiah Willard Gibbs (1839-1903), professeur de physique mathématique à l'Université Yale, et le physicien britannique Oliver Heaviside (1850-1925) réécrivent sous une forme purement vectorielle les résultats de Hamilton, de Tait et de Maxwell. Le calcul vectoriel se libère alors entièrement des quaternions et revêt une forme semblable à celle qu'on retrouvera dans le présent chapitre. Une vive controverse s'engage alors entre les tenants des quaternions et ceux du calcul purement vectoriel. Cette controverse prendra fin au début du XXe siècle avec la publication, en 1901, de l'ouvrage intitulé *Vector Analysis* de Gibbs et Wilson.

Exercices préliminaires

1. Calculer l'aire des parallélogrammes suivants.

a)

b)

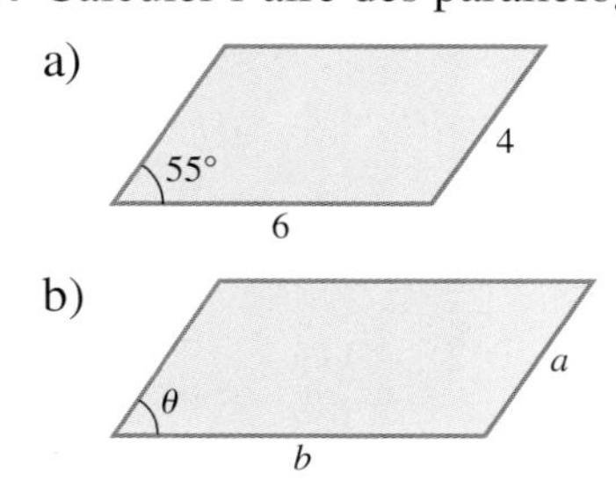

2. Exprimer le volume V des solides suivants en fonction de l'aire A de la base et de la hauteur h du solide.

a) Parallélépipède

b) Tétraèdre (polyèdre composé de quatre faces triangulaires)

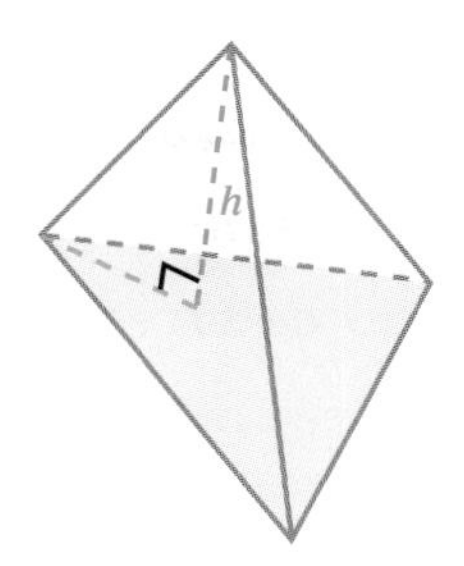

3. Soit le triangle ABC suivant.

Compléter :

a) Loi des cosinus

$a^2 =$ _____

$b^2 =$ _____

$c^2 =$ _____

b) Loi des sinus

$\dfrac{\sin A}{a} =$ _____

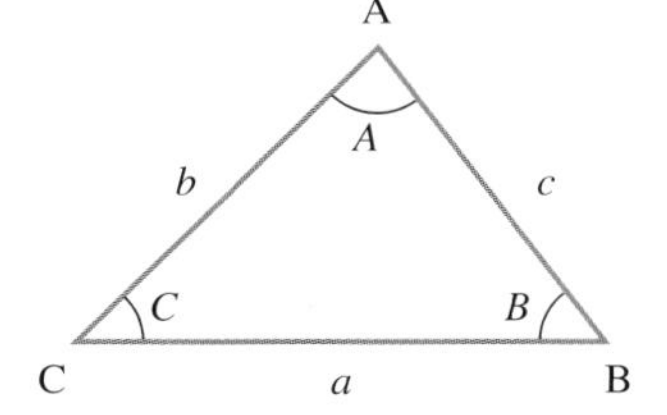

4. Compléter :

a) $\cos(A - B) =$ ____ b) $\cos(180° - \theta) =$ ____

c) $\sin(A - B) =$ ____ d) $\sin(\pi - \theta) =$ ____

5. Soit les vecteurs $\vec{u}$ et $\vec{v}$ suivants.

a) Représenter $\vec{u} + \vec{v}$.

b) Représenter $\vec{u} - \vec{v}$.

c) Exprimer $\|\vec{u} - \vec{v}\|^2$ en fonction de $\|\vec{u}\|$ et $\|\vec{v}\|$.

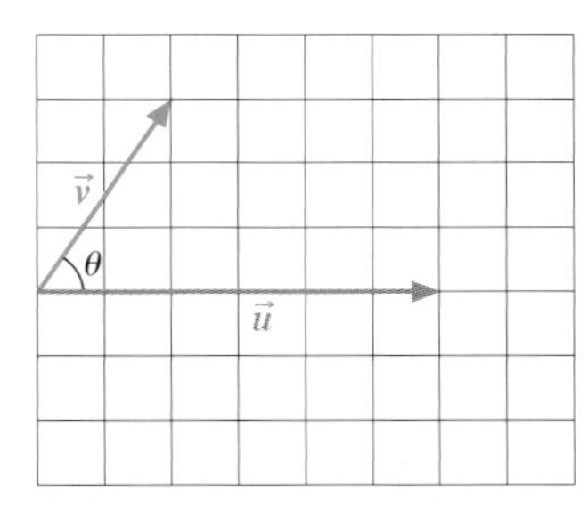

6. Soit $\vec{u} = (-1, 2, 4)$, $\vec{v} = 3\vec{i} - \vec{j} + 2\vec{k}$ et $\vec{w} = \overrightarrow{AB}$, où A(1, 0, -3) et B(-3, 2, 1). Déterminer

a) $\|\vec{u}\|$;

b) $\|3\vec{u} - 2\vec{v}\|$;

c) deux vecteurs unitaires parallèles à $\vec{w}$.

7. Calculer les déterminants suivants.

a) $\begin{vmatrix} 4 & -2 \\ 6 & 5 \end{vmatrix}$ b) $\begin{vmatrix} a & b & c \\ -2 & 1 & 0 \\ 5 & 3 & 2 \end{vmatrix}$

c) $\begin{vmatrix} a & b & c \\ 5 & 3 & 2 \\ -2 & 1 & 0 \end{vmatrix}$ d) $\begin{vmatrix} a & b & c \\ 5 & 3 & 2 \\ 5 & 3 & 2 \end{vmatrix}$

8. Soit les vecteurs $\vec{u}$ et $\vec{v}$ suivants.

Représenter :

a) $\vec{u}_{\vec{v}}$ b) $\vec{v}_{\vec{u}}$

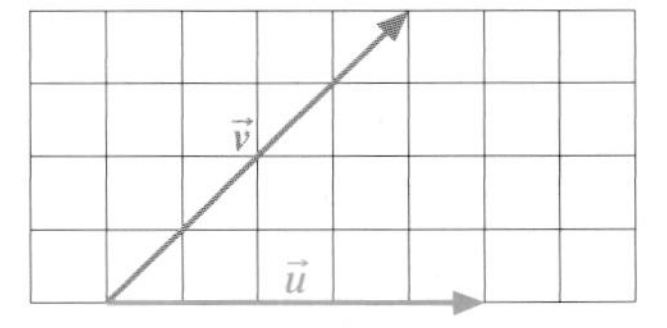

9. Déterminer l'équation du cercle de centre

a) C(3, -4) et de rayon 2 ;

b) $C(x_1, y_1)$ et de rayon r.

10. Déterminer l'équation de la droite, sous la forme $y = ax + b$, passant par

a) les points P(1, -4) et Q(-3, 2) ;

b) le point R(5, -3) et perpendiculaire à la droite passant par R(5, -3) et C(2, 1).

7

7.1 Produit scalaire de vecteurs

Objectifs d'apprentissage

À la fin de cette section, l'élève pourra utiliser le produit scalaire de deux vecteurs pour résoudre certains problèmes.

Plus précisément, l'élève sera en mesure

- de donner la définition du produit scalaire de deux vecteurs ;
- d'effectuer le produit scalaire de deux vecteurs ;
- de déterminer l'angle formé par deux vecteurs ;
- de déterminer si deux vecteurs sont orthogonaux ;
- d'énoncer les propriétés du produit scalaire de deux vecteurs ;
- de démontrer certaines propriétés du produit scalaire de deux vecteurs ;
- d'utiliser les propriétés du produit scalaire de deux vecteurs pour résoudre certains problèmes géométriques ;
- d'exprimer la projection d'un vecteur sur un autre vecteur en fonction de produits scalaires de vecteurs ;
- de déterminer la projection orthogonale d'un vecteur sur un autre vecteur ;
- d'utiliser les propriétés du produit scalaire de deux vecteurs pour résoudre certains problèmes de physique.

Si $\vec{u} = (u_1, u_2, u_3)$ et $\vec{v} = (v_1, v_2, v_3)$

alors

$\vec{u} \cdot \vec{v} = \|\vec{u}\|\,\|\vec{v}\| \cos\theta$

$\vec{u} \cdot \vec{v} = u_1v_1 + u_2v_2 + u_3v_3$

Dans ce chapitre, les composantes de $\mathbb{R}^2$ sont données en fonction des vecteurs de la base $\{\vec{i}, \vec{j}\}$, et les composantes de $\mathbb{R}^3$ sont données en fonction des vecteurs de la base $\{\vec{i}, \vec{j}, \vec{k}\}$.

Il existe deux façons de multiplier deux vecteurs entre eux.

Dans cette section, nous définirons le produit scalaire de deux vecteurs de même dimension.

Dans la section suivante, nous définirons le produit vectoriel de deux vecteurs de dimension 3.

Définition du produit scalaire

Il y a environ 375 ans...

Galileo Galilei, dit Galilée

(1564-1642)

« Et pourtant elle tourne», aurait dit **Galilée** en 1633, au terme de son procès où on le condamne à vivre en résidence surveillée. Dans son *Dialogue sur les deux grands systèmes du Monde* publié l'année précédente, Galilée présente plusieurs arguments tendant à montrer que la Terre tourne. En fait, ce qu'il a vraiment montré, c'est que, si la Terre tourne, on ne peut pas s'en rendre compte. Le cœur de son argumentation repose sur le fait que le mouvement vertical d'un corps est indépendant de son mouvement horizontal. La voie est ainsi ouverte à l'étude du mouvement par le parallélogramme de forces. Le produit scalaire, dont bien sûr Galilée n'avait aucune idée, est en fait un moyen de connaître jusqu'à quel point deux forces (vecteurs) sont indépendantes l'une de l'autre.

DÉFINITION 7.1

Soit $\vec{u}$ et $\vec{v}$, deux vecteurs de $\mathbb{R}^2$ ou deux vecteurs de $\mathbb{R}^3$.

Le **produit scalaire** des vecteurs $\vec{u}$ et $\vec{v}$, noté $\vec{u} \cdot \vec{v}$, est défini par

1) $\vec{u} \cdot \vec{v} = \|\vec{u}\| \, \|\vec{v}\| \cos \theta$, si $\vec{u} \neq \vec{O}$ et $\vec{v} \neq \vec{O}$,

   où θ est l'angle formé par les vecteurs $\vec{u}$ et $\vec{v}$, ramenés à une même origine $(0 \leq \theta \leq \pi \text{ rad})$ ou $(0° \leq \theta \leq 180°)$;

2) $\vec{u} \cdot \vec{v} = 0$ si $\vec{u} = \vec{O}$ ou $\vec{v} = \vec{O}$.

Remarque $\vec{u} \cdot \vec{v} = \|\vec{u}\| \, \|\vec{v}\| \cos \theta$ est l'expression géométrique du produit scalaire.

Il est important de constater que le produit scalaire de deux vecteurs de même dimension est un scalaire et non un vecteur, d'où le nom de produit scalaire.

La valeur du scalaire obtenu peut être

- positive lorsque $\cos \theta > 0$, c'est-à-dire $\theta \in \left[0, \frac{\pi}{2}\right[$ $(0° \leq \theta < 90°)$;
- nulle lorsque $\cos \theta = 0$, c'est-à-dire $\theta = \frac{\pi}{2}$ $(\theta = 90°)$ ou lorsqu'un des vecteurs est nul;
- négative lorsque $\cos \theta < 0$, c'est-à-dire $\theta \in \left]\frac{\pi}{2}, \pi\right]$ $(90° < \theta \leq 180°)$.

Exemple 1

a) Soit deux vecteurs $\vec{u}$ et $\vec{v}$ tels que $\|\vec{u}\| = 4$, $\|\vec{v}\| = 7$ et $\theta = 60°$.

Calculons $\vec{u} \cdot \vec{v}$.

$$\begin{aligned} \vec{u} \cdot \vec{v} &= \|\vec{u}\| \, \|\vec{v}\| \cos \theta \qquad \text{(définition 7.1)} \\ &= (4)(7) \cos 60° \\ &= 14 \end{aligned}$$

b) Soit $\vec{w} = (\sqrt{3}, 1)$ et $\vec{t} = (-3, -3)$.

Représentons les deux vecteurs et calculons $\vec{w} \cdot \vec{t}$.

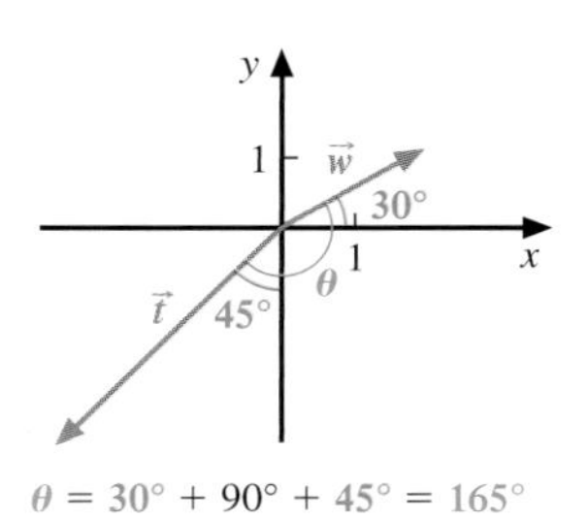

$\theta = 30° + 90° + 45° = 165°$

$$\vec{w} \cdot \vec{t} = \|\vec{w}\|\,\|\vec{t}\| \cos \theta$$
$$= 2\sqrt{18} \cos 165° \qquad \left(\text{car } \|\vec{w}\| = 2 \text{ et } \|\vec{t}\| = \sqrt{18}\right)$$
$$= -8{,}196\ldots$$

Exemple 2 Soit $\vec{i}$ et $\vec{j} \in \mathbb{R}^2$. Calculons les produits scalaires suivants.

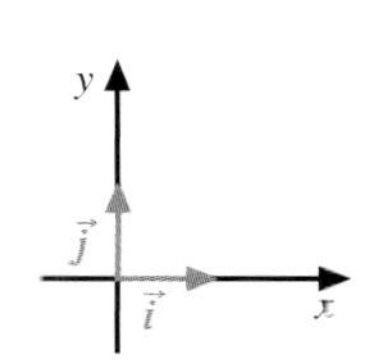

a) $\vec{i} \cdot \vec{i} = \|\vec{i}\|\,\|\vec{i}\| \cos 0° = (1)(1)(1) = 1$

b) $\vec{i} \cdot \vec{j} = \|\vec{i}\|\,\|\vec{j}\| \cos 90° = (1)(1)(0) = 0$

c) $\vec{j} \cdot \vec{j} = \|\vec{j}\|\,\|\vec{j}\| \cos 0° = (1)(1)(1) = 1$

d) $\vec{j} \cdot \vec{i} = \|\vec{j}\|\,\|\vec{i}\| \cos 90° = (1)(1)(0) = 0$

Exemple 3 Soit $\vec{i}$, $\vec{j}$ et $\vec{k} \in \mathbb{R}^3$. Calculons les produits scalaires suivants.

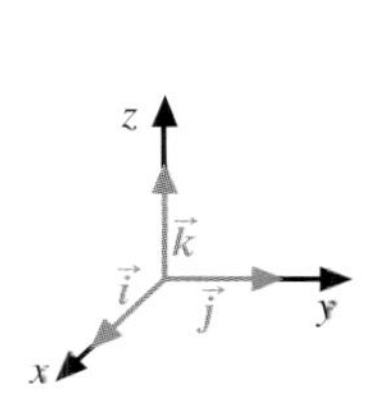

a) $\vec{i} \cdot \vec{i} = \|\vec{i}\|\,\|\vec{i}\| \cos 0° = (1)(1)(1) = 1$

De façon analogue, $\vec{j} \cdot \vec{j} = 1$ et $\vec{k} \cdot \vec{k} = 1$

b) $\vec{i} \cdot \vec{j} = \|\vec{i}\|\,\|\vec{j}\| \cos 90° = (1)(1)(0) = 0$

De façon analogue, $\vec{i} \cdot \vec{k} = 0$ et $\vec{j} \cdot \vec{k} = 0$

c) $(3\vec{i}) \cdot (-4\vec{i}) = \|3\vec{i}\|\|-4\vec{i}\| \cos 180°$
$= |3|\|\vec{i}\||-4|\|\vec{i}\| \cos 180°$
$= 3(1)\,4(1)\,(-1) = -12$

d) $(-5\vec{k}) \cdot (2\vec{i}) = \|-5\vec{k}\|\|2\vec{i}\| \cos 90°$
$= |5|\|\vec{k}\||2|\|\vec{i}\| \cos 90°$
$= 5(1)\,2(1)\,0 = 0$

e) $(7\vec{j}) \cdot (3\vec{j}) = \|7\vec{j}\|\|3\vec{j}\| \cos 0°$
$= |7|\|\vec{j}\||3|\|\vec{j}\| \cos 0°$
$= 7(1)\,3(1)\,(1) = 21$

f) $(-3\vec{j}) \cdot (-\vec{k}) = \|-3\vec{j}\|\|-\vec{k}\| \cos 90°$
$= |-3|\|\vec{j}\||-1|\|\vec{k}\| \cos 90°$
$= 3(1)\,(1)\,(1)\,0 = 0$

Les théorèmes suivants nous permettront de calculer le produit scalaire de deux vecteurs à partir des composantes des deux vecteurs.

THÉORÈME 7.1 Si $\vec{u} = (u_1, u_2)$ et $\vec{v} = (v_1, v_2)$ sont deux vecteurs de $\mathbb{R}^2$ dans le repère $\{O; \vec{i}, \vec{j}\}$, alors

$$\vec{u} \cdot \vec{v} = u_1 v_1 + u_2 v_2$$

PREUVE 1) Si $\vec{u}$ et $\vec{v}$ sont non nuls.

Cas où $\vec{u} \neq k\vec{v}$

Soit $\vec{u}$, $\vec{v}$ et $\vec{u} - \vec{v}$ représentés sur le graphique ci-contre.

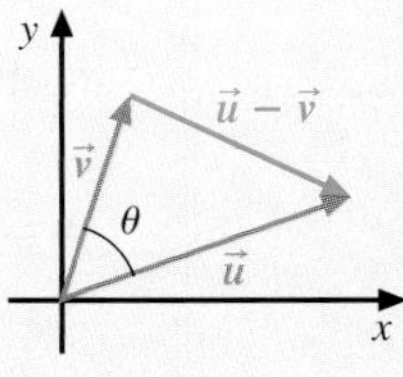

Par la loi des cosinus, nous avons

$$\|\vec{u} - \vec{v}\|^2 = \|\vec{u}\|^2 + \|\vec{v}\|^2 - 2\|\vec{u}\|\|\vec{v}\| \cos \theta$$
$$\|\vec{u} - \vec{v}\|^2 = \|\vec{u}\|^2 + \|\vec{v}\|^2 - 2\vec{u} \cdot \vec{v} \qquad \left(\|\vec{u}\|\|\vec{v}\| \cos \theta = \vec{u} \cdot \vec{v}, \text{ définition 7.1}\right)$$

$$\vec{u} \cdot \vec{v} = \frac{\|\vec{u}\|^2 + \|\vec{v}\|^2 - \|\vec{u} - \vec{v}\|^2}{2} \qquad \text{(en isolant } \vec{u} \cdot \vec{v}\text{)}$$

$$= \frac{(u_1^2 + u_2^2) + (v_1^2 + v_2^2) - [(u_1 - v_1)^2 + (u_2 - v_2)^2]}{2} \qquad \text{(théorème 5.1)}$$

$$= \frac{u_1^2 + u_2^2 + v_1^2 + v_2^2 - [u_1^2 - 2u_1v_1 + v_1^2 + u_2^2 - 2u_2v_2 + v_2^2]}{2}$$

$$= \frac{2u_1v_1 + 2u_2v_2}{2}$$

$$= u_1v_1 + u_2v_2$$

Cas où $\vec{u} = k\vec{v}$ et $k > 0$

Puisque $\vec{u} = k\vec{v}$, nous avons

$$(u_1, u_2) = k(v_1, v_2) \qquad \text{(car } \vec{u} = (u_1, u_2) \text{ et } \vec{v} = (v_1, v_2)\text{)}$$

$$= (kv_1, kv_2)$$

ainsi, $u_1 = kv_1$ et $u_2 = kv_2$

Par la définition 7.1, $\vec{u} \cdot \vec{v} = \|\vec{u}\|\,\|\vec{v}\| \cos \theta$

$$= \|k\vec{v}\|\|\vec{v}\| \cos 0° \qquad \text{(car } \vec{u} = k\vec{v} \text{ et } k > 0\text{)}$$

$$= |k|\|\vec{v}\|^2$$

$$= k\|\vec{v}\|^2 \qquad \text{(car } k > 0\text{)}$$

$$= k(v_1^2 + v_2^2) \qquad \text{(théorème 5.1)}$$

$$= kv_1^2 + kv_2^2$$

$$= (kv_1)v_1 + (kv_2)v_2$$

$$= u_1v_1 + u_2v_2 \qquad \text{(car } u_1 = kv_1 \text{ et } u_2 = kv_2\text{)}$$

Cas où $\vec{u} = k\vec{v}$ et $k < 0$

La preuve est laissée à l'élève.

2) Si $\vec{u}$ ou $\vec{v}$ est nul, la preuve est laissée à l'élève.

D'où $\vec{u} \cdot \vec{v} = u_1v_1 + u_2v_2$

Remarque $\vec{u} \cdot \vec{v} = u_1v_1 + u_2v_2$ est l'expression algébrique du produit scalaire.

Exemple 4

Soit $\vec{w} = (\sqrt{3}, 1)$ et $\vec{t} = (-3, -3)$. Calculons $\vec{w} \cdot \vec{t}$ à l'aide du théorème 7.1.

$$\vec{w} \cdot \vec{t} = (\sqrt{3}, 1) \cdot (-3, -3)$$

$$= \sqrt{3}(-3) + 1(-3) \qquad \text{(théorème 7.1)}$$

$$= -8{,}196\ldots \qquad \text{(voir exemple 1b) précédent)}$$

THÉORÈME 7.2

Si $\vec{u} = (u_1, u_2, u_3)$ et $\vec{v} = (v_1, v_2, v_3)$ sont deux vecteurs de $\mathbb{R}^3$ dans le repère $\{O; \{\vec{i}, \vec{j}, \vec{k}\}\}$, alors

$$\vec{u} \cdot \vec{v} = u_1v_1 + u_2v_2 + u_3v_3$$

La preuve est laissée à l'élève.

Exemple 5 Soit $\vec{u} = (2, -7, 0)$, $\vec{v} = (-3, -1, 4)$ et $\vec{w} = (1, 5, 2)$. Calculons les produits scalaires suivants à l'aide du théorème 7.2.

a) $\vec{u} \cdot \vec{v} = (2, -7, 0) \cdot (-3, -1, 4) = 2(-3) + (-7)(-1) + 0(4) = 1$

b) $\vec{u} \cdot \vec{w} = (2, -7, 0) \cdot (1, 5, 2) = 2(1) + (-7)(5) + 0(2) = -33$

c) $\vec{v} \cdot \vec{w} = (-3, -1, 4) \cdot (1, 5, 2) = -3(1) + (-1)(5) + 4(2) = 0$

d) $\vec{u} \cdot \vec{u} = (2, -7, 0) \cdot (2, -7, 0) = 2(2) + (-7)(-7) + 0(0) = 53$

On peut généraliser la notion de produit scalaire pour deux vecteurs $\vec{u}$ et $\vec{v}$ de $\mathbb{R}^n$.

DÉFINITION 7.2 Soit $\vec{u} = (u_1, u_2, \ldots, u_n)$ et $\vec{v} = (v_1, v_2, \ldots, v_n)$, deux vecteurs de $\mathbb{R}^n$, exprimés dans la base $\{\vec{e_1}, \vec{e_2}, \ldots, \vec{e_n}\}$.

Le **produit scalaire** $\vec{u} \cdot \vec{v}$ est défini par

$$\vec{u} \cdot \vec{v} = u_1v_1 + u_2v_2 + \ldots + u_nv_n, \text{ c'est-à-dire } \vec{u} \cdot \vec{v} = \sum_{i=1}^{n} u_iv_i$$

Ainsi, le produit scalaire de deux vecteurs correspond à la somme des produits de leurs composantes respectives.

Exemple 6 Calculons les produits scalaires suivants.

a) Si $\vec{u} = (2, -1, 3, 0, 4)$ et $\vec{v} = (-3, 2, 4, 2, -2)$, alors

$$\vec{u} \cdot \vec{v} = 2(-3) + (-1)(2) + 3(4) + 0(2) + 4(-2) = -4$$

b) Si $\vec{e_3}$ et $\vec{e_5}$ sont des vecteurs de $\mathbb{R}^6$, alors

$$\vec{e_3} \cdot \vec{e_5} = (0, 0, 1, 0, 0, 0) \cdot (0, 0, 0, 0, 1, 0) = 0 + 0 + 0 + 0 + 0 + 0 = 0$$

7

Angle formé par deux vecteurs

Nous pouvons utiliser la définition du produit scalaire combiné avec les théorèmes 7.1 ou 7.2 pour déterminer l'angle formé par deux vecteurs non nuls de $\mathbb{R}^2$ ou de $\mathbb{R}^3$.

Puisque $\vec{u} \cdot \vec{v} = \|\vec{u}\| \|\vec{v}\| \cos \theta$ (définition 7.1, où $0° \leq \theta \leq 180°$), nous obtenons

$$\cos \theta = \frac{\vec{u} \cdot \vec{v}}{\|\vec{u}\|\|\vec{v}\|}$$

d'où $\theta = \text{Arc cos}\left(\frac{\vec{u} \cdot \vec{v}}{\|\vec{u}\|\|\vec{v}\|}\right)$, où $\vec{u} \cdot \vec{v}$ est calculé à l'aide des théorèmes 7.1 ou 7.2.

Exemple 1 Déterminons l'angle θ formé par les vecteurs suivants.

a) $\vec{u} = (-5, 3)$ et $\vec{v} = (4, 5)$

$$\cos \theta = \frac{\vec{u} \cdot \vec{v}}{\|\vec{u}\|\|\vec{v}\|} = \frac{(-5)(4) + (3)(5)}{\sqrt{34}\sqrt{41}} = \frac{-5}{\sqrt{34}\sqrt{41}}$$

donc, $\theta = \text{Arc cos}\left(\frac{-5}{\sqrt{34}\sqrt{41}}\right)$

d'où $\theta \approx 97{,}7°$.

b) $\vec{u} = (3, 5)$ et $\vec{v} = (-10, 6)$

$$\cos \theta = \frac{\vec{u} \cdot \vec{v}}{\|\vec{u}\|\|\vec{v}\|} = \frac{3(-10) + 5(6)}{\sqrt{34}\sqrt{136}} = \frac{0}{\sqrt{34}\sqrt{136}}$$

donc, $\theta = \text{Arc cos } 0$

d'où $\theta = 90°$, ainsi, $\vec{u} \perp \vec{v}$.

c) $\vec{u} = (2, -7, 0)$ et $\vec{v} = (-3, -1, 4)$

$$\cos\theta = \frac{\vec{u} \cdot \vec{v}}{\|\vec{u}\|\|\vec{v}\|} = \frac{2(-3) + (-7)(-1) + 0(4)}{\sqrt{53}\sqrt{26}} = \frac{1}{\sqrt{53}\sqrt{26}}$$

donc, $\theta = \text{Arc}\cos\left(\frac{1}{\sqrt{53}\sqrt{26}}\right)$

d'où $\theta \approx 88{,}5°$.

d) $\vec{u} = (2, -7, 0)$ et $\vec{w} = (1, 5, 2)$

$$\cos\theta = \frac{\vec{u} \cdot \vec{w}}{\|\vec{u}\|\|\vec{w}\|} = \frac{2(1) + (-7)(5) + 0(2)}{\sqrt{53}\sqrt{30}} = \frac{-33}{\sqrt{53}\sqrt{30}}$$

donc, $\theta = \text{Arc}\cos\left(\frac{-33}{\sqrt{53}\sqrt{30}}\right)$

d'où $\theta \approx 145{,}9°$.

THÉORÈME 7.3 Si $\vec{u}$ et $\vec{v}$ sont deux vecteurs non nuls de $\mathbb{R}^2$ ou deux vecteurs non nuls de $\mathbb{R}^3$, alors $\vec{u} \cdot \vec{v} = 0$ si et seulement si $\vec{u}$ et $\vec{v}$ sont orthogonaux ($\vec{u} \perp \vec{v}$).

PREUVE

($\Leftarrow$) Si $\vec{u}$ et $\vec{v}$ sont orthogonaux, alors

$$\begin{aligned} \vec{u} \cdot \vec{v} &= \|\vec{u}\|\,\|\vec{v}\|\cos\theta && \text{(définition 7.1)} \\ &= \|\vec{u}\|\|\vec{v}\|\cos 90° && (\text{car } \vec{u} \perp \vec{v}) \\ &= 0 && (\text{car } \cos 90° = 0) \end{aligned}$$

($\Rightarrow$) La preuve est laissée à l'élève.

Exemple 2 Déterminons si les vecteurs $\vec{u} = (4, -3, 1)$ et $\vec{v} = (2, 5, 7)$ sont orthogonaux.

En calculant $\vec{u} \cdot \vec{v}$, nous obtenons

$$\vec{u} \cdot \vec{v} = 4(2) + (-3)(5) + 1(7) = 0$$

d'où $\vec{u}$ et $\vec{v}$ sont orthogonaux. (théorème 7.3)

Exemple 3 Soit A(-1, 6, -3), B(1, 3, 2) et C(3, 1, 0), les sommets d'un triangle. Déterminons si le triangle ABC est rectangle.

Pour déterminer si ce triangle est rectangle, il suffit de vérifier si un des produits scalaires suivants est égal à zéro.

$$\begin{aligned} \overrightarrow{AB} \cdot \overrightarrow{AC} &= (2, -3, 5) \cdot (4, -5, 3) \\ &= 8 + 15 + 15 = 38 \end{aligned}$$

donc, $\overrightarrow{AB}$ n'est pas perpendiculaire à $\overrightarrow{AC}$.

$$\begin{aligned} \overrightarrow{CA} \cdot \overrightarrow{CB} &= (-4, 5, -3) \cdot (-2, 2, 2) \\ &= 8 + 10 - 6 = 12 \end{aligned}$$

donc, $\overrightarrow{CA}$ n'est pas perpendiculaire à $\overrightarrow{CB}$.

$$\begin{aligned} \overrightarrow{BA} \cdot \overrightarrow{BC} &= (-2, 3, -5) \cdot (2, -2, -2) \\ &= -4 - 6 + 10 = 0 \end{aligned}$$

donc, $\overrightarrow{BA}$ est perpendiculaire à $\overrightarrow{BC}$.

D'où le triangle ABC est rectangle au sommet B.

Représentation graphique

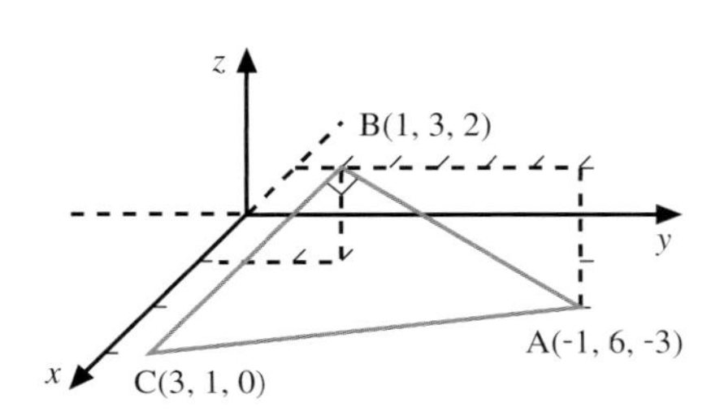

Le tableau suivant illustre le lien entre l'angle θ formé par deux vecteurs non nuls, $\vec{u}$ et $\vec{v}$, et la valeur du produit scalaire.

	Angle θ	Produit scalaire $\vec{u} \cdot \vec{v}$	Représentation graphique
Produit scalaire positif	$0° \leq \theta < 90°$	$\vec{u} \cdot \vec{v} > 0$	
Produit scalaire nul	$\theta = 90°$	$\vec{u} \cdot \vec{v} = 0$	
Produit scalaire négatif	$90° < \theta \leq 180°$	$\vec{u} \cdot \vec{v} < 0$	

Propriétés du produit scalaire

Énonçons maintenant certaines propriétés du produit scalaire.

Si $\vec{u}$, $\vec{v}$ et $\vec{w}$ sont trois vecteurs de $\mathbb{R}^n$, et si r et $s \in \mathbb{R}$, nous avons alors

Propriété 1 $\quad \vec{u} \cdot \vec{v} = \vec{v} \cdot \vec{u}$ (commutativité du produit scalaire)

Propriété 2 $\quad (r\vec{u}) \cdot (s\vec{v}) = rs(\vec{u} \cdot \vec{v})$

Propriété 3 $\quad \vec{u} \cdot (\vec{v} + \vec{w}) = \vec{u} \cdot \vec{v} + \vec{u} \cdot \vec{w}$ (distributivité du produit scalaire sur une somme de vecteurs)

Démontrons la propriété 2.

PROPRIÉTÉ 2 $\quad (r\vec{u}) \cdot (s\vec{v}) = rs(\vec{u} \cdot \vec{v})$

PREUVE Si $\vec{u} = (u_1, u_2, \ldots, u_n)$ et $\vec{v} = (v_1, v_2, \ldots, v_n)$ sont deux vecteurs de $\mathbb{R}^n$, alors

$(r\vec{u}) \cdot (s\vec{v}) = (r(u_1, u_2, \ldots, u_n)) \cdot (s(v_1, v_2, \ldots, v_n))$

$= (ru_1, ru_2, \ldots, ru_n) \cdot (sv_1, sv_2, \ldots, sv_n)$ (définition de la multiplication d'un vecteur par un scalaire)

$= (ru_1)(sv_1) + (ru_2)(sv_2) + \ldots + (ru_n)(sv_n)$ (définition 7.2)

$= (rs)u_1v_1 + (rs)u_2v_2 + \ldots + (rs)u_nv_n$ (propriétés des nombres réels)

$= rs(u_1v_1 + u_2v_2 + \ldots + u_nv_n)$ (mise en évidence)

$= rs(\vec{u} \cdot \vec{v})$ (définition 7.2)

La preuve des autres propriétés est laissée à l'élève.

THÉORÈME 7.4 Si $\vec{u} \in \mathbb{R}^n$, alors

$$\vec{u} \cdot \vec{u} = \|\vec{u}\|^2\text{, c'est-à-dire } \|\vec{u}\| = \sqrt{\vec{u} \cdot \vec{u}}$$

PREUVE Soit $\vec{u} = (u_1, u_2, \ldots, u_n)$.

$$\begin{aligned} \vec{u} \cdot \vec{u} &= (u_1, u_2, \ldots, u_n) \cdot (u_1, u_2, \ldots, u_n) \\ &= u_1^2 + u_2^2 + \ldots + u_n^2 && \text{(définition 7.2)} \\ &= \|\vec{u}\|^2 && \text{(définition 5.23)} \end{aligned}$$

COROLLAIRE du théorème 7.4 Si $\vec{u} \in \mathbb{R}^n$, alors

1) $\vec{u} \cdot \vec{u} \geq 0$

2) $\vec{u} \cdot \vec{u} = 0$ si et seulement si $\vec{u} = \vec{O}$

Les preuves sont laissées à l'élève.

THÉORÈME 7.5 Inégalité de Cauchy-Schwarz Si $\vec{u}$ et $\vec{v}$ sont deux vecteurs de $\mathbb{R}^n$, alors

$$|\vec{u} \cdot \vec{v}| \leq \|\vec{u}\| \, \|\vec{v}\|$$

PREUVE

$$\begin{aligned} \vec{u} \cdot \vec{v} &= \|\vec{u}\| \, \|\vec{v}\| \cos\theta && \text{(définition 7.1)} \\ |\vec{u} \cdot \vec{v}| &= \big|\|\vec{u}\| \, \|\vec{v}\| \cos\theta\big| \\ |\vec{u} \cdot \vec{v}| &= \|\vec{u}\| \, \|\vec{v}\| \, |\cos\theta| \end{aligned}$$

d'où $|\vec{u} \cdot \vec{v}| \leq \|\vec{u}\| \, \|\vec{v}\|$ (car $|\cos\theta| \leq 1$)

THÉORÈME 7.6 Inégalité de Minkowski Si $\vec{u}$ et $\vec{v}$ sont deux vecteurs de $\mathbb{R}^n$, alors

$$\|\vec{u} + \vec{v}\| \leq \|\vec{u}\| + \|\vec{v}\|$$

La preuve est laissée à l'élève.

Nous pouvons illustrer dans $\mathbb{R}^2$ l'inégalité de Minkowski, également appelée « inégalité du triangle », de la façon suivante.

$\vec{u}$ $\vec{v}$

$\vec{u} + \vec{v}$

$$\|\vec{u} + \vec{v}\| = \|\vec{u}\| + \|\vec{v}\|$$

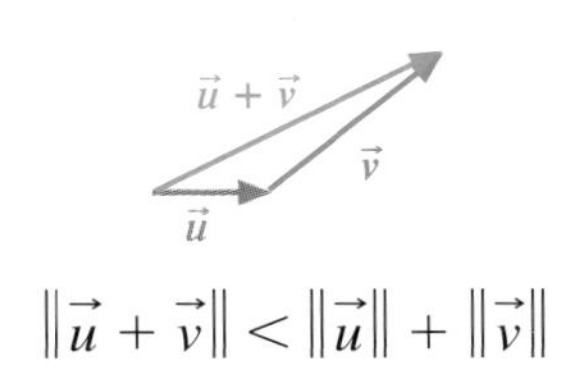

$$\|\vec{u} + \vec{v}\| < \|\vec{u}\| + \|\vec{v}\|$$

Projection orthogonale

Soit $\vec{u}$ et $\vec{v}$, deux vecteurs non nuls de $\mathbb{R}^2$ ou deux vecteurs non nuls de $\mathbb{R}^3$. Nous voulons exprimer le vecteur $\vec{u}_{\vec{v}}$, qui est la projection orthogonale de $\vec{u}$ sur $\vec{v}$, en fonction du vecteur $\vec{v}$.

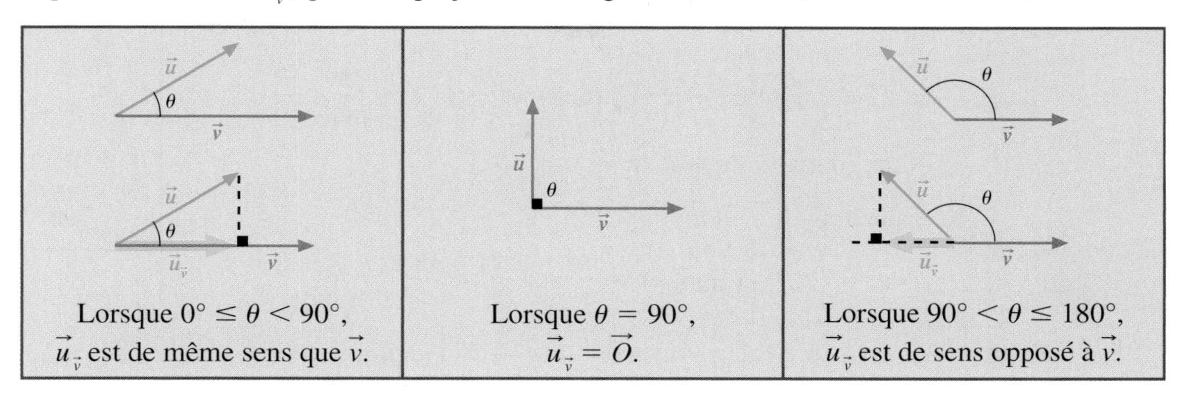

Lorsque $0° \leq \theta < 90°$, $\vec{u}_{\vec{v}}$ est de même sens que $\vec{v}$.	Lorsque $\theta = 90°$, $\vec{u}_{\vec{v}} = \vec{O}$.	Lorsque $90° < \theta \leq 180°$, $\vec{u}_{\vec{v}}$ est de sens opposé à $\vec{v}$.

THÉORÈME 7.7 Soit $\vec{u}$ et $\vec{v}$, deux vecteurs de $\mathbb{R}^2$ ou deux vecteurs de $\mathbb{R}^3$ tels que $\vec{v} \neq \vec{O}$.

La projection orthogonale de $\vec{u}$ sur $\vec{v}$ est le vecteur défini par

$$\vec{u}_{\vec{v}} = \frac{\vec{u} \cdot \vec{v}}{\vec{v} \cdot \vec{v}}\vec{v}$$

PREUVE

Cas 1 Lorsque $0° \leq \theta < 90°$

$$\left(\cos\theta = \frac{\|\vec{u}_{\vec{v}}\|}{\|\vec{u}\|}\right)$$

$\vec{u}_{\vec{v}}$ est parallèle à $\vec{v}$ et est de même sens que $\vec{v}$.

$$\vec{u}_{\vec{v}} = k\vec{v}, \text{ où } k > 0$$

Ainsi, $\|\vec{u}_{\vec{v}}\| = \|k\vec{v}\|$

$\|\vec{u}_{\vec{v}}\| = |k|\,\|\vec{v}\|$

$\|\vec{u}_{\vec{v}}\| = k\|\vec{v}\|$ (car $k > 0$)

donc, $k = \dfrac{\|\vec{u}_{\vec{v}}\|}{\|\vec{v}\|}$

$k = \dfrac{\|\vec{u}\|\cos\theta}{\|\vec{v}\|}$ (car $\|\vec{u}_{\vec{v}}\| = \|\vec{u}\|\cos\theta$)

$k = \dfrac{\|\vec{v}\|\|\vec{u}\|\cos\theta}{\|\vec{v}\|\|\vec{v}\|}$ (en multipliant le numérateur et le dénominateur par $\|\vec{v}\|$)

$k = \dfrac{\vec{u} \cdot \vec{v}}{\vec{v} \cdot \vec{v}}$ (définition 7.1 et théorème 7.4)

Cas 2 Lorsque $90° < \theta \leq 180°$

$$\left(\cos(180° - \theta) = \frac{\|\vec{u}_{\vec{v}}\|}{\|\vec{u}\|}\right)$$

$\vec{u}_{\vec{v}}$ est parallèle à $\vec{v}$ et est de sens opposé à $\vec{v}$.

$$\vec{u}_{\vec{v}} = k\vec{v}, \text{ où } k < 0$$

Ainsi, $\|\vec{u}_{\vec{v}}\| = \|k\vec{v}\|$

$\|\vec{u}_{\vec{v}}\| = |k|\,\|\vec{v}\|$

$\|\vec{u}_{\vec{v}}\| = -k\|\vec{v}\|$ (car $k < 0$)

donc, $k = \dfrac{-\|\vec{u}_{\vec{v}}\|}{\|\vec{v}\|}$

$k = \dfrac{-\|\vec{u}\|\cos(180° - \theta)}{\|\vec{v}\|}$ (car $\|\vec{u}_{\vec{v}}\| = \|\vec{u}\|\cos(180° - \theta)$)

$k = \dfrac{-\|\vec{u}\|(-\cos\theta)}{\|\vec{v}\|}$

$k = \dfrac{\|\vec{v}\|\|\vec{u}\|\cos\theta}{\|\vec{v}\|\|\vec{v}\|}$ (en multipliant le numérateur et le dénominateur par $\|\vec{v}\|$)

$k = \dfrac{\vec{u} \cdot \vec{v}}{\vec{v} \cdot \vec{v}}$ (définition 7.1 et théorème 7.4)

Puisque $\vec{u}_{\vec{v}} = k\vec{v}$ et que $k = \dfrac{\vec{u} \cdot \vec{v}}{\vec{v} \cdot \vec{v}}$, nous avons $\vec{u}_{\vec{v}} = \dfrac{\vec{u} \cdot \vec{v}}{\vec{v} \cdot \vec{v}}\vec{v}$

Cas 3 Lorsque $\theta = 90°$

La preuve est laissée à l'élève.

Exemple 1 Soit $\vec{u} = (6, 2)$ et $\vec{v} = (2, 7)$.

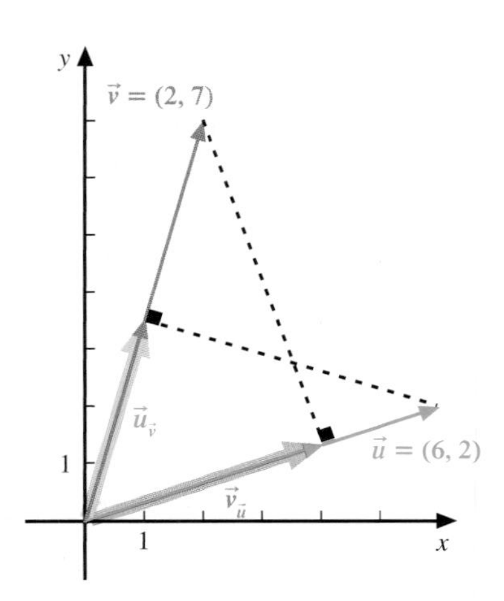

a) Calculons $\vec{u}_{\vec{v}}$ et $\vec{v}_{\vec{u}}$.

$$\vec{u}_{\vec{v}} = \frac{\vec{u} \cdot \vec{v}}{\vec{v} \cdot \vec{v}}\vec{v} = \frac{(6, 2) \cdot (2, 7)}{(2, 7) \cdot (2, 7)}(2, 7) = \frac{26}{53}(2, 7) = \left(\frac{52}{53}, \frac{182}{53}\right)$$

$$\vec{v}_{\vec{u}} = \frac{\vec{v} \cdot \vec{u}}{\vec{u} \cdot \vec{u}}\vec{u} = \frac{(2, 7) \cdot (6, 2)}{(6, 2) \cdot (6, 2)}(6, 2) = \frac{26}{40}(6, 2) = \left(\frac{39}{10}, \frac{13}{10}\right)$$

Nous constatons que $\vec{u}_{\vec{v}} \neq \vec{v}_{\vec{u}}$.

b) Calculons $\vec{v} \cdot \vec{u}_{\vec{v}}$ et $\vec{u} \cdot \vec{v}_{\vec{u}}$.

$$\vec{v} \cdot \vec{u}_{\vec{v}} = (2, 7) \cdot \left(\frac{52}{53}, \frac{182}{53}\right) = \frac{104}{53} + \frac{1274}{53} = \frac{1378}{53} = 26$$

$$\vec{u} \cdot \vec{v}_{\vec{u}} = (6, 2) \cdot \left(\frac{39}{10}, \frac{13}{10}\right) = \frac{234}{10} + \frac{26}{10} = \frac{260}{10} = 26$$

De façon générale $\vec{v} \cdot \vec{u}_{\vec{v}} = \vec{u} \cdot \vec{v}_{\vec{u}}$ (exercices récapitulatifs, n° 25, page 306).

Exemple 2 Soit $\vec{u} = (2, -1, 4)$, $\vec{v} = (-1, 2, 3)$ et $\vec{w} = (-2, 5, -4)$, trois vecteurs de $\mathbb{R}^3$. Calculons $\vec{u}_{\vec{v}}$, $\vec{v}_{\vec{u}}$, $\vec{u}_{\vec{w}}$ et $\vec{w}_{\vec{v}}$ en utilisant le théorème 7.7.

$$\vec{u}_{\vec{v}} = \frac{\vec{u} \cdot \vec{v}}{\vec{v} \cdot \vec{v}}\vec{v} = \frac{(2, -1, 4) \cdot (-1, 2, 3)}{(-1, 2, 3) \cdot (-1, 2, 3)}(-1, 2, 3) = \frac{-2 - 2 + 12}{1 + 4 + 9}(-1, 2, 3) = \frac{8}{14}(-1, 2, 3) = \left(\frac{-4}{7}, \frac{8}{7}, \frac{12}{7}\right).$$

$$\vec{v}_{\vec{u}} = \frac{\vec{v} \cdot \vec{u}}{\vec{u} \cdot \vec{u}}\vec{u} = \frac{(-1, 2, 3) \cdot (2, -1, 4)}{(2, -1, 4) \cdot (2, -1, 4)}(2, -1, 4) = \frac{8}{21}(2, -1, 4) = \left(\frac{16}{21}, \frac{-8}{21}, \frac{32}{21}\right)$$

$$\vec{u}_{\vec{w}} = \frac{\vec{u} \cdot \vec{w}}{\vec{w} \cdot \vec{w}}\vec{w} = \frac{(2, -1, 4) \cdot (-2, 5, -4)}{(-2, 5, -4) \cdot (-2, 5, -4)}(-2, 5, -4) = \frac{-25}{45}(-2, 5, -4) = \left(\frac{10}{9}, \frac{-25}{9}, \frac{20}{9}\right)$$

$$\vec{w}_{\vec{v}} = \frac{\vec{w} \cdot \vec{v}}{\vec{v} \cdot \vec{v}}\vec{v} = \frac{(-2, 5, -4) \cdot (-1, 2, 3)}{(-1, 2, 3) \cdot (-1, 2, 3)}(-1, 2, 3) = \frac{0}{14}(-1, 2, 3) = (0, 0, 0) = \vec{O}$$

Applications du produit scalaire

Exemple 1 Soit le cercle d'équation $(x - 2)^2 + (y - 1)^2 = 25$. À l'aide du produit scalaire, déterminons l'équation, sous la forme $y = ax + b$, de la tangente au cercle, au point R(5, -3).

Équation d'une tangente à un cercle

Soit D, la tangente, et P(x, y), un point de D.

Puisque $\overrightarrow{RC} \perp \overrightarrow{RP}$,

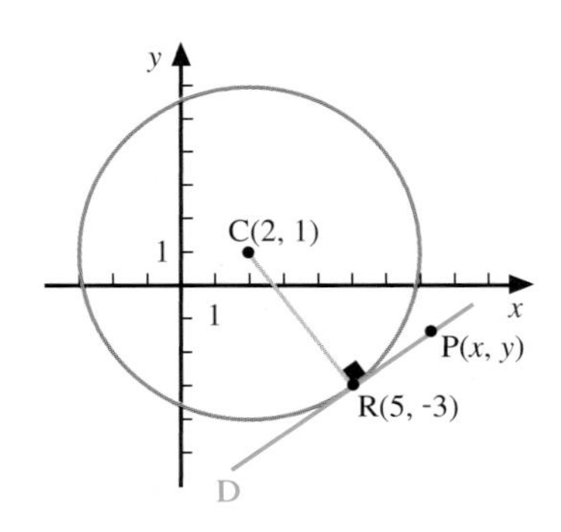

$$\overrightarrow{RC} \cdot \overrightarrow{RP} = 0$$
$$(-3, 4) \cdot (x - 5, y + 3) = 0$$
$$-3(x - 5) + 4(y + 3) = 0$$
$$-3x + 4y + 27 = 0$$

d'où $y = \frac{3}{4}x - \frac{27}{4}$ est l'équation cherchée de D.

Exemple 2 Démontrons qu'un angle inscrit sur le diamètre d'un cercle est un angle droit.

Angle inscrit sur un diamètre

Soit le cercle d'équation $x^2 + y^2 = r^2$ et les points A($-r$, 0), B(r, 0) et C(x, y) ci-contre, où le segment AB est un diamètre du cercle.

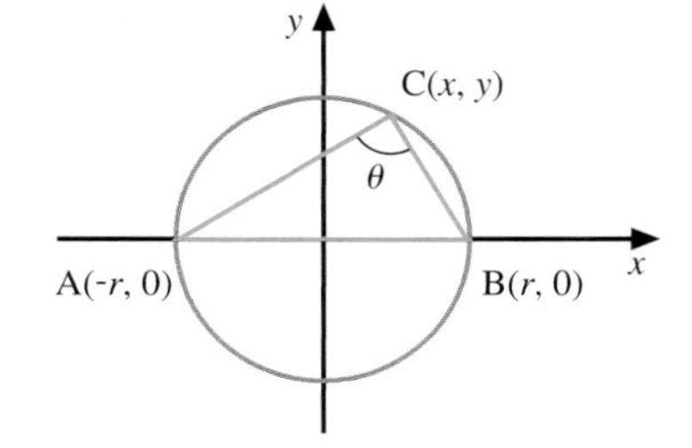

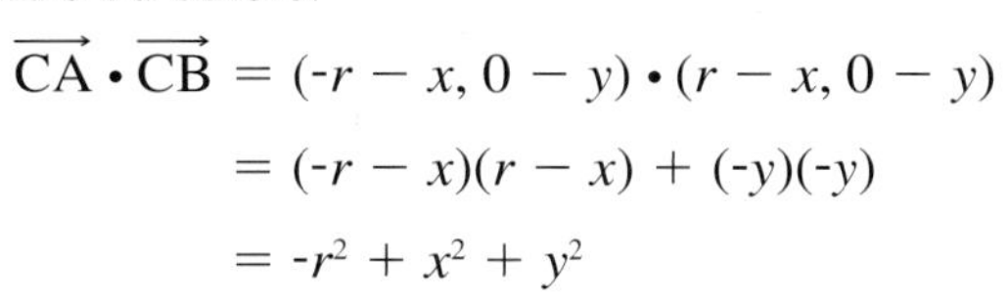

$$\begin{aligned}\overrightarrow{CA} \cdot \overrightarrow{CB} &= (-r - x, 0 - y) \cdot (r - x, 0 - y)\\ &= (-r - x)(r - x) + (-y)(-y)\\ &= -r^2 + x^2 + y^2\\ &= 0 \qquad \text{(car } x^2 + y^2 = r^2\text{)}\end{aligned}$$

donc, $\overrightarrow{CA} \perp \overrightarrow{CB}$ (théorème 7.3)

d'où $\theta = 90°$.

Exemple 3 Démontrons que les diagonales d'un rectangle sont perpendiculaires si et seulement si le rectangle est un carré.

Soit le rectangle ABCD ci-contre, où $\vec{u} = \overrightarrow{AB}$ et $\vec{v} = \overrightarrow{BC}$.

B $\vec{v}$ C

$\vec{u}$

A D

$\overrightarrow{AC} = \vec{u} + \vec{y}$

$\overrightarrow{BD} = \vec{v} - \vec{u}$

($\Rightarrow$) Si $\overrightarrow{AC} \perp \overrightarrow{BD}$, alors

$$\begin{aligned}\overrightarrow{AC} \cdot \overrightarrow{BD} &= 0 && \text{(théorème 7.3)}\\ (\vec{u} + \vec{v}) \cdot (\vec{v} - \vec{u}) &= 0\\ (\vec{u} + \vec{v}) \cdot \vec{v} + (\vec{u} + \vec{v}) \cdot (-\vec{u}) &= 0 && \text{(propriété 3)}\\ \vec{u} \cdot \vec{v} + \vec{v} \cdot \vec{v} - \vec{u} \cdot \vec{u} - \vec{v} \cdot \vec{u} &= 0 && \text{(propriété 3)}\\ \|\vec{v}\|^2 - \|\vec{u}\|^2 &= 0 && \text{(car } \vec{u} \cdot \vec{v} - \vec{v} \cdot \vec{u} = 0 \text{ et théorème 7.4)}\end{aligned}$$

donc, $\|\vec{u}\| = \|\vec{v}\|$

d'où ABCD est un carré.

($\Leftarrow$) Si ABCD est un carré, alors

$$\begin{aligned}\overrightarrow{AC} \cdot \overrightarrow{BD} &= (\vec{u} + \vec{v}) \cdot (\vec{v} - \vec{u})\\ &= (\vec{u} + \vec{v}) \cdot \vec{v} + (\vec{u} + \vec{v}) \cdot (-\vec{u}) && \text{(propriété 3)}\\ &= \vec{u} \cdot \vec{v} + \vec{v} \cdot \vec{v} - \vec{u} \cdot \vec{u} - \vec{v} \cdot \vec{u} && \text{(propriété 3)}\\ &= \|\vec{v}\|^2 - \|\vec{u}\|^2 && \text{(car } \vec{u} \cdot \vec{v} - \vec{v} \cdot \vec{u} = 0 \text{ et théorème 7.4)}\\ &= 0 && \text{(car } \|\vec{u}\| = \|\vec{v}\|\text{)}\end{aligned}$$

d'où les diagonales sont perpendiculaires.

Exemple 4 À l'aide du produit scalaire, démontrons que $\cos(A - B) = \cos A \cos B + \sin A \sin B$.

Développement de $\cos(A - B)$

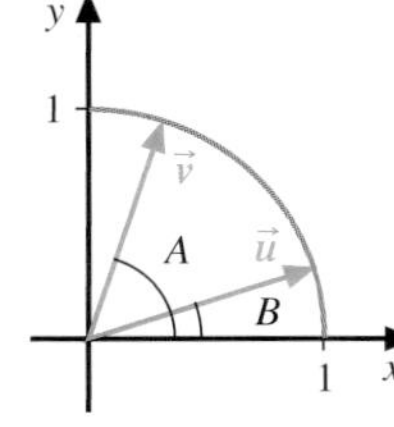

Soit $\vec{u} = (\cos B, \sin B)$ et $\vec{v} = (\cos A, \sin A)$, deux vecteurs unitaires.

$$\vec{u} \cdot \vec{v} = \|\vec{u}\|\|\vec{v}\| \cos(A - B) \quad \text{(définition 7.1)}$$

$$(\cos B, \sin B) \cdot (\cos A, \sin A) = \sqrt{\cos^2 B + \sin^2 B}\ \sqrt{\cos^2 A + \sin^2 A}\ \cos(A - B)$$

$$\cos B \cos A + \sin B \sin A = 1(1) \cos(A - B) \quad \text{(théorème 7.1)}$$

d'où $\cos(A - B) = \cos A \cos B + \sin A \sin B$

7

Le produit scalaire peut être utile en physique. Il peut être utilisé notamment pour définir la notion de travail.

Un objet O, soumis à une force $\vec{F}$, exprimée en newtons (N), subit un déplacement $\vec{r}$ (exprimé en mètres).

Sachant que le travail effectué par une force constante est égal au produit de sa composante orientée dans le sens du déplacement par la grandeur du déplacement, exprimons le travail W, c'est-à-dire $\|\vec{F}_{\vec{r}}\|\|\vec{r}\|$, à l'aide d'un produit scalaire.

Travail effectué par une force

$$\begin{aligned} W &= \|\vec{F}_{\vec{r}}\|\|\vec{r}\| \\ &= \|\vec{F}\|\cos\theta\,\|\vec{r}\| \\ &= \|\vec{F}\|\|\vec{r}\|\cos\theta \end{aligned}$$

d'où $W = \vec{F} \cdot \vec{r}$ (définition 7.1)

$\vec{F}$ θ P $\vec{r} = \overrightarrow{OP}$ O $\vec{F}_{\vec{r}}$

D'où W, exprimé en joules[1], peut être défini à l'aide du produit scalaire : $W = \vec{F} \cdot \vec{r}$.

Remarque L'unité du travail est le newton-mètre (N-m), appelée « joule ». Un joule est équivalent au travail produit par une force de 1 newton dont le point d'application se déplace de 1 mètre dans la direction de la force.

Exemple 5

a) Calculons le travail W effectué si on déplace un objet du point A(1, 2) au point B(3, 7) en appliquant une force $\vec{F}$ telle que $\vec{F} = (6, 5)$, où $\vec{F}$ est en newtons, et le déplacement, en mètres.

$$\begin{aligned} W &= \vec{F} \cdot \vec{r} \\ &= (6, 5) \cdot (2, 5) \qquad (\text{car } \vec{r} = \overrightarrow{AB} = (2,5)) \\ &= 37 \end{aligned}$$

d'où W = 37 joules.

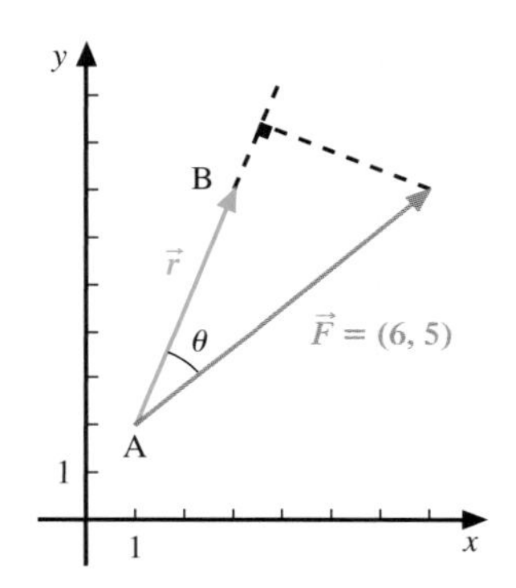

b) Un cycliste parcourt 600 mètres sur une colline qui forme un angle de 6° par rapport à l'horizontale. Si le cycliste applique une force constante horizontale $\vec{F}$ de 700 N, déterminons le travail W effectué par le cycliste.

$$\begin{aligned} W &= \vec{F} \cdot \vec{r} \\ &= 700\,(600)\cos 6° \qquad (\text{car } \vec{F} \cdot \vec{r} = \|\vec{F}\|\|\vec{r}\|\cos\theta) \\ &\approx 417\,699{,}2 \end{aligned}$$

d'où W ≈ 417 699,2 joules.

Dominique Parent

Le calcul de la différence de potentiel ΔV entre deux points A et B dans un champ électrique uniforme E est un autre exemple de l'utilisation du produit scalaire en physique. En effet,

$\Delta V = -\vec{E} \cdot \vec{d}$, où $\vec{d}$ est le vecteur de déplacement entre A et B.

1. Du nom du physicien anglais James Prescott Joule (1818-1889).

Exemple 6 Un magasin d'électronique a vendu le mois dernier 35 téléviseurs de 53 cm, 62 téléviseurs de 77 cm, 21 téléviseurs de 96 cm et 15 téléviseurs de 132 cm. Ces téléviseurs se vendent respectivement 300 $, 700 $, 1500 $ et 2500 $. Le magasin paie ces mêmes articles 175 $, 425 $, 850 $ et 1675 $.

a) Déterminons trois vecteurs algébriques $\vec{n}$, $\vec{v}$ et $\vec{c}$, représentant respectivement le nombre d'unités vendues pendant cette période, le prix de vente des téléviseurs et leur coût d'achat.

$$\vec{n} = (35, 62, 21, 15)$$
$$\vec{v} = (300, 700, 1500, 2500)$$
$$\vec{c} = (175, 425, 850, 1675)$$

b) Effectuons $\vec{n} \cdot \vec{v}$ et interprétons le résultat.

$$\begin{aligned}\vec{n} \cdot \vec{v} &= (35, 62, 21, 15) \cdot (300, 700, 1500, 2500)\\ &= 35(300) + 62(700) + 21(1500) + 15(2500)\\ &= 122\,900\end{aligned}$$

Le produit scalaire représente le montant total des ventes des quatre types de téléviseurs pour le mois, c'est-à-dire 122 900 $.

c) Déterminons, à l'aide du produit scalaire, le coût d'achat C des téléviseurs vendus.

$$C = \vec{n} \cdot \vec{c} = (35, 62, 21, 15) \cdot (175, 425, 850, 1675) = 75\,450$$

d'où C = 75 450 $

d) Déterminons, à l'aide du produit scalaire, le profit P.

$$P = \vec{n} \cdot \vec{v} - \vec{n} \cdot \vec{c} = 122\,900 - 75\,450 = 47\,450 \text{ ou}$$
$$P = \vec{n} \cdot (\vec{v} - \vec{c}) = (35, 62, 21, 15) \cdot (125, 275, 650, 825) = 47\,450$$

d'où P = 47 450 $.

7

Exercices 7.1

1. Calculer les produits scalaires $\vec{u} \cdot \vec{v}$ si :

a) $\|\vec{u}\| = 2$ et $\|\vec{v}\| = 4$ (angle de 45° entre $\vec{u}$ et $\vec{v}$)

b) $\|\vec{u}\| = 5$ et $\|\vec{v}\| = 3$ (angle de 50° entre $\vec{v}$ et le prolongement de $\vec{u}$)

c) $\vec{u} = \overrightarrow{AB}$, où A(-3, 3) et B(-7, 7), $\|\vec{v}\| = 2$ et $\theta = 105°$

d) $\vec{u} = \overrightarrow{BA}$, où A(-3, 3) et B(-7, 7), $\|\vec{v}\| = 2$ et l'angle formé par $\vec{v}$ et $\overrightarrow{AB}$ est de 105°

e) $\vec{u} = (-2, 3)$ et $\vec{v} = (1, 5)$

f) $\vec{u} = (4, 1, -2)$ et $\vec{v} = (2, 2, 5)$

g) $\vec{u} = (5, 4, -3, 1)$ et $\vec{v} = (1, -3, 4, 6)$

h) $\vec{u} = \vec{v}$ où $\vec{u} = 2\vec{i} + 4\vec{j} - \vec{k}$

i) $\vec{u} = \vec{e}_1 + 3\vec{e}_2 + 5\vec{e}_4$ et $\vec{v} = (2, 3, -1, 5)$

j) $\vec{u} = (a, b)$ et $\vec{v} = (-b, a)$

2. Déterminer l'angle θ formé par les vecteurs suivants.

a) $\vec{u} = (-1, 0)$ et $\vec{v} = (3, 3)$

b) $\vec{u} = (-5, -2)$ et $\vec{v} = (4, -10)$

c) $\vec{u} = \overrightarrow{AB}$ et $\vec{v} = \overrightarrow{AC}$, où A(-3, 7), B(-2, 5) et C(-5, 11)

d) $\vec{u} = (1, 2, 3)$ et $\vec{v} = (3, 2, 1)$

e) $\vec{u} = (4, -5, 6)$ et $\vec{v} = \overrightarrow{AB}$ où A(2, -3, 1) et B(10, -13, 13)

f) $\vec{u} = (-a, -a, a)$ et $\vec{v} = (a, -a, -a)$, où $a \neq 0$

3. Déterminer si les vecteurs $\vec{u}$ et $\vec{v}$ suivants sont perpendiculaires.

a) $\vec{u} = (1, -2, 5)$ et $\vec{v} = (-2, 4, 2)$

b) $\vec{u} = (1, -1, 0)$ et $\vec{v} = (0, 1, -1)$

c) $\vec{u} = \overrightarrow{AB}$ et $\vec{v} = \overrightarrow{AC}$, où A(-2, 4, 1), B(3, -1, 0) et C(-1, 4, 6)

4. À l'aide du produit scalaire, déterminer si le triangle ABC est rectangle et, si oui, préciser en quel sommet.

a) A(1, 0), B(2, 3) et C(6, 0)

b) A(6, 5), B(1, 3) et C(3, -2)

c) A(1, 0, 0), B(0, 1, 0) et C(0, 0, 1)

d) A(1, 2, 3), B(-1, -3, 2) et C(5, 0, 5)

5. Déterminer, si c'est possible, les valeurs de a et b pour que les vecteurs suivants soient non nuls et perpendiculaires.

a) $\vec{u} = (a, 2)$ et $\vec{v} = (4, -9)$

b) $\vec{u} = (4, 1, -3)$ et $\vec{v} = (-5, -a, a)$

c) $\vec{u} = (a, 1, 2)$ et $\vec{v} = (a, 3, -1)$

d) $\vec{u} = (3, 4, a)$ et $\vec{v} = (a, 0, -3)$

e) $\vec{u} = (a, 0, -4b)$ et $\vec{v} = (a, 2, -b)$

f) $\vec{u} = (a, 3, -4b)$ et $\vec{v} = (a, 2, -b)$

g) $\vec{u} = (4, a, -5)$ et $\vec{v} = (b, 5, a)$

h) $\vec{u} = (a, 4, b)$ et $\vec{v} = (a, 0, -b)$

6. Soit $\vec{u} = (2, -3, 5)$, $\vec{v} = (1, 5, -2)$ et $\vec{w} = (-3, 1, 4)$. Vérifier que :

a) $\vec{u} \cdot (\vec{v} + \vec{w}) = \vec{u} \cdot \vec{v} + \vec{u} \cdot \vec{w}$

b) $2\vec{v} \cdot (-5\vec{w}) = -10(\vec{w} \cdot \vec{v})$

c) $\|\vec{u}\| = \sqrt{\vec{u} \cdot \vec{u}}$

d) $|\vec{v} \cdot \vec{w}| \leq \|\vec{v}\|\|\vec{w}\|$ (inégalité de Cauchy-Schwarz)

e) $\|\vec{v} + \vec{w}\| \leq \|\vec{v}\| + \|\vec{w}\|$ (inégalité du triangle)

7. Soit $\vec{u} = (-1, 3)$, $\vec{v} = (2, 4)$ et $\vec{w} = (-6, -7)$.

a) Déterminer $\vec{u}_{\vec{v}}$.

b) Déterminer $\vec{w}_{\vec{v}}$ et représenter graphiquement les vecteurs $\vec{w}$, $\vec{v}$ et $\vec{w}_{\vec{v}}$.

8. Soit $\vec{u} = (1, 2, -4)$, $\vec{v} = (-4, 1, 2)$ et $\vec{w} = (3, 5, 1)$.

a) Déterminer $\vec{u}_{\vec{w}}$.

b) Déterminer $\vec{w}_{\vec{u}}$.

c) Déterminer $\vec{w}_{\vec{i}}$.

d) Déterminer la projection de $\vec{u}$ sur l'axe des z.

e) Démontrer que $\vec{t}$, où $\vec{t} = \vec{v} - \vec{v}_{\vec{i}} - \vec{v}_{\vec{j}}$, est perpendiculaire à $\vec{i}$ et à $\vec{j}$.

9. Soit $\vec{u}$ et $\vec{v}$, deux vecteurs tels que $\vec{u} \perp \vec{v}$ et $\|\vec{u}\| = \|\vec{v}\| = 3$.
Soit $\overrightarrow{w_1} = 2\vec{u} - \vec{v}$, $\overrightarrow{w_2} = \vec{u} + 4\vec{v}$, $\overrightarrow{w_3} = \vec{u} + \vec{v}$, $\overrightarrow{w_4} = \vec{u} - \vec{v}$, $\overrightarrow{w_5} = \vec{u} - 5\vec{v}$, et $\overrightarrow{w_6} = 5\vec{u} + \vec{v}$.
Déterminer si :

a) $\overrightarrow{w_1}$ est perpendiculaire à $\overrightarrow{w_2}$

b) $\overrightarrow{w_3}$ est perpendiculaire à $\overrightarrow{w_4}$

c) $\overrightarrow{w_5}$ est perpendiculaire à $\overrightarrow{w_6}$

10. Soit le cercle de centre C(-8, 12) et de rayon 13 unités.

a) À l'aide du produit scalaire, déterminer l'équation de la tangente D au cercle, au point A(-3, 24).

b) Déterminer l'équation des tangentes D_1 et D_2 aux points où le cercle coupe l'axe des x.

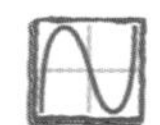

c) Représenter graphiquement, à l'aide de Maple, le cercle et les tangentes D_1 et D_2 obtenus en b).

11. Soit $\overrightarrow{F_1}$ et $\overrightarrow{F_2}$, deux forces telles que $\overrightarrow{F_1} = (4, 3)$ et $\overrightarrow{F_2} = (7, 3)$.

a) Déterminer l'angle θ entre les deux forces.

b) Déterminer $\overrightarrow{F}_{1(\overrightarrow{F_1} + \overrightarrow{F_2})}$ et $\overrightarrow{F}_{2(\overrightarrow{F_1} + \overrightarrow{F_2})}$.

c) Comparer $\overrightarrow{F_1} + \overrightarrow{F_2}$ avec $\overrightarrow{F}_{1(\overrightarrow{F_1} + \overrightarrow{F_2})} + \overrightarrow{F}_{2(\overrightarrow{F_1} + \overrightarrow{F_2})}$.

d) Déterminer l'angle α entre $\overrightarrow{F_1}$ et $(\overrightarrow{F_1} + \overrightarrow{F_2})$.

e) Déterminer l'angle β entre $\overrightarrow{F_2}$ et $(\overrightarrow{F_1} + \overrightarrow{F_2})$.

12. Pour déplacer un objet sur un plan incliné, nous appliquons à cet objet les forces $\overrightarrow{F_1} = (3, 4)$ et $\overrightarrow{F_2} = (12, 5)$. Les forces sont exprimées en newtons, et les déplacements, en mètres.

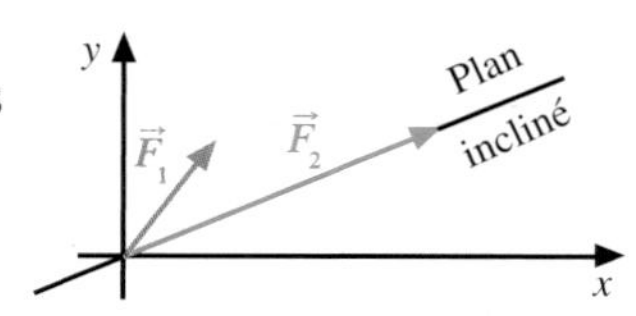

a) Déterminer $\overrightarrow{F}_{1\overrightarrow{F_2}}$.

b) Calculer la force $\vec{F}$ appliquée à l'objet dans la direction du plan incliné.

c) Déterminer le travail W_1 effectué par $\vec{F}$ si l'objet se déplace de trois mètres.

d) Déterminer le travail W_2 effectué par $\vec{F}$ si l'objet se déplace de (12, 5) à (36, 15).

13. Nicolas tire son traîneau au sommet d'une colline de 125 mètres de hauteur.

Dominique Parent

S'il utilise une force constante de 160 newtons à un angle de 15° par rapport à la surface de la colline, déterminer le travail qu'il effectue.

14. Lors d'un entraînement, un joueur de football applique une force à 50° par rapport à l'horizontale pour faire reculer un mannequin d'entraînement. Si la grandeur de la force employée est de 300 newtons et le travail effectué est de 650 joules, déterminer le déplacement du mannequin.

15. a) Soit $\vec{u}$, $\vec{v}$ et $\vec{w}$, trois vecteurs non nuls de $\mathbb{R}^2$ ou de $\mathbb{R}^3$. Démontrer que $(\vec{u} + \vec{v})_{\vec{w}} = \vec{u}_{\vec{w}} + \vec{v}_{\vec{w}}$.

b) Représenter graphiquement le résultat précédent pour des vecteurs de $\mathbb{R}^2$.

16. Soit trois vecteurs $\vec{u}$, $\vec{v}$ et $\vec{w}$ de $\mathbb{R}^3$, tels que $\vec{u}$, $\vec{v}$ et $\vec{w}$ sont perpendiculaires deux à deux et tels que $\|\vec{u}\| = \|\vec{v}\| = \|\vec{w}\|$. Démontrer que le vecteur $(\vec{u} + \vec{v} + \vec{w})$ forme le même angle avec chacun des vecteurs $\vec{u}$, $\vec{v}$ et $\vec{w}$.

17. Soit un parallélogramme ABCD. Démontrer que les diagonales de ABCD sont perpendiculaires si et seulement si le parallélogramme est un losange.

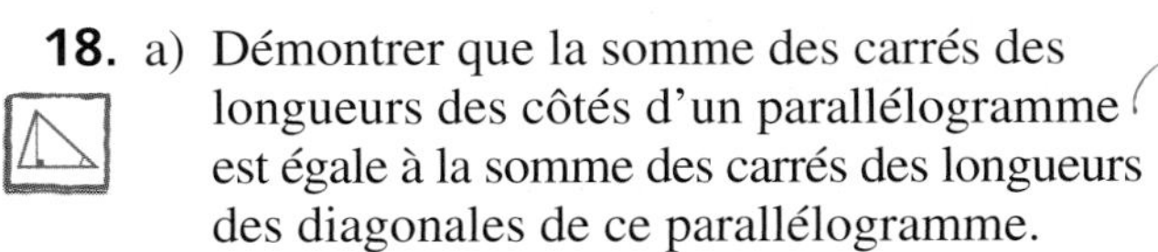

18. a) Démontrer que la somme des carrés des longueurs des côtés d'un parallélogramme est égale à la somme des carrés des longueurs des diagonales de ce parallélogramme.

b) Utiliser le résultat précédent pour démontrer que, dans un carré ABCD, $\|\overrightarrow{AC}\| = \sqrt{2}\|\overrightarrow{AB}\|$.

c) Sachant que les diagonales d'un parallélogramme mesurent respectivement 12 cm et 8 cm, et qu'un des côtés mesure 5 cm, déterminer le périmètre p du parallélogramme au centième près.

19. Démontrer que, pour tout $\vec{u}$ et $\vec{v} \in \mathbb{R}^n$, nous obtenons $\vec{u} \cdot \vec{v} = \frac{1}{4}\left(\|\vec{u} + \vec{v}\|^2 - \|\vec{u} - \vec{v}\|^2\right)$.

7

7.2 Produit vectoriel de vecteurs

Objectifs d'apprentissage

À la fin de cette section, l'élève pourra utiliser le produit vectoriel de deux vecteurs de $\mathbb{R}^3$ pour résoudre certains problèmes.

Plus précisément, l'élève sera en mesure

- de donner la définition du produit vectoriel de deux vecteurs de $\mathbb{R}^3$;
- d'effectuer le produit vectoriel de deux vecteurs de $\mathbb{R}^3$;
- de trouver un vecteur perpendiculaire à deux vecteurs donnés de $\mathbb{R}^3$;
- de déterminer le sens du vecteur résultant du produit vectoriel de deux vecteurs de $\mathbb{R}^3$;
- d'énoncer les propriétés du produit vectoriel de deux vecteurs de $\mathbb{R}^3$;
- de démontrer certaines propriétés du produit vectoriel de deux vecteurs de $\mathbb{R}^3$;
- d'utiliser les propriétés du produit vectoriel de deux vecteurs de $\mathbb{R}^3$ pour résoudre certains problèmes géométriques ;
- de calculer l'aire d'un parallélogramme à l'aide du produit vectoriel de deux vecteurs de $\mathbb{R}^3$;
- de calculer l'aire d'un triangle à l'aide du produit vectoriel de deux vecteurs de $\mathbb{R}^3$.

Si $\vec{u} = (u_1, u_2, u_3)$ et $\vec{v} = (v_1, v_2, v_3)$, alors

$$\vec{u} \times \vec{v} = \left(\begin{vmatrix} u_2 & u_3 \\ v_2 & v_3 \end{vmatrix}, -\begin{vmatrix} u_1 & u_3 \\ v_1 & v_3 \end{vmatrix}, \begin{vmatrix} u_1 & u_2 \\ v_1 & v_2 \end{vmatrix} \right)$$

$$\vec{u} \times \vec{v} = \|\vec{u}\| \, \|\vec{v}\| \sin \theta \, \vec{U},$$

où $\vec{U}$ est un vecteur unitaire perpendiculaire à $\vec{u}$ et à $\vec{v}$.

Dans cette section, nous définirons le produit vectoriel de deux vecteurs $\vec{u}$ et $\vec{v}$ de $\mathbb{R}^3$, dont le résultat est un vecteur $\vec{w}$, qui est perpendiculaire à la fois à $\vec{u}$ et à $\vec{v}$.

Il y a environ 150 ans...

Peter Guthrie Tait
(1831-1901)

Peter Guthrie Tait, professeur à l'université d'Edimbourg, a toujours eu à cœur d'employer les mathématiques pour mieux étudier les phénomènes de la nature. Ainsi s'explique son intérêt pour les quaternions, qu'il utilise pour récrire l'hydrodynamique, l'électrodynamique et l'électromagnétisme. Pourtant, ses intérêts ne s'arrêtent pas là. Il écrit abondamment sur la théorie des nœuds. Un de ses articles, publié en 1896, porte même sur la trajectoire d'une balle de golf. Tait a toutefois un défaut. Intensément patriotique, il déforme parfois les faits pour soutenir, par exemple, que certaines découvertes sont d'origine britannique... et non allemande. Tait n'apprécie pas du tout la réécriture de la physique en termes vectoriels que font Josiah Willard Gibbs, le premier Américain à obtenir, en 1863, un doctorat en génie dans son pays, et l'Anglais Oliver Heaviside, un spécialiste des télécommunications, naissantes à l'époque.

Définition du produit vectoriel

Soit $\vec{u} = (a, b, c)$ et $\vec{v} = (d, e, f)$, deux vecteurs non nuls et non parallèles de $\mathbb{R}^3$. Nous cherchons un vecteur $\vec{w} = (x, y, z)$ perpendiculaire à la fois à $\vec{u}$ et à $\vec{v}$, c'est-à-dire perpendiculaire au plan contenant $\vec{u}$ et $\vec{v}$. Nous pouvons constater qu'il existe une infinité de vecteurs ayant cette caractéristique.

$\vec{w}_1 \,//\, \vec{w}_2$
$\vec{w}_1 \,//\, \vec{w}_3$
$\vec{w}_1 \,//\, \vec{w}_4$

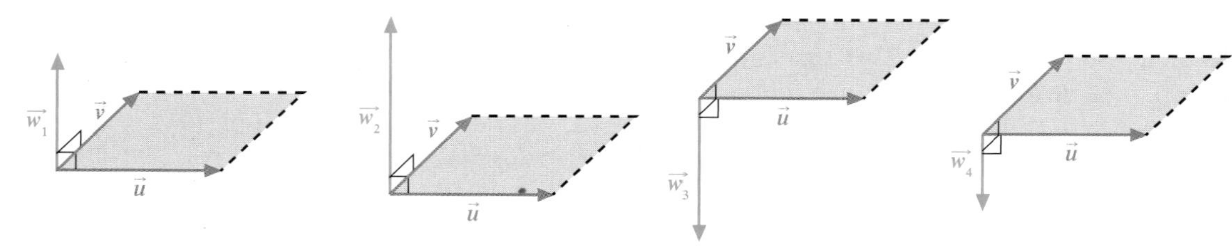

En appliquant le théorème 7.3, nous obtenons $\vec{u} \cdot \vec{w} = 0$ et $\vec{v} \cdot \vec{w} = 0$. Nous pouvons alors établir le système d'équations linéaires suivant.

$$\begin{cases} ax + by + cz = 0 & \text{①} \quad (\text{car } \vec{u} \cdot \vec{w} = 0) \\ dx + ey + fz = 0 & \text{②} \quad (\text{car } \vec{v} \cdot \vec{w} = 0) \end{cases}$$

Dans ce système homogène d'équations linéaires, le nombre d'inconnues est supérieur au nombre d'équations. Par conséquent, ce système admet une infinité de solutions.

Résolvons ce système par la méthode de Gauss si $a \neq 0$.

Méthode de Gauss

$$\left[\begin{array}{ccc|c} a & b & c & 0 \\ d & e & f & 0 \end{array}\right] \sim \left[\begin{array}{ccc|c} a & b & c & 0 \\ 0 & ae - bd & af - cd & 0 \end{array}\right] \qquad aL_2 - dL_1 \to L_2$$

En posant $z = ae - bd$ dans la dernière ligne de la dernière matrice augmentée, nous obtenons

$$(ae - bd)y + (af - cd)(ae - bd) = 0$$

$$(ae - bd)y = -(af - cd)(ae - bd)$$

$$y = \frac{-(af - cd)(ae - bd)}{(ae - bd)}, \text{ si } (ae - bd) \neq 0$$

donc, $y = cd - af$, si $(ae - bd) \neq 0$

En remplaçant ces valeurs dans l'équation ① $ax + by + cz = 0$, nous obtenons

$$ax + b(cd - af) + c(ae - bd) = 0$$

$$ax = abf - bcd + cbd - cae$$

$$ax = a(bf - ce)$$

donc, $x = bf - ce$ (car $a \neq 0$)

Nous obtenons donc la solution particulière suivante.

$$x = bf - ce, \quad y = cd - af \text{ et } z = ae - bd$$

En écrivant ces valeurs sous forme de déterminants d'ordre 2, nous obtenons

$$x = \begin{vmatrix} b & c \\ e & f \end{vmatrix}, \quad y = \begin{vmatrix} c & a \\ f & d \end{vmatrix} \quad \text{et} \quad z = \begin{vmatrix} a & b \\ d & e \end{vmatrix}$$

d'où $\vec{w} = (x, y, z) = \left(\begin{vmatrix} b & c \\ e & f \end{vmatrix}, -\begin{vmatrix} a & c \\ d & f \end{vmatrix}, \begin{vmatrix} a & b \\ d & e \end{vmatrix} \right)$

DÉFINITION 7.3

Soit $\vec{u} = (u_1, u_2, u_3)$ et $\vec{v} = (v_1, v_2, v_3)$, deux vecteurs de $\mathbb{R}^3$.
Le **produit vectoriel** des vecteurs $\vec{u}$ et $\vec{v}$, noté $\vec{u} \times \vec{v}$, est défini par

$$\vec{u} \times \vec{v} = \left(\begin{vmatrix} u_2 & u_3 \\ v_2 & v_3 \end{vmatrix}, -\begin{vmatrix} u_1 & u_3 \\ v_1 & v_3 \end{vmatrix}, \begin{vmatrix} u_1 & u_2 \\ v_1 & v_2 \end{vmatrix} \right)$$

Il est important de constater que le produit vectoriel de deux vecteurs de $\mathbb{R}^3$ est un vecteur, d'où le nom de produit vectoriel.

Voici un moyen pour retenir l'expression algébrique servant à définir le produit vectoriel.

Si $\vec{u} = (u_1, u_2, u_3)$ et $\vec{v} = (v_1, v_2, v_3)$, alors

$$\vec{u} \times \vec{v} = \left(\begin{vmatrix} \cancel{u_1} & u_2 & u_3 \\ \cancel{v_1} & v_2 & v_3 \end{vmatrix}, -\begin{vmatrix} u_1 & \cancel{u_2} & u_3 \\ v_1 & \cancel{v_2} & v_3 \end{vmatrix}, \begin{vmatrix} u_1 & u_2 & \cancel{u_3} \\ v_1 & v_2 & \cancel{v_3} \end{vmatrix} \right)$$

Notons que les colonnes ombrées en jaune doivent être enlevées.

Exemple 1

a) Calculons $\vec{u} \times \vec{v}$ si $\vec{u} = (2, -1, 3)$ et $\vec{v} = (-4, 6, 5)$.

$$\begin{aligned} \vec{u} \times \vec{v} &= \left(\begin{vmatrix} \cancel{2} & -1 & 3 \\ \cancel{-4} & 6 & 5 \end{vmatrix}, -\begin{vmatrix} 2 & \cancel{-1} & 3 \\ -4 & \cancel{6} & 5 \end{vmatrix}, \begin{vmatrix} 2 & -1 & \cancel{3} \\ -4 & 6 & \cancel{5} \end{vmatrix} \right) \\ &= \left(\begin{vmatrix} -1 & 3 \\ 6 & 5 \end{vmatrix}, -\begin{vmatrix} 2 & 3 \\ -4 & 5 \end{vmatrix}, \begin{vmatrix} 2 & -1 \\ -4 & 6 \end{vmatrix} \right) \\ &= (-23, -22, 8) \end{aligned}$$

b) À l'aide du produit scalaire, vérifions que $(\vec{u} \times \vec{v})$ est perpendiculaire à la fois à $\vec{u}$ et à $\vec{v}$.

$(\vec{u} \times \vec{v}) \cdot \vec{u} = (-23, -22, 8) \cdot (2, -1, 3) = -46 + 22 + 24 = 0$, donc $(\vec{u} \times \vec{v}) \perp \vec{u}$

$(\vec{u} \times \vec{v}) \cdot \vec{v} = (-23, -22, 8) \cdot (-4, 6, 5) = 92 - 132 + 40 = 0$, donc $(\vec{u} \times \vec{v}) \perp \vec{v}$

Exemple 2

Soit $\vec{u} = (-2, 1, 3)$ et $\vec{v} = (4, 0, 5)$. À l'aide du produit vectoriel, déterminons un vecteur $\vec{w}$ perpendiculaire à la fois à $\vec{u}$ et à $\vec{v}$.

Pour déterminer un tel vecteur, il suffit de calculer $\vec{u} \times \vec{v}$.

$$\begin{aligned} \vec{w} = \vec{u} \times \vec{v} &= \left(\begin{vmatrix} \cancel{-2} & 1 & 3 \\ \cancel{4} & 0 & 5 \end{vmatrix}, -\begin{vmatrix} -2 & \cancel{1} & 3 \\ 4 & \cancel{0} & 5 \end{vmatrix}, \begin{vmatrix} -2 & 1 & \cancel{3} \\ 4 & 0 & \cancel{5} \end{vmatrix} \right) \\ &= \left(\begin{vmatrix} 1 & 3 \\ 0 & 5 \end{vmatrix}, -\begin{vmatrix} -2 & 3 \\ 4 & 5 \end{vmatrix}, \begin{vmatrix} -2 & 1 \\ 4 & 0 \end{vmatrix} \right) \\ &= (5, 22, -4) \end{aligned}$$

Un moyen mnémotechnique pour calculer $(\vec{u} \times \vec{v})$ est de l'associer au calcul du pseudo-déterminant $\begin{vmatrix} \vec{i} & \vec{j} & \vec{k} \\ u_1 & u_2 & u_3 \\ v_1 & v_2 & v_3 \end{vmatrix}$, car les éléments de la première ligne ne sont pas des scalaires.

En développant selon les éléments de la première ligne, nous avons

$$\begin{vmatrix} \vec{i} & \vec{j} & \vec{k} \\ u_1 & u_2 & u_3 \\ v_1 & v_2 & v_3 \end{vmatrix} = \begin{vmatrix} u_2 & u_3 \\ v_2 & v_3 \end{vmatrix}\vec{i} - \begin{vmatrix} u_1 & u_3 \\ v_1 & v_3 \end{vmatrix}\vec{j} + \begin{vmatrix} u_1 & u_2 \\ v_1 & v_2 \end{vmatrix}\vec{k} = \left(\begin{vmatrix} u_2 & u_3 \\ v_2 & v_3 \end{vmatrix}, -\begin{vmatrix} u_1 & u_3 \\ v_1 & v_3 \end{vmatrix}, \begin{vmatrix} u_1 & u_2 \\ v_1 & v_2 \end{vmatrix}\right)$$

Ainsi, si $\vec{u} = (u_1, u_2, u_3)$ et $\vec{v} = (v_1, v_2, v_3)$, alors

$$\vec{u} \times \vec{v} = \begin{vmatrix} \vec{i} & \vec{j} & \vec{k} \\ u_1 & u_2 & u_3 \\ v_1 & v_2 & v_3 \end{vmatrix}$$

Exemple 3 Soit $\vec{u} = (-2, 4, 5)$ et $\vec{v} = (0, -2, 7)$. Calculons $\vec{u} \times \vec{v}$ et $\vec{v} \times \vec{u}$.

$$\vec{u} \times \vec{v} = \begin{vmatrix} \vec{i} & \vec{j} & \vec{k} \\ -2 & 4 & 5 \\ 0 & -2 & 7 \end{vmatrix}$$
$$= \begin{vmatrix} 4 & 5 \\ -2 & 7 \end{vmatrix}\vec{i} - \begin{vmatrix} -2 & 5 \\ 0 & 7 \end{vmatrix}\vec{j} + \begin{vmatrix} -2 & 4 \\ 0 & -2 \end{vmatrix}\vec{k}$$
$$= 36\vec{i} + 14\vec{j} + 4\vec{k}$$
$$= (38, 14, 4)$$

$$\vec{v} \times \vec{u} = \begin{vmatrix} \vec{i} & \vec{j} & \vec{k} \\ 0 & -2 & 7 \\ -2 & 4 & 5 \end{vmatrix}$$
$$= \begin{vmatrix} -2 & 7 \\ 4 & 5 \end{vmatrix}\vec{i} - \begin{vmatrix} 0 & 7 \\ -2 & 5 \end{vmatrix}\vec{j} + \begin{vmatrix} 0 & -2 \\ -2 & 4 \end{vmatrix}\vec{k}$$
$$= -38\vec{i} - 14\vec{j} - 4\vec{k}$$
$$= (-38, -14, -4)$$

Nous constatons que $\vec{u} \times \vec{v} \neq \vec{v} \times \vec{u}$; par ailleurs, nous démontrerons que $\vec{u} \times \vec{v} = -(\vec{v} \times \vec{u})$.

Exemple 4 Soit $\vec{i} = (1, 0, 0)$, $\vec{j} = (0, 1, 0)$ et $\vec{k} = (0, 0, 1)$. Calculons:

a) $\vec{i} \times \vec{j} = \left(\begin{vmatrix} 0 & 0 \\ 1 & 0 \end{vmatrix}, -\begin{vmatrix} 1 & 0 \\ 0 & 0 \end{vmatrix}, \begin{vmatrix} 1 & 0 \\ 0 & 1 \end{vmatrix}\right)$
$= (0, 0, 1)$
$= \vec{k}$

b) $\vec{i} \times \vec{k} = \left(\begin{vmatrix} 0 & 0 \\ 0 & 1 \end{vmatrix}, -\begin{vmatrix} 1 & 0 \\ 0 & 1 \end{vmatrix}, \begin{vmatrix} 1 & 0 \\ 0 & 0 \end{vmatrix}\right)$
$= (0, -1, 0)$
$= -\vec{j}$

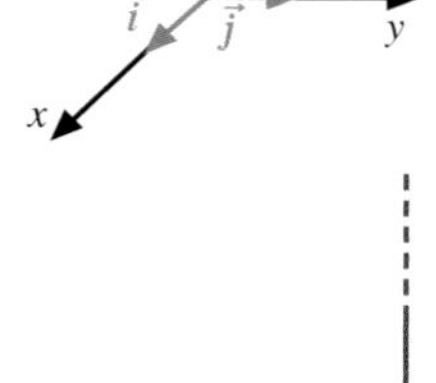

c) $\vec{j} \times \vec{k} = \left(\begin{vmatrix} 1 & 0 \\ 0 & 1 \end{vmatrix}, -\begin{vmatrix} 0 & 0 \\ 0 & 1 \end{vmatrix}, \begin{vmatrix} 0 & 1 \\ 0 & 0 \end{vmatrix}\right)$
$= (1, 0, 0)$
$= \vec{i}$

d) $\vec{k} \times \vec{i} = \left(\begin{vmatrix} 0 & 1 \\ 0 & 0 \end{vmatrix}, -\begin{vmatrix} 0 & 1 \\ 1 & 0 \end{vmatrix}, \begin{vmatrix} 0 & 0 \\ 1 & 0 \end{vmatrix}\right)$
$= (0, 1, 0)$
$= \vec{j}$

e) $\vec{k} \times \vec{j} = \left(\begin{vmatrix} 0 & 1 \\ 1 & 0 \end{vmatrix}, -\begin{vmatrix} 0 & 1 \\ 0 & 0 \end{vmatrix}, \begin{vmatrix} 0 & 0 \\ 0 & 1 \end{vmatrix}\right)$
$= (-1, 0, 0)$
$= -\vec{i}$

f) $\vec{i} \times \vec{i} = \left(\begin{vmatrix} 0 & 0 \\ 0 & 0 \end{vmatrix}, -\begin{vmatrix} 1 & 0 \\ 1 & 0 \end{vmatrix}, \begin{vmatrix} 1 & 0 \\ 1 & 0 \end{vmatrix}\right)$
$= (0, 0, 0)$
$= \vec{O}$

Propriétés du produit vectoriel

Énonçons maintenant certaines propriétés relatives au produit vectoriel.

Si $\vec{u}$, $\vec{v}$ et $\vec{w}$ sont trois vecteurs de $\mathbb{R}^3$, et si r et $s \in \mathbb{R}$, nous avons alors

Propriété 1	$\vec{u} \times \vec{v} = -(\vec{v} \times \vec{u})$	(anticommutativité)
Propriété 2	$\vec{u} \times (\vec{v} + \vec{w}) = (\vec{u} \times \vec{v}) + (\vec{u} \times \vec{w})$	(distributivité à gauche)
Propriété 3	$(\vec{u} + \vec{v}) \times \vec{w} = (\vec{u} \times \vec{w}) + (\vec{v} \times \vec{w})$	(distributivité à droite)
Propriété 4	$(r\vec{u}) \times (s\vec{v}) = rs(\vec{u} \times \vec{v})$	
Propriété 5	$\vec{u} \times \vec{u} = \vec{O}$	

PROPRIÉTÉ 1 $\vec{u} \times \vec{v} = -(\vec{v} \times \vec{u})$

PREUVE Soit $\vec{u} = (u_1, u_2, u_3)$ et $\vec{v} = (v_1, v_2, v_3)$.

$$\vec{u} \times \vec{v} = \begin{vmatrix} \vec{i} & \vec{j} & \vec{k} \\ u_1 & u_2 & u_3 \\ v_1 & v_2 & v_3 \end{vmatrix}$$

$$= -\begin{vmatrix} \vec{i} & \vec{j} & \vec{k} \\ v_1 & v_2 & v_3 \\ u_1 & u_2 & u_3 \end{vmatrix} \qquad \begin{matrix} L_3 \to L_2 \\ L_2 \to L_3 \end{matrix} \qquad \text{(théorème 3.9)}$$

$$= -(\vec{v} \times \vec{u})$$

PROPRIÉTÉ 5 $\vec{u} \times \vec{u} = \vec{O}$

PREUVE Soit $\vec{u} = (u_1, u_2, u_3)$.

$$\vec{u} \times \vec{u} = \left(\begin{vmatrix} u_2 & u_3 \\ u_2 & u_3 \end{vmatrix}, -\begin{vmatrix} u_1 & u_3 \\ u_1 & u_3 \end{vmatrix}, \begin{vmatrix} u_2 & u_3 \\ u_2 & u_3 \end{vmatrix} \right)$$

$$= (0, 0, 0) \qquad \text{(théorème 3.10)}$$

$$= \vec{O}$$

Le théorème suivant est une généralisation de la propriété précédente.

THÉORÈME 7.8 Si $\vec{u}$ et $\vec{v}$ sont deux vecteurs non nuls de $\mathbb{R}^3$, alors

$\vec{u} \times \vec{v} = \vec{O}$ si et seulement si $\vec{u}$ est parallèle à $\vec{v}$.

La preuve est laissée à l'élève.

THÉORÈME 7.9 Si $\vec{u}$ et $\vec{v}$ sont deux vecteurs de $\mathbb{R}^3$, alors $\|\vec{u} \times \vec{v}\|^2 = \|\vec{u}\|^2 \|\vec{v}\|^2 - (\vec{u} \cdot \vec{v})^2$.

Identité de Lagrange

PREUVE Soit $\vec{u} = (a, b, c)$ et $\vec{v} = (d, e, f)$.

D'une part, nous avons

$$\begin{aligned}\|\vec{u} \times \vec{v}\|^2 &= \left\| \left(\begin{vmatrix} b & c \\ e & f \end{vmatrix}, -\begin{vmatrix} a & c \\ d & f \end{vmatrix}, \begin{vmatrix} a & b \\ d & e \end{vmatrix} \right) \right\|^2 \\ &= (bf - ce)^2 + (cd - af)^2 + (ae - bd)^2 \\ &= b^2f^2 - 2bcef + c^2e^2 + c^2d^2 - 2acdf + a^2f^2 + a^2e^2 - 2abde + b^2d^2\end{aligned}$$

D'autre part, nous avons

$$\begin{aligned}\|\vec{u}\|^2 \|\vec{v}\|^2 - (\vec{u} \cdot \vec{v})^2 &= (a^2 + b^2 + c^2)(d^2 + e^2 + f^2) - (ad + be + cf)^2 \\ &= a^2d^2 + a^2e^2 + a^2f^2 + b^2d^2 + b^2e^2 + b^2f^2 + c^2d^2 + c^2e^2 + c^2f^2 - \\ &\qquad (a^2d^2 + b^2e^2 + c^2f^2 + 2abde + 2acdf + 2bcef) \\ &= a^2e^2 + a^2f^2 + b^2d^2 + b^2f^2 + c^2d^2 + c^2e^2 - 2abde - 2acdf - 2bcef\end{aligned}$$

d'où $\|\vec{u} \times \vec{v}\|^2 = \|\vec{u}\|^2 \|\vec{v}\|^2 - (\vec{u} \cdot \vec{v})^2$

Le théorème suivant nous permet d'exprimer la norme du produit vectoriel de deux vecteurs non nuls de $\mathbb{R}^3$ en fonction de la norme de chacun de ces vecteurs et de l'angle formé par ces vecteurs.

THÉORÈME 7.10 Si $\vec{u}$ et $\vec{v}$ sont deux vecteurs non nuls de $\mathbb{R}^3$, alors

$\|\vec{u} \times \vec{v}\| = \|\vec{u}\| \|\vec{v}\| \sin \theta$, où $\theta \in [0, \pi]$ est l'angle formé par les vecteurs $\vec{u}$ et $\vec{v}$.

PREUVE Nous savons que

$$\begin{aligned}\|\vec{u} \times \vec{v}\|^2 &= \|\vec{u}\|^2 \|\vec{v}\|^2 - (\vec{u} \cdot \vec{v})^2 && \text{(théorème 7.9)} \\ &= \|\vec{u}\|^2 \|\vec{v}\|^2 - \left(\|\vec{u}\| \|\vec{v}\| \cos \theta\right)^2 && \text{(définition 7.1)} \\ &= \|\vec{u}\|^2 \|\vec{v}\|^2 - \|\vec{u}\|^2 \|\vec{v}\|^2 \cos^2 \theta \\ &= \|\vec{u}\|^2 \|\vec{v}\|^2 (1 - \cos^2 \theta) && \text{(en factorisant)} \\ &= \|\vec{u}\|^2 \|\vec{v}\|^2 \sin^2 \theta && \text{(car } (1 - \cos^2 \theta) = \sin^2 \theta\text{)}\end{aligned}$$

d'où $\|\vec{u} \times \vec{v}\| = \|\vec{u}\| \|\vec{v}\| \sin \theta$ (car $\theta \in [0, \pi]$)

Remarque Il est facile de vérifier que, pour des vecteurs $\vec{u}$ et $\vec{v}$ non nuls, $\|\vec{u} \times \vec{v}\|$ est maximale lorsque $\theta = 90°$, car $\sin \theta \leq 1$ et $\sin 90° = 1$.

Ce théorème nous permet d'exprimer le produit vectoriel de deux vecteurs de $\mathbb{R}^3$, à l'aide d'une expression géométrique.

Nous pouvons exprimer le produit vectoriel de deux vecteurs $\vec{u}$ et $\vec{v}$ non nuls et non parallèles de $\mathbb{R}^3$ de la façon suivante.

> $\vec{u} \times \vec{v} = \|\vec{u}\| \, \|\vec{v}\| \sin \theta \, \vec{U}$, où
>
> θ est l'angle formé par $\vec{u}$ et $\vec{v}$, et
>
> $\vec{U}$ est un vecteur unitaire perpendiculaire au plan engendré par $\vec{u}$ et $\vec{v}$.

Le sens de $\vec{U}$ est déterminé par la règle de la main droite ou règle de la vis, où la rotation s'effectue du premier vecteur vers le deuxième vecteur.

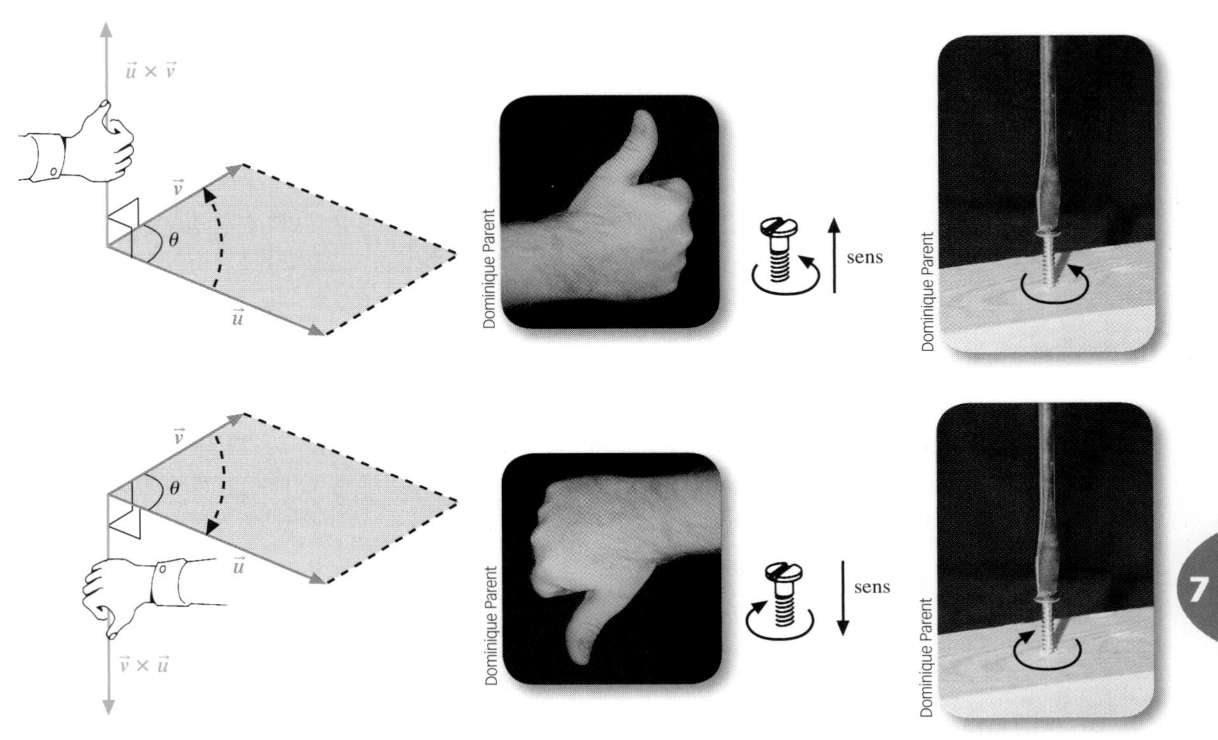

Remarque Si un des vecteurs est nul ou si $\vec{u}$ est parallèle à $\vec{v}$, (c'est-à-dire $\vec{u} = k\vec{v}$), nous obtenons, à l'aide de la définition 7.3, $(\vec{u} \times \vec{v}) = \vec{O}$.

Exemple 1 À l'aide de l'expression géométrique du produit vectoriel, calculons :

a) $\vec{i} \times \vec{j} = \|\vec{i}\| \, \|\vec{j}\| \sin 90° \, \vec{U}$
$= (1)(1)(1)\vec{k}$ (car $\vec{U} = \vec{k}$)
$= \vec{k}$

b) $\vec{k} \times \vec{j} = \|\vec{k}\| \, \|\vec{j}\| \sin 90° \, \vec{U}$
$= (1)(1)(1)(-\vec{i})$ (car $\vec{U} = -\vec{i}$)
$= -\vec{i}$

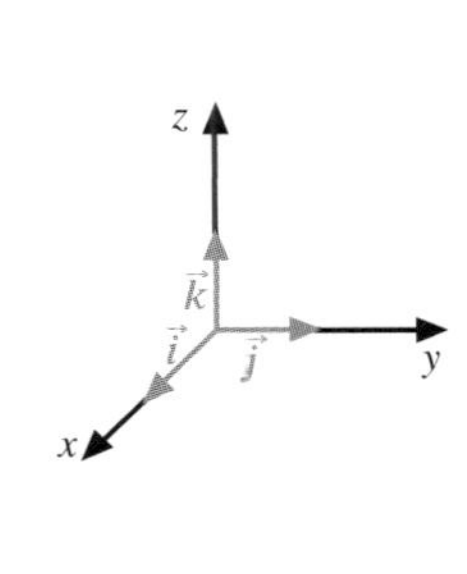

c) $\vec{i} \times \vec{k} = \|\vec{i}\| \, \|\vec{k}\| \sin 90° \, \vec{U}$
$= (1)(1)(1)(-\vec{j})$ (car $\vec{U} = -\vec{j}$)
$= -\vec{j}$

d) $(3\vec{i}) \times (-2\vec{j}) = \|3\vec{i}\| \, \|-2\vec{j}\| \sin 90° \, \vec{U}$
$= |3| \, \|\vec{i}\| \, |-2| \, \|\vec{j}\| \sin 90° \, \vec{U}$
$= 3(1)2(1)(1)(-\vec{k})$ (car $\vec{U} = -\vec{k}$)
$= -6\vec{k}$

Applications du produit vectoriel

Le produit vectoriel peut être utilisé pour calculer l'aire de figures géométriques.

THÉORÈME 7.11 Soit $\vec{u}$ et $\vec{v}$, deux vecteurs non nuls de $\mathbb{R}^3$. L'aire A du parallélogramme engendré par les vecteurs $\vec{u}$ et $\vec{v}$ est donnée par

$$A = \|\vec{u} \times \vec{v}\|$$

PREUVE

Cas où $0° \leq \theta < 90°$: Soit le parallélogramme ci-contre.

$$\begin{aligned} A &= \|\vec{u}\|\, h && \text{(aire = (base)(hauteur))} \\ &= \|\vec{u}\|\,\|\vec{v}\| \sin\theta && \left(\text{car } \sin\theta = \frac{h}{\|\vec{v}\|}\right) \\ &= \|\vec{u} \times \vec{v}\| && \text{(théorème 7.10)} \end{aligned}$$

d'où $A = \|\vec{u} \times \vec{v}\|$

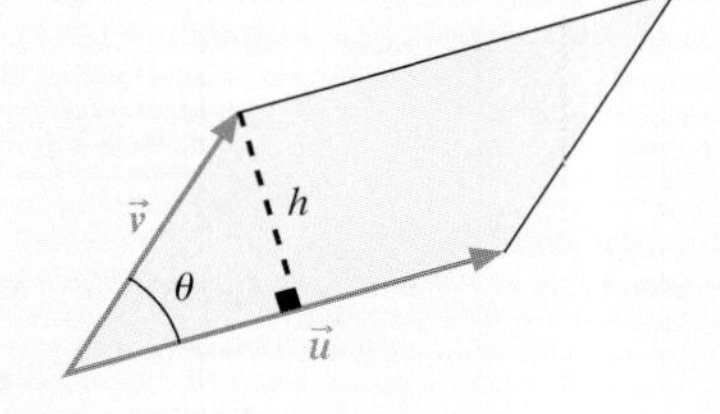

Cas où $90° \leq \theta \leq 180°$: La preuve est laissée à l'élève.

Exemple 1

a) Calculons l'aire A du parallélogramme engendré par $\vec{u} = (-1, 2, 5)$ et $\vec{v} = (3, 6, -2)$.

En calculant $\vec{u} \times \vec{v}$, nous obtenons

$$\vec{u} \times \vec{v} = \begin{vmatrix} \vec{i} & \vec{j} & \vec{k} \\ -1 & 2 & 5 \\ 3 & 6 & -2 \end{vmatrix} = (-34, 13, -12)$$

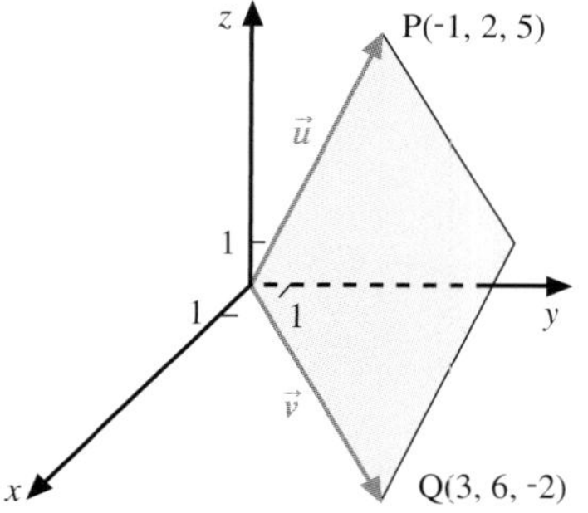

Aire d'un parallélogramme de $\mathbb{R}^3$

Puisque $A = \|\vec{u} \times \vec{v}\|$ (théorème 7.11)

$$A = \sqrt{(-34)^2 + (13)^2 + (-12)^2}$$
$$= \sqrt{1469}$$

d'où $A = \sqrt{1469}$ unités².

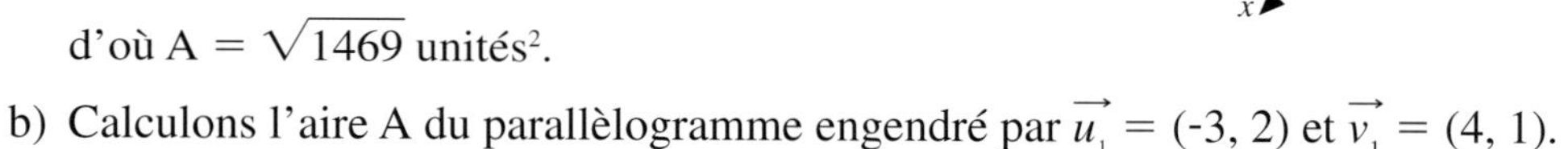

b) Calculons l'aire A du parallèlogramme engendré par $\vec{u_1} = (-3, 2)$ et $\vec{v_1} = (4, 1)$.

Puisque le produit vectoriel est défini seulement pour des vecteurs de $\mathbb{R}^3$, il suffit d'ajouter à chaque vecteur une troisième composante égale à 0.

Soit $\vec{u} = (-3, 2, 0)$ et $\vec{v} = (4, 1, 0)$, les vecteurs obtenus en ajoutant à chaque vecteur une troisième composante égale à zéro.

$$\vec{u} \times \vec{v} = \begin{vmatrix} \vec{i} & \vec{j} & \vec{k} \\ -3 & 2 & 0 \\ 4 & 1 & 0 \end{vmatrix} = (0, 0, -11)$$

Aire d'un parallélogramme de $\mathbb{R}^2$

Puisque $A = \|\vec{u} \times \vec{v}\|$ (théorème 7.11)

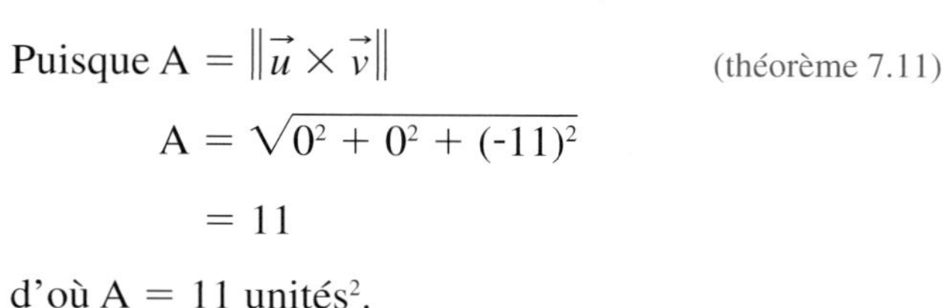

$$A = \sqrt{0^2 + 0^2 + (-11)^2}$$
$$= 11$$

d'où A = 11 unités².

THÉORÈME 7.12 Soit P, Q et R, les sommets d'un triangle. L'aire A du triangle PQR est donnée par

$$A = \frac{\|\overrightarrow{PQ} \times \overrightarrow{PR}\|}{2}$$

La preuve est laissée à l'élève.

Exemple 2

Aire d'un triangle dans $\mathbb{R}^3$

a) Calculons l'aire A du triangle dont les sommets sont P(4, -1, 2), Q(5, 3, -1) et R(-3, 1, 2).

En calculant $\overrightarrow{PQ} \times \overrightarrow{PR}$, où $\overrightarrow{PQ} = (1, 4, -3)$ et $\overrightarrow{PR} = (-7, 2, 0)$, nous obtenons

$$\overrightarrow{PQ} \times \overrightarrow{PR} = \left(\begin{vmatrix} 4 & -3 \\ 2 & 0 \end{vmatrix}, -\begin{vmatrix} 1 & -3 \\ -7 & 0 \end{vmatrix}, \begin{vmatrix} 1 & 4 \\ -7 & 2 \end{vmatrix} \right) = (6, 21, 30)$$

Ainsi, par le théorème 7.12, $A = \dfrac{\|\overrightarrow{PQ} \times \overrightarrow{PR}\|}{2} = \dfrac{\sqrt{6^2 + 21^2 + 30^2}}{2} = \dfrac{\sqrt{1377}}{2}$

d'où $A = \dfrac{\sqrt{1377}}{2}$ unités^2.

Aire d'un triangle dans $\mathbb{R}^2$

b) Calculons l'aire A du triangle dont les sommets sont B(2, 1), C(4, 5) et D(8, 4).

En ajoutant une troisième coordonnée nulle aux points B, C et D, nous obtenons la représentation ci-contre dans $\mathbb{R}^3$.

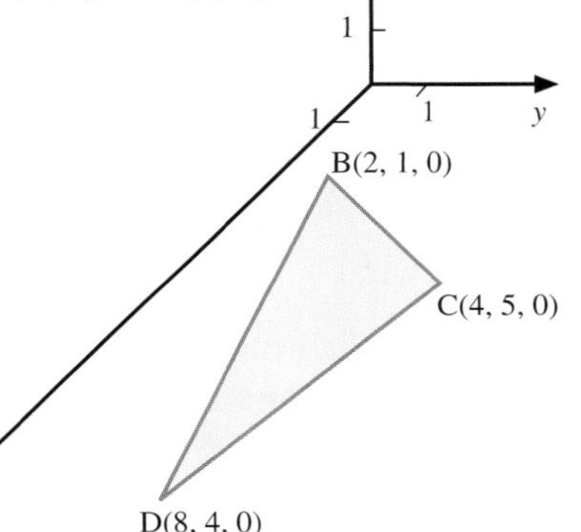

Puisque $\overrightarrow{BD} = (6, 3, 0)$ et $\overrightarrow{BC} = (2, 4, 0)$, nous obtenons

$$\overrightarrow{BD} \times \overrightarrow{BC} = \begin{vmatrix} \vec{i} & \vec{j} & \vec{k} \\ 6 & 3 & 0 \\ 2 & 4 & 0 \end{vmatrix} = (0, 0, 18)$$

Ainsi, $A = \dfrac{\|\overrightarrow{BD} \times \overrightarrow{BC}\|}{2} = \dfrac{18}{2} = 9$

d'où A = 9 unités^2.

Démontrons maintenant un théorème permettant de calculer l'aire d'un triangle en fonction de la longueur des côtés et du demi-périmètre du triangle.

THÉORÈME 7.13

Formule de Héron

Soit R, S et T, les sommets d'un triangle. L'aire A du triangle RST est donnée par $A = \sqrt{p(p - r)(p - s)(p - t)}$, où r, s et t sont les longueurs des côtés du triangle et $p = \dfrac{r + s + t}{2}$, le demi-périmètre du triangle.

PREUVE Soit R, S et T, les sommets du triangle ci-contre.

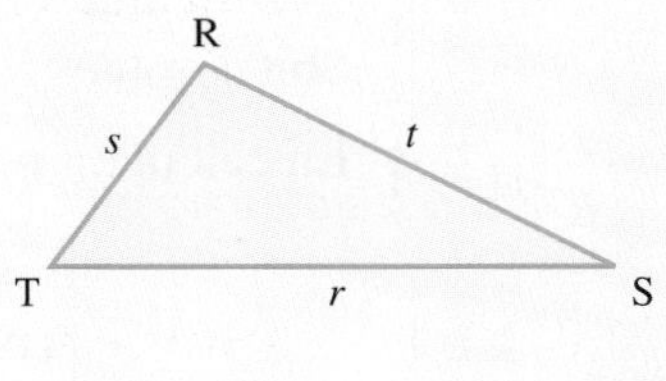

Si $\overrightarrow{TR} = \vec{u}$, alors $\|\vec{u}\| = s$

Si $\overrightarrow{RS} = \vec{w}$, alors $\|\vec{w}\| = t$

Si $\overrightarrow{TS} = \vec{v}$, alors $\|\vec{v}\| = r$

Soit θ, l'angle formé par $\vec{u}$ et $\vec{v}$ et $p = \dfrac{\|\vec{u}\| + \|\vec{v}\| + \|\vec{w}\|}{2}$.

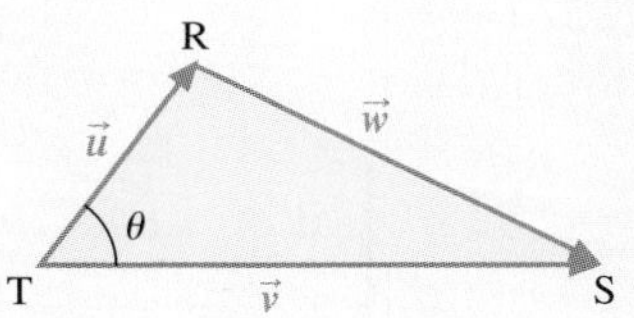

Donc, $p = \dfrac{r + s + t}{2}$

Par le théorème 7.12, nous avons $A = \frac{1}{2}\|\vec{u} \times \vec{v}\|$, ainsi

$$\begin{aligned}
2A &= \|\vec{u} \times \vec{v}\| \\
4A^2 &= \|\vec{u} \times \vec{v}\|^2 \\
&= \|\vec{u}\|^2 \|\vec{v}\|^2 - (\vec{u} \cdot \vec{v})^2 && \text{(théorème 7.9)} \\
&= \left(\|\vec{u}\|\,\|\vec{v}\| + \vec{u} \cdot \vec{v}\right)\left(\|\vec{u}\|\,\|\vec{v}\| - \vec{u} \cdot \vec{v}\right) && \text{(différence de carrés)} \\
&= \left(\|\vec{u}\|\,\|\vec{v}\| + \|\vec{u}\|\,\|\vec{v}\| \cos\theta\right)\left(\|\vec{u}\|\,\|\vec{v}\| - \|\vec{u}\|\,\|\vec{v}\| \cos\theta\right) \\
&= [sr + sr\cos\theta][sr - sr\cos\theta] && (\|\vec{u}\| = s \text{ et } \|\vec{v}\| = r) \\
&= \left[sr + \frac{s^2 + r^2 - t^2}{2}\right]\left[sr - \frac{s^2 + r^2 - t^2}{2}\right] && \text{(loi des cosinus)} \\
&= \left[\frac{2sr + s^2 + r^2 - t^2}{2}\right]\left[\frac{2sr - s^2 - r^2 + t^2}{2}\right] \\
16A^2 &= [(s^2 + 2sr + r^2) - t^2][t^2 - (s^2 - 2sr + r^2)] \\
&= [(s + r)^2 - t^2][t^2 - (s - r)^2] \\
&= [(s + r + t)(s + r - t)][(t + s - r)(t - s + r)] \\
&= (s + r + t)(s + r + t - 2t)(t + s + r - 2r)(t + r + s - 2s) \\
&= 2p(2p - 2t)(2p - 2r)(2p - 2s) && (\text{car } 2p = r + s + t) \\
&= 2^4\, p(p - t)(p - r)(p - s)
\end{aligned}$$

d'où $A = \sqrt{p(p - r)(p - s)(p - t)}$

Exemple 3 Calculons l'aire A du triangle RST, où R(-1, 2, 5), S(3, 6, 7) et T(15, 3, 3), à l'aide du théorème précédent.

Soit $r = \|\overrightarrow{ST}\| = 13$, $s = \|\overrightarrow{RT}\| = \sqrt{261}$ et $t = \|\overrightarrow{RS}\| = 6$.

Ainsi, $p = \dfrac{13 + 6 + \sqrt{261}}{2} = \dfrac{19 + \sqrt{261}}{2}$ (le demi-périmètre)

donc, $A = \sqrt{\dfrac{19 + \sqrt{261}}{2}\left(\dfrac{19 + \sqrt{261}}{2} - 13\right)\left(\dfrac{19 + \sqrt{261}}{2} - \sqrt{261}\right)\left(\dfrac{19 + \sqrt{261}}{2} - 6\right)}$

d'où $A \approx 36{,}4$ unités².

Exemple 4 À l'aide du produit vectoriel, démontrons que $\sin(A - B) = \sin A \cos B - \cos A \sin B$.

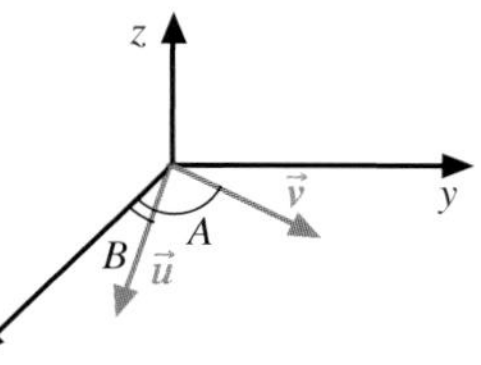

Soit $\vec{u} = (\cos B, \sin B, 0)$ et $\vec{v} = (\cos A, \sin A, 0)$, deux vecteurs unitaires.

En calculant $\vec{u} \times \vec{v}$ de deux façons différentes, nous obtenons

Développement de $\sin(A - B)$

$$\vec{u} \times \vec{v} = \begin{vmatrix} \vec{i} & \vec{j} & \vec{k} \\ \cos B & \sin B & 0 \\ \cos A & \sin A & 0 \end{vmatrix} = (0, 0, \cos B \sin A - \cos A \sin B)$$

$$\begin{aligned}
\vec{u} \times \vec{v} &= \|\vec{u}\|\,\|\vec{v}\| \sin(A - B)\vec{k} \\
&= 1(1)\sin(A - B)\vec{k} \\
&= \sin(A - B)\,(0, 0, 1) \\
&= (0, 0, \sin(A - B))
\end{aligned}$$

d'où $\sin(A - B) = \sin A \cos B - \cos A \sin B$

Le moment de force $\vec{\tau}$ mesure la capacité d'une force à imprimer un mouvement de rotation à un corps.

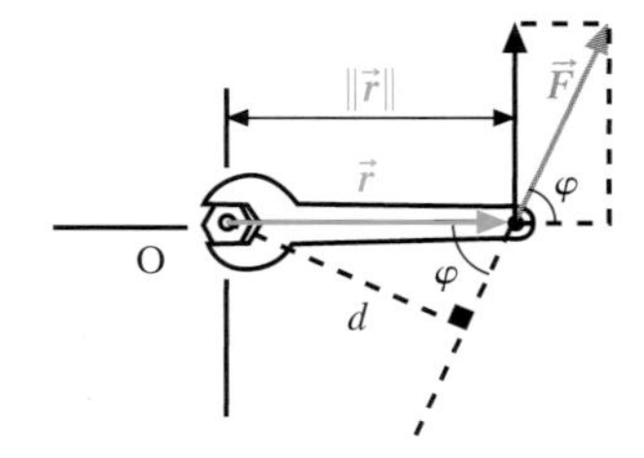

Ainsi, le moment de force $\vec{\tau}$ produit par une force $\vec{F}$, exprimée en newtons (N), exercée à un angle φ par rapport à une clé plate mixte pour faire tourner un boulon est donnée par

$$\vec{\tau} = \vec{r} \times \vec{F}.$$ (exercices récapitulatifs, n° 19, page 306)

Dominique Parent

La norme du moment de force est exprimée en joules (J) lorsque $\|\vec{r}\|$ est exprimée en mètres (m).

Exemple 5 On serre un boulon à l'aide d'une clé. On applique une force de 63 N, dans le sens horaire, à 25 cm du centre du boulon et exercée à un angle de 75° par rapport à la clé.

a) Calculons la norme du moment de force $\vec{\tau}$, où $\vec{\tau} = \vec{r} \times \vec{F}$.

$$\begin{aligned} \|\vec{\tau}\| &= \|\vec{r}\|\,\|\vec{F}\| \sin\theta \\ &= (0{,}25)(63)\sin 75° \\ &= 15{,}21\ldots \end{aligned}$$

d'où environ 15,21 joules.

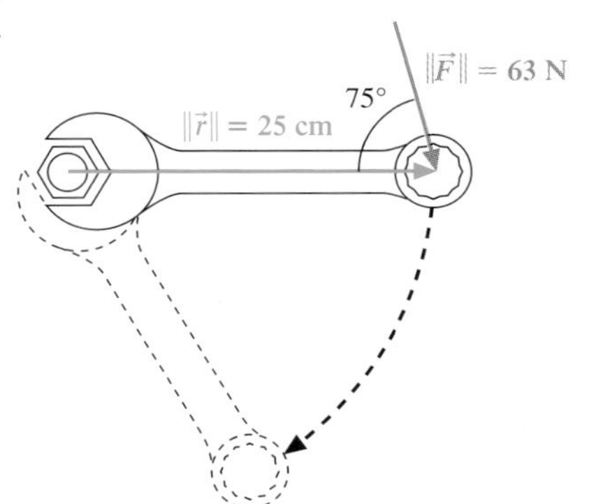

b) Déterminons le sens du vecteur moment de force.

Selon la règle de la main droite, le vecteur moment de force se dirige vers l'intérieur du matériau.

Le produit vectoriel de deux vecteurs de $\mathbb{R}^3$ est utilisé pour analyser le comportement de certains phénomènes physiques, par exemple :

- Le taux d'écoulement de l'énergie à travers une unité d'aire est donné par le vecteur de Poynting $\vec{S}$ tel que

  $$\vec{S} = \frac{1}{\mu_0}\vec{E} \times \vec{B},$$

  où μ_0 est une constante donnée, $\vec{E}$ est le champ électrique le long d'un fil et $\vec{B}$ est le champ magnétique total créé en un point quelconque par un conducteur de dimension finie.
- La force magnétique $\vec{F}$ qui agit sur une charge q en mouvement à la vitesse $\vec{v}$ dans un champ magnétique extérieur $\vec{B}$ est donnée par

  $$\vec{F} = q\vec{v} \times \vec{B}.$$
- Le moment de force $\vec{\tau}$ sur une boucle de courant placée dans un champ magnétique extérieur uniforme $\vec{B}$ est donné par

  $$\vec{\tau} = \mathrm{I}\vec{A} \times \vec{B},$$

  où I est le courant et $\vec{A}$, un vecteur perpendiculaire au plan de la boucle, tel que $\|\vec{A}\|$ est égal à l'aire de la boucle.
- La force totale $\vec{F}$, appelée « force de Lorentz », enregistrée par une particule chargée qui se déplace à une vitesse $\vec{v}$ dans une région où se trouvent un champ magnétique $\vec{B}$ et un champ électrique $\vec{E}$, est donnée par

  $$\vec{F} = q\vec{E} + (q\vec{v} \times \vec{B}).$$

7

Exercices 7.2

1. Calculer $\vec{u} \times \vec{v}$ et $\vec{v} \times \vec{u}$ si :

a) $\vec{u} = (-4, 0, 5)$ et $\vec{v} = (2, -1, 3)$

b) $\vec{u} = 2\vec{i} + 4\vec{j}$ et $\vec{v} = (-1, 5, -3)$

c) $\vec{u} = \vec{i} + 2\vec{j} - 3\vec{k}$ et $\vec{v} = (2, 4, -6)$

d) $\vec{u} = \overrightarrow{AB}$, où A(-1, 2, 3) et B(3, 1, 9), et $\vec{v} = \overrightarrow{CD}$, où C(0, 3, -2) et D(2, 8, 1)

2. Déterminer les deux vecteurs unitaires $\overrightarrow{U_1}$ et $\overrightarrow{U_2}$ qui sont perpendiculaires aux vecteurs $\vec{u}$ et $\vec{v}$ suivants.

a) $\vec{u} = (2, 1, -2)$ et $\vec{v} = (1, 1, 3)$

b) $\vec{u} = \vec{i} + 3\vec{k}$ et $\vec{v} = \overrightarrow{AB}$, où A(2, -5, 7) et B(3, 0, 6)

3. Déterminer deux vecteurs $\overrightarrow{w_1}$ et $\overrightarrow{w_2}$ perpendiculaires aux vecteurs $\vec{u}$ et $\vec{v}$ suivants.

a) $\vec{u} = (-3, 4, 2)$ et $\vec{v} = (4, 3, -2)$ tels que $\|\overrightarrow{w_1}\| = \|\overrightarrow{w_2}\| = 4$

b) $\vec{u} = \overrightarrow{AB}$, où A(3, -4, 2) et B(0, 3, 4), et $\vec{v} = \overrightarrow{CD}$, où C(-1, 4, 6) et D(4, 0, 5), tels que $\|\overrightarrow{w_1}\| = \|\overrightarrow{w_2}\| = \sqrt{193}$

4. Calculer les produits vectoriels suivants.

a) $(\vec{i} \times \vec{k}) \times \vec{k}$

b) $\vec{i} \times (\vec{k} \times \vec{k})$

c) $(\vec{i} \times \vec{j}) \times (\vec{j} \times \vec{k})$

d) $\vec{i} \times ((\vec{j} \times \vec{j}) \times \vec{k})$

e) $((\vec{i} \times \vec{j}) \times \vec{j}) \times \vec{k}$

5. Pour les vecteurs $\vec{u} = (3, -2, 1)$, $\vec{v} = (0, 4, -3)$ et $\vec{w} = (1, 3, 5)$, vérifier si les égalités suivantes sont vraies.

a) $\vec{u} \times \vec{v} = -(\vec{v} \times \vec{u})$

b) $\vec{v} \times (\vec{u} + \vec{w}) = (\vec{v} \times \vec{u}) + (\vec{v} \times \vec{w})$

c) $(\vec{u} \times \vec{v}) \times \vec{w} = \vec{u} \times (\vec{v} \times \vec{w})$

d) $(5\vec{u}) \times \vec{w} = 5(\vec{u} \times \vec{w})$

e) $\vec{u} \times (k\vec{u}) = \vec{O}$

6. Sur la représentation ci-après, nous avons $\vec{u} = \overrightarrow{AB}$, $\vec{v} = \overrightarrow{AE}$, $\vec{w} = \overrightarrow{AD}$, $\|\vec{u}\| = \|\vec{v}\| = \|\vec{w}\| = 1$, $\vec{u} \perp \vec{v}$, $\vec{u} \perp \vec{w}$ et $\vec{v} \perp \vec{w}$.

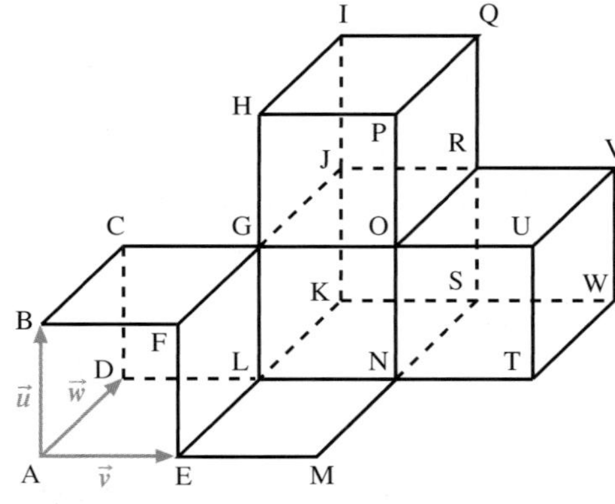

Calculer les produits vectoriels suivants en fonction de $\vec{u}$, $\vec{v}$, $\vec{w}$ ou $\vec{O}$.

a) $\overrightarrow{AB} \times \overrightarrow{AE}$

b) $\overrightarrow{LN} \times \overrightarrow{GH}$

c) $\overrightarrow{RO} \times \overrightarrow{QI}$

d) $\overrightarrow{DL} \times \overrightarrow{VR}$

e) $\overrightarrow{LH} \times \overrightarrow{NS}$

f) $\overrightarrow{CU} \times \overrightarrow{JK}$

g) $\overrightarrow{WK} \times \overrightarrow{PN}$

h) $\overrightarrow{DT} \times \overrightarrow{FJ}$

i) $\overrightarrow{MM} \times \overrightarrow{KW}$

j) $(\overrightarrow{AM} + \overrightarrow{CU}) \times \overrightarrow{KE}$

k) $(\overrightarrow{LH} - \overrightarrow{PN}) \times (\overrightarrow{EK} - \overrightarrow{TW})$

l) $\overrightarrow{AF} \times \overrightarrow{LI}$

7. Calculer l'aire du parallélogramme

a) engendré par les vecteurs $\vec{u} = (5, -1, 2)$ et $\vec{v} = (-1, 3, 5)$;

b) engendré par les vecteurs $\vec{u} = (5, 1)$ et $\vec{v} = (5, -4)$;

c) défini par les points A(-2, 1), B(1, 4), C(5, 3) et D(8, 6) ;

d) défini par les points A(1, 1, 1), B(2, 3, 4), C(5, 4, 2) et D(6, 6, 5).

8. a) Calculer l'aire du triangle :

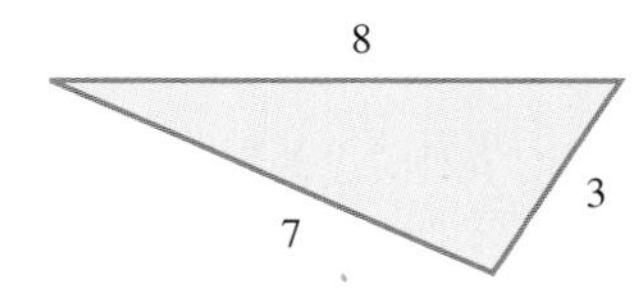

b) Calculer l'aire du triangle dont les sommets sont les points

i) A(-4, 1, 2), B(1, 3, -5) et C(0, 3, 4) ;

ii) A(-1, 5), B(6, -2) et C(0, 1) ;

iii) A(1, -5, 4), B(3, -1, 3) et C(-3, -13, 6).

c) Que pouvez-vous conclure à propos de la position des points A, B et C définis en b) iii) ?

9. Calculer l'aire du quadrilatère dont les sommets sont les points A(-2, -2), B(-1, 1), C(2, 3) et D(5, -1).

10. Nicolas exerce une force de 45 N sur la pédale d'un tricycle, où la manivelle de la pédale mesure 9 cm de longueur.

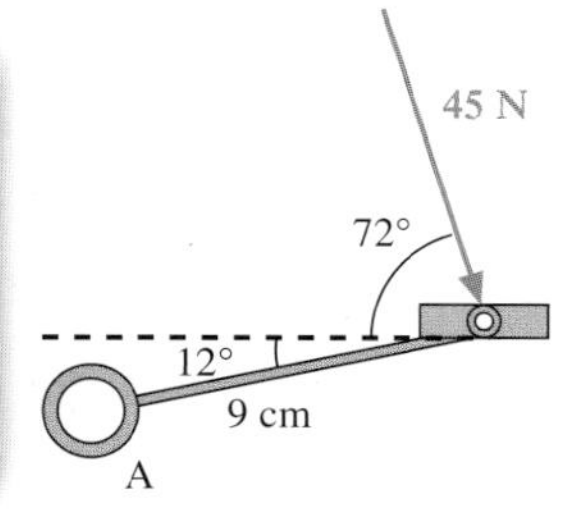

Déterminer la norme du moment de force, exprimée en joules, autour du point A.

11. Soit le triangle ABC ci-dessous.

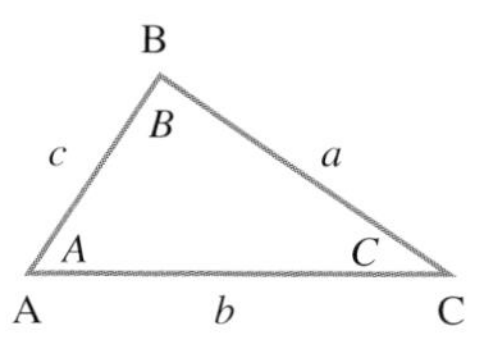

Utiliser le produit vectoriel pour démontrer la loi des sinus :

$$\frac{\sin A}{a} = \frac{\sin B}{b} = \frac{\sin C}{c}$$

12. Soit $\vec{u}$, $\vec{v}$ et $\vec{w}$, trois vecteurs de $\mathbb{R}^3$ tels que $\vec{u} + \vec{v} + \vec{w} = \vec{O}$. Démontrer que $\vec{u} \times \vec{v} = \vec{v} \times \vec{w} = \vec{w} \times \vec{u}$.

7.3 Produit mixte de vecteurs

Objectifs d'apprentissage

À la fin de cette section, l'élève pourra utiliser le produit mixte de vecteurs de $\mathbb{R}^3$ pour résoudre certains problèmes.

Plus précisément, l'élève sera en mesure

- de donner la définition du produit mixte de vecteurs de $\mathbb{R}^3$;
- d'effectuer le produit mixte de vecteurs de $\mathbb{R}^3$;
- d'énoncer les propriétés du produit mixte de vecteurs de $\mathbb{R}^3$;
- de démontrer certaines propriétés du produit mixte de vecteurs de $\mathbb{R}^3$;
- de calculer le volume d'un parallélépipède à l'aide du produit mixte de vecteurs de $\mathbb{R}^3$;
- de vérifier si trois vecteurs de $\mathbb{R}^3$ sont coplanaires ;
- de calculer le volume d'un tétraèdre à l'aide du produit mixte de vecteurs de $\mathbb{R}^3$;
- d'utiliser les propriétés du produit mixte de vecteurs de $\mathbb{R}^3$ pour résoudre certains problèmes géométriques.

Si $\vec{u} = (u_1, u_2, u_3)$, $\vec{v} = (v_1, v_2, v_3)$ et $\vec{w} = (w_1, w_2, w_3)$, alors

$$\vec{u} \cdot (\vec{v} \times \vec{w}) = \begin{vmatrix} u_1 & u_2 & u_3 \\ v_1 & v_2 & v_3 \\ w_1 & w_2 & w_3 \end{vmatrix}$$

Nous terminons ce chapitre en définissant le produit mixte de trois vecteurs de $\mathbb{R}^3$ dans lequel interviennent le produit vectoriel et le produit scalaire.

Définition du produit mixte

DÉFINITION 7.4 Soit $\vec{u}$, $\vec{v}$ et $\vec{w}$, trois vecteurs de $\mathbb{R}^3$.

Le **produit mixte** des vecteurs $\vec{u}$, $\vec{v}$ et $\vec{w}$ est défini par $\vec{u} \cdot (\vec{v} \times \vec{w})$.

Remarque Il est également possible de noter, sans parenthèses, le produit mixte par $\vec{u} \cdot \vec{v} \times \vec{w}$. En effet, le seul regroupement possible est $\vec{u} \cdot (\vec{v} \times \vec{w})$, puisque $(\vec{u} \cdot \vec{v}) \times \vec{w}$ n'est pas défini, $(\vec{u} \cdot \vec{v})$ étant un scalaire.

Le résultat du produit mixte est un scalaire.

Exemple 1 Soit $\vec{u} = (2, -1, 4)$, $\vec{v} = (1, 0, 5)$ et $\vec{w} = (-3, 6, -8)$. Calculons $\vec{u} \cdot (\vec{v} \times \vec{w})$ et $\vec{v} \cdot (\vec{u} \times \vec{w})$.

$$\begin{aligned}\vec{u} \cdot (\vec{v} \times \vec{w}) &= (2, -1, 4) \cdot ((1, 0, 5) \times (-3, 6, -8)) \\ &= (2, -1, 4) \cdot \left(\begin{vmatrix} 0 & 5 \\ 6 & -8 \end{vmatrix}, -\begin{vmatrix} 1 & 5 \\ -3 & -8 \end{vmatrix}, \begin{vmatrix} 1 & 0 \\ -3 & 6 \end{vmatrix}\right) \\ &= (2, -1, 4) \cdot (-30, -7, 6) \\ &= 2(-30) + (-1)(-7) + 4(6) \\ &= -29\end{aligned}$$

$$\begin{aligned}\vec{v} \cdot (\vec{u} \times \vec{w}) &= (1, 0, 5) \cdot ((2, -1, 4) \times (-3, 6, -8)) \\ &= (1, 0, 5) \cdot \left(\begin{vmatrix} -1 & 4 \\ 6 & -8 \end{vmatrix}, -\begin{vmatrix} 2 & 4 \\ -3 & -8 \end{vmatrix}, \begin{vmatrix} 2 & -1 \\ -3 & 6 \end{vmatrix}\right) \\ &= (1, 0, 5) \cdot (-16, 4, 9) \\ &= 1(-16) + 0(4) + 5(9) \\ &= 29\end{aligned}$$

THÉORÈME 7.14 Si $\vec{u} = (u_1, u_2, u_3)$, $\vec{v} = (v_1, v_2, v_3)$ et $\vec{w} = (w_1, w_2, w_3)$ sont trois vecteurs de $\mathbb{R}^3$, alors

$$\vec{u} \cdot (\vec{v} \times \vec{w}) = \begin{vmatrix} u_1 & u_2 & u_3 \\ v_1 & v_2 & v_3 \\ w_1 & w_2 & w_3 \end{vmatrix}$$

PREUVE

$$\begin{aligned}\vec{u} \cdot (\vec{v} \times \vec{w}) &= (u_1, u_2, u_3) \cdot ((v_1, v_2, v_3) \times (w_1, w_2, w_3)) \\ &= (u_1, u_2, u_3) \cdot \left(\begin{vmatrix} v_2 & v_3 \\ w_2 & w_3 \end{vmatrix}, -\begin{vmatrix} v_1 & v_3 \\ w_1 & w_3 \end{vmatrix}, \begin{vmatrix} v_1 & v_2 \\ w_1 & w_2 \end{vmatrix}\right) \\ &= u_1\begin{vmatrix} v_2 & v_3 \\ w_2 & w_3 \end{vmatrix} - u_2\begin{vmatrix} v_1 & v_3 \\ w_1 & w_3 \end{vmatrix} + u_3\begin{vmatrix} v_1 & v_2 \\ w_1 & w_2 \end{vmatrix} \\ &= \begin{vmatrix} u_1 & u_2 & u_3 \\ v_1 & v_2 & v_3 \\ w_1 & w_2 & w_3 \end{vmatrix}\end{aligned}$$

Exemple 2 Soit $\vec{u} = (-2, -1, 0)$, $\vec{v} = (5, 0, 1)$, $\vec{w} = (-3, 4, 7)$ et $\vec{t} = (6, -2, 2)$. Calculons $\vec{u} \cdot (\vec{v} \times \vec{w})$ et $\vec{u} \cdot (\vec{v} \times \vec{t})$.

$$\vec{u} \cdot (\vec{v} \times \vec{w}) = \begin{vmatrix} -2 & -1 & 0 \\ 5 & 0 & 1 \\ -3 & 4 & 7 \end{vmatrix} = 46$$

$$\vec{u} \cdot (\vec{v} \times \vec{t}) = \begin{vmatrix} -2 & -1 & 0 \\ 5 & 0 & 1 \\ 6 & -2 & 2 \end{vmatrix} = 0$$

Propriétés du produit mixte

Énonçons maintenant certaines propriétés relatives au produit mixte.

Si $\vec{u}$, $\vec{v}$ et $\vec{w}$ sont trois vecteurs de $\mathbb{R}^3$, et si r, s et $t \in \mathbb{R}$, nous avons alors

Propriété 1 $\vec{u} \cdot (\vec{u} \times \vec{v}) = 0$ et $\vec{v} \cdot (\vec{u} \times \vec{v}) = 0$

Propriété 2 $\vec{u} \cdot (\vec{v} \times \vec{w}) = \vec{v} \cdot (\vec{w} \times \vec{u}) = \vec{w} \cdot (\vec{u} \times \vec{v})$

Propriété 3 $r\vec{u} \cdot (s\vec{v} \times t\vec{w}) = rst(\vec{u} \cdot (\vec{v} \times \vec{w}))$

PROPRIÉTÉ 1 $\vec{u}\bullet(\vec{u}\times\vec{v}) = 0$ et $\vec{v}\bullet(\vec{u}\times\vec{v}) = 0$

PREUVE Soit $\vec{u} = (u_1, u_2, u_3)$ et $\vec{v} = (v_1, v_2, v_3)$.

$$\vec{u}\bullet(\vec{u}\times\vec{v}) = \begin{vmatrix} u_1 & u_2 & u_3 \\ u_1 & u_2 & u_3 \\ v_1 & v_2 & v_3 \end{vmatrix} \quad \text{(théorème 7.14)}$$

$$= 0 \quad \text{(théorème 3.10)}$$

De la même façon, on démontre que $\vec{v}\bullet(\vec{u}\times\vec{v}) = 0$.

PROPRIÉTÉ 3 $r\vec{u}\bullet(s\vec{v}\times t\vec{w}) = rst(\vec{u}\bullet(\vec{v}\times\vec{w}))$

PREUVE Soit $\vec{u} = (u_1, u_2, u_3)$, $\vec{v} = (v_1, v_2, v_3)$ et $\vec{w} = (w_1, w_2, w_3)$.

$$r\vec{u}\bullet(s\vec{v}\times t\vec{w}) = r\vec{u}\bullet(st\,(\vec{v}\times\vec{w})) \quad \text{(propriété 4 du produit vectoriel)}$$

$$= rst(\vec{u}\bullet(\vec{v}\times\vec{w})) \quad \text{(propriété 2 du produit scalaire)}$$

Applications du produit mixte

Le produit mixte peut être utilisé pour calculer le volume de certains solides.

THÉORÈME 7.15 Soit $\vec{u}$, $\vec{v}$ et $\vec{w}$, trois vecteurs de $\mathbb{R}^3$.

Le volume V du parallélépipède engendré par les vecteurs $\vec{u}$, $\vec{v}$ et $\vec{w}$ est donné par

$V = |\vec{u}\bullet(\vec{v}\times\vec{w})|$, c'est-à-dire la valeur absolue du produit mixte.

PREUVE Soit le parallélépipède ci-contre. Nous savons que

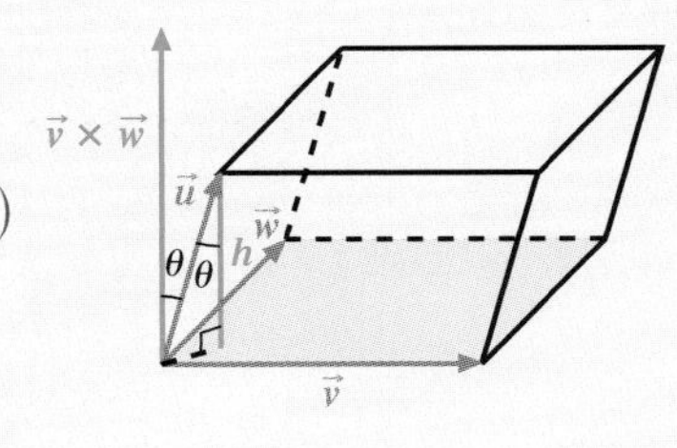

$$V = \text{(aire de la base)(hauteur)}$$

$$= \|\vec{v}\times\vec{w}\|h \quad \left(\text{car aire de la base} = \|\vec{v}\times\vec{w}\|\right)$$

$$= \|\vec{v}\times\vec{w}\|\,\|\vec{u}\|\,|\cos\theta| \quad \left(\text{car } |\cos\theta| = \frac{h}{\|\vec{u}\|}\right)$$

$$= \|\vec{u}\|\|\vec{v}\times\vec{w}\|\,|\cos\theta|$$

d'où $V = |\vec{u}\bullet(\vec{v}\times\vec{w})|$ (définition 7.1)

Exemple 1 Calculons le volume V du parallélépipède engendré par $\vec{u} = (1, 4, -1)$, $\vec{v} = (3, 6, 7)$ et $\vec{w} = (-3, 2, -2)$.

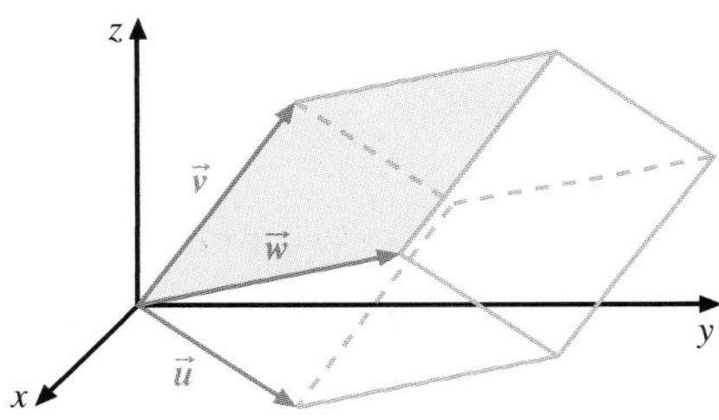

Calculons $\vec{u}\bullet(\vec{v}\times\vec{w})$.

$$\vec{u}\bullet(\vec{v}\times\vec{w}) = \begin{vmatrix} 1 & 4 & -1 \\ 3 & 6 & 7 \\ -3 & 2 & -2 \end{vmatrix} = -110$$

Puisque $V = |\vec{u}\bullet(\vec{v}\times\vec{w})|$ (théorème 7.15)

$= |-110|$

d'où V = 110 unités^3.

Remarque Nous aurions également pu obtenir le volume V du parallélépipède précédent en calculant $|\vec{v} \bullet (\vec{u} \times \vec{w})|$ ou en calculant $|\vec{w} \bullet (\vec{u} \times \vec{v})|$.

THÉORÈME 7.16 Soit $\vec{u}$, $\vec{v}$ et $\vec{w}$, trois vecteurs de $\mathbb{R}^3$.
Les vecteurs $\vec{u}$, $\vec{v}$ et $\vec{w}$ sont coplanaires si et seulement si $\vec{u} \bullet (\vec{v} \times \vec{w}) = 0$.

La preuve est laissée à l'élève.

Exemple 2 Soit $\vec{u} = (1, -2, 0)$, $\vec{v} = (-2, 1, 3)$, $\vec{w} = (-1, 4, 0)$ et $\vec{t} = (-7, 8, 6)$.

a) Déterminons si $\vec{u}$, $\vec{v}$ et $\vec{w}$ sont coplanaires.

$$\vec{u} \bullet (\vec{v} \times \vec{w}) = \begin{vmatrix} 1 & -2 & 0 \\ -2 & 1 & 3 \\ -1 & 4 & 0 \end{vmatrix} = -6$$

d'où $\vec{u}$, $\vec{v}$ et $\vec{w}$ ne sont pas coplanaires.
(car $\vec{u} \bullet (\vec{v} \times \vec{w}) \neq 0$)

b) Déterminons si $\vec{u}$, $\vec{v}$, et $\vec{t}$ sont coplanaires.

$$\vec{u} \bullet (\vec{v} \times \vec{t}) = \begin{vmatrix} 1 & -2 & 0 \\ -2 & 1 & 3 \\ -7 & 8 & 6 \end{vmatrix} = 0$$

d'où $\vec{u}$, $\vec{v}$, et $\vec{t}$ sont coplanaires.
(car $\vec{u} \bullet (\vec{u} \times \vec{t}) = 0$)

THÉORÈME 7.17 Soit $\vec{u}$, $\vec{v}$ et $\vec{w}$, trois vecteurs de $\mathbb{R}^3$.
Le volume V du tétraèdre engendré par les vecteurs $\vec{u}$, $\vec{v}$ et $\vec{w}$ est donné par

$$V = \frac{1}{6}|\vec{u} \bullet (\vec{v} \times \vec{w})|$$

PREUVE Soit V, le volume du tétraèdre engendré par $\vec{u}$, $\vec{v}$ et $\vec{w}$.
Nous savons que $V = \frac{1}{3}$ (aire de la base)(hauteur). Ainsi,

$$V = \frac{1}{3}\left(\frac{\|\vec{v} \times \vec{w}\|}{2}\right)h \qquad \left(\text{aire de la base} = \frac{\|\vec{v} \times \vec{w}\|}{2}\right)$$

$$= \frac{1}{6}\|\vec{v} \times \vec{w}\|\|\vec{u}\|\,|\cos\theta| \qquad \left(|\cos\theta| = \frac{h}{\|\vec{u}\|}\right)$$

$$= \frac{1}{6}\,|(\|\vec{u}\|\|\vec{v} + \vec{w}\|)\cos\theta|$$

$$= \frac{1}{6}\,|\vec{u} \bullet (\vec{v} \times \vec{w})| \qquad \text{(définition du produit scalaire)}$$

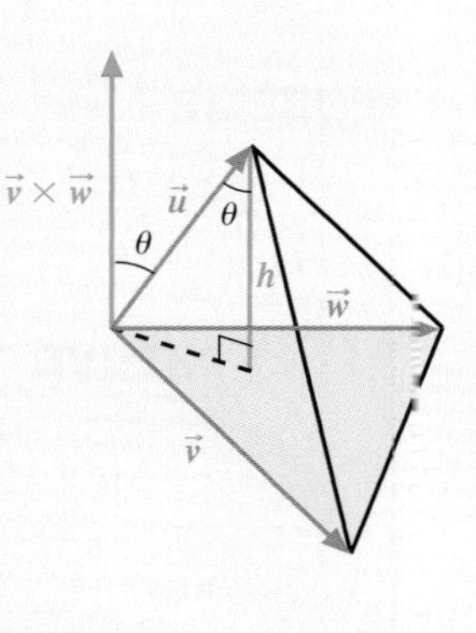

Exemple 3 Calculons le volume V du tétraèdre ci-dessous engendré par $\vec{i}$, $\vec{j}$ et $\vec{k}$.

Calculons d'abord $\vec{i} \bullet (\vec{j} \times \vec{k})$.

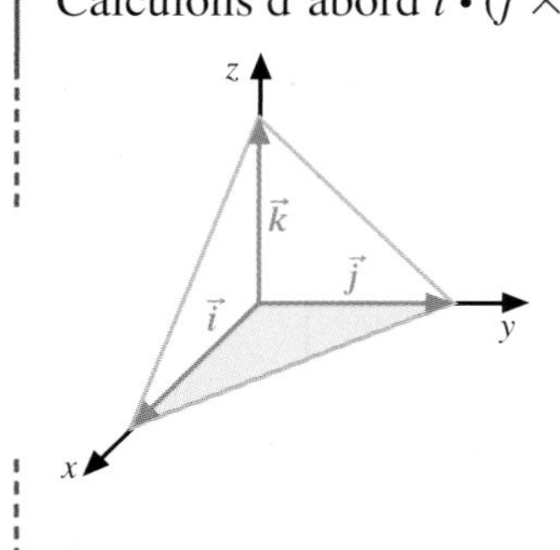

$$\vec{i} \bullet (\vec{j} \times \vec{k}) = \begin{vmatrix} 1 & 0 & 0 \\ 0 & 1 & 0 \\ 0 & 0 & 1 \end{vmatrix} = 1$$

$$\text{Donc, } V = \frac{1}{6}|\vec{i} \bullet (\vec{j} \times \vec{k})| = \frac{1}{6}|1| = \frac{1}{6}$$

Dominique Parent

d'où $V = \frac{1}{6}$ unité³.

Exemple 4 Calculons le volume du tétraèdre dont les sommets sont les points A(2, 6, 3), B(-1, 3, 5), C(2, 5, 6) et D(-2, 4, -6).

Déterminons d'abord trois vecteurs issus d'un même sommet.

Soit $\overrightarrow{AB} = (-3, -3, 2)$, $\overrightarrow{AC} = (0, -1, 3)$ et $\overrightarrow{AD} = (-4, -2, -9)$.

Calculons ensuite $\overrightarrow{AB} \cdot (\overrightarrow{AC} \times \overrightarrow{AD})$.

$$\overrightarrow{AB} \cdot (\overrightarrow{AC} \times \overrightarrow{AD}) = \begin{vmatrix} -3 & -3 & 2 \\ 0 & -1 & 3 \\ -4 & -2 & -9 \end{vmatrix} = -17$$

Donc, $V = \frac{1}{6}\left|\overrightarrow{AB} \cdot (\overrightarrow{AC} \times \overrightarrow{AD})\right| = \frac{1}{6}|-17| = \frac{17}{6}$

d'où $V = \frac{17}{6}$ unités^3.

Le tableau suivant résume les principales caractéristiques des produits scalaire, vectoriel et mixte dans $\mathbb{R}^3$.

	Produit scalaire	**Produit vectoriel**	**Produit mixte**
Notation	$\vec{u} \cdot \vec{v}$	$\vec{u} \times \vec{v}$	$\vec{u} \cdot (\vec{v} \times \vec{w})$
$\vec{u} \neq 0$, $\vec{v} \neq 0$ et θ, l'angle entre $\vec{u}$ et $\vec{v}$	$\vec{u} \cdot \vec{v} = \lVert\vec{u}\rVert\lVert\vec{v}\rVert \cos\theta$	$\vec{u} \times \vec{v} = \lVert\vec{u}\rVert\lVert\vec{v}\rVert \sin\theta\, \vec{U}$	
$\vec{u} = (u_1, u_2, u_3)$ $\vec{v} = (v_1, v_2, v_3)$ $\vec{w} = (w_1, w_2, w_3)$	$\vec{u} \cdot \vec{v} = u_1v_1 + u_2v_2 + u_3v_3$	$\vec{u} \times \vec{v} = \begin{vmatrix} \vec{i} & \vec{j} & \vec{k} \\ u_1 & u_2 & u_3 \\ v_1 & v_2 & v_3 \end{vmatrix}$	$\vec{u} \cdot (\vec{v} \times \vec{w}) = \begin{vmatrix} u_1 & u_2 & u_3 \\ v_1 & v_2 & v_3 \\ w_1 & w_2 & w_3 \end{vmatrix}$
$\vec{u} = \vec{O}$ ou $\vec{v} = \vec{O}$	$\vec{u} \cdot \vec{v} = 0$	$\vec{u} \times \vec{v} = \vec{O}$	$\vec{u} \cdot (\vec{v} \times \vec{w}) = 0$
$\vec{u} \parallel \vec{v}$	$\vec{u} \cdot \vec{v} = \pm\lVert\vec{u}\rVert\lVert\vec{v}\rVert$	$\vec{u} \times \vec{v} = \vec{O}$	$\vec{u} \cdot (\vec{v} \times \vec{w}) = 0$
$\vec{u} \perp \vec{v}$	$\vec{u} \cdot \vec{v} = 0$		
Résultat	Scalaire	Vecteur	Scalaire
Applications géométriques	Calcul d'angle $\theta = \text{Arc cos}\left(\frac{\vec{u} \cdot \vec{v}}{\lVert\vec{u}\rVert\lVert\vec{v}\rVert}\right)$	Calcul d'aire avec $\lVert\vec{u} \times \vec{v}\rVert$	Calcul de volume avec $\lvert\vec{u} \cdot (\vec{v} \times \vec{w})\rvert$

Notons que le produit scalaire est également défini dans $\mathbb{R}^2$ et dans $\mathbb{R}^n$, où $n > 3$.

Exercices 7.3

1. Soit $\vec{u} = (-1, 2, 5)$, $\vec{v} = (3, -4, 6)$, $\vec{w} = (0, -1, -5)$ et $\vec{t} = (3, -2, 4)$. Calculer les produits mixtes suivants en calculant d'abord le produit vectoriel pour a), b) et c), et en utilisant un déterminant pour d), e) et f).

a) $\vec{t} \cdot (\vec{v} \times \vec{w})$ b) $\vec{v} \cdot (\vec{t} \times \vec{v})$ c) $\vec{u} \cdot (\vec{v} \times \vec{w})$

d) $\vec{u} \cdot (\vec{t} \times \vec{w})$ e) $\vec{w} \cdot (\vec{t} \times \vec{u})$ f) $\vec{v} \cdot (\vec{u} \times \vec{u})$

2. Calculer le volume V du parallélépipède engendré par $\vec{u}$, $\vec{v}$ et $\vec{w}$; déterminer si ces vecteurs sont linéairement indépendants ou linéairement dépendants.

a) $\vec{u} = (1, 2, 4)$, $\vec{v} = (-2, 4, -1)$ et $\vec{w} = (0, 5, 3)$

b) $\vec{u} = \overrightarrow{PR}$, $\vec{v} = \overrightarrow{PS}$ et $\vec{w} = \overrightarrow{PQ}$, où P(1, -3, 2), R(5, 0, 1), S(0, 2, -3) et Q(7, 0, -1)

c) $\vec{u} = (-1, 4, 3)$, $\vec{v} = (4, 0, -1)$ et $\vec{w} = (2, 8, 5)$

3. Calculer le volume V du tétraèdre

a) engendré par $\vec{u} = 3\vec{i} - \vec{j} + 2\vec{k}$, $\vec{v} = 4\vec{i} + 2\vec{j} - \vec{k}$ et $\vec{w} = \vec{i} + \vec{j} + \vec{k}$;

b) dont les sommets sont les points P, Q, R et S ; et déterminer si ces points sont coplanaires.

i) P(-1, 2, 0), Q(0, 0, 6), R(1, 1, 0) et S(1, -3, 0)

ii) P(1, 3, -4), Q(1, -1, 0), R(3, -2, -1) et S(-2, 1, 1)

4. Soit O(0, 0, 0), P(2, 0, 0), Q(0, 2, 0) et R(0, 0, 2), les sommets d'un tétraèdre.

a) Représenter ce tétraèdre et calculer son volume.

b) Soit D, l'aire du triangle PQR, A, l'aire du triangle OQR, B, l'aire du triangle OPR, et C, l'aire du triangle OPQ. Vérifier que $D^2 = A^2 + B^2 + C^2$.

5. Soit $\vec{u}$, $\vec{v}$ et $\vec{w}$, trois vecteurs de $\mathbb{R}^3$ qui engendrent un tétraèdre. Démontrer que si $\vec{u} \perp \vec{v}$, $\vec{u} \perp \vec{w}$ et $\vec{v} \perp \vec{w}$, alors $D^2 = A^2 + B^2 + C^2$, où A, B, C et D représentent l'aire des quatre faces du tétraèdre, D étant l'aire de la région opposée au sommet où les vecteurs $\vec{u}$, $\vec{v}$ et $\vec{w}$ se rencontrent à angle droit.

6. Soit $\vec{u} = (u_1, u_2, u_3)$, $\vec{v} = (v_1, v_2, v_3)$ et $\vec{w} = (w_1, w_2, w_3)$. Démontrer que :

a) $\vec{u} \cdot (\vec{v} \times \vec{w}) = \vec{v} \cdot (\vec{w} \times \vec{u}) = \vec{w} \cdot (\vec{u} \times \vec{v})$

b) $\vec{u} \cdot ((\vec{v} - \vec{u}) \times (\vec{w} - \vec{u})) = \vec{u} \cdot (\vec{v} \times \vec{w})$

Réseau de concepts

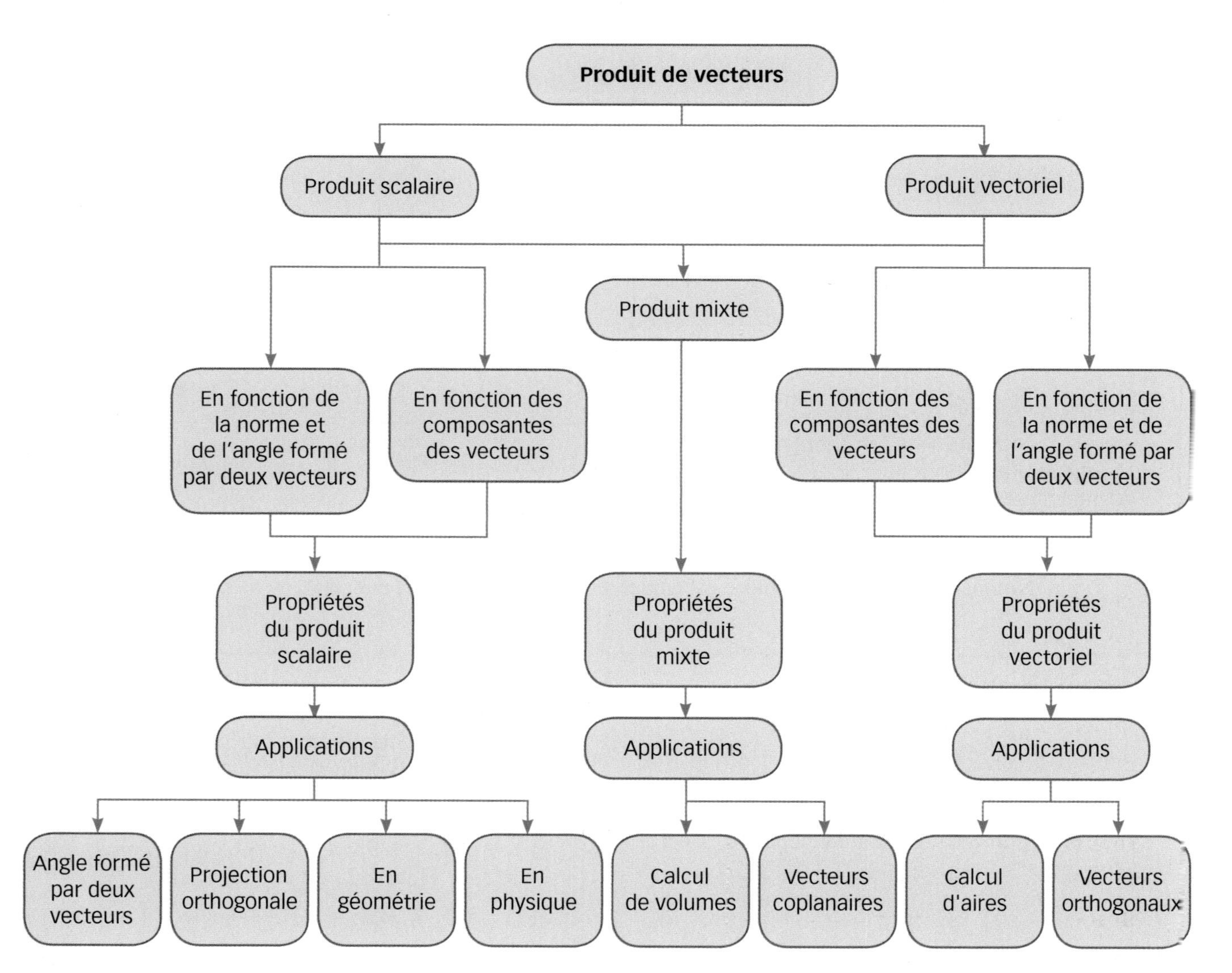

Vérification des apprentissages

Après l'étude de ce chapitre, je suis en mesure de compléter le résumé suivant avant de résoudre les exercices récapitulatifs et les problèmes de synthèse.

Soit $\vec{u} = (u_1, u_2, u_3)$, $\vec{v} = (v_1, v_2, v_3)$ et $\vec{w} = (w_1, w_2, w_3)$, des vecteurs non nuls, et θ, l'angle entre $\vec{u}$ et $\vec{v}$. Compléter:

a) en fonction de θ

$\vec{u} \cdot \vec{v} =$ ______, d'où $\theta =$ ______

$\vec{u} \times \vec{w} =$ ______

b) en fonction des composantes

$\vec{u} \cdot \vec{v} =$ ______ $\vec{u} \times \vec{v} =$ ______ $\vec{u} \cdot (\vec{v} \times \vec{w}) =$ ______

c) $\vec{u} \cdot \vec{v}$ est un ______ $\vec{u} \times \vec{v}$ est un ______ $\vec{u} \cdot (\vec{v} \times \vec{w})$ est un ______

d) $\vec{u} \cdot \vec{u} =$ ______ $\vec{u} \times \vec{u} =$ ______

e) $\vec{u} \cdot \vec{v} = 0 \Leftrightarrow$ ______

$\vec{u} \times \vec{v} = \vec{O} \Leftrightarrow$ ______

$\vec{u} \cdot (\vec{v} \times \vec{w}) = 0 \Leftrightarrow$ ______

f) $\vec{u}_{\vec{v}} =$ ______ $\vec{v}_{\vec{u}} =$ ______

g) Si $\vec{w} = \vec{u} \times \vec{v}$ et $\vec{u} \neq k\vec{v}$, alors $\vec{w}$ est ______

Propriétés du produit scalaire

Si $\vec{u}$, $\vec{v}$ et $\vec{w}$ sont trois vecteurs de $\mathbb{R}^n$, et si r et $s \in \mathbb{R}$, nous avons alors

Propriété 1 $\vec{u} \cdot \vec{v} =$ ______

Propriété 2 $(r\vec{u}) \cdot (s\vec{v}) =$ ______

Propriété 3 $\vec{u} \cdot (\vec{v} + \vec{w}) =$ ______

Produit vectoriel

Si $\vec{u}$, $\vec{v}$ et $\vec{w}$ sont trois vecteurs de $\mathbb{R}^3$, et si r et $s \in \mathbb{R}$, nous avons alors

Propriété 1 $\vec{u} \times \vec{v} =$ ______

Propriété 2 $\vec{u} \times (\vec{v} + \vec{w}) =$ ______

Propriété 3 $(\vec{u} + \vec{v}) \times \vec{w} =$ ______

Propriété 4 $(r\vec{u}) \times (s\vec{v}) =$ ______

Propriété 5 $\vec{u} \times \vec{u} =$ ______

Produit mixte

Si $\vec{u}$, $\vec{v}$ et $\vec{w}$ sont trois vecteurs de $\mathbb{R}^3$, et si r, s et $t \in \mathbb{R}$, nous avons alors

Propriété 1 $\vec{u} \cdot (\vec{u} \times \vec{v}) =$ ______

Propriété 2 $\vec{u} \cdot (\vec{v} \times \vec{w}) =$ ______

Propriété 3 $r\vec{u} \cdot (s\vec{v} \times t\vec{w}) =$ ______

Soit $\vec{i} = (1, 0, 0)$, $\vec{j} = (0, 1, 0)$ et $\vec{k} = (0, 0, 1)$. Compléter:

$\vec{i} \cdot \vec{j} =$ ______	$\vec{i} \times \vec{j} =$ ______	$\vec{i} \cdot (\vec{j} \times \vec{k}) =$ ______
$\vec{j} \cdot \vec{i} =$ ______	$\vec{j} \times \vec{i} =$ ______	$\vec{i} \cdot (\vec{k} \times \vec{j}) =$ ______
$\vec{i} \cdot \vec{i} =$ ______	$\vec{i} \times \vec{i} =$ ______	$\vec{i} \cdot (\vec{i} \times \vec{j}) =$ ______
$\vec{i} \cdot \vec{k} =$ ______	$\vec{i} \times \vec{k} =$ ______	$\vec{j} \cdot (\vec{j} \times \vec{j}) =$ ______

Soit $\vec{u}$, $\vec{v}$ et $\vec{w}$, trois vecteurs non nuls de $\mathbb{R}^3$.

L'aire A_1 du parallélogramme engendré par $\vec{u}$ et $\vec{v}$ est donnée par $A_1 =$ ______

L'aire A_2 du triangle engendré par $\vec{u}$ et $\vec{v}$ est donnée par $A_2 =$ ______

Le volume V_1 du parallélépipède engendré par $\vec{u}$, $\vec{v}$ et $\vec{w}$ est donné par $V_1 =$ ______

Le volume V_2 du tétraèdre engendré par $\vec{u}$, $\vec{v}$ et $\vec{w}$ est donné par $V_2 =$ ______

Formule de Héron

L'aire A du triangle ci-contre est donnée par

A = ______

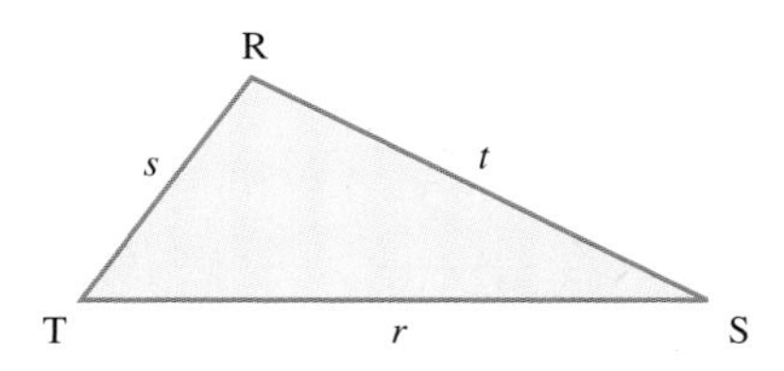

Exercices récapitulatifs

Les réponses des exercices suivants, à l'exception des exercices notés en rouge, sont données à la fin du volume.

1. Soit $\vec{v_1} = (3, -4)$, $\vec{v_2} = (5, 2)$, $\vec{v_3} = (-2, 5)$, $\vec{v_4} = (4, 5, -2)$, $\vec{v_5} = (3, -7, 1)$, $\vec{v_6} = (2, -3, 1)$, $\vec{v_7} = (0, -4, 5, 6)$ et $\vec{v_8} = (-2, 4, -1, 0)$. Calculer, si c'est possible, les expressions suivantes.

a) $\vec{v_1} \cdot \vec{v_2}$ b) $\vec{v_1} \times \vec{v_2}$

c) $\vec{v_2} \cdot \vec{v_3}$ d) $\vec{v_4} \cdot \vec{v_8}$

e) $\vec{v_4} \times \vec{v_5}$ f) $\vec{v_5} \times \vec{v_4}$

g) $(\vec{v_4} \times \vec{v_5}) \cdot \vec{v_6}$ h) $\vec{v_4} \cdot (\vec{v_5} \times \vec{v_6})$

i) $\vec{v_5} \cdot (\vec{v_5} \times \vec{v_6})$ j) $\vec{v_4} \times (\vec{v_5} \times \vec{v_6})$

k) $\vec{v_4} \times (\vec{v_5} \times \vec{v_5})$ l) $(\vec{v_4} \times \vec{v_5}) \times \vec{v_5}$

m) $\vec{v_7} \cdot \vec{v_8}$ n) $\vec{v_7} \times \vec{v_8}$

2. Soit les vecteurs $\vec{u} = (3, -4, 2)$, $\vec{v} = 2\vec{i} + \vec{j} - \vec{k}$ et $\vec{w} = \overrightarrow{AB}$, où A(1, 0, -3) et B(2, 3, 1). Effectuer les calculs suivants.

a) $\|\vec{u}\|$, $\|\vec{v}\|$ et $\|\vec{w}\|$ b) $|\vec{u} \cdot \vec{w}|$

c) $\|\vec{u} \times \vec{w}\|$ [illegible] $(\vec{w} \times \vec{v})|$

3. Soit $\vec{u}$, $\vec{v}$ et $\vec{w}$, des vecteurs non nuls de $\mathbb{R}^3$. Déterminer la nature (scalaire ou vecteur) des expressions suivantes si elles sont définies.

a) $(\vec{u} \cdot \vec{v})\vec{w}$ b) $(\vec{u} \cdot \vec{v}) \cdot \vec{w}$

c) $(\vec{u} \cdot \vec{v}) \cdot (\vec{u} \times \vec{v})$ d) $(\vec{u} \cdot \vec{v}) \times (\vec{u} \times \vec{v})$

e) $(\vec{u} \cdot \vec{v})(\vec{u} \times \vec{v})$ f) $(\vec{u} \times \vec{v}) \times (2\vec{v} + 4\vec{w})$

g) $(\vec{v} \times \vec{w}) \times (\vec{O} \times \vec{u})$ h) $(\vec{v} \times \vec{w}) \times (0\vec{u})$

i) $(\vec{v} \times \vec{w}) \cdot (0\vec{u})$ j) $(\vec{u} \times \vec{v}) \cdot (\vec{w} \times \vec{v})$

k) $(\vec{v} \times \vec{w}) + \vec{v} \cdot \vec{w}$ l) $\|\vec{v} \times \vec{w}\| + \vec{v} \cdot \vec{w}$

m) $\dfrac{1}{\|\vec{v}\|}\vec{u} \cdot \vec{v}$ n) $\dfrac{1}{\|\vec{v}\|}\vec{u} \times \vec{v}$

4. Soit $\vec{u}$, $\vec{v}$, $\vec{w}$ et $\vec{t}$, des vecteurs non nuls de $\mathbb{R}^3$, et θ, l'angle formé par $\vec{u}$ et $\vec{v}$. Répondre par vrai (V) ou faux (F). Justifier votre réponse.

a) $\vec{u} \cdot \vec{v} = \vec{v} \cdot \vec{u}$ b) $\vec{u} \times \vec{v} = \vec{v} \times \vec{u}$

c) $\vec{u} \times (\vec{v} \times \vec{w}) = (\vec{u} \times \vec{v}) \times \vec{w}$

d) $\vec{u} \cdot \vec{v} = \|\vec{u}\|\|\vec{v}\| \cos \theta$

e) $\vec{u} \times \vec{v} = \|\vec{u}\|\|\vec{v}\| \sin \theta$

f) $\|\vec{u} \times \vec{v}\| = \|\vec{u}\|\|\vec{v}\| \sin \theta$

g) $\vec{u} \cdot (\vec{v} \times \vec{w}) = (\vec{u} \times \vec{v}) \cdot \vec{w}$

h) $\vec{u} \cdot (\vec{v} \times \vec{w}) = (\vec{u} \cdot \vec{v}) \times (\vec{u} \cdot \vec{w})$

i) $\dfrac{\vec{u} \times \vec{v}}{\|\vec{u}\|\|\vec{v}\| \sin \theta}$ est un vecteur unitaire où $0° < \theta < 180°$.

j) $(\vec{u} + \vec{v}) \times (\vec{u} - \vec{v}) = 2(\vec{u} \times \vec{v})$

k) $\|\vec{u} \times \vec{v}\| = 0 \Leftrightarrow \vec{u} /\!/ \vec{v}$

l) Si $\vec{u}, \vec{v}, \vec{w}$ et $\vec{t}$ sont quatre vecteurs coplanaires, alors $(\vec{u} \times \vec{v}) \times (\vec{w} \times \vec{t}) = \vec{O}$.

5. Pour les vecteurs de $\mathbb{R}^3$ suivants, calculer:

a) $\vec{i} \times (\vec{j} \times \vec{k})$ b) $\vec{j} \times (\vec{k} \times \vec{j})$

c) $\vec{k} \times (\vec{k} \times \vec{i})$ d) $(\vec{i} \times \vec{j}) \times \vec{k}$

e) $(\vec{i} \times \vec{j}) \cdot (\vec{i} \times \vec{k})$ f) $\vec{i} \cdot (3\vec{i} + 2\vec{k})$

g) $\vec{u} \times (\vec{v} \times \vec{v})$ h) $\vec{u} \cdot (\vec{v} \times \vec{v})$

i) $\vec{u} \cdot (\vec{u} \times \vec{v})$ j) $(\vec{v} \cdot (\vec{u} \times \vec{v}))\vec{u}$

6. Calculer l'angle θ formé par les vecteurs suivants.

a) $\vec{u} = 3\vec{i} - 4\vec{j}$ et $\vec{v} = -12\vec{i} + 5\vec{j}$

b) $(\vec{u} - \vec{v})$ et $(\vec{u} + \vec{v})$ si $\vec{u} = (-3, 2)$ et $\vec{v} = (3, 10)$

c) $\overrightarrow{PQ}$, où P(7, 6, -3) et Q(3, 9, 2), et $\overrightarrow{RS}$, où R(-1, 0, 7) et S(-3, 4, 3)

d) $\vec{u}$ et $\vec{v}$ si $\|\vec{u} \times \vec{v}\| = |\vec{u} \cdot \vec{v}|$

7. Soit $\vec{u} = 4\vec{i} + 3\vec{j}$ et $\vec{v} = 5\vec{i} + r\vec{j}$. Déterminer r tel que

a) $\vec{u} \perp \vec{v}$; b) $\vec{u} /\!/ \vec{v}$;

c) l'angle formé par $\vec{u}$ et $\vec{v}$ est de 60°;

d) l'angle formé par $\vec{u}$ et $\vec{v}$ est de 120°;

e) l'angle formé par $\vec{u}$ et $\vec{v}$ est de 30°;

f) $\vec{u} = r(5\vec{i} - 2\vec{j})$ est parallèle à l'axe des x;

g) $\|\vec{u} + \vec{v}\| = \sqrt{90}$.

8. Soit le parallélépipède droit suivant.

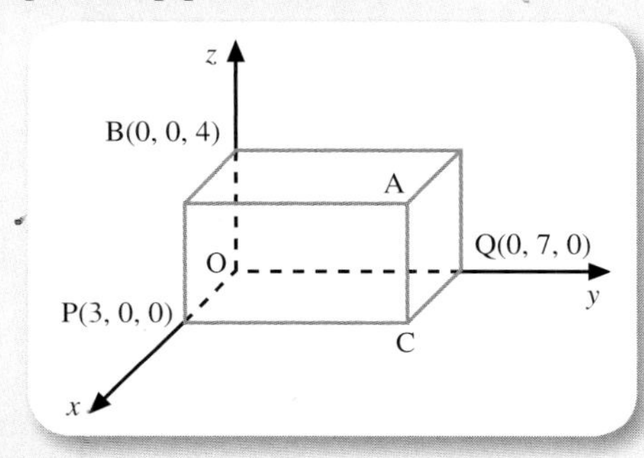

Déterminer l'angle formé par $\overrightarrow{OA}$ et

a) l'axe des x; b) l'axe des y; c) l'axe des z;

d) $\overrightarrow{BA}$; e) $\overrightarrow{BC}$; f) $\overrightarrow{OC}$.

9. Soit $\vec{u} = (3, 4, 6)$, $\vec{v} = (2, 1, 4)$ et $\vec{w} = (2, 3, c)$.

a) Déterminer les valeurs de c telles que

i) $\vec{u}$ et $\vec{w}$ sont orthogonaux;

ii) l'angle formé par $\vec{v}$ et $\vec{w}$ est de 45°;

iii) $\vec{u}, \vec{v}$ et $\vec{w}$ engendrent un parallélépipède de volume égal à 25 unités^3;

iv) $\vec{u}, \vec{v}$ et $\vec{w}$ engendrent un tétraèdre de volume égal à 25 unités^3;

v) l'aire du parallélogramme engendré par $\vec{u}$ et $\vec{w}$ est de $\sqrt{14}$ unités^2;

vi) $\vec{u}, \vec{v}$ et $\vec{w}$ sont coplanaires;

vii) $(\vec{u} \times \vec{w})$ et $(\vec{u} \times \vec{v})$ sont parallèles;

viii) $(\vec{u} \times \vec{w})$ et $(\vec{v} \times \vec{w})$ sont parallèles.

b) Déterminer deux vecteurs $\vec{r}_1$ et $\vec{r}_2$

i) unitaires perpendiculaires à $\vec{u}$ et à $\vec{v}$;

ii) de longueur 5, perpendiculaires à $\vec{u}$ et à l'axe des x.

10. Soit $\vec{u} = (2, -1, 1)$, $\vec{v} = 4\vec{i} + 6\vec{j} - 2\vec{k}$, $\vec{w} = (-1, 2, 5)$, $\vec{r} = (-2, 3)$ et $\vec{t} = (5, -7)$. Calculer:

a) $\vec{r}_{\vec{t}}$ et $\vec{t}_{\vec{r}}$ b) $\vec{u}_{\vec{v}}$ et $\|\vec{v}_{\vec{u}}\|$

c) $\vec{w}_{\vec{u}}$ et $\|\vec{u}_{\vec{w}}\|$ d) $\vec{w}_{(\vec{u}+\vec{v})}$ et $(\vec{w}_{\vec{u}} + \vec{w}_{\vec{v}})$

e) $(\vec{u} + \vec{v})_{\vec{w}}$ et $(\vec{u}_{\vec{w}} + \vec{v}_{\vec{w}})$ f) $\vec{u}_{\vec{i}}$ et $\vec{i}_{\vec{u}}$

g) $(\vec{v}_{\vec{i}} + \vec{v}_{\vec{j}} + \vec{v}_{\vec{k}})$ et $\vec{v}_{(\vec{i}+\vec{j}+\vec{k})}$

h) $\vec{u}_{(\vec{u} \times \vec{w})}$ et $(\vec{u} \times \vec{w})_{\vec{v}}$

11. Calculer l'aire A

a) du parallélogramme engendré par

i) $\vec{u} = (-2, 3, 1)$ et $\vec{v} = (1, 5, -4)$;

ii) $\vec{u} = (3, 4)$ et $\vec{v} = (4, 3)$;

iii) les diagonales $\vec{u} = (10, 2)$ et $\vec{v} = (2, -2)$;

b) du rectangle PQRS, où P(11, -22), Q(2011, 178) et R(13, y), où $y \in \mathbb{R}$;

c) des parallélogrammes déterminés par les sommets P(2, -1, 3), Q(1, 5, 4) et R(-5, 0, 6).

12. Déterminer l'aire, les angles et la nature du triangle dont les sommets sont

a) P(5, 2), Q(1, 1) et R(-4, 3);

b) P(3, 2, 6), Q(5, -1, 11) et R(4, 6, 8);

c) P(1, 1, 1), Q(1, 1, 0) et R(1, 0, 1).

13. Déterminer s'il est possible de former un triangle rectangle en utilisant des vecteurs équipollents aux vecteurs $\vec{u}, \vec{v}$ et $\vec{w}$ suivants.

a) $\vec{u} = (2, -1, 1)$, $\vec{v} = (3, 2, 1)$ et $\vec{w} = (1, 3, 1)$

b) $\vec{u} = (1, -3, 5)$, $\vec{v} = (3, -2, 1)$ et $\vec{w} = (2, 1, -4)$

c) $\vec{u} = (1, 2, -4)$, $\vec{v} = (-13, b, c)$ et $\vec{w} = (a, 3, -2)$

14. Calculer le volume V du parallélépipède engendré par les vecteurs $\vec{u}$, $\vec{v}$ et $\vec{w}$ suivants et déterminer si ces vecteurs sont coplanaires.

a) $\vec{u} = (-2, 2, 1)$, $\vec{v} = (5, 0, 1)$ et $\vec{w} = (4, -2, 1)$

b) $\vec{u} = \vec{i} + \vec{j}$, $\vec{v} = \vec{i} + \vec{k}$ et $\vec{w} = \vec{j} + \vec{k}$

c) $\vec{u} = (3, -2, 1)$, $\vec{v} = (-1, 4, 3)$ et $\vec{w} = (1, 1, 2)$

15. Calculer le volume V du tétraèdre

a) engendré par $\vec{u} = (-2, 2, 1)$, $\vec{v} = (5, 0, 1)$ et $\vec{w} = (4, -2, 1)$;

b) dont les sommets sont les points P(1, 2, 0), Q(-2, 1, 2), R(3, -2, 0) et S(-1, 3, -4).

16. a) Représenter le triangle dont les sommets sont les points P(0, 4, 4), R(4, 0, 4) et S(4, 4, 0), et représenter le triangle dont les sommets A, B et C sont respectivement les points milieux des segments de droite PR, PS et RS.

b) Calculer l'aire des triangles PRS et ABC.

c) Calculer le volume des tétraèdres OPRS et OABC.

17. Trouver le travail W, en joules, effectué par une force $\vec{F} = (2, -3, 4)$ pour déplacer un objet

a) le long du vecteur $\vec{r}$, où $\vec{r} = (1, 5, 6)$;

b) du point P(1, -2, 5) au point Q(6, 4, 8).

18. Soit le cercle de centre C(12, -5) et de rayon $r = 13$ unités.

a) Déterminer le point de rencontre R des deux tangentes au cercle, aux points d'intersection du cercle et de l'axe des x.

b) Déterminer l'angle aigu θ formé par ces deux tangentes.

19. Soit une force $\vec{F}$ appliquée à l'extrémité P d'une tige qui pivote en son origine O. La norme du moment de force τ de cette force $\vec{F}$ est définie par $\|\vec{\tau}\| = \|\vec{F}\|\, d$, où d est la distance, en mètres, entre le point O et la droite d'action D de $\vec{F}$. Démontrer que $\|\vec{\tau}\| = \|\vec{r} \times \vec{F}\|$.

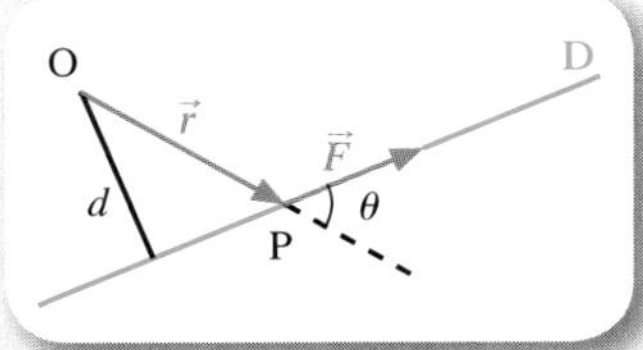

20. En tournant une clé plate, on veut que la norme du moment de force soit de 12 joules. Si on applique une force de 75 N à 18 cm de l'axe de rotation, déterminer à quel angle par rapport à la clé on doit appliquer cette force.

21. À l'aide du produit scalaire, démontrer que, dans un triangle rectangle, le point milieu de l'hypoténuse est à égale distance des trois sommets du triangle.

22. Déterminer si les diagonales d'un cube se coupent à angle droit.

23. Soit $\vec{u}$, $\vec{v}$, $\vec{w}$ et $\vec{t}$, des vecteurs de $\mathbb{R}^3$. Démontrer que:

a) $\vec{u} \times (\vec{v} \times \vec{w}) = (\vec{u} \cdot \vec{w})\vec{v} - (\vec{u} \cdot \vec{v})\vec{w}$

b) $(\vec{w} \times \vec{t}) \times (\vec{u} \times \vec{v}) = ((\vec{v} \times \vec{w}) \cdot \vec{t})\vec{u} - ((\vec{u} \times \vec{w}) \cdot \vec{t})\vec{v}$

c) si $\vec{w} = \vec{u} \times \vec{v}$ et si $\vec{v} = \vec{u} \times \vec{w}$, alors $\vec{w} = \vec{O}$ et $\vec{v} = \vec{O}$

24. a) Exprimer $\|\vec{u} + \vec{v}\|^2 + \|\vec{u} - \vec{v}\|^2$ en fonction de $\|\vec{u}\|^2$ et de $\|\vec{v}\|^2$.

b) Démontrer que, si $\vec{u}$ et $\vec{v}$ sont des vecteurs non nuls et non parallèles, $(\vec{u} - \vec{v})$ est perpendiculaire à $(\vec{u} + \vec{v})$ si et seulement si $\|\vec{u}\| = \|\vec{v}\|$.

25. Soit $\vec{u}$ et $\vec{v}$, deux vecteurs de $\mathbb{R}^3$. Démontrer que $\vec{u} \cdot \vec{v}_{\vec{u}} = \vec{v} \cdot \vec{u}_{\vec{v}}$.

Problèmes de synthèse

Les réponses des problèmes suivants, à l'exception des problèmes notés en rouge, sont données à la fin du volume.

1. Soit $\vec{u}$ et $\vec{v}$, deux vecteurs non nuls. Compléter les énoncés suivants.

a) L'angle formé par $\vec{u}_{\vec{v}}$ et $\vec{v}$ est égal à…

b) Si $\vec{u}_{\vec{v}} = \vec{O}$, alors…

c) $(\vec{u} \times \vec{v})_{\vec{u}} = \ldots$

d) Si $\vec{u}_{\vec{v}} = \vec{v}$ et $\vec{u} \neq \vec{v}$, alors le triangle engendré par $\vec{u}$ et $\vec{v}$ est un triangle…

e) Si $\vec{u}_{\vec{v}} = \vec{O}$, alors le parallélogramme engendré par $\vec{u}$ et $\vec{v}$ est un…

f) $(\vec{u} - \vec{u}_{\vec{v}})$ est un vecteur orthogonal à…

g) Si $\vec{u}_{\vec{v}} = \vec{v}_{\vec{u}}$, alors…

h) Si $(\vec{u}_{\vec{v}})_{\vec{u}} = \vec{u}$, alors…

i) Si $\vec{u}$ et $\vec{v}$ sont des vecteurs unitaires et si θ est l'angle formé par $\vec{u}$ et $\vec{v}$, alors $\|\vec{u} - \vec{v}\| = \ldots$

2. Soit le parallélépipède droit ci-dessous.

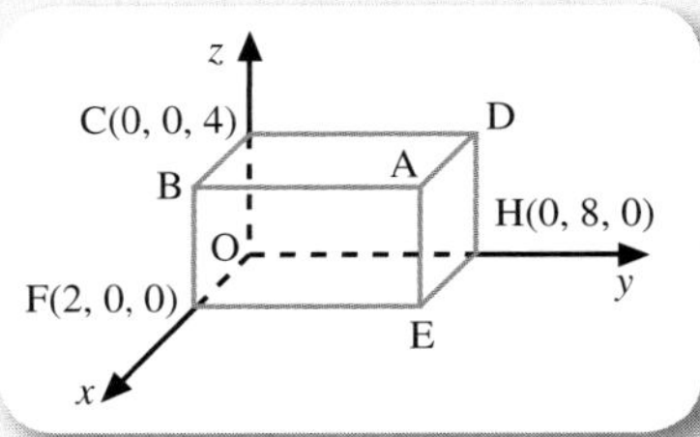

P_1 est le point de rencontre des segments de droite AF et BE; P_2 est le point de rencontre des segments de droite ED et AH; P_3 est le point de rencontre des segments de droite OB et CF; P_4 est le point de rencontre des segments de droite BD et AC. Calculer le volume du parallélépipède engendré par les vecteurs $\overrightarrow{P_1P_2}$, $\overrightarrow{P_1P_3}$ et $\overrightarrow{P_1P_4}$.

3. Soit le triangle dont les sommets sont P(1, -3, 2), Q(-2, 0, 4) et R(3, 6, 6).

a) Représenter le triangle PQR et déterminer les angles intérieurs de ce triangle.

b) Calculer l'aire A de ce triangle.

c) Calculer le volume V du tétraèdre dont la base est le triangle PQR et dont le quatrième sommet est D(5, -2, 4).

d) Calculer l'aire A_z du triangle obtenu en projetant le triangle PQR sur le plan XOY.

e) Calculer l'aire A_x du triangle obtenu en projetant le triangle PQR sur le plan YOZ.

f) Calculer l'aire A_y du triangle obtenu en projetant le triangle PQR sur XOZ.

g) Exprimer A en fonction de A_x, de A_y et de A_z.

4. Soit le parallélogramme engendré par les vecteurs $\overrightarrow{OA} = (4, 0)$ et $\overrightarrow{OB} = (3, 3\sqrt{3})$.

a) Calculer l'aire du parallélogramme.

b) Calculer l'aire du rectangle

i) de plus petite aire contenant le parallélogramme précédent ;

ii) de plus grande aire contenu dans le parallélogramme précédent.

5. Soit les points coplanaires P(2, 1, 0), Q(3, -2, 2), R(-1, -3, 7) et S(-2, 2, 3).

a) Calculer l'aire A du quadrilatère PQRS.

b) Calculer le volume V du polyèdre dont la base est le quadrilatère PQRS et dont le cinquième sommet est le point T(-4, 2, 7).

c) Déterminer la hauteur h du polyèdre précédent.

6. Nous pouvons construire une représentation géométrique de la molécule de méthane CH_4 (C pour carbone, H pour hydrogène) en plaçant C au centre d'un tétraèdre régulier dont les sommets sont définis par les quatre atomes d'hydrogène. Si les quatre atomes d'hydrogène sont situés aux points O(0, 0, 0), P(1, 1, 0), Q(1, 0, 1) et R(0, 1, 1),

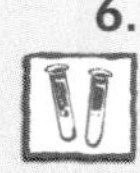

Dominique Parent

a) déterminer la position de C ;

b) vérifier que le tétraèdre est régulier ;

c) déterminer les angles formés par les quatre valences prises deux par deux consécutivement, c'est-à-dire l'angle formé par les segments de droite joignant C à deux sommets consécutifs.

7. La représentation ci-contre nous informe sur la position relative des villes R, S et T. Nous savons que S est à 39 km de R et à 63 km au nord de T. De plus, nous savons que R est à 36 km à l'ouest de la route reliant S et T.

S
R
T

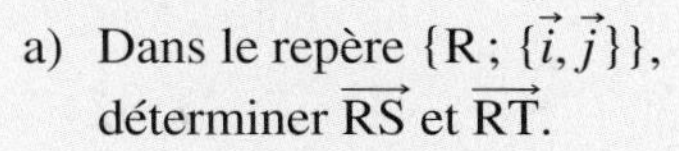

a) Dans le repère $\{R\,;\{\vec{i}, \vec{j}\}\}$, déterminer $\overrightarrow{RS}$ et $\overrightarrow{RT}$.

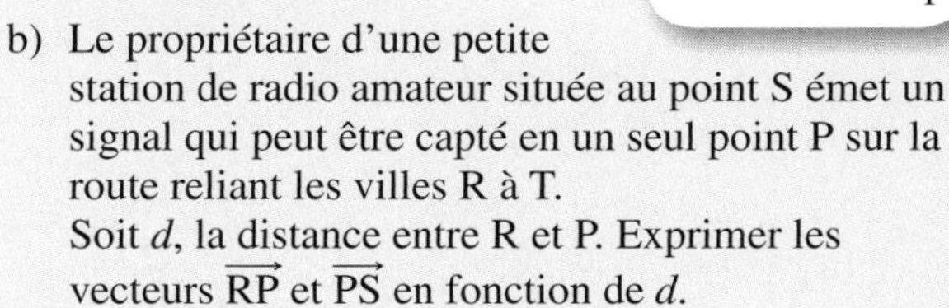

b) Le propriétaire d'une petite station de radio amateur située au point S émet un signal qui peut être capté en un seul point P sur la route reliant les villes R à T.
Soit d, la distance entre R et P. Exprimer les vecteurs $\overrightarrow{RP}$ et $\overrightarrow{PS}$ en fonction de d.

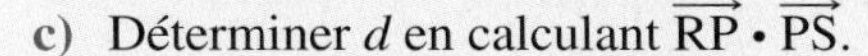

c) Déterminer d en calculant $\overrightarrow{RP} \cdot \overrightarrow{PS}$.

d) Déterminer le rayon d'émission de la station émettrice.

e) Le propriétaire de la station décide de s'installer à l'intérieur du triangle RST en un point C situé à égale distance des villes R, S et T. Démontrer que $\angle SCT = 2(\angle SRT)$.

f) Le signal émis par la station installée au point C pourra-t-il être capté par les trois villes ?

8. Le vecteur $\vec{e} = (1, 0)$ représente un déplacement de un kilomètre vers l'est, et le vecteur $\vec{n} = (0, 1)$ représente un déplacement de un kilomètre vers le nord. Un phare entouré entièrement d'eau est situé au point O ; ce phare n'est pas visible à une distance supérieure à 17 kilomètres. Un bateau est situé en un point B, à 20 kilomètres à l'ouest et à 31 kilomètres au sud du phare. Ce bateau se déplace parallèlement au vecteur $\vec{u} = (3, 4)$ à une vitesse de 25 km/h.

Dominique Parent

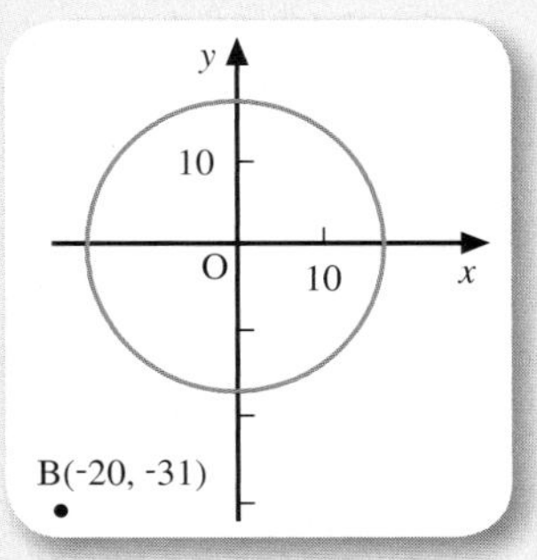

a) Déterminer la position P_1 du bateau après 30 minutes et vérifier si le phare est visible de P_1.

b) Déterminer la position P_2 du bateau après 1 heure et vérifier si le phare est visible de P_2.

c) Déterminer après combien de temps à partir de B le phare devient visible et donner la position P_3 du bateau à cet instant.

d) Déterminer la distance minimale entre la trajectoire du bateau et le phare.

e) Déterminer la position P_4 du bateau quand le phare redevient invisible.

9. a) Soit $\vec{u}$ et $\vec{v}$, des vecteurs non nuls tels que $\vec{u} \perp \vec{v}$ et $\vec{w} = a\vec{u} + b\vec{v}$. Exprimer a et b, en fonction de $\vec{u}$, $\vec{v}$ et $\vec{w}$.

b) Démontrer que si $\vec{v} \perp \vec{u}$ et $\vec{v} \perp \vec{w}$, alors $\vec{v} \perp (a\vec{u} + b\vec{w})$, où a et $b \in \mathbb{R}$.

c) Soit $\vec{u} = (2, -3, 4)$, $\vec{v} = (1, 2, 1)$ et $\vec{w} = (8, 4, -1)$. Démontrer que $\vec{u}$ est perpendiculaire à tout vecteur engendré par $\vec{v}$ et $\vec{w}$.

10. Soit $\vec{u} = (6, -1, 5)$, $\vec{v} = (3, -2, -4)$ et $\vec{t} = (1, 1, 1)$, trois vecteurs de $\mathbb{R}^3$. Déterminer

a) l'angle θ entre $\vec{u}$ et $\vec{v}$;

b) un vecteur $\vec{w}$ tel que $\{\vec{u}, \vec{v}, \vec{w}\}$ est une base orthogonale de $\mathbb{R}^3$;

c) une base orthonormée $\{\vec{u_1}, \vec{v_1}, \vec{w_1}\}$ de $\mathbb{R}^3$ à partir de la base précédente;

d) une base orthogonale de $\mathbb{R}^3$ contenant $\vec{t}$.

11. Soit $\boldsymbol{u} = (1, 1, 1, 1)$, $\boldsymbol{v} = (2, -1, -1, 0)$, $\boldsymbol{w} = (1, 1, 1, -3)$ et $\boldsymbol{t} = (a, b, 1, c)$. Déterminer les valeurs de a, b et c telles que $\{\boldsymbol{u}, \boldsymbol{v}, \boldsymbol{w}, \boldsymbol{t}\}$ est une base orthogonale de $\mathbb{R}^4$, sachant que deux vecteurs de $\mathbb{R}^4$ sont orthogonaux lorsque le produit scalaire des deux vecteurs est nul.

12. Soit $\vec{u}$ et $\vec{v}$, deux vecteurs non nuls de $\mathbb{R}^3$.

a) Démontrer que $\vec{u} \times \vec{v} = \vec{O}$ si et seulement si $\vec{u}$ et $\vec{v}$ sont linéairement dépendants.

b) Démontrer que si $\vec{u}$ et $\vec{v}$ sont linéairement indépendants, alors $\{\vec{u}, \vec{u} \times \vec{v}, \vec{u} \times (\vec{u} \times \vec{v})\}$ est une base orthogonale de $\mathbb{R}^3$.

c) Soit $\vec{u} = (-1, 0, 2)$ et $\vec{v} = (3, -2, 5)$. À l'aide de la démonstration faite en b), déterminer une base orthogonale obtenue à partir de $\vec{u}$ et de $\vec{v}$.

13. Soit le triangle PQR où $P(p_1, p_2)$, $Q(q_1, q_2)$ et $R(r_1, r_2)$.

a) Démontrer que la valeur absolue de

$$\frac{1}{2}\begin{vmatrix} p_1 & p_2 & 1 \\ q_1 & q_2 & 1 \\ r_1 & r_2 & 1 \end{vmatrix}$$

est égale à l'aire A du triangle PQR.

b) Calculer l'aire A du triangle PQR dont les sommets sont P(3, 4), Q(6, 3) et R(-1, 2).

14. Soit le tétraèdre ABCD, où $A(a_1, a_2, a_3)$, $B(b_1, b_2, b_3)$, $C(c_1, c_2, c_3)$ et $D(d_1, d_2, d_3)$.

a) Démontrer que la valeur absolue de

$$\frac{1}{6}\begin{vmatrix} a_1 & a_2 & a_3 & 1 \\ b_1 & b_2 & b_3 & 1 \\ c_1 & c_2 & c_3 & 1 \\ d_1 & d_2 & d_3 & 1 \end{vmatrix}$$

est égale au volume V du tétraèdre ABCD.

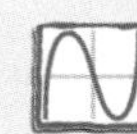

b) Calculer le volume V du tétraèdre dont les sommets sont A(-1, 3, 2), B(5, 0, -2), C(0, -3, 4) et D(2, 5, -3).

15. Un sculpteur taille dans un cube de pierre de 0,5 mètre d'arête un tétraèdre dont les 6 arêtes sont des diagonales du cube. Sachant que le cube de densité uniforme pèse 80 kilogrammes, déterminer le poids en kilogrammes du tétraèdre.

16. Calculer le volume maximal et le volume minimal d'un octaèdre (voir ci-contre) inscrit dans un cube dont le volume est de 216 cm³.

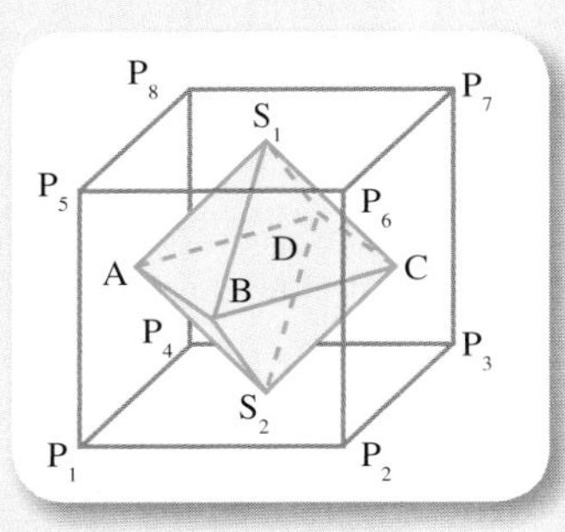

17. a) Démontrer que les trois hauteurs d'un triangle équilatéral ABC se rencontrent en un point P, appelé **orthocentre**, au tiers de leur longueur.

b) Soit M, un point quelconque du plan contenant les trois sommets du triangle précédent. Exprimer $\overrightarrow{MA} + \overrightarrow{MB} + \overrightarrow{MC}$ en fonction de $\overrightarrow{MP}$.

c) Démontrer que $\|\overrightarrow{MA}\|^2 + \|\overrightarrow{MB}\|^2 + \|\overrightarrow{MC}\|^2 = 3\|\overrightarrow{MP}\|^2 + \|\overrightarrow{AB}\|^2$.

d) Dans le triangle équilatéral ABC ci-contre, déterminer les coordonnées du point P, point de rencontre des trois hauteurs.

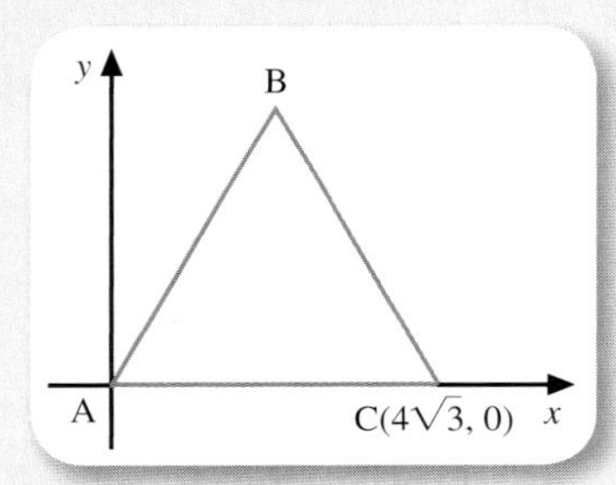

18. Soit le parallélogramme ABCD ci-contre.

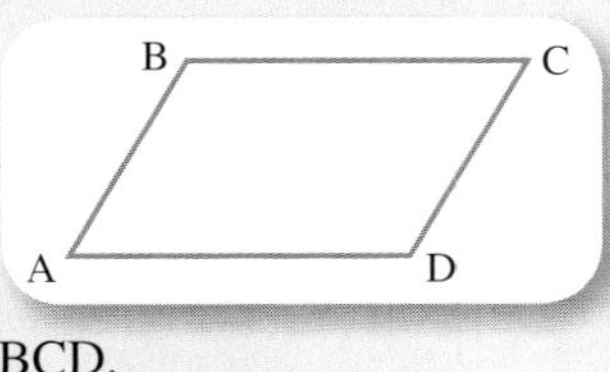

a) Démontrer, à l'aide du produit scalaire, que $\cos \angle ABC = -\cos \angle BCD$.

b) Si les coordonnées des points A, B, C et D sont des entiers, déterminer si l'aire du parallélogramme ABCD est un entier lorsque

i) A, B, C et D $\in \mathbb{R}^2$;

ii) A, B, C et D $\in \mathbb{R}^3$.

19. a) Soit $\boldsymbol{u}$ et $\boldsymbol{v}$, des vecteurs de l'espace vectoriel $\mathbb{R}^n$. Démontrer l'inégalité de Cauchy-Schwarz, c'est-à-dire $|\boldsymbol{u} \cdot \boldsymbol{v}| \leq \|\boldsymbol{u}\| \|\boldsymbol{v}\|$, en calculant $(r\boldsymbol{u} + \boldsymbol{v}) \cdot (r\boldsymbol{u} + \boldsymbol{v})$, où $r \in \mathbb{R}$.

b) Démontrer que, pour a et $b \in \mathbb{R}$, $(a \cos \theta + b \sin \theta)^2 \leq a^2 + b^2$.

Chapitre 8 La droite dans le plan cartésien

Dominique Parent

Dans ce chapitre, nous étudierons la droite dans le plan cartésien et nous déterminerons différents types d'équations pouvant définir cette même droite. Ces équations seront obtenues en utilisant les vecteurs ainsi que certaines de leurs propriétés. Nous verrons également les positions relatives possibles de deux droites. De plus, nous calculerons la distance entre un point et une droite en utilisant la notion de projection.

En particulier, l'élève pourra résoudre le problème suivant.

Soit les vecteurs $\vec{i}$ et $\vec{j}$ représentant respectivement un déplacement de un kilomètre vers l'est et un déplacement de un kilomètre vers le nord. Un signal émis à partir de la position O(0, 0) peut être capté à l'intérieur d'un cercle dont le rayon est de 75 km. Un bateau, qui se trouve en un point P à 61 kilomètres à l'ouest de O et à 72 kilomètres au nord de O, se déplace parallèlement au vecteur (4, -3) à une vitesse de 10 km/h.

a) Soit R, la position du bateau deux heures après avoir quitté le point P. Déterminer les vecteurs $\overrightarrow{PR}$ et $\overrightarrow{OR}$.

b) Le bateau peut-il capter le signal lorsqu'il atteint le point R?

c) Soit T, la position du bateau t heures après avoir quitté le point P. Déterminez les vecteurs $\overrightarrow{PT}$ et $\overrightarrow{OT}$.

d) Déterminer la position du bateau et la distance qui le sépare du point O lorsqu'il en est le plus près.

e) Déterminer la position du bateau lorsque le signal cesse d'être capté.

(Problèmes de synthèse, n° 17, page 341)

Perspective historique

De la géographie à l'équation de la droite dans le plan

Les origines de la géométrie analytique sont souvent associées à René Descartes (1596-1650) parce que le plan cartésien, qualifié ainsi en l'honneur de ce dernier, est à la base de l'étude des coordonnées des points. Pourtant, l'idée d'utiliser deux nombres, que nous appelons aujourd'hui coordonnées, pour déterminer la position d'un point dans un plan remonte à l'Antiquité grecque alors que les géographes parlaient déjà de longitude et de latitude pour définir la position d'une ville. Toutefois, il faut beaucoup plus que le plan cartésien pour faire de la géométrie. Un langage symbolique et une méthode pour traduire dans un tel langage les propriétés géométriques des objets étudiés constituent aussi des éléments essentiels de la géométrie analytique. Dans un appendice au *Discours de la méthode* (1637), Descartes explique comment utiliser l'algèbre pour résoudre des problèmes de géométrie et démontre la puissance de sa nouvelle méthode en résolvant des problèmes qui, jusque-là, avaient résisté aux tentatives des mathématiciens les plus talentueux. En fait, dès 1629, Pierre de Fermat (1601-1665) avait avancé des idées semblables à celles de Descartes, mais lorsqu'elles sont finalement publiées, après sa mort, le nom de Descartes est déjà fermement associé à ce qu'on appelle alors « l'application de l'algèbre à la géométrie ».

ESSAI
DE GÉOMÉTRIE
ANALYTIQUE,
APPLIQUÉE
AUX COURBES ET AUX SURFACES
DU SECOND ORDRE.
Par J.-B. BIOT, Membre de l'Institut de France, Adjoint du bureau des Longitudes, Professeur de physique mathématique au Collége de France, et d'astronomie à la faculté des Sciences de Paris; Membre de la Société Philomatique de Paris, des Académies de Lucques, de Turin, de Munich et de Wilna.
.... Aspice si quid
Et nos, quod cures proprium fecisse, loquamur.
HORAT.
CINQUIÈME ÉDITION.
A PARIS,
Chez J. KLOSTERMANN fils, Libraire de l'École impériale Polytechnique, rue du Jardinet, n°. 13.
1815.

Page titre de la cinquième édition du manuel de Jean-Baptiste Biot dans lequel l'expression « géométrie analytique » apparaît pour la première fois dans le titre d'un livre.

Dans son ouvrage, Descartes n'étudie pas la droite. Fermat, pour sa part, avait établi que l'équation de la droite passant par l'origine était *D in A aequatur B in E*, qui se traduirait aujourd'hui par $dx = by$. La droite, facile à étudier en utilisant simplement les proportions, restera plus ou moins absente de tous les traités publiés jusqu'à la seconde moitié du XVIIIe siècle. Dans son œuvre posthume *A Treatise of Algebra* (1748), Colin Maclaurin (1698-1746) s'intéresse vraiment à la droite et donne pour la première fois une présentation qui repose sur l'idée de pente. Toutefois, comme à l'époque en algèbre une lettre représente encore uniquement une quantité positive, l'équation générale de la droite prend une forme plutôt lourde. Ainsi, dans son traité de 1750, lorsqu'il décrit la règle de Cramer, Gabriel Cramer (1704-1752) traduit l'équation générale de la droite par $a = \pm by \pm cx$ où a, b, y, c, x ne peuvent prendre que des valeurs positives et où les signes doivent être ajustés en conséquence.

Ce ne sont pas des impératifs mathématiques qui amèneront les mathématiciens à aborder la droite de façon systématique, mais plutôt des impératifs pédagogiques. En effet, 1789 marque les débuts de la Révolution française. Or, parmi les idées sous-jacentes à ce grand mouvement social, celle de l'importance de l'enseignement pour l'ensemble de la population se matérialisera par la création d'un nouveau système d'éducation. Pour chapeauter ce système, on crée de grandes écoles, dont l'École polytechnique de Paris, fondée en 1794. Le gouvernement révolutionnaire compte dans ses rangs plusieurs scientifiques qui veulent s'assurer que les sciences et les mathématiques occupent une place importante dans l'enseignement. Aussi, le programme de la nouvelle École polytechnique accorde-t-il une large place aux mathématiques.

Cependant, à cette époque, il n'existe pas de manuels pouvant convenir à un jeune public. Gaspard Monge (1746-1818), membre du gouvernement, Joseph Louis Lagrange (1736-1813) et Sylvestre François Lacroix (1765-1843) publient alors plusieurs manuels de mathématiques dans lesquels ils cherchent à présenter, d'une façon claire et compréhensible pour un jeune esprit, les bases des mathématiques de l'époque. Cette exigence pédagogique les amène à étudier les courbes correspondant aux expressions de tous les degrés et particulièrement à celles du premier degré, les droites. Les diverses formes que peut prendre l'équation de la droite, la perpendicularité des droites, en somme tout ce que comprend le programme de mathématiques actuel au secondaire par rapport aux droites est alors présenté sous une forme qui nous semble encore familière. En 1797, Lacroix propose l'expression « géométrie analytique » pour remplacer l'ancienne appellation « algèbre appliquée à la géométrie ». En 1802, Jean-Baptiste Biot (1774-1862), un des premiers élèves de l'École polytechnique, publie un manuel intitulé *Essai de géométrie analytique, appliquée aux courbes et aux surfaces du second ordre*. L'expression restera.

Avec la victoire des vecteurs sur les quaternions au début du XXe siècle, la géométrie de la droite est traduite en termes vectoriels. Ce n'est plus la pente qui caractérise une droite, mais plutôt la direction de celle-ci et un point par lequel elle passe.

Exercices préliminaires

1. Déterminer, si c'est possible, la pente de la droite

a) passant par les points P(-2, 3) et R(3, -4) ;

b) passant par les points P(-5, 4) et R(7, 4) ;

c) d'équation $x = 3$;

d) d'équation $-3(x + 2) = y + 5$.

2. Trouver l'équation de la droite qui passe par

a) P(-3, 7) et Q(3, 7) ; b) P(-3, 7) et Q(-3, -7) ;

c) P(1, 7) et est parallèle à la droite d'équation $2y - 12x = -4$;

d) P(1, 7) et est perpendiculaire à la droite d'équation $2y - 12x = -4$.

3. Déterminer, si c'est possible, le ou les points de rencontre des droites suivantes.

a) $D_1 : y = 5$ et $D_2 : x = -3$

b) $D_1 : 3x + 2y = 4$ et $D_2 : 4x + 5y = 3$

c) $D_1 : y = 3x + 1$

D_2 passe par P(0, -1) et Q(1, 2).

d) $D_1 : 3x = y - 2$

D_2 passe par P(1, 5) et Q(0, 2).

4. a) Résoudre $|x - 3| = 7$.

b) Résoudre $|2x - 5| = |7 - 3x|$.

c) Déterminer l'ensemble-solution de $|x + 4y + 1| = |3x - 2y - 5|$ et représenter graphiquement cet ensemble.

5. Déterminer la distance séparant les points suivants.

a) A(2, -1) et B(-3, 4) b) $A(x_1, y_1)$ et $B(x_2, y_2)$

6. Compléter les équations suivantes.

a) $\overrightarrow{AB} + \overrightarrow{BC} + \overrightarrow{CD} =$ ____

b) $2\overrightarrow{AB} + \overrightarrow{BA} - \overrightarrow{CB} =$ ____

7. Soit $\vec{u} = (3, -5)$, $\vec{v} = (2, 2)$ et $\vec{w} = (5, 3)$.
Déterminer l'angle entre les vecteurs suivants.

a) $\vec{u}$ et $\vec{v}$ b) $\vec{u}$ et $\vec{w}$

8. Soit P(4, -5), Q(-1, 2), $\vec{u} = (1, 4)$ et $\vec{v} = \overrightarrow{PQ}$.

a) Déterminer $\vec{u}_{\vec{v}}$ et $\vec{u}_{-\vec{v}}$.

b) Calculer $\|\vec{v}_{\vec{u}}\|$ et $\|\vec{v}_{-3\vec{u}}\|$.

c) Calculer l'aire du triangle engendré par $\vec{u}$ et $\vec{v}$.

8.1 Équations de la droite dans le plan cartésien

Objectifs d'apprentissage

À la fin de cette section, l'élève pourra déterminer différentes équations pour une même droite du plan cartésien.

Plus précisément, l'élève sera en mesure
- de déterminer un vecteur directeur d'une droite;
- de déterminer une équation vectorielle d'une droite;
- de déterminer des équations paramétriques d'une droite;
- de déterminer une équation symétrique d'une droite;
- de déterminer un vecteur normal à une droite;
- de déterminer une équation cartésienne d'une droite;
- de déterminer si un point appartient à une droite.

Soit $P(x_1, y_1)$, un point de D,
$\vec{u} = (c, d)$, un vecteur directeur de D, et
$\vec{n} = (a, b)$, un vecteur normal à D.

	Équations de la droite D
É.V.	$(x, y) = (x_1, y_1) + k(c, d)$, où $k \in \mathbb{R}$
É.P.	$\begin{cases} x = x_1 + kc \\ y = y_1 + kd \end{cases}$, où $k \in \mathbb{R}$
É.S.	$\dfrac{x - x_1}{c} = \dfrac{y - y_1}{d}$, si $c \neq 0$ et $d \neq 0$
É.C.	$ax + by - c = 0$, où $c = ax_1 + by_1$

8

Dans cette section, nous utiliserons certaines propriétés des vecteurs pour déterminer différents types d'équations d'une droite dans le plan cartésien.

Équation vectorielle d'une droite dans le plan

Il existe une infinité de droites parallèles à un vecteur non nul $\vec{u}$ donné.

$D_1 /\!/ D_2 /\!/ D_3 /\!/ D_4 /\!/ \vec{u}$

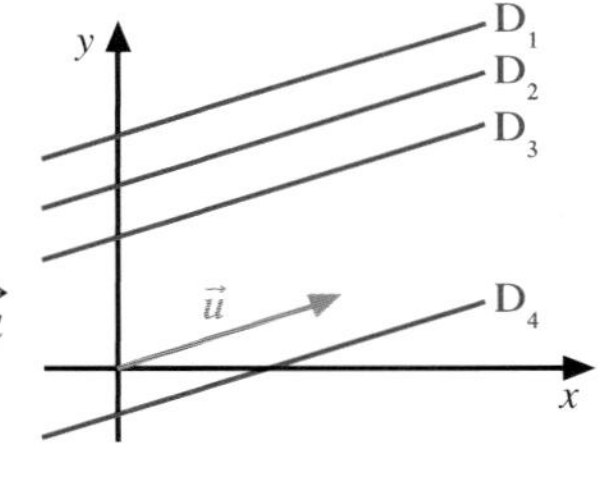

Par contre, il existe une seule droite D qui passe par le point $P(x_1, y_1)$ et qui est parallèle à un vecteur non nul $\vec{u}$ donné.

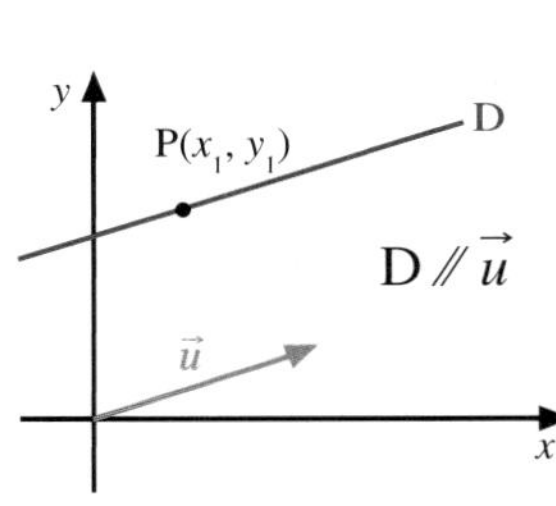

DÉFINITION 8.1 Tout vecteur non nul $\vec{u}$ parallèle à une droite D est appelé **vecteur directeur** de cette droite D.

Exemple 1 Déterminons un vecteur directeur $\vec{u}$ pour chacune des droites D suivantes et représentons la droite et le vecteur directeur.

a) D passe par P(0, 1) et est parallèle à l'axe des x.

Soit $\vec{u} = \vec{i}$. (car $\vec{i} /\!/ \text{D}$)

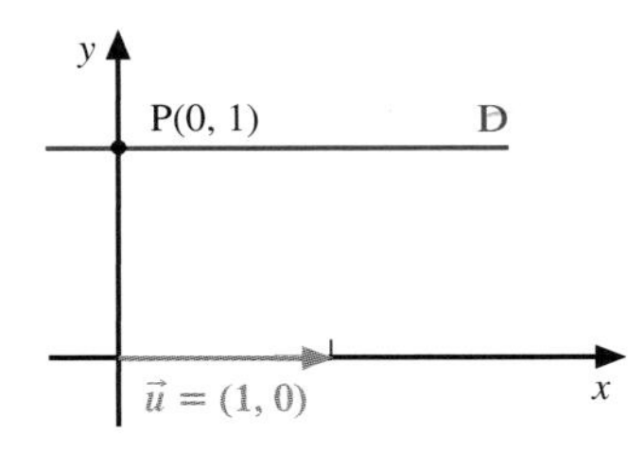

b) D passe par P(-2, 3) et Q(1, 1).

Soit $\vec{u} = \overrightarrow{\text{PQ}} = (3, \text{-}2)$.

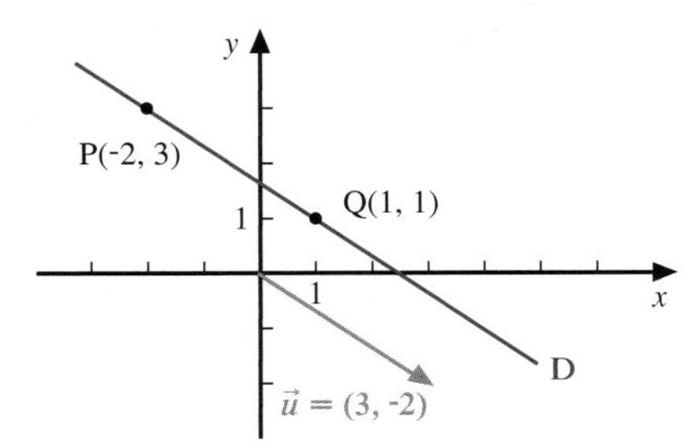

c) D passe par Q(2, 0) et forme un angle de 30° avec l'axe des x.

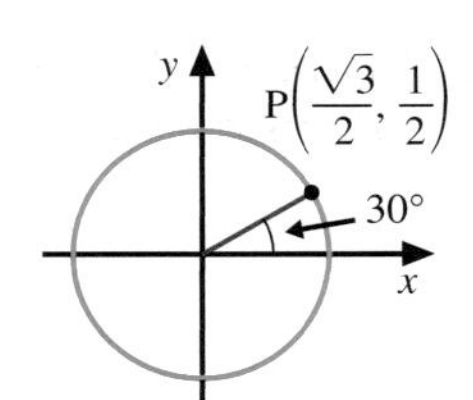

Les coordonnées du point P(30°), situé sur le cercle trigonométrique, sont $\frac{\sqrt{3}}{2}$ et $\frac{1}{2}$.

Soit $\vec{u} = 2\overrightarrow{\text{OP}} = (\sqrt{3}, 1)$.

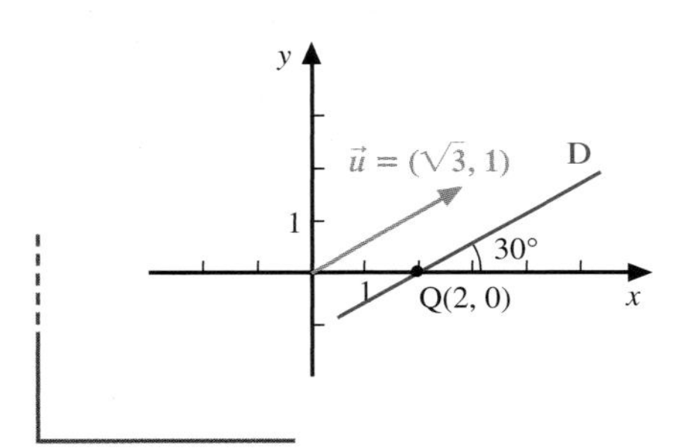

d) D dont l'équation est $y = \text{-}3x + 4$.

Soit P(0, 4) et Q(1, 1), deux points de D, et $\vec{u} = \overrightarrow{\text{QP}} = (\text{-}1, 3)$.

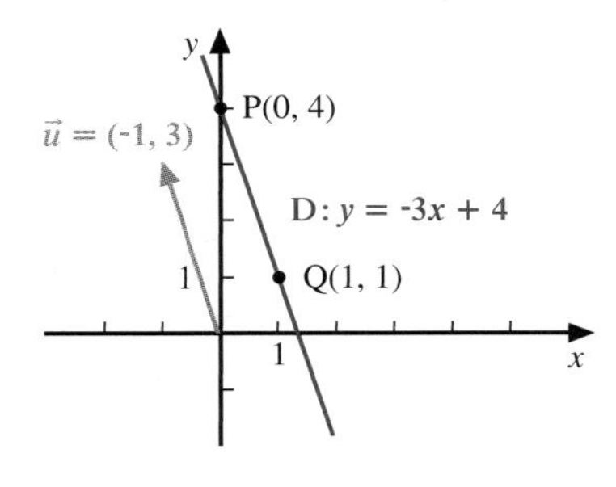

Remarque Si $\vec{u}$ est un vecteur directeur de D, alors $r\vec{u}$, où $r \in \mathbb{R} \setminus \{0\}$, est également un vecteur directeur de D, car $r\vec{u} /\!/ \vec{u}$.

En utilisant certaines propriétés des vecteurs, déterminons une équation vectorielle de la droite D passant par le point $\text{P}(x_1, y_1)$ donné et ayant $\vec{u} = (c, d)$ comme vecteur directeur.

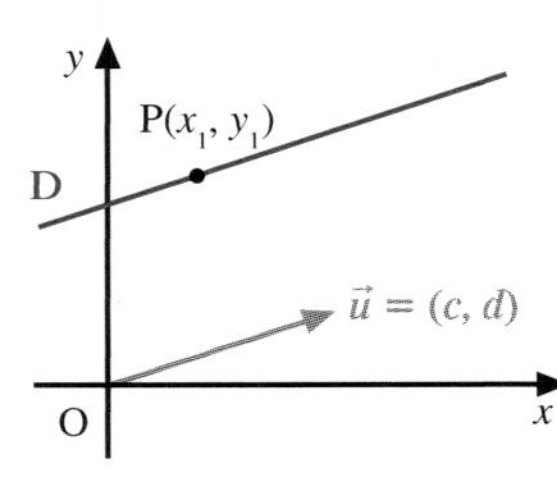

$\vec{u}$ est un vecteur directeur de D.

Soit R(x, y), un point quelconque de la droite D.

Par la loi de Chasles, nous avons

$$\overrightarrow{\text{OR}} = \overrightarrow{\text{OP}} + \overrightarrow{\text{PR}}$$

$$\overrightarrow{\text{OR}} = \overrightarrow{\text{OP}} + k\vec{u}, \text{ où } k \in \mathbb{R} \qquad (\text{car } \overrightarrow{\text{PR}} /\!/ \vec{u})$$

$$(x - 0, y - 0) = (x_1 - 0, y_1 - 0) + k(c, d)$$

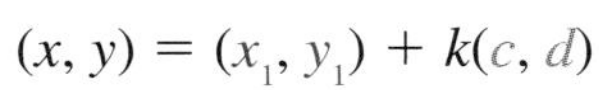

$$(x, y) = (x_1, y_1) + k(c, d)$$

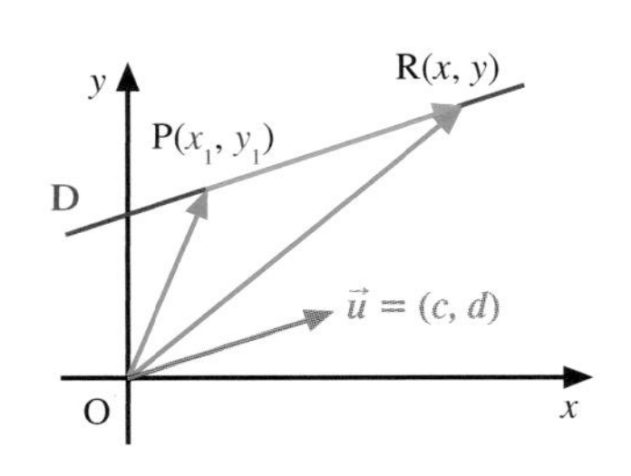

DÉFINITION 8.2 Une **équation vectorielle** de la droite D passant par le point $P(x_1, y_1)$ et ayant $\vec{u} = (c, d)$ comme vecteur directeur est donnée par

$$(x, y) = (x_1, y_1) + k(c, d), \text{ où } k \in \mathbb{R}$$

Remarque Dans l'équation précédente, (x, y) est le vecteur $\overrightarrow{OR}$, où $R(x, y)$ est un point quelconque de la droite D. Nous identifions fréquemment la droite D de la façon suivante.

$D: (x, y) = (x_1, y_1) + k(c, d)$, où $k \in \mathbb{R}$

L'équation précédente peut également s'écrire sous la forme

$D: (x, y) = x_1\vec{i} + y_1\vec{j} + k(c, d)$, où $k \in \mathbb{R}$

Exemple 2

a) Déterminons une équation vectorielle de la droite D passant par P(3, -4) et ayant $\vec{u} = (-5, 2)$ comme vecteur directeur.

Par définition, $D: (x, y) = (3, -4) + k(-5, 2)$, où $k \in \mathbb{R}$, que nous pouvons également écrire

$$D: (x, y) = 3\vec{i} - 4\vec{j} + k(-5, 2), \text{ où } k \in \mathbb{R}$$

b) Déterminons d'autres points de la droite D.

Autres points de D

En attribuant différentes valeurs à k, nous déterminons des vecteurs $\overrightarrow{OR}$ dont l'extrémité R est sur la droite D. Les composantes de ces vecteurs $\overrightarrow{OR}$ sont également les coordonnées des points R situés sur la droite. Par exemple :

i) en posant $k = 1$ dans l'équation précédente, nous obtenons

$$(x, y) = (3, -4) + 1(-5, 2) = (-2, -2)$$

Ainsi, $\overrightarrow{OR} = (-2, -2)$,
d'où R(-2, -2) est un point de la droite D.

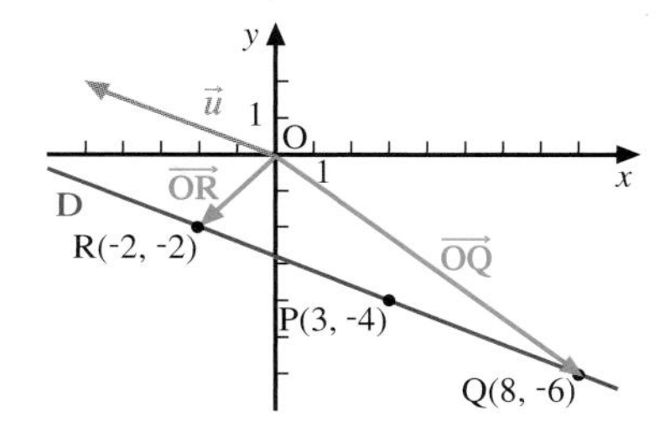

ii) en posant $k = -1$ dans l'équation précédente, nous obtenons

$$(x, y) = (3, -4) + (-1)(-5, 2) = (8, -6)$$

Ainsi, $\overrightarrow{OQ} = (8, -6)$,
d'où Q(8, -6) est un autre point de la droite D.

Exemple 3

a) Déterminons une équation vectorielle de la droite D passant par les points P(1, -3) et Q(9, 7).

Soit $\overrightarrow{PQ} = (8, 10)$, un vecteur directeur de D.

Pour obtenir un autre vecteur directeur $\vec{u}$ de la droite D, nous pouvons poser $\vec{u} = 0{,}5\overrightarrow{PQ}$. Ainsi, $\vec{u} = (4, 5)$.
Nous pouvons donc écrire

$D: (x, y) = (1, -3) + k(4, 5)$, où $k \in \mathbb{R}$

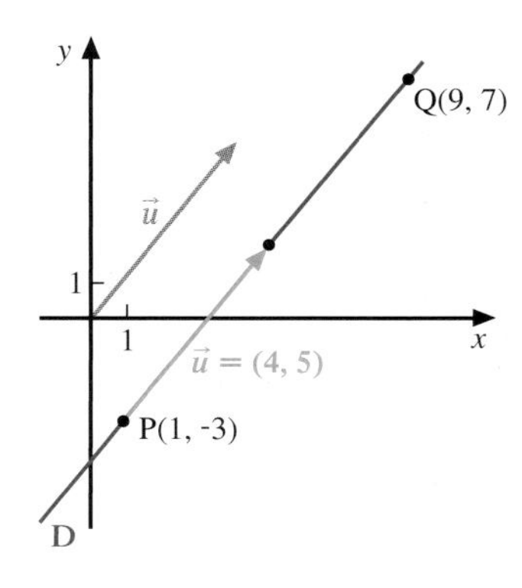

8

En fait, il existe une infinité d'équations vectorielles de cette même droite selon le choix du point et du vecteur directeur de la droite. Par exemple,

D : $(x, y) = (1, -3) + r(-4, -5)$, où $r \in \mathbb{R}$ | D : $(x, y) = (9, 7) + s(4, 5)$, où $s \in \mathbb{R}$

D : $(x, y) = (1, -3) + c(-12, -15)$, où $c \in \mathbb{R}$ | D : $(x, y) = (9, 7) + t(8, 10)$, où $t \in \mathbb{R}$

b) Déterminons une équation vectorielle de la droite d'équation $y = 5x + 7$.

Soit P(0, 7) et Q(1, 12), deux points de la droite. Ainsi, $\overrightarrow{PQ} = (1, 5)$ est un vecteur directeur de la droite. Nous pouvons donc écrire

D : $(x, y) = (0, 7) + k(1, 5)$, où $k \in \mathbb{R}$

Équations paramétriques d'une droite dans le plan

À partir d'une équation vectorielle de la droite D,

$(x, y) = (x_1, y_1) + k(c, d)$, où $k \in \mathbb{R}$, nous obtenons

$(x, y) = (x_1, y_1) + (kc, kd)$ (définition de la multiplication d'un vecteur par un scalaire)

$(x, y) = (x_1 + kc, y_1 + kd)$ (définition de l'addition de deux vecteurs)

Par définition de l'égalité de vecteurs, nous obtenons

$$x = x_1 + kc \quad \text{et} \quad y = y_1 + kd$$

DÉFINITION 8.3 Des **équations paramétriques** de la droite D passant par $P(x_1, y_1)$ et ayant $\vec{u} = (c, d)$ comme vecteur directeur sont données par

$$\begin{cases} x = x_1 + kc \\ y = y_1 + kd \end{cases}, \text{ où } k \in \mathbb{R} \text{ est le paramètre des équations paramétriques.}$$

Exemple 1 Déterminons des équations paramétriques de la droite D passant par P(2, 5) et ayant $\vec{u} = (-3, 4)$ comme vecteur directeur.

Nous avons D : $\begin{cases} x = 2 - 3k \\ y = 5 + 4k \end{cases}$, où $k \in \mathbb{R}$

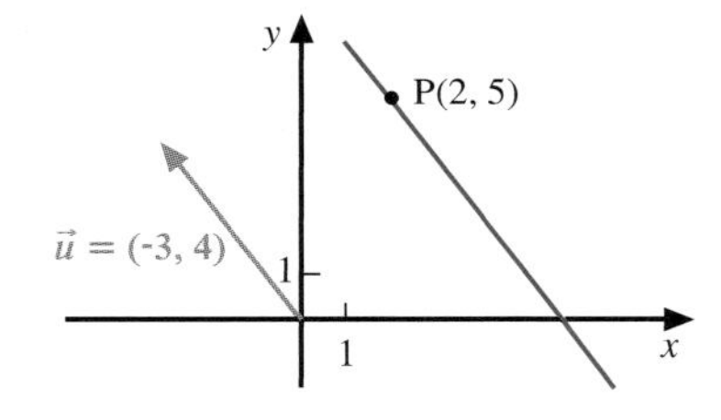

Exemple 2 Soit la droite D passant par les points P(-3, 4) et Q(-1, -1).

a) Déterminons des équations paramétriques de la droite D.

Puisque $\overrightarrow{PQ} = (2, -5)$ est un vecteur directeur de la droite D, nous avons

D : $\begin{cases} x = -3 + 2k \\ y = 4 - 5k \end{cases}$, où $k \in \mathbb{R}$ (il existe une infinité d'équations paramétriques de cette droite)

b) Déterminons si le point S(3, -10) appartient à la droite D.

Il suffit de déterminer s'il existe une valeur unique $k \in \mathbb{R}$ telle que

$3 = -3 + 2k$ et $-10 = 4 - 5k$

$k = 3$ et $k = \frac{14}{5}$ (en résolvant chaque équation)

Puisque les valeurs de k sont différentes dans les deux équations, $S(3, -10) \notin D$.

c) Déterminons si $T(-7, 14) \in D$.

Il suffit de déterminer s'il existe une valeur unique $k \in \mathbb{R}$ telle que

$-7 = -3 + 2k$ et $14 = 4 - 5k$

$k = -2$ et $k = -2$ (en résolvant chaque équation)

Puisque les valeurs de k sont identiques dans les deux équations, $T(-7, 14) \in D$.

Équation symétrique d'une droite dans le plan

À partir des équations paramétriques d'une droite D, nous pouvons obtenir une équation symétrique de cette droite lorsque les deux composantes du vecteur directeur sont différentes de zéro.

Pour ce faire, on isole le paramètre k des deux équations, puis on égalise les deux expressions obtenues.

Ainsi, de $\begin{cases} x = x_1 + kc \\ y = y_1 + kd \end{cases}$, où $k \in \mathbb{R}$, nous obtenons $k = \dfrac{x - x_1}{c}$, si $c \neq 0$, et $k = \dfrac{y - y_1}{d}$, si $d \neq 0$

D'où $\dfrac{x - x_1}{c} = \dfrac{y - y_1}{d}$, si $c \neq 0$ et $d \neq 0$

DÉFINITION 8.4 Une **équation symétrique** de la droite D passant par $P(x_1, y_1)$ et ayant $\vec{u} = (c, d)$ comme vecteur directeur est donnée par

$$\frac{x - x_1}{c} = \frac{y - y_1}{d}, \text{ si } c \neq 0 \text{ et } d \neq 0$$

Sous cette forme, il est plus facile de déterminer si un point appartient à la droite. En effet, il suffit de vérifier, en remplaçant les coordonnées du point dans l'équation de la droite, si ces coordonnées satisfont l'équation symétrique de la droite.

Exemple 1 Soit la droite D passant par $P(2, -11)$ et $Q(-4, 10)$.

a) Déterminons une équation symétrique de la droite D.

Trouvons d'abord un vecteur directeur de D.

Puisque $\overrightarrow{PQ} = (-6, 21) = 3(-2, 7)$, nous pouvons choisir $\vec{u} = (-2, 7)$ comme vecteur directeur de D.

Ainsi, D: $\dfrac{x - 2}{-2} = \dfrac{y - (-11)}{7}$, c'est-à-dire D: $\dfrac{x - 2}{-2} = \dfrac{y + 11}{7}$

b) Déterminons si le point $R(1, 8)$ appartient à la droite D.

En remplaçant x par 1 et y par 8 dans l'équation de la droite D, nous obtenons,

d'une part, $\dfrac{1 - 2}{-2} = \dfrac{1}{2}$, et d'autre part, $\dfrac{8 + 11}{7} = \dfrac{19}{7}$

Puisque $\dfrac{1 - 2}{-2} \neq \dfrac{8 + 11}{7}$, $R(1, 8) \notin D$

8

c) Déterminons si $S(-2, 3) \in D$.

En remplaçant x par -2 et y par 3 dans l'équation de la droite D, nous obtenons,

d'une part, $\frac{-2-2}{-2} = 2$, et d'autre part, $\frac{3+11}{7} = 2$

Puisque $\frac{-2-2}{-2} = \frac{3+11}{7}$, $S(-2, 3) \in D$

Exemple 2

a) Trouvons un point P_1 et un vecteur directeur $\vec{u_1}$ de la droite $D_1 : \frac{x+4}{5} = \frac{y-6}{2}$.

Par définition, cette droite passe par $P_1(-4, 6)$, et $\vec{u_1} = (5, 2)$ est un vecteur directeur de D_1.

b) Trouvons un point P_2 et un vecteur directeur $\vec{u_2}$ de la droite $D_2 : \frac{5-x}{-4} = \frac{-y}{3}$.

Transformons d'abord l'équation précédente pour obtenir une équation symétrique de D_2.

De $\frac{5-x}{-4} = \frac{-y}{3}$, nous obtenons $\frac{-(x-5)}{-4} = \frac{y}{-3}$.

Ainsi, $\frac{x-5}{4} = \frac{y-0}{-3}$ est une équation symétrique de D_2.

D'où nous trouvons $P_2(5, 0)$ et $\vec{u_2} = (4, -3)$.

c) Trouvons un point P_3 et un vecteur directeur $\vec{u_3}$ de la droite $D_3 : \frac{2x-5}{4} = \frac{-9-3y}{8}$.

Transformons d'abord l'équation précédente pour obtenir une équation symétrique de D_3.

De $\frac{2x-5}{4} = \frac{-9-3y}{8}$, nous obtenons $\frac{2\left(x-\frac{5}{2}\right)}{4} = \frac{-3(3+y)}{8}$.

Ainsi, $\frac{\left(x-\frac{5}{2}\right)}{2} = \frac{y-(-3)}{\frac{-8}{3}}$ est une équation symétrique de D_3.

D'où nous trouvons $P_3\left(\frac{5}{2}, -3\right)$ et $\vec{u_3} = \left(2, \frac{-8}{3}\right)$.

Équation cartésienne d'une droite dans le plan

Il y a environ 400 ans...

René Descartes
(1596-1650)

René **Descartes** a toujours été de santé fragile. C'est pourquoi, au cours de ses années d'études au collège jésuite de La Flèche où il est pensionnaire de 1604 à 1612, on lui permet de rester au lit jusque vers 11 h. Après ses études de droit à Poitiers, il s'enrôle dans l'armée d'un prince hollandais. C'est à cette époque que, par d'heureuses rencontres, il décide de consacrer ses pensées en particulier aux mathématiques, qu'il voit comme le cœur de toute connaissance vraiment scientifique. Toutefois, ses incursions dans les sciences physiques ne sont pas toujours réussies. Considérant qu'il ne peut y avoir d'actions à distance, il construit un système complexe, basé sur des tourbillons et par lequel il tente d'expliquer les mouvements des corps célestes. Pendant une centaine d'années, les milieux scientifiques français défendent l'approche cartésienne, résistant même à la remarquable efficacité et à l'économie de la mécanique newtonienne.

Il existe une infinité de droites perpendiculaires à un vecteur non nul $\vec{n}$ donné.

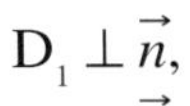

$D_1 \perp \vec{n}$, $D_2 \perp \vec{n}$, $D_3 \perp \vec{n}$ et $D_4 \perp \vec{n}$

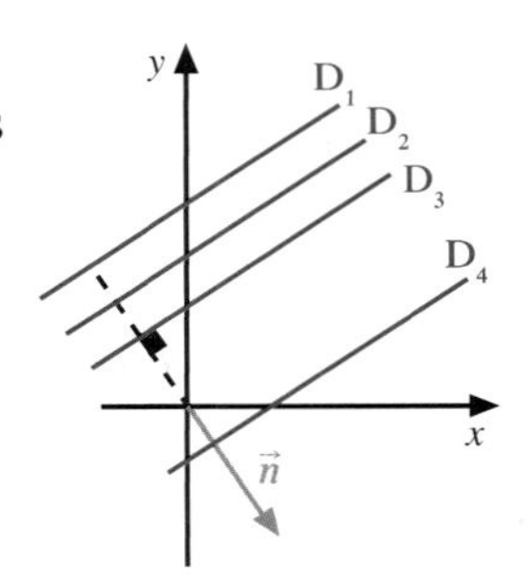

Par contre, il existe une seule droite qui passe par le point $P(x_1, y_1)$ et qui est perpendiculaire à un vecteur non nul $\vec{n}$ donné.

$D \perp \vec{n}$

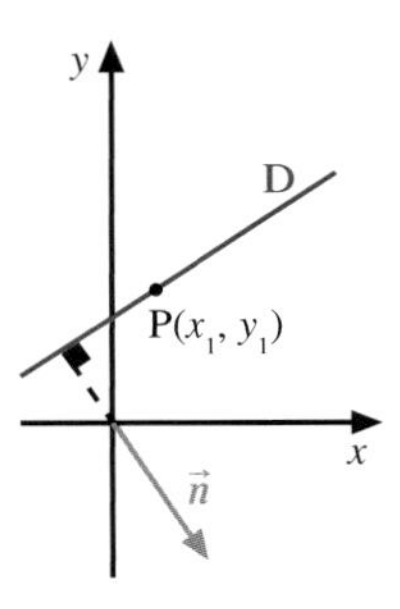

DÉFINITION 8.5 Tout vecteur non nul $\vec{n}$ perpendiculaire à une droite D est appelé **vecteur normal** à cette droite.

En utilisant certaines propriétés des vecteurs, déterminons une équation cartésienne de la droite D passant par le point $P(x_1, y_1)$ et ayant $\vec{n} = (a, b)$ comme vecteur normal.

Soit $R(x, y)$, un point quelconque de D.

Puisque $\vec{n} \perp D$, $\vec{n} \perp \overrightarrow{PR}$, ainsi nous avons

$$\vec{n} \cdot \overrightarrow{PR} = 0 \quad \text{(théorème 7.3)}$$

$$(a, b) \cdot (x - x_1, y - y_1) = 0$$

$$a(x - x_1) + b(y - y_1) = 0$$

$$ax - ax_1 + by - by_1 = 0$$

$$ax + by - (ax_1 + by_1) = 0$$

y, D, R(x, y), P(x_1, y_1), x, $\vec{n} = (a, b)$

$\overrightarrow{OP} = (x_1 - 0, y_1 - 0)$

$\overrightarrow{OP} = (x_1, y_1)$

d'où D: $ax + by - c = 0$, où $c = ax_1 + by_1$, c'est-à-dire $c = \vec{n} \cdot \overrightarrow{OP} = (a, b) \cdot (x_1, y_1)$

DÉFINITION 8.6 Une **équation cartésienne** de la droite D passant par le point $P(x_1, y_1)$ et ayant $\vec{n} = (a, b)$ comme vecteur normal est donnée par

$$ax + by - c = 0, \text{ où } c = ax_1 + by_1$$

L'équation précédente peut également s'écrire sous la forme $ax + by = c$, où $c = \vec{n} \cdot \overrightarrow{OP}$.

Exemple 1 Déterminons une équation cartésienne de la droite D passant par P(-2, 1) et ayant $\vec{n} = (3, -4)$ comme vecteur normal.

Façon 1

Soit $R(x, y)$, un point de la droite D. Ainsi,

$$\vec{n} \cdot \overrightarrow{PR} = 0 \quad \text{(théorème 7.3)}$$

$$(3, -4) \cdot (x + 2, y - 1) = 0$$

$$3x + 6 - 4y + 4 = 0$$

d'où D: $3x - 4y + 10 = 0$ ou D: $3x - 4y = -10$

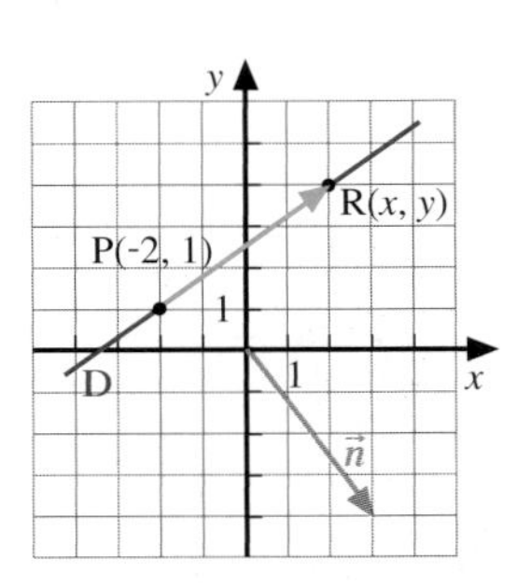

Façon 2

En utilisant la définition précédente, $ax + by - c = 0$, où $c = \vec{n} \cdot \overrightarrow{OP} = ax_1 + by_1$, nous obtenons

$$3x + (-4)y - (3(-2) + (-4)(1)) = 0$$

d'où D: $3x - 4y + 10 = 0$

Remarque Si $\vec{u} = (c, d)$ est un vecteur directeur d'une droite D, alors $\vec{n_1} = (-d, c)$ et $\vec{n_2} = (d, -c)$ sont deux vecteurs normaux à cette droite.

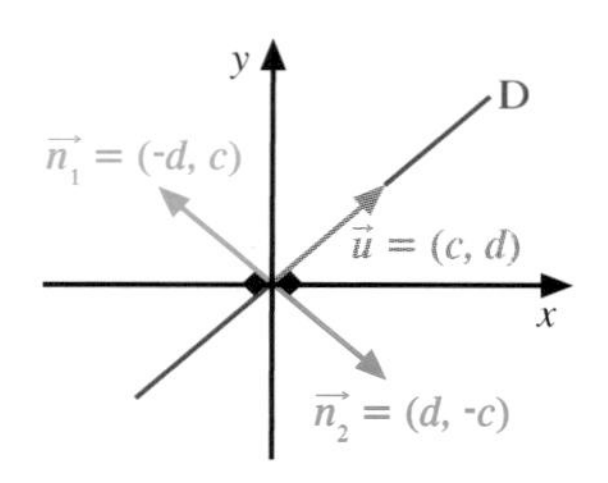

En effet,

$$\vec{u} \cdot \vec{n_1} = -cd + cd = 0 \quad \text{et} \quad \vec{u} \cdot \vec{n_2} = cd - cd = 0$$

Exemple 2

a) Déterminons une équation cartésienne de la droite $D_1 : (x, y) = (2, -1) + k(-7, 8)$, où $k \in \mathbb{R}$.

Puisque $\vec{u_1} = (-7, 8)$ est un vecteur directeur de la droite D_1, alors $\vec{n_1} = (8, 7)$ est un vecteur normal à cette droite.

Ainsi, nous obtenons $8x + 7y - (8(2) + 7(-1)) = 0$,

d'où $D_1 : 8x + 7y - 9 = 0$

b) Déterminons une équation vectorielle de la droite $D_2 : 3x - 5y + 40 = 0$.

Puisque $\vec{n_2} = (3, -5)$ est un vecteur normal à la droite D_2, alors $\vec{u_2} = (5, 3)$ est un vecteur directeur de la droite D_2.

En choisissant le point $P_2(0, 8) \in D_2$, nous obtenons

$D_2 : (x, y) = (0, 8) + k(5, 3)$, où $k \in \mathbb{R}$

Voici un résumé et deux exemples des différentes formes d'équations d'une droite D, dans le plan cartésien, passant par un point P donné ayant $\vec{u}$ comme vecteur directeur et $\vec{n}$ comme vecteur normal.

	$P(x_1, y_1)$ $\vec{u} = (c, d), \vec{n} = (a, b)$	$P(3, -7)$ $\vec{u} = (-2, 5), \vec{n} = (5, 2)$	$P(-5, 3)$ $\vec{u} = (0, -4), \vec{n} = (4, 0)$
Équation vectorielle (É.V.)	$(x, y) = (x_1, y_1) + k(c, d)$, où $k \in \mathbb{R}$	$(x, y) = (3, -7) + k(-2, 5)$, où $k \in \mathbb{R}$	$(x, y) = (-5, 3) + k(0, -4)$, où $k \in \mathbb{R}$
Équations paramétriques (É.P.)	$\begin{cases} x = x_1 + kc \\ y = y_1 + kd \end{cases}$, où $k \in \mathbb{R}$	$\begin{cases} x = 3 + k(-2) \\ y = -7 + k5 \end{cases}$, où $k \in \mathbb{R}$	$\begin{cases} x = -5 \\ y = 3 + k(-4) \end{cases}$, où $k \in \mathbb{R}$
Équation symétrique (É.S.)	$\dfrac{x - x_1}{c} = \dfrac{y - y_1}{d}$, si $c \neq 0$ et $d \neq 0$	$\dfrac{x - 3}{-2} = \dfrac{y + 7}{5}$	Non définie
Équation cartésienne (É.C.)	$ax + by - c = 0$, où $c = ax_1 + by_1$	$5x + 2y - 1 = 0$	$4x + 20 = 0$

Exercices 8.1

1. Soit $D : (x, y) = (5, -3) + k(2, 7)$, où $k \in \mathbb{R}$.

a) Trouver un vecteur directeur $\vec{u}$ de cette droite.

b) Trouver deux points P et Q de cette droite.

c) Déterminer une autre équation vectorielle de la droite D.

2. Déterminer une équation vectorielle de la droite passant par le point

a) $P(3, -2)$ et ayant $\vec{u} = (-2, 4)$ comme vecteur directeur ; représenter graphiquement ;

b) $P(0, 0)$ et ayant $\vec{i}$ comme vecteur directeur ;

c) $P(6, -8)$ et par le point $Q(8, -6)$;

d) $P(2, -3)$ si la droite est verticale ;

e) P(-3, 4) et perpendiculaire à la droite d'équation $D_1: (x, y) = (1, -5) + k(-2, 9)$, où $k \in \mathbb{R}$.

3. Déterminer des équations paramétriques de la droite passant par le point

a) P(-2, 4) et ayant $\vec{u} = (5, -7)$ comme vecteur directeur;

b) P(4, 1) et ayant $\vec{j}$ comme vecteur directeur;

c) P(0, 7) et par le point Q(1, 8);

d) P(5, -2) si la droite est horizontale.

4. Soit $D: \begin{cases} x = 5 - 2k \\ y = -4 + 3k \end{cases}$, où $k \in \mathbb{R}$.

Déterminer

a) si le point Q(11, -13) appartient à la droite D;

b) si le point R(3, -7) appartient à la droite D;

c) la valeur de s si $S(s, 8) \in D$;

d) en quel point T cette droite coupe l'axe des y.

5. Déterminer, si c'est possible, une équation symétrique de la droite passant par le point

a) P(-4, 7) et ayant $\vec{u} = (7, -4)$ comme vecteur directeur;

b) O(0, 0) et parallèle à la droite $D: (x, y) = (1, 1) + k(-3, 7)$, où $k \in \mathbb{R}$;

c) P(4, 5) et ayant $\vec{u} = 7\vec{i}$ comme vecteur directeur;

d) P(10, -8) et par le point Q(7, -2);

e) P(3, -6) et perpendiculaire à $D_1: 5 - 2x = \dfrac{3y + 7}{4}$.

6. Soit $D: \dfrac{x - 4}{7} = \dfrac{y + 5}{-3}$. Déterminer si les points suivants appartiennent à la droite D.

a) O(0, 0) b) P(18, -11)

c) Q(11, -2) d) R(4, -5)

7. Trouver un point P et un vecteur directeur $\vec{u}$ de la droite D si:

a) $D: \dfrac{x - 4}{2} = \dfrac{y + 3}{-5}$ b) $D: \dfrac{5 - x}{4} = 7 + y$

c) $D: \dfrac{x}{4} = \dfrac{-3y}{6}$ d) $D: \dfrac{2x + 8}{9} = \dfrac{5 - 3y}{10}$

8. Déterminer une équation cartésienne de la droite qui passe par le point

a) P(2, 1) et qui a $\vec{n} = (-3, -2)$ comme vecteur normal; représenter graphiquement;

b) P(-4, 3) et qui a $\vec{j}$ comme vecteur normal;

c) P(4, 5) et qui est parallèle à l'axe des y;

d) P(-2, 7) et qui a $\vec{v} = (5, -3)$ comme vecteur directeur;

e) P(3, 0) et par le point Q(0, 4);

f) P(8, 3) et qui est parallèle à $D: \dfrac{x}{5} = \dfrac{y}{7}$;

g) P(8, 3) et qui est perpendiculaire à $D: \dfrac{x}{5} = \dfrac{y}{7}$;

h) P(-1, 5) et qui est parallèle à la droite $D: y = 5x - 9$;

i) O(0, 0) et qui est perpendiculaire à la droite $\dfrac{7x - 5}{3} = \dfrac{5 - 8y}{4}$.

9. Soit $D: 3x - 7y - 8 = 0$. Déterminer

a) un vecteur normal $\vec{n}$ à la droite D;

b) un vecteur directeur $\vec{u}$ de la droite D;

c) p si $P(p, 2) \in D$;

d) le point d'intersection de D et de $D_1: x = 5$.

10. Déterminer, si c'est possible, une équation vectorielle (É.V.), des équations paramétriques (É.P.), une équation symétrique (É.S.) et une équation cartésienne (É.C.) des droites D suivantes.

a)

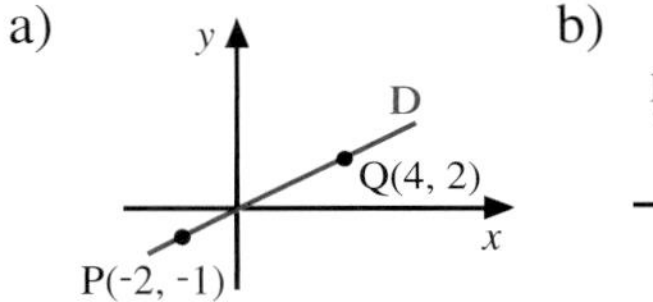

b)

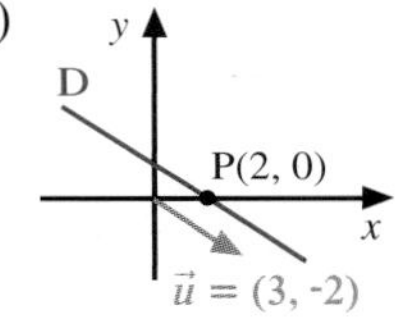

c)

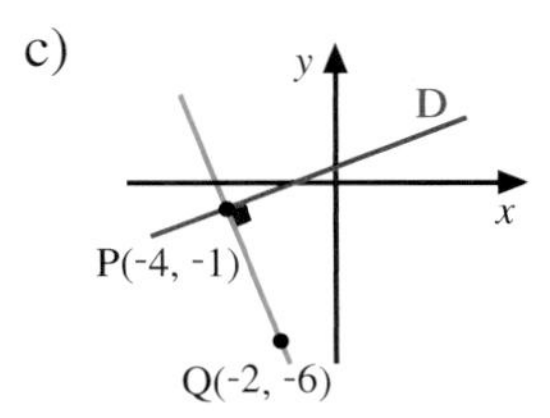

d)

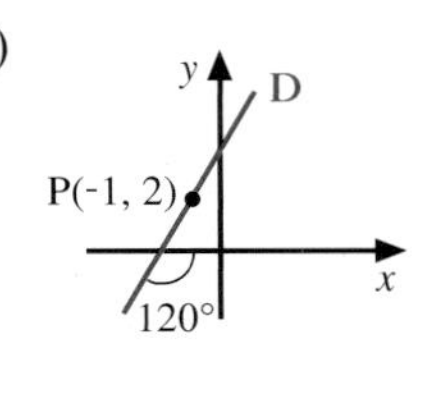

e) D qui passe par P(2, -7) et qui est parallèle à l'axe des x;

f) D qui passe par P(-4, 1) et qui est perpendiculaire à la droite $y = 7x + 3$.

11. Déterminer si les trois points suivants sont situés sur une même droite.

a) P(2, 3), Q(4, 5) et R(6, 7)

b) P(-3, 4), Q(4, -3) et O(0, 0)

8.2 Position relative de deux droites et angles formés par deux droites dans le plan cartésien

Objectifs d'apprentissage

À la fin de cette section, l'élève pourra donner la position relative de deux droites dans le plan cartésien.

Plus précisément, l'élève sera en mesure

- de déterminer si deux droites sont parallèles distinctes ;
- de déterminer si deux droites sont parallèles confondues ;
- de déterminer si deux droites sont concourantes ;
- de trouver le point d'intersection de deux droites concourantes ;
- de calculer les angles entre deux droites ;
- de donner la définition d'angles directeurs d'une droite ;
- de déterminer des angles directeurs d'une droite ;
- de donner la définition de cosinus directeurs d'une droite ;
- de déterminer les cosinus directeurs d'une droite ;
- de déterminer un vecteur directeur unitaire d'une droite ;
- de déterminer une équation du faisceau de droites défini par deux droites concourantes ;
- de déterminer une équation d'une droite particulière d'un faisceau.

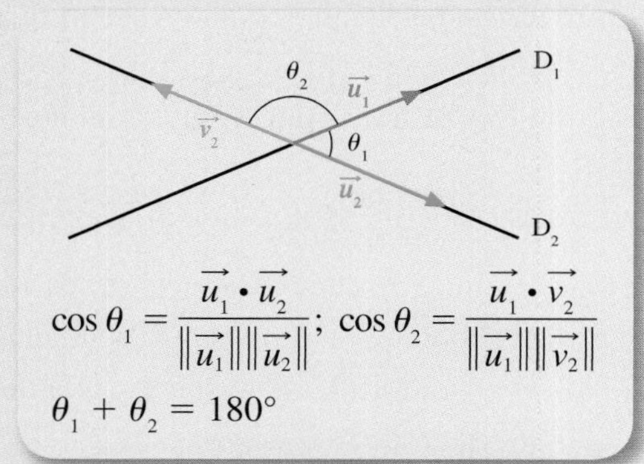

Dans cette section, nous étudierons d'abord les positions relatives possibles de deux droites dans le plan cartésien pour ensuite déterminer les angles formés par deux droites.

Position relative de deux droites dans le plan

Les trois représentations graphiques suivantes illustrent les trois positions relatives possibles de deux droites dans le plan cartésien ainsi que certaines caractéristiques de ces droites.

Soit $\vec{u_1}$ et $\vec{u_2}$, des vecteurs directeurs respectifs des droites D_1 et D_2.

Soit $\vec{n_1}$ et $\vec{n_2}$, des vecteurs normaux respectifs aux droites D_1 et D_2.

Cas 1 Droites parallèles

a) Droites parallèles distinctes

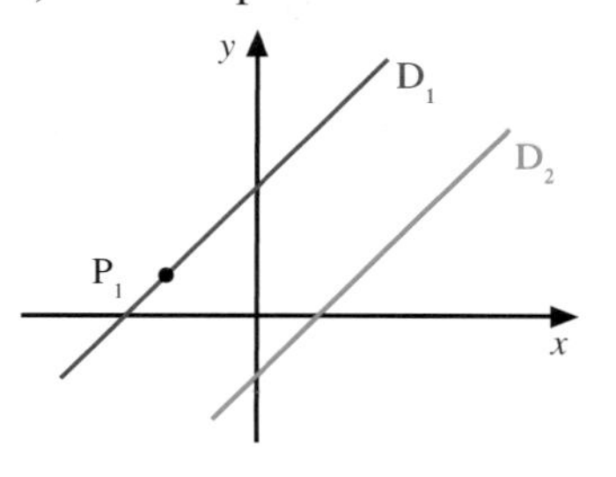

b) Droites parallèles confondues

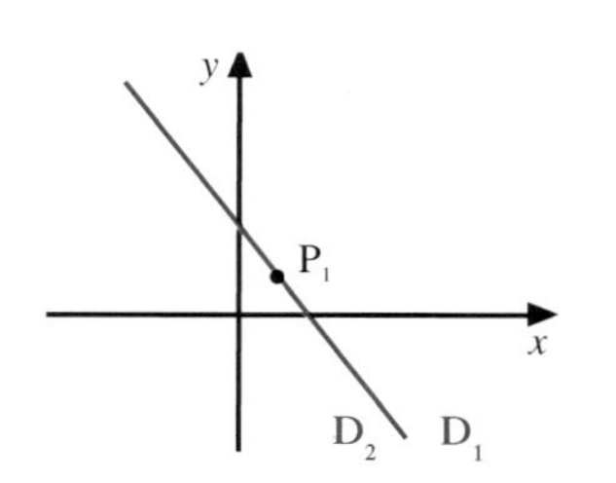

Caractéristiques

① $\vec{u_1} /\!/ \vec{u_2}$ (il existe un $r \in \mathbb{R}$ tel que $\vec{u_1} = r\vec{u_2}$)

② $\vec{n_1} /\!/ \vec{n_2}$ (il existe un $s \in \mathbb{R}$ tel que $\vec{n_1} = s\vec{n_2}$)

③ $\vec{u_1} \perp \vec{n_2}$ $(\vec{u_1} \cdot \vec{n_2} = 0)$ et $\vec{u_2} \perp \vec{n_1}$ $(\vec{u_2} \cdot \vec{n_2} = 0)$

a) ④ Si $P_1 \in D_1$, alors $P_1 \notin D_2$

Aucun point d'intersection

b) ④ Si $P_1 \in D_1$, alors $P_1 \in D_2$

Infinité de points d'intersection

Cas 2 Droites non parallèles

Droites concourantes

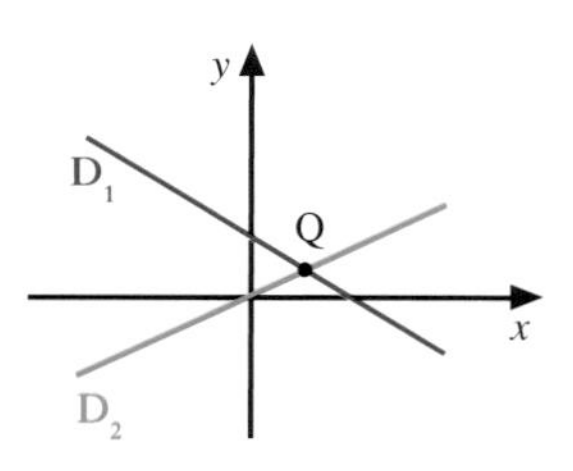

Caractéristiques

① $\vec{u_1} \not/\!/ \vec{u_2}$ $(\vec{u_1} \neq r\vec{u_2}, \forall r \in \mathbb{R})$

② $\vec{n_1} \not/\!/ \vec{n_2}$ $(\vec{n_1} \neq s\vec{n_2}, \forall s \in \mathbb{R})$

③ $\vec{u_1} \not\perp \vec{n_2}$ $(\vec{u_1} \cdot \vec{n_2} \neq 0)$ et $\vec{u_2} \not\perp \vec{n_1}$ $(\vec{u_2} \cdot \vec{n_1} \neq 0)$

④ Un seul point d'intersection Q

Exemple 1 Déterminons la position relative des droites suivantes, ainsi que le point d'intersection lorsque les droites sont concourantes.

a) $D_1 : (x, y) = (3, 2) + k(1, 4)$, où $k \in \mathbb{R}$, et $D_2 : \dfrac{x - 1}{-2} = \dfrac{y + 5}{-8}$.

Soit $\overrightarrow{u_1} = (1, 4)$ et $\overrightarrow{u_2} = (-2, -8)$, des vecteurs directeurs des droites D_1 et D_2.

Puisque $\overrightarrow{u_2} = -2\overrightarrow{u_1}$, $\overrightarrow{u_1} /\!/ \overrightarrow{u_2}$. Donc, $D_1 /\!/ D_2$.

Pour déterminer si les droites sont distinctes ou confondues, il suffit de choisir un point appartenant à une des droites et de vérifier si ce même point appartient également à l'autre droite.

Droites parallèles distinctes

Soit $P_1(3, 2) \in D_1$. Or, $\dfrac{3 - 1}{-2} \neq \dfrac{2 + 5}{-8}$. Donc, $P_1 \notin D_2$.

D'où les deux droites sont parallèles distinctes.

b) $D_3 : \begin{cases} x = -2 + 2k \\ y = 4 - k \end{cases}$, où $k \in \mathbb{R}$, et $D_4 : x + 2y - 6 = 0$.

Soit $\overrightarrow{u_3} = (2, -1)$, un vecteur directeur de la droite D_3, et $\overrightarrow{n_4} = (1, 2)$, un vecteur normal à la droite D_4.

Puisque $\overrightarrow{u_3} \cdot \overrightarrow{n_4} = 0$, $\overrightarrow{u_3} \perp \overrightarrow{n_4}$. Donc, $D_3 /\!/ D_4$.

Droites parallèles confondues

Soit $P_3(-2, 4) \in D_3$. Or, $(-2) + 2(4) - 6 = 0$. Donc, $P_3 \in D_4$.

D'où les deux droites sont parallèles confondues.

c) $D_5 : (x, y) = 2\vec{i} + 3\vec{j} + k(1, 6)$, où $k \in \mathbb{R}$, et $D_6 : (x, y) = (2, -5) + t(2, -2)$, où $t \in \mathbb{R}$.

Soit $\overrightarrow{u_5} = (1, 6)$ et $\overrightarrow{u_6} = (2, -2)$, des vecteurs directeurs des droites D_5 et D_6.

Droites concourantes

Puisque $\overrightarrow{u_5} \neq r\overrightarrow{u_6}$, $\overrightarrow{u_5} \not\!/\!/ \overrightarrow{u_6}$. Donc, $D_5 \not\!/\!/ D_6$.

D'où les droites sont concourantes.

Déterminons le point d'intersection Q des droites D_5 et D_6 de deux façons.

Façon 1

En transformant les équations de D_5 et de D_6 sous forme paramétrique, nous obtenons

$$D_5 : \begin{cases} x = 2 + k \\ y = 3 + 6k \end{cases}, \text{ où } k \in \mathbb{R}, \quad \text{et} \quad D_6 : \begin{cases} x = 2 + 2t \\ y = -5 - 2t \end{cases}, \text{ où } t \in \mathbb{R}.$$

Nous cherchons les coordonnées du point $Q(x_0, y_0)$ qui vérifient simultanément les équations paramétriques des droites D_5 et D_6. Ainsi, il faut déterminer k et t tels que

$$\begin{cases} x_0 = 2 + k \\ y_0 = 3 + 6k \end{cases} \quad \text{et} \quad \begin{cases} x_0 = 2 + 2t \\ y_0 = -5 - 2t \end{cases} \quad \text{Donc,} \quad \begin{cases} 2 + k = 2 + 2t \\ 3 + 6k = -5 - 2t \end{cases}$$

En résolvant le système $\begin{cases} k - 2t = 0 \\ 6k + 2t = -8 \end{cases}$, nous obtenons $k = \dfrac{-8}{7}$ et $t = \dfrac{-4}{7}$.

En remplaçant k par $\dfrac{-8}{7}$ dans $x_0 = 2 + k$ et dans $y_0 = 3 + 6k$, nous obtenons

$$x_0 = 2 + \left(\frac{-8}{7}\right) = \frac{6}{7} \quad \text{et} \quad y_0 = 3 + 6\left(\frac{-8}{7}\right) = \frac{-27}{7}$$

Nous pouvons également trouver x_0 et y_0 en remplaçant t par $\dfrac{-4}{7}$ dans les équations appropriées.

D'où $Q\left(\dfrac{6}{7}, \dfrac{-27}{7}\right)$ est le point d'intersection des droites D_5 et D_6.

8

Façon 2

En transformant les équations de D_5 sous forme paramétrique et celles de D_6 sous forme cartésienne, nous avons

$$D_5 : \begin{cases} x = 2 + k \\ y = 3 + 6k \end{cases}, \text{ où } k \in \mathbb{R}, \quad \text{et} \quad D_6 : x + y + 3 = 0.$$

En remplaçant x par $(2 + k)$ et y par $(3 + 6k)$ dans l'équation de D_6, nous obtenons

$$(2 + k) + (3 + 6k) + 3 = 0$$
$$k = \frac{-8}{7}$$

En remplaçant k par $\frac{-8}{7}$ dans les équations paramétriques de D_5, nous obtenons

$$x = \frac{6}{7} \text{ et } y = \frac{-27}{7}$$

d'où $Q\left(\frac{6}{7}, \frac{-27}{7}\right)$ est le point d'intersection des droites D_5 et D_6.

Angles formés par deux droites dans le plan

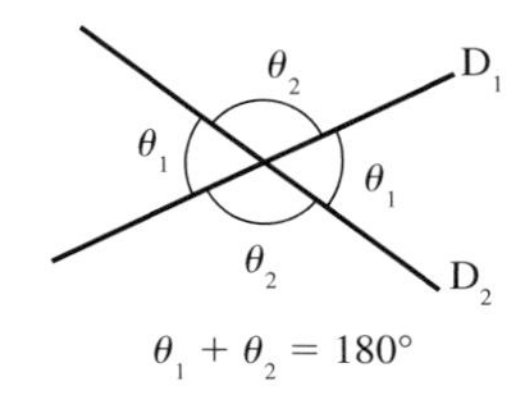

$\theta_1 + \theta_2 = 180°$

Deux droites D_1 et D_2 du plan forment entre elles deux angles, θ_1 et θ_2, qui sont des angles supplémentaires, car $\theta_1 + \theta_2 = 180°$.

DÉFINITION 8.7 Les **angles** θ_1 et θ_2, **formés par les droites** D_1 et D_2 dans le plan cartésien, correspondent aux angles formés par des vecteurs directeurs de D_1 et de D_2.

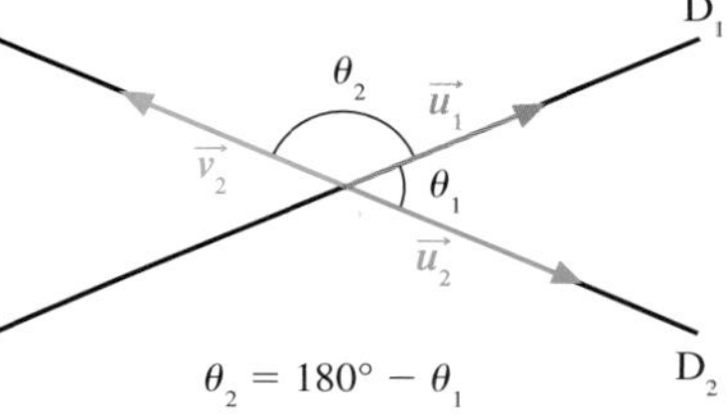

$\theta_2 = 180° - \theta_1$

Soit $\vec{u_1}$, un vecteur directeur de la droite D_1, et soit $\vec{u_2}$ et $\vec{v_2}$, deux vecteurs directeurs de sens contraire de la droite D_2.

Ainsi, l'angle θ_1 entre D_1 et D_2 correspond à l'angle formé par les vecteurs $\vec{u_1}$ et $\vec{u_2}$, et l'angle θ_2 entre D_1 et D_2 correspond à l'angle formé par les vecteurs $\vec{u_1}$ et $\vec{v_2}$.

Nous avons vu au chapitre 7 que nous pouvons déterminer l'angle θ formé par deux vecteurs $\vec{u}$ et $\vec{v}$ à l'aide du produit scalaire.

En effet, il suffit d'utiliser l'équation $\vec{u} \cdot \vec{v} = \|\vec{u}\| \|\vec{v}\| \cos \theta$.

THÉORÈME 8.1 Soit D_1 et D_2, deux droites dans le plan cartésien.

Si $\vec{u_1}$ et $\vec{u_2}$ sont des vecteurs directeurs respectifs de D_1 et de D_2, alors θ_1, un des angles formés par les droites D_1 et D_2, est obtenu à partir de l'équation

$$\cos \theta_1 = \frac{\vec{u_1} \cdot \vec{u_2}}{\|\vec{u_1}\| \|\vec{u_2}\|} \quad \text{et} \quad \theta_2 = 180° - \theta_1$$

La preuve est laissée à l'élève.

Exemple 1 Calculons les angles θ_1 et θ_2 formés par les droites

$$D_1: (x, y) = (1, 2) + k(5, 2), \text{ où } k \in \mathbb{R}, \text{ et } D_2: \frac{x - 4}{-3} = y + 7.$$

Soit $\vec{u_1} = (5, 2)$ et $\vec{u_2} = (-3, 1)$, des vecteurs directeurs respectifs de D_1 et de D_2.

Ainsi, nous avons $\cos \theta_1 = \dfrac{(5, 2) \bullet (-3, 1)}{\sqrt{29}\sqrt{10}} = \dfrac{-13}{\sqrt{29}\sqrt{10}}$ (théorème 8.1)

d'où $\theta_1 = \text{Arc}\cos\left(\dfrac{-13}{\sqrt{29}\sqrt{10}}\right) \approx 139{,}8°$ et $\theta_2 \approx 40{,}2°$. (car $\theta_2 = 180° - \theta_1$)

COROLLAIRE du théorème 8.1

Soit D_1 et D_2, deux droites dans le plan cartésien.

Si $\vec{n_1}$ et $\vec{n_2}$ sont des vecteurs normaux respectifs à D_1 et à D_2, alors θ_1, un des angles formés par les droites D_1 et D_2, est obtenu à partir de l'équation

$$\cos \theta_1 = \frac{\vec{n_1} \bullet \vec{n_2}}{\|\vec{n_1}\|\|\vec{n_2}\|} \quad \text{et} \quad \theta_2 = 180° - \theta_1$$

La preuve est laissée à l'élève.

Exemple 2 Calculons les angles θ_1 et θ_2 formés par les droites

$$D_1: -4x + 3y - 1 = 0 \text{ et } D_2: \begin{cases} x = -3 + 8r \\ y = 1 - 3r \end{cases}, \text{ où } r \in \mathbb{R}.$$

Soit $\vec{n_1} = (-4, 3)$, un vecteur normal à D_1. Soit $\vec{u_2} = (8, -3)$, un vecteur directeur de D_2.

Donc, $\vec{n_2} = (3, 8)$ est un vecteur normal à D_2.

Ainsi, nous avons $\cos \theta_1 = \dfrac{(-4, 3) \bullet (3, 8)}{5\sqrt{73}} = \dfrac{12}{5\sqrt{73}}$ (corollaire du théorème 8.1)

d'où $\theta_1 = \text{Arc}\cos\left(\dfrac{12}{5\sqrt{73}}\right) \approx 73{,}7°$ et $\theta_2 \approx 106{,}3°$. (car $\theta_2 = 180° - \theta_1$)

DÉFINITION 8.8

Les angles α et β que forment respectivement dans le plan cartésien un vecteur directeur d'une droite D avec $\vec{i}$ et $\vec{j}$ sont appelés des **angles directeurs** de la droite.

Exemple 3 Soit $D: \dfrac{x - 4}{-3} = \dfrac{y + 3}{4}$. Déterminons les angles directeurs de D.

En choisissant $\vec{u} = (-3, 4)$ comme vecteur directeur de D, nous déterminons α_1 et β_1 de la façon suivante.

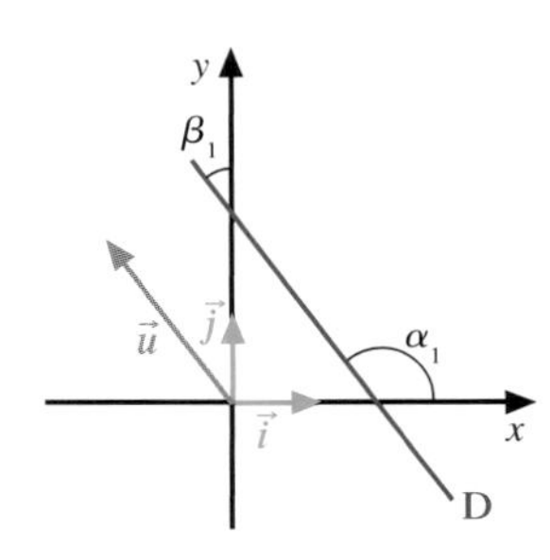

$$\cos \alpha_1 = \frac{\vec{u} \bullet \vec{i}}{\|\vec{u}\|\|\vec{i}\|} = \frac{(-3, 4) \bullet (1, 0)}{5(1)} = \frac{-3}{5}$$

d'où $\alpha_1 \approx 126{,}9°$.

$$\cos \beta_1 = \frac{\vec{u} \bullet \vec{j}}{\|\vec{u}\|\|\vec{j}\|} = \frac{(-3, 4) \bullet (0, 1)}{5(1)} = \frac{4}{5}$$

d'où $\beta_1 \approx 36{,}9°$.

En choisissant comme vecteur directeur de D le vecteur opposé à $\vec{u}$, c'est-à-dire $-\vec{u} = (3, -4)$, nous obtenons

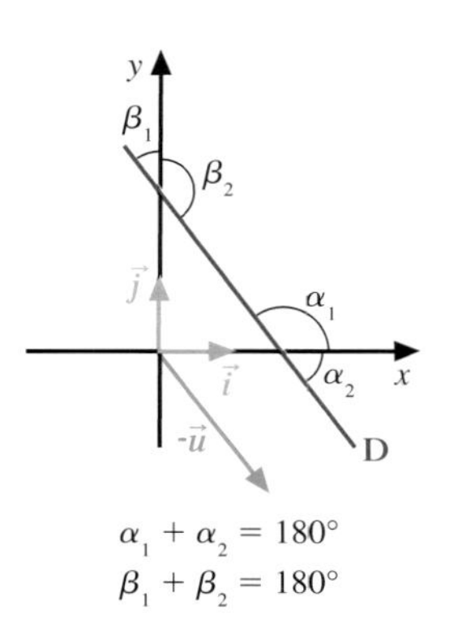

$$\cos \alpha_2 = \frac{-\vec{u} \cdot \vec{i}}{\|\vec{u}\|\|\vec{i}\|} = \frac{(3, -4) \cdot (1, 0)}{5(1)} = \frac{3}{5}$$

d'où $\alpha_2 \approx 53,1°$.

$$\cos \beta_2 = \frac{-\vec{u} \cdot \vec{j}}{\|\vec{u}\|\|\vec{j}\|} = \frac{(3, -4) \cdot (0, 1)}{5(1)} = \frac{-4}{5}$$

d'où $\beta_2 \approx 143,1°$.

DÉFINITION 8.9 Les **cosinus directeurs** d'une droite D dans le plan, associés à un vecteur directeur $\vec{u} = (c, d)$ de D, sont donnés par $\cos \alpha$ et $\cos \beta$, où

$$\cos \alpha = \frac{c}{\sqrt{c^2 + d^2}} \quad \text{et} \quad \cos \beta = \frac{d}{\sqrt{c^2 + d^2}}$$

Remarque Les cosinus directeurs d'une droite sont définis au signe près selon le choix du vecteur directeur de cette droite.

THÉORÈME 8.2 Si α et β sont des angles directeurs d'une droite D, alors $\cos^2 \alpha + \cos^2 \beta = 1$.

PREUVE Soit $\vec{u} = (c, d)$, un vecteur directeur de D.

$$\cos^2 \alpha + \cos^2 \beta = \left(\frac{c}{\sqrt{c^2 + d^2}}\right)^2 + \left(\frac{d}{\sqrt{c^2 + d^2}}\right)^2 \qquad \text{(définition 8.9)}$$

$$= \frac{c^2}{c^2 + d^2} + \frac{d^2}{c^2 + d^2}$$

$$= \frac{c^2 + d^2}{c^2 + d^2}$$

d'où $\cos^2 \alpha + \cos^2 \beta = 1$

Exemple 4 Soit D: $\begin{cases} x = 4 - 5k \\ y = -1 + 2k \end{cases}$, où $k \in \mathbb{R}$. Déterminons les cosinus directeurs, les angles directeurs de D associés aux vecteurs directeurs $\vec{u_1}$ et $\vec{u_2}$, et calculons $\cos^2 \alpha + \cos^2 \beta$.

a) Soit $\vec{u_1} = (-5, 2)$, un vecteur directeur de D.

Les cosinus directeurs de D sont : $\cos \alpha_1 = \frac{-5}{\sqrt{29}}$ et $\cos \beta_1 = \frac{2}{\sqrt{29}}$ (définition 8.9)

Les angles directeurs correspondants sont : $\alpha_1 \approx 158,2°$ et $\beta_1 \approx 68,2°$.

$$\cos^2 \alpha_1 + \cos^2 \beta_1 = \left(\frac{-5}{\sqrt{29}}\right)^2 + \left(\frac{2}{\sqrt{29}}\right)^2 = \frac{25}{29} + \frac{4}{29} = 1$$

b) Soit $\overrightarrow{u_2} = (5, -2)$, un autre vecteur directeur de D.

Les cosinus directeurs de D sont : $\cos \alpha_2 = \dfrac{5}{\sqrt{29}}$ et $\cos \beta_2 = \dfrac{-2}{\sqrt{29}}$ (définition 8.9)

Les angles directeurs correspondants sont : $\alpha_2 \approx 21{,}8°$ et $\beta_2 \approx 111{,}8°$.

$$\cos^2 \alpha_2 + \cos^2 \beta_2 = \left(\frac{5}{\sqrt{29}}\right)^2 + \left(\frac{-2}{\sqrt{29}}\right) = \frac{25}{29} + \frac{4}{29} = 1$$

Faisceau de droites

DÉFINITION 8.10 On appelle **faisceau de droites**, défini par deux droites non parallèles, l'ensemble des droites passant par le point d'intersection de ces deux droites.

Représentation graphique du faisceau de droites passant par le point d'intersection des droites non parallèles D_1 et D_2

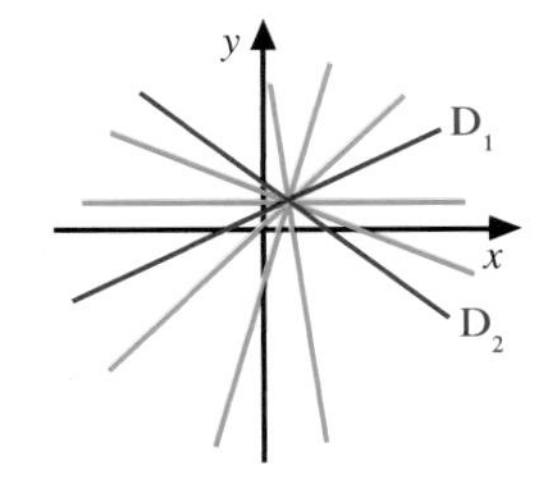

DÉFINITION 8.11 Soit $D_1 : a_1x + b_1y - c_1 = 0$ et $D_2 : a_2x + b_2y - c_2 = 0$, deux droites non parallèles. Une équation du **faisceau F de droites**, défini par D_1 et D_2, est donnée par

$$F : k_1(a_1x + b_1y - c_1) + k_2(a_2x + b_2y - c_2) = 0,$$

où k_1 et $k_2 \in \mathbb{R}$, et où au moins un des deux scalaires est non nul.

Exemple 1 Soit les droites $D_1 : 2x - 3y + 12 = 0$ et $D_2 : 4x + 5y + 2 = 0$.

a) Déterminons une équation du faisceau F de droites, défini par D_1 et D_2.

$$F : k_1(2x - 3y + 12) + k_2(4x + 5y + 2) = 0, \text{ où } k_1, k_2 \in \mathbb{R} \ (k_1 \neq 0 \text{ ou } k_2 \neq 0)$$

Pour chaque valeur de k_1 et de k_2, nous obtenons une droite du faisceau.

b) Déterminons, pour les valeurs de k_1 et de k_2 suggérées, l'équation de la droite du faisceau.

i) Si $k_1 = 1$ et $k_2 = 0$, nous obtenons

$$1(2x - 3y + 12) + 0(4x + 5y + 2) = 0$$

$$2x - 3y + 12 = 0, \text{ c'est-à-dire } D_1$$

ii) Si $k_1 = 0$ et $k_2 = 1$, nous obtenons

$$0(2x - 3y + 12) + 1(4x + 5y + 2) = 0$$

$$4x + 5y + 2 = 0, \text{ c'est-à-dire } D_2$$

iii) Si $k_1 = -4$ et $k_2 = 5$, nous obtenons

$$-4(2x - 3y + 12) + 5(4x + 5y + 2) = 0$$

$$12x + 37y - 38 = 0, \text{ que nous appelons } D_3$$

c) Déterminons la droite du faisceau F qui passe par le point P(-2, 5).

Pour obtenir une droite particulière du faisceau, il suffit de déterminer une valeur de k_1 et une valeur de k_2 satisfaisant à la contrainte de notre droite particulière.

Les coordonnées du point P(-2, 5) doivent vérifier l'équation de F. En remplaçant x par -2 et y par 5 dans F, nous obtenons

$$k_1(2(-2) - 3(5) + 12) + k_2(4(-2) + 5(5) + 2) = 0$$

$$-7k_1 + 19k_2 = 0$$

$$k_1 = \frac{19}{7}k_2$$

En posant, par exemple, $k_2 = 7$, nous obtenons $k_1 = 19$.

Ainsi, $D_4: 19(2x - 3y + 12) + 7(4x + 5y + 2) = 0$

$D_4: 66x - 22y + 242 = 0$

d'où $D_4: 3x - y + 11 = 0$

Représentation graphique

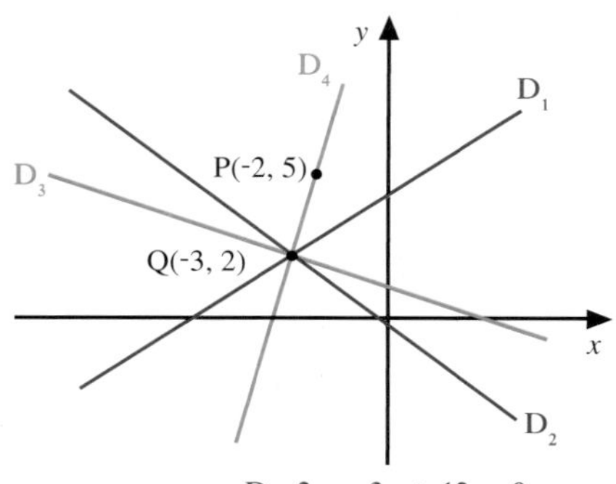

Exercices 8.2

1. Déterminer la position relative des droites D_1 et D_2 données, et les angles formés par D_1 et D_2. Dans le cas où D_1 et D_2 sont concourantes, déterminer le point d'intersection.

a) $D_1: (x, y) = (2, 5) + k(-3, 1)$, où $k \in \mathbb{R}$

$D_2: (x, y) = \vec{i} + 2\vec{j} + t(1, 3)$, où $t \in \mathbb{R}$

b) $D_1: \frac{3x - 6}{6} = \frac{5 - y}{-3}$ et $D_2: 6x - 4y + 8 = 0$

c) $D_1: \begin{cases} x = 3 - 10k \\ y = 2 - 6k \end{cases}$, où $k \in \mathbb{R}$

$D_2: 3x - 5y - 1 = 0$

d) $D_1: -2x + 3y + 17 = 0$

D_2 passe par P(1, -4) et Q(7, -2).

e) $D_1: 2x - 3y + 7 = 0$

D_2 passe par P(-1, -1) et est perpendiculaire à $D: x + 2y + 3 = 0$.

2. Soit $D: \frac{x - x_0}{a} = \frac{y - y_0}{3}$.

Déterminer, si c'est possible, les valeurs de a, si :

a) $D \mathbin{/\!/} D_1$ où $D_1: (x, y) = (5, 7) + k(5, -2)$, où $k \in \mathbb{R}$

b) $D \perp D_2$ où $D_2: \begin{cases} x = -3 - k \\ y = 4 + 4k \end{cases}$, où $k \in \mathbb{R}$

c) $D \mathbin{/\!/} D_3$ où $D_3: 2x - 6y + 1 = 0$

d) $D \perp D_4$ où $D_4: 5x + 7y - 2 = 0$

e) $D \perp D_5$ où D_5 est la droite passant par P(2, 3) et par Q(2, 5)

f) $D \mathbin{/\!/} D_6$ où D_6 est la droite passant par P(5, -2) et par Q(5, 4)

g) $D \mathbin{/\!/} D_7$ où $D_7: \frac{3 - x}{4} = \frac{3y + 5}{15}$

3. Déterminer les angles α_1, α_2, β_1, β_2, θ et φ suivants si la pente de la droite D_2 est égale à $\frac{-2}{3}$.

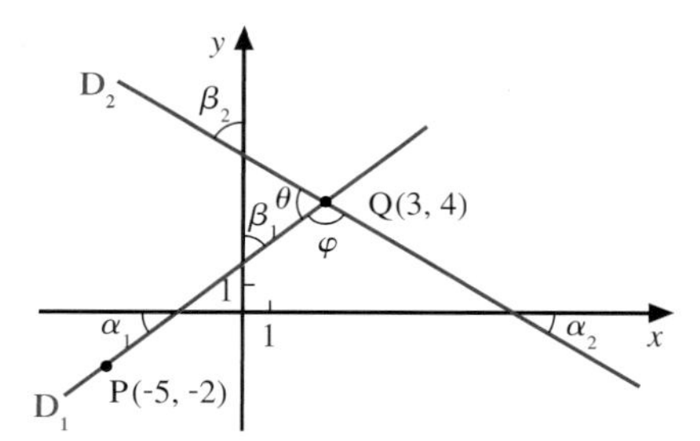

4. Après avoir déterminé un vecteur directeur des droites suivantes, calculer les cosinus directeurs et les angles directeurs associés à ce vecteur directeur.

a) $D: \frac{x - 6}{5} = \frac{y + 4}{12}$

b) $D: (x, y) = (-4, 8) + k(-2, 9)$, où $k \in \mathbb{R}$

c) $D: \begin{cases} x = 4 \\ y = k \end{cases}$, où $k \in \mathbb{R}$

d) $D: 6x - 5y + 1 = 0$

5. Soit $D_1: 2x - 3y - 8 = 0$ et
$D_2: 10x + y - 8 = 0$.

a) Déterminer le point d'intersection P des droites D_1 et D_2, et représenter graphiquement les droites D_1 et D_2.

b) Déterminer une équation du faisceau F de droites, défini par D_1 et D_2.

c) Déterminer une équation de la droite D_3 du faisceau F, si $k_1 = 0$ et $k_2 = 1$.

d) Quelles valeurs faut-il attribuer à k_1 et k_2 pour obtenir D_1 ?

e) Déterminer une équation de la droite D_4 du faisceau F passant par l'origine.

f) Déterminer une équation de la droite D_5 du faisceau F qui est verticale.

g) Déterminer une équation de la droite D_6 du faisceau F qui est horizontale.

h) Déterminer une valeur de k_1 et de k_2 pour obtenir une droite D_7 du faisceau F telle que $D_7 \perp D_4$. Déterminer également une équation de D_7.

i) Déterminer une valeur de k_1 et de k_2 pour obtenir une droite D_8 du faisceau F telle que $D_8 /\!/ D$ où $D: x - y + 1 = 0$. Déterminer également une équation de D_8.

j) Déterminer si les droites D_9 et D_{10} suivantes appartiennent au faisceau F.

$D_9: 3x - y + 5 = 0$

$D_{10}: (x, y) = (11, -7) + k(2, -1)$, où $k \in \mathbb{R}$

8.3 Distance entre un point et une droite, et distance entre deux droites parallèles dans le plan cartésien

Objectifs d'apprentissage

À la fin de cette section, l'élève pourra résoudre des problèmes de distance dans le plan cartésien.

Plus précisément, l'élève sera en mesure

- de démontrer des formules permettant de calculer la distance entre un point et une droite;
- de calculer la distance entre un point et une droite;
- de démontrer une formule permettant de calculer la distance entre deux droites parallèles;
- de calculer la distance entre deux droites parallèles;
- de déterminer des lieux géométriques en utilisant la notion de distance.

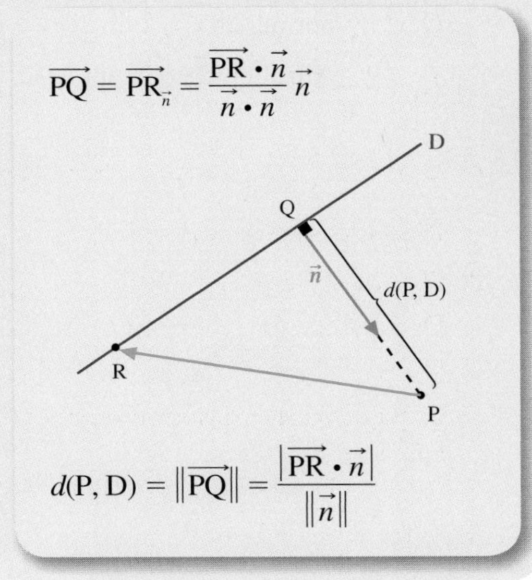

Dans cette section, nous calculerons la distance entre un point et une droite ainsi que la distance entre deux droites parallèles.

Ces calculs de distance permettent de résoudre certains problèmes géométriques.

Distance entre un point et une droite

DÉFINITION 8.12 La **distance** entre un point P et une droite D, notée $d(P, D)$, est la longueur du segment de droite PQ, où $Q \in D$ et $PQ \perp D$.

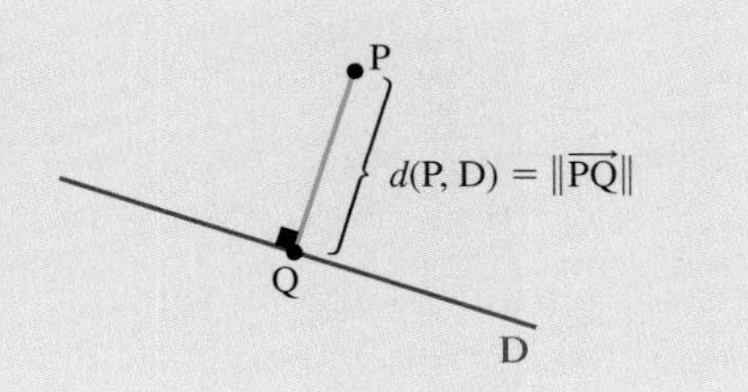

Exemple 1 Calculons la distance $d(P, D)$ entre le point $P(4, -2)$ et la droite $D: (x, y) = (-2, -1) + k(3, 2)$, où $k \in \mathbb{R}$.

Nous constatons que la distance $d(P, D)$ que nous cherchons est la norme du vecteur $\overrightarrow{PQ}$. Ainsi, $d(P, D) = \|\overrightarrow{PQ}\|$.

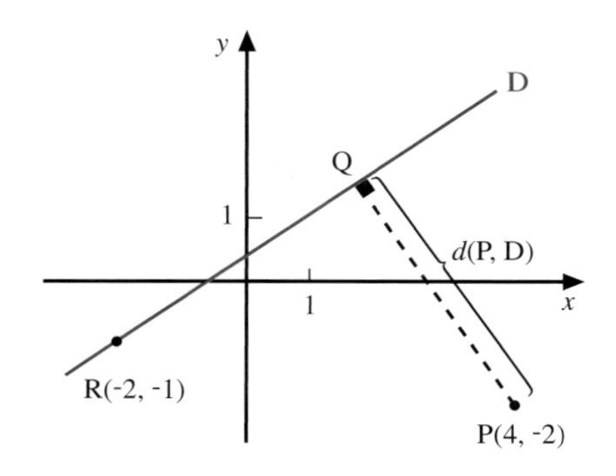

Or, $\overrightarrow{PQ} = \overrightarrow{PR}_{\vec{n}}$, où R est un point quelconque de D, $\vec{n}$, un vecteur normal à D, et $\overrightarrow{PR}_{\vec{n}}$, la projection orthogonale de $\overrightarrow{PR}$ sur $\vec{n}$.

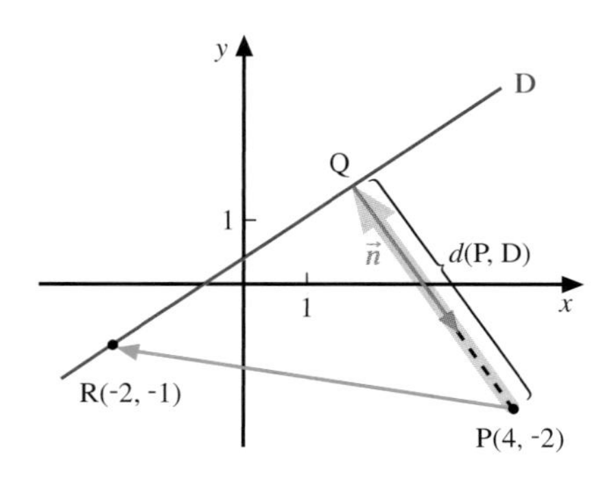

Puisque $\vec{u} = (3, 2)$ est un vecteur directeur de D, nous avons que $\vec{n} = (2, -3)$ est un vecteur normal à D.

Ainsi, en choisissant R(-2, -1), nous obtenons

$$\overrightarrow{PQ} = \overrightarrow{PR}_{\vec{n}} = \frac{\overrightarrow{PR} \cdot \vec{n}}{\vec{n} \cdot \vec{n}}\vec{n} \qquad \text{(théorème 7.7)}$$

$$= \frac{(-6, 1) \cdot (2, -3)}{(2, -3) \cdot (2, -3)}(2, -3)$$

$$= \frac{-15}{13}(2, -3)$$

$$= \left(\frac{-30}{13}, \frac{45}{13}\right)$$

Donc, $d(P, D) = \|\overrightarrow{PQ}\| = \sqrt{\left(\frac{-30}{13}\right)^2 + \left(\frac{45}{13}\right)^2}$

$$= \sqrt{\frac{15^2((-2)^2 + 3^2)}{13^2}}$$

d'où $d(P, D) = \frac{15\sqrt{13}}{13}$ unités.

Démontrons maintenant une formule permettant de calculer la distance entre un point P et une droite D à l'aide du produit scalaire.

THÉORÈME 8.3 Soit $\vec{n}$, un vecteur normal à une droite D, et P, un point du plan cartésien.

Si R est un point quelconque de la droite D, alors la distance entre le point P et la droite D est donnée par

$$d(\mathrm{P}, \mathrm{D}) = \frac{|\overrightarrow{\mathrm{PR}} \cdot \vec{n}|}{\|\vec{n}\|}$$

PREUVE Du point P, abaissons une perpendiculaire à D qui rencontre D au point Q.

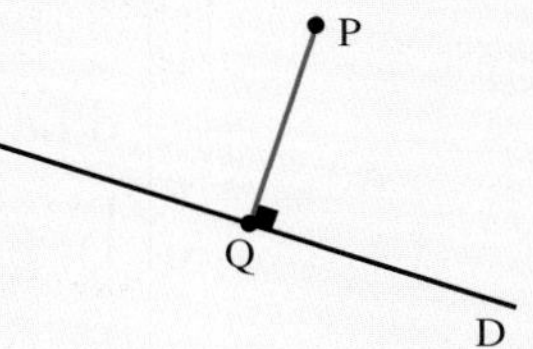

Soit $\vec{n}$, un vecteur normal à D, et R, un point quelconque de D.

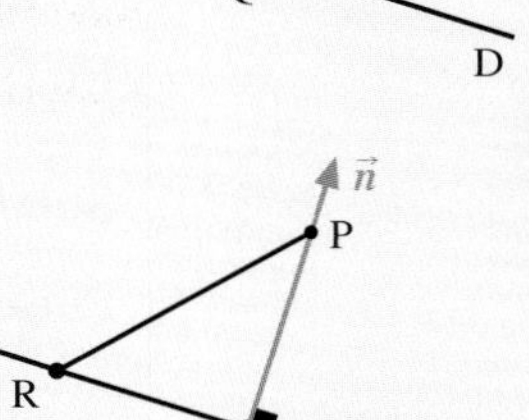

En projetant $\overrightarrow{\mathrm{PR}}$ sur $\vec{n}$, nous obtenons $\overrightarrow{\mathrm{PQ}}$.

$$\begin{aligned} d(\mathrm{P}, \mathrm{D}) &= \|\overrightarrow{\mathrm{PQ}}\| \\ &= \|\overrightarrow{\mathrm{PR}}_{\vec{n}}\| && (\text{car } \overrightarrow{\mathrm{PQ}} = \overrightarrow{\mathrm{PR}}_{\vec{n}}) \\ &= \left\| \left(\frac{\overrightarrow{\mathrm{PR}} \cdot \vec{n}}{\vec{n} \cdot \vec{n}} \right) \vec{n} \right\| && (\text{théorème 7.7}) \\ &= \left| \frac{\overrightarrow{\mathrm{PR}} \cdot \vec{n}}{\vec{n} \cdot \vec{n}} \right| \|\vec{n}\| && (\text{car } \|k\vec{u}\| = |k|\,\|\vec{u}\|) \\ &= \frac{|\overrightarrow{\mathrm{PR}} \cdot \vec{n}|}{|\vec{n} \cdot \vec{n}|} \|\vec{n}\| && \left(\text{car } \left|\frac{a}{b}\right| = \frac{|a|}{|b|}\right) \\ &= \frac{|\overrightarrow{\mathrm{PR}} \cdot \vec{n}|}{\|\vec{n}\|^2} \|\vec{n}\| \end{aligned}$$

d'où $d(\mathrm{P}, \mathrm{D}) = \dfrac{|\overrightarrow{\mathrm{PR}} \cdot \vec{n}|}{\|\vec{n}\|}$

Remarque La distance $d(\mathrm{P}, \mathrm{D})$ est indépendante du choix du vecteur normal et du choix du point sur la droite D. Soit $\vec{n}$, un vecteur perpendiculaire à la droite D.

$$\overrightarrow{\mathrm{PR}}_{\vec{n}} = \overrightarrow{\mathrm{PS}}_{\vec{n}} = \overrightarrow{\mathrm{PT}}_{\vec{n}} = \overrightarrow{\mathrm{PQ}}$$

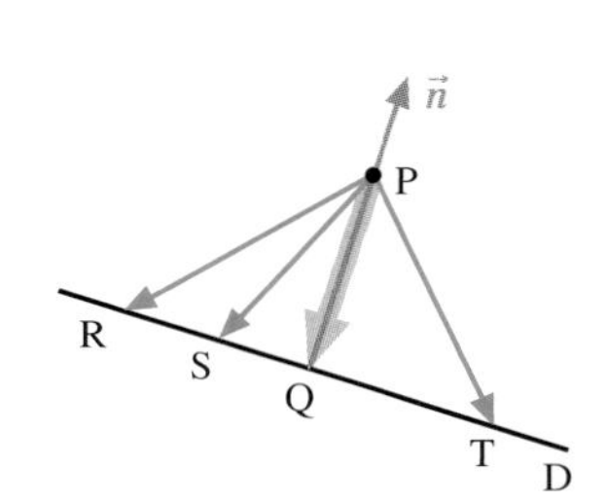

8

Exemple 2 Soit la droite D passant par les points S(1, 1) et T(5, 3).

a) Calculons la distance $d(\text{P, D})$ entre le point P(2, 4) et la droite D.

Soit $\overrightarrow{\text{ST}} = (4, 2)$, un vecteur directeur de D;

ainsi, $\vec{n} = (\text{-}1, 2)$ est un vecteur normal à D, car $\vec{n} \cdot \overrightarrow{\text{ST}} = 0$.

$$d(\text{P, D}) = \frac{|\overrightarrow{\text{PS}} \cdot \vec{n}|}{\|\vec{n}\|} \qquad \text{(théorème 8.3)}$$

$$= \frac{|(\text{-}1, \text{-}3) \cdot (\text{-}1, 2)|}{\|(\text{-}1, 2)\|} \qquad (\text{car } \overrightarrow{\text{PS}} = (\text{-}1, \text{-}3))$$

d'où $d(\text{P, D}) = \dfrac{|\text{-}5|}{\sqrt{5}} = \sqrt{5}$ unités.

b) Déterminons le point $\text{Q} \in \text{D}$ le plus près de P.

En choisissant S(1, 1) et $\vec{u} = (2, 1)$, nous avons D: $\begin{cases} x = 1 + 2k \\ y = 1 + k \end{cases}$, où $k \in \mathbb{R}$.

Soit Q(x, y), le point de D le plus près de P(2, 4).

Puisque $\overrightarrow{\text{PQ}} \perp \text{D}$, $\overrightarrow{\text{PQ}} \perp \vec{u}$. Ainsi,

$$\overrightarrow{\text{PQ}} \cdot \vec{u} = 0$$

$$(1 + 2k - 2, 1 + k - 4) \cdot (2, 1) = 0$$

$$2 + 4k - 4 + 1 + k - 4 = 0$$

$$k = 1$$

En remplaçant k par 1 dans $x = 1 + 2k$ et dans $y = 1 + k$, nous obtenons Q(3, 2).

c) Vérifions que $d(\text{P, Q}) = \sqrt{5}$.

$$d(\text{P, Q}) = \sqrt{(3 - 2)^2 + (4 - 2)^2} = \sqrt{5}$$

Remarque Il est également possible de calculer la distance $d(\text{P, D})$ en divisant l'aire du parallélogramme, engendré par les vecteurs $\overrightarrow{\text{SP}}$ et $\overrightarrow{\text{ST}}$, par la longueur de la base du parallélogramme.

$$d(\text{P, D}) = \frac{\text{Aire SPRT}}{\|\overrightarrow{\text{ST}}\|}$$

$$\begin{vmatrix} \vec{i} & \vec{j} & \vec{k} \\ 1 & 3 & 0 \\ 4 & 2 & 0 \end{vmatrix}$$

$$= \frac{\|(1, 3, 0) \times (4, 2, 0)\|}{\sqrt{20}} \qquad \text{(théorème 7.11)}$$

$$= \frac{\|(0, 0, \text{-}10)\|}{2\sqrt{5}}$$

$$= \frac{10}{2\sqrt{5}}$$

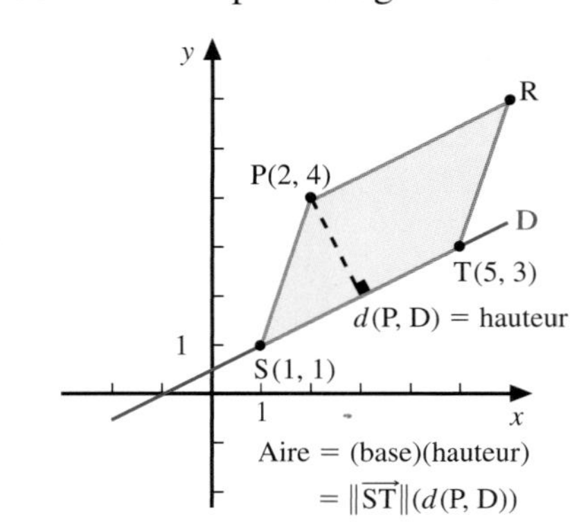

d'où $d(\text{P, D}) = \sqrt{5}$ unités.

Lorsque l'équation de la droite D est donnée sous forme cartésienne, nous pouvons utiliser le théorème suivant pour calculer la distance entre un point P et la droite D.

THÉORÈME 8.4 La distance $d(\text{P, D})$ entre le point $\text{P}(x_0, y_0)$ et la droite D, où D: $ax + by - c = 0$, est donnée par

$$d(\text{P, D}) = \frac{|ax_0 + by_0 - c|}{\sqrt{a^2 + b^2}}$$

PREUVE Soit $\text{R}(x, y)$, un point de D.

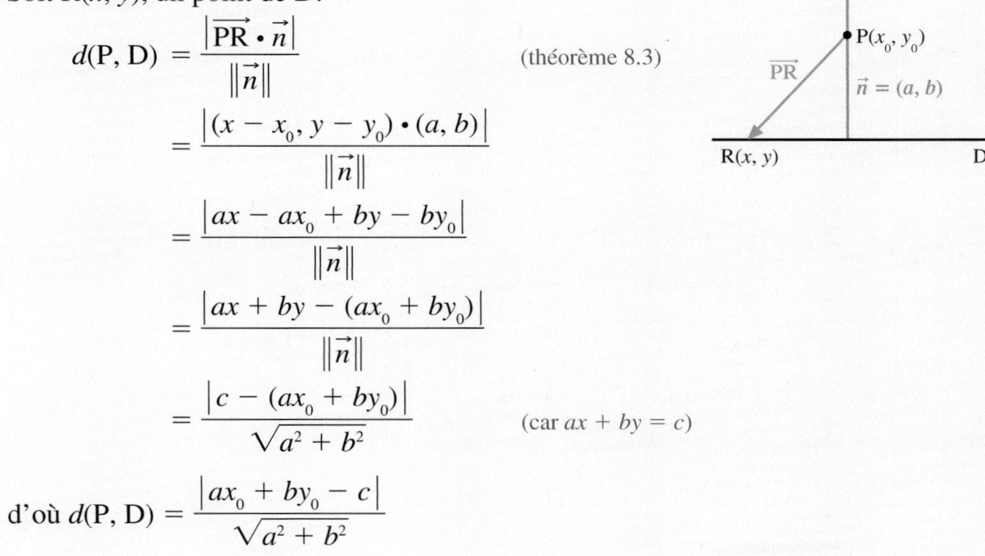

$$d(\text{P, D}) = \frac{|\overrightarrow{\text{PR}} \cdot \vec{n}|}{\|\vec{n}\|} \qquad \text{(théorème 8.3)}$$

$$= \frac{|(x - x_0, y - y_0) \cdot (a, b)|}{\|\vec{n}\|}$$

$$= \frac{|ax - ax_0 + by - by_0|}{\|\vec{n}\|}$$

$$= \frac{|ax + by - (ax_0 + by_0)|}{\|\vec{n}\|}$$

$$= \frac{|c - (ax_0 + by_0)|}{\sqrt{a^2 + b^2}} \qquad (\text{car } ax + by = c)$$

d'où $d(\text{P, D}) = \dfrac{|ax_0 + by_0 - c|}{\sqrt{a^2 + b^2}}$

Exemple 3 Calculons la distance $d(\text{P, D})$ entre P(-4, 1) et la droite D: $3x + 2y - 5 = 0$.

Nous avons $d(\text{P, D}) = \dfrac{|3(-4) + 2(1) - 5|}{\sqrt{3^2 + 2^2}} = \dfrac{|-15|}{\sqrt{13}} = \dfrac{15}{\sqrt{13}}$

d'où $d(\text{P, D}) = \dfrac{15\sqrt{13}}{13}$ unités.

Remarque Lorsque $\text{P}(x, y)$ est le point O(0, 0), la distance $d(\text{O, D})$ entre O(0, 0) et la droite D, où D: $ax + by - c = 0$, est donnée par

$$d(\text{O, D}) = \frac{|c|}{\sqrt{a^2 + b^2}}$$

Distance entre deux droites parallèles

Calculer la distance $d(\text{D}_1, \text{D}_2)$ entre deux droites parallèles D_1 et D_2 équivaut à calculer la distance $d(\text{P}_1, \text{D}_2)$, où $\text{P}_1 \in \text{D}_1$, ou à calculer la distance $d(\text{P}_2, \text{D}_1)$, où $\text{P}_2 \in \text{D}_2$.

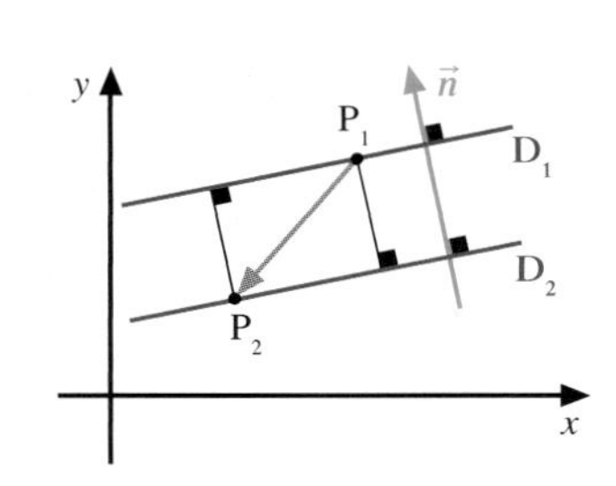

Ainsi, si $\vec{n}$ est un vecteur normal à D_1 et à D_2, alors

$$d(\text{D}_1, \text{D}_2) = d(\text{P}_1, \text{D}_2) = d(\text{P}_2, \text{D}_1) = \frac{|\overrightarrow{\text{P}_1\text{P}_2} \cdot \vec{n}|}{\|\vec{n}\|} \qquad \text{(théorème 8.3)}$$

Exemple 1 Calculons la distance entre les droites parallèles suivantes.

$$D_1 : (x, y) = (4, -5) + k(3, -2), \text{ où } k \in \mathbb{R}, \text{ et } D_2 : \frac{x-2}{-3} = \frac{y+1}{2}$$

Soit $P_1(4, -5) \in D_1$, $P_2(2, -1) \in D_2$ et $\vec{n} = (2, 3)$, un vecteur normal à D_1 et à D_2.

$$d(D_1, D_2) = d(P_1, D_2) = \frac{|\overrightarrow{P_1P_2} \cdot \vec{n}|}{\|\vec{n}\|} = \frac{|(-2, 4) \cdot (2, 3)|}{\|(2, 3)\|} = \frac{|8|}{\sqrt{13}}$$

d'où $d(D_1, D_2) = \frac{8\sqrt{13}}{13}$ unités.

Lorsque les équations des droites D_1 et D_2 sont données sous la forme cartésienne telle que $\vec{n}_1 = \vec{n}_2$, nous pouvons utiliser le théorème suivant pour calculer $d(D_1, D_2)$.

THÉORÈME 8.5 Soit D_1 et D_2, deux droites parallèles ayant le même vecteur normal $\vec{n}$, où $\vec{n} = (a, b)$.

Si $D_1 : ax + by - c_1 = 0$ et $D_2 : ax + by - c_2 = 0$, alors la distance entre les droites D_1 et D_2 est donnée par

$$d(D_1, D_2) = \frac{|c_1 - c_2|}{\sqrt{a^2 + b^2}}$$

La preuve est laissée à l'élève.

Exemple 2 Calculons la distance entre les droites parallèles suivantes.

$$D_1 : x + 4y = 0,\ D_2 : 2x + 8y - 5 = 0 \text{ et } D_3 : 4x + 16y + 9 = 0$$

Transformons d'abord D_1 et D_2 pour obtenir le même vecteur normal que celui de D_3, c'est-à-dire $\vec{n} = (4, 16)$. Ainsi, $D_1 : 4x + 16y = 0$ et $D_2 : 4x + 16y - 10 = 0$.

En utilisant le théorème 8.5, nous obtenons

$$d(D_1, D_2) = \frac{|0 - 10|}{\sqrt{16 + 256}}$$

(car $c_1 = 0$ et $c_2 = 10$)

$$d(D_1, D_3) = \frac{|0 - (-9)|}{\sqrt{16 + 256}}$$

(car $c_1 = 0$ et $c_3 = -9$)

$$d(D_2, D_3) = \frac{|10 - (-9)|}{\sqrt{16 + 256}}$$

(car $c_2 = 10$ et $c_3 = -9$)

d'où $d(D_1, D_2) = \frac{5\sqrt{17}}{34}$ unité, $d(D_1, D_3) = \frac{9\sqrt{17}}{68}$ unité et $d(D_2, D_3) = \frac{19\sqrt{17}}{68}$ unité.

Applications géométriques

Il y a environ 200 ans...

Nous avons dit, dans la perspective historique du début de ce chapitre, que c'est après la Révolution française que l'étude de la droite s'insère de façon définitive dans l'enseignement secondaire. En fait, non seulement la Révolution française permet-elle un changement politique de première importance, mais elle apporte aussi un changement fondamental dans la façon d'enseigner les mathématiques et les sciences. En effet, c'est à l'École polytechnique, fondée en 1794, qu'on ajoute pour la première fois des périodes de résolution de problèmes aux cours de mathématiques et des laboratoires aux cours de sciences. En quelques années, plusieurs phénomènes physiques sont mathématisés par les premiers élèves de l'École et l'ingénierie prend la teinte fortement mathématique qu'elle a encore aujourd'hui.

Exemple 1 Déterminons et représentons graphiquement les lieux géométriques des points $P(x, y)$ qui sont à une distance égale des droites D_1 et D_2 suivantes.

$$D_1: \frac{x-2}{3} = \frac{y+3}{4} \text{ et } D_2: 5x - 12y + 20 = 0$$

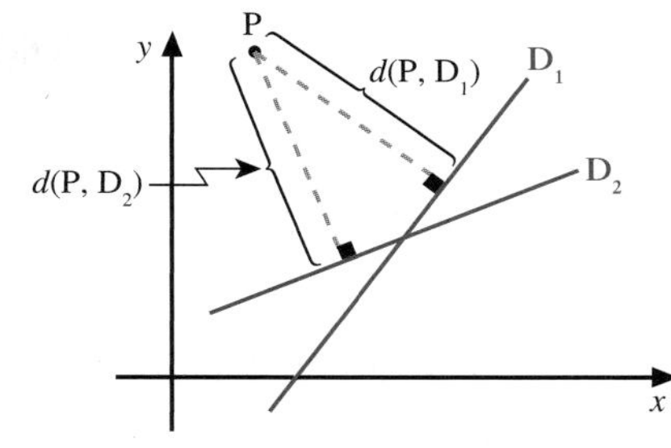

Soit $P_1(2, -3) \in D_1$, $\overrightarrow{n_1} = (-4, 3)$, $P_2(-4, 0) \in D_2$ et $\overrightarrow{n_2} = (5, -12)$, où $\overrightarrow{n_1}$ et $\overrightarrow{n_2}$ sont des vecteurs normaux à D_1 et à D_2.

$$d(P, D_1) = d(P, D_2)$$

$$\frac{|\overrightarrow{PP_1} \cdot \overrightarrow{n_1}|}{\|\overrightarrow{n_1}\|} = \frac{|\overrightarrow{PP_2} \cdot \overrightarrow{n_2}|}{\|\overrightarrow{n_2}\|}$$

$$\frac{|(2-x, -3-y) \cdot (-4, 3)|}{\sqrt{25}} = \frac{|(-4-x, 0-y) \cdot (5, -12)|}{\sqrt{169}}$$

$$\frac{|-8 + 4x - 9 - 3y|}{5} = \frac{|-20 - 5x + 12y|}{13}$$

donc, $\frac{4x - 3y - 17}{5} = \frac{-5x + 12y - 20}{13}$ ou $\frac{4x - 3y - 17}{5} = \frac{-(-5x + 12y - 20)}{13}$

$52x - 39y - 221 = -25x + 60y - 100$ ou $52x - 39y - 221 = 25x - 60y + 100$

$77x - 99y - 121 = 0$ ou $27x + 21y - 321 = 0$

d'où $D_3: 7x - 9y - 11 = 0$ et $D_4: 9x + 7y - 107 = 0$

sont les lieux géométriques cherchés.

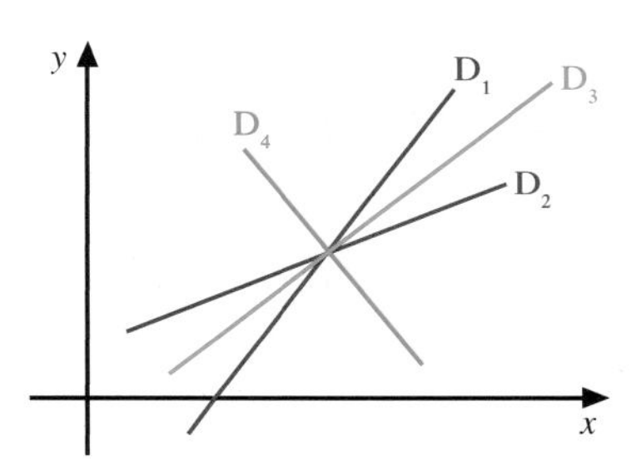

Les droites D_3 et D_4 sont les droites bissectrices des angles formés par D_1 et D_2.

Exemple 2 Déterminons l'équation du cercle de centre $C(1, 2)$ qui est tangent à la droite

$$D: \frac{x-8}{3} = \frac{y-3}{4}.$$

Nous savons que l'équation générale d'un cercle de centre $C(x_0, y_0)$ et de rayon r est donnée par $(x - x_0)^2 + (y - y_0)^2 = r^2$.

Trouvons le rayon r du cercle cherché.

$$r = d(C, D)$$

$$= \frac{|\overrightarrow{CR} \cdot \vec{n}|}{\|\vec{n}\|} \quad \text{(où } R(8, 3) \text{ et } \vec{n} = (4, -3))$$

$$= \frac{|(7, 1) \cdot (4, -3)|}{5}$$

$$= \frac{25}{5}$$

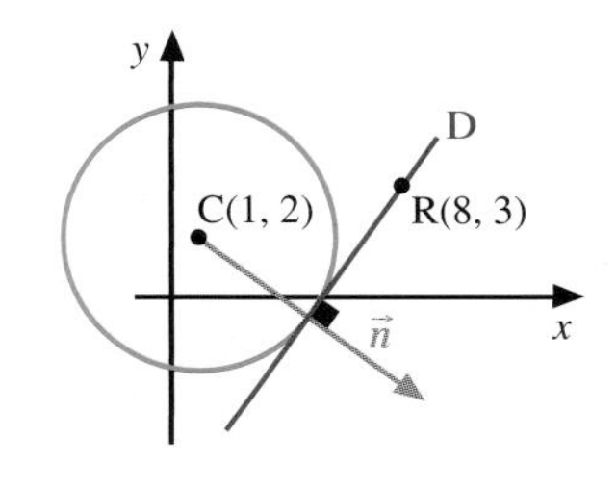

d'où l'équation du cercle est $(x - 1)^2 + (y - 2)^2 = 25$, car $r = 5$.

Exemple 3 Déterminons et représentons graphiquement le lieu géométrique des points P(x, y) qui sont équidistants du point F(2, 3) et de la droite D : $y - 1 = 0$.

$$d(\text{F, P}) = d(\text{P, D})$$

$$\sqrt{(x-2)^2 + (y-3)^2} = \frac{|y-1|}{1} \qquad \text{(théorème 8.4)}$$

$$(x-2)^2 + (y-3)^2 = (y-1)^2$$

$$x^2 - 4x + 4 + y^2 - 6y + 9 = y^2 - 2y + 1$$

$$-4y = -x^2 + 4x - 12$$

$$y = \frac{1}{4}x^2 - x + 3$$

d'où $y = \frac{1}{4}x^2 - x + 3$ est le lieu géométrique cherché.

Ce lieu géométrique est une parabole ouverte vers le haut.

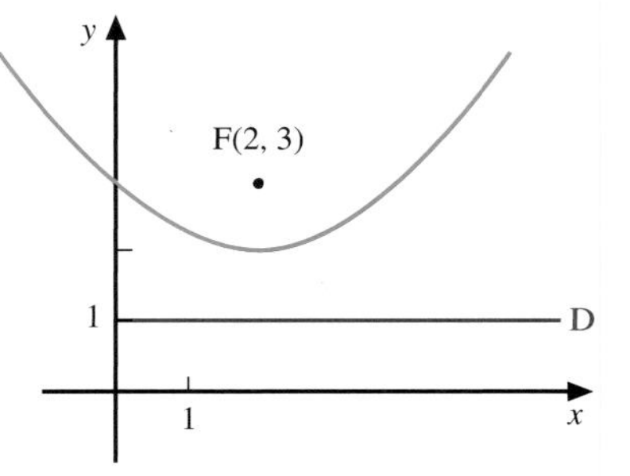

Exercices 8.3

1. Calculer la distance d(P, D) entre le point P et la droite D, et interpréter le résultat.

a) P(-7, -4) et D : $\begin{cases} x = -1 + 2k \\ y = 5 + 3k \end{cases}$, où $k \in \mathbb{R}$

b) P(0, 0) et D passant par A(-4, 7) et B(3, 16).

c) P(2, -3) et D : $5x - 4y + 1 = 0$

2. Soit P(3, 7) et D : $12x - 5y + k = 0$. Déterminer les valeurs de k telles que d(P, D) = 1.

3. Calculer la distance $d(D_1, D_2)$ entre les droites parallèles suivantes et interpréter le résultat.

a) $D_1 : \frac{x-4}{3} = \frac{y+1}{5}$

$D_2 : \frac{x+4}{6} = \frac{y-1}{10}$

b) $D_1 : \begin{cases} x = 4 - 2k \\ y = -6 + 3k \end{cases}$, où $k \in \mathbb{R}$

$D_2 : (x, y) = (-6, 9) + t(2, -3)$, où $t \in \mathbb{R}$

c) $D_1 : 3x - 4y + 2 = 0$

$D_2 : 6x - 8y - 1 = 0$

4. Calculer la distance entre O(0, 0) et la droite

a) $D_1 : x + y - 1 = 0$;

b) $D_2 : \frac{x-5}{2} = \frac{3-y}{7}$;

c) $D_3 : (x, y) = (1, 5) + k(1, 0)$, où $k \in \mathbb{R}$;

d) $D_4 : \begin{cases} x = 3 + 3k \\ y = 2 + 2k \end{cases}$, où $k \in \mathbb{R}$.

5. Soit D : $5x - 2y + 1 = 0$.

a) Déterminer le point Q(x, y) de la droite D le plus près de P(-3, 7).

b) Déterminer d(P, Q).

6. Soit les points P(-4, 1) et Q(2, 5). Déterminer le lieu géométrique des points R(x, y) situés à égale distance de P et de Q. Représenter et identifier ce lieu.

7. Soit les droites

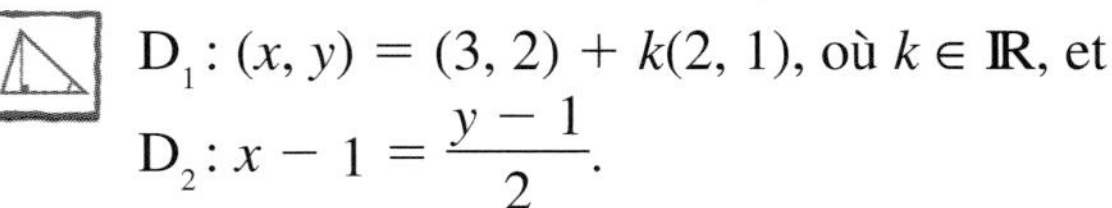

$D_1 : (x, y) = (3, 2) + k(2, 1)$, où $k \in \mathbb{R}$, et

$D_2 : x - 1 = \frac{y-1}{2}$.

Déterminer les lieux géométriques de tous les points P(x, y) qui sont à une distance égale des droites D_1 et D_2. Représenter graphiquement D_1, D_2 et les lieux géométriques.

8. a) Déterminer le lieu géométrique des points $P(x, y)$ qui sont équidistants du point $F(4, -5)$ et de l'axe des y.

b) Représenter et identifier ce lieu.

9. a) Soit les droites $D_1 : 3x + 4y + 5 = 0$, $D_2 : 3x + 4y + 15 = 0$ et $D_3 : 4x - 3y = 0$.

i) Déterminer le centre des cercles tangents aux trois droites données.

ii) Donner les équations des cercles tangents à ces droites.

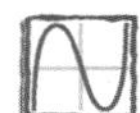

iii) Vérifier la plausibilité des résultats précédents à l'aide d'un outil technologique.

b) Combien y a-t-il, dans le plan cartésien, de cercles tangents à trois droites concourantes deux à deux ?

Réseau de concepts

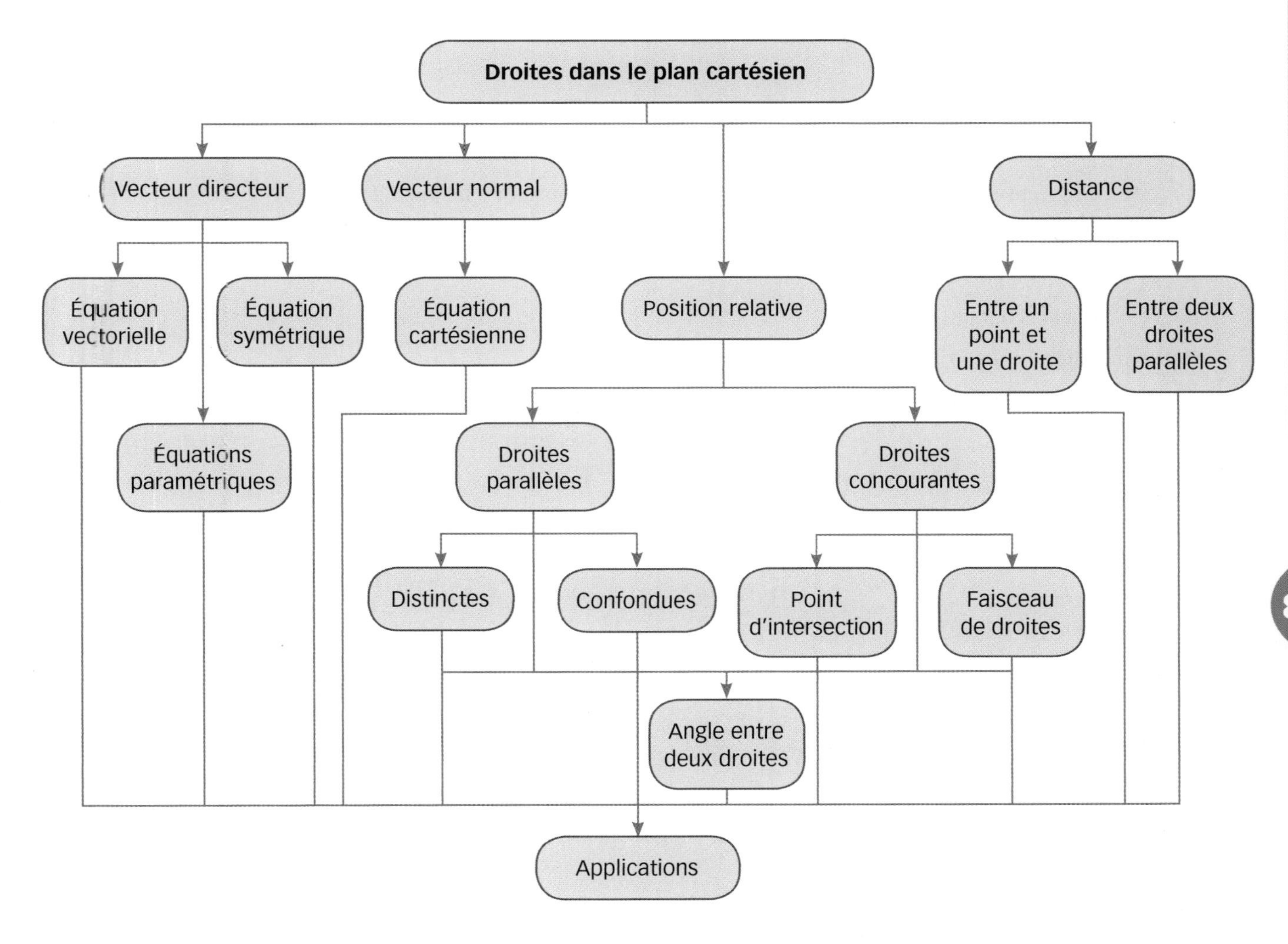

8

Vérification des apprentissages

Après l'étude de ce chapitre, je suis en mesure de compléter le résumé suivant avant de résoudre les exercices récapitulatifs et les problèmes de synthèse.

Équations de droites dans le plan cartésien

Soit une droite D, passant par le point $P(x_1, y_1)$, ayant

$\vec{u} = (c, d)$ comme vecteur directeur et $\vec{n} = (a, b)$ comme vecteur normal.

Équation vectorielle : ______

Équations paramétriques : ______

Équation symétrique : ______

Équation cartésienne : ______

Positions relatives possibles de deux droites dans le plan cartésien

Soit $\vec{u_1}$ et $\vec{u_2}$, des vecteurs directeurs respectifs des droites D_1 et D_2, et soit P_1, un point de D_1.

D_1 et D_2 sont parallèles distinctes si ______

D_1 et D_2 sont parallèles confondues si ______

D_1 et D_2 sont concourantes si ______

θ_1, un des angles entre D_1 et D_2, est obtenu à partir de l'équation ______

Cosinus directeurs

Les cosinus directeurs d'une droite D, associés à un vecteur directeur $\vec{u} = (c, d)$ de D, sont donnés par $\cos \alpha$ et $\cos \beta$, où

$\cos \alpha =$ ______ $\cos \beta =$ ______

De plus, $\cos^2 \alpha + \cos^2 \beta =$ ______

Distance entre un point et une droite du plan cartésien

Soit $\vec{n} = (a, b)$, un vecteur normal à une droite D, et R, un point quelconque de D.

La distance $d(P, D)$ entre un point P et la droite D est donnée par

$d(P, D) =$ ______

La distance $d(P, D)$ entre le point $P(x_0, y_0)$ et la droite D, où $D: ax + by - c = 0$, est donnée par

$d(P, D) =$ ______

Faisceau de droites

Soit $D_1: a_1x + b_1y - c_1 = 0$ et $D_2: a_2x + b_2y - c_2 = 0$, deux droites non parallèles.
Une équation du faisceau de droites, défini par D_1 et D_2, est donnée par ______

Exercices récapitulatifs

Les réponses des exercices suivants, à l'exception des exercices notés en rouge, sont données à la fin du volume.

1. Déterminer, si c'est possible, une équation vectorielle (É.V.), des équations paramétriques (É.P.), une équation symétrique (É.S.) et une équation cartésienne (É.C.) des droites suivantes.

a) D_1 passe par P(3, -7) et a $\vec{u} = (-2, 1)$ comme vecteur directeur.

b) D_2 passe par P(0, 3) et par Q(-4, 3).

c) D_3 passe par P(5, -1) et est perpendiculaire à la droite passant par R(5, -6) et S(7, -2).

d) D_4 est tangente au cercle de centre C(-4, 3) au point P(2, 5).

e) D_5 passe par P(8, -7) et est perpendiculaire à l'axe des x.

f) D_6 passe par P(-2, 8) et est parallèle à la droite $y = \frac{x}{3} + 6$.

g) D_7 telle que

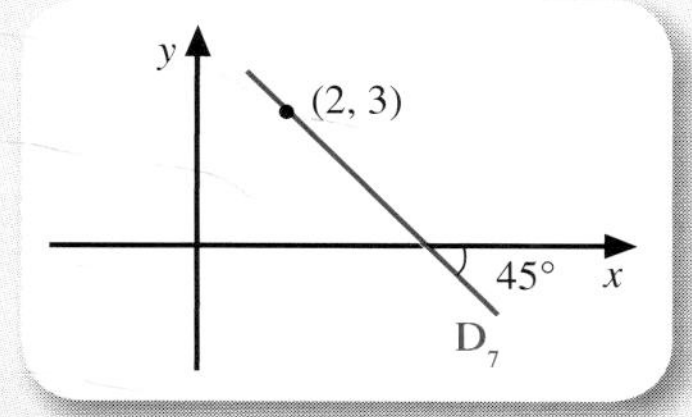

2. Soit les droites

$D_1: (x, y) = (3, -7) + k(-2, 1)$, où $k \in \mathbb{R}$,

$D_2: y - 3 = 0$,

$D_3: \begin{cases} x = 5 + 4k \\ y = -1 - 2k \end{cases}$, où $k \in \mathbb{R}$,

$D_4: x - 8 = 0$,

$D_5: \dfrac{x-2}{2} = \dfrac{5-y}{6}$ et

$D_6: x - 3y + 26 = 0$.

a) Parmi les droites précédentes, déterminer celles qui sont parallèles et celles qui sont perpendiculaires.

b) Déterminer, si c'est possible, le point d'intersection de D_1 et de D_2 ; de D_1 et de D_3 ; de D_1 et de D_4.

c) Déterminer l'angle aigu formé par D_1 et D_2 ; D_1 et D_3 ; D_1 et D_4.

d) Calculer la distance entre P(-3, 7) et D_5 ; entre R(4, -1) et D_5.

e) Calculer la distance entre D_1 et D_3.

3. Soit D_1, la droite passant par P(4, 5) et par Q(-2, -1), D_2, la droite passant par R(-1, 4) et par S(5, 2), et $D_3: 3x - 6y - 185 = 0$. Déterminer

a) le point d'intersection A des droites D_1 et D_2, le point d'intersection B des droites D_1 et D_3, et représenter graphiquement ;

b) les angles θ_1 et θ_2 formés par D_1 et D_2 ;

c) les angles φ_1 et φ_2 formés par D_1 et D_3 ;

d) les angles directeurs de D_1 et de D_2 ;

e) les cosinus directeurs de D_1 et de D_2.

4. Soit $D_1: (x, y) = (3, 4) + k(2, -5)$, où $k \in \mathbb{R}$, et $D_2: \dfrac{x-5}{2} = y + 7$. Déterminer une équation

a) du faisceau F de droites, défini par D_1 et D_2 ;

b) de la droite D_3 du faisceau si $k_1 = 2$ et $k_2 = -3$;

c) de la droite D_4 du faisceau qui passe par l'origine ;

d) de la droite D_5 du faisceau, qui est verticale ;

e) de la droite D_6 du faisceau, qui est horizontale ;

f) de la droite D_7 du faisceau, qui est parallèle à la droite définie par $(x, y) = (2, -1) + k(4, 5)$, où $k \in \mathbb{R}$;

g) de la droite D_8 du faisceau, qui est perpendiculaire à la droite définie par $(x, y) = (2, -1) + k(4, 5)$, où $k \in \mathbb{R}$.

5. Soit les faisceaux F_1 et F_2 tels que

$F_1: k_1(2x - 5y + 15) + k_2(x + y + 4) = 0$, où k_1 et $k_2 \in \mathbb{R}$ ($k_1 \neq 0$ ou $k_2 \neq 0$) et

$F_2: k_3(-x + 2y + 10) + k_4(3x + y - 2) = 0$, où k_3 et $k_4 \in \mathbb{R}$ ($k_3 \neq 0$ ou $k_4 \neq 0$).

a) Quelles valeurs faut-il attribuer à k_1, k_2, k_3 et k_4 pour obtenir la droite D commune aux deux faisceaux.

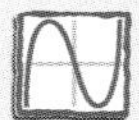

b) Représenter graphiquement les droites qui engendrent F_1, F_2 et la droite D.

6. Soit la droite $D: \dfrac{x-5}{4} = y - 3$ et le point P(-5, 9).

a) Calculer la distance $d(\text{P, D})$.

b) Déterminer le point Q de D le plus près de P(-5, 9).

c) Calculer $d(\text{O, D})$.

d) Déterminer le point R de D le plus près de l'origine.

e) Représenter graphiquement la droite D, tracer le quadrilatère OQPR et calculer l'aire A de ce quadrilatère.

7. Soit $D_1: x + 2 = \dfrac{y-9}{7}$, $D_2: x - y - 3 = 0$ et $P(-3, 2) \in D_1$.

a) Déterminer le point $Q \in D_2$ le plus près de P.

b) Déterminer le point $R \in D_2$ tel que $\overrightarrow{PR} \perp D_1$.

c) Représenter graphiquement les droites D_1 et D_2, tracer le triangle PQR et calculer l'aire A de ce triangle.

8. Soit la droite D : $12x + 5y - 10 = 0$.

a) Déterminer, sur l'axe des y, les points qui sont à une distance 5 de la droite D.

b) Déterminer les points de D qui sont à une distance 5 de l'axe des y.

9. Soit la droite $D_1 : 3x - 4y + 3 = 0$ et la droite $D_2 : ax + by - c = 0$. Déterminer les lieux géométriques des points situés à une distance

a) 2 de D_1 ; b) k de D_1 ; c) k de D_2.

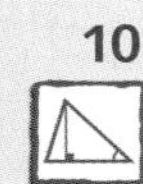

10. Soit $D_1 : 3x + 5y + 2 = 0$ et $D_2 : 6x + 10y + 29 = 0$, deux droites parallèles. Déterminer les lieux géométriques des points qui sont quatre fois plus près de D_2 que de D_1.

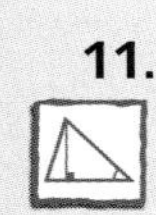

11. Déterminer le lieu géométrique des points $R(x, y)$ situés à égale distance du point P(3, 4) et de la droite D : $(x, y) = (5 + k)\vec{i} + 2\vec{j}$, où $k \in \mathbb{R}$.

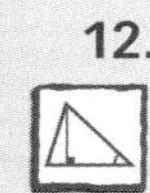

12. Soit D : $\begin{cases} x = 2k \\ y = 2 - k \end{cases}$, où $k \in \mathbb{R}$.

a) Représenter graphiquement la droite D.

b) Représenter graphiquement les lieux obtenus lorsque $k = 0$, $k = 2$ et $k = -1$. Comment s'appellent ces lieux ?

c) Représenter graphiquement le lieu obtenu lorsque $k \in [-2, 3[$.

d) Représenter graphiquement le lieu géométrique lorsque $k \in [-1, +\infty$.

e) Déterminer les limites entre lesquelles k doit varier pour obtenir tous les points du segment de droite joignant $A\left(-5, \frac{9}{2}\right)$ à $B\left(\frac{18}{5}, \frac{1}{5}\right)$.

13. Soit $D_1 : 9x + ky = 7$ et $D_2 : kx + y - 2 = 0$.
Déterminer les valeurs de k telles que

a) $D_1 /\!/ D_2$; dans ce cas, calculer $d(D_1, D_2)$;

b) $D_1 \perp D_2$; dans ce cas, déterminer le point d'intersection entre les droites D_1 et D_2.

14. Soit les droites

$D_1 : \begin{cases} x = 1 - k \\ y = 1 - a + ak \end{cases}$, où $k \in \mathbb{R}$, et

$D_2 : 4x + ay - 2 = 0$.

Déterminer a pour que les deux droites soient

a) parallèles confondues ;

b) parallèles distinctes ;

c) concourantes ;

d) perpendiculaires.

15. Déterminer les valeurs de a telles que

a) $d(P, D) = 4$ si P(0, 0) et
D : $5x + ay + 20 = 0$;

b) $d(P, D) = 2$ si P(2, 2) et
D : $ax + 3y - 15 = 0$;

c) $d(P, D) = 5$ si P(3, -1) et
D : $6x + ay + 24 = 0$.

16. Déterminer le lieu géométrique L des points $P(x, y)$ qui sont équidistants du point F(1, 3) et de la droite D : $x = y$. Représenter graphiquement L.

17. La position d'une automobile miniature rouge, qui se déplace en ligne droite, est donnée par

$(x, y) = (3, 0) + t\left(\frac{4}{3}, 1\right)$, où $t \in [0 \text{ sec}, t_c \text{ sec}]$.

À l'instant où l'automobile miniature rouge quitte son point de départ R, une automobile miniature bleue, se déplaçant également en ligne droite, part du point B(1, 3) avec une vitesse constante. L'équation du trajet de l'automobile bleue est donnée par $\frac{x - 1}{3} = y - 3$.

Dominique Parent

Dans les questions suivantes, un vecteur unité représente un déplacement de un mètre.

a) À quelle distance du point O(0, 0) se trouve l'automobile rouge après 3 secondes ?

b) Déterminer la vitesse de l'automobile rouge.

c) Déterminer les coordonnées du point C, où les automobiles entrent en collision.

d) Déterminer la vitesse de l'automobile bleue sur $[0 \text{ sec}, t_c \text{ sec}]$, où t_c est l'instant où les automobiles entrent en collision.

e) Déterminer la distance séparant les automobiles une seconde avant la collision.

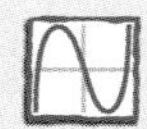

f) Déterminer à quel temps la distance entre les automobiles était de

i) 3 mètres ; ii) 2 mètres ; iii) 1 mètre.

18. Soit α et β, les angles directeurs d'une droite D. Démontrer que $\vec{u} = (\cos \alpha, \cos \beta)$ est un vecteur directeur unitaire de D.

Problèmes de synthèse

Les réponses des problèmes suivants, à l'exception des problèmes notés en rouge, sont données à la fin du volume.

1. Déterminer, si c'est possible, une équation vectorielle (É.V.), des équations paramétriques (É.P.), une équation symétrique (É.S.), une équation cartésienne (É.C.) et l'équation de la forme fonctionnelle (É.F.) $y = ax + b$ de la (des) droite(s) passant

a) par le point milieu du segment de droite PQ, où P(-1, 5) et Q(3, 7), et perpendiculaire(s) à ce segment de droite ;

b) par P et par Q, où P est l'intersection des droites D_1 et D_2, et Q est l'intersection des droites D_3 et D_4 ;

$D_1: \dfrac{x + 3}{2} = y + 5,$

$D_2: (x, y) = (2, 2) + r(1, 2)$, où $r \in \mathbb{R}$,

$D_3: 5x - 2y - 3 = 0,$

$D_4: \begin{cases} x = 7 + 6t \\ y = -4 - 5t \end{cases}$, où $t \in \mathbb{R}$;

c) par P(-2, 7) et formant un angle de 45° avec la droite $x - y + 2 = 0$;

d) par P(2, 0) et tangente(s) au cercle C : $x^2 + y^2 = 2$.

2. Soit les droites $D_1 : x - 2y + 4 = 0$,

$D_2: \dfrac{x + 9}{7} = \dfrac{y - 3}{-2}$ et

$D_3: (x, y) = (-1, 7) + k(3, -4)$, où $k \in \mathbb{R}$.

Soit A, B et C, les points d'intersection respectifs de D_1 et D_2, de D_1 et D_3, et de D_2 et D_3.

a) Déterminer A, B et C.

b) Calculer les angles du triangle ABC.

c) Calculer l'aire de ce triangle.

d) Calculer les trois hauteurs du triangle.

e) Déterminer une équation cartésienne de la médiatrice du segment AB.

f) Déterminer une équation vectorielle de la médiane issue de C.

3. Soit les points A(-1, 2) et B(7, 3), et deux droites D_1 et D_2 telles que D_1 est la droite perpendiculaire en C(3, 0) à la droite passant par A et C, et D_2 est la droite perpendiculaire en B à la droite passant par A et B. Calculer l'aire du quadrilatère AEBC, où E est le point d'intersection des droites D_1 et D_2.

4. Soit la droite D : $(x, y) = (2, 7) + k(1, 5)$, où $k \in \mathbb{R}$.

a) Déterminer l'équation des droites D_i telle que $D_i \perp D$ et telle que l'aire entre D_i, l'axe des x et l'axe des y soit de 40 u².

b) Calculer l'aire du quadrilatère dont les sommets sont les points d'intersection des droites D_i avec les axes.

c) Déterminer les points d'intersection entre les droites D_i et D.

5. a) Soit les cercles $C_1 : (x + 1)^2 + (y - 2)^2 = 9$ et $C_2 : (x - 2)^2 + (y + 2)^2 = 16$.

i) Déterminer une équation cartésienne de la droite D passant par les points d'intersection de C_1 et de C_2.

ii) Déterminer la distance maximale entre D et $C_1 \cup C_2$.

b) Soit les cercles $C_3 : (x + 1)^2 + (y - 2)^2 = 1$ et $C_4 : (x - 4)^2 + (y + 3)^2 = 4$.

i) Déterminer le point $P_3 \in C_3$ et le point $P_4 \in C_4$, tels que $d(P_3, P_4)$ soit maximale.

ii) Calculer l'aire du triangle OP_3P_4.

6. Soit F, un faisceau de droites passant par P(-5, 2).

a) Déterminer une équation de F.

b) Déterminer une équation cartésienne de la droite de F qui est parallèle à la droite $3x - 5y + 7 = 0$.

c) Déterminer une équation vectorielle de la droite de F qui est perpendiculaire à la droite $(x, y) = (3, 4) + k(-4, 3)$, où $k \in \mathbb{R}$.

d) Déterminer une équation cartésienne de chaque droite de F située à une distance 5 du point R(2, 1).

7. Soit A, le point d'intersection des droites

$D_1: 4x - 3y + 1 = 0$ et

$D_2: 5x + 12y - 46 = 0$.

a) Déterminer les points P_1 et $Q_1 \in D_1$ tels que $d(A, P_1) = d(A, Q_1) = 5$.

b) Déterminer les points P_2 et $Q_2 \in D_2$ tels que $d(A, P_2) = d(A, Q_2) = 26$.

c) Comment s'appelle le quadrilatère $P_1Q_1P_2Q_2$?

d) Calculer l'aire du quadrilatère $P_1Q_1P_2Q_2$.

8. a) Déterminer les équations des cercles qui sont tangents à l'axe des x, à l'axe des y et à la droite passant par P(-3, -24) et Q(18, 4).

b) Vérifier la plausibilité des résultats précédents à l'aide d'un outil technologique.

8

9. Soit les droites D_1, D_2 et D_3 suivantes.

$D_1: (x, y) = (-3, -3) + t(2, 3)$, où $t \in \mathbb{R}$

$D_2: x - 7 = 7 - y$

$D_3: \begin{cases} x = s \\ y = 3 \end{cases}$, où $s \in \mathbb{R}$

Soit P, le point d'intersection de D_1 et D_3 ;
Q, le point d'intersection de D_1 et D_2 ;
R, le point d'intersection de D_2 et D_3.

a) Sachant que les médiatrices d'un triangle se rencontrent en un point qui est le centre du cercle circonscrit au triangle, déterminer l'équation du cercle C passant par P, Q et R.

b) Calculer l'aire du triangle EFG délimité par les tangentes au cercle C aux points P, Q et R.

c) Représenter graphiquement le triangle PQR, le cercle C et le triangle EFG.

10. Soit $f(x) = \frac{3}{2}x^2 + \frac{4}{3}x - 15$. Déterminer les points du segment de droite reliant les points P(-6, f(-6)) et Q(11, f(11)), dont les coordonnées sont des entiers.

11. Soit la droite $D: \frac{\sqrt{3}x - 4}{3} = \frac{2y - 7}{2}$. Trouver des vecteurs $\vec{u}$ et $\vec{n}$ respectivement parallèles et perpendiculaires à D tels que :

a) $\vec{u} + \vec{n} = 2\vec{j}$

b) $\vec{u} + \vec{n} = \vec{i} + \vec{j}$

c) $\vec{u} + \vec{n} = k\vec{i}$

12. Soit les points A(4, 3), B(4, 8) et C(7, -2), et les droites $D_1: 7x - y - 20 = 0$ et $D_2: 4x + 3y - 15 = 0$. Déterminer

a) l'angle θ entre les vecteurs $\overrightarrow{OR}$ et $\overrightarrow{BC}$, où R est le point d'intersection des droites D_1 et D_2 ;

b) le point de rencontre T des médianes du triangle ABC ;

c) les coordonnées du point S, appelé **barycentre**, tel que $\overrightarrow{SA} + \overrightarrow{SB} + \overrightarrow{SC} = \vec{O}$.

13. Soit les points A(-1, 1) et B(3, 6).

a) Déterminer les coordonnées du point C tel que $\overrightarrow{BC} = 5\vec{i} - 4\vec{j}$.

b) Déterminer les coordonnées du point R tel que $\overrightarrow{BR} = \overrightarrow{BC} - \overrightarrow{BA}$.

c) Démontrer que $\overrightarrow{AB} \perp \overrightarrow{BC}$.

d) Soit M, le point milieu du segment de droite AC, et H, le point correspondant à la projection orthogonale de M sur le segment de droite AB. Déterminer $\overrightarrow{AH}$ et les coordonnées de H.

e) Déterminer un vecteur normal $\vec{n}$ à la droite passant par A et B tel que $\|\vec{n}\| = 5$.

14. a) Soit D, une droite passant par les points P(a, b) et Q(c, d), où $a \neq c$ et $b \neq d$.

Démontrer que

$y_0 = \frac{\begin{vmatrix} a & c \\ b & d \end{vmatrix}}{a - c}$ et que

$x_0 = \frac{\begin{vmatrix} a & c \\ b & d \end{vmatrix}}{d - b}$.

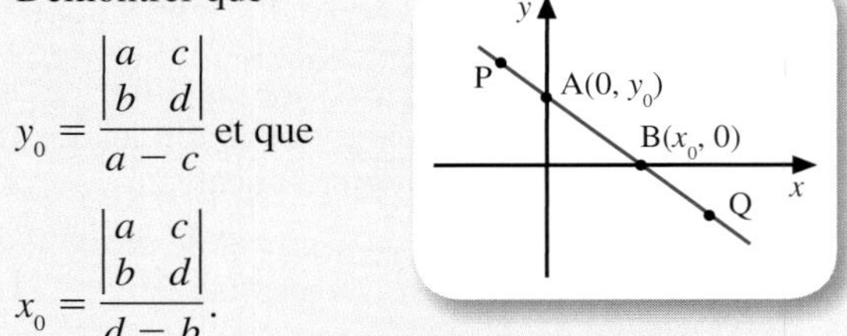

b) Utiliser le résultat précédent pour déterminer l'intersection, avec les axes, de la droite passant par les points P(-5, 8) et Q(-7, -3).

15. Soit les droites D_1 et D_2 suivantes.

$D_1: \frac{1 - 2x}{6} = \frac{3y + 7}{12}$

$D_2: (x, y) = (10, 3) + k(3, 2)$, où $k \in \mathbb{R}$

Les points A et B sont respectivement l'intersection des droites D_1 et D_2 avec l'axe des x, et C est le point d'intersection des deux droites.

a) Trouver les coordonnées des points A, B et C.

b) Calculer l'aire du triangle ABC.

c) Déterminer l'angle aigu θ entre les droites D_1 et D_2.

d) Déterminer l'équation de la parabole passant par A, B et C.

e) Déterminer l'équation du cercle passant par A, B et C.

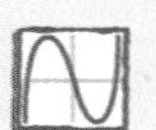

f) Représenter sur un même système d'axes A, B, C, la parabole trouvée en d) et le cercle trouvé en e).

16. Soit les droites D_1, D_2 et D_3 suivantes.

$D_1: (x, y) = (5, 22) + k(7, 11)$, où $k \in \mathbb{R}$

$D_2: x - 2 = \frac{3 - y}{2}$

$D_3: x + 3y + 9 = 0$

Les points A, B et C sont respectivement l'intersection des droites D_1 et D_2, D_1 et D_3, et D_2 et D_3. Soit les points D et F tels que $\overrightarrow{AD} = \frac{7}{8}\overrightarrow{AC}$ et $\overrightarrow{BF} = \frac{4}{5}\overrightarrow{BC}$.

Soit le point P, l'intersection de la droite passant par B et D et de la droite passant par A et F. Calculer les expressions suivantes en donnant votre réponse sous forme rationnelle.

a) $\frac{\|\overrightarrow{PD}\|}{\|\overrightarrow{PB}\|}$

b) $\frac{\|\overrightarrow{PF}\|}{\|\overrightarrow{PA}\|}$

17.  Soit les vecteurs $\vec{i}$ et $\vec{j}$ représentant respectivement un déplacement de un kilomètre vers l'est et un déplacement de un kilomètre vers le nord. Un signal émis à partir de la position O(0, 0) peut être capté à l'intérieur d'un cercle dont le rayon est de 75 km. Un bateau, qui se trouve en un point P à 61 kilomètres à l'ouest de O et à 72 kilomètres au nord de O, se déplace parallèlement au vecteur (4, -3) à une vitesse de 10 km/h.

Dominique Parent

a) Soit R, la position du bateau deux heures après avoir quitté le point P. Déterminer les vecteurs $\overrightarrow{PR}$ et $\overrightarrow{OR}$.

b) Le bateau peut-il capter le signal lorsqu'il atteint le point R ?

c) Soit T, la position du bateau t heures après avoir quitté le point P. Déterminer les vecteurs $\overrightarrow{PT}$ et $\overrightarrow{OT}$.

d) Déterminer la position du bateau et la distance qui le sépare du point O lorsqu'il en est le plus près.

e) Déterminer la position du bateau lorsque le signal cesse d'être capté.

18.  En économie, le point d'équilibre est le point de rencontre entre la fonction représentant la demande d'un produit et la fonction représentant l'offre d'un produit (voir la représentation suivante).

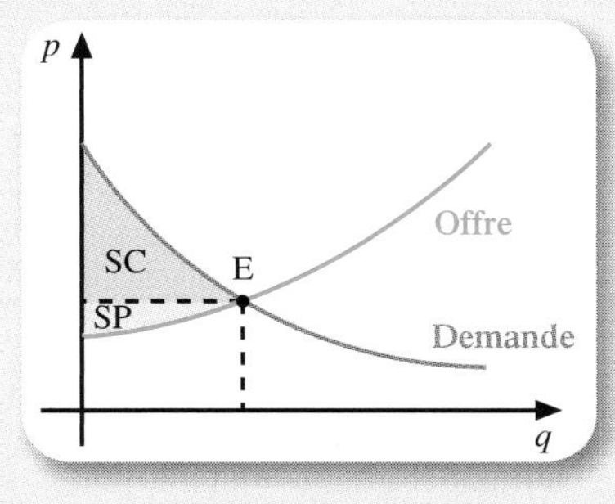

a) Déterminer le point d'équilibre $E(q_e, p_e)$ entre l'offre et la demande d'un produit si une compagnie estime que l'offre du produit est la droite O passant par les points A(0, 2) et B(2,94 ; 8,42) et que la demande est la droite D passant par les points M(0, 12) et N(0,98 ; 10,14).

b) Représenter graphiquement les fonctions précédentes et indiquer le point d'équilibre trouvé en a).

c) Si q_e est exprimée en centaines d'unités, et p_e, en milliers de dollars, déterminer

i) le surplus du consommateur SC, qui correspond à l'aire de la région SC ;

ii) le surplus du producteur SP, qui correspond à l'aire de la région SP ;

iii) le surplus total ST, où ST = SC + SP.

19. Soit les points P(3, 7), Q(2, -1) et R(x, y).

a) Déterminer une équation cartésienne de la droite D passant par P et Q.

b) Déterminer l'équation correspondant à

$$\begin{vmatrix} x & y & 1 \\ 3 & 7 & 1 \\ 2 & -1 & 1 \end{vmatrix} = 0,$$ interpréter le résultat et donner la caractéristique des points R(x, y).

c) Déterminer, en calculant le déterminant approprié, si S(2, 3) et T(1, -9) appartiennent à D.

d) Démontrer qu'une équation d'une droite passant par les points $A(x_1, y_1)$ et $B(x_2, y_2)$ est donnée par

$$\begin{vmatrix} x & y & 1 \\ x_1 & y_1 & 1 \\ x_2 & y_2 & 1 \end{vmatrix} = 0.$$

e) Démontrer que les points $P_1(x_1, y_1)$, $P_2(x_2, y_2)$ et $P_3(x_3, y_3)$ sont situés sur la même droite

si et seulement si $\begin{vmatrix} x_1 & y_1 & 1 \\ x_2 & y_2 & 1 \\ x_3 & y_3 & 1 \end{vmatrix} = 0.$

20. Soit les droites distinctes

$D_1 : a_1x + b_1y - c_1 = 0,$

$D_2 : a_2x + b_2y - c_2 = 0$ et

$D_3 : a_3x + b_3y - c_3 = 0.$

a) Démontrer que les droites sont concourantes

si et seulement si $\begin{vmatrix} a_1 & b_1 & c_1 \\ a_2 & b_2 & c_2 \\ a_3 & b_3 & c_3 \end{vmatrix} = 0.$

b) En utilisant le résultat précédent, vérifier si les trois droites

$D_1 : -x - 3y + 10 = 0,$

$D_2 : 3x + 2y - 9 = 0$ et

$D_3 : x + y - 4 = 0$

sont concourantes. Si oui, déterminer le point d'intersection.

21. Soit les deux triangles ARQ et BRQ tels que $d(\mathrm{R, Q}) = \sqrt{3}$ cm, $d(\mathrm{A, Q}) = d(\mathrm{B, Q}) = \sqrt{2}$ cm et $\angle\mathrm{ARQ} = \angle\mathrm{BRQ} = 45°$. Soit également les deux triangles SRQ et TRQ tels que $d(\mathrm{R, Q}) = \sqrt{3}$ cm, $d(\mathrm{S, Q}) = d(\mathrm{T, Q}) = 1$ cm et $\angle\mathrm{SRQ} = \angle\mathrm{TRQ} = 30°$.

a) Représenter les quatre triangles précédents et ombrer le quadrilatère ABTS.

b) Calculer $d(\mathrm{A, B})$.

c) Calculer $d(\mathrm{S, D})$ et $d(\mathrm{T, D})$, où D est la droite passant par les points A et B, et où S est le point le plus près de R.

d) Déterminer la valeur exacte de l'aire du quadrilatère ABTS.

22. Soit le système

$$\begin{cases} ax + by = p + rt \\ cx + dy = q + st \end{cases}, \text{ où } t \in \mathbb{R},$$

tel que $\begin{vmatrix} a & b \\ c & d \end{vmatrix} \neq 0$ et $r^2 + s^2 \neq 0$.

a) Démontrer que l'ensemble-solution du système est une droite D.

b) Si $A = \begin{bmatrix} a & b \\ c & d \end{bmatrix}$, démontrer que,

i) en posant $\begin{bmatrix} m \\ n \end{bmatrix} = A^{-1}\begin{bmatrix} p \\ q \end{bmatrix}$,

(m, n) est un point de D ;

ii) en posant $\begin{bmatrix} v_1 \\ v_2 \end{bmatrix} = A^{-1}\begin{bmatrix} r \\ s \end{bmatrix}$,

(v_1, v_2) est un vecteur directeur de D.

23. Soit $f(x) = \left(\frac{x}{2}\right)^2$, le point P(0, 1) et la droite D d'équation $y = -1$.

a) Représenter dans un repère cartésien la courbe de f, le point P et la droite D.

b) Soit $\mathrm{T}(p, q)$, un point sur la courbe de f. Démontrer que la distance entre T et D est la même que la distance entre T et P.

c) Représenter la tangente à la courbe de f au point $\mathrm{T}(p, q)$ et déterminer la pente de cette tangente.

d) Représenter la droite normale N à la tangente précédente et déterminer l'équation de N sous la forme $y = ax + b$.

e) Soit Q, le point d'intersection de la droite N et de l'axe des y, et le point R tel que $\overrightarrow{\mathrm{OR}} = \overrightarrow{\mathrm{OT}} + \vec{v}$, où $\vec{v} = (0, 2)$.

i) Déterminer les vecteurs $\overrightarrow{\mathrm{TP}}$ et $\overrightarrow{\mathrm{TQ}}$.

ii) Effectuer $\overrightarrow{\mathrm{TP}} \cdot \overrightarrow{\mathrm{TQ}}$ et donner la réponse en fonction de p.

iii) Déterminer $\cos(\angle\mathrm{PTQ})$ et donner la réponse en fonction de p.

iv) Déterminer $\cos(\angle\mathrm{RTQ})$ et trouver la relation entre $\angle\mathrm{PTQ}$ et $\angle\mathrm{RTQ}$.

Chapitre 9 La droite dans l'espace cartésien

Geneviève Séguin

Dans ce chapitre, nous étudierons la droite dans l'espace cartésien et nous déterminerons différents types d'équations pouvant définir cette même droite. Nous verrons les positions relatives possibles de deux droites dans l'espace. Nous calculerons également la distance entre un point et une droite, ainsi que la distance entre deux droites.

En particulier, l'élève pourra résoudre le problème suivant.

Une montgolfière, partant du point M(0; 0; 0,08) se déplace à une hauteur constante à la vitesse de 2 km/h, dans la direction du vecteur $\overrightarrow{u_m} = (4, 3, 0)$. Un dirigeable situé au point $E(x_1, y_1, 0)$ part livrer un message à un passager de la montgolfière. Le vecteur vitesse $\overrightarrow{v_d}$ du dirigeable est $\overrightarrow{v_d} = (-11; -6; 0{,}24)$. Considérant que les distances sont en kilomètres, et le temps, en heures, déterminer

a) le vecteur position $\overrightarrow{p_m}$ de la montgolfière en fonction du temps t;

b) la vitesse du dirigeable;

c) le temps nécessaire pour que le dirigeable atteigne la montgolfière;

d) les coordonnées du point de rencontre R du dirigeable et de la montgolfière;

e) les coordonnées du point de départ D du dirigeable;

f) les distances respectives parcourues par la montgolfière et le dirigeable entre leur point de départ et leur point de rencontre.

(Problèmes de synthèse, n° 15, page 370)

Perspective historique

Des figures dans le plan à l'espace sans figure

Dès qu'il est question de géométrie, on pense à Euclide. *Les Éléments*, probablement écrits vers 300 av. J.-C., recèlent des trésors qui impressionnent encore les lecteurs modernes. Les derniers chapitres de cet ouvrage sont consacrés en bonne partie à la géométrie dans l'espace.

Il n'y a rien d'étonnant à ce que cette notion soit reléguée à la fin du traité, puisqu'elle présente des difficultés particulières. En effet, le géomètre doit être capable de se représenter mentalement les objets tridimensionnels. Cette difficulté devient manifeste lorsqu'on tente de dessiner un solide simple, comme le cube ou une pyramide. Dans ce contexte, l'étude des objets à trois dimensions présente des limites évidentes. Aussi, jusqu'au XVIe siècle, l'étude de la géométrie dans l'espace piétine-t-elle. Elle reste essentiellement dans l'état où l'avaient laissée les Grecs. Au XVIIe siècle, lorsque « l'algèbre appliquée à la géométrie » se développe, on étudie d'abord les courbes dans le plan.

Deuxième page de l'article de Lagrange publié en 1775. On y remarque l'absence de figures et la lourdeur des calculs qu'implique le fait d'être dans l'espace.

Au siècle suivant, les mathématiciens prennent conscience de la puissance de l'outil algébrique pour étudier les objets géométriques dans l'espace. Un article au titre banal, écrit par le grand Joseph Louis Lagrange (1736-1813), en fera la démonstration. Intitulé « Solution analytique de quelques problèmes sur la pyramide triangulaire » (1775), cet article aborde un sujet simple en apparence. Toutefois, pour bien étudier la pyramide à partir des coordonnées des quatre sommets, il faut déterminer les équations des plans contenant les faces, des droites dont les arêtes sont des segments, des angles entre ces droites et entre ces droites et les faces, etc. Lagrange se félicite de ce que les solutions qu'il propose puissent être comprises sans qu'on ait à se référer à des figures. Selon lui, l'usage du symbolisme algébrique élimine les difficultés inhérentes aux représentations en trois dimensions.

À bien des égards, Lagrange, originaire de Turin, en Italie, est représentatif des scientifiques de son époque. En 1775, il est membre de l'Académie des sciences de Berlin où il dirige la section mathématique. Au XVIIIe siècle, les rois européens, soucieux de leur renommée et de celle de leur royaume, veulent avoir dans leur capitale les plus grands scientifiques d'Europe. Frédéric le Grand avait attiré Lagrange en lui offrant des conditions très avantageuses, mais Lagrange n'aime pas le climat de la capitale prussienne. À la mort du roi, en 1787, le climat intellectuel devenant lui aussi difficile, il accepte l'offre du roi de France, Louis XVI, et déménage à Paris. Deux ans plus tard, lorsque la Révolution française éclate et provoque un changement de régime, Lagrange pense à retourner à Berlin. La mort du grand chimiste Lavoisier, guillotiné en 1794, ne peut que le conforter dans son projet. Toutefois, la fondation des grandes écoles, dont l'École polytechnique de Paris avec son idéal de former une élite scientifique et mathématique, l'incite à rester. Il y enseignera et aura pour collègues Gaspard Monge (1746-1818) et Sylvestre François Lacroix (1765-1843). Dans le manuel écrit par Lacroix et dont nous avons parlé dans la perspective historique du chapitre 8, on trouve, réuni et organisé de façon pédagogique, l'ensemble des connaissances de l'époque non seulement sur les droites dans le plan, mais aussi sur les droites et les plans dans l'espace.

Au début du XXe siècle, toute cette partie de la géométrie analytique sera réécrite en langage vectoriel. Pour la droite, le passage de la vision vectorielle dans le plan à celle dans l'espace est pour ainsi dire direct. Toutefois, si on compare cette approche à celle de Lagrange, par exemple, on constate une grande simplification des calculs.

Exercices préliminaires

1. Déterminer une équation vectorielle, des équations paramétriques et une équation symétrique de la droite D passant par P(-1, 5) et par R(3, -2).

2. Soit les droites suivantes.

$D_1 : \begin{cases} x = 4t \\ y = -1 + 3t \end{cases}$, où $t \in \mathbb{R}$

$D_2 : \dfrac{x + 5}{3} = 4 - y$

$D_3 : (x, y) = (5, -2) + s(-3, 4)$, où $s \in \mathbb{R}$

a) Déterminer un angle formé par D_1 et D_2.

b) Parmi les droites précédentes, déterminer celles qui sont perpendiculaires, et, dans ce cas, déterminer leur point d'intersection.

c) Déterminer des cosinus directeurs de D_3.

3. Soit $\vec{u} = (3, -2, 0)$ et $\vec{v} = (-4, 5, 1)$.

a) Déterminer $\vec{u}_{\vec{v}}$.

b) Déterminer $\|\vec{u}_{\vec{v}}\|$.

c) Déterminer les vecteurs unitaires $\overrightarrow{w_1}$ et $\overrightarrow{w_2}$ perpendiculaires à $\vec{u}$ et à $\vec{v}$.

4. Soit le parallélogramme dont les sommets sont A(-4, -4), B(-2, 1), C(5, 3) et D(3, -2).

a) Calculer l'aire du parallélogramme ABCD.

b) Dans ce parallélogramme, déterminer la hauteur joignant le point B et la base AD.

5. Déterminer l'ensemble-solution des systèmes suivants.

a) $\begin{cases} x - 4y = 3 \\ 2x - y = 7 \\ 3x + 2y = -1 \end{cases}$ b) $\begin{cases} 4x - 9y = -6 \\ -3x + 4y = 1 \\ 2x + y = 4 \end{cases}$

9.1 Équations de la droite dans l'espace cartésien

Objectifs d'apprentissage

À la fin de cette section, l'élève pourra déterminer différentes équations pour une même droite dans l'espace cartésien.

Plus précisément, l'élève sera en mesure

- de trouver un vecteur directeur d'une droite ;
- de déterminer une équation vectorielle d'une droite ;
- de déterminer des équations paramétriques d'une droite ;
- de déterminer des équations symétriques d'une droite ;
- de déterminer des équations sous forme ensembliste d'une droite ;
- de determiner si un point appartient à une droite.

Soit $P(x_1, y_1, z_1)$, un point de la droite D, et $\vec{u} = (a, b, c)$, un vecteur directeur de D.

	Équations de la droite D
É.V.	$(x, y, z) = (x_1, y_1, z_1) + t(a, b, c)$, où $t \in \mathbb{R}$
É.P.	$\begin{cases} x = x_1 + ta \\ y = y_1 + tb \\ z = z_1 + tc \end{cases}$, où $t \in \mathbb{R}$
É.S.	$\dfrac{x - x_1}{a} = \dfrac{y - y_1}{b} = \dfrac{z - z_1}{c}$ si $a \neq 0$, $b \neq 0$ et $c \neq 0$

Dans cette section, nous utiliserons certaines propriétés des vecteurs pour déterminer différents types d'équations d'une droite dans l'espace cartésien.

Équation vectorielle d'une droite dans l'espace

Il existe dans l'espace une infinité de droites parallèles à un vecteur non nul $\vec{u}$ donné.

$D_1 /\!/ D_2 /\!/ D_3 /\!/ D_4 /\!/ \vec{u}$

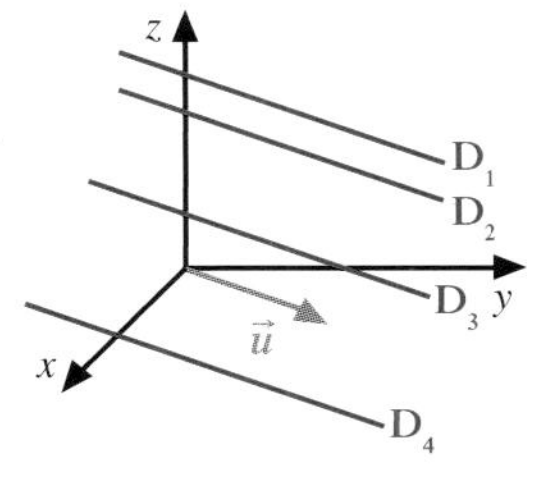

Par contre il existe une seule droite D qui passe par le point $P(x_1, y_1, z_1)$ et qui est parallèle à un vecteur non nul $\vec{u}$ donné, appelé vecteur directeur de D.

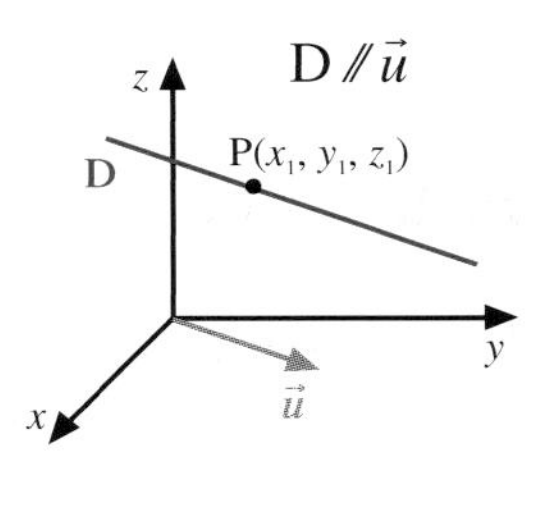

À l'aide de certaines propriétés des vecteurs, déterminons une équation vectorielle de la droite D passant par le point $P(x_1, y_1, z_1)$ donné et ayant $\vec{u} = (a, b, c)$ comme vecteur directeur.

Soit $R(x, y, z)$, un point quelconque de D.

Par la loi de Chasles, nous avons

$$\overrightarrow{OR} = \overrightarrow{OP} + \overrightarrow{PR}$$

$$\overrightarrow{OR} = \overrightarrow{OP} + t\vec{u}, \text{ où } t \in \mathbb{R} \qquad (\text{car } \overrightarrow{PR} /\!/ \vec{u})$$

$$(x - 0, y - 0, z - 0) = (x_1 - 0, y_1 - 0, z_1 - 0) + t(a, b, c)$$

$$(x, y, z) = (x_1, y_1, z_1) + t(a, b, c)$$

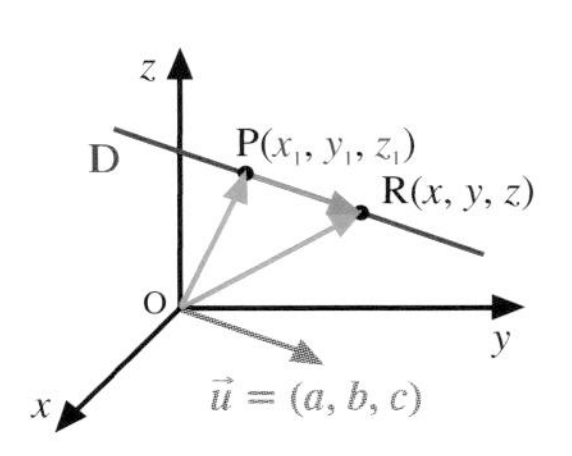

DÉFINITION 9.1 Une **équation vectorielle** de la droite D passant par le point $P(x_1, y_1, z_1)$ et ayant $\vec{u} = (a, b, c)$ comme vecteur directeur est donnée par

$$(x, y, z) = (x_1, y_1, z_1) + t(a, b, c), \text{ où } t \in \mathbb{R}$$

Remarque L'équation vectorielle précédente peut également s'écrire sous la forme

$D: (x, y, z) = x_1\vec{i} + y_1\vec{j} + z_1\vec{k} + t(a, b, c)$, où $t \in \mathbb{R}$.

Exemple 1 Soit la droite D de l'espace cartésien passant par P(2, 5, 4) et ayant $\vec{u} = (3, -2, 8)$ comme vecteur directeur.

a) Déterminons une équation vectorielle de D.

$D: (x, y, z) = (2, 5, 4) + t(3, -2, 8)$, où $t \in \mathbb{R}$ (définition 9.1)

b) Déterminons quelques points de la droite D.

En attribuant différentes valeurs à t, nous déterminons des vecteurs $\overrightarrow{OR}$ dont l'extrémité R est sur la droite. Les composantes de ces vecteurs $\overrightarrow{OR}$ sont également les coordonnées des points R situés sur la droite.

Pour $t = 0$, nous obtenons le point P(2, 5, 4).

Pour $t = 1$, nous obtenons

$$(x, y, z) = (2, 5, 4) + (1)(3, -2, 8) = (5, 3, 12)$$

Ainsi, le point $R_1(5, 3, 12) \in D$

Pour $t = -1$, nous obtenons

$$(x, y, z) = (2, 5, 4) + (-1)(3, -2, 8) = (-1, 7, -4)$$

Ainsi, le point $R_2(-1, 7, -4) \in D$

Représentation de la droite D

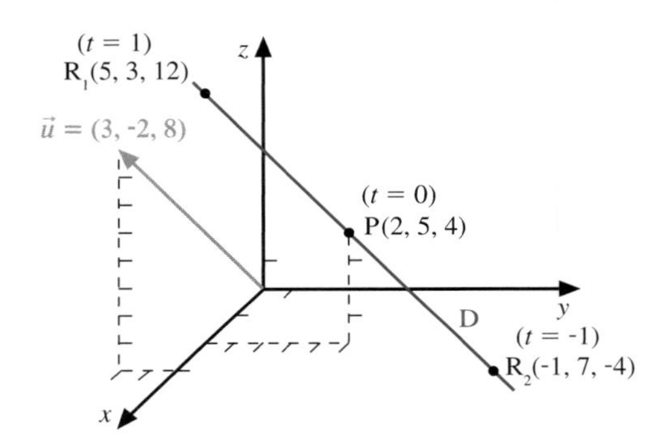

Exemple 2 Déterminons une équation vectorielle de la droite D passant par P(-8, 4, 4) et Q(6, -4, 6).

Pour obtenir un vecteur directeur $\vec{u}$ de la droite D, nous pouvons poser $\vec{u} = k\overrightarrow{PQ}$, où $k \neq 0$, car $\vec{u} \parallel \overrightarrow{PQ}$.

En calculant $\overrightarrow{PQ}$, nous obtenons $\overrightarrow{PQ} = (14, -8, 2)$.

En posant $k = 0{,}5$, nous avons $\vec{u} = 0{,}5\overrightarrow{PQ} = (7, -4, 1)$.

Nous pouvons donc écrire

$D: (x, y, z) = (6, -4, 6) + t(7, -4, 1)$, où $t \in \mathbb{R}$

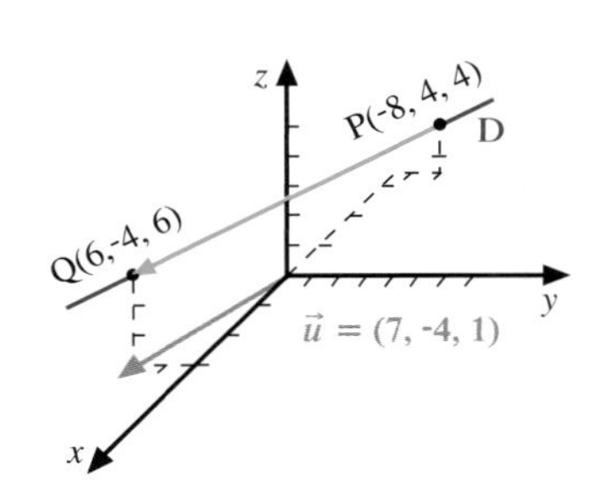

Remarque Il existe une infinité d'équations vectorielles de cette même droite, selon le choix du point et du vecteur directeur de la droite, par exemple

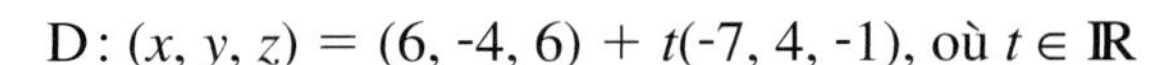

$D: (x, y, z) = (6, -4, 6) + t(-7, 4, -1)$, où $t \in \mathbb{R}$

$D: (x, y, z) = (-8, 4, 4) + t(7, -4, 1)$, où $t \in \mathbb{R}$

$D: (x, y, z) = (-8, 4, 4) + t(14, -8, 2)$, où $t \in \mathbb{R}$

Équations paramétriques d'une droite dans l'espace

À partir de l'équation vectorielle de la droite D,

$(x, y, z) = (x_1, y_1, z_1) + t(a, b, c)$, où $t \in \mathbb{R}$, nous obtenons

$(x, y, z) = (x_1, y_1, z_1) + (ta, tb, tc)$ (définition de la multiplication d'un vecteur par un scalaire)

$(x, y, z) = (x_1 + ta, y_1 + tb, z_1 + tc)$ (définition de l'addition de deux vecteurs)

Par définition de l'égalité de vecteurs, nous obtenons

$$x = x_1 + ta, \quad y = y_1 + tb \quad \text{et} \quad z = z_1 + tc$$

DÉFINITION 9.2 Des **équations paramétriques** de la droite D passant par $P(x_1, y_1, z_1)$ et ayant $\vec{u} = (a, b, c)$ comme vecteur directeur sont données par

$$\begin{cases} x = x_1 + ta \\ y = y_1 + tb \\ z = z_1 + tc \end{cases}, \text{ où } t \in \mathbb{R} \text{ est le paramètre des équations paramétriques.}$$

Exemple 1 Déterminons des équations paramétriques de la droite D passant par les points P(0, 2, 4) et Q(3, 2, -5).

Soit $\vec{u} = \overrightarrow{PQ} = (3, 0, -9)$, un vecteur directeur de D.

Par définition, $D: \begin{cases} x = 0 + 3t \\ y = 2 + 0t \\ z = 4 - 9t \end{cases}$, où $t \in \mathbb{R}$, c'est-à-dire $D: \begin{cases} x = 3t \\ y = 2 \\ z = 4 - 9t \end{cases}$, où $t \in \mathbb{R}$.

Exemple 2 Soit la droite $D: \begin{cases} x = -3 - 2t \\ y = 4 + 2t \\ z = -1 + 3t \end{cases}$, où $t \in \mathbb{R}$.

a) Déterminons si le point P(1, 0, 5) appartient à la droite D.

Pour vérifier si $P(1, 0, 5) \in D$, il suffit de déterminer s'il existe un $t \in \mathbb{R}$ tel que

① $1 = -3 - 2t$ De ①, $t = -2$

② $0 = 4 + 2t$ De ②, $t = -2$

③ $5 = -1 + 3t$ De ③, $t = 2$

Puisque les valeurs de t ne sont pas toutes identiques, $P(1, 0, 5) \notin D$.

b) Déterminons si le point Q(-1, 2, -4) appartient à la droite D.

① $-1 = -3 - 2t$ De ①, $t = -1$

② $2 = 4 + 2t$ De ②, $t = -1$

③ $-4 = -1 + 3t$ De ③, $t = -1$

Puisque les valeurs de t sont identiques, $Q(-1, 2, -4) \in D$.

Équations symétriques d'une droite dans l'espace

À partir des équations paramétriques d'une droite D, nous pouvons obtenir des équations symétriques de cette droite lorsque toutes les composantes du vecteur directeur sont différentes de zéro.

Pour ce faire, on isole le paramètre t des trois équations, puis on égalise les trois expressions obtenues.

Ainsi, de $\begin{cases} x = x_1 + ta \\ y = y_1 + tb \\ z = z_1 + tc \end{cases}$, où $t \in \mathbb{R}$, nous obtenons

$$t = \frac{x - x_1}{a}, \text{ si } a \neq 0, \quad t = \frac{y - y_1}{b}, \text{ si } b \neq 0, \quad \text{et} \quad t = \frac{z - z_1}{c}, \text{ si } c \neq 0$$

D'où $\dfrac{x - x_1}{a} = \dfrac{y - y_1}{b} = \dfrac{z - z_1}{c}$, si $a \neq 0$, $b \neq 0$ et $c \neq 0$

DÉFINITION 9.3 Des **équations symétriques** de la droite D passant par $P(x_1, y_1, z_1)$ et ayant $\vec{u} = (a, b, c)$ comme vecteur directeur sont données par

$$\frac{x - x_1}{a} = \frac{y - y_1}{b} = \frac{z - z_1}{c}, \text{ si } a \neq 0, b \neq 0 \text{ et } c \neq 0$$

Exemple 1

a) Déterminons des équations symétriques de la droite D qui passe par P(-1, 0, 4) et qui est parallèle à $\vec{u} = (5, -2, 7)$.

Par la définition 9.3, D: $\dfrac{x - (-1)}{5} = \dfrac{y - 0}{-2} = \dfrac{z - 4}{7}$, c'est à dire D: $\dfrac{x + 1}{5} = \dfrac{y}{-2} = \dfrac{z - 4}{7}$

b) Déterminons si les points R(9, -4, 18) et $S\left(0, \frac{-2}{5}, \frac{13}{5}\right)$ appartiennent à la droite D.

Pour déterminer si les points R et S appartiennent à la droite, il suffit de vérifier si les égalités sont respectées en remplaçant x, y, z par les valeurs appropriées dans les équations symétriques de la droite.

$$\frac{9 + 1}{5} = \frac{-4}{-2} = \frac{18 - 4}{7}, \text{ d'où } R(9, -4, 18) \in D$$

$$\frac{0 + 1}{5} = \frac{\frac{-2}{5}}{-2} \neq \frac{\frac{13}{5} - 4}{7}, \text{ d'où } S\left(0, \frac{-2}{5}, \frac{13}{5}\right) \notin D$$

Exemple 2 Déterminons une équation vectorielle de la droite D: $\dfrac{2x + 10}{4} = \dfrac{12 - 3y}{6} = z$.

En transformant les équations précédentes, nous obtenons des équations symétriques de D.

D: $\dfrac{2(x + 5)}{4} = \dfrac{-3(y - 4)}{6} = \dfrac{z - 0}{1}$, donc D: $\dfrac{x - (-5)}{2} = \dfrac{y - 4}{-2} = \dfrac{z - 0}{1}$,

où $P(-5, 4, 0) \in D$ et $\vec{u} = (2, -2, 1)$ est un vecteur directeur de D.

D'où D: $(x, y, z) = (-5, 4, 0) + t(2, -2, 1)$, où $t \in \mathbb{R}$, est une équation vectorielle de D.

Voici un résumé et deux exemples des différentes formes d'équations d'une droite D dans l'espace cartésien, passant par un point P et ayant $\vec{u}$ comme vecteur directeur.

	$P(x_1, y_1, z_1), \vec{u} = (a, b, c)$	$P(3, -2, 5), \vec{u} = (-2, 4, 7)$	$P(-3, -2, 4), \vec{u} = (2, 0, -3)$
É.V.	$(x, y, z) = (x_1, y_1, z_1) + t(a, b, c)$, où $t \in \mathbb{R}$	$(x, y, z) = (3, -2, 5) + t(-2, 4, 7)$, où $t \in \mathbb{R}$	$(x, y, z) = (-3, -2, 4) + t(2, 0, -3)$, où $t \in \mathbb{R}$
É.P.	$\begin{cases} x = x_1 + ta \\ y = y_1 + tb \\ z = z_1 + tc \end{cases}$, où $t \in \mathbb{R}$	$\begin{cases} x = 3 - 2t \\ y = -2 + 4t \\ z = 5 + 7t \end{cases}$, où $t \in \mathbb{R}$	$\begin{cases} x = -3 + 2t \\ y = -2 \\ z = 4 - 3t \end{cases}$, où $t \in \mathbb{R}$
É.S.	$\frac{x - x_1}{a} = \frac{y - y_1}{b} = \frac{z - z_1}{c}$ si $a \neq 0, b \neq 0$ et $c \neq 0$	$\frac{x - 3}{-2} = \frac{y + 2}{4} = \frac{z - 5}{7}$	Non définies

Remarque Dans l'espace cartésien, il n'y a pas d'équation cartésienne d'une droite.

En effet, dans le plan, une équation cartésienne d'une droite D est obtenue à partir d'un point de D et d'un vecteur normal à cette droite, car tous les vecteurs normaux à cette droite sont parallèles entre eux.

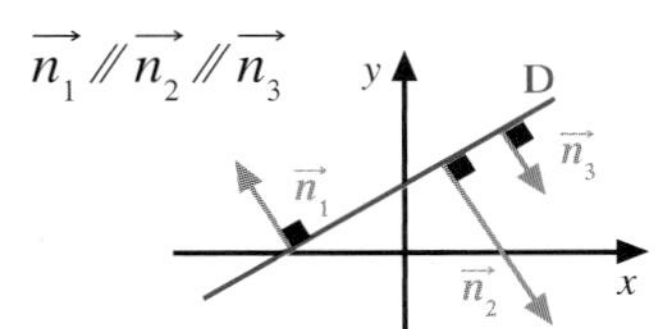

Par contre, dans l'espace, il existe une infinité de vecteurs non parallèles entre eux, qui sont perpendiculaires à une droite D.

En effet, dans la représentation ci-contre, $\vec{n_1} \perp D$, $\vec{n_2} \perp D$ et $\vec{n_3} \perp D$. Cependant, $\vec{n_1} \not\parallel \vec{n_2}$, $\vec{n_1} \not\parallel \vec{n_3}$ et $\vec{n_2} \not\parallel \vec{n_3}$.

Nous ne pouvons donc pas déterminer une équation de cette droite D à partir d'un vecteur normal à cette droite.

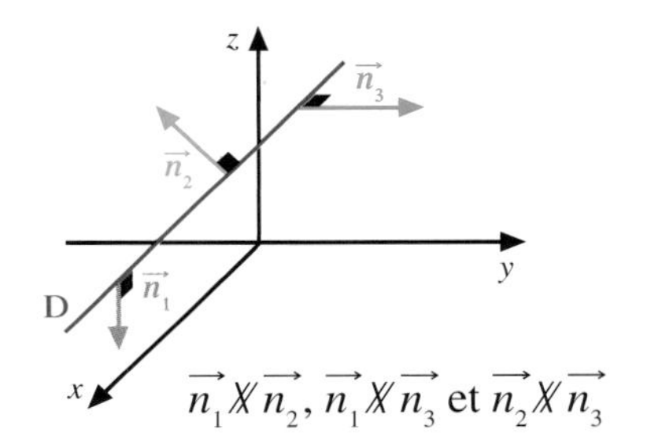

Forme ensembliste d'une droite dans l'espace

Nous pouvons utiliser une forme ensembliste pour décrire une droite dans l'espace cartésien, particulièrement lorsqu'une des composantes du vecteur directeur est nulle.

Exemple 1 Donnons sous forme ensembliste la droite

$$D: \begin{cases} x = -3 + 4t \\ y = 2 \\ z = 4 - 6t \end{cases}, \text{ où } t \in \mathbb{R}.$$

Nous pouvons écrire sous la forme ensembliste suivante

$\vec{u} = (4, 0, -6)$

$$D: \left\{(x, y, z) \in \mathbb{R}^3 \,\middle|\, \frac{x + 3}{4} = \frac{z - 4}{-6} \text{ et } y = 2\right\}$$

En transformant $\frac{x + 3}{4} = \frac{z - 4}{-6}$, nous avons

$$-6x - 18 = 4z - 16$$
$$-6x - 4z - 2 = 0$$
$$3x + 2z + 1 = 0$$

La droite peut également s'écrire $D: \{(x, y, z) \in \mathbb{R}^3 | 3x + 2z + 1 = 0 \text{ et } y = 2\}$

Représentation de D

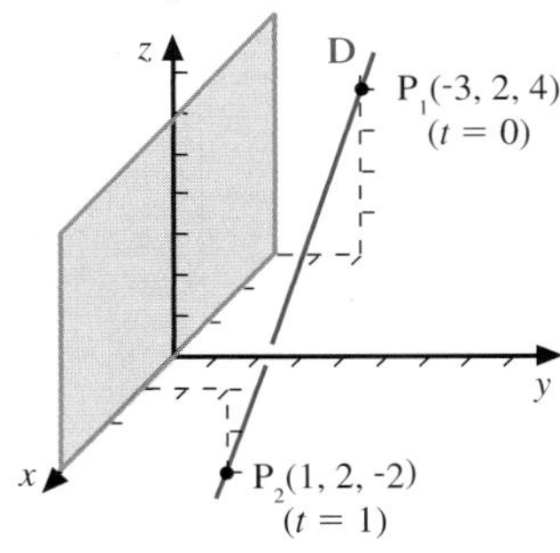

D est parallèle au plan XOZ, car $y = 2$, $\forall\, x$ et $z \in \mathbb{R}$.

9

Exemple 2 Représentons graphiquement les droites suivantes.

$D_1 : \{(x, y, z) \in \mathbb{R}^3 \mid 3x + y = 6 \text{ et } z = 0\}$

$D_2 : \{(x, y, z) \in \mathbb{R}^3 \mid 3x + y = 6 \text{ et } z = 4\}$

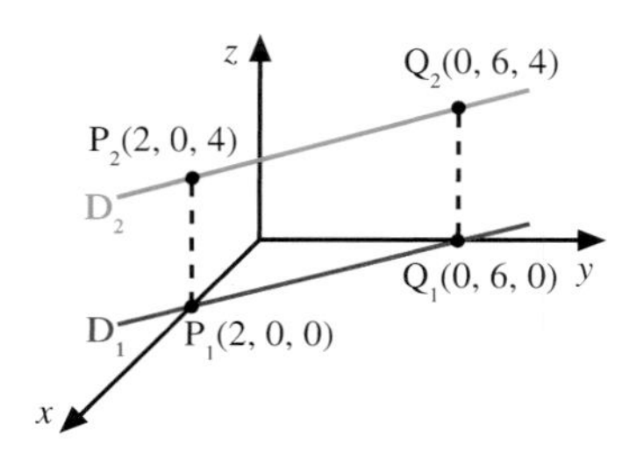

Exercices 9.1

1. Déterminer une équation vectorielle de la droite qui passe par

a) P(7, -8, 5) et dont un vecteur directeur est $\vec{u} = (3, 4, -1)$;

b) O(0, 0, 0) et dont un vecteur directeur est $\vec{k}$;

c) P(-4, 0, 5) et par Q(-4, 5, 0);

d) P(-3, 7, -9) et qui est parallèle à l'axe des y;

e) O(0, 0, 0), qui est située dans le plan XOZ et qui forme des angles de 45° avec l'axe des x et l'axe des z.

2. Déterminer des équations paramétriques de la droite qui passe par

a) P(1, -5, 9) et dont un vecteur directeur est $\vec{u} = (-5, 1, 8)$;

b) P(0, 3, 5) et dont un vecteur directeur est $\vec{u} = (-9, 7, 0)$;

c) P(-1, 0, 4) et par l'origine;

d) P(4, -5, 7) et qui est parallèle à l'axe des z;

e) P(2, 3, 4) et qui est perpendiculaire au plan YOZ.

3. Déterminer, si c'est possible, des équations symétriques de la droite qui passe par

a) P(0, -1, 2) et dont un vecteur directeur est $\vec{u} = (5, -6, 9)$;

b) P(4, -3, 2) et dont un vecteur directeur est $\vec{u} = (1, 0, -3)$;

c) P(3, -5, 8) et par Q(-2, 5, 10);

d) P(5, -6, 2) et qui est parallèle à l'axe des z.

4. Soit les plans XOY, XOZ et YOZ, et les droites suivantes.

$D_1 : (x, y, z) = (4, -6, 7) + s(2, 1, -4)$, où $s \in \mathbb{R}$

$D_2 : \begin{cases} x = 8 + 2t \\ y = 5 - t \\ z = -9 + 3t \end{cases}$, où $t \in \mathbb{R}$

$D_3 : \dfrac{x - 1}{2} = y = \dfrac{z + 4}{-5}$

a) Déterminer le point $A \in D_1$ obtenu en posant $s = -2$. À quel plan ce point appartient-il?

b) Déterminer le point $B \in D_1$ obtenu en posant $s = 6$. À quel plan ce point appartient-il?

c) Déterminer si les points P(10, 4, -12), Q(2, 8, -18) et O(0, 0, 0) appartiennent à D_2.

d) Déterminer, si c'est possible, la valeur de y_1 et celle de z_1 si $R(0, y_1, z_1) \in D_2$.

e) Déterminer, si c'est possible, le point d'intersection S de la droite D_2 et du plan XOY.

f) Déterminer, si c'est possible, le point d'intersection T de la droite D_2 et de l'axe des y.

g) Déterminer si les points M(5, 2, 6) et $N\left(\frac{1}{2}, \frac{-1}{4}, \frac{-11}{4}\right)$ appartiennent à D_3.

5. Trouver un point P et un vecteur directeur $\vec{u}$ de D si:

a) $D : \dfrac{3x + 4}{7} = \dfrac{-7 + y}{-2} = \dfrac{5 - 9z}{8}$

b) $D : \left\{(x, y, z) \in \mathbb{R}^3 \,\middle|\, \dfrac{x - 7}{2} = \dfrac{z - 1}{5} \text{ et } y = 8\right\}$

c) $D : \left\{(x, y, z) \in \mathbb{R}^3 \,\middle|\, \dfrac{2y + 4}{-8} = \dfrac{4 - z}{5} \text{ et } x + 9 = 0\right\}$

6. Après avoir déterminé un point P de D et un vecteur directeur de D, représenter graphiquement P, le vecteur directeur, et la droite si:

a) $D : \dfrac{x + 1}{5} = \dfrac{y - 2}{10} = \dfrac{z + 4}{-15}$

b) $D : \dfrac{-x}{2} = y - 4 = -z$

c) $D : \{(x, y, z) \in \mathbb{R}^3 \mid x = y \text{ et } z = 0\}$

7. Soit la droite D passant par $P(x_1, y_1, z_1)$ et ayant $\vec{u} = (a, b, c)$ comme vecteur directeur. Déterminer les vecteurs $\vec{i}, \vec{j}, \vec{k}$ et les plans XOY, XOZ, YOZ qui sont perpendiculaires ou parallèles à D dans chacun des cas suivants.

a) $a = 0, b \neq 0$ et $c \neq 0$

b) $a \neq 0, b \neq 0$ et $c = 0$

c) $a = 0, b = 0$ et $c \neq 0$

d) $a \neq 0, b = 0$ et $c = 0$

e) $a \neq 0, b \neq 0$ et $c \neq 0$

9.2 Position relative de deux droites et angles formés par deux droites dans l'espace cartésien

Objectifs d'apprentissage

À la fin de cette section, l'élève pourra donner la position relative de deux droites dans l'espace cartésien.

Plus précisément, l'élève sera en mesure
- de déterminer si deux droites sont parallèles distinctes;
- de déterminer si deux droites sont parallèles confondues;
- de déterminer si deux droites sont concourantes;
- de déterminer si deux droites sont gauches;
- de trouver le point d'intersection de deux droites concourantes;
- de calculer les angles entre deux droites;
- de donner la définition d'angles directeurs d'une droite;
- de déterminer des angles directeurs d'une droite;
- de donner la définition de cosinus directeurs d'une droite;
- de déterminer des cosinus directeurs d'une droite;
- de déterminer un vecteur directeur unitaire d'une droite.

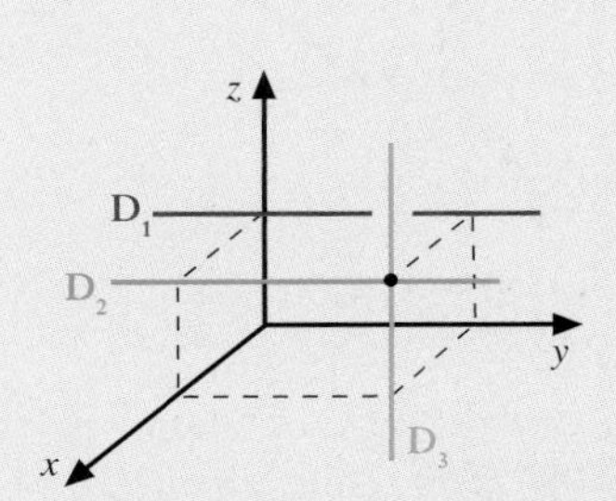

D_1 et D_2 sont des droites parallèles distinctes.

D_2 et D_3 sont des droites concourantes.

D_1 et D_3 sont des droites gauches.

Dans cette section, nous étudierons d'abord les positions relatives possibles de deux droites dans l'espace cartésien pour ensuite déterminer les angles formés par deux droites.

Position relative de deux droites dans l'espace

Comme dans le plan cartésien, les positions relatives possibles de deux droites dans l'espace cartésien se divisent en deux catégories: les droites parallèles et les droites non parallèles.

Les quatre représentations graphiques suivantes illustrent les quatre positions relatives possibles de deux droites dans l'espace ainsi que certaines caractéristiques de ces droites.

Soit $\overrightarrow{u_1}$ et $\overrightarrow{u_2}$, des vecteurs directeurs respectifs de D_1 et de D_2.

Cas 1 Droites parallèles

a) Droites parallèles distinctes

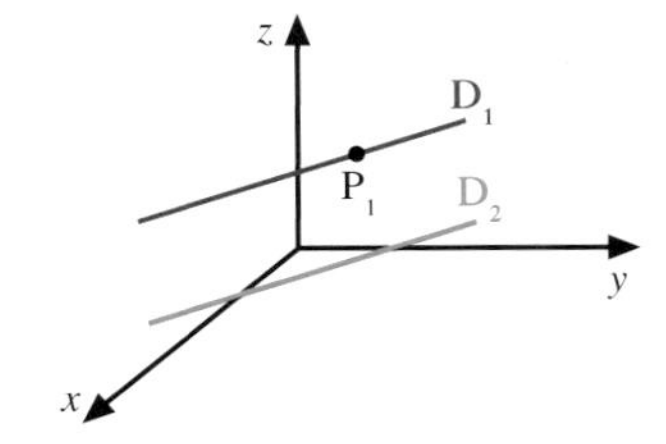

b) Droites parallèles confondues

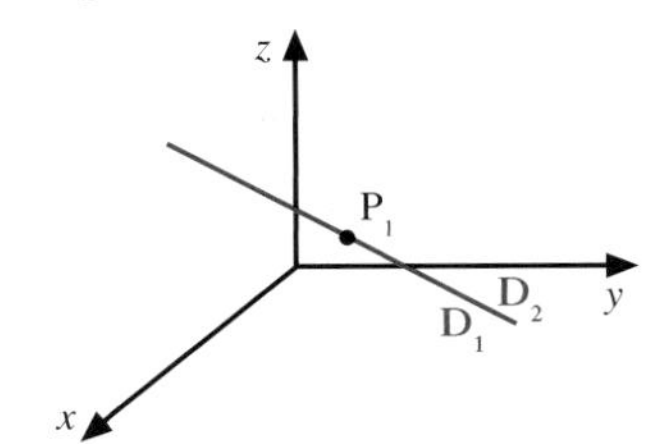

Caractéristiques

① $\overrightarrow{u_1} /\!/ \overrightarrow{u_2}$ (il existe un $r \in \mathbb{R}$, tel que $\overrightarrow{u_1} = r\overrightarrow{u_2}$)

a) ② Si $P_1 \in D_1$, alors $P_1 \notin D_2$
Aucun point d'intersection

b) ② Si $P_1 \in D_1$, alors $P_1 \in D_2$
Infinité de points d'intersection

Cas 2 Droites non parallèles

a) Droites concourantes

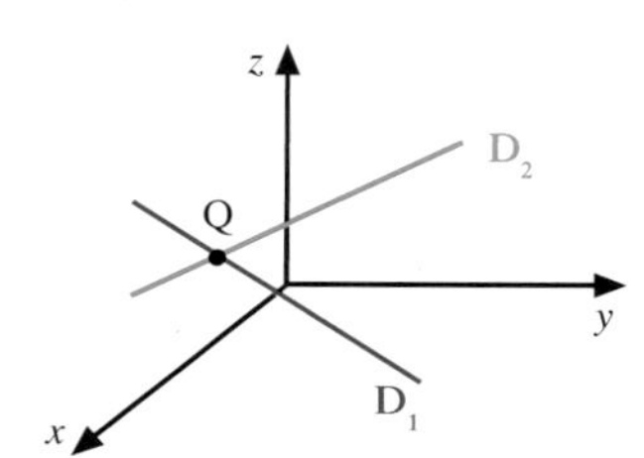

b) Droites gauches

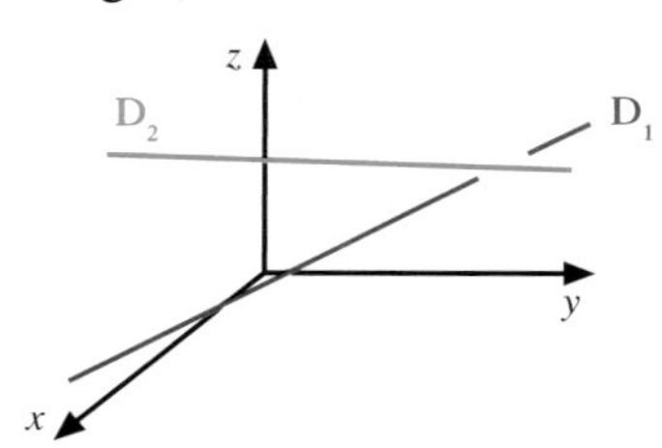

Caractéristiques

① $\overrightarrow{u_1} \not\parallel \overrightarrow{u_2}$ $(\overrightarrow{u_1} \neq r\overrightarrow{u_2}, \forall\, r \in \mathbb{R})$

② Un seul point d'intersection, Q

② Aucun point d'intersection

DÉFINITION 9.4 Deux droites de l'espace cartésien sont dites **droites gauches** si elles ne sont ni parallèles ni concourantes.

Exemple 1 Soit les droites D_1, D_2 et D_3 qui passent par les arêtes d'un parallélépipède droit.

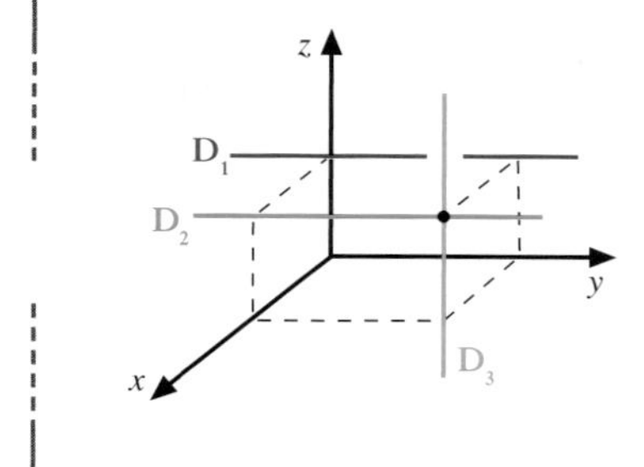

D_1 et D_2 sont des droites parallèles distinctes.

D_2 et D_3 sont des droites concourantes.

D_1 et D_3 sont des droites gauches.

Exemple 2 Déterminons la position relative des droites suivantes.

a) $D_1 : (x, y, z) = 2\vec{i} + 5\vec{j} - 4\vec{k} + s(3, 0, -2)$, où $s \in \mathbb{R}$, et $D_2 : \begin{cases} x = 3 - 3t \\ y = 5 \\ z = 2t \end{cases}$, où $t \in \mathbb{R}$

Soit $\overrightarrow{u_1} = (3, 0, -2)$ et $\overrightarrow{u_2} = (-3, 0, 2)$, des vecteurs directeurs respectifs de D_1 et de D_2.

Puisque $\overrightarrow{u_1} = -\overrightarrow{u_2}$, $\overrightarrow{u_1} \parallel \overrightarrow{u_2}$. Donc, $D_1 \parallel D_2$.

Soit $P_1(2, 5, -4) \in D_1$.

Vérifions si $P_1 \in D_2$ en résolvant le système d'équations suivant.

$$\begin{cases} 2 = 3 - 3t & ① \\ 5 = 5 & ② \\ -4 = 2t & ③ \end{cases}$$

De ①, nous obtenons $t = \frac{1}{3}$, et de ③, nous obtenons $t = -2$.

Puisque le système est incompatible, $P_1 \notin D_2$.

D'où D_1 et D_2 sont parallèles distinctes.

Droites parallèles distinctes

b) $D_3 : x + 1 = \frac{y - 2}{3} = \frac{z + 4}{2}$ et $D_4 : 2x + 1 = \frac{2y - 7}{3} = z + 3$

Soit $\overrightarrow{u_3} = (1, 3, 2)$ et $\overrightarrow{u_4} = \left(\frac{1}{2}, \frac{3}{2}, 1\right)$, des vecteurs directeurs respectifs de D_3 et de D_4.

Puisque $\vec{u_3} = 2\vec{u_4}$, $\vec{u_3} /\!/ \vec{u_4}$. Donc, $D_3 /\!/ D_4$.

Droites parallèles confondues

Soit $P_3(-1, 2, -4) \in D_3$. Or, $2(-1) + 1 = \dfrac{2(2) - 7}{3} = -4 + 3$. Donc, $P_3 \in D_4$.

D'où D_3 et D_4 sont parallèles confondues.

Exemple 3 Déterminons la position relative des droites suivantes.

a) $D_1 : \dfrac{x - 5}{2} = \dfrac{y - 2}{3} = \dfrac{z - 13}{5}$ et $D_2 : (x, y, z) = (4, -5, 5) + t(3, -1, 2)$, où $t \in \mathbb{R}$

Soit $\vec{u_1} = (2, 3, 5)$ et $\vec{u_2} = (3, -1, 2)$, des vecteurs directeurs respectifs de D_1 et de D_2.

Puisqu'il n'existe pas de $r \in \mathbb{R}$ tel que $\vec{u_1} = r\vec{u_2}$, $\vec{u_1} \not\parallel \vec{u_2}$. Donc, $D_1 \not\parallel D_2$.

Déterminons si les droites sont concourantes (un point d'intersection) ou gauches (aucun point d'intersection). Pour y arriver, voyons s'il existe un point $P(x_0, y_0, z_0)$ appartenant à la fois à D_1 et à D_2. Un tel point vérifierait les équations de D_1 et de D_2.

En écrivant les équations de D_1 et de D_2 sous forme paramétrique, nous avons

$$D_1 : \begin{cases} x = 5 + 2s \\ y = 2 + 3s \\ z = 13 + 5s \end{cases}, \text{ où } s \in \mathbb{R}, \text{ et } D_2 : \begin{cases} x = 4 + 3t \\ y = -5 - t \\ z = 5 + 2t \end{cases}, \text{ où } t \in \mathbb{R}$$

Nous cherchons les coordonnées d'un point $P(x_0, y_0, z_0)$ qui vérifieraient les équations paramétriques de D_1 et de D_2.

Il faut donc déterminer s et t tels que

$$\begin{cases} x_0 = 5 + 2s \\ y_0 = 2 + 3s \\ z_0 = 13 + 5s \end{cases} \quad \text{et} \quad \begin{cases} x_0 = 4 + 3t \\ y_0 = -5 - t \\ z_0 = 5 + 2t \end{cases}$$

Nous obtenons alors le système d'équations linéaires suivant.

$$\begin{cases} 5 + 2s = 4 + 3t \\ 2 + 3s = -5 - t \\ 13 + 5s = 5 + 2t \end{cases}, \text{ c'est-à-dire } \begin{cases} 2s - 3t = -1 \\ 3s + t = -7 \\ 5s - 2t = -8 \end{cases}$$

La matrice augmentée correspondant à ce système est

Méthode de Gauss

$$\left[\begin{array}{cc|c} 2 & -3 & -1 \\ 3 & 1 & -7 \\ 5 & -2 & -8 \end{array}\right] \sim \left[\begin{array}{cc|c} 2 & -3 & -1 \\ 0 & 11 & -11 \\ 0 & 11 & -11 \end{array}\right] \sim \left[\begin{array}{cc|c} 2 & -3 & -1 \\ 0 & 11 & -11 \\ 0 & 0 & 0 \end{array}\right]$$

9

Donc, $t = -1$ et $s = -2$. En remplaçant s par -2 dans les équations associées à D_1, nous obtenons

$$x_0 = 5 + 2(-2) = 1,\ y_0 = 2 + 3(-2) = -4 \text{ et } z_0 = 13 + 5(-2) = 3$$

Nous pouvons également trouver x_0, y_0 et z_0 en remplaçant t par -1 dans les équations associées à D_2.

Droites concourantes

D'où les droites sont concourantes et $P(1, -4, 3)$ est le point d'intersection.

b) $D_3 : (x, y, z) = (-1, 2, 5) + s(-3, 4, -2)$, où $s \in \mathbb{R}$, et $D_4 : \begin{cases} x = 3 + 2t \\ y = -4 - t \\ z = 2 + 5t \end{cases}$, où $t \in \mathbb{R}$

Soit $\vec{u_3} = (-3, 4, -2)$ et $\vec{u_4} = (2, -1, 5)$, des vecteurs directeurs respectifs de D_3 et de D_4.

Puisqu'il n'existe pas de $r \in \mathbb{R}$ tel que $\vec{u_3} = r\vec{u_4}$, $\vec{u_3} \not\parallel \vec{u_4}$. Donc, $D_3 \not\parallel D_4$.

Déterminons si les droites sont concourantes ou gauches. Pour y arriver, vérifions s'il existe un point $P(x_0, y_0, z_0)$ appartenant à la fois à D_3 et à D_4. Il faut déterminer s et t tels que

$$\begin{cases} x_0 = -1 - 3s \\ y_0 = 2 + 4s \\ z_0 = 5 - 2s \end{cases} \quad \text{et} \quad \begin{cases} x_0 = 3 + 2t \\ y_0 = -4 - t \\ z_0 = 2 + 5t \end{cases}$$

Nous obtenons alors le système d'équations linéaires suivant.

$$\begin{cases} -1 - 3s = 3 + 2t \\ 2 + 4s = -4 - t \\ 5 - 2s = 2 + 5t \end{cases}, \text{ c'est-à-dire } \begin{cases} 3s + 2t = -4 \\ 4s + t = -6 \\ 2s + 5t = 3 \end{cases}$$

Ainsi, $\left[\begin{array}{cc|c} 3 & 2 & -4 \\ 4 & 1 & -6 \\ 2 & 5 & 3 \end{array}\right] \sim \left[\begin{array}{cc|c} 3 & 2 & -4 \\ 0 & -5 & -2 \\ 0 & 11 & 17 \end{array}\right] \sim \left[\begin{array}{cc|c} 3 & 2 & -4 \\ 0 & -5 & -2 \\ 0 & 0 & 63 \end{array}\right]$

Ce système n'admet aucune solution; il n'y a donc aucun point appartenant à la fois à D_3 et à D_4.

Droites gauches

D'où les droites sont des droites gauches.

Angles formés par deux droites dans l'espace

DÉFINITION 9.5 Les **angles** θ_1 et θ_2, **formés par les droites** D_1 et D_2 dans l'espace cartésien, correspondent aux angles formés par des vecteurs directeurs de D_1 et de D_2.

Les angles θ_1 et θ_2 sont définis même si les droites D_1 et D_2 sont des droites gauches. De plus, les angles θ_1 et θ_2 sont supplémentaires, car $\theta_1 + \theta_2 = 180°$.

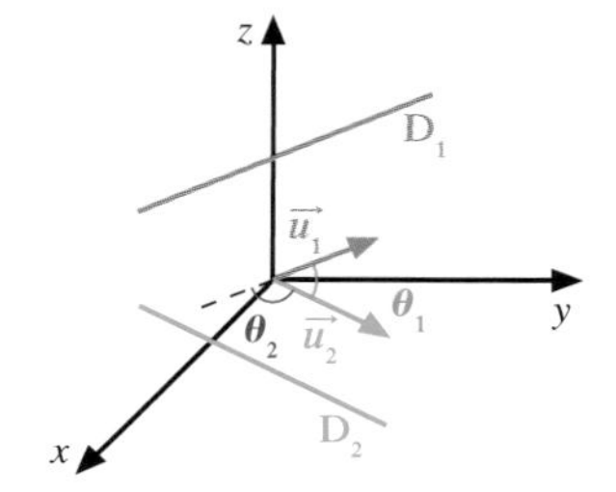

THÉORÈME 9.1 Soit D_1 et D_2, deux droites dans l'espace cartésien.

Si $\overrightarrow{u_1}$ et $\overrightarrow{u_2}$ sont des vecteurs directeurs respectifs de D_1 et de D_2, alors θ_1, un des angles formés par les droites D_1 et D_2, est obtenu à partir de l'équation

$$\cos\theta_1 = \frac{\overrightarrow{u_1} \cdot \overrightarrow{u_2}}{\|\overrightarrow{u_1}\|\|\overrightarrow{u_2}\|} \quad \text{et} \quad \theta_2 = 180° - \theta_1$$

La preuve est laissée à l'élève.

Exemple 1 Calculons les angles θ_1 et θ_2 formés par les droites suivantes.

$$D_1 : (x, y, z) = (3, 0, 4) + t(-1, 0, 5), \text{ où } t \in \mathbb{R}, \text{ et } D_2 : \frac{x+4}{2} = y = \frac{z-5}{-4}$$

Soit $\overrightarrow{u_1} = (-1, 0, 5)$ et $\overrightarrow{u_2} = (2, 1, -4)$, des vecteurs directeurs de D_1 et de D_2.

Ainsi, $\cos\theta_1 = \dfrac{(-1, 0, 5) \cdot (2, 1, -4)}{\|(-1, 0, 5)\|\|(2, 1, -4)\|} = \dfrac{-22}{\sqrt{26}\sqrt{21}}$

d'où $\theta_1 \approx 160{,}3°$ et $\theta_2 \approx 19{,}7°$. (car $\theta_2 = 180° - \theta_1$)

DÉFINITION 9.6 Les angles α, β et γ que forment respectivement dans l'espace cartésien un vecteur directeur $\vec{u}$ d'une droite D avec $\vec{i}$, $\vec{j}$ et $\vec{k}$ sont appelés des **angles directeurs** de la droite.

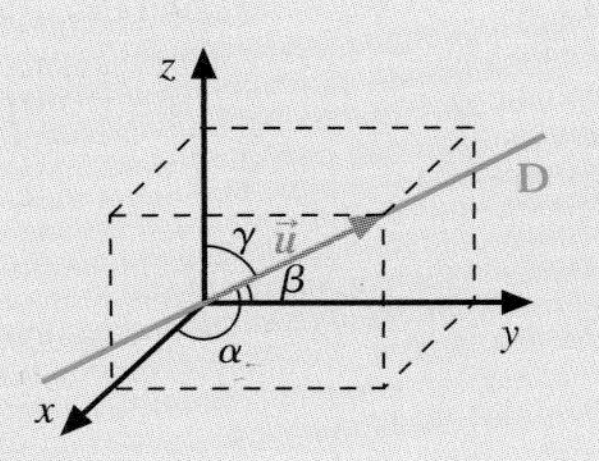

Remarque En choisissant un vecteur directeur $\vec{v}$ de D, tel que $\vec{v} = k\vec{u}$, où $k < 0$, nous obtenons des angles directeurs α_1, β_1 et γ_1 respectivement supplémentaires à α, à β et à γ.

Exemple 2 Calculons des angles directeurs, α, β et γ, de la droite D: $\dfrac{x-1}{4} = \dfrac{y+2}{-2} = z$.

Soit $\vec{u} = (4, -2, 1)$ et $\vec{u_1} = (-4, 2, -1)$, deux vecteurs directeurs de D.

De $\cos\alpha = \dfrac{\vec{u}\cdot\vec{i}}{\|\vec{u}\|\|\vec{i}\|} = \dfrac{(4, -2, 1)\cdot(1, 0, 0)}{\sqrt{21}\sqrt{1}} = \dfrac{4}{\sqrt{21}}$, nous obtenons $\alpha \approx 29{,}2°$.

De $\cos\beta = \dfrac{\vec{u}\cdot\vec{j}}{\|\vec{u}\|\|\vec{j}\|} = \dfrac{(4, -2, 1)\cdot(0, 1, 0)}{\sqrt{21}\sqrt{1}} = \dfrac{-2}{\sqrt{21}}$, nous obtenons $\beta \approx 115{,}9°$.

De $\cos\gamma = \dfrac{\vec{u}\cdot\vec{k}}{\|\vec{u}\|\|\vec{k}\|} = \dfrac{(4, -2, 1)\cdot(0, 0, 1)}{\sqrt{21}\sqrt{1}} = \dfrac{1}{\sqrt{21}}$, nous obtenons $\gamma \approx 77{,}4°$.

En choisissant $\vec{u_1} = (-4, 2, -1)$, nous obtenons $\alpha_1 \approx 150{,}8°$, $\beta_1 \approx 64{,}1°$ et $\gamma_1 \approx 102{,}6°$.

DÉFINITION 9.7 Les **cosinus directeurs** d'une droite D dans l'espace cartésien, associés à un vecteur directeur $\vec{u} = (a, b, c)$ de D, sont donnés par $\cos\alpha$, $\cos\beta$ et $\cos\gamma$, où

$$\cos\alpha = \frac{a}{\sqrt{a^2+b^2+c^2}},\ \cos\beta = \frac{b}{\sqrt{a^2+b^2+c^2}} \text{ et } \cos\gamma = \frac{c}{\sqrt{a^2+b^2+c^2}}$$

THÉORÈME 9.2 Si α, β et γ sont des angles directeurs d'une droite D, alors

$$\cos^2\alpha + \cos^2\beta + \cos^2\gamma = 1$$

La preuve est laissée à l'élève.

Exemple 3 Soit la droite D passant par P(4, -5, 2) et par Q(-5, 2, 0). Déterminons les cosinus directeurs de D et les angles directeurs de D, associés aux vecteurs directeurs de D suivants. Dans les deux cas, calculons $\cos^2\alpha + \cos^2\beta + \cos^2\gamma$.

a) Soit $\vec{u_1} = \overrightarrow{PQ} = (-9, 7, -2)$, un vecteur directeur de D.

Les cosinus directeurs de D associés à $\vec{u_1}$ sont:

$$\cos\alpha_1 = \frac{-9}{\sqrt{134}},\ \cos\beta_1 = \frac{7}{\sqrt{134}} \text{ et } \cos\gamma_1 = \frac{-2}{\sqrt{134}} \qquad \text{(définition 9.7)}$$

Les angles directeurs correspondants sont $\alpha_1 \approx 141°$, $\beta_1 \approx 52{,}8°$ et $\gamma_1 \approx 99{,}9°$.

$$\cos^2\alpha_1 + \cos^2\beta_1 + \cos^2\gamma_1 = \left(\frac{-9}{\sqrt{134}}\right)^2 + \left(\frac{7}{\sqrt{134}}\right)^2 + \left(\frac{-2}{\sqrt{134}}\right)^2$$

$$= \frac{81}{134} + \frac{49}{134} + \frac{4}{134} = 1$$

9

$\vec{u_2} = -\vec{u_1}$

b) Soit $\vec{u_2} = \overrightarrow{QP} = (9, -7, 2)$, un autre vecteur directeur de D.

Les cosinus directeurs de D associés à $\vec{u_2}$ sont:

$$\cos\alpha_2 = \frac{9}{\sqrt{134}},\ \cos\beta_2 = \frac{-7}{\sqrt{134}} \text{ et } \cos\gamma_2 = \frac{2}{\sqrt{134}} \qquad \text{(definition 9.7)}$$

Les angles directeurs correspondants sont $\alpha_2 \approx 39°$, $\beta_2 \approx 127{,}2°$ et $\gamma_2 \approx 80{,}1°$.

$$\cos^2\alpha_2 + \cos^2\beta_2 + \cos^2\gamma_2 = \left(\frac{9}{\sqrt{134}}\right)^2 + \left(\frac{-7}{\sqrt{134}}\right)^2 + \left(\frac{2}{\sqrt{134}}\right)^2$$

$$= \frac{81}{134} + \frac{49}{134} + \frac{4}{134} = 1$$

Exemple 4 Déterminons s'il existe une droite D formant

a) un angle α de 55° avec l'axe des x et un angle β de 56° avec l'axe des y.

Sachant que $\cos^2\alpha + \cos^2\beta + \cos^2\gamma = 1$, nous avons

$$\cos^2 55° + \cos^2 56° + \cos^2\gamma = 1$$

Ainsi, $\cos^2\gamma = 0{,}3583\ldots$ Donc, $\cos\gamma = \pm\sqrt{0{,}3583\ldots}$

D'où il existe au moins une droite D ayant les caractéristiques précédentes.

b) un angle α de 30° avec l'axe des x et un angle γ de 40° avec l'axe des z.

Sachant que $\cos^2\alpha + \cos^2\beta + \cos^2\gamma = 1$, nous avons

$$\cos^2 30° + \cos^2\beta + \cos^2 40° = 1$$

Ainsi, $\cos^2\beta = -0{,}3368\ldots$

Cette équation n'a pas de solution réelle. Il n'existe donc aucune droite formant un angle α de 30° avec l'axe des x et un angle γ de 40° avec l'axe des z.

Exercices 9.2

1. Répondre par vrai (V) ou faux (F) en supposant que toutes les droites suivantes sont des droites de l'espace cartésien.

a) Si $D_1 /\!/ D_2$ et si $D_2 /\!/ D_3$, alors $D_1 /\!/ D_3$.

b) Si $D_1 /\!/ D_2$ et si $D_2 \perp D_3$, alors $D_1 \perp D_3$.

c) Si $D_1 \perp D_2$ et si $D_2 \perp D_3$, alors $D_1 \perp D_3$.

d) Si $D_1 \perp D_2$ et si $D_2 \perp D_3$, alors $D_1 /\!/ D_3$.

e) Si $D_1 \perp D_2$, alors il existe un point P tel que $P \in D_1$ et $P \in D_2$.

f) Si D_1 et D_2 n'ont aucun point d'intersection, alors $D_1 /\!/ D_2$.

g) Si D_1 et D_2 sont concourantes et si D_1 et D_3 sont concourantes, alors D_2 et D_3 sont concourantes.

h) Si D_1 et D_2 sont concourantes, si D_1 et D_3 sont concourantes et si D_2 et D_3 sont concourantes, alors les trois droites sont situées dans un même plan.

2. Déterminer la position relative des droites D_1 et D_2 données et déterminer un angle formé par ces droites. Dans le cas où D_1 et D_2 sont concourantes, déterminer le point d'intersection.

Geneviève Séguin

a) $D_1 : (x, y, z) = (1, -3, -2) + s(1, 2, -1)$, où $s \in \mathbb{R}$

$D_2 : (x, y, z) = (20, 5, -9) + t(3, 1, -1)$, où $t \in \mathbb{R}$

b) $D_1 : \begin{cases} x = 1 + t \\ y = -3 + 2t, \text{ où } t \in \mathbb{R} \\ z = -3 + 3t \end{cases}$

$D_2 : \dfrac{2x - 6}{6} = \dfrac{y - 1}{6} = \dfrac{3 - z}{-9}$

c) $D_1 : \dfrac{x - 10}{-3} = \dfrac{y + 13}{7} = \dfrac{z + 18}{-8}$

$D_2 : x - 5 = 3 - y = \dfrac{z - 1}{2}$

d) $D_1 : \begin{cases} x = 1 + 3t \\ y = 2 - t \quad , \text{ où } t \in \mathbb{R} \\ z = -5 + 2t \end{cases}$

$D_2 : (x, y, z) = (-5, 4, -1) + s(-3, 1, -2)$, où $s \in \mathbb{R}$

e) $D_1 : (x, y, z) = \vec{i} + 2\vec{k} + t(3, 0, -4)$, où $t \in \mathbb{R}$

$D_2 : \begin{cases} x = -3 - 6s \\ y = 5 \qquad , \text{ où } s \in \mathbb{R} \\ z = 9 + 8s \end{cases}$

f) $D_1 : x - 2 = \dfrac{y + 1}{2} = \dfrac{z - 3}{4}$

$D_2 : (x, y, z) = (10, -3, -1) + t(1, -1, -2)$, où $t \in \mathbb{R}$

g) $D_1 : \begin{cases} x = 4 - s \\ y = 7 - 5s, \text{ où } s \in \mathbb{R} \\ z = 2 - 3s \end{cases}$

$D_2 : x - 1 = \dfrac{6 - y}{2} = \dfrac{z - 10}{3}$

h) D_1 passe par P(1, -3, 5) et Q(-5, -21, 35).

$D_2 : (x, y, z) = (-5, -21, 35) + t(1, 3, -5)$, où $t \in \mathbb{R}$

3. Après avoir déterminé un vecteur directeur de chacune des droites suivantes, calculer les cosinus directeurs et les angles directeurs associés à ce vecteur directeur.

a) $D : (x, y, z) = (0, 0, 0) + t(-1, 3, 4)$, où $t \in \mathbb{R}$

b) $D : (x, y, z) = (-5, 6, -4) + t(4, 0, 0)$, où $t \in \mathbb{R}$

c) D passe par P(-1, 3, 7) et par Q(2, 2, -1).

4. Déterminer s'il est possible qu'une droite D forme les angles α, β et γ suivants avec respectivement l'axe des x, l'axe des y et l'axe des z. Justifier les réponses.

a) $\alpha = 30°$, $\beta = 30°$ et $\gamma = 30°$

b) $\alpha = 60°$, $\beta = 60°$ et $\gamma = 60°$

c) $\alpha = 25°$, $\beta = 115°$ et $\gamma = 90°$

d) $\alpha = 60°$, $\beta = 45°$ et $\gamma = 60°$

5. Déterminer s'il est possible qu'une droite D forme les angles directeurs suivants et, si oui, déterminer les angles directeurs non donnés.

a) $\alpha = 30°$ et $\gamma = 45°$

b) $\beta = 60°$ et $\gamma = 45°$

c) $\alpha = 50°$ et $\beta = \gamma$

d) $\alpha = 0°$ et $\beta \neq \gamma$

e) $\alpha = \beta = \gamma$

6. Soit le parallélépipède droit suivant.

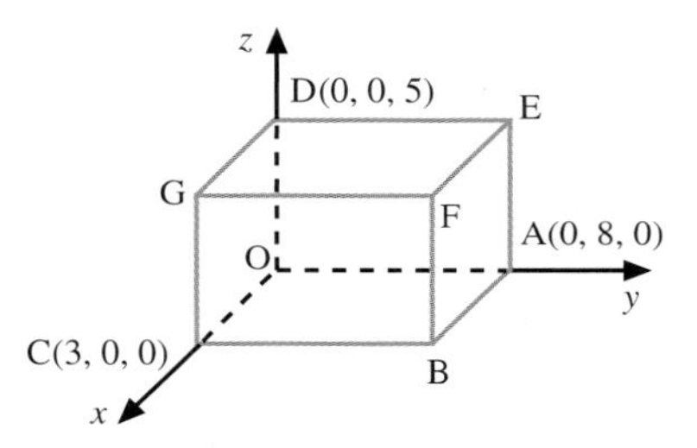

Déterminer l'angle θ, où $0° \leq \theta \leq 90°$, entre les droites passant par

a) OF et OC;

b) OF et l'axe des y;

c) OF et OD;

d) OF et CE;

e) BG et DA;

f) CF et GD;

g) FA et BE;

h) CM et BM, où M est le point milieu du segment de droite GF;

i) CN et BN, où N est le point milieu du segment de droite DE;

j) CP et BP, où P est le point d'intersection des diagonales du rectangle GDEF;

k) CR et BR, où R est le point de rencontre des droites passant par GA et par OF.

9.3 Distance entre un point et une droite, et distance entre deux droites dans l'espace cartésien

Objectifs d'apprentissage

À la fin de cette section, l'élève pourra résoudre des problèmes de distance dans l'espace cartésien.

Plus précisément, l'élève sera en mesure

- de démontrer des formules permettant de calculer la distance entre un point et une droite ;
- de calculer la distance entre un point et une droite ;
- de démontrer une formule permettant de calculer la distance entre deux droites parallèles ;
- de calculer la distance entre deux droites parallèles ;
- de démontrer une formule permettant de calculer la distance entre deux droites non parallèles ;
- de calculer la distance entre deux droites non parallèles ;
- de déterminer des lieux géométriques en utilisant la notion de distance.

Soit $\vec{u}_1$, un vecteur directeur de D_1, et $\vec{u}_2$, un vecteur directeur de D_2.

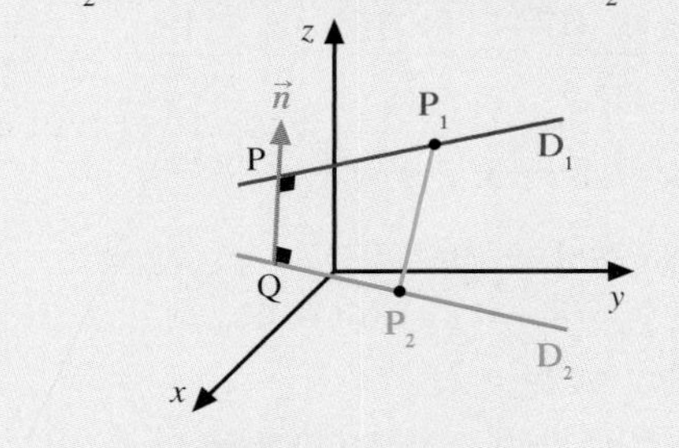

$$d(D_1, D_2) = \frac{|\overrightarrow{P_1P_2} \cdot (\vec{u}_1 \times \vec{u}_2)|}{\|\vec{u}_1 \times \vec{u}_2\|}, \text{ où } \vec{u}_1 \times \vec{u}_2 = \vec{n}$$

Dans cette section, nous calculerons la distance entre un point et une droite, la distance entre deux droites parallèles, ainsi que la distance entre deux droites gauches.

Ces calculs de distance permettent de résoudre certains problèmes géométriques.

Distance entre un point et une droite

Démontrons maintenant une formule permettant de calculer, à l'aide du produit vectoriel, la distance, notée $d(P, D)$, entre un point P et une droite D de l'espace cartésien.

THÉORÈME 9.3 Soit $\vec{u}$, un vecteur directeur d'une droite D, et P, un point de l'espace cartésien.

Si R est un point quelconque de la droite D, alors la distance entre le point P et la droite D est donnée par

$$d(P, D) = \frac{\|\overrightarrow{RP} \times \vec{u}\|}{\|\vec{u}\|}$$

PREUVE

$$d(P, D) = \|\overrightarrow{RP}\| \sin \theta \qquad \left(\text{car } \sin \theta = \frac{d(P, D)}{\|\overrightarrow{RP}\|}\right)$$

$$d(P, D) = \frac{\|\vec{u}\|\,\|\overrightarrow{RP}\| \sin \theta}{\|\vec{u}\|}$$

$$d(P, D) = \frac{\|\overrightarrow{RP} \times \vec{u}\|}{\|\vec{u}\|} \qquad \text{(théorème 7.10)}$$

$$\text{d'où } d(P, D) = \frac{\|\overrightarrow{RP} \times \vec{u}\|}{\|\vec{u}\|}$$

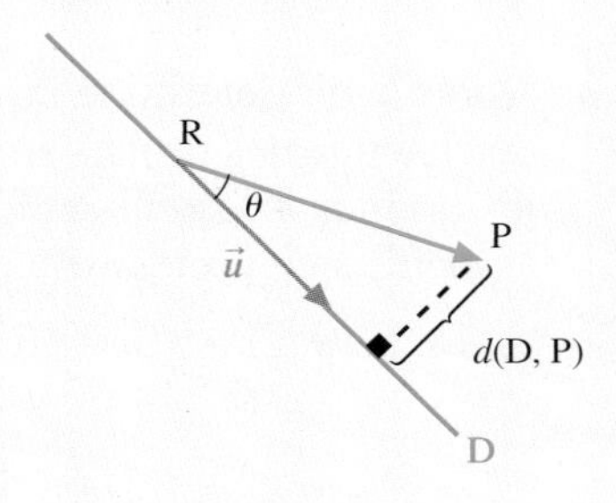

Remarque Nous constatons que $d(\mathrm{P}, \mathrm{D})$ correspond à la hauteur du parallélogramme engendré par $\overrightarrow{\mathrm{RP}}$ et $\vec{u}$.

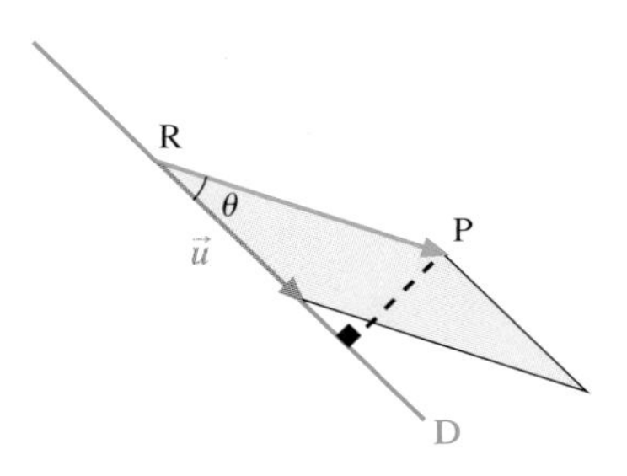

Ainsi, $d(\mathrm{P}, \mathrm{D})$ est égale à l'aire A du parallélogramme divisée par la longueur B de la base du parallélogramme.

D'où $d(\mathrm{P}, \mathrm{D}) = \dfrac{\text{Aire A}}{\text{Base B}} = \dfrac{\|\overrightarrow{\mathrm{RP}} \times \vec{u}\|}{\|\vec{u}\|}$

Exemple 1 Calculons la distance $d(\mathrm{P}, \mathrm{D})$ entre le point P(-3, 2, 1) et la droite $\mathrm{D}: x = \dfrac{y+1}{2} = \dfrac{z-10}{-5}$.

Soit $\vec{u} = (1, 2, -5)$, un vecteur directeur de D, et R(0, -1, 10), un point de D.

Distance entre un point et une droite

$$d(\mathrm{P}, \mathrm{D}) = \frac{\|\overrightarrow{\mathrm{RP}} \times \vec{u}\|}{\|\vec{u}\|} \qquad \text{(théorème 9.3)}$$

$$= \frac{\|(-3, 3, -9) \times (1, 2, -5)\|}{\|(1, 2, -5)\|} = \frac{\|(3, -24, -9)\|}{\sqrt{30}} = \frac{\sqrt{666}}{\sqrt{30}}$$

d'où $d(\mathrm{P}, \mathrm{D}) = \sqrt{\dfrac{111}{5}}$ unités.

Distance entre deux droites parallèles

Calculer la distance $d(\mathrm{D}_1, \mathrm{D}_2)$ entre deux droites parallèles D_1 et D_2 de l'espace cartésien équivaut à calculer la distance $d(\mathrm{P}_1, \mathrm{D}_2)$, où $\mathrm{P}_1 \in \mathrm{D}_1$, ou à calculer la distance $d(\mathrm{P}_2, \mathrm{D}_1)$, où $\mathrm{P}_2 \in \mathrm{D}_2$. Ainsi,

$$d(\mathrm{D}_1, \mathrm{D}_2) = d(\mathrm{P}_1, \mathrm{D}_2) = d(\mathrm{P}_2, \mathrm{D}_1), \text{ où } \mathrm{P}_1 \in \mathrm{D}_1 \text{ et } \mathrm{P}_2 \in \mathrm{D}_2$$

THÉORÈME 9.4 Soit $\vec{u}$, un vecteur directeur des droites parallèles D_1 et D_2.

Si $\mathrm{P}_1 \in \mathrm{D}_1$ et si $\mathrm{P}_2 \in \mathrm{D}_2$, alors la distance entre D_1 et D_2 est donnée par

$$d(\mathrm{D}_1, \mathrm{D}_2) = \frac{\|\overrightarrow{\mathrm{P}_1\mathrm{P}_2} \times \vec{u}\|}{\|\vec{u}\|}$$

La preuve est laissée à l'élève.

Exemple 1 Calculons la distance $d(\mathrm{D}_1, \mathrm{D}_2)$ entre les droites parallèles suivantes.

$\mathrm{D}_1: (x, y, z) = (-2, 1, 4) + t(-6, 3, 1)$, où $t \in \mathbb{R}$, et $\mathrm{D}_2: \dfrac{x+5}{6} = \dfrac{y-1}{-3} = \dfrac{z}{-1}$

Soit $\vec{u} = (6, -3, -1)$, un vecteur directeur de D_1 et de D_2, $\mathrm{P}_1(-2, 1, 4) \in \mathrm{D}_1$ et $\mathrm{P}_2(-5, 1, 0) \in \mathrm{D}_2$.

Par le théorème 9.4, nous obtenons

Distance entre deux droites parallèles

$$d(\mathrm{D}_1, \mathrm{D}_2) = \frac{\|\overrightarrow{\mathrm{P}_1\mathrm{P}_2} \times \vec{u}\|}{\|\vec{u}\|} = \frac{\|(-3, 0, -4) \times (6, -3, -1)\|}{\sqrt{46}} = \frac{\|(-12, -27, 9)\|}{\sqrt{46}} = 3\sqrt{\frac{53}{23}}$$

d'où $d(\mathrm{D}_1, \mathrm{D}_2) = 3\sqrt{\dfrac{53}{23}}$ unités.

Remarque Si D_1 et D_2 sont deux droites parallèles telles que

1) $d(D_1, D_2) \neq 0$, alors D_1 et D_2 sont parallèles distinctes ;
2) $d(D_1, D_2) = 0$, alors D_1 et D_2 sont parallèles confondues.

Distance entre deux droites non parallèles

DÉFINITION 9.8 La **distance** $d(D_1, D_2)$ **entre deux droites non parallèles** D_1 et D_2 est égale à la longueur du segment de droite PQ, où $P \in D_1$, $Q \in D_2$, $PQ \perp D_1$ et $PQ \perp D_2$.

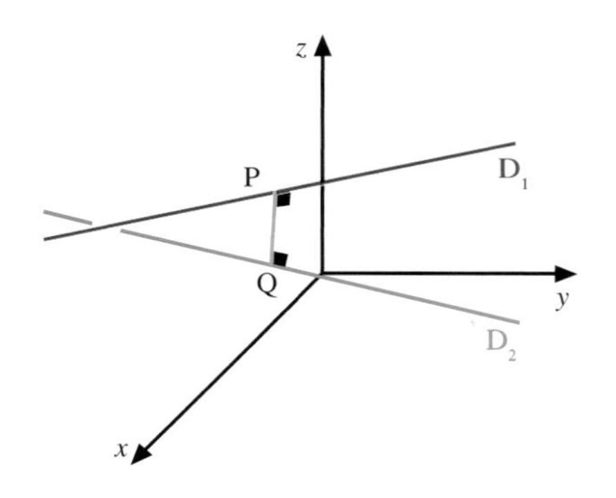

Les points P et Q sont respectivement les points les plus près entre les deux droites non parallèles D_1 et D_2.

Calculons la distance entre deux droites non parallèles dans le cas particulier suivant.

Exemple 1 Soit le parallélépipède droit ci-contre. Calculons la distance entre les droites D_1 et D_2, notée $d(D_1, D_2)$.

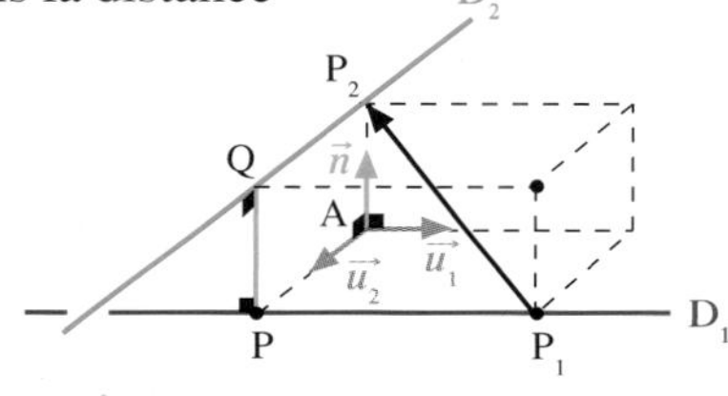

Soit $\vec{u_1}$, un vecteur directeur de D_1 ;
$\vec{u_2}$, un vecteur directeur de D_2 et $\vec{n} = \vec{u_1} \times \vec{u_2}$.

$$d(D_1, D_2) = \|\overrightarrow{PQ}\| \qquad \text{(car P et Q sont les points les plus rapprochés entre } D_1 \text{ et } D_2\text{)}$$

$$= \|\overrightarrow{AP_2}\| \qquad (\text{car } \overrightarrow{PQ} = \overrightarrow{AP_2})$$

$$= \|(\overrightarrow{P_1P_2})_{\vec{n}}\| \qquad (\text{car } \overrightarrow{AP_2} = (\overrightarrow{P_1P_2})_{\vec{n}})$$

$$= \left\| \left(\frac{\overrightarrow{P_1P_2} \cdot \vec{n}}{\vec{n} \cdot \vec{n}} \right) \vec{n} \right\| \qquad \text{(théorème 7.7)}$$

$$= \frac{|\overrightarrow{P_1P_2} \cdot \vec{n}|}{\|\vec{n}\|^2} \|\vec{n}\| \qquad (\text{car } \|k\vec{n}\| = |k|\|\vec{n}\|)$$

$$= \frac{|\overrightarrow{P_1P_2} \cdot \vec{n}|}{\|\vec{n}\|}$$

$$= \frac{|\overrightarrow{P_1P_2} \cdot (\vec{u_1} \times \vec{u_2})|}{\|\vec{u_1} \times \vec{u_2}\|} \qquad (\text{car } \vec{n} = \vec{u_1} \times \vec{u_2})$$

d'où $d(D_1, D_2) = \dfrac{|\overrightarrow{P_1P_2} \cdot (\vec{u_1} \times \vec{u_2})|}{\|\vec{u_1} \times \vec{u_2}\|}$

De façon générale, nous avons le théorème suivant.

THÉORÈME 9.5 Soit $\overrightarrow{u_1}$, un vecteur directeur de D_1, et $\overrightarrow{u_2}$, un vecteur directeur de D_2, où D_1 et D_2 sont des droites non parallèles.

Si $P_1 \in D_1$ et si $P_2 \in D_2$, alors la distance entre D_1 et D_2 est donnée par

$$d(D_1, D_2) = \frac{|\overrightarrow{P_1P_2} \cdot (\overrightarrow{u_1} \times \overrightarrow{u_2})|}{\|\overrightarrow{u_1} \times \overrightarrow{u_2}\|}$$

La démonstration est laissée à l'élève.

Remarque Si D_1 et D_2 sont deux droites non parallèles telles que

1) $d(D_1, D_2) \neq 0$, alors D_1 et D_2 sont des droites gauches;
2) $d(D_1, D_2) = 0$, alors D_1 et D_2 sont des droites concourantes.

Exemple 2 Calculons la distance entre les droites non parallèles suivantes et déterminons si elles sont gauches ou concourantes.

a) $D_1: (x, y, z) = (2, 0, -1) + s(-1, 3, 5)$, où $s \in \mathbb{R}$

$D_2: (x, y, z) = -4\vec{i} + 3\vec{j} + 2\vec{k} + t(2, -1, -6)$, où $t \in \mathbb{R}$

Soit $\overrightarrow{u_1} = (-1, 3, 5)$ et $\overrightarrow{u_2} = (2, -1, -6)$, des vecteurs directeurs respectifs de D_1 et de D_2, $P_1(2, 0, -1) \in D_1$ et $P_2(-4, 3, 2) \in D_2$.

Ainsi, $\overrightarrow{P_1P_2} = (-6, 3, 3)$ et $\overrightarrow{u_1} \times \overrightarrow{u_2} = (-13, 4, -5)$. Nous obtenons

$$d(D_1, D_2) = \frac{|\overrightarrow{P_1P_2} \cdot (\overrightarrow{u_1} \times \overrightarrow{u_2})|}{\|\overrightarrow{u_1} \times \overrightarrow{u_2}\|} = \frac{|(-6, 3, 3) \cdot (-13, 4, -5)|}{\|(-13, 4, -5)\|} = \frac{75}{\sqrt{210}}$$

Droites gauches

d'où $d(D_1, D_2) = \frac{5\sqrt{210}}{14}$ unités.

Par conséquent, les droites D_1 et D_2 sont des droites gauches.

b) $D_3: (x, y, z) = (-1, 5, 2) + s(-2, 3, 3)$, où $s \in \mathbb{R}$

$D_4: \frac{x + 7}{-3} = -y - 8 = \frac{z - 1}{2}$

Soit $\overrightarrow{u_3} = (-2, 3, 3)$ et $\overrightarrow{u_4} = (-3, -1, 2)$, des vecteurs directeurs respectifs de D_3 et de D_4, $P_3(-1, 5, 2) \in D_1$ et $P_4(-7, -8, 1) \in D_2$.

Ainsi, $\overrightarrow{P_3P_4} = (-6, -13, -1)$ et $\overrightarrow{u_3} \times \overrightarrow{u_4} = (9, -5, 11)$. Nous obtenons

$$d(D_3, D_4) = \frac{|\overrightarrow{P_3P_4} \cdot (\overrightarrow{u_3} \times \overrightarrow{u_4})|}{\|\overrightarrow{u_3} \times \overrightarrow{u_4}\|} = \frac{|(-6, -13, -1) \cdot (9, -5, 11)|}{\sqrt{227}} = 0$$

Droites concourantes

d'où $d(D_3, D_4) = 0$ unité.

Par conséquent, les droites D_3 et D_4 sont des droites concourantes.

Applications géométriques

Exemple 1 Déterminons le lieu géométrique L de tous les points $P(x, y, z)$ qui sont à une distance de 2 unités de la droite $D: (x, y, z) = (4, 7, 8) + t(0, 0, 1)$, où $t \in \mathbb{R}$.

Lieu géométrique

Soit $\vec{u} = (0, 0, 1)$, un vecteur directeur de D, $Q(4, 7, 8) \in D$ et $P(x, y, z)$, un point de l'espace cartésien tel que $d(P, D) = 2$.

Puisque $d(P, D) = \dfrac{\|\overrightarrow{QP} \times \vec{u}\|}{\|\vec{u}\|}$ (théorème 9.3)

$$2 = \frac{\|(x - 4, y - 7, z - 8) \times (0, 0, 1)\|}{1}$$

ainsi, $\|(y - 7, -(x - 4), 0)\| = 2$ (en effectuant le produit vectoriel)

donc, $\sqrt{(y - 7)^2 + (-(x - 4))^2 + 0^2} = 2$

$$(x - 4)^2 + (y - 7)^2 = 4 \quad \text{(en élevant au carré)}$$

d'où $L: \{(x, y, z) \in \mathbb{R}^3 \,|\, (x - 4)^2 + (y - 7)^2 = 4\}$

Ce lieu est un cylindre circulaire droit dont l'axe est la droite D et dont le rayon est de 2 unités.

Exemple 2 Soit $D: (x, y, z) = (7, -2, 3) + t(11, -7, -1)$, où $t \in \mathbb{R}$, et $Q(4, 8, -2)$, un point de l'espace cartésien. Déterminons le point $P(x, y, z)$ de la droite D qui est le plus près du point Q.

Le point d'une droite le plus près d'un point donné

Soit $\vec{u} = (11, -7, -1)$, un vecteur directeur de D, et $P(7 + 11t, -2 - 7t, 3 - t)$, le point de la droite D le plus près de $Q(4, 8, -2)$.

Puisque $\overrightarrow{PQ} \perp D$, nous avons

$$\overrightarrow{PQ} \cdot \vec{u} = 0 \quad (\text{car } \overrightarrow{PQ} \perp \vec{u})$$

$$(-3 - 11t, 10 + 7t, -5 + t) \cdot (11, -7, -1) = 0$$

$$-171t - 98 = 0$$

$$t = \frac{-98}{171}$$

En remplaçant cette valeur dans les coordonnées de P, nous obtenons que $P\left(\dfrac{119}{171}, \dfrac{344}{171}, \dfrac{611}{171}\right)$ est le point de la droite D le plus près de $Q(4, 8, -2)$.

Exemple 3 Soit les droites gauches suivantes.

$D_1: (x, y, z) = (5, 4, -4) + t(2, 3, -4)$, où $t \in \mathbb{R}$

$D_2: (x, y, z) = (2, 14, 1) + r(-3, -7, 1)$, où $r \in \mathbb{R}$

Déterminons $P_1 \in D_1$ et $P_2 \in D_2$ tels que $d(P_1, P_2)$ est minimale.

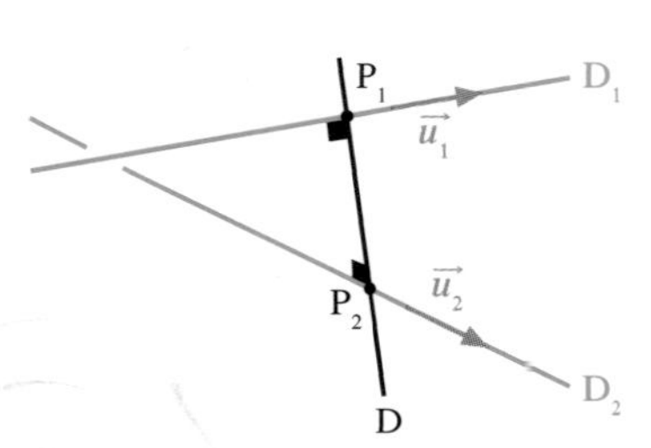

Soit $\vec{u_1} = (2, 3, -4)$, un vecteur directeur de D_1, et $\vec{u_2} = (-3, -7, 1)$, un vecteur directeur de D_2.

Les points $P_1(x_1, y_1, z_1)$ et $P_2(x_2, y_2, z_2)$ sont tels que $\overrightarrow{P_1P_2} \perp \vec{u_1}$ et $\overrightarrow{P_1P_2} \perp \vec{u_2}$.

Nous avons donc $\overrightarrow{P_1P_2} \cdot \vec{u_1} = 0$ et $\overrightarrow{P_1P_2} \cdot \vec{u_2} = 0$.

Pour déterminer $P_1(x_1, y_1, z_1)$ et $P_2(x_2, y_2, z_2)$, il suffit de résoudre le système d'équations précédent.

Soit $P_1(5 + 2t, 4 + 3t, -4 - 4t)$, un point de D_1, et $P_2(2 - 3r, 14 - 7r, 1 + r)$, un point de D_2.

Ainsi, $(-3r - 2t - 3, -7r - 3t + 10, r + 4t + 5) \bullet (2, 3, -4) = 0$ (car $\overrightarrow{P_1P_2} \bullet \overrightarrow{u_1} = 0$)

$-6r - 4t - 6 - 21r - 9t + 30 - 4r - 16t - 20 = 0$ (en effectuant)

et $(-3r - 2t - 3, -7r - 3t + 10, r + 4t + 5) \bullet (-3, -7, 1) = 0$ (car $\overrightarrow{P_1P_2} \bullet \overrightarrow{u_2} = 0$)

$9r + 6t + 9 + 49r + 21t - 70 + r + 4t + 5 = 0$ (en effectuant)

En simplifiant, nous obtenons le système d'équations

$$\begin{cases} 29t + 31r = 4 \\ 31t + 59r = 56 \end{cases}$$

Règle de Cramer

En résolvant par la règle de Cramer, $t = \dfrac{\begin{vmatrix} 4 & 31 \\ 56 & 59 \end{vmatrix}}{\begin{vmatrix} 29 & 31 \\ 31 & 59 \end{vmatrix}} = -2$ et $r = \dfrac{\begin{vmatrix} 29 & 4 \\ 31 & 56 \end{vmatrix}}{\begin{vmatrix} 29 & 31 \\ 31 & 59 \end{vmatrix}} = 2$

En remplaçant t par -2 dans $P_1(5 + 2t, 4 + 3t, -4 - 4t)$ et r par 2 dans $P_2(2 - 3r, 14 - 7r, 1 + r)$, nous obtenons $P_1(1, -2, 4)$ et $P_2(-4, 0, 3)$, les points tels que $d(P_1, P_2)$ est minimale.

Remarque L'élève peut vérifier que $d(P_1, P_2) = d(D_1, D_2)$.

Exercices 9.3

1. Calculer la distance entre le point P et la droite D.

a) P(2, -5, 7) et
D: $(x, y, z) = (3, 0, -5) + t(-1, 2, 7)$, où $t \in \mathbb{R}$

b) P(4, 0, 5) et D: $2x = -y = 4z$

2. Calculer la distance entre les droites parallèles suivantes et déterminer si les droites sont distinctes ou confondues.

a) $D_1: \dfrac{x + 1}{2} = \dfrac{y - 4}{5} = \dfrac{-z}{2}$

$D_2: \dfrac{6x - 12}{3} = \dfrac{4y}{5} = \dfrac{4 - 4z}{2}$

b) D_1 passe par P(4, 0, -3) et est parallèle à la droite D_2 qui passe par les points A(0, -2, 1) et B(-1, 0, 4).

c) D_1 passe par les points A(-1, 0, 0) et B(3, -2, 2), et D_2 passe par les points C(1, -1, 1) et D(-3, 1, -1).

3. Calculer la distance entre les droites non parallèles suivantes et déterminer si les droites sont gauches ou concourantes.

a) $D_1: (x, y, z) = 5\vec{i} - \vec{j} + 3\vec{k} + t(-1, 0, 4)$, où $t \in \mathbb{R}$

$D_2: \dfrac{x + 4}{2} = \dfrac{-3 - 2y}{6} = \dfrac{z}{4}$

b) $D_1: \begin{cases} x = 5 + t \\ y = -2 - t \\ z = 15 + 3t \end{cases}$, où $t \in \mathbb{R}$

D_2 passe par les points P(-2, 0, 7) et R(4, 4, -1).

c) $D_1: 2x = 3y = -z$

$D_2: (x, y, z) = (0, 0, 1) + t(1, 0, 0)$, où $t \in \mathbb{R}$

4. Que peut-on conclure, si

a) $d(P, D) = 0$? b) $d(D_1, D_2) = 0$?

5. Calculer la distance entre les droites suivantes.

a) $D_1: (x, y, z) = \vec{i} - 3\vec{j} - 2\vec{k} + s(1, 2, -1)$, où $s \in \mathbb{R}$

$D_2: (x, y, z) = (20, 5, -9) + t(3, 1, -1)$, où $t \in \mathbb{R}$

b) $D_1: \begin{cases} x = 1 + 3t \\ y = 2 - t \\ z = -5 + 2t \end{cases}$, où $t \in \mathbb{R}$

$D_2: (x, y, z) = (-5, 4, 1) + s(-3, 1, -2)$, où $s \in \mathbb{R}$

c) $D_1: \dfrac{x - 10}{-3} = \dfrac{y + 13}{7} = \dfrac{z + 18}{-8}$

$D_2: x - 5 = 3 - y = \dfrac{z - 1}{2}$

9

d) $D_1: \begin{cases} x = 1 + t \\ y = -3 + 2t, \text{ où } t \in \mathbb{R} \\ z = -3 + 3t \end{cases}$

$D_2: \dfrac{2x - 6}{6} = \dfrac{y - 1}{6} = \dfrac{3 - z}{-9}$

6. Déterminer le point P de la droite D qui est le plus près du point Q si :

a) $D: (x, y, z) = (2, -3, 4) + t(-1, 3, 5)$, où $t \in \mathbb{R}$ et Q(5, -2, -1)

b) $D: x - 1 = y - 2 = z - 3$ et Q(0, 0, 0)

7. a) Déterminer le lieu géométrique de tous les points P(*x*, *y*, *z*) qui sont à une distance de 5 unités de la droite D passant par les points R(7, 4, 5) et S(-2, 4, 5).

b) Décrire et représenter ce lieu géométrique.

c) Déterminer l'intersection du lieu géométrique précédent avec les plans XOY, XOZ et YOZ.

d) Déterminer l'intersection du lieu géométrique précédent avec l'axe des *x*, l'axe des *y* et l'axe des *z*.

8. Soit les droites suivantes.

$D_1: (x, y, z) = (1, -2, 3) + t(-1, 3, -2)$, où $t \in \mathbb{R}$

$D_2: (x, y, z) = (3, 0, -1) + s(2, -1, 4)$, où $s \in \mathbb{R}$

a) Déterminer $P_1 \in D_1$ et $P_2 \in D_2$ tels que $d(P_1, P_2)$ est minimale.

b) Vérifier que $d(P_1, P_2) = d(D_1, D_2)$.

Réseau de concepts

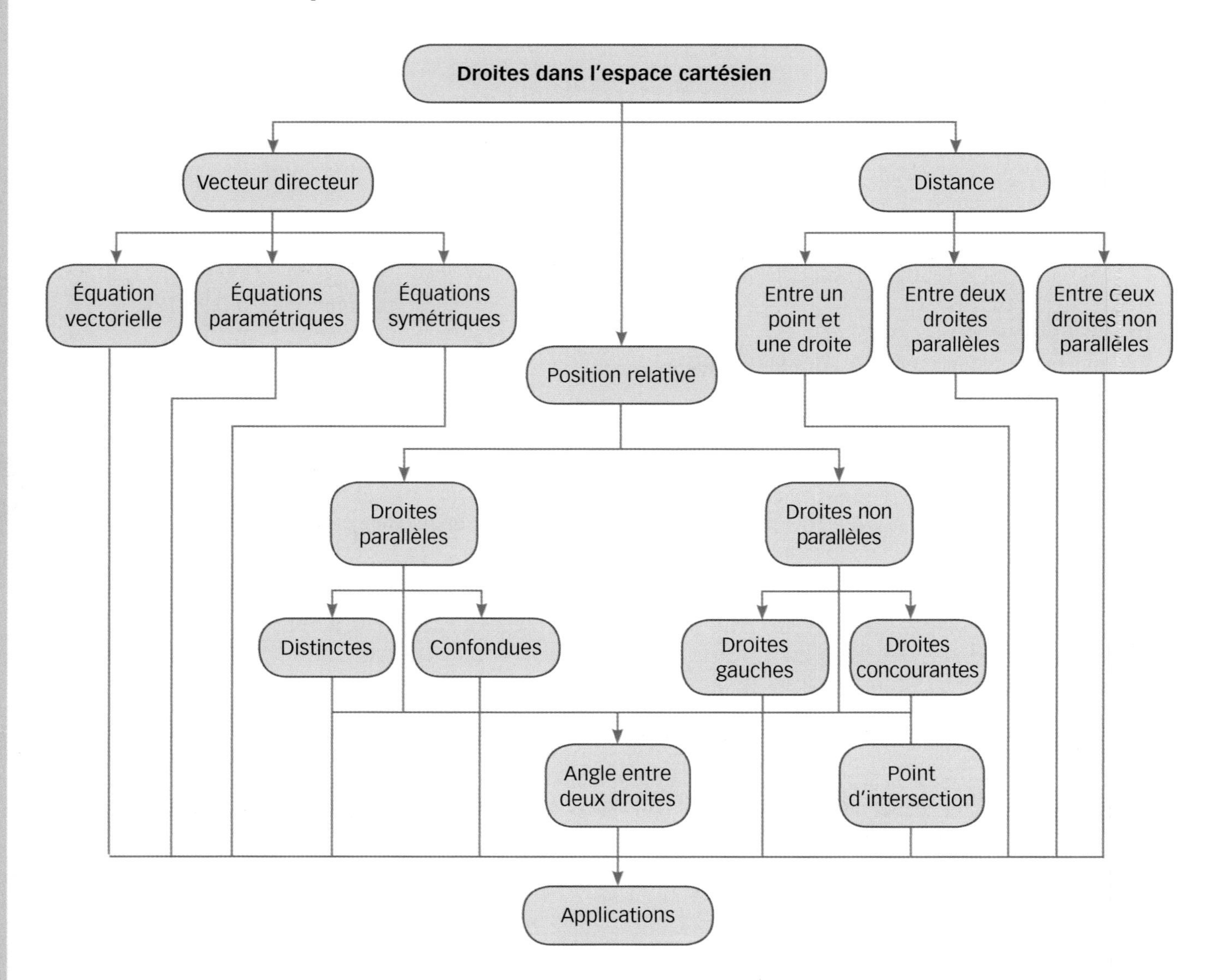

Vérification des apprentissages

Après l'étude de ce chapitre, je suis en mesure de compléter le résumé suivant avant de résoudre les exercices récapitulatifs et les problèmes de synthèse.

Équations d'une droite dans l'espace cartésien

Soit une droite D, passant par le point $P(x_1, y_1, z_1)$, ayant $\vec{u} = (a, b, c)$ comme vecteur directeur.

Équation vectorielle ______

Équations paramétriques ______

Équations symétriques ______

Positions relatives possibles de deux droites dans l'espace cartésien

Soit $\vec{u_1}$ et $\vec{u_2}$, des vecteurs directeurs respectifs des droites D_1 et D_2, et soit P_1, un point de D_1.

D_1 et D_2 sont parallèles distinctes si ______

D_1 et D_2 sont parallèles confondues si ______

D_1 et D_2 sont concourantes si ______

D_1 et D_2 sont gauches si ______

θ_1, un des angles entre D_1 et D_2, est obtenu à partir de l'équation ______

Cosinus directeurs

Les cosinus directeurs d'une droite D, associés à un vecteur directeur $\vec{u} = (a, b, c)$ de D, sont donnés par $\cos \alpha$, $\cos \beta$ et $\cos \gamma$, où

$\cos \alpha =$ ______ $\cos \beta =$ ______ $\cos \gamma =$ ______

De plus, $\cos^2 \alpha, + \cos^2 \beta + \cos^2 \gamma =$ ______

Distance entre un point et une droite de l'espace cartésien

Soit $\vec{u}$, un vecteur directeur d'une droite D, et P, un point de l'espace cartésien. Si $R \in D$, alors la distance

$d(P, D) =$ ______

Distance entre deux droites de l'espace cartésien

Soit $\vec{u}$, un vecteur directeur des droites parallèles D_1 et D_2. Si $P_1 \in D_1$ et $P_2 \in D_2$, alors la distance

$d(D_1, D_2) =$ ______

Soit $\vec{u_1}$, un vecteur directeur de D_1, et $\vec{u_2}$, un vecteur directeur de D_2, où D_1 et D_2 sont des droites non parallèles. Si $P_1 \in D_1$ et $P_2 \in D_2$, alors la distance

$d(D_1, D_2) =$ ______

Exercices récapitulatifs

Les réponses des exercices suivants, à l'exception des exercices notés en rouge, sont données à la fin du volume.

1. Soit le parallélépipède droit ci-dessous et les droites suivantes.

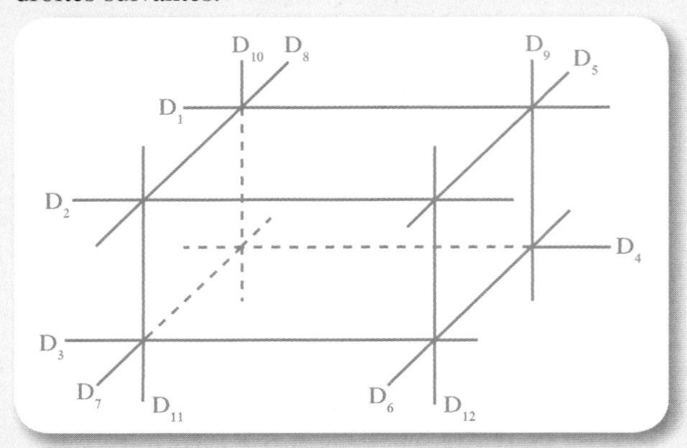

Parmi les droites précédentes, déterminer celles qui sont

a) parallèles à D_1 ;

b) concourantes à D_4 ;

c) gauches à D_8.

2. Soit D_1, D_2 et D_3, trois droites de l'espace cartésien telles que D_1 et D_2 sont des droites concourantes et telles que D_1 et D_3 sont aussi des droites concourantes. Déterminer si les situations suivantes sont possibles et donner une représentation graphique justifiant votre réponse.

a) D_2 et D_3 sont des droites concourantes.

b) D_2 et D_3 sont des droites gauches.

c) D_2 et D_3 sont des droites parallèles.

d) D_2 et D_3 sont des droites perpendiculaires.

3. a) Soit la droite $D: x - 1 = \dfrac{3 - y}{2} = z - 5$.

Déterminer des équations paramétriques de la droite D_1, qui passe par le point P(2, 3, -4), qui est concourante à D, et qui est perpendiculaire au vecteur $\vec{v} = (-8, 9, 4)$.

b) Soit les droites

D_2: $(x, y, z) = (-2, 7, 9) + t(-1, 3, 2)$, où $t \in \mathbb{R}$;

D_3: $3x - 9 = y - 4 = \dfrac{2z + 24}{-5}$.

Déterminer une équation vectorielle de la droite D_4 qui est perpendiculaire aux droites D_2 et D_3, et qui passe par l'intersection des droites D_2 et D_3.

4. Soit les droites suivantes.

D_1 passant par P(3, 2, -7) et ayant $\vec{u_1} = (1, -2, 7)$ comme vecteur directeur.

D_2 passant par P(4, 0, 2) et ayant $\vec{u_2} = \vec{i} + \vec{j}$ comme vecteur directeur.

D_3 passant par P(4, -3, 1) et par Q(6, 5, 3).

D_4 passant par P(2, 4, -14) et parallèle à la droite $D: 2x = 4 - y = \dfrac{1 + 2z}{7}$.

D_5 passant par P(-4, 5, 3) et perpendiculaire au plan XOZ.

Déterminer

a) pour les droites D_1, D_2, D_3, D_4 et D_5, une équation vectorielle (É.V.), des équations paramétriques (É.P.) et des équations symétriques (É.S.), si c'est possible, sinon donner la droite sous forme ensembliste ;

b) quelles sont les droites parallèles ;

c) quelles sont les droites perpendiculaires ;

d) la position relative des droites D_1 et D_4 ; D_1 et D_2 ; D_2 et D_3 ; dans le cas où les droites sont concourantes, trouver le point d'intersection ;

e) $d(D_1, D_2)$; $d(D_2, D_3)$; $d(D_2, D_5)$;

f) l'angle aigu formé par D_1 et D_4 ; D_2 et D_5 ;

g) des cosinus directeurs de D_1 ; D_2 ; D_5 ;

h) des angles directeurs de D_1 ; D_2 ; D_5 ;

i) la distance entre P(6, 5, 3) et D_1 ; entre P(6, 5, 3) et D_3 ;

j) à quelle(s) droite(s) appartiennent les points A(-1, -5, 2) ; O(0, 0, 0).

5. Soit la droite D passant par les points A(3, 2, 0) et B(-3, 6, 0).

a) Représenter cette droite graphiquement et déterminer dans quel plan contenant l'origine cette droite est située.

b) Écrire la droite précédente sous la forme

$D: \{(x, y, z) \in \mathbb{R}^3 \,|\, y = ax + b \text{ et } z = c\}$.

6. Représenter graphiquement les droites suivantes.

a) $D: \{(x, y, z) \in \mathbb{R}^3 \,|\, 2x + z = 4 \text{ et } y = 0\}$

Déterminer dans quel plan passant par l'origine cette droite est située.

b) $D: \{(x, y, z) \in \mathbb{R}^3 \,|\, x = 2 \text{ et } y = 5\}$

Déterminer à quel axe elle est parallèle.

c) $D_1: \{(x, y) \in \mathbb{R}^2 \,|\, 3x - 2y = -6\}$

$D_2: \{(x, y, z) \in \mathbb{R}^3 \,|\, 3x - 2y = -6 \text{ et } z = 0\}$

Déterminer dans quel plan passant par l'origine se trouve la droite D_2.

d) $D_1 : \{(x, y, z) \in \mathbb{R}^3 \mid 3y + 4z = 12 \text{ et } x = 0\}$

$D_2 : \{(x, y, z) \in \mathbb{R}^3 \mid 3y + 4z = 12 \text{ et } x = 3\}$

Représenter les droites sur le même système d'axes. Calculer $d(D_1, D_2)$.

7. Soit $D : \begin{cases} x = 4 - 4t \\ y = -2 + 3t, \text{ où } t \in \mathbb{R}. \\ z = 7 - 7t \end{cases}$

Représenter graphiquement et identifier le lieu obtenu

a) lorsque $t \in [0, 2]$;

b) lorsque $t < 1$;

c) lorsque $t \in \mathbb{R} \setminus \{1\}$.

8. Soit $D_1 : (x, y, z) = (2, -1, 4) + s(1, -3, 1)$, où $s \in \mathbb{R}$, et $D_2 : (x, y, z) = (6, -3, 1) + t(-3, 4, 0)$, où $t \in \mathbb{R}$, et $A(0, 5, 2) \in D_1$.

a) Déterminer le point $P_2 \in D_2$ qui est le plus près de $A(0, 5, 2)$.

b) Déterminer le point $P_1 \in D_1$ qui est le plus près de P_2.

c) Calculer $d(A, D_2)$; $d(P_2, D_1)$; $d(D_1, D_2)$.

d) Déterminer la nature du triangle AP_2P_1 et calculer son aire.

9. Soit $D_1 : (x, y, z) = (1, 2, -3) + k(2, -1, 4)$, où $k \in \mathbb{R}$, et $D_2 : (x, y, z) = (3, 0, -1) + s(2, -1, 4)$, où $s \in \mathbb{R}$. Déterminer le lieu géométrique de tous les points $P(x, y, z)$ qui sont équidistants de D_1 et de D_2.

10. Soit la droite $D : (x, y, z) = (1, 1, 3) + s(1, -2, 1)$, où $s \in \mathbb{R}$. Déterminer une équation vectorielle sous la forme $(x, y, z) = a\vec{i} + b\vec{j} + c\vec{k} + t\vec{u}$, où $t \in \mathbb{R}$, de la droite D_1 qui passe par $P(6, -1, 12)$ et qui rencontre perpendiculairement la droite D.

11. Soit le cube ci-contre et les droites suivantes.

D_1 passant par A et G.

D_2 passant par A et F.

D_3 passant par C et H.

D_4 passant par B et D.

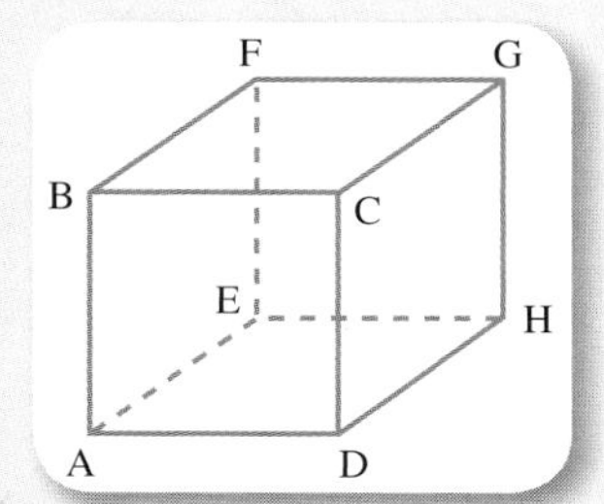

a) Si les côtés du cube mesurent 10 cm, calculer :

i) $d(D_2, D_3)$ ii) $d(D_1, D_3)$

iii) $d(D_1, D_4)$ iv) $d(D_3, D_4)$

b) Si les côtés du cube mesurent x cm, calculer :

i) $d(D_2, D_3)$ ii) $d(D_1, D_3)$

iii) $d(D_1, D_4)$ iv) $d(D_3, D_4)$

12. Répondre par vrai (V) ou faux (F) en justifiant votre réponse. Une droite de l'espace cartésien peut avoir les angles directeurs suivants.

a) $\alpha = 45°, \beta = 45°$ et $\gamma = 45°$

b) $\alpha = 0°, \beta = 0°$ et $\gamma = 90°$

c) $\alpha = 0°, \beta = 90°$ et $\gamma = 90°$

d) $\alpha = \frac{\pi}{6}, \beta = \frac{\pi}{3}$ et $\gamma = \frac{\pi}{4}$

e) $\alpha = 60°, \beta = 60°$ et $\gamma = 45°$

f) $\alpha = 30°$ et $\beta = 30°$

13. Déterminer une équation vectorielle de la droite

a) D_1 qui passe par le point $R(-3, 2, 5)$ et qui a des angles directeurs $\alpha = \beta = 60°$ et $\gamma \in [0°, 90°]$;

b) D_2 qui passe par le point $T(0, -7, 9)$ et qui a des angles directeurs $\beta = 90°$ et $\alpha = \gamma$, où $\alpha \in [0°, 90°]$.

14. Soit la droite D qui passe par l'origine et qui a des angles directeurs égaux.

a) Déterminer des équations symétriques de la droite D.

b) Déterminer $d(P_0, D)$ si $P_0(x_0, y_0, z_0)$.

c) Soit $A(1, 0, 0)$, $B(1, 1, 0)$ et $C(1, 1, 1)$. Déterminer $d(A, D)$, $d(B, D)$ et $d(C, D)$.

15. Déterminer le point d'intersection P des trois droites suivantes.

$D_1 : (x, y, z) = (-6, -3, 9) + s(2, 1, -3)$, où $s \in \mathbb{R}$

$D_2 : \begin{cases} x = -4 + 2t \\ y = -6 + 5t, \text{ où } t \in \mathbb{R} \\ z = 6 - 3t \end{cases}$

$D_3 : \frac{x + 16}{7} = y + 3 = \frac{z - 9}{-3}$

16. Soit $D_1 : \frac{x - d}{3} = \frac{2y - 4}{b} = \frac{z + 3}{c}$;

$D_2 : \frac{3x + 6}{a} = \frac{4 - y}{2} = \frac{4z + 8}{b}$.

a) Déterminer toutes les valeurs possibles de a, de b et de c telles que $D_1 \mathbin{/\!/} D_2$.

b) Si $a = 9$, déterminer la valeur de la constante d pour que D_1 et D_2 soient parallèles distinctes.

17. Soit $D_1 : (x, y, z) = (1, 3, 2) + s(2, -1, -3)$, où $s \in \mathbb{R}$, et $D_2 : (x, y, z) = (6, 4, a) + t(-5, 2, 1)$, où $t \in \mathbb{R}$.

a) Déterminer la valeur de la constante a pour que D_1 et D_2 soient concourantes.

b) Trouver, dans ce cas, le point d'intersection P de D_1 et de D_2.

18. Soit la droite D_1 passant par les points A(-3, 0, -4) et B(a, a, 5), et la droite D_2 : $\frac{x+3}{2} = y - 1 = \frac{z+2}{a}$.

Déterminer la valeur de la constante a pour que

a) $D_1 /\!/ D_2$;

b) $D_1 \perp D_2$;

c) D_1 et D_2 soient concourantes, et trouver le point d'intersection P.

19. Soit $\overrightarrow{u_1}$, un vecteur directeur de D_1, et $\overrightarrow{u_2}$, un vecteur directeur de D_2, où D_1 et D_2 sont des droites non parallèles. Démontrer que si $P_1 \in D_1$ et $P_2 \in D_2$, alors

$$d(D_1, D_2) = \frac{|\overrightarrow{P_1P_2} \cdot (\overrightarrow{u_1} \times \overrightarrow{u_2})|}{\|\overrightarrow{u_1} \times \overrightarrow{u_2}\|}.$$

Problèmes de synthèse

Les réponses des problèmes suivants, à l'exception des problèmes notés en rouge, sont données à la fin du volume.

1. Décrire et représenter graphiquement les lieux géométriques suivants.

a) $\{x \in \mathbb{R} \mid x = -1\}$

b) $\{(x, y) \in \mathbb{R}^2 \mid x = -1\}$

c) $\{(x, y) \in \mathbb{R}^2 \mid x = -1 \text{ et } y = 3\}$

d) $\{(x, y, z) \in \mathbb{R}^3 \mid x = -1 \text{ et } y = 3\}$

e) $\{(x, y) \in \mathbb{R}^2 \mid x = y\}$

f) $\{(x, y, z) \in \mathbb{R}^3 \mid x = y \text{ et } z = 0\}$

2. Soit les droites suivantes.

D_1 : $\frac{x-13}{8} = y - 4 = \frac{z+2}{-3}$

D_2 : $(x, y, z) = (-2, 3, -4) + s(7, 0, 5)$, où $s \in \mathbb{R}$

D_3 : $\begin{cases} x = 57 + 15t \\ y = 6 + t \\ z = 12 + 2t \end{cases}$, où $t \in \mathbb{R}$

Soit A, B, C, les points d'intersection respectifs des droites D_1 et D_2, des droites D_1 et D_3, et des droites D_2 et D_3.

a) Déterminer A, B et C.

b) Calculer les angles du triangle ABC.

c) Déterminer la nature de ce triangle.

d) Calculer l'aire de ce triangle.

e) Calculer les trois hauteurs de ce triangle.

f) Déterminer une équation vectorielle de la droite D_a qui passe par A et qui rencontre perpendiculairement la droite passant par B et C.

3. Soit les droites suivantes.

D_1 : $\{(x, y, z) \in \mathbb{R}^3 \mid x + y - 1 = 0 \text{ et } z = 0\}$

D_2 : $\{(x, y, z) \in \mathbb{R}^3 \mid x + z - 1 = 0 \text{ et } y = 0\}$

D_3 : $\{(x, y, z) \in \mathbb{R}^3 \mid y + z - 1 = 0 \text{ et } x = 0\}$

a) Déterminer les points A, B et C qui sont respectivement les points d'intersection des droites D_1 et D_2, des droites D_1 et D_3, et des droites D_2 et D_3.

b) Représenter graphiquement D_1, D_2 et D_3.

c) Déterminer une équation symétrique de la droite D qui passe par O(0, 0, 0) et qui est perpendiculaire aux trois droites précédentes.

d) Calculer l'aire du triangle ABC.

e) Calculer le volume de la pyramide OABC.

4. Soit les droites suivantes.

D_1 : $\{(x, y, z) \in \mathbb{R}^3 \mid x + 3y - 14 = 0 \text{ et } z = 0\}$

D_2 : $\{(x, y, z) \in \mathbb{R}^3 \mid 8x + 9y - 22 = 0 \text{ et } z = 0\}$

D_3 : $\{(x, y, z) \in \mathbb{R}^3 \mid 2x + y - 8 = 0 \text{ et } z = 0\}$

D_4 : $\frac{x+7}{-3} = \frac{y+2}{-2} = \frac{z-9}{3}$

D_5 : $\frac{x+4}{-3} = \frac{y-6}{4} = \frac{-z}{3}$

D_6 : $\frac{x-11}{6} = \frac{y+6}{-4} = \frac{z+3}{-3}$

a) Déterminer le point d'intersection

i) A des droites D_1, D_3 et D_4 ;

ii) B des droites D_1, D_2 et D_5 ;

iii) C des droites D_2, D_3 et D_6 ;

iv) E des droites D_4, D_5 et D_6.

b) Calculer le volume de la pyramide dont les sommets sont A, B, C et E.

c) Calculer la hauteur de la pyramide issue de E.

5. Soit les droites suivantes.

D_1 : $\frac{x+1}{3} = \frac{y+5}{4} = \frac{z-2}{2}$

D_2 : $x - 2 = \frac{y+6}{3} = \frac{z+3}{3}$

a) Déterminer des équations symétriques de la droite D_3 qui est perpendiculaire à D_1 et à D_2, et qui passe par A(2, 1, -1).

b) Déterminer des équations symétriques de la droite D_4 qui est perpendiculaire à D_1 et à D_2, et qui passe par l'origine.

c) Déterminer des équations symétriques de la droite D_5 qui est perpendiculaire à D_1 et à D_2, et qui passe par l'intersection des droites D_1 et D_2.

d) Déterminer la position relative des droites D_3, D_4 et D_5.

6. Soit $D_1 : \{(x, y, z) \in \mathbb{R}^3 \mid x = y \text{ et } z = 0\}$;

$D_2 : \{(x, y, z) \in \mathbb{R}^3 \mid y = z \text{ et } x = 0\}$.

a) Déterminer une équation vectorielle de la droite D_3 qui passe par P(-4, 3, 10) et qui est perpendiculaire aux droites D_1 et D_2.

b) Déterminer les points A, B et C qui sont respectivement les points d'intersection de D_3 avec les plans XOY, XOZ et YOZ.

7. Soit le point P(-2, 5, 4).

a) Déterminer les points A, B et C qui sont respectivement les projections orthogonales de P sur l'axe des x, l'axe des y et l'axe des z.

b) Calculer l'aire du triangle ABC.

c) Calculer l'aire du triangle $M_1M_2M_3$, où M_1, M_2 et M_3 sont respectivement les points milieux des segments de droite AB, AC et BC.

d) Déterminer la hauteur issue de P de la pyramide ABCP.

8. Soit α, β et γ, des angles directeurs d'une droite D. Si $\beta = \gamma = 2\alpha$, déterminer α, où $\alpha \in [0°, 90°]$.

9. Soit la droite
D: $(x, y, z) = (x_1, y_1, z_1) + r(a, b, c)$, où $r \in \mathbb{R}$, représentée sur le graphique suivant.

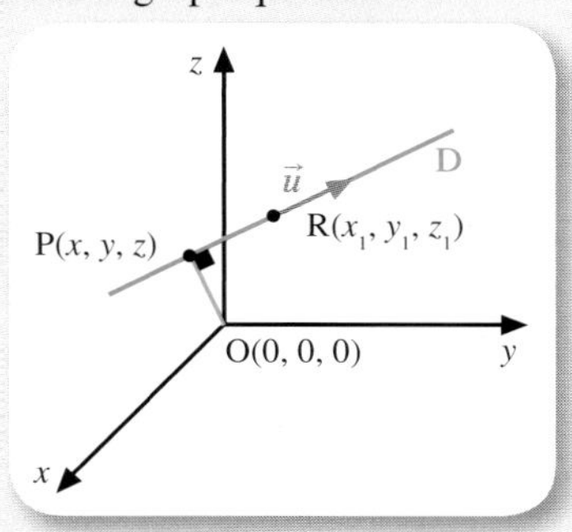

a) Déterminer r tel que $\overrightarrow{OP} \perp \vec{u}$, où P $\in$ D.

b) Déterminer r si D est définie par
D: $(x, y, z) = (1, -2, 3) + r(-1, 5, -3)$, où $r \in \mathbb{R}$.

c) Sur la droite D définie en b), déterminer le point P le plus près de l'origine.

10. Soit le parallélépipède droit ci-dessous.

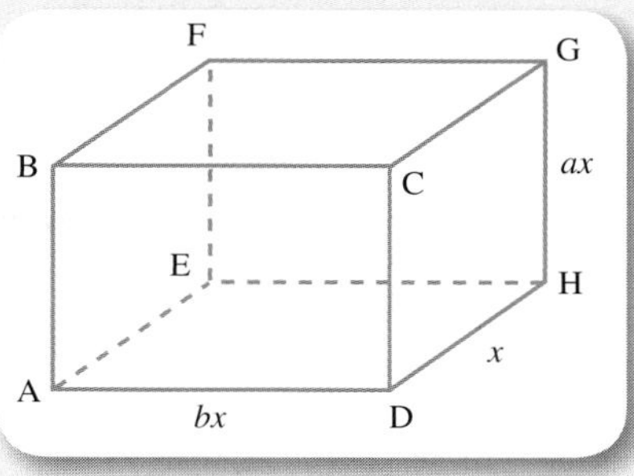

Soit les droites suivantes.

D_1 passant par A et G. D_2 passant par A et F.
D_3 passant par C et H. D_4 passant par B et D.

a) Calculer:

i) $d(D_2, D_3)$ ii) $d(D_1, D_3)$
iii) $d(D_1, D_4)$ iv) $d(D_3, D_4)$

b) Calculer les distances demandées en a) si $\|\overrightarrow{AE}\| = 9$ m, $\|\overrightarrow{EF}\| = 3$ m et $\|\overrightarrow{AD}\| = 12$ m.

c) On place les sommets E et A du parallélépipède en E(0, 0, 0) et A(3, 0, 0) dans un repère tridimentionnel à angle droit. De plus, on pose $a = \frac{1}{3}$ et $b = \frac{4}{3}$. Si on installe une source lumineuse en S(1, 1, 6), déterminer l'aire de la région non éclairée dans le plan XOY.

11. Soit les droites suivantes.

$$D_1 : x - 1 = \frac{y + 1}{2} = \frac{z - 2}{3}$$

$$D_2 : x - 7 = \frac{y - 3}{2} = \frac{z - 2}{3}$$

$$D_3 : x - 3 = \frac{y - 2}{2} = \frac{z - 4}{3}$$

Calculer l'aire du triangle ABC, où A $\in D_1$, B $\in D_2$ et C $\in D_3$, et dont l'aire est minimale.

12. Soit les droites suivantes.

D_1: $(x, y, z) = (1, 3, -2) + s(-3, 2, 5)$, où $s \in \mathbb{R}$
D_2: $(x, y, z) = (-1, 4, -3) + t(2, -1, -2)$, où $t \in \mathbb{R}$

a) Soit R(x, y, z), un point quelconque de D_2, et P(1, 3, -2), un point de D_1. Exprimer $\vec{u}$, où $\vec{u} = \overrightarrow{RP}$, en fonction de t.

b) Soit $\vec{v_1} = (-3, 2, 5)$, un vecteur directeur de D_1. Déterminer $\|\vec{v_1} \times \vec{u}\|$ en fonction de t.

c) Déterminer la valeur de t telle que $\|\vec{v_1} \times \vec{u}\|$ est minimale.

d) À partir du résultat obtenu en c), déterminer le point Q $\in D_2$ le plus près de P.

9

13. Soit une sphère S_1 de centre $C_1(1, -6, 1)$ et une sphère S_2 de centre $C_2(8, -5, 7)$. Déterminer un point $P(a, b, 2)$ de la sphère S_1 et un point $Q(2a, 2b, 4)$ de la sphère S_2, où a et b sont des entiers naturels tels que la droite, passant par les points P et Q, est tangente aux sphères S_1 et S_2 en P et en Q.

14. Soit les sphères S_1 de centre (1, 2, 5) et de rayon 12, et S_2 de centre (6, -1, 8) et de rayon 3. Déterminer la distance maximale et la distance minimale séparant ces deux sphères.

15. Une montgolfière, partant du point M(0 ; 0 ; 0,08) se déplace à une hauteur constante à la vitesse de 2 km/h, dans la direction du vecteur $\overrightarrow{u_m} = (4, 3, 0)$.

Dominique Parent

Un dirigeable situé au point $E(x_1, y_1, 0)$ part livrer un message à un passager de la montgolfière. Le vecteur vitesse $\overrightarrow{v_d}$ du dirigeable est $\overrightarrow{v_d} = (-11 ; -6 ; 0,24)$.

Considérant que les distances sont en kilomètres, et le temps, en heures, déterminer

a) le vecteur position $\overrightarrow{p_m}$ de la montgolfière en fonction du temps t ;

b) la vitesse du dirigeable ;

c) le temps nécessaire pour que le dirigeable atteigne la montgolfière ;

d) les coordonnées du point de rencontre R du dirigeable et de la montgolfière ;

e) les coordonnées du point de départ D du dirigeable ;

f) les distances respectives parcourues par la montgolfière et le dirigeable entre leur point de départ et leur point de rencontre.

16. a) Soit D, une droite ayant $\vec{u}$ comme vecteur directeur, A, un point de D, et P, un point quelconque de l'espace cartésien. Démontrer que $d(\mathrm{P, D})$ est donnée par

$$d(\mathrm{P, D}) = \|\overrightarrow{\mathrm{AP}}\| \sqrt{1 - \left(\frac{\overrightarrow{\mathrm{AP}} \cdot \vec{u}}{\|\overrightarrow{\mathrm{AP}}\| \|\vec{u}\|}\right)^2}.$$

b) Soit D : $2x - 4 = y + 3 = 12 - 3z$. À partir du résultat obtenu en a), calculer $d(\mathrm{P, D})$, où P(-1, 3, -2).

Chapitre 10 Le plan dans l'espace cartésien

Dominique Parent

Dans ce chapitre, nous étudierons les plans dans l'espace cartésien et nous donnerons différents types d'équations pouvant définir ces plans. Ces équations seront obtenues en utilisant certaines propriétés des vecteurs. Nous verrons également les positions relatives possibles de plans dans l'espace et les positions relatives possibles d'une droite et d'un plan dans l'espace. De plus, nous calculerons la distance entre un point et un plan en utilisant la notion de projection.

En particulier, l'élève pourra résoudre le problème suivant.

Soit les plans $\pi_1: \frac{x}{2} + \frac{y}{3} + \frac{z}{4} = 1$ et $\pi_2: 5x + 4y + 10z = 20$.

a) Déterminer l'équation vectorielle de la droite D d'intersection des plans π_1 et π_2.

b) Représenter π_1, π_2 et D dans le premier octant.

c) Déterminer les coordonnées du point d'intersection,

i) P, du plan XOZ avec D;

ii) Q, du plan YOZ avec D;

iii) R, de π_2 et de l'axe des z;

iv) S, de π_1 et de l'axe des z.

d) Calculer le volume V du tétraèdre de sommets P, Q, R et S.

(Problèmes de synthèse, n° 13, page 408)

Perspective historique

Des allusions de Descartes à une véritable géométrie analytique dans l'espace

Lorsque René Descartes (1596-1650) publie l'ouvrage intitulé *Géométrie* en 1637 et lance ce qui deviendra la géométrie analytique, son objectif mathématique est clair: utiliser l'algèbre pour résoudre des problèmes géométriques. C'est d'ailleurs pourquoi la géométrie analytique a d'abord été appelée «algèbre appliquée à la géométrie». Dans son livre, Descartes fait allusion à la géométrie à trois dimensions, mais sans plus. Plusieurs décennies s'écoulent avant qu'aboutissent des tentatives sérieuses d'utiliser les idées de Descartes dans l'espace. En 1705, Antoine Parent (1666-1716) publie une première étude d'une surface dans l'espace, en l'occurrence la sphère. Il n'y a pas encore les trois axes x, y et z que nous connaissons. Pour déterminer les coordonnées d'un point, un plan de référence, notre plan xy, est donné et on détermine la hauteur d'un point par rapport à ce plan en abaissant une perpendiculaire sur celui-ci. Le pied de cette perpendiculaire fournit les deux autres coordonnées. Les coordonnées sont positives.

Dix ans plus tard, Jean Bernoulli (1667-1748) propose d'obtenir les coordonnées d'un point en abaissant des perpendiculaires sur trois plans orthogonaux, nos plans xy, xz et yz. La méthode de Parent restera cependant la plus utilisée jusqu'au troisième tiers du XVIIIe siècle. C'est ce que fait le grand mathématicien Leonhard Euler (1707-1783) dans un mémoire de 1728 considéré comme le véritable coup d'envoi de l'étude des surfaces dans l'espace à l'aide de la géométrie analytique. Il n'y parle toutefois pas du plan ni de la droite.

La géométrie dans l'espace a été intimement lié aux techniques de coupe de pierre.

L'étude du plan débute avec le mémoire d'Alexis Clairaut (1713-1765) présenté à l'Académie des sciences de Paris en 1729. Pour la première fois, une équation du plan est donnée explicitement, sous la forme $\left(\frac{ax}{b}\right) + \left(\frac{ay}{c}\right) + z = a$. Clairaut considère les valeurs positives et négatives des coordonnées. Pour la première fois aussi, la formule de la distance entre deux points dans le plan et dans l'espace est donnée explicitement. Puis Jacob Hermann (1678-1733), probablement sans connaître les travaux de Clairaut, donne l'équation «cartésienne» du plan, soit $ax + by + cz - d = 0$, et une formule pour déterminer l'angle formé par un tel plan avec le plan des coordonnées x et y. Tous ces travaux seront systématisés par Euler en 1748 alors qu'il réoriente l'objectif de l'algèbre appliquée à la géométrie en la considérant plutôt comme un outil pour diriger l'intuition dans le cadre d'études algébriques. En effet, au cours du XVIIIe siècle, les développements en algèbre sont tels que l'étude de surfaces dans l'espace peut maintenant profiter pleinement de l'algèbre pour surmonter la difficulté de la représentation de situations géométriques dans l'espace. C'est d'ailleurs ce que font Joseph Louis Lagrange (1736-1813) et Gaspard Monge (1746-1818) dans leurs travaux sur le sujet, parmi lesquels l'article de Lagrange dont nous avons parlé dans la perspective historique du chapitre 9.

Lagrange le dit explicitement dans l'introduction de son célebre *Mécanique analytique* (1788) lorsqu'il annonce fièrement aux lecteurs qu'ils ne trouveront aucune figure dans ce livre. Pour sa part, Monge systématise la présentation de la géométrie analytique dans l'espace, notamment en commençant par l'étude du plan. Plusieurs problèmes du présent chapitre y sont abordés. Monge rendra son travail accessible aux élèves de l'École polytechnique de Paris, dont il a été un des fondateurs, en publiant ses *Feuilles d'analyse appliquée à la géométrie* entre 1795 et 1801. Notons que le titre se réfère encore à l'ancienne appellation. Pourtant, comme nous l'avons dit dans le chapitre 8, déjà le nom de *géométrie analytique* devient populaire.

S'inspirant fortement de Monge et de Lagrange en ce qui a trait à la géométrie analytique dans l'espace, Sylvestre François Lacroix (1765-1843) présente, sous une forme hautement pédagogique, dans ses manuels de la première décennie du XIXe siècle, les bases de la géométrie analytique dans l'espace en commençant justement avec l'étude de la droite et du plan.

Comme nous l'avons dit dans les chapitres précédents, toute cette partie de la géométrie analytique sera réécrite en langage vectoriel au début du XXe siècle.

Exercices préliminaires

1. Transformer les équations suivantes sous la forme $(x - a)^2 + (y - b)^2 + (z - c)^2 = r^2$.

a) $x^2 + y^2 + z^2 - 10x + 6y - 8z = 0$

b) $x^2 + y^2 + z^2 - 2y + 8z + 17 = 0$

2. Représenter les droites suivantes dans le repère $\{O; \{\vec{i}, \vec{j}, \vec{k}\}\}$.

$D_1: (x, y, z) = (2, 0, 0) + r(2, 0, -3)$, où $r \in \mathbb{R}$

$D_2: (x, y, z) = (0, 0, 3) + s(0, 4, -3)$, où $s \in \mathbb{R}$

$D_3: (x, y, z) = (0, 4, 0) + t(1, -2, 0)$, où $t \in \mathbb{R}$

3. Soit P(1, -2, 5), Q(-1, 3, 0) et R(2, -4, -3).

a) Calculer $\overrightarrow{PQ} \cdot \overrightarrow{PR}$.

b) Calculer $\overrightarrow{QP} \times \overrightarrow{QR}$.

c) Déterminer un vecteur unitaire $\vec{u}$ perpendiculaire à $\overrightarrow{PR}$ et à $\overrightarrow{PQ}$.

d) Déterminer $\angle PQR$ du triangle PQR.

e) Calculer l'aire A du triangle PQR.

4. Soit $\vec{u} = (4, -1, 2)$, $\vec{v} = (-2, 1, 3)$ et $\vec{w} = (5, 0, -6)$.

a) Déterminer $\vec{u}_{\vec{v}}$.

b) Déterminer $\|\vec{u}_{\vec{v}}\|$.

c) Calculer $(\vec{u} \times \vec{v}) \cdot \vec{w}$.

5. Compléter (théorème 8.3).

Soit $\vec{n}$, un vecteur normal à une droite D, et P, un point du plan cartésien. Si R est un point quelconque de la droite D, alors la distance $d(P, D)$ entre le point P et la droite D est donnée par…

10.1 Équations du plan dans l'espace cartésien

Objectifs d'apprentissage

À la fin de cette section, l'élève pourra déterminer différentes équations pour un même plan dans l'espace cartésien.

Plus précisément, l'élève sera en mesure

- de trouver deux vecteurs directeurs d'un plan ;
- de déterminer une équation vectorielle d'un plan ;
- de déterminer des équations paramétriques d'un plan ;
- de trouver un vecteur normal à un plan ;
- de déterminer une équation cartésienne d'un plan ;
- de déterminer une équation normale d'un plan ;
- de déterminer une équation réduite d'un plan ;
- de déterminer si un point appartient à un plan.

Soit $P(x_1, y_1, z_1)$, un point de π, $\vec{u}_1 = (a_1, b_1, c_1)$ et $\vec{u}_2 = (a_2, b_2, c_2)$, des vecteurs directeurs de π, et $\vec{n} = (a, b, c)$, un vecteur normal à π.

	Équations du plan π
É.V.	$(x, y, z) = (x_1, y_1, z_1) + k_1(a_1, b_1, c_1) + k_2(a_2, b_2, c_2)$, où k_1 et $k_2 \in \mathbb{R}$
É.P.	$\begin{cases} x = x_1 + k_1a_1 + k_2a_2 \\ y = y_1 + k_1b_1 + k_2b_2, \text{ où } k_1, k_2 \in \mathbb{R} \\ z = z_1 + k_1c_1 + k_2c_2 \end{cases}$
É.C.	$ax + by + cz - d = 0$, où $d = ax_1 + by_1 + cz_1$

Dans cette section, nous utiliserons certaines propriétés des vecteurs pour déterminer différents types d'équations d'un plan dans l'espace cartésien.

Équation vectorielle d'un plan dans l'espace

Il existe dans l'espace une infinité de plans parallèles à deux vecteurs $\vec{u}_1$ et $\vec{u}_2$ non nuls et non parallèles.

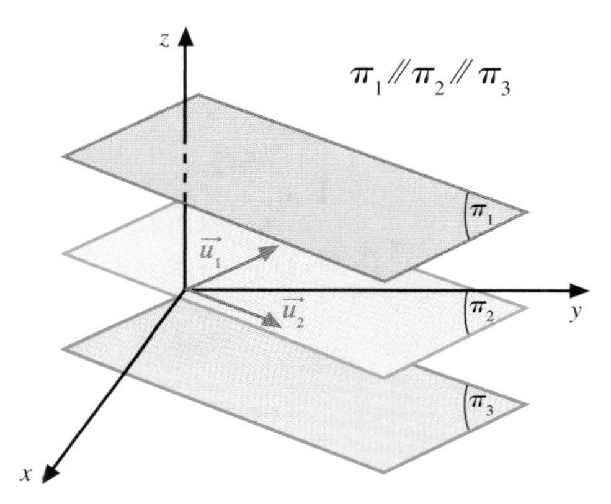

Par contre, il existe un seul plan π qui passe par le point $P(x_1, y_1, z_1)$ et qui est parallèle à deux vecteurs $\vec{u}_1$ et $\vec{u}_2$ non nuls et non parallèles.

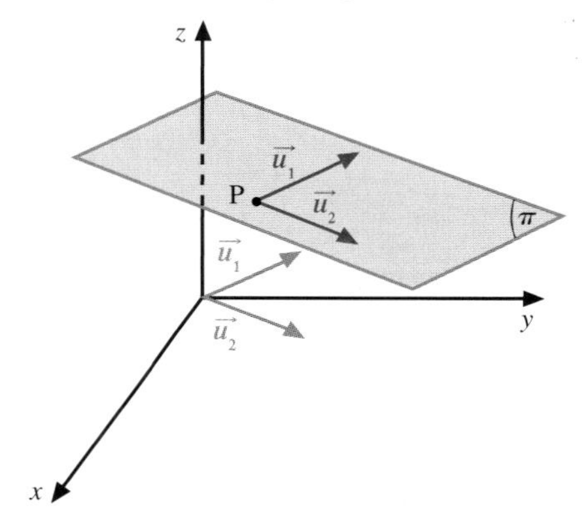

10

DÉFINITION 10.1 Tout vecteur non nul $\vec{u}$ parallèle à un plan π est appelé **vecteur directeur** de ce plan.

En utilisant certaines propriétés des vecteurs, déterminons une équation vectorielle du plan π passant par le point $P(x_1, y_1, z_1)$ donné et ayant $\vec{u_1} = (a_1, b_1, c_1)$ et $\vec{u_2} = (a_2, b_2, c_2)$ comme vecteurs directeurs, où $\vec{u_1}$ et $\vec{u_2}$ ne sont pas parallèles.

Soit $R(x, y, z)$, un point quelconque du plan π.
Par la loi de Chasles, nous avons

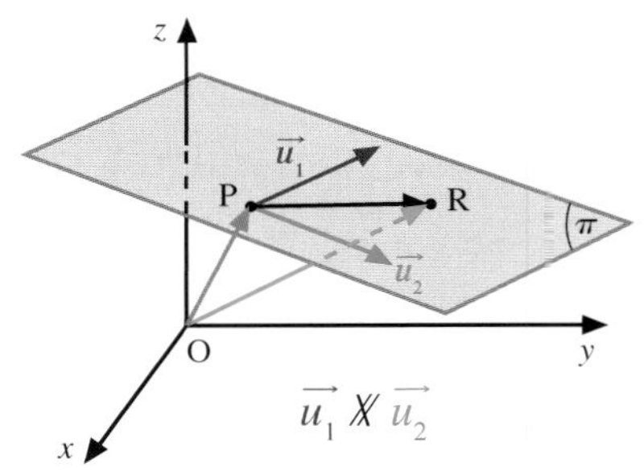

$$\overrightarrow{OR} = \overrightarrow{OP} + \overrightarrow{PR}$$

$$\overrightarrow{OR} = \overrightarrow{OP} + k_1\vec{u_1} + k_2\vec{u_2}, \text{ où } k_1 \text{ et } k_2 \in \mathbb{R}$$

(car $\overrightarrow{PR}$, $\vec{u_1}$ et $\vec{u_2}$ sont coplanaires et $\vec{u_1} \not\parallel \vec{u_2}$)

$$(x - 0, y - 0, z - 0) = (x_1 - 0, y_1 - 0, z_1 - 0) + k_1\vec{u_1} + k_1\vec{u_2}$$

donc, $\quad (x, y, z) = (x_1, y_1, z_1) + k_1(a_1, b_1, c_1) + k_2(a_2, b_2, c_2)$

DÉFINITION 10.2 Une **équation vectorielle** du plan π passant par $P(x_1, y_1, z_1)$ et ayant $\vec{u_1} = (a_1, b_1, c_1)$ et $\vec{u_2} = (a_2, b_2, c_2)$, où $\vec{u_1} \not\parallel \vec{u_2}$, comme vecteurs directeurs est donnée par

$$(x, y, z) = (x_1, y_1, z_1) + k_1(a_1, b_1, c_1) + k_2(a_2, b_2, c_2), \text{ où } k_1 \text{ et } k_2 \in \mathbb{R}$$

Remarque Dans l'équation précédente, (x, y, z) est le vecteur $\overrightarrow{OR}$, où $R(x, y, z)$ est un point quelconque du plan π.

Nous désignons fréquemment le plan π de la façon suivante :

$\pi: (x, y, z) = (x_1, y_1, z_1) + k_1(a_1, b_1, c_1) + k_2(a_2, b_2, c_2)$, où k_1 et $k_2 \in \mathbb{R}$

L'équation précédente peut également s'écrire sous la forme

$\pi: (x, y, z) = x_1\vec{i} + y_1\vec{j} + z_1\vec{k} + k_1(a_1, b_1, c_1) + k_2(a_2, b_2, c_2)$, où k_1 et $k_2 \in \mathbb{R}$

Exemple 1

a) Déterminons une équation vectorielle du plan passant par le point $P(4, -5, 1)$ et ayant $\vec{u_1} = (-2, 3, 5)$ et $\vec{u_2} = (7, -4, 8)$ comme vecteurs directeurs.

$\pi: (x, y, z) = (4, -5, 1) + k_1(-2, 3, 5) + k_2(7, -4, 8)$, où k_1 et $k_2 \in \mathbb{R}$, que nous pouvons également écrire comme suit :

$\pi: (x, y, z) = 4\vec{i} - 5\vec{j} + \vec{k} + k_1(-2, 3, 5) + k_2(7, -4, 8)$, où k_1 et $k_2 \in \mathbb{R}$

b) Déterminons les coordonnées d'un point R de π différent de $P(4, -5, 1)$.

En attribuant différentes valeurs à k_1 et à k_2, nous déterminons des vecteurs $\overrightarrow{OR}$ dont l'extrémité R est un point situé dans le plan π. Les composantes de ces vecteurs $\overrightarrow{OR}$ sont également les coordonnées des points R. Par exemple,

en posant $k_1 = 2$ et $k_2 = -3$ dans l'équation précédente, nous obtenons

$(x, y, z) = (4, -5, 1) + 2(-2, 3, 5) + (-3)(7, -4, 8) = (-21, 13, -13)$

Ainsi, $\overrightarrow{OR} = (-21, 13, -13)$ est un vecteur dont l'extrémité $R(-21, 13, -13)$ est située dans le plan π.

D'où $R(-21, 13, -13)$ est un autre point de π.

Puisqu'il existe un seul plan passant par trois points non colinéaires, nous pouvons déterminer une équation vectorielle de ce plan.

Exemple 2 Déterminons une équation vectorielle du plan π passant par les points non colinéaires P(4, -2, 6), Q(1, -2, 7) et R(-3, 4, 3).

Il suffit de trouver, par exemple, les composantes des vecteurs $\overrightarrow{PQ}$ et $\overrightarrow{PR}$ pour obtenir deux vecteurs directeurs $\overrightarrow{u_1}$ et $\overrightarrow{u_2}$ du plan π.

Ainsi, $\overrightarrow{u_1} = \overrightarrow{PQ} = (-3, 0, 1)$ et $\overrightarrow{u_2} = \overrightarrow{PR} = (-7, 6, -3)$

($\overrightarrow{u_1} \neq t\overrightarrow{u_2}$, alors $\overrightarrow{u_1} \not\parallel \overrightarrow{u_2}$)

d'où $\pi: (x, y, z) = (1, -2, 7) + k_1(-3, 0, 1) + k_2(-7, 6, -3)$, où k_1 et $k_2 \in \mathbb{R}$

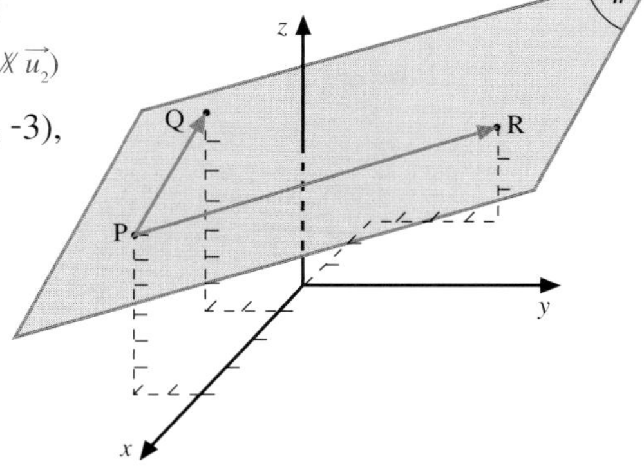

Remarque Il existe une infinité d'équations vectorielles de ce même plan selon le choix du point et des vecteurs directeurs du plan, par exemple

$\pi: (x, y, z) = (4, -2, 6) + s_1(-3, 0, 1) + s_2(-7, 6, -3)$, où s_1 et $s_2 \in \mathbb{R}$;

$\pi: (x, y, z) = (-3, 4, 3) + t_1(-4, 6, -4) + t_2(7, -6, 3)$, où t_1 et $t_2 \in \mathbb{R}$, où $\overrightarrow{u_1} = \overrightarrow{QR}$ et $\overrightarrow{u_2} = \overrightarrow{RP}$

$\overrightarrow{QR} = (-4, 6, 4)$

$\overrightarrow{RP} = (7, -6, 3)$

Exemple 3

a) Déterminons une équation vectorielle du plan XOY.

Soit $\overrightarrow{u_1} = \vec{i} = (1, 0, 0)$ et $\overrightarrow{u_2} = \vec{j} = (0, 1, 0)$, deux vecteurs directeurs du plan XOY, et O(0, 0, 0), un point de ce plan.

Ainsi, $\pi_{XOY}: (x, y, z) = (0, 0, 0) + k_1(1, 0, 0) + k_2(0, 1, 0)$, où k_1 et $k_2 \in \mathbb{R}$, c'est-à-dire

$\pi_{XOY}: (x, y, z) = k_1(1, 0, 0) + k_2(0, 1, 0)$, où k_1 et $k_2 \in \mathbb{R}$

b) Déterminons le plan XOY sous forme ensembliste.

$\pi_{XOY}: \{(x, y, z) \in \mathbb{R}^3 \mid z = 0\}$

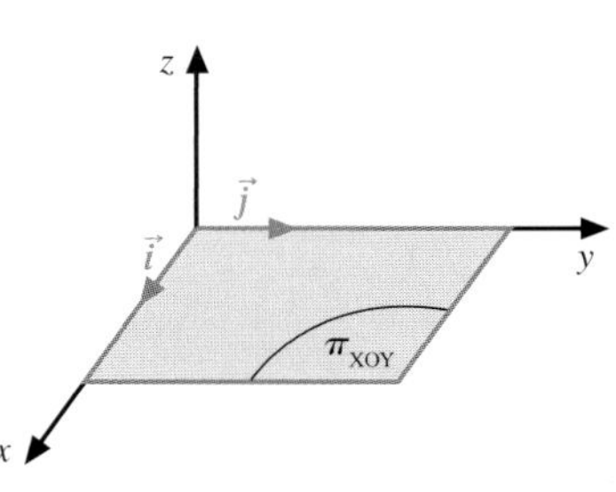

c) Déterminons une équation vectorielle et une forme ensembliste du plan π passant par le point P(-1, 2, 1) et parallèle aux vecteurs $\vec{i}$ et $\vec{k}$.

$\pi: (x, y, z) = (-1, 2, 1) + t_1\vec{i} + t_2\vec{k}$, où t_1 et $t_2 \in \mathbb{R}$ (équation vectorielle)

$\pi: \{(x, y, z) \in \mathbb{R}^3 \mid y = 2\}$ (forme ensembliste)

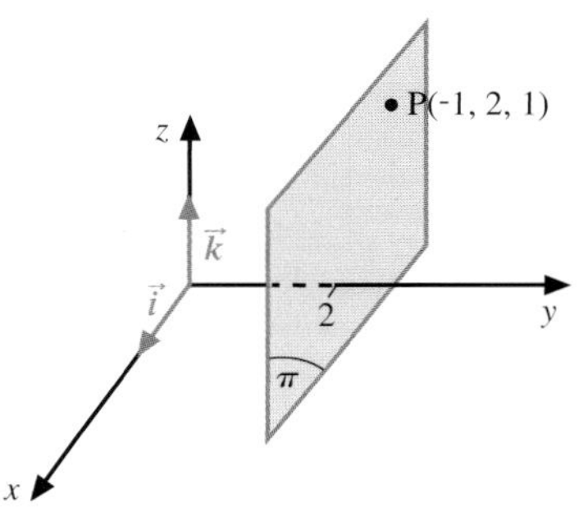

10

Équations paramétriques d'un plan dans l'espace

À partir d'une équation vectorielle du plan π

$(x, y, z) = (x_1, y_1, z_1) + k_1(a_1, b_1, c_1) + k_2(a_2, b_2, c_2)$, où k_1 et $k_2 \in \mathbb{R}$, nous obtenons

$(x, y, z) = (x_1, y_1, z_1) + (k_1a_1, k_1b_1, k_1c_1) + (k_2a_2, k_2b_2, k_2c_2)$ (définition de la multiplication d'un vecteur par un scalaire)

$(x, y, z) = (x_1 + k_1a_1 + k_2a_2, y_1 + k_1b_1 + k_2b_2, z_1 + k_1c_1 + k_2c_2)$ (définition de l'addition de vecteurs)

Par définition de l'égalité de vecteurs, nous obtenons

$$x = x_1 + k_1a_1 + k_2a_2, \quad y = y_1 + k_1b_1 + k_2b_2 \quad \text{et} \quad z = z_1 + k_1c_1 + k_2c_2$$

DÉFINITION 10.3 Des **équations paramétriques** du plan π passant par $P(x_1, y_1, z_1)$ et ayant $\overrightarrow{u_1} = (a_1, b_1, c_1)$ et $\overrightarrow{u_2} = (a_2, b_2, c_2)$, où $\overrightarrow{u_1} \not\parallel \overrightarrow{u_2}$, comme vecteurs directeurs sont données par

$$\begin{cases} x = x_1 + k_1a_1 + k_2a_2 \\ y = y_1 + k_1b_1 + k_2b_2 \text{, où } k_1 \text{ et } k_2 \in \mathbb{R}, \\ z = z_1 + k_1c_1 + k_2c_2 \end{cases}$$

k_1 et k_2 étant les paramètres des équations paramétriques.

Exemple 1 Soit $D_1: (x, y, z) = (2, 7, -1) + k(3, -4, 5)$, où $k \in \mathbb{R}$, et

$D_2: \dfrac{x-1}{3} = \dfrac{y-2}{-4} = \dfrac{z-3}{5}$, deux droites parallèles distinctes, ainsi que le plan π contenant les droites D_1 et D_2.

a) Déterminons des équations paramétriques de π.

Soit $\overrightarrow{u_1} = (3, -4, 5)$, un vecteur directeur de π.

En choisissant le point $P_1(2, 7, -1) \in D_1$ et le point $P_2(1, 2, 3) \in D_2$, nous obtenons $\overrightarrow{u_2} = \overrightarrow{P_1P_2} = (-1, -5, 4)$, un deuxième vecteur directeur de π.

D'où $\pi: \begin{cases} x = 2 + 3k_1 - k_2 \\ y = 7 - 4k_1 - 5k_2 \text{, où } k_1 \text{ et } k_2 \in \mathbb{R} \\ z = -1 + 5k_1 + 4k_2 \end{cases}$

b) Vérifions si le point $S(5, -2, 0)$ appartient à π.

Pour faire cette vérification, il suffit de déterminer s'il existe un k_1 et un $k_2 \in \mathbb{R}$ tels que

$$\begin{cases} 5 = 2 + 3k_1 - k_2 \\ -2 = 7 - 4k_1 - 5k_2 \\ 0 = -1 + 5k_1 + 4k_2 \end{cases} \quad \text{c'est-à-dire} \quad \begin{cases} 3k_1 - k_2 = 3 \\ 4k_1 + 5k_2 = 9 \\ 5k_1 + 4k_2 = 1 \end{cases}$$

Méthode de Gauss

Ainsi, $\left[\begin{array}{cc|c} 3 & -1 & 3 \\ 4 & 5 & 9 \\ 5 & 4 & 1 \end{array}\right] \sim \left[\begin{array}{cc|c} 3 & -1 & 3 \\ 0 & 19 & 15 \\ 0 & 17 & -12 \end{array}\right]$ $\begin{array}{l} \\ 3L_2 - 4L_1 \to L_2 \\ 3L_3 - 5L_1 \to L_3 \end{array}$

$\sim \left[\begin{array}{cc|c} 3 & -1 & 3 \\ 0 & 19 & 15 \\ 0 & 0 & -483 \end{array}\right]$ $19L_3 - 17L_2 \to L_3$

Puisque ce système n'a pas de solution, $S(5, -2, 0) \notin \pi$.

c) Vérifions si le point T(13, 24, -11) appartient à π.

Pour faire cette vérification, il suffit de déterminer s'il existe un k_1 et un $k_2 \in \mathbb{R}$ tels que

$$\begin{cases} 13 = 2 + 3k_1 - k_2 \\ 24 = 7 - 4k_1 - 5k_2 \\ -11 = -1 + 5k_1 + 4k_2 \end{cases} \quad \text{c'est-à-dire} \quad \begin{cases} 3k_1 - k_2 = 11 \\ 4k_1 + 5k_2 = -17 \\ 5k_1 + 4k_2 = -10 \end{cases}$$

Méthode de Gauss

Ainsi, $\left[\begin{array}{cc|c} 3 & -1 & 11 \\ 4 & 5 & -17 \\ 5 & 4 & -10 \end{array}\right] \sim \left[\begin{array}{cc|c} 3 & -1 & 11 \\ 0 & 19 & -95 \\ 0 & 17 & -85 \end{array}\right]$ $\quad 3L_2 - 4L_1 \rightarrow L_2$, $3L_3 - 5L_1 \rightarrow L_3$

$\sim \left[\begin{array}{cc|c} 3 & -1 & 11 \\ 0 & 19 & -95 \\ 0 & 0 & 0 \end{array}\right]$ $\quad 19L_3 - 17L_2 \rightarrow L_3$

Donc, $k_2 = -5$ et $k_1 = 2$.

Puisque ce système a une solution, $T(13, 24, -11) \in \pi$.

Équation cartésienne d'un plan dans l'espace

Il y a environ 250 ans...

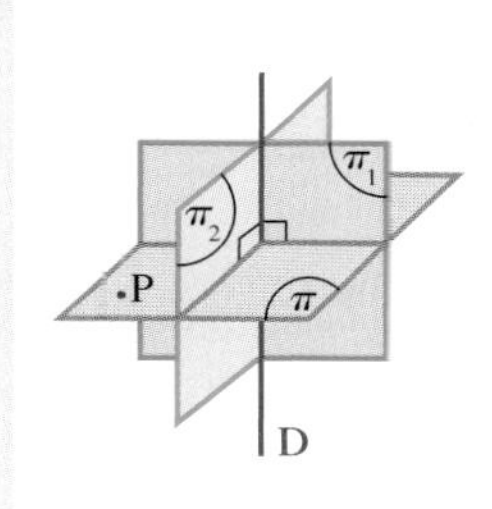

Dans l'*Encyclopédie* publiée au milieu du XVIIIe siècle, sous l'article «géométrie», le mathématicien français Jean Le Rond d'Alembert (1717-1783) mentionne que le calcul algébrique ne devrait pas être appliqué à la géométrie élémentaire, la droite et le plan faisant partie de cette dernière. Néanmoins, dans un mémoire achevé en 1771 mais publié en 1785, Gaspard Monge (1746-1818) pose et résout le problème qui consiste à déterminer une équation d'un plan π contenant un point P donné et perpendiculaire à la droite d'intersection de deux plans π_1 et π_2 donnés. Même si les calculs nécessaires pour résoudre ce problème sont assez simples, leur réécriture sous forme de vecteurs par Gibbs à la fin du XIXe siècle les simplifiera encore davantage.

Il existe dans l'espace une infinité de plans parallèles qui sont perpendiculaires à un vecteur non nul $\vec{n}$.

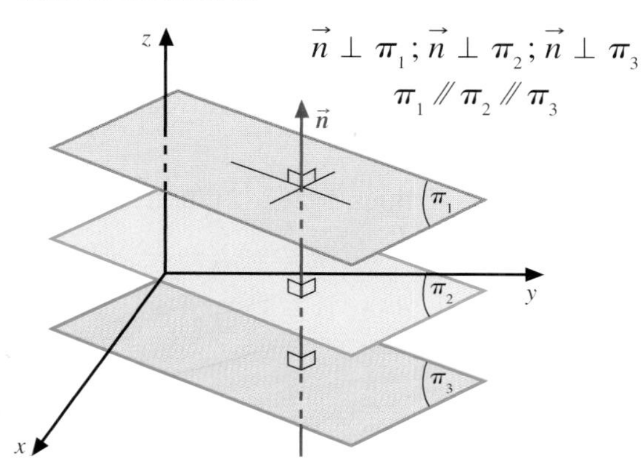

Par contre, il existe un seul plan qui passe par le point $P(x_1, y_1, z_1)$ et qui est perpendiculaire à un vecteur non nul $\vec{n}$.

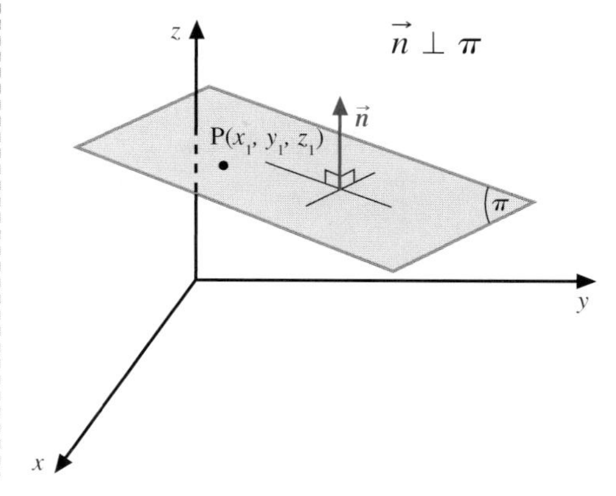

DÉFINITION 10.4 Tout vecteur non nul $\vec{n}$ perpendiculaire à toutes les droites d'un plan π est appelé **vecteur normal** à ce plan.

Le vecteur $\vec{n}$ ci-contre est un vecteur normal au plan π.

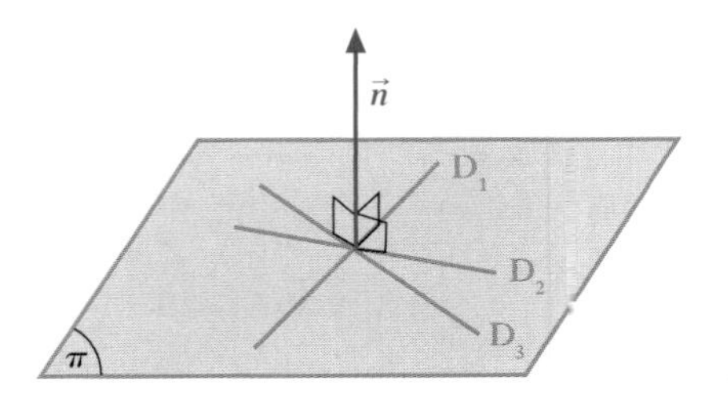

En utilisant certaines propriétés des vecteurs, déterminons une équation cartésienne du plan π passant par le point $P(x_1, y_1, z_1)$ donné et ayant $\vec{n} = (a, b, c)$ comme vecteur normal.

Soit $R(x, y, z)$, un point quelconque de π.

Puisque $\vec{n} \perp \overrightarrow{PR}$, nous avons

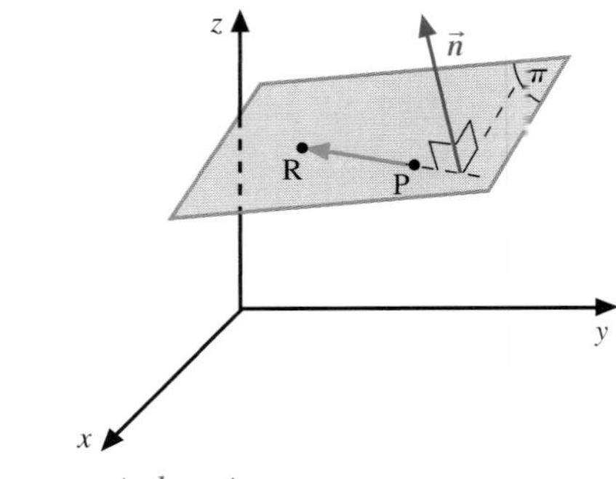

$$\begin{aligned} \vec{n} \cdot \overrightarrow{PR} &= 0 \\ (a, b, c) \cdot (x - x_1, y - y_1, z - z_1) &= 0 \\ a(x - x_1) + b(y - y_1) + c(z - z_1) &= 0 \\ ax - ax_1 + by - by_1 + cz - cz_1 &= 0 \\ ax + by + cz - (ax_1 + by_1 + cz_1) &= 0 \\ ax + by + cz - d &= 0, \qquad \text{où } d = ax_1 + by_1 + cz_1 \end{aligned}$$

DÉFINITION 10.5 Une **équation cartésienne** du plan π passant par le point $P(x_1, y_1, z_1)$ et ayant $\vec{n} = (a, b, c)$ comme vecteur normal est donnée par

$$ax + by + cz - d = 0, \text{ où } d = ax_1 + by_1 + cz_1 \qquad (\text{c'est-à-dire } d = \vec{n} \cdot \overrightarrow{OP})$$

Exemple 1 Soit le plan π passant par le point $P(5, -3, 4)$ et ayant $\vec{n} = (6, 2, -7)$ comme vecteur normal.

a) Déterminons une équation cartésienne de π.

En utilisant la définition précédente, nous avons

$$6x + 2y + (-7)z - (6(5) + 2(-3) + (-7)(4)) = 0$$

d'où $\pi: 6x + 2y - 7z + 4 = 0$

b) Vérifions si les points $S(1, 2, 2)$ et $T(2, 3, 2)$ appartiennent au plan π.

Pour déterminer si un point appartient au plan π, il suffit de remplacer les valeurs respectives de x, y et z dans l'équation cartésienne de π et de vérifier si l'équation est satisfaite. Ainsi,

pour $S(1, 2, 2)$, nous avons

$$6(1) + 2(2) - 7(2) + 4 = 0$$

d'où $S(1, 2, 2) \in \pi$

pour $T(2, 3, 2)$, nous avons

$$6(2) + 2(3) - 7(2) + 4 = 8 \neq 0$$

d'où $T(2, 3, 2) \notin \pi$

Exemple 2

a) Déterminons une équation cartésienne du plan

$$\pi: (x, y, z) = (5, 7, -6) + k_1(1, 1, 0) + k_2(1, -1, 2), \text{ où } k_1 \text{ et } k_2 \in \mathbb{R}.$$

Pour déterminer un vecteur normal au plan cherché, il suffit d'effectuer $\vec{u_1} \times \vec{u_2}$, où $\vec{u_1}$ et $\vec{u_2}$ sont des vecteurs directeurs non parallèles de π.

Ainsi, $\vec{n} = (1, 1, 0) \times (1, -1, 2) = \left(\begin{vmatrix} 1 & 0 \\ -1 & 2 \end{vmatrix}, -\begin{vmatrix} 1 & 0 \\ 1 & 2 \end{vmatrix}, \begin{vmatrix} 1 & 1 \\ 1 & -1 \end{vmatrix} \right) = (2, -2, -2)$

Une équation cartésienne de π est donnée par

$$2x - 2y - 2z - (2(5) - 2(7) - 2(-6)) = 0$$
$$2x - 2y - 2z - 8 = 0$$

d'où $\pi: x - y - z - 4 = 0$ (en simplifiant)

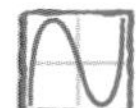

b) Représentons le plan π à l'aide de Maple.

```
> with(Student[LinearAlgebra]):
> PlanePlot(x-y-z-4=0,[x,y,z],showbasis,orientation=[-70,62]);
```

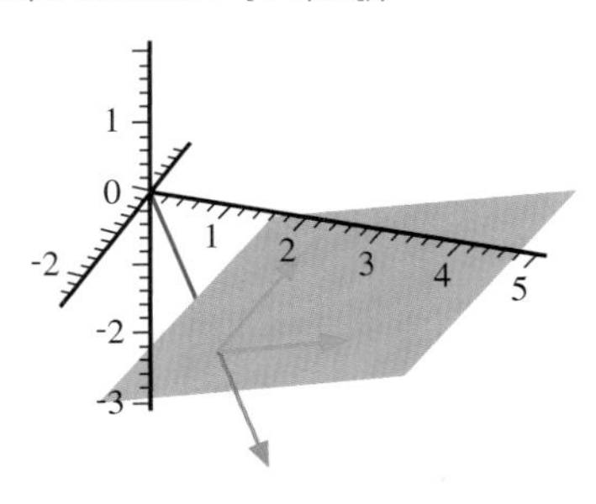

Déterminons la forme générale d'une équation cartésienne d'un plan π passant par l'origine.

THÉORÈME 10.1 Une équation cartésienne du plan π ayant $\vec{n} = (a, b, c)$ comme vecteur normal est donnée par $ax + by + cz = 0$ si et seulement si le plan passe par $O(0, 0, 0)$.

La preuve est laissée à l'élève.

Exemple 3

a) Déterminons une équation cartésienne du plan π passant par $O(0, 0, 0)$ et ayant $\vec{n} = 2\vec{i} - 4\vec{j} + 7\vec{k}$ comme vecteur normal.

Puisque $\vec{n} = (2, -4, 7)$,

$\pi: 2x - 4y + 7z = 0$ (théorème 10.1)

b) Déterminons une équation cartésienne du plan XOZ.

Soit $\vec{n} = \vec{j} = (0, 1, 0)$, un vecteur normal à ce plan, et $O(0, 0, 0)$, un point de ce plan.

Ainsi,

$$0x + 1y + 0z = 0 \quad \text{(théorème 10.1)}$$
$$y = 0$$

d'où $\pi_{XOZ}: y = 0$

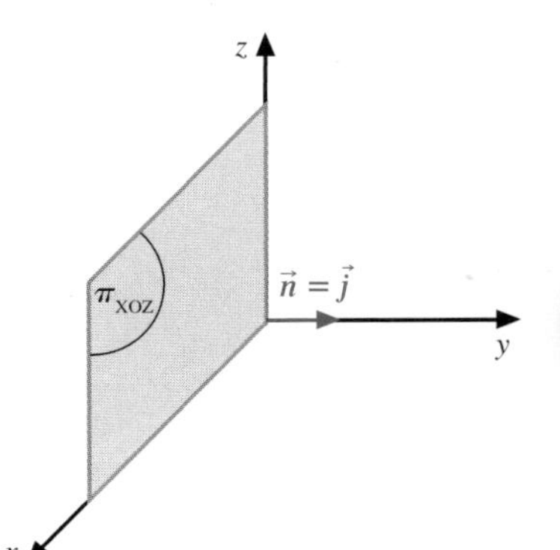

Remarque Pour éviter de confondre $y = 0$, l'équation du plan de $\mathbb{R}^3$, avec l'équation de la droite de $\mathbb{R}^2$, il est préférable de donner l'équation du plan π_{XOZ} sous forme ensembliste, c'est-à-dire

$\pi_{XOZ}: \{(x, y, z) \in \mathbb{R}^3 \mid y = 0\}$.

10

Exemple 4 Déterminons, de deux façons différentes, une équation cartésienne du plan π passant par les points non colinéaires P(1, 1, 1), Q(3, -7, -2) et R(-2, -9, 0).

a) En utilisant un vecteur normal au plan π.

Pour déterminer un vecteur normal $\vec{n}$ à un plan, il suffit d'effectuer $\vec{u_1} \times \vec{u_2}$, où $\vec{u_1}$ et $\vec{u_2}$ sont des vecteurs directeurs non parallèles de π.

$$\begin{vmatrix} \vec{i} & \vec{j} & \vec{k} \\ 2 & -8 & -3 \\ -3 & -10 & -1 \end{vmatrix}$$

Ainsi, $\vec{u_1} \times \vec{u_2} = \overrightarrow{PQ} \times \overrightarrow{PR}$

$= (2, -8, -3) \times (-3, -10, -1)$

$= (-22, 11, -44)$

En choisissant $\vec{n} = \frac{-1}{11}(\vec{u_1} \times \vec{u_2})$, nous obtenons $\vec{n} = (2, -1, 4)$

ainsi, $2x - y + 4z - (2(1) - 1(1) + 4(1)) = 0$

d'où π: $2x - y + 4z - 5 = 0$

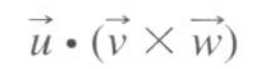

b) En utilisant la notion de produit mixte.

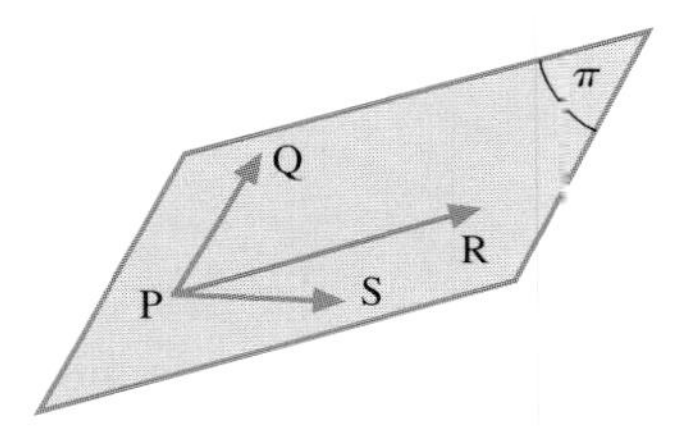

Soit S(x, y, z), un point quelconque de π.

Ainsi, $\overrightarrow{PS} = (x - 1, y - 1, z - 1)$, $\overrightarrow{PQ} = (2, -8, -3)$ et $\overrightarrow{PR} = (-3, -10, -1)$ sont trois vecteurs du plan π.

Puisque les vecteurs sont coplanaires, le produit mixte des vecteurs est égal à zéro.

$$\overrightarrow{PS} \cdot (\overrightarrow{PQ} \times \overrightarrow{PR}) = 0 \qquad \text{(théorème 7.16)}$$

$$\begin{vmatrix} x - 1 & y - 1 & z - 1 \\ 2 & -8 & -3 \\ -3 & -10 & -1 \end{vmatrix} = 0 \qquad \text{(théorème 7.14)}$$

$$(x - 1)(-22) - (y - 1)(-11) + (z - 1)(-44) = 0$$

$$-22x + 11y - 44z + 55 = 0$$

d'où π: $2x - y + 4z - 5 = 0$ (en simplifiant)

En généralisant l'exemple 4 b) précédent, nous avons le théorème suivant.

THÉORÈME 10.2 Une équation cartésienne du plan π passant par P(x_1, y_1, z_1) et ayant $\vec{u_1} = (a_1, b_1, c_1)$ et $\vec{u_2} = (a_2, b_2, c_2)$, où $\vec{u_1} \not\parallel \vec{u_2}$, comme vecteurs directeurs, est donnée par

$$\begin{vmatrix} x - x_1 & y - y_1 & z - z_1 \\ a_1 & b_1 & c_1 \\ a_2 & b_2 & c_2 \end{vmatrix} = 0$$

La preuve est laissée à l'élève.

Voici un résumé et un exemple des différentes formes d'équations d'un plan de l'espace passant par un point P donné, ayant $\vec{u_1}$ et $\vec{u_2}$ ($\vec{u_1} \not\parallel \vec{u_2}$) comme vecteurs directeurs et $\vec{n}$ comme vecteur normal, où $\vec{n} = r(\vec{u_1} \times \vec{u_2})$, où $r \in \mathbb{R} \setminus \{0\}$.

	$P(x_1, y_1, z_1)$ $\vec{u_1} = (a_1, b_1, c_1)$ et $\vec{u_2} = (a_2, b_2, c_2)$ $\vec{n} = (a, b, c)$	$P(-1, 7, 5)$ $\vec{u_1} = (2, -3, 4)$ et $\vec{u_2} = (0, 1, -5)$ $\vec{n} = \vec{u_1} \times \vec{u_2} = (11, 10, 2)$
É.V.	$(x, y, z) = (x_1, y_1, z_1) + k_1(a_1, b_1, c_1) + k_2(a_2, b_2, c_2)$, où k_1 et $k_2 \in \mathbb{R}$	$(x, y, z) = (-1, 7, 5) + k_1(2, -3, 4) + k_2(0, 1, 5)$, où k_1 et $k_2 \in \mathbb{R}$
É.P.	$\begin{cases} x = x_1 + k_1a_1 + k_2a_2 \\ y = y_1 + k_1b_1 + k_2b_2 \\ z = z_1 + k_1c_1 + k_2c_2 \end{cases}$, où k_1 et $k_2 \in \mathbb{R}$	$\begin{cases} x = -1 + 2k_1 \\ y = 7 - 3k_1 + k_2 \\ z = 5 + 4k_1 + 5k_2 \end{cases}$, où k_1 et $k_2 \in \mathbb{R}$
É.S.	$ax + by + cz - d = 0$, où $d = ax_1 + by_1 + cz_1$	$11x + 10y + 2z - 69 = 0$, où $69 = 11(-1) + 10(7) + 2(5)$

Équation normale et équation réduite

Il y a environ 200 ans...

Simon L'Huillier (1750-1840) propose par ailleurs une nouvelle forme de l'équation du plan, forme qui correspond à la forme normale vue dans le présent chapitre. Il s'agit de l'équation $x \cos \alpha + y \sin \beta + z \cos \gamma = d$, où α, β et γ sont les angles que font la normale au plan avec, respectivement, les trois axes. Dès lors, lorsque, à la fin du siècle, on réécrira cette partie de la géométrie analytique en termes vectoriels, le saut sera facile à faire.

Une équation cartésienne d'un plan π est construite à partir d'un vecteur normal à ce plan. Si nous construisons l'équation d'un plan à partir d'un vecteur normal unitaire, nous obtenons une équation normale du plan.

DÉFINITION 10.6 Soit $ax + by + cz - d = 0$, une équation cartésienne du plan π ayant $\vec{n} = (a, b, c)$ comme vecteur normal.

Une **équation normale** de ce plan π est donnée par

$$\frac{a}{\sqrt{a^2 + b^2 + c^2}}x + \frac{b}{\sqrt{a^2 + b^2 + c^2}}y + \frac{c}{\sqrt{a^2 + b^2 + c^2}}z - \frac{d}{\sqrt{a^2 + b^2 + c^2}} = 0$$

où $\vec{N} = \left(\frac{a}{\sqrt{a^2 + b^2 + c^2}}, \frac{b}{\sqrt{a^2 + b^2 + c^2}}, \frac{c}{\sqrt{a^2 + b^2 + c^2}}\right)$

est un vecteur normal unitaire à π.

Exemple 1 Déterminons une équation normale du plan π: $5x - 3y + z + 7 = 0$.

Soit $\vec{n} = (5, -3, 1)$, un vecteur normal à π.

Ainsi, $\|\vec{n}\| = \sqrt{35}$, et $\vec{N} = \left(\frac{5}{\sqrt{35}}, \frac{-3}{\sqrt{35}}, \frac{1}{\sqrt{35}}\right)$ est un vecteur normal unitaire à π.

D'où $\frac{5}{\sqrt{35}}x - \frac{3}{\sqrt{35}}y + \frac{1}{\sqrt{35}}z + \frac{7}{\sqrt{35}} = 0$ est une équation normale du plan π.

Exemple 2 Soit P(4, 1, -2) et Q(0, 3, 2). Déterminons une équation normale du plan π passant par P et perpendiculaire à la droite passant par P et Q.

Soit $\vec{n} = \overrightarrow{PQ} = (-4, 2, 4)$, un vecteur normal à π. Donc, une équation cartésienne de π est

$$-4x + 2y + 4z - (-4(4) + 2(1) + 4(-2)) = 0$$

$$-4x + 2y + 4z + 22 = 0$$

Puisque $\vec{n} = (-4, 2, 4)$, $\|\vec{n}\| = \sqrt{36} = 6$, nous avons $\frac{-4}{6}x + \frac{2}{6}y + \frac{4}{6}z + \frac{22}{6} = 0$

d'où $\pi: \frac{-2}{3}x + \frac{1}{3}y + \frac{2}{3}z + \frac{11}{3} = 0$ (en simplifiant)

Exemple 3 Soit le plan $\pi: 6x - 3y - 4z + 12 = 0$.

a) Déterminons les points d'intersection du plan π avec les axes.

En posant $x = 0$ et $y = 0$, nous trouvons $z = 3$.

En posant $x = 0$ et $z = 0$, nous trouvons $y = 4$.

En posant $y = 0$ et $z = 0$, nous trouvons $x = -2$.

D'où R(-2, 0, 0), S(0, 4, 0) et T(0, 0, 3) sont respectivement les points d'intersection du plan π avec l'axe des x, l'axe des y et l'axe des z.

b) Transformons l'équation du plan π sous la forme $\frac{x}{r} + \frac{y}{s} + \frac{z}{t} = 1$ qui nous permettra d'obtenir directement les points d'intersection du plan π avec les axes.

$$6x - 3y - 4z + 12 = 0$$

$$6x - 3y - 4z = -12$$

$$\frac{6}{-12}x - \frac{3}{-12}y - \frac{4}{-12}z = \frac{-12}{-12} \quad \text{(en divisant par -12)}$$

d'où $\frac{x}{-2} + \frac{y}{4} + \frac{z}{3} = 1$

Nous constatons que, exprimés sous cette forme, les dénominateurs des variables x, y et z correspondent aux coordonnées non nulles des points d'intersection R(-2, 0, 0), S(0, 4, 0) et T(0, 0, 3).

DÉFINITION 10.7 Soit le plan π passant par les points R(r, 0, 0), S(0, s, 0) et T(0, 0, t), qui sont respectivement les points d'intersection du plan π avec l'axe des x, l'axe des y et l'axe des z, où r, s et t sont non nuls.

L'**équation réduite** de ce plan π est donnée par

$$\frac{x}{r} + \frac{y}{s} + \frac{z}{t} = 1$$

Exemple 4

a) Déterminons l'équation réduite du plan π passant par les points (5, 0, 0), $\left(0, \frac{3}{2}, 0\right)$ et $\left(0, 0, \frac{-5}{4}\right)$.

$$\pi: \frac{x}{5} + \frac{y}{\frac{3}{2}} + \frac{z}{\frac{-5}{4}} = 1$$

b) Soit $\pi: x - 3y + 4z + 6 = 0$.

Déterminons l'équation réduite de π et trouvons les points d'intersection du plan π avec les axes.

Puisque $x - 3y + 4z = -6$, en divisant chaque terme de l'équation par -6, nous obtenons

$\pi: \dfrac{x}{-6} + \dfrac{y}{2} + \dfrac{z}{\frac{-3}{2}} = 1$, qui est l'équation réduite du plan π.

Ainsi, R(-6, 0, 0), S(0, 2, 0) et $T\left(0, 0, \frac{-3}{2}\right)$ sont respectivement les points d'intersection du plan π avec l'axe des x, l'axe des y et l'axe des z.

Exercices 10.1

1. Répondre par vrai (V) ou faux (F). Les éléments suivants déterminent un et un seul plan.

a) Trois points colinéaires.

b) Deux vecteurs non parallèles ayant la même origine.

c) Deux vecteurs parallèles et un point.

d) Deux droites parallèles distinctes.

e) Un point et un vecteur normal au plan.

f) Deux droites gauches.

g) Un vecteur normal.

h) Deux droites concourantes.

2. Déterminer une équation vectorielle du plan π

a) passant par le point P(3, 0, 7) et ayant les vecteurs $\vec{u}_1 = (1, 4, -2)$ et $\vec{u}_2 = 3\vec{i} + \vec{j} + 4\vec{k}$ comme vecteurs directeurs ;

b) passant par les points P(6, -2, 0), Q(3, 0, -4) et R(0, 2, 3) ;

c) passant par l'origine et ayant les vecteurs $\vec{i}$ et $\vec{j}$ comme vecteurs directeurs.

3. Déterminer des équations paramétriques du plan π

a) passant par le point P(-7, 1, 2) et ayant les vecteurs $\vec{u}_1 = (3, -2, 1)$ et $\vec{u}_2 = (-5, -3, -7)$ comme vecteurs directeurs ;

b) passant par les points P(0, 4, -9), Q(2, 4, -1) et R(5, 7, -9) ;

c) passant par l'origine et ayant les vecteurs $\vec{i} + \vec{k}$ et $\vec{j} - \vec{k}$ comme vecteurs directeurs ;

d) passant par le point P(4, -2, 5) et qui contient la droite D: $(x, y, z) = \vec{i} - 3\vec{j} + 2\vec{k} + t(-7, 3, 0)$, où $t \in \mathbb{R}$.

4. Soit $\pi: \begin{cases} x = 3 + s + 4t \\ y = 1 - 2s - 3t \\ z = -4 + 5s + t \end{cases}$, où s et $t \in \mathbb{R}$.

Déterminer si les points suivants appartiennent à π.

a) P(4, -1, -9)

b) Q(13, -4, -11)

c) O(0, 0, 0)

5. Déterminer une équation cartésienne du plan

a) passant par le point P(-4, 3, 1) et ayant $\vec{n} = (2, -4, 5)$ comme vecteur normal ;

b) qui passe par le point P(3, 7, -2) et qui est parallèle au plan $\pi_1: -x + 2y - 2z + 7 = 0$;

c) qui passe par l'origine et qui est perpendiculaire à la droite D: $\dfrac{x+1}{2} = \dfrac{y+4}{5} = \dfrac{z-1}{-3}$;

d) $\pi: (x, y, z) = (5, -2, 1) + k_1(5, 6, -2) + k_2(0, 1, -3)$, où k_1 et $k_2 \in \mathbb{R}$;

e) passant par les points P(-1, 1, 0), Q(0, 4, 5) et R(-2, 0, 1) ;

10

f) qui passe par le point P(0, 4, 5) et qui contient la droite D : $(x, y, z) = (3, -2, 0) + t(1, 5, -4)$, où $t \in \mathbb{R}$;

g) passant par les deux droites parallèles distinctes suivantes

$D_1 : (x, y, z) = (2, -5, 0) + s(5, 6, -1)$, où $s \in \mathbb{R}$;

$D_2 : (x, y, z) = (4, 3, -2) + t(5, 6, -1)$, où $t \in \mathbb{R}$.

6. Déterminer, sous forme ensembliste, les plans suivants.

a) π_{YOZ}

b) Le plan qui passe par le point P(4, -3, 5) et qui est parallèle au plan π_{YOZ}.

c) Le plan passant par les points P(3, 0, 0), Q(0, 4, 0) et R(0, 4, 5).

7. Déterminer une équation normale et, si c'est possible, l'équation réduite des plans suivants.

a) $\pi_1 : 2x - 4y + 5z + 15 = 0$

b) $\pi_2 : (x, y, z) = -\vec{i} + 2\vec{j} + 4\vec{k} + k_1(1, -2, 3) + k_2(-2, 1, 4)$, où k_1 et $k_2 \in \mathbb{R}$

c) Le plan passant par O(0, 0, 0), P(2, 1, 0) et R(2, 0, 1).

8. Soit le plan π_{XOZ}. Déterminer

a) une équation vectorielle de ce plan ;

b) des équations paramétriques de ce plan ;

c) une équation cartésienne de ce plan ;

d) une équation de ce plan sous forme ensembliste ;

e) une équation normale de ce plan ;

f) la forme générale des points de ce plan.

9. Soit $\pi : 3x - 2y + 4z - 1 = 0$.

a) Trouver un vecteur normal et un vecteur normal unitaire à π.

b) Trouver deux vecteurs directeurs de π, non parallèles.

c) Déterminer x si $P(x, -5, 3) \in \pi$.

d) Déterminer z si $Q(3, -2, z) \in \pi$.

e) Déterminer si les points R(3, 8, 2) et S(3, 2, 1) appartiennent à π.

f) Trouver les points d'intersection des trois axes avec ce plan.

10. a) Déterminer une équation vectorielle (É.V.), des équations paramétriques (É.P.), une équation cartésienne (É.C.), une équation normale (É.N.) et l'équation réduite (É.R.) du plan π passant par les points P(4, 0, 0), Q(0, 5, 0) et R(0, 0, 3).

b) Représenter graphiquement ce plan.

11. Soit le plan π passant par P(4, -2, 7) et ayant les vecteurs $\vec{u_1} = (1, -3, 0)$ et $\vec{u_2} = (-3, 2, 1)$ comme vecteurs directeurs. Déterminer une équation cartésienne de ce plan en utilisant un déterminant.

12. Soit le plan π passant par les points P(3, 0, -1), Q(0, -2, 4) et R(1, -1, 2).

a) Déterminer une équation cartésienne de ce plan en utilisant un déterminant.

b) Déterminer un vecteur normal $\vec{n}$ et un vecteur normal unitaire $\vec{N}$ au plan π.

c) Déterminer une équation normale de π.

d) Déterminer l'équation réduite de π.

e) Déterminer les points P_x, P_y et P_z qui sont respectivement les points d'intersection de π avec l'axe des x, l'axe des y et l'axe des z.

f) Représenter graphiquement le plan π.

13. Déterminer si les points suivants sont coplanaires.

a) P(1, 4, 3), Q(-2, -11, 0), R(5, 12, 1) et S(0, 3, 4)

b) P(1, 2, 3), Q(8, -1, 4), R(9, 0, 7) et S(-2, 1, -3)

10.2 Position relative de deux plans et position relative d'une droite et d'un plan dans l'espace cartésien

Objectifs d'apprentissage

À la fin de cette section, l'élève pourra donner la position relative de deux plans et la position relative d'une droite et d'un plan dans l'espace cartésien.

Plus précisément, l'élève sera en mesure

- de déterminer si deux plans sont parallèles distincts;
- de déterminer si deux plans sont parallèles confondus;
- de déterminer une équation de la droite d'intersection de deux plans non parallèles;
- de calculer les angles entre deux plans;
- de déterminer si une droite D est parallèle à un plan π;
- de déterminer si une droite est non parallèle à un plan;
- de déterminer le point d'intersection d'une droite et d'un plan non parallèle à cette droite;
- de calculer l'angle que forment une droite et un plan;
- de déterminer une équation du faisceau de plans défini par deux plans non parallèles;
- de déterminer une équation d'un plan particulier d'un faisceau.

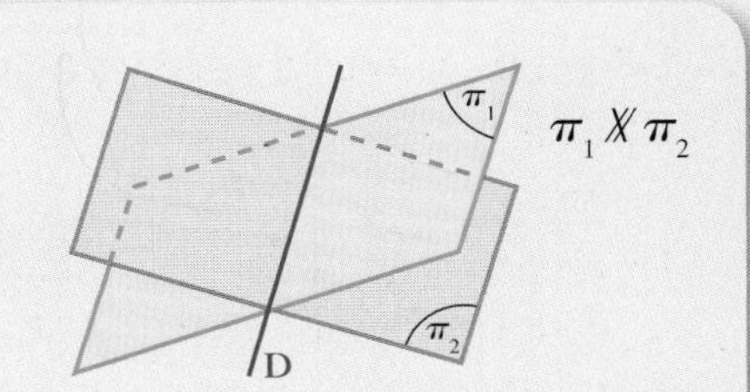

L'intersection de π_1 et de π_2 est une droite D.

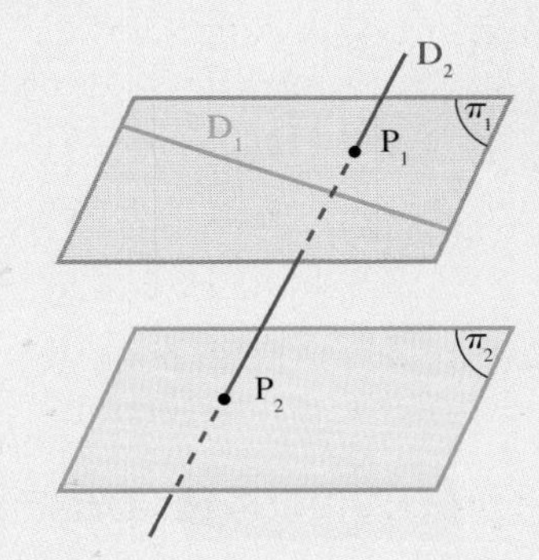

$\pi_1 /\!/ \pi_2$
$D_1 /\!/ \pi_1$ et $D_1 \subset \pi_1$
$D_1 /\!/ \pi_2$ et $D_1 \not\subset \pi_2$
D_2 sécante à π_1 et à π_2

Dans cette section, nous étudierons d'abord les positions relatives possibles de deux plans dans l'espace cartésien et nous déterminerons les angles dièdres formés par deux plans. Ensuite, nous étudierons les positions relatives possibles d'une droite et d'un plan.

Position relative de deux plans

Les positions relatives possibles de deux plans dans l'espace cartésien se divisent en deux catégories: les plans parallèles et les plans non parallèles.

DÉFINITION 10.8 Deux **plans** π_1 et π_2 sont **parallèles** si et seulement si leurs vecteurs normaux sont parallèles.

Les trois représentations graphiques suivantes illustrent les trois positions relatives possibles de deux plans dans l'espace ainsi que certaines caractéristiques de ces plans.

Soit $\overrightarrow{n_1}$ et $\overrightarrow{n_2}$, des vecteurs normaux respectifs à π_1 et à π_2.

Cas 1 Plans parallèles

a) Plans parallèles distincts

b) Plans parallèles confondus

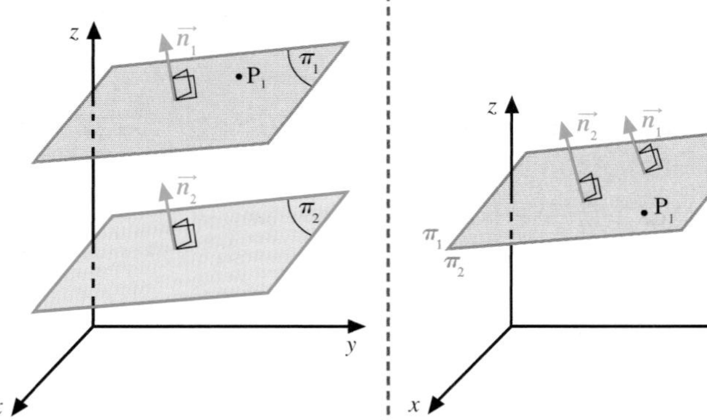

Caractéristiques

① $\overrightarrow{n_1} \parallel \overrightarrow{n_2}$ (il existe un $r \in \mathbb{R}$, tel que $\overrightarrow{n_1} = r\overrightarrow{n_2}$)

a) ② Si $P_1 \in \pi_1$, alors $P_1 \notin \pi_2$

Aucun point d'intersection

b) ② Si $P_1 \in \pi_1$, alors $P_1 \in \pi_2$

Infinité de points d'intersection

Cas 2 Plans non parallèles

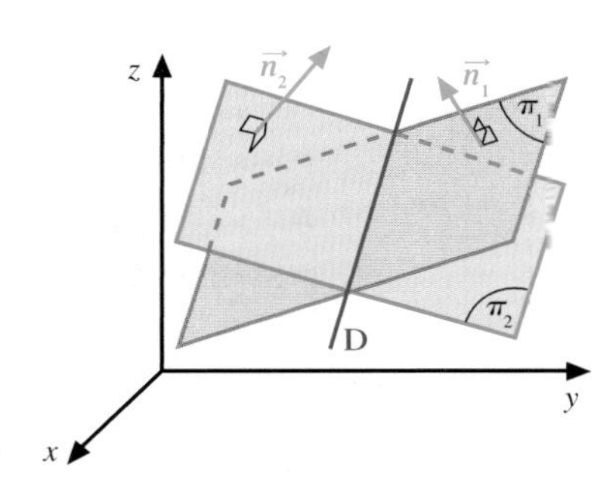

Caractéristiques

① $\overrightarrow{n_1} \not\parallel \overrightarrow{n_2}$ ($\overrightarrow{n_1} \neq r\overrightarrow{n_2}$, $\forall\, r \in \mathbb{R}$)

② L'intersection de π_1 et de π_2 ($\pi_1 \cap \pi_2$) est une droite D.

Infinité de points d'intersection π_1 et π_2 sont dits sécants.

Exemple 1 Déterminons la position relative des plans suivants.

a) $\pi_1 : x + 2y + 3z - 2 = 0$

$\pi_2 : (x, y, z) = (1, 5, -3) + s(4, 1, -2) + t(3, -3, 1)$, où s et $t \in \mathbb{R}$

Soit $\overrightarrow{n_1} = (1, 2, 3)$, un vecteur normal à π_1

et $\overrightarrow{n_2} = (4, 1, -2) \times (3, -3, 1) = (-5, -10, -15)$, un vecteur normal à π_2.

Puisque $\overrightarrow{n_2} = -5\overrightarrow{n_1}$, $\overrightarrow{n_1} \parallel \overrightarrow{n_2}$. Donc, $\pi_1 \parallel \pi_2$.

Soit $P_2(1, 5, -3) \in \pi_2$. Vérifions si $P_2(1, 5, -3) \in \pi_1$.

Puisque $1 + 2(5) + 3(-3) - 2 = 0$, $P_2 \in \pi_1$.

Plans parallèles confondus

D'où les plans π_1 et π_2 sont parallèles confondus.

b) $\pi_1 : (x, y, z) = \vec{i} + \vec{j} + \vec{k} + k_1(1, 1, 0) + k_2(1, -1, 2)$, où k_1 et $k_2 \in \mathbb{R}$

$$\pi_2 : \begin{cases} x = 5 + 4k_3 - 2k_4 \\ y = 2k_3 + k_4 \\ z = 3 - k_3 \end{cases}, \text{ où } k_3 \text{ et } k_4 \in \mathbb{R}$$

Soit $\overrightarrow{n_1} = (1, 1, 0) \times (1, -1, 2) = (2, -2, -2)$ et $\overrightarrow{n_2} = (4, 2, -1) \times (-2, 1, 0) = (1, 2, 8)$, des vecteurs normaux à π_1 et à π_2.

Puisque $\overrightarrow{n_1} \neq r\overrightarrow{n_2}$ ($\forall\, r \in \mathbb{R}$), $\overrightarrow{n_1} \not\parallel \overrightarrow{n_2}$. Donc, $\pi_1 \not\parallel \pi_2$.

Plans sécants

D'où les plans π_1 et π_2 sont sécants et l'intersection de ces deux plans est une droite.

Nous allons déterminer une équation de la droite d'intersection dans la section suivante.

Droite d'intersection de deux plans

Pour déterminer une équation de la droite d'intersection de deux plans non parallèles, il est préférable que les équations des plans soient sous forme cartésienne.

Exemple 1 Déterminons la droite d'intersection D des plans π_1 et π_2 suivants.

$\pi_1 : (x, y, z) = (0, 1, 0) + k_1(1, 1, 0) + k_2(1, 0, 1)$, où k_1 et $k_2 \in \mathbb{R}$

$\pi_2 : x + 2y + 8z - 29 = 0$

$$\begin{vmatrix} \vec{i} & \vec{j} & \vec{k} \\ 1 & 1 & 0 \\ 1 & 0 & 1 \end{vmatrix}$$

En transformant π_1 sous forme cartésienne, où $\vec{n} = (1, 1, 0) \times (1, 0, 1) = (1, -1, -1)$, nous obtenons $\pi_1 : x - y - z + 1 = 0$.

Pour déterminer une équation de la droite d'intersection D des plans π_1 et π_2, il suffit de résoudre le système d'équations S suivant obtenu des équations cartésiennes de π_1 et de π_2.

$$S\begin{cases} x - y - z = -1 \\ x + 2y + 8z = 29 \end{cases}$$

Voici deux méthodes pour résoudre ce système.

Méthode 1 Méthode de Gauss

La matrice augmentée qui correspond au système est

Méthode de Gauss

$$\left[\begin{array}{ccc|c} 1 & -1 & -1 & -1 \\ 1 & 2 & 8 & 29 \end{array}\right] \sim \left[\begin{array}{ccc|c} 1 & -1 & -1 & -1 \\ 0 & 3 & 9 & 30 \end{array}\right] \quad L_2 - L_1 \to L_2$$

$$\sim \left[\begin{array}{ccc|c} 1 & -1 & -1 & -1 \\ 0 & 1 & 3 & 10 \end{array}\right] \quad (1/3)L_2 \to L_2$$

Ce système admet une infinité de solutions.

En posant $z = t$, nous obtenons $y = 10 - 3t$ et $x = 9 - 2t$.

$$\text{D'où D} : \begin{cases} x = 9 - 2t \\ y = 10 - 3t, \text{ où } t \in \mathbb{R} \\ z = t \end{cases} \quad \text{(équations paramétriques de D)}$$

Méthode 2 Recherche de deux points quelconques de D

En posant $z = 0$ dans S, nous obtenons le système $\begin{cases} x - y = -1 \\ x + 2y = 29 \end{cases}$

En résolvant ce système, nous trouvons $x = 9$ et $y = 10$. D'où $P(9, 10, 0) \in D$.

En posant $y = 0$ dans S, nous obtenons le système $\begin{cases} x - z = -1 \\ x + 8z = 29 \end{cases}$

En résolvant ce système, nous trouvons $x = \frac{7}{3}$ et $z = \frac{10}{3}$. D'où $Q\left(\frac{7}{3}, 0, \frac{10}{3}\right) \in D$.

Soit $\overrightarrow{PQ} = \left(\frac{-20}{3}, -10, \frac{10}{3}\right)$, un vecteur directeur de D, et $\vec{u} = \frac{3}{10}\overrightarrow{PQ}$, c'est-à-dire $\vec{u} = (-2, -3, 1)$, également un vecteur directeur de D.

$$\text{D'où D} : \begin{cases} x = 9 - 2t \\ y = 10 - 3t, \text{ où } t \in \mathbb{R} \\ z = t \end{cases} \quad \text{(équations paramétriques de D)}$$

De façon générale, pour déterminer une équation de la droite D d'intersection de deux plans non parallèles donnés sous la forme

$\pi_1: a_1x + b_1y + c_1z - d_1 = 0$ et
$\pi_2: a_2x + b_2y + c_2z - d_2 = 0$,

il suffit de résoudre le système S suivant

$$S\begin{cases} a_1x + b_1y + c_1z = d_1 \\ a_2x + b_2y + c_2z = d_2 \end{cases}$$

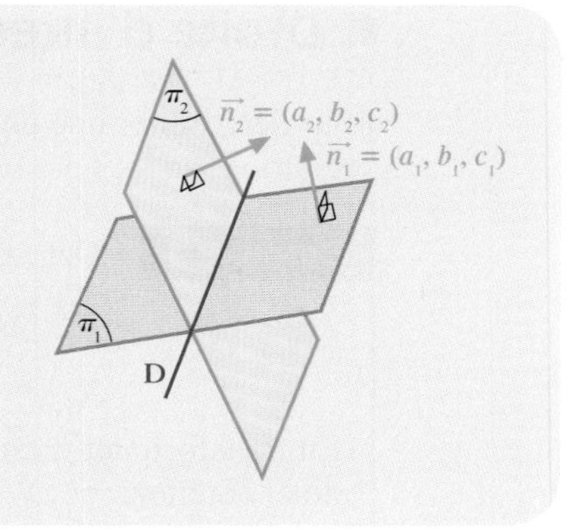

Angles formés par deux plans

DÉFINITION 10.9 Les **angles dièdres** θ_1 et θ_2 **entre les plans** π_1 et π_2 correspondent aux angles supplémentaires θ_1 et θ_2 formés par des vecteurs normaux à π_1 et à π_2.

Un des angles θ_1 formé par π_1 et π_2 est obtenu à partir de l'équation $\cos\theta_1 = \dfrac{\vec{n_1} \cdot \vec{n_2}}{\|\vec{n_1}\|\|\vec{n_2}\|}$, donc

$$\theta_1 = \text{Arc cos}\,\frac{\vec{n_1} \cdot \vec{n_2}}{\|\vec{n_1}\|\|\vec{n_2}\|} \text{ et } \theta_2 = 180° - \theta_1.$$

De plus, si $\theta_1 = 0°$ (ou $\theta_1 = 180°$), alors $\pi_1 /\!/ \pi_2$, et
si $\theta_1 = 90°$, alors $\pi_1 \perp \pi_2$.

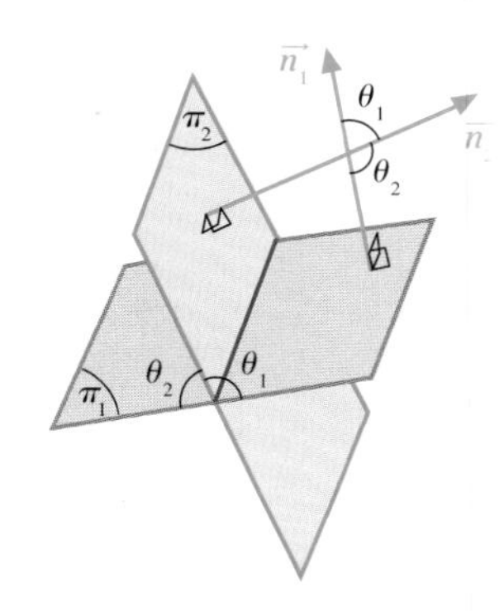

Exemple 1 Déterminons les angles dièdres θ_1 et θ_2 entre les plans

$\pi_1: (x, y, z) = (4, 5, -1) + s(-1, 3, 2) + t(0, -4, 1)$, où s et $t \in \mathbb{R}$, et

$\pi_2: 5x + y - 2z + 1 = 0$.

Soit $\vec{n_1} = (-1, 3, 2) \times (0, -4, 1) = (11, 1, 4)$ et $\vec{n_2} = (5, 1, -2)$, des vecteurs normaux à π_1 et à π_2.

Donc, $\cos\theta_1 = \dfrac{\vec{n_1} \cdot \vec{n_2}}{\|\vec{n_1}\|\|\vec{n_2}\|} = \dfrac{(11, 1, 4) \cdot (5, 1, -2)}{\sqrt{138}\sqrt{30}} = \dfrac{48}{\sqrt{138}\sqrt{30}}$

d'où $\theta_1 \approx 41{,}8°$ et $\theta_2 \approx 138{,}2°$. $\left(\text{car } \theta_1 = \text{Arc cos}\,\dfrac{48}{\sqrt{138}\sqrt{30}} \text{ et } \theta_2 = 180° - \theta_1\right)$

Position relative d'une droite et d'un plan

Les positions relatives possibles d'une droite et d'un plan dans l'espace cartésien se divisent en deux catégories : une droite parallèle à un plan et une droite non parallèle à un plan.

Les trois représentations graphiques suivantes illustrent les trois positions relatives possibles d'une droite et d'un plan ainsi que certaines caractéristiques de la droite et du plan.

Soit $\vec{v}$, un vecteur directeur de D, P ∈ D, $\vec{u_1}$ et $\vec{u_2}$, deux vecteurs directeurs de π ($\vec{u_1} \not\parallel \vec{u_2}$), et $\vec{n}$, un vecteur normal à π.

Cas 1 **Droite parallèle à un plan**		**Cas 2** **Droite non parallèle à un plan**
a) D n'appartient pas à π (D $\not\subset \pi$)	b) D appartient à π (D $\subset \pi$)	
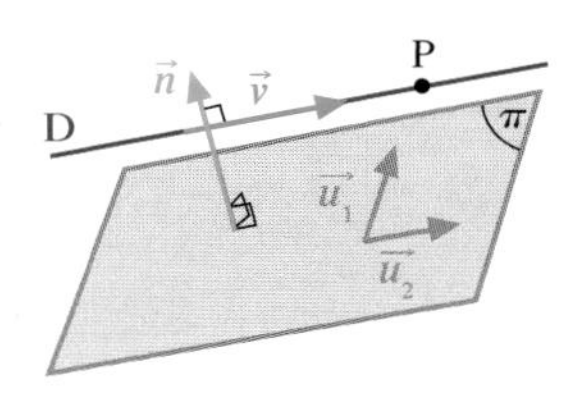	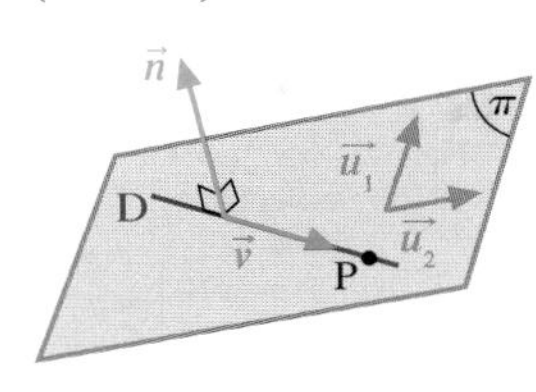	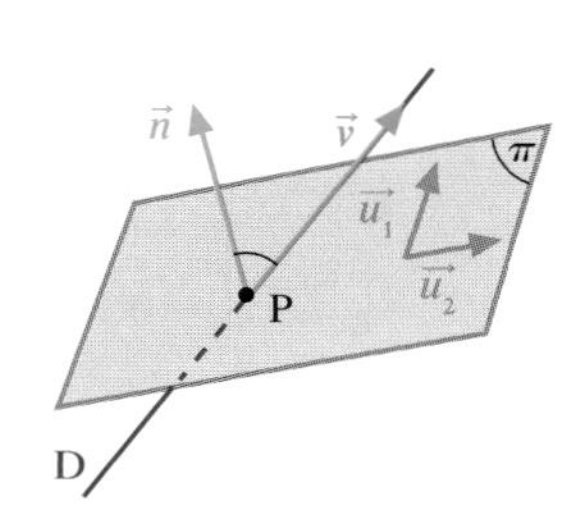
Caractéristiques		Caractéristiques
① $\vec{v} \perp \vec{n}$ $(\vec{v} \cdot \vec{n} = 0)$		① $\vec{v} \not\perp \vec{n}$ $(\vec{v} \cdot \vec{n} \neq 0)$
② $\vec{v} = k_1\vec{u_1} + k_2\vec{u_2}$, où k_1 et $k_2 \in \mathbb{R}$		② $\vec{v} \neq k_1\vec{u_1} + k_2\vec{u_2}$, $\forall\, k_1$ et $k_2 \in \mathbb{R}$
③ Si P ∈ D, alors P ∉ π Aucun point d'intersection (D ∩ π = Ø)	③ Si P ∈ D, alors P ∈ π Infinité de points d'intersection (D ∩ π = D)	③ Un point d'intersection P, où P ∈ D et P ∈ π D est sécante à π.

Exemple 1 Déterminons la position relative de la droite D et du plan π.

a) D : $(x, y, z) = (-1, 4, 3) + t(3, 2, -1)$, où $t \in \mathbb{R}$, et π : $4x - 5y + 2z - 7 = 0$.

Soit $\vec{v} = (3, 2, -1)$, un vecteur directeur de D, et $\vec{n} = (4, -5, 2)$, un vecteur normal à π.

Pour déterminer la position relative de D et de π, il faut calculer $\vec{v} \cdot \vec{n}$.

Ainsi, $\vec{v} \cdot \vec{n} = (3, 2, -1) \cdot (4, -5, 2) = 0$.

Donc, $\vec{v} \perp \vec{n}$ et D // π.

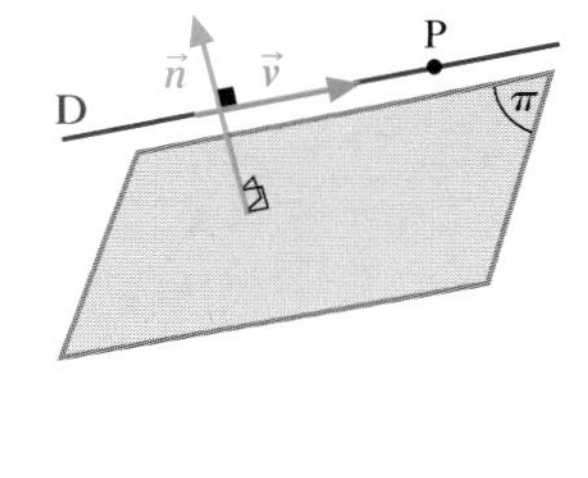

Soit P(-1, 4, 3) ∈ D. Vérifions si P ∈ π.

Puisque $4(-1) - 5(4) + 2(3) - 7 \neq 0$, P ∉ π.

Droite parallèle au plan

D'où la droite D est parallèle à π et D $\not\subset \pi$.

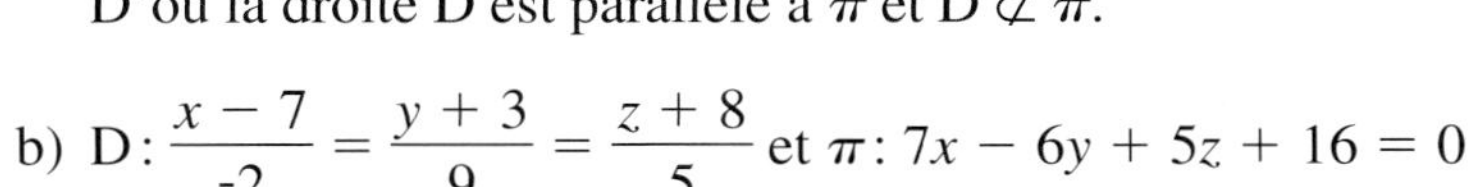

b) D : $\dfrac{x-7}{-2} = \dfrac{y+3}{9} = \dfrac{z+8}{5}$ et π : $7x - 6y + 5z + 16 = 0$

Soit $\vec{v} = (-2, 9, 5)$, un vecteur directeur de D, et $\vec{n} = (7, -6, 5)$, un vecteur normal à π.

Puisque $\vec{v} \cdot \vec{n} = (-2, 9, 5) \cdot (7, -6, 5) \neq 0$, D $\not\parallel \pi$.

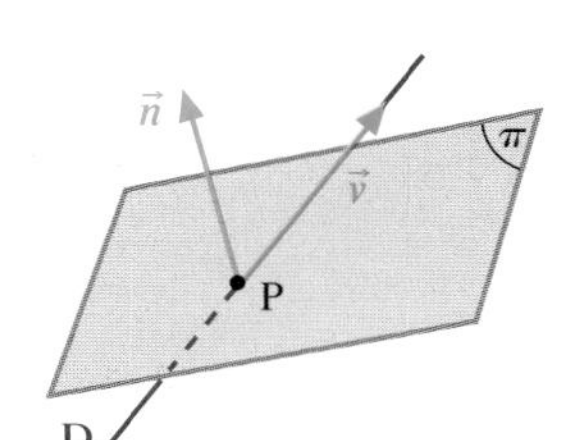

Droite sécante au plan

D'où la droite D est sécante au plan π.

Dans ce cas, nous pouvons déterminer le point d'intersection.

Pour déterminer le point d'intersection P, il est préférable d'exprimer la droite D sous forme d'équations paramétriques, et le plan π, sous forme d'équation cartésienne.

Ainsi, D: $\begin{cases} x = 7 - 2t \\ y = -3 + 9t, \text{ où } t \in \mathbb{R} \\ z = -8 + 5t \end{cases}$

En remplaçant x par $7 - 2t$, y par $-3 + 9t$ et z par $-8 + 5t$ dans l'équation de π, nous obtenons

$$7(7 - 2t) - 6(-3 + 9t) + 5(-8 + 5t) + 16 = 0$$

Donc, $t = 1$. Ainsi,

$$x = 7 - 2(1) = 5, \quad y = -3 + 9(1) = 6 \quad \text{et} \quad z = -8 + 5(1) = -3$$

D'où P(5, 6, -3) est le point d'intersection de la droite D et du plan π.

Angle formé par une droite et un plan

DÉFINITION 10.10 Soit une droite D et un vecteur normal $\vec{n}$ à un plan π.

Soit $\alpha \in [0°, 90°]$, l'angle que forme cette droite avec $\vec{n}$.

L'**angle** $\theta \in [0°, 90°]$ **entre la droite** D **et le plan** π est donné par

$$\theta = 90° - \alpha$$

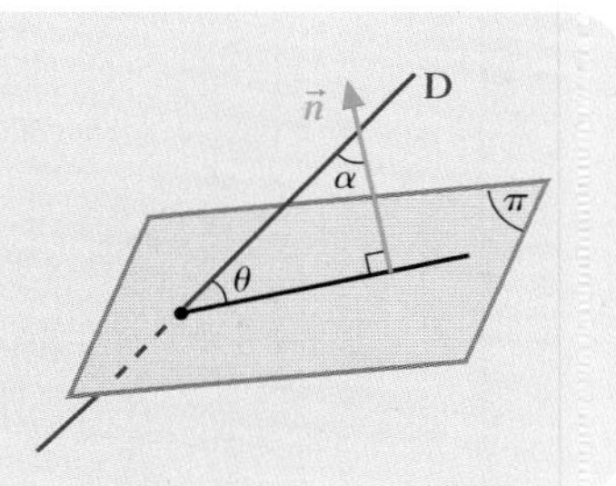

Exemple 1 Soit D: $\dfrac{x - 7}{-2} = \dfrac{y + 3}{9} = \dfrac{z + 8}{5}$ et π: $7x - 6y + 5z + 16 = 0$.

Déterminons l'angle entre la droite D et le plan π.

Soit $\vec{v} = (-2, 9, 5)$, un vecteur directeur de D, et $\vec{n} = (7, -6, 5)$, un vecteur normal à π.

Un angle φ formé par les vecteurs $\vec{v}$ et $\vec{n}$ est donné par

$$\cos \varphi = \frac{\vec{v} \cdot \vec{n}}{\|\vec{v}\|\|\vec{n}\|} = \frac{-43}{\sqrt{110}\sqrt{110}}$$

donc, $\varphi \approx 113°$.

Ainsi, l'angle $\alpha \in [0°, 90°]$ formé par la droite D et le vecteur normal $\vec{n}$ est

$$\alpha \approx 180° - 113° \approx 67°$$

D'où $\theta \approx 23°$. (car $\theta = 90° - \alpha$)

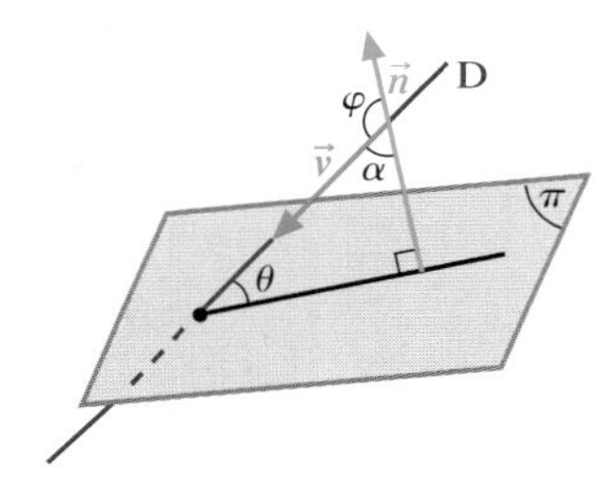

Faisceau de plans

DÉFINITION 10.11 On appelle **faisceau de plans** l'ensemble des plans passant par la droite d'intersection de deux plans non parallèles.

Représentation graphique du faisceau de plans passant par la droite D d'intersection des plans π_1 et π_2.

DÉFINITION 10.12 Soit $\pi_1: a_1x + b_1y + c_1z - d_1 = 0$ et $\pi_2: a_2x + b_2y + c_2z - d_2 = 0$, deux plans non parallèles.

Une **équation du faisceau F de plans**, défini par π_1 et π_2, est donnée par

$$F: k_1(a_1x + b_1y + c_1z - d_1) + k_2(a_2x + b_2y + c_2z - d_2) = 0$$

où k_1 et $k_2 \in \mathbb{R}$, et où au moins un des deux scalaires est non nul.

Pour chaque valeur de k_1 et de k_2, l'équation $k_1(a_1x + b_1y + c_1z - d_1) + k_2(a_2x + b_2y + c_2z - d_2) = 0$ représente un des plans du faisceau. Pour obtenir un plan particulier du faisceau, il suffit de déterminer une valeur de k_1 et une valeur de k_2 satisfaisant la contrainte de ce plan particulier.

Exemple 1 Soit $\pi_1: 3x - y + 2z - 5 = 0$ et $\pi_2: 2x + y - z + 4 = 0$.

a) Déterminons une équation du faisceau F de plans, défini par π_1 et π_2.

$F: k_1(3x - y + 2z - 5) + k_2(2x + y - z + 4) = 0$, où k_1 et $k_2 \in \mathbb{R}$ ($k_1 \neq 0$ ou $k_2 \neq 0$)

b) Déterminons une équation du plan π_3 du faisceau F pour $k_1 = \frac{1}{2}$ et $k_2 = \frac{-1}{2}$.

$$\frac{1}{2}(3x - y + 2z - 5) + \left(\frac{-1}{2}\right)(2x + y - z + 4) = 0$$

d'où $\pi_3: \frac{1}{2}x - y + \frac{3}{2}z - \frac{9}{2} = 0$

c) Déterminons une équation du plan π_4 du faisceau F qui passe par le point P(2, -1, 1), où $P \notin \pi_1 \cap \pi_2$. Les coordonnées du point P(2, -1, 1) doivent vérifier l'équation de F.

$$k_1(3(2) - (-1) + 2(1) - 5) + k_2(2(2) + (-1) - 1 + 4) = 0$$

$$4k_1 + 6k_2 = 0$$

Ainsi, $k_2 = \frac{-2k_1}{3}$

En posant, par exemple, $k_1 = 3$, nous obtenons $k_2 = -2$.

Ainsi, $\pi_4: 3(3x - y + 2z - 5) - 2(2x + y - z + 4) = 0$

d'où $\pi_4: 5x - 5y + 8z - 23 = 0$

d) Déterminons si $\pi_5: x + 3y - 4z - 13 = 0$ est un plan du faisceau F.

En transformant l'équation de F, nous obtenons

$$(3k_1 + 2k_2)x + (-k_1 + k_2)y + (2k_1 - k_2)z - 5k_1 + 4k_2 = 0$$

Le plan $\pi_5 \in F$ si le système d'équations linéaires suivant est compatible.

$$\begin{cases} 3k_1 + 2k_2 = 1 \\ -k_1 + k_2 = 3 \\ 2k_1 - k_2 = -4 \\ -5k_1 + 4k_2 = -13 \end{cases}$$

Par la méthode de Gauss, nous obtenons

Méthode de Gauss

$$\left[\begin{array}{cc:c} 3 & 2 & 1 \\ -1 & 1 & 3 \\ 2 & -1 & -4 \\ -5 & 4 & -13 \end{array}\right] \sim \left[\begin{array}{cc:c} 3 & 2 & 1 \\ 0 & 5 & 10 \\ 0 & -7 & -14 \\ 0 & 22 & -34 \end{array}\right] \begin{array}{l} \\ 3L_2 + L_1 \to L_2 \\ 3L_3 - 2L_2 \to L_3 \\ 3L_4 + 5L_1 \to L_4 \end{array}$$

$$\sim \left[\begin{array}{cc:c} 3 & 2 & 1 \\ 0 & 5 & 10 \\ 0 & 0 & 0 \\ 0 & 0 & -390 \end{array}\right] \begin{array}{l} \\ \\ 5L_3 + 7L_2 \to L_3 \\ 5L_4 - 22L_2 \to L_4 \end{array}$$

Puisque le système est incompatible, π_5 n'est pas un plan du faisceau F.

Exercices 10.2

1. Répondre par vrai (V) ou faux (F), sachant que les droites D et les plans π sont dans l'espace cartésien.

a) Si $\pi_1 /\!/ \pi_2$ et $\pi_2 /\!/ \pi_3$, alors $\pi_1 /\!/ \pi_3$.

b) Si $\pi_1 /\!/ \pi_2$ et $\pi_2 \perp \pi_3$, alors $\pi_1 \perp \pi_3$.

c) Si $\pi_1 \perp \pi_2$ et $\pi_2 \perp \pi_3$, alors $\pi_1 \perp \pi_3$.

d) Si $D_1 /\!/ D_2$ et $D_1 \subset \pi$, alors $D_2 /\!/ \pi$.

e) Si $D_1 /\!/ \pi$ et $D_2 \subset \pi$, alors $D_1 /\!/ D_2$.

f) Si $\pi_1 \cap \pi_2 = \emptyset$, alors $\pi_1 /\!/ \pi_2$.

g) Si $D_1 \perp \pi$ et $D_2 \subset \pi$, alors $D_1 \perp D_2$.

h) Si $D_1 \perp D_2$ et $D_2 \subset \pi$, alors $D_1 \perp \pi$.

2. Déterminer la position relative des plans π_1 et π_2 suivants.

a) $\pi_1: 3x - y + 4z - 1 = 0$
$\pi_2: -x + 4y - 3z - 1 = 0$

b) $\pi_1: (x, y, z) = (4, 0, 1) + k_1(0, 5, 3) + k_2(1, 4, 2)$, où k_1 et $k_2 \in \mathbb{R}$
$\pi_2: 2x - 3y + 5z - 13 = 0$

c) $\pi_1: \begin{cases} x = 3 - 2k_1 + 3k_2 \\ y = -2 + 4k_1 + k_2 \\ z = 1 + 5k_1 + 3k_2 \end{cases}$, où k_1 et $k_2 \in \mathbb{R}$
π_2: plan qui passe par les points A(4, -1, 2), B(-9, 4, 3) et C(3, 2, 6)

3. Déterminer si les plans suivants sont sécants. Si tel est le cas, donner des équations paramétriques de la droite D d'intersection à l'aide de la méthode suggérée, lorsque spécifiée.

a) $\pi_1: 3x + 2y - z - 1 = 0$
$\pi_2: x - 2y + 4z + 1 = 0$
(méthode de Gauss)

b) $\pi_1: 7x + 15y + 7z - 7 = 0$
π_2: plan passant par les points A(4, 0, -1), B(-2, 3, 0) et C(1, 1, 1)
(méthode de la recherche de deux points de D)

c) $\pi_1: 8x + 4y - 14z - 1 = 0$
$\pi_2: (x, y, z) = (0, 3, 2) + k_1(1, -2, 0) + k_2(0, 7, 2)$, où k_1 et $k_2 \in \mathbb{R}$

4. Déterminer un angle formé par les plans suivants.

a) $\pi_1: 3x - y - 2z + 1 = 0$
$\pi_2: x + 2y + 5z - 2 = 0$

b) $\pi_1: (x, y, z) = (1, 1, 1) + k_1(0, 2, 3) + k_2(3, 4, 0)$, où k_1 et $k_2 \in \mathbb{R}$
$\pi_2: 4x - 3y + 2z + 6 = 0$

c) $\pi_1: 2x - y + 5z - 6 = 0$
π_2: plan qui passe par les points A(0, 0, 6), B(0, 3, 0) et C(-4, 0, 0)

d) π_{XOY} et π_{YOZ}

e) $\pi_1: y - 4 = 0$ et π_{XOZ}

5. Soit les plans suivants.

$\pi_1: ax + 2y + 4z - 1 = 0$
$\pi_2: 3x - 4y - 8z + b = 0$

Déterminer les valeurs des constantes a et b telles que

a) $\pi_1 \perp \pi_2$;

b) π_1 et π_2 sont parallèles confondus;

c) π_1 et π_2 sont parallèles distincts.

6. Soit les systèmes d'équations suivants.

a) $\begin{cases} 2x - y + 3z = 1 \\ x + 3y - 2z = 4 \\ 8x + 3y + 5z = 11 \end{cases}$

b) $\begin{cases} x + 2y + z = 2 \\ 3x - y + 2z = 15 \\ 4x - z = -1 \end{cases}$

c) $\begin{cases} 2x + 5y + 2z = 5 \\ 3x - y - 3z = 6 \\ 12x + 13y = 20 \end{cases}$

Associer à chaque système la représentation graphique des plans la plus appropriée.

i)

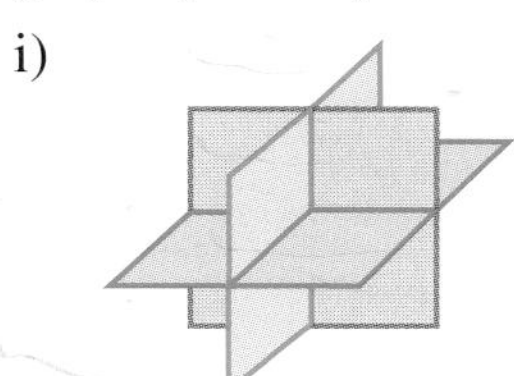

ii)

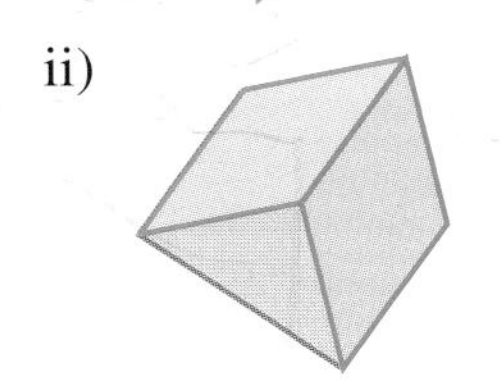

iii)

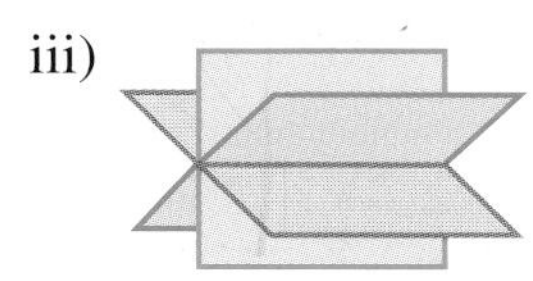

7. Déterminer la position relative des droites et des plans suivants. Dans le cas où la droite est sécante au plan, déterminer les coordonnées du point d'intersection de la droite et du plan. Représenter graphiquement

a) D: $\{(x, y, z) \in \mathbb{R}^3 \,|\, x = 3 \text{ et } y = 4\}$
π: $\{(x, y, z) \in \mathbb{R}^3 \,|\, z = 6\}$

b) D: $\{(x, y, z) \in \mathbb{R}^3 \,|\, 3x + 2z = 6 \text{ et } y = 0\}$
π_{XOZ}

c) D: $\{(x, y, z) \in \mathbb{R}^3 \,|\, x + y = 4 \text{ et } z = 0\}$
π: $\{(x, y, z) \in \mathbb{R}^3 \,|\, x + y = 2\}$

8. Déterminer la position relative des droites et des plans suivants. Dans le cas où la droite est sécante au plan, déterminer les coordonnées du point d'intersection de la droite et du plan.

a) D: $\begin{cases} x = 5 - 4t \\ y = -4 + t \\ z = -2 + 3t \end{cases}$, où $t \in \mathbb{R}$
π: $5x + 2y + 6z - 4 = 0$

b) D: droite qui passe par les points A(5, -1, -1) et B(-3, 4, 2)
π: plan qui passe par les points P(2, 0, 0), Q(1, 5, 1) et R(9, -7, -3)

c) D: $(x, y, z) = (-2, 1, 7) + t(3, -4, 1)$, où $t \in \mathbb{R}$
π: $3x - y + 3z + 2 = 0$

d) D: $\frac{4 - x}{2} = y + 2 = \frac{z + 6}{3}$
π: $5x + 7y - z = 0$

9. Déterminer l'angle θ, où $\theta \in [0°, 90°]$, formé par les droites et les plans suivants.

a) D: $(x, y, z) = (-1, 4, 7) + s(-5, 4, 2)$, où $s \in \mathbb{R}$
π: $3x - 4y + 2z - 1 = 0$

b) D: $\frac{x - 1}{4} = y = \frac{z + 5}{-2}$
π: $2x + 2y + 5z + 1 = 0$

c) D: $(x, y, z) = (-1, 4, 7) + t(2, -3, 4)$, où $t \in \mathbb{R}$
π: plan qui passe par les points A(3, 2, 3), B(5, -2, -1) et C(0, 0, 3)

10. Soit la droite D: $\frac{x}{a} = -y = \frac{z}{3}$ et le plan π: $12x - 2y + az - d = 0$. Déterminer les valeurs des constantes a et d telles que

a) $D \perp \pi$ et D rencontre π au point O(0, 0, 0);

b) $D /\!/ \pi$ et $D \subset \pi$;

c) $D /\!/ \pi$ et $D \not\subset \pi$.

11. Soit le plan π: $2x + y + 5z - 10 = 0$.

a) Déterminer P, Q et R, les points d'intersection respectifs de π avec l'axe des x, l'axe des y et l'axe des z.

b) Déterminer, sous forme ensembliste, les droites D_1, D_2 et D_3 qui sont respectivement les droites d'intersection de π avec π_{XOY}, π_{XOZ} et π_{YOZ}.

c) Représenter graphiquement D_1, D_2, D_3 et π.

12. Soit π_1: $2x - y + 5z - 1 = 0$;
π_2: $3x + 2y - z - 4 = 0$;
π_3: $2x - y + 4z - 1 = 0$.

Déterminer une équation cartésienne du plan qui passe par

a) P(4, -2, 1) et Q(2, 3, -3) et qui est perpendiculaire à π_1;

b) R(-5, 1, 3) et qui est perpendiculaire à π_2 et à π_3.

13. Soit $\pi_1 : x - 2y + 4z - 1 = 0$ et
$\pi_2 : 2x + y - 3z + 5 = 0$.

a) Déterminer une équation F du faisceau de plans défini par π_1 et π_2.

b) Déterminer une équation du plan π du faisceau si $k_1 = 1$ et $k_2 = 0$.

c) Quelles valeurs faut-il attribuer à k_1 et k_2 pour obtenir π_2 ?

d) Déterminer une équation cartésienne du plan

i) π_3 du faisceau qui passe par l'origine ;

ii) π_4 du faisceau qui passe par le point P(2, -12, 5) ;

iii) π_5 du faisceau qui est perpendiculaire au plan XOY ;

iv) π_6 du faisceau qui est perpendiculaire à π_1.

e) Déterminer, si c'est possible, une équation du plan π_7 du faisceau qui est perpendiculaire à l'axe des y.

f) Déterminer si le plan
$\pi_8 : 7x + 11y - 27z + 28 = 0$
est un plan du faisceau F.

10.3 Distances relatives aux plans

Objectifs d'apprentissage

À la fin de cette section, l'élève pourra résoudre des problèmes de distance dans l'espace cartésien.

Plus précisément, l'élève sera en mesure

- de démontrer certaines formules permettant de calculer la distance entre un point et un plan ;
- de calculer la distance entre un point et un plan ;
- de démontrer une formule permettant de calculer la distance entre deux plans parallèles ;
- de calculer la distance entre deux plans parallèles ;
- de calculer la distance entre un plan et une droite parallèle à ce plan ;
- de déterminer des lieux géométriques en utilisant la notion de distance.

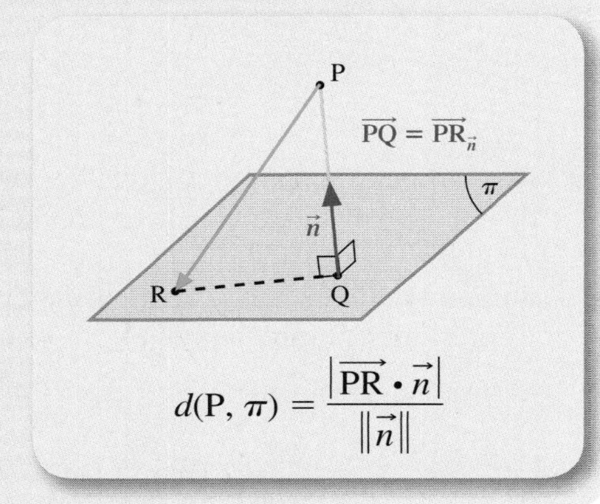

$$d(P, \pi) = \frac{|\overrightarrow{PR} \cdot \vec{n}|}{\|\vec{n}\|}$$

Dans cette section, nous calculerons

- la distance entre un point et un plan ;
- la distance entre deux plans parallèles ;
- la distance entre un plan et une droite parallèle à celui-ci.

Nous résoudrons également certains problèmes géométriques à l'aide de notions déjà étudiées.

Distance entre un point et un plan

DÉFINITION 10.13 La **distance** entre un point P et un plan π, notée $d(P, \pi)$, est la longueur du segment de droite PQ, où $Q \in \pi$ et $PQ \perp \pi$.

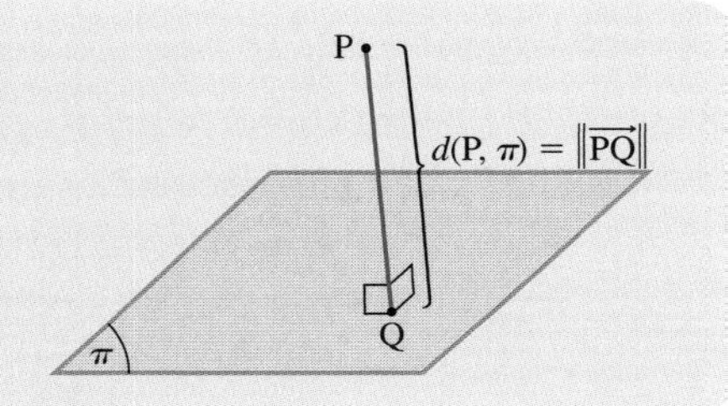

Exemple 1 Calculons la distance $d(\mathrm{P}, \pi)$ entre le point P(-1, 3, 5) et le plan $\pi: 2x - y + 4z - 1 = 0$.

Soit $\vec{n} = (2, -1, 4)$, un vecteur normal à π, R(0, -1, 0), un point de π, et Q $\in \pi$ tel que $\overrightarrow{\mathrm{PQ}} \perp \pi$.

$d(\mathrm{P}, \pi) = \|\overrightarrow{\mathrm{PQ}}\|$

Puisque $\overrightarrow{\mathrm{PQ}} /\!/ \vec{n}$, $d(\mathrm{P}, \pi)$ est égale à la norme du vecteur $\overrightarrow{\mathrm{PR}_{\vec{n}}}$, c'est-à-dire $\|\overrightarrow{\mathrm{PR}_{\vec{n}}}\|$.

$\overrightarrow{\mathrm{PQ}} = \overrightarrow{\mathrm{PR}_{\vec{n}}}$

$$\overrightarrow{\mathrm{PR}_{\vec{n}}} = \frac{\overrightarrow{\mathrm{PR}} \cdot \vec{n}}{\vec{n} \cdot \vec{n}}\vec{n} \quad \text{(théorème 7.7)}$$

$$= \frac{(1, -4, -5) \cdot (2, -1, 4)}{(2, -1, 4) \cdot (2, -1, 4)}(2, -1, 4)$$

$$= \frac{-14}{21}(2, -1, 4)$$

$$= \left(\frac{-4}{3}, \frac{2}{3}, \frac{-8}{3}\right)$$

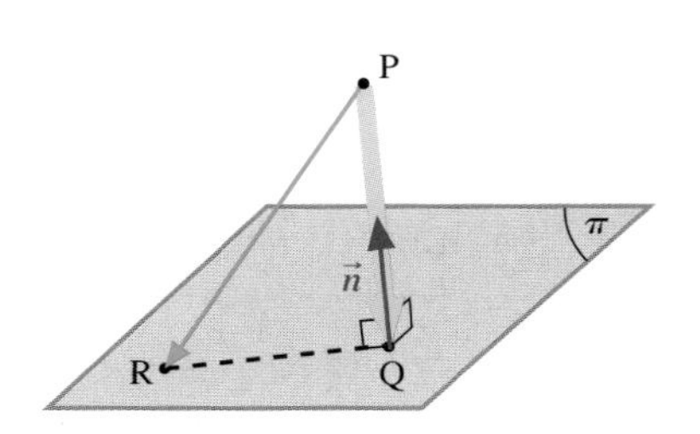

donc, $\|\overrightarrow{\mathrm{PR}_{\vec{n}}}\| = \sqrt{\left(\frac{-4}{3}\right)^2 + \left(\frac{2}{3}\right)^2 + \left(\frac{-8}{3}\right)^2} = \frac{2\sqrt{21}}{3}$

$d(\mathrm{P}, \pi) = \|\overrightarrow{\mathrm{PR}_{\vec{n}}}\|$

d'où $d(\mathrm{P}, \pi) = \frac{2\sqrt{21}}{3}$ unités.

THÉORÈME 10.3 Soit $\vec{n}$, un vecteur normal à un plan π, et P, un point de l'espace cartésien.

Si R est un point quelconque du plan π, alors la distance entre le point P et le plan π est donnée par

$$d(\mathrm{P}, \pi) = \frac{|\overrightarrow{\mathrm{PR}} \cdot \vec{n}|}{\|\vec{n}\|}$$

PREUVE Du point P, abaissons une perpendiculaire à π qui rencontre π au point Q.

Soit $\vec{n}$, un vecteur normal à π, et R, un point quelconque de π.

En projetant $\overrightarrow{\mathrm{PR}}$ sur $\vec{n}$, nous obtenons $\overrightarrow{\mathrm{PQ}}$.

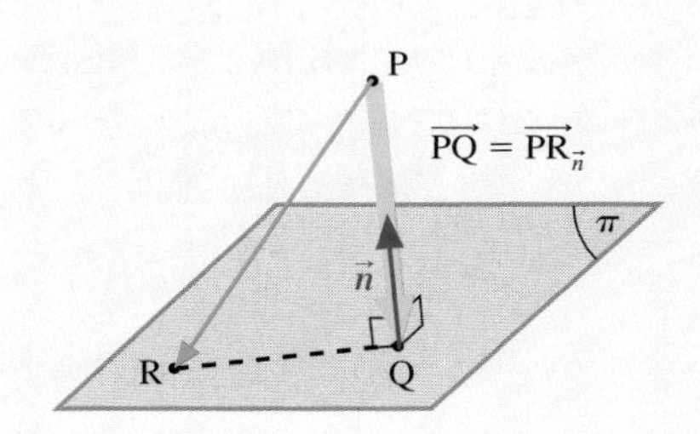

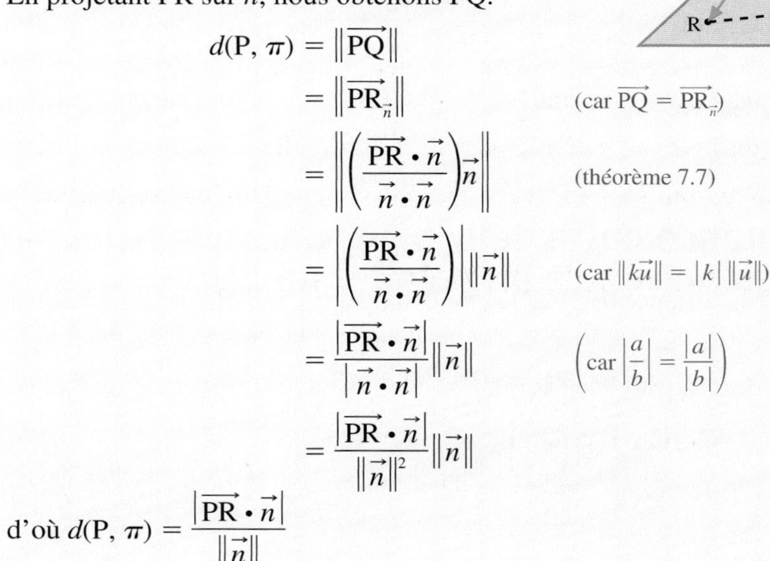

$$d(\mathrm{P}, \pi) = \|\overrightarrow{\mathrm{PQ}}\|$$

$$= \|\overrightarrow{\mathrm{PR}_{\vec{n}}}\| \quad (\text{car } \overrightarrow{\mathrm{PQ}} = \overrightarrow{\mathrm{PR}_{\vec{n}}})$$

$$= \left\|\left(\frac{\overrightarrow{\mathrm{PR}} \cdot \vec{n}}{\vec{n} \cdot \vec{n}}\right)\vec{n}\right\| \quad \text{(théorème 7.7)}$$

$$= \left|\left(\frac{\overrightarrow{\mathrm{PR}} \cdot \vec{n}}{\vec{n} \cdot \vec{n}}\right)\right| \|\vec{n}\| \quad (\text{car } \|k\vec{u}\| = |k|\,\|\vec{u}\|)$$

$$= \frac{|\overrightarrow{\mathrm{PR}} \cdot \vec{n}|}{|\vec{n} \cdot \vec{n}|}\|\vec{n}\| \quad \left(\text{car } \left|\frac{a}{b}\right| = \frac{|a|}{|b|}\right)$$

$$= \frac{|\overrightarrow{\mathrm{PR}} \cdot \vec{n}|}{\|\vec{n}\|^2}\|\vec{n}\|$$

d'où $d(\mathrm{P}, \pi) = \frac{|\overrightarrow{\mathrm{PR}} \cdot \vec{n}|}{\|\vec{n}\|}$

10

Exemple 2 Soit le plan $\pi: 2x - y + 4z - 1 = 0$ de l'exemple précédent. Utilisons le théorème 10.3 pour

a) recalculer $d(\text{P}, \pi)$, où P(-1, 3, 5).

b) calculer $d(\text{O}, \pi)$, où O(0, 0, 0).

Soit $\vec{n} = (2, -1, 4)$, un vecteur normal à π, et R(0, -1, 0), un point de π.

a)
$$d(\text{P}, \pi) = \frac{|\overrightarrow{\text{PR}} \cdot \vec{n}|}{\|\vec{n}\|} = \frac{|(1, -4, -5) \cdot (2, -1, 4)|}{\|(2, -1, 4)\|} = \frac{|-14|}{\sqrt{21}}$$

d'où $d(\text{P}, \pi) = \dfrac{2\sqrt{21}}{3}$ unités.

b)
$$d(\text{O}, \pi) = \frac{|\overrightarrow{\text{OR}} \cdot \vec{n}|}{\|\vec{n}\|} = \frac{|(0, -1, 0) \cdot (2, -1, 4)|}{\|(2, -1, 4)\|} = \frac{1}{\sqrt{21}}$$

d'où $d(\text{O}, \pi) = \dfrac{\sqrt{21}}{21}$ unités.

THÉORÈME 10.4 La distance $d(\text{P}, \pi)$ entre le point $\text{P}(x_0, y_0, z_0)$ et le plan π, où $\pi: ax + by + cz - d = 0$, est donnée par

$$d(\text{P}, \pi) = \frac{|ax_0 + by_0 + cz_0 - d|}{\sqrt{a^2 + b^2 + c^2}}$$

La preuve est laissée à l'élève.

COROLLAIRE du théorème 10.4 La distance entre l'origine O(0, 0, 0) et le plan π, où $\pi: ax + by + cz - d = 0$, est donnée par

$$d(\text{O}, \pi) = \frac{|d|}{\sqrt{a^2 + b^2 + c^2}}$$

La preuve est laissée à l'élève.

Exemple 3 Soit $\pi: 2x - 4y + 4z - 5 = 0$. Calculons la distance entre

a) P(3, -4, 2) et π.

$$d(\text{P}, \pi) = \frac{|2(3) + (-4)(-4) + 4(2) - 5|}{\sqrt{36}}$$

d'où $d(\text{P}, \pi) = \dfrac{25}{6}$ unités.

b) entre l'origine et π.

$$d(\text{O}, \pi) = \frac{|5|}{\sqrt{36}}$$

d'où $d(\text{O}, \pi) = \dfrac{5}{6}$ unité.

Distance entre deux plans parallèles

Calculer la distance $d(\pi_1, \pi_2)$ entre deux plans parallèles π_1 et π_2 équivaut à calculer la distance $d(\text{P}_1, \pi_2)$, où $\text{P}_1 \in \pi_1$, ou à calculer la distance $d(\text{P}_2, \pi_1)$, où $\text{P}_2 \in \pi_2$. Ainsi,

$d(\pi_1, \pi_2) = d(\text{P}_1, \pi_2) = d(\text{P}_2, \pi_1)$, où $\text{P}_1 \in \pi_1$ et $\text{P}_2 \in \pi_2$. Donc,

$$d(\pi_1, \pi_2) = \frac{|\overrightarrow{\text{P}_1\text{P}_2} \cdot \vec{n}|}{\|\vec{n}\|}\text{, où } \vec{n} \text{ est un vecteur normal à } \pi_1 \text{ et à } \pi_2,\ \text{P}_1 \in \pi_1 \text{ et } \text{P}_2 \in \pi_2.$$

Exemple 1 Calculons la distance entre les deux plans parallèles suivants.

$\pi_1: (x, y, z) = (-5, 3, -1) + k_1(-2, 1, 0) + k_2(-3, 4, 5)$, où k_1 et $k_2 \in \mathbb{R}$

$\pi_2: (x, y, z) = (6, 1, 4) + t_1(-2, 3, 4) + t_2(-4, 2, 0)$, où t_1 et $t_2 \in \mathbb{R}$

$$\begin{vmatrix} \vec{i} & \vec{j} & \vec{k} \\ -2 & 1 & 0 \\ -3 & 4 & 5 \end{vmatrix}$$

Soit $\vec{n} = (-2, 1, 0) \times (-3, 4, 5) = (5, 10, -5)$, un vecteur normal à π_1 et à π_2, car $\pi_1 /\!/ \pi_2$.

Soit $P_1(-5, 3, -1)$, un point de π_1, et $P_2(6, 1, 4)$, un point de π_2.

Ainsi, $d(\pi_1, \pi_2) = \dfrac{|\overrightarrow{P_1P_2} \cdot \vec{n}|}{\|\vec{n}\|} = \dfrac{|(11, -2, 5) \cdot (5, 10, -5)|}{\sqrt{5^2 + 10^2 + (-5)^2}} = \dfrac{|10|}{\sqrt{150}}$

d'où $d(\pi_1, \pi_2) = \dfrac{\sqrt{6}}{3}$ unité.

Dans le cas particulier où les plans parallèles π_1 et π_2 sont donnés sous forme cartésienne, nous pouvons utiliser le théorème suivant pour déterminer $d(\pi_1, \pi_2)$.

THÉORÈME 10.5 Soit π_1 et π_2, deux plans parallèles ayant le même vecteur normal $\vec{n}$, où $\vec{n} = (a, b, c)$.

Si $\pi_1: ax + by + cz - d_1 = 0$ et $\pi_2: ax + by + cz - d_2 = 0$, alors la distance entre les plans π_1 et π_2 est donnée par

$$d(\pi_1, \pi_2) = \frac{|d_1 - d_2|}{\sqrt{a^2 + b^2 + c^2}}$$

La preuve est laissée à l'élève.

Exemple 2 Calculons la distance entre les plans parallèles suivants.

$\pi_1: x + 3y - 2z - 1 = 0$ et $\pi_2: 4x + 12y - 8z + 3 = 0$

Transformons d'abord π_1 pour obtenir le même vecteur normal pour π_1 et π_2, c'est-à-dire $\vec{n} = (4, 12, -8)$.

Soit $\pi_1: 4x + 12y - 8z - 4 = 0$.

Ainsi, $d(\pi_1, \pi_2) = \dfrac{|4 - (-3)|}{\sqrt{4^2 + 12^2 + (-8)^2}}$ (théorème 10.5, où $d_1 = 4$ et $d_2 = -3$)

d'où $d(\pi_1, \pi_2) = \dfrac{\sqrt{14}}{8}$ unité.

Distance entre un plan et une droite parallèle au plan

Calculer la distance $d(D, \pi)$ entre un plan π et une droite D parallèle à π équivaut à calculer la distance $d(P, \pi)$, où $P \in D$. Ainsi,

$$d(D, \pi) = d(P, \pi), \text{ où } P \in D$$

Exemple 1 Soit la droite D et le plan π suivants.

$D: (x, y, z) = (3, -3, 1) + t(3, -7, 6)$, où $t \in \mathbb{R}$

$\pi: (x, y, z) = (1, 2, -5) + k_1(2, -1, 4) + k_2(1, 5, 2)$, où k_1 et $k_2 \in \mathbb{R}$

$$\begin{vmatrix} \vec{i} & \vec{j} & \vec{k} \\ 2 & -1 & 4 \\ 1 & 5 & 2 \end{vmatrix}$$

a) Vérifions si D est parallèle à π.

Soit $\vec{n} = (2, -1, 4) \times (1, 5, 2) = (-22, 0, 11)$, un vecteur normal à π, et $\vec{v} = (3, -7, 6)$, un vecteur directeur de D.

Puisque $\vec{n} \cdot \vec{v} = 0$, la droite D est parallèle au plan π.

b) Calculons $d(\mathrm{D}, \pi)$.

Soit $P(3, -3, 1) \in D$ et $R(1, 2, -5) \in \pi$.

Ainsi, $d(\mathrm{D}, \pi) = \dfrac{|\overrightarrow{PR} \cdot \vec{n}|}{\|\vec{n}\|} = \dfrac{|(-2, 5, -6) \cdot (-22, 0, 11)|}{\sqrt{(-22)^2 + 0^2 + 11^2}} = \dfrac{|-22|}{\sqrt{605}}$

d'où $d(\mathrm{D}, \pi) = \dfrac{2\sqrt{5}}{5}$ unité.

Applications géométriques

Utilisons certaines notions vues précédemment pour résoudre des problèmes géométriques.

Exemple 1 Soit la sphère S de centre C(4, 2, -6), qui est tangente au plan $\pi: 9x + y - 9z + 71 = 0$.

a) Déterminons l'équation de cette sphère sous la forme $(x - a)^2 + (y - b)^2 + (z - c)^2 = r^2$.

Pour déterminer le rayon r de cette sphère, il faut calculer la distance entre le point C(4, 2, -6) et le plan π.

Soit $\vec{n} = (9, 1, -9)$, un vecteur normal à π, et A(0, -71, 0), un point de π.

Ainsi, $r = d(\mathrm{C}, \pi) = \dfrac{|\overrightarrow{CA} \cdot \vec{n}|}{\|\vec{n}\|} = \dfrac{|(-4, -73, 6) \cdot (9, 1, -9)|}{\sqrt{9^2 + 1^2 + (-9)^2}} = \dfrac{163}{\sqrt{163}}$

donc, $r = \sqrt{163}$ unités

d'où $S: (x - 4)^2 + (y - 2)^2 + (z + 6)^2 = 163$

b) Déterminons une équation cartésienne du plan π_1 tangent à la sphère S au point P(5, -7, 3).

Nous savons que $\overrightarrow{PC} \perp \pi_1$. Ainsi,

$\vec{n_1} = \overrightarrow{PC} = (-1, 9, -9)$ est un vecteur normal à π_1.

Donc, $\pi_1: -1x + 9y - 9z - (-1(5) + 9(-7) + (-9)3) = 0$ (définition 10.5)

d'où $\pi_1: -x + 9y - 9z + 95 = 0$

c) Déterminons une équation cartésienne du plan π_2, tangent à la sphère S et parallèle à π_1.

Trouvons d'abord le point de tangence $Q(q_1, q_2, q_3)$ tel que

$$\overrightarrow{CQ} = \overrightarrow{PC}$$

$$(q_1 - 4, q_2 - 2, q_3 + 6) = (-1, 9, -9)$$

ainsi, $q_1 = 3$, $q_2 = 11$ et $q_3 = -15$, et nous obtenons Q(3, 11, -15).

Donc, $\pi_2: -1x + 9y - 9z - (-1(3) + 9(11) - 9(-15)) = 0$ (définition 10.5)

d'où $\pi_2: -x + 9y - 9z - 231 = 0$

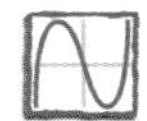

d) Représentons π, S et π_1 à l'aide de Maple.

```
> with(plots)
> p1:=implicitplot3d({9*x+y-9*z+71=0},x=-20..20,y=-20..20,z=-20..20,color=cyan,style=patchnogrid):
> s:=implicitplot3d({(x-4)^2+(y-2)^2+(z+6)^2=163},x=-20..20,y=-20..20,z=-20..20,color=green,
  style=patchcontour):
> p2:=implicitplot3d({-1*x+9*y-9*z+95=0},x=-20..20,y=-20..20,z=-20..20,color=tan,style=patchnogrid):
> display(p1,s,p2,scaling=constrained,axes=none,orientation=[-130,-68],style=patchnogrid);
```

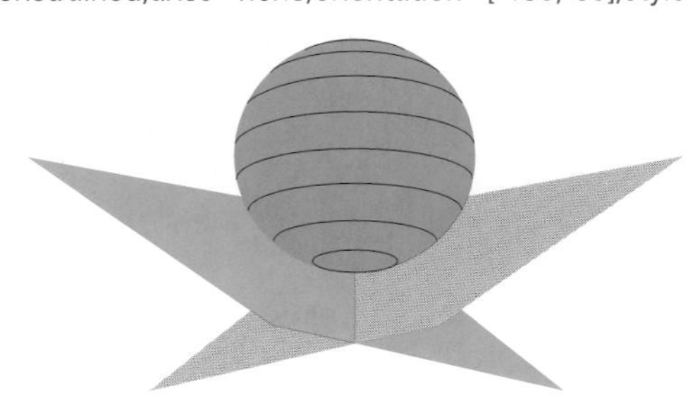

Exemple 2 Déterminons le lieu géométrique des points $P(x, y, z)$ équidistants des plans π_1 et π_2, où $\pi_1: 2x - 3y + 6z - 5 = 0$ et $\pi_2: 4x + 4y - 2z + 7 = 0$.

Puisque les points $P(x, y, z)$ doivent être à une distance égale de π_1 et de π_2, nous avons

$$d(P, \pi_1) = d(P, \pi_2)$$

$$\frac{|2x - 3y + 6z - 5|}{\sqrt{49}} = \frac{|4x + 4y - 2z + 7|}{\sqrt{36}}$$

$$\frac{2x - 3y + 6z - 5}{7} = \frac{\pm(4x + 4y - 2z + 7)}{6}$$

donc, $16x + 46y - 50z + 79 = 0$ ou $40x + 10y + 22z + 19 = 0$

d'où les points équidistants des plans π_1 et π_2 sont situés sur un des plans suivants.

$\pi_3: 16x + 46y - 50z + 79 = 0$ ou $\pi_4: 40x + 10y + 22z + 19 = 0$

Les plans π_3 et π_4 sont les plans bissecteurs des angles formés par les plans π_1 et π_2.

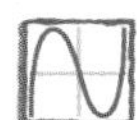

```
> with(plots)
> p1:=implicitplot3d({2*x-3*y+6*z-5=0},x=-20..20,y=-20..20,z=-20..20,color=yellow):
> p2:=implicitplot3d({4*x+4*y-2*z+7=0},x=-20..20,y=-20..20,z=-20..20,color=tan):
> p3:=implicitplot3d({16*x+46*y-50*z+79=0},x=-20..20,y=-20..20,z=-20..20,color=cyan):
> p4:=implicitplot3d({40*x+10*y+22*z+19=0},x=-20..20,y=-20..20,z=-20..20,color=green):
> display(p1,p2,p3,p4,scaling=constrained,axes=none,orientation=[-34,111],style=patchnogrid);
```

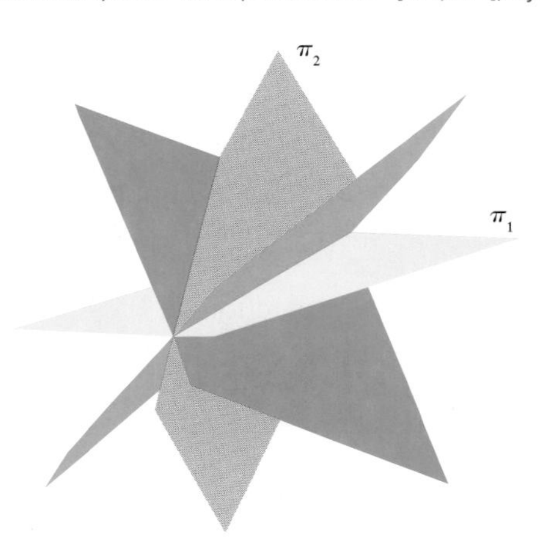

Dans certaines circonstances, il peut être utile de déterminer la projection orthogonale d'un point sur un plan.

DÉFINITION 10.14 La **projection orthogonale** d'un point R sur un plan π, notée R_π, correspond au point d'intersection du plan π et de la droite D qui passe par R et qui est perpendiculaire à π.

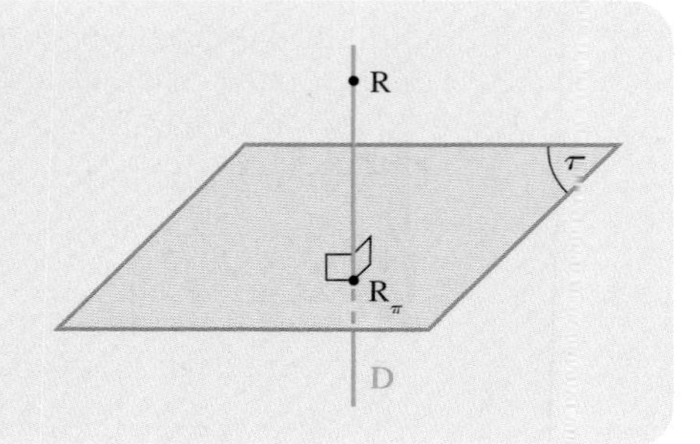

Remarque La projection orthogonale d'un point R sur le plan π correspond au point R_π du plan π situé le plus proche du point R.

Exemple 3 Soit $\pi: 4x + 3y + 6z - 28 = 0$.

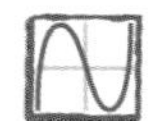

a) Représentons, à l'aide de Maple, le plan π dans le premier octant.

```
> with(plots):
> p1:=implicitplot3d({4*x+3*y+6*z=28},x=0..8,y=0..10,z=0..6):
> display(p1,scaling=constrained,axes=normal,orientation=[20,60],color=tan,style=patchnogrid);
```

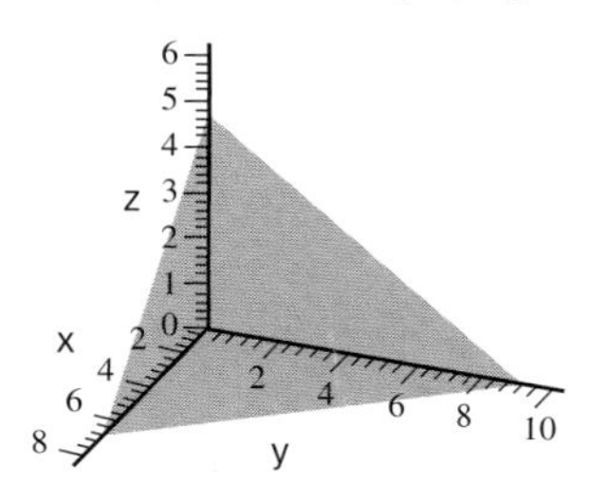

b) Déterminons la projection du point R(9, 8, 15) sur π.

Soit $\vec{v} = (4, 3, 6)$, un vecteur directeur de la droite D qui passe par R et qui est perpendiculaire à π.

Ainsi, sous forme paramétrique, nous avons

$$D: \begin{cases} x = 9 + 4t \\ y = 8 + 3t \\ z = 15 + 6t \end{cases}, \text{ où } t \in \mathbb{R}$$

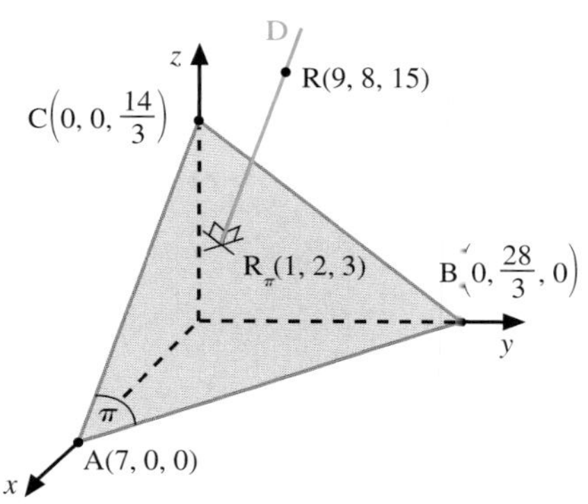

Déterminons le point d'intersection de D et de π.

En remplaçant les valeurs de x, y et z dans l'équation de π, nous obtenons

$4(9 + 4t) + 3(8 + 3t) + 6(15 + 6t) - 28 = 0$, donc $t = -2$

En remplaçant t par -2 dans les équations paramétriques de D, nous obtenons

$x = 9 + 4(-2) = 1$, $y = 8 + 3(-2) = 2$ et $z = 15 + 6(-2) = 3$

d'où $R_\pi(1, 2, 3)$ est la projection de R sur π.

c) Calculons la distance $d(R, \pi)$ entre le point R et le plan π.

$$d(R, \pi) = d(R, R_\pi) = \sqrt{(9-1)^2 + (8-2)^2 + (15-3)^2} = \sqrt{244}$$

d'où $d(R, \pi) = 2\sqrt{61}$ unités.

d) Déterminons le point symétrique S de R par rapport à π.

Pour déterminer S, il suffit de poser $t = 2(-2)$ dans les équations paramétriques de D. Ainsi,

$x = 9 + 4(-4) = -7$, $y = 8 + 3(-4) = -4$ et $z = 15 + 6(-4) = -9$

d'où S(-7, -4, -9) est le point symétrique de R par rapport à π.

En utilisant le principe précédent, nous pouvons également faire la projection d'une droite D sur un plan π.

Représentation graphique

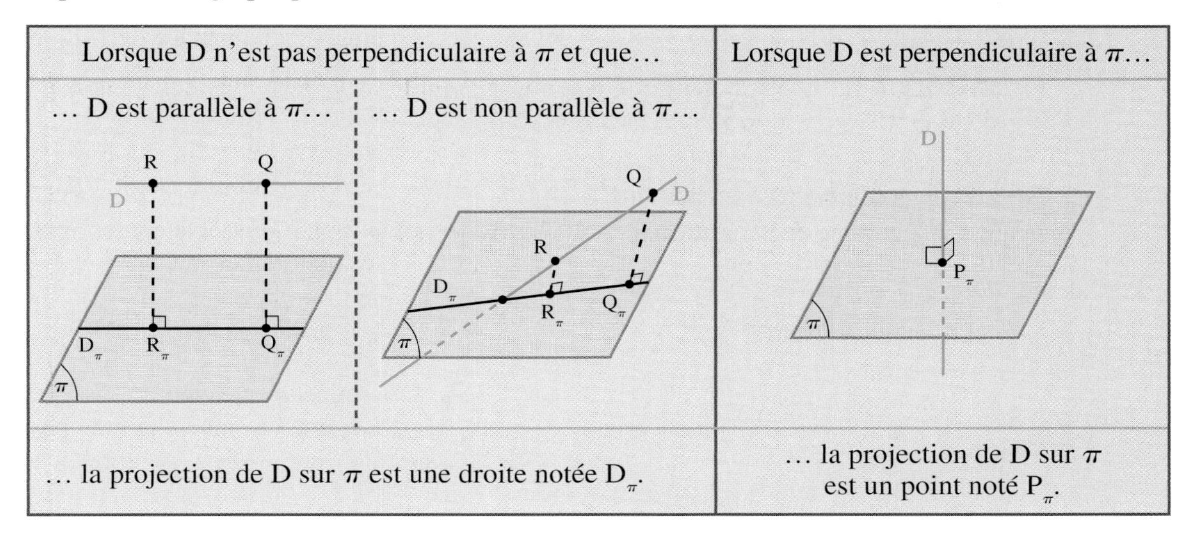

Lorsque D n'est pas perpendiculaire à π et que...
Lorsque D est perpendiculaire à π...
... D est parallèle à π...
... D est non parallèle à π...
R
Q
D
Dπ
Rπ
Qπ
π
P π
... la projection de D sur π est une droite notée Dπ.
... la projection de D sur π est un point noté Pπ.

Exemple 4 Déterminons la projection de la droite D sur le plan π, où

D: $(x, y, z) = (6, -1, 5) + t(11, -7, 13)$, où $t \in \mathbb{R}$, et

π: $7x - 3y + 2z + 7 = 0$.

Vérifions d'abord la position relative de D et de π.

Soit $\vec{v} = (11, -7, 13)$, un vecteur directeur de D, et $\vec{n} = (7, -3, 2)$, un vecteur normal à π.

Puisque $\vec{v} \neq k\vec{n}$, D n'est pas perpendiculaire à π.

Donc, la projection de D sur π sera une droite, notée D_π.

Soit R(6, -1, 5) et Q(-5, 6, -8), deux points de D obtenus en attribuant respectivement à t les valeurs 0 et -1.

L'élève peut vérifier qu'en projetant R sur π on obtient $R_\pi(-1, 2, 3)$ et qu'en projetant Q sur π on obtient $Q_\pi(2, 3, -6)$.

Ainsi, la droite D_π a pour vecteur directeur $\overrightarrow{R_\pi Q_\pi} = (3, 1, -9)$.

D'où D_π: $(x, y, z) = (-1, 2, 3) + r(3, 1, -9)$, où $r \in \mathbb{R}$.

Exercices 10.3

1. Calculer la distance $d(\text{P}, \pi)$ entre le point P et le plan π, et déterminer si le point P appartient au plan π.

a) $\text{P}(7, -1, 7)$ et $\pi: 2x - y + 4z - 1 = 0$

b) $\text{P}(-1, 5, 18)$ et $\pi: 3x + 6y - 2z + 9 = 0$

c) $\text{P}(0, 0, 0)$ et $\pi: 7x - 6y + 6z - 2 = 0$

d) $\text{P}(3, -2, 7)$ et $\pi: (x, y, z) = (1, 2, -5) + k_1(-1, 3, 7) + k_2(0, 3, 5)$, où k_1 et $k_2 \in \mathbb{R}$

e) $\text{P}(3, 3, 5)$ et π, le plan qui passe par les points $\text{A}(2, 5, 6)$, $\text{B}(-1, 5, 3)$ et $\text{C}(0, 4, 3)$

f) $\text{P}(-4, 2, 5)$ et $\pi: x - 3 = 0$

g) $\text{P}(6, -3, 7)$ et π, le plan passant par $\text{O}(0, 0, 0)$ et ayant $\vec{n} = \vec{j}$ comme vecteur normal

2. Calculer $d(\pi_1, \pi_2)$, où $\pi_1 /\!/ \pi_2$.

a) $\pi_1: 3x - 6y + 6z - 1 = 0$
$\pi_2: 3x - 6y + 6z + 7 = 0$

b) $\pi_1: 3x + 9y - 6z - 2 = 0$
$\pi_2: 2x + 6y - 4z - 3 = 0$

c) $\pi_1: (x, y, z) = (3, -2, 5) + k_1(2, -3, 4) + k_2(4, 5, -3)$, où k_1 et $k_2 \in \mathbb{R}$

$$\pi_2: \begin{cases} x = 4 + 8t_1 + 4t_2 \\ y = 7t_1 + t_2 \\ z = -1 - 3t_1 + t_2 \end{cases}, \text{ où } t_1 \text{ et } t_2 \in \mathbb{R}$$

3. Calculer la distance $d(\text{D}, \pi)$, où D est parallèle à π, et déterminer si la droite D est incluse dans le plan π.

a) $\text{D}: (x, y, z) = (4, -1, 2) + t(-2, 16, 11)$, où $t \in \mathbb{R}$
$\pi: (x, y, z) = (5, 1, -2) + k_1(-1, 5, 4) + k_2(0, 2, 1)$, où k_1 et $k_2 \in \mathbb{R}$

b) $\text{D}: x - 1 = \dfrac{6 - y}{7} = \dfrac{4 - z}{5}$
$\pi: 3x - y + 2z - 5 = 0$

4. Déterminer d si la distance entre

a) le point $\text{P}(2, -4, 3)$ et le plan $\pi: 3x - 2y + 6z - d = 0$ est de 5 unités ;

b) l'origine et le plan $\pi: 4x - 8y + z - d = 0$ est de 2 unités.

5. Soit $\text{A}(1, -1, 3)$ et $\text{B}(7, 5, -3)$, deux points de l'espace cartésien.

a) Déterminer et identifier le lieu géométrique des points équidistants de A et de B.

b) Déterminer et identifier le lieu géométrique des points deux fois plus près de A que de B.

c) Déterminer une équation du plan perpendiculaire au segment de droite AB si le plan passe par le point N du segment de droite AB, où N est deux fois plus près de A que de B.

6. Déterminer une équation cartésienne :

a) de chaque plan parallèle à
$\pi: 6x - 2y + 3z - 1 = 0$
situé à une distance de 1 unité de π

b) du plan π situé à la même distance de π_1 et de π_2, où $\pi_1 /\!/ \pi_2$ et
$\pi_1: 2x - 4y + 4z - 5 = 0$
$\pi_2: 3x - 6y + 6z + 5 = 0$

c) des plans bissecteurs des angles formés par les plans π_3 et π_4
$\pi_3: x - 2y + 2z - 1 = 0$
$\pi_4: 3x - 2y + 6z - 4 = 0$

7. Déterminer d si le plan $\pi: x + 2y - 2z - d = 0$ est tangent à la sphère définie par
$x^2 + y^2 + z^2 + 2x - 4y + 6z + 10 = 0$.

8. Déterminer une équation cartésienne du plan tangent

a) à la sphère centrée à l'origine, au point $\text{P}(2, -4, 5)$;

b) à la sphère centrée à l'origine, au point $\text{P}(a, b, c)$;

c) à la sphère centrée en $\text{C}(x_0, y_0, z_0)$, au point $\text{P}(a, b, c)$.

9. Soit la droite $\text{D}: x - 5 = \dfrac{y + 5}{2} = \dfrac{12 - 2z}{3}$

et le plan $\pi: 3x - 2y + 7z - 5 = 0$.

a) Déterminer le point du plan π le plus près du point $\text{R}(5, -5, 6)$ de la droite D et calculer $d(\text{R}, \pi)$.

b) Déterminer le point symétrique S de R par rapport au plan π.

c) Déterminer la projection de la droite D sur le plan π.

10. Soit les plans $\pi_1: ax + by + cz - d_1 = 0$ et $\pi_2: ax + by + cz - d_2 = 0$.

Démontrer le théorème 10.5, c'est-à-dire

$$d(\pi_1, \pi_2) = \frac{|d_1 - d_2|}{\sqrt{a^2 + b^2 + c^2}}.$$

Réseau de concepts

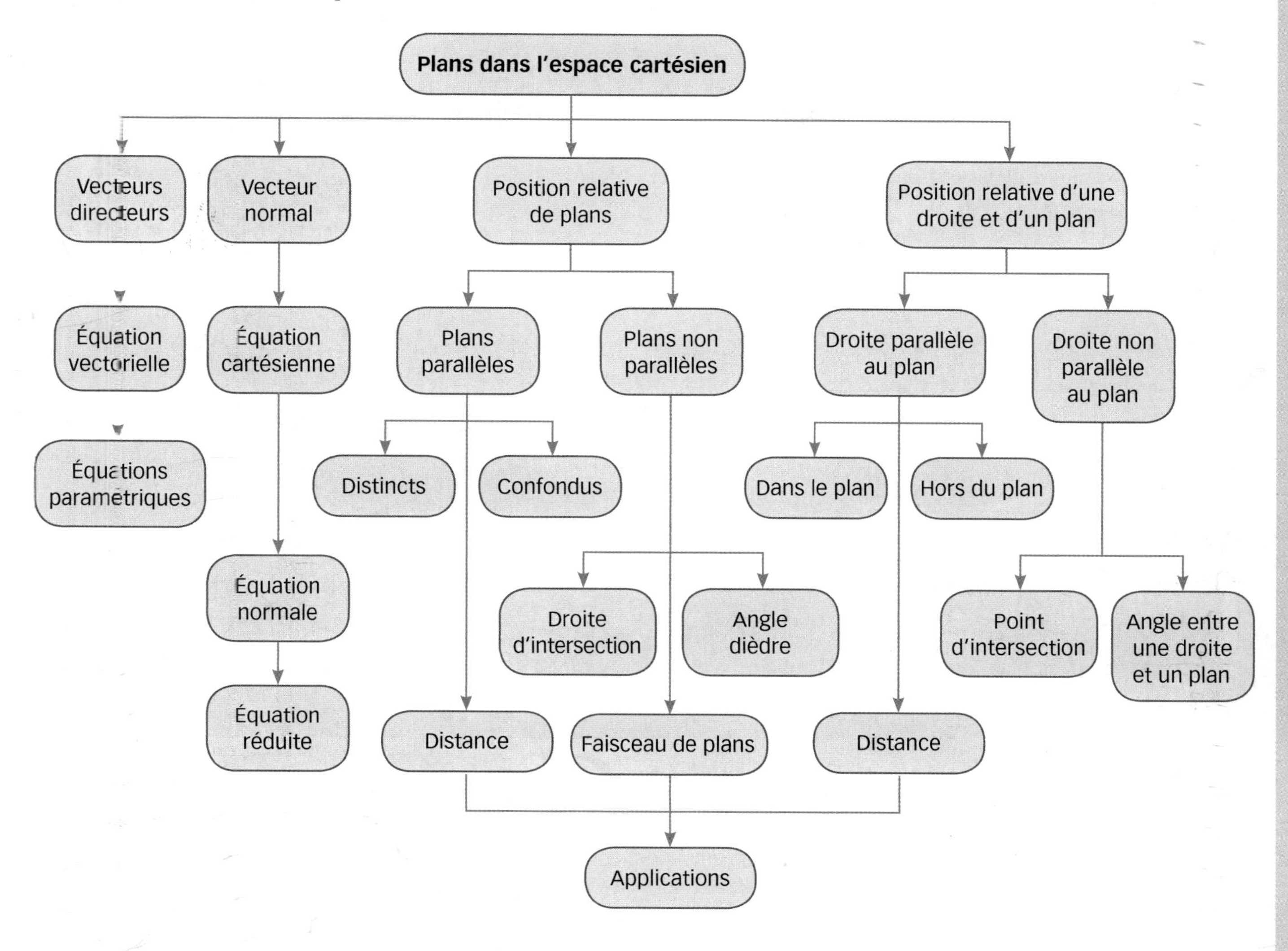

Vérification des apprentissages

Après l'étude de ce chapitre, je suis en mesure de compléter le résumé suivant avant de résoudre les exercices récapitulatifs et les problèmes de synthèse.

Équations de plans dans l'espace cartésien

Soit un plan π, passant par le point $P(x_1, y_1, z_1)$, ayant $\overrightarrow{u_1} = (a_1, b_1, c_1)$ et $\overrightarrow{u_2} = (a_2, b_2, c_2)$, où $\overrightarrow{u_1} \not\parallel \overrightarrow{u_2}$, comme vecteurs directeurs et $\vec{n} = (a, b, c)$ comme vecteur normal.

Équation vectorielle ______

Équations paramétriques ______

Équation cartésienne ______

10

Positions relatives

de deux plans

Soit $\vec{n_1}$ et $\vec{n_2}$, des vecteurs normaux respectifs à π_1 et à π_2, et $P_1 \in \pi_1$.

π_1 et π_2 sont parallèles distincts si ______

π_1 et π_2 sont parallèles confondus si ______

π_1 et π_2 sont non parallèles si ______

d'une droite et d'un plan

Soit $\vec{v}$, un vecteur directeur de D, P ∈ D, et $\vec{n}$, un vecteur normal à π.

D est parallèle à π et $D \not\subset \pi$ si ______

D est parallèle à π et $D \subset \pi$ si ______

D n'est pas parallèle à π si ______

Distance

Soit $\vec{n} = (a, b, c)$, un vecteur normal à un plan π, et $P(x_0, y_0, z_0)$, un point de l'espace cartésien, la distance

$d(P, \pi) =$ ______

Soit π_1 et π_2, deux plans parallèles ayant le même vecteur normal $\vec{n}$, où $\vec{n} = (a, b, c)$, la distance

$d(\pi_1, \pi_2) =$ ______

Exercices récapitulatifs

Les réponses des exercices suivants, à l'exception des exercices notés en rouge, sont données à la fin du volume.

1. Déterminer une équation vectorielle (É.V.), des équations paramétriques (É.P.) et une équation cartésienne (É.C.) des plans suivants.

a) π passe par l'origine et par les points P(1, -4, 6) et Q(5, 0, 2).

b) π passe par les deux droites parallèles distinctes suivantes.

$D_1: (x, y, z) = (-1, 4, 3) + t_1(2, 5, -3)$, où $t_1 \in \mathbb{R}$

$D_2: (x, y, z) = (1, 7, 0) + t_2(2, 5, -3)$, où $t_2 \in \mathbb{R}$

c) π passe par les deux droites concourantes suivantes.

$$D_1: \frac{x-3}{2} = y + 4 = \frac{z-1}{5}$$

$$D_2: x - 3 = \frac{y+4}{5} = \frac{z-1}{2}$$

d) π passe par P(-3, 8, 5) et contient la droite $D: (x, y, z) = (5, -2, 1) + t(1, -3, 4)$, où $t \in \mathbb{R}$.

e) π passe par P(5, -1, 3) et est parallèle au plan XOZ.

f) π passe par les points P(1, 1, 1), R(4, 3, 0) et S(2, -1, -6).

g) π passe par les points P(0, 0, 1) et Q(3, 0, 0), et est perpendiculaire au plan $\pi_1: 6x + 2y - z + 5 = 0$.

2. Déterminer, si c'est possible, une équation cartésienne (É.C.), une équation normale (É.N.) et l'équation réduite (É.R.) des plans suivants.

a) π passe par P(-2, 5, 4) et a $\vec{n} = 2\vec{i} - 3\vec{j} + \vec{k}$ comme vecteur normal.

b) π passe par l'origine et est parallèle au plan $\pi_2: 7x - 6y + 6z + 1 = 0$.

3. Soit les plans suivants.

$\pi_1: x + 2y + z = 0$

$\pi_2: 2x - y - 8 = 0$

$\pi_3: (x, y, z) = (5, -1, 1) + k_1(5, 1, -1) + k_2(5, 4, 1)$, où k_1 et $k_2 \in \mathbb{R}$

$\pi_4: x + 2y + z - 2 = 0$

$\pi_5: x - 2y + 3z - 10 = 0$

a) Déterminer la position relative des paires de plans suivants et donner une équation vectorielle de la droite d'intersection lorsque les plans sont sécants. Illustrer graphiquement.

i) π_1 et π_2 ii) π_1 et π_4 iii) π_3 et π_5

b) Déterminer l'intersection des triplets de plans suivants et illustrer graphiquement.

i) π_1, π_2 et π_3 ii) π_1, π_3 et π_5 iii) π_1, π_4 et π_5

c) Déterminer l'angle θ ($0° \leq \theta \leq 90°$) formé par les paires de plans suivants.

i) π_1 et π_2 ii) π_1 et π_3 iii) π_2 et π_3

4. Déterminer la position relative des droites et des plans suivants (si la droite est sécante au plan, déterminer le point P d'intersection) et déterminer l'angle θ ($0° \leq \theta \leq 90°$) formé par la droite et le plan. Illustrer graphiquement.

a) $D: 4x - 32 = y + 7 = 6 - 2z$

$\pi: x + 4y - 2z + 5 = 0$

b) $D: (x, y, z) = (5, -2, -2) + t(3, 0, -1)$, où $t \in \mathbb{R}$

$\pi: 2x - y + 5z - 1 = 0$

c) $D: (x, y, z) = (2, -3, 1) + t(-2, 7, -4)$, où $t \in \mathbb{R}$

$\pi: (x, y, z) = (0, 4, -3) + r(-3, 3, 4) + s(-1, -4, 8)$, où r et $s \in \mathbb{R}$

d) $D: \begin{cases} 5x + 2y + z - 15 = 0 \\ 2x + 3y - 4z + 27 = 0 \end{cases}$

$\pi: 3x + 2y - z = 0$

5. Calculer la distance entre les éléments donnés et interpréter le résultat.

a) $P(-4, 5, 1)$ et $\pi: 6x - 2y + 3z - 4 = 0$

b) $P(2, -15, 8)$ et

$\pi: (x, y, z) = \vec{i} - 3\vec{j} + 5\vec{k} + k_1(2, 0, -3) + k_2(1, 4, -3)$, où k_1 et $k_2 \in \mathbb{R}$

c) $D: \dfrac{x + 1}{2} = \dfrac{y - 5}{3} = z$ et

$\pi: x - y + z = 0$

d) $D: (x, y, z) = 3\vec{i} + 8\vec{j} - 6\vec{k} + t(5, 2, -3)$, où $t \in \mathbb{R}$, et

$\pi: \begin{cases} x = 1 - 2k_1 + 3k_2 \\ y = 3 + k_1 \\ z = -2 - k_2 \end{cases}$, où k_1 et $k_2 \in \mathbb{R}$

e) $\pi_1: (x, y, z) = 3\vec{i} + \vec{j} - 2\vec{k} + k_1(-2, 1, 1) + k_2(1, 1, -2)$, où k_1 et $k_2 \in \mathbb{R}$, et

$\pi_2: \begin{cases} x = 5 + 9k_3 + 5k_4 \\ y = -1 - 3k_3 - k_4 \\ z = -2 - 6k_3 - 4k_4 \end{cases}$, où k_3 et $k_4 \in \mathbb{R}$

f) $\pi_1: x + y - z + 4 = 0$ et

$\pi_2: 3x + 3y - 3z - 1 = 0$

6. Soit $\pi_1: 2x - y + 2z + 3 = 0$ et

$\pi_2: 6x + 2y - 3z - 4 = 0$.

Déterminer, si c'est possible, une équation

a) du faisceau F de plans, défini par π_1 et π_2 ;

b) du plan π_3 du faisceau F si $k_1 = 1$ et $k_2 = -1$;

c) du plan π_4 du faisceau F si $k_1 = 2$ et $k_2 = 1$, et préciser à quel axe π_4 est parallèle et à quel plan il est perpendiculaire ;

d) du plan π_5 du faisceau F qui est parallèle à l'axe des z ;

e) du plan π_6 du faisceau F qui passe par le point $P(6, 3, 1)$;

f) du plan π_7 du faisceau F qui passe par l'origine ;

g) du plan π_8 du faisceau F qui est perpendiculaire à π_1 ;

h) des plans π_9 et π_{10} du faisceau F qui sont bissecteurs des angles formés par π_1 et π_2 ;

i) du plan π_{11} du faisceau F qui est parallèle au plan $\pi: 2x - 11y + 20z + 9 = 0$;

j) du plan π_{12} du faisceau F qui est parallèle au plan XOY ;

k) symétrique de la droite D définie par l'intersection des plans du faisceau F.

7. Soit le plan $\pi: 2x + by + cz - 12 = 0$. Déterminer, si c'est possible, les valeurs de b et c si

a) π coupe l'axe des y en 3 ;

b) π coupe l'axe des x en 4 ;

c) π coupe l'axe des z en -2 ;

d) π coupe l'axe des x et des y à la même valeur ;

e) π coupe l'axe des y et des z à la même valeur ;

f) π coupe l'axe des x, des y et des z à la même valeur ;

g) π est parallèle au plan $\pi_1: x - 2y + 4z + 2 = 0$;

h) π est perpendiculaire à $\vec{n} = 3\vec{i} - 4\vec{j} + 7\vec{k}$;

i) π passe par l'origine ;

j) π passe par $A(-3, 1, 5)$;

k) π est parallèle à l'axe des z ;

l) π est parallèle au plan XOZ ;

m) π est parallèle au plan YOZ ;

n) π contient l'axe des x.

8. Déterminer, si c'est possible, les valeurs de a telles que

a) $\pi_1 \perp \pi_2$, où $\pi_1: x - y + az = 0$ et $\pi_2: 3x - 4y + 5z - 1 = 0$;

b) la distance entre le point $P(3, -4, 1)$ et le plan $\pi: 2x - 4y + 4z - a = 0$ est de 3,5 unités ;

c) la droite $D \subset \pi$, où

$$D: \begin{cases} x = 3 + 2t \\ y = 5 + 5t, \text{ où } t \in \mathbb{R}, \text{ et} \\ z = -1 + t \end{cases}$$

$\pi: 2x + y - 9z - a = 0$;

d) $\pi_1 /\!/ \pi_2$, où $\pi_1: 3x - 4y + 3z + 5 = 0$ et $\pi_2: ax + 8y - az + 2 = 0$;

e) le plan $\pi: 2x - y + 2z - a = 0$ est tangent à la sphère définie par $(x - 3)^2 + y^2 + (z + 4)^2 = 16$.

9. Soit $\pi_1: 4x - 6y - 3z - 3 = 0$ et
$\pi_2: 6x - 9y + cz - d = 0$.

Déterminer les valeurs de c et d

a) si $\pi_1 \perp \pi_2$;

b) si π_1 et π_2 sont parallèles confondus;

c) si $d(\pi_1, \pi_2) = 4$ unités;

d) si la droite d'intersection D des plans π_1 et π_2 est définie par
$D: (x, y, z) = (0, -1, 1) + t(3, 2, 0)$, où $t \in \mathbb{R}$.

10. Soit $\pi_1: x + 2y + 3z = 1$, $\pi_2: ax - y - 9z = 7$ et
$\pi_3: 2x + y - 3z = b$.

a) Déterminer les valeurs de a et b si les trois plans engendrent un faisceau F de plans.

b) Déterminer une équation cartésienne du plan π qui passe par l'origine et qui est perpendiculaire à tous les plans de F.

11. Soit $\pi: 2x - 3y + z + 2 = 0$. Déterminer et illustrer la projection orthogonale sur π de

a) $P(8, -4, -2)$;

b) $D_1: (x, y, z) = (8, -4, -2) + t(10, -9, 9)$, où $t \in \mathbb{R}$;

c) $D_2: (x, y, z) = (3, -2, 0) + s(2, -3, 1)$, où $s \in \mathbb{R}$.

12. Déterminer et identifier le lieu géométrique des points situés

a) à égale distance des points $P(-3, 5, 7)$ et $Q(5, -3, 9)$;

b) à 5 unités au-dessus du plan XOY;

c) à 7 unités derrière le plan YOZ;

d) à 4 unités du plan $y - 1 = 0$;

e) à égale distance des plans
$\pi_1: x - 2y - 2z - 1 = 0$ et
$\pi_2: x + y + 4z + 1 = 0$.

13. Donner les huit positions relatives de trois plans dans l'espace cartésien, représenter graphiquement ces positions et déterminer le nombre de régions engendrées dans chaque cas.

14. Répondre par vrai (V) ou faux (F) et justifier la réponse, sachant que les droites D et les plans π sont dans l'espace cartésien.

a) Si $\pi_1 \perp \pi$ et $\pi_2 \perp \pi$, alors $\pi_1 /\!/ \pi_2$.

b) Si $\pi_1 \perp \pi$ et $\pi_2 \perp \pi$, alors $\pi_1 \perp \pi_2$.

c) Si $D /\!/ \pi_1$ et $D /\!/ \pi_2$, alors $\pi_1 /\!/ \pi_2$.

d) Si $D \perp \pi_1$ et $D \perp \pi_2$, alors $\pi_1 /\!/ \pi_2$.

e) Si $D_1 \perp \pi$ et $D_2 \perp \pi$, alors $D_1 /\!/ D_2$.

f) Si $\pi_1 /\!/ \pi_2$ et $D \subset \pi_1$, alors $D /\!/ \pi_2$.

g) Si $\pi_1 /\!/ \pi_2$, $D_1 \subset \pi_1$ et $D_2 \subset \pi_2$, alors $D_1 /\!/ D_2$.

h) Si $\pi_1 \perp \pi_2$, $D_1 \subset \pi_1$ et $D_2 \subset \pi_2$, alors $D_1 \perp D_2$.

i) Si $\pi_1 \not\parallel \pi_2$, alors il existe une droite D telle que $D /\!/ \pi_1$ et $D /\!/ \pi_2$.

j) Si D_1 et D_2 sont gauches, alors il existe un plan π tel que $D_1 \subset \pi$ et $D_2 \subset \pi$.

15. Répondre par vrai (V) ou faux (F), sachant que les droites suivantes sont des droites de l'espace cartésien.

a) Si une droite est perpendiculaire à une droite d'un plan, alors elle est perpendiculaire à ce plan.

b) Si une droite est perpendiculaire à deux droites parallèles non confondues d'un plan, alors cette droite est perpendiculaire au plan.

c) Si une droite est perpendiculaire à deux droites non parallèles d'un plan, alors cette droite est perpendiculaire au plan.

d) Si une droite est perpendiculaire à un plan, alors elle est perpendiculaire à tout plan parallèle à ce plan.

e) Deux droites perpendiculaires à un même plan peuvent être perpendiculaires entre elles.

f) Par un point, il passe une seule droite perpendiculaire à un plan donné.

g) Si un plan contient une droite perpendiculaire à un autre plan, alors ces deux plans sont obligatoirement perpendiculaires.

h) Si deux plans sont perpendiculaires, alors toute droite parallèle à l'un est perpendiculaire à l'autre.

i) Trois points distincts de l'espace cartésien définissent un seul plan.

j) Si deux droites sont non coplanaires, alors elles n'ont aucun point commun.

k) Il existe un seul plan contenant deux droites parallèles.

l) Si deux droites n'ont aucun point commun, alors elles sont non coplanaires.

m) Si une droite et un plan n'ont aucun point commun, alors ils sont parallèles.

16. Déterminer l'équation de la sphère S de centre C(3, -5, 7) telle que le plan $\pi: 6x - 7y - 6z - 132 = 0$ est tangent à cette sphère.

17. Soit la sphère S, définie par $x^2 + y^2 + z^2 - 2x - 6y + 8z - 23 = 0$.
Déterminer

a) le centre C et le rayon r de S;

b) une équation cartésienne du plan π_1 tangent à la sphère au point P(3, -3, -1);

c) une équation cartésienne du plan π_2 tangent à la sphère au point Q(-1, 9, -7);

d) $d(\pi_1, \pi_2)$;

e) en quel point P de la sphère le plan $\pi: 3x + 2y + 6z + 64 = 0$ est tangent à la sphère;

f) et identifier $S \cap \pi_{XOY}$;

g) et identifier $S \cap \pi$, où $\pi: y - 10 = 0$;

h) $S \cap \pi$, où $\pi: z - 4 = 0$;

i) et identifier l'intersection de S avec l'axe des x; l'axe des y; l'axe des z.

Problèmes de synthèse

Les réponses des problèmes suivants, à l'exception des problèmes notés en rouge, sont données à la fin du volume.

1. Déterminer une équation des plans suivants sous la forme demandée.

É.C. : équation cartésienne

É.V. : équation vectorielle

É.P. : équations paramétriques

É.N. : équation normale

É.R. : équation réduite

a) π passe par l'origine, où $\vec{u_1} = \vec{i} - \vec{k}$ et $\vec{u_2} = \vec{j} + \vec{k}$ sont des vecteurs directeurs de π. (É.P.)

b) π contient les deux droites suivantes.

$D_1: 3 - x = \dfrac{y+5}{2} = \dfrac{11-z}{5}$

$D_2: (x, y, z) = (8, -5, 20) + s(3, -1, 7)$, où $s \in \mathbb{R}$ (É.R.)

c) π passe par les points A(2, -1, 5) et B(0, 4, 7), et est perpendiculaire au plan $\pi_2: 2x - 3y + 4z - 1 = 0$. (É.V.)

d) π passe par le point A(1, -2, 3) et est perpendiculaire à la droite passant par les points P(-2, 0, 4) et Q(5, 1, -2). (É.N.)

e) π passe par le point milieu du segment de droite AB, où A(6, 0, -1) et B(8, -10, 5), et est perpendiculaire au plan

$\pi_1: 2x - 3y - z - 1 = 0$ et au plan

$\pi_2: 5x - 6y - 2z + 4 = 0$. (É.C.)

f) π passe par l'origine, par le point P(4, -5, 2) et par le point d'intersection des plans π_1, π_2 et π_3 suivants.

$\pi_1: 4x - z - 1 = 0$

$\pi_2: 2x - 3y + 4 = 0$

$\pi_3: 5y - 2z - 4 = 0$ (É.N.)

g) π passe par les points P(a, b, c), Q(b, c, a) et R(c, a, b), trois points d'un plan tels que $(a + b + c) > 0$. (É.R.)

2. À l'aide d'un déterminant, écrire une équation du plan passant par Q(2, 1, 0), par R(1, 1, 1) et par

a) l'origine;

b) A(-7, 6, 3).

3. Soit les plans π_1 et π_2.

$$\pi_1: \begin{cases} x = -4 - 5t_1 - s_1 \\ y = 8 + 4s_1 \\ z = 10 + 10t_1 + 3s_1 \end{cases}, \text{ où } t_1 \text{ et } s_1 \in \mathbb{R}$$

$$\pi_2: \begin{cases} x = 4 + 5t_2 + 2s_2 \\ y = 1 - 3s_2 \\ z = -2 - 10t_2 + s_2 \end{cases}, \text{ où } t_2 \text{ et } s_2 \in \mathbb{R}$$

a) Donner une équation du faisceau F de plans défini par π_1 et π_2.

b) Déterminer un vecteur directeur unitaire de la droite D d'intersection des plans π_1 et π_2.

c) Donner une équation du plan du faisceau si ce plan passe par P(-1, 3, 5).

d) Existe-t-il un plan du faisceau qui soit parallèle au plan XOY ?

4. Soit $D_1: (x, y, z) = (-4, 1, 0) + s(2, 1, -6)$, où $s \in \mathbb{R}$,

et $D_2: \dfrac{x+1}{-4} = y - 1 = \dfrac{z+4}{3}$.

Déterminer et identifier le lieu géométrique de tous les points P(x, y, z) qui se déplacent de façon que le vecteur $\overrightarrow{QP}$, où Q(1, -2, 5), est perpendiculaire

a) aux droites D_1 et D_2;

b) à la droite D_1.

5. Déterminer et identifier le lieu géométrique

a) engendré par une combinaison linéaire de $\overrightarrow{PQ}$ et de $\overrightarrow{PR}$ si P(-4, 2, 5), Q(0, 8, 3) et R(-14, -13, 10);

b) engendré par une combinaison linéaire de $\overrightarrow{PQ}$ et de $\overrightarrow{PR}$ si P(-4, 2, 5), Q(0, 8, 3) et R(-13, -14, 10);

10

c) défini par $\begin{bmatrix} 1 & 2 & 3 \\ 1 & 1 & 1 \end{bmatrix}\begin{bmatrix} x \\ y \\ z \end{bmatrix} = \begin{bmatrix} 4 \\ 6 \end{bmatrix}$;

d) des points situés à 5 unités de chacune des droites suivantes;

$D_1: (x, y, z) = (0, 0, 7) + t_1(0, 0, 1)$, où $t_1 \in \mathbb{R}$

$D_2: (x, y, z) = (-1, 7, 3) + t_2(0, 0, 1)$, où $t_2 \in \mathbb{R}$

$D_3: (x, y, z) = (6, 8, -2) + t_3(0, 0, 1)$, où $t_3 \in \mathbb{R}$

e) défini par les points P(3, -1, 2), Q(-2, 0, 5) et R(*x*, *y*, *z*) tels que

i) $\overrightarrow{PR} \perp \overrightarrow{PQ}$;
ii) $\overrightarrow{PR} \perp \overrightarrow{PQ}$ et $\|\overrightarrow{PR}\| = 1$;

iii) $\|\overrightarrow{PR}\| = \|\overrightarrow{PQ}\|$;
iv) $\|\overrightarrow{PR}\| = \|\overrightarrow{RQ}\|$.

6. Soit la matrice $A = \begin{bmatrix} 1 & -3 & 1 \\ 2 & 2 & -1 \\ 1 & -5 & 3 \end{bmatrix}$.

a) Déterminer l'inverse de la matrice *A*.

b) Utiliser la méthode de la matrice inverse pour résoudre le système suivant

$$\begin{cases} x - 3y + z = 2 \\ 2x + 2y - z = 4 \\ x - 5y + 3z = 6 \end{cases}$$

et donner la position relative des trois plans.

c) Déterminer les valeurs de *a*, tel que le plan d'équation $ax + 10y + 3z = a^2$ passe par l'intersection des plans donnés en b).

7. Résoudre les systèmes d'équations linéaires suivants et interpréter le résultat.

a) $\begin{cases} x - z = 0 \\ x - y = 0 \\ y - z = 0 \end{cases}$

b) $\begin{cases} x + y - 1 = 0 \\ y + z - 1 = 0 \\ x + z - 1 = 0 \end{cases}$

c) $\begin{cases} x - y + z = 4 \\ 2x + y - z = -1 \\ x + 2y - 2z = 5 \end{cases}$

8. Soit les plans suivants.

$\pi_1: 3x + y - 1 = 0$

$\pi_2: 15x + 4y - 3z + 5 = 0$

$\pi_3: 13x + 6y + 5z - 21 = 0$

$\pi_4: x - y - 4z + 13 = 0$

Vérifier si les quatre plans précédents passent par une même droite D; si oui, déterminer une équation de D.

9. Soit le point Q(-2, 1, -5) et les droites D_1 et D_2.

$D_1: (x, y, z) = (1, 2, 0) + s(-1, 3, -4)$, où $s \in \mathbb{R}$

$D_2: (x, y, z) = (1, 2, 0) + t(1, -2, 3)$, où $t \in \mathbb{R}$

Déterminer le point

a) $P_1 \in D_1$ le plus près de Q;

b) $P_2 \in D_2$ le plus près de Q;

c) $P_3 \in \pi$ le plus près de Q, où π est le plan contenant D_1 et D_2.

10. Vérifier si les points A, B, C et D donnés sont coplanaires. Si oui, calculer l'aire du quadrilatère ABCD; sinon, calculer le volume du tétraèdre ABCD et donner la hauteur h_A issue du sommet A de ce tétraèdre.

a) A(2, -3, 3), B(7, -1, 6), C(5, 0, -4) et D(10, 2, -1)

b) A(3, -2, 0), B(1, 5, -2), C(-2, 4, 4) et D(2, 1, 1)

11. Soit les points P(2, -3, 4), Q(1, 3, 2) et R(4, 1, 1). Calculer l'aire

a) du triangle PQR;

b) du triangle formé par les points de projection orthogonale de P, Q et R dans le plan

i) YOZ;

ii) $\pi_1: 10x + 7y + 16z = 0$;

iii) $\pi_2: 3x - 2y - z - 1 = 0$.

12. Soit $\pi_1: x + y + z - 1 = 0$ et

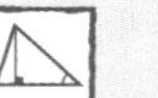

$\pi_2: x + y + z - 2 = 0$.

Représenter les lieux L_1 et L_2 définis respectivement par π_1 et par π_2 lorsque $x \geq 0$, $y \geq 0$ et $z \geq 0$, et calculer le volume V de la région comprise entre L_1 et L_2.

13. Soit $\pi_1: \frac{x}{2} + \frac{y}{3} + \frac{z}{4} = 1$ et $\pi_2: 5x + 4y + 10z = 20$.

a) Déterminer l'équation vectorielle de la droite D d'intersection des plans π_1 et π_2.

b) Représenter π_1, π_2 et D dans le premier octant.

c) Déterminer les coordonnées du point d'intersection,

i) P, du plan XOZ avec D;

ii) Q, du plan YOZ avec D;

iii) R, de π_2 et de l'axe des *z*;

iv) S, de π_1 et de l'axe des *z*;

d) Calculer le volume V du tétraèdre de sommets P, Q, R et S.

14. Décrire et représenter graphiquement les lieux géométriques suivants.

a) $x = 3$, dans $\mathbb{R}$

b) $x = 3$, dans $\mathbb{R}^2$

c) $x = 3$, dans $\mathbb{R}^3$

d) $x = 3$ et $y = 2$, dans $\mathbb{R}^2$

e) $x = 3$ et $y = 2$, dans $\mathbb{R}^3$

f) $x = y$, dans $\mathbb{R}^2$

g) $x = y$, dans $\mathbb{R}^3$

h) $x^2 = 1$, dans $\mathbb{R}$

i) $x^2 + y^2 = 1$, dans $\mathbb{R}^2$

j) $x^2 + y^2 + z^2 = 1$, dans $\mathbb{R}^3$

15. Répondre par vrai (V) ou faux (F), sachant que les droites suivantes sont des droites de l'espace cartésien.

a) Si une droite est parallèle à deux droites parallèles d'un plan, alors elle est parallèle à ce plan.

b) Deux droites parallèles chacune à un même plan sont parallèles entre elles.

c) Si D_1 et D_2 sont deux droites parallèles à un même plan, alors D_1 et D_2 peuvent être concourantes.

d) Il existe une seule droite passant par un point donné et parallèle à une droite donnée.

e) Il existe une seule droite passant par un point donné et parallèle à un plan donné.

f) Il existe un seul plan contenant un point donné et parallèle à une droite donnée.

g) Il existe un seul plan contenant un point donné et parallèle à un plan donné.

h) Si deux droites contenues dans deux plans distincts sont concourantes, alors ces deux plans sont non parallèles.

i) Si deux droites non parallèles sont contenues dans deux plans distincts, alors ces deux droites sont concourantes.

j) Si deux droites gauches sont contenues dans deux plans distincts, alors ces deux plans peuvent être parallèles.

k) Si deux droites distinctes d'un plan π_1 sont parallèles à un plan π_2, alors les deux droites sont parallèles.

l) Deux plans ayant trois points en commun sont confondus.

m) Une droite parallèle à deux plans sécants est parallèle à leur intersection.

16. Déterminer une équation de la droite D passant par le point P(4, 0, -3), qui est parallèle au plan π: $-2x + y - 5z - 4 = 0$ et qui est perpendiculaire à la droite D_1 : $(x, y, z) = (3, 5, -1) + t(3, 1, -1)$, où $t \in \mathbb{R}$.

17. Soit les droites suivantes.

$$D_1 : \frac{x-1}{4} = \frac{1-y}{5} = \frac{z+1}{2}$$

$$D_2 : \frac{x+3}{4} = \frac{-y}{2} = \frac{3-z}{1}$$

a) Déterminer le point d'intersection P des deux droites.

b) Déterminer une équation cartésienne du plan π contenant les droites D_1 et D_2.

c) Trouver les coordonnées de Q, le point d'intersection du plan π et de la droite D_3.

D_3: $(x, y, z) = (1, -2, 13) + t(1, -1, 3)$, où $t \in \mathbb{R}$

d) Trouver les coordonnées des points S si le triangle PQS est perpendiculaire à π et que $\|\overrightarrow{PS}\| = \|\overrightarrow{QS}\| = 13$ unités.

18. Soit π_1 et π_2, deux plans perpendiculaires. Le triangle ABC rectangle en A est situé dans π_1 et le carré BCDE est situé dans π_2. Calculer $\|\overrightarrow{AD}\| + \|\overrightarrow{AE}\|$ au dixième près, sachant que $\|\overrightarrow{AB}\| = 8$ cm et que $\|\overrightarrow{AC}\| = 6$ cm.

19. Soit le cube de sommets A, B, C, D, E, F, G et H. Soit M, N, P, Q, R et S, les points milieux respectifs des arêtes AB, BC, CG, GH, HE et EA.

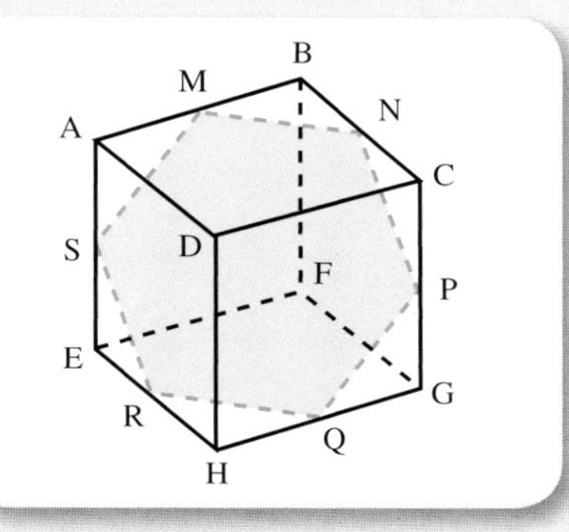

Démontrer que les points M, N, P, Q, R et S sont situés dans un même plan.

20. Soit $\vec{r} = x\vec{i} + y\vec{j} + z\vec{k}$ et les plans

$\pi_1 : \vec{r} \cdot (3\vec{i} - \vec{j} + 2\vec{k}) = 1$;

$\pi_2 : \vec{r} \cdot (-2\vec{i} + \vec{j} - 5\vec{k}) = 4$ et

$\pi_3 : \vec{r} \cdot (-4\vec{i} + \vec{j} + \vec{k}) = c$, où $c \in \mathbb{R}$.

a) Déterminer une équation vectorielle de la droite d'intersection D entre π_1 et π_2.

10

b) Trouver un point $P(p_1, p_2, p_3)$ de la droite D précédente, tel que p_1, p_2 et $p_3 \in \mathbb{Z}$.

c) Démontrer que la droite D est toujours parallèle à π_3 et déterminer la position relative de D et de π_3 selon les valeurs de c.

d) Calculer $d(D, \pi_3)$ lorsque $c = 5$.

e) Déterminer la valeur de c pour laquelle il y a une intersection non vide entre les plans π_1, π_2 et π_3, et déterminer la nature de cette intersection.

21. Soit les points $P(1, -1, 2)$, $Q(3, 0, 1)$ et $R(2, b, 0)$, où $-2 < b < 2$.

a) Déterminer une équation cartésienne du plan π contenant P, Q et R, sachant que
$\angle PQR = \text{Arc cos}\left(\frac{\sqrt{2}}{3}\right)$.

b) Déterminer l'aire A du triangle PQR.

c) Déterminer une équation vectorielle de la droite D passant par P et qui est perpendiculaire au plan π.

d) Soit $S(5, -7, 4)$, un point de D. Déterminer le volume de la pyramide PQRS.

22. Déterminer l'expression générale des vecteurs $\vec{v}$ parallèles au plan défini par les vecteurs $\vec{u_1} = 2\vec{i} - \vec{j} + 3\vec{k}$ et $\vec{u_2} = \vec{i} + 3\vec{j} + 5\vec{k}$, telle que $\vec{v}$ est perpendiculaire au vecteur $\vec{s} = 3\vec{i} + \vec{j} - 2\vec{k}$.

23. Soit le plan $\pi: x - y + z = 0$.

a) Trouver une base orthonormée $\{\vec{v_1}, \vec{v_2}\}$ de π.

b) Déterminer un vecteur $\vec{v_3}$ tel que $\{\vec{v_1}, \vec{v_2}, \vec{v_3}\}$ est une base orthonormée de $\mathbb{R}^3$.

c) Soit $B = \{\vec{e_1}, \vec{e_2}, \vec{e_3}\}$, une base de $\mathbb{R}^3$. En enlevant un vecteur de B, est-il possible de former une base de π ? Justifier la réponse.

d) Démontrer que
$V = \{(x, y, z) \in \mathbb{R}^3 \mid x - y + z = 0\}$
est un sous-espace vectoriel de $\mathbb{R}^3$.

24. Déterminer l'équation des sphères de rayon 2 tangentes au plan $\pi: x + 2y - 2z + 4 = 0$ au point $P(-2, 3, 4)$.

25. Soit $S_1: (x - 8)^2 + (y - 1)^2 + (z - 3)^2 = 9$ et
$S_2: x^2 + y^2 + z^2 - 10x - 14y + 6z + 47 = 0$.

a) Vérifier que les deux sphères sont tangentes.

b) Déterminer le point d'intersection P des deux sphères.

c) Déterminer une équation cartésienne du plan π tangent aux deux sphères au point d'intersection de S_1 et de S_2.

Chapitre 11 Nombres complexes

Dominique Parent

Dans ce chapitre, nous étudierons les nombres complexes, qui sont une extension des nombres réels. Avec ces nombres, nous pouvons résoudre certaines équations algébriques, telles que $x^2 + 1 = 0$, qui n'ont pas de zéro réel. Nous étudierons d'abord les nombres complexes sous la forme binomiale $a + bi$, où a et b sont des nombres réels quelconques et $i^2 = -1$, et nous représenterons ces nombres complexes dans le plan d'Argand. Après avoir défini le module et l'argument d'un nombre complexe, nous présenterons les nombres complexes sous forme trigonométrique et sous forme exponentielle. Notons qu'il n'y a pas de relation d'ordre entre les nombres complexes, car ces nombres ne peuvent pas être représentés comme les points d'une droite.

En particulier, l'élève pourra résoudre le problème suivant.

Déterminer et représenter graphiquement

a) Les racines cubiques de -27 ;

b) Les racines cinquièmes de 1024 ;

c) Les racines sixièmes de -64 ;

d) Les racines quatrièmes de $-i$;

e) Les racines cubiques de $(-1 - \sqrt{3}i)$;

f) Les racines cubiques de $(-4\sqrt{3} + 4i)$.

(Exercices récapitulatifs, n° 15, page 435)

Perspective historique

De l'impensable à l'imaginaire, puis à une certaine réalité géométrique

Depuis le début de notre ère, les mathématiciens savent que certaines équations du 2e degré n'ont pas de solutions. Que ce soit Diophante (v. 325 - v. 410) à la fin de l'Antiquité, al-Khârizmi (v. 780 - v. 850) dans le monde arabe, Bhaskara (1114-1185) en Inde, Luca Pacioli (1445-1517) ou Nicolas Chuquet (1445-1488) au début de la Renaissance en Europe, tous connaissent les conditions qui font qu'une équation du 2e degré n'a pas de racines. Toutefois, contrairement à ce qu'on entend souvent, ce n'est pas dans le cadre de la résolution des équations du 2e degré que les nombres complexes apparaissent comme entités mathématiques. Il fallait avoir un besoin et un avantage évidents pour regarder de plus près ces solutions impossibles qui impliquaient la racine carrée d'un nombre négatif.

L'occasion s'est d'abord présentée au médecin mathématicien Jérôme Cardan (1501-1576) dans son étude de 1545 sur la résolution des équations du 3e degré. Le procédé qu'il met au point pour déterminer les racines nécessite, à une certaine étape, de trouver deux nombres dont on connaît la différence et le produit, eux-mêmes calculés à partir des coefficients de l'équation. En faisant l'étude de ce type de problèmes, Cardan donne un exemple où il faut trouver deux nombres dont la somme est 10 et le produit, 40. Ces deux nombres se révèlent être $5 + \sqrt{-15}$ et son conjugué, $5 - \sqrt{-15}$. « Mettant de côté les tortures mentales impliquées », Cardan vérifie par un calcul direct que la somme et le produit de ces nombres sont bien respectivement 10 et 40. Selon sa méthode de résolution des équations du 3e degré, ce genre de calculs peut mener à au moins une solution réelle.

DEMONSTRATIO

Vt igitur regulæ uerus pateat intellectus, sit A B linea, quę dicatur 10, diuidenda in duas partes, quarũ rectangulum debeat esse 40, est aũt 40 q̃druplũ ad 10, quare nos uolumus quadruplum totius A B, igitur fiat A D, quadratum A C, dimidij A B, & ex A D auferatur quadruplum A B, absq; numero, ℞ igitur residui, si aliquid maneret, addita & detracta ex A C, ostenderet partes, at quia tale residuum est minus, ideo imaginaberis ℞ m: 15, id est differentiæ A D, & quadrupli A B, quam adde & minue ex A C, & habebis quæsitum, scilicet 5 p: ℞ v: 25 m: 40, & 5 m: ℞ v: 25 m: 40, seu 5 p: ℞ m: 15, & 5 m: ℞ m: 15, duc 5 p: ℞ m: 15 in 5 m: ℞ m: 15, dimissis incruciationibus, fit 25 m: m: 15, quod est p: 15, igitur hoc productum est 40, natura tamẽ A D, non est eadem cũ natura 40, nec A B, quia superficies est remota à natura numeri, & lineæ, proximius tamẽ huic quantitati, quę uere est sophistica, quoniam per eam, non ut in puro m: nec in alijs, operationes exercere licet, nec uenari quid sit est, ut addas quadratum medietatis numeri numero producendo, & à ℞ aggregati minuas ac addas dimidium diuidendi. Exemplũ, in hoc casu, diuide 10 in duas partes, producentes 40, adde 25 quadratũ dimidij 10 ad 40, fit 65, ab huius ℞ minue 5, & adde etiam 5, habebis partes secundum similitudinem, ℞ 65 p: 5 & ℞ 65 m: 5. At hi numeri differunt in 10, non iuncti faciunt 10, sed ℞ 260, & hucusq; progreditur Arithmetica subtilitas, cuius hoc extremum ut dixi, adeo est subtile, ut sit inutile.

A, C, B, 25, D

5 p: ℞ m: 15
5 m: ℞ m: 15
25 m: m: 15 q̃d. est 40

La page de l'*Ars Magna* (1545) de Cardan où ce dernier se prononce sur les tortures mentales associées à l'utilisation des nombres complexes.

Quelques années plus tard, Rafael Bombelli (v. 1526 - v. 1572), un compatriote de Cardan, le montre explicitement en s'intéressant à l'équation $x^3 = 15x + 4$ dont la racine réelle est 4. Ainsi, le calcul sur ces nombres, qui, *a priori*, n'ont pas de sens, permet tout de même d'obtenir une solution sensée. Bombelli suggère même d'accepter ces nombres comme solutions possibles des équations du 2e degré. Son approche est purement algébrique et symbolique. En 1629, Albert Girard (1590-1633) accepte ces solutions impossibles afin de pouvoir dire que toute équation algébrique a autant de racines que le degré de l'équation : « On pourroit dire à quoy sert ces solutions qui sont impossibles, je respond pour trois choises, pour la certitude de la règle générale, et qu'il ny (*sic*) a point d'autres solutions, et pour son utilité. » Il est tout de même révélateur qu'il appelle ces solutions des solutions « inexplicables ». En 1637, René Descartes (1596-1650) qualifiera ces solutions d'« imaginaires ». Le terme « nombres complexes » sera introduit par Carl Friedrich Gauss (1777-1855) en 1832 pour distinguer les nombres de la forme $a + b\sqrt{-1}$ de ceux de la forme $a\sqrt{-1}$ qui, eux, garderont l'appellation de nombres imaginaires.

Tout au long du XVIIIe siècle, les nombres complexes seront étudiés dans un cadre purement formel, par des manipulations symboliques. Ainsi, des relations surprenantes s'établissent entre les fonctions trigonométriques, l'exponentiation et les nombres complexes.

Malgré tous ces progrès remarquables à bien des égards, la légitimité de l'usage des nombres complexes en tant que nombres reste en suspens. Les nombres réels prennent leur sens dans la mesure des grandeurs géométriques. La légitimation de l'usage des nombres complexes ne peut se faire uniquement en précisant des règles de manipulations symboliques. Dans cet esprit, les travaux de Jean-Robert Argand (1768-1822) suscitent beaucoup d'intérêt et de discussions. Argand voit $\sqrt{-1}$ comme la moyenne proportionnelle entre 1 et -1, autrement dit $\sqrt{-1}$ est tel que 1 est à $\sqrt{-1}$ ce que $\sqrt{-1}$ est à -1. Dès lors, en représentant $\sqrt{-1}$ comme un segment unitaire perpendiculaire à l'origine de l'axe des x, au-dessus de l'axe, et en interprétant le « est à » comme une relation angulaire, on a que 1 est à $\sqrt{-1}$ ce que $\sqrt{-1}$ est à -1. Autrement dit, l'angle de 1 à $\sqrt{-1}$ est le même que celui de $\sqrt{-1}$ à -1. Ainsi prend forme ce que nous appelons dans ce chapitre le plan d'Argand. Ce qui semble étonnant au premier abord, c'est que toutes les formules trouvées de façon purement symbolique au XVIIIe siècle sont cohérentes avec la représentation géométrique.

Exercices préliminaires

1. Soit les points P(3, 2) et R(-2, -3) ci-contre.

Déterminer :

a) θ

b) β

c) $\|\overrightarrow{OP}\|$

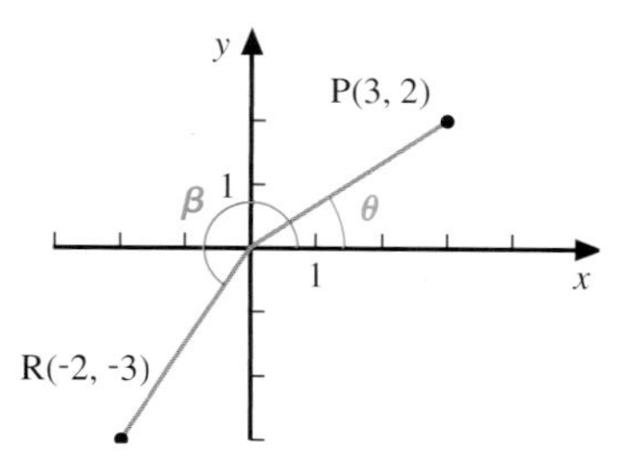

2. Compléter

a) $\sin(A + B) =$ ______

b) $\sin(A - B) =$ ______

c) $\cos(A + B) =$ ______

d) $\cos(A - B) =$ ______

3. Résoudre, si c'est possible, les équations suivantes, où $x \in \mathbb{R}$.

a) $x^2 - 1 = 0$ b) $x^2 + 1 = 0$

4. Résoudre, si c'est possible, les équations suivantes avec la formule quadratique, où $x \in \mathbb{R}$.

a) $x^2 - 8x + 6 = 0$ b) $x^2 - 4x + 6 = 0$

11.1 Opérations sur les nombres complexes

Objectifs d'apprentissage

À la fin de cette section, l'élève pourra effectuer différentes opérations sur les nombres complexes.

Plus précisément, l'élève sera en mesure

- de donner la définition du nombre i ;
- de donner la définition d'un nombre complexe ;
- d'effectuer les opérations suivantes : addition, soustraction, multiplication et division de deux nombres complexes.

$$(a + bi) + (c + di) = (a + c) + (b + d)i$$

$$(a + bi) - (c + di) = (a - c) + (b - d)i$$

$$(a + bi)(c + di) = (ac - bd) + (ad + bc)i$$

$$\frac{a + bi}{c + di} = \frac{ac + bd}{c^2 + d^2} + \frac{bc - ad}{c^2 + d^2}i$$

Dans cette section, nous définirons les nombres complexes et les opérations addition, soustraction, multiplication et division effectuées sur ces nombres.

Définition de nombres complexes

DÉFINITION 11.1 Le **nombre *i*** est un nombre tel que $i^2 = -1$.

$i^2 = -1$
$i^3 = -i$
$i^4 = 1$
$i^5 = i$

Exemple 1 Déterminons les puissances de i suivantes.

a) $i^3 = i^2 i = -1i = -i$

b) $i^4 = i^2 i^2 = (-1)(-1) = 1$

c) $i^5 = i^4 i = (i^2)^2 i = (-1)^2 i = i$

d) $i^6 = (i^2)^3 = (-1)^3 = -1$

e) $i^{19} = (i^2)^9 i = (-1)^9 i = -i$

f) $i^{70} = (i^2)^{35} = (-1)^{35} = -1$

Remarque Nous devons toujours exprimer i^n, où $n \in \mathbb{Z}$, en fonction de $\pm i$ ou de ± 1.

DÉFINITION 11.2 Un nombre de la forme $z = a + bi$, où a et $b \in \mathbb{R}$, est appelé **nombre complexe**, où a est la partie réelle, notée $\text{Re}(z)$, et b est la partie imaginaire, notée $\text{Im}(z)$, du nombre complexe z.

Lorsqu'on écrit $z = a + bi$, où a et $b \in \mathbb{R}$, on dit que le nombre complexe z est exprimé sous forme binomiale ou sous forme algébrique.

L'ensemble $\mathbb{C}$ de tous les nombres complexes, exprimés sous forme binomiale, est défini par

$$\mathbb{C} = \{a + bi \mid a \text{ et } b \in \mathbb{R} \text{ et } i^2 = -1\}$$

À moins d'avis contraire, lorsque $z = a + bi$, nous avons a et $b \in \mathbb{R}$.

11

Remarque Soit le nombre complexe $z = a + bi$.

1) Si $a \neq 0$ et $b \neq 0$, alors $z = a + bi$ est un nombre imaginaire.
2) Si $a = 0$ et $b \neq 0$, alors $z = bi$ est un nombre imaginaire pur.
3) Si $b = 0$, alors $z = a$ est un nombre réel.

   Dans le cas particulier où $a = 0$, $z = 0 + 0i = 0$.

Le diagramme suivant présente la relation entre les ensembles de nombres.

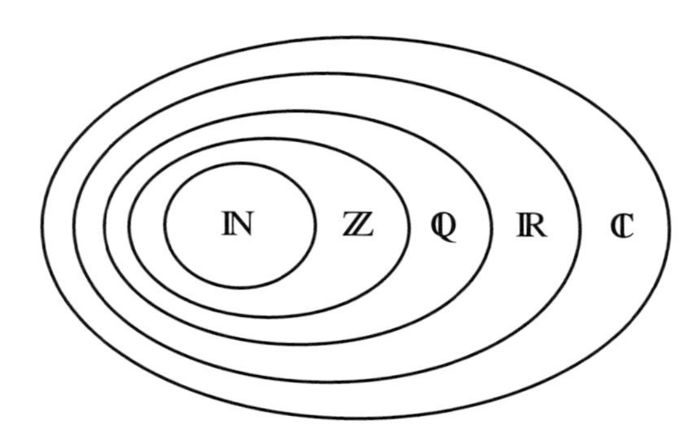

Exemple 2 Classifions les quatre nombres complexes suivants $z_1 = 2 + 5i$, $z_2 = -4 + 3i$, $z_3 = -4i$ et $z_4 = 5$.

z_i	Partie réelle	Partie imaginaire	Caractéristique
$2 + 5i$	2	5	Nombres imaginaires
$-4 + 3i$	-4	3	
$-4i$	0	-4	Nombre imaginaire pur, car $z_3 = 0 - 4i$
5	5	0	Nombre réel, car $z_4 = 5 + 0i$

DÉFINITION 11.3 Les nombres complexes $z = a + bi$ et $w = c + di$ sont **égaux** si et seulement si $a = c$ et $b = d$.

Addition, soustraction, multiplication et division de nombres complexes

Les opérations s'effectuent dans ℂ de la même façon que les opérations s'effectuent pour les binômes réels, sauf que, dans ℂ, i^2 est remplacé par -1.

DÉFINITION 11.4 Soit $z = a + bi$ et $w = c + di$, deux nombres complexes.

1) L'**addition** de z et w est définie par

$$(a + bi) + (c + di) = (a + c) + (b + d)i$$

2) La **soustraction** de w de z est définie par

$$(a + bi) - (c + di) = (a - c) + (b - d)i$$

Exemple 1 Effectuons les opérations suivantes.

a) $(4 + 5i) + (2 + 7i) = (4 + 2) + (5 + 7)i = 6 + 12i$

b) $(3 + 2i) + (5 - 4i) = (3 + 5) + (2 + (-4))i = 8 - 2i$

c) $(-3i) + (5 + 3i) = (0 - 3i) + (5 + 3i) = (0 + 5) + (-3 + 3)i = 5 + 0i = 5$

d) $(5 + 8i) - (4 + 9i) = (5 - 4) + (8 - 9)i = 1 - i$

e) $(-2 + 5i) - (7i) = (-2 + 5i) - (0 + 7i) = (-2 - 0) + (5 - 7)i = -2 - 2i$

DÉFINITION 11.5 Soit $z = a + bi$ et $w = c + di$, deux nombres complexes.

La **multiplication** de z et w est définie par

$$(a + bi)(c + di) = (ac - bd) + (ad + bc)i$$

Exemple 2 Soit $z = 2 - 5i$ et $w = 4 + 3i$. Effectuons zw en utilisant la définition 11.5.

$$\begin{aligned}(2 - 5i)(4 + 3i) &= (2(4) - (-5)(3)) + (2(3) + (-5)4)i \\ &= 23 - 14i\end{aligned}$$

Puisque les opérations s'effectuent dans $\mathbb{C}$ de la même façon qu'elles s'effectuent pour les binômes réels, il n'est pas nécessaire de mémoriser la formule de la définition 11.5. Il suffit d'effectuer la multiplication des nombres complexes en appliquant la règle de distributivité de la multiplication sur l'addition et d'exprimer la réponse sous forme binomiale.

Exemple 3 Effectuons zw.

a) Si $z = a + bi$ et $w = c + di$, alors

$$\begin{aligned}(a + bi)(c + di) &= a(c + di) + bi(c + di) && \text{(distributivité de la multiplication sur l'addition)} \\ &= ac + adi + bci + bdi^2 && \text{(en effectuant)} \\ &= ac + (ad + bc)i + bd(-1) && \text{(car } i^2 = -1\text{)}\end{aligned}$$

Voir définition 11.5

d'où $(a + bi)(c + di) = (ac - bd) + (ad + bc)i$

b) Si $z = 2 - 5i$ et $w = 4 + 3i$, alors

$$\begin{aligned}(2 - 5i)(4 + 3i) &= 2(4 + 3i) - 5i(4 + 3i) && \text{(distributivité de la multiplication sur l'addition)} \\ &= 8 + 6i - 20i - 15i^2 && \text{(en effectuant)} \\ &= 8 - 14i - 15(-1) && \text{(car } i^2 = -1\text{)}\end{aligned}$$

Voir exemple 2

d'où $(2 - 5i)(4 + 3i) = 23 - 14i$

Exemple 4 Effectuons les opérations suivantes.

Les réponses doivent être exprimées sous la forme binomiale $a + bi$

a) $$\begin{aligned}(7 + 5i)(3 + 4i) &= 7(3 + 4i) + 5i(3 + 4i) \\ &= 21 + 28i + 15i + 20i^2 \\ &= 21 + 43i - 20 && \text{(car } i^2 = -1\text{)} \\ &= 1 + 43i\end{aligned}$$

b) $$\begin{aligned}(3 + 2i)(5i) &= 15i + 10i^2 \\ &= -10 + 15i && \text{(car } i^2 = -1\text{)}\end{aligned}$$

11

c) $(3 - 4i)(3 + 4i) = 9 + 12i - 12i - 16i^2$
$= 9 + 16$ (car $i^2 = -1$)
$= 25$

d) $(3 - 2i)^3 = (3 - 2i)^2(3 - 2i)$
$= ((3 - 2i)(3 - 2i))(3 - 2i)$
$= (9 - 6i - 6i + 4i^2)(3 - 2i)$
$= (5 - 12i)(3 - 2i)$ (car $i^2 = -1$)
$= 15 - 10i - 36i + 24i^2$
$= -9 - 46i$ (car $i^2 = -1$)

e) $(2 + 5i)^4 = (2 + 5i)^2(2 + 5i)^2$
$= (-21 + 20i)(-21 + 20i)$ (car $(2 + 5i)^2 = -21 + 20i$)
$= 41 - 840i$

DÉFINITION 11.6 Soit $z = a + bi$, un nombre complexe.
Le **conjugué** de z, noté $\bar{z}$, est défini par

$$\bar{z} = a - bi, \quad \text{c'est-à-dire} \quad \overline{a + bi} = a - bi$$

Exemple 5 Déterminons les conjugués suivants.

a) $\overline{3 + 5i} = 3 - 5i$
b) $\bar{i} = -i$
c) $\overline{-6 - 3i} = -6 + 3i$
d) $\bar{5} = 5$

Exemple 6 Effectuons les opérations suivantes.

a) $(3 + 4i) + \overline{(3 + 4i)} = (3 + 4i) + (3 - 4i) = 6$

b) $(7 + 2i)\overline{(7 + 2i)} = (7 + 2i)(7 - 2i)$
$= 49 - 14i + 14i - 4i^2$
$= 53$ (car $i^2 = -1$)

Ainsi, si $z = a + bi$,

1) $z + \bar{z} = (a + bi) + (a - bi) = 2a$, d'où $z + \bar{z}$ est un nombre réel;
2) $z\bar{z} = (a + bi)(a - bi) = a^2 + b^2$, d'où $z\bar{z}$ est un nombre réel.

Nous pouvons utiliser la notion de conjugué pour effectuer la division de deux nombres complexes.

Exemple 7 Effectuons les divisions suivantes.

Division de nombres complexes

a) $\dfrac{8 - 3i}{5 + 4i} = \dfrac{8 - 3i}{5 + 4i}\dfrac{5 - 4i}{5 - 4i}$ (en multipliant le numérateur et le dénominateur par le conjugué du dénominateur)

$= \dfrac{40 - 32i - 15i + 12i^2}{25 - 20i + 20i - 16i^2}$ (en effectuant)

$= \dfrac{28 - 47i}{41}$ (car $i^2 = -1$)

Les réponses doivent être exprimées sous forme binomiale

d'où $\dfrac{8 - 3i}{5 + 4i} = \dfrac{28}{41} - \dfrac{47}{41}i$

b) $\dfrac{a + bi}{c + di}$, où $(c + di) \neq (0 + 0i)$

$$\frac{a + bi}{c + di} = \frac{a + bi}{c + di}\,\frac{c - di}{c - di}$$ (en multipliant le numérateur et le dénominateur par le conjugué du dénominateur)

$$= \frac{(ac + bd) + (bc - ad)i}{c^2 + d^2}$$ (en effectuant)

d'où $\dfrac{a + bi}{c + di} = \dfrac{ac + bd}{c^2 + d^2} + \dfrac{bc - ad}{c^2 + d^2}i$

DÉFINITION 11.7 Soit $z = a + bi$ et $w = c + di$, où $(c + di) \neq (0 + 0i)$, deux nombres complexes.

La **division** de z par w est définie par

$$\frac{a + bi}{c + di} = \frac{ac + bd}{c^2 + d^2} + \frac{bc - ad}{c^2 + d^2}i$$

Remarque Il n'est pas nécessaire de mémoriser la formule de la définition précédente ; il suffit d'effectuer les étapes du quotient telles qu'elles ont été expliquées précédemment.

Exemple 8 Effectuons les divisions suivantes en donnant la réponse sous la forme $a + bi$.

$i^2 = -1$

a) $\dfrac{5 - 2i}{3 + 6i} = \dfrac{5 - 2i}{3 + 6i}\,\dfrac{3 - 6i}{3 - 6i}$

$= \dfrac{3 - 36i}{3^2 + 6^2}$

$= \dfrac{1}{15} - \dfrac{4}{5}i$

b) $\dfrac{1}{i^3} = \dfrac{1}{-i}$ (car $i^3 = i^2 i = -i$)

$= \dfrac{1}{-i}\,\dfrac{i}{i}$

$= \dfrac{i}{-i^2}$

$= i$ (car $-i^2 = 1$)

c) $\dfrac{4}{7i} = \dfrac{4}{7i}\,\dfrac{i}{i}$

$= \dfrac{4i}{7i^2}$

$= \dfrac{-4}{7}i$ (car $i^2 = -1$)

Exemple 9 Exprimons $\dfrac{i}{(2 + i)^4} + 1 - 2i$ sous la forme $a + bi$.

$$\frac{i}{(2 + i)^4} + 1 - 2i = \frac{i}{(2 + i)^2(2 + i)^2} + 1 - 2i$$

$$= \frac{i}{(3 + 4i)(3 + 4i)} + 1 - 2i$$ (car $(2 + i)^2 = 3 + 4i$)

$$= \frac{i}{-7 + 24i} + 1 - 2i$$ (car $(3 + 4i)(3 + 4i) = -7 + 24i$)

$$= \frac{i}{-7 + 24i}\,\frac{-7 - 24i}{-7 - 24i} + 1 - 2i$$

$$= \frac{24 - 7i}{625} + 1 - 2i$$

$$= \frac{24}{625} + 1 - \frac{7}{625}i - 2i$$

$$= \frac{649}{625} - \frac{1257}{625}i$$

Exercices 11.1

1. Pour chacun des nombres complexes z suivants, déterminer la partie réelle (Re(z)), la partie imaginaire (Im(z)), les nombres réels et les nombres imaginaires purs.

a) $z = 2 + 3i$ b) $z = i$

c) $z = 8$ d) $z = 0$

2. Simplifier les nombres suivants.

a) i^6 b) i^{13} c) $(-i)^{85}$ d) $(-i)^{11}i^{27}$

3. Effectuer les opérations suivantes en exprimant la réponse sous la forme $a + bi$.

a) $(3 - 4i) + (5 + 9i)$

b) $(7 + 5i) - (9 - 2i)$

c) $(2 + i) + (1 - 2i) - (4 + 3i)$

d) $(3 - 6i)(2 - 4i)$

e) $4(2 + i) - 5i(4 - 2i)$

f) $(2 + 5i)(8 + 2i) + 1 - 4i$

g) $(2 + 9i)(1 - 2i)(3 - 6i)$

h) $(1 + i)^3 - (3 + 2i)^2$

4. Pour chacun des nombres z suivants, déterminer $\overline{z}$, puis calculer $z + \overline{z}$, $z - \overline{z}$ et $z\overline{z}$.

a) $z = 3 - 4i$

b) $z = -5 + 2i$

c) $z = (3 + 16i) + (3 - 4i)$

d) $z = (2 + 5i)(2 - 2i)$

5. Effectuer les opérations suivantes en donnant la réponse sous la forme $a + bi$.

a) $\dfrac{6 + 8i}{3i - 1}$ b) $\dfrac{3 + i}{5 - i}$

c) $\dfrac{(5 + 2i)(1 - i)}{(2 - 4i) + (4 + 2i)}$ d) $3 + i + \dfrac{5 - i}{3 - i}$

e) $\dfrac{6 - i}{2 + i} - \dfrac{1 - i}{4 - i}$ f) $2 + 3i - \dfrac{(2 + 5i)^2}{1 - i}$

6. Transformer les nombres suivants sous la forme $a + bi$.

a) i^{-1} b) i^{-2} c) i^{-17} d) $3i^{-3} + 4i^{-4}$

7. Soit $z = a + bi$, où $a \neq 0$ et $b \neq 0$. Effectuer les opérations suivantes et déterminer la nature du résultat.

a) $z + \overline{z}$ b) $\overline{z} - z$ c) $\dfrac{1}{z\overline{z}}$ d) $\dfrac{z + \overline{z}}{z - \overline{z}}$

8. Soit $z = a + bi$. Déterminer les valeurs de a et b si :

a) $z = \overline{z}$ b) $z\overline{z} = 0$

9. Soit $z = 4 - 5i$ et $w = -3 + 2i$. Vérifier que :

a) $\overline{\overline{z}} = z$ b) $\overline{z + w} = \overline{z} + \overline{w}$

c) $\overline{zw} = \overline{z}\,\overline{w}$ d) $\overline{\left(\dfrac{z}{w}\right)} = \dfrac{\overline{z}}{\overline{w}}$

11.2 Représentation graphique, forme trigonométrique et forme exponentielle de nombres complexes

Objectifs d'apprentissage

À la fin de cette section, l'élève pourra exprimer un nombre complexe sous différentes formes.

Plus précisément, l'élève sera en mesure

- de représenter un nombre complexe dans le plan d'Argand;
- de déterminer le module d'un nombre complexe;
- de déterminer l'argument d'un nombre complexe;
- d'exprimer un nombre complexe sous forme trigonométrique;
- d'exprimer un nombre complexe sous forme exponentielle;
- d'effectuer la multiplication et la division de nombres complexes en utilisant les formes trigonométrique et exponentielle;
- d'utiliser la formule de Moivre;
- de déterminer les n racines n-ièmes de nombres complexes;
- de résoudre des équations où les variables sont des nombres complexes;
- de déterminer des lieux géométriques.

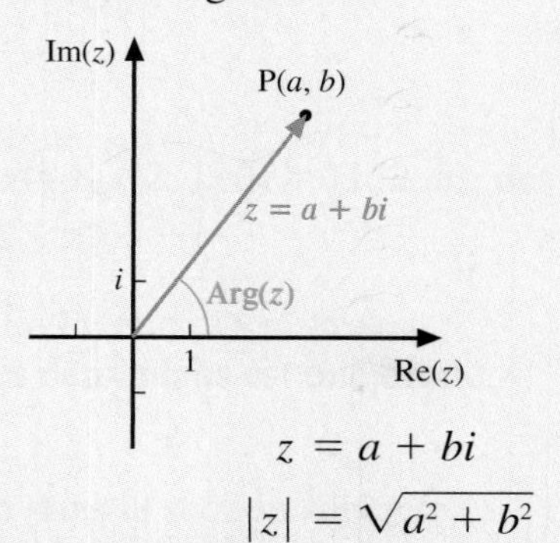

Il y a environ 200 ans...

Nous ne savons presque rien de la vie de **Jean-Robert Argand** (1768-1822), sinon qu'il était comptable à Paris. Son petit livre sur la représentation géométrique des nombres complexes, publié à compte d'auteur et sans que son nom y apparaisse, serait probablement passé complètement inaperçu si Argand ne l'avait envoyé au géomètre académicien Adrien-Marie Legendre (1752-1833) qui, lui-même, le fait parvenir à une de ses connaissances, le professeur de mathématiques François Français (1768-1810). À la mort de ce dernier, en 1810, son frère, Jacques Français (1775-1833), découvre le livre parmi les papiers du défunt. Ce livre lui inspire un article qui est publié en 1813 dans les *Annales de mathématiques*, la première revue entièrement consacrée aux mathématiques. Dans son article, Français mentionne le livre d'un auteur inconnu et demande à ce dernier de se manifester pour recevoir la reconnaissance qu'il mérite. Argand répond. Il s'ensuit une série d'articles dans lesquels Argand et Français favorisent l'usage de la représentation géométrique des nombres complexes alors qu'un autre mathématicien, François Joseph Servois (1768-1847), préconise plutôt une approche purement algébrique.

Représentation graphique

À chaque nombre complexe $z = a + bi$, où a et $b \in \mathbb{R}$, nous pouvons associer le point P(a, b) et le vecteur $\overrightarrow{OP}$, que nous pouvons représenter dans le plan complexe ci-contre, appelé plan d'Argand.

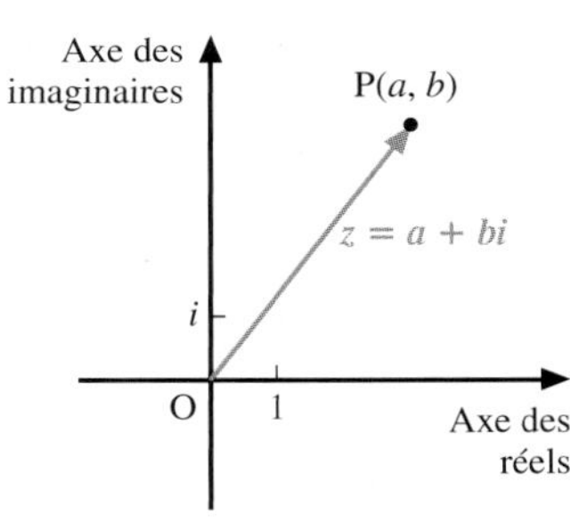

La partie réelle a est portée sur l'axe horizontal et la partie imaginaire b est portée sur l'axe vertical avec i comme unité.

Exemple 1 Représentons, dans le plan d'Argand, les nombres complexes suivants à l'aide de vecteurs.

a) $z_1 = 2 + 3i$
$z_2 = 3 - 2i$
$z_3 = -4$
$z_4 = -2i$

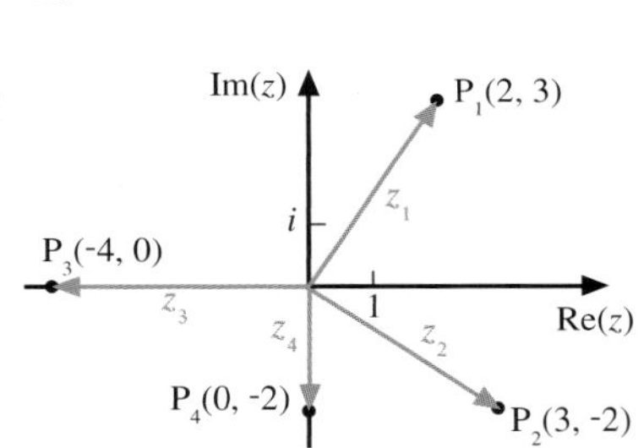

b) $z, \bar{z}, z + \bar{z}, z - \bar{z}$, où $z = 3 + 2i$

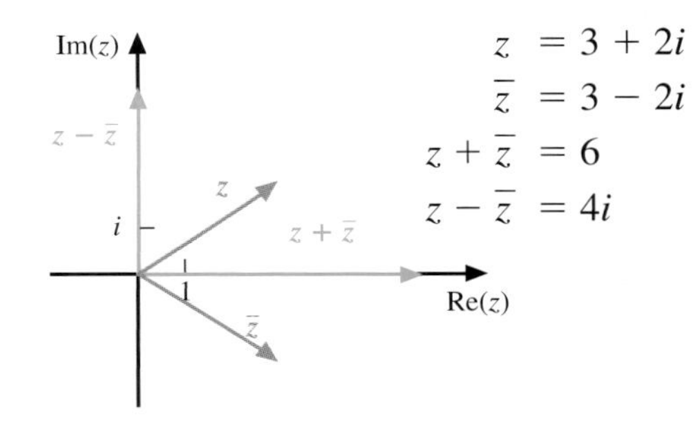

$z = 3 + 2i$
$\bar{z} = 3 - 2i$
$z + \bar{z} = 6$
$z - \bar{z} = 4i$

Représentation de nombres complexes dans le plan d'Argand

c) $z, w, \bar{z}$ et $\bar{w}$, où $z = 2 - 3i$ et $w = -4 + 2i$

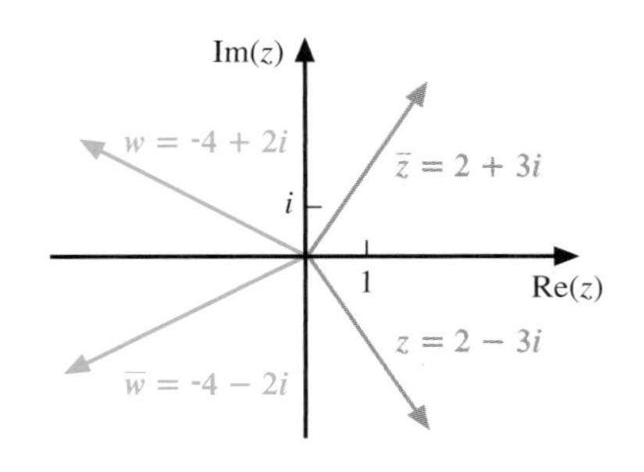

d) z et zi, où $z = 3 + 2i$

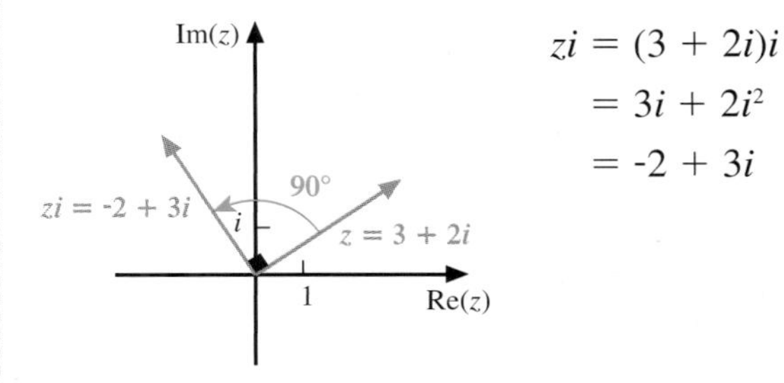

$zi = (3 + 2i)i$
$= 3i + 2i^2$
$= -2 + 3i$

La multiplication d'un nombre complexe z par i fait subir au vecteur correspondant à z une rotation de 90° dans le sens antihoraire.

Forme trigonométrique de nombres complexes

DÉFINITION 11.8 Soit $z = a + bi$, et le vecteur $\overrightarrow{OP}$, où P(a, b).

1) Le **module** de z, noté $|z|$ ou r, est la norme du vecteur $\overrightarrow{OP}$.
   Ainsi, $|z| = r = \sqrt{a^2 + b^2}$.
2) L'**argument principal** de z, noté Arg(z), est l'angle α, où $\alpha \in [0, 2\pi[$, entre l'axe Re(z) et le vecteur $\overrightarrow{OP}$.
   Un **argument** de z, noté arg(z), est un angle θ, où
   $\theta \in \{\alpha + 2k\pi$, où $k \in \mathbb{Z}$ et $\alpha \in [0, 2\pi[\}$.
   Dans le cas où $z = 0 + 0i$, l'argument de z n'est pas défini.

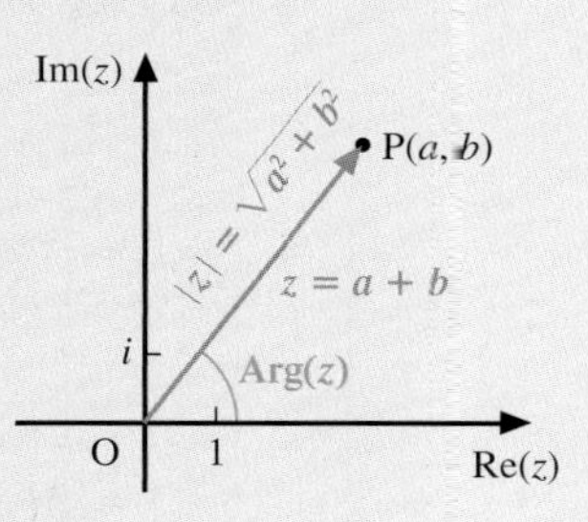

Remarque Les angles peuvent également être exprimés en degrés.

De la définition précédente,

$z = a + bi$ s'écrit sous forme trigonométrique comme suit :

$z = r\cos\theta + r\sin\theta\, i$ $\left(\text{car } \cos\theta = \frac{a}{r} \text{ et } \sin\theta = \frac{b}{r}, \text{ où } r = \sqrt{a^2 + b^2}\right)$

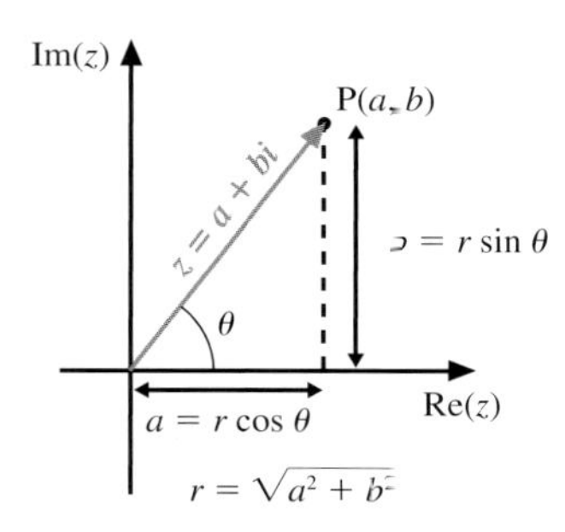

Forme trigonométrique

$z = r(\cos\theta + i\sin\theta)$, où $r = |z|$ et $\theta = \arg(z)$

$z = r \operatorname{cis} \theta$ (abréviation de $r(\cos\theta + i\sin\theta)$)

DÉFINITION 11.9 Les **nombres complexes** $z = r(\cos\theta + i\sin\theta)$, où $r > 0$, et $w = s(\cos\beta + i\sin\beta)$, où $s > 0$, sont **égaux** si et seulement si

$$r = s \text{ et } \theta = \beta + 2k\pi, \text{ où } k \in \mathbb{Z}$$

Exemple 1 Déterminons le module, l'argument principal et la forme trigonométrique des nombres complexes suivants, et représentons ces nombres complexes dans le plan d'Argand.

a) Soit $z = 3 + 3i$.

$r = |z| = \sqrt{3^2 + 3^2} = \sqrt{18} = 3\sqrt{2}$

Puisque $\tan\theta = \frac{3}{3}$, $\theta = \frac{\pi}{4}$, où $\theta = \text{Arg}(z)$.

D'où $z = 3\sqrt{2}\left(\cos\frac{\pi}{4} + i\sin\frac{\pi}{4}\right)$ ou

$z = 3\sqrt{2} \operatorname{cis} \frac{\pi}{4}$

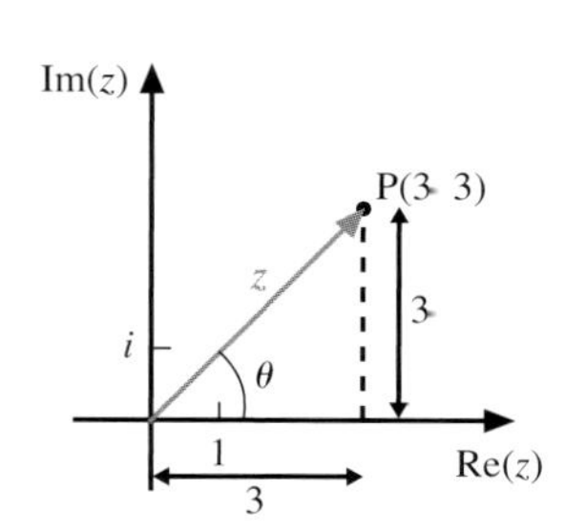

b) Soit $w = -3 + 4i$.

$r = |w| = \sqrt{(-3)^2 + 4^2} = 5$

$\theta = 180° - \varphi$

Puisque $\tan \varphi = \frac{4}{3}$, $\varphi = 53{,}13...°$ et $\theta = 126{,}86...°$

D'où $w = 5(\cos 126{,}86...° + i \sin 126{,}86...°)$ ou
$w = 5 \text{ cis } 126{,}86...°$.

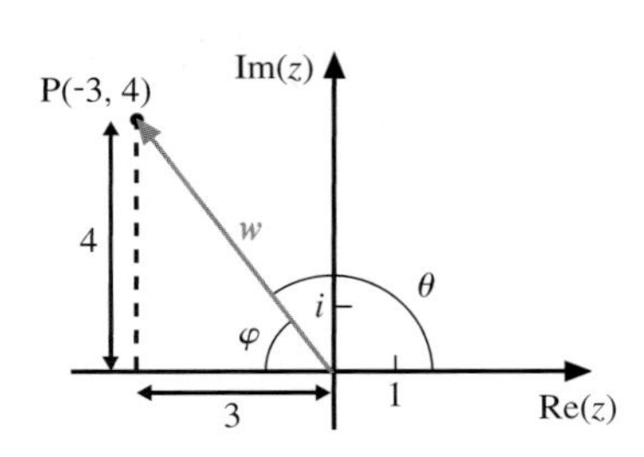

Exemple 2 Écrivons les nombres complexes suivants sous la forme $a + bi$.

a) $z = 2(\cos 210° + i \sin 210°)$

$= 2\left(\frac{-\sqrt{3}}{2} - \frac{1}{2}i\right)$

d'où $z = -\sqrt{3} - i$

b) $w = 5 \text{ cis } (-130°)$

$= 5(\cos(-130°) + i \sin(-130°))$

$= 5(-0{,}64... + i(-0{,}76...))$

d'où $w = -3{,}21... - 3{,}83...\, i$

Forme exponentielle de nombres complexes

Dans le cours de calcul intégral[1], il est démontré que, pour toute valeur réelle de x,

$$\cos x = 1 - \frac{x^2}{2!} + \frac{x^4}{4!} - \frac{x^6}{6!} + \ldots \qquad \sin x = x - \frac{x^3}{3!} + \frac{x^5}{5!} - \frac{x^7}{7!} + \ldots$$

$$e^x = 1 + x + \frac{x^2}{2!} + \frac{x^3}{3!} + \frac{x^4}{4!} + \frac{x^5}{5!} + \ldots$$

Du développement précédent, pour tout nombre complexe z, nous avons

$$e^z = 1 + z + \frac{z^2}{2!} + \frac{z^3}{3!} + \frac{z^4}{4!} + \frac{z^5}{5!} + \ldots$$

$i^2 = -1$
$i^3 = -i$
$i^4 = 1$
$i^5 = i$

$$e^{ix} = 1 + ix + \frac{(ix)^2}{2!} + \frac{(ix)^3}{3!} + \frac{(ix)^4}{4!} + \frac{(ix)^5}{5!} + \ldots \quad \text{(en posant } z = ix\text{)}$$

$$= 1 + ix + \frac{i^2x^2}{2!} + \frac{i^3x^3}{3!} + \frac{i^4x^4}{4!} + \frac{i^5x^5}{5!} + \ldots$$

$$= 1 + ix - \frac{x^2}{2!} - \frac{ix^3}{3!} + \frac{x^4}{4!} + \frac{ix^5}{5!} + \ldots \quad \text{(car } i^2 = -1, i^3 = -i, i^4 = 1, i^5 = i, \ldots\text{)}$$

$$= \left[1 - \frac{x^2}{2!} + \frac{x^4}{4!} - \ldots\right] + i\left[x - \frac{x^3}{3!} + \frac{x^5}{5!} - \ldots\right]$$

$$= \cos x + i \sin x$$

d'où $e^{ix} = \cos x + i \sin x$

Ainsi, pour un angle θ quelconque, exprimé en radians, nous obtenons la formule d'Euler suivante.

Formule d'Euler

$$e^{i\theta} = \cos \theta + i \sin \theta$$

11

1. G. CHARRON et P. PARENT, *Calcul intégral*, 4e édition, Montréal, Beauchemin, 2009, section 6.6.

Il y a environ 270 ans...

Leonhard Euler
(1707-1783)

La formule précédente a été démontrée par **Leonhard Euler**. Elle est l'aboutissement d'un travail qui s'est étendu sur la première moitié du XVIIIe siècle. Ces travaux portèrent entre autres sur la recherche d'une bonne définition des logarithmes des nombres complexes, alors même que le logarithme d'un nombre négatif semble *a priori* ne pas avoir de sens. On pourrait dire qu'ici l'imaginaire dépasse la réalité, et cela, à l'aide de la mise en évidence de relations entre les nombres complexes et les fonctions trigonométriques, pourtant aussi en apparence sans lien. Euler fut l'un des plus grands mathématiciens de tous les temps.

Né à Bâle, en Suisse, il y termine ses études universitaires à l'âge de 15 ans. Au début des années 1720, le tsar Pierre le Grand crée l'Académie des sciences de Saint-Pétersbourg. En 1726, il nomme Euler membre de cette académie. La réputation du mathématicien commence à s'étendre. En 1741, le roi de Prusse, Frédéric II le Grand, le convainc d'accepter un poste à l'Académie de Berlin. C'est à Berlin qu'Euler travaille notamment sur les nombres complexes, introduisant au passage le symbole i pour $\sqrt{-1}$. Les relations entre le roi et Euler se détériorent, de sorte qu'en 1766 Euler retourne à Saint-Pétersbourg. En 1771, il devient presque complètement aveugle, mais, grâce à sa mémoire prodigieuse, il continue à travailler assidûment, entouré de ses nombreux enfants et petits-enfants.

Exemple 1

a) En remplaçant θ par π dans la formule d'Euler, nous avons

$$e^{i\pi} = \cos \pi + i \sin \pi \qquad (\text{car } e^{i\theta} = \cos\theta + i\sin\theta)$$
$$e^{i\pi} = -1 + i(0) \qquad (\text{car } \cos\pi = -1 \text{ et } \sin\pi = 0)$$

Ainsi, nous obtenons les égalités suivantes.

$$e^{i\pi} = -1$$

Dans cette égalité, nous retrouvons un nombre irrationnel à une puissance irrationnelle qui donne un nombre rationnel et entier.

$$e^{i\pi} + 1 = 0$$

L'égalité ci-dessus relie entre elles cinq constantes fondamentales, soit e, i, π, 1 et 0.

b) En remplaçant θ par $\frac{\pi}{2}$ dans la formule d'Euler, nous obtenons $e^{i\frac{\pi}{2}} = i$.

c) En remplaçant θ par 2π dans la formule d'Euler, nous obtenons $e^{2i\pi} = 1$.

En utilisant la formule d'Euler, nous pouvons écrire z sous forme exponentielle à partir de z exprimé sous forme trigonométrique.

$$z = r(\cos\theta + i\sin\theta) \qquad (\text{forme trigonométrique})$$
$$z = re^{i\theta} \qquad (e^{i\theta} = \cos\theta + i\sin\theta)$$

Forme exponentielle

$$z = re^{i\theta}, \text{ où } r = |z| \text{ et } \theta = \arg(z), \text{ exprimé en radians}$$

Exemple 2

Soit $z = -2 + 2i$ et $w = 8e^{i\frac{5\pi}{3}}$.

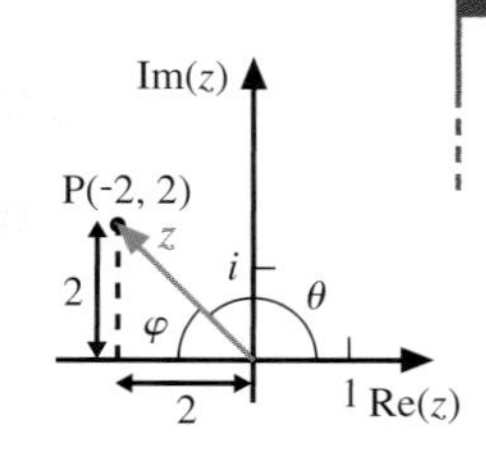

a) Exprimons z sous forme exponentielle.

$r = |z| = \sqrt{(-2)^2 + (2)^2} = \sqrt{8} = 2\sqrt{2}$

Puisque $\tan\varphi = \frac{2}{2}$, $\varphi = \frac{\pi}{4}$

et $\theta = \text{Arg}(z) = \frac{3\pi}{4}$,

d'où $z = 2\sqrt{2}e^{i\frac{3\pi}{4}}$

b) Exprimons w sous forme binomiale.

$$w = 8e^{i\frac{5\pi}{3}}$$
$$= 8\left(\cos\frac{5\pi}{3} + i\sin\frac{5\pi}{3}\right) \qquad (e^{i\theta} = \cos\theta + i\sin\theta)$$
$$= 8\left(\frac{1}{2} + i\left(\frac{-\sqrt{3}}{2}\right)\right) \qquad \left(\cos\frac{5\pi}{3} = \frac{1}{2} \text{ et } \sin\frac{5\pi}{3} = \frac{-\sqrt{3}}{2}\right)$$

d'où $w = 4 - 4\sqrt{3}i$

Multiplication et division de nombres complexes sous forme trigonométrique et sous forme exponentielle

THÉORÈME 11.1

1) Forme trigonométrique

Si $z = r(\cos\theta + i\sin\theta)$ et $w = s(\cos\beta + i\sin\beta)$, alors

$$zw = rs(\cos(\theta + \beta) + i\sin(\theta + \beta))$$

2) Forme exponentielle

Si $z = re^{i\theta}$ et $w = se^{i\beta}$, alors

$$zw = rse^{i(\theta + \beta)}$$

PREUVE 1)

$$\begin{aligned} zw &= r(\cos\theta + i\sin\theta)\, s(\cos\beta + i\sin\beta) \\ &= rs(\cos\theta\cos\beta + i\cos\theta\sin\beta + i\sin\theta\cos\beta + i^2\sin\theta\sin\beta) \\ &= rs((\cos\theta\cos\beta - \sin\theta\sin\beta) + i(\cos\theta\sin\beta + \sin\theta\cos\beta)) \quad (\text{car } i^2 = -1) \\ &= rs(\cos(\theta + \beta) + i\sin(\theta + \beta)) \quad (\text{car } \cos\theta\cos\beta - \sin\theta\sin\beta = \cos(\theta+\beta) \text{ et } \cos\theta\sin\beta + \sin\theta\cos\beta = \sin(\theta+\beta)) \end{aligned}$$

Le théorème 11.1 signifie que lorsque nous multiplions deux nombres complexes exprimés sous forme trigonométrique ou sous forme exponentielle, leurs modules se multiplient et leurs arguments s'additionnent.

$$\text{mod}(zw) = \text{mod}(z)\,\text{mod}(w) \quad \text{et} \quad \arg(zw) = \arg(z) + \arg(w)$$

THÉORÈME 11.2

1) Forme trigonométrique

Si $z = r(\cos\theta + i\sin\theta)$ et $w = s(\cos\beta + i\sin\beta)$, où $s \neq 0$, alors

$$\frac{z}{w} = \frac{r}{s}(\cos(\theta - \beta) + i\sin(\theta - \beta))$$

2) Forme exponentielle

Si $z = re^{i\theta}$ et $w = se^{i\beta}$, où $s \neq 0$, alors

$$\frac{z}{w} = \frac{r}{s}e^{i(\theta - \beta)}$$

PREUVE 2)

$$\begin{aligned} \frac{z}{w} &= \frac{re^{i\theta}}{se^{i\beta}} \\ &= \frac{r}{s}e^{i\theta - i\beta} \\ &= \frac{r}{s}e^{i(\theta - \beta)} \end{aligned}$$

11

Le théorème 11.2 signifie que lorsque nous divisons deux nombres complexes exprimés sous forme trigonométrique ou sous forme exponentielle, leurs modules se divisent et leurs arguments se soustraient.

$$\text{mod}\left(\frac{z}{w}\right) = \frac{\text{mod}(z)}{\text{mod}(w)} \quad \text{et} \quad \arg\left(\frac{z}{w}\right) = \arg(z) - \arg(w)$$

Exemple 1 Soit $z = 3(\cos 170° + i \sin 170°)$ et $w = 1{,}5(\cos 120° + i \sin 120°)$.

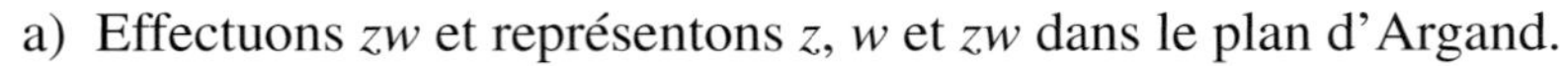

a) Effectuons zw et représentons z, w et zw dans le plan d'Argand.

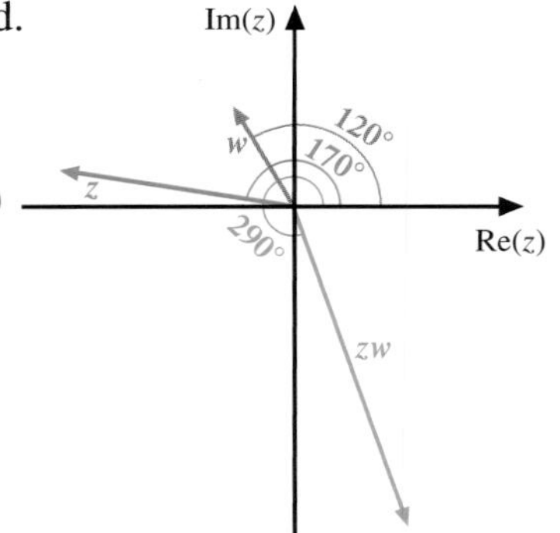

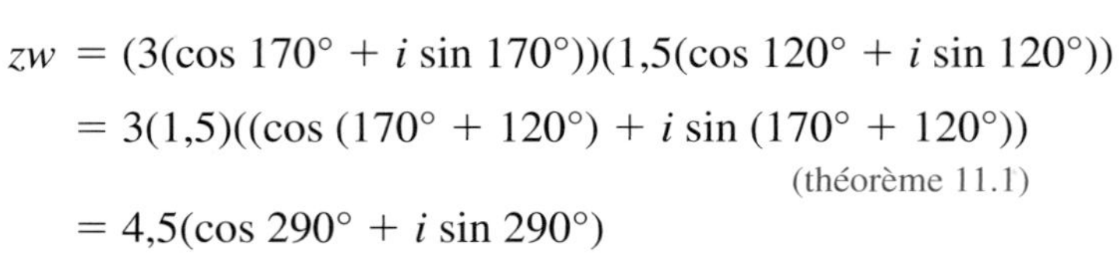

$$\begin{aligned} zw &= (3(\cos 170° + i \sin 170°))(1{,}5(\cos 120° + i \sin 120°)) \\ &= 3(1{,}5)((\cos (170° + 120°) + i \sin (170° + 120°)) \quad \text{(théorème 11.1)} \\ &= 4{,}5(\cos 290° + i \sin 290°) \end{aligned}$$

b) Effectuons $\frac{z}{w}$ et représentons z, w et $\frac{z}{w}$ dans le plan d'Argand.

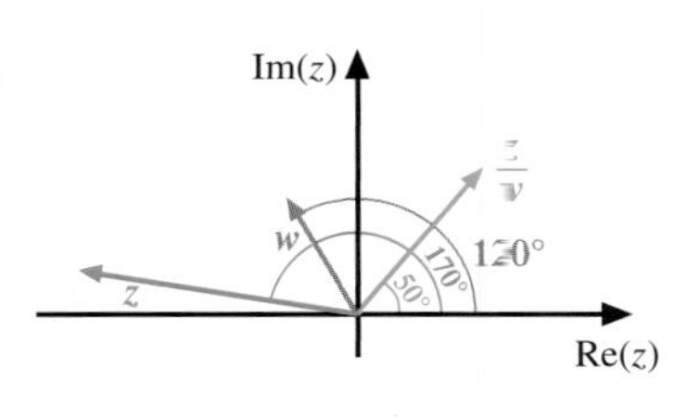

$$\begin{aligned} \frac{z}{w} &= \frac{3(\cos 170° + i \sin 170°)}{1{,}5(\cos 120° + i \sin 120°)} \\ &= 2(\cos (170° - 120°) + i \sin (170° - 120°)) \quad \text{(théorème 11.2)} \\ &= 2(\cos 50° + i \sin 50°) \end{aligned}$$

c) Vérifions que la multiplication d'un nombre complexe z par i correspond graphiquement à une rotation de 90° du nombre z, dans le sens antihoraire.

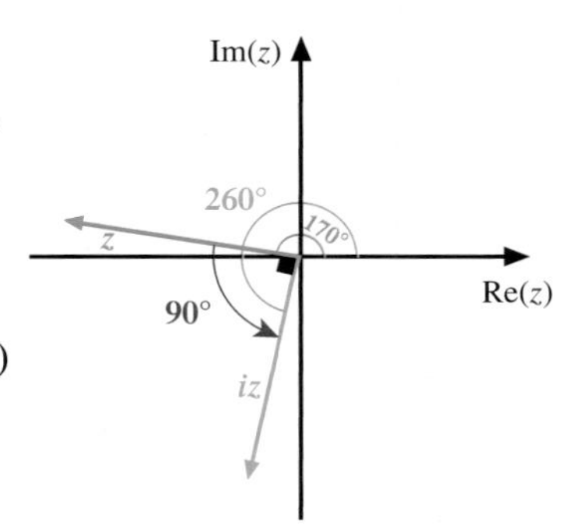

En écrivant $i = 0 + 1i$ sous forme trigonométrique, nous obtenons $i = 1(\cos 90° + i \sin 90°)$.

Ainsi, $$\begin{aligned} iz &= (1(\cos 90° + i \sin 90°))(3(\cos 170° + i \sin 170°)) \\ &= 1(3)(\cos (90° + 170°) + i \sin (90° + 170°)) \\ &= 3(\cos 260° + i \sin 260°) \end{aligned}$$

d) Effectuons $\frac{1}{w}$ et représentons w et $\frac{1}{w}$ dans le plan d'Argand.

En écrivant $1 = 1 + 0i$ sous forme trigonométrique, nous obtenons

$$1 = 1(\cos 0° + i \sin 0°)$$

$$\text{Ainsi, } \frac{1}{w} = \frac{1(\cos 0° + i \sin 0°)}{1{,}5(\cos 120° + i \sin 120°)}$$

$$= \frac{1}{1{,}5}(\cos (0° - 120°) + i \sin (0° - 120°))$$

$$= \frac{2}{3}(\cos (\text{-}120°) + i \sin (\text{-}120°))$$

Nous pouvons également écrire $\frac{1}{w} = \frac{2}{3}(\cos 240° + i \sin 240°)$.

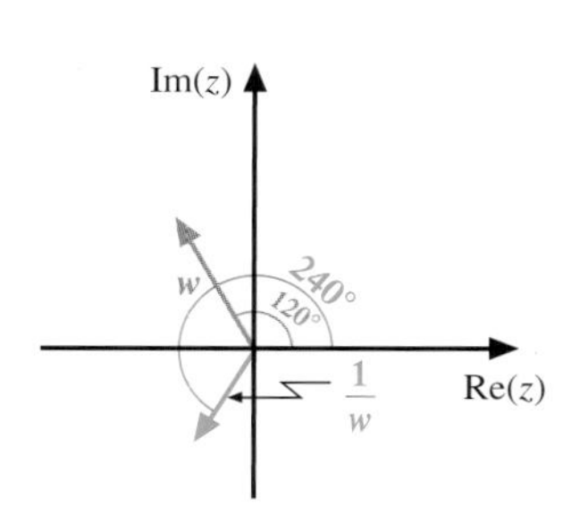

Exemple 2 Soit $z = 2e^{i\frac{\pi}{12}}$ et $w = 3e^{i\frac{2\pi}{3}}$. Calculons zw et $\frac{z}{w}$ en donnant la réponse sous la forme $a + bi$.

$$zw = 2e^{i\frac{\pi}{12}} 3e^{i\frac{2\pi}{3}}$$

$$= 6e^{i\left(\frac{\pi}{12} + \frac{2\pi}{3}\right)} \quad \text{(théorème 11.1)}$$

$$= 6e^{i\frac{3\pi}{4}}$$

$$= 6\left(\cos \frac{3\pi}{4} + i \sin \frac{3\pi}{4}\right)$$

$$= 6\left(\frac{\text{-}\sqrt{2}}{2} + \frac{\sqrt{2}}{2}i\right)$$

d'où $zw = \text{-}3\sqrt{2} + 3\sqrt{2}i$

$$\frac{z}{w} = \frac{2e^{i\frac{\pi}{12}}}{3e^{i\frac{2\pi}{3}}}$$

$$= \frac{2}{3}e^{i\left(\frac{\pi}{12} - \frac{2\pi}{3}\right)} \quad \text{(théorème 11.2)}$$

$$= \frac{2}{3}e^{i\left(\frac{\text{-}7\pi}{12}\right)}$$

$$= \frac{2}{3}\left(\cos \left(\frac{\text{-}7\pi}{12}\right) + i \sin \left(\frac{\text{-}7\pi}{12}\right)\right)$$

$$= \frac{2}{3}(\text{-}0{,}25 \ldots - 0{,}96 \ldots i)$$

d'où $\frac{z}{w} = \text{-}0{,}17 \ldots - 0{,}64 \ldots i$

Formule de Moivre

Il y a environ 400 ans...

Abraham de Moivre
(1667-1754)

Abraham de Moivre naît d'une famille huguenote (c'est-à-dire protestante calviniste) dans un petit village à l'est de l'Île-de-France. Par l'édit de Nantes de 1598, les huguenots avaient obtenu du roi Henri IV, lui-même huguenot converti, le droit de pratiquer leur religion. Toutefois, en 1685, Louis XIV révoque cet édit. Moivre est alors emprisonné pendant deux ou trois ans. Dès sa libération, il quitte définitivement la France pour l'Angleterre. Il y vit très modestement comme professeur privé et comme consultant pour les joueurs et les spéculateurs. En effet, Moivre se spécialise alors dans l'étude des probabilités. C'est d'ailleurs pour ces travaux qu'il est élu à la Royal Society de Londres en 1697 et qu'il est surtout connu aujourd'hui. La France ne l'oubliera toutefois pas totalement, car, l'année de sa mort, il sera nommé correspondant étranger de l'Académie des sciences de Paris.

L'exemple suivant est une introduction à la formule de Moivre.

Exemple 1 Soit $z = r(\cos\theta + i\sin\theta)$. Effectuons les opérations suivantes.

a) $z^2 = r(\cos\theta + i\sin\theta)\, r(\cos\theta + i\sin\theta)$

$= r^2(\cos 2\theta + i\sin 2\theta)$ (théorème 11.1)

b) $z^3 = z^2 z$

$= r^2(\cos 2\theta + i\sin 2\theta)\, r(\cos\theta + i\sin\theta)$

$= r^3(\cos 3\theta + i\sin 3\theta)$ (théorème 11.1)

c) $z^4 = z^3 z$

$= r^3(\cos 3\theta + i\sin 3\theta)\, r(\cos\theta + i\sin\theta)$

$= r^4(\cos 4\theta + i\sin 4\theta)$ (théorème 11.1)

d) $z^{-1} = \dfrac{1}{z}$

$= \dfrac{1(\cos 0 + i\sin 0)}{r(\cos\theta + i\sin\theta)}$

$= \dfrac{1}{r}(\cos(0 - \theta) + i\sin(0 - \theta))$ (théorème 11.2)

$= r^{-1}(\cos(-1\theta) + i\sin(-1\theta))$

e) $z^{-2} = \dfrac{1}{z^2}$

$= \dfrac{1(\cos 0 + i\sin 0)}{r^2(\cos 2\theta + i\sin 2\theta)}$

$= \dfrac{1}{r^2}(\cos(0 - 2\theta) + i\sin(0 - 2\theta))$ (théorème 11.2)

$= r^{-2}(\cos(-2\theta) + i\sin(-2\theta))$

Le théorème suivant, que nous acceptons sans démonstration, est dû en réalité à Euler qui l'énonce, plus qu'il ne le démontre, dans son *Introduction à l'analyse infinitésimale* (1748) en l'observant sur les premières puissances puis en le généralisant à tout $n \in \mathbb{Z}$.

THÉORÈME 11.3 Si $z = r(\cos\theta + i\sin\theta)$, alors

Formule de Moivre

$$z^n = r^n(\cos n\theta + i\sin n\theta), \text{ où } n \in \mathbb{Z}$$

Exemple 2 Soit $z = r(\cos\theta + i\sin\theta)$. Déterminons et représentons z, z^2, z^3 et z^4

a) dans le cas où $r = 1$.

$z = \cos\theta + i\sin\theta$

$z^2 = \cos 2\theta + i\sin 2\theta$ (formule de Moivre)

$z^3 = \cos 3\theta + i\sin 3\theta$ (formule de Moivre)

$z^4 = \cos 4\theta + i\sin 4\theta$ (formule de Moivre)

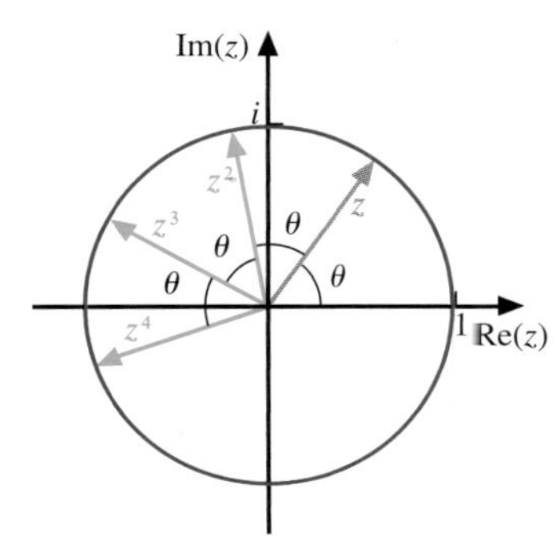

b) dans le cas où $r = 2$.

$$z = 2(\cos \theta + i \sin \theta)$$

$$z^2 = 2^2(\cos 2\theta + i \sin 2\theta) \quad \text{(formule de Moivre)}$$
$$= 4(\cos 2\theta + i \sin 2\theta)$$

$$z^3 = 2^3(\cos 3\theta + i \sin 3\theta) \quad \text{(formule de Moivre)}$$
$$= 8(\cos 3\theta + i \sin 3\theta)$$

$$z^4 = 2^4(\cos 4\theta + i \sin 4\theta) \quad \text{(formule de Moivre)}$$
$$= 16(\cos 4\theta + i \sin 4\theta)$$

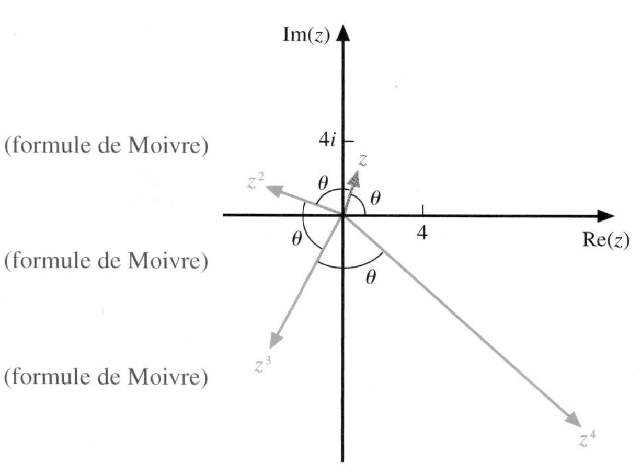

Exemple 3 Soit $z = \frac{-1}{4} + \frac{\sqrt{3}}{4}i$.

a) Représentons et transformons z sous forme trigonométrique.

$$|z| = \sqrt{\left(\frac{-1}{4}\right)^2 + \left(\frac{\sqrt{3}}{4}\right)^2} = \frac{1}{2}$$

$\theta = \pi - \varphi$

Puisque $\tan \varphi = \dfrac{\left(\frac{\sqrt{3}}{4}\right)}{\left(\frac{1}{4}\right)} = \sqrt{3}$, $\varphi = \frac{\pi}{3}$, ainsi $\theta = \frac{2\pi}{3}$

d'où $z = \frac{1}{2}\left(\cos\left(\frac{2\pi}{3}\right) + i \sin\left(\frac{2\pi}{3}\right)\right)$

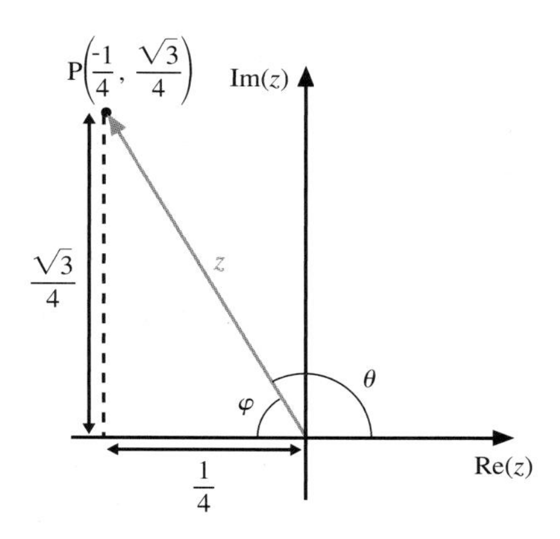

b) Déterminons z^2, z^3 et z^4 sous forme trigonométrique et représentons z, z^2, z^3 et z^4.

$z = r(\cos \theta + i \sin \theta)$
$z^n = r^n(\cos n\theta + i \sin n\theta)$

$$z^2 = \left(\frac{1}{2}\right)^2\left(\cos\left(2\left(\frac{2\pi}{3}\right)\right) + i \sin\left(2\left(\frac{2\pi}{3}\right)\right)\right)$$
$$= \frac{1}{4}\left(\cos \frac{4\pi}{3} + i \sin \frac{4\pi}{3}\right)$$

$$z^3 = \left(\frac{1}{2}\right)^3\left(\cos\left(3\left(\frac{2\pi}{3}\right)\right) + i \sin\left(3\left(\frac{2\pi}{3}\right)\right)\right)$$
$$= \frac{1}{8}\left(\cos 0 + i \sin 0\right) \quad \left(\text{car } 3\left(\frac{2\pi}{3}\right) = 0 + 2\pi\right)$$

$$z^4 = \frac{1}{16}\left(\cos\left(4\left(\frac{2\pi}{3}\right)\right) + i \sin\left(4\left(\frac{2\pi}{3}\right)\right)\right)$$
$$= \frac{1}{16}\left(\cos\left(\frac{2\pi}{3}\right) + i \sin\left(\frac{2\pi}{3}\right)\right) \quad \left(\text{car } 4\left(\frac{2\pi}{3}\right) = \frac{2\pi}{3} + 2\pi\right)$$

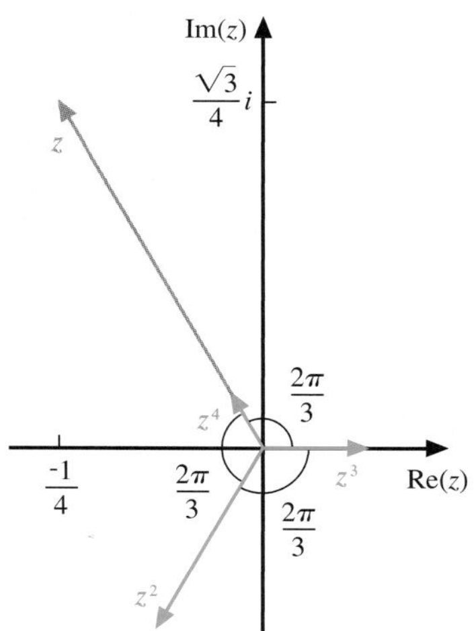

11

c) Déterminons $\left(\frac{-1}{4} + \frac{\sqrt{3}}{4}i\right)^{11}$ sous forme binomiale.

$$\left(\frac{-1}{4} + \frac{\sqrt{3}}{4}i\right)^{11} = \left(\frac{1}{2}\left(\cos\left(\frac{2\pi}{3}\right) + i\sin\left(\frac{2\pi}{3}\right)\right)\right)^{11} \quad \text{(voir a))}$$

$$= \left(\frac{1}{2}\right)^{11}\left(\cos\left(11\left(\frac{2\pi}{3}\right)\right) + i\sin\left(11\left(\frac{2\pi}{3}\right)\right)\right) \quad \text{(théorème 11.3)}$$

$$= \frac{1}{2048}\left(\cos\left(\frac{22\pi}{3}\right) + i\sin\left(\frac{22\pi}{3}\right)\right)$$

$$= \frac{1}{2048}\left(\frac{-1}{2} - \frac{\sqrt{3}}{2}i\right)$$

d'où $\left(\frac{-1}{4} + \frac{\sqrt{3}}{4}i\right)^{11} = \frac{-1}{4096} - \frac{\sqrt{3}}{4096}i$

d) Déterminons $\left(\frac{-1}{4} + \frac{\sqrt{3}}{4}i\right)^{-8}$ sous forme binomiale.

$$\left(\frac{-1}{4} + \frac{\sqrt{3}}{4}i\right)^{-8} = \left(\frac{1}{2}\left(\cos\left(\frac{2\pi}{3}\right) + i\sin\left(\frac{2\pi}{3}\right)\right)\right)^{-8} \quad \text{(voir a))}$$

$$= \left(\frac{1}{2}\right)^{-8}\left(\cos\left(-8\left(\frac{2\pi}{3}\right)\right) + i\sin\left(-8\left(\frac{2\pi}{3}\right)\right)\right) \quad \text{(théorème 11.3)}$$

$$= 256\left(\cos\left(\frac{-16\pi}{3}\right) + i\sin\left(\frac{-16\pi}{3}\right)\right)$$

$$= 256\left(\frac{-1}{2} + \frac{\sqrt{3}}{2}i\right)$$

d'où $\left(\frac{-1}{4} + \frac{\sqrt{3}}{4}i\right)^{-8} = -128 + 128\sqrt{3}i$

Racines *n*-ièmes de nombres complexes

Définissons maintenant la racine n-ième d'un nombre complexe, où $n \in \{2, 3, 4, \dots\}$.

DÉFINITION 11.10 Soit w, un nombre complexe, et $n \in \{2, 3, 4, \dots\}$.
Un nombre z est une **racine *n*-ième** de w si $z^n = w$.

Nous savons que, dans l'ensemble des nombres réels, la racine n-ième d'un nombre, lorsqu'elle existe, donne une seule valeur, par exemple $\sqrt[2]{9} = 3$, $\sqrt[3]{-1} = -1$, $\sqrt[5]{1} = 1$ et $\sqrt[5]{-32} = -2$.

Par contre, dans l'ensemble des nombres complexes, $\sqrt[n]{z}$, c'est-à-dire $z^{\frac{1}{n}}$, où $z \neq 0$ et $n \in \{2, 3, 4, \dots\}$, donne exactement n valeurs différentes.

Exemple 1 Déterminons les racines cinquièmes de 1 et représentons-les dans le plan d'Argand.

Il faut trouver des valeurs z telles que $z^5 = 1$. (définition 11.10)

En posant $z = r(\cos\theta + i\sin\theta)$, nous avons

$$(r(\cos\theta + i\sin\theta))^5 = 1$$

$$r^5(\cos 5\theta + i\sin 5\theta) = 1(1 + 0i) \quad \text{(formule de Moivre)}$$

$$r^5(\cos 5\theta + i\sin 5\theta) = 1(\cos 0 + i\sin 0) \quad \text{(en transformant sous forme trigonométrique)}$$

Ainsi, $r^5 = 1$ et $5\theta = 0 + 2k\pi$, où $k \in \mathbb{Z}$ (définition 11.7)

donc, $r = 1$ et $\theta = \dfrac{0 + 2k\pi}{5} = \dfrac{2k\pi}{5}$

ainsi, $z = 1\left(\cos\left(\dfrac{2k\pi}{5}\right) + i \sin\left(\dfrac{2k\pi}{5}\right)\right)$, où $k \in \mathbb{Z}$

Donnons à k les valeurs 0, 1, 2, 3, … afin de déterminer les valeurs de θ et les racines correspondantes.

$z_0 = 1$

Si $k = 0$, alors $\theta = 0$ et $z_0 = 1(\cos 0 + i \sin 0) = 1$

$z_1 = \text{cis}\,\dfrac{2\pi}{5}$

Si $k = 1$, alors $\theta = \dfrac{2\pi}{5}$ et $z_1 = 1\left(\cos\dfrac{2\pi}{5} + i\sin\dfrac{2\pi}{5}\right)$

$z_2 = \text{cis}\,\dfrac{4\pi}{5}$

Si $k = 2$, alors $\theta = \dfrac{4\pi}{5}$ et $z_2 = 1\left(\cos\dfrac{4\pi}{5} + i\sin\dfrac{4\pi}{5}\right)$

$z_3 = \text{cis}\,\dfrac{6\pi}{5}$

Si $k = 3$, alors $\theta = \dfrac{6\pi}{5}$ et $z_3 = 1\left(\cos\dfrac{6\pi}{5} + i\sin\dfrac{6\pi}{5}\right)$

$z_4 = \text{cis}\,\dfrac{8\pi}{5}$

Si $k = 4$, alors $\theta = \dfrac{8\pi}{5}$ et $z_4 = 1\left(\cos\dfrac{8\pi}{5} + i\sin\dfrac{8\pi}{5}\right)$

$z_5 = 1$

Si $k = 5$, alors $\theta = \dfrac{10\pi}{5}$ et $z_5 = 1(\cos 2\pi + i \sin 2\pi) = 1(\cos 0 + i \sin 0) = 1$

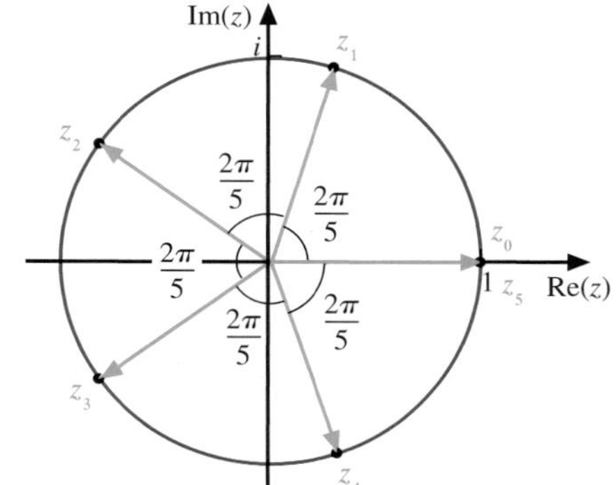

Les racines cinquièmes de 1 sont cinq points situés sur la circonférence du cercle de rayon 1 centré à l'origine. Ces points, à partir de P(1, 0), partagent la circonférence du cercle en cinq parties égales.

On constate que $z_5 = z_0$. L'élève peut vérifier qu'en attribuant d'autres valeurs à k, on obtient une des racines déjà trouvées. Nous obtenons ainsi cinq valeurs différentes de z telles que $z^5 = 1$.

THÉORÈME 11.4 Soit $w = s(\cos\beta + i \sin\beta)$, un nombre complexe non nul. Le nombre w possède exactement n racines n-ièmes distinctes données par la formule

$$z_k = \sqrt[n]{s}\left(\cos\left(\frac{\beta + 2k\pi}{n}\right) + i\sin\left(\frac{\beta + 2k\pi}{n}\right)\right)$$

où $k \in \{0, 1, 2, ..., n - 1\}$ et $n \in \{2, 3, 4, ...\}$

Remarque On peut également écrire

$$z_k = \sqrt[n]{s}\left(\cos\left(\frac{\beta + k360°}{n}\right) + i\sin\left(\frac{\beta + k360°}{n}\right)\right)$$

Exemple 2 Déterminons les trois racines cubiques de $w = 4 + 4\sqrt{3}i$.

En transformant w sous forme trigonométrique, nous obtenons

$$4 + 4\sqrt{3}i = 8\,(\cos 60° + i \sin 60°)$$

Méthode 1 À l'aide du théorème 11.4

Si $k = 0$, $z_0 = \sqrt[3]{8}\left(\cos\left(\dfrac{60° + 0(360°)}{3}\right) + i\sin\left(\dfrac{60° + 0(360°)}{3}\right)\right) = 2\text{ cis }20°$

Si $k = 1$, $z_1 = \sqrt[3]{8}\left(\cos\left(\dfrac{60° + 1(360°)}{3}\right) + i\sin\left(\dfrac{60° + 1(360°)}{3}\right)\right) = 2\text{ cis }140°$

Si $k = 2$, $z_2 = \sqrt[3]{8}\left(\cos\left(\dfrac{60° + 2(360°)}{3}\right) + i\sin\left(\dfrac{60° + 2(360°)}{3}\right)\right) = 2\text{ cis }260°$

Méthode 2 À l'aide de la formule de Moivre

Soit $z = r(\cos\theta + i\sin\theta)$ tel que

$$z^3 = w$$

$$(r(\cos\theta + i\sin\theta))^3 = 8(\cos 60^\circ + i\sin 60^\circ)$$

$$r^3(\cos 3\theta + i\sin 3\theta) = 8(\cos 60^\circ + i\sin 60^\circ) \quad \text{(formule de Moivre)}$$

Nous avons $r^3 = 8$ et $3\theta = 60^\circ + k360^\circ$, où $k \in \mathbb{Z}$ (définition 11.9)

donc, $r = 2$ et $\theta = 20^\circ + k120^\circ$

En donnant à k les valeurs 0, 1 et 2, nous obtenons

$z_0 = 2 \text{ cis } 20^\circ$

$z_1 = 2 \text{ cis } 140^\circ$

$z_2 = 2 \text{ cis } 260^\circ$

Représentation graphique de w et des racines cubiques

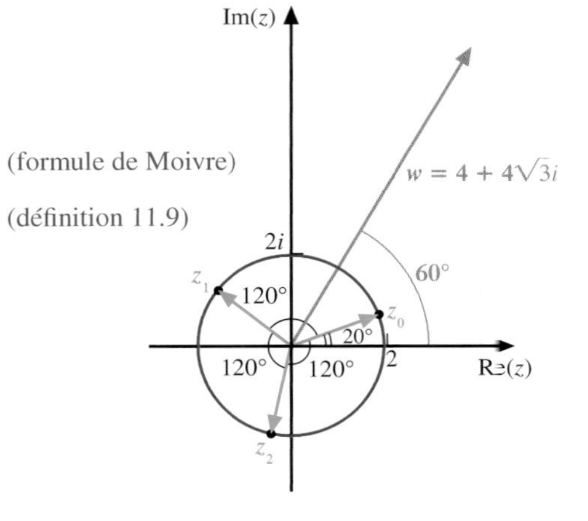

Résolution d'équations et lieux géométriques

Dans cette section, nous allons résoudre des équations où les variables sont des nombres complexes.

Exemple 1 Déterminons z tel que $z^2 = 2i$, de deux façons différentes.

À l'aide d'un système d'équations

Posons $z = x + yi$, où x et $y \in \mathbb{R}$, et déterminons les valeurs de x et de y telles que

$$(x + yi)^2 = 2i$$

$$x^2 - y^2 + 2xyi = 0 + 2i$$

Ainsi, par la définition 11,3, nous avons

$$\begin{cases} x^2 - y^2 = 0 & \text{①} \\ 2xy = 2 & \text{②} \end{cases}$$

De ①, nous obtenons $x = \pm y$.

En remplaçant x par $-y$ dans ②, nous obtenons $-y^2 = 1$.

Il n'y a donc aucune solution réelle.

En remplaçant x par y dans ②, nous obtenons $y^2 = 1$.

Donc, $y = \pm 1$ et $x = \pm 1$, car $x = y$.

D'où $z = 1 + i$ ou $z = -1 - i$.

À l'aide du théorème 11.4

Soit $z = r(\cos\theta + i\sin\theta)$ tel que

$$z^2 = 2i$$

$$r^2(\cos 2\theta + i\sin 2\theta) = 2(\cos 90^\circ + i\sin 90^\circ)$$

Ainsi, $r^2 = 2$ et $2\theta = 90^\circ + k360^\circ$, où $k \in \mathbb{Z}$

donc, $r = \sqrt{2}$ et $\theta = 45^\circ + k180^\circ$

Si $k = 0$, $z_0 = \sqrt{2}(\cos 45^\circ + i\sin 45^\circ)$

$$= \sqrt{2}\left(\frac{\sqrt{2}}{2} + i\frac{\sqrt{2}}{2}\right)$$

$$= 1 + i$$

Si $k = 1$, $z_1 = \sqrt{2}(\cos 225^\circ + i\sin 225^\circ)$

$$= \sqrt{2}\left(\frac{-\sqrt{2}}{2} - i\frac{\sqrt{2}}{2}\right)$$

$$= -1 - i$$

D'où $z = 1 + i$ ou $z = -1 - i$.

Exemple 2 Trouvons les zéros de $f(z) = z^4 - 1$, de deux façons différentes.

En factorisant $z^4 - 1$

$$z^4 - 1 = 0$$

$$(z^2 - 1)(z^2 + 1) = 0 \quad \text{(en factorisant)}$$

$$(z - 1)(z + 1)(z^2 - (-1)) = 0 \quad \text{(en factorisant)}$$

$$(z - 1)(z + 1)(z^2 - i^2) = 0 \quad (\text{car } i^2 = -1)$$

$$(z - 1)(z + 1)(z - i)(z + i) = 0$$

D'où 1, -1, i et $-i$ sont les zéros.

En résolvant $z^4 = 1$

Soit $z = r(\cos\theta + i\sin\theta)$ tel que

$$z^4 = 1$$

$$r^4(\cos 4\theta + i\sin 4\theta) = 1(\cos 0° + i\sin 0°)$$

donc, $r = 1$ et $\theta = k90°$

En posant $k = 0, 1, 2$ et 3, nous trouvons $z_0 = 1$, $z_1 = i$, $z_2 = -1$ et $z_3 = -i$.

D'où 1, -1, i et $-i$ sont les zéros.

Exemple 3 Résolvons, dans les nombres complexes, l'équation $z^2 + 2z + 3 = 0$.

En utilisant la formule des zéros d'une équation quadratique

$$z = \frac{-2 \pm \sqrt{4 - 12}}{2}$$

$$= \frac{-2 \pm \sqrt{-8}}{2}$$

$$= \frac{-2 \pm \sqrt{8}i}{2} \quad (\text{car } \sqrt{-8} = \sqrt{8}i)$$

$$= \frac{-2 \pm 2\sqrt{2}i}{2}$$

D'où $z = -1 + \sqrt{2}i$ ou $z = -1 - \sqrt{2}i$

À l'aide d'un système d'équations

Posons $z = x + yi$, où x et $y \in \mathbb{R}$, et déterminons les valeurs de x et de y telles que

$$(x + yi)^2 + 2(x + yi) + 3 = 0$$

$$x^2 - y^2 + 2xyi + 2x + 2yi + 3 = 0 + 0i$$

$$x^2 - y^2 + 2x + 3 + (2xy + 2y)i = 0 + 0i$$

Ainsi,

$$\begin{cases} x^2 - y^2 + 2x + 3 = 0 & \text{①} \\ 2y(x + 1) = 0 & \text{②} \end{cases}$$

De ②, nous obtenons $y = 0$ ou $x = -1$.

En remplaçant y par 0 dans ①, nous obtenons $x^2 + 2x + 3 = 0$, donc, aucune solution.

En remplaçant x par -1 dans ①, nous obtenons $y = \pm\sqrt{2}$.

D'où $z = -1 + \sqrt{2}i$ ou $z = -1 - \sqrt{2}i$

Exemple 4 Soit $z = x + yi$. Déterminons et représentons dans le plan d'Argand le lieu géométrique des points P(x, y) tels que

a) $|z| = 2$.

Puisque $\sqrt{x^2 + y^2} = 2$, nous avons

$$x^2 + y^2 = 4$$

D'où le lieu est le cercle de centre C(0, 0) et de rayon 2 unités.

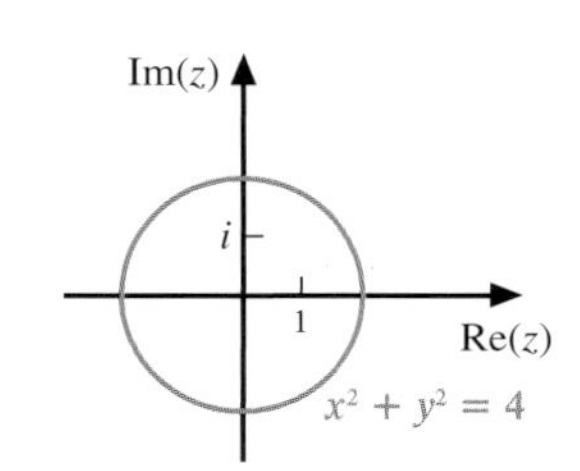

11

b) $|z - i| = |z - 1|$.

Puisque $z = x + yi$, nous avons

$$\begin{aligned}|x + yi - i| &= |x + yi - 1|\\ |x + (y - 1)i| &= |x - 1 + yi|\\ \sqrt{x^2 + (y - 1)^2} &= \sqrt{(x - 1)^2 + y^2}\\ x^2 + y^2 - 2y + 1 &= x^2 - 2x + 1 + y^2\\ y &= x\end{aligned}$$

D'où le lieu est la droite d'équation $y = x$.

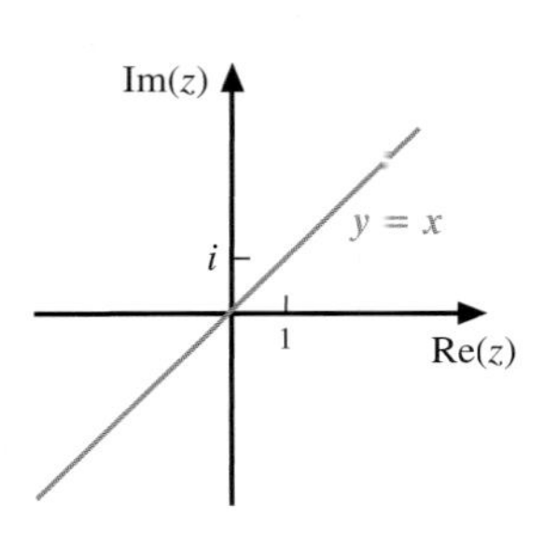

Exercices 11.2

1. Déterminer le module et l'argument principal des nombres complexes suivants, et les écrire sous forme trigonométrique et sous forme exponentielle. Représenter ces nombres dans le même plan d'Argand.

a) $z_1 = \sqrt{3} + i$　　b) $z_2 = -i$

c) $z_3 = -1$　　d) $z_4 = -2 + 2i$

e) $z_5 = -1 - \sqrt{3}i$　　f) $z_6 = 1 - 2i$

2. Écrire les nombres complexes suivants sous trois formes : binomiale, trigonométrique et exponentielle.

a) $z = 2\cos\left(\frac{\pi}{4}\right) + 2i\sin\left(\frac{\pi}{4}\right)$

b) $z = \sqrt{3}\text{ cis}\left(\frac{5\pi}{6}\right)$

c) $|z| = 4$ et $\text{Arg}(z) = 30°$

d) $\text{Re}(z) = -4$ et $\text{Im}(z) = -4\sqrt{3}$

e) $z = 5e^{i\left(\frac{19\pi}{10}\right)}$

3. Soit $u = 12\left(\cos\left(\frac{\pi}{3}\right) + i\sin\left(\frac{\pi}{3}\right)\right)$.

Déterminer uv et $\frac{u}{v}$ sous forme trigonométrique.

a) $v = 4\left(\cos\left(\frac{\pi}{4}\right) + i\sin\left(\frac{\pi}{4}\right)\right)$

b) $v = 3\text{ cis }\pi$

c) $v = 0{,}5e^{i\frac{\pi}{9}}$

d) $v = 1{,}5(\cos 40° + i\sin 40°)$

4. Écrire les nombres suivants sous la forme $a + bi$.

a) $z = 6e^{\frac{i\pi}{3}} - 4e^{\frac{i\pi}{4}}$　　b) $z = \dfrac{e^{\frac{i7\pi}{6}}}{e^{\frac{i\pi}{3}}}$

c) $z = \left(2e^{\frac{i\pi}{6}}\right)\left(\frac{1}{2}e^{\frac{i\pi}{6}}\right)^2$

5. Calculer les expressions suivantes en présentant la réponse sous la forme $a + bi$.

a) $z = (1 + i)^7$　　b) $z = (2\text{ cis }30°)^8$

c) $z = (e^i)^{12}$　　d) $z = \left(\dfrac{2}{1 + i}\right)^7$

6. Déterminer et représenter graphiquement

a) les racines cubiques de $-9i$;

b) les valeurs de z telles que $z^3 = -1$;

c) les valeurs de z telles que $z^5 = i$;

d) les valeurs de z telles que $z^6 = 1 + \sqrt{3}i$;

e) les racines cinquièmes de $8\left(\sqrt{2} - \sqrt{6} + \left(\sqrt{2} + \sqrt{6}\right)i\right)$.

7. Soit $z = x + yi$. Représenter dans le plan d'Argand le lieu géométrique des points $P(x, y)$ suivants et les décrire.

a) $\text{Re}(z) = 1$　　b) $z - \bar{z} = 6i$

c) $z = -\bar{z}$　　d) $|z| < 2$

e) $\frac{\pi}{3} \leq \text{Arg}(z) < \frac{5\pi}{6}$ et $2 < |z| \leq 5$

f) $|z - 2i| \leq |z - (3 + i)|$

8. Soit $z = x + yi$. Déterminer z tel que :

a) $2iz + 3 = 0$　　b) $(3 - i)z + i =$ [illegible]

c) $z^2 + z + 1 = 0$　　d) $z^2 + 3i = 0$

e) $z^4 + 1 = 0$　　f) $z^4 + z = 0$

Réseau de concepts

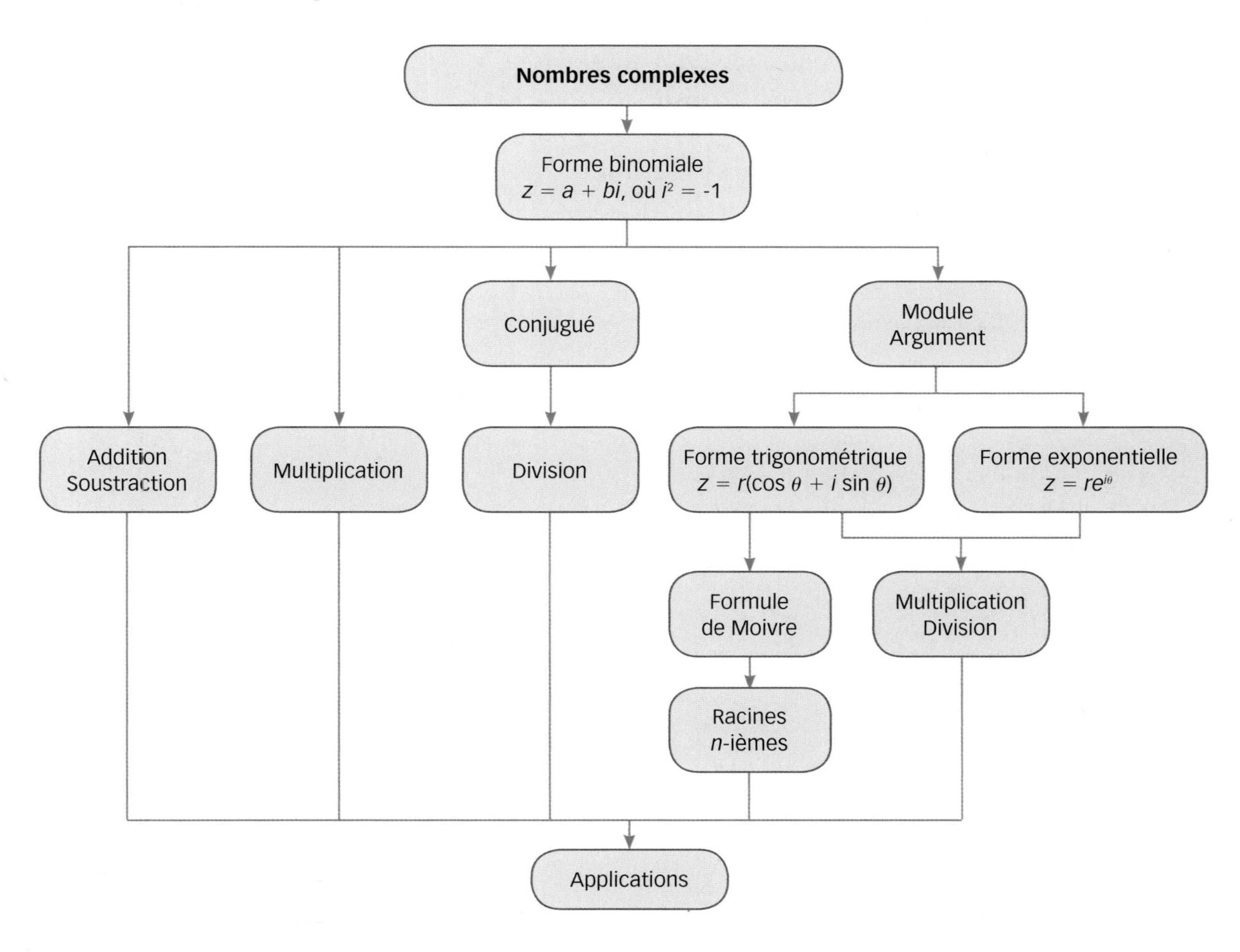

Vérification des apprentissages

Après l'étude de ce chapitre, je suis en mesure de compléter le résumé suivant avant de résoudre les exercices récapitulatifs et les problèmes de synthèse.

Opérations sous forme binomiale

Soit $z = a + bi$ et $w = c + di$, où $i^2 =$ ______

$z + w =$ ______

$z - w =$ ______

$zw =$ ______

$\overline{z} =$ ______

$\dfrac{z}{w} =$ ______

11

Forme trigonométrique et forme exponentielle

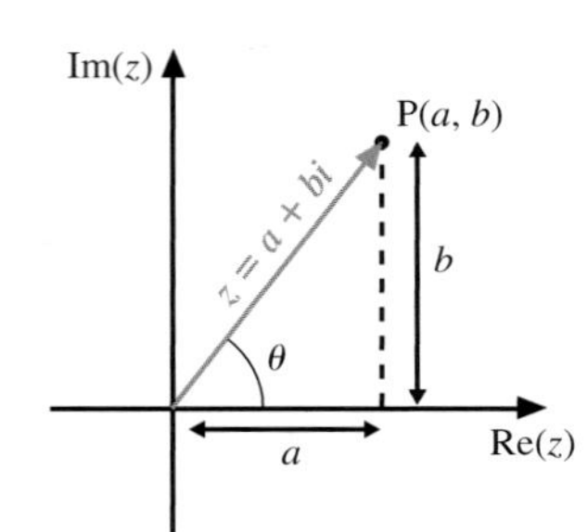

Re(z) = ______

Im(z) = ______

$r = \text{mod}(z) =$ ______

Arg(z) = ______

arg(z) = ______

$z = a + bi$ s'écrit sous

1) forme trigonométrique : $z =$ ______

2) forme exponentielle : $z =$ ______

Si $z = r(\cos\theta + i\sin\theta)$ et $w = s(\cos\beta + i\sin\beta)$, alors

$zw =$ ______ $\qquad \dfrac{z}{w} =$ ______, où $s \neq 0$

Si $z = re^{i\theta}$ et $w = se^{i\beta}$, alors

$zw =$ ______ $\qquad \dfrac{z}{w} =$ ______, où $s \neq 0$

Formule de Moivre $\qquad$ si $z = r(\cos\theta + i\sin\theta)$, alors $z^n =$ ______, où $n \in \mathbb{Z}$

Exercices récapitulatifs

Les réponses des exercices suivants, à l'exception des exercices notés en rouge, sont données à la fin du volume.

1. Effectuer les opérations suivantes en exprimant la réponse sous la forme $a + bi$.

a) $(2 - 5i) + (6 + 7i)$

b) $(6 + 2i) - 3(2 - 7i)$

c) $(2 - 3i)(3 + i)$

d) $\dfrac{5}{3i}$

e) $\dfrac{2 - i}{6i}$

f) $\dfrac{3 + 2i}{5 + 3i}$

g) $13 - 6(3 + 2i) + (3 + 2i)^2$

h) $3 + i - \dfrac{2(2 + i)^2}{1 - i}$

i) $(7 - 3i)[8 + 2i - (4 - 3i)]$

j) $i(1 + i) + (2 + i)(2 - i)$

k) $2 - \dfrac{i}{i - \sqrt{5}}$

l) $\left(\dfrac{3}{1 - i} + 2 - 5i\right)^2$

2. Écrire les expressions suivantes sous la forme $a + bi$.

a) $\sqrt{-9}$

b) $3 + \sqrt{-5}$

c) $\dfrac{-5 - \sqrt{-3}}{2}$

d) $\dfrac{2}{1 - \sqrt{-4}}$

e) $\dfrac{-5 + \sqrt{-2}}{\sqrt{-18}}$

f) $\dfrac{\sqrt{-7}}{3 - \sqrt{-4}}$

3. Simplifier les nombres suivants.

a) $i^8 - i^9$

b) $i^{13}(-i)^{27}$

c) i^{-3}

d) $(-i)^{-5}i^5$

e) $(-i)^{-6}i^6$

f) $(-i)^5 - i^5$

4. Déterminer les valeurs réelles de x et y si

a) $(2x + 1) - (2 - 3y)i = -5 + 4i$

b) $(3y - 2x) + (2x - y)i = 3 - 7i$

c) $(7 + 2i)(x + yi) = 29 - 22i$

d) $\dfrac{1 + xi}{y + 5i} = 3 + 4i$

e) $\dfrac{-i}{4 - 3i} = \dfrac{x + yi}{12 + 5i}$

5. Soit $z = \dfrac{(1 + \sqrt{5}i)(\sqrt{5} + i)}{(1 + i)^2}$ et

$$w = \frac{2(1 - \sqrt{3}i) - (\sqrt{3} + i)}{1 + 2i}.$$

Déterminer :

a) mod(z) et Arg(z)

b) mod(w) et Arg(w)

6. a) Soit $z = a + bi$. Représenter dans le plan d'Argand le lieu géométrique L tel que $\frac{\pi}{4} < \text{Arg}(z) \leq \frac{5\pi}{6}$ et $1 \leq |z| < 4$.

b) Soit $u = 3 - 4i$, $v = -1 + 7i$ et $w = -6 - 4\sqrt{3} + (8 - 3\sqrt{3})i$.

Déterminer si les points suivants sont situés dans la région L.

i) $\frac{1}{10}uv$ ii) $7\left(\frac{u}{w}\right)$

7. Compléter le tableau suivant.

	Forme binomiale	Forme trigonométrique	Forme exponentielle
a)	$\sqrt{3} - i$		
b)		$2\sqrt{2}\ \text{cis}\left(\frac{5\pi}{4}\right)$	
c)			$4\sqrt{3}\ e^{\frac{4\pi}{3}i}$

8. Soit $z = r(\cos\theta + i\sin\theta)$, où $\theta \in \left[0, \frac{\pi}{4}\right[$.

a) Comparer $\text{mod}(z)$ et $\text{mod}(z^2)$.

b) Comparer $\text{Arg}(z)$ et $\text{Arg}(z^2)$.

c) Représenter graphiquement z et z^2.

9. a) Dans le plan d'Argand, quelle est la distance entre $z = (2 - 5i)(3 + 7i)$ et son conjugué ?

b) Soit $z = a + bi$. Déterminer la distance entre z et son conjugué dans le plan d'Argand.

c) Soit $z = a + bi$, où $a > 0$ et $b > 0$.

i) Représenter dans le plan d'Argand $P(z)$, $P(-z)$, $P(\overline{z})$, $\text{Arg}(z)$, $\text{Arg}(-z)$ et $\text{Arg}(\overline{z})$.

ii) Exprimer $\text{Arg}(-z)$ et $\text{Arg}(\overline{z})$ en fonction de $\text{Arg}(z)$.

10. Soit $z = a + bi$. Déterminer les valeurs de a et b si :

a) $\overline{z} = -z$

b) $z^2 = (\overline{z})^2$

c) $z = (1 + i)^{13}$

d) $z = \left(\overline{1 + \sqrt{3}i}\right)^7$

e) $z = \left(\frac{\sqrt{2}}{2} + \frac{\sqrt{2}}{2}i\right)^{105}$

11. Soit $z_1 = a + 2ai$, où $a \neq 0$ et $z_2 = x + yi$. Déterminer z_2 si $z_1 z_2 = 15$.

12. Soit $z = x + yi$. Déterminer z si $\frac{1}{z} = \frac{3 + 4i}{5 - 2i}$.

13. Soit $z = (x + i)^2$, où $x \in \mathbb{R}$. Déterminer la valeur exacte de x si $\text{Arg}(z) = 60°$.

14. Résoudre les équations suivantes, où $z \in \mathbb{C}$.

a) $z^2 - 4z + 13 = 0$ b) $z^2 + 3i = 0$

c) $2z^4 + 1 = \sqrt{3}i$ d) $\sqrt{2}z^6 - 1 = -i$

15. Déterminer et représenter graphiquement

a) les racines cubiques de -27 ;

b) les racines cinquièmes de 1024 ;

c) les racines sixièmes de -64 ;

d) les racines quatrièmes de $-i$;

e) les racines cubiques de $(-1 - \sqrt{3}i)$;

f) les racines cubiques de $(-4\sqrt{3} + 4i)$.

16. Soit $z = x + yi$. Déterminer et représenter le lieu géométrique L des points $P(x, y)$ tels que

a) $z^2 + (\overline{z})^2 - z\overline{z} = 0$

b) $2z\overline{z} = z + \overline{z}$

c) $2 < |z + 3 - 2i| \leq 4$

17. Soit $z = a + bi$ et $w = c + di$, où $w \neq 0$. Démontrer que :

a) $\overline{z + w} = \overline{z} + \overline{w}$ b) $\overline{zw} = \overline{z}\,\overline{w}$

c) $\overline{\overline{z}} = z$ d) $\overline{\left(\frac{1}{w}\right)} = \frac{1}{\overline{w}}$

e) $\overline{\left(\frac{z}{w}\right)} = \frac{\overline{z}}{\overline{w}}$ f) $\overline{z^n} = (\overline{z})^n$, où $n \in \mathbb{N}$

g) $|z|^2 = z\overline{z}$ h) $w^{-1} = \frac{1}{|w|^2}\overline{w}$

i) $|z| = |-z|$ j) $|zw| = |z||w|$

k) $\left|\frac{z}{w}\right| = \frac{|z|}{|w|}$ l) $|z + \overline{z}| \leq |z| + |\overline{z}|$

m) $|z + w| \leq |z| + |w|$

n) $|z - w| \geq |z| - |w|$

18. Soit $z = a + bi$. Démontrer que

a) si $|1 - z| < 1$, alors $|1 + z| > 1$;

b) si $|1 + z| < 1$, alors $|1 - z| > 1$.

11

Problèmes de synthèse

Les réponses des problèmes suivants, à l'exception des problèmes notés en rouge, sont données à la fin du volume.

1. Trouver la valeur réelle de i^i.

2. Soit $z = re^{i\frac{\pi}{4}}$ et $w = 1 + \sqrt{3}i$.
Déterminer la valeur de r si $|zw^3| = 2$.

3. Déterminer les valeurs réelles de x telles que $z = (-x + 10 + (x + 2)i)(x - i)$ est un nombre réel.

4. Écrire z sous la forme $a + bi$.

a) $z = i^{0!} + i^{1!} + i^{2!} + i^{3!} + \ldots + i^{100!}$

b) $z = i(i^2)(i^3)(i^4)\ldots(i^{99})(i^{100})$

c) $z = \sqrt{i}\,\sqrt[4]{i}\,\sqrt[8]{i}\,\sqrt[16]{i}\,\sqrt[32]{i}\ldots$

5. Déterminer la valeur de n, où $n \in \mathbb{N}$, telle que $i + 2i^2 + 3i^3 + 4i^4 + \ldots + ni^n = 52 + 53i$.

6. Soit $z = 4e^{\frac{i\pi}{6}}$. Calculer $|e^{iz}|$.

7. Soit $z = x + yi$, où $z \neq 0$. Déterminer z tel que $z^3 = \overline{z}$.

8. Déterminer le nombre de couples ordonnés (x, y), où x et $y \in \mathbb{R}$, tels que $(x + yi)^{2012} = x - yi$.

9. Soit $f(z) = z^2 - 6z + 34$, où $z \in \mathbb{C}$.

a) Déterminer z_1 et z_2, les zéros de f.

b) Déterminer la relation entre z_1 et z_2.

10. Soit $f(z) = z^3 - 4z^2 + z + 26$, où $z \in \mathbb{C}$.

a) Démontrer que si z_1 est un zéro de f, alors $\overline{z_1}$ est aussi un zéro de f.

b) Si $z_1 = 3 - 2i$, trouver les autres zéros de f.

11. Soit $f(z) = z^3 - 13z^2 + 60z - 100$, où $z \in \mathbb{C}$.
Si $z_1 = 4 + 2i$ est un zéro de f, trouver les autres zéros de f.

12. Dans le cours de calcul intégral, il est démontré qu'une série géométrique réelle de premier terme a et de raison r converge si $|r| < 1$, c'est-à-dire

$$a + ar + ar^2 + ar^3 + \ldots + ar^{n-1} + \ldots = \frac{a}{1 - r}.$$

On peut généraliser ce résultat pour une série géométrique complexe de raison z, où $|z| < 1$.

Soit la série géométrique suivante.

$$e^{i\theta} + \frac{1}{2}e^{i2\theta} + \frac{1}{4}e^{i3\theta} + \ldots$$

a) Déterminer la raison z et le terme général a_n de cette série.

b) Calculer $|z|$ et déterminer la somme de cette série.

c) Exprimer la somme de cette série en fonction de $\sin\theta$ et de $\cos\theta$.

d) Démontrer que

$$\cos\theta + \frac{1}{2}\cos 2\theta + \frac{1}{4}\cos 3\theta + \ldots = \frac{4\cos\theta - 2}{5 - 4\cos\theta}.$$

e) Déterminer une expression pour

$$\sin\theta + \frac{1}{2}\sin 2\theta + \frac{1}{4}\sin 3\theta + \ldots$$

13. Démontrer que la somme des n racines n-ièmes distinctes de 1 est zéro.

14. Soit $\mathbb{C} = \{a + bi \mid a, b \in \mathbb{R} \text{ et } i^2 = -1\}$. Démontrer que $\mathbb{C}$, muni des opérations suivantes, est un espace vectoriel sur $\mathbb{C}$.

Addition :

$(a + bi) \oplus (c + di) = (a + c) + (b + d)i$

Multiplication :

$(a + bi) * (c + di) = (ac - bd) + (ad + bc)i$

Chapitre 12

Programmation linéaire

Dominique Parent

L'objectif principal de ce chapitre est de résoudre des problèmes de programmation linéaire dans lesquels nous devons optimiser, c'est-à-dire maximiser ou minimiser, une fonction économique.

La fonction économique est une fonction linéaire à plusieurs variables, lesquelles sont soumises à des contraintes exprimées sous forme d'équations linéaires.

Nous résoudrons les problèmes d'optimisation de trois façons différentes. Nous nous intéresserons d'abord à une méthode graphique, par laquelle nous déterminerons la région des solutions admissibles et évaluerons la fonction économique aux sommets de cette région. Par la suite, nous étudierons la fonction économique à l'aide d'une méthode algébrique, où nous définirons des variables d'écart. Finalement, nous nous tournerons vers la méthode du simplexe, qui est généralement utilisée lorsqu'il y a plus de deux variables.

En particulier, l'élève pourra résoudre le problème suivant.

Une compagnie aérienne offre 220 sièges à trois prix différents : 210 $ pour la classe économique, 405 $ pour la classe affaires et 465 $ pour la première classe. Les coûts sont les suivants : 50 $ pour la classe économique, 150 $ pour la classe affaires et 150 $ pour la première classe. De plus, l'espace requis pour les bagages est de 2 mètres cubes pour les passagers de la première classe, de 1,5 mètre cube pour les passagers de la classe affaires et de 1 mètre cube pour les passagers de la classe économique.

Si les coûts de chaque vol ne doivent pas excéder 26 000 $ et que l'espace alloué aux bagages est de 350 mètres cubes, combien de billets de chaque type doivent être vendus pour obtenir un revenu maximal, et quel sera ce revenu maximal ?

(Problèmes de synthèse, n° 8, page 476)

Perspective historique

Programmation linéaire : d'une théorie ignorée à des méthodes de calcul au cœur de l'économie

Souvent, de bonnes idées surgissent dans une société sans vraiment laisser de traces parce qu'elles apparaissent trop tôt et ne correspondent pas aux préoccupations de l'époque. La programmation linéaire en est un bon exemple. Vers 1820, Joseph Fourier (1768-1830), voulant appliquer une méthode décrite par Isaac Newton (1642-1727) pour résoudre des équations polynomiales dont les coefficients étaient eux-mêmes des polynômes, a développé une formule pour résoudre des systèmes d'inégalités linéaires et optimiser une fonction linéaire sur un polyèdre de contraintes. Toutefois, sa théorie est vite tombée dans l'oubli parce qu'elle a germé un peu plus d'un siècle trop tôt.

La planification du ravitaillement des forces armées américaines pendant la Seconde Guerre mondiale a été une des motivations du développement de la programmation linéaire.

Dans les années 1930, les questions d'optimisation de fonctions linéaires refont surface, notamment dans la thèse de doctorat de Theodore S. Motzkin (1908-1970) présentée à Bâle en 1934, puis dans le livre de l'économétricien Leonid Vitalevitch Kantorovitch (1912-1986), *Méthodes mathématiques de l'organisation et de la planification de la production*, publié en 1939. Cette fois encore, le terreau intellectuel n'est pas tout à fait prêt à recevoir ces idées et ces méthodes.

L'entrée en guerre des États-Unis en 1941 change la donne. Cette année-là, un jeune mathématicien un peu excentrique, George B. Dantzig (1914-2005), abandonne provisoirement ses études doctorales à Berkeley pour aller travailler à la division du contrôle statistique des combats de l'aviation américaine (USAF) à Washington. Il aide à planifier en détail l'organisation et l'approvisionnement des forces combattantes. Calculant tout à la main, il devient un expert dans ce genre de planification. À la fin de la guerre, il termine son doctorat en statistique, mais la vie d'étudiant l'intéresse plus ou moins. Les mathématiques pures ne l'attirent pas vraiment. En 1946, il retourne donc à Washington en tant que conseiller mathématique au ministère de la Défense. Son travail consiste plus spécifiquement à faire de la programmation, c'est-à-dire à prévoir les horaires et l'organisation des entraînements, de l'approvisionnement et du déploiement des hommes. En 1947, il développe une méthode pour optimiser ces programmes, méthode qu'il appellera plus tard « algorithme du simplexe », à la suggestion de Motzkin qui a immigré aux États-Unis en 1948.

Une des premières applications de cet algorithme vise à mettre au point un régime alimentaire équilibré à un coût minimal. Selon Dantzig, il a fallu résoudre un système de 9 équations à 77 inconnues, ce qui a nécessité l'équivalent de 120 jours de travail à une personne. Ce régime alimentaire coûtait annuellement 39,69 $ (en 1947) par personne. En 1948, lors d'une rencontre avec Dantzig, l'économiste Tjalling Charles Koopmans (1910-1985) de l'université de Chicago propose d'appeler « programmation linéaire » le domaine d'études cherchant à résoudre ce genre de problèmes d'optimisation. Dantzig devient chercheur à la Rand Corporation en 1952 et commence à utiliser, pour ses calculs, la première génération d'ordinateurs alors toujours en développement. Depuis, la programmation linéaire joue un rôle capital dans la gestion des grandes institutions financières et économiques du monde.

En 1975, Kantorovitch et Koopmans reçoivent le prix Nobel des sciences économiques pour leurs travaux indépendants utilisant la programmation linéaire pour optimiser l'allocation de ressources rares. Pour sa part, Dantzig a reçu de nombreux prix scientifiques, mais, paradoxalement, pas de prix Nobel.

Exercices préliminaires

1. Représenter les droites d'équations suivantes et déterminer les points d'intersection de ces droites.

a) $D_1 : x = 2$, $D_2 : y = -3$, $D_3 : x + 4 = 0$ et $D_4 : 2y - 5 = 0$

b) $D_1 : 3x + 2y = 12$, $D_2 : 2x - 5y = 10$ et $D_3 : 29x - 20y = -2$

2. Déterminer, parmi les points O(0, 0), A(2, 3) et B(4, -5), ceux dont les composantes satisfont les inéquations suivantes.

a) $3x + 4y \leq 0$

b) $9x - 3y \leq 14$

c) $5x + 4y > 0$

3. Soit $x \geq 0$, $y \geq 0$ et $z \geq 0$, où x, y et $z \in \mathbb{R}$. Déterminer les valeurs maximales de x, y et z si :

a) $x + 0{,}5y + z = 30$

b) $3x + 2y + 4z = 30$

c) $4{,}5x + 1{,}2y + 60z = 15$

12.1 Résolution de problèmes d'optimisation par la méthode graphique

Objectifs d'apprentissage

À la fin de cette section, l'élève pourra résoudre des problèmes d'optimisation par la méthode graphique.

Plus précisément, l'élève sera en mesure

- de traduire les contraintes en un système d'inéquations linéaires ;
- de représenter la région admissible ;
- d'optimiser la fonction économique donnée.

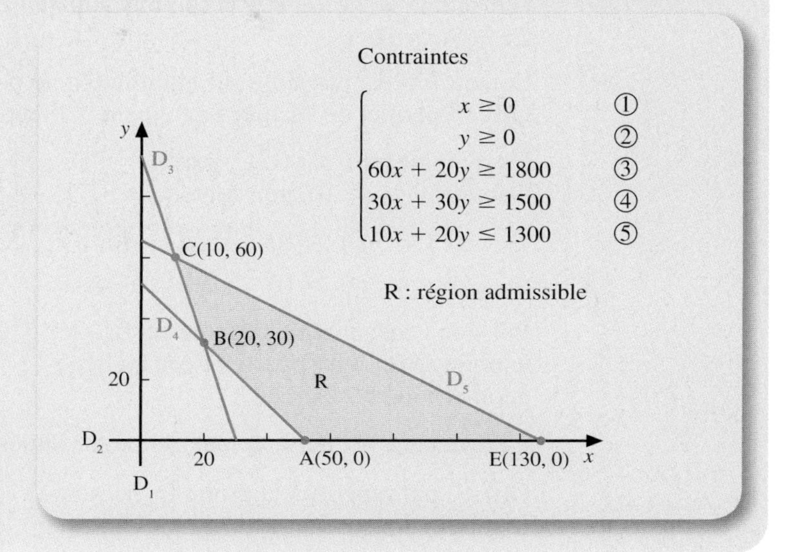

La méthode graphique permet de maximiser ou de minimiser une fonction économique à plusieurs variables de premier degré, lesquelles doivent respecter certaines contraintes. La fonction économique est également appelée « fonction-objectif[1] ».

Lieu géométrique

DÉFINITION 12.1 Un **lieu géométrique** est un ensemble de points satisfaisant certaines conditions.

Exemple 1 Représentons et identifions les lieux géométriques L_1, L_2 et L_3 suivants.

a) $L_1 : 3x - 2y = 6$

L'équation $3x - 2y = 6$ définit une droite.

Pour tracer le graphique de cette droite, déterminons, si c'est possible, les points de rencontre de cette droite avec les axes.

D'où le lieu géométrique L_1 est la droite D_1 passant par les points A(0, -3) et B(2, 0).

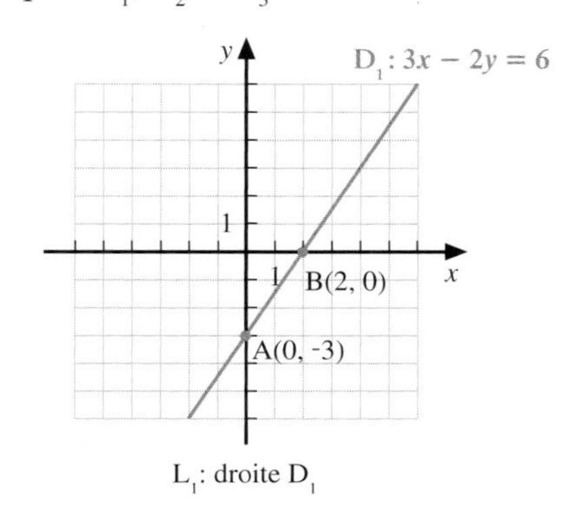

L_1: droite D_1

12

1. Y. NOBERT, R. OUELLET et R. PARENT, *Méthodes d'optimisation pour la gestion*, Montréal, Gaëtan Morin Éditeur, 2008, 520 p.

b) $L_2 : 2x + 5y \geq 10$

Pour déterminer le lieu L_2 défini par $2x + 5y \geq 10$, il faut d'abord tracer la droite D_2 d'équation $2x + 5y = 10$ qui appartient à L_2.

Cette droite passe par les points A(0, 2) et B(5, 0).

Il suffit ensuite de choisir un point n'appartenant pas à la droite D_2 et de vérifier si ce point satisfait l'inéquation $2x + 5y > 10$.

Lorsqu'il n'est pas situé sur la droite D_2, le point d'origine O(0, 0) permet de vérifier facilement si l'inéquation est satisfaite ou non.

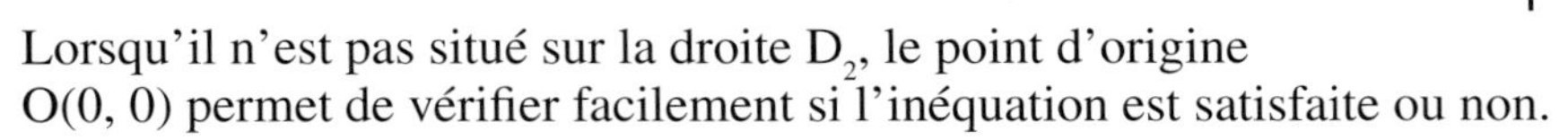

En remplaçant x par 0 et y par 0 dans $2x + 5y > 10$, nous obtenons

$$2(0) + 5(0) > 10$$

$$0 > 10 \quad \text{(inégalité fausse)}$$

Puisque l'inégalité précédente est fausse, le point O(0, 0) n'appartient pas au lieu géométrique L_2 cherché.

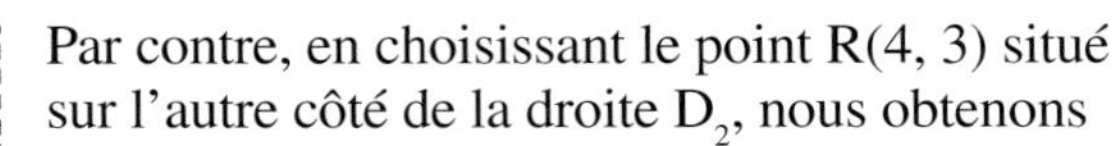

Par contre, en choisissant le point R(4, 3) situé sur l'autre côté de la droite D_2, nous obtenons

$$2(4) + 5(3) > 10$$

$$23 > 10 \quad \text{(inégalité vraie)}$$

Puisque l'inégalité précédente est vraie, le point R(4, 3) appartient au lieu géométrique L_2 cherché.

L'élève peut vérifier que tous les points situés du même côté que

O(0, 0) par rapport à la droite D_2 ne satisfont pas l'inéquation $2x + 5y > 10$.

Donc, ils n'appartiennent pas au lieu géométrique L_2.

R(4, 3) par rapport à la droite D_2 satisfont l'inéquation $2x + 5y > 10$.

Donc, ils appartiennent au lieu géométrique L_2.

D'où le lieu cherché est le demi-plan fermé, c'est-à-dire l'ensemble de tous les points situés sur la droite D_2 ainsi que les points situés au-dessus de la droite.

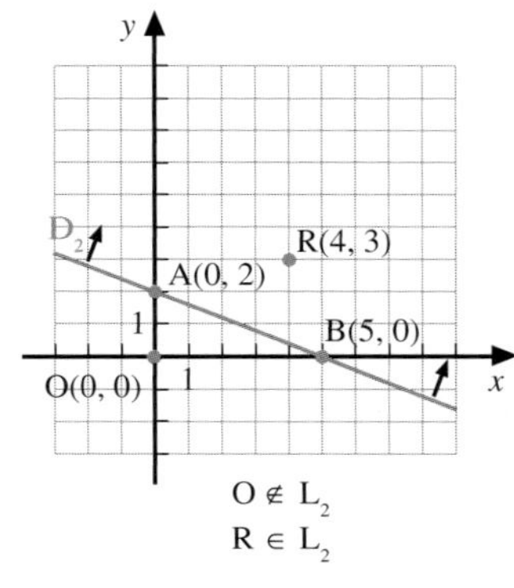

$O \notin L_2$
$R \in L_2$

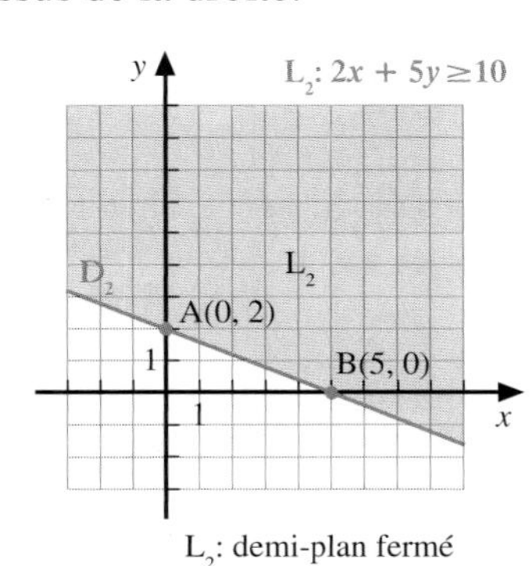

L_2 : demi-plan fermé

c) $L_3 : 4x - 3y > 0$

Traçons d'abord la droite D_3 d'équation $4x - 3y = 0$ qui n'appartient pas à L_3.

Cette droite passe par O(0, 0) et A(3, 4).

Puisque O(0, 0) est situé sur la droite D_3, déterminons si le point R(-3, 1), point n'appartenant pas à la droite D_3, vérifie l'inéquation $4x - 3y > 0$.

En remplaçant x par -3 et y par 1 dans $4x - 3y > 0$, nous obtenons

$$4(-3) - 3(1) > 0$$

$$-15 > 0 \quad \text{(inégalité fausse)}$$

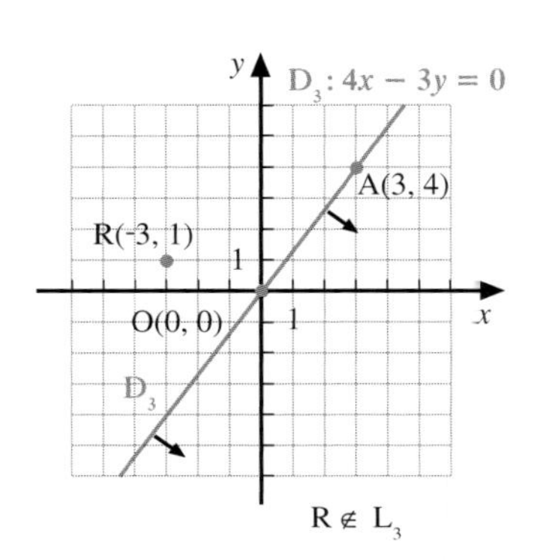

$R \notin L_3$

Puisque l'inégalité précédente est fausse, le point R(-3, 1) ainsi que tous les points situés du même côté de la droite D_3 : $4x - 3y = 0$ n'appartiennent pas au lieu géométrique L_3 cherché.

D'où le lieu L_3 cherché est le demi-plan ouvert situé au-dessous de la droite D_3.

La droite D_3 est tracée en pointillés pour indiquer que les points sur cette droite ne font pas partie du lieu géométrique L_3 à cause de l'inégalité stricte.

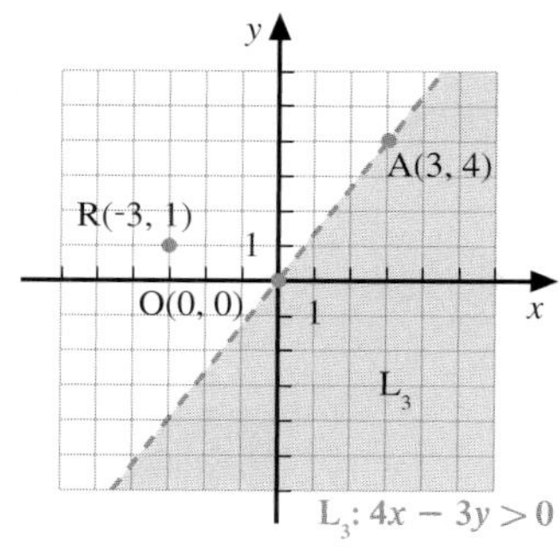

L_3 : demi-plan ouvert

Remarque Soit la droite D : $ax + by + c = 0$, où a, b et $c \in \mathbb{R}$.

1) Lorsque l'inéquation est de la forme

$$ax + by + c \leq 0 \quad \text{ou} \quad ax + by + c \geq 0,$$

elle définit un demi-plan fermé, car la droite D fait partie du lieu géométrique. Cette droite est alors tracée en un trait continu.

2) Lorsque l'inéquation est de la forme

$$ax + by + c < 0 \quad \text{ou} \quad ax + by + c > 0,$$

elle définit un demi-plan ouvert, car la droite D ne fait pas partie du lieu géométrique. Cette droite est alors tracée en pointillés.

Dans tous les cas précédents, la droite D est appelée frontière du lieu géométrique.

Exemple 2 Soit la droite D : $2x - y - 3 = 0$. Représentons graphiquement les lieux L_1 et L_2 suivants.

L_1 : $2x - y - 3 < 0$
L_2 : $2x - y - 3 > 0$

En remplaçant x par 0 et y par 0 dans $2x - y - 3$, nous obtenons

$$2(0) - 0 - 3 < 0$$

donc, $O(0, 0) \in L_1$ et $O(0, 0) \notin L_2$

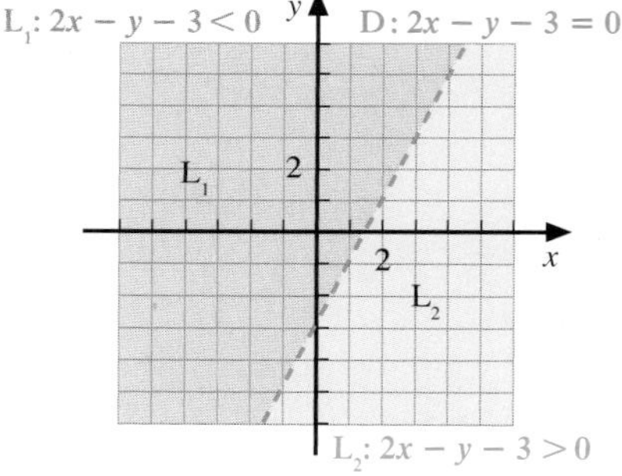

Systèmes d'inéquations linéaires

Dans un problème de programmation linéaire, le lieu géométrique cherché dépend de plusieurs inéquations linéaires.

DÉFINITION 12.2 Un **système d'inéquations linéaires** est constitué d'inéquations linéaires.

Exemple 1 Soit les systèmes d'inéquations linéaires S_1 et S_2 suivants.

a) $S_1 \begin{cases} x \leq 0 \\ x < 2y - 6 \\ x + y - 4 \geq 0 \end{cases}$

S_1 est un système d'inéquations linéaires de trois inéquations à deux variables.

b) $S_2 \begin{cases} 2x_1 - 3x_2 + x_3 \geq 4 \\ x_1 + 5x_2 - 2x_3 \leq 7 \end{cases}$

S_2 est un système d'inéquations linéaires de deux inéquations à trois variables.

DÉFINITION 12.3 Soit S, un système d'inéquations linéaires à deux variables.

1) Une solution (a, b) est dite **solution admissible** si elle satisfait chacune des inéquations de S.
2) L'**ensemble-solution** de S est l'ensemble de toutes les solutions admissibles.

Exemple 2 Représentons graphiquement l'ensemble-solution de S.

a) $S \begin{cases} x \leq 0 & \text{①} \\ 2x - 2y < -3 & \text{②} \\ x + y \leq 4 & \text{③} \end{cases}$

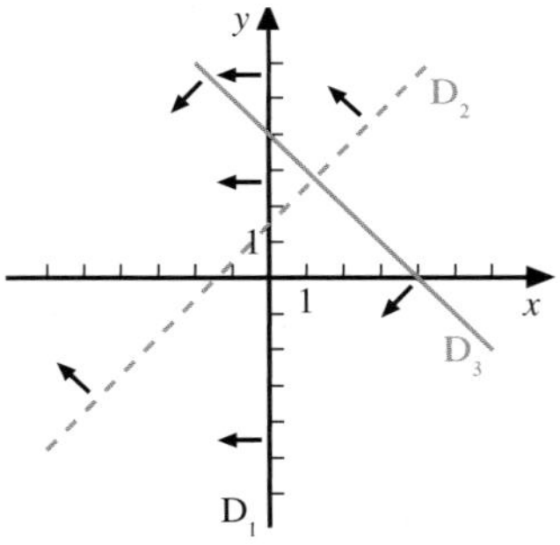

① L_1 : demi-plan fermé situé à gauche de l'axe des y, $D_1 : x = 0$

② L_2 : demi-plan ouvert situé au-dessus de la droite $D_2 : 2x - 2y = -3$

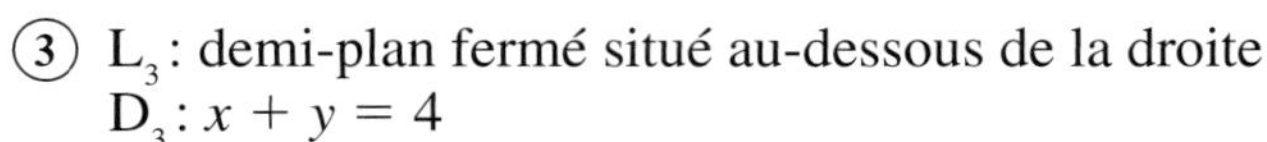

③ L_3 : demi-plan fermé situé au-dessous de la droite $D_3 : x + y = 4$

L'ensemble-solution de S est l'intersection des demi-plans L_1, L_2 et L_3.

D'où l'ensemble-solution de S correspond à la région L ombrée ci-contre.

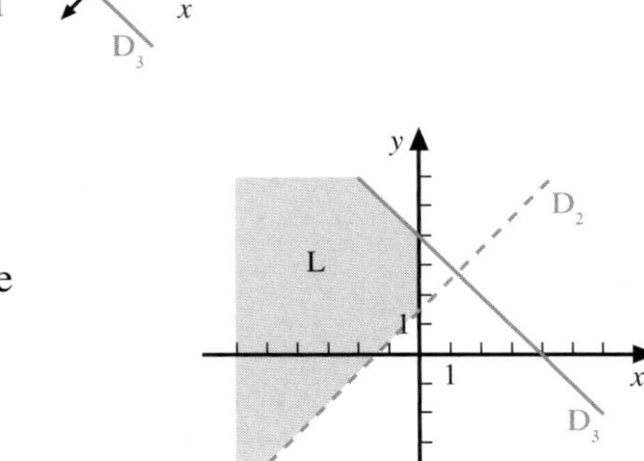

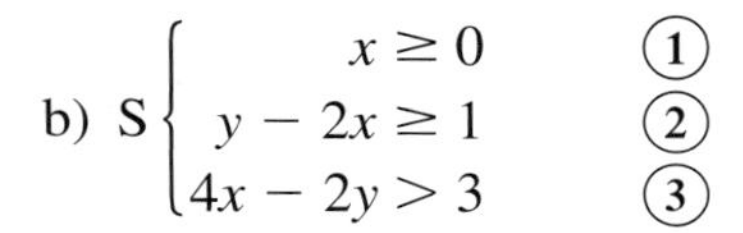

b) $S \begin{cases} x \geq 0 & \text{①} \\ y - 2x \geq 1 & \text{②} \\ 4x - 2y > 3 & \text{③} \end{cases}$

① L_1 : demi-plan fermé situé à droite de l'axe des y, $D_1 : x = 0$

② L_2 : demi-plan fermé situé au-dessus de la droite $D_2 : y - 2x = 1$

③ L_3 : demi-plan ouvert situé au-dessous de la droite $D_3 : 4x - 2y = -3$

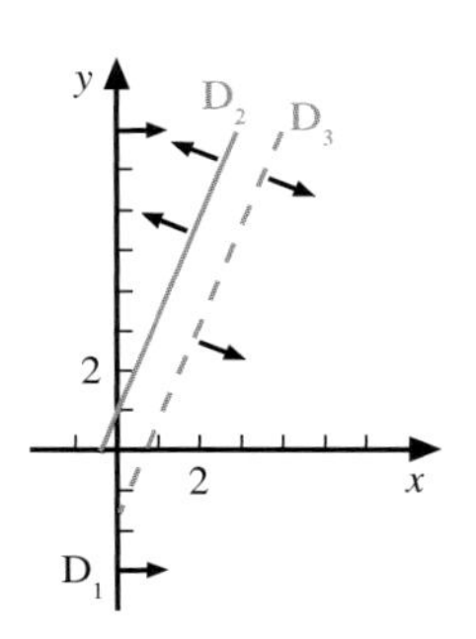

L'ensemble-solution de S est l'intersection des demi-plans L_1, L_2 et L_3.

D'où $L_1 \cap L_2 \cap L_3 = \varnothing$

Contraintes et polygone de contraintes

DÉFINITION 12.4

1) Chaque inéquation d'un système d'inéquations linéaires est appelée une **contrainte**.
2) Chaque variable présente dans un système d'inéquations linéaires est appelée **variable de décision**.
3) Le lieu géométrique qui représente l'ensemble-solution d'un système d'inéquations linéaires est appelé **polygone de contraintes**, ou **région admissible**.
4) Chaque point d'intersection de deux côtés du polygone de contraintes est appelé un **sommet** de ce polygone.

Remarque Tous les polygones de contraintes obtenus sont convexes, c'est-à-dire que tout segment de droite reliant deux points quelconques de la région délimitée par le polygone est situé entièrement dans cette région.

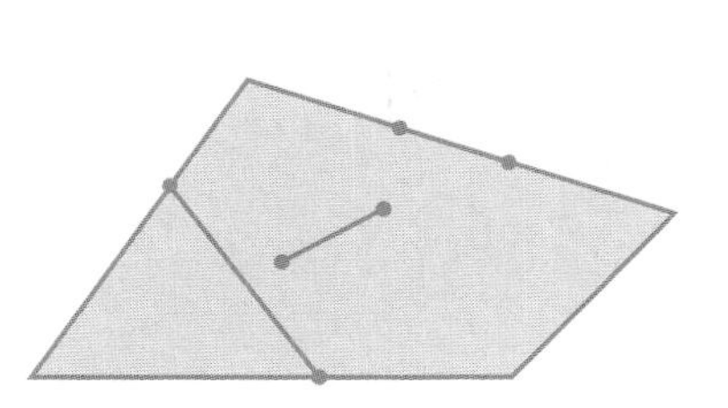

Polygone convexe

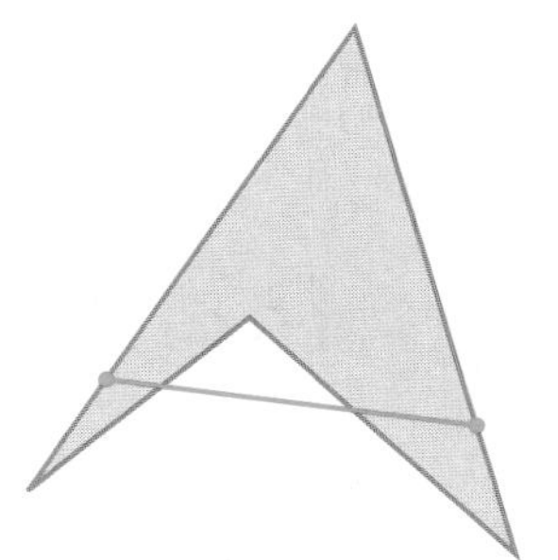

Polygone non convexe

Exemple 1 Soit le système S d'inéquations linéaires suivant à cinq contraintes.

x et *y* sont les variables de décision

$$S\begin{cases} x \geq 0 & ① \\ y \geq 0 & ② \\ 2y - 3x \geq -12 & ③ \\ 5y - x \leq 10 & ④ \\ x + 2y \geq 2 & ⑤ \end{cases}$$

a) Représentons graphiquement les droites suivantes ainsi que les demi-plans correspondant aux inéquations précédentes.

$D_1: x = 0$

$D_2: y = 0$

$D_3: 2y - 3x = -12$

$D_4: 5y - x = 10$

$D_5: x + 2y = 2$

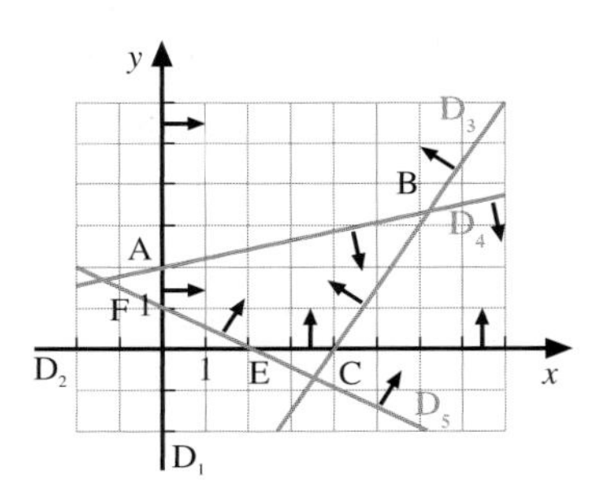

b) Déterminons les sommets A, B, C, E et F du polygone de contraintes en résolvant les systèmes d'équations linéaires appropriés.

$A: D_1 \cap D_4$	$B: D_3 \cap D_4$	$C: D_2 \cap D_3$	$E: D_2 \cap D_5$	$F: D_1 \cap D_5$
$\begin{cases} x = 0 \\ 5y - x = 10 \end{cases}$	$\begin{cases} 2y - 3x = -12 \\ 5y - x = 10 \end{cases}$	$\begin{cases} y = 0 \\ 2y - 3x = -12 \end{cases}$	$\begin{cases} y = 0 \\ x + 2y = 2 \end{cases}$	$\begin{cases} x = 0 \\ x + 2y = 2 \end{cases}$
ainsi, A(0, 2)	ainsi, $B\left(\frac{80}{13}, \frac{42}{13}\right)$	ainsi, C(4, 0)	ainsi, D(2, 0)	ainsi, E(0, 1)

c) Représentons la région admissible, notée R.

La région admissible est l'ensemble de tous les points satisfaisant aux contraintes du système S, c'est-à-dire les points situés à l'intérieur du polygone ainsi que ceux situés sur la frontière du polygone.

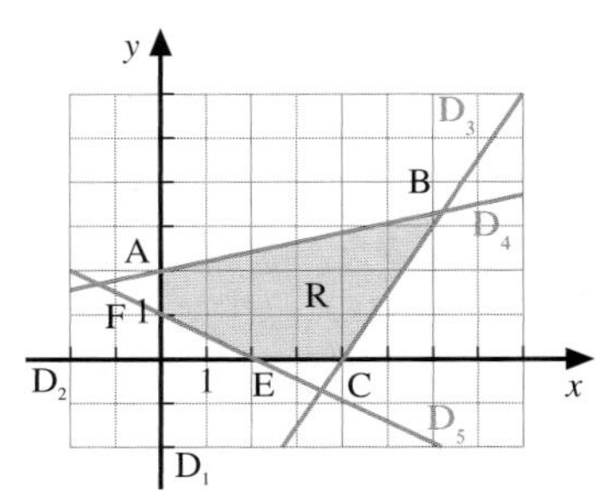

R : région admissible

12

Remarque Une contrainte est dite redondante si elle n'est pas utilisée pour déterminer l'ensemble des solutions admissibles.

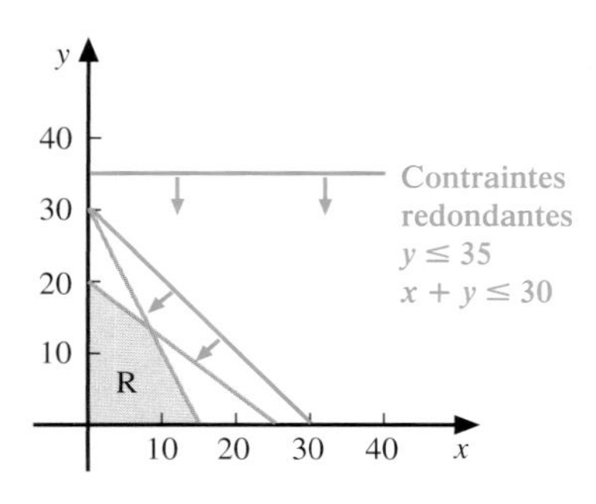

Optimisation d'une fonction linéaire à deux variables

Il y a environ 60 ans...

George B. Dantzig
(1914-2005)

Dans la première moitié de l'année 1947, **George B. Dantzig** cherche à exprimer sous forme mathématique les problèmes liés à la programmation qu'il doit faire pour le ministère de la Défense des États-Unis (voir la perspective historique au début du chapitre). Sa grande innovation consiste à montrer que tout repose sur l'optimisation d'une fonction linéaire à plusieurs variables, c'est-à-dire une fonction où les variables sont élevées à la puissance 1. Sachant que les économistes utilisent souvent de telles fonctions, Dantzig rencontre, en juin 1947, l'économiste Tjalling Charles Koopmans (1910-1985), de Chicago, dans l'espoir que ce dernier l'aide à résoudre les systèmes qu'il a mis en évidence. Koopmans voit immédiatement l'intérêt des travaux de Dantzig pour la planification économique. Toutefois, ni lui ni ses collègues économistes ne pourront l'aider à résoudre ses systèmes. On comprend maintenant l'origine de l'appellation « fonction économique », attribuée à ces fonctions linéaires à optimiser.

Dans la section suivante, nous aurons à optimiser (maximiser ou minimiser) des fonctions linéaires à deux variables, pour des valeurs appartenant à un polygone de contraintes.

DÉFINITION 12.5 Une fonction linéaire à deux variables de la forme

$$Z(x, y) = ax + by + c, \text{ où } a, b \text{ et } c \in \mathbb{R},$$

est appelée **fonction économique** ou **fonction-objectif**.

Exemple 1 Soit le polygone de contraintes ci-contre (voir l'exemple 1 précédent) défini par le système d'inéquations linéaires suivant.

$$\begin{cases} x \geq 0 & (1) \\ y \geq 0 & (2) \\ 2y - 3x \geq -12 & (3) \\ 5y - x \leq 10 & (4) \\ x + 2y \geq 2 & (5) \end{cases}$$

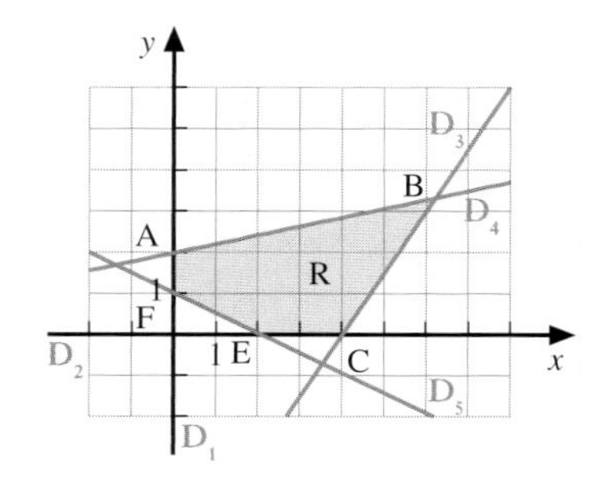

$D_1: x = 0$
$D_2: y = 0$
$D_3: 2y - 3x = -12$
$D_4: 5y - x = 10$
$D_5: x + 2y = 2$

Soit la fonction économique $Z(x, y) = 2x + y$ que nous voulons optimiser, c'est-à-dire déterminer les valeurs de (x, y) appartenant au polygone de contraintes R qui maximisent et qui minimisent la fonction $Z(x, y)$.

a) Calculons la valeur de $Z(x, y)$ pour quelques points de R.

Valeurs de Z pour les points situés aux sommets de R

Point	$Z(x, y) = 2x + y$
A(0, 2)	$2(0) + 2 = 2$
$B\left(\frac{80}{13}, \frac{42}{13}\right)$	$2\left(\frac{80}{13}\right) + \frac{42}{13} = 15{,}5...$
C(4, 0)	$2(4) + 0 = 8$
E(2, 0)	$2(2) + 0 = 4$
F(0, 1)	$2(0) + 1 = 1$

Valeurs de Z pour des points quelconques de R, autres que les sommets

Point	$Z(x, y) = 2x + y$
$P_1(2, 1)$	$2(2) + 1 = 5$
$P_2\left(\frac{7}{2}, \frac{1}{2}\right)$	$2\left(\frac{7}{2}\right) + \frac{1}{2} = 7{,}5$
$P_3(3, 2)$	$2(3) + 2 = 8$
$P_4(6, 3)$	$2(6) + 3 = 15$
$P_5(5, 3)$	$2(5) + 3 = 13$

Nous constatons que la fonction économique $Z(x, y)$ prend différentes valeurs selon les points choisis.

b) Posons la fonction économique $Z(x, y) = k$ pour différentes valeurs arbitraires de k, où $k \in \mathbb{R}$.

$Z(x, y) = 2x + y$

Par exemple, pour les valeurs de k suivantes : -2, 2, 8, 12 et 17, nous obtenons les droites Z_1, Z_2, Z_3, Z_4 et Z_5 ci-contre.

Ces droites Z_1, Z_2, Z_3, Z_4 et Z_5 sont appelées courbes de niveau.

k	$Z_i : 2x + y = k$
-2	$Z_1 : 2x + y = -2$
2	$Z_2 : 2x + y = 2$
8	$Z_3 : 2x + y = 8$
12	$Z_4 : 2x + y = 12$
17	$Z_5 : 2x + y = 17$

c) Représentons la région R ainsi que les courbes de niveau Z_1, Z_2, Z_3, Z_4 et Z_5.

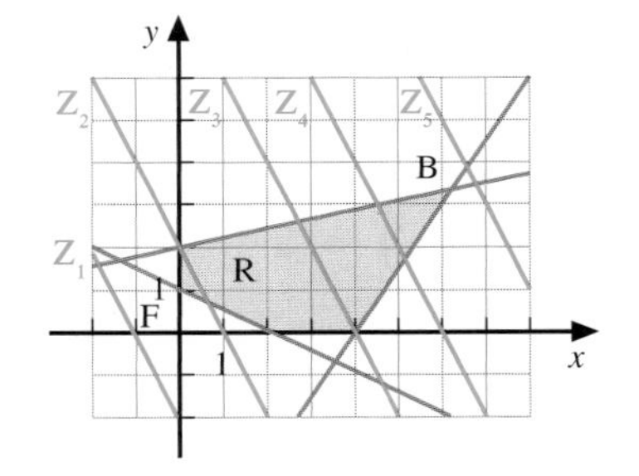

$Z_1 /\!/ Z_2 /\!/ Z_3 /\!/ Z_4 /\!/ Z_5$

Nous constatons ici que les courbes de niveau tracées sont des droites parallèles, car elles ont toutes le même vecteur normal, soit $\vec{n} = (2, 1)$.

Pour des valeurs croissantes de Z, les courbes de niveau correspondantes coupent l'axe des x de plus en plus à droite et coupent l'axe des y de plus en plus haut.

De plus, chaque courbe de niveau Z_i conserve une valeur constante pour tous les points $P(x, y)$ de cette droite.

d) Déterminons les coordonnées des points de R qui maximisent et qui minimisent la fonction économique $Z(x, y) = 2x + y$ et calculons Z dans les deux cas.

De c), nous constatons que le minimum de Z se situe au premier sommet du polygone de contraintes atteint par une courbe de niveau, soit le point F(0, 1).

D'où min $Z = Z_F(0, 1) = 2(0) + 1(1) = 1$

De même, nous constatons que le maximum de Z se situe au dernier sommet du polygone de contraintes atteint par une courbe de niveau, soit le point $B\left(\frac{80}{13}, \frac{42}{13}\right)$.

D'où max $Z = Z_B\left(\frac{80}{13}, \frac{42}{13}\right) = 2\left(\frac{80}{13}\right) + 1\left(\frac{42}{13}\right) = \frac{202}{13}$

Représentons graphiquement la région admissible et les droites

$$Z_{min} : 2x + y = 1$$

$$Z_{max} : 2x + y = \frac{202}{13}$$

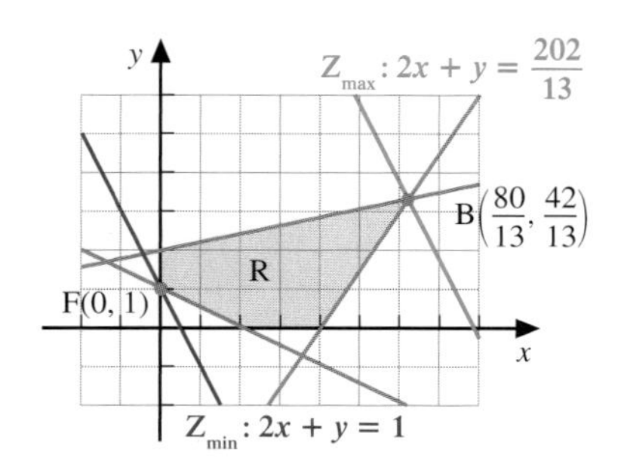

Dans un polygone de contraintes, le minimum (le maximum), s'il existe, de la fonction économique est atteint à un des sommets de ce polygone ou à chaque point d'un côté de ce polygone lorsque la fonction économique est parallèle à ce côté.

Remarque Lorsque le polygone de contraintes est borné, c'est-à-dire que l'aire de la région R admissible est finie, la fonction économique possède un minimum et un maximum.

Lorsque le polygone de contraintes est non borné, c'est-à-dire que l'aire de la région R admissible est infinie, la fonction économique peut posséder un minimum et pas de maximum, ou posséder un maximum et pas de minimum, ou ne posséder ni maximum ni minimum.

Polygone de contraintes borné

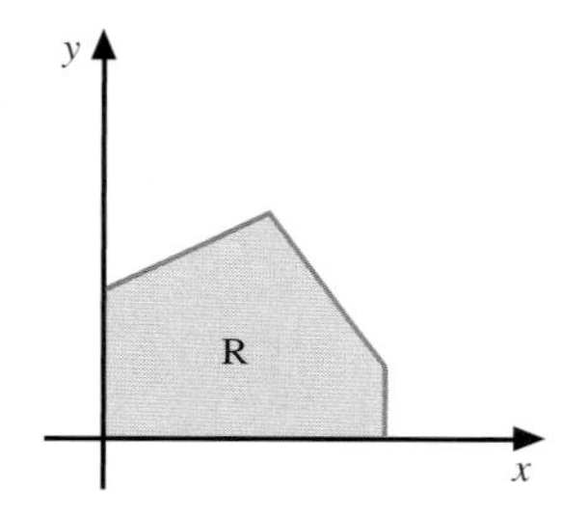

Polygone de contraintes non borné

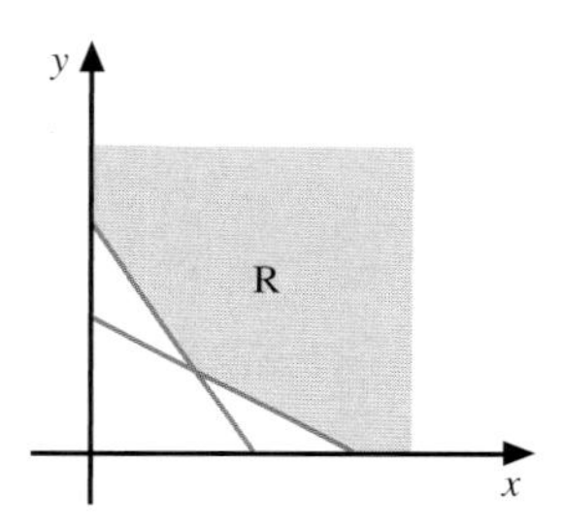

Étapes à suivre pour optimiser une fonction économique

1) Représenter le polygone de contraintes, c'est-à-dire la région admissible.
2) Déterminer les sommets $S_1(x_1, y_1)$, $S_2(x_2, y_2)$, $S_3(x_3, y_3)$, … du polygone.
3) Évaluer $Z(x, y)$ à chaque sommet du polygone afin de déterminer le sommet donnant le minimum et le sommet donnant le maximum, s'ils existent.

Exemple 2 Soit le système S d'inéquations linéraires suivant.

$$S \begin{cases} x \geq 0 & (1) \\ y \geq 0 & (2) \\ 3x - 2y + 80 \geq 0 & (3) \\ 7x + 10y \leq 840 & (4) \\ 2y \geq x & (5) \\ 2x + 5y \geq 100 & (6) \end{cases}$$

Déterminons les coordonnées des points qui maximisent et des points qui minimisent la fonction économique $Z(x, y) = 6x - 4y$.

1) Représentons le polygone de contraintes défini par S.

En traçant les droites suivantes et en déterminant l'intersection des demi-plans fermés correspondant aux inéquations, nous obtenons le polygone de contraintes ci-dessous.

$D_1 : x = 0$

$D_2 : y = 0$

$D_3 : 3x - 2y + 80 = 0$

$D_4 : 7x + 10y = 840$

$D_5 : 2y = x$

$D_6 : 2x + 5y = 100$

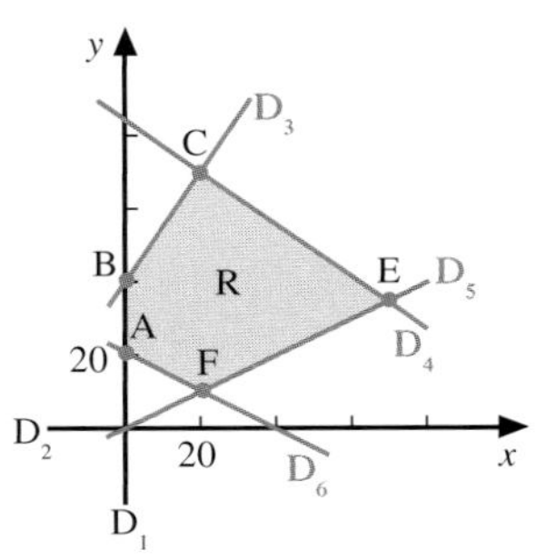

2) Déterminons les sommets du polygone.

En résolvant les systèmes d'équations appropriés, nous trouvons

$$A(0, 20), B(0, 40), C(20, 70), E(70, 35) \text{ et } F\left(\frac{200}{9}, \frac{100}{9}\right)$$

3) Évaluons $Z(x, y)$ à chaque sommet du polygone.

$Z(x, y) = 6x - 4y$

$Z_A(0, 20) = -80$

$Z_B(0, 40) = -160$ (minimum)

$Z_C(20, 70) = -160$ (minimum)

$Z_E(70, 35) = 280$ (maximum)

$Z_F\left(\frac{200}{9}, \frac{100}{9}\right) = \frac{800}{9} = 88,\overline{8}$

Le maximum de $Z(x, y)$ est atteint au sommet E(70, 35) et est égal à 280.

Puisque le minimum de $Z(x, y)$ est atteint aux sommets B(0, 40) et C(20, 70), alors tous les points appartenant au segment de droite reliant B à C donnent la même valeur de $Z(x, y)$, c'est-à-dire -160.

Représentons graphiquement la région admissible et les droites

$Z_{max} : 6x - 4y = 280$

$Z_{min} : 6x - 4y = -160$

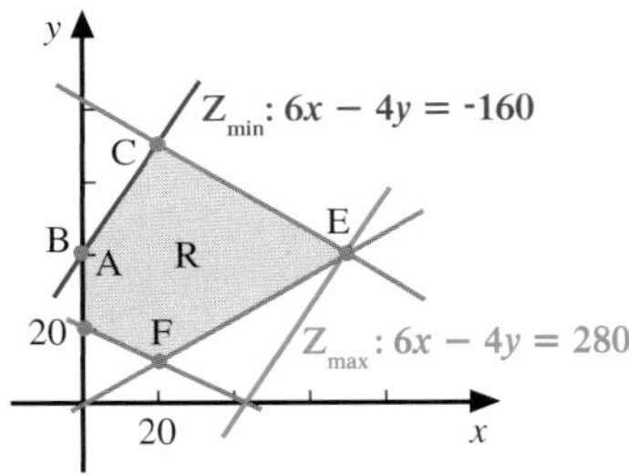

Résolution de problèmes d'optimisation

Voici les étapes à suivre pour résoudre des problèmes d'optimisation dans des situations concrètes.

1) Identifier les variables de décision.
2) Traduire les contraintes en un système d'inéquations linéaires.
3) Déterminer la fonction économique à optimiser.
4) Représenter le polygone de contraintes et déterminer les sommets du polygone en résolvant les systèmes d'équations appropriés.
5) Évaluer $Z(x, y)$ à chaque sommet.
6) Formuler la réponse.

Dans une situation concrète, les variables de décision représentent souvent des quantités ou des mesures qui ne peuvent être négatives (temps, longueur, prix de vente, nombre de personnes, etc.).

Ainsi, elles sont habituellement soumises à des contraintes de non-négativité : $x \geq 0$ et $y \geq 0$.

Exemple 1 Selon les vétérinaires, un chat doit prendre quotidiennement de la nourriture avec au moins 1800 unités de protéines et 1500 unités de vitamines, tout en s'assurant que le nombre de calories ne dépasse pas 1300.

Deux types d'aliments sont recommandés. Le premier contient, par portion, 10 calories, 30 unités de vitamines et 60 unités de protéines ; le second contient, par portion, 20 calories, 30 unités de vitamines et 20 unités de protéines.

Geneviève Séguin

Le premier aliment coûte 0,05 $ par unité et le second, 0,03 $ par unité.

Déterminons le nombre d'unités de chaque type d'aliment qu'un chat adulte doit prendre pour minimiser les coûts tout en respectant les contraintes données.

1) Identifions les variables de décision.

Avant d'identifier les variables, il est parfois utile de construire un tableau dans lequel on retrouve les données sous forme condensée.

	Calories	Vitamines	Protéines	Prix (en $)
Aliment 1	10	30	60	0,05
Aliment 2	20	30	20	0,03
	Ne doit pas excéder 1300	Besoin minimal 1500	Besoin minimal 1800	

Soit x, le nombre de portions de l'aliment 1, et y, le nombre de portions de l'aliment 2.

2) Traduisons les contraintes en un système d'inéquations linéaires.

$$\begin{cases} x \geq 0 & ① \\ y \geq 0 & ② \\ 60x + 20y \geq 1800 & ③ \\ 30x + 30y \geq 1500 & ④ \\ 10x + 20y \leq 1300 & ⑤ \end{cases}$$

① ② contraintes de non-négativité
③ contrainte de protéines
④ contrainte de vitamines
⑤ contrainte de calories

3) Déterminons la fonction économique à optimiser.

$Z(x, y) = 0{,}05x + 0{,}03y$ (en $)

est la fonction économique dont nous devons déterminer le minimum.

4) Représentons le polygone de contraintes et déterminons les sommets du polygone en résolvant les systèmes d'équations appropriés.

D_3 : $60x + 20y = 1800$
D_4 : $30x + 30y = 1500$
D_5 : $10x + 20y = 1300$

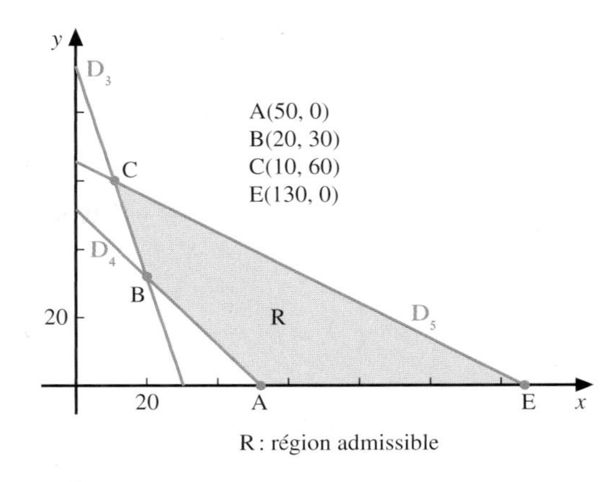

5) Évaluons $Z(x, y)$ à chaque sommet.

$Z(x, y) = 0{,}05x + 0{,}03y$
$Z_A(50, 0) = 2{,}50\,\$$
$Z_B(20, 30) = 1{,}90\,\$$ (minimum)
$Z_C(10, 60) = 2{,}30\,\$$
$Z_E(130, 0) = 6{,}50\,\$$

Représentons graphiquement le polygone de contraintes et la droite

Z_{min} : $0{,}05x + 0{,}03y = 1{,}90$

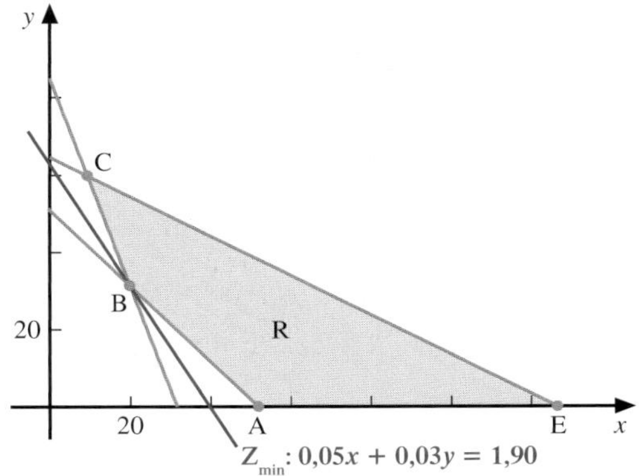

6) Formulons la réponse.

Pour 20 portions de l'aliment 1 et 30 portions de l'aliment 2, nous obtenons un coût minimal de 1,90 $.

Exemple 2 Le parc de stationnement d'une station de ski a une superficie de 18 000 m^2, dont au plus la moitié est occupée par des véhicules stationnés. Nous savons qu'une automobile occupe une superficie de 9 m^2 tandis qu'un autobus occupe une superficie de 30 m^2. Les installations du centre de ski permettent de recevoir un maximum de 5400 skieurs. Généralement, le nombre moyen de skieurs par automobile est de 3, et de 27 par autobus.

Si chaque automobile rapporte en moyenne 135 $ et chaque autobus, 900 $, déterminons le nombre d'automobiles et d'autobus qui maximisent les revenus quotidiens, et déterminons ce revenu maximal.

Dominique Parent

1) Identifions les variables de décision.

Soit x, le nombre d'automobiles, et y, le nombre d'autobus.

2) Traduisons les contraintes en un système d'inéquations linéaires.

$$\begin{cases} x \geq 0 & \text{①} \\ y \geq 0 & \text{②} \\ 9x + 30y \leq 9000 & \text{③} \\ 3x + 27y \leq 5400 & \text{④} \end{cases}$$

① ② contraintes de non-négativité
③ contrainte de superficie
④ contrainte du nombre de skieurs

12

3) Déterminons la fonction économique à optimiser.

$Z(x, y) = 135x + 900y$ (en \$)

est la fonction économique dont nous devons déterminer le maximum.

4) Représentons le polygone de contraintes et déterminons les sommets du polygone en résolvant les systèmes d'équations appropriés.

$D_3 : 9x + 30y = 9000$

$D_4 : 3x + 27y = 5400$

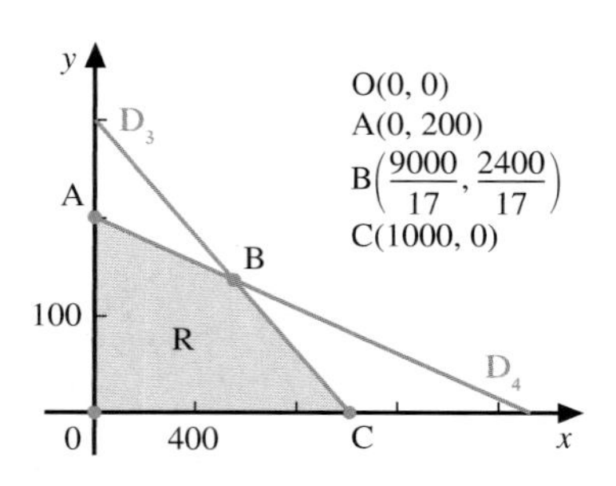

5) Évaluons $Z(x, y)$ à chaque sommet.

$Z(x, y) = 135x + 900y$

$Z_O(0, 0) = 0\,\$$

$Z_A(0, 200) = 180\,000\,\$$

$Z_B\left(\frac{9000}{17}, \frac{2400}{17}\right) = 198\,529{,}411...\,\$$ (maximum)

$Z_C(1000, 0) = 135\,000\,\$$

Représentons graphiquement le polygone de contraintes et la droite

$Z_{max} : 135x + 900y = 198\,529{,}411...$

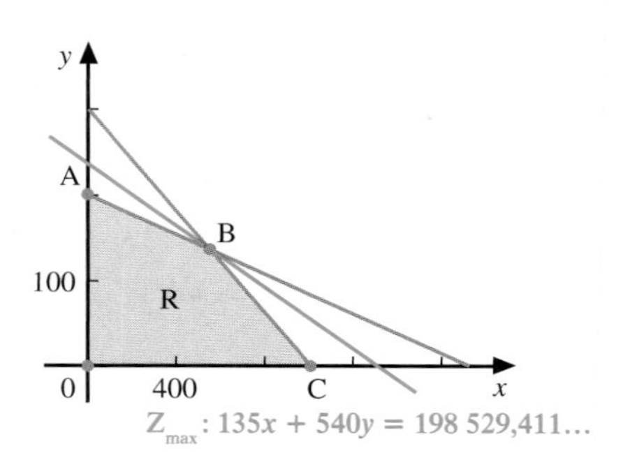

6) Formulons la réponse.

Analyse de sensibilité

Puisque, dans ce contexte, x et y doivent être des valeurs entières (non négatives) et que $x = \frac{9000}{17} \approx 529{,}4$ et $y = \frac{2400}{17} \approx 141{,}2$, il faut vérifier si les couples d'entiers approchés P(529, 141), Q(529, 142) et R(530, 141) vérifient les contraintes et calculer la fonction Z lorsque le couple vérifie les contraintes.

Pour P(529, 141), nous avons

③ $9(529) + 30(141) = 8991 \leq 9000$ (inégalité vraie)

④ $3(529) + 27(141) = 5394 \leq 5400$ (inégalité vraie)

Ainsi, $Z_P(529, 141) = 198\,315\,\$$.

Pour Q(529, 142), nous avons

③ $9(529) + 30(142) = 9021 \leq 9000$ (inégalité fausse)

Donc, Q(529, 142) n'appartient pas au polygone de contraintes.

Pour R(530, 141), nous avons

③ $9(530) + 30(141) = 9000 \leq 9000$ (inégalité vraie)

④ $3(530) + 27(141) = 5397 \leq 5400$ (inégalité vraie)

Ainsi, $Z_R(530, 141) = 198\,450\,\$$,

d'où, pour 530 automobiles et 141 autobus, nous obtenons le revenu maximal de 198 450 \$.

Exemple 3 Un fabricant de meubles produit des tables, des chaises et des buffets. En un mois, il fabrique 150 meubles.

Le tableau suivant nous indique, en heures, le temps nécessaire pour le découpage, l'assemblage et la finition de chaque type de meuble ainsi que le nombre d'heures disponibles pour chaque tâche.

	Buffets	Tables	Chaises	Temps disponible
Découpage	3	1	4	540
Assemblage	1	2	4	520
Finition	3	4	1	250

Si chaque buffet procure au fabricant un profit de 100 $, chaque table, un profit de 150 $, et chaque chaise, un profit de 50 $, combien devra-t-il produire d'articles de chaque type pour maximiser son profit, sachant qu'il doit assumer des frais fixes de 8000 $ par mois ?

1) Identifions les variables de décision.

Dans un premier temps, nous pouvons définir les trois variables suivantes.

Soit x, le nombre de buffets, y, le nombre de tables, et t, le nombre de chaises.

Nous pouvons toutefois ramener ces trois variables à deux variables.

Puisque $x + y + t = 150$, nous avons $t = 150 - x - y$, où $t \geq 0$.

2) Traduisons les contraintes en un système d'inéquations linéaires.

$$S_1 \begin{cases} x \geq 0 & (1) \\ y \geq 0 & (2) \\ t \geq 0 & (3) \\ 3x + 1y + 4t \leq 540 & (4) \\ 1x + 2y + 4t \leq 520 & (5) \\ 3x + 4y + 1t \leq 250 & (6) \end{cases}$$

En remplaçant t par $(150 - x - y)$, nous obtenons

$$S_2 \begin{cases} x \geq 0 & (1) \\ y \geq 0 & (2) \\ 150 - x - y \geq 0 & (3) \\ 3x + 1y + 4(150 - x - y) \leq 540 & (4) \\ 1x + 2y + 4(150 - x - y) \leq 520 & (5) \\ 3x + 4y + 1(150 - x - y) \leq 250 & (6) \end{cases}$$

En transformant ce dernier système, nous obtenons

$$S_2 \begin{cases} x \geq 0 & (1) \\ y \geq 0 & (2) \\ x + y \leq 150 & (3) \\ x + 3y \geq 60 & (4) \\ 3x + 2y \geq 80 & (5) \\ 2x + 3y \leq 100 & (6) \end{cases}$$

(1), (2), (3) : contraintes de non-négativité
(4) contrainte du découpage
(5) contrainte de l'assemblage
(6) contrainte de la finition

3) Déterminons la fonction économique à optimiser.

$$Z(x, y, t) = 100x + 150y + 50t - 8000$$

$$Z(x, y) = 100x + 150y + 50(150 - x - y) - 8000 \quad (\text{car } t = 150 - x - y)$$

d'où $Z(x, y) = 50x + 100y - 500$ (en \$)

4) Représentons le polygone de contraintes et déterminons les sommets du polygone en résolvant les systèmes d'équations appropriés.

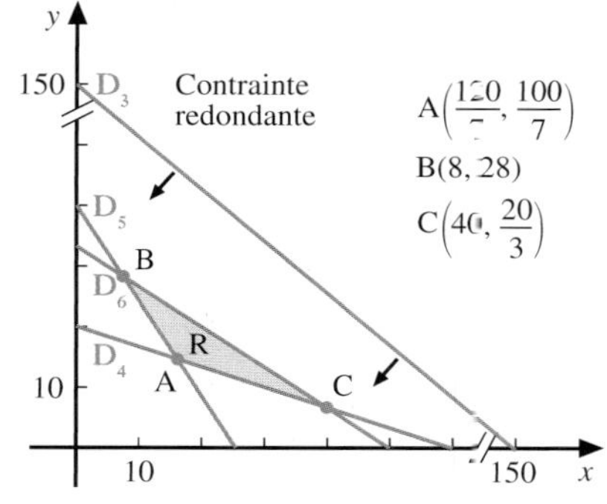

$D_3 : x + y = 150$

$D_4 : x + 3y = 60$

$D_5 : 3x + 2y = 80$

$D_6 : 2x + 3y = 100$

Nous constatons que la droite D_3 n'est pas une frontière du polygone de contraintes ; de fait, $x + y \leq 150$ est une contrainte redondante.

5) Évaluons $Z(x, y)$ à chaque sommet.

$Z(x, y) = 50x + 100y - 500$

$Z_A\left(\frac{120}{7}, \frac{100}{7}\right) = 1785{,}71\,\$$

$Z_B(8, 28) = 2700\,\$$ (maximum)

$Z_C\left(40, \frac{20}{3}\right) = 2166{,}67\,\$$

Représentons graphiquement le polygone de contraintes et la droite

$Z_{max} : 50x + 100y = 3200$

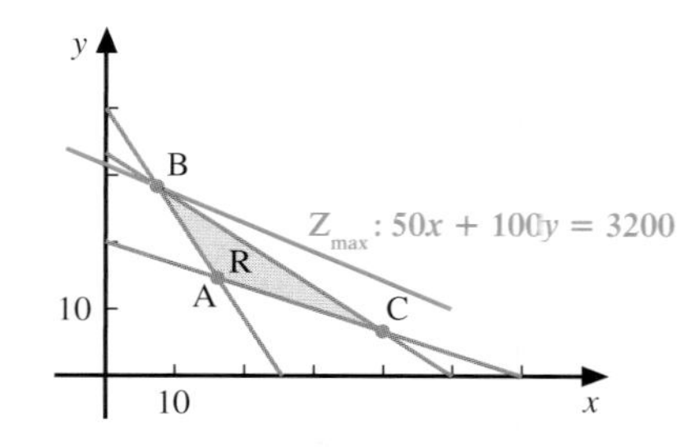

6) Formulons la réponse.

Le fabricant devrait produire 8 buffets, 28 tables et 114 chaises pour obtenir un profit maximal de 2700 $.

Exercices 12.1

1. Représenter et identifier les lieux géométriques suivants.

a) $4x - 5y \leq 20$ b) $2x > 6 - 3y$

c) $x \leq 4$ d) $y > -1$

2. Pour chacun des systèmes S d'inéquations linéaires suivants, représenter le polygone de contraintes défini par S, déterminer s'il est borné ou non borné, et identifier les sommets en précisant s'ils appartiennent à la région admissible R.

a) $S\begin{cases} x \geq 0 \\ y \geq 0 \\ 2x + 3y \leq 8 \end{cases}$ b) $S\begin{cases} x \geq -2 \\ y \leq 1 \\ 2y + 3x < 0 \end{cases}$

c) $S\begin{cases} x \geq 0 \\ y \geq 0 \\ 2y - x \leq 4 \\ 3x + 10y \leq 36 \\ -y - x + 8 \geq 0 \end{cases}$ d) $S\begin{cases} x \geq 0 \\ y \geq 0 \\ 2x + 3y \geq 6 \\ x + 3y < 9 \\ 5x + 6y \leq 30 \end{cases}$

3. Soit les droites $D_1 : 3x - y + 1 = 0$, $D_2 : x + 2y - 10 = 0$ et $D_3 : 4x - 3y - 3 = 0$. Déterminer un système d'inéquations décrivant chacune des sept régions convexes formées par les droites D_1, D_2 et D_3.

4. Soit les systèmes S d'inéquations linéaires suivants et les fonctions Z données. Représenter le polygone de contraintes, déterminer l'équation des droites Z_{min} et Z_{max}, et représentrer ces droites.

a) $S\begin{cases} y \geq -2x \\ 3x + 7y \leq 22 \\ 2y - 7x \geq -33 \end{cases}$
$Z(x, y) = 5x + 2y$

b) $S\begin{cases} x_1 \geq 0 \\ x_2 \geq 0 \\ 2x_1 + x_2 \leq 8 \\ 2x_2 + x_1 \leq 10 \\ x_2 - x_1 \geq -2 \end{cases}$
$Z(x_1, x_2) = 4x_2 - 4x_1$

c) $S\begin{cases} x \geq 2 \\ x \leq 7 \\ y \geq -3 \\ y \leq 5 \\ 3y + 2x \leq 23 \\ y - 2x \geq -13 \end{cases}$
$Z(x, y) = 12x + 15y$

d) $S\begin{cases} x \geq 0 \\ y \geq 0 \\ t \geq 0 \\ 2x + 3y + t = 66 \\ 8x + 6y + t \leq 126 \\ 14x + 7y + 2t \geq 168 \\ 4x + 8y + t \geq 102 \end{cases}$
$Z(x, y, t) = 5x + 4y + t - 66$

5. Soit le système d'inéquations linéaires S suivant.

$S\begin{cases} y \leq x & ① \\ x + y \geq 6 & ② \\ x + y \leq 12 & ③ \\ x - 2y \leq 0 & ④ \end{cases}$

Pour chacune des fonctions économiques $Z(x, y)$ suivantes, représenter le polygone de contraintes, déterminer l'équation des droites Z_{min} et Z_{max}, et représenter ces droites.

a) $Z(x, y) = 3x + y$

b) $Z(x, y) = 5y - 2x$

c) $Z(x, y) = 3x + 3y$

6. Une petite entreprise fabriquant trois types de jouets possède deux usines de production. La première usine, située à Saint-Jérôme, produit 20 bateaux téléguidés, 30 autos téléguidées et 50 camions téléguidés par jour. La seconde usine, située à Lévis, produit 30 bateaux téléguidés, 20 autos téléguidées et 20 camions téléguidés par jour. Selon ses prévisions, l'entreprise estime qu'elle a besoin de produire au moins 1400 bateaux téléguidés, 1600 autos téléguidées et 2000 camions téléguidés.

Pendant combien de jours chaque usine devra-t-elle fonctionner pour minimiser le coût de fabrication et pour répondre aux prévisions, s'il en coûte 1000 $ par jour à l'usine de Saint-Jérôme et 800 $ par jour à l'usine de Lévis ? Déterminer ce coût de fabrication minimal.

7. Pour améliorer son état de santé, une personne décide de prendre, chaque jour, au moins 1400 unités de calcium et 600 unités de vitamine C. Elle peut prendre les unités recommandées en deux sachets. Le sachet 1, à 0,20 $ l'unité, contient 200 unités de calcium et 200 unités de vitamine C, alors que le sachet 2, à 0,50 $ l'unité, contient 300 unités de calcium et 100 unités de vitamine C. Par contre, la personne refuse de prendre plus de 6 sachets par jour.

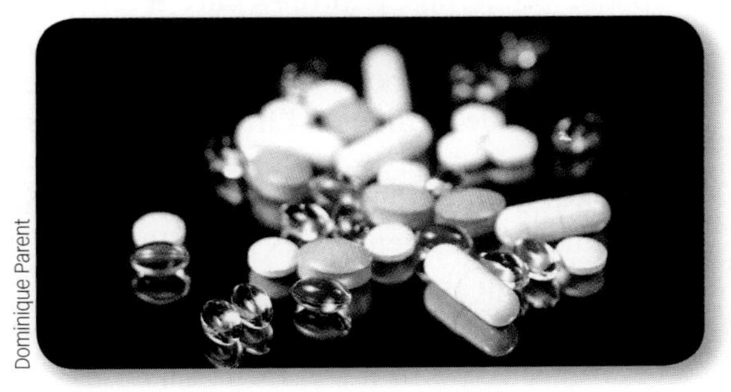
Dominique Parent

a) Combien de sachets de chaque type la personne devra-t-elle prendre par jour, à un coût minimum ? Déterminer ce coût.

b) Si le sachet 1 coûtait 0,80 $, et le sachet 2, 0,60 $, la répartition précédente donnerait-elle le coût minimum ?

8. Dans une micro-brasserie, on fabrique deux sortes de bières, une bière blonde et une bière rousse, en utilisant, dans des proportions différentes, du blé, du malt et de la levure.

Dominique Parent

On utilise 2 kilogrammes de blé, 16 kilogrammes de malt et 100 grammes de levure par baril dans la fabrication de la bière blonde. Quant à la bière rousse, on utilise 6 kilogrammes de blé, 9 kilogrammes de malt et 200 grammes de levure par baril. France, la propriétaire de cette micro-brasserie, dispose de 240 kilogrammes de blé, 576 kilogrammes de malt et 8,2 kilogrammes de levure. Un client lui assure l'achat d'au moins 20 barils. Combien de barils de chaque sorte la micro-brasserie devra-t-elle fabriquer pour maximiser son profit si

a) la bière blonde lui assure un profit de 125 $ par baril, et la bière rousse, un profit de 90 $ par baril ? Déterminer ce profit.

b) la bière blonde lui assure un profit de 50 $ par baril, et la bière rousse, un profit de 120 $ par baril ? Déterminer ce profit.

9. Chaque printemps, le propriétaire d'une petite quincaillerie aménage une superficie de 160 m^2 pour présenter les boîtes à fleurs, les arbustes et les outils de jardinage. La superficie réservée aux fleurs et aux arbustes ne doit pas dépasser les trois quarts de la superficie totale. À la suite de l'étude de ses ventes des années précédentes, il constate qu'il n'a jamais vendu plus de 900 boîtes à fleurs, dont la dimension moyenne est de $\frac{1}{9}$ m^2. De plus, son fournisseur l'oblige à acheter un minimum de 360 arbustes. On sait que, dans 1 m^2, on peut placer 36 arbustes. La superficie réservée aux outils de jardinage ne doit pas dépasser la superficie occupée par les fleurs et les arbustes. L'espace utilisé par les arbustes ne doit pas dépasser le tiers de celui occupé par les fleurs. Le profit au mètre carré est de 24 $ pour les fleurs, 40 $ pour les arbustes et 5 $ pour les outils de jardinage.

Dominique Parent

Déterminer le nombre de mètres carrés que le propriétaire devra allouer à chaque article pour maximiser son profit, et déterminer ce profit.

12.2 Résolution de problèmes d'optimisation par la méthode du simplexe

Objectifs d'apprentissage

À la fin de cette section, l'élève pourra résoudre des problèmes d'optimisation par la méthode du symplexe.

Plus précisément l'élève sera en mesure

- de donner la définition d'une variable d'écart ;
- de transformer des inégalités en égalités à l'aide de variables d'écart ;
- d'identifier, à chaque étape, les variables de base et les variables hors base dans un problème d'optimisation ;
- d'optimiser la fonction économique à l'aide de la méthode algébrique ;
- de construire le tableau initial, c'est-à-dire la matrice augmentée obtenue à partir des données ;
- de trouver le pivot en déterminant la colonne pivot et la ligne pivot ;
- d'effectuer le pivotage ;
- d'optimiser la fonction économique à l'aide de la méthode du simplexe.

Regroupement des données

$$\begin{aligned} 3x + y + 2z + e_1 \quad &= 120 \\ x + y + 2z \quad + e_2 \quad &= 100 \\ x + 3y + 2z \quad + e_3 \quad &= 140 \\ -40x - 30y - 50z \quad + P &= 0 \end{aligned}$$

$x \geq 0, y \geq 0, z \geq 0, e_1 \geq 0, e_2 \geq 0, e_3 \geq 0$

Construction du tableau initial

$$\begin{array}{c} \\ e_1 \\ e_2 \\ e_3 \\ P \end{array} \begin{array}{c} \begin{array}{ccccccc} x & y & z & e_1 & e_2 & e_3 & P \end{array} \\ \left[\begin{array}{ccccccc|c} 3 & 1 & 2 & 1 & 0 & 0 & 0 & 120 \\ 1 & 1 & 2 & 0 & 1 & 0 & 0 & 100 \\ 1 & 3 & 2 & 0 & 0 & 1 & 0 & 140 \\ \hline -40 & -30 & -50 & 0 & 0 & 0 & 1 & 0 \end{array}\right] \end{array}$$

Avant d'aborder la méthode du simplexe, élaborons une méthode, appelée « méthode algébrique », qui permet de résoudre des problèmes qui ont deux ou plus de deux variables indépendantes.

La méthode algébrique est une méthode itérative par laquelle on se déplace successivement sur les sommets du polygone de contraintes jusqu'à l'obtention de la solution optimale. Elle consiste à suivre un certain nombre d'étapes afin d'obtenir la solution au problème donné.

Cette méthode est un pont entre la méthode graphique et la méthode du simplexe.

Dans cette section, notre étude se limitera aux problèmes de la forme suivante.

Maximiser une fonction économique

$$Z(x_1, x_2, \ldots, x_n) = c_1x_1 + c_2x_2 + \ldots + c_nx_n$$

en respectant des contraintes de la forme

$$a_{i1}x_1 + a_{i2}x_2 + \ldots + a_{in}x_n \leq b_i, \text{ où } b_i \geq 0 \quad \text{et} \quad x_1 \geq 0, x_2 \geq 0, \ldots, x_n \geq 0$$

Méthode algébrique

Pour faciliter la compréhension, nous présenterons la méthode algébrique à l'aide d'un exemple requérant de maximiser une fonction économique comportant seulement deux variables de décision. Cela nous permettra de mieux comprendre les fondements de l'algorithme du simplexe qui sera présenté par la suite.

DÉFINITION 12.6 Une **variable d'écart**, notée e, est une variable non négative qui, ajoutée au plus petit membre d'une inéquation, transforme cette inéquation en une équation.

Exemple 1

a) Transformons l'inéquation $2x + y \leq 35$ en une équation en ajoutant une variable d'écart e au plus petit membre de l'inéquation.

Ainsi, en ajoutant e à $2x + y$, nous obtenons

$e = 35 - (2x + y)$

$$2x + y + e = 35, \text{ où } e \geq 0$$

b) Dans un problème donné, nous retrouvons les deux contraintes suivantes.

$$\begin{cases} ① \; x + 2y + 4z \leq 128 & \text{(contrainte de temps en heures)} \\ ② \; 3x + y + 5z \leq 25\,700 & \text{(contrainte de budget en dollars)} \end{cases}$$

Transformons ces inéquations en équations en ajoutant respectivement les variables d'écart e_1 et e_2 au plus petit membre de chaque inéquation.

$$\begin{cases} ① \; x + 2y + 4z + e_1 = 128, & \text{où } e_1 \geq 0 \\ ② \; 3x + y + 5z + e_2 = 25\,700, & \text{où } e_2 \geq 0 \end{cases}$$

Nous pouvons interpréter les variables e_1 et e_2 de la façon suivante.

Interprétation contextuelle des variables d'écart e_1 et e_2

$$\underbrace{x + 2y + 4z}_{\text{temps utilisé}} + \underbrace{e_1}_{\text{temps inutilisé}} = \underbrace{128}_{\text{temps disponible}}$$

$$\underbrace{3x + y + 5z}_{\text{budget utilisé}} + \underbrace{e_2}_{\text{budget inutilisé}} = \underbrace{25\,700}_{\text{budget disponible}}$$

Résolvons le même problème de programmation linéaire, en premier lieu, par la méthode graphique étudiée à la section précédente et, en second lieu, par la méthode algébrique.

Méthode graphique

Exemple 2 Soit la fonction économique $Z(x, y) = 8x + 12y$, que nous voulons maximiser à l'aide de la méthode graphique en respectant les contraintes suivantes.

$$\begin{cases} x + y \leq 26 & \text{①} \\ 5x + 2y \leq 100 & \text{②} \\ x + 2y \leq 44 & \text{③} \\ x \geq 0 & \text{④} \\ y \geq 0 & \text{⑤} \end{cases}$$

④ ⑤ } contraintes de non-négativité

a) Représentons le polygone de contraintes et déterminons les sommets de ce polygone en résolvant les systèmes d'équations appropriés.

$D_1 : x + y = 26$

$D_2 : 5x + 2y = 100$

$D_3 : x + 2y = 44$

$D_4 : x = 0$

$D_5 : y = 0$

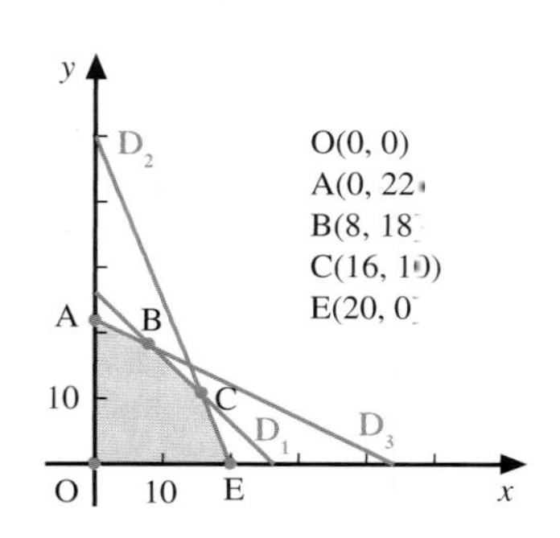

b) Évaluons $Z(x, y)$ à chaque sommet trouvé en a).

$Z(x, y) = 8x + 12y$

$Z_O(0, 0) = 0$

$Z_A(0, 22) = 264$

$Z_B(8, 18) = 280$ (maximum)

$Z_C(16, 10) = 248$

$Z_E(20, 0) = 160$

D'où le maximum de $Z(x, y)$ est égal à 280. Ce maximum est atteint au sommet B(8, 18).

L'exemple précédent contient deux variables, x et y, et nous avons été en mesure de déterminer le maximum de la fonction économique en utilisant une méthode graphique.

Cependant, lorsque le nombre de variables est supérieur à 2, nous ne pouvons pas résoudre facilement ces problèmes en utilisant une méthode graphique.

Résolvons de nouveau l'exemple précédent à l'aide de la méthode algébrique, qui ne nécessite aucun support graphique. Toutefois, dans l'exemple qui suit, nous utiliserons un support graphique pour faciliter la compréhension de la méthode algébrique.

Méthode algébrique

Exemple 3 Soit la fonction économique $Z(x, y) = 8x + 12y$, que nous voulons maximiser à l'aide de la méthode algébrique en respectant les contraintes suivantes.

$$\begin{cases} x + y \leq 26 & \text{①} \\ 5x + 2y \leq 100 & \text{②} \\ x + 2y \leq 44 & \text{③} \\ x \geq 0 & \text{④} \\ y \geq 0 & \text{⑤} \end{cases}$$

④ ⑤ } contraintes de non-négativité

Transformons d'abord les inéquations en équations à l'aide des variables d'écart e_1, e_2 et e_3.

① $x + y + e_1 = 26$, où e_1 représente la quantité pour atteindre 26

② $5x + 2y + e_2 = 100$, où e_2 représente la quantité pour atteindre 100

③ $x + 2y + e_3 = 44$, où e_3 représente la quantité pour atteindre 44

Représentons sur un graphique les valeurs limites des inéquations. Les valeurs limites sont atteintes lorsque la variable d'écart qu'elles contiennent est nulle.

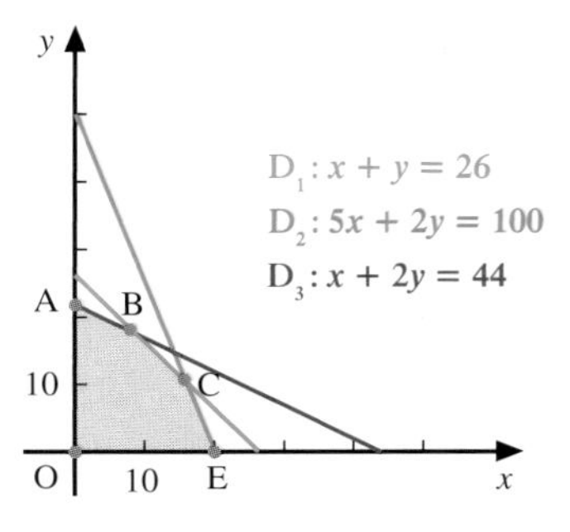

Support graphique

Lorsque $e_1 = 0$, nous obtenons $x + y = 26$. (droite D_1)

Lorsque $e_2 = 0$, nous obtenons $5x + 2y = 100$. (droite D_2)

Lorsque $e_3 = 0$, nous obtenons $x + 2y = 44$. (droite D_3)

Ces variables d'écart ne modifient pas la fonction économique. En effet, nous avons

$$Z(x, y, e_1, e_2, e_3) = 8x + 12y + 0e_1 + 0e_2 + 0e_3$$

que nous voulons maximiser.

Une solution est admissible lorsque deux des cinq variables valent zéro et que les trois autres variables sont non négatives.

Les variables auxquelles nous donnons la valeur zéro sont appelées « variables hors base » et les autres variables, soit celles qui sont non nulles, sont appelées « variables de base ».

Par exemple, en posant $x = 0$ et $y = 0$ (x et y sont les variables hors base), nous obtenons de ①: $e_1 = 26$, de ②: $e_2 = 100$ et de ③: $e_3 = 44$ (e_1, e_2 et e_3 sont les variables de base), et, en remplaçant ces valeurs dans la fonction économique

$$Z(x, y, e_1, e_2, e_3) = 8x + 12y + 0e_1 + 0e_2 + 0e_3$$

nous obtenons $Z(0, 0, 26, 100, 44) = 8(0) + 12(0) + 0(26) + 0(100) + 0(44)$

$$= 0$$

Ce résultat correspond au calcul de la fonction économique au sommet O(0, 0) de l'exemple précédent (page 456).

La fonction économique n'est donc pas maximale lorsque $x = 0$ et $y = 0$, car si nous donnons à x et à y des valeurs positives, cette fonction économique s'accroîtra, les coefficients de x et de y étant positifs.

Ainsi, de façon générale, nous avons :

1) La fonction économique n'est pas maximale lorsqu'une des variables a un coefficient positif, car en augmentant la valeur de cette variable, la fonction économique s'accroît.
2) La fonction économique s'accroît plus rapidement si on augmente la valeur de la variable dont le coefficient positif est le plus grand.
3) La variable dont le coefficient est le plus grand est augmentée jusqu'à ce qu'une des variables devienne nulle et que les autres variables soient non négatives.

Dans le contexte de l'exemple, nous devons maximiser la fonction économique Z suivante.

$$Z(x, y, e_1, e_2, e_3) = 8x + 12y + 0e_1 + 0e_2 + 0e_3, \text{ où } \begin{cases} \text{①} \ e_1 = 26 - x - y \\ \text{②} \ e_2 = 100 - 5x - 2y \\ \text{③} \ e_3 = 44 - x - 2y \end{cases}$$

Nous constatons que

1) la fonction économique a deux coefficients positifs, soit 8 et 12 ;
2) le coefficient de la variable y, c'est-à-dire 12, est le plus grand coefficient positif ;

3) la valeur de la variable y doit être augmentée jusqu'à ce que une des variables soit nulle et que les autres soient non négatives.

Premier calcul

$e_1 = 26 - x - y$

– Selon la contrainte ①, la valeur maximale de y est 26, puisque toute valeur de y supérieure à 26 rendrait e_1 négative.

$e_2 = 100 - 5x - 2y$

– Selon la contrainte ②, la valeur maximale de y est 50, puisque toute valeur de y supérieure à 50 rendrait e_2 négative.

$e_3 = 44 - x - 2y$

– Selon la contrainte ③, la valeur maximale de y est 22, puisque toute valeur de y supérieure à 22 rendrait e_3 négative.

Les informations précédentes sont présentées dans le tableau ci-dessous.

	Équation	Inéquation lorsque $x = 0$	Valeur maximale de y
$e_1 \geq 0$	① $e_1 = 26 - x - y$	$26 - y \geq 0$	26
$e_2 \geq 0$	② $e_2 = 100 - 5x - 2y$	$100 - 2y \geq 0$	50
$e_3 \geq 0$	③ $e_3 = 44 - x - 2y$	$44 - 2y \geq 0$	22

On choisit la plus petite des valeurs maximales de y, c'est-à-dire 22, car toute valeur plus élevée rendrait e_3 négative. Par exemple, si $y = 24$, alors e_3 est négative, car $x \geq 0$.

En posant $y = 22$ et $x = 0$, nous obtenons $e_1 = 4$, $e_2 = 56$ et $e_3 = 0$.

Ainsi, x et e_3 sont les variables hors base, et y, e_1 et e_2 sont les variables de base.

En remplaçant ces valeurs dans la fonction économique

$$Z(x, y, e_1, e_2, e_3) = 8x + 12y + 0e_1 + 0e_2 + 0e_3$$

nous obtenons

$$Z(0, 22, 4, 56, 0) = 8(0) + 12(22) + 0(4) + 0(56) + 0(0) = 264$$

Support graphique

Ce résultat correspond au calcul de la fonction économique initale au sommet A(0, 22) de l'exemple précédent (page 456).

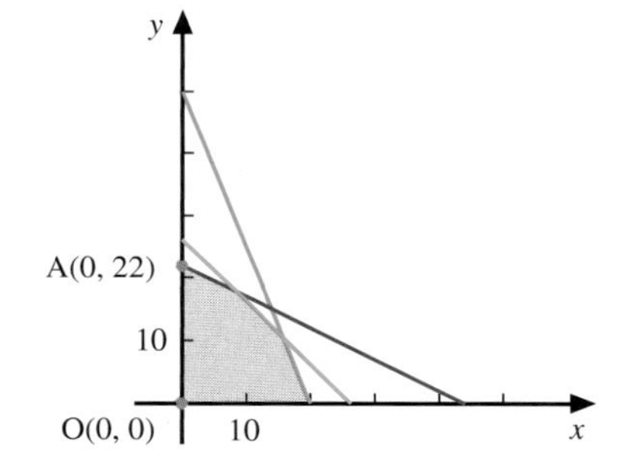

Nous devons exprimer la variable de la fonction économique dont le coefficient est le plus grand, c'est-à-dire y, en fonction des autres variables de l'équation du tableau précédent où l'on retrouve la valeur maximale de y.

Ainsi, en exprimant y en fonction de x et de e_3 à partir de l'équation ③,

$$③\ e_3 = 44 - x - 2y$$

nous obtenons

$$y = 22 - \frac{1}{2}x - \frac{1}{2}e_3$$

En remplaçant y par $\left(22 - \frac{1}{2}x - \frac{1}{2}e_3\right)$ dans la fonction économique initiale

$$Z(x, y) = 8x + 12y$$

nous obtenons

$$Z(x, e_3) = 8x + 12\left(22 - \frac{1}{2}x - \frac{1}{2}e_3\right)$$

donc,

$$Z(x, e_3) = 264 + 2x - 6e_3$$

Puisque le coefficient de la variable x est positif, la fonction économique s'accroîtra si on augmente la valeur de x.

Deuxième calcul

Il faut exprimer e_1 et e_2 en fonction de x et de e_3 en remplaçant y par $\left(22 - \frac{1}{2}x - \frac{1}{2}e_3\right)$ dans les équations ① et ②.

① $e_1 = 26 - x - y$
$= 26 - x - \left(22 - \frac{1}{2}x - \frac{1}{2}e_3\right)$

donc, $e_1 = 4 - \frac{1}{2}x + \frac{1}{2}e_3$

② $e_2 = 100 - 5x - 2y$
$= 100 - 5x - 2\left(22 - \frac{1}{2}x - \frac{1}{2}e_3\right)$

donc, $e_2 = 56 - 4x + e_3$

Nous devons maintenant maximiser la fonction économique Z suivante équivalente à la fonction économique initiale.

$$Z(x, e_3) = 264 + 2x - 6e_3, \text{ où } \begin{cases} \text{(1a)}\ e_1 = 4 - \frac{1}{2}x + \frac{1}{2}e_3 \\ \text{(2a)}\ e_2 = 56 - 4x + e_3 \\ \text{(3a)}\ y = 22 - \frac{1}{2}x - \frac{1}{2}e_3 \end{cases}$$

Déterminons la limite jusqu'à laquelle nous pouvons augmenter la valeur de x sans rendre les autres variables négatives.

Équation	Inéquation lorsque $e_3 = 0$	Valeur maximale de x
(1a) $e_1 = 4 - \frac{1}{2}x + \frac{1}{2}e_3$	$4 - \frac{1}{2}x \geq 0$	8
(2a) $e_2 = 56 - 4x + e_3$	$56 - 4x \geq 0$	14
(3a) $y = 22 - \frac{1}{2}x - \frac{1}{2}e_3$	$22 - \frac{1}{2}x \geq 0$	44

$e_1 \geq 0$

$e_2 \geq 0$

$y \geq 0$

On choisit la plus petite des valeurs maximales de x, c'est-à-dire 8, car toute valeur supérieure à 8 rendrait e_1 négative.

En posant $x = 8$ et $e_3 = 0$, nous obtenons $e_1 = 0$, $e_2 = 24$ et $y = 18$.

Ainsi, e_3 et e_1 sont les variables hors base, et x, e_2 et y sont les variables de base.

En remplaçant ces valeurs dans la fonction économique

$$Z(x, y, e_1, e_2, e_3) = 8x + 12y + 0e_1 + 0e_2 + 0e_3$$

nous obtenons $Z(8, 18, 0, 24, 0) = 8(8) + 12(18) + 0(0) + 0(24) + 0(0)$
$= 280$

Notons que le même résultat est obtenu en remplaçant ces valeurs dans la fonction économique équivalente

$$Z(x, e_3) = 264 + 2x - 6e_3$$

c'est-à-dire $Z(8, 0) = 264 + 2(8) - 6(0)$
$= 280$

Support graphique

Ce résultat correspond au calcul de la fonction économique au sommet B(8, 18) de l'exemple précédent (page 456).

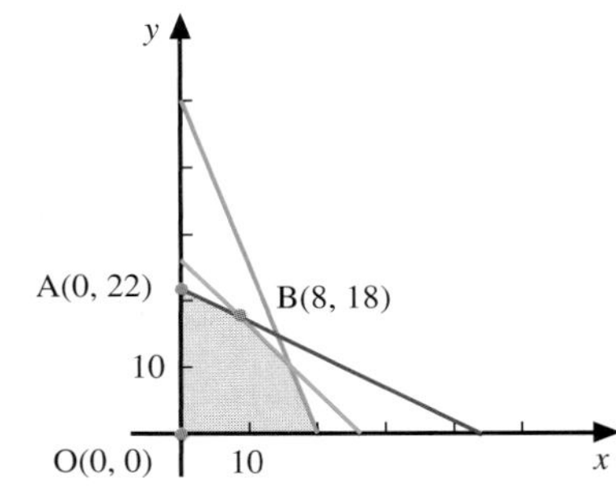

En exprimant x en fonction de e_1 et de e_3 à partir de l'équation (1a),

$$\text{(1a)}\quad e_1 = 4 - \frac{1}{2}x + \frac{1}{2}e_3$$

nous obtenons $$x = 8 - 2e_1 + e_3$$

En remplaçant x par $(8 - 2e_1 + e_3)$ dans la fonction économique

$$Z(x, e_3) = 264 + 2x - 6e_3$$

nous obtenons $$Z(e_1, e_3) = 264 + 2(8 - 2e_1 + e_3) - 6e_3$$

donc, $$Z(e_1, e_3) = 280 - 4e_1 - 4e_3$$

Puisque tous les coefficients des variables de la fonction économique sont négatifs, le maximum est atteint en posant $e_1 = 0$ et $e_3 = 0$.

D'où le maximum de $Z(x, y)$ est égal à 280, pour $x = 8$, $y = 18$ et $e_2 = 24$, valeurs obtenues respectivement à partir des équations (1a), (3a) et (2a).

Méthode du simplexe

La méthode algébrique peut être utilisée pour résoudre des problèmes de programmation contenant plus de deux variables. Cependant, cette méthode peut s'avérer laborieuse. Présentons maintenant une méthode plus générale, élaborée par George B. Dantzig vers la fin des années 1940, appelée « méthode du simplexe ».

Il y a environ 60 ans...

En juin 1947, après avoir constaté l'impuissance des économistes à résoudre ses problèmes d'optimisation de fonctions économiques, **George B. Dantzig** (1914-2005) se met à l'œuvre. En peu de temps, il propose une solution maintenant connue sous le nom de « méthode du simplexe ». Dès l'été de 1947, il présente sa méthode à l'un des créateurs de la théorie des jeux, John von Neumann (1903-1957). Ce dernier en parle rapidement à d'autres mathématiciens qui mettent alors à l'épreuve la méthode de Dantzig et la comparent même à d'autres méthodes suggérées par quelques mathématiciens. La méthode du simplexe se révèle clairement la meilleure. Notons que le mot « simplexe » fait référence au fait que, pour optimiser une fonction économique, il suffit de se déplacer sur les côtés d'un polygone de contraintes ou, s'il y a trois variables, sur les arêtes d'un polyèdre de contraintes. Or, ces côtés ou ces arêtes sont des cas particuliers de ce que les mathématiciens appellent des « simplexes en géométrie à plusieurs dimensions ».

La méthode du simplexe est un procédé itératif permettant de s'approcher progressivement de la solution optimale. Cette méthode se fonde sur la logique de la méthode algébrique.

Exemple 1 Soit la fonction économique $Z(x, y) = 12x + 8y$, que nous voulons maximiser à l'aide de la méthode du simplexe en respectant les contraintes suivantes.

$$\begin{cases} x + y \leq 26 & \text{(1)} \\ 5x + 2y \leq 100 & \text{(2)} \\ x + 2y \leq 44 & \text{(3)} \\ x \geq 0,\ y \geq 0 & \text{(contraintes de non-négativité)} \end{cases}$$

Polygone de contraintes

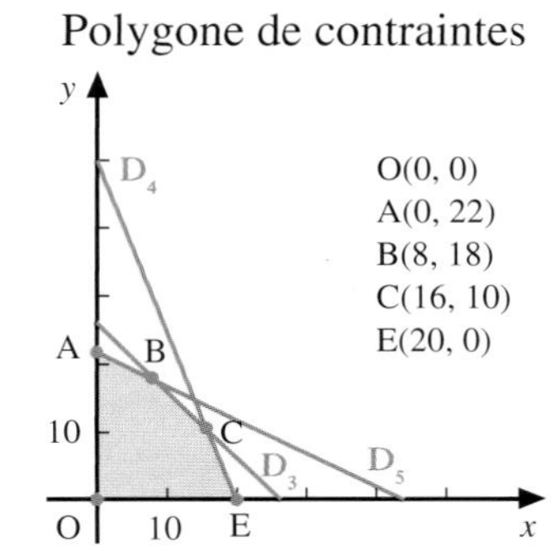

Étape 1 Définissons les variables d'écart e_1, e_2 et e_3, non négatives, comme suit.

$$x + y + e_1 = 26$$
$$5x + 2y + e_2 = 100$$
$$x + 2y + e_3 = 44$$

Le problème donné consiste maintenant à

maximiser $Z(x, y) = 12x + 8y$ en respectant les contraintes

$$\begin{cases} x + y + e_1 = 26 & \text{(1a)} \\ 5x + 2y + e_2 = 100 & \text{(2a)} \\ x + 2y + e_3 = 44 & \text{(3a)} \\ x \geq 0, y \geq 0, e_1 \geq 0, e_2 \geq 0, e_3 \geq 0 & \text{(contraintes de non-négativité)} \end{cases}$$

Puisque nous avons un système de trois équations à cinq variables, il suffit de poser deux variables égales à zéro (nombre de variables moins nombre d'équations) pour obtenir un système de trois équations à trois variables, que nous pouvons résoudre.

Chaque solution obtenue est appelée solution de base. Toutefois, les solutions de base contenant une valeur négative sont rejetées (car $x \geq 0$, $y \geq 0$, $e_i \geq 0$, pour tout i).

Le tableau suivant donne toutes les solutions de base obtenues en posant deux variables égales à zéro.

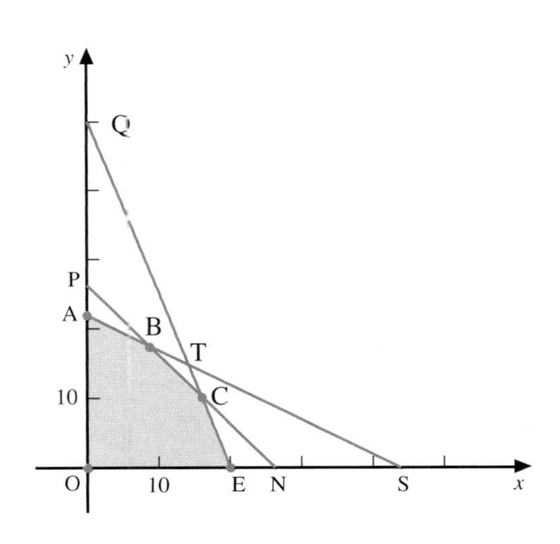

x	y	e_1	e_2	e_3	Décision	Point
0	0	26	100	44	Admissible	O(0, 0)
0	26	0	48	-8	Rejeté	P(0, 26)
0	50	-24	0	-56	Rejeté	Q(0, 50)
0	22	4	12	0	Admissible	A(0, 22)
26	0	0	-30	18	Rejeté	N(26, 0)
20	0	6	0	24	Admissible	E(20, 0)
44	0	-18	-120	0	Rejeté	S(44, 0)
16	10	0	0	8	Admissible	C(16, 10)
8	18	0	24	0	Admissible	B(8, 18)
14	15	-3	0	0	Rejeté	T(14, 15)

Les solutions de base admissibles correspondent aux sommets O, A, B, C et E du polygone de contraintes tandis que les solutions de base rejetées sont situées à l'extérieur du polygone de contraintes.

Étape 2 Construisons un tableau initial à partir des données suivantes.

Contraintes avec les variables d'écart $\begin{cases} x + y + e_1 = 26 \\ 5x + 2y + e_2 = 100 \\ x + 2y + e_3 = 44 \end{cases}$

Fonction économique transformée $\{-12x - 8y + Z = 0$

Contraintes de non-négativité $\{x \geq 0, y \geq 0, e_1 \geq 0, e_2 \geq 0, e_3 \geq 0$

12

À partir des données précédentes, nous pouvons construire le tableau initial suivant.

Tableau initial

x	y	e_1	e_2	e_3	Z	
1	1	1	0	0	0	26
5	2	0	1	0	0	100
1	2	0	0	1	0	44
-12	-8	0	0	0	1	0

De façon générale, ce tableau a la forme suivante.

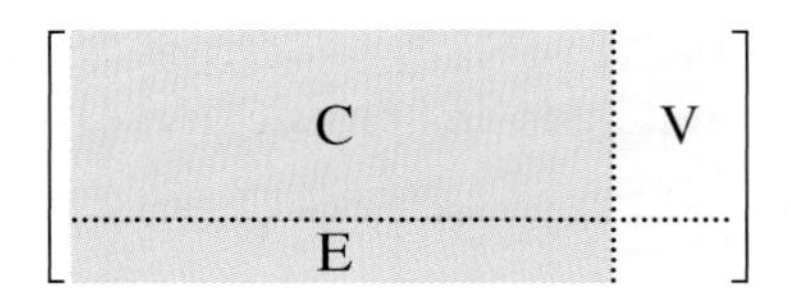

C représente les coefficients des contraintes et ceux des variables d'écart,
V, les valeurs des membres de droite des équations,
E, les coefficients de la fonction économique transformée.

Variables hors base		Variables de base				
x	y	e_1	e_2	e_3	Z	
1	1	1	0	0	0	26
5	2	0	1	0	0	100
1	2	0	0	1	0	44
-12	-8	0	0	0	1	0

x et y sont les variables hors base.

e_1, e_2 et e_3 sont les variables de base, car on retrouve un seul élément non nul dans la colonne de chacune de ces variables.

Une première solution admissible est obtenue en posant les variables hors base x et y égales à zéro et en évaluant les variables de base e_1, e_2 et e_3, et la fonction économique Z.

Ainsi, en posant $x = 0$ et $y = 0$, à partir du tableau, nous trouvons

$$e_1 = 26, \qquad e_2 = 100, \qquad e_3 = 44 \qquad \text{et} \qquad Z = 0$$

ce qui n'est sûrement pas la valeur maximale de Z.

Il faut donc augmenter la valeur d'une ou l'autre de ces variables hors base.

Étape 3 Trouvons le pivot en déterminant la colonne pivot et la ligne pivot.

Puisque $Z(x, y) = 12x + 8y$, on constate qu'on aurait avantage à augmenter la valeur de x, car le coefficient de x est positif et est plus grand que celui de y ; on gardera $y = 0$.

Ainsi, la colonne des coefficients du x devient ce qu'on appelle la colonne pivot.

		x	y	e_1	e_2	e_3	Z	
Variables de base	e_1	1	1	1	0	0	0	26
	e_2	5	2	0	1	0	0	100
	e_3	1	2	0	0	1	0	44
	Z	-12	-8	0	0	0	1	0
		Colonne pivot						

Colonne pivot

La colonne pivot correspond à celle où la valeur est la plus négative sur la ligne de Z.

Notons que la valeur la plus négative sur la ligne de Z, c'est-à-dire -12, est l'opposée de la plus grande valeur positive de la fonction économique Z, c'est-à-dire 12.

Cependant, la croissance de x est limitée, car on ne doit pas rendre les autres variables négatives.

Du tableau précédent, en posant $y = 0$, et

puisque $x + e_1 = 26$ et que $e_1 \geq 0$, nous avons $x \leq 26$;

puisque $5x + e_2 = 100$ et que $e_2 \geq 0$, nous avons $x \leq \frac{100}{5}$, c'est-à-dire $x \leq 20$;

puisque $x + e_3 = 44$ et que $e_3 \geq 0$, nous avons $x \leq 44$.

Ainsi, x doit être inférieur ou égal à 20 afin de respecter les trois inégalités précédentes.

Ligne pivot

La ligne pivot correspond à celle où l'on retrouve la valeur minimale du quotient de chaque constante divisée par l'élément positif de la colonne pivot situé sur la même ligne que la constante.

En cas d'égalité, on choisit une ligne au hasard parmi celles dont le quotient est minimum.

		x	y	e_1	e_2	e_3	Z		
	e_1	1	1	1	0	0	0	26	$\frac{26}{1} = 26$
Ligne pivot	e_2	5	2	0	1	0	0	100	$\frac{100}{5} = 20$ minimum
	e_3	1	2	0	0	1	0	44	$\frac{44}{1} = 44$
	Z	-12	-8	0	0	0	1	0	
		Colonne pivot							

Élément pivot

L'élément pivot, ou tout simplement pivot, est celui qui se trouve à l'intersection de la colonne pivot et de la ligne pivot.

	x	y	e_1	e_2	e_3	Z	
e_1	1	1	1	0	0	0	26
e_2	5	2	0	1	0	0	100
e_3	1	2	0	0	1	0	44
Z	-12	-8	0	0	0	1	0

Le pivot est 5.

Étape 4 Effectuons le pivotage du tableau précédent en transformant ce tableau de façon à retrouver 1 à l'endroit du pivot, et 0 ailleurs dans cette colonne.

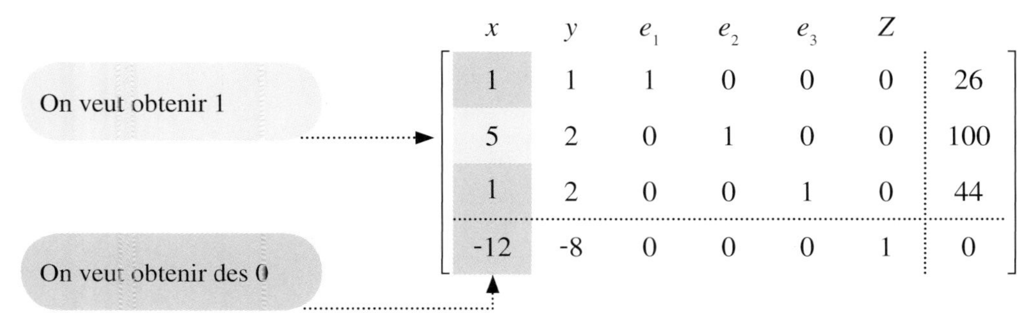
On veut obtenir 1
On veut obtenir des 0

x	y	e_1	e_2	e_3	Z	
1	1	1	0	0	0	26
5	2	0	1	0	0	100
1	2	0	0	1	0	44
-12	-8	0	0	0	1	0

12

Multiplions les éléments de la ligne pivot par $\frac{1}{5}$, l'inverse multiplicatif du pivot, de façon à obtenir 1 à la place du pivot.

	x	y	e_1	e_2	e_3	Z		
e_1	1	1	1	0	0	0	26	
e_2	1	$\frac{2}{5}$	0	$\frac{1}{5}$	0	0	20	$(1/5)L_2 \to L_2$
e_3	1	2	0	0	1	0	44	
Z	-12	-8	0	0	0	1	0	

On veut obtenir des 0

Additionnons maintenant à chaque ligne un multiple de la ligne pivot de façon à obtenir des 0 dans la colonne pivot, sauf pour le pivot.

e_2 n'est plus une variable de base et x est devenue une variable de base

	x	y	e_1	e_2	e_3	Z		
e_1	0	$\frac{3}{5}$	1	$\frac{-1}{5}$	0	0	6	$L_1 - L_2 \to L_1$
x	1	$\frac{2}{5}$	0	$\frac{1}{5}$	0	0	20	
e_3	0	$\frac{8}{5}$	0	$\frac{-1}{5}$	1	0	24	$L_3 - L_2 \to L_3$
Z	0	$\frac{-16}{5}$	0	$\frac{12}{5}$	0	1	240	$L_4 + 12L_2 \to L_4$

Une deuxième solution admissible est obtenue en posant les variables hors base y et e_2 égales à zéro et en évaluant les variables de base x, e_1 et e_3, et la fonction économique Z.

Ainsi, en posant $y = 0$ et $e_2 = 0$, à partir du tableau précédent, nous trouvons

$$e_1 = 6, \quad x = 20, \quad e_3 = 24 \quad \text{et} \quad Z = 240$$

Puisque $Z(y, e_2) = 240 + \frac{16}{5}y - \frac{12}{5}e_2$, on constate qu'on aurait avantage à augmenter y et à garder $e_2 = 0$, car le coefficient de y est positif et celui de e_2 est négatif.

Il faut alors répéter les étapes 3 et 4 jusqu'à ce que tous les éléments de la dernière ligne soient non négatifs.

Répétons l'étape 3. Trouvons le pivot du tableau précédent.

La colonne des coefficients de y devient la colonne pivot, car $\frac{-16}{5}$ est l'élément le plus négatif sur la ligne des Z.

	x	y	e_1	e_2	e_3	Z	
e_1	0	$\frac{3}{5}$	1	$\frac{-1}{5}$	0	0	6
x	1	$\frac{2}{5}$	0	$\frac{1}{5}$	0	0	20
e_3	0	$\frac{8}{5}$	0	$\frac{-1}{5}$	1	0	24
Z	0	$\frac{-16}{5}$	0	$\frac{12}{5}$	0	1	240
		Colonne pivot					

Déterminons la ligne pivot en effectuant les divisions appropriées.

Le pivot est $\frac{3}{5}$

		x	y	e_1	e_2	e_3	Z		
Ligne pivot	e_1	0	$\frac{3}{5}$	1	$\frac{-1}{5}$	0	0	6	$6 \div \frac{3}{5} = 10$ minimum
	x	1	$\frac{2}{5}$	0	$\frac{1}{5}$	0	0	20	$20 \div \frac{2}{5} = 50$
	e_3	0	$\frac{8}{5}$	0	$\frac{-1}{5}$	1	0	24	$24 \div \frac{8}{5} = 15$
	Z	0	$\frac{-16}{5}$	0	$\frac{12}{5}$	0	1	240	
			Colonne pivot						

Répétons l'étape 4. Effectuons le pivotage du tableau précédent.

On veut obtenir 1

On veut obtenir des 0

x	y	e_1	e_2	e_3	Z	
0	$\frac{3}{5}$	1	$\frac{-1}{5}$	0	0	6
1	$\frac{2}{5}$	0	$\frac{1}{5}$	0	0	20
0	$\frac{8}{5}$	0	$\frac{-1}{5}$	1	0	24
0	$\frac{-16}{5}$	0	$\frac{12}{5}$	0	1	240

$\sim$

On veut obtenir des 0

	x	y	e_1	e_2	e_3	Z		
e_1	0	1	$\frac{5}{3}$	$\frac{-1}{3}$	0	0	10	$(5/3)L_1 \rightarrow L_1$
x	1	$\frac{2}{5}$	0	$\frac{1}{5}$	0	0	20	
e_3	0	$\frac{8}{5}$	0	$\frac{-1}{5}$	1	0	24	
Z	0	$\frac{-16}{5}$	0	$\frac{12}{5}$	0	1	240	

$\sim$

e_1 n'est plus une variable de base et y est devenue une variable de base

	x	y	e_1	e_2	e_3	Z		
y	0	1	$\frac{5}{3}$	$\frac{-1}{3}$	0	0	10	
x	1	0	$\frac{-2}{3}$	$\frac{1}{3}$	0	0	16	$L_2 - (2/5)L_1 \rightarrow L_2$
e_3	0	0	$\frac{-8}{3}$	$\frac{1}{3}$	1	0	8	$L_3 - (8/5)L_1 \rightarrow L_3$
Z	0	0	$\frac{16}{3}$	$\frac{4}{3}$	0	1	272	$L_4 + (16/5)L_1 \rightarrow L_4$

Lorsque tous les éléments de la dernière ligne sont non négatifs, le maximum est atteint.

Le maximum est obtenu en posant les variables hors base $e_1 = 0$ et $e_2 = 0$;
et, à partir du tableau, nous trouvons

$$y = 10, \quad x = 16, \quad e_3 = 8 \quad \text{et} \quad Z = 272$$

En effet, puisque $Z(e_1, e_2) = 272 - \frac{16}{3}e_1 - \frac{4}{3}e_2$, toute augmentation de e_1 ou de e_2 diminuera Z.

12

Étape 5 Formulons la réponse.

Lorsque $e_1 = 0$ et $e_2 = 0$,

nous trouvons $x = 16$, $y = 10$ et $e_3 = 8$, et

nous obtenons le maximum de Z, c'est-à-dire 272.

Ce maximum est atteint au sommet C(16, 10).

Support graphique

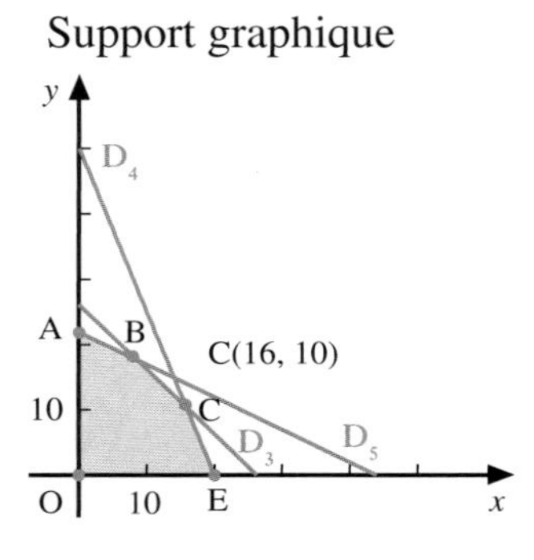

Voici maintenant un résumé des étapes à suivre pour résoudre des problèmes de forme standard à l'aide de la méthode du simplexe.

1) **Regrouper les données**, c'est-à-dire écrire le système de contraintes en introduisant les variables d'écart, transformer la fonction économique sous la forme $-c_1x_1 - c_2x_2 - \ldots - c_nx_n + Z = 0$ et indiquer les contraintes de non-négativité.
2) **Construire le tableau initial** à partir des données précédentes.
3) **Trouver le pivot** en déterminant la colonne pivot et la ligne pivot.
4) **Effectuer le pivotage**, c'est-à-dire transformer le tableau de façon à retrouver 1 à l'endroit du pivot, et 0 ailleurs dans la colonne pivot.

Répéter les étapes 3 et 4 jusqu'à ce que tous les éléments de la dernière ligne soient non négatifs.

5) **Formuler la réponse**.

Exemple 2 En utilisant la méthode du simplexe, maximiser $P(x, y, z) = 2x + 6y + 4z$ en respectant les contraintes suivantes.

$$\begin{cases} x + y \leq 200 \\ 2x + z \leq 400 \\ 2y + z \leq 600 \\ x + y + z \leq 800 \\ x \geq 0,\ y \geq 0,\ z \geq 0 \end{cases} \quad \text{(contraintes de non-négativité)}$$

1) Regroupons les données.

Contraintes avec les variables d'écart
$$\begin{cases} x + y + e_1 = 200 \\ 2x + z + e_2 = 400 \\ 2y + z + e_3 = 600 \\ x + y + z + e_4 = 800 \end{cases}$$

Fonction économique transformée $\{-2x - 6y - 4z + P = 0$

Contraintes de non-négativité $\{x \geq 0, y \geq 0, z \geq 0, e_1 \geq 0, e_2 \geq 0, e_3 \geq 0, e_4 \geq 0$

2) Construisons le tableau initial.

Tableau initial

Variables de base	x	y	z	e_1	e_2	e_3	e_4	P	
e_1	1	1	0	1	0	0	0	0	200
e_2	2	0	1	0	1	0	0	0	400
e_3	0	2	1	0	0	1	0	0	600
e_4	1	1	1	0	0	0	1	0	800
P	-2	-6	-4	0	0	0	0	1	0

3.1) Trouvons le pivot du tableau initial.

x	y	z	e_1	e_2	e_3	e_4	P		
1	1	0	1	0	0	0	0	200	$\frac{200}{1} = 200$ minimum
2	0	1	0	1	0	0	0	400	
0	2	1	0	0	1	0	0	600	$\frac{600}{2} = 300$
1	1	1	0	0	0	1	0	800	$\frac{800}{1} = 800$
-2	-6	-4	0	0	0	0	1	0	

4.1) Effectuons le pivotage.

	x	y	z	e_1	e_2	e_3	e_4	P		
y	1	1	0	1	0	0	0	0	200	
e_2	2	0	1	0	1	0	0	0	400	
$\sim$ e_3	-2	0	1	-2	0	1	0	0	200	$L_3 - 2L_1 \rightarrow L_3$
e_4	0	0	1	-1	0	0	1	0	600	$L_4 - L_1 \rightarrow L_4$
P	4	0	-4	6	0	0	0	1	1200	$L_5 + 6L_1 \rightarrow L_5$

Puisqu'il y a un élément négatif sur la dernière ligne, répétons les étapes 3 et 4.

3.2) Trouvons le pivot du tableau précédent.

x	y	z	e_1	e_2	e_3	e_4	P		
1	1	0	1	0	0	0	0	200	
2	0	1	0	1	0	0	0	400	$\frac{400}{1} = 400$
-2	0	1	-2	0	1	0	0	200	$\frac{200}{1} = 200$ minimum
0	0	1	-1	0	0	1	0	600	$\frac{600}{1} = 600$
4	0	-4	6	0	0	0	1	1200	

4.2) Effectuons le pivotage.

	x	y	z	e_1	e_2	e_3	e_4	P		
y	1	1	0	1	0	0	0	0	200	
e_2	4	0	0	2	1	-1	0	0	200	$L_2 - L_3 \rightarrow L_2$
$\sim$ z	-2	0	1	-2	0	1	0	0	200	
e_4	2	0	0	1	0	-1	1	0	400	$L_4 - L_3 \rightarrow L_4$
P	-4	0	0	-2	0	4	0	1	2000	$L_5 + 4L_3 \rightarrow L_5$

Puisqu'il y a un élément négatif sur la dernière ligne, répétons les étapes 3 et 4.

3.3) Trouvons le pivot du tableau précédent.

x	y	z	e_1	e_2	e_3	e_4	P		
1	1	0	1	0	0	0	0	200	$\frac{200}{1} = 200$
4	0	0	2	1	-1	0	0	200	$\frac{200}{4} = 50$ minimum
-2	0	1	-2	0	1	0	0	200	
2	0	0	1	0	-1	1	0	400	$\frac{400}{2} = 200$
-4	0	0	-2	0	4	0	1	2000	

4.3) Effectuons le pivotage.

$$\sim\left[\begin{array}{cccccccc:c} x & y & z & e_1 & e_2 & e_3 & e_4 & P & \\ 1 & 1 & 0 & 1 & 0 & 0 & 0 & 0 & 200 \\ 1 & 0 & 0 & \frac{1}{2} & \frac{1}{4} & \frac{-1}{4} & 0 & 0 & 50 \\ -2 & 0 & 1 & -2 & 0 & 1 & 0 & 0 & 200 \\ 2 & 0 & 0 & 1 & 0 & -1 & 1 & 0 & 400 \\ \hdashline -4 & 0 & 0 & -2 & 0 & 4 & 0 & 1 & 2000 \end{array}\right] \quad \begin{array}{l} \\ \\ (1/4)L_2 \to L_2 \\ \\ \\ \\ \end{array}$$

$$\sim\begin{array}{c} \\ y \\ x \\ z \\ e_4 \\ P \end{array}\left[\begin{array}{cccccccc:c} x & y & z & e_1 & e_2 & e_3 & e_4 & P & \\ 0 & 1 & 0 & \frac{1}{2} & \frac{-1}{4} & \frac{1}{4} & 0 & 0 & 150 \\ 1 & 0 & 0 & \frac{1}{2} & \frac{1}{4} & \frac{-1}{4} & 0 & 0 & 50 \\ 0 & 0 & 1 & -1 & \frac{1}{2} & \frac{1}{2} & 0 & 0 & 300 \\ 0 & 0 & 0 & 0 & \frac{-1}{2} & \frac{-1}{2} & 1 & 0 & 300 \\ \hdashline 0 & 0 & 0 & 0 & 1 & 3 & 0 & 1 & 2200 \end{array}\right] \quad \begin{array}{l} \\ L_1 - L_2 \to L_1 \\ \\ L_3 + 2L_2 \to L_3 \\ L_4 - 2L_2 \to L_4 \\ L_5 + 4L_2 \to L_5 \end{array}$$

Puisque tous les éléments de la dernière ligne sont non négatifs, le maximum est atteint.

5) Formulons la réponse.

Lorsque $e_1 = 0$, $e_2 = 0$, $e_3 = 0$ et $e_4 = 0$, nous trouvons $x = 50$, $y = 150$ et $z = 300$, et nous obtenons le maximum de P, c'est-à-dire 2200.

Exemple 3 Une entreprise fabrique trois types de bicyclettes : des bicyclettes de randonnée, de montagne et de course. Chaque bicyclette de randonnée nécessite 3 heures de fabrication, 1 heure de peinture et 1 heure d'assemblage ; chaque bicyclette de montagne nécessite 1 heure de fabrication, 1 heure de peinture et 3 heures d'assemblage et, finalement, chaque bicyclette de course nécessite 2 heures de fabrication, 2 heures de peinture et 2 heures d'assemblage. Si l'entreprise dispose de 120 heures de fabrication, 100 heures de peinture et 140 heures d'assemblage par semaine et que chaque bicyclette de randonnée rapporte 40 $, chaque bicyclette de montagne, 30 $, et chaque bicyclette de course, 50 $, déterminons le nombre de bicyclettes de chaque type qui doivent être fabriquées chaque semaine pour maximiser le profit, et déterminons ce profit.

Dominique Parent

Identifions les variables, traduisons les contraintes contextuelles en un système d'inéquations linéaires et déterminons la fonction économique à maximiser.

$$\text{Variables}\begin{cases} x\text{, le nombre de bicyclettes de randonnée} \\ y\text{, le nombre de bicyclettes de montagne} \\ z\text{, le nombre de bicyclettes de course} \end{cases}$$

$$\text{Contraintes contextuelles}\begin{cases} x + 3y + 2z \leq 140 & \text{(contrainte d'assemblage)} \\ 3x + y + 2z \leq 120 & \text{(contrainte de fabrication)} \\ x + y + 2z \leq 100 & \text{(contrainte de peinture)} \\ x \geq 0,\ y \geq 0,\ z \geq 0 & \text{(contraintes de non-négativité)} \end{cases}$$

Fonction économique $P(x, y, z) = 40x + 30y + 50z$, à maximiser.

1) Regroupons les données.

$$\begin{cases} 3x + y + 2z + e_1 = 120 \\ x + y + 2z + e_2 = 100 \\ x + 3y + 2z + e = 140 \\ -40x - 30y - 50z + P = 0 \\ x \geq 0,\ y \geq 0,\ z \geq 0,\ e_1 \geq 0,\ e_2 \geq 0,\ e_3 \geq 0 \end{cases}$$

Dans ce contexte,

e_1 représente le nombre d'heures d'assemblage non utilisées,
e_2 représente le nombre d'heures de fabrication non utilisées, et
e_3 représente le nombre d'heures de peinture non utilisées.

2) Construisons le tableau initial.

	x	y	z	e_1	e_2	e_3	P	
Fabrication e_1	3	1	2	1	0	0	0	120
Peinture e_2	1	1	2	0	1	0	0	100
Assemblage e_3	1	3	2	0	0	1	0	140
P	-40	-30	-50	0	0	0	1	0

3.1) Trouvons le pivot du tableau initial.

x	y	z	e_1	e_2	e_3	P		
3	1	2	1	0	0	0	120	$\frac{120}{2} = 60$
1	1	2	0	1	0	0	100	$\frac{100}{2} = 50$ minimum
1	3	2	0	0	1	0	140	$\frac{140}{2} = 70$
-40	-30	-50	0	0	0	1	0	

4.1) Effectuons le pivotage.

	x	y	z	e_1	e_2	e_3	P		
	3	1	2	1	0	0	0	120	
~	$\frac{1}{2}$	$\frac{1}{2}$	1	0	$\frac{1}{2}$	0	0	50	$(1/2)L_2 \to L_2$
	1	3	2	0	0	1	0	140	
	-40	-30	-50	0	0	0	1	0	

	x	y	z	e_1	e_2	e_3	P		
e_1	2	0	0	1	-1	0	0	20	$L_1 - 2L_2 \to L_1$
$\sim z$	$\frac{1}{2}$	$\frac{1}{2}$	1	0	$\frac{1}{2}$	0	0	50	
e_3	0	2	0	0	-1	1	0	40	$L_3 - 2L_2 \to L_3$
P	-15	-5	0	0	25	0	1	2500	$L_4 + 50L_2 \to L_4$

3.2) Trouvons le pivot du tableau précédent.

x	y	z	e_1	e_2	e_3	P		
2	0	0	1	-1	0	0	20	$\frac{20}{2} = 10$ minimum
$\frac{1}{2}$	$\frac{1}{2}$	1	0	$\frac{1}{2}$	0	0	50	$50 \div \frac{1}{2} = 100$
0	2	0	0	-1	1	0	40	
-15	-5	0	0	25	0	1	2500	

4.2) Effectuons le pivotage.

	x	y	z	e_1	e_2	e_3	P		
	1	0	0	$\frac{1}{2}$	$\frac{-1}{2}$	0	0	10	$(1/2)L_1 \to L_1$
$\sim$	$\frac{1}{2}$	$\frac{1}{2}$	1	0	$\frac{1}{2}$	0	0	50	
	0	2	0	0	-1	1	0	40	
	-15	-5	0	0	25	0	1	2500	

	x	y	z	e_1	e_2	e_3	P		
x	1	0	0	$\frac{1}{2}$	$\frac{-1}{2}$	0	0	10	
$\sim z$	0	$\frac{1}{2}$	1	$\frac{-1}{4}$	$\frac{3}{4}$	0	0	45	$L_2 - (1/2)L_1 \to L_2$
e_3	0	2	0	0	-1	1	0	40	
P	0	-5	0	$\frac{15}{2}$	$\frac{35}{2}$	0	1	2650	$L_4 + 15L_1 \to L_4$

3.3) Trouvons le pivot du tableau précédent.

x	y	z	e_1	e_2	e_3	P		
1	0	0	$\frac{1}{2}$	$\frac{-1}{2}$	0	0	10	
0	$\frac{1}{2}$	1	$\frac{-1}{4}$	$\frac{3}{4}$	0	0	45	$45 \div \frac{1}{2} = 90$
0	2	0	0	-1	1	0	40	$\frac{40}{2} = 20$ minimum
0	-5	0	$\frac{15}{2}$	$\frac{35}{2}$	0	1	2650	

4.3) Effectuons le pivotage.

	x	y	z	e_1	e_2	e_3	P		
	1	0	0	$\frac{1}{2}$	$\frac{-1}{2}$	0	0	10	
	0	$\frac{1}{2}$	1	$\frac{-1}{4}$	$\frac{3}{4}$	0	0	45	
$\sim$	0	1	0	0	$\frac{-1}{2}$	$\frac{1}{2}$	0	20	$(1/2)L_3 \to L_3$
	0	-5	0	$\frac{15}{2}$	$\frac{35}{2}$	0	1	2650	

$$\sim \begin{array}{c} \\ x \\ z \\ y \\ P \end{array} \left[\begin{array}{ccccccc:c} x & y & z & e_1 & e_2 & e_3 & P & \\ 1 & 0 & 0 & \frac{1}{2} & \frac{-1}{2} & 0 & 0 & 10 \\ 0 & 0 & 1 & \frac{-1}{4} & 1 & \frac{-1}{4} & 0 & 35 \\ 0 & 1 & 0 & 0 & \frac{-1}{2} & \frac{1}{2} & 0 & 20 \\ \hdashline 0 & 0 & 0 & \frac{15}{2} & 15 & \frac{5}{2} & 1 & 2750 \end{array}\right] \begin{array}{l} \\ \\ L_2 - (1/2)L_3 \to L_2 \\ \\ L_4 + 5L_3 \to L_4 \end{array}$$

Puisque tous les éléments de la dernière ligne sont non négatifs, le maximum est atteint.

5) Formulons la réponse.

Lorsque $e_1 = 0$, $e_2 = 0$ et $e_3 = 0$, nous trouvons $x = 10$, $y = 20$ et $z = 35$, et nous obtenons le maximum de P, c'est-à-dire 2750.

L'entreprise doit donc produire 10 bicyclettes de randonnée, 20 bicyclettes de montagne et 35 bicyclettes de course pour obtenir un profit maximal de 2750 $.

Exercices 12.2

1. Déterminer le maximum de la fonction économique

a) $Z(x, y) = 30x + 50y$, sous les contraintes suivantes,

$$\begin{cases} 2x + y \leq 16 \\ x + 2y \leq 11 \\ x + 3y \leq 15 \\ x \geq 0 \text{ et } y \geq 0 \end{cases}$$

i) par la méthode algébrique ;

ii) par la méthode graphique, et tracer la droite Z_{max}.

b) $P(x, y, z) = 6x + 9y + 6z$, sous les contraintes suivantes,

$$\begin{cases} 2x + 2y + z \leq 100 \\ 2x + 3y + 3z \leq 150 \\ 2x + 5y + z \leq 200 \end{cases}$$

par la méthode algébrique.

2. Pour les tableaux suivants,

i) identifier les variables de base et les variables hors base ;

ii) déterminer la solution de base admissible ;

iii) déterminer si la solution trouvée en ii) est maximale ; justifier.

a)
$$\left[\begin{array}{ccccc:c} x & y & e_1 & e_2 & P & \\ 0 & 3 & 1 & 4 & 0 & 10 \\ 1 & 2 & 0 & 3 & 0 & 18 \\ \hdashline 0 & -1 & 0 & 5 & 1 & 25 \end{array}\right]$$

b)
$$\left[\begin{array}{cccccc:c} x & y & z & e_1 & e_2 & P & \\ 2 & 0 & -3 & 1 & 1 & 0 & 15 \\ 4 & 1 & 0 & 1 & 0 & 0 & 20 \\ \hdashline 7 & 0 & 4 & 1 & 0 & 1 & 37 \end{array}\right]$$

3. Soit les contraintes suivantes et la région admissible correspondante.

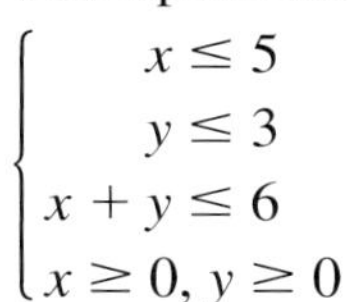

$$\begin{cases} x \leq 5 \\ y \leq 3 \\ x + y \leq 6 \\ x \geq 0,\ y \geq 0 \end{cases}$$

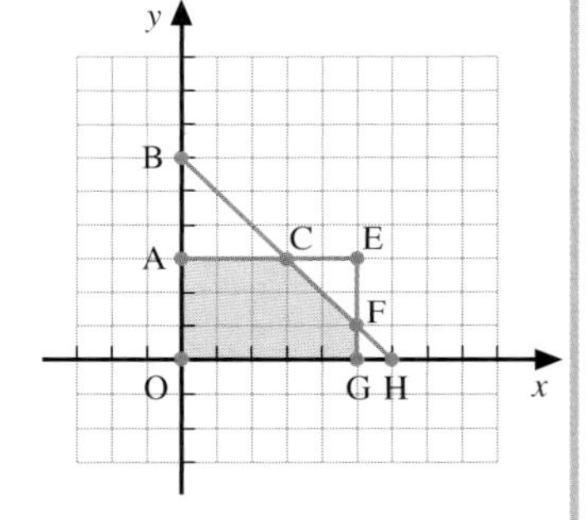

a) Écrire le système d'équations linéaires obtenu en introduisant les variables d'écart e_i non négatives.

b) Compléter le tableau suivant pour les points O, A, B, C, E, F, G et H.

x	y	e_1	…	Décision	Point
⋮	⋮	⋮	⋮	⋮	⋮

4. Pour le tableau suivant, déterminer le pivot, effectuer le pivotage et donner la solution de base obtenue à cette étape.

$$\left[\begin{array}{ccccc:c} x & y & e_1 & e_2 & P & \\ 3 & 6 & 1 & 0 & 0 & 24 \\ 4 & 2 & 0 & 1 & 0 & 28 \\ \hdashline -8 & -7 & 0 & 0 & 1 & 0 \end{array}\right]$$

5. Soit $x \geq 0$, $y \geq 0$ et $z \geq 0$. Maximiser, en utilisant la méthode du simplexe.

a) $P(x, y) = 4x + 7y$, où
$$\begin{cases} 3x + 5y \leq 3 \\ x + 5y \leq 2 \end{cases}$$

b) $P(x, y, z) = 6x + 9y + 6z$, où
$$\begin{cases} 2x + 2y + z \leq 100 \\ 2x + 3y + 3z \leq 150 \\ 2x + 5y + z \leq 200 \end{cases}$$

6. Une manufacture fabrique trois types de tentes : des tentes pour quatre personnes, des tentes pour six personnes et des tentes pour huit personnes. Chaque tente pour quatre personnes exige 2 heures de coupe et 4 heures de couture ; les tentes pour six personnes exigent 3 heures de coupe et 5 heures de couture et, finalement, celles pour huit personnes exigent 4 heures de coupe et 7 heures de couture. Il y a 333 heures disponibles pour la coupe et 586 heures disponibles pour la couture. Une étude a démontré que le total de tentes vendues n'a jamais dépassé 100.

Dominique Parent

Déterminer le nombre de tentes de chaque type que la manufacture devrait fabriquer pour maximiser son profit si le profit réalisé est de 50 $ pour les tentes à quatre places, 60 $ pour celles à six places et 70 $ pour celles à huit places. Déterminer ce profit.

Réseau de concepts

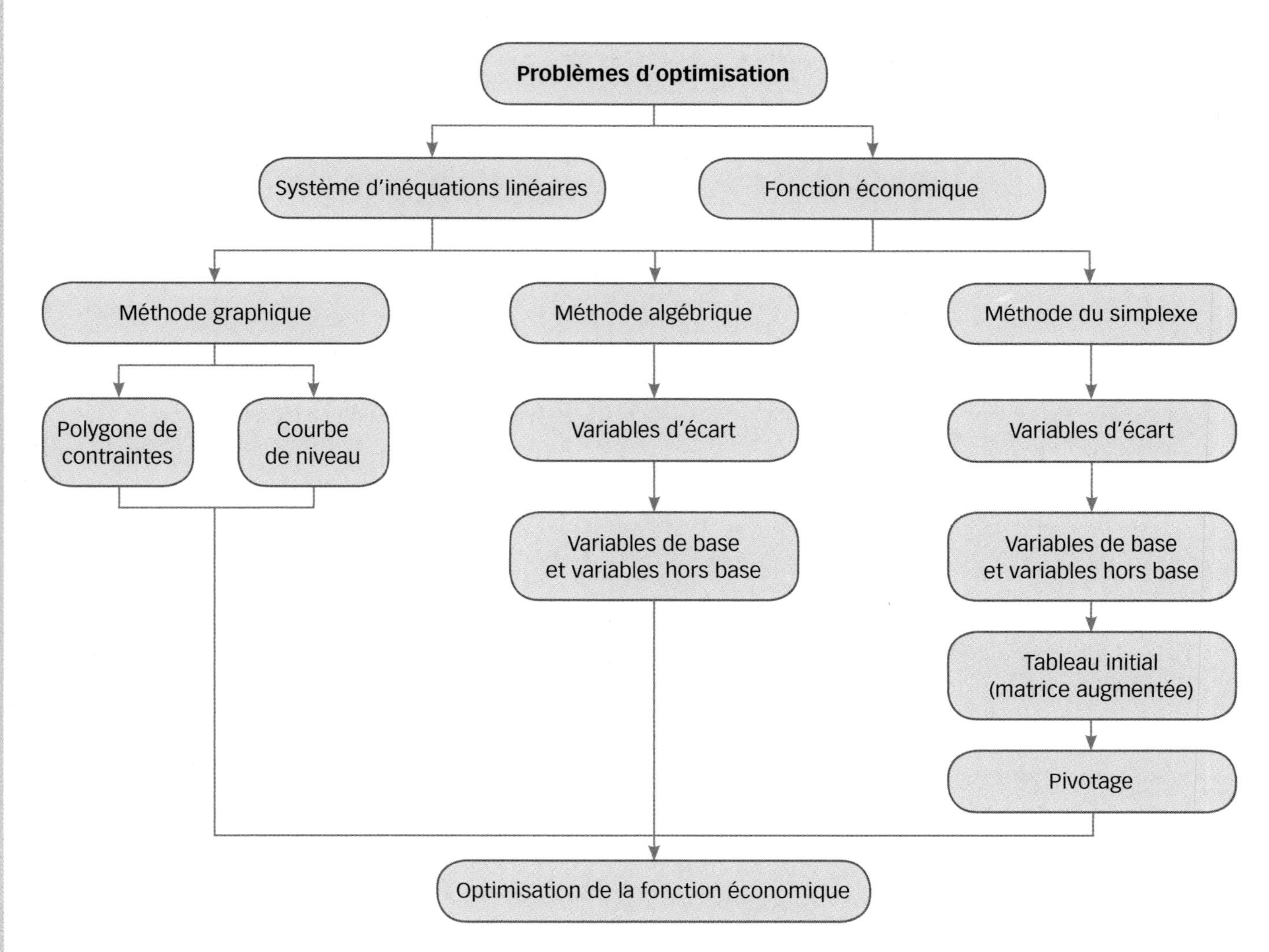

Vérification des apprentissages

Après l'étude de ce chapitre, je suis en mesure de compléter le résumé suivant avant de résoudre les exercices récapitulatifs et les problèmes de synthèse.

Lieu géométrique

Représenter et identifier les lieux géométriques suivants.

$L_1 : ax - by = 0$

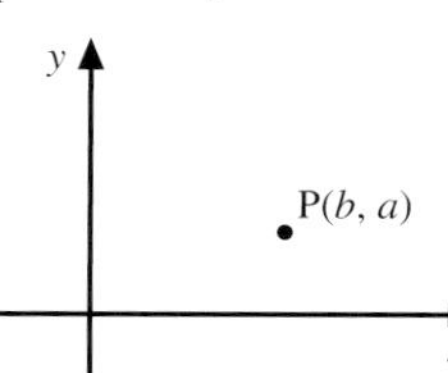

$L_2 : ax - by > 0$

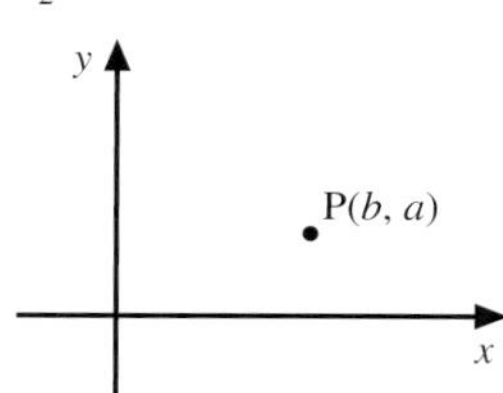

$L_3 : ax - by \leq 0$

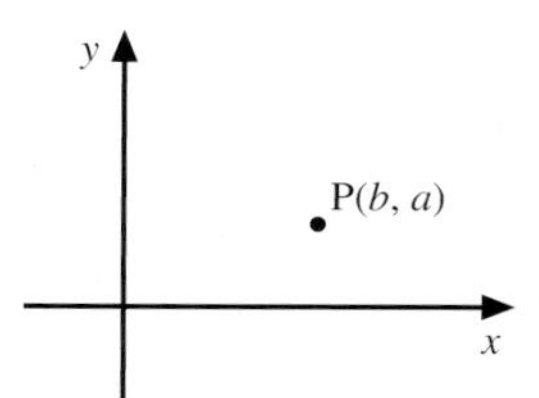

Contraintes et polygone de contraintes

Chaque inéquation d'un système d'inéquations linéaires est appelée ______

Chaque variable présente dans un système d'inéquations linéaires est appelée ______

Le lieu géométrique qui représente l'ensemble-solution d'un système d'inéquations linéaires est appelé ______ ou ______

Chaque point d'intersection de deux côtés du polygone de contraintes est appelé ______

Soit la région admissible R et la courbe de niveau Z_i ci-contre.

La valeur maximale de la fonction économique est atteinte au point ______

La valeur minimale de la fonction économique est atteinte au point ______

Représenter les droites Z_{max} et Z_{min}.

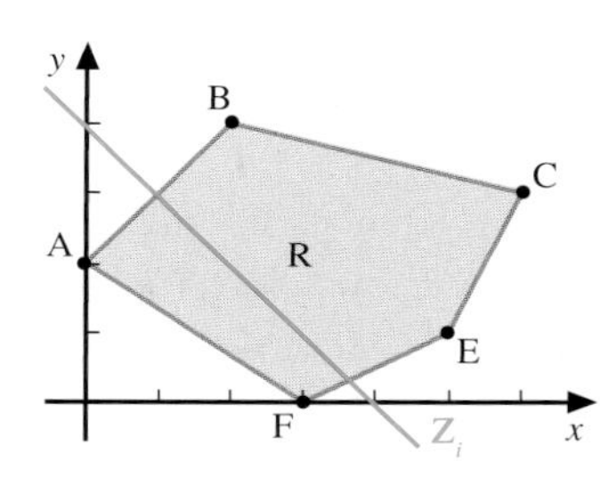

Méthode du simplexe

Une variable d'écart, notée e, est une variable ______ qui, ajoutée au plus petit membre d'une inégalité, transforme cette inégalité en ______

Soit le tableau ci-contre.

x	y	z	e_1	e_2	e_3	P	
$\frac{6}{5}$	0	$\frac{3}{5}$	1	0	$\frac{-2}{5}$	0	20
$\frac{4}{5}$	0	$\frac{12}{5}$	0	1	$\frac{-3}{5}$	0	30
$\frac{2}{5}$	1	$\frac{1}{5}$	0	0	$\frac{1}{5}$	0	40
$\frac{-12}{5}$	0	$\frac{-21}{5}$	0	0	$\frac{9}{5}$	1	360

Les variables de base sont ______

Les variables hors base sont ______

La colonne pivot est ______ car ______

La ligne pivot est ______ car ______

Le pivot est ______

La fonction économique P atteint son maximum lorsque les éléments sur la dernière ligne sont ______

Exercices récapitulatifs

Les réponses des exercices suivants, à l'exception des exercices notés en rouge, sont données à la fin du volume.

1. Représenter grahiquement l'ensemble-solution des systèmes suivants.

a) $\begin{cases} x \leq 4 & ① \\ y < 2 & ② \\ 2x + 3y \geq 0 & ③ \end{cases}$

b) $\begin{cases} -x + y < 5 & ① \\ x + y \leq 3 & ② \\ 2x + 3y \leq 6 & ③ \end{cases}$

c) $\begin{cases} 4x + 3y \leq -12 & ① \\ 4x + 3y \leq 12 & ② \end{cases}$

d) $\begin{cases} 4x - 3y \geq -12 & ① \\ 4x - 3y \leq 12 & ② \end{cases}$

2. Représenter le polygone de contraintes défini par chacun des systèmes d'inéquations linéaires suivants et identifier les sommets.

a) $\begin{cases} x + y \leq 3 \\ -x + y \leq 3 \\ 2x + 3y \geq 6 \end{cases}$ b) $\begin{cases} x + y \geq -2 \\ x - 5y \leq 10 \\ -x + 2y \leq 5 \end{cases}$

c) $\begin{cases} x \geq 0 \\ y \geq 0 \\ y \leq 16 \\ 2x + y \leq 40 \\ 2x + 3y \leq 60 \end{cases}$ d) $\begin{cases} x \geq 0 \\ y \geq 0 \\ y \leq 16 \\ 2x + y \geq 40 \\ 2x + 3y \geq 60 \end{cases}$

3. Soit les droites $D_1 : 4x - 3y = 7$, $D_2 : \dfrac{x + 1}{5} = \dfrac{y}{3}$

et $D_3 : (x, y) = (3, -2) + k(2, -1)$, où $k \in \mathbb{R}$.

Déterminer un système d'inéquations linéaires décrivant chacune des régions convexes formées par les droites D_1, D_2 et D_3.

4. Déterminer le minimum et le maximum de la fonction économique Z donnée sous les contraintes indiquées.

a) $Z(x, y) = 0{,}8x + 3y$

$$\begin{cases} x \geq 0 \\ y \geq 0 \\ 5000x + 10\,000y \geq 25\,000 \\ 300x + 400y \geq 1300 \\ x + y \leq 6 \end{cases}$$

b) $Z(x, y) = 6x + 4y$

$$\begin{cases} x \geq 0 \\ y \geq 0 \\ 1{,}5x + y \geq 80 \\ 5x + 2y \geq 200 \\ x + y \leq 90 \end{cases}$$

c) $Z(x, y) = 3x + 4y$

$$\begin{cases} x \geq 0 \\ y \geq 0 \\ 20x + 30y \geq 900 \\ 40x + 30y \geq 1200 \end{cases}$$

5. Soit $x \geq 0$, $y \geq 0$ et $z \geq 0$. Maximiser :

a) $Z(x, y) = 5x + 7y$, sujette aux contraintes

$$\begin{cases} x + 3y \leq 12 \\ 2x + 3y \leq 18 \end{cases}$$

i) par la méthode algébrique ;

ii) par la méthode du simplexe.

b) $P(x, y, z) = 10x + 13y + 6z$, sujette aux contraintes

$$\begin{cases} 3x + 5y + 3z \leq 48 \\ 4x + 5y + 2z \leq 45 \end{cases}$$

6. Un directeur d'école organise une sortie dans un village historique pour un minimum de 360 élèves. Il prévoit louer des autobus qui peuvent transporter 40 élèves et des minibus qui peuvent en transporter 8. De plus, 24 parents ont offert d'agir comme surveillants lors de cette sortie. Le directeur exige qu'il y ait deux surveillants par autobus et un surveillant par minibus. Sachant que la location d'un autobus coûte 1200 $ et que la location d'un minibus coûte 200 $, combien de véhicules de chaque type doit-il louer pour minimiser son coût ? Déterminer ce coût minimum.

7. Une compagnie produit trois types de chocolats : des chocolats noirs, des chocolats blancs et des chocolats aux cerises. Ces chocolats sont vendus mélangés dans trois types de boîtes. Les boîtes de type I contiennent 4 chocolats noirs, 4 chocolats blancs et 12 chocolats aux cerises et sont vendues 11,00 $. Les boîtes de type II contiennent 12 chocolats noirs, 4 chocolats blancs et 4 chocolats aux cerises et sont vendues 8,80 $. Les boîtes de type III contiennent 8 chocolats noirs, 8 chocolats blancs et 8 chocolats aux cerises et sont vendues 12,60 $. Le coût de production des chocolats est de 0,25 $ par chocolat noir, de 0,30 $ par chocolat blanc et de 0,40 $ par chocolat aux cerises. Déterminer combien de boîtes de chaque type l'entreprise doit vendre pour maximiser son profit et déterminer ce profit maximal si elle peut produire

a) 4800 chocolats noirs, 4000 chocolats blancs et 5600 chocolats aux cerises par semaine ;

b) 4800 chocolats noirs, 5000 chocolats blancs et 5600 chocolats aux cerises par semaine ;

c) 6000 chocolats noirs, 6000 chocolats blancs et 5600 chocolats aux cerises par semaine.

Problèmes de synthèse

Les réponses des problèmes suivants, à l'exception des problèmes notés en rouge, sont données à la fin du volume.

1. Représenter graphiquement dans le plan cartésien la région définie par

$$\begin{cases} y > |3 - x| \\ y \leq 5 - |x| \end{cases}$$

2. Représenter graphiquement dans le plan cartésien l'ensemble solution de :

a) $(x - 3y + 5)(3x + 2y - 7)(2x + 5y - 1) \leq 0$

b) $(x - 3y + 5)(3x + 2y - 7)(2x + 5y - 1) \geq 0$

3. a) Pour le tableau suivant,

$$\begin{array}{cccccccc|c} x_1 & x_2 & x_3 & e_1 & e_2 & e_3 & e_4 & P & \\ 2 & 0 & 3 & 1 & 0 & 1 & 3 & 0 & 57 \\ 4 & 0 & 1 & 0 & 1 & 2 & 2 & 0 & 62 \\ 3 & 1 & 5 & 0 & 0 & 0 & 1 & 0 & 38 \\ \hline -5 & 0 & -7 & 0 & 0 & 4 & 3 & 1 & 112 \end{array}$$

i) identifier les variables de base et les variables hors base ;

ii) déterminer la solution de base admissible ;

iii) déterminer si la solution trouvée en ii) est maximale ; justifier.

b) Pour le tableau suivant,

$$\begin{array}{ccccccc|c} x & y & z & e_1 & e_2 & e_3 & P & \\ 5 & 4 & 3 & 1 & 0 & 0 & 0 & 17 \\ 3 & 6 & 5 & 0 & 1 & 0 & 0 & 28 \\ 2 & 3 & 0 & 0 & 0 & 1 & 0 & 30 \\ \hline 8 & -3 & -4 & 0 & 0 & 0 & 1 & 0 \end{array}$$

déterminer le pivot, effectuer le pivotage et donner la solution de base obtenue à cette étape.

4. Soit $x \geq 0$, $y \geq 0$, $z \geq 0$ et $w \geq 0$. Maximiser :

a) $P(x, y, z, w) = 4x + 7y + 9z + 6w$, sujette aux contraintes

$$\begin{cases} x + 3z + w \leq 1200 \\ x + 5y \leq 3900 \\ x + w \leq 540 \\ x + 4y + z \leq 2100 \end{cases}$$

b) $P(x, y, z, w) = 20x + 24y + 25z + 20w$, sujette aux contraintes

$$\begin{cases} 5x - 7y + 9z + 4w \leq 325 \\ 2x + 4y + 2z + w \leq 103 \\ 2x + 2y + 4z + w \leq 239 \\ x + y + z + w \leq 46 \\ x + 3y + 3z + 6w \leq 129 \end{cases}$$

5. Une petite pâtisserie de quartier produit quotidiennement deux types de muffins, soit les muffins « Excellent » et « Égalité ». Un muffin « Excellent » contient 40 grammes de noix et 80 grammes de fruits. Un muffin « Égalité » contient 60 grammes de noix et 60 grammes de fruits. Le pâtissier dispose de 4,2 kilogrammes de noix et de 8 kilogrammes de fruits. Il fait un profit de 0,80 $ par muffin « Excellent » et de 1,10 $ par muffin « Égalité ». Soit x, le nombre de muffins « Excellent » qui pourraient être produits, et y, le nombre de muffins « Égalité » qui pourraient être produits.

a) Compléter le tableau suivant, dans lequel les quantités sont exprimées en grammes.

Produit	Noix	Fruits
x	_____	_____
y	_____	_____
Quantité disponible	_____	_____

b) Déterminer les contraintes correspondantes ainsi que la fonction économique.

c) Représenter le polygone de contraintes et identifier les sommets.

d) Déterminer le profit maximum du pâtissier.

e) Un client passe une commande de 40 muffins « Égalité ». Si le pâtissier prépare cette commande et utilise le reste des ingrédients pour faire des muffins « Excellent », déterminer le nombre de muffins « Excellent » qu'il pourra préparer et calculer son profit.

6. Une chaîne d'alimentation doit envoyer au moins 445 mètres cubes de produits réfrigérés et 398 mètres cubes de produits non réfrigérés à un de ses magasins. Pour ce faire, elle dispose de deux types de camions. Le premier type peut contenir 80 mètres cubes de produits non réfrigérés et 70 mètres cubes de produits réfrigérés. Le deuxième type peut contenir 44 mètres cubes de produits non réfrigérés et 60 mètres cubes de produits réfrigérés.

Dominique Parent

Combien de camions de chaque type la chaîne d'alimentation devra-t-elle utiliser pour minimiser son coût, et quel sera ce coût si le premier type de camion et le deuxième type de camion coûtent respectivement 5 $ par kilomètre et 3 $ par kilomètre ?

7. Une usine fabrique des robots de type A, B et C. Chaque robot de type A nécessite 6 heures d'assemblage et 4 heures de préparation ; chaque robot de type B nécessite 1 heure d'assemblage et 5 heures de préparation, et chaque robot de type C nécessite 4 heures d'assemblage et 6 heures de préparation. Pour une période d'assemblage d'un mois, la chaîne est disponible pour un maximum de 210 heures et on dispose d'un maximum de 330 heures pour la préparation. L'usine doit fabriquer au moins 20 robots ; par contre, les exigences du marché demandent de produire autant de robots de type C que de robots de type A et B réunis. Le profit engendré par la vente des robots A, B et C est respectivement de 450 $, 250 $ et 200 $ par unité. Déterminer le nombre de robots de chaque type à fabriquer pour maximiser le profit et déterminer ce profit.

8. Une compagnie aérienne offre 220 sièges à trois prix différents : 210 $ pour la classe économique, 405 $ pour la classe affaires et 465 $ pour la première classe. Les coûts sont les suivants : 50 $ pour la classe économique, 150 $ pour la classe affaires et 150 $ pour la première classe. De plus, l'espace requis pour les bagages est de 2 mètres cubes pour les passagers de la première classe, de 1,5 mètre cube pour les passagers de la classe affaires et de 1 mètre cube pour les passagers de la classe économique.

Dominique Parent

Si les coûts de chaque vol ne doivent pas excéder 26 000 $ et que l'espace alloué aux bagages est de 350 mètres cubes, combien de billets de chaque type doivent être vendus pour obtenir un revenu maximal, et quel sera ce revenu maximal ?

9. Un entrepreneur de construction se propose d'offrir trois types de maisons : le type 1 est une maison à un étage avec deux chambres ; le type 2, une maison à deux étages avec trois chambres ; le type 3, une maison à deux étages avec quatre chambres. Le type 1 nécessite un terrain de 500 m², un investissement de 45 000 $ et 720 heures de travail. Le type 2 nécessite un terrain de 500 m², un investissement de 45 000 $ et 540 heures de travail. Le type 3 nécessite un terrain de 1000 m², un investissement de 60 000 $ et 720 heures de travail. L'entrepreneur dispose de 30 000 m² de terrain, d'un montant de 2 400 000 $ et de 32 400 heures de travail.

Dominique Parent

Déterminer le nombre de maisons de chaque type que l'entrepreneur doit construire pour avoir un profit maximal, calculer ce profit et préciser si toutes les ressources ont été utilisées dans chacun des cas suivants.

a) Les maisons de type 1, 2 et 3 rapportent respectivement un profit de 16 000 $, 14 400 $ et 19 200 $.

b) Les maisons de type 1, 2 et 3 rapportent respectivement un profit de 16 000 $, 12 400 $ et 19 200 $.

c) Les maisons de type 1, 2 et 3 rapportent respectivement un profit de 20 000 $, 14 400 $ et 19 200 $.

10. Une personne veut investir un maximum de 25 000 $ dans quatre différents types de fonds mutuels, appelés type A, type B, type C et type D. Son conseiller financier lui recommande de ne pas investir plus de 10 000 $ dans les types A et B ensemble, pas plus de 15 000 $ dans les types A et C ensemble, et pas plus de 18 000 $ dans les types A et D ensemble. Déterminer le montant à investir dans chaque type si cette personne veut maximiser son revenu d'intérêts, et calculer ce revenu maximal lorsque le taux d'intérêt de chaque type est le suivant.

a) Type A, 4 % ; type B, 5 % ; type C, 6 % ; type D, 5,5 %.

b) Type A, 6 % ; type B, 5 % ; type C, 6 % ; type D, 5,5 %.

c) Type A, 7 % ; type B, 5 % ; type C, 6 % ; type D, 5,5 %.

CORRIGÉ

CHAPITRE 1

Exercices préliminaires (page 2)

1. a) $(a - b) \in \mathbb{R}$ b) $ab \in \mathbb{R}$

2. a) $a + b = b + a$

b) $(a - b) + c = a + (b + c)$

c) $a + 0 = a$

d) $a + (-a) = 0$

e) $ab = ba$

f) $(ab)c = a(bc)$

g) $1a = a$

h) i) $a(b + c) = ab + ac$

ii) $(a + b)c = ac + bc$

3. a) i) V ii) F iii) V iv) F

b) i) V ii) V iii) V iv) F

c) i) V ii) F iii) V iv) F

4. a) i) $a_{34} = -13$ ii) $a_{52} = 1$

b) i) $b_{13} = 0$ ii) $b_{31} = \frac{-8}{3}$

c) i) $c_{34} = -12$ ii) $c_{13} = 3$

5. a) $a_1b_1 + a_2b_2 + a_3b_3 + a_4b_4$

b) $-a_1 + a_2 - a_3 + a_4 - a_5$

c) $a_{41}b_{15} + a_{42}b_{25} + a_{43}b_{35}$

d) $a_{i1}b_{1j} + a_{i2}b_{2j} + a_{i3}b_{3j} + \ldots + a_{ip}b_{pj}$

6. $\sum_{i=1}^{8} a_{pi}b_{iq}$

Exercices 1.1 (page 11)

1. a) i) 869 km ii) 75 km

b) i) Drummondville et Montréal

ii) Gaspé et Québec

c) $a_{24} = 930$;
a_{24} correspond à la distance séparant Gaspé de Montréal.

d) $a_{53} = 214$;
a_{53} correspond à la distance séparant Québec de Joliette.

2. a) 3×4; 1×3; 4×1

b) $a_{12} = 2$; $a_{24} = -1$; $b_{12} = 5$; $c_{21} = \sqrt{2}$

c) a_{34}; c_{31}; b_{12}

d) i) > A:=matrix(3,4,[1,2,3,4,-4,-3,-2,-1,-5,6,7,8]);

$$A := \begin{bmatrix} 1 & 2 & 3 & 4 \\ -4 & -3 & -2 & -1 \\ -5 & 6 & 7 & 8 \end{bmatrix}$$

> a(2,2)=A[2,2];a(1,4)=A[1,4];

a(2,2)=-3

a(1,4)=4

ii) > I33:=<<1|0|0>,<0|1|0>,<0|0|1>>;

$$I33 := \begin{bmatrix} 1 & 0 & 0 \\ 0 & 1 & 0 \\ 0 & 0 & 1 \end{bmatrix}$$

> H:=<<1|2|3|0>,<0|2|4|-3>,<0|0|0|7>,<0|0|0|6>>;

$$H := \begin{bmatrix} 1 & 2 & 3 & 0 \\ 0 & 2 & 4 & -3 \\ 0 & 0 & 0 & 7 \\ 0 & 0 & 0 & 6 \end{bmatrix}$$

3. $O_{3\times 4} = \begin{bmatrix} 0 & 0 & 0 & 0 \\ 0 & 0 & 0 & 0 \\ 0 & 0 & 0 & 0 \end{bmatrix}$; $O_{2\times 2} = \begin{bmatrix} 0 & 0 \\ 0 & 0 \end{bmatrix}$;

$I_{2\times 2} = \begin{bmatrix} 1 & 0 \\ 0 & 1 \end{bmatrix}$; $I_4 = \begin{bmatrix} 1 & 0 & 0 & 0 \\ 0 & 1 & 0 & 0 \\ 0 & 0 & 1 & 0 \\ 0 & 0 & 0 & 1 \end{bmatrix}$

4. a) i) 3 lignes, 4 colonnes et 12 éléments

ii) 4 lignes, 2 colonnes et 8 éléments

iii) 6 lignes, 6 colonnes et 36 éléments

iv) m lignes, n colonnes et mn éléments

b) i) 1×16, 2×8, 4×4, 8×2 ou 16×1

ii) 1×31 ou 31×1

5. a) Pour A: i) 5, -9, 0 et -1

ii) 0, 9, 14 et -2

Pour $I_{5\times 5}$: i) 1, 1, 1, 1 et 1

ii) 0, 0, 1, 0 et 0

Pour I_8: i) 1, 1, 1, 1, 1, 1, 1 et 1

ii) 0, 0, 0, 0, 0, 0, 0 et 0

b) i) $\mathrm{Tr}(A) = 5 + (-9) + 0 + (-1) = -5$

ii) $\mathrm{Tr}(I_{5\times 5}) = 5$

iii) $\mathrm{Tr}(I_8) = 8$

6. a) A, B et G b) B, C et G c) A, B, C, G et H

d) B et G e) Aucune f) J

g) G h) B et G

7. a) $\begin{bmatrix} 2 & 8 & 5 \\ -4 & 9 & 6 \end{bmatrix}$ b) $\begin{bmatrix} 2 & 3 \\ 3 & 4 \\ 4 & 5 \end{bmatrix}$

c) $\begin{bmatrix} 1 & -1 & 1 \\ -1 & 1 & -1 \end{bmatrix}$ d) $\begin{bmatrix} 1 & 2 \\ 2 & 4 \\ 3 & 6 \end{bmatrix}$

e) $\begin{bmatrix} 1 & 1 & 1 & 1 \\ 2 & 2 & 2 & 2 \\ 3 & 3 & 3 & 3 \end{bmatrix}$ f) $\begin{bmatrix} 1 & 0 & 0 \\ 0 & 1 & 0 \\ 0 & 0 & 1 \end{bmatrix}$

8. a)

```
> f:=(i,j)->(-1)^(i*j)*(i+j-1)^2;
```

$$f := (i,j) \to (-1)^{(ij)}(i + j - 1)^2$$

```
> A:=matrix(4,4,f);
```

$$A := \begin{bmatrix} -1 & 4 & -9 & 16 \\ 4 & 9 & 16 & 25 \\ -9 & 16 & -25 & 36 \\ 16 & 25 & 36 & 49 \end{bmatrix}$$

b)

```
> g:=(i,j)->(i-j)^j/i;
```

$$g := (i,j) \to \frac{(i-j)^j}{i}$$

```
> B:=matrix(3,6,g);
```

$$B := \begin{bmatrix} 0 & 1 & -8 & 81 & -1024 & 15625 \\ \frac{1}{2} & 0 & \frac{-1}{2} & 8 & \frac{-243}{2} & 2048 \\ \frac{2}{3} & \frac{1}{3} & 0 & \frac{1}{3} & \frac{-32}{3} & 243 \end{bmatrix}$$

9. a) A et F b) B et E

10. a) $V_{33} = \begin{bmatrix} 1 & 2 & 3 \\ 1 & 4 & 9 \\ 1 & 8 & 27 \end{bmatrix}$

b) $V_{44} = \begin{bmatrix} -1 & 0 & 0 & 0 \\ 1 & 0 & 0 & 0 \\ -1 & 0 & 0 & 0 \\ 1 & 0 & 0 & 0 \end{bmatrix}$

c) $V_{44} = \begin{bmatrix} 1 & -1 & 1 & -1 \\ 1 & 1 & 1 & 1 \\ 1 & -1 & 1 & -1 \\ 1 & 1 & 1 & 1 \end{bmatrix}$

d) $V_{33} = \begin{bmatrix} -2 & 9 & 5 \\ 4 & 81 & 25 \\ -8 & 729 & 125 \end{bmatrix}$ ou $V_{33} = \begin{bmatrix} -2 & -9 & 5 \\ 4 & 81 & 25 \\ -8 & -729 & 125 \end{bmatrix}$

11.

	Cat. 1	Cat. 2	Cat. 3	Cat. 4
2010	40 000	46 000	50 000	59 000
2011	41 200	47 380	51 500	60 770
2012	42 024	48 328	52 530	61 985

12. a)

	S_1	S_2	S_3	S_4
S_1	0	2	$\sqrt{8}$	2
S_2	2	0	2	$\sqrt{8}$
S_3	$\sqrt{8}$	2	0	2
S_4	2	$\sqrt{8}$	2	0

$= M$

b)

	S_1	S_2	S_3	S_4	S_5	S_6	S_7	S_8
S_1	0	1	$\sqrt{2}$	1	2	$\sqrt{5}$	$\sqrt{6}$	$\sqrt{5}$
S_2	1	0	1	$\sqrt{2}$	$\sqrt{5}$	2	$\sqrt{5}$	$\sqrt{6}$
S_3	$\sqrt{2}$	1	0	1	$\sqrt{6}$	$\sqrt{5}$	2	$\sqrt{5}$
S_4	1	$\sqrt{2}$	1	0	$\sqrt{5}$	$\sqrt{6}$	$\sqrt{5}$	2
S_5	2	$\sqrt{5}$	$\sqrt{6}$	$\sqrt{5}$	0	1	$\sqrt{2}$	[illegible]
S_6	$\sqrt{5}$	2	$\sqrt{5}$	$\sqrt{6}$	1	0	1	$\sqrt{2}$
S_7	$\sqrt{6}$	$\sqrt{5}$	2	$\sqrt{5}$	$\sqrt{2}$	1	0	[illegible]
S_8	$\sqrt{5}$	$\sqrt{6}$	$\sqrt{5}$	2	1	$\sqrt{2}$	1	0

$= M$

c)

	V_1	V_2	V_3	V_4
V_1	0	50	160	120
V_2	50	0	110	130
V_3	160	110	0	200
V_4	120	130	200	0

$= V$

Exercices 1.2 (page 21)

1. $C = J$ et $E = F$

2. a) $\begin{bmatrix} -2 & 9 & -4 \\ 5 & 8 & 17 \end{bmatrix}$ b) $\begin{bmatrix} 6 & -15 & 12 \\ 5 & -8 & -15 \end{bmatrix}$

c) $\begin{bmatrix} 3 & 12 \\ -15 & 9 \\ 18 & -24 \end{bmatrix}$ d) Non définie

e) $\begin{bmatrix} 9 & -18 & 18 \\ 15 & -6 & -9 \end{bmatrix}$ f) $\begin{bmatrix} 2 & -3 & 4 \\ 5 & 0 & 1 \end{bmatrix}$

3. a) $\begin{bmatrix} 7 & -20 & 3 & 2 \\ -10 & 33 & -11 & 0 \\ 3 & -37 & 20 & -5 \end{bmatrix}$ b) $\begin{bmatrix} 7 & 11 \\ 4 & -4 \\ 10 & 0 \end{bmatrix}$

c) $\begin{bmatrix} 3 & -2 & -3 \\ 2 & 3 & -6 \\ 3 & 6 & 3 \end{bmatrix}$

4. a) $\begin{bmatrix} 19 & 10 & -12 & 17 \end{bmatrix}$ b) Non définie

c) Non définie d) $\begin{bmatrix} 0 \\ -16 \\ 0 \\ 12 \end{bmatrix}$

5. a) $N = \begin{bmatrix} -3 & 5 & -2 & -3 \\ 2 & -1 & -4 & 5 \\ 6 & -7 & 8 & 0 \end{bmatrix}$

b) $\begin{bmatrix} 0 & 0 & 0 & 0 \\ 0 & 0 & 0 & 0 \\ 0 & 0 & 0 & 0 \end{bmatrix} = O_{3 \times 4}$

c) $\begin{bmatrix} 6 & -10 & 4 & 6 \\ -4 & 2 & 8 & -10 \\ -12 & 14 & -16 & 0 \end{bmatrix} = 2M$

d) $\begin{bmatrix} 9 & -15 & 6 & 9 \\ -6 & 3 & 12 & -15 \\ -18 & 21 & -24 & 0 \end{bmatrix} = 3M$

e) $(k - 1)M$ et $(k + 1)M$

6. a) $a = 5$, $b = -2$, $c = \pi$ et $d = 6$

b) $a = \frac{-1}{2}$, $b = 8$, $c = 0$ et $d = 2$

c) $a = -2$, $b = -1$, $c = 1$ et $d = 3$

d) $a = 9$, $b = 5$, $c = 14$ et $d = \sqrt{5}$ ou $d = -\sqrt{5}$

e) $a = 4$, $b = \frac{9}{4}$, $c = 9$ et $d = 0$, ou

$a = -2$, $b = 0$, $c = 0$ et $d = 3$, ou

$a = 10$, $b = \frac{9}{5}$, $c = 18$ et $d = -3$

7. $\begin{bmatrix} 2 & 8 & 6 \\ 2 & -4 & 10 \end{bmatrix} = k\begin{bmatrix} b_{11} & b_{12} & b_{13} \\ b_{21} & b_{22} & b_{23} \end{bmatrix}$

$= \begin{bmatrix} kb_{11} & kb_{12} & kb_{13} \\ kb_{21} & kb_{22} & kb_{23} \end{bmatrix}$ (définition)

Ainsi, $8 = kb_{12}$

$8 = k4$ (car $b_{12} = 4$)

Donc, $k = 2$

De $\begin{bmatrix} 2 & 8 & 6 \\ 2 & -4 & 10 \end{bmatrix} = \begin{bmatrix} 2b_{11} & 8 & 2b_{13} \\ 2b_{21} & 2b_{22} & 2b_{23} \end{bmatrix}$,

nous obtenons $b_{11} = 1$, $b_{13} = 3$, $b_{21} = 1$, $b_{22} = -2$ et $b_{23} = 5$

d'où $B = \begin{bmatrix} 1 & 4 & 3 \\ 1 & -2 & 5 \end{bmatrix}$

8. a) $F = 0{,}2E_1 + 0{,}22E_2 + 0{,}28E_3 + 0{,}3E_4$

$= \begin{bmatrix} 80{,}2 & 77{,}34 \\ 77{,}1 & 75{,}42 \\ 79{,}5 & 84{,}92 \end{bmatrix}$

	Math	**Chimie**	
d'où $F =$	80,2	77,34	**Luc**
	77,1	75,42	**Guy**
	79,5	84,92	**Léa**

b) 77,34 ; f_{12}

c) $f_{31} = 79{,}5$, c'est-à-dire la note finale de Léa en mathématiques.

9.
```
> A:=matrix(2,2,[4,-6,3,10]);
```
$A := \begin{bmatrix} 4 & -6 \\ 3 & 10 \end{bmatrix}$
```
> B:=matrix([[-4,2],[11,5]]);
```
$B := \begin{bmatrix} -4 & 2 \\ 11 & 5 \end{bmatrix}$

a)
```
> evalm(7*(A+B));
```
$\begin{bmatrix} 0 & -28 \\ 98 & 105 \end{bmatrix}$
```
> evalm(7*A+7*B);
```
$\begin{bmatrix} 0 & -28 \\ 98 & 105 \end{bmatrix}$

d'où $7(A + B) = 7A + B$

b)
```
> evalm((1/2+3/7)*A);
```
$\begin{bmatrix} \frac{26}{7} & \frac{-39}{7} \\ \frac{39}{14} & \frac{65}{7} \end{bmatrix}$
```
> evalm(1/2*A+3/7*A);
```
$\begin{bmatrix} \frac{26}{7} & \frac{-39}{7} \\ \frac{39}{14} & \frac{65}{7} \end{bmatrix}$

d'où $\left(\frac{1}{2} + \frac{3}{7}\right)A = \frac{1}{2}A + \frac{3}{7}A$

10. Soit $A_{mn} = [a_{ij}]_{mn}$.

$r(sA_{mn}) = r(s[a_{ij}]_{mn})$

$= r[sa_{ij}]_{mn}$

$= [r(sa_{ij})]_{mn}$

$= [(rs)a_{ij}]_{mn}$

$= (rs)[a_{ij}]_{mn}$

$= (rs)A_{mn}$

11. a) $0A_{mn} = 0[a_{ij}]_{mn}$
$= [0a_{ij}]_{mn}$
$= [0]_{mn}$
$= O_{mn}$

b) $kO_{mn} = k[0]_{mn}$
$= [k0]_{mn}$
$= [0]_{mn}$
$= O_{mn}$

Exercices 1.3 (page 35)

1. a) 2×3 b) 3×3 c) 2×2

d) Non définie e) 4×3 f) 4×7

g) Non définie h) Non définie i) 4×3

j) 2×7 k) 4×3 l) 3×7

2. a) 2×4 b) 5×3

3. a) $AB = \begin{bmatrix} 10 & 12 \\ -5 & 29 \end{bmatrix}$; $BA = \begin{bmatrix} 21 & 7 \\ 4 & 18 \end{bmatrix}$

b) AB non définie ; $BA = \begin{bmatrix} -5 & 12 & -2 \\ 21 & -30 & 56 \end{bmatrix}$

c) $AB = [\ 23\ ]$; $BA = \begin{bmatrix} -2 & -1 & -3 \\ 8 & 4 & 12 \\ 14 & 7 & 21 \end{bmatrix}$

d) AB non définie ; BA non définie

e) $AB = \begin{bmatrix} -3 & -21 & 11 & 0 & 13 \\ 2 & 10 & -5 & 0 & -4 \\ 3 & 9 & -9 & 0 & 11 \\ 6 & -6 & 26 & 0 & -10 \end{bmatrix}$; BA non définie

4. $(AB)C = \begin{bmatrix} 0 & -7 \\ 6 & 9 \\ -3 & -8 \end{bmatrix}\begin{bmatrix} 2 & 1 & -1 & 1 \\ -3 & 4 & 0 & 2 \end{bmatrix}$

$= \begin{bmatrix} 21 & -28 & 0 & -14 \\ -15 & 42 & -6 & 24 \\ 18 & -35 & 3 & -19 \end{bmatrix}$

$A(BC) = \begin{bmatrix} 2 & -1 \\ 0 & 3 \\ 1 & -2 \end{bmatrix}\begin{bmatrix} 8 & -7 & -1 & -3 \\ -5 & 14 & -2 & 8 \end{bmatrix}$

$= \begin{bmatrix} 21 & -28 & 0 & -14 \\ -15 & 42 & -6 & 24 \\ 18 & -35 & 3 & -19 \end{bmatrix}$

d'où $(AB)C = A(BC)$

5. a) $A(B+C) = \begin{bmatrix} -1 & 0 & 2 \\ 4 & 1 & 3 \end{bmatrix}\begin{bmatrix} 0 & 2 \\ 1 & 1 \\ 1 & 2 \end{bmatrix} = \begin{bmatrix} 2 & 2 \\ 4 & 15 \end{bmatrix}$

$AB + AC = \begin{bmatrix} -2 & 6 \\ 9 & 28 \end{bmatrix} + \begin{bmatrix} 4 & -4 \\ -5 & -13 \end{bmatrix} = \begin{bmatrix} 2 & 2 \\ 4 & 15 \end{bmatrix}$

d'où $A(B + C) = AB + AC$

b) $(B + C)A = \begin{bmatrix} 8 & 2 & 6 \\ 3 & 1 & 5 \\ 7 & 2 & 8 \end{bmatrix}$

$BA + CA = \begin{bmatrix} 8 & 2 & 6 \\ 3 & 1 & 5 \\ 7 & 2 & 8 \end{bmatrix}$

d'où $(B + C)A = BC + CA$

6. a) Oui, car $A^2 = A$ b) Non, car $B^2 \neq B$

c) Oui, car $C^2 = C$ d) Non, car $E^2 \neq E$

7. a) $A^2 = \begin{bmatrix} 2 & -4 \\ 1 & -2 \end{bmatrix}\begin{bmatrix} 2 & -4 \\ 1 & -2 \end{bmatrix} = \begin{bmatrix} 0 & 0 \\ 0 & 0 \end{bmatrix}$

d'où l'indice de nilpotence de A est 2.

b) $B^2 = \begin{bmatrix} 0 & -1 & -2 \\ 0 & 0 & -3 \\ 0 & 0 & 0 \end{bmatrix}\begin{bmatrix} 0 & -1 & -2 \\ 0 & 0 & -3 \\ 0 & 0 & 0 \end{bmatrix} = \begin{bmatrix} 0 & 0 & 3 \\ 0 & 0 & 0 \\ 0 & 0 & 0 \end{bmatrix}$

$B^3 = B^2B = \begin{bmatrix} 0 & 0 & 3 \\ 0 & 0 & 0 \\ 0 & 0 & 0 \end{bmatrix}\begin{bmatrix} 0 & -1 & -2 \\ 0 & 0 & -3 \\ 0 & 0 & 0 \end{bmatrix} = \begin{bmatrix} 0 & 0 & 0 \\ 0 & 0 & 0 \\ 0 & 0 & 0 \end{bmatrix}$

d'où l'indice de nilpotence de B est 3.

8. a) $\begin{bmatrix} 4 & 0 \\ 6 & 16 \end{bmatrix}$ b) $\begin{bmatrix} 8 & 0 \\ 28 & 64 \end{bmatrix}$

c) $\begin{bmatrix} 64 & 0 \\ 2016 & 4096 \end{bmatrix}$ d) $\begin{bmatrix} 3 & 0 \\ 3 & 9 \end{bmatrix}$

9. a) $AA^T = [\ 15\ ]$ b) $A^TA = \begin{bmatrix} 1 & 2 & 3 & -1 \\ 2 & 4 & 6 & -2 \\ 3 & 6 & 9 & -3 \\ -1 & -2 & -3 & 1 \end{bmatrix}$

10. a) $AB = \begin{bmatrix} 4 & 14 \\ 5 & 19 \\ 6 & 24 \end{bmatrix}$, ainsi $(AB)^T = \begin{bmatrix} 4 & 5 & 6 \\ 14 & 19 & 24 \end{bmatrix}$

$B^TA^T = \begin{bmatrix} 0 & 1 \\ 2 & 3 \end{bmatrix}\begin{bmatrix} 1 & 2 & 3 \\ 4 & 5 & 6 \end{bmatrix} = \begin{bmatrix} 4 & 5 & 6 \\ 14 & 19 & 24 \end{bmatrix}$

d'où $(AB)^T = B^TA^T$

b) $AB + (B^TA^T)^T = AB + (A^T)^T(B^T)^T$

$= AB + AB$

$= 2AB = \begin{bmatrix} 8 & 28 \\ 10 & 38 \\ 12 & 48 \end{bmatrix}$

11. a) $\begin{bmatrix} 3 & 5 & 2 \\ -2 & 6 & 3 \\ 1 & -8 & 4 \end{bmatrix}$ b) $\begin{bmatrix} 4 & 5 & 2 \\ -2 & 7 & 3 \\ 1 & -8 & 5 \end{bmatrix}$

c) $\begin{bmatrix} 9 & 11 & -7 \\ 16 & -6 & -10 \\ -8 & 15 & 11 \end{bmatrix}$ d) $\begin{bmatrix} 4 & 10 & -1 \\ 0 & 0 & 5 \\ -3 & -5 & 5 \end{bmatrix}$

e) $\begin{bmatrix} 4 & 10 & -1 \\ 0 & 0 & 5 \\ -3 & -5 & 5 \end{bmatrix}$ f) $\begin{bmatrix} 22 & 19 & -51 \\ -20 & -34 & 58 \\ 5 & 29 & -24 \end{bmatrix}$

g) $\begin{bmatrix} 15 & -22 & -14 \\ -68 & 5 & 75 \\ -2 & 27 & -20 \end{bmatrix}$ h) $\begin{bmatrix} 1 & 2 & -4 \\ 5 & -6 & 3 \\ -3 & 2 & 1 \end{bmatrix} = A$

12. a) $AB = \begin{bmatrix} 1 & 0 & 0 \\ 0 & 1 & 0 \\ 0 & 0 & 1 \end{bmatrix}$; $BA = \begin{bmatrix} 1 & 0 & 0 \\ 0 & 1 & 0 \\ 0 & 0 & 1 \end{bmatrix}$

b) B est la matrice inverse de A, car $AB = BA = I_3$.

c) $B = A^{-1}$

d) $B^TA^T = (AB)^T$ (propriété 3)

$= (I_3)^T$ (de 12. a))

$= I_3$

13. a) $AB = \begin{bmatrix} 1 & 0 \\ 0 & 1 \end{bmatrix} = I_2$

b) Puisque A n'est pas une matrice carrée, A n'a pas d'inverse multiplicatif.

14. a) $\begin{bmatrix} 5a + 6 \\ 20 + 3b \end{bmatrix} = \begin{bmatrix} -4 \\ 8 \end{bmatrix}$, d'où $a = -2$ et $b = -4$

b) $\begin{bmatrix} 3a - 8 & 2c - a - 1 \\ 4b + 11 & -4c - 1 + b \end{bmatrix} = \begin{bmatrix} 1 & -4 \\ 3 & -3 \end{bmatrix}$,

d'où $a = 3$, $b = -2$ et $c = 0$

c) $\begin{bmatrix} 2 + 3a & a & b \\ 2 & 0 & c \\ 0 & 0 & 2 \end{bmatrix} = \begin{bmatrix} -4 & e & 2 \\ 2 & 0 & -5 \\ d & 0 & 2 \end{bmatrix}$,

d'où $a = -2$, $b = 2$, $c = -5$, $d = 0$ et $e = -2$

15. $(km)(AB) = (km)\begin{bmatrix} 19 & 22 \\ 43 & 50 \end{bmatrix} = \begin{bmatrix} 19km & 22km \\ 43km & 50km \end{bmatrix}$

$(kA)(mB) = \begin{bmatrix} k & 2k \\ 3k & 4k \end{bmatrix}\begin{bmatrix} 5m & 6m \\ 7m & 8m \end{bmatrix} = \begin{bmatrix} 19km & 22km \\ 43km & 50km \end{bmatrix}$

$A(km)B = \begin{bmatrix} 1 & 2 \\ 3 & 4 \end{bmatrix}\begin{bmatrix} 5km & 6km \\ 7km & 8km \end{bmatrix} = \begin{bmatrix} 19km & 22km \\ 43km & 50km \end{bmatrix}$

16. a) $A^2 = \begin{bmatrix} 3 & 2 \\ 1 & 2 \end{bmatrix}$; $B^2 = \begin{bmatrix} 1 & 3 \\ 0 & 4 \end{bmatrix}$;

$AB = \begin{bmatrix} -1 & 7 \\ -1 & 3 \end{bmatrix}$; $BA = \begin{bmatrix} 2 & -2 \\ 2 & 0 \end{bmatrix}$

b) $(A - B)(A + B) = \begin{bmatrix} 2 & -1 \\ 1 & -2 \end{bmatrix}\begin{bmatrix} 0 & 5 \\ 1 & 2 \end{bmatrix} = \begin{bmatrix} -1 & 8 \\ -2 & 1 \end{bmatrix}$

$A^2 - B^2 = \begin{bmatrix} 2 & -1 \\ 1 & -2 \end{bmatrix}$

d'où $(A - B)(A + B) \neq A^2 - B^2$

c) $(A + B)^2 = \begin{bmatrix} 0 & 5 \\ 1 & 2 \end{bmatrix}\begin{bmatrix} 0 & 5 \\ 1 & 2 \end{bmatrix} = \begin{bmatrix} 5 & 10 \\ 2 & 9 \end{bmatrix}$

$A^2 + 2AB + B^2 = \begin{bmatrix} 2 & 19 \\ -1 & 12 \end{bmatrix}$

d'où $(A + B)^2 \neq A^2 + 2AB + B^2$

d) $A^2 + AB + BA + B^2 = \begin{bmatrix} 5 & 10 \\ 2 & 9 \end{bmatrix}$

d'où $A^2 + AB + BA + B^2 = (A + B)^2$

17. a) $M^2 = \begin{bmatrix} a^2 & 2ab \\ 0 & a^2 \end{bmatrix}$; $M^3 = \begin{bmatrix} a^3 & 3a^2b \\ 0 & a^3 \end{bmatrix}$;

$M^4 = \begin{bmatrix} a^4 & 4a^3b \\ 0 & a^4 \end{bmatrix}$

b) $M^n = \begin{bmatrix} a^n & na^{n-1}b \\ 0 & a^n \end{bmatrix}$

18. La vérification est laissée à l'élève.

19. Les démonstrations sont laissées à l'élève.

20. Les démonstrations de a), b) et c) sont laissées à l'élève.

d) Puisque $m = n$, $A - A^T$ est définie. Ainsi,

$(A - A^T)^T = A^T - (A^T)^T$ (propriété 2)

$= A^T - A$ (propriété 1)

$= -(A - A^T)$

d'où $(A - A^T)$ est une matrice antisymétrique.

21. Soit les matrices suivantes.

	Fenêtres	Portes extérieures	Portes intérieures	
$A =$	18	3	10	**Aster**
	20	4	11	**Hosta**
	24	5	12	**Jonc**
	16	2	8	**Lis**

	Aster	Hosta	Jonc	Lis	
$B =$	12	9	2	3	**Brossard**
	7	5	4	5	**Laval**
	8	4	1	0	**Candiac**

a) $BA = \begin{bmatrix} 12 & 9 & 2 & 3 \\ 7 & 5 & 4 & 5 \\ 8 & 4 & 1 & 0 \end{bmatrix}\begin{bmatrix} 18 & 3 & 10 \\ 20 & 4 & 11 \\ 24 & 5 & 12 \\ 16 & 2 & 8 \end{bmatrix}$

	Fenêtres	Portes extérieures	Portes intérieures	
$BA =$	492	88	267	**Brossard**
	402	71	213	**Laval**
	248	45	136	**Candiac**

i) 492 ii) 45 iii) 213

b) $88 + 71 + 45 = 204$

c)

	Fenêtres	Portes extérieures	Portes intérieures
$C =$	492	88	267
	402	71	213
	248	45	136

$	
815	**Fenêtres**
675	**Portes extérieures**
95	**Portes intérieures**

	$	
$C =$	485 745	**Brossard**
	395 790	**Laval**
	245 415	**Candiac**

Exercices récapitulatifs (page 39)

1. c) Le nombre total d'articles produits par la deuxième équipe de travailleurs, c'est-à-dire 40 articles.

2. a) ii) 12, 17, 7 et 8 iv) 0, 0, 0 et 0

b) ii) $\text{Tr}(A^T) = 12$

3. b) Non définie d) 4×3

f) Non définie h) Non définie

j) 4×5 l) 1×4

n) Non définie

4. a) $\begin{bmatrix} 0 & 4 & -4 \\ -3 & 9 & -5 \end{bmatrix}$ b) $\begin{bmatrix} 340 & -640 \\ 140 & -80 \end{bmatrix}$

c) $\begin{bmatrix} 12 & 6 & 48 & 114 \\ 7 & -9 & 3 & 4 \\ 2 & 16 & 38 & 94 \end{bmatrix}$ d) Non définie

e) $\begin{bmatrix} 30 & 7 \\ 2 & 23 \end{bmatrix}$

5. a) i) $a = 7$, $b = -11$, $c = -2$ et $d \in \mathbb{R}$

ii) a, b et $c \in \mathbb{R}$, et $d = 14$

6. a) $X = \begin{bmatrix} \frac{-5}{3} & \frac{20}{3} \\ 4 & \frac{-11}{3} \\ \frac{4}{3} & -1 \end{bmatrix}$

7. a) $\begin{bmatrix} c & c & c \\ c & c & c \\ c & c & c \end{bmatrix}$ b) $\begin{bmatrix} a & a & a \\ b & b & b \\ c & c & c \end{bmatrix}$

9. a) $\begin{bmatrix} 1 & 0 \\ 1 - k^n & k^n \end{bmatrix}$

b) $\begin{bmatrix} 1 & 0 \\ 0 & 1 \end{bmatrix}$ si n est pair et $\begin{bmatrix} 1 & 0 \\ 2 & -1 \end{bmatrix}$ si n est impair

10. a) 2, car $M^2 = O$ et $M \neq O$

11. $AB = \begin{bmatrix} 14 & 7 \\ 28 & 14 \end{bmatrix}$; $BA = \begin{bmatrix} 2 & 4 & 6 \\ 4 & 8 & 12 \\ 6 & 12 & 18 \end{bmatrix}$

Problèmes de synthèse (page 41)

1. a) $\begin{bmatrix} 0 & 0 & 0 & 1 \\ 0 & 0 & 0 & 1 \\ 0 & 0 & 0 & 1 \\ 1 & 1 & 1 & 0 \end{bmatrix}$

2. a) $A = \begin{bmatrix} 0 & 0 & 0 & 0 & 1 & 0 \\ 1 & 0 & 1 & 0 & 0 & 0 \\ 0 & 1 & 0 & 0 & 0 & 0 \\ 0 & 0 & 1 & 0 & 0 & 0 \\ 1 & 0 & 0 & 1 & 0 & 1 \\ 0 & 0 & 0 & 0 & 1 & 0 \end{bmatrix}$

b) $B = \begin{bmatrix} 1 & 0 & 0 & 1 & 0 & 1 \\ 0 & 1 & 0 & 0 & 1 & 0 \\ 1 & 0 & 1 & 0 & 0 & 0 \\ 0 & 1 & 0 & 0 & 0 & 0 \\ 0 & 0 & 1 & 0 & 2 & 0 \\ 1 & 0 & 0 & 1 & 0 & 1 \end{bmatrix}$

i) $b_{11} = 1$, ce qui signifie qu'il y a un trajet menant de ① à ① en deux étapes : trajet ① → ⑤ → ①.

ii) $b_{54} = 0$, ce qui signifie qu'il n'y a aucun trajet menant de ⑤ à ④ en deux étapes.

c) $C = \begin{bmatrix} 0 & 0 & 1 & 0 & 2 & 0 \\ 2 & 0 & 1 & 1 & 0 & 1 \\ 0 & 1 & 0 & 0 & 1 & 0 \\ 1 & 0 & 1 & 0 & 0 & 0 \\ 2 & 1 & 0 & 2 & 0 & 2 \\ 0 & 0 & 1 & 0 & 2 & 0 \end{bmatrix}$

4. a) $A^2 = \begin{bmatrix} -1 & 0 \\ 0 & -1 \end{bmatrix}$; $A^3 = \begin{bmatrix} 0 & -1 \\ 1 & 0 \end{bmatrix}$; $A^4 = \begin{bmatrix} 1 & 0 \\ 0 & 1 \end{bmatrix}$

c) i) $k \in \{4, 8, 12, \ldots, 4n, \ldots\}$

iii) $k \in \{2, 6, 10, \ldots, 2 + 4n, \ldots\}$

6. a) $x = \frac{1}{3}$ et $y = \frac{10}{33}$ ou $x = -4$ et $y = \frac{-1}{11}$

c) $x = -2$ et $y = 10$

7. a) $k = a^2 + b^2$ b) $B^2 = 2a^2I$, car $b = a$

c) $B^{2n} = 2^n a^{2n} I$

9. a) $A^n = 2^{n-1}A$

10. a) i) $M^2 = I$, d'où $M^{-1} = M$

11. a) $A^2 = \begin{bmatrix} 1 & 2 \\ 0 & 1 \end{bmatrix}$; $A^3 = \begin{bmatrix} 1 & 3 \\ 0 & 1 \end{bmatrix}$; $A^n = \begin{bmatrix} 1 & n \\ 0 & 1 \end{bmatrix}$

12. a) i) $A^n = A$ iii) $AB = O$

13. a) $PM = \begin{bmatrix} a & b & c \\ d & e & f \\ j & k & l \\ g & h & i \end{bmatrix}$

Le produit de P par M a pour effet de permuter les deux dernières lignes de M.

$P^2M = M$.

14. b) $\begin{bmatrix} e^{ax} & \ln bx \\ ae^{ax} & \frac{1}{x} \end{bmatrix}$ d) $\begin{bmatrix} x^2 & 2^x \\ 2x & 2^x \ln 2 \end{bmatrix}$

f) $\begin{bmatrix} \tan x & \ln|\sec x| + C \\ \sec^2 x & \tan x \end{bmatrix}$

15. c) i) $A_tA_s + A_sA_t = \left(2 - \frac{t}{s} - \frac{s}{t}\right)I$

18. a) $A + B = \begin{bmatrix} \begin{bmatrix} 3 & 3 \\ -1 & 1 \end{bmatrix} & \begin{bmatrix} 1 & 3 \\ 0 & -1 \end{bmatrix} \\ \begin{bmatrix} 4 & -1 \\ 1 & 2 \end{bmatrix} & \begin{bmatrix} 0 & 1 \\ 1 & 2 \end{bmatrix} \end{bmatrix}$

c) $AB = \begin{bmatrix} \begin{bmatrix} 5 & 4 \\ -1 & -2 \end{bmatrix} & \begin{bmatrix} -5 & 2 \\ 0 & -5 \end{bmatrix} \\ \begin{bmatrix} -3 & 7 \\ 15 & -8 \end{bmatrix} & \begin{bmatrix} -10 & 9 \\ 11 & -6 \end{bmatrix} \end{bmatrix}$

21. b) $B = \begin{bmatrix} 1 & 3 & 5 \\ 3 & 5 & 7 \\ 5 & 7 & 9 \end{bmatrix}$ et $C = \begin{bmatrix} 0 & 1 & 2 \\ -1 & 0 & 1 \\ -2 & -1 & 0 \end{bmatrix}$

CHAPITRE 2

Exercices préliminaires (page 46)

1. a) $y = \frac{3}{17}$ b) Aucune solution c) $b = 0$

d) L'équation est vérifiée pour toute valeur de $z \in \mathbb{R}$.

2. a)

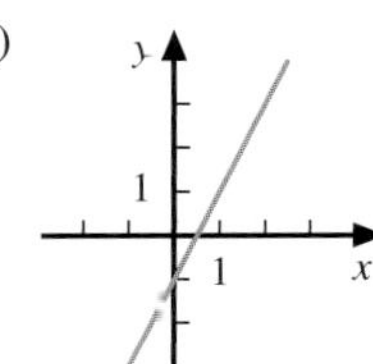

b)

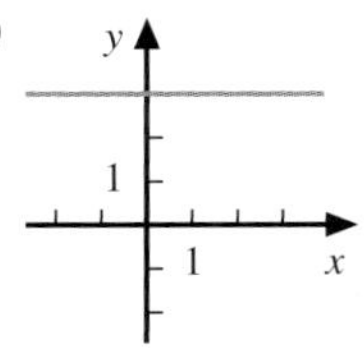

c)

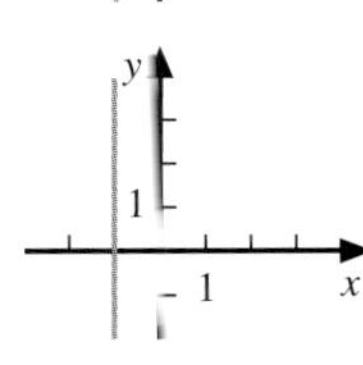

d)

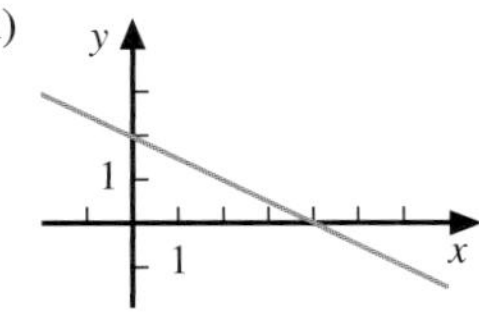

3. a) $\begin{cases} 2x - 3y = 7 \\ -5x + 4y = -8 \end{cases}$ b) $\begin{cases} a_{11}x_1 + a_{12}x_2 = y_1 \\ a_{21}x_1 + a_{22}x_2 = y_2 \\ a_{31}x_1 + a_{32}x_2 = y_3 \end{cases}$

c) $\begin{cases} -x + 2y + 4z = 5 \\ 5x + 0y - 2z = -6 \end{cases}$

4. a) $\begin{bmatrix} 2 & -5 \\ 3 & 4 \end{bmatrix}\begin{bmatrix} x \\ y \end{bmatrix} = \begin{bmatrix} 6 \\ -2 \end{bmatrix}$ b) $\begin{bmatrix} 2 & 3 & 4 \\ 5 & 6 & 7 \\ 8 & 9 & 1 \end{bmatrix}\begin{bmatrix} x \\ y \\ z \end{bmatrix} = \begin{bmatrix} 1 \\ -1 \\ 10 \end{bmatrix}$

c) $\begin{bmatrix} 1 & 0 & 1 & 0 \\ 0 & 1 & -1 & 0 \\ 1 & 0 & 0 & 1 \end{bmatrix}\begin{bmatrix} x \\ y \\ z \\ w \end{bmatrix} = \begin{bmatrix} 0 \\ 0 \\ 0 \end{bmatrix}$

5. a) $\begin{bmatrix} 1 & 0 \\ 0 & 1 \end{bmatrix}$ b) $\begin{bmatrix} -9 & 0 & -30 \\ 1 & 1 & 3 \\ 3 & 0 & 10 \end{bmatrix}$

Exercices 2.1 (page 53)

1. a), b), d), g), h), j) et k)

2. a) $2(2) - (-3) + 1 \neq 2$, d'où $(2, -3, 1)$ n'est pas une solution.

b) $3(2) + 0(-3) + 4(1) = 10$, d'où $(2, -3, 1)$ est une solution.

c) $2(0) + 5(-3) + 2(1) \neq -17$, d'où $(2, -3, 1)$ n'est pas une solution.

d) $2 - 2(-3) + 3(1) = 11$, d'où $(2, -3, 1)$ est une solution.

3. a) $3\left(\frac{5t - 6s + 2}{3}\right) - 5t + 6s = 2$, d'où A est un E.-S.

b) $3\left(\frac{2 - 6s + 5t}{3}\right) - 5s + 6t \neq 2$, pour $s \neq t$, d'où B n'est pas un E.-S.

c) $3s - 5t + 6\left(\frac{2 + 5t - 3s}{6}\right) = 2$, d'où C est un E.-S.

d) D n'est pas un E.-S., car il ne contient pas toutes les solutions ; il contient uniquement les solutions où $x = y$.

4. a) i) E.-S. $= \{(8 - 4s + 2t, s, t) \mid s \text{ et } t \in \mathbb{R}\}$

ii) E.-S. $= \left\{\left(s, t, \frac{s + 4t - 8}{2}\right) \middle| s \text{ et } t \in \mathbb{R}\right\}$

iii) E.-S. $= \left\{\left(s, \frac{8 - s + 2t}{4}, t\right) \middle| s \text{ et } t \in \mathbb{R}\right\}$

b) i) $(8, 1, 2)$ ii) $\left(1, 2, \frac{1}{2}\right)$ iii) $\left(1, \frac{11}{4}, 2\right)$

5. a) $\left\{\left(s, \frac{6 - 2s}{3}\right) \middle| s \in \mathbb{R}\right\}$ ou $\left\{\left(\frac{6 - 3t}{2}, t\right) \middle| t \in \mathbb{R}\right\}$

b) $\left\{\left(s, \frac{75 - 9s}{10}\right) \middle| s \in \mathbb{R}\right\}$ ou $\left\{\left(\frac{75 - 10t}{9}, t\right) \middle| t \in \mathbb{R}\right\}$

c) $\left\{\left(s, t, \frac{7 - 2s + 3t}{4}\right) \middle| s \text{ et } t \in \mathbb{R}\right\}$ ou

$\left\{\left(s, \frac{2s + 4r - 7}{3}, r\right) \middle| s \text{ et } r \in \mathbb{R}\right\}$ ou

$\left\{\left(\frac{7 + 3t - 4r}{2}, t, r\right) \middle| t \text{ et } r \in \mathbb{R}\right\}$

6. a), c) et f)

7. a)

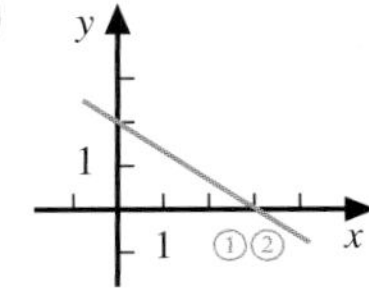

Les deux droites sont parallèles confondues. Ainsi, il y a une infinité de solutions. D'où le système est compatible.

b) Les deux droites ont un point d'intersection. Ainsi, il y a une solution. D'où le système est compatible.

c) Il n'y a pas de point commun aux trois droites. Ainsi, il n'y a aucune solution. D'où le système est incompatible.

8. a) Non, car en remplaçant les variables de l'équation ① par les valeurs données, les deux membres de cette équation ne sont pas égaux.

b) Oui

c) Oui

d) Non, car en remplaçant les variables de l'équation ② par les valeurs données, les deux membres de cette équation ne sont pas égaux.

9. a) Aucune solution ; système incompatible.

b) Infinité de solutions ; système compatible.

c) Une seule solution ; système compatible.

d) Infinité de solutions ; système compatible.

e) Aucune solution ; système incompatible.

f) Infinité de solutions ; système compatible.

10. Ce système est compatible, car il a au moins une solution, c'est-à-dire (0, 0, 0).

11. a) $k = 2$ b) $k = -2$ c) $k \in \mathbb{R} \setminus \{-2, 2\}$

d) $k \in \mathbb{R} \setminus \{-2\}$ e) $k = -2$

12. a) $S_1 \begin{cases} x + 2y - z = 3 & E_3 \to E_1 \\ 3x - y + 2z = 1 & \\ -4x + 2y - 3z = -2 & E_1 \to E_3 \end{cases}$

b) $S_2 \begin{cases} x + 2y - z = 3 & \\ -7y + 5z = -8 & E_2 - 3E_1 \to E_2 \\ 10y - 7z = 10 & E_3 + 4E_1 \to E_3 \end{cases}$

c) $S_3 \begin{cases} x + 2y - z = 3 & \\ -7y + 5z = -8 & \\ z = -10 & 7E_3 + 10E_2 \to E_3 \end{cases}$

d) $S_3 \sim S$

e) S_3 et S ont le même ensemble-solution.

Exercices 2.2 (page 58)

1. a) De l'équation ①, nous obtenons $x = \dfrac{7 - 4y}{3}$

et de l'équation ②, nous obtenons $x = \dfrac{2 + 3y}{5}$;

ainsi, $\dfrac{7 - 4y}{3} = \dfrac{2 + 3y}{5}$; donc, $y = 1$.

En remplaçant y par 1 dans $x = \dfrac{7 - 4y}{3}$, nous obtenons $x = 1$. D'où E.S. = {(1, 1)}.

b) De l'équation ①, nous obtenons $y = 2 + \dfrac{3x}{2}$

et de l'équation ②, nous obtenons $y = \dfrac{3x + 4}{2}$;

ainsi, $2 + \dfrac{3x}{2} = \dfrac{3x + 4}{2}$; donc, $0x = 0$.

Il y a une infinité de solutions.

En posant $x = s$, nous obtenons $y = \dfrac{3s + 4}{2}$.

D'où E.-S. = $\left\{\left(s, \dfrac{3s + 4}{2}\right)\right\}$, où $s \in \mathbb{R}$.

c) De l'équation ①, nous obtenons $x = \dfrac{1 - 9y}{6}$

et de l'équation ②, nous obtenons $x = \dfrac{1 - 6y}{4}$;

ainsi, $\dfrac{1 - 9y}{6} = \dfrac{1 - 6y}{4}$; donc, $0y = 2$.

Il n'y a aucune solution. D'où E.-S. = Ø.

2. a) De l'équation ①, nous obtenons $x = -5 - 3y$. En remplaçant x par $(-5 - 3y)$ dans l'équation ②, nous obtenons $-3(-5 - 3y) + 2y = -18$; donc, $y = -3$.

En remplaçant y par -3 dans $x = -5 - 3y$, nous obtenons $x = 4$. D'où E.-S. = {(4, -3)}.

b) De l'équation ②, nous obtenons $y = 3x + 7$. En remplaçant y par $(3x + 7)$ dans l'équation ①, nous obtenons $12x - 4(3x + 7) = -28$; donc, $0x = 0$. Il y a une infinité de solutions. En posant $x = s$, nous obtenons $y = 3s + 7$. D'où E.-S. = $\{(s, 3s + 7)\}$, où $s \in \mathbb{R}$.

c) De l'équation ①, nous obtenons $x = 2y - z - 4$. En remplaçant x par $(2y - z - 4)$ dans l'équation ②, nous obtenons $7y - 2z = 15$. ④
En remplaçant x par $(2y - z - 4)$ dans l'équation ③, nous obtenons $5y - 5z = 25$. ⑤
De l'équation ⑤, nous obtenons $y = 5 + z$.
En remplaçant y par $(5 + z)$ dans l'équation ④, nous obtenons $7(5 + z) - 2z = 15$; donc, $z = -4$.
En remplaçant z par -4 dans l'équation ⑤, nous obtenons $y = 1$. En remplaçant z par -4 et y par 1 dans l'équation ①, nous obtenons $x = 2$.
D'où E.-S. = {(2, 1, -4)}.

3. a) En effectuant $-3E_1 + E_2$, nous obtenons $-8y = -40$; donc, $y = 5$.
En remplaçant y par 5 dans l'équation ①, nous obtenons $x = -4$. D'où E.-S. = {(-4, 5)}.

b) En effectuant $5E_1 + 3E_2$, nous obtenons $30y + 45 = 30y + 40$; donc, $0y = -5$.
Il n'y a aucune solution. Donc, E.-S. = Ø.

c) En effectuant $E_1 + 5E_2$ et $E_3 + 3E_2$, nous obtenons

$\begin{cases} 13x + 21z = 21 & ④ \\ 13x + 21z = 21 & ⑤ \end{cases}$

En effectuant, $E_4 - E_5$, nous obtenons

$0x + 0z = 0$

Il y a donc une infinité de solutions.

En posant $x = s$ dans l'équation ④, nous obtenons $z = \dfrac{21 - 13s}{21}$.

En remplaçant ces valeurs dans l'équation $2x - y + 5z = 4$, nous obtenons $y = \dfrac{21 - 23s}{21}$.

D'où E.-S. = $\left\{\left(s, \dfrac{21 - 23s}{21}, \dfrac{21 - 13s}{21}\right)\right\}$, où $s \in \mathbb{R}$.

4.

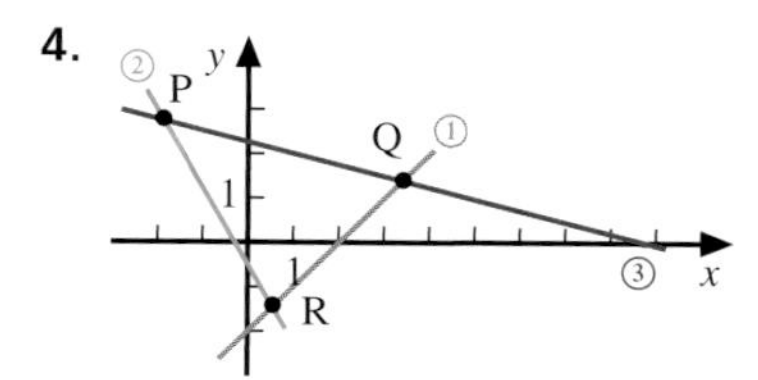

$P\left(\dfrac{-11}{6}, \dfrac{65}{24}\right)$, $Q\left(\dfrac{17}{5}, \dfrac{7}{5}\right)$ et $R\left(\dfrac{6}{11}, \dfrac{-16}{11}\right)$

5.

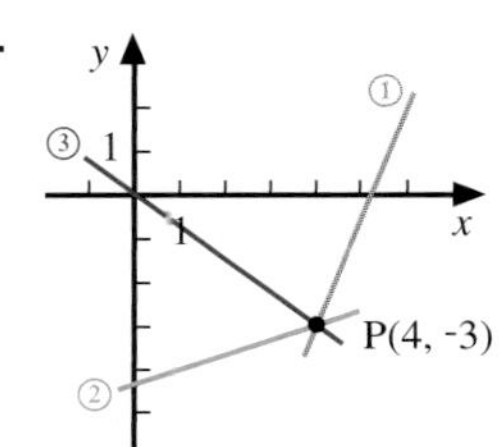

P(4, -3) est le point d'intersection.

6. Soit x, la somme investie à 3 % d'intérêt par année, et y, la somme investie à 3,4 % d'intérêt par année. Le système d'équations linéaires correspondant est alors

$$\begin{cases} x + y = 25\,000 \\ 0{,}03x + 0{,}034y = 819 \end{cases}$$

d'où $x = 7750\,\$$ et $y = 17\,250\,\$$, en résolvant.

7. Soit x, le nombre d'unités de P, et y, le nombre d'unités de R. Le système d'équations linéaires correspondant est alors

$$\begin{cases} \dfrac{3}{4}x + \dfrac{y}{2} = 12 \\ \dfrac{x}{2} + \dfrac{y}{4} = 7 \end{cases}$$

d'où $x = 8$ et $y = 12$, en résolvant.

Exercices 2.3 (page 70)

1. a) $\begin{bmatrix} 1 & 3 \\ 5 & -[illegible] \end{bmatrix}\begin{bmatrix} x \\ y \end{bmatrix} = \begin{bmatrix} 4 \\ 8 \end{bmatrix}$ b) $\begin{bmatrix} 1 & -2 & 0 \\ 2 & 0 & 4 \end{bmatrix}\begin{bmatrix} x_1 \\ x_2 \\ x_3 \end{bmatrix} = \begin{bmatrix} 6 \\ 4 \end{bmatrix}$

c) $\begin{bmatrix} 3 & -[illegible] \\ 2 & 5 \\ 1 & 6 \end{bmatrix}\begin{bmatrix} x \\ y \end{bmatrix} = \begin{bmatrix} 2 \\ 7 \\ 9 \end{bmatrix}$ d) $\begin{bmatrix} 1 & 1 & 1 \\ 2 & 0 & 4 \\ 0 & 3 & -5 \end{bmatrix}\begin{bmatrix} x_1 \\ x_2 \\ x_3 \end{bmatrix} = \begin{bmatrix} 5 \\ 6 \\ 1 \end{bmatrix}$

2. a) $\left[\begin{array}{ccc:c} 1 & -1 & -1 & -1 \\ 2 & 1 & -3 & 4 \\ 5 & -6 & 1 & 1 \end{array}\right]$ b) $\left[\begin{array}{cccc:c} 3 & 4 & -1 & 0 & 5 \\ 2 & 0 & 3 & -6 & 7 \end{array}\right]$

c) $\left[\begin{array}{cc:c} 1 & 1 & 5 \\ 3 & -1 & 7 \\ 2 & 7 & -5 \\ 1 & -1 & 2 \end{array}\right]$ d) $\left[\begin{array}{ccccc:c} 1 & 0 & 0 & 0 & 0 & 3 \\ 0 & 1 & 0 & 0 & 0 & 5 \\ 0 & 0 & 1 & 0 & 0 & -1 \\ 0 & 0 & 0 & 1 & 0 & 7 \\ 0 & 0 & 0 & 0 & 1 & -8 \end{array}\right]$

3. a) $\begin{cases} x + 2y + 3z + 4w = 5 \\ -2x + 3y - 4z + w = 7 \end{cases}$ b) $\{x + z = 0$

c) $\begin{cases} 3x + 2y - z = 5 \\ 6y + 3z = 2 \\ 5z = 10 \end{cases}$ d) $\begin{cases} x = 3 \\ y = 4 \\ z = 5 \\ w = 2 \end{cases}$

4. a), d), e) et f)

5. a) $\left\{\left(3, 2, \dfrac{5}{2}\right)\right\}$ b) $\{(1, -2, 3)\}$ c) $\varnothing$

d) $\{(3 - s, 6 - s, 4s - 2, s)\}$, où $s \in \mathbb{R}$

e) $\left\{\left(2 - 5s - 2t, t, -1, \dfrac{3 - s}{3}, s\right)\right\}$, où s et $t \in \mathbb{R}$

f) $\{(-s, s, 0, 0, 1)\}$, où $s \in \mathbb{R}$

g) $\{4 - 2s - 4t, s, -2, t, 2 - 3r, r\}$, où s, t et $r \in \mathbb{R}$

6. a) $\left[\begin{array}{cc:c} 6 & 3 & 3 \\ 2 & -1 & -9 \end{array}\right] \sim \left[\begin{array}{cc:c} 6 & 3 & 3 \\ 0 & -6 & -30 \end{array}\right]$ $3L_2 - L_1 \to L_2$

D'où E.-S. $= \{(-2, 5)\}$

b) $\left[\begin{array}{ccc:c} 2 & 5 & 2 & 5 \\ 3 & -1 & -3 & 6 \\ 12 & 13 & 0 & 20 \end{array}\right]$

$\sim \left[\begin{array}{ccc:c} 2 & 5 & 2 & 5 \\ 0 & -17 & -12 & -3 \\ 0 & -17 & -12 & -10 \end{array}\right]$ $\begin{array}{l} 2L_2 - 3L_1 \to L_2 \\ L_3 - 6L_1 \to L_3 \end{array}$

$\sim \left[\begin{array}{ccc:c} 2 & 5 & 2 & 5 \\ 0 & -17 & -12 & -3 \\ 0 & 0 & 0 & -7 \end{array}\right]$ $L_3 - L_2 \to L_3$

D'où E.-S. $= \varnothing$

c) $\left[\begin{array}{cc:c} 2 & 3 & 6 \\ 4 & 6 & 11 \end{array}\right] \sim \left[\begin{array}{cc:c} 2 & 3 & 6 \\ 0 & 0 & -1 \end{array}\right]$ $L_2 - 2L_1 \to L_2$

D'où E.-S. $= \varnothing$

d) $\left[\begin{array}{ccc:c} 2 & 4 & -6 & 0 \\ -1 & 1 & -3 & -6 \\ 2 & 3 & -4 & 2 \end{array}\right]$

$\sim \left[\begin{array}{ccc:c} -1 & 1 & -3 & -6 \\ 2 & 4 & -6 & 0 \\ 2 & 3 & -4 & 2 \end{array}\right]$ $\begin{array}{l} L_2 \to L_1 \\ L_1 \to L_2 \end{array}$

$\sim \left[\begin{array}{ccc:c} -1 & 1 & -3 & -6 \\ 0 & 6 & -12 & -12 \\ 0 & 5 & -10 & -10 \end{array}\right]$ $\begin{array}{l} L_2 + 2L_1 \to L_2 \\ L_3 + 2L_1 \to L_3 \end{array}$

$\sim \left[\begin{array}{ccc:c} -1 & 1 & -3 & -6 \\ 0 & 1 & -2 & -2 \\ 0 & 1 & -2 & -2 \end{array}\right]$ $\begin{array}{l} (1/6)L_2 \to L_2 \\ (1/5)L_3 \to L_3 \end{array}$

$\sim \left[\begin{array}{ccc:c} -1 & 1 & -3 & -6 \\ 0 & 1 & -2 & -2 \\ 0 & 0 & 0 & 0 \end{array}\right]$ $L_3 - L_2 \to L_3$

En posant $x_3 = s$, où $s \in \mathbb{R}$, nous obtenons E.-S. $= \{(4 - s, 2s - 2, s)\}$, où $s \in \mathbb{R}$.

e) $\left[\begin{array}{ccc:c} 1 & 1 & 0 & 5 \\ 1 & 0 & 1 & 7 \\ 0 & 1 & 1 & 8 \end{array}\right] \sim \left[\begin{array}{ccc:c} 1 & 1 & 0 & 5 \\ 0 & -1 & 1 & 2 \\ 0 & 1 & 1 & 8 \end{array}\right]$ $L_2 - L_1 \to L_2$

$\sim \left[\begin{array}{ccc:c} 1 & 1 & 0 & 5 \\ 0 & -1 & 1 & 2 \\ 0 & 0 & 2 & 10 \end{array}\right]$ $L_3 + L_2 \to L_3$

D'où E.-S. $= \{(2, 3, 5)\}$

f) E.-S. $= \{(-12, -4, 4)\}$

g) $\left[\begin{array}{cccc|c} 3 & 0 & -1 & -1 & 4 \\ 0 & 1 & 1 & 1 & -2 \\ 1 & 1 & 0 & -2 & 8 \\ 2 & 3 & 1 & -1 & 6 \end{array}\right]$

$\sim \left[\begin{array}{cccc|c} 3 & 0 & -1 & -1 & 4 \\ 0 & 1 & 1 & 1 & -2 \\ 0 & 3 & 1 & -5 & 20 \\ 0 & 9 & 5 & -1 & 10 \end{array}\right] \begin{array}{l} \\ \\ 3L_3 - L_1 \to L_3 \\ 3L_4 - 2L_1 \to L_4 \end{array}$

$\sim \left[\begin{array}{cccc|c} 3 & 0 & -1 & -1 & 4 \\ 0 & 1 & 1 & 1 & -2 \\ 0 & 0 & -2 & -8 & 26 \\ 0 & 0 & -4 & -10 & 28 \end{array}\right] \begin{array}{l} \\ \\ L_3 - 3L_2 \to L_3 \\ L_4 - 9L_2 \to L_4 \end{array}$

$\sim \left[\begin{array}{cccc|c} 3 & 0 & -1 & -1 & 4 \\ 0 & 1 & 1 & 1 & -2 \\ 0 & 0 & -2 & -8 & 26 \\ 0 & 0 & 0 & 6 & -24 \end{array}\right] \begin{array}{l} \\ \\ \\ L_4 - 2L_3 \to L_4 \end{array}$

D'où E.-S. = $\{(1, -1, 3, -4)\}$

h) E.-S. = $\{(0, 0, 0, 0)\}$

i) E.-S. = $\left\{\left(\dfrac{-45s - 12}{28}, \dfrac{13s - 4}{14}, s\right)\right\}$, où $s \in \mathbb{R}$

j) E.-S. = $\{(-5, 2, 3, 2)\}$

7. a) $a = -1$ et $b = 1$ b) E.-S. = $\{(-6, 3, 1)\}$

8. a) $a = 2$, $b = 1$, $c = 3$ et $d = 0$

b) E.-S. = $\{(2, 3 - 2t - s, t, s)\}$, où s et $t \in \mathbb{R}$

c) z et w sont des variables libres ; x et y sont des variables liées.

d) $(2, 3, 0, 0)$; $(2, 2, 1, -1)$; $\left(2, -3, \dfrac{1}{2}, 5\right)$

9. Soit x, le nombre de boîtes de pêches,
y, le nombre de boîtes de cerises et
z, le nombre de boîtes d'ananas.

Le système d'équations linéaires correspondant est

$$\begin{cases} x + y + z = 200 \\ 0{,}80x + 1{,}20y + 0{,}60z = 152{,}40 \\ z = x + 26 \end{cases}$$

En résolvant, nous obtenons $x = 72$, $y = 30$ et $z = 98$, c'est-à-dire 72 boîtes de pêches, 30 boîtes de cerises et 98 boîtes d'ananas.

10. Soit x, le nombre d'ordinateurs à 2000 \$,
y, le nombre d'ordinateurs à 5000 \$ et
z, le nombre d'ordinateurs à 15 000 \$.

Le système d'équations linéaires correspondant est

$$\begin{cases} x + y + z = 30 \\ 2000x + 5000y + 15\,000z = 144\,000 \end{cases}$$

En posant $z = t$, où t est un entier et $t > 0$, nous obtenons $y = 28 - \dfrac{13t}{3}$ et $x = 2 + \dfrac{10t}{3}$.

Puisque y et x sont des entiers, z doit être un multiple de 3.
En posant $t = 3$, nous obtenons $z = 3$, $y = 15$ et $x = 12$.
En posant $t = 6$, nous obtenons $z = 6$, $y = 2$ et $x = 22$ (à rejeter).
En posant $t = 9$, nous obtenons $z = 9$, $y = -11$ (à rejeter).
La solution cherchée est donc $(12, 15, 3)$.

11. Soit x, le nombre d'anges,
y, le nombre de guppies et
z, le nombre de poissons rouges.

Le système d'équations linéaires correspondant est

$$\begin{cases} x + y + z = 100 \\ 10x + 3y + 0{,}5z = 100 \end{cases}$$

a) $(5, 1, 94)$ b) $(0, 20, 80)$

Exercices 2.4 (page 79)

1. b) et c)

2. a) $\left[\begin{array}{cc|c} 4 & 2 & 3 \\ 7 & -3 & 5 \end{array}\right] \sim \left[\begin{array}{cc|c} 4 & 2 & 3 \\ 0 & -26 & -1 \end{array}\right] \begin{array}{l} \\ 4L_2 - 7L_1 \to L_2 \end{array}$

$\sim \left[\begin{array}{cc|c} 52 & 0 & 38 \\ 0 & -26 & -1 \end{array}\right] \begin{array}{l} 13L_1 + L_2 \to L_1 \\ \\ \end{array}$

$\sim \left[\begin{array}{cc|c} 1 & 0 & \dfrac{19}{26} \\ 0 & 1 & \dfrac{1}{26} \end{array}\right] \begin{array}{l} \left(\frac{1}{52}\right)L_1 \to L_1 \\ \left(\frac{-1}{26}\right)L_2 \to L_2 \end{array}$

b) $\left[\begin{array}{ccc|c} 1 & -1 & 4 & -1 \\ 2 & 1 & 0 & 1 \\ 4 & -1 & 8 & -1 \end{array}\right] \sim \left[\begin{array}{ccc|c} 1 & -1 & 4 & -1 \\ 0 & 3 & -8 & 3 \\ 0 & 3 & -8 & 3 \end{array}\right] \begin{array}{l} \\ L_2 - 2L_1 \to L_2 \\ L_3 - 4L_1 \to L_3 \end{array}$

$\sim \left[\begin{array}{ccc|c} 3 & 0 & 4 & 0 \\ 0 & 3 & -8 & 3 \\ 0 & 0 & 0 & 0 \end{array}\right] \begin{array}{l} 3L_1 + L_2 \to L_1 \\ \\ L_3 - L_2 \to L_3 \end{array}$

$\sim \left[\begin{array}{ccc|c} 1 & 0 & \dfrac{4}{3} & 0 \\ 0 & 1 & \dfrac{-8}{3} & 1 \\ 0 & 0 & 0 & 0 \end{array}\right] \begin{array}{l} \left(\frac{1}{3}\right)L_1 \to L_1 \\ \left(\frac{1}{3}\right)L_2 \to L_2 \\ \\ \end{array}$

c) $\left[\begin{array}{ccc|c} 1 & 1 & 1 & 1 \\ 2 & -2 & 0 & 3 \\ 3 & -3 & 2 & 2 \end{array}\right] \sim \left[\begin{array}{ccc|c} 1 & 1 & 1 & 1 \\ 0 & -4 & -2 & 1 \\ 0 & -6 & -1 & -1 \end{array}\right] \begin{array}{l} \\ L_2 - 2L_1 \to L_2 \\ L_3 - 3L_1 \to L_3 \end{array}$

$\sim \left[\begin{array}{ccc|c} 4 & 0 & 2 & 5 \\ 0 & -4 & -2 & 1 \\ 0 & 0 & 4 & -5 \end{array}\right] \begin{array}{l} 4L_1 + L_2 \to L_1 \\ \\ 2L_3 - 3L_2 \to L_3 \end{array}$

$\sim \left[\begin{array}{ccc|c} 8 & 0 & 0 & 15 \\ 0 & -8 & 0 & -3 \\ 0 & 0 & 4 & -5 \end{array}\right] \begin{array}{l} 2L_1 - L_3 \to L_1 \\ 2L_2 + L_3 \to L_2 \\ \\ \end{array}$

$\sim \left[\begin{array}{ccc|c} 1 & 0 & 0 & \dfrac{15}{8} \\ 0 & 1 & 0 & \dfrac{3}{8} \\ 0 & 0 & 1 & \dfrac{-5}{4} \end{array}\right] \begin{array}{l} \left(\frac{1}{8}\right)L_1 \to L_1 \\ \left(\frac{-1}{8}\right)L_2 \to L_2 \\ \left(\frac{1}{4}\right)L_3 \to L_3 \end{array}$

d) $$\left[\begin{array}{ccc|c} 0 & 0 & -1 & -7 \\ 5 & 0 & 0 & 10 \\ 0 & -3 & 0 & 12 \end{array}\right] \sim \left[\begin{array}{ccc|c} 0 & 0 & 1 & 7 \\ 1 & 0 & 0 & 2 \\ 0 & 1 & 0 & -4 \end{array}\right] \quad \begin{array}{l} (-1)L_1 \to L_1 \\ (1/5)L_2 \to L_2 \\ (-1/3)L_3 \to L_3 \end{array}$$

$$\sim \left[\begin{array}{ccc|c} 1 & 0 & 0 & 2 \\ 0 & 1 & 0 & -4 \\ 0 & 0 & 1 & 7 \end{array}\right] \quad \begin{array}{l} L_2 \to L_1 \\ L_3 \to L_2 \\ L_1 \to L_3 \end{array}$$

3. a) $$\left[\begin{array}{cc|c} 2 & -1 & 5 \\ 3 & 4 & -9 \end{array}\right] \sim \left[\begin{array}{cc|c} 2 & -1 & 5 \\ 0 & 11 & -33 \end{array}\right] \quad 2L_2 - 3L_1 \to L_2$$

$$\sim \left[\begin{array}{cc|c} 22 & 0 & 22 \\ 0 & 11 & -33 \end{array}\right] \quad 11L_1 + L_2 \to L_1$$

$$\sim \left[\begin{array}{cc|c} 1 & 0 & 1 \\ 0 & 1 & -3 \end{array}\right] \quad \begin{array}{l} (1/22)L_1 \to L_1 \\ (1/11)L_2 \to L_2 \end{array}$$

D'où E.-S. $= \{(1, -3)\}$

b) $$\left[\begin{array}{cc|c} 6 & -9 & 15 \\ -8 & 12 & -20 \end{array}\right] \sim \left[\begin{array}{cc|c} 6 & -9 & 15 \\ 0 & 0 & 0 \end{array}\right] \quad 6L_2 + 8L_1 \to L_2$$

$$\sim \left[\begin{array}{cc|c} 1 & \frac{-3}{2} & \frac{5}{2} \\ 0 & 0 & 0 \end{array}\right] \quad (1/6)L_1 \to L_1$$

Ce système admet une infinité de solutions.
En posant $y = s$, où $s \in \mathbb{R}$, nous obtenons

E.-S. $= \left\{\left(\frac{5 + 3s}{2}, s\right)\right\}$, où $s \in \mathbb{R}$.

c) $$\left[\begin{array}{ccc|c} 3 & 4 & 1 & 4 \\ -9 & 2 & -1 & -3 \\ -6 & 4 & -4 & -4 \end{array}\right]$$

$$\sim \left[\begin{array}{ccc|c} 3 & 4 & 1 & 4 \\ 0 & 14 & 2 & 9 \\ 0 & 12 & -2 & 4 \end{array}\right] \quad \begin{array}{l} L_2 + 3L_1 \to L_2 \\ L_3 + 2L_1 \to L_3 \end{array}$$

$$\sim \left[\begin{array}{ccc|c} 21 & 0 & 3 & 10 \\ 0 & 14 & 2 & 9 \\ 0 & 0 & -52 & -52 \end{array}\right] \quad \begin{array}{l} 7L_1 - 2L_2 \to L_1 \\ \\ 14L_3 - 12L_2 \to L_3 \end{array}$$

$$\sim \left[\begin{array}{ccc|c} 21 & 0 & 3 & 10 \\ 0 & 14 & 2 & 9 \\ 0 & 0 & 1 & 1 \end{array}\right] \quad (-1/52)L_3 \to L_3$$

$$\sim \left[\begin{array}{ccc|c} 21 & 0 & 0 & 7 \\ 0 & 14 & 0 & 7 \\ 0 & 0 & 1 & 1 \end{array}\right] \quad \begin{array}{l} L_1 - 3L_3 \to L_1 \\ L_2 - 2L_3 \to L_2 \end{array}$$

$$\sim \left[\begin{array}{ccc|c} 1 & 0 & 0 & \frac{1}{3} \\ 0 & 1 & 0 & \frac{1}{2} \\ 0 & 0 & 1 & 1 \end{array}\right] \quad \begin{array}{l} (1/21)L_1 \to L_1 \\ (1/14)L_2 \to L_2 \end{array}$$

D'où E.-S. $= \left\{\left(\frac{1}{3}, \frac{1}{2}, 1\right)\right\}$

d) $$\left[\begin{array}{ccc|c} 3 & -1 & 2 & -5 \\ 3 & 1 & 2 & 6 \\ 1 & -2 & 5 & 4 \\ 2 & 1 & -3 & 0 \end{array}\right]$$

$$\sim \left[\begin{array}{ccc|c} 3 & -1 & 2 & -5 \\ 0 & 2 & 0 & 11 \\ 0 & -5 & 13 & 17 \\ 0 & 5 & -13 & 10 \end{array}\right] \quad \begin{array}{l} L_2 - L_1 \to L_2 \\ 3L_3 - L_1 \to L_3 \\ 3L_4 - 2L_1 \to L_4 \end{array}$$

$$\sim \left[\begin{array}{ccc|c} 6 & 0 & 4 & 1 \\ 0 & 2 & 0 & 11 \\ 0 & 0 & 26 & 89 \\ 0 & 0 & -26 & -35 \end{array}\right] \quad \begin{array}{l} L_2 + 2L_1 \to L_1 \\ \\ 2L_3 + 5L_2 \to L_3 \\ 2L_4 - 5L_2 \to L_4 \end{array}$$

$$\sim \left[\begin{array}{ccc|c} 78 & 0 & 0 & -165 \\ 0 & 2 & 0 & 11 \\ 0 & 0 & 26 & 89 \\ 0 & 0 & 0 & 54 \end{array}\right] \quad \begin{array}{l} 13L_1 - 2L_3 \to L_1 \\ \\ \\ L_4 + L_3 \to L_4 \end{array}$$

$$\sim \left[\begin{array}{ccc|c} 1 & 0 & 0 & \frac{-55}{26} \\ 0 & 1 & 0 & \frac{11}{2} \\ 0 & 0 & 1 & \frac{89}{26} \\ 0 & 0 & 0 & 1 \end{array}\right] \quad \begin{array}{l} (1/78)L_1 \to L_1 \\ (1/2)L_2 \to L_2 \\ (1/26)L_3 \to L_3 \\ (1/54)L_4 \to L_4 \end{array}$$

D'où E.-S. $= \varnothing$

e) $$\left[\begin{array}{cccc|c} 2 & 3 & -1 & 2 & 5 \\ 1 & 0 & 1 & 0 & 5 \end{array}\right]$$

$$\sim \left[\begin{array}{cccc|c} 2 & 3 & -1 & 2 & 5 \\ 0 & -3 & 3 & -2 & 5 \end{array}\right] \quad 2L_2 - L_1 \to L_2$$

$$\sim \left[\begin{array}{cccc|c} 2 & 0 & 2 & 0 & 10 \\ 0 & -3 & 3 & -2 & 5 \end{array}\right] \quad L_1 + L_2 \to L_1$$

$$\sim \left[\begin{array}{cccc|c} 1 & 0 & 1 & 0 & 5 \\ 0 & 1 & -1 & \frac{2}{3} & \frac{-5}{3} \end{array}\right] \quad \begin{array}{l} (1/2)L_1 \to L_1 \\ (-1/3)L_2 \to L_2 \end{array}$$

Ce système admet une infinité de solutions.
En posant $w = t$ et $z = s$, où s et $t \in \mathbb{R}$, nous obtenons

E.-S. $= \left\{\left(5 - s, \frac{3s - 2t - 5}{3}, s, t\right)\right\}$, où s et $t \in \mathbb{R}$

4. a) $$\left[\begin{array}{cc|cc} 2 & 1 & 1 & 0 \\ 1 & 2 & 0 & 1 \end{array}\right] \sim \left[\begin{array}{cc|cc} 2 & 1 & 1 & 0 \\ 0 & 3 & -1 & 2 \end{array}\right] \quad 2L_2 - L_1 \to L_2$$

$$\sim \left[\begin{array}{cc|cc} 6 & 0 & 4 & -2 \\ 0 & 3 & -1 & 2 \end{array}\right] \quad 3L_1 - L_2 \to L_1$$

$$\sim \left[\begin{array}{cc|cc} 1 & 0 & \frac{2}{3} & \frac{-1}{3} \\ 0 & 1 & \frac{-1}{3} & \frac{2}{3} \end{array}\right] \quad \begin{array}{l} (1/6)L_1 \to L_1 \\ (1/3)L_2 \to L_2 \end{array}$$

D'où $A^{-1} = \left[\begin{array}{cc} \frac{2}{3} & \frac{-1}{3} \\ \frac{-1}{3} & \frac{2}{3} \end{array}\right]$

2

b) $$\left[\begin{array}{cc|cc} -4 & 2 & 1 & 0 \\ 12 & -6 & 0 & 1 \end{array}\right] \sim \left[\begin{array}{cc|cc} -4 & 2 & 1 & 0 \\ 0 & 0 & 3 & 1 \end{array}\right] \qquad L_2 + 3L_1 \to L_2$$

D'où B^{-1} n'existe pas.

c) $$\left[\begin{array}{ccc|ccc} 1 & 1 & 1 & 1 & 0 & 0 \\ -1 & 2 & -1 & 0 & 1 & 0 \\ 0 & 0 & 3 & 0 & 0 & 1 \end{array}\right]$$

$$\sim \left[\begin{array}{ccc|ccc} 1 & 1 & 1 & 1 & 0 & 0 \\ 0 & 3 & 0 & 1 & 1 & 0 \\ 0 & 0 & 1 & 0 & 0 & \frac{1}{3} \end{array}\right] \qquad \begin{array}{l} L_2 + L_1 \to L_2 \\ (1/3)L_3 \to L_3 \end{array}$$

$$\sim \left[\begin{array}{ccc|ccc} 1 & 1 & 0 & 1 & 0 & \frac{-1}{3} \\ 0 & 3 & 0 & 1 & 1 & 0 \\ 0 & 0 & 1 & 0 & 0 & \frac{1}{3} \end{array}\right] \qquad L_1 - L_3 \to L_1$$

$$\sim \left[\begin{array}{ccc|ccc} 3 & 0 & 0 & 2 & -1 & -1 \\ 0 & 3 & 0 & 1 & 1 & 0 \\ 0 & 0 & 1 & 0 & 0 & \frac{1}{3} \end{array}\right] \qquad 3L_1 - L_2 \to L_1$$

$$\sim \left[\begin{array}{ccc|ccc} 1 & 0 & 0 & \frac{2}{3} & \frac{-1}{3} & \frac{-1}{3} \\ 0 & 1 & 0 & \frac{1}{3} & \frac{1}{3} & 0 \\ 0 & 0 & 1 & 0 & 0 & \frac{1}{3} \end{array}\right] \qquad \begin{array}{l} (1/3)L_1 \to L_1 \\ (1/3)L_2 \to L_2 \end{array}$$

D'où $$C^{-1} = \begin{bmatrix} \frac{2}{3} & \frac{-1}{3} & \frac{-1}{3} \\ \frac{1}{3} & \frac{1}{3} & 0 \\ 0 & 0 & \frac{1}{3} \end{bmatrix}$$

d) $$\left[\begin{array}{ccc|ccc} 1 & 3 & -4 & 1 & 0 & 0 \\ 2 & 1 & 3 & 0 & 1 & 0 \\ 4 & 7 & -5 & 0 & 0 & 1 \end{array}\right]$$

$$\sim \left[\begin{array}{ccc|ccc} 1 & 3 & -4 & 1 & 0 & 0 \\ 0 & -5 & 11 & -2 & 1 & 0 \\ 0 & -5 & 11 & -4 & 0 & 1 \end{array}\right] \qquad \begin{array}{l} L_2 - 2L_1 \to L_2 \\ L_3 - 4L_1 \to L_3 \end{array}$$

$$\sim \left[\begin{array}{ccc|ccc} 1 & 3 & -4 & 1 & 0 & 0 \\ 0 & -5 & 11 & -2 & 1 & 0 \\ 0 & 0 & 0 & -2 & -1 & 1 \end{array}\right] \qquad L_3 - L_2 \to L_3$$

D'où E^{-1} n'existe pas.

e) $$F^{-1} = \begin{bmatrix} 1 & -1 & -1 & -1 \\ 0 & \frac{1}{2} & 0 & 0 \\ 0 & 0 & \frac{1}{3} & 0 \\ 0 & 0 & 0 & \frac{1}{4} \end{bmatrix}$$

f) $$G^{-1} = \begin{bmatrix} \frac{1}{2} & 0 & 0 & 0 & 0 \\ 0 & \frac{-1}{3} & 0 & 0 & 0 \\ 0 & 0 & \frac{3}{4} & 0 & 0 \\ 0 & 0 & 0 & \frac{-1}{5} & 0 \\ 0 & 0 & 0 & 0 & \frac{1}{6} \end{bmatrix}$$

5. a) $$\left[\begin{array}{cc|cc} 1 & 1 & 1 & 0 \\ 1 & a & 0 & 1 \end{array}\right]$$

$$\sim \left[\begin{array}{cc|cc} 1 & 1 & 1 & 0 \\ 0 & a-1 & -1 & 1 \end{array}\right] \qquad L_2 - L_1 \to L_2$$

$$\sim \left[\begin{array}{cc|cc} a-1 & 0 & a & -1 \\ 0 & a-1 & -1 & 1 \end{array}\right] \qquad (a-1)L_1 - L_2 \to L_1$$

$$\sim \left[\begin{array}{cc|cc} 1 & 0 & \frac{a}{a-1} & \frac{-1}{a-1} \\ 0 & 1 & \frac{-1}{a-1} & \frac{1}{a-1} \end{array}\right] \qquad \begin{array}{l} (1/(a-1))L_1 \to L_1, \text{ si } a \neq 1 \\ (1/(a-1))L_2 \to L_2, \text{ si } a \neq 1 \end{array}$$

Par conséquent, si $a \neq 1$, alors A^{-1} existe et

$$A^{-1} = \begin{bmatrix} \frac{a}{a-1} & \frac{-1}{a-1} \\ \frac{-1}{a-1} & \frac{1}{a-1} \end{bmatrix}$$

b) La solution suivante est valide si $a \neq 0$. Dans le cas où $a = 0$ et $c \neq 0$, il faut permuter les lignes L_1 et L_2.

$$\left[\begin{array}{cc|cc} a & b & 1 & 0 \\ c & d & 0 & 1 \end{array}\right]$$

$$\sim \left[\begin{array}{cc|cc} a & b & 1 & 0 \\ 0 & ad-bc & -c & a \end{array}\right] \qquad aL_2 - cL_1 \to L_2$$

$$\sim \left[\begin{array}{cc|cc} a & b & 1 & 0 \\ 0 & 1 & \frac{-c}{ad-bc} & \frac{a}{ad-bc} \end{array}\right] \qquad (1/(ad-bc))L_2 \to L_2, \text{ si } (ad-bc) \neq 0$$

$$\sim \left[\begin{array}{cc|cc} a & 0 & \left(1 + \frac{bc}{ad-bc}\right) & \frac{-ab}{ad-bc} \\ 0 & 1 & \frac{-c}{ad-bc} & \frac{a}{ad-bc} \end{array}\right] \qquad L_1 - bL_2 \to L_1$$

$$\sim \left[\begin{array}{cc|cc} 1 & 0 & \frac{d}{ad-bc} & \frac{-b}{ad-bc} \\ 0 & 1 & \frac{-c}{ad-bc} & \frac{a}{ad-bc} \end{array}\right] \qquad (1/a)L_1 \to L_1, \text{ car } a \neq 0$$

Par conséquent, si $(ad - bc) \neq 0$, alors M^{-1} existe et

$$M^{-1} = \begin{bmatrix} \dfrac{d}{ad - bc} & \dfrac{-b}{ad - bc} \\ \dfrac{-c}{ad - bc} & \dfrac{a}{ad - bc} \end{bmatrix}$$

Notons que si $(ad - bc) \neq 0$, a et c ne peuvent pas être tous deux nuls, permettant ainsi la permutation indiquée au début de la solution.

6. Soit x, le montant investi à 6,5 %, et
y, le montant investi à 3,8 %.

$$\begin{cases} x + y = 25\,000 \\ 0{,}065x + 0{,}038y = 1171{,}40 \end{cases}$$

$$\left[\begin{array}{cc|c} 1 & 1 & 25\,000 \\ 0{,}065 & 0{,}038 & 1171{,}40 \end{array}\right]$$

$$\sim \left[\begin{array}{cc|c} 1 & 1 & 25\,000 \\ 0 & -0{,}027 & -453{,}60 \end{array}\right] \quad L_2 - 0{,}065L_1 \to L_2$$

$$\sim \left[\begin{array}{cc|c} 1 & 1 & 25\,000 \\ 0 & 1 & 16\,800 \end{array}\right] \quad (-1/0{,}027)L_2 \to L_2$$

$$\sim \left[\begin{array}{cc|c} 1 & 0 & 8200 \\ 0 & 1 & 16\,800 \end{array}\right] \quad L_1 - L_2 \to L_1$$

D'où 8200 $ investis à 6,5 % et 16 800 $ investis à 3,8 %.

7. Soit u, le chiffre des unités,
d, le chiffre des dizaines et
c, le chiffre des centaines.

Nous avons $n_1 = u + 10d + 100c$
$n_2 = d + 10c$
$n_3 = u + 10c$
$n_4 = c + 10d + 100u$

Ainsi,

$n_1 - n_2 = u + 10d + 100c - (d + 10c) = 762$
$n_1 + n_3 = u + 10d + 100c + (u + 10c) = 932$
$n_1 - n_4 = u + 10d + 100c - (c + 10d + 100u) = 198$

$$\begin{cases} u + 9d + 90c = 762 & (1) \\ 2u + 10d + 110c = 932 & (2) \\ -99u + 99c = 198 & (3) \end{cases}$$

$$\begin{array}{c} \quad u \quad\ d \quad\ c \\ \left[\begin{array}{ccc|c} 1 & 9 & 90 & 762 \\ 2 & 10 & 110 & 932 \\ -99 & 0 & 99 & 198 \end{array}\right] \end{array}$$

$$\sim \left[\begin{array}{ccc|c} 1 & 9 & 90 & 762 \\ 0 & -8 & -70 & -592 \\ 0 & 891 & 9009 & 75\,636 \end{array}\right] \quad \begin{array}{l} L_2 - 2L_1 \to L_2 \\ L_3 + 99L_1 \to L_3 \end{array}$$

$\vdots$

$$\sim \left[\begin{array}{ccc|c} 1 & 0 & 0 & 6 \\ 0 & 1 & 0 & 4 \\ 0 & 0 & 1 & 8 \end{array}\right]$$

D'où le nombre cherché est 846.

8. a) Soit x, le nombre d'autocars de 18 passagers,
y, le nombre d'autocars de 24 passagers et
z, le nombre d'autocars de 42 passagers.

$$\begin{cases} x + y + z = 30 \\ 18x + 24y + 42z = 960 \end{cases}$$

$$\left[\begin{array}{ccc|c} 1 & 1 & 1 & 30 \\ 18 & 24 & 42 & 960 \end{array}\right] \sim \dots \sim \left[\begin{array}{ccc|c} 1 & 0 & -3 & -40 \\ 0 & 1 & 4 & 70 \end{array}\right]$$

Il y a une infinité de solutions. En posant $z = t$, nous trouvons $x = 3t - 40$ et $y = 70 - 4t$.

Puisque x, y et $z \in \mathbb{N}$, alors $t \in \mathbb{N}$ et $14 \leq t \leq 17$.

Nous avons donc les quatre solutions suivantes : (2, 14, 14), (5, 10, 15), (8, 6, 16) et (11, 2, 17).

b) $$\begin{bmatrix} 2 & 14 & 14 \\ 5 & 10 & 15 \\ 8 & 6 & 16 \\ 11 & 2 & 17 \end{bmatrix} \begin{bmatrix} 180\,000 \\ 220\,000 \\ 350\,000 \end{bmatrix} = \begin{bmatrix} 8\,340\,000 \\ 8\,350\,000 \\ 8\,360\,000 \\ 8\,370\,000 \end{bmatrix}$$

2 autocars de 18 passagers, 14 autocars de 24 passagers et 14 autocars de 42 passagers, pour un coût total de 8 340 000 $.

Exercices 2.5 (page 84)

1. Seulement a)

2. a) $\{(0, 0, 0)\}$
b) $\{(-2s, s)\}$, où $s \in \mathbb{R}$
c) $\{(s, s, 0)\}$, où $s \in \mathbb{R}$
d) $\{(-s, 0, 0, s)\}$, où $s \in \mathbb{R}$
e) $\{(-s, -s, -s, s)\}$, où $s \in \mathbb{R}$
f) $\{(t, s - t, t, s)\}$, où s et $t \in \mathbb{R}$

3. a) $\{(0, 0, 0)\}$; indépendant

b) $\left\{\left(\dfrac{-11s}{5}, \dfrac{-7s}{5}, s\right)\right\}$, où $s \in \mathbb{R}$; dépendant

c) $\{(0, 0, 0)\}$; indépendant

d) $\left\{\left(\dfrac{-11s}{4}, \dfrac{8s}{3}, \dfrac{35s}{12}, s\right)\right\}$, où $s \in \mathbb{R}$; dépendant

e) $\{(0, 0, 0, 0, 0)\}$; indépendant

f) $\left\{\left(\dfrac{3s}{2}, 0, s, 0, 0\right)\right\}$, où $s \in \mathbb{R}$; dépendant

4. a) $xCH_4 + yO_2 \to zCO_2 + wH_2O$

Système homogène d'équations linéaires correspondant :

$$\begin{cases} x - z = 0 \\ 4x - 2w = 0 \\ 2y - 2z - w = 0 \end{cases}$$

E.-S. $= \left\{\left(\dfrac{s}{2}, s, \dfrac{s}{2}, s\right)\right\}$, où $s \in \mathbb{R}$

En posant $s = 2$, nous obtenons (1, 2, 1, 2).

D'où $CH_4 + 2O_2 \to CO_2 + 2H_2O$

b) $x\text{Al} + y\text{H}_2\text{SO}_4 \rightarrow z\text{Al}_2(\text{SO}_4)_3 + w\text{H}_2$

Système homogène d'équations linéaires correspondant:

$$\begin{cases} x - 2z = 0 \\ 2y - 2w = 0 \\ y - 3z = 0 \\ 4y - 12z = 0 \end{cases}$$

$$\text{E.-S.} = \left\{\left(\frac{2s}{3}, s, \frac{s}{3}, s\right)\right\}, \text{ où } s \in \mathbb{R}$$

En posant $s = 3$, nous obtenons (2, 3, 1, 3).

D'où $2\text{Al} + 3\text{H}_2\text{SO}_4 \rightarrow \text{Al}_2(\text{SO}_4)_3 + 3\text{H}_2$

5. Soit x, l'âge de la mère,
y, l'âge de l'aînée,
z, l'âge de la cadette et
w, l'âge de la benjamine.

$$\text{Nous avons alors} \begin{cases} x = 2(y + z + w) \\ x = 13(z - w) \\ y = 3(z - w) \\ \frac{1}{4}y = \frac{1}{3}z \end{cases}$$

$$\text{Donc,} \begin{cases} x - 2y - 2z - 2w = 0 \\ x - 13z + 13w = 0 \\ y - 3z + 3w = 0 \\ 3y - 4z = 0 \end{cases}$$

En résolvant le système, nous obtenons

$$\text{E.-S.} = \left\{\left(\frac{52s}{5}, \frac{12s}{5}, \frac{9s}{5}, s\right)\right\}, \text{ où } s \in \mathbb{R}.$$

En posant $s = 5$, nous obtenons le résultat suivant: la mère a 52 ans et ses filles ont respectivement 12, 9 et 5 ans.

Exercices récapitulatifs (page 86)

1. a) $\begin{bmatrix} 2 & -4 \\ 1 & 8 \end{bmatrix}\begin{bmatrix} x \\ y \end{bmatrix} = \begin{bmatrix} 7 \\ 5 \end{bmatrix}; \left[\begin{array}{cc|c} 2 & -4 & 7 \\ 1 & 8 & 5 \end{array}\right]$

b) $\begin{bmatrix} 1 & 0 & 4 \\ 0 & 1 & 1 \\ 0 & 0 & 1 \end{bmatrix}\begin{bmatrix} x \\ y \\ z \end{bmatrix} = \begin{bmatrix} 1 \\ 4 \\ 1 \end{bmatrix}; \left[\begin{array}{ccc|c} 1 & 0 & 4 & 1 \\ 0 & 1 & 1 & 4 \\ 0 & 0 & 1 & 1 \end{array}\right]$

c) $\begin{bmatrix} 1 & 0 & 0 & 0 \\ 0 & 1 & 0 & 0 \\ 0 & 0 & 1 & 0 \\ 0 & 0 & 0 & 1 \end{bmatrix}\begin{bmatrix} x_1 \\ x_2 \\ x_3 \\ x_4 \end{bmatrix} = \begin{bmatrix} 0 \\ 0 \\ 0 \\ 0 \end{bmatrix}; \left[\begin{array}{cccc|c} 1 & 0 & 0 & 0 & 0 \\ 0 & 1 & 0 & 0 & 0 \\ 0 & 0 & 1 & 0 & 0 \\ 0 & 0 & 0 & 1 & 0 \end{array}\right]$

2. a) Compatible; une seule solution

b) Incompatible; aucune solution

c) Compatible; infinité de solutions

3. a) {(6, 7, 2)} c) {(0, 0, 0)}

e) $\{(1 - t, -s, t, s)\}$, où s et $t \in \mathbb{R}$

4. c) {(6, 6, 6)} d) $\{(0, 2s - t, 0, s, t)\}$, où s et $t \in \mathbb{R}$

5. a) {(0, 4)} b) $\{(s, 4s, -11s)\}$, où $s \in \mathbb{R}$

c) $\left\{\left(\frac{1}{3}, \frac{-5}{2}\right)\right\}$

6. a) $\left\{\left(\frac{3s}{7}, \frac{4s}{7}, \frac{-8s}{7}, s\right)\right\}$, où $s \in \mathbb{R}$ b) Ø

c) {(3, 1, 2)} d) {(-1, -5, 2, 3)}

7. b) La matrice B n'est pas inversible; singulière.

d) $C^{-1} = \begin{bmatrix} 1 & -2 & -3 \\ -1 & 4 & 6 \\ -1 & 1 & 2 \end{bmatrix}$; régulière

f) $G^{-1} = \begin{bmatrix} 1 & -2 & 1 & 0 \\ 1 & -2 & 2 & -3 \\ 0 & 1 & -1 & 1 \\ -2 & 3 & -2 & 3 \end{bmatrix}$; régulière

9. a) $k = \frac{-15}{8}$ b) $k = 23$

12. a) A = 7 et B = 2

b) A = 2, B = 1, C = -1, D = -3 et E = 0

13. a) $\text{Al}_2\text{O}_3 + 3\text{H}_2\text{O} \rightarrow 2\text{Al(OH)}_3$

b) $3\text{CCl}_4 + 2\text{SbF}_3 \rightarrow 3\text{CCl}_2\text{F}_2 + 2\text{SbCl}_3$

c) L'équation ne peut pas être équilibrée.

16. 3 unités de 35 cm, 8 unités de 53 cm et 5 unités de 71 cm

18. a) $(71 - 7s)$ robots de type A,
$(2s - 4)$ robots de type B et
s robots de type C, où $s \in \{2, 3, 4, \ldots, 10\}$

b) 15 robots de type A, 12 robots de type B et 8 robots de type C

Problèmes de synthèse (page 89)

1. a) $A = \frac{1}{2}$, $B = \frac{-33}{13}$ et $C = \frac{9}{26}$

b) A = 0, B = 0, C = 1, D = 0 et E = 4

2. a) $S\left(\frac{1}{3}, \frac{2}{3}\right)$ b) C(-2, 1) et $r = 5$

4. Si $k = 4$, E.-S. $= \left\{\left(\frac{-s}{2}, s, s\right)\right\}$, où $s \in \mathbb{R}$;

si $k = 3$, E.-S. $= \left\{\left(\frac{-t}{3}, t, 0\right)\right\}$, où $t \in \mathbb{R}$;

si $k = 0$, E.-S. $= \{(r, 0, 0)\}$, où $r \in \mathbb{R}$

5. b) $A^{-1} = \begin{bmatrix} 2 & 1 & 3 \\ 3 & 1 & 3 \\ -2 & -1 & -2 \end{bmatrix}$ c) $X = \begin{bmatrix} 1 \\ -2 \\ 4 \end{bmatrix}$

6. a) $\left\{\left(\frac{3t - s + 3}{2}, t, 2 - 3s, 5 - 3s, s\right)\right\}$, où s et $t \in \mathbb{R}$

c) $\left\{\left(\frac{3t + 3}{2}, t, 2, 5, 0\right)\right\}$, où $t \in \mathbb{R}$

e) $\left\{\left(\frac{2s + 3}{2}, s, 2 - 3s, 5 - 3s, s\right)\right\}$, où $s \in \mathbb{R}$

g) $\left\{\left(\frac{9t + 8}{6}, t, 1, 2, \frac{1}{3}\right)\right\}$, où $t \in \mathbb{R}$

i) $\emptyset$

7. Si $a \in \mathbb{R} \setminus \{-1, 1\}$, E.-S. $= \left\{\left(\frac{5}{1 - a}, \frac{-5}{1 - a}, 2\right)\right\}$;
si $a = -1$, E.-S. $= \{(5 + s, s, 2)\}$, où $s \in \mathbb{R}$;
si $a = 1$, E.-S. $= \emptyset$

8. a) $\begin{cases} -4t_1 + 17t_2 = 7 \\ 27t_1 + 6t_2 = 9 \end{cases}$ b) $\begin{bmatrix} -4 & 17 \\ 27 & 6 \end{bmatrix}\begin{bmatrix} t_1 \\ t_2 \end{bmatrix} = \begin{bmatrix} 7 \\ 9 \end{bmatrix}$

c) $\begin{bmatrix} -4 & 17 \\ 27 & 6 \end{bmatrix} = \begin{bmatrix} 3 & -2 \\ 6 & 3 \end{bmatrix}\begin{bmatrix} 2 & -3 \\ 5 & -4 \end{bmatrix}$

c'est-à-dire $D = AC$

11. a) $f(x) = \frac{1}{2}e^x + \frac{1}{2}e^{-x}$

b) $f(x) = 2 \sin x + 2\sqrt{3} \cos x$

12. $\theta = 100°$

13. b) La masse de l'objet A est de 2 kg, celle de l'objet B, de 3 kg, et celle de l'objet C, de 4 kg.

14. A = 15 277,78 \$ et B = 9722,22 \$

15. a) E(6,5 ; 19,75) c) iii) 166,8875

16. 12 litres de S_1, 8 litres de S_2 et 4 litres de S_3

17. 60 minutes

20. 628,5

23. b) (13, 11, -6) d) (13, 11, -6) f) $\emptyset$

24. b) 432 m/min c) 1638,4 m

3

CHAPITRE 3

Exercices préliminaires (page 94)

1. a) $x = 2$ et $y = -5$

b) $x = \frac{3a + 5b}{41}$ et $y = \frac{2b - 7a}{41}$

2. a) $\begin{bmatrix} 3 & -6 & 12 \\ 0 & 15 & 6 \\ -3 & 9 & -9 \end{bmatrix}$ b) $\begin{bmatrix} -1 & 3 & -2 \\ 3 & -5 & 7 \\ -2 & 22 & 0 \end{bmatrix}$

3. $a = \frac{-5}{17}$ et $b = \frac{1}{17}$

4. $a = 2$, $b = 5$, $c = -3$ et $d = -8$

5. a) … $MP = PM = I_n$

b) Puisque $AE = EA = I_3$, les matrices A et E sont l'inverse l'une de l'autre.

Puisque $BC = CB = I_3$, les matrices B et C sont l'inverse l'une de l'autre.

Exercices 3.1 (page 106)

1. a) dét $A = 8$ b) dét $B = -5$ c) dét $C = 0$

d) dét $E = \begin{vmatrix} 7 & 2 \\ -4 & 5 \end{vmatrix} = 7(5) - 2(-4) = 43$

e) dét $F = \begin{vmatrix} 3 & 5 \\ 4 & 1 \end{vmatrix} = 3(1) - 5(4) = -17$

f) dét $G = \begin{vmatrix} 1 & 0 \\ 0 & 1 \end{vmatrix} = 1(1) - 0(0) = 1$

2. a)

dét $M_1 = \begin{vmatrix} 2 & 1 \\ 4 & -2 \end{vmatrix} = -8$

$A_1 = |\text{dét } M_1| = |-8| = 8$

d'où $A_1 = 8$ u²

b)

dét $M_2 = \begin{vmatrix} 2 & 1 \\ -4 & -2 \end{vmatrix} = 0$

$A_2 = |\text{dét } M_2| = |0| = 0$

d'où $A_2 = 0$ u²

c)

dét $M_3 = \begin{vmatrix} 2 & 1 \\ -4 & 4 \end{vmatrix} = 12$

$A_3 = \frac{1}{2}|\text{dét } M_3| = \frac{1}{2}|12| = 6$

d'où $A_3 = 6$ u²

3. a) $a_{21} = -7$ et $a_{22} = 2$ b) $M_{21} = 8$ et $M_{22} = 4$

c) $C_{21} = -8$ et $C_{22} = 4$ d) $M_{12} = -7$ et $C_{12} = 7$

4. a) $M_{11} = \begin{vmatrix} 3 & 8 \\ -7 & 9 \end{vmatrix} = 83$ b) $C_{11} = (-1)^{1+1}M_{11} = 83$

$M_{32} = \begin{vmatrix} 4 & -6 \\ 0 & 8 \end{vmatrix} = 32$ $C_{32} = (-1)^{3+2}M_{32} = -32$

$M_{12} = \begin{vmatrix} 0 & 8 \\ 5 & 9 \end{vmatrix} = -40$ $C_{12} = (-1)^{1+2}M_{12} = 40$

5. a) $C_{23} = -\begin{vmatrix} 7 & -3 & 3 & 4 \\ 3 & -2 & -1 & 0 \\ 8 & 9 & -2 & 5 \\ 1 & 0 & 5 & 4 \end{vmatrix}$ b) $C_{44} = \begin{vmatrix} 7 & -3 & 2 & 4 \\ -4 & 3 & 8 & 1 \\ 3 & -2 & 4 & 0 \\ 1 & 0 & 3 & 4 \end{vmatrix}$

6. a) i) $\begin{vmatrix} -1 & 2 & -3 \\ 4 & -5 & 6 \\ 3 & 10 & 9 \end{vmatrix} =$

$$-4\begin{vmatrix} 2 & -3 \\ 10 & 9 \end{vmatrix} + (-5)\begin{vmatrix} -1 & -3 \\ 3 & 9 \end{vmatrix} - 6\begin{vmatrix} -1 & 2 \\ 3 & 10 \end{vmatrix} = -96$$

ii) $\begin{vmatrix} -1 & 2 & -3 \\ 4 & -5 & 6 \\ 3 & 10 & 9 \end{vmatrix} =$

$$-3\begin{vmatrix} 4 & -5 \\ 3 & 10 \end{vmatrix} - 6\begin{vmatrix} -1 & 2 \\ 3 & 10 \end{vmatrix} + 9\begin{vmatrix} -1 & 2 \\ 4 & -5 \end{vmatrix} = -96$$

b) Il suffit d'écrire $\begin{matrix} -1 & 2 & -3 & -1 & 2 \\ 4 & -5 & 6 & 4 & -5 \\ 3 & 10 & 9 & 3 & 10 \end{matrix}$; ainsi,

$$\begin{vmatrix} -1 & 2 & -3 \\ 4 & -5 & 6 \\ 3 & 10 & 9 \end{vmatrix} = (-1)(-5)(9) + (2)(6)(3) + (-3)(4)(10) - (-3)(-5)(3) - (-1)(6)(10) - (2)(4)(9)$$

$= -96$

7. a) $-4\begin{vmatrix} 3 & 0 & 6 \\ -2 & 0 & -5 \\ -6 & 7 & 1 \end{vmatrix} + 9\begin{vmatrix} 1 & 0 & 6 \\ 3 & 0 & -5 \\ 0 & 7 & 1 \end{vmatrix} -$

$$2\begin{vmatrix} 1 & 3 & 6 \\ 3 & -2 & -5 \\ 0 & -6 & 1 \end{vmatrix} + (-7)\begin{vmatrix} 1 & 3 & 0 \\ 3 & -2 & 0 \\ 0 & -6 & 7 \end{vmatrix} = 2202$$

b) $0\begin{vmatrix} 4 & 9 & -7 \\ 3 & -2 & -5 \\ 0 & -6 & 1 \end{vmatrix} - 2\begin{vmatrix} 1 & 3 & 6 \\ 3 & -2 & -5 \\ 0 & -6 & 1 \end{vmatrix} +$

$$0\begin{vmatrix} 1 & 3 & 6 \\ 4 & 9 & -7 \\ 0 & -6 & 1 \end{vmatrix} - 7\begin{vmatrix} 1 & 3 & 6 \\ 4 & 9 & -7 \\ 3 & -2 & -5 \end{vmatrix} = 2202$$

8. a) 10 b) 49 c) 0 d) -3

9. a) 0 b) 852 c) 3042

d) 720 e) -15 120

f)
```
> with(linalg):
> F:=matrix(5,5,[3,2,-4,0,1,4,6,2,1,2,0,1,5,-1,1,5,3,1,2,
  -2,9,7,0,3,-2]);
```

$$F := \begin{bmatrix} 3 & 2 & -4 & 0 & 1 \\ 4 & 6 & 2 & 1 & 2 \\ 0 & 1 & 5 & -1 & 1 \\ 5 & 3 & 1 & 2 & -2 \\ 9 & 7 & 0 & 3 & -2 \end{bmatrix}$$

```
> dét(F)=det(F);
```

dét(F) = -126

g)
```
> with(linalg):
> G:=matrix(5,5,[0.5,-4.2,2,5.3,6,9.2,10,8.3,-1.3,2.5,
  -4,3,-7,6,12,-2.5,8.1,7.5,6.7,3.2,3,7.2,8.9,5.3,-2.7]):
> dét(G)=det(G);
```

dét(G) = 69528.8228

10. a) dét $A = 305$ b) dét $A^T = 305$ c) dét A = dét A^T

11. a) i) dét $A = 11$

ii) $A(\text{Cof } A)^T = \begin{bmatrix} 5 & -2 \\ 3 & 1 \end{bmatrix}\begin{bmatrix} 1 & 2 \\ -3 & 5 \end{bmatrix} = \begin{bmatrix} 11 & 0 \\ 0 & 11 \end{bmatrix}$

$= 11I_{2\times 2}$

b) i) dét $B = 0$

ii) $B(\text{Cof } B)^T = \begin{bmatrix} 9 & -6 \\ 15 & -10 \end{bmatrix}\begin{bmatrix} -10 & 6 \\ -15 & 9 \end{bmatrix} = \begin{bmatrix} 0 & 0 \\ 0 & 0 \end{bmatrix}$

$= 0I_{2\times 2}$

c) i) dét $C = 84$

ii) $\text{Cof } C = \begin{bmatrix} \begin{vmatrix} 5 & 3 \\ -6 & 2 \end{vmatrix} & -\begin{vmatrix} -2 & 3 \\ 1 & 2 \end{vmatrix} & \begin{vmatrix} -2 & 5 \\ 1 & -6 \end{vmatrix} \\ -\begin{vmatrix} 0 & -4 \\ -6 & 2 \end{vmatrix} & \begin{vmatrix} 4 & -4 \\ 1 & 2 \end{vmatrix} & -\begin{vmatrix} 4 & 0 \\ 1 & -6 \end{vmatrix} \\ \begin{vmatrix} 0 & -4 \\ 5 & 3 \end{vmatrix} & -\begin{vmatrix} 4 & -4 \\ -2 & 3 \end{vmatrix} & \begin{vmatrix} 4 & 0 \\ -2 & 5 \end{vmatrix} \end{bmatrix}$

$= \begin{bmatrix} 28 & 7 & 7 \\ 24 & 12 & 24 \\ 20 & -4 & 20 \end{bmatrix}$

$C(\text{Cof } C)^T = \begin{bmatrix} 4 & 0 & -4 \\ -2 & 5 & 3 \\ 1 & -6 & 2 \end{bmatrix}\begin{bmatrix} 28 & 24 & 20 \\ 7 & 12 & -4 \\ 7 & 24 & 20 \end{bmatrix}$

$= \begin{bmatrix} 84 & 0 & 0 \\ 0 & 84 & 0 \\ 0 & 0 & 84 \end{bmatrix}$

$= 84I_{3\times 3}$

12. a) $\begin{vmatrix} x & x \\ 5 & (x-2) \end{vmatrix} = x(x-2) - 5x = x(x-7)$

Ainsi, $x(x-7) = 0$, d'où $x = 0$ ou $x = 7$

b) $\begin{vmatrix} 1+x & 1 \\ 2+2x & 2 \end{vmatrix} = 2(1+x) - (2+2x) = 0$

Pour tout $x \in \mathbb{R}$

c) $\begin{vmatrix} 1-x & 1 \\ 1 & 1+x \end{vmatrix} = (1-x)(1+x) - 1 = -x^2$

Ainsi, $-x^2 = -9$, d'où $x = 3$ ou $x = -3$

d) $\begin{vmatrix} x-1 & 1 & 1 \\ 0 & x-2 & 1 \\ 0 & 0 & x+3 \end{vmatrix} = (x-1)(x-2)(x+3)$

Ainsi, $(x-1)(x-2)(x+3) = 0$,
d'où $x = 1$, $x = 2$ ou $x = -3$

13. a) $\begin{vmatrix} a & b \\ c & d \end{vmatrix} = (ad - bc)$

$-\begin{vmatrix} c & d \\ a & b \end{vmatrix} = -(cb - da) = (ad - bc)$

d'où $\begin{vmatrix} a & b \\ c & d \end{vmatrix} = -\begin{vmatrix} c & d \\ a & b \end{vmatrix}$.

b) $\begin{vmatrix} a & b & c \\ d & e & f \\ g & h & i \end{vmatrix} = a(ei - fh) - b(di - fg) + c(dh - eg)$

$= aei - afh - bdi + bfg + cdh - ceg$

$-\begin{vmatrix} c & b & a \\ f & e & d \\ i & h & g \end{vmatrix} = -(c(eg - dh) - b(fg - di) + a(fh - ei))$

$= -ceg + cdh + bfg - bdi - afh + aei$

d'où $\begin{vmatrix} a & b & c \\ d & e & f \\ g & h & i \end{vmatrix} = -\begin{vmatrix} c & b & a \\ f & e & d \\ i & h & g \end{vmatrix}$.

c) La démonstration est laissée à l'élève.

14. a) $\begin{vmatrix} ka & b \\ kc & d \end{vmatrix} = kad - bkc = k(ad - bc) = k\begin{vmatrix} a & b \\ c & d \end{vmatrix}$

b) $\begin{vmatrix} ka & kb & kc \\ d & e & f \\ g & h & i \end{vmatrix} = ka\begin{vmatrix} e & f \\ h & i \end{vmatrix} - kb\begin{vmatrix} d & f \\ g & i \end{vmatrix} + kc\begin{vmatrix} d & e \\ g & h \end{vmatrix}$

$= k\left(a\begin{vmatrix} e & f \\ h & i \end{vmatrix} - b\begin{vmatrix} d & f \\ g & i \end{vmatrix} + c\begin{vmatrix} d & e \\ g & h \end{vmatrix}\right)$

$= k\begin{vmatrix} a & b & c \\ d & e & f \\ g & h & i \end{vmatrix}$

15. $\begin{vmatrix} a + x & b \\ c + y & d \end{vmatrix} = (a + x)d - b(c + y)$

$= ad + xd - bc - by$

$= (ad - bc) + (xd - by)$

$= \begin{vmatrix} a & b \\ c & d \end{vmatrix} + \begin{vmatrix} x & b \\ y & d \end{vmatrix}$

16. De façon générale, une matrice antisymétrique d'ordre 3 est de la forme suivante.

$$A = \begin{bmatrix} 0 & -a & -b \\ a & 0 & -c \\ b & c & 0 \end{bmatrix}$$

En développant selon les éléments de la première colonne,

$\text{dét } A = -a\begin{vmatrix} -a & -b \\ c & 0 \end{vmatrix} + b\begin{vmatrix} -a & -b \\ 0 & -c \end{vmatrix}$

$= -a(0 + bc) + b(ac - 0)$

$= 0$

Exercices 3.2 (page 122)

1. a) F, car dét A = dét A^T (théorème 3.5)

b) F, 5 n'est pas le facteur d'une colonne (ligne).

c) F, car $\begin{vmatrix} 3 & 6 & 9 \\ 9 & 3 & 6 \\ 6 & 9 & 3 \end{vmatrix} = 3^3\begin{vmatrix} 1 & 2 & 3 \\ 3 & 1 & 2 \\ 2 & 3 & 1 \end{vmatrix}$ (théorème 3.7)

d) V (théorème 3.7)

e) F, car $\begin{vmatrix} 2 & 4 & 6 & 8 \\ 1 & 3 & 5 & 7 \\ a & b & c & d \\ e & f & g & h \end{vmatrix} = \begin{vmatrix} a & b & c & d \\ e & f & g & h \\ 2 & 4 & 6 & 8 \\ 1 & 3 & 5 & 7 \end{vmatrix}$ $L_1 \leftrightarrow L_3$, $L_2 \leftrightarrow L_4$ (théorème 3.9)

f) V (théorème 3.9 : $L_1 \leftrightarrow L_2$ et $C_1 \leftrightarrow C_2$)

g) F, car $\begin{vmatrix} a + x & b + y \\ c + z & d + w \end{vmatrix} = \begin{vmatrix} a & b \\ c & d \end{vmatrix} + \begin{vmatrix} a & y \\ c & w \end{vmatrix} + \begin{vmatrix} x & b \\ z & d \end{vmatrix} + \begin{vmatrix} x & y \\ z & w \end{vmatrix}$ (théorème 3.12)

h) V (théorème 3.6)

i) F, car $\begin{vmatrix} 2 & 5 & 1 \\ 5 & 25 & 5 \\ 3 & 5 & 2 \end{vmatrix} = 25\begin{vmatrix} 2 & 1 & 1 \\ 1 & 1 & 1 \\ 3 & 1 & 2 \end{vmatrix}$ (théorème 3.6)

j) V (théorème 3.13)

k) V (théorèmes 3.12 et 3.10)

2. a) $\begin{vmatrix} a & b & c \\ g & h & i \\ d & e & f \end{vmatrix} = -\begin{vmatrix} a & b & c \\ d & e & f \\ g & h & i \end{vmatrix}$ $L_2 \leftrightarrow L_3$

$= -9$

b) $\begin{vmatrix} e & d & f \\ 4b & 4a & 4c \\ h & g & i \end{vmatrix} = -\begin{vmatrix} 4b & 4a & 4c \\ e & d & f \\ h & g & i \end{vmatrix}$ $L_1 \leftrightarrow L_2$

$= +\begin{vmatrix} 4a & 4b & 4c \\ d & e & f \\ g & h & i \end{vmatrix}$ $C_1 \leftrightarrow C_2$

$= 4\begin{vmatrix} a & b & c \\ d & e & f \\ g & h & i \end{vmatrix}$ (en factorisant 4 de L_1)

$= 36$

c) $\begin{vmatrix} x & b & 2a \\ 3y & 3e & 6d \\ z & h & 2g \end{vmatrix} = 3\begin{vmatrix} x & b & 2a \\ y & e & 2d \\ z & h & 2g \end{vmatrix}$ (en factorisant 3 de L_2)

$= 3(2)\begin{vmatrix} x & b & a \\ y & e & d \\ z & h & g \end{vmatrix}$ (en factorisant 2 de C_3)

$= -6\begin{vmatrix} a & b & x \\ d & e & y \\ g & h & z \end{vmatrix}$ $C_1 \leftrightarrow C_3$

$= 30$

d) $\begin{vmatrix} 2a & -3g & 5d \\ 2b & -3h & 5e \\ 2c & -3i & 5f \end{vmatrix} = \begin{vmatrix} 2a & 2b & 2c \\ -3g & -3h & -3i \\ 5d & 5e & 5f \end{vmatrix}$ (dét M^T = dét M)

$= -\begin{vmatrix} 2a & 2b & 2c \\ 5d & 5e & 5f \\ -3g & -3h & -3i \end{vmatrix}$ $L_2 \leftrightarrow L_3$

$= -(2)(5)(-3)\begin{vmatrix} a & b & c \\ d & e & f \\ g & h & i \end{vmatrix}$ (en factorisant 2 de L_1, 5 de L_2 et -3 de L_3)

$= 270$

e) $\begin{vmatrix} a-3b & b & c \\ d-3e & e & f \\ g-3h & h & i \end{vmatrix} = \begin{vmatrix} a & b & c \\ d & e & f \\ g & h & i \end{vmatrix} + \begin{vmatrix} -3b & b & c \\ -3e & e & f \\ -3h & h & i \end{vmatrix}$

$= 9 + 0 = 9$

f) $\begin{vmatrix} -a & 3c+x & b \\ -d & 3f+y & e \\ -g & 3i+z & h \end{vmatrix} = \begin{vmatrix} -a & 3c & b \\ -d & 3f & e \\ -g & 3i & h \end{vmatrix} + \begin{vmatrix} -a & x & b \\ -d & y & e \\ -g & z & h \end{vmatrix}$

$= -3\begin{vmatrix} a & c & b \\ d & f & e \\ g & i & h \end{vmatrix} - \begin{vmatrix} a & x & b \\ d & y & e \\ g & z & h \end{vmatrix}$

$= 3\begin{vmatrix} a & b & c \\ d & e & f \\ g & h & i \end{vmatrix} + \begin{vmatrix} a & b & x \\ d & e & y \\ g & h & z \end{vmatrix}$ $\quad C_2 \leftrightarrow C_3$

$= 3(9) + (-5) = 22$

3. a) $\begin{vmatrix} 1 & 5 & -4 \\ 2 & 2 & 7 \\ 5 & 3 & 8 \end{vmatrix} = \begin{vmatrix} 1 & 5 & -4 \\ 0 & -8 & 15 \\ 0 & -22 & 28 \end{vmatrix}$ $\quad \begin{matrix} L_2 - 2L_1 \to L_2 \\ L_3 - 5L_1 \to L_3 \end{matrix}$

$= \begin{vmatrix} 1 & 5 & -4 \\ 0 & -8 & 15 \\ 0 & 0 & \frac{-53}{4} \end{vmatrix}$ $\quad L_3 - \left(\frac{11}{4}\right)L_2 \to L_3$

$= 106$

b) $\begin{vmatrix} 4 & 9 & -1 \\ 2 & 4 & -3 \\ 1 & 2 & -5 \end{vmatrix} = -\begin{vmatrix} 1 & 2 & -5 \\ 2 & 4 & -3 \\ 4 & 9 & -1 \end{vmatrix}$ $\quad L_1 \leftrightarrow L_3$

$= -\begin{vmatrix} 1 & 2 & -5 \\ 0 & 0 & 7 \\ 0 & 1 & 19 \end{vmatrix}$ $\quad \begin{matrix} L_2 - 2L_1 \to L_2 \\ L_3 - 4L_1 \to L_3 \end{matrix}$

$= +\begin{vmatrix} 1 & 2 & -5 \\ 0 & 1 & 19 \\ 0 & 0 & 7 \end{vmatrix}$ $\quad L_2 \leftrightarrow L_3$

$= 7$

c) $\begin{vmatrix} 3 & 0 & 6 \\ \frac{1}{2} & \frac{-5}{2} & \frac{3}{4} \\ 5 & -5 & 0 \end{vmatrix} = 3\left(\frac{1}{4}\right)5\begin{vmatrix} 1 & 0 & 2 \\ 2 & -10 & 3 \\ 1 & -1 & 0 \end{vmatrix}$ $\quad \left(\begin{matrix}\text{en factorisant} \\ 3 \text{ de } L_1, \left(\frac{1}{4}\right) \text{de } L_2 \\ \text{et } 5 \text{ de } L_3\end{matrix}\right)$

$= \frac{15}{4}\begin{vmatrix} 1 & 0 & 2 \\ 0 & -10 & -1 \\ 0 & -1 & -2 \end{vmatrix}$ $\quad \begin{matrix} L_2 - 2L_1 \to L_2 \\ L_3 - L_1 \to L_3 \end{matrix}$

$= \frac{15}{4}\begin{vmatrix} 1 & 0 & 2 \\ 0 & -10 & -1 \\ 0 & 0 & \frac{-19}{10} \end{vmatrix}$ $\quad L_3 - \left(\frac{1}{10}\right)L_2 \to L_3$

$= \frac{285}{4}$

d) $\begin{vmatrix} 1 & 1 & 1 \\ a & b & c \\ a^2 & b^2 & c^2 \end{vmatrix} = \begin{vmatrix} 1 & a & a^2 \\ 1 & b & b^2 \\ 1 & c & c^2 \end{vmatrix}$ $\quad (\text{dét } M^T = \text{dét } M)$

$= \begin{vmatrix} 1 & a & a^2 \\ 0 & (b-a) & (b^2-a^2) \\ 0 & (c-a) & (c^2-a^2) \end{vmatrix}$ $\quad \begin{matrix} L_2 - L_1 \to L_2 \\ L_3 - L_1 \to L_3 \end{matrix}$

$= (b-a)(c-a)\begin{vmatrix} 1 & a & a^2 \\ 0 & 1 & (b+a) \\ 0 & 1 & (c+a) \end{vmatrix}$ $\quad \left(\begin{matrix}\text{en factorisant} \\ (b-a) \text{ de } L_2 \\ \text{et } (c-a) \text{ de } L_3\end{matrix}\right)$

$= (b-a)(c-a)\begin{vmatrix} 1 & a & a^2 \\ 0 & 1 & (b+a) \\ 0 & 0 & (c-b) \end{vmatrix}$ $\quad L_3 - L_2 \to L_3$

$= (b-a)(c-a)(c-b)$

4. a) $AB = \begin{bmatrix} 24 & 9 \\ 18 & 7 \end{bmatrix}$ et $A + B = \begin{bmatrix} 10 & 9 \\ 4 & 4 \end{bmatrix}$

b) dét $(AB) = 6$

c) dét $A = -2$ et dét $B = -3$

d) dét $(AB) = (\text{dét } A)(\text{dét } B)$

e) dét $(A + B) = 4$

f) dét $(A + B) \neq$ dét A + dét B

5. a) dét $A = 2$ et dét $B = 60$

b) Cof $A = \begin{bmatrix} 5 & -3 \\ -6 & 4 \end{bmatrix}$ et Cof $B = \begin{bmatrix} -11 & -3 & 16 \\ 5 & -15 & 20 \\ 2 & 6 & 8 \end{bmatrix}$

c) $(\text{Cof } A)^T = \begin{bmatrix} 5 & -6 \\ -3 & 4 \end{bmatrix}$ et $(\text{Cof } B)^T = \begin{bmatrix} -11 & 5 & 2 \\ -3 & -15 & 6 \\ 16 & 20 & 8 \end{bmatrix}$

d) $A(\text{Cof } A)^T = \begin{bmatrix} 2 & 0 \\ 0 & 2 \end{bmatrix}$ et $B(\text{Cof } B)^T = \begin{bmatrix} 60 & 0 & 0 \\ 0 & 60 & 0 \\ 0 & 0 & 60 \end{bmatrix}$

e) $A(\text{Cof } A)^T = 2\begin{bmatrix} 1 & 0 \\ 0 & 1 \end{bmatrix} = (\text{dét } A)I_{2 \times 2}$ et

$B(\text{Cof } B)^T = 60\begin{bmatrix} 1 & 0 & 0 \\ 0 & 1 & 0 \\ 0 & 0 & 1 \end{bmatrix} = (\text{dét } B)I_{3 \times 3}$

6. a) dét $A = 8 \neq 0$, d'où rang $(A) = 2$

b) dét $B = 0$; dét $[-6] = -6 \neq 0$, d'où rang $(B) = 1$

c) dét $C = 0$; $\begin{vmatrix} 3 & 0 \\ 9 & 4 \end{vmatrix} = 12 \neq 0$, d'où rang $(C) = 2$

d) Tous les déterminants des sous-matrices carrées 3×3 et 2×2 sont égaux à 0; dét $[2] \neq 0$, d'où rang $(E) = 1$

e) $\begin{vmatrix} 1 & 5 & 0 \\ 0 & 2 & 3 \\ 0 & 0 & 4 \end{vmatrix} = 8 \neq 0$, d'où rang $(F) = 3$

7 a) $\begin{bmatrix} 3 & 1 & 1 \\ 6 & 2 & 2 \\ 9 & 3 & 3 \\ -3 & -1 & -1 \end{bmatrix} \sim \begin{bmatrix} 3 & 1 & 1 \\ 0 & 0 & 0 \\ 0 & 0 & 0 \\ 0 & 0 & 0 \end{bmatrix} \quad \begin{matrix} L_2 - 2L_1 \to L_2 \\ L_3 - 3L_1 \to L_3 \\ L_4 + L_1 \to L_4 \end{matrix}$

d'où rang $(A) = 1$ (théorème 3.16)

```
> with(linalg):
> A:=matrix(4,3,[3,1,1,6,2,2,9,3,3,-3,-1,-1]):
> rank(A);
                    1
```

b) $B \sim \begin{bmatrix} 2 & 1 & 0 & 3 & 1 & -2 \\ 0 & 0 & 4 & 2 & 1 & 3 \\ 0 & 0 & -4 & -2 & -1 & -2 \\ 0 & 0 & 4 & 2 & 1 & 3 \end{bmatrix} \quad \begin{matrix} L_2 + L_1 \to L_2 \\ L_3 - 3L_1 \to L_3 \end{matrix}$

$\sim \begin{bmatrix} 2 & 1 & 0 & 3 & 1 & -2 \\ 0 & 0 & 4 & 2 & 1 & 3 \\ 0 & 0 & 0 & 0 & 0 & 1 \\ 0 & 0 & 0 & 0 & 0 & 0 \end{bmatrix} \quad \begin{matrix} L_3 + L_2 \to L_3 \\ L_4 - L_2 \to L_4 \end{matrix}$

d'où rang $(B) = 3$ (théorème 3.16)

```
> with(linalg):
> B:=matrix(4,6,[2,1,0,3,1,-2,-2,-1,4,-1,0,5,6,3,-4,7,2,
  -8,0,0,4,2,1,3]):
> rank(B);
                    3
```

8. a)

```
> with(linalg):
> A:=matrix(3,4,[3,-1,1,-4,6,3,-1,-4,9,2,0,-8]);
```

$A := \begin{bmatrix} 3 & -1 & 1 & -4 \\ 6 & 3 & -1 & -4 \\ 9 & 2 & 0 & -8 \end{bmatrix}$

```
> rang(A):=rank(A);
                    rang(A):= 2
> AB:=matrix(3,5,[3,-1,1,-4,2,6,3,-1,-4,3,9,2,0,-8,6]);
```

$AB := \begin{bmatrix} 3 & -1 & 1 & -4 & 2 \\ 6 & 3 & -1 & -4 & 3 \\ 9 & 2 & 0 & -8 & 6 \end{bmatrix}$

```
> rang(AB):=rank(AB);
                    rang(AB):= 3
```

Puisque rang $(A) <$ rang $(A \,\vdots\, B)$, le système est incompatible.

b)

```
> with(linalg):
> A:=matrix(5,3,[1,2,1,-1,3,-1,3,4,-5,2,0,-4,0,5,2]):
> rang(A):=rank(A);
                    rang(A):= 3
> AB:=matrix(5,4,[1,2,1,7,-1,3,-1,-2,3,4,-5,3,2,0,-4,
  -2,0,5,2,9]):
> rang(AB):=rank(AB);
                    rang(AB):= 3
```

Puisque rang $(A) =$ rang $(A \,\vdots\, B) = 3$, le système est compatible et il admet une solution unique.

c) rang $(A) =$ rang $(A \,\vdots\, B) = 4$, le système est compatible et il admet une solution unique.

d) rang $(A) =$ rang $(A \,\vdots\, B) = 3 < 4$, le système est compatible et il admet une infinité de solutions.

9. a) Soit $A = \begin{bmatrix} a_{11} & a_{12} & \dots & a_{1n} \\ a_{21} & a_{22} & \dots & a_{2n} \\ \vdots & \vdots & & \vdots \\ a_{n1} & a_{n2} & \dots & a_{nn} \end{bmatrix}$.

Ainsi, $kA = \begin{bmatrix} ka_{11} & ka_{12} & \dots & ka_{1n} \\ ka_{21} & ka_{22} & \dots & ka_{2n} \\ \vdots & \vdots & & \vdots \\ ka_{n1} & ka_{n2} & \dots & ka_{nn} \end{bmatrix}$

$$\text{dét}\,(kA) = \begin{vmatrix} ka_{11} & ka_{12} & \dots & ka_{1n} \\ ka_{21} & ka_{22} & \dots & ka_{2n} \\ \vdots & \vdots & & \vdots \\ ka_{n1} & ka_{n2} & \dots & ka_{nn} \end{vmatrix}$$

$$= \underbrace{kk \dots k}_{n \text{ fois}} \begin{vmatrix} a_{11} & a_{12} & \dots & a_{1n} \\ a_{21} & a_{22} & \dots & a_{2n} \\ \vdots & \vdots & & \vdots \\ a_{n1} & a_{n2} & \dots & a_{nn} \end{vmatrix} \quad \left(\begin{matrix}\text{en factorisant} \\ k \text{ de } C_1, \text{ de } C_2, \\ \dots \text{ et de } C_n\end{matrix}\right)$$

$$= k^n \text{ dét } A$$

b) $\begin{vmatrix} 4a & 4b & 4c \\ 4 & 8 & 12 \\ \frac{4}{3} & 1 & \frac{4}{5} \end{vmatrix} = 4^3 \begin{vmatrix} a & b & c \\ 1 & 2 & 3 \\ \frac{1}{3} & \frac{1}{4} & \frac{1}{5} \end{vmatrix}$ (théorème 3.7)

$= 4^3(3)$

$= 192$

Exercices 3.3 (page 132)

1. Puisque $AB = BA = I_{3 \times 3}$, A est l'inverse de B et B est l'inverse de A.

2. a) dét $A = 2$; adj $A = \begin{bmatrix} 5 & -3 \\ -6 & 4 \end{bmatrix}$; $A^{-1} = \begin{bmatrix} \frac{5}{2} & \frac{-3}{2} \\ -3 & 2 \end{bmatrix}$

b) dét $B = 11$; adj $B = \begin{bmatrix} 1 & 2 \\ -4 & 3 \end{bmatrix}$; $B^{-1} = \begin{bmatrix} \frac{1}{11} & \frac{2}{11} \\ \frac{-4}{11} & \frac{3}{11} \end{bmatrix}$

c) dét $C = 0$; la matrice C n'est pas régulière.

d) dét $E = 6$;

adj $E = \begin{bmatrix} 1 & -4 & 11 \\ 1 & 2 & -7 \\ 0 & 0 & 6 \end{bmatrix}$; $E^{-1} = \begin{bmatrix} \frac{1}{6} & \frac{-2}{3} & \frac{11}{6} \\ \frac{1}{6} & \frac{1}{3} & \frac{-7}{6} \\ 0 & 0 & 1 \end{bmatrix}$

e) dét $F = -1$;

$$\text{adj } F = \begin{bmatrix} 2 & -1 & -2 \\ 13 & -7 & -11 \\ -6 & 3 & 5 \end{bmatrix};\ F^{-1} = \begin{bmatrix} -2 & 1 & 2 \\ -13 & 7 & 11 \\ 6 & -3 & -5 \end{bmatrix}$$

f) dét $G = 0$; la matrice G n'est pas régulière.

g) dét $H = 60$;

$$\text{adj } H = \begin{bmatrix} 20 & 0 & 0 \\ 0 & 15 & 0 \\ 0 & 0 & 12 \end{bmatrix};\ H^{-1} = \begin{bmatrix} \frac{1}{3} & 0 & 0 \\ 0 & \frac{1}{4} & 0 \\ 0 & 0 & \frac{1}{5} \end{bmatrix}$$

h) dét $M = -42$;

$$\text{adj } M = \begin{bmatrix} 294 & 0 & -210 & 0 \\ 0 & -6 & 0 & 2 \\ -126 & 0 & 84 & 0 \\ 0 & 0 & 0 & -7 \end{bmatrix};\ M^{-1} = \begin{bmatrix} -7 & 0 & 5 & 0 \\ 0 & \frac{1}{7} & 0 & \frac{-1}{21} \\ 3 & 0 & -2 & 0 \\ 0 & 0 & 0 & \frac{1}{6} \end{bmatrix}$$

3. a) $\begin{bmatrix} \frac{3}{7} & \frac{2}{7} \\ \frac{-2}{7} & \frac{1}{7} \end{bmatrix}$

b) La matrice n'est pas inversible.

c) $\begin{bmatrix} 0 & 1 & 0 \\ \frac{3}{2} & \frac{-5}{2} & \frac{-1}{2} \\ \frac{-1}{2} & \frac{1}{2} & \frac{1}{2} \end{bmatrix}$

d) $\begin{bmatrix} -7 & 4 & -8 \\ 20 & -10 & 22 \\ 2 & -1 & 2 \end{bmatrix}$

e) La matrice n'est pas inversible.

f) $\begin{bmatrix} \frac{-1}{9} & \frac{-1}{3} & \frac{-5}{9} \\ \frac{-7}{27} & \frac{-4}{9} & \frac{-8}{27} \\ \frac{5}{27} & \frac{-1}{9} & \frac{-2}{27} \end{bmatrix}$

g) $\begin{bmatrix} 0 & -0{,}4 & 0 & -0{,}6 \\ -0{,}6 & 0 & -0{,}4 & 0 \\ 0 & -0{,}6 & 0 & -0{,}4 \\ -0{,}4 & 0 & -0{,}6 & 0 \end{bmatrix}$

h) La matrice n'est pas inversible.

i)
```
> with(linalg):
> M:=matrix(4,4,[-1,0,6,7,5,-3,1,-6,-2,2,0,1,0,1,3,0]):
> Inverse(M):=inverse(M);
```

$$Inverse(M) := \begin{bmatrix} 13 & 24 & 53 & -34 \\ \frac{21}{2} & \frac{39}{2} & \frac{87}{2} & \frac{-55}{2} \\ \frac{-7}{2} & \frac{-13}{2} & \frac{-29}{2} & \frac{19}{2} \\ 5 & 9 & 20 & -13 \end{bmatrix}$$

j)
```
> with(linalg):
> J:=matrix(5,5,[3,3,0,1,1,1,3,1,2,-1,0,-3,-1,-3,1,0,
  1,0,1,3,3,3,0,1,2]):
> Inverse(J):=inverse(J);
```

$$Inverse(J) := \begin{bmatrix} -7 & -2 & -2 & -3 & 8 \\ 10 & 3 & 3 & 4 & -11 \\ -10 & 0 & -1 & -3 & 10 \\ -7 & -3 & -3 & -3 & 8 \\ -1 & 0 & 0 & 0 & 1 \end{bmatrix}$$

4. $AB = \begin{bmatrix} 9 & 3 & 2 \\ 7 & 5 & 2 \\ 2 & 2 & 1 \end{bmatrix}$ et $(AB)^{-1} = \begin{bmatrix} \frac{1}{8} & \frac{1}{8} & \frac{-1}{2} \\ \frac{-3}{8} & \frac{5}{8} & \frac{-1}{2} \\ \frac{1}{2} & \frac{-3}{2} & 3 \end{bmatrix}$

$A^{-1} = \begin{bmatrix} \frac{-1}{4} & \frac{3}{4} & -1 \\ \frac{1}{4} & \frac{-3}{4} & 2 \\ \frac{1}{4} & \frac{1}{4} & -1 \end{bmatrix}$ et $B^{-1} = \begin{bmatrix} 0 & 0 & \frac{1}{2} \\ 1 & 0 & \frac{-1}{2} \\ -1 & 1 & 0 \end{bmatrix}$

En effectuant les calculs, l'élève peut vérifier que $B^{-1}A^{-1} = (AB)^{-1}$.

5. a) dét $A = (x^2 + x - 6) \neq 0$ si $x \in \mathbb{R} \setminus \{-3, 2\}$

b) dét $B = (x^2 + 1) \neq 0$ si $x \in \mathbb{R}$

c) dét $C = x^3 \neq 0$ si $x \in \mathbb{R} \setminus \{0\}$

d) dét $E = 0$; il n'y a donc aucune valeur de x

e) dét $F = 5x(x^2 + 1)(x^2 - 4) \neq 0$ si $x \in \mathbb{R} \setminus \{-2, 0, 2\}$

f) dét $G = (2x^2 - 14x + 25) \neq 0$ si $x \in \mathbb{R}$

6. a) dét $A = 1 \neq 0, \forall x \in \mathbb{R}$

$$A^{-1} = \begin{bmatrix} 1 + x & -x \\ x & 1 - x \end{bmatrix}, \forall x \in \mathbb{R}$$

b) dét $B = (x - 3)^2 \neq 0$, si $x \neq 3$

$$B^{-1} = \begin{bmatrix} \frac{x + 9}{(x - 3)^2} & \frac{-3}{(x - 3)^2} \\ \frac{3 - 5x}{(x - 3)^2} & \frac{x}{(x - 3)^2} \end{bmatrix}, \text{ si } x \neq 3$$

c) dét $C = \cos^2 \theta + \sin^2 \theta = 1$, d'où dét $C \neq 0, \forall \theta \in \mathbb{R}$

$$C^{-1} = \begin{bmatrix} \cos \theta & -\sin \theta \\ \sin \theta & \cos \theta \end{bmatrix}, \forall \theta \in \mathbb{R}$$

d) dét $E = 0, \forall \theta \in \mathbb{R}$

Par conséquent, la matrice E n'est pas inversible.

e) $$F^{-1} = \begin{bmatrix} \frac{1}{a_{11}} & 0 & 0 & \dots & 0 \\ 0 & \frac{1}{a_{22}} & 0 & \dots & 0 \\ \vdots & \vdots & \vdots & & \vdots \\ 0 & 0 & 0 & \dots & \frac{1}{a_{nn}} \end{bmatrix}, \text{ si } a_{ii} \neq 0, \forall i \in \{1, 2, \dots, n\}$$

7. a) $\text{dét } A^{-1} = \dfrac{1}{\text{dét } A} = \dfrac{1}{4}$ (propriété 1)

b) $\text{dét } B^{-1} = \dfrac{1}{\text{dét } B} = \dfrac{-1}{2}$ (propriété 1)

c) $\text{dét } (AB)^{-1} = \dfrac{1}{\text{dét } (AB)}$ (propriété 1)

$= \dfrac{1}{(\text{dét } A)(\text{dét } B)}$ (théorème 3.14)

$= \dfrac{-1}{8}$

d) $\text{dét } (A^{-1})^{-1} = \text{dét } A$ (propriété 2)

$= 4$

e) $\text{dét } (B^{-1})^3 = (\text{dét } B^{-1})^3$ (théorème 3.15)

$= \left(\dfrac{1}{\text{dét } B}\right)^3$ (propriété 1)

$= \dfrac{-1}{8}$

f) $\text{dét } (A^3)^{-1} = \text{dét } (A^{-1})^3$ (propriété 5)

$= (\text{dét } A^{-1})^3$ (théorème 3.15)

$= \left(\dfrac{1}{\text{dét } A}\right)^3$ (propriété 1)

$= \dfrac{1}{64}$

g) $\text{dét } (A^{-1})^{\mathrm{T}} = \text{dét } (A^{\mathrm{T}})^{-1}$ (propriété 4)

$= \dfrac{1}{\text{dét } A^{\mathrm{T}}}$ (propriété 1)

$= \dfrac{1}{\text{dét } A}$ (théorème 3.5)

$= \dfrac{1}{4}$

h) $\text{dét} \left(\dfrac{1}{2}A\right)^{-1} = \text{dét} \left(\dfrac{A^{-1}}{\frac{1}{2}}\right)$ (propriété 6)

$= \text{dét } (2A^{-1})$

$= 2^4 \text{ dét } A^{-1}$ (théorème 3.7)

$= 2^4 \left(\dfrac{1}{\text{dét } A}\right)$ (propriété 1)

$= 4$

i) $\text{dét } (A^3B^{-1}) = \text{dét } (A^3) \text{ dét } (B^{-1})$ (théorème 3.14)

$= (\text{dét } A)^3 \dfrac{1}{\text{dét } B}$ (théorème 3.15 et propriété 1)

$= 4^3 \left(\dfrac{1}{-2}\right) = -32$

j) $\text{dét } ((3A)(2B)^{-1}) = \text{dét } (3A) \text{ dét } (2B)^{-1}$ (théorème 3.14)

$= 3^4 \text{dét } A \left(\dfrac{1}{\text{dét } (2B)}\right)$ (théorème 3.7 et propriété 1)

$= 3^4 (4) \dfrac{1}{2^4(-2)}$ (théorème 3.7)

$= \dfrac{-81}{8}$

k) $\text{dét } (\text{adj } A) = (\text{dét } A)^{4-1} = 64$ (propriété 7)

l) $\text{dét } (\text{adj } B) = (\text{dét } B)^{4-1} = -8$ (propriété 7)

m) $\text{dét } (\text{adj } (AB)) = \text{dét } ((\text{adj } B)(\text{adj } A))$ (propriété 8)

$= (\text{dét } (\text{adj } B))(\text{dét } (\text{adj } A))$ (théorème 3.14)

$= (\text{dét } B)^{4-1} (\text{dét } A)^{4-1}$ (propriété 7)

$= -512$

n) $\text{dét } (\text{adj } (3B)) = \text{dét } (3^{4-1} \text{ adj } B)$ (propriété 9)

$= \text{dét } (27 \text{ adj } B)$

$= 27^4 \text{ dét } (\text{adj } B)$ (théorème 3.7)

$= 27^4 (\text{dét } B)^{4-1}$ (propriété 7)

$= 27^4(-8)$

$= -4\,251\,528$

8. $\text{dét } (AB) = 0$

$(\text{dét } A)(\text{dét } B) = 0$ (car $\text{dét } (AB) = (\text{dét } A)(\text{dét } B)$)

Si $\text{dét } A \neq 0$, alors $\text{dét } B = 0$; par conséquent, la matrice B est singulière.

Si $\text{dét } B \neq 0$, alors $\text{dét } A = 0$; par conséquent, la matrice A est singulière.

9. a) $C^{-1}(AB)C = C^{-1}(AI_{n\times n}B)C$

$= C^{-1}(ACC^{-1}B)C$

$= (C^{-1}AC)(C^{-1}BC)$

b) $(C^{-1}AC)^k = \underbrace{(C^{-1}AC)(C^{-1}AC)(C^{-1}AC) \ldots (C^{-1}AC)(C^{-1}AC)}_{k \text{ facteurs}}$

$= C^{-1}A(CC^{-1})A(CC^{-1})A \ldots A(CC^{-1})AC$

$= C^{-1}AI_{n\times n}AI_{n\times n}A \ldots AI_{n\times n}AC$

$= \underbrace{C^{-1}AAA \ldots AC}_{k \text{ facteurs}}$

$= C^{-1}A^kC$

10. a) ($\Leftarrow$) Si $A = A^{-1}$, alors $A^2 = AA$

$= AA^{-1}$

d'où $A^2 = I_{n\times n}$

($\Rightarrow$) Si $A^2 = I_{n\times n}$, alors $AA = I_{n\times n}$

donc, A est l'inverse de A.

d'où $A = A^{-1}$

b) Si $A^2 = I_{n\times n}$, alors $AA = I_{n\times n}$

$\text{dét } (AA) = \text{dét } I_{n\times n}$

$(\text{dét } A)(\text{dét } A) = 1$

$(\text{dét } A)^2 = 1$

d'où $\text{dét } A = \pm 1$

11. a) Soit $X = (A^{-1})^{-1}$, la matrice inverse de A^{-1}.

$$XA^{-1} = I_{n \times n} \quad \text{(définition)}$$
$$(XA^{-1})A = I_{n \times n}A$$
$$X(A^{-1}A) = A$$
$$XI_{n \times n} = A$$
$$X = A$$

d'où $(A^{-1})^{-1} = A$

b) Puisque $A^{-1} = \dfrac{1}{\text{dét } A} \text{adj } A$

$$\text{adj } A = (\text{dét } A)A^{-1}$$
$$\text{dét (adj } A) = \text{dét}((\text{dét } A)A^{-1})$$
$$= (\text{dét } A)^n(\text{dét } A^{-1})$$
$$= (\text{dét } A)^n \frac{1}{\text{dét } A}$$

d'où dét (adj A) = $(\text{dét } A)^{n-1}$

Exercices 3.4 (page 142)

1. a) Il est impossible d'employer ces méthodes, car le nombre d'équations n'égale pas le nombre d'inconnues.

b) Il est impossible d'employer ces méthodes, car dét $A = 0$.

c) Il est impossible d'employer ces méthodes, car le nombre d'équations n'égale pas le nombre d'inconnues.

d) Il est impossible d'employer ces méthodes, car dét $A = 0$.

2. a) $A = \begin{bmatrix} 3 & 1 \\ 1 & -5 \end{bmatrix}$, dét $A = -16$, $A^{-1} = \begin{bmatrix} \frac{5}{16} & \frac{1}{16} \\ \frac{1}{16} & \frac{-3}{16} \end{bmatrix}$,

$$X = A^{-1}B \Rightarrow \begin{bmatrix} x \\ y \end{bmatrix} = \begin{bmatrix} \frac{5}{16} & \frac{1}{16} \\ \frac{1}{16} & \frac{-3}{16} \end{bmatrix} \begin{bmatrix} 7 \\ -19 \end{bmatrix} = \begin{bmatrix} 1 \\ 4 \end{bmatrix}$$

d'où E.-S. = {(1, 4)}

b) $A = \begin{bmatrix} 2 & 1 & 3 \\ -1 & 2 & 4 \\ 3 & 0 & 1 \end{bmatrix}$, dét $A = -1$, $A^{-1} = \begin{bmatrix} -2 & 1 & 2 \\ -13 & 7 & 11 \\ 6 & -3 & -5 \end{bmatrix}$,

$$X = A^{-1}B \Rightarrow \begin{bmatrix} x \\ y \\ z \end{bmatrix} = \begin{bmatrix} -2 & 1 & 2 \\ -13 & 7 & 11 \\ 6 & -3 & -5 \end{bmatrix} \begin{bmatrix} 1 \\ 13 \\ -7 \end{bmatrix} = \begin{bmatrix} -3 \\ 1 \\ 2 \end{bmatrix}$$

d'où E.-S. = {(-3, 1, 2)}

c) $A = \begin{bmatrix} 3 & 5 & 0 \\ 4 & -2 & 1 \\ 6 & -3 & 4 \end{bmatrix}$, dét $A = -65 \neq 0$

La solution est unique.

Puisque le système est homogène, la solution unique est la solution triviale.

D'où E.-S. = {(0, 0, 0)}

d) $A = \begin{bmatrix} \frac{1}{2} & 1 & 2 \\ 2 & 0 & 3 \\ \frac{2}{5} & \frac{1}{5} & \frac{1}{3} \end{bmatrix}$, $A^{-1} = \begin{bmatrix} \frac{-18}{31} & \frac{2}{31} & \frac{90}{31} \\ \frac{16}{31} & \frac{-19}{31} & \frac{75}{31} \\ \frac{12}{31} & \frac{9}{31} & \frac{-60}{31} \end{bmatrix}$,

$$X = A^{-1}B \Rightarrow \begin{bmatrix} x \\ y \\ z \end{bmatrix} = \begin{bmatrix} \frac{-18}{31} & \frac{2}{31} & \frac{90}{31} \\ \frac{16}{31} & \frac{-19}{31} & \frac{75}{31} \\ \frac{12}{31} & \frac{9}{31} & \frac{-60}{31} \end{bmatrix} \begin{bmatrix} -4 \\ -5 \\ 0 \end{bmatrix} = \begin{bmatrix} 2 \\ 1 \\ -3 \end{bmatrix}$$

d'où E.-S. = {(2, 1, -3)}

e) $A = \begin{bmatrix} 1 & 0 & 0 & 2 \\ 2 & 3 & -2 & 3 \\ 2 & 2 & -1 & 0 \\ -1 & -1 & 3 & -2 \end{bmatrix}$, $A^{-1} = \frac{1}{23}\begin{bmatrix} 13 & -10 & 14 & -2 \\ -11 & 12 & -3 & 7 \\ 4 & 4 & -1 & 10 \\ 5 & 5 & -7 & 1 \end{bmatrix}$

$$X = A^{-1}B \Rightarrow \begin{bmatrix} x \\ y \\ z \\ w \end{bmatrix} = A^{-1} \begin{bmatrix} -8 \\ -23 \\ -3 \\ 19 \end{bmatrix} = \begin{bmatrix} 2 \\ -2 \\ 3 \\ -5 \end{bmatrix}$$

d'où E.-S. = {(2, -2, 3, -5)}

3. a) dét $A = \begin{vmatrix} 2 & 3 \\ 3 & 2 \end{vmatrix} = -5$, dét $A_1 = \begin{vmatrix} -5 & 3 \\ 1 & 2 \end{vmatrix} = -13$,

dét $A_2 = \begin{vmatrix} 2 & -5 \\ 3 & 1 \end{vmatrix} = 17$

donc, $x = \dfrac{\text{dét } A_1}{\text{dét } A} = \dfrac{13}{5}$ et $y = \dfrac{\text{dét } A_2}{\text{dét } A} = \dfrac{-17}{5}$

d'où E.-S. = $\left\{\left(\frac{13}{5}, \frac{-17}{5}\right)\right\}$

b) dét $A = \begin{vmatrix} \frac{1}{2} & \frac{1}{3} \\ \frac{1}{4} & \frac{-1}{5} \end{vmatrix} = \dfrac{-11}{60}$, dét $A_1 = \begin{vmatrix} 7 & \frac{1}{3} \\ -2 & \frac{-1}{5} \end{vmatrix} = \dfrac{-11}{15}$,

dét $A_2 = \begin{vmatrix} \frac{1}{2} & 7 \\ \frac{1}{4} & -2 \end{vmatrix} = \dfrac{-11}{4}$

d'où E.-S. = {(4, 15)}

c) dét $A = \begin{vmatrix} 3 & 1 & -3 \\ 2 & 5 & 4 \\ -3 & -7 & -5 \end{vmatrix} = 4 \neq 0$

Puisque le système est homogène et que dét $A \neq 0$, la solution unique est la solution triviale.

D'où E.-S. = {(0, 0, 0)}

d) $\text{dét } A = \begin{vmatrix} 0 & 2 & -2 \\ -2 & 1 & 0 \\ 1 & 3 & 2 \end{vmatrix} = 22$, $\text{dét } A_1 = \begin{vmatrix} 2{,}5 & 2 & -2 \\ 0 & 1 & 0 \\ 3 & 3 & 2 \end{vmatrix} = 11$,

$\text{dét } A_2 = \begin{vmatrix} 0 & 2{,}5 & -2 \\ -2 & 0 & 0 \\ 1 & 3 & 2 \end{vmatrix} = 22$, $\text{dét } A_3 = \begin{vmatrix} 0 & 2 & 2{,}5 \\ -2 & 1 & 0 \\ 1 & 3 & 3 \end{vmatrix} = -5{,}5$

donc, $x = \dfrac{\text{dét } A_1}{\text{dét } A} = \dfrac{1}{2}$, $y = \dfrac{\text{dét } A_2}{\text{dét } A} = 1$ et $z = \dfrac{\text{dét } A_3}{\text{dét } A} = \dfrac{-1}{4}$

d'où E.-S $= \left\{\left(\dfrac{1}{2}, 1, \dfrac{-1}{4}\right)\right\}$

e) $\text{dét } A = \begin{vmatrix} 3 & 1 & -3 & 1 \\ 2 & 5 & 4 & -2 \\ -3 & -7 & -5 & 2 \\ 4 & -7 & -5 & 3 \end{vmatrix} = 81$,

$\text{dét } A_1 = \begin{vmatrix} 26 & 1 & -3 & 1 \\ -6 & 5 & 4 & -2 \\ 4 & -7 & -5 & 2 \\ 41 & -7 & -5 & 3 \end{vmatrix} = 405$,

$\text{dét } A_2 = \begin{vmatrix} 3 & 26 & -3 & 1 \\ 2 & -6 & 4 & -2 \\ -3 & 4 & -5 & 2 \\ 4 & 41 & -5 & 3 \end{vmatrix} = 0$,

$\text{dét } A_3 = \begin{vmatrix} 3 & 1 & 26 & 1 \\ 2 & 5 & -6 & -2 \\ -3 & -7 & 4 & 2 \\ 4 & -7 & 41 & 3 \end{vmatrix} = -243$,

$\text{dét } A_4 = \begin{vmatrix} 3 & 1 & -3 & 26 \\ 2 & 5 & 4 & -6 \\ -3 & -7 & -5 & 4 \\ 4 & -7 & -5 & 41 \end{vmatrix} = 162$

donc, $x = \dfrac{\text{dét } A_1}{\text{dét } A} = 5$, $y = \dfrac{\text{dét } A_2}{\text{dét } A} = 0$,

$z = \dfrac{\text{dét } A_3}{\text{dét } A} = -3$, et $w = \dfrac{\text{dét } A_4}{\text{dét } A} = 2$

d'où E.-S. = {(5, 0, -3, 2)}

4. a) {(1, 2)} b) $\left\{\left(\dfrac{13}{12}, \dfrac{7}{36}\right)\right\}$

c) $\left\{\left(\dfrac{26}{33}, \dfrac{119}{66}, \dfrac{-2}{11}\right)\right\}$ d) {(6, 6, 6)}

e) > with(linalg):

> A:=matrix(3,3,[1,1,1,0.08,0.09,0.12,0.08,0.09,-0.12]);

$A := \begin{bmatrix} 1 & 1 & 1 \\ 0.08 & 0.09 & 0.12 \\ 0.08 & 0.09 & -0.12 \end{bmatrix}$

> Inverse(A):=inverse(A);

$\text{Inverse}(A) := \begin{bmatrix} 9.000000000 & -87.50000000 & -12.50000000 \\ -8.000000000 & 83.33333333 & 16.66666667 \\ -0. & 4.166666667 & -4.166666667 \end{bmatrix}$

> B:=matrix(3,1,[10000,1005,-75]);

$B := \begin{bmatrix} 10000 \\ 1005 \\ -75 \end{bmatrix}$

> matrix([[x],[y],[z]]):=multiply(inverse(A),B);

$\begin{bmatrix} x \\ y \\ z \end{bmatrix} := \begin{bmatrix} 3000.000000 \\ 2500.000000 \\ 4500.000000 \end{bmatrix}$

D'où E.-S. = {(3000, 2500, 4500)}

f) > with(linalg):

> A:=matrix(4,4,[1,1,1,1,2,4,8,16,3,9,27,81,4,16,64,256]);

$A := \begin{bmatrix} 1 & 1 & 1 & 1 \\ 2 & 4 & 8 & 16 \\ 3 & 9 & 27 & 81 \\ 4 & 16 & 64 & 256 \end{bmatrix}$

> dét(A):=det(A);

dét(A) := 288

> A1:=matrix(4,4[0,1,1,1,26,4,8,16,144,9,27,81,468,16, 64,256]);

$A1 := \begin{bmatrix} 0 & 1 & 1 & 1 \\ 26 & 4 & 8 & 16 \\ 144 & 9 & 27 & 81 \\ 468 & 16 & 64 & 256 \end{bmatrix}$

> A2:=matrix(4,4,[1,0,1,1,2,26,8,16,3,144,27,81,4,468, 64,256]);

$A2 := \begin{bmatrix} 1 & 0 & 1 & 1 \\ 2 & 26 & 8 & 16 \\ 3 & 144 & 27 & 81 \\ 4 & 468 & 64 & 256 \end{bmatrix}$

> A3:=matrix(4,4,[1,1,0,1,2,4,26,16,3,9,144,81,4,16, 468,256]);

$A3 := \begin{bmatrix} 1 & 1 & 0 & 1 \\ 2 & 4 & 26 & 16 \\ 3 & 9 & 144 & 81 \\ 4 & 16 & 468 & 256 \end{bmatrix}$

> A4:=matrix(4,4,[1,1,1,0,2,4,8,26,3,9,27,144,4,16,64, 468]);

$A4 := \begin{bmatrix} 1 & 1 & 1 & 0 \\ 2 & 4 & 8 & 26 \\ 3 & 9 & 27 & 144 \\ 4 & 16 & 64 & 468 \end{bmatrix}$

> dét(A1):=det(A1);dét(A2):=det(A2);dét(A3):=det(A3); dét(A4):=det(A4);

dét(A1) := -864

dét(A2) := 576

dét(A3) := -288

dét(A4) := 576

> x:=det(A1)/det(A);y:=det(A2)/det(A);z:=det(A3)/ det(A);w:=det(A4)/det(A);

x := -3

y := 2

z := -1

w := 2

D'où E.-S. = {(-3, 2, -1, 2)}

5. a) $\begin{bmatrix} x \\ y \\ z \end{bmatrix} = \begin{bmatrix} 4 & -5 & 7 \\ 2 & -2 & 3 \\ 5 & -6 & 8 \end{bmatrix} \begin{bmatrix} 4 \\ -2 \\ 3 \end{bmatrix} = \begin{bmatrix} 47 \\ 21 \\ 56 \end{bmatrix}$

d'où E.-S. = {(47, 21, 56)}

3

b) Puisque la matrice est inversible, son déterminant est différent de 0, et puisque le système est homogène, la solution unique est la solution triviale.

D'où E.-S. = {(0, 0, 0)}

c) $\begin{bmatrix} a \\ b \\ c \end{bmatrix} = \begin{bmatrix} -2 & 2 & 1 \\ 1 & 3 & -2 \\ 2 & 1 & -2 \end{bmatrix} \begin{bmatrix} 4 \\ -2 \\ 3 \end{bmatrix} = \begin{bmatrix} -9 \\ -8 \\ 0 \end{bmatrix}$

d'où E.-S. = {(-9, -8, 0)}

6. a) Soit x, le nombre de franchises R vendues,
y, le nombre de franchises S vendues,
z, le nombre de franchises T vendues.

$$\begin{cases} x + y + z = 13 \\ x = 2z \\ 150\,000x + 275\,000y + 325\,000z = 2\,975\,000 \end{cases}$$

En transformant le système d'équations, nous obtenons le système équivalent

$$\begin{cases} x + y + z = 13 \\ x - 2z = 0 \\ 6x + 11y + 13z = 119 \end{cases}$$

b) Soit $A = \begin{bmatrix} 1 & 1 & 1 \\ 1 & 0 & -2 \\ 6 & 11 & 13 \end{bmatrix}$, la matrice des coefficients dont

l'inverse est $A^{-1} = \dfrac{1}{8}\begin{bmatrix} 22 & -2 & -2 \\ -25 & 7 & 3 \\ 11 & -5 & -1 \end{bmatrix}$.

Puisque $\begin{bmatrix} x \\ y \\ z \end{bmatrix} = A^{-1}\begin{bmatrix} 13 \\ 0 \\ 119 \end{bmatrix} = \begin{bmatrix} 6 \\ 4 \\ 3 \end{bmatrix}$

nous obtenons $x = 6$, $y = 4$ et $z = 3$.

La compagnie a donc vendu 6 franchises R, 4 franchises S et 3 franchises T.

Exercices récapitulatifs (page 145)

1. a) 5 c) 17 e) 6 g) Non défini

2. a) $\dfrac{23}{3}$ c) 9 e) -12

3. a) 23 u² c) 25 u²

4. b) 9 d) 16

5. b) 120 d) 5 f) -10 h) 5

7. a) 0

8. a) 4 c) 2 e) 1

11. a) $\begin{bmatrix} \dfrac{1}{11} & \dfrac{3}{11} \\ \dfrac{2}{33} & \dfrac{-5}{33} \end{bmatrix}$

b) La matrice n'est pas inversible.

c) La matrice n'est pas inversible.

d) $\begin{bmatrix} \dfrac{6}{19} & \dfrac{3}{19} & \dfrac{-1}{19} \\ \dfrac{4}{19} & \dfrac{2}{19} & \dfrac{-7}{19} \\ \dfrac{-15}{38} & \dfrac{1}{19} & \dfrac{6}{19} \end{bmatrix}$

12. a) {(2, 3)} b) {(1, 3, -2)}
c) $\left\{\left(\dfrac{1}{3}, 0, \dfrac{-3}{4}\right)\right\}$ d) {(2, 0, -3, 2)}

13. a) $\left\{\left(\dfrac{1}{2}, \dfrac{2}{3}\right)\right\}$ b) $\left\{\left(\dfrac{1}{2}, \dfrac{-1}{3}, 2\right)\right\}$
c) {(0, 0, 0)} d) $\left\{\left(\dfrac{1}{2}, 5, 2, -3\right)\right\}$

16. a) i) $\dfrac{1}{2}$ b) i) -3
c) i) 8 d) i) 4
e) i) 162 f) i) 1
g) i) 144 h) i) $\dfrac{-2}{3}$
i) i) 8 j) i) Impossible
k) i) -27 l) i) $\dfrac{1}{64}$

Problèmes de synthèse (page 149)

1. a) i) 3 b) i) -10
c) i) 10 d) i) 6
e) i) -111 f) i) $\dfrac{-1}{111}$

g) i) $\begin{bmatrix} 1 & 10 & -16 \\ -14 & -29 & 2 \\ -35 & -17 & 5 \end{bmatrix}$ h) i) $\begin{bmatrix} \dfrac{-1}{111} & \dfrac{14}{111} & \dfrac{35}{111} \\ \dfrac{-10}{111} & \dfrac{29}{111} & \dfrac{17}{111} \\ \dfrac{16}{111} & \dfrac{-2}{111} & \dfrac{-5}{111} \end{bmatrix}$

i) i) 12 321 j) i) $12I$
k) i) 3

4. a) {(2, 0, -4)}
b) $\{(2, t - 2, -1 - t, t)\}$, où $t \in \mathbb{R}$
c) Ø
d) $\{(t, 5t, -2t)\}$, où $t \in \mathbb{R}$
e) $\left\{\left(\dfrac{1}{2}, \dfrac{-1}{3}, \dfrac{1}{4}\right)\right\}$
f) {(-3, 5, -5, -3)}

g) Ø

h) $\{(-1, 3 - 2t, 2, t)\}$, où $t \in \mathbb{R}$

6. a) $A(2\sqrt{2} - 1, 2\sqrt{2})$ et $B(-2\sqrt{2} - 1, -2\sqrt{2})$

b) $D(-5, 0)$ $E\left(\frac{55}{21}, \frac{-16\sqrt{5}}{21}\right)$ et $F\left(\frac{55}{21}, \frac{16\sqrt{5}}{21}\right)$

7. a) $x = \frac{2}{3}$ et $y = -1$

b) ii) $x = 0$, $y = 0$ et $z = 0$ ou $x = 1$, $y = 3$ et $z = 7$

9. a) La matrice M_1 est inversible si $a \neq b$ et $a \neq -b$.

$$(M_1)^{-1} = \begin{bmatrix} \frac{a}{a^2 - b^2} & \frac{-b}{a^2 - b^2} \\ \frac{-b}{a^2 - b^2} & \frac{a}{a^2 - b^2} \end{bmatrix}$$

c) La matrice M_3 n'est jamais inversible.

11. a) $1 - \ln x$ b) $-Cae^{ax}$, où $C \in \mathbb{R}$

12. a) $x_1 = 114$ et $x_2 = 300$

14.

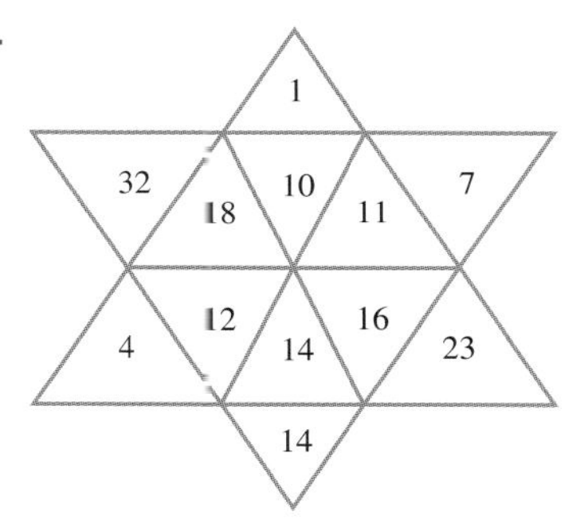

16. a) $\begin{bmatrix} x \\ y \\ z \end{bmatrix} = \begin{bmatrix} 2 & 1 & 0 \\ -4 & -1 & -3 \\ 3 & 1 & 2 \end{bmatrix} \begin{bmatrix} a \\ b \\ c \end{bmatrix}$;

$x = 2a - b$, $y = -4a - b - 3c$, $z = 3a + b + 2c$

c) Si $a \neq 21$, E.-S. = Ø et

si $a = 21$, E.-S. = $\left\{\left(\frac{-53 + 3t}{3}, \frac{29 - 6t}{3}, t\right)\right\}$, où $t \in \mathbb{R}$

17. a) $\underbrace{\begin{bmatrix} 1 & 1 & 1 \\ 3 & 3 & -1 \\ -2 & -7 & 1 \end{bmatrix}}_{N} \underbrace{\begin{bmatrix} 2 & 2 & 1 \\ -3 & 1 & 2 \\ 4 & 3 & -1 \end{bmatrix}}_{M} \begin{bmatrix} x \\ y \\ z \end{bmatrix} = \begin{bmatrix} -4 \\ 8 \\ -2 \end{bmatrix}$

c) $x = 2$, $y = -3$ et $z = 4$

18. a) $I_1 = 2$ A, $I_2 = -3$ A, $I_3 = -1$ A

b) $I_1 = \frac{3}{85}$ A, $I_2 = \frac{-6}{17}$ A et $I_3 = \frac{27}{85}$ A

19. c) Le quatrième alliage est composé d'environ 15,61 kg de R, 24,98 kg de S et 23,41 kg de T.

20. a) $a = -1$, $b = 5$, $c = -2$ et $d = -8$

b) dét $A = -8$

d) $A^{-1} = \begin{bmatrix} \frac{-1}{2} & 1 & \frac{1}{2} \\ \frac{-1}{8} & \frac{1}{2} & \frac{-1}{8} \\ \frac{3}{4} & -1 & \frac{-1}{4} \end{bmatrix}$

e) $\lambda_1 = 2$, $\lambda_2 = 4$ et $\lambda_3 = -1$

21. a) 280 ⋮ 221 ⋮ -303 ⋮ 409 ⋮ 379 ⋮ 171 ⋮ 12 ⋮ -7 ⋮ 281 ⋮ 258 ⋮ 224 ⋮ 99 ⋮ -57 ⋮ 51 ⋮ 235 ⋮ 108 ⋮ 90 ⋮ -54 ⋮ 0 ⋮ 108

24. a) i) $A = I_{n \times n}$

25. $A^3 = O_{n \times n}$

CHAPITRE 4

Exercices préliminaires (page 154)

1. a) $\sin\theta = \frac{b}{c}$; $\cos\theta = \frac{a}{c}$; $\tan\theta = \frac{b}{a}$

b) $a^2 + b^2 = c^2$

2. a) $\frac{\sin A}{a} = \frac{\sin B}{b} = \frac{\sin C}{c}$

b) i) $a^2 = b^2 + c^2 - 2bc\cos A$

ii) $b^2 = a^2 + c^2 - 2ac\cos B$

iii) $c^2 = a^2 + b^2 - 2ab\cos C$

3. a) $\theta \approx 20{,}27°$ b) $\theta \approx 38{,}66°$ c) $\theta \approx 36{,}87°$

4. $a \approx 2{,}66$; $B \approx 95{,}18°$; $C \approx 52{,}82°$

5. $x \approx 23{,}64$ m et $y \approx 18{,}47$ m

6. a) $\alpha = 35°$, $\beta = 145°$ et $\varphi = 55°$

b) $\alpha = 135°$ et $\varphi = 20°$

Exercices 4.1 (page 160)

1. a) $\vec{v}_1$, $\vec{v}_6$ et $\vec{v}_{12}$; $\vec{v}_4$ et $\vec{v}_{10}$

b) $\vec{v}_2$ et $\vec{v}_9$; $\vec{v}_3$ et $\vec{v}_5$

2. a)

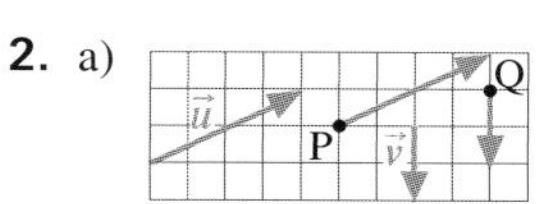

b)

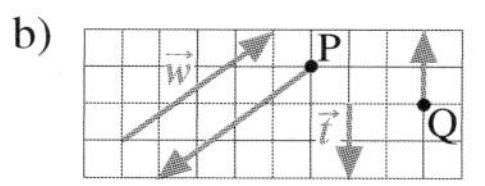

3.

	Origine	Extrémité	Direction	Sens	Norme
$\vec{v}_1$	(0, 0)	(2, 4)	$\theta \approx 63{,}4°$	N.-E.	$2\sqrt{5}$
$\vec{v}_2$	(-1, -2)	(-4, 3)	$\theta \approx 121°$	N.-O.	$\sqrt{34}$
$\vec{v}_3$	(4, -3)	(1, -3)	$\theta = 0°$	O.	3
$\vec{v}_4$	(-4, 1)	(-4, -4)	$\theta = 90°$	S.	5

4. a) $\overrightarrow{DC}$ b) $\overrightarrow{AD}$ et $\overrightarrow{BC}$

c) Aucun d) $\overrightarrow{MA}$ et $\overrightarrow{CM}$

e) $\overrightarrow{AM}$, $\overrightarrow{MA}$, $\overrightarrow{MC}$, $\overrightarrow{CM}$ et $\overrightarrow{AC}$

5. a) $\overrightarrow{DA}$, $\overrightarrow{HE}$ et $\overrightarrow{GF}$ b) $\overrightarrow{EA}$, $\overrightarrow{FB}$ et $\overrightarrow{GC}$

c) $\overrightarrow{EH}$, $\overrightarrow{FG}$, $\overrightarrow{BC}$ et $\overrightarrow{AD}$ d) $\overrightarrow{HA}$ et $\overrightarrow{GB}$

e) $\overrightarrow{AF}$ f) Aucun

g) $\overrightarrow{FD}$ h) $\overrightarrow{DB}$ et $\overrightarrow{HF}$

6.

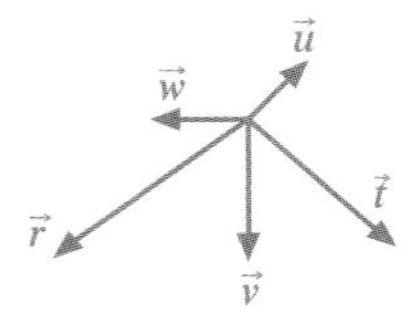

Exercices 4.2 (page 172)

1. a)

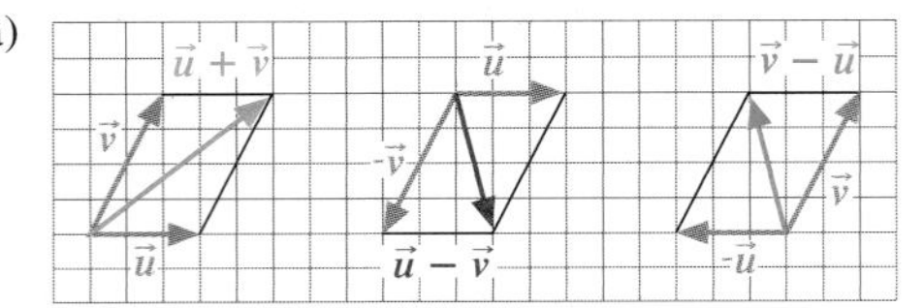

b)

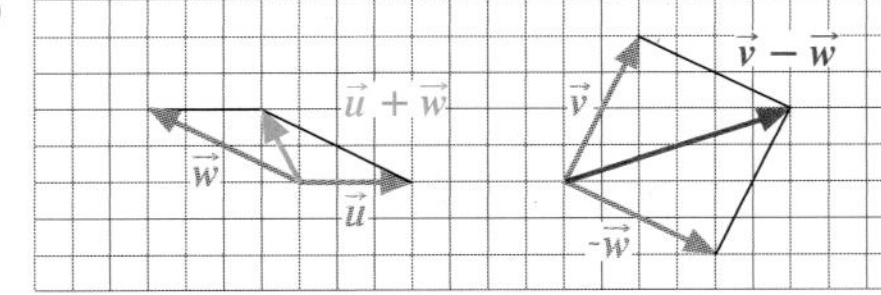

c)

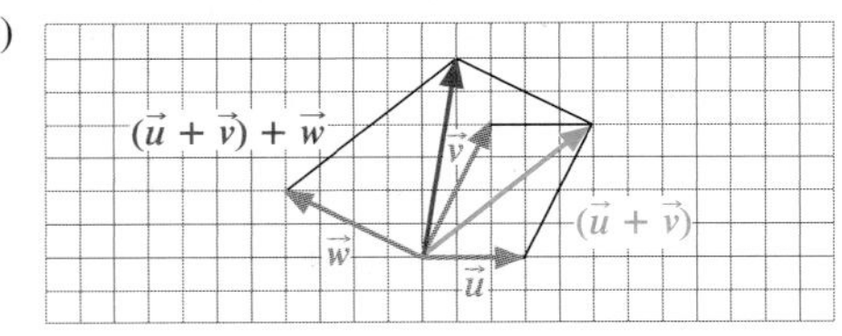

2. a)

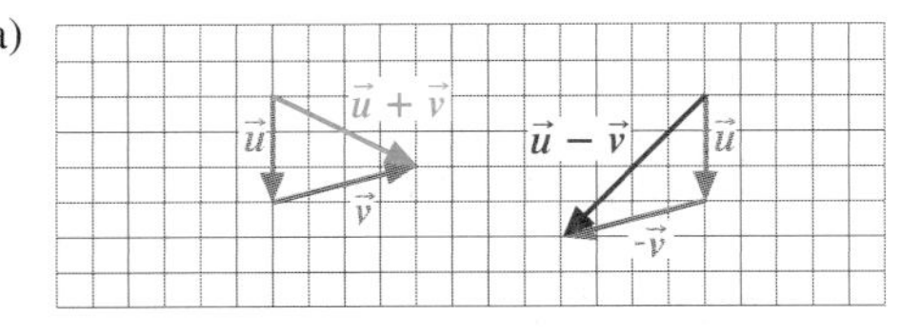

b)

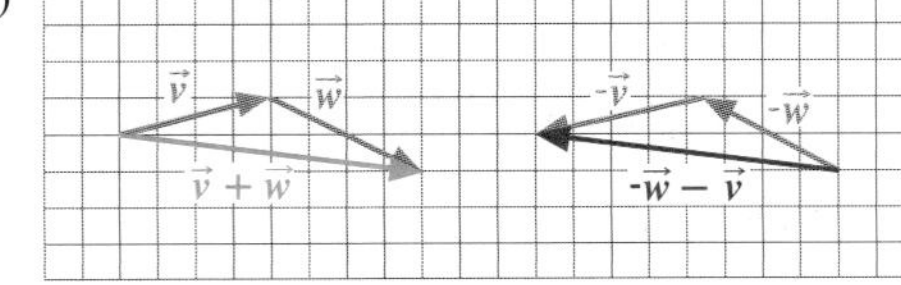

c)

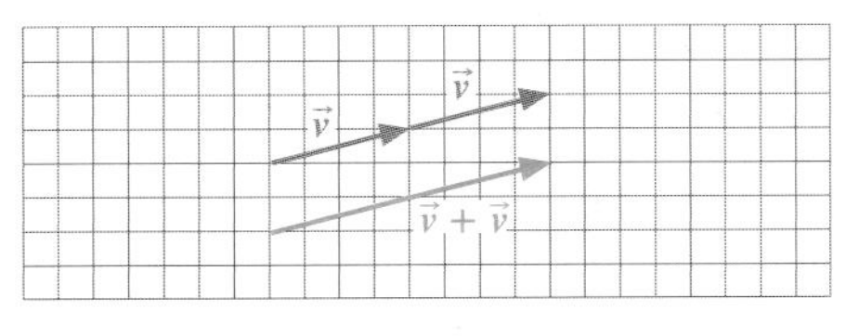

d)

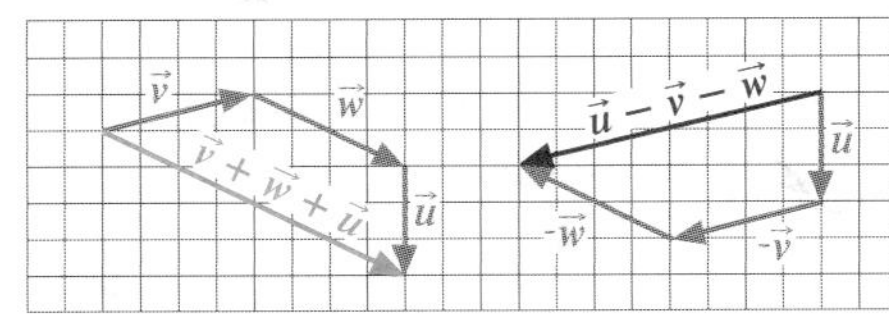

3. b), c) et e)

4. a) $\vec{r} = \vec{u} - \vec{v}$ b) $\vec{r} = -\vec{u} - \vec{v}$

c) $\vec{r} = \vec{u}$ d) $\vec{r} = \vec{u} + \vec{u} - \vec{v}$

5. a) $\overrightarrow{AD} = \overrightarrow{AB} + \overrightarrow{AC}$; $\overrightarrow{BC} = \overrightarrow{AC} - \overrightarrow{AB}$

b) $\overrightarrow{AE} = \overrightarrow{AB} - \overrightarrow{AC}$; $\overrightarrow{FB} = \overrightarrow{AB} + \overrightarrow{AC}$

c) $\overrightarrow{AG} = -\overrightarrow{AB} - \overrightarrow{AC}$; $\overrightarrow{HF} = \overrightarrow{AB} - \overrightarrow{AC}$

d) $\overrightarrow{AI} = -\overrightarrow{AB} + \overrightarrow{AC}$; $\overrightarrow{CH} = -\overrightarrow{AB} - \overrightarrow{AC}$

e) $\overrightarrow{HD} = \overrightarrow{AB} + \overrightarrow{AB} + \overrightarrow{AC}$; $\overrightarrow{EC} = \overrightarrow{AC} + \overrightarrow{AC} - \overrightarrow{AB}$

f) $\overrightarrow{GD} = \overrightarrow{AB} + \overrightarrow{AB} + \overrightarrow{AC} + \overrightarrow{AC}$;

$\overrightarrow{IE} = \overrightarrow{AB} + \overrightarrow{AB} - \overrightarrow{AC} - \overrightarrow{AC}$

6. a) $\overrightarrow{AB} + \overrightarrow{AE} = \overrightarrow{AB} + \overrightarrow{BF}$ (car $\overrightarrow{AE} = \overrightarrow{BF}$)

$= \overrightarrow{AF}$ (loi de Chasles)

b) $\overrightarrow{CD} + \overrightarrow{BF} = \overrightarrow{CD} + \overrightarrow{DH}$ (car $\overrightarrow{BF} = \overrightarrow{DH}$)

$= \overrightarrow{CH}$ (loi de Chasles)

c) $\overrightarrow{FG} + \overrightarrow{CB} = \overrightarrow{FG} + \overrightarrow{GF}$ (car $\overrightarrow{CB} = \overrightarrow{GF}$)

$= \overrightarrow{FF}$ (loi de Chasles)

$= \vec{O}$

d) $\overrightarrow{AF} + \overrightarrow{ED} = \overrightarrow{AF} + \overrightarrow{FC}$ (car $\overrightarrow{ED} = \overrightarrow{FC}$)

$= \overrightarrow{AC}$ (loi de Chasles)

e) $\overrightarrow{EG} - \overrightarrow{DH} = \overrightarrow{EG} + \overrightarrow{HD}$ (car $-\overrightarrow{DH} = \overrightarrow{HD}$)

$= \overrightarrow{EG} + \overrightarrow{GC}$ (car $\overrightarrow{HD} = \overrightarrow{GC}$)

$= \overrightarrow{EC}$ (loi de Chasles)

f) $\overrightarrow{AB} + \overrightarrow{AE} + \overrightarrow{AD} = \overrightarrow{AB} + \overrightarrow{BF} + \overrightarrow{FG}$
(car $\overrightarrow{AE} = \overrightarrow{BF}$ et $\overrightarrow{AD} = \overrightarrow{FC}$)

$= \overrightarrow{AG}$ (loi de Chasles)

g) $\overrightarrow{BC} - \overrightarrow{DC} - \overrightarrow{BD} = \overrightarrow{BC} + \overrightarrow{CD} + \overrightarrow{DB}$
(car $-\overrightarrow{DC} = \overrightarrow{CD}$ et $-\overrightarrow{BD} = \overrightarrow{DB}$)

$= \overrightarrow{BB}$ (loi de Chasles)

$= \vec{O}$

h) $\overrightarrow{HC} - \overrightarrow{HA} - \overrightarrow{EC} = \overrightarrow{HC} + \overrightarrow{AH} + \overrightarrow{CE}$
(car $-\overrightarrow{HA} = \overrightarrow{AH}$ et $-\overrightarrow{EC} = \overrightarrow{CE}$)

$= \overrightarrow{AH} + \overrightarrow{HC} + \overrightarrow{CE}$ (commutativité)

$= \overrightarrow{AE}$ (loi de Chasles)

i) $\overrightarrow{GH} + \overrightarrow{BE} - \overrightarrow{CE} - \overrightarrow{FA}$

$= \overrightarrow{GH} + \overrightarrow{BE} + \overrightarrow{EC} + \overrightarrow{AF}$ (car $-\overrightarrow{CE} = \overrightarrow{EC}$ et $-\overrightarrow{FA} = \overrightarrow{AF}$)

$= \overrightarrow{GH} + \overrightarrow{BC} + \overrightarrow{AF}$ (loi de Chasles)

$= \overrightarrow{BA} + \overrightarrow{FG} + \overrightarrow{AF}$ (car $\overrightarrow{GH} = \overrightarrow{BA}$ et $\overrightarrow{BC} = \overrightarrow{FG}$)

$= \overrightarrow{BA} + \overrightarrow{AF} + \overrightarrow{FG}$ (commutativité)

$= \overrightarrow{BG}$ (loi de Chasles)

j) $\overrightarrow{AG} + \overrightarrow{CB} + \overrightarrow{EC} + \overrightarrow{GA}$

$= \overrightarrow{EC} + \overrightarrow{CB} + \overrightarrow{AG} + \overrightarrow{GA}$ (commutativité)

$= (\overrightarrow{EC} + \overrightarrow{CB}) + (\overrightarrow{AG} + \overrightarrow{GA})$ (associativité)

$= \overrightarrow{EB} + \overrightarrow{AA}$ (loi de Chasles)

$= \overrightarrow{EB}$ (car $\overrightarrow{AA} = \vec{O}$)

7. a) $\|\overrightarrow{DG}\| = \sqrt{\|\overrightarrow{DC}\|^2 + \|\overrightarrow{CG}\|^2}$ (Pythagore)

$= \sqrt{16 + 121}$ (car $\|\overrightarrow{CG}\| = \|\overrightarrow{DH}\|$)

$= \sqrt{137}$

b) $\|\overrightarrow{AC}\| = \sqrt{52}$ (de la même façon qu'en a))

c) $\|\overrightarrow{BG}\| = \sqrt{157}$ (de la même façon qu'en a))

d) $\|\overrightarrow{AG}\| = \sqrt{\|\overrightarrow{AC}\|^2 + \|\overrightarrow{CG}\|^2}$ (Pythagore)

$= \sqrt{52 + 121}$

$= \sqrt{173}$

8. a) Norme : $\|\vec{u} + \vec{v}\| = \sqrt{\|\vec{u}\|^2 + \|\vec{v}\|^2}$ (Pythagore)

$= 5$

Direction : $\theta = \text{Arc tan}\left(\dfrac{\|\vec{v}\|}{\|\vec{u}\|}\right)$, car $\tan\theta = \left(\dfrac{\|\vec{v}\|}{\|\vec{u}\|}\right)$

$= \text{Arc tan}\left(\dfrac{3}{4}\right) \approx 36{,}9°$

d'où $\theta \approx 36{,}9°$

Sens : N.-E.

b) Norme : $\|\vec{u} - \vec{v}\| = \sqrt{\|\vec{u}\|^2 + \|-\vec{v}\|^2}$ (Pythagore)

$= 5$

Direction : $\varphi = \text{Arc tan}\left(\dfrac{3}{4}\right) \approx 36{,}9°$

d'où $\theta \approx 180° - 36{,}9° \approx 143{,}1°$

Sens : S.-E.

c) Norme : $\|\vec{u} + \vec{w}\|^2 = \|\vec{u}\|^2 + \|\vec{w}\|^2 - 2\|\vec{u}\|\|\vec{w}\| \cos\alpha$ (loi des cosinus)

$= 16 + 25 - 40 \cos 150°$

$\approx 75{,}6$

d'où $\|\vec{u} + \vec{w}\| \approx 8{,}7$

Direction : $\dfrac{\sin\theta}{\|\vec{w}\|} = \dfrac{\sin\alpha}{\|\vec{u} + \vec{w}\|}$ (loi des sinus)

$\dfrac{\sin\theta}{5} \approx \dfrac{\sin 150°}{8{,}7}$

$\theta \approx \text{Arc sin}\left(\dfrac{5 \sin 150°}{8{,}7}\right) \approx 16{,}7°$

d'où $\theta \approx 16{,}7°$

Sens : N.-E.

d) Norme : $\|\vec{v} - \vec{w}\|^2 = \|\vec{v}\|^2 + \|-\vec{w}\|^2 - 2\|\vec{v}\|\|-\vec{w}\| \cos\alpha$ (loi des cosinus)

$= 9 + 25 - 30 \cos 60°$

$= 19$

d'où $\|\vec{v} - \vec{w}\| \approx 4{,}4$

Direction : $\dfrac{\sin\varphi}{\|-\vec{w}\|} = \dfrac{\sin\alpha}{\|\vec{v} - \vec{w}\|}$ (loi des sinus)

$\dfrac{\sin\varphi}{5} = \dfrac{\sin 60°}{\sqrt{19}}$

$\varphi = \text{Arc sin}\left(\dfrac{5 \sin 60°}{\sqrt{19}}\right) \approx 83{,}4°$

d'où $\theta \approx 90° + 83{,}4° \approx 173{,}4°$

Sens : N.-O.

e) Puisque $\vec{u} - \vec{w} + \vec{u} = \vec{u} + \vec{u} - \vec{w}$ (commutativité)

construisons le vecteur $\vec{u} + \vec{u} - \vec{w}$.

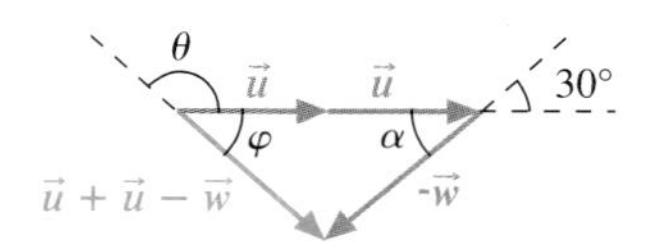

Norme : Nous savons que $\|\vec{u} + \vec{u}\| = \|\vec{u}\| + \|\vec{u}\| = 8$.

$\|(\vec{u} + \vec{u}) - \vec{w}\|^2$

$= \|\vec{u} + \vec{u}\|^2 + \|-\vec{w}\|^2 - 2\|\vec{u} + \vec{u}\|\,\|-\vec{w}\| \cos\alpha$

$= 64 + 25 - 80 \cos 30°$

$\approx 19{,}72$

d'où $\|\vec{u} + \vec{u} - \vec{w}\| \approx 4{,}44$

Direction : $\dfrac{\sin\varphi}{\|-\vec{w}\|} = \dfrac{\sin\alpha}{\|\vec{u} + \vec{u} - \vec{w}\|}$

$\dfrac{\sin\varphi}{5} \approx \dfrac{\sin 30°}{4{,}44}$

$\varphi \approx \text{Arc sin}\left(\dfrac{5 \sin 30°}{4{,}44}\right)$

$\approx 34{,}3°$

d'où $\theta \approx 180° - 34{,}3° \approx 145{,}7°$

Sens : S.-E.

f) Utilisons les résultats trouvés en a) et en d), c'est-à-dire

$\|\vec{u} + \vec{v}\| = 5, \quad \theta \approx 36{,}9°, \quad$ N.-E.

$\|\vec{v} - \vec{w}\| \approx 4{,}4, \; \theta \approx 173{,}4°$, N.-O.

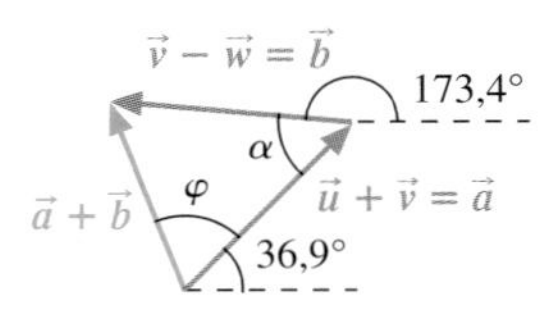

Norme : $\|\vec{a} + \vec{b}\|^2 = \|\vec{a}\|^2 + \|\vec{b}\|^2 - 2\|\vec{a}\|\|\vec{b}\| \cos \alpha$

(loi des cosinus)

$\approx 25 + 19 - 2(5)\sqrt{19} \cos [36{,}9° + (180° - 173{,}4°)]$

$\approx 12{,}4$

d'où $\|\vec{a} + \vec{b}\| \approx 3{,}5$

Direction : $\dfrac{\sin \varphi}{\|\vec{b}\|} = \dfrac{\sin \alpha}{\|\vec{a} + \vec{b}\|}$ (loi des sinus)

$\dfrac{\sin \varphi}{\sqrt{19}} \approx \dfrac{\sin 43{,}5°}{3{,}5}$

$\varphi \approx \text{Arc sin}\left(\dfrac{\sqrt{19} \sin 43{,}5°}{3{,}5}\right)$

$\approx 59°$

d'où $\theta \approx 36{,}9° + 59° \approx 95{,}9°$

Sens : N.-O.

9. a) $\|\vec{v}_x\| = \|\vec{v}\| \cos 27°$

$= 5 \cos 27°$

$\approx 4{,}46$

b) $\|\vec{v}_y\| = \|\vec{v}\| \sin 27°$

$\approx 2{,}27$

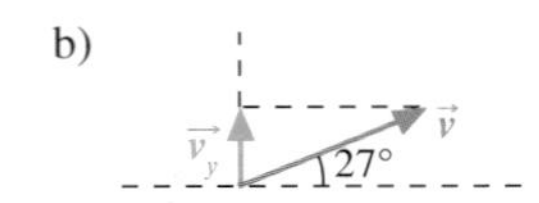

c) $\vec{v} = \vec{v}_x + \vec{v}_y$

d) $\|\vec{v}\|^2 = \|\vec{v}_x\|^2 + \|\vec{v}_y\|^2$

10. Soit $\vec{u} = \overrightarrow{OA}$ et $\vec{v} = \overrightarrow{OB}$.

a) $\|\vec{u}_{\vec{v}}\| = \|\vec{u}\| \cos 55°$

$= 9 \cos 55°$

$\approx 5{,}16$

b) $\|\vec{v}_{\vec{u}}\| = \|\vec{v}\| \cos 55°$

$= 8 \cos 55°$

$\approx 4{,}59$

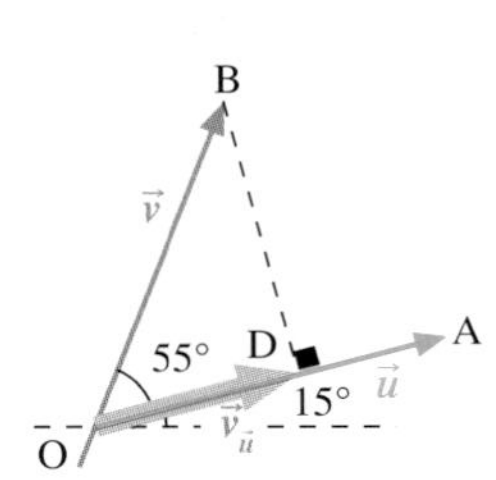

11. a) $\|\vec{u}\| = \|\vec{F}\|$

d'où $\|\vec{u}\| = 200$

b) $\|\vec{u}\| + \|\vec{v}\| = \|\vec{F}\|$

$2\|\vec{u}\| = 200$

d'où $\|\vec{u}\| = 100$

c) $\|\vec{u}\| \cos 45° + \|\vec{v}\| \cos 45° = \|\vec{F}\|$

$2\|\vec{u}\| \cos 45° = 200$

d'où $\|\vec{u}\| = 100\sqrt{2}$

d) $\|\vec{u}\| \cos \theta + \|\vec{v}\| \cos \theta = \|\vec{F}\|$

$2\|\vec{u}\| \cos \theta = 200$

d'où $\|\vec{u}\| = \dfrac{100}{\cos \theta}$, où $0° \leq \theta < 90°$

Exercices 4.3 (page 180)

1. a)

b)

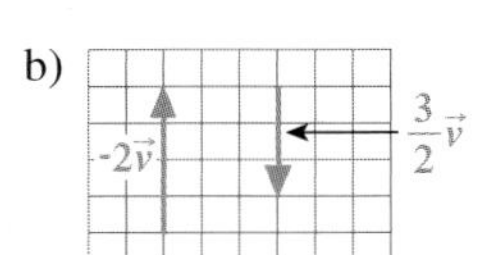

c)

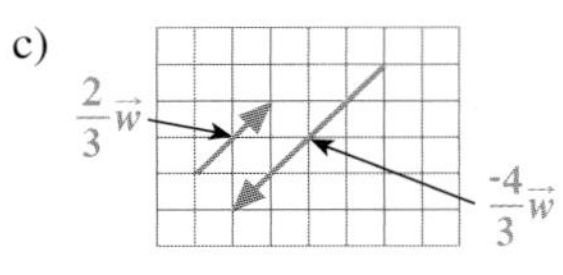

d)

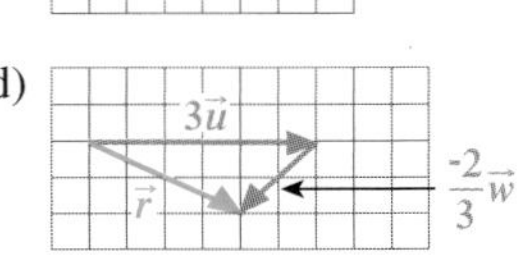

e)

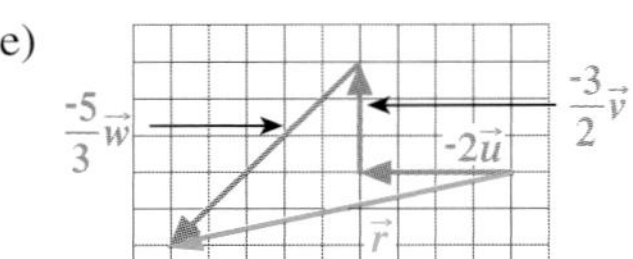

f)

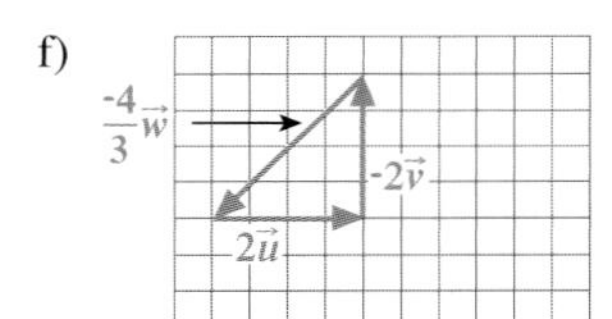

D'où $\vec{r} = \vec{O}$

2. a) $\|3\vec{v}\| = |3|\,\|\vec{v}\| = 36$

b) $\left\|\dfrac{1}{12}\vec{v}\right\| = \left|\dfrac{1}{12}\right|\,\|\vec{v}\| = 1$

c) $\|-5\vec{v}\| = |-5|\,\|\vec{v}\| = 60$

d) $\left\|\dfrac{-1}{3}\vec{v}\right\| = \left|\dfrac{-1}{3}\right|\,\|\vec{v}\| = 4$

e) $\left\|\dfrac{-1}{4}(3\vec{v})\right\| = \left|\dfrac{-1}{4}\right|\,\|3\vec{v}\| = \dfrac{1}{4}|3|\,\|\vec{v}\| = 9$

f) $\|0\vec{v}\| = |0|\,\|\vec{v}\| = 0$

3. a) $\overrightarrow{AB} + \overrightarrow{BC} + \overrightarrow{CD} = \overrightarrow{AD}$ (loi de Chasles)

b) $\overrightarrow{AB} - \overrightarrow{BA} = \overrightarrow{AB} + \overrightarrow{AB} = 2\overrightarrow{AB}$

c) $\overrightarrow{AB} - \overrightarrow{CD} - (\overrightarrow{CD} + \overrightarrow{BA}) - \overrightarrow{BA}$

$= \overrightarrow{AB} - \overrightarrow{CD} - \overrightarrow{CD} - \overrightarrow{BA} - \overrightarrow{BA}$

$= \overrightarrow{AB} - 2\overrightarrow{CD} + \overrightarrow{AB} + \overrightarrow{AB}$

$= 3\overrightarrow{AB} - 2\overrightarrow{CD}$

d) $\overrightarrow{AB} - \overrightarrow{CD} - (\overrightarrow{AB} - \overrightarrow{CD}) - \overrightarrow{BA} + \overrightarrow{BC} - \overrightarrow{AC}$

$= \overrightarrow{AB} + \overrightarrow{DC} - \overrightarrow{AB} + \overrightarrow{CD} + \overrightarrow{AB} + \overrightarrow{BC} + \overrightarrow{CA}$

$= (\overrightarrow{AB} - \overrightarrow{AB}) + (\overrightarrow{DC} + \overrightarrow{CD}) + \overrightarrow{AA}$

$= \vec{O}$

e) $\overrightarrow{BC} - \overrightarrow{BA} + \overrightarrow{AF} + \overrightarrow{CD} - \overrightarrow{DF}$

$= \overrightarrow{BC} + \overrightarrow{AB} + \overrightarrow{AF} + \overrightarrow{CD} + \overrightarrow{FD}$

$= (\overrightarrow{AB} + \overrightarrow{BC} + \overrightarrow{CD}) + (\overrightarrow{AF} + \overrightarrow{FD})$

$= \overrightarrow{AD} + \overrightarrow{AD}$

$= 2\overrightarrow{AD}$

4. a) $\overrightarrow{AC} + \overrightarrow{AF} + \overrightarrow{AH}$

$= (\overrightarrow{AB} + \overrightarrow{AD}) + (\overrightarrow{AB} + \overrightarrow{AE}) + (\overrightarrow{AE} + \overrightarrow{AD})$

$= 2\overrightarrow{AB} + 2\overrightarrow{AD} + 2\overrightarrow{AE}$

b) $\overrightarrow{AC} + \overrightarrow{AF} + \overrightarrow{AH} = 2\overrightarrow{AB} + 2\overrightarrow{AD} + 2\overrightarrow{AE}$ (voir en a))

$= 2(\overrightarrow{AB} + \overrightarrow{AD} + \overrightarrow{AE})$

$= 2(\overrightarrow{AB} + \overrightarrow{BC} + \overrightarrow{CG})$

$(\overrightarrow{AD} = \overrightarrow{BC}$ et $\overrightarrow{AE} = \overrightarrow{CG})$

$= 2\overrightarrow{AG}$ (loi de Chasles)

c) $\|\overrightarrow{AG}\|^2 = \|\overrightarrow{AH}\|^2 + \|\overrightarrow{HG}\|^2$ (Pythagore)

$= \|\overrightarrow{AD}\|^2 + \|\overrightarrow{DH}\|^2 + \|\overrightarrow{HG}\|^2$ (Pythagore)

$= \|\overrightarrow{AD}\|^2 + \|\overrightarrow{AE}\|^2 + \|\overrightarrow{AB}\|^2$

$(\overrightarrow{DH} = \overrightarrow{AE}$ et $\overrightarrow{HG} = \overrightarrow{AB})$

d'où $\|\overrightarrow{AG}\| = \sqrt{\|\overrightarrow{AD}\|^2 + \|\overrightarrow{AE}\|^2 + \|\overrightarrow{AB}\|^2}$

5. a)

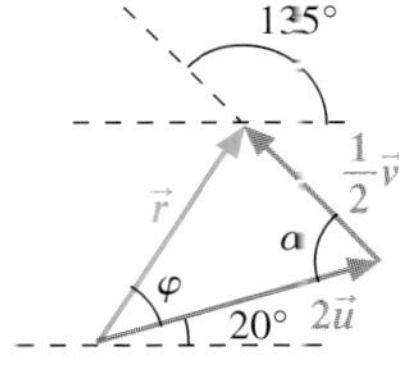

Norme : $\|\vec{r}\|^2 = \|2\vec{u}\|^2 + \left\|\frac{1}{2}\vec{v}\right\|^2 - 2\|2\vec{u}\|\left\|\frac{1}{2}\vec{v}\right\| \cos \alpha$

(loi des cosinus)

$= 100 + 36 - 120 \cos 65°$

$\approx 85{,}3$

d'où $\|\vec{r}\| \approx 9{,}2$

Direction : $\dfrac{\sin \varphi}{\left\|\frac{1}{2}\vec{v}\right\|} = \dfrac{\sin \alpha}{\|\vec{r}\|}$

$\dfrac{\sin \varphi}{6} \approx \dfrac{\sin 65°}{9{,}2}$

$\varphi \approx 36{,}2°$

d'où $\theta \approx 20° + 36{,}2° \approx 56{,}2°$

Sens : N.-E.

b)

Norme : $\|\vec{s}\|^2 = \left\|\frac{3}{2}\vec{u}\right\|^2 + \left\|\frac{-3}{4}\vec{v}\right\|^2 - 2\left\|\frac{3}{2}\vec{u}\right\|\left\|\frac{-3}{4}\vec{v}\right\| \cos \alpha$

(loi des cosinus)

$= 56{,}25 + 81 - 135 \cos 115°$

$\approx 194{,}3$

d'où $\|\vec{s}\| \approx 13{,}9$

Direction : $\dfrac{\sin \varphi}{\left\|\frac{-3}{4}\vec{v}\right\|} = \dfrac{\sin \alpha}{\|\vec{s}\|}$

$\dfrac{\sin \varphi}{9} \approx \dfrac{\sin 115°}{13{,}9}$

$\varphi \approx 35{,}9°$

d'où $\theta \approx 180° - (35{,}9° - 20°) \approx 164{,}1°$

Sens : S.-E.

c) Soit $\vec{r} = \frac{5}{6}\vec{v}$ et $\vec{s} = \frac{-6}{5}\vec{u}$. Ainsi, $\vec{t} = \vec{r} + \vec{s}$

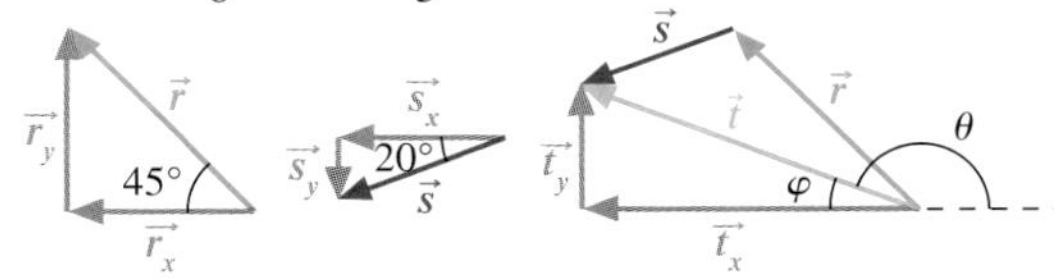

où $\vec{t}_x = \vec{r}_x + \vec{s}_x$ et $\vec{t}_y = \vec{r}_y + \vec{s}_y$.

En calculant, nous obtenons

$\|\vec{r}_x\| = \|\vec{r}\| \cos 45° \approx 7{,}07$ et $\|\vec{r}_y\| = \|\vec{r}\| \sin 45° \approx 7{,}07$

$\|\vec{s}_x\| = \|\vec{s}\| \cos 20° \approx 5{,}64$ et $\|\vec{s}_y\| = \|\vec{s}_y\| \sin 20° \approx 2{,}05$

ainsi, $\|\vec{t}_x\| = \|\vec{r}_x\| + \|\vec{s}_x\|$ et $\|\vec{t}_y\| = \|\vec{r}_y\| - \|\vec{s}_y\|$

$\|\vec{t}_x\| \approx 12{,}71$ et $\|\vec{t}_y\| \approx 5{,}02$

d'où $\|\vec{t}\| \approx \sqrt{(12{,}71)^2 + (5{,}02)^2} \approx 13{,}67$

Nous avons $\tan \varphi = \dfrac{\|\vec{t}_y\|}{\|\vec{t}_x\|} \approx 0{,}39$

$\varphi \approx 21{,}55°$

d'où $\theta \approx 158{,}45°$ (car $\theta = 180° - \varphi$)

Le sens du vecteur $\vec{t}$ est N.-O.

6. a) $\overrightarrow{TR} = -\vec{v}$

b) $\overrightarrow{MR} = \frac{-1}{2}\vec{u}$

c) $\overrightarrow{MN} = \frac{-1}{2}\vec{u} + \frac{1}{2}\vec{v}$

d) $\overrightarrow{TM} = -\vec{v} + \frac{1}{2}\vec{u}$

7. Démontrons que les côtés du quadrilatère AMCN sont parallèles deux à deux.

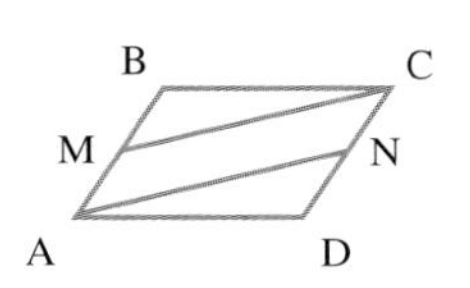

D'une part, $\overrightarrow{AM} = \frac{1}{2}\overrightarrow{AB}$ (car M est le point milieu de $\overline{AB}$)

$= \frac{1}{2}\overrightarrow{DC}$ (car $\overrightarrow{AB} = \overrightarrow{DC}$)

$= \overrightarrow{NC}$ (car N est le point milieu de $\overline{DC}$)

ainsi, $\overrightarrow{AM} /\!/ \overrightarrow{NC}$ (par définition)

D'autre part, $\overrightarrow{MC} = \overrightarrow{MB} + \overrightarrow{BC}$ (loi de Chasles)

$= \overrightarrow{DN} + \overrightarrow{AD}$ ($\overrightarrow{MB} = \overrightarrow{DN}$ et $\overrightarrow{BC} = \overrightarrow{AD}$)

$= \overrightarrow{AD} + \overrightarrow{DN}$ (commutativité)

$= \overrightarrow{AN}$ (loi de Chasles)

ainsi, $\overrightarrow{MC} /\!/ \overrightarrow{AN}$ (définition)

D'où AMCN est un parallélogramme.

8. Soit M et N, les points milieux respectifs de AB et de BC.

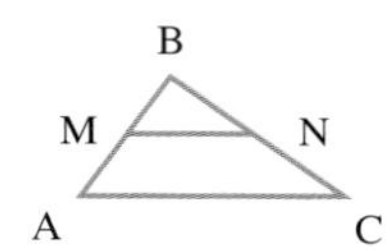

$\overrightarrow{MN} = \overrightarrow{MB} + \overrightarrow{BN}$ (loi de Chasles)

$= \frac{1}{2}\overrightarrow{AB} + \frac{1}{2}\overrightarrow{BC}$ (car M et N sont les points milieux de AB et de BC)

$= \frac{1}{2}(\overrightarrow{AB} + \overrightarrow{BC})$

$= \frac{1}{2}\overrightarrow{AC}$ (loi de Chasles)

ainsi, $\overrightarrow{MN} /\!/ \overrightarrow{AC}$ et $\|\overrightarrow{MN}\| = \frac{1}{2}\|\overrightarrow{AC}\|$

9. $\overrightarrow{AM} = \overrightarrow{AB} + \overrightarrow{BM}$

$= \overrightarrow{AB} + k\overrightarrow{BC}$

$= \overrightarrow{AB} + k(\overrightarrow{BA} + \overrightarrow{AC})$

$= \overrightarrow{AB} + k\overrightarrow{BA} + k\overrightarrow{AC}$

$= \overrightarrow{AB} + k(-\overrightarrow{AB}) + k\overrightarrow{AC}$

$= \overrightarrow{AB} - k\overrightarrow{AB} + k\overrightarrow{AC}$

d'où $\overrightarrow{AM} = (1 - k)\overrightarrow{AB} + k\overrightarrow{AC}$

10. Les diagonales du parallélogramme se coupent en leur milieu. Par conséquent, nous obtenons la figure suivante.

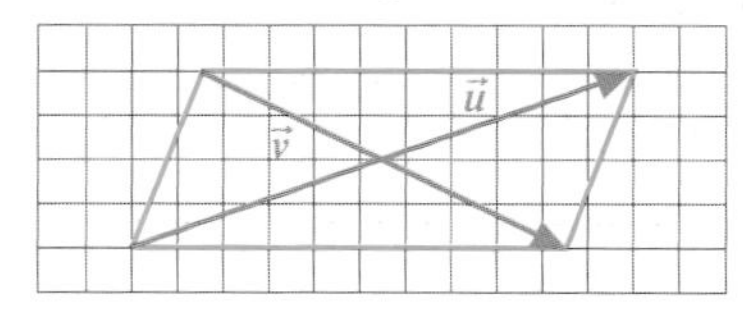

11. a) Le vecteur $\vec{a}$ représente la vitesse de l'avion.

Le vecteur $\vec{v}$ représente la vitesse du vent.

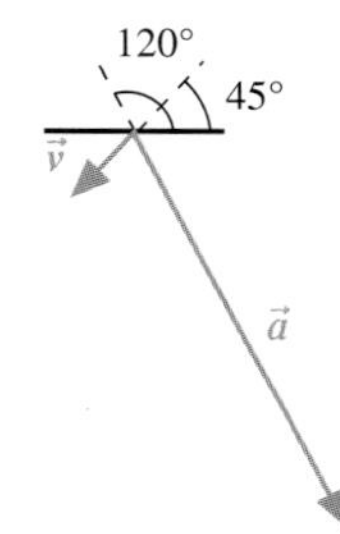

b) Le vecteur $\vec{r}$ représente la vitesse réelle de l'avion par rapport au sol.

Norme :

$\|\vec{r}\|^2 = \|\vec{v}\|^2 + \|\vec{a}\|^2 - 2\|\vec{v}\|\,\|\vec{a}\| \cos \alpha$ (loi des cosinus)

$= 25^2 + 150^2 - 2(25)(150) \cos (105°)$ (car $\alpha = (180° - 120°) + 45°$)

$\approx 25\,066{,}14$

d'où $\|\vec{r}\| \approx 158{,}3$ km/h

Direction : $\frac{\sin \varphi}{\|\vec{v}\|} = \frac{\sin \alpha}{\|\vec{r}\|}$ (loi des sinus)

$\frac{\sin \varphi}{25} \approx \frac{\sin 105°}{158{,}3}$

$\varphi \approx 8{,}773°$

d'où $\theta_{(\vec{r})} \approx 111{,}2°$

Sens : S.-E.

12. a) Le vecteur $\vec{b}$ représente la vitesse du bateau.

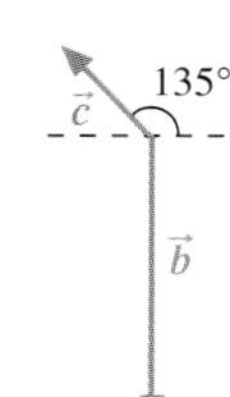

Le vecteur $\vec{c}$ représente la vitesse du courant.

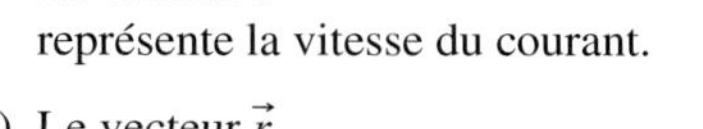

b) Le vecteur $\vec{r}$ représente la vitesse réelle du bateau.

Norme : $\|\vec{r}\|^2 = \|\vec{b}\|^2 + \|\vec{c}\|^2 - 2\|\vec{b}\|\|\vec{c}\| \cos \alpha$ (loi des cosinus)

$= (25)^2 + (10)^2 - 500 \cos 45°$

$\approx 371{,}4$

d'où $\|\vec{r}\| \approx 19{,}3$ nœuds.

Direction : $\frac{\sin \varphi}{\|\vec{c}\|} = \frac{\sin \alpha}{\|\vec{r}\|}$

$\frac{\sin \varphi}{10} \approx \frac{\sin 45°}{19{,}3}$

$\varphi \approx 21{,}5°$

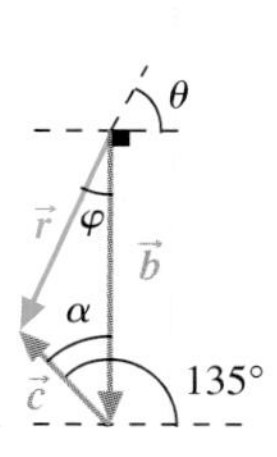

d'où $\theta \approx 68{,}5°$ (car $\theta = 90° - \varphi$)

Sens : S.-O.

Exercices récapitulatifs (page 183)

2. a) Vecteur b) Scalaire c) Scalaire

d) Non définie e) Vecteur f) Non définie

3. a)

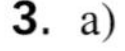

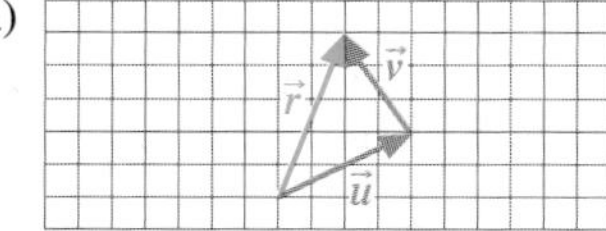

c)

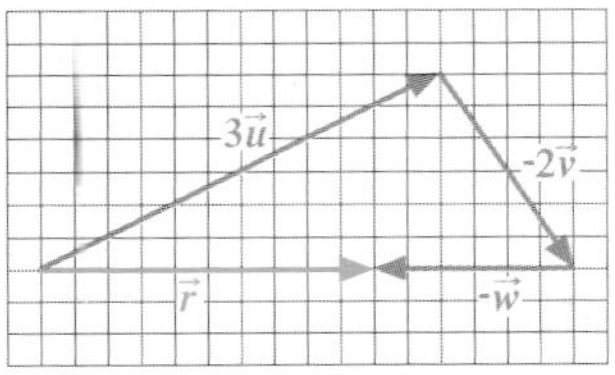

e) $\vec{r} = \frac{-1}{2}\vec{u} + \frac{5}{3}\vec{v}$

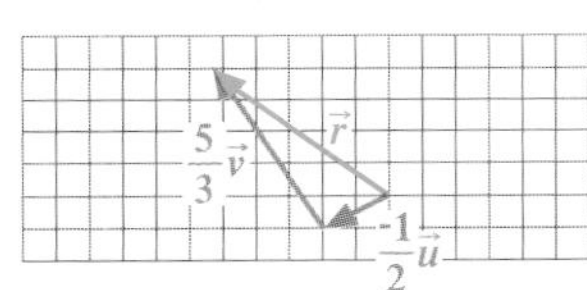

4. a) $\overrightarrow{AF}$ c) $\overrightarrow{DF}$ e) $2\overrightarrow{DF}$

g) $2\overrightarrow{FD}$ i) $3\overrightarrow{DB}$

5. a) 5 b) $\sqrt{58}$ c) $\sqrt{65}$

d) $\sqrt{74}$ e) $\sqrt{74}$ f) $2\sqrt{74}$

g) 6 h) 0 i) $12\sqrt{2}$

8. a) $\|\vec{F}_x\| \approx 3{,}39$ et $\|\vec{F}_y\| \approx 2{,}12$

b) $\|\vec{v}_{\vec{u}}\| \approx 3{,}38$, $\theta = 20°$, S.O.

10. a) $\vec{O}$ b) Environ 6,17 unités ; environ 16,78°

d) 2 unités e) Environ 5,53 unités ; environ 9,28°

11. a) $\|\vec{r}\| \approx 2{,}05$, $\theta \approx 148°$, S.-E.

c) $\|\vec{r}\| \approx 7{,}87$, $\theta \approx 127°$, N.-O.

12. Le pilote devra voler à une vitesse approximative de 412 km/h en direction d'environ 136,8° N.-O.

13. a) $\alpha = 20°$, $\|\vec{r}\| \approx 9{,}4$

Problèmes de synthèse (page 186)

1. a) $\|\vec{v}_{\vec{u}}\| = 0$

b) $\|(\vec{u} + \vec{v})_{\vec{w}}\| \approx 2{,}12$, $\theta = 135°$, N.-O.

c) $\|\vec{w}_{(\vec{u}+\vec{v})}\| \approx 1{,}58$, $\theta \approx 63{,}43°$, S.-O.

2. b) $\overrightarrow{AR} = \overrightarrow{RS}$ et $\overrightarrow{NS} = \frac{-1}{2}\overrightarrow{RS}$

4. b) $\overrightarrow{CD} = \vec{v} - \vec{u}$; $\overrightarrow{DE} = -\vec{u}$; $\overrightarrow{EF} = -\vec{v}$; $\overrightarrow{FA} = \vec{u} - \vec{v}$

c) i) $2\overrightarrow{AD}$ ii) $4\vec{v}$

5. a) $\sqrt{4 + 2\sqrt{2}}$

b) i) $k_1 = \frac{1 + \sqrt{2}}{2}$ ii) $k_2 = \sqrt{3 + 2\sqrt{2}}$

7. 10 unités carrées

9. Environ 46,77 unités carrées

10. a) $\|\vec{r}\| \approx 18{,}51$ et $\theta = 50°$

13. b) $\frac{70\sqrt{14}}{9}$ u^2

CHAPITRE 5

Exercices préliminaires (page 191)

1. a) $d(\text{P}, \text{Q}) = \sqrt{(x_2 - x_1)^2 + (y_2 - y_1)^2}$

b) i) $d(\text{A}, \text{B}) = 5$ unités

ii) $d(\text{A}, \text{C}) = \sqrt{50}$ unités

iii) $d(\text{B}, \text{C}) = 5$ unités

c) Le triangle ABC est un triangle rectangle isocèle.

2. a) Les diagonales d'un parallélogramme quelconque se coupent en leur milieu.

b) Les diagonales d'un losange quelconque se coupent en leur milieu et sont orthogonales.

c) Les diagonales d'un carré se coupent en leur milieu, elles sont orthogonales et elles sont de longueur égale.

d) Les diagonales d'un rectangle quelconque se coupent en leur milieu et elles sont de longueur égale.

3. $V = \frac{4}{3}\pi r^3$

4. a) … si et seulement si les deux vecteurs ont

1) la même direction ;

2) le même sens ;

3) la même longueur.

b) … si et seulement si les deux vecteurs ont

1) la même direction ;

2) un sens contraire ;

3) la même longueur.

c) … si et seulement si il existe un scalaire k, où $k \in \mathbb{R}\backslash\{0\}$ tel que $\vec{u} = k\vec{v}$.

Exercices 5.1 (page 205)

1.

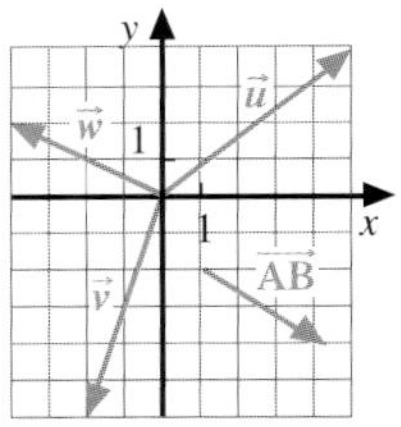

2. a) $\overrightarrow{OA} = (5 - 0, -3 - 0) = (5, -3)$

b) $\overrightarrow{AB} = (-1 - 5, 7 - (-3)) = (-6, 10)$

c) $\overrightarrow{BA} = (5 - (-1), -3 - 7) = (6, -10)$

d) $\overrightarrow{BB} = (-1 - (-1), 7 - 7) = (0, 0)$

3. a) $(3, a) = (b, -2)$. D'où $b = 3$ et $a = -2$.

b) $(2k, -3k) = (8, a)$. D'où $k = 4$ et $a = -12$.

c) $(a - 2, 2b - a) = (b, 1)$. D'où $a = 5$ et $b = 3$.

d) $(a^2, a + b) = (4, 5)$.
D'où $a = -2$ et $b = 7$, ou $a = 2$ et $b = 3$.

4. a) $\overrightarrow{PQ} = (x_q - 3, y_q + 1)$ et $\vec{u} = (-1, 4)$

Puisque $\overrightarrow{PQ} = \vec{u}$, $x_q - 3 = -1$ et $y_q + 1 = 4$.

Donc, $x_q = 2$ et $y_q = 3$.

D'où Q(2, 3).

b) $\overrightarrow{QP} = (3 - x_q, -1 - y_q)$ et $\vec{v} = (5, -3)$

Puisque $\overrightarrow{QP} = \vec{v}$, $3 - x_q = 5$ et $-1 - y_q = -3$.

Donc, $x_q = -2$ et $y_q = 2$.

D'où Q(-2, 2).

c) Q(4, 1)

d) Q(1, -4)

5.

a) (-6, 8)	b) (-30, 6)	c) (0, 0)
d) (0, 0)	e) (2, 3)	f) (-4, 2)
g) (6, 1)	h) $\left(\frac{-3}{5}, \frac{4}{5}\right)$	i) (-25, 20)
j) (-21, 3)	k) (13, -3)	l) $\left(\frac{-8}{3}, \frac{5}{3}\right)$

6.

a) 5	b) $3\sqrt{26}$	c) $2\sqrt{5}$
d) $\frac{5}{2}$	e) $\sqrt{85}$	f) 0
g) 1	h) 1	

7. a) $\|\overrightarrow{AB}\| = \|(1, -7)\| = 5\sqrt{2}$

b) $\|\overrightarrow{DC}\| = \|(-1, 3)\| = \sqrt{10}$

c) $\|-3\overrightarrow{BA}\| = \|(3, -21)\| = 15\sqrt{2}$

d) $\|\overrightarrow{AC} + \overrightarrow{DB}\| = \|(0, -4)\| = 4$

e) $\|\overrightarrow{AD} + \overrightarrow{DA}\| = \|(0, 0)\| = 0$

f) $\|3\overrightarrow{AB} - 4\overrightarrow{CD}\| = \|(-1, -9)\| = \sqrt{82}$

8. Puisque $\vec{v} = \frac{-2}{7}\vec{w}$, $\vec{v} /\!/ \vec{w}$

Puisque $\vec{s} = \frac{-5}{6}\vec{u}$, $\vec{s} /\!/ \vec{u}$

9. $\|\vec{j}\| = 1$; $\vec{j}$ est donc un vecteur unitaire.

$\|\vec{u}\| = \sqrt{\frac{1}{2}}$; $\vec{u}$ n'est donc pas un vecteur unitaire.

$\|\vec{v}\| = 1$; $\vec{v}$ est donc un vecteur unitaire.

$\|\vec{w}\| = 1$; $\vec{w}$ est donc un vecteur unitaire.

$\|\vec{t}\| = 1$; $\vec{t}$ est donc un vecteur unitaire.

10. a) $\vec{u}_1 = \frac{1}{\|\vec{s}\|}\vec{s} = \frac{1}{13}(-5, 12) = \left(\frac{-5}{13}, \frac{12}{13}\right)$ et

$\vec{u}_2 = \frac{-1}{\|\vec{s}\|}\vec{s} = \frac{-1}{13}(-5, 12) = \left(\frac{5}{13}, \frac{-12}{13}\right)$

b) $\vec{v}_1 = \frac{5}{\|\vec{t}\|}\vec{t} = \left(\frac{-35}{\sqrt{58}}, \frac{15}{\sqrt{58}}\right)$ et

$\vec{v}_2 = \frac{-5}{\|\vec{t}\|}\vec{t} = \left(\frac{35}{\sqrt{58}}, \frac{-15}{\sqrt{58}}\right)$

11. a) $\vec{u} = 3(1, 0) + 4(0, 1) = (3, 4)$

$\vec{v} = -2(1, 0) + 7(0, 1) = (-2, 7)$

$\vec{w} = 5(1, 0) - (0, 1) = (5, -1)$

b) En posant $(a, b) = k_1\vec{i} + k_2\vec{j}$, on obtient

$$\begin{aligned}(a, b) &= k_1(1, 0) + k_2(0, 1)\\ &= (k_1, 0) + (0, k_2)\\ &= (k_1, k_2)\end{aligned}$$

Donc, $k_1 = a$ et $k_2 = b$
d'où $(a, b) = a\vec{i} + b\vec{j}$

c) $\vec{u}_1 = 2\vec{i} + 8\vec{j}$ $\quad$ $\vec{u}_4 = \frac{1}{2}\vec{i} - \frac{3}{4}\vec{j}$

$\vec{u}_2 = -4\vec{i} + 2\vec{j}$ $\quad$ $\vec{u}_5 = 0\vec{i} + 0\vec{j}$

$\vec{u}_3 = 0\vec{i} - 5\vec{j}$ $\quad$ $\vec{u}_6 = 14\vec{i} + 9\vec{j}$

12. a)

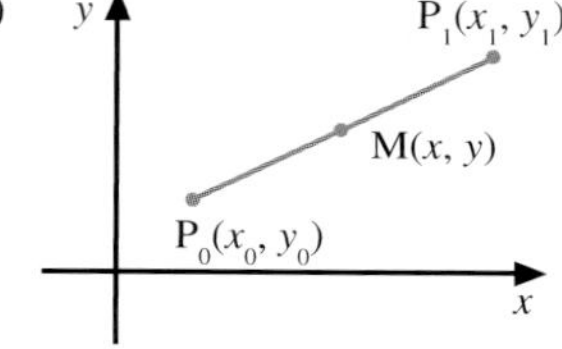

Puisque $M(x, y)$ est le point milieu du segment P_0P_1,

$$\overrightarrow{P_0P_1} = 2\overrightarrow{P_0M}$$

$$(x_1 - x_0, y_1 - y_0) = 2(x - x_0, y - y_0)$$

$$(x_1 - x_0, y_1 - y_0) = (2(x - x_0), 2(y - y_0))$$

$$2(x - x_0) = x_1 - x_0 \text{ ; donc, } x = \frac{x_0 + x_1}{2}$$

$$2(y - y_0) = y_1 - y_0 \text{ ; donc, } y = \frac{y_0 + y_1}{2}$$

Nous obtenons ainsi le point $M\left(\frac{x_0 + x_1}{2}, \frac{y_0 + y_1}{2}\right)$.

Il est également possible de faire la démonstration en utilisant la loi de Chasles.

b) i) $M\left(\frac{0 + (-4)}{2}, \frac{1 + 5}{2}\right)$. D'où M(-2, 3).

ii) M(0, 0) $\quad$ iii) M(0,75 ; 6,7) $\quad$ iv) M(7, 0)

13. a) Soit P(r, s). Nous avons

$$3\overrightarrow{BP} = \overrightarrow{BA}$$

$$3(r - (-6), s - (-2)) = (4 - (-6), 5 - (-2))$$

$$3(r + 6, s + 2) = (10, 7)$$

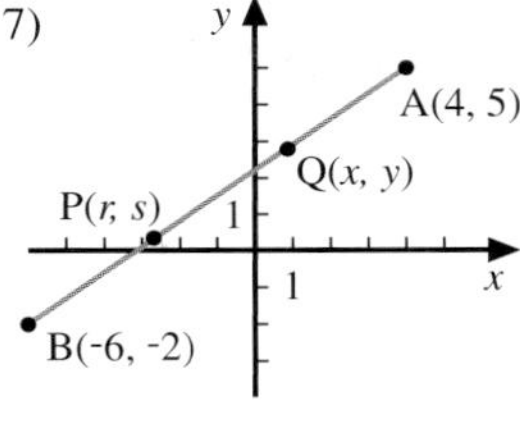

Ainsi, $3r + 18 = 10$

$$r = \frac{-8}{3}$$

et $3s + 6 = 7$

$$s = \frac{1}{3}$$

D'où nous obtenons le point $P\left(\frac{-8}{3}, \frac{1}{3}\right)$.

De façon analogue, nous trouvons $Q\left(\frac{2}{3}, \frac{8}{3}\right)$.

b) Si R(x, y) est un point situé entre A et B, nous avons

$$5\overrightarrow{BR} = \overrightarrow{BA}$$

$$5(x + 6, y + 2) = (10, 7)$$

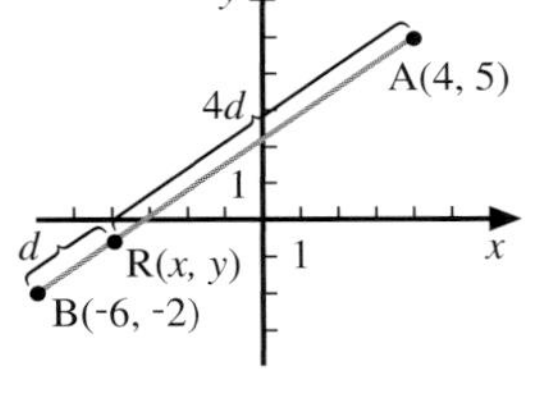

Ainsi, $5x + 30 = 10$

$$x = -4$$

et $5y + 10 = 7$

$$y = \frac{-3}{5}$$

D'où nous obtenons le point $R\left(-4, \frac{-3}{5}\right)$.

Si S(m, n) est un point sur la droite passant par A et B, non situé entre A et B, nous trouvons $S\left(\frac{-28}{3}, \frac{-13}{3}\right)$.

14. a) Puisque $\overrightarrow{AB} = (3, 6)$ et que $\overrightarrow{DC} = (3, 6)$, $\overrightarrow{AB} = \overrightarrow{DC}$.

Puisque $\overrightarrow{BC} = (5, 7)$ et que $\overrightarrow{AD} = (5, 7)$, $\overrightarrow{BC} = \overrightarrow{AD}$.

ABCD est donc un parallélogramme.

b) Soit $M\left(\frac{2 + 10}{2}, \frac{1 + 14}{2}\right)$, c'est-à-dire M(6 ; 7,5), le point milieu du segment AC.

Soit $N\left(\frac{5 + 7}{2}, \frac{7 + 8}{2}\right)$, c'est-à-dire N(6 ; 7,5), le point milieu du segment BD.

Puisque M et N coïncident, les diagonales se coupent en leur milieu.

15. a) $\overrightarrow{RS} = \overrightarrow{RA} - 2\overrightarrow{RB} + 3\overrightarrow{RC}$

$(x_2 - x_1, y_2 - y_1)$

$= (3 - x_1, 2 - y_1) - 2(2 - x_1, -4 - y_1) + 3(-3 - x_1, 4 - y_1)$

$= (3 - x_1 - 4 + 2x_1 - 9 - 3x_1, 2 - y_1 + 8 + 2y_1 + 12 - 3y_1)$

Par conséquent,

$x_2 - x_1 = 3 - x_1 - 4 + 2x_1 - 9 - 3x_1 = -10 - 2x_1$

$y_2 - y_1 = 2 - y_1 + 8 + 2y_1 + 12 - 3y_1 = 22 - 2y_1$

d'où $x_1 = -x_2 - 10$ et $y_1 = -y_2 + 22$

b) Si R et S coïncident, alors $x_1 = x_2$ et $y_1 = y_2$.

Donc, $x_1 = -x_1 - 10$ et $y_1 = -y_1 + 22$

$x_1 = -5$ $\qquad$ $y_1 = 11$

d'où R(-5, 11)

16. a) $\overrightarrow{AB} = (x_b - x_a, y_b - y_a)$,

donc $\|\overrightarrow{AB}\| = \sqrt{(x_b - x_a)^2 + (y_b - y_a)^2}$

$\overrightarrow{BA} = (x_a - x_b, y_a - y_b)$,

donc $\|\overrightarrow{BA}\| = \sqrt{(x_a - x_b)^2 + (y_a - y_b)^2}$

d'où $\|\overrightarrow{AB}\| = \|\overrightarrow{BA}\|$

b) $\|k\vec{u}\| = \|k(u_1, u_2)\|$

$= \|(ku_1, ku_2)\|$

$= \sqrt{(ku_1)^2 + (ku_2)^2}$

$= \sqrt{k^2u_1^2 + k^2u_2^2}$

$= \sqrt{k^2(u_1^2 + u_2^2)}$

$= \sqrt{k^2}\sqrt{u_1^2 + u_2^2}$

$= |k|\,\|\vec{u}\|$

17. a)

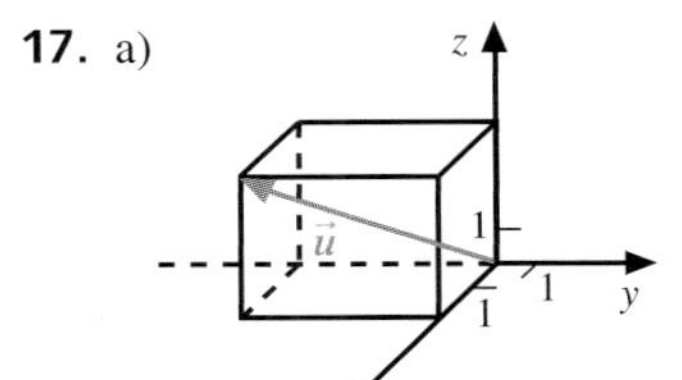

b)

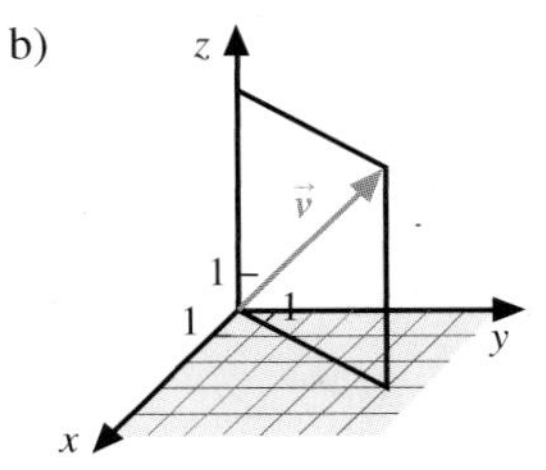

c)

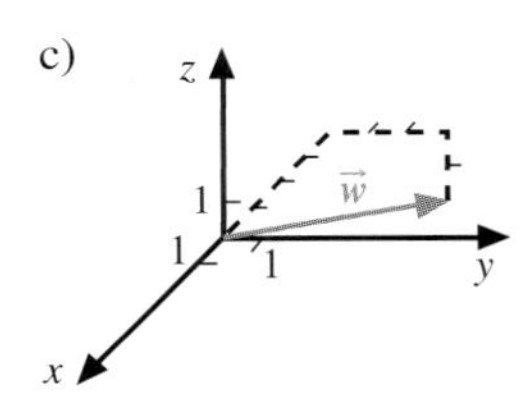

d)

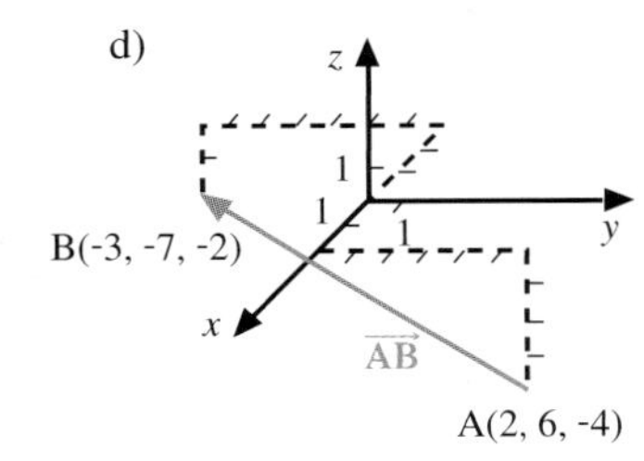

18. a) $\overrightarrow{AB} = (-5 - 3, 0 - (-2), 8 - 4) = (-8, 2, 4)$

b) $\overrightarrow{BA} = (3 - (-5), -2 - 0, 4 - 8) = (8, -2, -4)$

c) $\overrightarrow{AO} = (0 - 3, 0 - (-2), 0 - 4) = (-3, 2, -4)$

d) $\overrightarrow{AA} = (3 - 3, -2 - (-2), 4 - 4) = (0, 0, 0)$

19. a) $(2a, 9, 4c) = (7, 3b, -8)$. D'où $a = \frac{7}{2}$, $b = 3$ et $c = -2$.

b) $(2a, 4, 2b) = \left(kb, \frac{-4k}{3}, -2k\right)$. D'où $k = -3$, $b = 3$ et $a = \frac{-9}{2}$.

c) $(a - b, 2a + c, 18) = (3, 6, 3b - 3c)$.
D'où $a = 5$, $b = 2$ et $c = -4$.

d) $(a^3, a^2 + 2b, 3a + b) = (-8, 16, 8c^2)$.
D'où $a = -2$, $b = 6$ et $c = 0$.

20. a) $\overrightarrow{AB} = (x_b - 5, y_b - 3, z_b + 4)$ et $\vec{u} = (4, -2, 1)$

Puisque $\overrightarrow{AB} = \vec{u}$,

$x_b - 5 = 4$, $y_b - 3 = -2$ et $z_b + 4 = 1$

Donc, $x_b = 9$, $y_b = 1$ et $z_b = -3$

d'où B(9, 1, -3)

b) B(1, 5, -5) c) C(-7, 3, -6) d) B(-4, 2, -1)

21. a) (9, -9, 27) b) (2, -5, 6)

c) (2, 2, 2) d) (-4, 1, 0)

e) (-2, 5, -6) f) (6, -6, 18)

g) (6, 9, 19) h) (1, 0, 0)

22. a) $3\sqrt{11}$ b) $4\sqrt{11}$ c) $4\sqrt{65}$

d) $-4\sqrt{65}$ e) $\sqrt{314}$ f) $\sqrt{65} - 3\sqrt{11}$

g) 1 h) 2

23. a) $\left\|\overrightarrow{AB} + \overrightarrow{AD} + \frac{1}{2}\overrightarrow{BC} - \overrightarrow{AC}\right\| = \|(1, 1, 1)\| = \sqrt{3}$

b) $\|\overrightarrow{AB} - \overrightarrow{AC} - \overrightarrow{CB}\| = \|(0, 0, 0)\| = 0$

c) $\left\|\frac{1}{\|\overrightarrow{AB} + 0{,}5\overrightarrow{BC}\|}(\overrightarrow{AB} + 0{,}5\overrightarrow{BC})\right\| = \left\|\left(\frac{1}{\sqrt{2}}, 0, \frac{1}{\sqrt{2}}\right)\right\| = 1$

24. Puisque $\vec{w} = \frac{-5}{6}\vec{v}$, $\vec{w} /\!/ \vec{v}$

Puisque $\vec{t} = \frac{-2}{7}\vec{u}$, $\vec{t} /\!/ \vec{u}$

25. $\|\vec{u}\| = \sqrt{3}$; d'où $\vec{u}$ n'est pas un vecteur unitaire.

$\|\vec{v}\| = 1$; d'où $\vec{v}$ est un vecteur unitaire.

$\|\vec{w}\| = 1$; d'où $\vec{w}$ est un vecteur unitaire.

$\|\vec{t}\| = \sqrt{\sin^2\theta + \sin^2\theta\cos^2\theta + \cos^4\theta}$

$= \sqrt{\sin^2\theta + \cos^2\theta\,(\sin^2\theta + \cos^2\theta)}$

$= \sqrt{\sin^2\theta + \cos^2\theta}$

$= 1$; d'où $\vec{t}$ est un vecteur unitaire.

26. a) $\vec{u_1} = \frac{1}{\|\vec{s}\|}\vec{s} = \frac{1}{\sqrt{30}}(2, -1, 5) = \left(\frac{2}{\sqrt{30}}, \frac{-1}{\sqrt{30}}, \frac{5}{\sqrt{30}}\right)$ et

$\vec{u_2} = \frac{-1}{\|\vec{s}\|}\vec{s} = \frac{-1}{\sqrt{30}}(2, -1, 5) = \left(\frac{-2}{\sqrt{30}}, \frac{1}{\sqrt{30}}, \frac{-5}{\sqrt{30}}\right)$

b) $\vec{v_1} = \frac{4}{\|\overrightarrow{AB}\|}\overrightarrow{AB} = \frac{4}{13}(-12, 4, 3) = \left(\frac{-48}{13}, \frac{16}{13}, \frac{12}{13}\right)$ et

$\vec{v_2} = \frac{-4}{\|\overrightarrow{AB}\|}\overrightarrow{AB} = \frac{-4}{13}(-12, 4, 3) = \left(\frac{48}{13}, \frac{-16}{13}, \frac{-12}{13}\right)$

27. a) $\vec{u} = 2(1, 0, 0) - 3(0, 1, 0) + 5(0, 0, 1) = (2, -3, 5)$

$\vec{v} = 3(1, 0, 0) - 4(0, 0, 1) = (3, 0, -4)$

$\vec{w} = 7(0, 1, 0) = (0, 7, 0)$

b) En posant $(a, b, c) = k_1\vec{i} + k_2\vec{j} + k_3\vec{k}$, nous obtenons

$(a, b, c) = k_1(1, 0, 0) + k_2(0, 1, 0) + k_3(0, 0, 1)$

$= (k_1, 0, 0) + (0, k_2, 0) + (0, 0, k_3)$

$= (k_1, k_2, k_3)$

Donc, $k_1 = a$, $k_2 = b$, $k_3 = c$

d'où $(a, b, c) = a\vec{i} + b\vec{j} + c\vec{k}$

c) $\vec{u_1} = 4\vec{i} - 5\vec{j} + 3\vec{k}$ $\vec{u_4} = 0\vec{i} + 0\vec{j} + 0\vec{k}$

$\vec{u_2} = 0\vec{i} + 2\vec{j} - 7\vec{k}$ $\vec{u_5} = 2\vec{i} - 8\vec{j} + 0\vec{k}$

$\vec{u_3} = -\vec{i} + 0\vec{j} + 6\vec{k}$

28. a) $\overrightarrow{OM} = \overrightarrow{OP_0} + \overrightarrow{P_0M}$

$= \overrightarrow{OP_0} + \frac{1}{2}\overrightarrow{P_0P_1}$ (car M est le point milieu de $\overline{P_0P_1}$)

$= (x_0, y_0, z_0) + \frac{1}{2}(x_1 - x_0, y_1 - y_0, z_1 - z_0)$

$= (x_0, y_0, z_0) + \left(\frac{x_1 - x_0}{2}, \frac{y_1 - y_0}{2}, \frac{z_1 - z_0}{2}\right)$

$= \left(x_0 + \frac{x_1 - x_0}{2}, y_0 + \frac{y_1 - y_0}{2}, z_0 + \frac{z_1 - z_0}{2}\right)$

$= \left(\frac{x_0 + x_1}{2}, \frac{y_0 + y_1}{2}, \frac{z_0 + z_1}{2}\right)$

Nous obtenons ainsi le point $M\left(\frac{x_0 + x_1}{2}, \frac{y_0 + y_1}{2}, \frac{z_0 + z_1}{2}\right)$.

b) i) $M\left(\frac{0 + 1}{2}, \frac{0 - 1}{2}, \frac{1 + 1}{2}\right)$, d'où $M\left(\frac{1}{2}, \frac{-1}{2}, 1\right)$.

ii) $M\left(\frac{12}{35}, \frac{-65}{72}, 0\right)$

29. a) Soit P(x, y, z) tel que $3\overrightarrow{AP} = \overrightarrow{AB}$.

$3(x - 2, y + 3, z - 4) = (-3, 8, -7)$

$(3x - 6, 3y + 9, 3z - 12) = (-3, 8, -7)$

Ainsi, $3x - 6 = -3$

$x = 1$

$3y + 9 = 8$

$y = \frac{-1}{3}$

$3z - 12 = -7$

$z = \frac{5}{3}$

d'où nous obtenons le point $P\left(1, \frac{-1}{3}, \frac{5}{3}\right)$.

b) $R\left(\frac{5}{4}, -1, \frac{9}{4}\right)$ et $S\left(\frac{-1}{4}, 3, \frac{-5}{4}\right)$

c) $Q_1\left(\frac{-1}{2}, \frac{11}{3}, \frac{-11}{6}\right)$ est situé entre A et B ;

$Q_2\left(\frac{-7}{4}, 7, \frac{-19}{4}\right)$ n'est pas situé entre A et B.

30. a) $\overrightarrow{OB} = (2, -4, 0)$; $\overrightarrow{OC} = (5, -6, 5)$; $\overrightarrow{AB} = (1, -6, -3)$

b) $\|\overrightarrow{AB}\| = \sqrt{46}$; $\|\overrightarrow{BC}\| = \sqrt{38}$; $\|\overrightarrow{AC}\| = 2\sqrt{21}$

c) Le triangle ABC est un triangle rectangle, car $\|\overrightarrow{AB}\|^2 + \|\overrightarrow{BC}\|^2 = \|\overrightarrow{AC}\|^2$ ($\angle ABC = 90°$).

31. a) $\overrightarrow{AB} = (6, 1, -3)$ et $\overrightarrow{AC} = (12, 2, 6)$

Déterminons si $\overrightarrow{AB} /\!/ \overrightarrow{AC}$, c'est-à-dire s'il existe $k \in \mathbb{R}\setminus\{0\}$ tel que $\overrightarrow{AC} = k\overrightarrow{AB}$

$$(12, 2, 6) = k(6, 1, -3)$$
$$= (6k, k, -3k)$$

Ainsi, $6k = 12$, $k = 2$ et $-3k = 6$, c'est-à-dire

$$k = 2, \quad k = 2 \text{ et } \quad k = -2$$

Donc $\overrightarrow{AC} \neq k\overrightarrow{AB}$

$\overrightarrow{AC}$ n est donc pas parallèle à $\overrightarrow{AB}$.

Par conséquent, les points A, B et C ne sont pas alignés.

b) $\overrightarrow{BC} = (6, 1, 9)$ et $\overrightarrow{BD} = \left(4, \frac{2}{3}, 6\right)$

Déterminons si $\overrightarrow{BC} /\!/ \overrightarrow{BD}$, c'est-à-dire s'il existe $k \in \mathbb{R}\setminus\{0\}$ tel que $\overrightarrow{BD} = k\overrightarrow{BC}$

$$\left(4, \frac{2}{3}, 6\right) = k(6, 1, 9)$$
$$= (6k, k, 9k)$$

Ainsi, $6k = 4$, $k = \frac{2}{3}$ et $9k = 6$, c'est-à-dire

$$k = \frac{2}{3}, \; k = \frac{2}{3}, \quad k = \frac{2}{3}$$

Donc, $\overrightarrow{BD} = \frac{2}{3}\overrightarrow{BC}$, ainsi $\overrightarrow{BD} /\!/ \overrightarrow{BC}$

Par conséquent, les points B, C et D sont alignés.

32. $\|\vec{v}\| = \sqrt{c^2 + b^2 + c^2}$

$$\frac{1}{\|\vec{v}\|}\vec{v} = \left(\frac{a}{\sqrt{a^2 + b^2 + c^2}}, \frac{b}{\sqrt{a^2 + b^2 + c^2}}, \frac{c}{\sqrt{a^2 + b^2 + c^2}}\right)$$

Donc, $\left\|\frac{1}{\|\vec{v}\|}\vec{v}\right\|$

$$= \sqrt{\left(\frac{a}{\sqrt{a^2 + b^2 + c^2}}\right)^2 + \left(\frac{b}{\sqrt{a^2 + b^2 + c^2}}\right)^2 + \left(\frac{c}{\sqrt{a^2 + b^2 + c^2}}\right)^2}$$

$$= \sqrt{\frac{a^2}{a^2 + b^2 + c^2} + \frac{b^2}{a^2 + b^2 + c^2} + \frac{c^2}{a^2 + b^2 + c^2}}$$

$= 1$

d'où $\frac{1}{\|\vec{v}\|}\vec{v}$ est un vecteur unitaire.

Exercices 5.2 (page 214)

1. a) 3 b) 5 c) 24 d) 6

2. a) (0, 0, 0, 0, 0) b) $\underbrace{(0, 0, 0, \ldots, 0)}_{n \text{ composantes}}$

c) (1, 0, 0, 0) d) (0, 0, 0, 0, 1, 0)

e) (0, 1) f) (0, 1, 0)

g) (0, 0, 1, 0, 0, 0, 0) h) $\underbrace{(0, 0, 1, 0, \ldots, 0)}_{n \text{ composantes}}$

3. a) Non, car $\vec{u}$ et $\vec{v}$ ne sont pas de même dimension.

b) Oui.

c) Non, car les composantes correspondantes de $\vec{u}$ et $\vec{v}$ sont différentes.

d) Non, car les deux vecteurs ne sont pas de même dimension.

e) Oui.

f) Non, car les deux vecteurs ne sont pas de même dimension.

4. a) $a = -4$

b) $a = 0$, $b = 7$ et $c = 7$

c) $a = 5$, $b = 2$ et $c = -14$

d) Impossible, car nous obtenons deux valeurs différentes pour a.

e) $a \in \mathbb{R}$

f) $a = 0$, $b = 6$ et $c = -18$

g) Impossible, car $\vec{u}$ et $\vec{v}$ ne sont pas de même dimension.

h) $k = -2$, $a = -2$, $b = -6$ et $c = 2$

5. a) (-4, 6, 0, 2, 14) b) (7, 0, -2, 2, -7)

c) (1, 0, -2, 0, -3) d) (14, -12, 0, -2, -32)

e) (4, 1, -2, 1, -5) f) (4, 1, 5, 6)

g) (-1, 3, -2, 1, 4) h) (18, 9, -12, 9, -9)

i) (4, 0, -2, 1, -5) j) $\left(-4, 0, -1, \frac{-3}{2}, \frac{3}{2}\right)$

k) (0, 0, 0, 0, 0) l) (-3, 0, -7, -6)

6. a) i) $3\sqrt{5}$ ii) $12\sqrt{5}$

iii) $-3\sqrt{26}$ iv) 1

b) i) $\sqrt{43}$ ii) $3\sqrt{5} + \sqrt{26}$

iii) $\|\vec{u} + \vec{v}\| < \|\vec{u}\| + \|\vec{v}\|$

iv) Par exemple, $\vec{w} = \vec{u}$

7. a) $\vec{s} = \vec{v_2} + \vec{v_3}$

$= (2289, 1035, 1390, 1641, 1338, 1871, 2195)$

b) $\vec{m} = \frac{1}{2}(\vec{v_2} + \vec{v_3})$

$= (1144{,}50 ; 517{,}50 ; 695 ; 820{,}50 ; 669 ; 935{,}50 ; 1097{,}50)$

c) $\vec{v_1} = \frac{1}{1{,}1}\vec{v_2}$

$= (990, 450, 600, 710, 580, 810, 950)$

d) $\vec{v_4} = 1{,}1\,\vec{v_3}$

$= (1320, 594, 803, 946, 770, 1078, 1265)$

5

Exercices 5.3 (page 223)

1. a) Soit $\boldsymbol{u} = (a, \text{-}a)$, $\boldsymbol{v} = (b, \text{-}b)$ et $\boldsymbol{w} = (c, \text{-}c)$, des éléments de V, et r et s, des éléments de $\mathbb{R}$.

Propriété 1 Vérifions si $(\boldsymbol{u} \oplus \boldsymbol{v}) \in$ V.

$$\begin{aligned}\boldsymbol{u} \oplus \boldsymbol{v} &= (a, \text{-}a) \oplus (b, \text{-}b)\\ &= (a + b, \text{-}a + (\text{-}b))\\ &= (a + b, \text{-}(a + b))\end{aligned}$$

Puisque a et $b \in \mathbb{R}$, alors $(a + b) \in \mathbb{R}$ et $\text{-}(a + b) \in \mathbb{R}$

d'où $(\boldsymbol{u} \oplus \boldsymbol{v}) \in$ V

Propriété 2 Vérifions si $\boldsymbol{u} \oplus \boldsymbol{v} = \boldsymbol{v} \oplus \boldsymbol{u}$.

$$\begin{aligned}\boldsymbol{u} \oplus \boldsymbol{v} &= (a, \text{-}a) \oplus (b, \text{-}b)\\ &= (a + b, \text{-}a + (\text{-}b))\\ &= (b + a, \text{-}b + (\text{-}a))\\ &= (b, \text{-}b) \oplus (a, \text{-}a)\\ &= \boldsymbol{v} \oplus \boldsymbol{u}\end{aligned}$$

d'où $\boldsymbol{u} \oplus \boldsymbol{v} = \boldsymbol{v} \oplus \boldsymbol{u}$

Propriété 3 Vérifions si $\boldsymbol{u} \oplus (\boldsymbol{v} \oplus \boldsymbol{w}) = (\boldsymbol{u} \oplus \boldsymbol{v}) \oplus \boldsymbol{w}$.

$$\begin{aligned}\boldsymbol{u} \oplus (\boldsymbol{v} \oplus \boldsymbol{w}) &= (a, \text{-}a) \oplus ((b, \text{-}b) \oplus (c, \text{-}c))\\ &= (a, \text{-}a) \oplus (b + c, \text{-}b + (\text{-}c))\\ &= (a + (b + c), \text{-}a + (\text{-}b - c))\\ &= ((a + b) + c, (\text{-}a + (\text{-}b)) + (\text{-}c))\\ &= (a + b, \text{-}a + (\text{-}b)) \oplus (c, \text{-}c)\\ &= ((a, \text{-}a) \oplus (b, \text{-}b)) \oplus (c, \text{-}c)\\ &= (\boldsymbol{u} \oplus \boldsymbol{v}) \oplus \boldsymbol{w}\end{aligned}$$

d'où $\boldsymbol{u} \oplus (\boldsymbol{v} \oplus \boldsymbol{w}) = (\boldsymbol{u} \oplus \boldsymbol{v}) \oplus \boldsymbol{w}$

Propriété 4 Vérifions s'il existe dans V un élément neutre, noté $\boldsymbol{O}$, tel que $\boldsymbol{u} + \boldsymbol{O} = \boldsymbol{u}$, $\forall\, \boldsymbol{u} \in$ V.

Soit $\boldsymbol{O}$, l'élément de V défini par $\boldsymbol{O} = (0, 0)$.

$$\begin{aligned}\text{Ainsi, } \boldsymbol{u} \oplus \boldsymbol{O} &= (a, \text{-}a) \oplus (0, 0)\\ &= (a + 0, \text{-}a + 0)\\ &= (a, \text{-}a)\\ &= \boldsymbol{u}\end{aligned}$$

d'où $\boldsymbol{O} = (0, 0)$ est l'élément neutre.

Propriété 5 Vérifions si pour tout vecteur $\boldsymbol{u}$, il existe dans V un élément opposé, noté $\text{-}\boldsymbol{u}$, tel que $\boldsymbol{u} \oplus (\text{-}\boldsymbol{u}) = \boldsymbol{O}$.

Soit $\text{-}\boldsymbol{u}$, l'élément de V défini par $\text{-}\boldsymbol{u} = (\text{-}a, a)$.

$$\begin{aligned}\text{Ainsi, } \boldsymbol{u} \oplus (\text{-}\boldsymbol{u}) &= (a, \text{-}a) \oplus (\text{-}a, a)\\ &= (a + (\text{-}a), \text{-}a + a)\\ &= (0, 0)\\ &= \boldsymbol{O}\end{aligned}$$

d'où $\text{-}\boldsymbol{u} = (\text{-}a, a)$ est l'élément opposé de $\boldsymbol{u}$.

Propriété 6 Vérifions si $r * \boldsymbol{u} \in$ V.

$$\begin{aligned}r * \boldsymbol{u} &= r * (a, \text{-}a)\\ &= (ra, r(\text{-}a))\\ &= (ra, \text{-}ra)\end{aligned}$$

Puisque a et $r \in \mathbb{R}$, alors $ra \in \mathbb{R}$ et $\text{-}ra \in \mathbb{R}$

d'où $r * \boldsymbol{u} \in$ V

Propriété 7 Vérifions si $(r + s) * \boldsymbol{u} = r * \boldsymbol{u} \oplus s * \boldsymbol{u}$.

$$\begin{aligned}(r + s) * \boldsymbol{u} &= (r + s) * (a, \text{-}a)\\ &= ((r + s)a, (r + s)(\text{-}a))\\ &= (ra + sa, \text{-}ra - sa)\\ &= (ra, \text{-}ra) \oplus (sa, \text{-}sa)\\ &= r * (a, \text{-}a) \oplus s * (a, \text{-}a)\\ &= r * \boldsymbol{u} \oplus s * \boldsymbol{u}\end{aligned}$$

d'où $(r + s) * \boldsymbol{u} = r * \boldsymbol{u} \oplus s * \boldsymbol{u}$

Propriété 8 Vérifions si $r * (\boldsymbol{u} \oplus \boldsymbol{v}) = r * \boldsymbol{u} \oplus r * \boldsymbol{v}$.

$$\begin{aligned}r * (\boldsymbol{u} \oplus \boldsymbol{v}) &= r * ((a, \text{-}a) \oplus (b, \text{-}b))\\ &= r * ((a + b, \text{-}a + (\text{-}b))\\ &= (r(a + b), r(\text{-}a - b))\\ &= (ra + rb, r(\text{-}a) + r(\text{-}b))\\ &= (ra, r(\text{-}a)) \oplus (rb, r(\text{-}b))\\ &= r * (a, \text{-}a) \oplus r * (b, \text{-}b)\\ &= r * \boldsymbol{u} \oplus r * \boldsymbol{v}\end{aligned}$$

d'où $r * (\boldsymbol{u} \oplus \boldsymbol{v}) = r * \boldsymbol{u} \oplus r * \boldsymbol{v}$

Propriété 9 Vérifions si $r * (s * \boldsymbol{u}) = (rs) * \boldsymbol{u}$.

$$\begin{aligned}r * (s * \boldsymbol{u}) &= r * (s * (a, \text{-}a))\\ &= r * (sa, s(\text{-}a))\\ &= (r(sa), r(s(\text{-}a)))\\ &= ((rs)a, (rs)(\text{-}a))\\ &= (rs) * (a, \text{-}a)\\ &= (rs) * \boldsymbol{u}\end{aligned}$$

d'où $r * (s * \boldsymbol{u}) = (rs) * \boldsymbol{u}$

Propriété 10 Vérifions si $1 * \boldsymbol{u} = \boldsymbol{u}$.

$$\begin{aligned}1 * \boldsymbol{u} &= 1 * (a, \text{-}a)\\ &= (1a, 1(\text{-}a))\\ &= (a, \text{-}a)\\ &= \boldsymbol{u}\end{aligned}$$

d'où $1 * \boldsymbol{u} = \boldsymbol{u}$

Puisque les 10 propriétés sont satisfaites, V est un espace vectoriel sur $\mathbb{R}$.

b) V n'est pas un espace vectoriel sur $\mathbb{R}$, car la propriété 10 n'est pas satisfaite.

En effet, pour $\boldsymbol{u} \neq (0, 0, 0)$,

$1 * \boldsymbol{u} = 1(a, b, c) = (0, 0, 0) \neq \boldsymbol{u}$.

c) Soit $\boldsymbol{u} \in$ V, où $\boldsymbol{u}$ est le seul élément de V, et r et $s \in \mathbb{R}$.

Propriété 1 Vérifions si $(\boldsymbol{u} \oplus \boldsymbol{v}) \in$ V.

$\boldsymbol{u} \oplus \boldsymbol{v} = \boldsymbol{u} \oplus \boldsymbol{u}$ (car $\boldsymbol{v} = \boldsymbol{u}$)

$= \boldsymbol{u}$

d'où $(\boldsymbol{u} \oplus \boldsymbol{v}) \in$ V

Propriété 2 Vérifions si $\boldsymbol{u} \oplus \boldsymbol{v} = \boldsymbol{v} \oplus \boldsymbol{u}$.

D'une part, $\boldsymbol{u} \oplus \boldsymbol{v} = \boldsymbol{u} \oplus \boldsymbol{u}$ (car $\boldsymbol{v} = \boldsymbol{u}$)

$= \boldsymbol{u}$

D'autre part, $\boldsymbol{v} \oplus \boldsymbol{u} = \boldsymbol{u} \oplus \boldsymbol{u}$ (car $\boldsymbol{v} = \boldsymbol{u}$)

$= \boldsymbol{u}$

d'où $\boldsymbol{u} \oplus \boldsymbol{v} = \boldsymbol{v} \oplus \boldsymbol{u}$

Propriété 3 Vérifions si $\boldsymbol{u} \oplus (\boldsymbol{v} \oplus \boldsymbol{w}) = (\boldsymbol{u} \oplus \boldsymbol{v}) \oplus \boldsymbol{w}$.

D'une part, $\boldsymbol{u} \oplus (\boldsymbol{v} \oplus \boldsymbol{w}) = \boldsymbol{u} \oplus (\boldsymbol{u} \oplus \boldsymbol{u})$

$= \boldsymbol{u} \oplus \boldsymbol{u}$

$= \boldsymbol{u}$

D'autre part, $(\boldsymbol{u} \oplus \boldsymbol{v}) \oplus \boldsymbol{w} = (\boldsymbol{u} \oplus \boldsymbol{u}) \oplus \boldsymbol{u}$

$= \boldsymbol{u} \oplus \boldsymbol{u}$

$= \boldsymbol{u}$

d'où $\boldsymbol{u} \oplus (\boldsymbol{v} \oplus \boldsymbol{w}) = (\boldsymbol{u} \oplus \boldsymbol{v}) \oplus \boldsymbol{w}$

Propriété 4 Vérifions s'il existe dans V un élément neutre, noté $\boldsymbol{O}$, tel que $\boldsymbol{u} + \boldsymbol{O} = \boldsymbol{u}$, $\forall\, \boldsymbol{u} \in$ V.

Soit $\boldsymbol{O} = \boldsymbol{u}$.

Ainsi, $\boldsymbol{u} \oplus \boldsymbol{O} = \boldsymbol{u} \oplus \boldsymbol{u}$

$= \boldsymbol{u}$

d'où $\boldsymbol{O} = \boldsymbol{u}$ est l'élément neutre.

Propriété 5 Vérifions si, pour tout vecteur $\boldsymbol{u}$, il existe dans V un élément opposé, noté $-\boldsymbol{u}$, tel que $\boldsymbol{u} \oplus (-\boldsymbol{u}) = \boldsymbol{O}$.

Soit $-\boldsymbol{u} = \boldsymbol{u}$.

Ainsi, $\boldsymbol{u} \oplus (-\boldsymbol{u}) = \boldsymbol{u} \oplus \boldsymbol{u}$

$= \boldsymbol{u}$

$= \boldsymbol{O}$ (car $\boldsymbol{u} = \boldsymbol{O}$)

d'où $-\boldsymbol{u} = \boldsymbol{u}$ est l'élément opposé.

Propriété 6 Vérifions si $r * \boldsymbol{u} \in$ V.

$r * \boldsymbol{u} = \boldsymbol{u}$

d'où $r * \boldsymbol{u} \in$ V

Propriété 7 Vérifions si $(r + s) * \boldsymbol{u} = r * \boldsymbol{u} + s * \boldsymbol{u}$.

$(r + s) * \boldsymbol{u} = \boldsymbol{u}$

$= \boldsymbol{u} + \boldsymbol{u}$

$= r * \boldsymbol{u} + s * \boldsymbol{u}$

d'où $(r + s) * \boldsymbol{u} = r * \boldsymbol{u} + s * \boldsymbol{u}$

Propriété 8 Vérifions si $r * (\boldsymbol{u} \oplus \boldsymbol{v}) = r * \boldsymbol{u} \oplus r * \boldsymbol{v}$.

$r * (\boldsymbol{u} \oplus \boldsymbol{v}) = r * (\boldsymbol{u} \oplus \boldsymbol{u})$ (car $\boldsymbol{v} = \boldsymbol{u}$)

$= r * \boldsymbol{u}$

$= \boldsymbol{u}$

$= \boldsymbol{u} \oplus \boldsymbol{u}$

$= r * \boldsymbol{u} \oplus r * \boldsymbol{u}$

$= r * \boldsymbol{u} \oplus r * \boldsymbol{v}$ (car $\boldsymbol{v} = \boldsymbol{u}$)

d'où $r * (\boldsymbol{u} \oplus \boldsymbol{v}) = r * \boldsymbol{u} \oplus r * \boldsymbol{v}$

Propriété 9 Vérifions si $r * (s * \boldsymbol{u}) = (rs) * \boldsymbol{u}$.

D'une part, $r * (s * \boldsymbol{u}) = r * (\boldsymbol{u})$

$= \boldsymbol{u}$

D'autre part, $(rs) * \boldsymbol{u} = \boldsymbol{u}$

d'où $r * (s * \boldsymbol{u}) = (rs) * \boldsymbol{u}$

Propriété 10 Vérifions si $1 * \boldsymbol{u} = \boldsymbol{u}$.

$1 * \boldsymbol{u} = \boldsymbol{u}$ (définition)

d'où $1 * \boldsymbol{u} = \boldsymbol{u}$

Puisque les 10 propriétés sont satisfaites, V est un espace vectoriel sur $\mathbb{R}$.

d) V n'est pas un espace vectoriel sur $\mathbb{R}$, car la propriété 2 n'est pas satisfaite. En effet, soit $\boldsymbol{u} = (a, b)$ et $\boldsymbol{v} = (c, d)$.

$\boldsymbol{u} \oplus \boldsymbol{v} = (ad, bc)$ et $\boldsymbol{v} \oplus \boldsymbol{u} = (cb, da)$

Puisque, de façon générale, $ad \neq bc$, $\boldsymbol{u} \oplus \boldsymbol{v} \neq \boldsymbol{v} \oplus \boldsymbol{u}$.

Par exemple, si $\boldsymbol{u} = (3, -5)$ et $\boldsymbol{v} = (2, 4)$, nous avons

$\boldsymbol{u} \oplus \boldsymbol{v} = (12, -10)$ et $\boldsymbol{v} \oplus \boldsymbol{u} = (-10, 12)$

d'où $\boldsymbol{u} \oplus \boldsymbol{v} \neq \boldsymbol{v} \oplus \boldsymbol{u}$

e) Nous vérifierons les propriétés 2, 4 et 9. La vérification des autres propriétés est laissée à l'élève.

Soit $\boldsymbol{u} = ax^2 + bx + c$, $\boldsymbol{v} = dx^2 + ex + f$ et $\boldsymbol{w} = gx^2 + hx + k$ tels que $\boldsymbol{u}$, $\boldsymbol{v}$ et $\boldsymbol{w} \in$ F, et r et $s \in \mathbb{R}$.

Propriété 2 Vérifions si $\boldsymbol{u} \oplus \boldsymbol{v} = \boldsymbol{v} \oplus \boldsymbol{u}$.

$\boldsymbol{u} \oplus \boldsymbol{v} = (ax^2 + bx + c) \oplus (dx^2 + ex + f)$

$= (a + d)x^2 + (b + e)x + (c + f)$

$= (d + a)x^2 + (e + b)x + (f + c)$

$= (dx^2 + ex + f) \oplus (ax^2 + bx + c)$

$= \boldsymbol{v} \oplus \boldsymbol{u}$

d'où $\boldsymbol{u} \oplus \boldsymbol{v} = \boldsymbol{v} \oplus \boldsymbol{u}$

5

Propriété 4 Vérifions s'il existe dans V un élément neutre, noté $\boldsymbol{O}$, tel que $\boldsymbol{u} + \boldsymbol{O} = \boldsymbol{u}, \forall \boldsymbol{u} \in V$.

Soit $\boldsymbol{O}$, l'élément de F défini par $\boldsymbol{O} = 0x^2 + 0x + 0$.

Ainsi, $\boldsymbol{u} \oplus \boldsymbol{O} = (ax^2 + bx + c) \oplus (0x^2 + 0x + 0)$

$= (a + 0)x^2 + (b + 0)x + (c + 0)$

$= ax^2 + bx + c$

$= \boldsymbol{u}$

d'où $\boldsymbol{O} = 0x^2 + 0x + 0$ est l'élément neutre.

Propriété 9 Vérifions si $r*(s*\boldsymbol{u}) = (rs)*\boldsymbol{u}$.

$r*(s*\boldsymbol{u}) = r*(s*(ax^2 + bx + c))$

$= r*((sa)x^2 + (sb)x + sc)$

$= r(sa)x^2 + r(sb)x + r(sc)$

$= (rs)ax^2 + (rs)bx + (rs)c$

$= (rs)*(ax^2 + bx + c)$

$= (rs)*\boldsymbol{u}$

d'où $r*(s*\boldsymbol{u}) = (rs)*\boldsymbol{u}$

Puisque les 10 propriétés sont satisfaites, F est un espace vectoriel sur $\mathbb{R}$.

f) $\mathcal{M}$ n'est pas un espace vectoriel sur $\mathbb{R}$, car la propriété 6 n'est pas satisfaite.

En effet, $k*\boldsymbol{u} = k*\begin{bmatrix} m_{11} & m_{12} \\ m_{21} & m_{22} \end{bmatrix} = \begin{bmatrix} km_{11} & km_{12} \\ km_{21} & km_{22} \end{bmatrix} \notin \mathcal{M}$

puisque km_{ij} n'est pas nécessairement un entier.

Par exemple, $\frac{1}{2}\begin{bmatrix} 1 & 1 \\ 1 & 1 \end{bmatrix} = \begin{bmatrix} \frac{1}{2} & \frac{1}{2} \\ \frac{1}{2} & \frac{1}{2} \end{bmatrix} \notin \mathcal{M}$

2. a) Soit $\boldsymbol{u} = (a, b, c)$ et $\boldsymbol{O} = (d, e, f)$. Déterminons d, e et f telles que $\boldsymbol{u} \oplus \boldsymbol{O} = \boldsymbol{u}$.

$(a, b, c) \oplus (d, e, f) = (a, b, c)$

$(ad, be, cf) = (a, b, c)$ (définition de $\oplus$)

Ainsi, $ad = a$, $be = b$ et $cf = c$. Par conséquent, $d = 1$, $e = 1$ et $f = 1$.

D'où $\boldsymbol{O} = (1, 1, 1)$ est l'élément neutre de l'addition.

b) Soit $\boldsymbol{u} = (a, b, c)$ et $-\boldsymbol{u} = (d, e, f)$. Déterminons d, e et f telles que $\boldsymbol{u} \oplus (-\boldsymbol{u}) = \boldsymbol{O}$.

$(a, b, c) \oplus (d, e, f) = (1, 1, 1)$ (car $\boldsymbol{O} = (1, 1, 1)$)

$(ad, be, cf) = (1, 1, 1)$ (définition de $\oplus$)

Puisque $a > 0$, $b > 0$ et $c > 0$,

$d = \frac{1}{a}$ et $d > 0$; $e = \frac{1}{f}$ et $e > 0$; $f = \frac{1}{e}$ et $f > 0$

D'où $-\boldsymbol{u} = \left(\frac{1}{a}, \frac{1}{b}, \frac{1}{c}\right)$ est l'élément opposé de l'addition.

c) La vérification est laissée à l'élève.

3. a) $r*\boldsymbol{O} = r*(0*\boldsymbol{O})$ (car $0*\boldsymbol{O} = \boldsymbol{O}$)

$= (r0)*\boldsymbol{O}$ (propriété 9, définition 5.25)

$= 0*\boldsymbol{O}$ (car $(r0) = 0$ dans $\mathbb{R}$)

$= \boldsymbol{O}$ (théorème 5.5 – 1))

d'où $r*\boldsymbol{O} = \boldsymbol{O}$

b) $\boldsymbol{u} \oplus (-1)*\boldsymbol{u} = 1*\boldsymbol{u} \oplus (-1)*\boldsymbol{u}$ (propriété 10, définition 5.25)

$= (1 + (-1))*\boldsymbol{u}$ (propriété 7, définition 5.25)

$= 0*\boldsymbol{u}$ (car $1 + (-1)) = 0$)

$= \boldsymbol{O}$ (théorème 5.5 – 1))

$= \boldsymbol{u} \oplus (-\boldsymbol{u})$ (propriété 5, définition 5.25)

d'où $(-1)*\boldsymbol{u} = -\boldsymbol{u}$ (théorème 5.4)

4. Par le théorème 5.6 relatif aux sous-espaces vectoriels, il suffit de démontrer que $(\boldsymbol{u} \oplus \boldsymbol{v}) \in W$ et que $k*\boldsymbol{u} \in W$, où $\boldsymbol{u}, \boldsymbol{v} \in W$, et $k \in \mathbb{R}$.

a) Soit $\boldsymbol{u} = (a, 2a, 3a)$ et $\boldsymbol{v} = (b, 2b, 3b)$, des éléments de W, et $k \in \mathbb{R}$.

i) $\boldsymbol{u} \oplus \boldsymbol{v} = (a, 2a, 3a) \oplus (b, 2b, 3b)$

$= (a + b, 2a + 2b, 3a + 3b)$

$= (a + b, 2(a + b), 3(a + b))$

Donc, $(\boldsymbol{u} \oplus \boldsymbol{v}) \in W$

ii) $k*\boldsymbol{u} = k*(a, 2a, 3a)$

$= (ka, k(2a), k(3a))$

$= (ka, 2(ka), 3(ka))$

Donc, $k*\boldsymbol{u} \in W$

D'où W est un sous-espace vectoriel de V.

b) Soit $\boldsymbol{u} = (a, b)$ et $\boldsymbol{v} = (c, d)$, des éléments de W, et $k \in \mathbb{R}$.

i) $\boldsymbol{u} \oplus \boldsymbol{v} = (a, b) \oplus (c, d)$

$= (a + c, b + d)$

Donc, $(\boldsymbol{u} \oplus \boldsymbol{v}) \in W$, car $(a + c) \geq 0$ et $(b + d) \geq 0$

ii) $k*\boldsymbol{u} = k*(a, b)$

$= (ka, kb)$

Donc, $k*\boldsymbol{u} \notin W$ lorsque $k < 0$

Par exemple, soit $\boldsymbol{u} = (2, 3) \in W$ et $k = -5 \in \mathbb{R}$.

$k*\boldsymbol{u} = -5(2, 3)$

$= (-10, -15)$

Nous avons $k*\boldsymbol{u} \notin W$.

D'où W n'est pas un sous-espace vectoriel de V.

c) W est un sous-espace vectoriel de V. La vérification est laissée à l'élève.

d) W n'est pas un sous-espace vectoriel de V, car

si $\boldsymbol{u} = (2, 3, 6)$ et $\boldsymbol{v} = (4, 5, 20)$, où $\boldsymbol{u}, \boldsymbol{v} \in W$,

i) $\boldsymbol{u} \oplus \boldsymbol{v} = (2, 3, 6) \oplus (4, 5, 20)$

$= (6, 8, 26)$

d'où $(\boldsymbol{u} \oplus \boldsymbol{v}) \notin W$, car $26 \neq 6(8)$

e) W n'est pas un sous-espace vectoriel de V, car

si $\boldsymbol{u} = (1, \text{-}2)$, où $\boldsymbol{u} \in W$, et $k = \text{-}1$, où $k \in \mathbb{R}$,

ii) $k * \boldsymbol{u} = \text{-}1 * (1, \text{-}2)$

$= (\text{-}1, 2)$

d'où $k * \boldsymbol{u} \notin W$, car $\text{-}1 < 2$

Pour les lettres f) à j), les justifications sont laissées à l'élève

f) W est un sous-espace vectoriel de V.

g) W est un sous-espace vectoriel de V.

h) W n'est pas un sous-espace vectoriel de V.

i) W est un sous-espace vectoriel de V.

j) W est un sous-espace vectoriel de V.

5. Les vérifications sont laissées à l'élève.

a) W est un sous-espace vectoriel de $\mathcal{M}$.

b) W n'est pas un sous-espace vectoriel de $\mathcal{M}$.

c) W n'est pas un sous-espace vectoriel de $\mathcal{M}$.

d) W est un sous-espace vectoriel de $\mathcal{M}$.

e) W est un sous-espace vectoriel de $\mathcal{M}$.

6. ($\Leftarrow$) Soit $(r * \boldsymbol{u} \oplus s * \boldsymbol{v}) \in W$ pour tout $\boldsymbol{u}$ et $\boldsymbol{v} \in W$, et pour tout r et $s \in \mathbb{R}$. Nous obtenons

i) $(\boldsymbol{u} \oplus \boldsymbol{v}) \in W$ (en posant $r = s = 1$)

ii) $r * \boldsymbol{u} \in W$ (en posant $s = 0$)

d'où W est un sous-espace vectoriel de V. (théorème 5.6)

($\Rightarrow$) Soit W, un sous-espace vectoriel de V.

Soit $\boldsymbol{u}, \boldsymbol{v} \in W$, et r et $s \in \mathbb{R}$.

$r * \boldsymbol{u} \in W$ et $s * \boldsymbol{v} \in W$ (théorème 5.6 – ii))

d'où $(r * \boldsymbol{u} \oplus s * \boldsymbol{v}) \in W$ (théorème 5.6 – i))

7. a) Soit $\boldsymbol{u} = (d, 3d, \text{-}d)$ et $\boldsymbol{v} = (e, 3e, \text{-}e)$, où $\boldsymbol{u}$ et $\boldsymbol{v} \in W$, et r et $s \in \mathbb{R}$.

$r * \boldsymbol{u} \oplus s * \boldsymbol{v} = r * (d, 3d, \text{-}d) \oplus s * (e, 3e, \text{-}e)$

$= (rd, r(3d), r(\text{-}d)) + (se, s(3e), s(\text{-}e))$

$= (rd + se, 3rd + 3se, r(\text{-}d) + s(\text{-}e))$

$= (rd + se, 3(rd + se), \text{-}(rd + se))$

Donc, $(r * \boldsymbol{u} \oplus s * \boldsymbol{v}) \in W$

D'où W est un sous-espace vectoriel de V.

b) Soit $\boldsymbol{u} = (\text{-}7, 7)$ et $\boldsymbol{v} = (3, 3)$, où $\boldsymbol{u}$ et $\boldsymbol{v} \in W$, et $r = s = 1 \in \mathbb{R}$.

$r * \boldsymbol{u} \oplus s * \boldsymbol{v} = 1 * (\text{-}7, 7) \oplus 1 * (3, 3)$

$= (\text{-}7, 7) \oplus (3, 3)$

$= (\text{-}4, 10)$

Donc, $(r * \boldsymbol{u} \oplus s * \boldsymbol{v}) \notin W$, car $10 \neq |\text{-}4|$

D'où W n'est pas un sous-espace vectoriel de V.

Exercices récapitulatifs (page 226)

1. b) $\|\overrightarrow{AB}\| = 2\sqrt{5}$; $\|\overrightarrow{OC}\| = 2\sqrt{5}$

c) $\theta \approx 63{,}4°$; S.-O.

2. a)

b) $\|\vec{u}\| = 7$; $\|\overrightarrow{AB}\| = \sqrt{42}$

c) $\vec{v} = (\text{-}7, 4, \text{-}2)$

3. a) $\overrightarrow{AB} = (\text{-}8, \text{-}4)$; $\overrightarrow{CA} = (\text{-}4, 7)$; $\overrightarrow{DC} = (11, 0)$; $\overrightarrow{OB} = (\text{-}5, 0)$; $\overrightarrow{CO} = (\text{-}7, 3)$

b) $\|\overrightarrow{AD}\| = 7\sqrt{2}$; $\|\overrightarrow{OA}\| = 5$; $\|\overrightarrow{BB}\| = 0$

c) $(\text{-}46, 29)$

d) $(2, 4)$

4. a) $\overrightarrow{AB} = (\text{-}6, 3, \text{-}2)$; $\overrightarrow{BC} = (5, \text{-}4, 6)$

b) $\|\overrightarrow{AC}\| = 3\sqrt{2}$; $\|\overrightarrow{BO}\| = \sqrt{5}$

c) $(15, \text{-}7, 10)$

f) $D(2, 0, \text{-}8)$

5. a) $\overrightarrow{AB} = (\text{-}1, \text{-}6, 12)$; non défini

b) $E(3, \text{-}2, 1)$; $F(3, \text{-}6, 12)$

c) Non défini ; $(\text{-}2, 10, \text{-}17)$

d) $(11, \text{-}10, \text{-}3, \text{-}6)$; $\sqrt{266}$

e) Non défini

f) $\dfrac{1}{3}$

g) $Q\left(\dfrac{2}{3}, 2, \text{-}1\right)$; $R\left(\dfrac{7}{3}, 12, \text{-}21\right)$

7. a) $(\text{-}4, 4, \text{-}2, 5)$ ou $\text{-}4\vec{e}_1 + 4\vec{e}_2 - 2\vec{e}_3 + 5\vec{e}_4$

c) $(30, \text{-}14, \text{-}4, 14, 11)$ ou $30\vec{e}_1 - 14\vec{e}_2 - 4\vec{e}_3 + 14\vec{e}_4 + 11\vec{e}_5$

e) 13

5

g) Non défini

i) 4

k) $-5\sqrt{42}\,\vec{e}_1 + 4\sqrt{42}\,\vec{e}_2 + \sqrt{42}\,\vec{e}_4$

8. a) $C\left(\frac{-3}{2}, \frac{9}{2}\right)$; $D\left(\frac{3}{2}, \frac{1}{2}\right)$ b) $M(0, 5)$; $N\left(0, \frac{5}{2}\right)$

9. a) $M(-2, 6, 1)$

b) $P_1\left(\frac{-5}{2}, \frac{11}{2}, \frac{-1}{2}\right)$; $P_2(-2, 6, 1)$; $P_3\left(\frac{-3}{2}, \frac{13}{2}, \frac{5}{2}\right)$

c) $Q_1\left(\frac{-13}{5}, \frac{27}{5}, \frac{-4}{5}\right)$; $Q_2\left(\frac{-7}{5}, \frac{33}{5}, \frac{14}{5}\right)$

d) $C(1, 9, 10)$

11. a) $\angle BAC = 90°$, $\angle ABC \approx 50{,}8°$ et $\angle ACB \approx 39{,}2°$

b) Aire du triangle $= \frac{7\sqrt{6}}{2}$ u²

c) Longueur du segment $= \frac{\sqrt{35}}{2}$ u

d) Hauteur $= \sqrt{\frac{42}{5}}$ u

e) $D(6, 6, 3)$

f) Le quadrilatère ABDC est un rectangle.

g) $M\left(\frac{9}{2}, \frac{11}{2}, \frac{1}{2}\right)$

14. Les justifications sont laissées à l'élève.

b) V est un espace vectoriel sur $\mathbb{R}$.

d) $\mathcal{M}$ est un espace vectoriel sur $\mathbb{R}$.

f) $\mathcal{M}$ n'est pas un espace vectoriel sur $\mathbb{R}$.

h) V est un espace vectoriel sur $\mathbb{R}$.

j) P est un espace vectoriel sur $\mathbb{R}$

15. Les justifications sont laissées à l'élève.

a) V n'est pas un espace vectoriel sur $\mathbb{R}$.

b) V n'est pas un espace vectoriel sur $\mathbb{R}$.

16. Les justifications sont laissées à l'élève.

a) W n'est pas un sous-espace vectoriel de V.

c) W n'est pas un sous-espace vectoriel de V.

e) W est un sous-espace vectoriel de V.

g) W n'est pas un sous-espace vectoriel de V.

i) W n'est pas un sous-espace vectoriel de V.

Problèmes de synthèse (page 228)

1. a) $B(-3, -4)$

b) $D(3, 4)$

d) Le triangle ABD est un triangle rectangle.

e) $C(0, 0)$; $r = 5$ unités

g) Aire du quadrilatère BEDF = 40 u²

2. a) $M(4, 0)$ b) $C(0, 3)$

3. a) $\|\overrightarrow{AB}\| = 10$; $\|\overrightarrow{AC}\| = 10$; $\|\overrightarrow{CB}\| = 4\sqrt{5}$

b) $D(7, 2)$

4. a) Aire du trapèze ABCD $= \frac{35\sqrt{26}}{2}$ u²

b) $H\left(\frac{38}{3}, 5, \frac{-10}{3}\right)$

c) Aire du triangle HAB $= \frac{7\sqrt{26}}{6}$ u²

Aire du triangle HDC $= \frac{56\sqrt{26}}{3}$ u²

5. a) $\overrightarrow{OP} = (4, 9, 6)$; $\overrightarrow{OC} = (0, 9, 0)$; $\overrightarrow{OD} = (4, 0, 6)$;

$\overrightarrow{AC} = (-4, 9, 0)$; $\overrightarrow{DF} = (-4, 9, 0)$; $\overrightarrow{BD} = (0, -9, 6)$;

$\overrightarrow{EC} = (0, 9, -6)$; $\overrightarrow{AF} = (-4, 9, 6)$

b) $\|\overrightarrow{OP}\| = \sqrt{133}$; $\|\overrightarrow{OC}\| = 9$; $\|\overrightarrow{PF}\| = 4$;

$\|\overrightarrow{AD}\| = 6$; $\|\overrightarrow{EP}\| = \sqrt{97}$; $\|\overrightarrow{DC}\| = \sqrt{133}$

c) $\alpha \approx 69{,}7°$

g) $\theta \approx 31{,}4°$

h) Volume de la pyramide OADPB = 72 u³

6. $S_1 : x^2 + y^2 + (z + 2)^2 = 49$

$S_2 : (x - 3)^2 + \left(y + \frac{9}{2}\right)^2 + (z + 11)^2 = \frac{49}{4}$

7. a) $P(7, 1)$

b) i) $L : (x - 3)^2 + (y + 2)^2 = 25$;
cercle de centre $C(3, -2)$ et d'un rayon de 5 unités.

8. a) $Q(-1, -3, 3)$ h) $\sqrt{11}$ u²

9. a) $m_1 = 5$ g, $m_2 = 15$ g et $m_3 = 10$ g

c) $m_1 = 0$ g, $m_2 = 10$ g et $m_3 = 20$ g

10. a) $b = 4$, $k = 2$, $a = 3$ et $c = -2$ ou

$b = 4$, $k = -2$, $a = -3$ et $c = 2$

c) E.-S. $= \left\{\left(\frac{2t}{7}, \frac{13t}{7}, t\right)\right\}$, où $t \in \mathbb{R}$

11. Environ 5893,18 m

12. a) $\mathcal{M}$ n'est pas un espace vectoriel sur $\mathbb{R}$.

b) $\mathcal{M}$ est un espace vectoriel sur $\mathbb{R}$.

13. a) F est un espace vectoriel sur $\mathbb{R}$.

b) D est un espace vectoriel sur $\mathbb{R}$.

14. a) W n'est pas un sous-espace vectoriel de V.

c) W est un sous-espace vectoriel de V.

e) W n'est pas un sous-espace vectoriel de V.

g) W n'est pas un sous-espace vectoriel de V.

CHAPITRE 6

Exercices préliminaires (page 232)

1. a) 51 b) -51 c) 165 d) 0

2. a) $x = \frac{-23}{11}$ et $y = \frac{-31}{11}$

b) $a = 2$, $b = -1$ et $c = 4$

c) E.-S. = Ø

d) E.-S. = $\{(4 + s, 5 - s, s)\}$, où $s \in \mathbb{R}$

3. a) $k_1 = 3$, $k_2 = -2$ et $k_3 = 0,5$

b) Aucune solution

4. a) E.-S. = $\left\{\left(\frac{-8s}{7}, \frac{-10s}{7}, s\right)\right\}$, où $s \in \mathbb{R}$; infinité de solutions

b) $k_1 = 0$, $k_2 = 0$ et $k_3 = 0$; uniquement la solution triviale

5. a) … le système admet la solution unique (0, 0, …, 0), c'est-à-dire la solution triviale.

b) … le système admet une infinité de solutions.

6. $\vec{s_1} = \left(\frac{-5}{13}, \frac{-12}{13}\right)$ et $\vec{s_2} = \left(\frac{5}{13}, \frac{12}{13}\right)$

7. a)

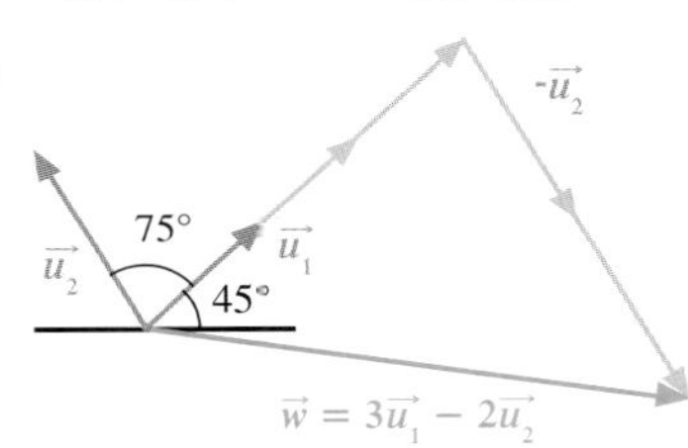

b) $\|\vec w\| \approx 7,3$, $\theta = 172,5°$, S.-E.

c) $\vec{u_1} = (\sqrt{2}, \sqrt{2})$ et $\vec{u_2} = \left(\frac{-3}{2}, \frac{3\sqrt{3}}{2}\right)$

Exercices 6.1 (page 237)

1. a)

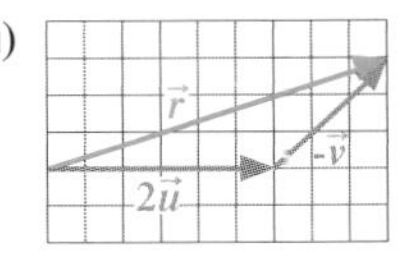

b)

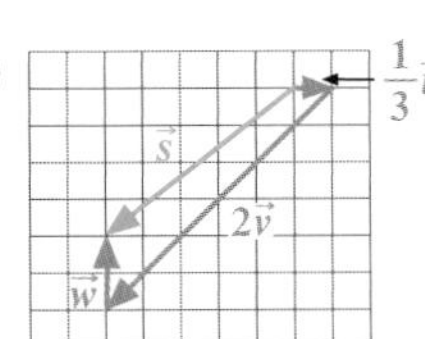

c)

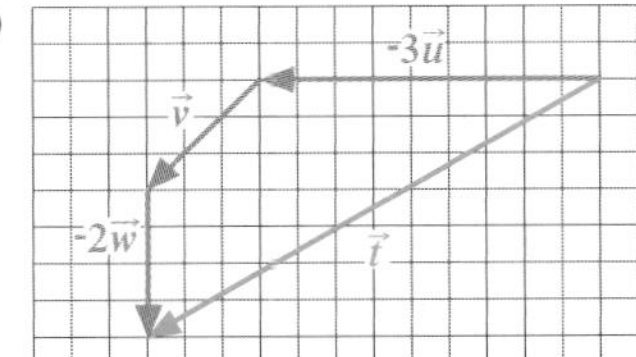

2. a)

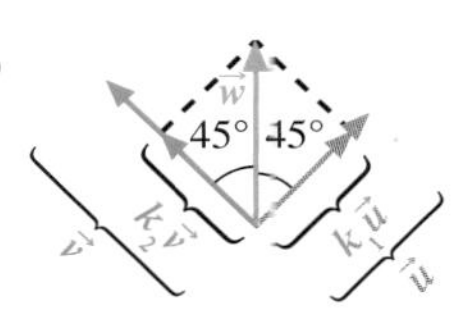

$\|k_1\vec u\| = \|\vec v\| \cos 45°$

$k_1\|\vec u\| = \|\vec v\| \cos 45°$ (car $k_1 > 0$)

donc, $k_1 = \frac{5\sqrt{2}}{8}$

$\|k_2\vec v\| = \|\vec w\| \cos 45°$

$k_2\|\vec v\| = \|\vec w\| \cos 45°$ (car $k_2 > 0$)

donc, $k_2 = \frac{5\sqrt{2}}{12}$

d'où $\vec w = \frac{5\sqrt{2}}{8}\vec u + \frac{5\sqrt{2}}{12}\vec v$

b) De a), nous obtenons $\vec u = \frac{4\sqrt{2}}{5}\vec w - \frac{2}{3}\vec v$.

c)

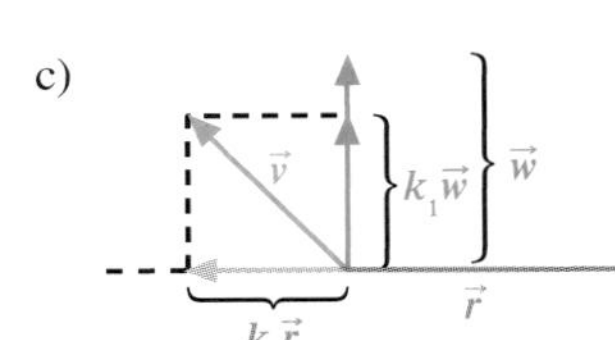

$\|k_1\vec w\| = \|\vec v\| \cos 45°$

$k_1\|\vec w\| = \|\vec v\| \cos 45°$ (car $k_1 > 0$)

donc, $k_1 = \frac{3\sqrt{2}}{5}$

$\|k_2\vec r\| = \|\vec v\| \cos 45°$

$-k_2\|\vec r\| = \|\vec v\| \cos 45°$ (car $k_2 < 0$)

donc, $k_2 = \frac{-3\sqrt{2}}{8}$

d'où $\vec v = \frac{3\sqrt{2}}{5}\vec w - \frac{3\sqrt{2}}{8}\vec r$

3. 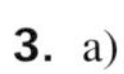 a)

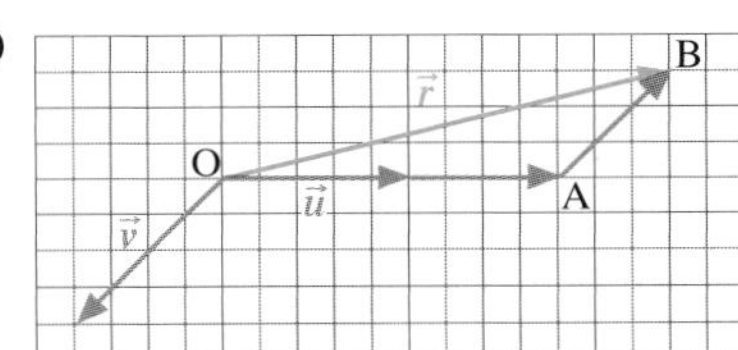

$\vec r = \overrightarrow{OA} + \overrightarrow{AB} = k_1\vec u + k_2\vec v$

d'où $\vec r \approx \frac{9}{5}\vec u - \frac{3}{4}\vec v$ (car $k_1 > 0$ et $k_2 < 0$)

b)

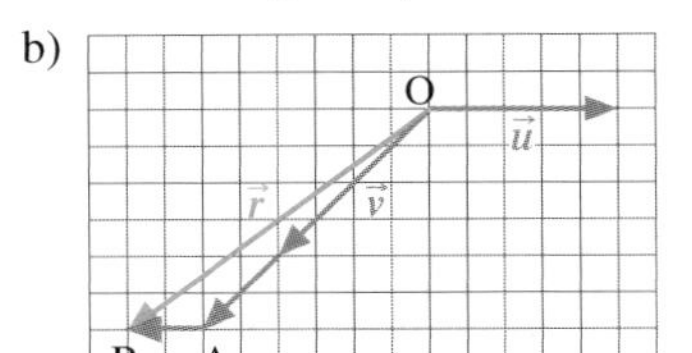

$\vec r = \overrightarrow{OA} + \overrightarrow{AB} = k_2\vec v + k_1\vec u$

d'où $\vec r \approx \frac{-2}{5}\vec u + \frac{3}{2}\vec v$ (car $k_1 < 0$ et $k_2 > 0$)

c)

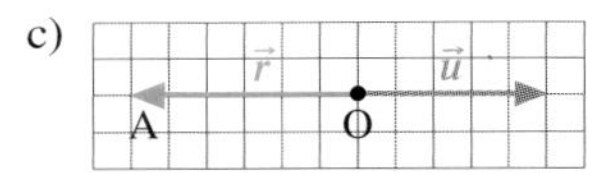

$\vec r = \overrightarrow{OA} = k_1\vec u$

d'où $\vec r \approx \frac{-6}{5}\vec u + 0\vec v$ (car $k_1 < 0$)

4. a) $\vec{r} = (6, -20)$ b) $\vec{s} = (-8, 13)$

5. a) $\vec{r} = (-6, -1, 6)$; $\vec{s} = (-8, -9, 6)$; $\vec{t} = (-4, 5, 4)$

b) $\vec{z} = 2\vec{r} - 4\vec{s} + 3\vec{t}$

$= 2(2\vec{u} - \vec{v}) - 4(-5\vec{v} + 4\vec{w}) + 3(3\vec{u} + 2\vec{v} - 3\vec{w})$

$= 13\vec{u} + 24\vec{v} - 25\vec{w}$

c) $\vec{z} = (8, 49, 0)$

6. a) Il faut déterminer s'il existe des constantes a et b telles que

$$\vec{r_1} = a\vec{u} + b\vec{v}$$

$(2, 15) = a(2, 1) + b(-1, 3)$

$(2, 15) = (2a - b, a + 3b)$

En résolvant le système d'équations

$$\begin{cases} 2a - b = 2 \\ a + 3b = 15 \end{cases}$$

nous obtenons $a = 3$ et $b = 4$.

D'où $\vec{r_1} = 3\vec{u} + 4\vec{v}$

b) $\vec{r_1} = \dfrac{41}{11}\vec{v} + \dfrac{21}{11}\vec{w}$

c) $\vec{r_2} = 0\vec{w} + 0\vec{t}$

d) $\vec{r_3} = -2\vec{v} + 0\vec{t}$

e) Il est impossible d'exprimer $\vec{r_4}$ comme combinaison linéaire des vecteurs $\vec{u}$ et $\vec{t}$, car le système d'équations

$$\begin{cases} 2a - 4b = 1 \\ a - 2b = 2 \end{cases}$$

n'admet aucune solution.

f) Il faut déterminer s'il existe des constantes a, b et c telles que

$$\vec{r_5} = a\vec{u} + b\vec{v} + c\vec{w}$$

$(-2, 9) = a(2, 1) + b(-1, 3) + c(3, 2)$

$(-2, 9) = (2a - b + 3c, a + 3b + 2c)$

En résolvant le système d'équations

$$\begin{cases} 2a - b + 3c = -2 \\ a + 3b + 2c = 9 \end{cases}$$

nous obtenons une infinité de solutions.

Par exemple, $a = 2$, $b = 3$ et $c = -1$

ou $a = -9$, $b = 2$ et $c = 6$.

De façon générale,

$\vec{r_5} = (11b - 31)\vec{u} + b\vec{v} + (20 - 7b)\vec{w}$, où $b \in \mathbb{R}$

7. a) $\vec{u} = -2\vec{i} + 5\vec{j}$ b) $\vec{i} = \dfrac{-1}{2}\vec{u} + \dfrac{5}{2}\vec{j}$

c) $\vec{j} = \dfrac{3}{23}\vec{u} + \dfrac{2}{23}\vec{v}$ d) $\vec{O} = 0\vec{i} + 0\vec{j}$

e) $\vec{O} = 0\vec{u} + 0\vec{v}$ f) Impossible

8. a) Il faut déterminer s'il existe des constantes a, b et c telles que

$$\vec{u} = a\vec{v_1} + b\vec{v_2} + c\vec{v_3}$$

$(-1, -2, 17) = a(1, -2, 3) + b(0, 4, -2) + c(-1, 2, 3)$

$(-1, -2, 17) = (a - c, -2a + 4b + 2c, 3a - 2b + 3c)$

En résolvant le système d'équations

$$\begin{cases} a - c = -1 \\ -2a + 4b + 2c = -2 \\ 3a - 2b + 3c = 17 \end{cases}$$

nous obtenons $a = 2$, $b = -1$ et $c = 3$.

D'où $\vec{u} = 2\vec{v_1} - 1\vec{v_2} + 3\vec{v_3}$

b) $\vec{w} = 2\vec{v_1} + \dfrac{1}{2}\vec{v_2} - \dfrac{1}{3}\vec{v_4}$

c) Il est impossible d'exprimer $\vec{t}$ comme combinaison linéaire des vecteurs $\vec{v_1}$, $\vec{v_3}$ et $\vec{v_4}$, car le système d'équations

$$\begin{cases} a - b + 3c = 1 \\ -2a + 2b - 6c = -1 \\ 3a + 3b + 3c = 3 \end{cases}$$

n'admet aucune solution. En effet,

$$\left[\begin{array}{ccc|c} 1 & -1 & 3 & 1 \\ -2 & 2 & -6 & -1 \\ 3 & 3 & 3 & 3 \end{array}\right] \sim \left[\begin{array}{ccc|c} 1 & -1 & 3 & 1 \\ 0 & 0 & 0 & 1 \\ 3 & 3 & 3 & 3 \end{array}\right] \quad L_2 + 2L_1 \to L_2$$

d) Il y a une infinité de combinaisons linéaires. Par exemple, $\vec{s} = 6\vec{v_1} - 3\vec{v_3} + \vec{v_5}$ ou $\vec{s} = -2\vec{v_1} - 3\vec{v_3} - \vec{v_5}$

9. a) $\vec{u} = 3\vec{i} - 2\vec{j} + 4\vec{k}$; $\vec{v} = 2\vec{i} + 0\vec{j} + 7\vec{k}$;
$\vec{O} = 0\vec{i} + 0\vec{j} + 0\vec{k}$

b) $\vec{t} = (x, y, z)$

$= (x, 0, 0) + (0, y, 0) + (0, 0, z)$

$= x(1, 0, 0) + y(0, 1, 0) + z(0, 0, 1)$

$= x\vec{i} + y\vec{j} + z\vec{k}$

10. a) $\boldsymbol{M}_1 = \begin{bmatrix} 1 & 4 \\ 10 & -4 \end{bmatrix}$

b) Il faut déterminer s'il existe des constantes a, b et c telles que $\boldsymbol{M}_2 = a\boldsymbol{u} + b\boldsymbol{v} + c\boldsymbol{w}$.

$$\begin{bmatrix} 8 & -1 \\ -8 & 1 \end{bmatrix} = a\begin{bmatrix} 1 & 0 \\ 0 & -1 \end{bmatrix} + b\begin{bmatrix} 2 & 1 \\ 0 & 1 \end{bmatrix} + c\begin{bmatrix} 0 & 1 \\ 2 & 0 \end{bmatrix}$$

$$= \begin{bmatrix} a + 2b & b + c \\ 2c & -a + b \end{bmatrix}$$

En résolvant le système d'équations

$$\begin{cases} a + 2b = 8 \\ b + c = -1 \\ 2c = -8 \\ -a + b = 1 \end{cases}$$

nous obtenons $a = 2$, $b = 3$ et $c = -4$.

D'où $\boldsymbol{M}_2 = 2\boldsymbol{u} + 3\boldsymbol{v} - 4\boldsymbol{w}$

Il est impossible d'exprimer $\boldsymbol{M}_3$ comme combinaison linéaire des vecteurs $\boldsymbol{u}$, $\boldsymbol{v}$ et $\boldsymbol{w}$, car le système d'équations

$$\begin{cases} a + 2b = 10 \\ b + c = 6 \\ 2c = 6 \\ \text{-}a + b = 3 \end{cases}$$

n'admet aucune solution. En effet,

$$\left[\begin{array}{ccc|c} 1 & 2 & 0 & 10 \\ 0 & 1 & 1 & 6 \\ 0 & 0 & 2 & 6 \\ \text{-}1 & 1 & 0 & 3 \end{array}\right] \sim \ldots \sim \left[\begin{array}{ccc|c} 1 & 2 & 0 & 10 \\ 0 & 1 & 1 & 6 \\ 0 & 0 & 1 & 3 \\ 0 & 0 & 0 & 4 \end{array}\right]$$

11. a) Il faut déterminer s'il existe des constantes a, b, c et d telles que

$$\boldsymbol{H} = a\boldsymbol{f} + b\boldsymbol{g} + c\boldsymbol{h} + d\boldsymbol{k}$$

$H(x) = af(x) + bg(x) + ch(x) + dk(x)$

$\text{-}4x^3 + 5x^2 - 13x - 1$

$= a(x^2 - 4x + 1) + b(\text{-}x^2 + 2) + c(3x - 4) + d(4x^3 + x)$

$= ax^2 - 4ax + a - bx^2 + 2b + 3cx - 4c + 4dx^3 + dx$

$= 4dx^3 + (a - b)x^2 + (\text{-}4a + 3c + d)x + (a + 2b - 4c)$

En résolvant le système d'équations

$$\begin{cases} 4d = \text{-}4 \\ a - b = 5 \\ \text{-}4a + 3c + d = \text{-}13 \\ a + 2b - 4c = \text{-}1 \end{cases}$$

nous obtenons $a = 3$, $b = \text{-}2$, $c = 0$ et $d = \text{-}1$.

Ainsi, $H(x) = 3f(x) - 2g(x) - k(x)$

d'où $\boldsymbol{H} = 3\boldsymbol{f} - 2\boldsymbol{g} + 0\boldsymbol{h} - \boldsymbol{k}$

b) $\boldsymbol{H} = \dfrac{\text{-}41}{7}\boldsymbol{f} - \dfrac{41}{7}\boldsymbol{g} - \dfrac{43}{7}\boldsymbol{h} + 0\boldsymbol{k}$

c) $\boldsymbol{H} = 0\boldsymbol{f} + 0\boldsymbol{g} + 0\boldsymbol{h} + 0\boldsymbol{k}$

12. a) Il faut déterminer les constantes a et b telles que

$$\vec{r} = a\vec{s} + b\vec{t}$$

$8\vec{u} - 21\vec{v} = a(\text{-}3\vec{u} + 6\vec{v}) + b(2\vec{u} - 5\vec{v})$

$= (\text{-}3a + 2b)\vec{u} + (6a - 5b)\vec{v}$

En résolvant le système d'équations

$$\begin{cases} \text{-}3a + 2b = 8 \\ 6a - 5b = \text{-}21 \end{cases}$$

nous obtenons $a = \dfrac{2}{3}$ et $b = 5$.

D'où $\vec{r} = \dfrac{2}{3}\vec{s} + 5\vec{t}$

b) $\vec{s} = \dfrac{3}{2}\vec{r} - \dfrac{15}{2}\vec{t}$

c) $\vec{r} = 8\vec{u} - 21\vec{v}$

$\vec{r} = 8\vec{u} - 21\left(\dfrac{1}{6}(\vec{s} + 3\vec{u})\right)$ (car $\vec{s} = \text{-}3\vec{u} + 6\vec{v}$)

$\vec{r} = 8\vec{u} - \dfrac{7}{2}\vec{s} - \dfrac{21}{2}\vec{u}$

$\vec{r} = \dfrac{\text{-}5}{2}\vec{u} - \dfrac{7}{2}\vec{s}$

d'où $\vec{u} = \dfrac{\text{-}2}{5}\vec{r} - \dfrac{7}{5}\vec{s}$

13. $\vec{w} = k_1\vec{u_1} + k_2\vec{u_2} + \ldots + k_n\vec{u_n}$

$= k_1(a_{11}\vec{v_1} + a_{12}\vec{v_2} + \ldots + a_{1m}\vec{v_m}) + k_2(a_{21}\vec{v_1} + a_{22}\vec{v_2} + \ldots + a_{2m}\vec{v_m}) + \ldots + k_n(a_{n1}\vec{v_1} + a_{n2}\vec{v_2} + \ldots + a_{nm}\vec{v_m})$

$= (k_1a_{11} + k_2a_{21} + \ldots + k_na_{n1})\vec{v_1} + (k_1a_{12} + k_2a_{22} + \ldots + k_na_{n2})\vec{v_2} + \ldots + (k_1a_{1m} + k_2a_{2m} + \ldots + k_na_{nm})\vec{v_m}$

Ainsi, $\vec{w} = b_1\vec{v_1} + b_2\vec{v_2} + \ldots + b_m\vec{v_m}$

d'où $\vec{w}$ est une combinaison linéaire des vecteurs de $\{\vec{v_1}, \vec{v_2}, \ldots, \vec{v_m}\}$.

Exercices 6.2 (page 246)

1. a) i) $k_1\vec{u} + k_2\vec{v} = \vec{O}$

$k_1(\text{-}1, 2) + k_2(0, 1) = (0, 0)$

$(\text{-}k_1, 2k_1 + k_2) = (0, 0)$

Nous obtenons alors le système suivant.

$$\begin{cases} \text{-}k_1 = 0 \\ 2k_1 + k_2 = 0 \end{cases}$$

En résolvant le système d'équations, nous obtenons $k_1 = 0$ et $k_2 = 0$ (solution unique).

D'où $\vec{u}$ et $\vec{v}$ sont linéairement indépendants.

ii) $\begin{vmatrix} \text{-}1 & 0 \\ 2 & 1 \end{vmatrix} = \text{-}1 \neq 0$

d'où $\vec{u}$ et $\vec{v}$ sont linéairement indépendants.

b) i) Le système obtenu est

$$\begin{cases} 3k_1 - 4k_2 = 0 \\ \text{-}6k_1 + 8k_2 = 0 \end{cases}$$

Ce système possède une infinité de solutions.

E.-S. $= \left\{\left(\dfrac{4}{3}s, s\right)\right\}$, où $s \in \mathbb{R}$

Par exemple, si $s = 3$, nous avons $k_1 = 4$ et $k_2 = 3$.

Ainsi, $4\vec{u} + 3\vec{v} = \vec{O}$

d'où $\vec{u}$ et $\vec{v}$ sont linéairement dépendants.

ii) $\begin{vmatrix} 3 & \text{-}4 \\ \text{-}6 & 8 \end{vmatrix} = 0$

d'où $\vec{u}$ et $\vec{v}$ sont linéairement dépendants.

c) i) $k_1\vec{u} + k_2\vec{v} + k_3\vec{w} = \vec{O}$, ainsi

$$\begin{cases} k_1 + 3k_2 + 2k_3 = 0 \\ 2k_1 + k_2 - 2k_3 = 0 \end{cases}$$

E.-S. $= \left\{\left(\dfrac{8}{5}s, \dfrac{\text{-}6}{5}s, s\right)\right\}$, où $s \in \mathbb{R}$

Par exemple, si $s = 5$, nous avons $8\vec{u} - 6\vec{v} + 5\vec{w} = \vec{O}$.

D'où $\vec{u}$, $\vec{v}$ et $\vec{w}$ sont linéairement dépendants.

ii) Impossible d'utiliser cette méthode.

d) i) $k_1\vec{u} + k_2\vec{v} + k_3\vec{w} = \vec{O}$, ainsi

$$\begin{cases} k_1 = 0 \\ 4k_1 + 7k_2 = 0 \\ -3k_1 + k_2 + k_3 = 0 \end{cases}$$

E.-S. = {(0, 0, 0)}

d'où $\vec{u}$, $\vec{v}$ et $\vec{w}$ sont linéairement indépendants.

ii) $\begin{vmatrix} 1 & 0 & 0 \\ 4 & 7 & 0 \\ -3 & 1 & 1 \end{vmatrix} = 7 \neq 0$

d'où $\vec{u}$, $\vec{v}$ et $\vec{w}$ sont linéairement indépendants.

e) i) $k_1\vec{u} + k_2\vec{v} + k_3\vec{w} = \vec{O}$, ainsi

$$\begin{cases} -k_1 + 4k_2 + 10k_3 = 0 \\ 2k_1 + k_2 - 2k_3 = 0 \\ -3k_2 - 6k_3 = 0 \end{cases}$$

E.-S. = {(2s, -2s, s)}, où $s \in \mathbb{R}$

Par exemple, si $s = 1$, nous avons $2\vec{u} - 2\vec{v} + \vec{w} = \vec{O}$.

D'où $\vec{u}$, $\vec{v}$ et $\vec{w}$ sont linéairement dépendants.

ii) $\begin{vmatrix} -1 & 4 & 10 \\ 2 & 1 & -2 \\ 0 & -3 & -6 \end{vmatrix} = 0$

d'où $\vec{u}$, $\vec{v}$ et $\vec{w}$ sont linéairement dépendants.

f) i) $k_1\vec{u} + k_2\vec{v} + k_3\vec{w} + k_4\vec{t} = \vec{O}$, ainsi

$$\begin{cases} 2k_1 + 5k_2 - 3k_4 = 0 \\ 4k_1 + k_2 + 4k_3 - 6k_4 = 0 \\ -8k_1 + 2k_2 + k_3 + 12k_4 = 0 \\ 6k_1 + k_3 - 9k_4 = 0 \end{cases}$$

E.-S. = $\left\{\left(\frac{3}{2}s, 0, 0, s\right)\right\}$, où $s \in \mathbb{R}$

Par exemple, si $s = 2$,
nous avons $3\vec{u} + 0\vec{v} + 0\vec{w} + 2\vec{t} = \vec{O}$.

D'où $\vec{u}$, $\vec{v}$, $\vec{w}$ et $\vec{t}$ sont linéairement dépendants.

ii) $\begin{vmatrix} 2 & 5 & 0 & -3 \\ 4 & 1 & 4 & -6 \\ -8 & 2 & 1 & 12 \\ 6 & 0 & 1 & -9 \end{vmatrix} = 0$

d'où $\vec{u}$, $\vec{v}$, $\vec{w}$ et $\vec{t}$ sont linéairement dépendants.

2. a) Vérifions s'il existe un k tel que $\vec{u} = k\vec{v}$.

$(-10, 8) = k(15, -12) = (15k, -12k)$

$$\begin{cases} 15k = -10 \\ -12k = 8 \end{cases}$$

En résolvant le système d'équations, nous obtenons

$k = \frac{-2}{3}$

Puisque $\vec{u} = \frac{-2}{3}\vec{v}$, $\vec{u}$ et $\vec{v}$ sont linéairement dépendants.

b) Vérifions s'il existe k_1 et k_2 tels que $\vec{u} = k_1\vec{v} + k_2\vec{w}$.

$(3, 2) = k_1(-9, 6) + k_2(6, -4) = (-9k_1 + 6k_2, 6k_1 - 4k_2)$

$$\begin{cases} -9k_1 + 6k_2 = 3 \\ 6k_1 - 4k_2 = 2 \end{cases}$$

Ce système n'admet aucune solution, donc $\vec{u}$ ne peut pas s'exprimer comme combinaison linéaire de $\vec{v}$ et $\vec{w}$.

Par contre, $\vec{v} = 0\vec{u} - \frac{3}{2}\vec{w}$,

d'où $\vec{u}$, $\vec{v}$ et $\vec{w}$ sont linéairement dépendants.

c) Vérifions s'il existe k_1 et k_2 tels que $\vec{u} = k_1\vec{v} + k_2\vec{w}$.

$(-1, 2, 4) = k_1(-2, 7, 2) + k_2(0, -1, 2)$

$= (-2k_1, 7k_1 - k_2, 2k_1 + 2k_2)$

$$\begin{cases} -2k_1 = -1 \\ 7k_1 - k_2 = 2 \\ 2k_1 + 2k_2 = 4 \end{cases}$$

En résolvant le système d'équations, nous obtenons

$k_1 = \frac{1}{2}$ et $k_2 = \frac{3}{2}$

Puisque $\vec{u} = \frac{1}{2}\vec{v} + \frac{3}{2}\vec{w}$, $\vec{u}$, $\vec{v}$ et $\vec{w}$ sont linéairement dépendants.

d) Aucun des vecteurs ne peut s'exprimer comme combinaison linéaire des deux autres vecteurs.

D'où $\vec{u}$, $\vec{v}$ et $\vec{w}$ sont linéairement indépendants.

3. a) $\begin{vmatrix} 4 & -5 \\ -5 & 4 \end{vmatrix} = -9 \neq 0$

d'où $\vec{u}$ et $\vec{v}$ sont linéairement indépendants.

b) Par le théorème 6.2, $\vec{u}$, $\vec{v}$ et $\vec{w}$ sont linéairement dépendants.

c) $\begin{vmatrix} 1 & 0 & 0 \\ 0 & 1 & 0 \\ 0 & 0 & 1 \end{vmatrix} = 1 \neq 0$

d'où $\vec{i}$, $\vec{j}$ et $\vec{k}$ sont linéairement indépendants.

d) Puisque $\vec{u} = \frac{-3}{5}\vec{v}$, les vecteurs $\vec{u}$ et $\vec{v}$ sont linéairement dépendants.

e) Par le théorème 6.2, $\vec{u}$, $\vec{v}$, $\vec{w}$ et $\vec{t}$ sont linéairement dépendants.

f) $\begin{vmatrix} 1 & 0 & 0 & 0 \\ 0 & 1 & 0 & 0 \\ 0 & 0 & 1 & 0 \\ 0 & 0 & 0 & 1 \end{vmatrix} = 1 \neq 0$

d'où $\vec{e_1}$, $\vec{e_2}$, $\vec{e_3}$ et $\vec{e_4}$ sont linéairement indépendants.

4. a) $\overrightarrow{KF} = -\overrightarrow{DH} - \overrightarrow{IL}$; linéairement dépendants

b) $\overrightarrow{AK} = \overrightarrow{EG} - 2\overrightarrow{HD}$; linéairement dépendants

c) Impossible ; linéairement indépendants

d) $\overrightarrow{BG} = 0\overrightarrow{AC} - \overrightarrow{CF} + 2\overrightarrow{DH}$; linéairement dépendants

5. $\vec{u_1}$ et $\vec{u_3}$ sont colinéaires.

$\vec{u_2}$, $\vec{u_4}$ et $\vec{u_6}$ sont colinéaires.

6. a) i) $\begin{vmatrix} 4 & 5 \\ -5 & -4 \end{vmatrix} = 9 \neq 0$

d'où $\vec{u}$ et $\vec{v}$ ne sont pas colinéaires.

ii) $\begin{vmatrix} -2 & 3 \\ 6 & -9 \end{vmatrix} = 0$

d'où $\vec{u}$ et $\vec{v}$ sont colinéaires.

iii) Il est impossible d'utiliser le théorème 6.4. Cependant, puisque $\vec{v} = 2\vec{u}$, alors $\vec{u} /\!/ \vec{v}$. D'où $\vec{u}$ et $\vec{v}$ sont colinéaires.

b) i) $\begin{vmatrix} 3 & a \\ -5 & 8 \end{vmatrix} = 24 + 5a = 0$, si $a = \dfrac{-24}{5}$

d'où $a = \dfrac{-24}{5}$

ii) $a = \dfrac{-5}{3}$ et $b = -18$

7. a) i) $\begin{vmatrix} 2 & 1 & -4 \\ -1 & 0 & 5 \\ 4 & -2 & 3 \end{vmatrix} = 35 \neq 0$

d'où $\vec{u}$, $\vec{v}$ et $\vec{w}$ ne sont pas coplanaires.

ii) $\begin{vmatrix} 1 & -2 & 4 \\ 3 & 5 & -2 \\ 1 & 9 & -10 \end{vmatrix} = 0$

d'où $\vec{u}$, $\vec{v}$ et $\vec{w}$ sont coplanaires.

iii) Il est impossible d'utiliser le théorème 6.6. Cependant, $\vec{u}$ et $\vec{v}$ sont coplanaires, car deux vecteurs de $\mathbb{R}^3$, ramenés à l'origine, sont toujours coplanaires.

b) i) $\begin{vmatrix} -2 & 3 & a \\ 1 & -2 & 0 \\ 4 & 5 & -3 \end{vmatrix} = 13a - 3 = 0$, si $a = \dfrac{3}{13}$

d'où $a = \dfrac{3}{13}$

ii) $c = 0$, a et $b \in \mathbb{R}$

8. Les justifications sont laissées à l'élève.

a) V b) V c) F d) V e) V f) F

9. a) Puisque $1\vec{u} + 1\vec{v} - 1(\vec{u} + \vec{v}) = \vec{O}$,

$\vec{u}$, $\vec{v}$ et $(\vec{u} + \vec{v})$ sont linéairement dépendants.

b) Puisque $-3\vec{u} + \vec{v} + 0\vec{w} + 1(3\vec{u} - \vec{v}) = \vec{O}$,

$\vec{u}$, $\vec{v}$, $\vec{w}$ et $(3\vec{u} - \vec{v})$ sont linéairement dépendants.

c) Puisque $1\vec{O} + 0\vec{u_1} + 0\vec{u_2} + \ldots + 0\vec{u_n} = \vec{O}$,

$\vec{O}$, $\vec{u_1}$, $\vec{u_2}$, ..., $\vec{u_n}$ sont linéairement dépendants.

Exercices 6.3 (page 261)

1. a) Étape 1 : $\begin{vmatrix} 1 & 2 \\ 2 & 1 \end{vmatrix} = -3 \neq 0$

d'où les vecteurs sont linéairement indépendants.

Étape 2 : Soit $\vec{w} = (x, y)$. De $\vec{w} = a\vec{u} + b\vec{v}$, nous obtenons

$$\begin{cases} a + 2b = x \\ 2a + b = y \end{cases}$$

En résolvant le système d'équations, nous obtenons $a = \dfrac{2y - x}{3}$ et $b = \dfrac{2x - y}{3}$

Ainsi, $\vec{w} = \left(\dfrac{2y - x}{3}\right)\vec{u} + \left(\dfrac{2x - y}{3}\right)\vec{v}$, où $\vec{w} = (x, y)$

d'où $\{\vec{u}, \vec{v}\}$ est une base de $\mathbb{R}^2$.

b) $\vec{w} = \left(\dfrac{2(-6) - 3}{3}\right)\vec{u} + \left(\dfrac{2(3) - (-6)}{3}\right)\vec{v} = -5\vec{u} + 4\vec{v}$;

$\vec{t} = \dfrac{8}{3}\vec{u} - \dfrac{7}{3}\vec{v}$; $\vec{r} = 5\vec{u} + 0\vec{v}$; $\vec{O} = 0\vec{u} + 0\vec{v}$

c)

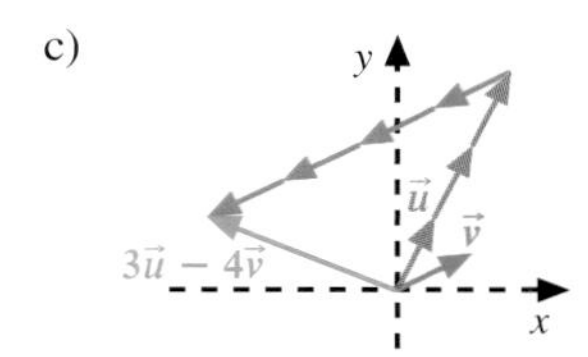

2. a) Étape 1 : $\begin{vmatrix} 6 & -8 \\ -3 & 4 \end{vmatrix} = 0$

Les vecteurs sont linéairement dépendants.

D'où $\{\vec{u}, \vec{v}\}$ n'est pas une base de $\mathbb{R}^2$.

b) De $\vec{w} = a\vec{u} + b\vec{v}$

$(3, 2) = a(6, -3) + b(-8, 4)$, nous obtenons

$$\begin{cases} 6a - 8b = 3 \\ -3a + 4b = 2 \end{cases}$$

$$\left[\begin{array}{cc|c} 6 & -8 & 3 \\ -3 & 4 & 2 \end{array}\right] \sim \left[\begin{array}{cc|c} 6 & -8 & 3 \\ 0 & 0 & 7 \end{array}\right] \quad 2L_2 + L_1 \to L_2$$

Ce système est incompatible. Par conséquent, $\vec{w}$ ne peut être exprimé comme combinaison linéaire de $\vec{u}$ et $\vec{v}$.

De $\vec{t} = a\vec{u} + b\vec{v}$

$(10, -5) = a(6, -3) + b(-8, 4)$, nous obtenons

$$\begin{cases} 6a - 8b = 10 \\ -3a + 4b = -5 \end{cases}$$

Ce système a une infinité de solutions.

E.-S. $= \left\{\left(\dfrac{5 + 4s}{3}, s\right)\right\}$, où $s \in \mathbb{R}$

Par exemple, si $s = 1$, $\vec{t} = 3\vec{u} + \vec{v}$, ou

si $s = 0$, $\vec{t} = \dfrac{5}{3}\vec{u} + 0\vec{v}$.

D'où $\vec{t}$ peut être une combinaison linéaire de $\vec{u}$ et $\vec{v}$.

c)

y
$\vec{v}$
$\vec{u}$
x

d) Nous avons $\vec{u} /\!/ \vec{v}$. Par conséquent, tous les vecteurs engendrés par $\vec{u}$ et $\vec{v}$ doivent être parallèles à $\vec{u}$. Puisque $\vec{w}$ n'est pas parallèle à $\vec{u}$, $\vec{w}$ ne peut être une combinaison linéaire de $\vec{u}$ et $\vec{v}$. Toutefois, comme $\vec{t} /\!/ \vec{u}$, $\vec{t}$ est une combinaison linéaire de $\vec{u}$ et $\vec{v}$.

3. a) Étape 1 : De $k_1\vec{i} + k_2\vec{j} + k_3\vec{v} = \vec{O}$

nous obtenons

$$\begin{cases} k_1 + k_3 = 0 \\ k_2 + k_3 = 0 \end{cases}$$

Ce système a une infinité de solutions.

Par exemple, si $k_1 = 1$, $k_2 = 1$ et $k_3 = -1$, nous avons $1\vec{i} + 1\vec{j} - 1\vec{v} = \vec{O}$.

Alors, $\vec{i}$, $\vec{j}$ et $\vec{v}$ sont linéairement dépendants.

D'où $\{\vec{i}, \vec{j}, \vec{v}\}$ n'est pas une base de $\mathbb{R}^2$.

b) De $\vec{w} = a\vec{i} + b\vec{j} + c\vec{v}$

$(x, y) = a(1, 0) + b(0, 1) + c(1, 1)$, nous obtenons

$$\begin{cases} a + c = x \\ b + c = y \end{cases}$$

Ce système a une infinité de solutions.

E.-S. $= \{(x - s, y - s, s)\}$, où $s \in \mathbb{R}$

d'où $\{\vec{i}, \vec{j}, \vec{v}\}$ est un ensemble de générateurs de $\mathbb{R}^2$.

c) En remplaçant x par 4 et y par -5, nous obtenons

E.-S. $= \{(4 - s, -5 - s, s)\}$, où $s \in \mathbb{R}$.

Par exemple, si $s = 2$, $\vec{w} = 2\vec{i} - 7\vec{j} + 2\vec{v}$.

d) $\{\vec{i}, \vec{j}\}$, $\{\vec{i}, \vec{v}\}$ et $\{\vec{j}, \vec{v}\}$ sont des bases de $\mathbb{R}^2$.

e) i) $\vec{t} = -3\vec{i} + 7\vec{j}$

ii) $\vec{t} = -10\vec{i} + 7\vec{v}$

iii) $\vec{t} = 10\vec{j} - 3\vec{v}$

4. a) Étape 1 : $\begin{vmatrix} 1 & 0 & 0 \\ 1 & 1 & 0 \\ 1 & 1 & 1 \end{vmatrix} = 1 \neq 0$

d'où les vecteurs sont linéairement indépendants.

Étape 2 : Soit $\vec{w} = (x, y, z)$.

De $\vec{w} = a\vec{u} + b\vec{v} + c\vec{k}$, nous obtenons

$$\begin{cases} a = x \\ a + b = y \\ a + b + c = z \end{cases}$$

En résolvant le système d'équations, nous obtenons

$a = x$, $b = y - x$ et $c = z - y$.

Ainsi, $\vec{w} = x\vec{u} + (y - x)\vec{v} + (z - y)\vec{k}$, où $\vec{w} = (x, y, z)$

d'où $\{\vec{u}, \vec{v}, \vec{k}\}$ est une base de $\mathbb{R}^3$.

b) $\vec{w} = 1\vec{u} + (-2 - 1)\vec{v} + (3 - (-2))\vec{k} = 1\vec{u} - 3\vec{v} + 5\vec{k}$;

$\vec{i} = 1\vec{u} - 1\vec{v} + 0\vec{k}$; $\vec{O} = 0\vec{u} + 0\vec{v} + 0\vec{k}$

5. a) Étape 1 : $\begin{vmatrix} 1 & 2 & 5 \\ -2 & 1 & 0 \\ -3 & 2 & 1 \end{vmatrix} = 0$

Les vecteurs sont donc linéairement dépendants.

D'où $\{\vec{u}, \vec{v}, \vec{w}\}$ n'est pas une base de $\mathbb{R}^3$.

b) De $\quad \vec{t} = a\vec{u} + b\vec{v} + c\vec{w}$

$(11, -7, -9) = a(1, -2, -3) + b(2, 1, 2) + c(5, 0, 1)$, nous obtenons

$$\begin{cases} a + 2b + 5c = 11 \\ -2a + b = -7 \\ -3a + 2b + c = -9 \end{cases}$$

Ce système a une infinité de solutions.

E.-S. $= \{(5 - s, 3 - 2s, s)\}$, où $s \in \mathbb{R}$

Par exemple, si $s = 3$, $\vec{t} = 2\vec{u} - 3\vec{v} + 3\vec{w}$, ou

si $s = 0$, $\vec{t} = 5\vec{u} + 3\vec{v} + 0\vec{w}$.

De $\quad \vec{r} = a\vec{u} + b\vec{v} + c\vec{w}$

$(1, 1, 1) = a(1, -2, -3) + b(2, 1, 2) + c(5, 0, 1)$, nous obtenons

$$\begin{cases} a + 2b + 5c = 1 \\ -2a + b = 1 \\ -3a + 2b + c = 1 \end{cases}$$

$$\left[\begin{array}{ccc|c} 1 & 2 & 5 & 1 \\ -2 & 1 & 0 & 1 \\ -3 & 2 & 1 & 1 \end{array}\right] \sim \ldots \sim \left[\begin{array}{ccc|c} 1 & 2 & 5 & 1 \\ 0 & 5 & 10 & 3 \\ 0 & 0 & 0 & 4 \end{array}\right]$$

Ce système est incompatible. D'où $\vec{r}$ ne peut être exprimé comme combinaison linéaire de $\vec{u}$, $\vec{v}$ et $\vec{w}$.

c) Puisque $\begin{vmatrix} 1 & 2 & 5 \\ -2 & 1 & 0 \\ -3 & 2 & 1 \end{vmatrix} = 0$, les vecteurs $\vec{u}$, $\vec{v}$ et $\vec{w}$ sont coplanaires (théorème 6.6).

Ainsi, $\vec{t}$ est dans le même plan que $\vec{u}$, $\vec{v}$ et $\vec{w}$, mais $\vec{r}$ n'est pas dans le même plan que $\vec{u}$, $\vec{v}$ et $\vec{w}$.

6. Étape 1 : Posons $a(2, -1, 4) + b(1, 3, -6) = (0, 0, 0)$.

Ainsi,

$$\begin{cases} 2a + b = 0 \\ -a + 3b = 0 \\ 4a - 6b = 0 \end{cases}$$

En résolvant le système d'équations, nous obtenons $a = 0$ et $b = 0$.

Les vecteurs $\vec{u}$ et $\vec{v}$ sont donc linéairement indépendants.

Étape 2 : Soit $\vec{w} = (x, y, z)$. De $\vec{w} = a\vec{u} + b\vec{v}$, nous obtenons

$$\begin{cases} 2a + b = x \\ -a + 3b = y \\ 4a - 6b = z \end{cases}$$

En utilisant la méthode de Gauss, nous obtenons

$$\left[\begin{array}{cc|c} 2 & 1 & x \\ -1 & 3 & y \\ 4 & -6 & z \end{array}\right] \sim \left[\begin{array}{cc|c} 2 & 1 & x \\ 0 & 7 & x + 2y \\ 0 & -8 & -2x + z \end{array}\right] \sim \left[\begin{array}{cc|c} 2 & 1 & x \\ 0 & 7 & x + 2y \\ 0 & 0 & -6x + 16y + 7z \end{array}\right]$$

Si $-6x + 16y + 7z \neq 0$, alors le système n'a pas de solution.

D'où $\{\vec{u}, \vec{v}\}$ n'est pas une base de $\mathbb{R}^3$.

7. a) Puisque dim $\mathbb{R}^2 = 2$, par le théorème 6.8, les trois vecteurs $\vec{u}$, $\vec{v}$ et $\vec{w}$ sont linéairement dépendants.

D'où $\{\vec{u}, \vec{v}, \vec{w}\}$ n'est pas une base de $\mathbb{R}^2$.

b) Puisque dim $\mathbb{R}^3 = 3$, par le théorème 6.8, toute autre base doit également contenir trois vecteurs.

D'où $\{\vec{u}, \vec{v}\}$ n'est pas une base de $\mathbb{R}^3$.

c) $\begin{vmatrix} 2 & 3 \\ -1 & 4 \end{vmatrix} = 11 \neq 0$

Les vecteurs $\vec{u}$ et $\vec{v}$ sont donc linéairement indépendants.

Puisque dim $\mathbb{R}^2 = 2$, par le théorème 6.10, tout ensemble de deux vecteurs de $\mathbb{R}^2$ linéairement indépendants est une base de $\mathbb{R}^2$.

D'où $\{\vec{u}, \vec{v}\}$ est une base de $\mathbb{R}^2$.

d) $\begin{vmatrix} 2 & 0 & 1 \\ 0 & -4 & -1 \\ 1 & -2 & 0 \end{vmatrix} = 0$

Les vecteurs $\vec{u}$, $\vec{v}$ et $\vec{w}$ sont donc linéairement dépendants.

D'où $\{\vec{u}, \vec{v}, \vec{w}\}$ n'est pas une base de $\mathbb{R}^3$.

e) $\begin{vmatrix} 1 & 0 & 0 & 0 \\ 0 & 1 & 0 & 0 \\ 0 & 0 & 1 & 0 \\ 0 & 0 & 0 & 1 \end{vmatrix} = 1 \neq 0$

Les vecteurs $\vec{e_1}$, $\vec{e_2}$, $\vec{e_3}$ et $\vec{e_4}$ sont linéairement indépendants.

Puisque dim $\mathbb{R}^4 = 4$, par le théorème 6.10, tout ensemble de quatre vecteurs de $\mathbb{R}^4$ linéairement indépendants est une base de $\mathbb{R}^4$.

D'où $\{\vec{e_1}, \vec{e_2}, \vec{e_3}, \vec{e_4}\}$ est une base de $\mathbb{R}^4$.

8. a) $\{\vec{u}, \vec{v}\}$ et $\{\vec{v}, \vec{w}\}$

b) $\{\vec{u}, \vec{v}\}$, $\{\vec{u}, \vec{w}\}$, $\{\vec{u}, \vec{t}\}$, $\{\vec{v}, \vec{w}\}$ et $\{\vec{w}, \vec{t}\}$

c) Aucun

d) $\{\vec{u}, \vec{v}, \vec{t}\}$, $\{\vec{u}, \vec{w}, \vec{t}\}$ et $\{\vec{v}, \vec{w}, \vec{t}\}$

9. a)

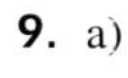

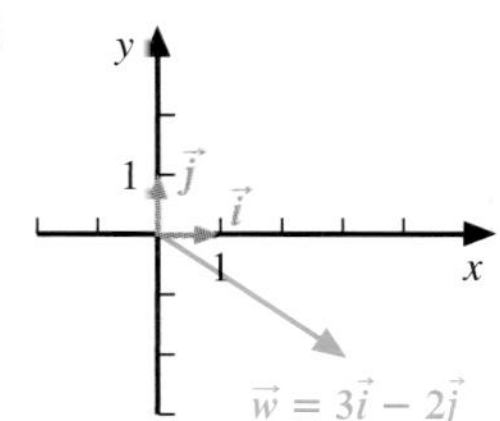

b)

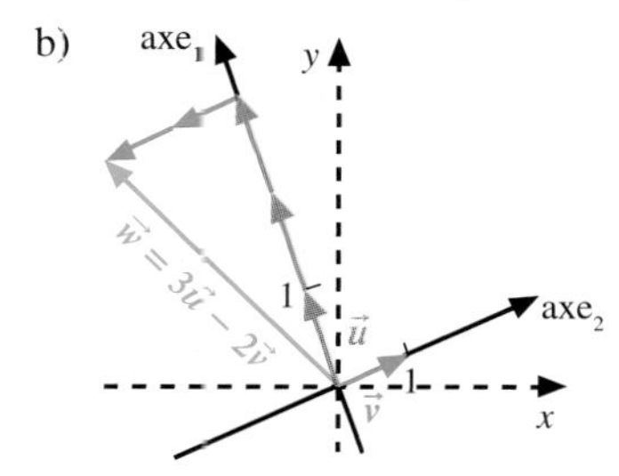

c)

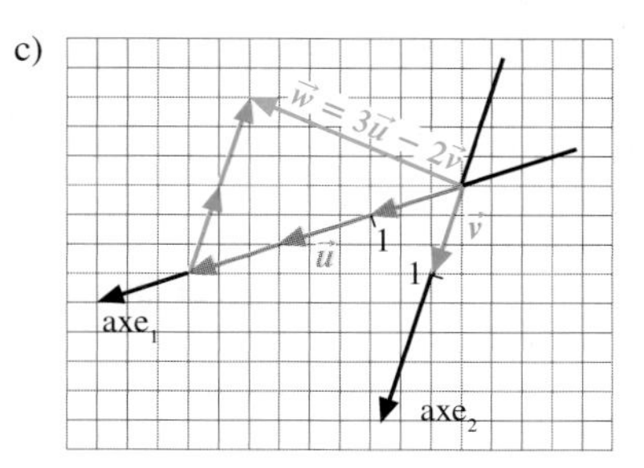

10. a) $\vec{w} = 4\vec{i} + 6\vec{j}$, d'où les composantes de $\vec{w}$ sont 4 et 6 ;

$\vec{t} = 6\vec{i} - 4\vec{j}$, d'où les composantes de $\vec{t}$ sont 6 et 4.

b) $\vec{w} = 2\vec{u} - 2\vec{v}$, d'où les composantes de $\vec{w}$ sont 2 et -2 ;

$\vec{t} = \frac{16}{7}\vec{u} - \frac{6}{7}\vec{v}$, d'où les composantes de $\vec{t}$ sont $\frac{16}{7}$ et $\frac{-6}{7}$.

11. a) i) $\{\vec{u}, \vec{v}\}$ n'est pas une base de $\mathbb{R}^2$, car $\vec{u}$ et $\vec{v}$ sont linéairement dépendants.

ii) $\{\vec{u}, \vec{v}\}$ est une base de $\mathbb{R}^2$.

iii) $\{\vec{u}, \vec{v}, \vec{w}\}$ n'est pas une base de $\mathbb{R}^2$, car $\vec{u}$, $\vec{v}$ et $\vec{w}$ sont linéairement dépendants.

iv) $\{\vec{u}, \vec{v}, \vec{w}\}$ n'est pas une base de $\mathbb{R}^3$, car $\vec{u}$, $\vec{v}$ et $\vec{w}$ sont linéairement dépendants.

v) $\{\vec{u}, \vec{v}, \vec{w}\}$ est une base de $\mathbb{R}^3$.

vi) $\{\vec{u}, \vec{v}, \vec{w}\}$ n'est pas une base de $\mathbb{R}^3$, car $\vec{u}$, $\vec{v}$ et $\vec{w}$ sont linéairement dépendants.

vii) $\{\vec{u}, \vec{v}\}$ n'est pas une base de $\mathbb{R}^3$, car $\vec{u}$ et $\vec{v}$ n'engendrent pas $\mathbb{R}^3$.

viii) $\{\vec{u}, \vec{v}, \vec{w}, \vec{t}\}$ n'est pas une base de $\mathbb{R}^3$, car $\vec{u}$, $\vec{v}$, $\vec{w}$ et $\vec{t}$ sont linéairement dépendants.

b) Les représentations ii), iii), v), viii).

12. a) Une droite de $\mathbb{R}^2$ b) $\mathbb{R}^2$

c) Un plan de $\mathbb{R}^3$ d) $\mathbb{R}^3$

e) Une droite de $\mathbb{R}^3$ f) Un plan de $\mathbb{R}^3$

g) $\mathbb{R}^2$ h) Un plan de $\mathbb{R}^3$

13. a) F, car $\vec{u}$ n'est pas perpendiculaire à $\vec{v}$.

b) V, car $\vec{u} \perp \vec{w}$.

c) V, car $\vec{v} \perp \vec{t}$.

d) F, car $\frac{1}{\|\vec{u}\|}\vec{u}$ n'est pas perpendiculaire à $\frac{1}{\|\vec{t}\|}\vec{t}$.

e) V, car $\frac{1}{\|\vec{v}\|}\vec{v} \perp \frac{1}{\|\vec{t}\|}\vec{t}$ et $\left\|\frac{1}{\|\vec{v}\|}\vec{v}\right\| = \left\|\frac{1}{\|\vec{t}\|}\vec{t}\right\| = 1$.

f) V, car $\frac{1}{\|\vec{u}\|}\vec{u} \perp \frac{1}{\|\vec{w}\|}\vec{w}$.

14. a) $\{\vec{u_1}, \vec{u_6}\}$, $\{\vec{u_2}, \vec{u_6}\}$ et $\{\vec{u_3}, \vec{u_5}\}$

b) $\left\{\frac{1}{\sqrt{2}}\vec{u_1}, \frac{1}{\sqrt{2}}\vec{u_6}\right\}$, $\left\{\frac{1}{2\sqrt{2}}\vec{u_2}, \frac{1}{\sqrt{2}}\vec{u_6}\right\}$ et $\left\{\frac{1}{5}\vec{u_3}, \frac{1}{5}\vec{u_5}\right\}$

15. Les justifications sont laissées à l'élève.

a) F b) V c) F d) F

e) V f) F g) V h) F

i) V j) F k) V l) F

Exercices récapitulatifs (page 265)

2. a) i) $\vec{u} = 3\vec{v_1} + 4\vec{v_2}$

ii) $\vec{w} = x\vec{v_1} + y\vec{v_2}$

b) i) $\vec{u} \neq k_1\vec{v_1} + k_2\vec{v_2}$

ii) Il y a une infinité de combinaisons linéaires, par exemple $\vec{w} = -20\vec{v_1} + 5\vec{v_2}$.

c) i) Il y a une infinité de combinaisons linéaires, par exemple $\vec{u} = -5\vec{v_1} - 2\vec{v_2} + 3\vec{v_3}$.

ii) $\vec{w} \neq k_1\vec{v_1} + k_2\vec{v_2} + k_3\vec{v_3}$

3. a) Linéairement dépendants; $\vec{v_2} = -3\vec{v_1}$

c) Linéairement dépendants; $\vec{v_3} = \vec{v_1} + \vec{v_2}$

e) Linéairement indépendants

g) Linéairement dépendants; $\vec{v_3} = 0\vec{v_1} + 0\vec{v_2}$

i) Linéairement dépendants; $\vec{v_3} = -1\vec{v_1} + 2\vec{v_2}$

5. a) $\{\vec{u}, \vec{v}\}$ est une base de $\mathbb{R}^2$.

b) $\{\vec{u}, \vec{v}\}$ n'est pas une base de $\mathbb{R}^2$.

c) $\{\vec{u}, \vec{v}\}$ est une base de $\mathbb{R}^2$.

d) $\{\vec{u}, \vec{v}, \vec{w}\}$ n'est pas une base de $\mathbb{R}^2$.

g) $\{\vec{u}, \vec{v}, \vec{k}\}$ est une base de $\mathbb{R}^3$.

6. a) Oui

7. a) 2 c) 1 e) 3

11. a) i) $\overrightarrow{MN} = \frac{1}{2}\overrightarrow{AC} + \frac{1}{2}\overrightarrow{BD}$

ii) $\overrightarrow{MN} = \frac{1}{2}\overrightarrow{AD} + \frac{1}{2}\overrightarrow{BC}$

iii) $\overrightarrow{MN} = \frac{1}{4}\overrightarrow{AC} + \frac{1}{4}\overrightarrow{AD} + \frac{1}{4}\overrightarrow{BC} + \frac{1}{4}\overrightarrow{BD}$

13. $\overrightarrow{PR} = \frac{-5}{13}\vec{b} + \frac{2}{3}\vec{c}$

14. a) $\overrightarrow{AE} = -\overrightarrow{AC} + 2\overrightarrow{AD}$

c) $\overrightarrow{EF} = \frac{-2}{3}\overrightarrow{HB} - \frac{1}{3}\overrightarrow{AD}$

Problèmes de synthèse (page 267)

1. a) $(a, 0, 0)$, où $a \in \mathbb{R} \setminus \{0\}$

c) $(a, b, 0)$, où $a, b \in \mathbb{R}$ tels que a et b ne sont pas égaux à 0 simultanément.

e) $(0, b, 0)$, où $b \in \mathbb{R} \setminus \{0\}$

2. a) Les vecteurs sont linéairement indépendants.

3. a) i) $\vec{r} = 2\vec{u} - \vec{v} + 0\vec{w}$

b) i) Les vecteurs sont linéairement indépendants.

5. b) $\|\vec{w}\| = 90{,}967\ldots$; $\theta = 88{,}42\ldots°$ de sens S.-O.

c) $k_1 = -2{,}003\,7\ldots$ et $k_2 = 1{,}999\ldots$

7. a) $\left\{\begin{bmatrix}1&0&0\\0&0&0\end{bmatrix}, \begin{bmatrix}0&1&0\\0&0&0\end{bmatrix}, \begin{bmatrix}0&0&1\\0&0&0\end{bmatrix}, \begin{bmatrix}0&0&0\\1&0&0\end{bmatrix}, \begin{bmatrix}0&0&0\\0&1&0\end{bmatrix}, \begin{bmatrix}0&0&0\\0&0&1\end{bmatrix}\right\}$ est la base naturelle; puisque la base contient 6 vecteurs, dim W = 6.

b) $\left\{\begin{bmatrix}0&1\\0&0\end{bmatrix}, \begin{bmatrix}0&0\\1&0\end{bmatrix}\right\}$ est la base naturelle; dim W = 2.

c) Nous obtenons la base $\left\{\begin{bmatrix}1&0\\0&1\end{bmatrix}\right\}$ qui n'est pas une base naturelle; dim W = 1.

d) Puisque les matrices de W sont de la forme $\boldsymbol{M} = \begin{bmatrix}a&b\\0&c\end{bmatrix}$, nous obtenons $\left\{\begin{bmatrix}1&0\\0&0\end{bmatrix}, \begin{bmatrix}0&1\\0&0\end{bmatrix}, \begin{bmatrix}0&0\\0&1\end{bmatrix}\right\}$ qui est la base naturelle; dim W = 3.

e) Puisque les matrices de W sont de la forme $\boldsymbol{M} = \begin{bmatrix}a&0&0\\0&b&0\\0&0&c\end{bmatrix}$, nous obtenons

$\left\{\begin{bmatrix}1&0&0\\0&0&0\\0&0&0\end{bmatrix}, \begin{bmatrix}0&0&0\\0&1&0\\0&0&0\end{bmatrix}, \begin{bmatrix}0&0&0\\0&0&0\\0&0&1\end{bmatrix}\right\}$

qui est la base naturelle; dim W = 3.

8. b) $6x^2 + 37 = 3\boldsymbol{u} + 2\boldsymbol{v} + 6\boldsymbol{w}$

10. $a \in \mathbb{R}$, $b \in \mathbb{R}$ et $c \in \mathbb{R} \setminus \{0\}$

12. $\overrightarrow{MN} = \frac{1}{2}\overrightarrow{AD} - \frac{1}{2}\overrightarrow{BC}$

13. a) $\overrightarrow{M_3M_4} = \frac{1}{4}\overrightarrow{BC} + \frac{3}{4}\overrightarrow{AD}$

14. $k_2 = 4k_1$; par exemple, si $k_1 = 1$, alors $k_2 = 4$

16. a) $k_1 = 0$, $k_2 = \left(\frac{\sin 108°}{\sin 36°} - \frac{2 \sin 36°}{\sin 108°}\right)$ et $k_3 = 0$

b) $k_4 = k_5 = \frac{(\sin 108°)^2 - 2(\sin 36°)^2}{(\sin 108°)^2}$

CHAPITRE 7

Exercices préliminaires (page 270)

1. a) A = base × hauteur = $6 \times (4 \sin 55°) \approx 19{,}66$ unités^2

b) $A = ba \sin \theta$

2. a) $V = Ah$ b) $V = \frac{1}{3}Ah$

3. a) $a^2 = b^2 + c^2 - 2bc \cos A$

$b^2 = a^2 + c^2 - 2ac \cos B$

$c^2 = a^2 + b^2 - 2ab \cos C$

b) $\frac{\sin A}{a} = \frac{\sin B}{b} = \frac{\sin C}{c}$

4. a) $\cos (A - B) = \cos A \cos B + \sin A \sin B$

b) $\cos (180° - \theta) = -\cos \theta$

c) $\sin (A - B) = \sin A \cos B - \cos A \sin B$

d) $\sin (\pi - \theta) = \sin \theta$

5. a)

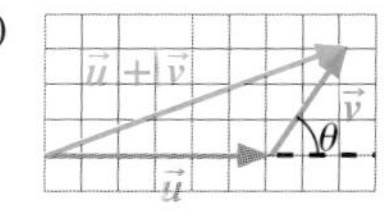

b)

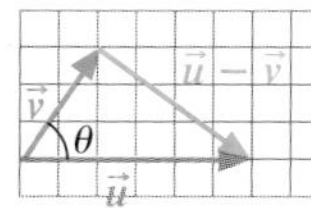

c) $\|\vec{u} - \vec{v}\|^2 = \|\vec{u}\|^2 + \|\vec{v}\|^2 - 2\|\vec{u}\|\|\vec{v}\| \cos \theta$

6. a) $\sqrt{21}$ b) $\sqrt{209}$ c) $\left(\frac{-2}{3}, \frac{1}{3}, \frac{2}{3}\right)$ et $\left(\frac{2}{3}, \frac{-1}{3}, \frac{-2}{3}\right)$

7. a) 32 b) $2a + 4b - 11c$

c) $-(2a + 4b - 11c)$ d) 0

8. a)

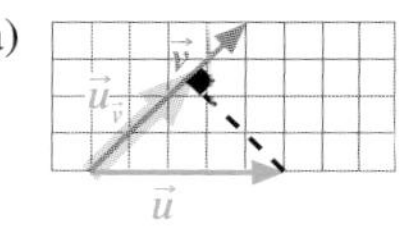

b)

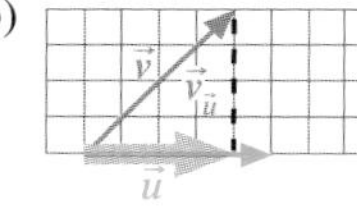

9. a) $(x - 3)^2 + (y + 4)^2 = 4$ b) $(x - x_1)^2 + (y - y_1)^2 = r^2$

10. a) $y = \frac{-3}{2}x - \frac{5}{2}$ b) $y = \frac{3}{4}x - \frac{27}{4}$

Exercices 7.1 (page 283)

1. a) $\vec{u} \cdot \vec{v} = 2(4) \cos 45° = 4\sqrt{2}$

b) $\vec{u} \cdot \vec{v} = 5(3) \cos 130° \approx -9{,}64$

c) $\vec{u} \cdot \vec{v} = \sqrt{32}(2) \cos 105° \approx -2{,}93$

d) $\vec{u} \cdot \vec{v} = \sqrt{32}(2) \cos 75° \approx 2{,}93$

e) $\vec{u} \cdot \vec{v} = (-2)(1) + 3(5) = 13$

f) $\vec{u} \cdot \vec{v} = 4(2) + 1(2) + (-2)(5) = 0$

g) $\vec{u} \cdot \vec{v} = 5(1) + 4(-3) + (-3)(4) + 1(6) = -13$

h) $\vec{u} \cdot \vec{v} = 2(2) + 4(4) + (-1)(-1) = 21$

i) $\vec{u} \cdot \vec{v} = 1(2) + 3(3) + 0(-1) + 5(5) = 36$

j) $\vec{u} \cdot \vec{v} = a(-b) + ba = 0$

2. Puisque $\cos \theta = \frac{\vec{u} \cdot \vec{v}}{\|\vec{u}\|\|\vec{v}\|}$, nous avons

a) $\cos \theta = \frac{-3}{1\sqrt{18}}$, d'où $\theta = 135°$.

b) $\cos \theta = \frac{0}{\sqrt{29}\sqrt{116}} = 0$, d'où $\theta = 90°$.

c) $\cos \theta = \frac{-10}{\sqrt{5}\sqrt{20}} = -1$, d'où $\theta = 180°$.

d) $\cos \theta = \frac{10}{\sqrt{14}\sqrt{14}}$, d'où $\theta \approx 44{,}4°$.

e) $\cos \theta = \frac{154}{\sqrt{77}\sqrt{308}} = 1$, d'où $\theta = 0°$.

f) $\cos \theta = \frac{-a^2}{\sqrt{3a^2}\sqrt{3a^2}} = \frac{-1}{3}$, d'où $\theta \approx 109{,}5°$.

3. a) $\vec{u} \cdot \vec{v} = 0$; donc, $\vec{u} \perp \vec{v}$

b) $\vec{u} \cdot \vec{v} = -1 \neq 0$; donc, $\vec{u}$ n'est pas perpendiculaire à $\vec{v}$.

c) $\vec{u} \cdot \vec{v} = 0$; donc, $\vec{u} \perp \vec{v}$

4. a) $\overrightarrow{AB} \cdot \overrightarrow{AC} \neq 0$, $\overrightarrow{BA} \cdot \overrightarrow{BC} \neq 0$ et $\overrightarrow{CA} \cdot \overrightarrow{CB} \neq 0$; donc, le triangle n'est pas rectangle.

b) $\overrightarrow{BA} \cdot \overrightarrow{BC} = 0$; donc, le triangle est rectangle en B.

c) $\overrightarrow{AB} \cdot \overrightarrow{AC} \neq 0$, $\overrightarrow{BA} \cdot \overrightarrow{BC} \neq 0$ et $\overrightarrow{CA} \cdot \overrightarrow{CB} \neq 0$; donc, le triangle n'est pas rectangle.

d) $\overrightarrow{AB} \cdot \overrightarrow{AC} = 0$; donc, le triangle est rectangle en A.

5. a) $\vec{u} \cdot \vec{v} = 4a - 18 = 0$, d'où $a = \frac{9}{2}$

b) $\vec{u} \cdot \vec{v} = -20 - a - 3a = 0$, d'où $a = -5$

c) $\vec{u} \cdot \vec{v} = a^2 + 3 - 2 = a^2 + 1 \neq 0$ pour tout $a \in \mathbb{R}$; d'où $\vec{u}$ n'est jamais perpendiculaire à $\vec{v}$.

d) $\vec{u} \cdot \vec{v} = 3a - 3a = 0$ pour tout $a \in \mathbb{R}$; d'où $\vec{u}$ est perpendiculaire à $\vec{v}$ pour tout a.

e) $\vec{u} \cdot \vec{v} = a^2 + 4b^2 = 0$; donc, $a = 0$ et $b = 0$, d'où $\vec{u} = \vec{O}$ et $\vec{v} = \vec{O}$. Il est impossible de trouver une valeur de a et de b telle que les vecteurs sont non nuls et perpendiculaires.

f) $\vec{u} \cdot \vec{v} = a^2 + 6 + 4b^2 \neq 0$ pour tout a et $b \in \mathbb{R}$; d'où $\vec{u}$ n'est jamais perpendiculaire à $\vec{v}$.

g) $\vec{u} \cdot \vec{v} = 4b + 5a - 5a = 4b = 0$; d'où $b = 0$ et $a \in \mathbb{R}$

h) $\vec{u} \cdot \vec{v} = a^2 - b^2 = 0$ pour $b = \pm a$; d'où $a \in \mathbb{R} \setminus \{0\}$ et $b = \pm a$

6. a) $\vec{u} \cdot (\vec{v} + \vec{w}) = 2(1 - 3) + (-3)(5 + 1) + 5(-2 + 4)$
$= -12$

$\vec{u} \cdot \vec{v} + \vec{u} \cdot \vec{w}$
$= (2(1) + (-3)(5) + 5(-2)) + (2(-3) + (-3)(1) + 5(4))$
$= -12$

b) $(2\vec{v}) \cdot (-5\vec{w}) = 2(15) + 10(-5) + (-4)(-20) = 60$

$-10(\vec{w} \cdot \vec{v}) = -10(-6) = 60$

c) $\|\vec{u}\| = \sqrt{2^2 + (-3)^2 + 5^2} = \sqrt{38}$

$\sqrt{\vec{u} \cdot \vec{u}} = \sqrt{2(2) + (-3)(-3) + 5(5)} = \sqrt{38}$

d) $|\vec{v} \cdot \vec{w}| = |-6| = 6$

$\|\vec{v}\|\,\|\vec{w}\| = \sqrt{30}\,\sqrt{26} \approx 27{,}9$

e) $\|\vec{v} + \vec{w}\| = \|(-2, 6, 2)\| = \sqrt{44} \approx 6{,}63$

$\|\vec{v}\| + \|\vec{w}\| = \sqrt{30} + \sqrt{26} \approx 10{,}57$

7. a) $\vec{u}_{\vec{v}} = \dfrac{\vec{u} \cdot \vec{v}}{\vec{v} \cdot \vec{v}}\vec{v}$

$= \dfrac{10}{20}(2, 4)$

$= (1, 2)$

b) $\vec{w}_{\vec{v}} = \dfrac{\vec{w} \cdot \vec{v}}{\vec{v} \cdot \vec{v}}\vec{v}$

$= \dfrac{-40}{20}(2, 4)$

$= (-4, -8)$

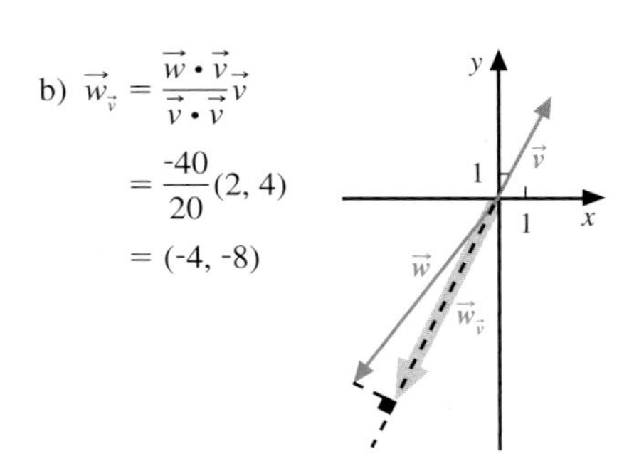

8. a) $\vec{u}_{\vec{w}} = \dfrac{\vec{u} \cdot \vec{w}}{\vec{w} \cdot \vec{w}}\vec{w} = \dfrac{9}{35}(3, 5, 1) = \left(\dfrac{27}{35}, \dfrac{9}{7}, \dfrac{9}{35}\right)$

b) $\vec{w}_{\vec{u}} = \dfrac{\vec{w} \cdot \vec{u}}{\vec{u} \cdot \vec{u}}\vec{u} = \dfrac{9}{21}(1, 2, -4) = \left(\dfrac{3}{7}, \dfrac{6}{7}, \dfrac{-12}{7}\right)$

c) $\vec{w}_{\vec{i}} = \dfrac{\vec{w} \cdot \vec{i}}{\vec{i} \cdot \vec{i}}\vec{i} = \dfrac{3}{1}(1, 0, 0) = (3, 0, 0)$

d) $\vec{u}_{\vec{k}} = \dfrac{\vec{u} \cdot \vec{k}}{\vec{k} \cdot \vec{k}}\vec{k} = \dfrac{-4}{1}(0, 0, 1) = (0, 0, -4)$

e) $\vec{t} = \vec{v} - \vec{v}_{\vec{i}} - \vec{v}_{\vec{j}}$

$= (-4, 1, 2) - (-4, 0, 0) - (0, 1, 0)$

$= (0, 0, 2)$

Puisque $\vec{t} \cdot \vec{i} = 0$, alors $\vec{t} \perp \vec{i}$ et

puisque $\vec{t} \cdot \vec{j} = 0$, alors $\vec{t} \perp \vec{j}$

9. a) $\vec{w_1} \cdot \vec{w_2} = (2\vec{u} - \vec{v}) \cdot (\vec{u} + 4\vec{v})$

$= 2\vec{u} \cdot \vec{u} + 7\vec{u} \cdot \vec{v} - 4\vec{v} \cdot \vec{v}$

$= 2\|\vec{u}\|^2 - 4\|\vec{v}\|^2 \qquad (\text{car } \vec{u} \cdot \vec{v} = 0)$

$= -18$

d'où $\vec{w_1}$ n'est pas perpendiculaire à $\vec{w_2}$.

b) $\vec{w_3} \cdot \vec{w_4} = (\vec{u} + \vec{v}) \cdot (\vec{u} - \vec{v})$

$= \vec{u} \cdot \vec{u} - \vec{v} \cdot \vec{v}$

$= \|\vec{u}\|^2 - \|\vec{v}\|^2$

$= 0$

d'où $\vec{w_3} \perp \vec{w_4}$

c) $\vec{w_5} \cdot \vec{w_6} = (\vec{u} - 5\vec{v}) \cdot (5\vec{u} + \vec{v})$

$= 5\vec{u} \cdot \vec{u} - 24\vec{u} \cdot \vec{v} - 5\vec{v} \cdot \vec{v}$

$= 5\|\vec{u}\|^2 - 5\|\vec{v}\|^2 \qquad (\text{car } \vec{u} \cdot \vec{v} = 0)$

$= 0$

d'où $\vec{w_5} \perp \vec{w_6}$

10. a) Soit $(x + 8)^2 + (y - 12)^2 = 169$, l'équation du cercle.

Soit Q(x, y), un point de la tangente D.

$\overrightarrow{AQ} \cdot \overrightarrow{AC} = 0$

$(x + 3, y - 24) \cdot (-5, -12) = 0$

$-5x - 15 - 12y + 288 = 0$

d'où $y = \dfrac{-5}{12}x + \dfrac{273}{12}$ est l'équation de D.

b) En posant $y = 0$ dans l'équation du cercle, nous obtenons $(x + 8)^2 + (-12)^2 = 169$. Ainsi, $x = -3$ ou $x = -13$.

Soit R(-13, 0), le point où D_1 est tangente au cercle et Q(x, y), un point de D_1.

$\overrightarrow{RQ} \cdot \overrightarrow{RC} = 0$

$(x + 13, y) \cdot (5, 12) = 0$

$5x + 65 + 12y = 0$

d'où $y = \dfrac{-5}{12}x - \dfrac{65}{12}$ est l'équation de D_1.

De façon analogue, $y = \dfrac{5}{12}x + \dfrac{5}{4}$ est l'équation de D_2.

c)
```
> with(plots):
> c:=implicitplot((x+8)^2+(y-12)^2=169,x=-21..5,
  y=-1..25):
> d1:=plot(-5*x/12-65/12,x=-17..-9,color=blue):
> d2:=plot(5*x/12+5/4,x=-7..1,color=blue):
> d3:=plot(12*x/5+156/5,x=-13..-8,color=green):
> d4:=plot(-12*x/5-36/5,x=-8..-3,color=green):
> t1:=textplot([-8,13,`C`],align=ABOVE):
> p:=plot([[-8,12],[-13,0],[-3,0]],style=point,
  symbol=circle,color=black):
> display(c,d1,d2,d3,d4,t1,p,scaling=constrained,
  view=[-21..5,-5..25]);
```

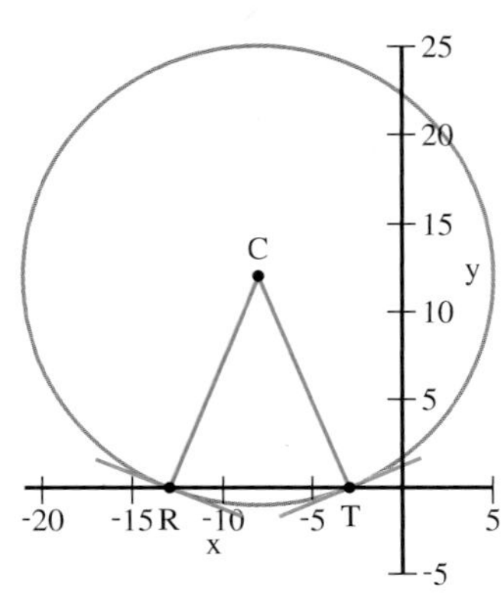

11. a) $\cos\theta = \dfrac{\vec{F_1}\cdot\vec{F_2}}{\|\vec{F_1}\|\|\vec{F_2}\|} = \dfrac{37}{5\sqrt{58}}$, d'où $\theta \approx 13{,}7°$.

b) $$\vec{F}_{1(\vec{F_1}+\vec{F_2})} = \frac{\vec{F_1}\cdot(\vec{F_1}+\vec{F_2})}{(\vec{F_1}+\vec{F_2})\cdot(\vec{F_1}+\vec{F_2})}(\vec{F_1}+\vec{F_2})$$
$$= \frac{62}{157}(11, 6) = \left(\frac{682}{157}, \frac{372}{157}\right) \text{ et}$$

$$\vec{F}_{2(\vec{F_1}+\vec{F_2})} = \frac{\vec{F_2}\cdot(\vec{F_1}+\vec{F_2})}{(\vec{F_1}+\vec{F_2})\cdot(\vec{F_1}+\vec{F_2})}(\vec{F_1}+\vec{F_2})$$
$$= \frac{95}{157}(11, 6) = \left(\frac{1045}{157}, \frac{570}{157}\right)$$

c) $\vec{F}_{1(\vec{F_1}+\vec{F_2})} + \vec{F}_{2(\vec{F_1}+\vec{F_2})} = (11, 6)$ et $\vec{F_1} + \vec{F_2} = (11, 6)$

d'où $\vec{F}_{1(\vec{F_1}+\vec{F_2})} + \vec{F}_{2(\vec{F_1}+\vec{F_2})} = \vec{F_1} + \vec{F_2}$

d) $\cos\alpha = \dfrac{\vec{F_1}\cdot(\vec{F_1}+\vec{F_2})}{\|\vec{F_1}\|\|\vec{F_1}+\vec{F_2}\|} = \dfrac{62}{5\sqrt{157}}$, d'où $\alpha \approx 8{,}3°$.

e) Puisque $\alpha + \beta = \theta$, $\beta = \theta - \alpha$. D'où $\beta \approx 5{,}4°$.

12. a) $\vec{F}_{1\vec{F_2}} = \dfrac{\vec{F_1}\cdot\vec{F_2}}{\vec{F_2}\cdot\vec{F_2}}\vec{F_2} = \dfrac{56}{169}(12, 5) = \left(\dfrac{672}{169}, \dfrac{280}{169}\right)$

b) $\vec{F} = \vec{F}_{1\vec{F_2}} + \vec{F_2} = \left(\dfrac{2700}{169}, \dfrac{1125}{169}\right)$

c) $W_1 = \|\vec{F}\|\|\vec{r}\| \approx 17{,}3(3) \approx 51{,}9$ joules

d) $W_2 = \vec{F}\cdot\vec{r}$
$$= \left(\frac{2700}{159}, \frac{1125}{169}\right)\cdot(24, 10)$$
$= 450$ joules

13 $W = \vec{F}\cdot\vec{r}$
$= 160(125)\cos 15°$ $\quad$ $\left(\text{car } \vec{F}\cdot\vec{r} = \|\vec{F}\|\|\vec{r}\|\cos\theta\right)$
$= 19\,318{,}51\ldots$

d'où $W \approx 19\,319$ joules.

14. $W = \vec{F}\cdot\vec{r}$

$650 = 300\|\vec{r}\|\cos 50°$ $\quad$ $\left(\text{car } \vec{F}\cdot\vec{r} = \|\vec{F}\|\|\vec{r}\|\cos\theta\right)$

$\|\vec{r}\| = \dfrac{650}{300\cos 50°} = 3{,}37\ldots$

d'où le mannequin se déplace d'environ 3,37 mètres.

15. a) $$(\vec{u}+\vec{v})_{\vec{w}} = \frac{(\vec{u}+\vec{v})\cdot\vec{w}}{\vec{w}\cdot\vec{w}}\vec{w}$$
$$= \frac{\vec{u}\cdot\vec{w} + \vec{v}\cdot\vec{w}}{\vec{w}\cdot\vec{w}}\vec{w} \quad \text{(distributivité)}$$
$$= \left(\frac{\vec{u}\cdot\vec{w}}{\vec{w}\cdot\vec{w}} + \frac{\vec{v}\cdot\vec{w}}{\vec{w}\cdot\vec{w}}\right)\vec{w}$$
$$= \frac{\vec{u}\cdot\vec{w}}{\vec{w}\cdot\vec{w}}\vec{w} + \frac{\vec{v}\cdot\vec{w}}{\vec{w}\cdot\vec{w}}\vec{w}$$
$$= \vec{u}_{\vec{w}} + \vec{v}_{\vec{w}}$$

b)

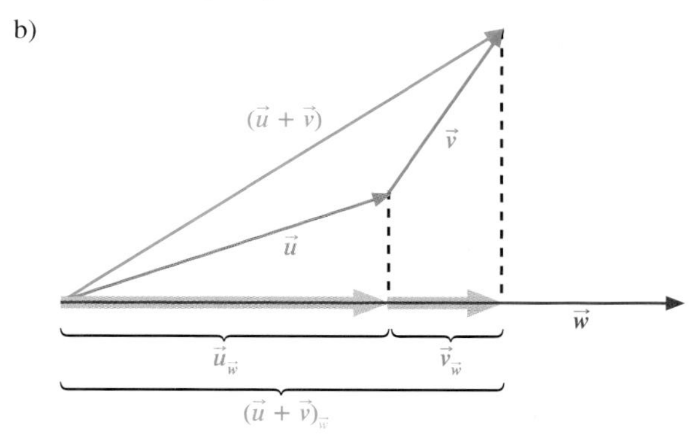

16. Soit α, l'angle formé par $\vec{u}$ et $(\vec{u}+\vec{v}+\vec{w})$,

β, l'angle formé par $\vec{v}$ et $(\vec{u}+\vec{v}+\vec{w})$, et

γ, l'angle formé par $\vec{w}$ et $(\vec{u}+\vec{v}+\vec{w})$.

Nous avons

$$\cos\alpha = \frac{\vec{u}\cdot(\vec{u}+\vec{v}+\vec{w})}{\|\vec{u}\|\|\vec{u}+\vec{v}+\vec{w}\|}$$
$$= \frac{\vec{u}\cdot\vec{u} + \vec{u}\cdot\vec{v} + \vec{u}\cdot\vec{w}}{\|\vec{u}\|\|\vec{u}+\vec{v}+\vec{w}\|}$$
$$= \frac{\|\vec{u}\|}{\|\vec{u}+\vec{v}+\vec{w}\|} \quad (\vec{u}\cdot\vec{v} = 0 \text{ et } \vec{u}\cdot\vec{w} = 0)$$

De façon analogue,

$\cos\beta = \dfrac{\|\vec{v}\|}{\|\vec{u}+\vec{v}+\vec{w}\|}$ et $\cos\gamma = \dfrac{\|\vec{w}\|}{\|\vec{u}+\vec{v}+\vec{w}\|}$

Ainsi, $\cos\alpha = \cos\beta = \cos\gamma$ $\quad$ $\left(\text{car } \|\vec{u}\| = \|\vec{v}\| = \|\vec{w}\|\right)$

d'où $\alpha = \beta = \gamma$

17. Soit $\vec{u} = \overrightarrow{AB}$ et $\vec{v} = \overrightarrow{BC}$.

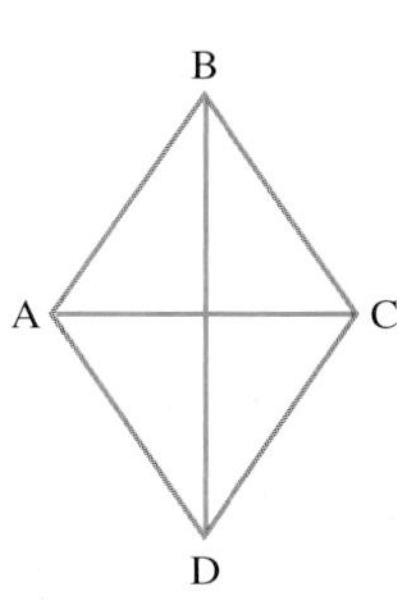

($\Rightarrow$) Si $\overrightarrow{AC} \perp \overrightarrow{BD}$, alors
$$\overrightarrow{AC}\cdot\overrightarrow{BD} = 0$$
$$(\vec{u}+\vec{v})\cdot(\vec{v}-\vec{u}) = 0$$
$$\vec{u}\cdot\vec{v} - \vec{u}\cdot\vec{u} + \vec{v}\cdot\vec{v} - \vec{v}\cdot\vec{u} = 0$$
$$-\|\vec{u}\|^2 + \|\vec{v}\|^2 = 0$$

Donc, $\|\vec{u}\| = \|\vec{v}\|$

d'où ABCD est un losange.

($\Leftarrow$) Si ABCD est un losange, alors
$$\overrightarrow{AC}\cdot\overrightarrow{BD} = (\vec{u}+\vec{v})\cdot(\vec{v}-\vec{u})$$
$$= \vec{u}\cdot\vec{v} - \vec{u}\cdot\vec{u} + \vec{v}\cdot\vec{v} - \vec{v}\cdot\vec{u}$$
$$= -\|\vec{u}\|^2 + \|\vec{v}\|^2$$
$$= 0 \quad \left(\text{car } \|\vec{u}\| = \|\vec{v}\|\right)$$

d'où les diagonales sont perpendiculaires.

18. a) Soit $\vec{u} = \overrightarrow{AB}$ et $\vec{v} = \overrightarrow{BC}$.

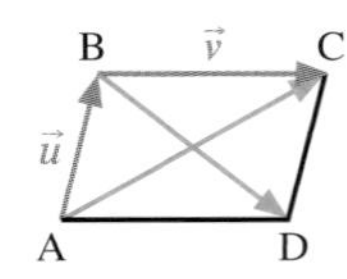

Nous avons alors

$\overrightarrow{AC} = \vec{u} + \vec{v}$ et $\overrightarrow{BD} = \vec{v} - \vec{u}$

$$\begin{aligned}\|\overrightarrow{AC}\|^2 + \|\overrightarrow{BD}\|^2 &= \overrightarrow{AC} \cdot \overrightarrow{AC} + \overrightarrow{BD} \cdot \overrightarrow{BD}\\ &= (\vec{u} + \vec{v}) \cdot (\vec{u} + \vec{v}) + (\vec{v} - \vec{u}) \cdot (\vec{v} - \vec{u})\\ &= \vec{u} \cdot \vec{u} + 2\vec{u} \cdot \vec{v} + \vec{v} \cdot \vec{v} + \vec{v} \cdot \vec{v} - 2\vec{u} \cdot \vec{v} + \vec{u} \cdot \vec{u}\\ &= \|\vec{u}\|^2 + \|\vec{v}\|^2 + \|\vec{v}\|^2 + \|\vec{u}\|^2\\ &= \|\overrightarrow{AB}\|^2 + \|\overrightarrow{BC}\|^2 + \|\overrightarrow{BC}\|^2 + \|\overrightarrow{AB}\|^2\\ &= \|\overrightarrow{AB}\|^2 + \|\overrightarrow{BC}\|^2 + \|\overrightarrow{CD}\|^2 + \|\overrightarrow{DA}\|^2\end{aligned}$$

$\left(\text{car } \|\overrightarrow{AB}\| = \|\overrightarrow{CD}\| \text{ et } \|\overrightarrow{BC}\| = \|\overrightarrow{DA}\|\right)$

b) Dans un carré, les diagonales sont égales et les côtés sont égaux. Ainsi, de a), nous obtenons

$2\|\overrightarrow{AC}\|^2 = 4\|\overrightarrow{AB}\|^2$

d'où $\|\overrightarrow{AC}\| = \sqrt{2}\,\|\overrightarrow{AB}\|$

c) $\|\overrightarrow{AC}\|^2 + \|\overrightarrow{BD}\|^2 = 2\|\overrightarrow{AB}\|^2 + 2\|\overrightarrow{BC}\|^2$

$(12)^2 + (8)^2 = 2(5)^2 + 2\|\overrightarrow{BC}\|^2$

donc, $\|\overrightarrow{BC}\| = \sqrt{79}$

$p = 2\|\overrightarrow{AB}\| + 2\|\overrightarrow{BC}\|$

$= 2(5) + 2(\sqrt{79})$

d'où $p \approx 27{,}78$ cm.

19. $\|\vec{u} + \vec{v}\|^2 - \|\vec{u} - \vec{v}\|^2$

$= (\vec{u} + \vec{v}) \cdot (\vec{u} + \vec{v}) - (\vec{u} - \vec{v}) \cdot (\vec{u} - \vec{v})$

$= \vec{u} \cdot \vec{u} + \vec{u} \cdot \vec{v} + \vec{u} \cdot \vec{v} + \vec{v} \cdot \vec{v} - (\vec{u} \cdot \vec{u} - \vec{u} \cdot \vec{v} - \vec{u} \cdot \vec{v} + \vec{v} \cdot \vec{v})$

$= 4\vec{u} \cdot \vec{v}$

d'où $\vec{u} \cdot \vec{v} = \dfrac{1}{4}\left(\|\vec{u} + \vec{v}\|^2 - \|\vec{u} - \vec{v}\|^2\right)$

Exercices 7.2 (page 296)

1. a) $\vec{u} \times \vec{v} = \left(\begin{vmatrix} 0 & 5 \\ -1 & 3 \end{vmatrix}, -\begin{vmatrix} -4 & 5 \\ 2 & 3 \end{vmatrix}, \begin{vmatrix} -4 & 0 \\ 2 & -1 \end{vmatrix}\right)$

$= (5, 22, 4)$;

$\vec{v} \times \vec{u} = (-5, -22, -4)$

b) $\vec{u} \times \vec{v} = \begin{vmatrix} \vec{i} & \vec{j} & \vec{k} \\ 2 & 4 & 0 \\ -1 & 5 & -3 \end{vmatrix}$

$= \begin{vmatrix} 4 & 0 \\ 5 & -3 \end{vmatrix}\vec{i} - \begin{vmatrix} 2 & 0 \\ -1 & -3 \end{vmatrix}\vec{j} + \begin{vmatrix} 2 & 4 \\ -1 & 5 \end{vmatrix}\vec{k}$

$= -12\vec{i} + 6\vec{j} + 14\vec{k}$

$= (-12, 6, 14)$;

$\vec{v} \times \vec{u} = (12, -6, -14)$

c) $\vec{u} \times \vec{v} = (0, 0, 0)$; $\vec{v} \times \vec{u} = (0, 0, 0)$

d) $\vec{u} \times \vec{v} = (-33, 0, 22)$; $\vec{v} \times \vec{u} = (33, 0, -22)$

2. Nous savons que si $\vec{w} = \vec{u} \times \vec{v}$, alors $\vec{w} \perp \vec{u}$ et $\vec{w} \perp \vec{v}$.

a) $\vec{w} = \vec{u} \times \vec{v} = (5, -8, 1)$ et $\|\vec{w}\| = \sqrt{90}$

d'où $\vec{U_1} = \left(\dfrac{5}{\sqrt{90}}, \dfrac{-8}{\sqrt{90}}, \dfrac{1}{\sqrt{90}}\right)$ et

$\vec{U_2} = \left(\dfrac{-5}{\sqrt{90}}, \dfrac{8}{\sqrt{90}}, \dfrac{-1}{\sqrt{90}}\right)$

b) $\vec{w} = \vec{u} \times \vec{v} = (-15, 4, 5)$ et $\|\vec{w}\| = \sqrt{266}$

d'où $\vec{U_1} = \left(\dfrac{-15}{\sqrt{266}}, \dfrac{4}{\sqrt{266}}, \dfrac{5}{\sqrt{266}}\right)$ et

$\vec{U_2} = \left(\dfrac{15}{\sqrt{266}}, \dfrac{-4}{\sqrt{266}}, \dfrac{-5}{\sqrt{266}}\right)$

3. Nous savons que si $\vec{w} = \vec{u} \times \vec{v}$, alors $\vec{w} \perp \vec{u}$ et $\vec{w} \perp \vec{v}$.

a) $\vec{w} = \vec{u} \times \vec{v} = (-14, 2, -25)$ et $\|\vec{w}\| = 5\sqrt{33}$

d'où $\vec{w_1} = \dfrac{4}{5\sqrt{33}}(-14, 2, -25)$

$= \left(\dfrac{-56}{5\sqrt{33}}, \dfrac{8}{5\sqrt{33}}, \dfrac{-20}{\sqrt{33}}\right)$ et

$\vec{w_2} = \left(\dfrac{56}{5\sqrt{33}}, \dfrac{-8}{5\sqrt{33}}, \dfrac{20}{\sqrt{33}}\right)$

b) $\vec{w} = \vec{u} \times \vec{v} = (1, 7, -23)$ et $\|\vec{w}\| = \sqrt{579}$

d'où $\vec{w_1} = \dfrac{\sqrt{193}}{\sqrt{579}}(1, 7, -23) = \left(\dfrac{1}{\sqrt{3}}, \dfrac{7}{\sqrt{3}}, \dfrac{-23}{\sqrt{3}}\right)$ et

$\vec{w_2} = \left(\dfrac{-1}{\sqrt{3}}, \dfrac{-7}{\sqrt{3}}, \dfrac{23}{\sqrt{3}}\right)$

4. a) $(\vec{i} \times \vec{k}) \times \vec{k} = (-\vec{j}) \times \vec{k} = -\vec{i}$

b) $\vec{i} \times (\vec{k} \times \vec{k}) = \vec{i} \times (\vec{O}) = \vec{O}$

c) $(\vec{i} \times \vec{j}) \times (\vec{j} \times \vec{k}) = (\vec{k}) \times (\vec{i}) = \vec{j}$

d) $\vec{i} \times ((\vec{j} \times \vec{j}) \times \vec{k}) = \vec{i} \times (\vec{O} \times \vec{k}) = \vec{i} \times \vec{O} = \vec{O}$

e) $((\vec{i} \times \vec{j}) \times \vec{j}) \times \vec{k} = (\vec{k} \times \vec{j}) \times \vec{k} = (-\vec{i}) \times \vec{k} = \vec{j}$

5. a) $\vec{u} \times \vec{v} = (2, 9, 12)$

$-(\vec{v} \times \vec{u}) = -(-2, -9, -12) = (2, 9, 12)$

d'où $\vec{u} \times \vec{v} = -(\vec{v} \times \vec{u})$

b) $\vec{v} \times (\vec{u} + \vec{w}) = (0, 4, -3) \times (4, 1, 6) = (27, -12, -16)$

$(\vec{v} \times \vec{u}) + (\vec{v} \times \vec{w}) = (-2, -9, -12) + (29, -3, -4)$

$= (27, -12, -16)$

d'où $\vec{v} \times (\vec{u} + \vec{w}) = (\vec{v} \times \vec{u}) + (\vec{v} \times \vec{w})$

c) $(\vec{u} \times \vec{v}) \times \vec{w} = (2, 9, 12) \times (1, 3, 5) = (9, 2, -3)$

$\vec{u} \times (\vec{v} \times \vec{w}) = (3, -2, 1) \times (29, -3, -4) = (11, 41, 49)$

d'où $(\vec{u} \times \vec{v}) \times \vec{w} \neq \vec{u} \times (\vec{v} \times \vec{w})$

d) $(5\vec{u}) \times \vec{w} = (15, -10, 5) \times (1, 3, 5) = (-65, -70, 55)$

$5(\vec{u} \times \vec{w}) = 5(-13, -14, 11) = (-65, -70, 55)$

d'où $(5\vec{u}) \times \vec{w} = 5(\vec{u} \times \vec{w})$

e) $\vec{u} \times (k\vec{u}) = (3, -2, 1) \times (3k, -2k, k) = (0, 0, 0) = \vec{O}$

6. a) $\vec{w}$ b) $-\vec{w}$ c) $-\vec{u}$ d) $\vec{O}$

e) $-2\vec{v}$ f) $3\vec{w}$ g) $-4\vec{w}$ h) $6\vec{u}$

i) $\vec{O}$ j) $-10\vec{u}$ k) $-4\vec{v}$ l) $\vec{u} - \vec{v} - 2\vec{w}$

7. a) $\|\vec{u} \times \vec{v}\| = \|(-11, -27, 14)\| = \sqrt{1046}$ unités²

b) $\|(5, 1, 0) \times (5, -4, 0)\| = \|(0, 0, -25)\| = 25$ unités²

c) $\|(3, 3, 0) \times (7, 2, 0)\| = \|(0, 0, -15)\| = 15$ unités²

d) $\|\overrightarrow{AB} \times \overrightarrow{AC}\| = \|(-7, 11, -5)\| = \sqrt{195}$ unités²

8. a) $p = \dfrac{8 + 3 + 7}{2} = 9$ unités

$A = \sqrt{9(9 - 8)(9 - 3)(9 - 7)} = 6\sqrt{3}$ unités²

b) i) $\dfrac{\|\overrightarrow{AB} \times \overrightarrow{AC}\|}{2} = \dfrac{\|(18, -38, 2)\|}{2} = \sqrt{443}$ unités²

ii) $\dfrac{\|(7, -7, 0) \times (1, -4, 0)\|}{2} = \dfrac{\|(0, 0, -21)\|}{2}$

$= \dfrac{21}{2}$ unités²

iii) $\dfrac{\|(2, 4, -1) \times (-4, -8, 2)\|}{2} = \dfrac{\|(0, 0, 0)\|}{2} = 0$ unité²

c) Les trois points A, B et C sont situés sur la même droite.

9. A_1 = aire du triangle ABD $= \dfrac{\|\overrightarrow{AB} \times \overrightarrow{AD}\|}{2} = 10$ unités²

A_2 = aire du triangle BCD $= \dfrac{\|\overrightarrow{BC} \times \overrightarrow{BD}\|}{2} = 9$ unités²

Ainsi, l'aire du quadrilatère est égale à $A_1 + A_2$.

D'où aire = 19 unités².

10. $\vec{\tau} = \vec{r} \times \vec{F}$

$\|\vec{\tau}\| = \|\vec{r}\|\|\vec{F}\| \sin \theta$

$= (0,09)(45) \sin 84°$

$= 4,027...$

d'où environ 4,03 joules.

11. L'aire du triangle peut être calculée des trois façons suivantes.

$$\text{Aire} = \frac{\|\overrightarrow{AB} \times \overrightarrow{AC}\|}{2} = \frac{\|\overrightarrow{AB}\|\|\overrightarrow{AC}\| \sin A}{2} = \frac{cb \sin A}{2}$$

$$\text{Aire} = \frac{\|\overrightarrow{BC} \times \overrightarrow{BA}\|}{2} = \frac{\|\overrightarrow{BC}\|\|\overrightarrow{BA}\| \sin B}{2} = \frac{ac \sin B}{2}$$

$$\text{Aire} = \frac{\|\overrightarrow{CA} \times \overrightarrow{CB}\|}{2} = \frac{\|\overrightarrow{CA}\|\|\overrightarrow{CB}\| \sin C}{2} = \frac{ba \sin C}{2}$$

En faisant des égalités deux à deux avec les trois résultats précédents, nous obtenons $\dfrac{\sin A}{a} = \dfrac{\sin B}{b} = \dfrac{\sin C}{c}$.

12. Puisque $\vec{u} + \vec{v} + \vec{w} = \vec{O}$, $\vec{u} = -(\vec{v} + \vec{w})$

Ainsi, $\vec{u} \times \vec{v} = -(\vec{v} + \vec{w}) \times \vec{v}$

$= \vec{v} \times (\vec{v} + \vec{w})$ (anticommutativité)

$= (\vec{v} \times \vec{v}) + (\vec{v} \times \vec{w})$ (distributivité)

$= \vec{O} + \vec{v} \times \vec{w}$

$= \vec{v} \times \vec{w}$

De même, $\vec{v} = -(\vec{u} + \vec{w})$

Ainsi, $\vec{v} \times \vec{w} = -(\vec{u} + \vec{w}) \times \vec{w}$

$= \vec{w} \times (\vec{u} + \vec{w})$ (anticommutativité)

$= (\vec{w} \times \vec{u}) + (\vec{w} \times \vec{w})$ (distributivité)

$= (\vec{w} \times \vec{u}) + \vec{O}$

$= \vec{w} \times \vec{u}$

d'où $\vec{u} \times \vec{v} = \vec{v} \times \vec{w} = \vec{w} \times \vec{u}$

Exercices 7.3 (page 301)

1. a) $\vec{t} \cdot (\vec{v} \times \vec{w}) = (3, -2, 4) \cdot (26, 15, -3) = 36$

b) $\vec{v} \cdot (\vec{t} \times \vec{v}) = (3, -4, 6) \cdot (4, -6, -6) = 0$

c) $\vec{u} \cdot (\vec{v} \times \vec{w}) = (-1, 2, 5) \cdot (26, 15, -3) = -11$

d) $\vec{u} \cdot (\vec{t} \times \vec{w}) = \begin{vmatrix} -1 & 2 & 5 \\ 3 & -2 & 4 \\ 0 & -1 & -5 \end{vmatrix} = 1$

e) $\vec{w} \cdot (\vec{t} \times \vec{u}) = \begin{vmatrix} 0 & -1 & -5 \\ 3 & -2 & 4 \\ -1 & 2 & 5 \end{vmatrix} = -1$

f) $\vec{v} \cdot (\vec{u} \times \vec{u}) = \begin{vmatrix} 3 & -4 & 6 \\ -1 & 2 & 5 \\ -1 & 2 & 5 \end{vmatrix} = 0$

2. a) $V = |\vec{u} \cdot (\vec{v} \times \vec{w})| = |-11| = 11$ unités³; linéairement indépendants.

b) $V = |\overrightarrow{PR} \cdot (\overrightarrow{PS} \times \overrightarrow{PQ})| = |-66| = 66$ unités³; linéairement indépendants.

c) $V = |\vec{u} \cdot (\vec{v} \times \vec{w})| = |0| = 0$ unité³; linéairement dépendants.

3. a) $V = \dfrac{1}{6}|\vec{u} \cdot (\vec{v} \times \vec{w})| = \dfrac{1}{6}|18| = 3$ unités³

b) i) $V = \dfrac{1}{6}|\overrightarrow{PQ} \cdot (\overrightarrow{PR} \times \overrightarrow{PS})| = \dfrac{1}{6}|-48| = 8$ unités³; les points ne sont pas coplanaires.

ii) $V = \dfrac{1}{6}|\overrightarrow{PQ} \cdot (\overrightarrow{PR} \times \overrightarrow{PS})| = \dfrac{1}{6}|0| = 0$ unité³; les points sont coplanaires.

4. a)

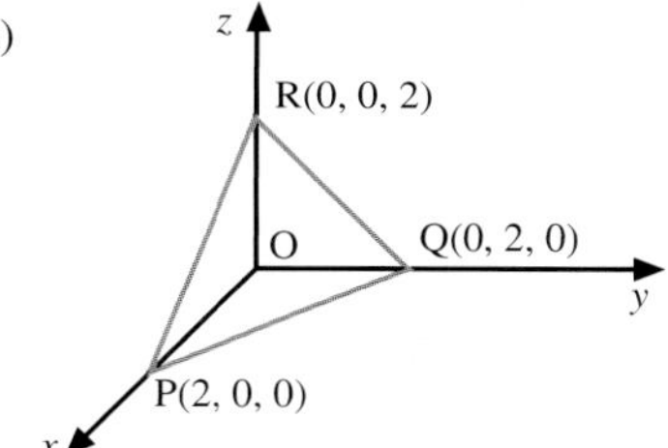

$$V = \frac{1}{6}|\overrightarrow{OP} \cdot (\overrightarrow{OQ} \times \overrightarrow{OR})|$$

$$= \frac{1}{6}|(2, 0, 0) \cdot (4, 0, 0)| = \frac{4}{3} \text{ unité}^3$$

b) $D = \frac{1}{2}\|\overrightarrow{PR} \times \overrightarrow{PQ}\| = \frac{1}{2}\|(-4, -4, -4)\| = 2\sqrt{3}$ unités²

$A = B = C = 2$ unités²

d'où $D^2 = A^2 + B^2 + C^2 = 12$

5.

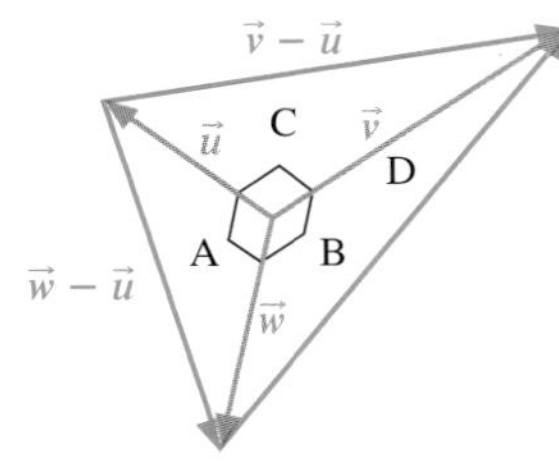

$$D = \frac{1}{2}\|(\vec{v} - \vec{u}) \times (\vec{w} - \vec{u})\| \qquad \text{(théorème 7.12)}$$

$$D^2 = \frac{1}{4}\|\vec{v} \times \vec{w} - \vec{v} \times \vec{u} - \vec{u} \times \vec{w} + \vec{u} \times \vec{u}\|^2 \qquad \text{(distributivité)}$$

$$= \frac{1}{4}\|\vec{v} \times \vec{w} - \vec{v} \times \vec{u} - \vec{u} \times \vec{w}\|^2 \qquad (\text{car } \vec{u} \times \vec{u} = \overrightarrow{O})$$

$$= \frac{1}{4}\|\vec{v} \times \vec{w} + \vec{u} \times \vec{v} + \vec{w} \times \vec{u}\|^2$$

$$= \frac{1}{4}(\vec{v} \times \vec{w} + \vec{u} \times \vec{v} + \vec{w} \times \vec{u}) \cdot (\vec{v} \times \vec{w} + \vec{u} \times \vec{v} + \vec{w} \times \vec{u})$$

$$= \frac{1}{4}((\vec{v} \times \vec{w}) \cdot (\vec{v} \times \vec{w}) + (\vec{u} \times \vec{v}) \cdot (\vec{u} \times \vec{v}) + (\vec{w} \times \vec{u}) \cdot (\vec{w} \times \vec{u}))$$

(car tous les autres produits scalaires égalent 0)

$$= \frac{1}{4}\left(\|\vec{v} \times \vec{w}\|^2 + \|\vec{u} \times \vec{v}\|^2 + \|\vec{w} \times \vec{u}\|^2\right)$$

$$= \frac{1}{4}\|\vec{v} \times \vec{w}\|^2 + \frac{1}{4}\|\vec{u} \times \vec{v}\|^2 + \frac{1}{4}\|\vec{w} \times \vec{u}\|^2$$

$$= B^2 + C^2 + A^2 \qquad \text{(théorème 7.12)}$$

d'où $D^2 = A^2 + B^2 + C^2$

6. a) $$\vec{u} \cdot (\vec{v} \times \vec{w}) = \begin{vmatrix} u_1 & u_2 & u_3 \\ v_1 & v_2 & v_3 \\ w_1 & w_2 & w_3 \end{vmatrix} \qquad \text{(théorème 7.14)}$$

$$= -\begin{vmatrix} v_1 & v_2 & v_3 \\ u_1 & u_2 & u_3 \\ w_1 & w_2 & w_3 \end{vmatrix} \qquad \begin{matrix} L_2 \to L_1 \\ L_1 \to L_2 \end{matrix}$$

$$= \begin{vmatrix} v_1 & v_2 & v_3 \\ w_1 & w_2 & w_3 \\ u_1 & u_2 & u_3 \end{vmatrix} \qquad \begin{matrix} L_3 \to L_2 \\ L_2 \to L_3 \end{matrix}$$

$$= \vec{v} \cdot (\vec{w} \times \vec{u}) \qquad \text{(théorème 7.14)}$$

De façon analogue, $\vec{u} \cdot (\vec{v} \times \vec{w}) = \vec{w} \cdot (\vec{u} \times \vec{v})$

b) $\vec{u} \cdot ((\vec{v} - \vec{u}) \times (\vec{w} - \vec{u}))$

$$= \vec{u} \cdot ((\vec{v} - \vec{u}) \times \vec{w} - (\vec{v} - \vec{u}) \times \vec{u}) \qquad \text{(distributivité)}$$

$$= \vec{u} \cdot (\vec{v} \times \vec{w} - \vec{u} \times \vec{w} - \vec{v} \times \vec{u} + \vec{u} \times \vec{u}) \qquad \text{(distributivité)}$$

$$= \vec{u} \cdot (\vec{v} \times \vec{w} - \vec{u} \times \vec{w} - \vec{v} \times \vec{u} + \overrightarrow{O})$$

$$= \vec{u} \cdot (\vec{v} \times \vec{w} - \vec{u} \times \vec{w} - \vec{v} \times \vec{u})$$

$$= \vec{u} \cdot (\vec{v} \times \vec{w}) - \vec{u} \cdot (\vec{u} \times \vec{w}) - \vec{u} \cdot (\vec{v} \times \vec{u}) \qquad \text{(distributivité)}$$

$$= \vec{u} \cdot (\vec{v} \times \vec{w}) - 0 - 0$$

$$= \vec{u} \cdot (\vec{v} \times \vec{w})$$

Exercices récapitulatifs (page 304)

1. a) 7 b) Non définie d) Non définie e) (-9, -10, -43) g) -31 h) -31 j) (23, -12, 16) k) (0, 0, 0) ou $\overrightarrow{O}$ m) -21 n) Non définie

2. a) $\|\vec{u}\| = \sqrt{29}$, $\|\vec{v}\| = \sqrt{6}$ et $\|\vec{w}\| = \sqrt{26}$

b) 1

c) $\sqrt{753}$

d) 67

3. a) Vecteur c) Non définie e) Vecteur g) Vecteur i) Scalaire k) Non définie m) Scalaire

5. a) $\overrightarrow{O}$ c) $-\vec{i}$ e) 0 g) $\overrightarrow{O}$ i) 0

6. a) $\theta \approx 149{,}5°$ b) $\theta \approx 143{,}1°$ c) $\theta = 90°$ d) $\theta = 45°$ ou $\theta = 135°$

7. a) $r = \frac{-20}{3}$ b) $r = \frac{15}{4}$ c) $r \approx -2{,}14$

8. a) $\theta_x \approx 69{,}6°$ d) $\theta \approx 27{,}7°$

9. a) i) $c = -3$ iii) $c = -1$ ou $c = 9$ v) $c = 5$ ou $c = 3{,}64$ vii) $c = 3{,}6$

b) i) $\vec{r}_1 = \left(\frac{2}{\sqrt{5}}, 0, \frac{-1}{\sqrt{5}}\right)$ et $\vec{r}_2 = \left(\frac{-2}{\sqrt{5}}, 0, \frac{1}{\sqrt{5}}\right)$

10. a) $\vec{r}_{\vec{t}} = \left(\frac{-155}{74}, \frac{217}{74}\right)$ et $\vec{t}_{\vec{r}} = \left(\frac{62}{13}, \frac{-93}{13}\right)$

b) $\vec{u}_{\vec{v}} = (0, 0, 0)$ et $\|\vec{v}_{\vec{u}}\| = 0$

d) $\vec{w}_{(\vec{u}+\vec{v})} = \left(\frac{-3}{31}, \frac{-5}{62}, \frac{1}{62}\right)$ et $\vec{w}_{\vec{u}} + \vec{w}_{\vec{v}} = \left(\frac{4}{21}, \frac{-8}{21}, \frac{5}{21}\right)$

f) $\vec{u}_{\vec{i}} = (2, 0, 0)$ et $\vec{i}_{\vec{u}} = \left(\frac{2}{3}, \frac{-1}{3}, \frac{1}{3}\right)$

11. a) i) $A = \sqrt{507}$ unités^2 ii) $A = 7$ unités^2

b) 40 400 unités^2

12. a) $A = 6{,}5$ unités^2

$\angle RPQ \approx 20{,}4°$, $\angle PQR \approx 144{,}2°$ et $\angle QRP \approx 15{,}4°$

Triangle scalène

b) $A = \frac{\sqrt{798}}{2}$ unités^2

$\angle RPQ = 90°$, $\angle PQR \approx 36{,}6°$ et $\angle QRP \approx 53{,}4°$

Triangle rectangle

14. a) $V = 16$ unités^3 ; les vecteurs ne sont pas coplanaires.

15. a) $\frac{8}{3}$ unités^3

17. a) $W = 11$ joules

18. a) $R\left(12, \frac{144}{5}\right)$ b) $\theta \approx 45{,}24°$

24. a) $\|\vec{u} + \vec{v}\|^2 + \|\vec{u} - \vec{v}\|^2 = 2\|\vec{u}\|^2 + 2\|\vec{v}\|^2$

Problèmes de synthèse (page 306)

2. $V = 16$ unités^3

3. b) $A = \frac{\sqrt{1381}}{2}$ unités^2 c) $V = \frac{37}{3}$ unités^3

d) $A_z = 16{,}5$ unités^2

5. a) $A = 16\sqrt{3}$ unités^2 b) $V = \frac{32}{3}$ unités^3

c) $h = \frac{2\sqrt{3}}{3}$ unité

7. a) $\overrightarrow{RS} = (36, 15)$ et $\overrightarrow{RT} = (36, -48)$

b) $\overrightarrow{RP} = \left(\frac{3d}{5}, \frac{-4d}{5}\right)$ et $\overrightarrow{PS} = \left(36 - \frac{3d}{5}, 15 + \frac{4d}{5}\right)$

9. a) $a = \frac{\vec{w} \cdot \vec{u}}{\|\vec{u}\|^2}$ et $b = \frac{\vec{w} \cdot \vec{v}}{\|\vec{v}\|^2}$

10. a) 90° b) $\vec{w} = (14, 39, -9)$

12. c) $\{(-1, 0, 2), (4, 11, 2), (-22, 10, -11)\}$

13. b) $A = 5$ unités^2

14. b) $V = \frac{43}{6}$ unités^3

17. b) $\overrightarrow{MA} + \overrightarrow{MB} + \overrightarrow{MC} = 3\overrightarrow{MP}$

d) $P(2\sqrt{3}, 2)$

CHAPITRE 8

Exercices préliminaires (page 310)

1. a) $\frac{-7}{5}$ b) 0

c) Non définie d) -3

2. a) $y = 7$ b) $x = -3$

c) $y = 6x + 1$ d) $y = \frac{-1}{6}x + \frac{43}{6}$

3. a) B(-3, 5) b) C(2, -1)

c) Aucun point de rencontre

d) Infinité de points de rencontre de la forme $(t, 3t + 2)$, où $t \in \mathbb{R}$

4. a) $x = 10$ ou $x = -4$ b) $x = \frac{12}{5}$ ou $x = 2$

c) $\left\{(x, y) \in \mathbb{R}^2 \;\middle|\; y = \frac{1}{3}x - 1\right\} \cup \{(x, y) \in \mathbb{R}^2 \mid y = -2x + 2\}$

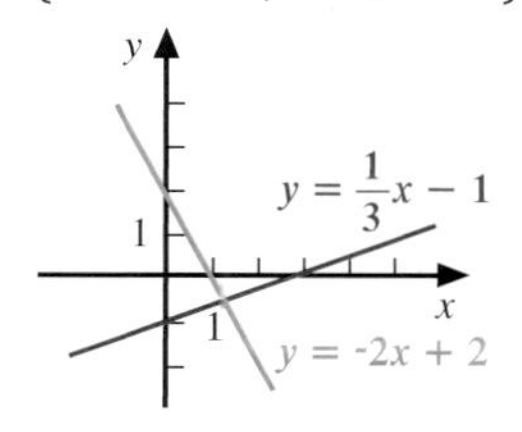

5. a) $d = 5\sqrt{2}$ unités

b) $d = \sqrt{(x_2 - x_1)^2 + (y_2 - y_1)^2}$

6. a) $\overrightarrow{AD}$ b) $\overrightarrow{AC}$

7. a) Environ 104° b) 90°

8. a) $\vec{u}_{\vec{v}} = \left(\frac{-115}{74}, \frac{161}{74}\right)$; $\vec{u}_{-\vec{v}} = \left(\frac{-115}{74}, \frac{161}{74}\right)$

b) $\|\vec{v}_{\vec{u}}\| = \frac{\sqrt{8993}}{17}$; $\|\vec{v}_{-3\vec{u}}\| = \frac{\sqrt{8993}}{17}$

c) 13,5 unités^2

Exercices 8.1 (page 318)

1. a) $\vec{u} = (2, 7)$

b) En posant $k = 0$, nous trouvons P(5, -3).

En posant $k = 1$, nous trouvons Q(7, 4).

c) Par exemple, $(x, y) = (7, 4) + r(-2, -7)$, où $r \in \mathbb{R}$

2. a) $(x, y) = (3, -2) + k(-2, 4)$, où $k \in \mathbb{R}$

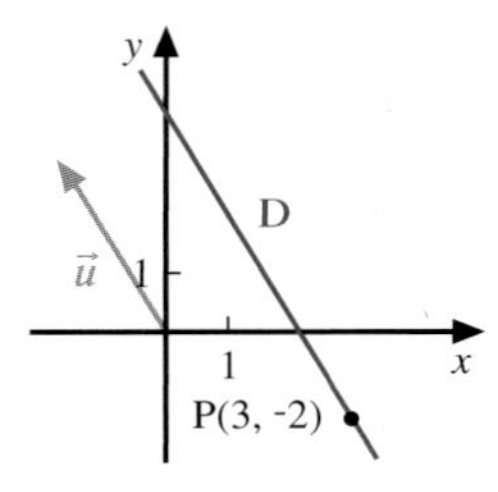

b) $(x, y) = (0, 0) + k(1, 0)$, où $k \in \mathbb{R}$

c) $\vec{u} = \overrightarrow{PQ} = (2, 2)$.

Donc, $(x, y) = (6, -8) + k(2, 2)$, où $k \in \mathbb{R}$

d) $\vec{u} = (0, 1)$. Donc, $(x, y) = (2, -3) + k(0, 1)$, où $k \in \mathbb{R}$

e) Puisque $\vec{u_1} = (-2, 9)$, nous avons $\vec{u} = (9, 2)$,
d'où D: $(x, y) = (-3, 4) + t(9, 2)$, où $t \in \mathbb{R}$

3. a) $\begin{cases} x = -2 + 5k \\ y = 4 - 7k \end{cases}$, où $k \in \mathbb{R}$

b) $\begin{cases} x = 4 \\ y = 1 + k \end{cases}$, où $k \in \mathbb{R}$

c) $\vec{u} = \overrightarrow{PQ} = (1, 1)$. Donc, $\begin{cases} x = k \\ y = 7 + k \end{cases}$, où $k \in \mathbb{R}$

d) $\vec{u} = (1, 0)$. Donc, $\begin{cases} x = 5 + k \\ y = -2 \end{cases}$, où $k \in \mathbb{R}$

4. Dans les équations paramétriques $\begin{cases} x = 5 - 2k \\ y = -4 + 3k, \end{cases}$

nous remplaçons x et y par les coordonnées du point donné et nous déterminons si k est unique.

a) $11 = 5 - 2k \Rightarrow k = -3$
$-13 = -4 + 3k \Rightarrow k = -3$ d'où $Q \in D$

b) $3 = 5 - 2k \Rightarrow k = 1$
$-7 = -4 + 3k \Rightarrow k = -1$ d'où $R \notin D$

c) ① $s = 5 - 2k$

② $8 = -4 + 3k \Rightarrow k = 4$

En remplaçant k par 4 dans ①, $s = -3$.

d) Soit $T(0, t)$, le point cherché.

① $0 = 5 - 2k \Rightarrow k = \dfrac{5}{2}$

② $t = -4 + 3k$

En remplaçant k par $\dfrac{5}{2}$ dans ②, $t = \dfrac{7}{2}$.

D'où nous obtenons $T\left(0, \dfrac{7}{2}\right)$.

5. a) $\dfrac{x + 4}{7} = \dfrac{y - 7}{-4}$ b) $\dfrac{x}{-3} = \dfrac{y}{7}$, car $\vec{u} = (-3, 7)$

c) Impossible, car $\vec{u} = (7, 0)$

d) $\vec{u} = \overrightarrow{PQ} = (-3, 6)$. Donc, $\dfrac{x - 10}{-3} = \dfrac{y + 8}{6}$

e) Puisque $\vec{u_1} = \left(\dfrac{-1}{2}, \dfrac{4}{3}\right)$, en choisissant $\vec{u} = 6\left(\dfrac{4}{3}, \dfrac{1}{2}\right)$,

nous trouvons $\vec{u} = (8, 3)$, d'où D: $\dfrac{x - 3}{8} = \dfrac{y + 6}{3}$

6. Dans l'équation $\dfrac{x - 4}{7} = \dfrac{y + 5}{-3}$, en remplaçant x et y par les coordonnées du point donné, nous trouvons

a) $\dfrac{0 - 4}{7} \neq \dfrac{0 + 5}{-3}$ d'où $O \notin D$

b) $\dfrac{18 - 4}{7} = \dfrac{-11 + 5}{-3}$ d'où $P \in D$

c) $\dfrac{11 - 4}{7} \neq \dfrac{-2 + 5}{-3}$ d'où $Q \notin D$

d) $\dfrac{4 - 4}{7} = \dfrac{-5 + 5}{-3}$ d'où $R \in D$

7. a) $P(4, -3)$ et $\vec{u} = (2, -5)$

b) D: $\dfrac{x - 5}{-4} = \dfrac{y + 7}{1}$; $P(5, -7)$ et $\vec{u} = (-4, 1)$

c) D: $\dfrac{x - 0}{4} = \dfrac{y - 0}{-2}$; $P(0, 0)$ et $\vec{u} = (2, -1)$

d) D: $\dfrac{x + 4}{\frac{9}{2}} = \dfrac{y - \frac{5}{3}}{\frac{-10}{3}}$; $P\left(-4, \dfrac{5}{3}\right)$ et $\vec{u} = \left(\dfrac{9}{2}, \dfrac{-10}{3}\right)$

8. a) $-3x - 2y + 8 = 0$ ou $3x + 2y = 8$

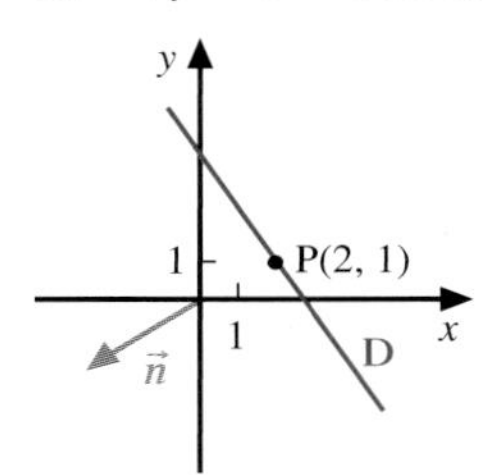

b) $0x + 1y - 3 = 0$ ou $y = 3$

c) $1x + 0y - 4 = 0$ ou $x = 4$

d) $\vec{n} = (3, 5)$. Donc, $3x + 5y - 29 = 0$ ou $3x + 5y = 29$

e) $\vec{u} = \overrightarrow{PQ} = (-3, 4)$, alors $\vec{n} = (4, 3)$.
Donc, $4x + 3y - 12 = 0$ ou $4x + 3y = 12$

f) $\vec{u} = (5, 7)$, alors $\vec{n} = (7, -5)$.
Donc, $7x - 5y - 41 = 0$ ou $7x - 5y = 41$

g) $\vec{n} = (5, 7)$. Donc, $5x + 7y - 61 = 0$ ou $5x + 7y = 61$

h) $-5x + y - 10 = 0$ ou $5x - y = -10$

i) $6x - 7y = 0$

9. a) $\vec{n} = (3, -7)$ b) $\vec{u} = (7, 3)$

c) $p = \dfrac{22}{3}$ d) $R(5, 1)$

10. Pour les équations suivantes, $k \in \mathbb{R}$.

a)

É.V.	$(x, y) = (4, 2) + k(2, 1)$	É.S.	$\frac{x-4}{2} = \frac{y-2}{1}$
É.P.	$x = 4 + 2k$ $y = 2 + k$	É.C.	$x - 2y = 0$

b)

É.V.	$(x, y) = (2, 0) + k(3, -2)$	É.S.	$\frac{x-2}{3} = \frac{y}{-2}$
É.P.	$x = 2 + 3k$ $y = -2k$	É.C.	$2x + 3y - 4 = 0$

c)

É.V.	$(x, y) = (-4, -1) + k(5, 2)$	É.S.	$\frac{x+4}{5} = \frac{y+1}{2}$
É.P.	$x = -4 + 5k$ $y = -1 + 2k$	É.C.	$2x - 5y + 3 = 0$

d)

É.V.	$(x, y) = (-1, 2) + k(1, \sqrt{3})$	É.S.	$\frac{x+1}{1} = \frac{y-2}{\sqrt{3}}$
É.P.	$x = -1 + k$ $y = 2 + \sqrt{3}k$	É.C.	$\sqrt{3}x - y + \sqrt{3} + 2 = 0$

e)

É.V.	$(x, y) = (2, -7) + k(1, 0)$	É.S.	Non définie
É.P.	$x = 2 + k$ $y = -7$	É.C.	$y + 7 = 0$

f)

É.V.	$(x, y) = (-4, 1) + k(7, -1)$	É.S.	$\frac{x+4}{7} = \frac{y-1}{-1}$
É.P.	$x = -4 + 7k$ $y = 1 - k$	É.C.	$x + 7y - 3 = 0$

11. Une équation symétrique de la droite passant

a) par P(2, 3) et Q(4, 5), avec $\vec{u} = \overrightarrow{PQ} = (2, 2)$,

est $\frac{x-2}{2} = \frac{y-3}{2}$; $R(6, 7) \in D$, car $\frac{6-2}{2} = \frac{7-3}{2}$.

D'où les points P, Q et R sont sur la droite D.

b) par P(-3, 4) et Q(4, -3), avec $\vec{u} = \overrightarrow{PQ} = (7, -7)$,

est $\frac{x+3}{7} = \frac{y-4}{-7}$; $O(0, 0) \notin D$, car $\frac{0+3}{7} \neq \frac{0-4}{-7}$.

D'où les points P, Q et O ne sont pas sur une même droite.

Exercices 8.2 (page 326)

1. a) Soit $\vec{u_1} = (-3, 1)$ et $\vec{u_2} = (1, 3)$.

Puisque $\vec{u_1} \neq r\vec{u_2}$, les droites sont concourantes.

$$\cos \theta_1 = \frac{(-3, 1) \cdot (1, 3)}{\sqrt{10}\sqrt{10}} = 0$$

d'où $\theta_1 = 90°$ et $\theta_2 = 90°$.

Soit $P(x_0, y_0)$, le point d'intersection.

$\begin{cases} x_0 = 2 - 3k \\ y_0 = 5 + k \end{cases}$ et $\begin{cases} x_0 = 1 + t \\ y_0 = 2 + 3t \end{cases}$

Donc, $\begin{cases} 2 - 3k = 1 + t \\ 5 + k = 2 + 3t \end{cases}$ Ainsi, $t = 1$ et $k = 0$.

D'où P(2, 5) est le point d'intersection.

b) Soit $\vec{u_1} = (2, 3)$ et $\vec{n_2} = (6, -4)$. Nous obtenons $\vec{u_2} = (4, 6)$.

Puisque $\vec{u_2} = 2\vec{u_1}$, $D_1 /\!/ D_2$. Soit $P_1(2, 5) \in D_1$.

Or, $6(2) - 4(5) + 8 = 0$. Donc, $P_1 \in D_2$.

D'où les droites sont parallèles confondues.

$$\cos \theta_1 = \frac{(2, 3) \cdot (4, 6)}{\sqrt{13}\sqrt{52}} = 1$$

d'où $\theta_1 = 0°$ et $\theta_2 = 180°$.

c) Soit $\vec{u_1} = (-10, -6)$ et $\vec{n_2} = (3, -5)$. Nous obtenons $\vec{u_2} = (5, 3)$.

Puisque $\vec{u_1} = -2\vec{u_2}$, $D_1 /\!/ D_2$. Soit $P_1(3, 2) \in D_1$.

Or, $3(3) - 5(2) - 1 \neq 0$. Donc, $P_1 \notin D_2$.

D'où les droites sont parallèles distinctes.

$\theta_1 = 180°$ et $\theta_2 = 0°$

d) Soit $\vec{n_1} = (-2, 3)$ et $\vec{u_2} = (3, 1)$. Nous obtenons $\vec{n_2} = (-1, 3)$.

Puisque $\vec{n_1} \neq r\vec{n_2}$, les droites sont concourantes.

$\theta_1 \approx 15{,}3°$ et $\theta_2 \approx 164{,}7°$

Soit $P(x_0, y_0)$, le point d'intersection.

$\begin{cases} x_0 = 7 + 3k \\ y_0 = -2 + k \end{cases}$ et $-2x_0 + 3y_0 + 17 = 0$

Donc, $-2(7 + 3k) + 3(-2 + k) + 17 = 0$. Ainsi, $k = -1$.

D'où P(4, -3) est le point d'intersection.

e) Soit $\vec{n_1} = (2, -3)$ et $\vec{u_2} = (1, 2)$. Nous obtenons $\vec{n_2} = (2, -1)$.

Puisque $\vec{n_1} \neq r\vec{n_2}$, les droites sont concourantes.

$\theta_1 \approx 29{,}7°$ et $\theta_2 \approx 150{,}3°$

L'équation de D_2 est $2x - y + 1 = 0$.

Soit $P(x_0, y_0)$, le point d'intersection.

$\begin{cases} 2x_0 - 3y_0 + 7 = 0 \\ 2x_0 - y_0 + 1 = 0 \end{cases}$

Donc, $x_0 = 1$ et $y_0 = 3$.

D'où P(1, 3) est le point d'intersection.

2. Pour ce problème nous choisissons $\vec{u} = (a, 3)$.

a) $D /\!/ D_1 \Rightarrow (a, 3) = r(5, -2) \Rightarrow r = \frac{-3}{2}$. D'où $a = \frac{-15}{2}$

b) $D \perp D_2 \Rightarrow (a, 3) \cdot (-1, 4) = 0$. D'où $a = 12$

c) $D /\!/ D_3 \Rightarrow \vec{u} \perp \vec{n_3} \Rightarrow (a, 3) \cdot (2, -6) = 0$. D'où $a = 9$

d) $D \perp D_4 \Rightarrow \vec{u} /\!/ \vec{n_4} \Rightarrow (a, 3) = r(5, 7) \Rightarrow r = \frac{3}{7}$.

D'où $a = \frac{15}{7}$

8

e) $D \perp D_5 \Rightarrow (a, 3) \cdot (0, 2) = 0$.

Il n'existe aucune valeur de a satisfaisant à cette équation.

f) $D /\!/ D_6 \Rightarrow (a, 3) = r(0, 6) \Rightarrow r = \frac{1}{2}$.

D'où $a = 0$, ce qui est inadmissible dans l'équation symétrique de la droite.

g) $D /\!/ D_7 \Rightarrow (a, 3) = r(-4, 5) \Rightarrow r = \frac{3}{5}$. D'où $a = \frac{-12}{5}$

3. Soit $\vec{u_1} = \overrightarrow{PQ} = (8, 6)$ et $\vec{u_2} = (3, -2)$.

$\cos \alpha_1 = \frac{|(8, 6) \cdot (1, 0)|}{\sqrt{100}\sqrt{1}} = \frac{4}{5}$, d'où $\alpha_1 \approx 36{,}9°$.

$\cos \beta_1 = \frac{|(8, 6) \cdot (0, 1)|}{\sqrt{100}\sqrt{1}} = \frac{3}{5}$, d'où $\beta_1 \approx 53{,}1°$.

$\cos \alpha_2 = \frac{|(3, -2) \cdot (1, 0)|}{\sqrt{13}\sqrt{1}} = \frac{3}{\sqrt{13}}$, d'où $\alpha_2 \approx 33{,}7°$.

$\cos \beta_2 = \frac{|(3, -2) \cdot (0, 1)|}{\sqrt{13}\sqrt{1}} = \frac{2}{\sqrt{13}}$, d'où $\beta_2 \approx 56{,}3°$.

$\theta \approx 180° - (\beta_1 + \beta_2) \approx 70{,}6°$ et $\varphi \approx 109{,}4°$

4. a) En choisissant $\vec{u} = (5, 12)$, $\cos \alpha = \frac{5}{13}$ et $\cos \beta = \frac{12}{13}$; $\alpha \approx 67{,}4°$ et $\beta \approx 22{,}6°$.

b) En choisissant $\vec{u} = (-2, 9)$, $\cos \alpha = \frac{-2}{\sqrt{85}}$ et $\cos \beta = \frac{9}{\sqrt{85}}$; $\alpha \approx 102{,}5°$ et $\beta \approx 12{,}5°$.

c) En choisissant $\vec{u} = (0, 1)$, $\cos \alpha = 0$ et $\cos \beta = 1$; $\alpha = 90°$ et $\beta = 0°$.

d) En choisissant $\vec{n} = (6, -5)$ et $\vec{u} = (5, 6)$, $\cos \alpha = \frac{5}{\sqrt{61}}$ et $\cos \beta = \frac{6}{\sqrt{61}}$; $\alpha \approx 50{,}2°$ et $\beta \approx 39{,}8°$.

5. a) En résolvant le système d'équations linéaires

$$\begin{cases} 2x - 3y - 8 = 0 \\ 10x + y - 8 = 0, \end{cases}$$

nous obtenons $x = 1$ et $y = -2$.
D'où P(1, -2)

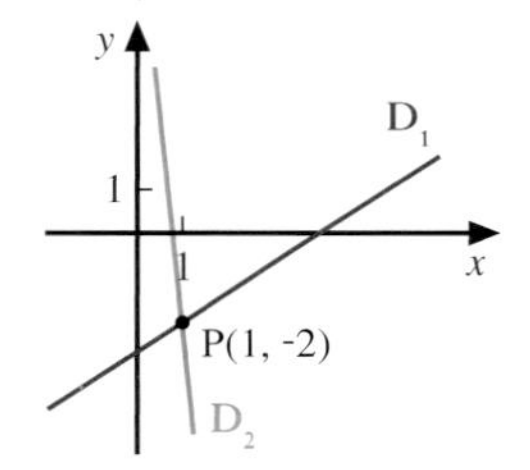

b) $F: k_1(2x - 3y - 8) + k_2(10x + y - 8) = 0$,

où $k_1, k_2 \in \mathbb{R}$ ($k_1 \neq 0$ ou $k_2 \neq 0$)

c) $D_3: 10x + y - 8 = 0$, c'est-à-dire D_2

d) Si $k_1 = 1$ et $k_2 = 0$, nous obtenons D_1.

e) Les coordonnées du point O(0, 0) doivent vérifier l'équation

$$\begin{aligned} k_1(2(0) - 3(0) - 8) + k_2(10(0) + 0 - 8) &= 0 \\ -8k_1 - 8k_2 &= 0 \\ k_1 &= -k_2 \end{aligned}$$

En posant $k_1 = 1$, nous obtenons $k_2 = -1$.

D'où $D_4: 2x + y = 0$

f) Puisque D_5 est verticale et passe par P(1, -2),

$D_5: x - 1 = 0$.

g) Puisque D_6 est horizontale et passe par P(1, -2),

$D_6: y + 2 = 0$.

h) $D_7: k_1(2x - 3y - 8) + k_2(10x + y - 8) = 0$

$D_7: (2k_1 + 10k_2)x + (-3k_1 + k_2)y - 8k_1 - 8k_2 = 0$

Soit $\vec{n_7} = (2k_1 + 10k_2, -3k_1 + k_2)$.

Puisque $D_7 \perp D_4$, $\vec{n_7} \cdot \vec{n_4} = 0$

$$\begin{aligned} (2k_1 + 10k_2, -3k_1 + k_2) \cdot (2, 1) &= 0 \\ k_1 + 21k_2 &= 0 \end{aligned}$$

ainsi, $k_1 = -21k_2$.

En posant $k_2 = 1$, nous obtenons $k_1 = -21$.

Ainsi, $-32x + 64y + 160 = 0$

d'où $D_7: x - 2y - 5 = 0$

i) De h), nous savons que $\vec{n_8} = (2k_1 + 10k_2, -3k_1 + k_2)$.

Puisque $D_8 /\!/ D$, $\vec{n_8} \cdot \vec{u} = 0$, où $\vec{u} = (1, 1)$ est un vecteur directeur de D.

$$\begin{aligned} (2k_1 + 10k_2, -3k_1 + k_2) \cdot (1, 1) &= 0 \\ -k_1 + 11k_2 &= 0 \end{aligned}$$

ainsi, $k_1 = 11k_2$.

En posant $k_2 = 1$, nous obtenons $k_1 = 11$.

Ainsi, $32x - 32y - 96 = 0$

d'où $D_8: x - y - 3 = 0$

j) Il suffit de vérifier si le point d'intersection P(1, -2) appartient à la droite.

Puisque $3(1) - (-2) + 5 \neq 0$, $P \notin D_9$, d'où D_9 n'est pas une droite du faisceau F.

Puisque $(1, -2) = (11, -7) - 5(2, -1)$, $P \in D_{10}$, d'où D_{10} est une droite du faisceau F.

Exercices 8.3 (page 334)

1. a) Soit $\vec{u} = (2, 3)$, $\vec{n} = (-3, 2)$ et $R(-1, 5) \in D$.

Puisque $\overrightarrow{PR} = (6, 9)$, nous avons

$$d(P, D) = \frac{|(6, 9) \cdot (-3, 2)|}{\|(-3, 2)\|} = 0 \text{ unité}$$

ainsi, $P \in D$

b) Soit $\vec{u} = (7, 9)$, $\vec{n} = (9, -7)$ et $R(-4, 7) \in D$.

Puisque $\overrightarrow{PR} = (-4, 7)$, nous avons

$$d(P, D) = \frac{|(-4, 7) \cdot (9, -7)|}{\|(9, -7)\|} = \frac{85}{\sqrt{130}} \text{ unités}$$

ainsi, $P \notin D$

c) $d(\text{P, D}) = \dfrac{|5(2) - 4(\text{-}3) + 1|}{\sqrt{25 + 16}} = \dfrac{23}{\sqrt{41}}$ unités

ainsi, $\text{P} \notin \text{D}$

2. $d(\text{P, D}) = 1$

$$\frac{|12(3) - 5(7) + k|}{\sqrt{(12)^2 + (\text{-}5)^2}} = 1$$

$$\frac{|1 + k|}{13} = 1$$

d'où $k = 12$ ou $k = \text{-}14$

3. a) Soit $\vec{u} = (3, 5)$, $\vec{n} = (5, \text{-}3)$, $\text{P}_1(4, \text{-}1) \in \text{D}_1$ et $\text{P}_2(\text{-}4, 1) \in \text{D}_2$. Puisque $\overrightarrow{\text{P}_1\text{P}_2} = (\text{-}8, 2)$,

$$d(\text{D}_1, \text{D}_2) = \frac{|(\text{-}8, 2) \cdot (5, \text{-}3)|}{\|(5, \text{-}3)\|} = \frac{46}{\sqrt{34}} \text{ unités}$$

ainsi, D_1 et D_2 sont parallèles distinctes.

b) Soit $\vec{u} = (\text{-}2, 3)$, $\vec{n} = (3, 2)$, $\text{P}_1(4, \text{-}6) \in \text{D}_1$ et $\text{P}_2(\text{-}6, 9) \in \text{D}_2$. Puisque $\overrightarrow{\text{P}_1\text{P}_2} = (\text{-}10, 15)$,

$$d(\text{D}_1, \text{D}_2) = \frac{|(\text{-}10, 15) \cdot (3, 2)|}{\|(3, 2)\|} = 0 \text{ unité}$$

ainsi, D_1 et D_2 sont parallèles confondues.

c) Soit $\text{D}_1: 6x - 8y + 4 = 0$

$\text{D}_2: 6x - 8y - 1 = 0$

$$d(\text{D}_1, \text{D}_2) = \frac{|\text{-}4 - 1|}{\sqrt{36 + 64}} = \frac{1}{2} \text{ unité}$$

ainsi, D_1 et D_2 sont parallèles distinctes.

4. a) $d(\text{O}, \text{D}_1) = \dfrac{|\text{-}1|}{\sqrt{1^2 + 1^2}} = \dfrac{1}{\sqrt{2}}$ unité

b) $\text{D}_2: 7x + 2y - 41 = 0$ (forme cartésienne)

$d(\text{O}, \text{D}_2) = \dfrac{41}{\sqrt{53}}$ unités

c) $\text{D}_3: 0x + y - 5 = 0$ (forme cartésienne)

$d(\text{O}, \text{D}_3) = 5$ unités

d) $\text{D}_4: 2x - 3y = 0$ (forme cartésienne)

$d(\text{O}, \text{D}_4) = 0$ unité

5. a) Soit $\text{Q}(x, y)$, le point de D le plus près de $\text{P}(\text{-}3, 7)$.

Puisque $\text{D}: 5x - 2y + 1 = 0$,

$$y = \frac{5x + 1}{2}$$

ainsi, $\text{Q}\left(x, \dfrac{5x + 1}{2}\right) \in \text{D}$

$\overrightarrow{\text{PQ}} \perp \text{D}$, $\overrightarrow{\text{PQ}} \perp \vec{u}$, où $\vec{u} = (2, 5)$

$$\overrightarrow{\text{PQ}} \cdot \vec{u} = 0$$

$$\left(x + 3, \frac{5x + 1}{2} - 7\right) \cdot (2, 5) = 0$$

$$2x + 6 + \frac{25x + 5}{2} - 35 = 0$$

$$x = \frac{53}{29}$$

d'où $\text{Q}\left(\dfrac{53}{29}, \dfrac{147}{29}\right)$

b) $d(\text{P, Q}) = \dfrac{4\sqrt{1421}}{29}$

6. $d(\text{R, P}) = d(\text{R, Q})$

$$\sqrt{(x + 4)^2 + (y - 1)^2} = \sqrt{(x - 2)^2 + (y - 5)^2}$$

$$(x + 4)^2 + (y - 1)^2 = (x - 2)^2 + (y - 5)^2$$

$$x^2 + 8x + 16 + y^2 - 2y + 1 = x^2 - 4x + 4 + y^2 - 10y + 25$$

$$12x + 8y - 12 = 0$$

d'où $\text{D}: 3x + 2y - 3 = 0$

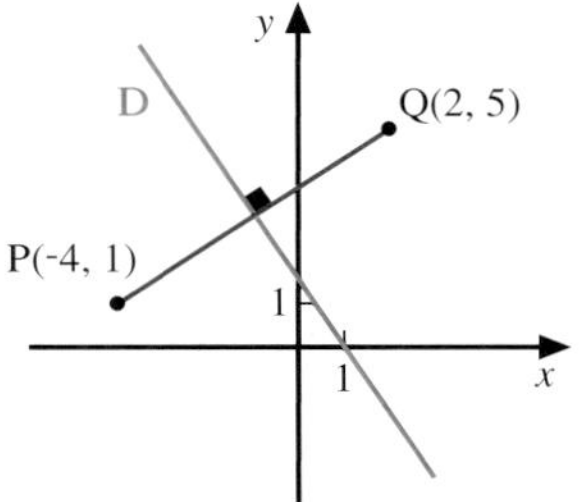

D est la médiatrice du segment de droite PQ.

7. Soit $\vec{u_1} = (2, 1)$, $\vec{n_1} = (\text{-}1, 2)$, $\vec{u_2} = (1, 2)$ et $\vec{n_2} = (\text{-}2, 1)$.

Soit $\text{P}_1(3, 2) \in \text{D}_1$ et $\text{P}_2(1, 1) \in \text{D}_2$.

Puisque $d(\text{P}, \text{D}_1) = d(\text{P}, \text{D}_2)$, nous avons

$$\frac{|(3 - x, 2 - y) \cdot (\text{-}1, 2)|}{\|(\text{-}1, 2)\|} = \frac{|(1 - x, 1 - y) \cdot (\text{-}2, 1)|}{\|(\text{-}2, 1)\|}$$

$$|\text{-}3 + x + 4 - 2y| = |\text{-}2 + 2x + 1 - y|$$

donc, $x - 2y + 1 = 2x - y - 1$

ou $x - 2y + 1 = \text{-}2x + y + 1$

d'où $\text{D}_3: x + y - 2 = 0$ et $\text{D}_4: x - y = 0$

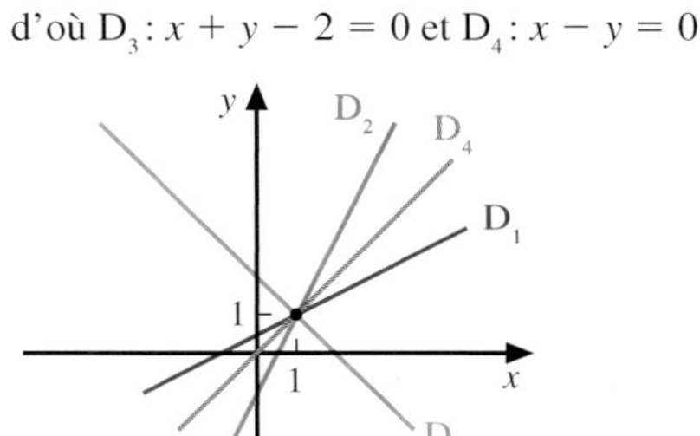

8. a) Soit $\text{D}: x = 0$.

$$d(\text{F, P}) = d(\text{P, D})$$

$$\sqrt{(x - 4)^2 + (y + 5)^2} = \frac{|x|}{1}$$

$$(x - 4)^2 + (y + 5)^2 = x^2$$

$$x^2 - 8x + 16 + y^2 + 10y + 25 = x^2$$

d'où $x = \dfrac{1}{8}y^2 + \dfrac{5}{4}y + \dfrac{41}{8}$

8

b) > with(plots):

```
> c1:=plot(-5+(8*x-16)^(1/2),x=2..14,color=magenta):
> c2:=plot(-5-(8*x-16)^(1/2),x=2..14,color=magenta):
> t1:=textplot([5,-5,`F(4,-5)`],align=RIGHT):
> p:=plot([[4,-5]],style=point,symbol=circle,color=black):
> display(c1,c2,t1,p,scaling=constrained,
  view=[-1..14,-14..5]);
```

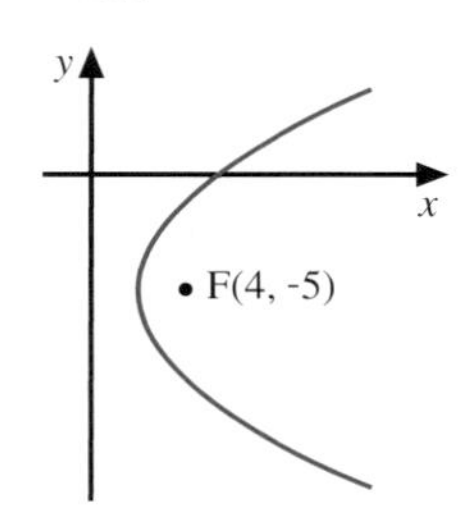

Le lieu géométrique est une parabole ouverte vers la droite.

9. a) i) Soit $P(x_0, y_0)$, le centre d'un cercle cherché.

$d(P, D_1) = d(P, D_2) = d(P, D_3)$. Ainsi,

$$\frac{|3x_0 + 4y_0 + 5|}{\sqrt{3^2 + 4^2}} = \frac{|3x_0 + 4y_0 + 15|}{\sqrt{3^2 + 4^2}} \text{ et}$$

$$\frac{|3x_0 + 4y_0 + 5|}{\sqrt{3^2 + 4^2}} = \frac{|4x_0 - 3y_0|}{\sqrt{4^2 + (-3)^2}}$$

donc, $(3x_0 + 4y_0 + 5) = \pm(3x_0 + 4y_0 + 15)$ et

$(3x_0 + 4y_0 + 5) = \pm(4x_0 - 3y_0)$

En résolvant ces systèmes, nous trouvons

$x_0 = -2$ et $y_0 = -1$ ou $x_0 = \frac{-2}{5}$ et $y_0 = \frac{-11}{5}$.

Nous obtenons donc deux cercles dont les centres respectifs sont $P_1(-2, -1)$ et $P_2\left(\frac{-2}{5}, \frac{-11}{5}\right)$.

ii) Le rayon r des cercles est obtenu ainsi :

$$r = d(P_1, D_1) = \frac{|3(-2) + 4(-1) + 5|}{\sqrt{25}} = 1$$

d'où $C_1 : (x + 2)^2 + (y + 1)^2 = 1$

$$C_2 : \left(x + \frac{2}{5}\right)^2 + \left(y + \frac{11}{5}\right)^2 = 1$$

iii) > with(plots):

```
> c1:=implicitplot((x+2)^2+(y+1)^2=1,x=-4..1,
  y=-4..1,color=green):
> c2:=implicitplot((x+0.4)^2+(y+2.2)^2=1,x=-4..1,
  y=-4..1,color=blue):
> d1:=implicitplot(3*x+4*y+5=0,x=-4..1,y=-4..1):
> d2:=implicitplot(3*x+4*y+15=0,x=-4..1,y=-4..1):
> d3:=implicitplot(4*x-3*y=0,x=-4..1,y=-4..1):
> t1:=textplot([-2,-1.2,`P1`],align=BELOW):
> t2:=textplot([-2/5,-12/5,`P2`],align=BELOW):
> p:=plot([[-2,-1],[-2/5,-11/5]],style=point,
  symbol=circle,color=black):
> display(c1,c2,d1,d2,d3,p,t1,t2,scaling=constrained,
  view=[-4..1,-4..1]);
```

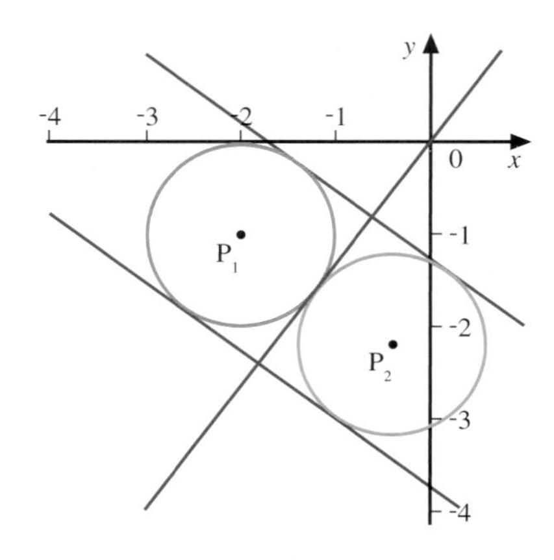

b) Quatre cercles

Exercices récapitulatifs (page 337)

1. Pour les équations suivantes, $k \in \mathbb{R}$.

a)

É.V.	$(x, y) = (3, -7) + k(-2, 1)$	**É.S.**	$\frac{x - 3}{-2} = y + 7$
É.P.	$x = 3 - 2k$ $y = -7 + k$	**É.C.**	$x + 2y + 11 = 0$

b)

É.V.	$(x, y) = (0, 3) + k(4, 0)$	**É.S.**	Non définie
É.P.	$x = 4k$ $y = 3$	**É.C.**	$y - 3 = 0$

c)

É.V.	$(x, y) = (5, -1) + k(4, -2)$	**É.S.**	$\frac{x - 5}{4} = \frac{y + 1}{-2}$
É.P.	$x = 5 + 4k$ $y = -1 - 2k$	**É.C.**	$x + 2y - 3 = 0$

d)

É.V.	$(x, y) = (2, 5) + k(2, -6)$	**É.S.**	$\frac{x - 2}{2} = \frac{y - 5}{-6}$
É.P.	$x = 2 + 2k$ $y = 5 - 6k$	**É.C.**	$3x + y - 11 = 0$

2. a) $D_1 /\!/ D_3$; $D_2 \perp D_4$; $D_5 \perp D_6$

b) $P(-17, 3)$; aucun ; $Q\left(8, \frac{-19}{2}\right)$

c) $\approx 26{,}6°$; $0°$; $\approx 63{,}4°$

d) $\frac{13}{\sqrt{10}}$ unités ; 0 unité

e) $\frac{14}{\sqrt{5}}$ unités

3. b) $\theta_1 \approx 63{,}4°$ et $\theta_2 \approx 116{,}6°$

d) Si $\overrightarrow{u_1} = (1, 1)$, $\alpha_1 = 45°$ et $\beta_1 = 45°$ ou

si $\overrightarrow{u_1} = (-1, -1)$, $\alpha_1 = 135°$ et $\beta_1 = 135°$;

si $\vec{u_2} = (3, \text{-}1)$, $\alpha_2 \approx 18{,}4°$ et $\beta_2 \approx 108{,}4°$ ou

si $\vec{u_2} = (\text{-}3, 1)$, $\alpha_2 \approx 161{,}6°$ et $\beta_2 \approx 71{,}6°$

e) $\cos \alpha_1 = \dfrac{1}{\sqrt{2}}$ et $\cos \beta_1 = \dfrac{1}{\sqrt{2}}$ ou

$\cos \alpha_1 = \dfrac{-1}{\sqrt{2}}$ et $\cos \beta_1 = \dfrac{-1}{\sqrt{2}}$;

$\cos \alpha_2 = \dfrac{3}{\sqrt{10}}$ et $\cos \beta_2 = \dfrac{-1}{\sqrt{10}}$ ou

$\cos \alpha_2 = \dfrac{-3}{\sqrt{10}}$ et $\cos \beta_2 = \dfrac{1}{\sqrt{10}}$

4. a) F: $k_1(5x + 2y - 23) + k_2(x - 2y - 19) = 0$, où $k_1, k_2 \in \mathbb{R}$ ($k_1 \neq 0$ ou $k_2 \neq 0$)

b) $D_3: 7x + 10y + 11 = 0$

c) $D_4: 6x + 7y = 0$

d) $D_5: x - 7 = 0$

5. a) $k_1 = \dfrac{-2}{7}$; $k_2 = \dfrac{39}{7}$; $k_3 = \dfrac{16}{7}$; $k_4 = \dfrac{17}{7}$

6. a) $2\sqrt{17}$ unités b) Q(-3, 1)

c) $\dfrac{7}{\sqrt{17}}$ unité d) $R\left(\dfrac{-7}{17}, \dfrac{28}{17}\right)$

8. a) P(0, 15) et Q(0, -11)

9. a) $D_3: 3x - 4y + 13 = 0$ et
$D_4: 3x - 4y - 7 = 0$

b) $D_5: 3x - 4y + (3 + 5k) = 0$ et
$D_6: 3x - 4y + (3 - 5k) = 0$

c) $D_7: ax + by - (c + k\sqrt{a^2 + b^2}) = 0$ et
$D_8: ax + by - (c - k\sqrt{a^2 + b^2}) = 0$

11. $y = \dfrac{1}{4}x^2 - \dfrac{3}{2}x + \dfrac{21}{4}$

14. a) $a = 2$ b) $a = \text{-}2$

15. a) $a = 0$ b) $a = \dfrac{5}{4}$

17. a) 7,615… m b) $1{,}\bar{6}$ m/s c) C(11,8 ; 6,6)

Problèmes de synthèse (page 339)

1. a) Pour les équations suivantes, k et $t \in \mathbb{R}$.

É.V.	$(x, y) = (1, 6) + k(\text{-}1, 2)$	**É.S.**	$\dfrac{x - 1}{-1} = \dfrac{y - 6}{2}$
É.P.	$x = 1 - k$ $y = 6 + 2k$	**É.C.**	$2x + y - 8 = 0$
		É.F.	$y = \text{-}2x + 8$

c) Nous trouvons deux droites : la première est définie par

É.V.	$(x, y) = (\text{-}2, 7) + k(0, 1)$	**É.S.**	Non définie
É.P.	$x = \text{-}2$ $y = 7 + k$	**É.C.**	$x + 2 = 0$
		É.F.	Non définie

La seconde est définie par

É.V.	$(x, y) = (\text{-}2, 7) + t(1, 0)$	**É.S.**	Non définie
É.P.	$x = \text{-}2 + t$ $y = 7$	**É.C.**	$y - 7 = 0$
		É.F.	$y = 7$

2. a) A(-2, 1), B(2, 3) et C(5, -1)

e) $2x + y - 2 = 0$

f) $(x, y) = (0, 2) + k(5, \text{-}3)$, où $k \in \mathbb{R}$

3. 26,25 unités²

5. a) i) D: $3x - 4y + 2 = 0$

ii) Distance maximale = 7,2 unités

7. a) $P_1(5, 7)$ et $Q_1(\text{-}1, \text{-}1)$ b) $P_2(26, \text{-}7)$ et $Q_2(\text{-}22, 13)$

8. a) $C_1: (x + 15)^2 + (y + 15)^2 = 225$

$C_2: (x - 10)^2 + (y - 10)^2 = 100$

$C_3: (x - 30)^2 + (y + 30)^2 = 900$

$C_4: (x - 5)^2 + (y + 5)^2 = 25$

11. a) $\vec{u} = \left(\dfrac{\sqrt{3}}{2}, \dfrac{1}{2}\right)$ et $\vec{n} = \left(\dfrac{-\sqrt{3}}{2}, \dfrac{3}{2}\right)$

12. a) $\theta \approx 91{,}7°$ b) T(5, 3)

13. a) C(8, 2) b) R(12, 7)

d) $\overrightarrow{AH} = \left(2, \dfrac{5}{2}\right)$ et $H\left(1, \dfrac{7}{2}\right)$

15. a) $A\left(\dfrac{-5}{4}, 0\right)$, $B\left(\dfrac{11}{2}, 0\right)$ et C(1, -3)

b) Aire $= \dfrac{81}{8}$ unités²

c) $\theta \approx 86{,}8°$

16. a) $\dfrac{\|\overrightarrow{PD}\|}{\|\overrightarrow{PB}\|} = \dfrac{7}{32}$ b) $\dfrac{\|\overrightarrow{PF}\|}{\|\overrightarrow{PA}\|} = \dfrac{4}{35}$

19. a) $8x - y - 17 = 0$

b) $8x - y - 17 = 0$, qui correspond à l'équation de D ; les points $R(x, y) \in D$

c) $S(2, 3) \notin D$ et $T(1, \text{-}9) \in D$

21. b) $d(A, B) = \sqrt{2}$ cm

c) $d(S, D) = \dfrac{\sqrt{3} - 1}{2\sqrt{2}}$ cm et $d(T, D) = \dfrac{\sqrt{3} - 1}{\sqrt{2}}$ cm

d) $A = \dfrac{\sqrt{3}}{4}$ cm²

CHAPITRE 9

Exercices préliminaires (page 344)

1. É.V. D: $(x, y) = (-1, 5) + k(4, -7)$, où $k \in \mathbb{R}$

É.P. D: $\begin{cases} x = -1 + 4k \\ y = 5 - 7k \end{cases}$, où $k \in \mathbb{R}$

É.S. D: $\dfrac{x+1}{4} = \dfrac{y-5}{-7}$

2. a) Environ 55,3°

b) $D_1 \perp D_3$; $P\left(\dfrac{68}{25}, \dfrac{26}{25}\right)$

c) En choisissant $\vec{u} = (-3, 4)$, nous obtenons $\cos\alpha = \dfrac{-3}{5}$ et $\cos\beta = \dfrac{4}{5}$.

3. a) $\vec{u}_{\vec{v}} = \left(\dfrac{44}{21}, \dfrac{-55}{21}, \dfrac{-11}{21}\right)$ b) $\|\vec{u}_{\vec{v}}\| = \dfrac{\sqrt{5082}}{21}$

c) $\vec{w}_1 = \left(\dfrac{-2}{\sqrt{62}}, \dfrac{-3}{\sqrt{62}}, \dfrac{7}{\sqrt{62}}\right)$ et $\vec{w}_2 = \left(\dfrac{2}{\sqrt{62}}, \dfrac{3}{\sqrt{62}}, \dfrac{-7}{\sqrt{62}}\right)$

4. a) 31 unités²   b) $\dfrac{31}{\sqrt{53}}$ unités

5. a) E.-S. = ∅   b) E.-S. $= \left\{\left(\dfrac{15}{11}, \dfrac{14}{11}\right)\right\}$

Exercices 9.1 (page 350)

1. a) $(x, y, z) = (7, -8, 5) + t(3, 4, -1)$, où $t \in \mathbb{R}$

b) $(x, y, z) = (0, 0, 0) + t(0, 0, 1)$, où $t \in \mathbb{R}$

c) $\vec{u} = \overrightarrow{PQ} = (0, 5, -5)$

Donc, $(x, y, z) = (-4, 0, 5) + t(0, 5, -5)$, où $t \in \mathbb{R}$

d) $\vec{u} = (0, 1, 0)$

Donc, $(x, y, z) = (-3, 7, -9) + t(0, 1, 0)$, où $t \in \mathbb{R}$

e) $\vec{u} = (1, 0, 1)$

Donc, $(x, y, z) = (0, 0, 0) + t(1, 0, 1)$, où $t \in \mathbb{R}$

2. a) $\begin{cases} x = 1 - 5t \\ y = -5 + t \\ z = 9 + 8t \end{cases}$, où $t \in \mathbb{R}$ b) $\begin{cases} x = -9t \\ y = 3 + 7t \\ z = 5 \end{cases}$, où $t \in \mathbb{R}$

c) $\vec{u} = \overrightarrow{OP} = (-1, 0, 4)$

$\begin{cases} x = -t \\ y = 0 \\ z = 4t \end{cases}$, où $t \in \mathbb{R}$

d) $\vec{u} = (0, 0, 1)$

$\begin{cases} x = 4 \\ y = -5 \\ z = 7 + t \end{cases}$, où $t \in \mathbb{R}$

e) $\vec{u} = (1, 0, 0)$

$\begin{cases} x = 2 + t \\ y = 3 \\ z = 4 \end{cases}$, où $t \in \mathbb{R}$

3. a) $\dfrac{x}{5} = \dfrac{y+1}{-6} = \dfrac{z-2}{9}$

b) Impossible, car $\vec{u} = (1, 0, -3)$

c) $\vec{u} = \overrightarrow{PQ} = (-5, 10, 2)$. Donc, $\dfrac{x-3}{-5} = \dfrac{y+5}{10} = \dfrac{z-8}{2}$

d) Impossible, car $\vec{u} = (0, 0, 1)$

4. a) A(0, -8, 15) ; A appartient au plan YOZ.

b) B(16, 0, -17) ; B appartient au plan XOZ.

c) Dans les équations paramétriques

$\begin{cases} x = 8 + 2t \\ y = 5 - t \\ z = -9 + 3t \end{cases}$, où $t \in \mathbb{R}$

nous remplaçons x, y et z par les composantes du point donné et nous déterminons si t est unique.

$\left.\begin{aligned} 10 &= 8 + 2t \Rightarrow t = 1 \\ 4 &= 5 - t \Rightarrow t = 1 \\ -12 &= -9 + 3t \Rightarrow t = -1 \end{aligned}\right\}$ D'où $P \notin D_2$

$\left.\begin{aligned} 2 &= 8 + 2t \Rightarrow t = -3 \\ 8 &= 5 - t \Rightarrow t = -3 \\ -18 &= -9 + 3t \Rightarrow t = -3 \end{aligned}\right\}$ D'où $Q \in D_2$

$\left.\begin{aligned} 0 &= 8 + 2t \Rightarrow t = -4 \\ 0 &= 5 - t \Rightarrow t = 5 \end{aligned}\right\}$ D'où $O \notin D_2$

d) ① $0 = 8 + 2t \Rightarrow t = -4$

② $y_1 = 5 - t$

③ $z_1 = -9 + 3t$

En remplaçant t par -4 dans ② et ③, nous obtenons $y_1 = 9$ et $z_1 = -21$.

e) Soit $S(x_2, y_2, 0)$, le point cherché.

① $x_2 = 8 + 2t$

② $y_2 = 5 - t$

③ $0 = -9 + 3t \Rightarrow t = 3$

En remplaçant t par 3 dans ① et ②, $x_1 = 14$ et $y_2 = 2$.

D'où nous trouvons S(14, 2, 0).

f) Soit $T(0, y_3, 0)$, le point cherché.

① $0 = 8 + 2t \Rightarrow t = -4$

② $y_3 = 5 - t$

③ $0 = -9 + 3t \Rightarrow t = 3$

Puisque nous trouvons deux valeurs de t, la droite D_2 n'a pas de point d'intersection avec l'axe des y.

g) $\dfrac{5-1}{2} = 2 \neq \dfrac{6+4}{-5}$, d'où $M \notin D_3$

$\dfrac{\frac{1}{2} - 1}{2} = \dfrac{-1}{4} = \dfrac{\frac{-11}{4} + 4}{-5}$, d'où $N \in D_3$

5. a) $D: \dfrac{x + \frac{4}{3}}{\frac{7}{3}} = \dfrac{y - 7}{-2} = \dfrac{z - \frac{5}{9}}{\frac{-8}{9}}$

$P\left(\frac{-4}{3}, 7, \frac{5}{9}\right)$ et $\vec{u} = \left(\frac{7}{3}, -2, \frac{-8}{9}\right)$

b) $P(7, 8, 1)$ et $\vec{u} = (2, 0, 5)$

c) $P(-9, -2, 4)$ et $\vec{u} = (0, -4, -5)$

6. a) $P(-1, 2, -4)$ et $\vec{u} = (1, 2, -3)$

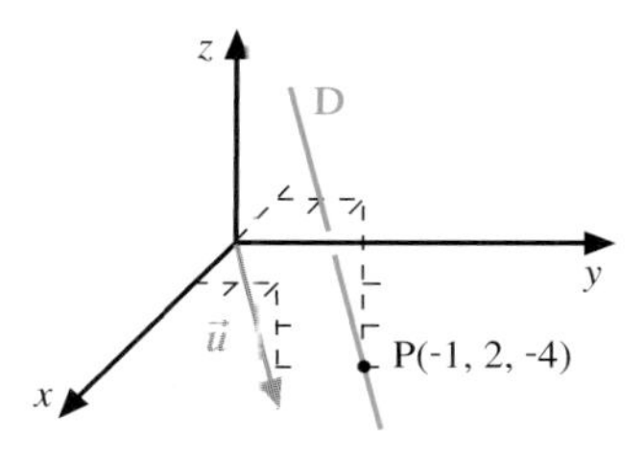

b) $P(0, 4, 0)$ et $\vec{u} = (-2, 1, -1)$

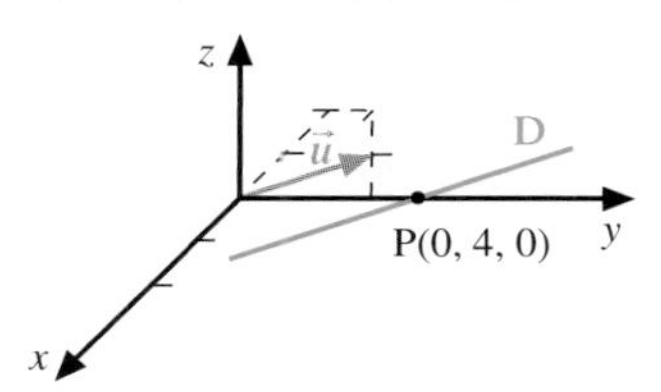

c) $P(0, 0, 0)$ et $\vec{u} = (1, 1, 0)$

La droite D est dans le plan XOY.

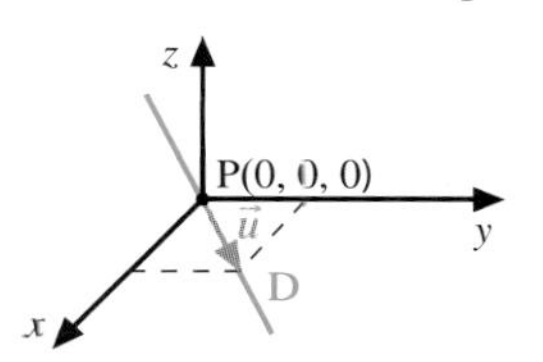

7. a) $D \perp \vec{i}$ et $D \,/\!/\, YOZ$

b) $D \perp \vec{k}$ et $D \,/\!/\, XOY$

c) $D \perp \vec{i}$, $D \perp \vec{j}$, $D \,/\!/\!\!\!\!/\, \vec{k}$, $D \perp XOY$, $D \,/\!/\, YOZ$ et $D \,/\!/\, XOZ$

d) $D \perp \vec{j}$, $D \perp \vec{k}$, $D \,/\!/\!\!\!\!/\, \vec{i}$, $D \perp YOZ$, $D \,/\!/\, XOY$ et $D \,/\!/\, XOZ$

e) D n'est ni perpendiculaire ni parallèle aux vecteurs et aux plans énumérés.

Exercices 9.2 (page 356)

1. a) V b) V c) F d) F

e) F f) F g) F h) F

2. a) Soit $\vec{u_1} = (1, 2, -1)$ et $\vec{u_2} = (3, 1, -1)$.

Puisque $\vec{u_1} \neq r\vec{u_2}$, $D_1 \,/\!/\!\!\!\!/\, D_2$;

$$\cos \theta = \frac{(1, 2, -1) \cdot (3, 1, -1)}{\sqrt{6}\sqrt{11}} = \frac{6}{\sqrt{66}}$$

d'où $\theta \approx 42{,}4°$.

Déterminons s'il existe un point $P(x_0, y_0, z_0)$ appartenant à la fois à D_1 et à D_2, c'est-à-dire

$$\begin{cases} x_0 = 1 + s \\ y_0 = -3 + 2s \\ z_0 = -2 - s \end{cases} \quad \text{et} \quad \begin{cases} x_0 = 20 + 3t \\ y_0 = 5 + t \\ z_0 = -9 - t \end{cases}$$

$$\text{Ainsi, } \begin{cases} s - 3t = 19 \\ 2s - t = 8 \\ -s + t = -7 \end{cases}$$

$$\left[\begin{array}{cc|c} 1 & -3 & 19 \\ 2 & -1 & 8 \\ -1 & 1 & -7 \end{array}\right] \sim \ldots \sim \left[\begin{array}{cc|c} 1 & -3 & 19 \\ 0 & 5 & -30 \\ 0 & 0 & 0 \end{array}\right]$$

donc, $t = -6$ et $s = 1$.

Les droites sont concourantes et $P(2, -1, -3)$ est le point d'intersection.

b) Soit $\vec{u_1} = (1, 2, 3)$ et $\vec{u_2} = (3, 6, 9)$. Puisque $\vec{u_2} = 3\vec{u_1}$, $D_1 \,/\!/\, D_2$. Soit $P_1(1, -3, -3) \in D_1$.

$\dfrac{2(1) - 6}{6} = \dfrac{-3 - 1}{6} = \dfrac{3 + 3}{-9}$. Donc, $P_1 \in D_2$.

Les droites sont parallèles confondues ; $\theta = 0°$.

c) Soit $\vec{u_1} = (-3, 7, -8)$ et $\vec{u_2} = (1, -1, 2)$. Puisque $\vec{u_1} \neq r\vec{u_2}$, $D_1 \,/\!/\!\!\!\!/\, D_2$; $\theta \approx 163{,}9°$.

Déterminons s'il existe un point $P(x_0, y_0, z_0)$ appartenant à la fois à D_1 et à D_2, c'est-à-dire

$$\begin{cases} x_0 = 10 - 3s \\ y_0 = -13 + 7s \\ z_0 = -18 - 8s \end{cases} \quad \text{et} \quad \begin{cases} x_0 = 5 + t \\ y_0 = 3 - t \\ z_0 = 1 + 2t \end{cases}$$

$$\text{Ainsi, } \begin{cases} 3s + t = 5 \\ 7s + t = 16 \\ 8s + 2t = -19 \end{cases}$$

$$\left[\begin{array}{cc|c} 3 & 1 & 5 \\ 7 & 1 & 16 \\ 8 & 2 & -19 \end{array}\right] \sim \ldots \sim \left[\begin{array}{cc|c} 3 & 1 & 5 \\ 0 & 4 & -13 \\ 0 & 0 & 207 \end{array}\right]$$

Ce système n'admet aucune solution.

Les droites sont donc des droites gauches.

d) Soit $\vec{u_1} = (3, -1, 2)$ et $\vec{u_2} = (-3, 1, -2)$. Puisque $\vec{u_1} = -\vec{u_2}$, $D_1 \,/\!/\, D_2$; $\theta = 180°$.

Soit $P_1(1, 2, -5) \in D_1$.

$$\left.\begin{array}{l} 1 = -5 - 3s \Rightarrow s = -2 \\ 2 = 4 + s \Rightarrow s = -2 \\ -5 = -1 - 2s \Rightarrow s = 2 \end{array}\right\} \quad \text{Donc, } P_1 \notin D_2$$

Les droites sont parallèles distinctes.

e) Les droites sont parallèles distinctes ; $\theta = 180°$.

f) Les droites sont concourantes ; $\theta = 143{,}3°$; $P(4, 3, 11)$.

g) Les droites sont des droites gauches ; $\theta = 90°$.

h) Les droites sont parallèles confondues ; $\theta = 180°$.

3. a) Soit $\vec{u} = (-1, 3, 4)$.

$$\cos\alpha = \frac{-1}{\sqrt{26}},\ \cos\beta = \frac{3}{\sqrt{26}} \text{ et } \cos\gamma = \frac{4}{\sqrt{26}}$$

$$\alpha \approx 101{,}3°, \quad \beta \approx 53{,}96° \quad \text{et} \quad \gamma \approx 38{,}3°$$

b) Soit $\vec{u} = (4, 0, 0)$.

$$\cos\alpha = 1,\ \cos\beta = 0 \text{ et } \cos\gamma = 0$$

$$\alpha = 0°, \quad \beta = 90° \quad \text{et} \quad \gamma = 90°$$

c) Soit $\vec{u} = \overrightarrow{PQ} = (3, -1, -8)$.

$$\cos\alpha = \frac{3}{\sqrt{74}},\ \cos\beta = \frac{-1}{\sqrt{74}} \text{ et } \cos\gamma = \frac{-8}{\sqrt{74}}$$

$$\alpha \approx 69{,}6°, \quad \beta \approx 96{,}7° \quad \text{et} \quad \gamma \approx 158{,}4°$$

4. a) Impossible, car $\cos^2 30° + \cos^2 30° + \cos^2 30° \neq 1$.

b) Impossible, car $\cos^2 60° + \cos^2 60° + \cos^2 60° \neq 1$.

c) Possible, car $\cos^2 25° + \cos^2 115° + \cos^2 90° = 1$.

d) Possible, car $\cos^2 60° + \cos^2 45° + \cos^2 60° = 1$.

5. a) Impossible, car $\cos^2\beta = -0{,}25$.

b) Possible, car $\cos\alpha = \pm 0{,}5$. D'où $\alpha = 60°$ ou $\alpha = 120°$.

c) Possible, car $\cos^2\beta = \dfrac{1 - \cos^2 50°}{2}$.

D'où $\beta = \gamma \approx 57{,}2°$ ou $\beta = \gamma \approx 122{,}8°$.

d) Impossible car, de $\cos^2\beta + \cos^2\gamma = 0$, nous obtenons $\cos^2\beta = 0$ et $\cos^2\gamma = 0$. D'où $\beta = \gamma = 90°$.

e) Possible, car $\cos^2\alpha = \dfrac{1}{3}$.

D'où $\alpha = \beta = \gamma \approx 54{,}7°$ ou $\alpha = \beta = \gamma \approx 125{,}3°$.

6. a) $\theta \approx 72{,}4°$ b) $\theta \approx 36{,}1°$ c) $\theta \approx 59{,}7°$

d) $\theta \approx 35{,}3°$ e) $\theta = 0°$ f) $\theta = 90°$

g) $\theta \approx 61{,}9°$ h) $\theta \approx 77{,}3°$ i) $\theta \approx 68{,}9°$

j) $\theta \approx 74{,}9°$ k) $\theta \approx 72{,}2°$

Exercices 9.3 (page 363)

1. a) Soit $\vec{u} = (-1, 2, 7)$ et $R(3, 0, -5) \in D$.
Puisque $\overrightarrow{RP} = (-1, -5, 12)$, nous avons

$$d(P, D) = \frac{\|(-1, -5, 12) \times (-1, 2, 7)\|}{\|(-1, 2, 7)\|} = \sqrt{\frac{395}{6}} \text{ unités.}$$

b) Soit $\vec{u} = (2, -4, 1)$ et $R(0, 0, 0) \in D$.
Puisque $\overrightarrow{RP} = (4, 0, 5)$, nous avons

$$d(P, D) = \frac{\|(4, 0, 5) \times (2, -4, 1)\|}{\|(2, -4, 1)\|} = \sqrt{\frac{692}{21}} \text{ unités.}$$

2. a) Soit $\vec{u} = (2, 5, -2)$, $P_1(-1, 4, 0) \in D_1$ et $P_2(2, 0, 1) \in D_2$.
Puisque $\overrightarrow{P_1P_2} = (3, -4, 1)$, nous avons

$$d(D_1, D_2) = \frac{\|(3, -4, 1) \times (2, 5, -2)\|}{\|(2, 5, -2)\|} = \sqrt{\frac{602}{33}} \text{ unités.}$$

Les droites sont distinctes.

b) Soit $\vec{u} = (-1, 2, 3)$, $P_1(4, 0, -3) \in D_1$ et $P_2(0, -2, 1) \in D_2$.
Puisque $\overrightarrow{P_1P_2} = (-4, -2, 4)$, nous avons

$$d(D_1, D_2) = \frac{\|(-4, -2, 4) \times (-1, 2, 3)\|}{\|(-1, 2, 3)\|} = \sqrt{\frac{180}{7}} \text{ unités.}$$

Les droites sont distinctes.

c) Soit $\vec{u} = (-4, 2, -2)$, $P_1(-1, 0, 0) \in D_1$ et $P_2(1, -1, 1) \in D_2$.
Puisque $\overrightarrow{P_1P_2} = (2, -1, 1)$, nous avons

$$d(D_1, D_2) = \frac{\|(-4, 2, -2) \times (2, -1, 1)\|}{\|(2, -1, 1)\|} = 0 \text{ unité.}$$

Les droites sont confondues.

3. a) Soit $\vec{u_1} = (-1, 0, 4)$, $\vec{u_2} = (2, -3, 4)$, $P_1(5, -1, 3)$ et $P_2\left(-4, \dfrac{-3}{2}, 0\right)$. Puisque $\overrightarrow{P_2P_1} = \left(9, \dfrac{1}{2}, 3\right)$ et $\vec{u_1} \times \vec{u_2} = (12, 12, 3)$, nous avons

$$d(D_1, D_2) = \frac{\left|\left(9, \frac{1}{2}, 3\right) \cdot (12, 12, 3)\right|}{\|(12, 12, 3)\|} = \frac{41\sqrt{33}}{33} \text{ unités.}$$

Les droites sont des droites gauches.

b) Soit $\vec{u_1} = (1, -1, 3)$, $\vec{u_2} = (3, 2, -4)$, $P_1(5, -2, 15)$ et $P_2(-2, 0, 7)$. Puisque $\overrightarrow{P_1P_2} = (-7, 2, -8)$ et $\vec{u_1} \times \vec{u_2} = (-2, 13, 5)$, nous avons

$$d(D_1, D_2) = \frac{|(-7, 2, -8) \cdot (-2, 13, 5)|}{\|(-2, 13, 5)\|} = 0 \text{ unité.}$$

Les droites sont concourantes.

c) Soit $\vec{u_1} = (3, 2, -6)$, $\vec{u_2} = (1, 0, 0)$, $P_1(0, 0, 0)$ et $P_2(0, 0, 1)$. Puisque $\overrightarrow{P_1P_2} = (0, 0, 1)$ et $\vec{u_1} \times \vec{u_2} = (0, -6, -2)$, nous avons

$$d(D_1, D_2) = \frac{|(0, 0, 1) \cdot (0, -6, -2)|}{\|(0, -6, -2)\|} = \frac{\sqrt{10}}{10} \text{ unité.}$$

Les droites sont des droites gauches.

4. a) $P \in D$

b) Les droites sont parallèles confondues si $D_1 /\!/ D_2$; elles sont concourantes si $D_1 \not\!/\!/ D_2$.

5. a) $D_1 \not\!/\!/ D_2$; $d(D_1, D_2) = 0$ unité

b) $D_1 /\!/ D_2$; $d(D_1, D_2) = 10\sqrt{\dfrac{5}{7}}$ unités

c) $D_1 \not\!/\!/ D_2$; $d(D_1, D_2) = \dfrac{69\sqrt{14}}{14}$ unités

d) $D_1 /\!/ D_2$; $d(D_1, D_2) = 0$ unité

6. a) Soit $P(x, y, z)$, le point cherché, $A(2, -3, 4) \in D$ et $\vec{u} = (-1, 3, 5)$.

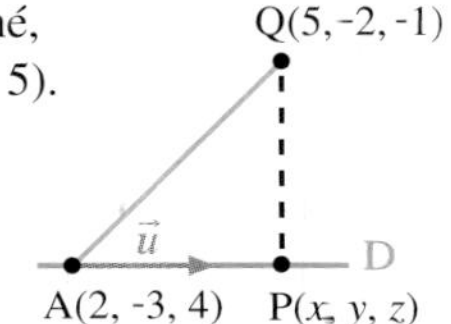

$$\overrightarrow{AP} = \overrightarrow{AQ}_{\vec{u}}$$

$$(x - 2, y + 3, z - 4) = \left(\frac{\overrightarrow{AQ} \cdot \vec{u}}{\vec{u} \cdot \vec{u}}\right)\vec{u}$$

$$= \left(\frac{(3, 1, -5) \cdot (-1, 3, 5)}{(-1, 3, 5) \cdot (-1, 3, 5)}\right)(-1, 3, 5)$$

$$= \left(\frac{5}{7}, \frac{-15}{7}, \frac{-25}{7}\right)$$

d'où $P\left(\frac{19}{7}, \frac{-36}{7}, \frac{3}{7}\right)$

b) Soit $P(x, y, z)$, le point cherché, $A(1, 2, 3) \in D$ et $\vec{u} = (1, 1, 1)$.

$$(x - 1, y - 2, z - 3) = \left(\frac{(-1, -2, -3) \cdot (1, 1, 1)}{(1, 1, 1) \cdot (1, 1, 1)}\right)(1, 1, 1)$$

$$= (-2, -2, -2)$$

d'où $P(-1, 0, 1)$

7. a) Soit $\vec{u} = (1, 0, 0)$, $S(-2, 4, 5) \in D$ et $P(x, y, z)$ tel que $d(P, D) = 5$.

Ainsi, $\frac{\|\overrightarrow{SP} \times \vec{u}\|}{\|\vec{u}\|} = 5$. D'où $(y - 4)^2 + (z - 5)^2 = 25$.

b) Cette équation représente un cylindre circulaire droit dont l'axe est la droite D et dont le rayon est égal à 5 unités.

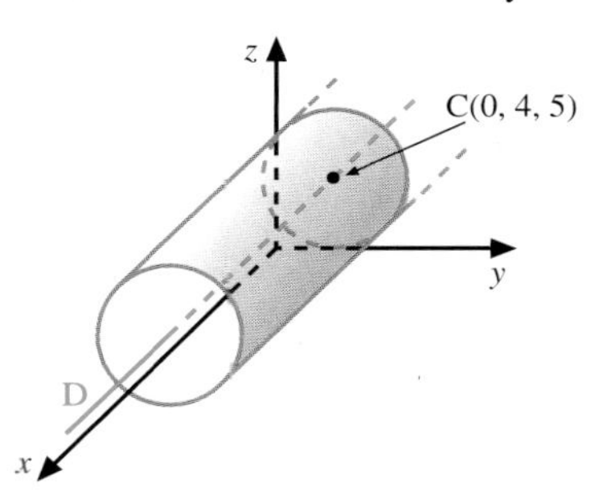

c) Intersection avec XOY :

En posant $z = 0$, nous obtenons $(y - 4)^2 = 0$.

D'où $y = 4$. L'intersection est la droite D définie par D: $\{(x, y, z) \in \mathbb{R}^3 \mid y = 4 \text{ et } z = 0\}$.

Intersection avec XOZ :

En posant $y = 0$, nous obtenons $(z - 5)^2 = 9$.

D'où $z = 2$ ou $z = 8$. L'intersection est $D_1 \cup D_2$, où D_1: $\{(x, y, z) \in \mathbb{R}^3 \mid y = 0 \text{ et } z = 2\}$ et D_2: $\{(x, y, z) \in \mathbb{R}^3 \mid y = 0 \text{ et } z = 8\}$.

Intersection avec YOZ :

L'intersection est un cercle C de rayon 5, de centre T(0, 4, 5), défini par

$C = \{(x, y, z) \in \mathbb{R}^3 \mid x = 0 \text{ et } (y - 4)^2 + (z - 5)^2 = 25\}$.

d) Intersection avec l'axe des x :

En posant $y = 0$ et $z = 0$, nous obtenons $16 = 0$.

D'où il n'y a aucune intersection.

Intersection avec l'axe des y : le point A(0, 4, 0)

Intersection avec l'axe des z : les points B(0, 0, 2) et D(0, 0, 8)

8. a) Soit $P_1(1 - t, -2 + 3t, 3 - 2t)$, un point de D_1, $P_2(3 + 2s, -s, -1 + 4s)$, un point de D_2, $\vec{u_1} = (-1, 3, -2)$, un vecteur directeur de D_1 et $\vec{u_2} = (2, -1, 4)$, un vecteur directeur de D_2.

De $\overrightarrow{P_1P_2} \cdot \vec{u_1} = 0$ et $\overrightarrow{P_1P_2} \cdot \vec{u_2} = 0$, nous obtenons

$(2s + t + 2, -s - 3t + 2, 4s + 2t - 4) \cdot (-1, 3, -2) = 0$

$(2s + t + 2, -s - 3t + 2, 4s + 2t - 4) \cdot (2, -1, 4) = 0$

c'est-à-dire $\begin{cases} 13s + 14t = 12 \\ 21s + 13t = 14 \end{cases}$

En résolvant, nous trouvons $s = \frac{8}{25}$ et $t = \frac{14}{25}$.

D'où $P_1\left(\frac{11}{25}, \frac{-8}{25}, \frac{47}{25}\right)$ et $P_2\left(\frac{91}{25}, \frac{-8}{25}, \frac{7}{25}\right)$

b) $d(P_1, P_2) = \sqrt{12{,}8}$ unités et $d(D_1, D_2) = \sqrt{12{,}8}$ unités

D'où $d(P_1, P_2) = d(D_1, D_2)$

Exercices récapitulatifs (page 366)

3. a) D: $\begin{cases} x = 2 + t \\ y = 3 - 4t \\ z = -4 + 11t \end{cases}$, où $t \in \mathbb{R}$

4. a) Pour les équations suivantes, $t \in \mathbb{R}$.

D_1 : É.V. $(x, y, z) = (3, 2, -7) + t(1, -2, 7)$

É.P. $\begin{cases} x = 3 + t \\ y = 2 - 2t \\ z = -7 + 7t \end{cases}$

É.S. $x - 3 = \frac{y - 2}{-2} = \frac{z + 7}{7}$

D_2 : É.V. $(x, y, z) = (4, 0, 2) + t(1, 1, 0)$

É.P. $\begin{cases} x = 4 + t \\ y = t \\ z = 2 \end{cases}$

É.S. Non définies

Forme ensembliste
$\{(x, y, z) \in \mathbb{R}^3 \mid x - y - 4 = 0 \text{ et } z = 2\}$

D_3 : É.V. $(x, y, z) = (4, -3, 1) + t(1, 4, 1)$

É.P. $\begin{cases} x = 4 + t \\ y = -3 + 4t \\ z = 1 + t \end{cases}$

É.S. $x - 4 = \frac{y + 3}{4} = z - 1$

D_4 : É.V. $(x, y, z) = (2, 4, -14) + t(1, -2, 7)$

É.P. $\begin{cases} x = 2 + t \\ y = 4 - 2t \\ z = -14 + 7t \end{cases}$

É.S. $x - 2 = \frac{y - 4}{-2} = \frac{z + 14}{7}$

D_5 : É.V. $(x, y, z) = (-4, 5, 3) + t(0, 1, 0)$

É.P. $\begin{cases} x = -4 \\ y = 5 + t \\ z = 3 \end{cases}$

É.S. Non définies

Forme ensembliste

$\{(x, y, z) \in \mathbb{R}^3 \mid x = -4 \text{ et } z = 3\}$

d) D_1 et D_4 sont parallèles confondues ;

D_1 et D_2 sont des droites gauches ;

D_2 et D_3 sont des droites concourantes : P(5, 1, 2).

e) $d(D_1, D_2) = \dfrac{6\sqrt{107}}{107}$ unité ; $d(D_2, D_3) = 0$ unité ;

$d(D_2, D_5) = 1$ unité

f) 0° ; 45°

h) $\alpha_1 \approx 82{,}2°$, $\beta_1 \approx 105{,}8°$ et $\gamma_1 \approx 17{,}7°$

$\alpha_2 = 45°$, $\beta_2 = 45°$ et $\gamma_2 = 90°$

$\alpha_5 = 90°$, $\beta_5 = 0°$ et $\gamma_5 = 90°$

i) $d(P, D_1) = \sqrt{\dfrac{1883}{54}}$ unités ; $d(P, D_3) = 0$ unité

5. a)

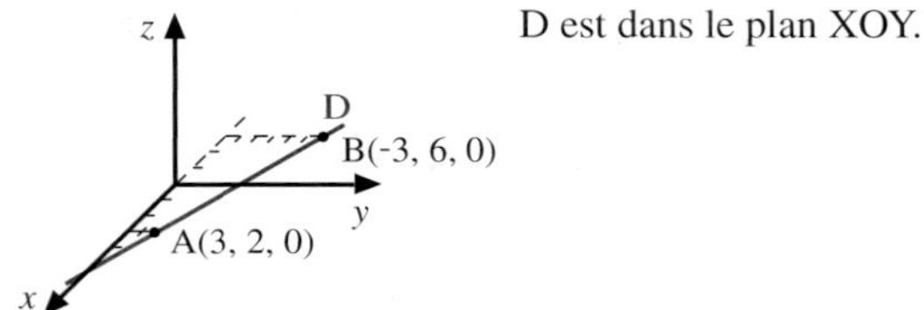

D est dans le plan XOY.

b) $D : \left\{(x, y, z) \in \mathbb{R}^3 \;\middle|\; y = \dfrac{-2}{3}x + 4 \text{ et } z = 0\right\}$

6. a)

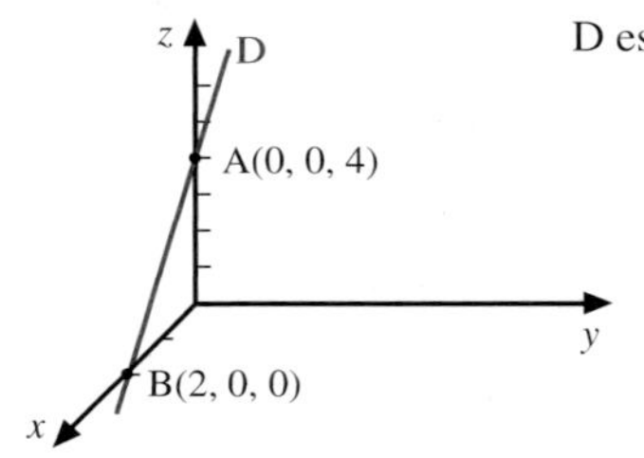

D est dans le plan XOZ.

b)

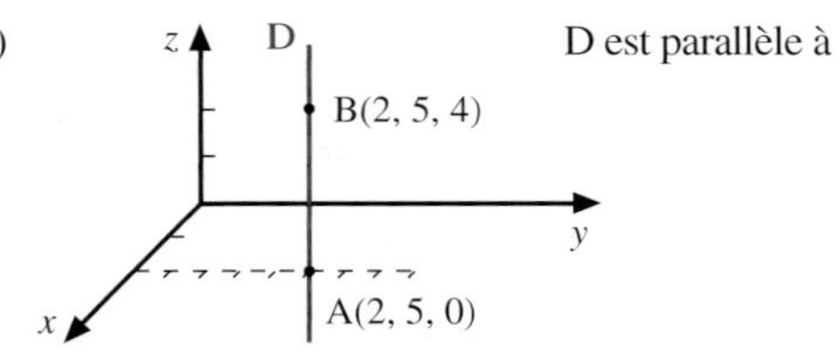

D est parallèle à l'axe des z.

8. a) $P_2(0, 5, 1)$ b) $P_1\left(\dfrac{-1}{11}, \dfrac{58}{11}, \dfrac{21}{11}\right)$

c) $d(A, D_2) = 1$ unité ; $d(P_2, D_1) = \sqrt{\dfrac{10}{11}}$ unité ;

$d(D_1, D_2) = \dfrac{1}{\sqrt{2}}$ unité

9. $x - 2y - z - 2 = 0$

10. $D_1 : (x, y, z) = 6\vec{i} - \vec{j} + 12\vec{k} + t(1, 2, 3)$, où $t \in \mathbb{R}$

11. a) i) 10 cm ii) $\dfrac{5\sqrt{6}}{3}$ cm

iii) $\dfrac{5\sqrt{6}}{3}$ cm iv) $\dfrac{10\sqrt{3}}{3}$ cm

13. a) $D_1 : (x, y, z) = (-3, 2, 5) + t\left(\dfrac{1}{2}, \dfrac{1}{2}, \dfrac{1}{\sqrt{2}}\right)$, où $t \in \mathbb{R}$

14. a) $x = y = z$

c) $\dfrac{\sqrt{2}}{\sqrt{3}}$ unité ; $\dfrac{\sqrt{2}}{\sqrt{3}}$ unité ; 0 unité

16. a) $a = 9t$, $b = \dfrac{-4}{t}$ et $c = \dfrac{-1}{t^2}$, où $t \in \mathbb{R} \setminus \{0\}$

b) $d \in \mathbb{R} \setminus \{1\}$

17. a) $a = 40$ b) P(-29, 18, 47)

18. c) $a = -8$; $P\left(\dfrac{-23}{11}, \dfrac{16}{11}, \dfrac{-62}{11}\right)$

Problèmes de synthèse (page 368)

1. a) Un point de $\mathbb{R}$ c) Un point de $\mathbb{R}^2$

e) Une droite de $\mathbb{R}^2$

2. a) A(5, 3, 1), B(-3, 2, 4) et C(12, 3, 6)

d) Aire $= \dfrac{\sqrt{3795}}{2}$ unités²

f) $D_a : (x, y, z) = (5, 3, 1) + r(1, 1, -8)$, où $r \in \mathbb{R}$

3. a) A(1, 0, 0), B(0, 1, 0) et C(0, 0, 1)

d) $\dfrac{\sqrt{3}}{2}$ unité² e) $\dfrac{1}{6}$ unité³

4. a) i) A(2, 4, 0) ii) B(-4, 6, 0)

iii) C(5, -2, 0) iv) E(-1, 2, 3)

b) 15 unités³

6. a) $D_3 : (x, y, z) = (-4, 3, 10) + t(1, -1, 1)$, où $t \in \mathbb{R}$

8. $\alpha \approx 64{,}9°$ ou $\alpha \approx 33{,}5°$

9. a) $r = \dfrac{-(ax_1 + by_1 + cz_1)}{a^2 + b^2 + c^2}$ b) $r = \dfrac{4}{7}$

c) $P\left(\dfrac{3}{7}, \dfrac{6}{7}, \dfrac{9}{7}\right)$

10. b) i) $d(D_2, D_3) = 12$ m ii) $d(D_1, D_3) = \dfrac{18}{7}$ m

iii) $d(D_1, D_4) = \dfrac{36\sqrt{217}}{217}$ m iv) $d(D_3, D_4) = \dfrac{36}{13}$ m

11. $\dfrac{\sqrt{14}}{2}$ unités²

12. a) $\vec{u} = (2 - 2t, -1 + t, 1 + 2t)$, où $t \in \mathbb{R}$

b) $\sqrt{(7 - t)^2 + (13 - 4t)^2 + (-1 + t)^2}$, où $t \in \mathbb{R}$

13. P(3, -4, 2) et Q(6, -8, 4)

14. Distance maximale = 21,557... unités;

distance minimale = 2,442... unités

16. b) $\dfrac{12\sqrt{17}}{7}$ unités

CHAPITRE 10

Exercices préliminaires (page 372)

1. a) $(x - 5)^2 + (y + 3)^2 + (z - 4)^2 = 50$

b) $x^2 + (y - 1)^2 + (z + 4)^2 = 0$

2.

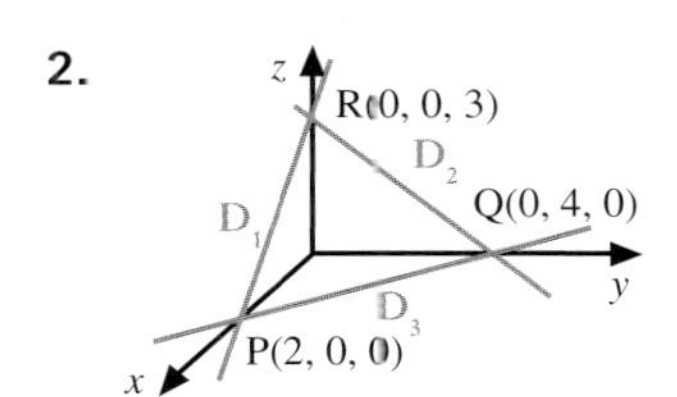

3. a) $\overrightarrow{PQ} \cdot \overrightarrow{PR} = (-2, 5, -5) \cdot (1, -2, -8) = 28$

b) $\overrightarrow{QP} \times \overrightarrow{QR} = (2, -5, 5) \times (3, -7, -3) = (50, 21, 1)$

c) $\overrightarrow{PR} \times \overrightarrow{PQ} = (1, -2, -8) \times (-2, 5, -5) = (50, 21, 1)$

d'où $\vec{u} = \left(\dfrac{50}{\sqrt{2942}}, \dfrac{21}{\sqrt{2942}}, \dfrac{1}{\sqrt{2942}}\right)$

d) $\angle PQR \approx 64{,}4°$

e) $A = \dfrac{\sqrt{2942}}{2}$ unités²

4. a) $\vec{u}_{\vec{v}} = \left(\dfrac{3}{7}, \dfrac{-3}{14}, \dfrac{-9}{14}\right)$ b) $\|\vec{u}_{\vec{v}}\| = \dfrac{\sqrt{126}}{14}$

c) $(\vec{u} \times \vec{v}) \cdot \vec{w} = -37$

5. ... $d(P, D) = \dfrac{|\overrightarrow{PR} \cdot \vec{n}|}{\|\vec{n}\|}$

Exercices 10.1 (page 383)

1. a) F b) V c) F d) V

e) V f) F g) F h) V

2. a) $(x, y, z) = (3, 0, 7) + k_1(1, 4, -2) + k_2(3, 1, 4)$, où k_1 et $k_2 \in \mathbb{R}$

b) $\overrightarrow{u_1} = \overrightarrow{PQ} = (-3, 2, -4)$ et $\overrightarrow{u_2} = \overrightarrow{PR} = (-6, 4, 3)$

donc, $(x, y, z) = (6, -2, 0) + k_1(-3, 2, -4) + k_2(-6, 4, 3)$, où k_1 et $k_2 \in \mathbb{R}$

c) $(x, y, z) = (0, 0, 0) + k_1(1, 0, 0) + k_2(0, 1, 0)$, où k_1 et $k_2 \in \mathbb{R}$

3. a) $\begin{cases} x = -7 + 3k_1 - 5k_2 \\ y = 1 - 2k_1 - 3k_2 \\ z = 2 + k_1 - 7k_2 \end{cases}$, où k_1 et $k_2 \in \mathbb{R}$

b) $\overrightarrow{u_1} = \overrightarrow{PQ} = (2, 0, 8)$ et $\overrightarrow{u_2} = \overrightarrow{PR} = (5, 3, 0)$. Donc,

$\begin{cases} x = 2k_1 + 5k_2 \\ y = 4 + 3k_2 \\ z = -9 + 8k_1 \end{cases}$, où k_1 et $k_2 \in \mathbb{R}$

c) $\overrightarrow{u_1} = (1, 0, 1)$ et $\overrightarrow{u_2} = (0, 1, -1)$. Donc,

$\begin{cases} x = k_1 \\ y = k_2 \\ z = k_1 - k_2 \end{cases}$, où k_1 et $k_2 \in \mathbb{R}$

d) $\overrightarrow{u_1} = (-7, 3, 0)$ et $\overrightarrow{u_2} = \overrightarrow{PQ} = (-3, -1, -3)$, où $Q(1, -3, 2) \in D$.

Donc, $\begin{cases} x = 4 - 7k_1 - 3k_2 \\ y = -2 + 3k_1 - k_2 \\ z = 5 - 3k_2 \end{cases}$, où k_1 et $k_2 \in \mathbb{R}$

4. Dans les équations paramétriques

$\begin{cases} x = 3 + s + 4t \\ y = 1 - 2s - 3t \\ z = -4 + 5s + t \end{cases}$, où s et $t \in \mathbb{R}$,

nous remplaçons x, y et z par les composantes du point donné et nous déterminons s'il existe une solution au système.

a) Aucune solution. D'où $P \notin \pi$.

b) $s = -2$ et $t = 3$. D'où $Q \in \pi$.

c) Aucune solution. D'où $O \notin \pi$.

5. a) $2x - 4y + 5z + 15 = 0$

b) $\vec{n} = (-1, 2, -2)$. Donc, $-x + 2y - 2z - 15 = 0$.

c) $\vec{n} = (2, 5, -3)$. Donc, $2x + 5y - 3z = 0$.

d) $\vec{n} = (5, 6, -2) \times (0, 1, -3) = (-16, 15, 5)$.

Donc, $-16x + 15y + 5z + 105 = 0$.

e) Soit $\vec{n} = \overrightarrow{PQ} \times \overrightarrow{PR} = (8, -6, 2)$.

Donc, $4x - 3y + z + 7 = 0$.

f) Soit $R(3, -2, 0) \in D$ et soit $\overrightarrow{u_1} = (1, 5, -4)$ et $\overrightarrow{u_2} = \overrightarrow{PR} = (3, -6, -5)$, deux vecteurs directeurs de π.

Soit $\vec{n} = \overrightarrow{u_1} \times \overrightarrow{u_2} = (-49, -7, -21)$.

Donc, $7x + y + 3z - 19 = 0$.

g) Soit $\vec{u_1} = (5, 6, -1)$ et soit $P_1(2, -5, 0) \in D_1$, $P_2(4, 3, -2) \in D_2$ et $\vec{u_2} = \overrightarrow{P_1P_2} = (2, 8, -2)$.

Soit $\vec{n} = \vec{u_1} \times \vec{u_2} = (-4, 8, 28)$.

Donc, $x - 2y - 7z - 12 = 0$.

6. a) π_{YOZ}: $\{(x, y, z) \in \mathbb{R}^3 \mid x = 0\}$

b) $\{(x, y, z) \in \mathbb{R}^3 \mid x = 4\}$

c) Soit $\vec{n} = \overrightarrow{PQ} \times \overrightarrow{PR} = (20, 15, 0)$.

Donc, $\{(x, y, z) \in \mathbb{R}^3 \mid 4x + 3y - 12 = 0\}$.

7. a) É.N.: $\dfrac{2}{\sqrt{45}}x - \dfrac{4}{\sqrt{45}}y + \dfrac{5}{\sqrt{45}}z + \dfrac{15}{\sqrt{45}} = 0$

É.R.: $\dfrac{x}{\frac{-15}{2}} + \dfrac{y}{\frac{15}{4}} + \dfrac{z}{-3} = 1$

b) Soit $\vec{n} = (-2, 1, 4) \times (1, -2, 3) = (11, 10, 3)$.

É.N.: $\dfrac{11}{\sqrt{230}}x + \dfrac{10}{\sqrt{230}}y + \dfrac{3}{\sqrt{230}}z - \dfrac{21}{\sqrt{230}} = 0$

É.R.: $\dfrac{x}{\frac{21}{11}} + \dfrac{y}{\frac{21}{10}} + \dfrac{z}{7} = 1$

c) Soit $\vec{n} = \overrightarrow{OP} \times \overrightarrow{OR} = (1, -2, -2)$.

É.N.: $\dfrac{1}{3}x - \dfrac{2}{3}y - \dfrac{2}{3}z = 0$

Il n'y a pas d'équation réduite.

8. Soit $\vec{u_1} = \vec{i}$ et $\vec{u_2} = \vec{k}$, deux vecteurs directeurs du plan.

Soit $\vec{n} = \vec{j}$, un vecteur normal au plan, et O(0, 0, 0), un point du plan.

a) $(x, y, z) = k_1(1, 0, 0) + k_2(0, 0, 1)$, où $k_1, k_2 \in \mathbb{R}$

b) $\begin{cases} x = k_1 \\ y = 0 \\ z = k_2 \end{cases}$, où $k_1, k_2 \in \mathbb{R}$

c) $y = 0$

d) $\{(x, y, z) \in \mathbb{R}^3 \mid y = 0\}$

e) $y = 0$

f) $P(a, 0, b)$, où a et $b \in \mathbb{R}$

9. a) $\vec{n} = (3, -2, 4)$ et $\vec{N} = \left(\dfrac{3}{\sqrt{29}}, \dfrac{-2}{\sqrt{29}}, \dfrac{4}{\sqrt{29}}\right)$

b) Il suffit de trouver deux vecteurs $\vec{u_1}$ et $\vec{u_2}$ tels que $\vec{u_1} \cdot \vec{n} = 0$ et $\vec{u_2} \cdot \vec{n} = 0$. Par exemple, $\vec{u_1} = (0, 2, 1)$ et $\vec{u_2} = (4, 2, -2)$.

c) Il suffit de résoudre $3x - 2(-5) + 4(3) - 1 = 0$.

D'où $x = -7$.

d) De $3(3) - 2(-2) + 4z - 1 = 0$, nous obtenons $z = -3$.

e) Puisque $3(3) - 2(8) + 4(2) - 1 = 0$, $R \in \pi$, et puisque $3(3) - 2(2) + 4(1) - 1 \neq 0$, $S \notin \pi$.

f) Pour déterminer l'intersection de π avec l'axe des x, il suffit de poser $y = 0$ et $z = 0$ dans l'équation de π et de résoudre l'équation $3x - 1 = 0$. Ainsi, $x = \dfrac{1}{3}$.

D'où $P_x\left(\dfrac{1}{3}, 0, 0\right)$.

De façon analogue, $P_y\left(0, \dfrac{-1}{2}, 0\right)$ et $P_z\left(0, 0, \dfrac{1}{4}\right)$.

10. a) Soit $\vec{u_1} = \overrightarrow{PQ} = (-4, 5, 0)$ et $\vec{u_2} = \overrightarrow{PR} = (-4, 0, 3)$.

Soit $\vec{n} = \vec{u_1} \times \vec{u_2} = (15, 12, 20)$.

É.V.: $(x, y, z) = (4, 0, 0) + k_1(-4, 5, 0) + k_2(-4, 0, 3)$, où k_1 et $k_2 \in \mathbb{R}$.

É.P.: $\begin{cases} x = 4 - 4k_1 - 4k_2 \\ y = 5k_1 \\ z = 3k_2 \end{cases}$, où $k_1, k_2 \in \mathbb{R}$

É.C.: $15x + 12y + 20z - 60 = 0$

É.N.: $\dfrac{15}{\sqrt{769}}x + \dfrac{12}{\sqrt{769}}y + \dfrac{20}{\sqrt{769}}z - \dfrac{60}{\sqrt{769}} = 0$

É.R.: $\dfrac{x}{4} + \dfrac{y}{5} + \dfrac{z}{3} = 1$

b)

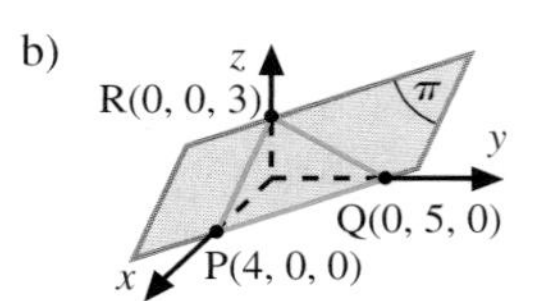

11. $\begin{vmatrix} x - 4 & y + 2 & z - 7 \\ 1 & -3 & 0 \\ -3 & 2 & 1 \end{vmatrix} = 0$

d'où $3x + y + 7z - 59 = 0$

12. a) Soit $\vec{u_1} = \overrightarrow{PQ} = (-3, -2, 5)$ et $\vec{u_2} = \overrightarrow{PR} = (-2, -1, 3)$.

$\begin{vmatrix} x - 3 & y & z + 1 \\ -3 & -2 & 5 \\ -2 & -1 & 3 \end{vmatrix} = 0$

d'où $x + y + z - 2 = 0$

b) $\vec{n} = (1, 1, 1)$ et $\vec{N} = \left(\dfrac{1}{\sqrt{3}}, \dfrac{1}{\sqrt{3}}, \dfrac{1}{\sqrt{3}}\right)$

c) $\dfrac{1}{\sqrt{3}}x + \dfrac{1}{\sqrt{3}}y + \dfrac{1}{\sqrt{3}}z - \dfrac{2}{\sqrt{3}} = 0$

d) $\dfrac{x}{2} + \dfrac{y}{2} + \dfrac{z}{2} = 1$

e) $P_x(2, 0, 0)$, $P_y(0, 2, 0)$ et $P_z(0, 0, 2)$

f)

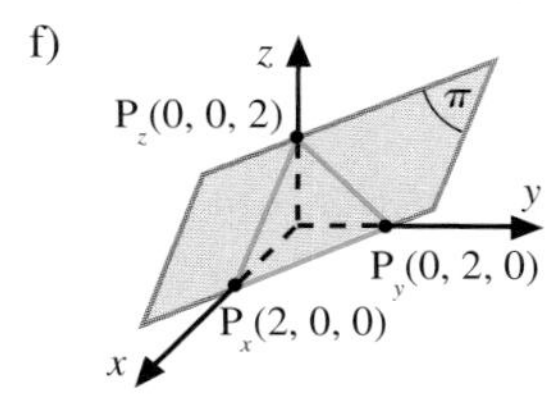

13. Une équation cartésienne du plan passant par

a) P, Q et R est $\pi: 3x - y + 2z - 5 = 0$ et $S(0, 3, 4) \in \pi$, car $3(0) - 3 + 2(4) - 5 = 0$.

D'où les points P, Q, R et S sont coplanaires.

b) P, Q et R est $\pi: x + 2y - z - 2 = 0$ et $S(-2, 1, -3) \notin \pi$, car $-2 + 2 - (-3) - 2 \neq 0$.

D'où les points P, Q, R et S ne sont pas coplanaires.

Exercices 10.2 (page 392)

1. a) V b) V c) F d) V

e) F f) V g) V h) F

2. a) Soit $\overrightarrow{n_1} = (3, -1, 4)$ et $\overrightarrow{n_2} = (-1, 4, -3)$.
Puisque $\overrightarrow{n_1} \neq k\overrightarrow{n_2}$, $\pi_1 \not\parallel \pi_2$.

D'où les plans sont sécants.

b) Soit $\overrightarrow{n_1} = (0, 5, 3) \times (1, 4, 2) = (-2, 3, -5)$ et $\overrightarrow{n_2} = (2, -3, 5)$.

Puisque $\overrightarrow{n_1} = -\overrightarrow{n_2}$, $\pi_1 \parallel \pi_2$.

Soit $P_1(4, 0, 1) \in \pi_1$.

Puisque $2(4) - 3(0) + 5(1) - 13 = 0$, $P_1 \in \pi_2$.

D'où les plans sont parallèles confondus.

c) Soit $\overrightarrow{n_1} = (-2, 4, 5) \times (3, 1, 3) = (7, 21, -14)$ et $\overrightarrow{n_2} = \overrightarrow{AB} \times \overrightarrow{AC} = (-13, 5, 1) \times (-1, 3, 4) = (17, 51, -34)$.

Puisque $\overrightarrow{n_1} = \dfrac{7}{17}\overrightarrow{n_2}$, $\pi_1 \parallel \pi_2$.

Soit $A(4, -1, 2) \in \pi_2$. Le système

$$\begin{cases} 4 = 3 - 2k_1 + 3k_2 \\ -1 = -2 + 4k_1 + k_2 \\ 2 = 1 + 5k_1 + 3k_2 \end{cases}$$ n'a aucune solution.

D'où les plans sont parallèles distincts.

3. a) Puisque $\overrightarrow{n_1} \neq k\overrightarrow{n_2}$, les plans sont sécants.

La droite D est définie par

$$D: \begin{cases} 3x + 2y - z = 1 \\ x - 2y + 4z = -1 \end{cases}$$

Ainsi, $\left[\begin{array}{ccc:c} 3 & 2 & -1 & 1 \\ 1 & -2 & 4 & -1 \end{array}\right] \sim \left[\begin{array}{ccc:c} 3 & 2 & -1 & 1 \\ 0 & 8 & -13 & 4 \end{array}\right]$

En posant $z = t$, nous trouvons

$$y = \frac{1}{2} + \frac{13}{8}t \quad \text{et} \quad x = \frac{-3}{4}t$$

$$\text{d'où } D: \begin{cases} x = \dfrac{-3}{4}t \\ y = \dfrac{1}{2} + \dfrac{13}{8}t \\ z = t \end{cases}, \text{ où } t \in \mathbb{R}$$

b) Soit $\overrightarrow{n_2} = \overrightarrow{AB} \times \overrightarrow{AC} = (5, 9, 3)$.

Puisque $\overrightarrow{n_1} \neq k\overrightarrow{n_2}$, les plans sont sécants.

Sous forme cartésienne, nous avons

$\pi_2: 5x + 9y + 3z - 17 = 0$

La droite est définie par $D: \begin{cases} 5x + 9y + 3z = 17 \\ 7x + 15y + 7z = 7 \end{cases}$

Déterminons deux points particuliers P_1 et P_2 de D.
En posant $y = 0$, nous obtenons le système

$$\begin{cases} 5x + 3z = 17 \\ 7x + 7z = 7 \end{cases}$$

En résolvant, nous obtenons $x = 7$ et $z = -6$.

Ainsi, $P_1(7, 0, -6) \in D$.

En posant $z = 0$, nous obtenons le système

$$\begin{cases} 5x + 9y = 17 \\ 7x + 15y = 7 \end{cases}$$

En résolvant, nous obtenons $x = 16$ et $y = -7$.

Ainsi, $P_2(16, -7, 0) \in D$.

Soit $\vec{v} = \overrightarrow{P_1P_2} = (9, -7, 6)$, un vecteur directeur de D.

$$\text{D'où } D: \begin{cases} x = 7 + 9t \\ y = -7t \\ z = -6 + 6t \end{cases}, \text{ où } t \in \mathbb{R}$$

c) Soit $\overrightarrow{n_2} = (1, -2, 0) \times (0, 7, 2) = (-4, -2, 7)$.

Puisque $\overrightarrow{n_1} = -2\overrightarrow{n_2}$, $\pi_1 \parallel \pi_2$. Il n'y a aucune droite d'intersection, car les plans sont distincts.

4. Par définition, un des angles θ formés par deux plans π_1 et π_2 est égal à l'angle θ formé par $\overrightarrow{n_1}$ et $\overrightarrow{n_2}$.

a) Soit $\overrightarrow{n_1} = (3, -1, -2)$ et $\overrightarrow{n_2} = (1, 2, 5)$.

$$\cos\theta = \frac{(3, -1, -2) \cdot (1, 2, 5)}{\sqrt{14}\sqrt{30}} = \frac{-9}{\sqrt{420}}.$$

D'où $\theta \approx 116°$.

b) Soit $\overrightarrow{n_1} = (12, -9, 6)$ et $\overrightarrow{n_2} = (4, -3, 2)$. D'où $\theta = 0°$.

c) Soit $\overrightarrow{n_1} = (2, -1, 5)$ et $\overrightarrow{n_2} = (3, -4, -2)$. D'où $\theta = 90°$.

d) $\theta = 90°$

e) $\theta = 0°$

5. a) Il faut que $\overrightarrow{n_1} \cdot \overrightarrow{n_2} = 0$, c'est-à-dire $(a, 2, 4) \cdot (3, -4, -8) = 0$

$$3a + 2(-4) + 4(-8) = 0$$

D'où $a = \dfrac{40}{3}$ et $b \in \mathbb{R}$

b) Il faut que $\overrightarrow{n_1} = k\overrightarrow{n_2}$, c'est-à-dire $(a, 2, 4) = k(3, -4, -8)$.

$$= (3k, -4k, -8k)$$

Ainsi, $a = 3k$, $2 = -4k$ et $4 = -8k$. Donc, $k = \dfrac{-1}{2}$.

D'où $a = \dfrac{-3}{2}$

Ainsi, $\pi_1: \dfrac{-3}{2}x + 2y + 4z - 1 = 0$

Si $P_1(2, 0, 1) \in \pi_1$, alors $3(2) - 4(0) - 8(1) + b = 0$

D'où $b = 2$

c) $a = \dfrac{-3}{2}$ et $b \in \mathbb{R}\setminus\{2\}$

6. a) E.-S. $= \{(1 - t, 1 + t, t) \mid t \in \mathbb{R}\}$; infinité de solutions ; graphique associé : iii)

b) E.-S. $= \{(1, -2, 5)\}$; graphique associé : i)

c) E.-S. $= \varnothing$; graphique associé : ii)

7. a)

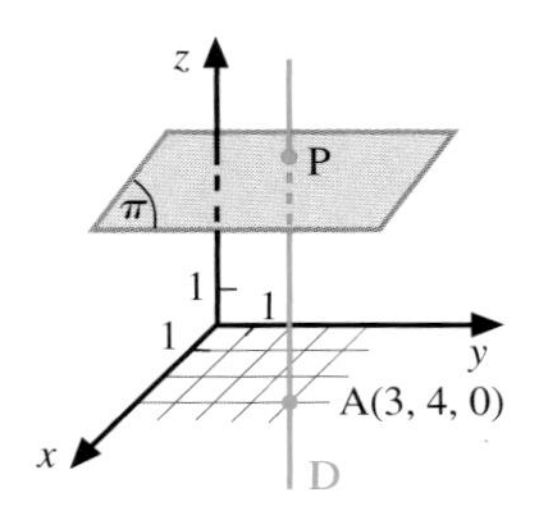

D est sécante à π ; P(3, 4, 6).

b)

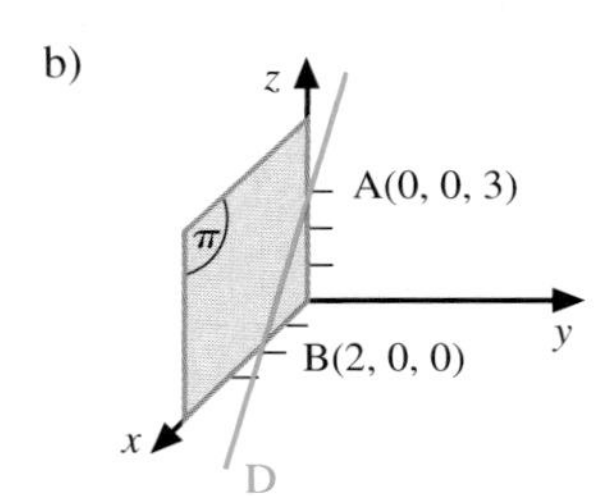

D est parallèle à π et $D \subset \pi$.

c)

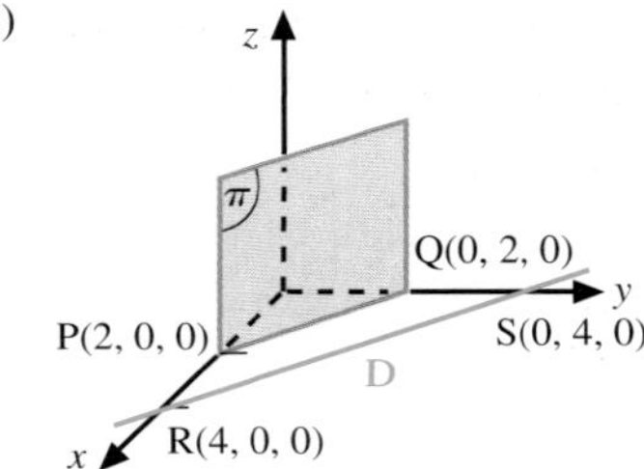

D est parallèle à π et $D \not\subset \pi$.

8. a) Soit $\vec{v} = (-4, 1, 3)$, un vecteur directeur de D, et $\vec{n} = (5, 2, 6)$, un vecteur normal à π.

Puisque $\vec{v} \cdot \vec{n} = 0$, D $/\!/$ π.

Soit P(5, -4, -2) $\in$ D.

Puisque $5(5) + 2(-4) + 6(-2) - 4 \neq 0$, P $\notin \pi$.

D'où D est parallèle au plan π et $D \not\subset \pi$.

b) Soit $\vec{v} = \overrightarrow{AB} = (-8, 5, 3)$, un vecteur directeur de D, et $\vec{n} = \overrightarrow{PQ} \times \overrightarrow{PR} = (-8, 4, -28)$, un vecteur normal à π.

Puisque $\vec{v} \cdot \vec{n} = 0$, D $/\!/$ π.

Soit A(5, -1, -1) $\in$ D.

Soit π : $2x - y + 7z - 4 = 0$.

Puisque $2(5) - (-1) + 7(-1) - 4 = 0$, A $\in \pi$.

D'où D est parallèle au plan π et $D \subset \pi$.

c) Soit $\vec{v} = (3, -4, 1)$ et $\vec{n} = (3, -1, 3)$.

Puisque $\vec{v} \cdot \vec{n} \neq 0$, D $\not\!/\!/$ π.

En remplaçant x par $(-2 + 3t)$, y par $(1 - 4t)$ et z par $(7 + t)$ dans l'équation de π, nous obtenons

$3(-2 + 3t) - (1 - 4t) + 3(7 + t) + 2 = 0$

donc, $t = -1$

d'où P(-5, 5, 6) est le point d'intersection.

d) Soit $\vec{v} = (-2, 1, 3)$ et $\vec{n} = (5, 7, -1)$.

Puisque $\vec{v} \cdot \vec{n} \neq 0$, D $\not\!/\!/$ π.

Sous forme paramétrique,

$$D : \begin{cases} x = 4 - 2t \\ y = -2 + t \\ z = -6 + 3t \end{cases}, \text{ où } t \in \mathbb{R}$$

Ainsi, $5(4 - 2t) + 7(-2 + t) - (-6 + 3t) = 0$

donc, $t = 2$

d'où O(0, 0, 0) est le point d'intersection.

9. a) Soit $\vec{v} = (-5, 4, 2)$ et $\vec{n} = (3, -4, 2)$.

$$\cos \varphi = \frac{\vec{v} \cdot \vec{n}}{\|\vec{v}\| \, \|\vec{n}\|} = \frac{-27}{\sqrt{45}\sqrt{29}}$$

donc, $\varphi \approx 138{,}4°$

ainsi, $\alpha = 180° - \varphi \approx 41{,}6°$

d'où $\theta \approx 48{,}4°$. (car $\theta = 90° - \alpha$)

b) Soit $\vec{v} = (4, 1, -2)$ et $\vec{n} = (2, 2, 5)$.

$\alpha = 90°$. D'où $\theta = 0°$.

c) Soit $\vec{v} = (2, -3, 4)$ et $\vec{n} = \overrightarrow{AB} \times \overrightarrow{AC} = (-8, 12, -16)$.

$\alpha = 0°$. D'où $\theta = 90°$.

10. Soit $\vec{v} = (a, -1, 3)$ et $\vec{n} = (12, -2, a)$.

a) $D \perp \pi \Leftrightarrow \vec{v} = k\vec{n}$

$\Leftrightarrow (a, -1, 3) = k(12, -2, a)$

$= (12k, -2k, ak)$

ainsi, $a = 12k$, $-1 = -2k$ et $3 = ak$

donc, $k = \dfrac{1}{2}$. D'où $a = 6$.

Puisque π passe par O(0, 0, 0), $d = 0$.

b) D $/\!/$ $\pi \Leftrightarrow \vec{v} \cdot \vec{n} = 0$

$\Leftrightarrow (a, -1, 3) \cdot (12, -2, a) = 0$

d'où $a = \dfrac{-2}{15}$

Puisque O(0, 0, 0) $\in$ D, O $\in \pi$. D'où $d = 0$.

c) $a = \dfrac{-2}{15}$ et $d \in \mathrm{R}\setminus\{0\}$

11. a) P(5, 0, 0), Q(0, 10, 0) et R(0, 0, 2)

b) D_1 : $\{(x, y, z) \in \mathbb{R}^3 \mid 2x + y - 10 = 0 \text{ et } z = 0\}$

D_2 : $\{(x, y, z) \in \mathbb{R}^3 \mid 2x + 5z - 10 = 0 \text{ et } y = 0\}$

D_3 : $\{(x, y, z) \in \mathbb{R}^3 \mid y + 5z - 10 = 0 \text{ et } x = 0\}$

c)

z, D_2, D_3, R(0, 0, 2), D_1, y, Q(0, 10, 0), x, P(5, 0, 0)

12 a) Soit $\vec{n_1} = (2, -1, 5)$.

Soit R(x, y, z), un point quelconque de π.

Soit $\vec{n} = \overrightarrow{PQ} \times \overrightarrow{PR}$.

Si $\pi_1 \perp \pi$, alors $\vec{n_1} \cdot \vec{n} = 0$.

$$\text{Ainsi,} \begin{vmatrix} 2 & -1 & 5 \\ -2 & 5 & -4 \\ x-4 & y+2 & z-1 \end{vmatrix} = 0$$

d'où π: $-21x - 2y + 8z + 72 = 0$

b) Si $\pi \perp \pi_2$ et $\pi \perp \pi_3$, alors $\vec{n} \perp \vec{n_2}$ et $\vec{n} \perp \vec{n_3}$.

Soit $\vec{n} = \vec{n_2} \times \vec{n_3} = (7, -14, -7)$.

D'où π: $x - 2y - z + 10 = 0$

13. a) F: $k_1(x - 2y + 4z - 1) + k_2(2x + y - 3z + 5) = 0$, où $k_1, k_2 \in \mathbb{R}$ ($k_1 \neq 0$ ou $k_2 \neq 0$)

b) π: $x - 2y + 4z - 1 = 0$, c'est-à-dire π_1

c) Si $k_1 = 0$ et $k_2 = 1$, nous obtenons π_2

d) i) Les coordonnées du point O(0, 0, 0) doivent vérifier l'équation.

$$k_1(0 - 2(0) + 4(0) - 1) + k_2(2(0) + 0 - 3(0) + 5) = 0$$
$$-k_1 + 5k_2 = 0$$

Ainsi, $k_1 = 5k_2$

En posant $k_2 = 1$, nous obtenons $k_1 = 5$.

D'où π_3: $7x - 9y + 17z = 0$

ii) Les coordonnées du point P(2, -12, 5) doivent vérifier l'équation.

$$k_1(2 - 2(-12) + 4(5) - 1) + k_2(2(2) + (-12) - 3(5) + 5) = 0$$
$$45k_1 - 18k_2 = 0$$

Ainsi, $k_2 = \dfrac{5k_1}{2}$

En posant $k_1 = 2$, nous obtenons $k_2 = 5$.

D'où π_4: $12x + y - 7z + 23 = 0$

iii) π_5: $k_1(x - 2y + 4z - 1) + k_2(2x + y - 3z + 5) = 0$

π_5: $(k_1 + 2k_2)x + (-2k_1 + k_2)y + (4k_1 - 3k_2)z - k_1 + 5k_2 = 0$

Soit $\vec{n_5} = (k_1 + 2k_2, -2k_1 + k_2, 4k_1 - 3k_2)$ et $\vec{n} = (0, 0, 1)$, un vecteur normal au plan XOY.

Puisque $\vec{n} \perp \vec{n_5}$, $\quad \vec{n} \cdot \vec{n_5} = 0$.

$$(0, 0, 1) \cdot (k_1 + 2k_2, -2k_1 + k_2, 4k_1 - 3k_2) = 0$$
$$4k_1 - 3k_2 = 0$$

Ainsi, $k_1 = \dfrac{3k_2}{4}$

En posant $k_2 = 4$, nous obtenons $k_1 = 3$.

D'où π_5: $11x - 2y + 17 = 0$

iv) Soit $\vec{n_6} = (k_1 + 2k_2, -2k_1 + k_2, 4k_1 - 3k_2)$ et $\vec{n_1} = (1, -2, 4)$.

Puisque $\vec{n_1} \perp \vec{n_6}$, $\quad \vec{n_1} \cdot \vec{n_6} = 0$.

$$(1, -2, 4) \cdot (k_1 + 2k_2, -2k_1 + k_2, 4k_1 - 3k_2) = 0$$
$$21k_1 - 12k_2 = 0$$

Ainsi, $k_1 = \dfrac{4k_2}{7}$

En posant $k_2 = 7$, nous obtenons $k_1 = 4$.

D'où π_6: $18x - y - 5z + 31 = 0$

e) Soit $\vec{n_7} = (k_1 + 2k_2, -2k_1 + k_2, 4k_1 - 3k_2)$.

Puisque $\pi_7 \perp$ axe des y, $\vec{n_7} /\!/$ axe des y.

Posons $\vec{n_7} = (0, 1, 0)$.

$$\text{Nous obtenons} \begin{cases} k_1 + 2k_2 = 0 \\ -2k_1 + k_2 = 1 \\ 4k_1 - 3k_2 = 0 \end{cases}$$

Puisque ce système est incompatible, aucun plan du faisceau n'est perpendiculaire à l'axe des y.

f) Soit le système d'équations

$$\begin{cases} k_1 + 2k_2 = 7 \\ -2k_1 + k_2 = 11 \\ 4k_1 - 3k_2 = -27 \\ -k_1 + 5k_2 = 28 \end{cases}$$

$$\text{Ainsi,} \left[\begin{array}{cc|c} 1 & 2 & 7 \\ -2 & 1 & 11 \\ 4 & -3 & -27 \\ -1 & 5 & 28 \end{array}\right] \sim \left[\begin{array}{cc|c} 1 & 2 & 7 \\ 0 & 5 & 25 \\ 0 & -11 & -55 \\ 0 & 7 & 35 \end{array}\right] \sim \left[\begin{array}{cc|c} 1 & 2 & 7 \\ 0 & 1 & 5 \\ 0 & 0 & 0 \\ 0 & 0 & 0 \end{array}\right]$$

Donc, $k_2 = 5$ et $k_1 = -3$.

D'où π_8 est un plan du faisceau F.

Exercices 10.3 (page 402)

1. a) $d(P, \pi) = \dfrac{|2(7) - (-1) + 4(7) - 1|}{\sqrt{21}} = \dfrac{42}{\sqrt{21}}$ unités ; $P \notin \pi$

b) $d(P, \pi) = \dfrac{|3(-1) + 6(5) - 2(18) + 9|}{\sqrt{49}} = 0$ unité ; $P \in \pi$

c) $d(P, \pi) = \dfrac{|-2|}{\sqrt{121}} = \dfrac{2}{11}$ unité ; $P \notin \pi$

d) Soit R(1, 2, -5) et $\vec{n} = (-1, 3, 7) \times (0, 3, 5) = (-6, 5, -3)$.

$$d(\mathrm{P}, \pi) = \frac{|\overrightarrow{\mathrm{PR}} \cdot \vec{n}|}{\|\vec{n}\|} = \frac{|(-2, 4, -12) \cdot (-6, 5, -3)|}{\sqrt{70}} = \frac{68}{\sqrt{70}} \text{ unités ; } \mathrm{P} \notin \pi$$

e) Soit R(2, 5, 6) et $\vec{n} = \overrightarrow{\mathrm{AB}} \times \overrightarrow{\mathrm{AC}} = (-3, -3, 3)$

$$d(\mathrm{P}, \pi) = \frac{|\overrightarrow{\mathrm{PR}} \cdot \vec{n}|}{\|\vec{n}\|} = \frac{|(-1, 2, 1) \cdot (-3, -3, 3)|}{\sqrt{27}} = 0 \text{ unité ; } \mathrm{P} \in \pi$$

f) $d(\mathrm{P}, \pi) = \dfrac{|(-4) + 0(2) + 0(5) - 3|}{1} = 7$ unités ; $\mathrm{P} \notin \pi$

g) Soit R(0, 0, 0) et $\vec{n} = (0, 1, 0)$.

$$d(\mathrm{P}, \pi) = \frac{|\overrightarrow{\mathrm{PR}} \cdot \vec{n}|}{\|\vec{n}\|} = 3 \text{ unités ; } \mathrm{P} \notin \pi$$

2. a) $d(\pi_1, \pi_2) = \dfrac{|1 - (-7)|}{\sqrt{81}} = \dfrac{8}{9}$ unité

b) Soit $\pi_1 : 6x + 18y - 12z - 4 = 0$ et

$\pi_2 : 6x + 18y - 12z - 9 = 0$.

Donc, $d(\pi_1, \pi_2) = \dfrac{|4 - 9|}{\sqrt{504}} = \dfrac{5}{\sqrt{504}}$ unité

c) Soit $\vec{n_1} = (-11, 22, 22)$ et $\vec{n_2} = (10, -20, -20)$.

Puisque $\vec{n_1} = \dfrac{-11}{10}\vec{n_2}$, $\pi_1 /\!/ \pi_2$.

$d(\pi_1, \pi_2) = d(\mathrm{P}_1, \pi_2)$, où $\mathrm{P}_1(3, -2, 5) \in \pi_1$

$= \dfrac{|\overrightarrow{\mathrm{P}_1\mathrm{P}_2} \cdot \vec{n_2}|}{\|\vec{n_2}\|}$, où $\mathrm{P}_2(4, 0, -1) \in \pi_2$

$= 3$ unités

3. a) $d(\mathrm{D}, \pi) = d(\mathrm{P}, \pi)$, où $\mathrm{P}(4, -1, 2) \in \mathrm{D}$

$= \dfrac{|\overrightarrow{\mathrm{PR}} \cdot \vec{n}|}{\|\vec{n}\|}$, où $\mathrm{R}(5, 1, -2) \in \pi$ et $\vec{n} = (-3, 1, -2)$

$= \dfrac{7}{\sqrt{14}}$ unité ; $\mathrm{D} \not\subset \pi$

b) $d(\mathrm{D}, \pi) = d(\mathrm{P}, \pi)$, où $\mathrm{P}(1, 6, 4) \in \mathrm{D}$

$= \dfrac{|\overrightarrow{\mathrm{PR}} \cdot \vec{n}|}{\|\vec{n}\|}$, où $\mathrm{R}(2, -1, -1) \in \pi$ et $\vec{n} = (3, -1, 2)$

$= 0$ unité ; $\mathrm{D} \subset \pi$

4. a) $d(\mathrm{P}, \pi) = \dfrac{|3(2) - 2(-4) + 6(3) - d|}{\sqrt{49}} = 5$

Ainsi, $|32 - d| = 35$.

D'où $d = -3$ ou $d = 67$.

b) $d(\mathrm{O}, \pi) = \dfrac{|-d|}{\sqrt{81}} = 2$

Ainsi, $|-d| = 18$. D'où $d = 18$ ou $d = -18$.

5. a) Soit P(x, y, z), un point quelconque équidistant de A et de B.

$$d(\mathrm{P}, \mathrm{A}) = d(\mathrm{P}, \mathrm{B})$$

$$\sqrt{(x-1)^2 + (y+1)^2 + (z-3)^2} = \sqrt{(x-7)^2 + (y-5)^2 + (z+3)^2}$$

$$x^2 - 2x + 1 + y^2 + 2y + 1 + z^2 - 6z + 9 = x^2 - 14x + 49 + y^2 - 10y + 25 + z^2 + 6z + 9$$

Ainsi, $12x + 12y - 12z - 72 = 0$.

D'où le lieu géométrique est le plan π suivant.
$\pi : x + y - z - 6 = 0$

b) Soit P(x, y, z), un point quelconque tel que

$$2d(\mathrm{P}, \mathrm{A}) = d(\mathrm{P}, \mathrm{B})$$

$$2\sqrt{(x-1)^2 + (y+1)^2 + (z-3)^2} = \sqrt{(x-7)^2 + (y-5)^2 + (z+3)^2}$$

Ainsi, $x^2 + y^2 + z^2 + 2x + 6y - 10z - 13 = 0$,
c'est-à-dire $(x + 1)^2 + (y + 3)^2 + (z - 5)^2 = 48$.

D'où le lieu géométrique est une sphère dont le centre est C(-1, -3, 5) et le rayon est $\sqrt{48}$ unités.

c) Soit N(3, 1, 1) et $\vec{n} = \overrightarrow{\mathrm{AB}} = (6, 6, -6)$.

D'où $\pi_1 : x + y - z - 3 = 0$.

6. a) Soit $\pi_0 : 6x - 2y + 3z - d = 0$, une équation du ou des plans cherchés.

$d(\pi_0, \pi) = \dfrac{|d - 1|}{\sqrt{49}} = 1$

Ainsi, $|d - 1| = 7$. Donc, $d = 8$ ou $d = -6$.

D'où nous obtenons les plans $\pi_1 : 6x - 2y + 3z - 8 = 0$ et $\pi_2 : 6x - 2y + 3z + 6 = 0$.

b) Soit $\pi_1 : 6x - 12y + 12z - 15 = 0$ et
$\pi_2 : 6x - 12y + 12z + 10 = 0$.

Ainsi, $d(\pi_1, \pi_2) = \dfrac{|15 - (-10)|}{\sqrt{324}} = \dfrac{25}{18}$ unité.

Nous cherchons $\pi : 6x - 12y + 12z - d = 0$ tel que

$d(\pi, \pi_1) = d(\pi, \pi_2) = \dfrac{25}{36}$

Nous trouvons $d = \dfrac{5}{2}$.

D'où $\pi : 6x - 12y + 12z - 2{,}5 = 0$.

c) Tous les points P(x, y, z) des plans cherchés sont équidistants des plans π_3 et π_4.

$$d(\mathrm{P}, \pi_3) = d(\mathrm{P}, \pi_4)$$

$$\frac{|x - 2y + 2z - 1|}{\sqrt{9}} = \frac{|3x - 2y + 6z - 4|}{\sqrt{49}}$$

Ainsi, $\dfrac{x - 2y + 2z - 1}{3} = \dfrac{\pm(3x - 2y + 6z - 4)}{7}$.

D'où nous trouvons les plans $\pi_5 : 2x + 8y + 4z - 5 = 0$ et $\pi_6 : 16x - 20y + 32z - 19 = 0$.

7. En transformant l'équation de la sphère, nous obtenons

$(x - 1)^2 + (y - 2)^2 + (z + 3)^2 = 4$.

Donc, le centre est C(-1, 2, -3) et le rayon est de 2 unités.

Ainsi,
$$d(C, \pi) = 2$$
$$\frac{|-1 + 2(2) - 2(-3) - d|}{\sqrt{9}} = 2$$
$$|9 - d| = 6$$

d'où $d = 3$ ou $d = 15$

8. a) Soit $\vec{n} = \overrightarrow{OP} = (2, -4, 5)$, un vecteur normal au plan tangent, et P(2 -4, 5), un point du plan tangent.

D'où $\pi: 2x - 4y + 5z - 45 = 0$

b) Soit $\vec{n} = \overrightarrow{OP} = (a, b, c)$, un vecteur normal au plan tangent, et P(a, b, c), un point du plan tangent.

D'où $\pi: ax + by + cz - (a^2 + b^2 + c^2) = 0$

c) Soit $\vec{n} = \overrightarrow{CP} = (a - x_0, b - y_0, c - z_0)$, un vecteur normal au plan tangent, et P(a, b, c), un point du plan tangent.

D'où $\pi: (a - x_0)x + (b - y_0)y + (c - z_0)z - (a^2 - ax_0 + b^2 - by_0 + c^2 - cz_0) = 0$

9. a) Soit $\vec{n} = (3, -2, 7)$, un vecteur directeur de la droite D qui passe par R et qui est perpendiculaire à π.

Ainsi, $D: \begin{cases} x = 5 + 3t \\ y = -5 - 2t \text{, où } t \in \mathbb{R} \\ z = 6 + 7t \end{cases}$

Déterminons le point d'intersection de D et de π.

En remplaçant les valeurs de x, y et z dans l'équation de π, nous obtenons

$3(5 + 3t) - 2(-5 - 2t) + 7(6 + 7t) - 5 = 0$, donc $t = -1$

En remplaçant t par -1 dans l'équation de D, nous obtenons

$x = 2$, $y = -3$ et $z = -1$

D'où $R_\pi(2, -3, -1)$ est la projection de R sur π.

$$d(R, \pi) = d(R, R_\pi)$$
$$= \sqrt{(5 - 2)^2 + (-5 + 3)^2 + (6 + 1)^2}$$

d'où $d(R, \pi) = \sqrt{62}$ unités.

b) Pour déterminer S, il suffit de poser $t = -2$ dans l'équation de D.

Ainsi $x = -1$, $y = -1$ et $z = -8$

d'où S(-1, -1, -8) est le point cherché.

c) Soit $\vec{v} = (2, 4, -3)$, un vecteur directeur de D, et $\vec{n} = (3, -2, 7)$, un vecteur normal à π.

Puisque $\vec{v} \neq k\vec{n}$, D n'est pas perpendiculaire à π.

Donc, la projection de D sur π est une droite, notée D_π.

Soit R(5, -5, 6) et Q(7, -1, 3), deux points de D.

En projetant R sur π, nous obtenons $R_\pi(2, -3, -1)$, et en projetant Q sur π, nous obtenons $Q_\pi\left(\frac{317}{62}, \frac{16}{62}, \frac{-87}{62}\right)$.

Ainsi, $\overrightarrow{R_\pi Q_\pi} = \left(\frac{193}{62}, \frac{202}{62}, \frac{-25}{62}\right)$.

Soit $\vec{v_\pi} = (193, 202, -25)$, un vecteur directeur de D_π.

D'où $D_\pi: (x, y, z) = (2, -3, -1) + r(193, 202, -25)$, où $r \in \mathbb{R}$.

10. $d(\pi_1, \pi_2) = d(P_1, \pi_2)$, où $P_1(x_1, y_1, z_1) \in \pi_1$

$$= \frac{|ax_1 + by_1 + cz_1 - d_2|}{\sqrt{a^2 + b^2 + c^2}} \quad \text{(théorème 10.4)}$$
$$= \frac{|d_1 - d_2|}{\sqrt{a^2 + b^2 + c^2}} \quad (ax_1 + by_1 + cz_1 = d_1)$$

Exercices récapitulatifs (page 404)

1. a) É.V.: $(x, y, z) = (0, 0, 0) + k_1(1, -4, 6) + k_2(5, 0, 2)$, où $k_1, k_2 \in \mathbb{R}$

É.P.: $\begin{cases} x = k_1 + 5k_2 \\ y = -4k_1 \\ z = 6k_1 + 2k_2 \end{cases}$, où k_1 et $k_2 \in \mathbb{R}$

É.C.: $2x - 7y - 5z = 0$

b) É.V.: $(x, y, z) = (-1, 4, 3) + k_1(2, 5, -3) + k_2(2, 3, -3)$, où $k_1, k_2 \in \mathbb{R}$

É.P.: $\begin{cases} x = -1 + 2k_1 + 2k_2 \\ y = 4 + 5k_1 + 3k_2 \\ z = 3 - 3k_1 - 3k_2 \end{cases}$, où k_1 et $k_2 \in \mathbb{R}$

É.C.: $3x + 2z - 3 = 0$

c) É.V.: $(x, y, z) = (3, -4, 1) + k_1(2, 1, 5) + k_2(1, 5, 2)$, où $k_1, k_2 \in \mathbb{R}$

É.P.: $\begin{cases} x = 3 + 2k_1 + k_2 \\ y = -4 + k_1 + 5k_2 \\ z = 1 + 5k_1 + 2k_2 \end{cases}$, où k_1 et $k_2 \in \mathbb{R}$

É.C.: $23x - y - 9z - 64 = 0$

d) É.V.: $(x, y, z) = (-3, 8, 5) + k_1(1, -3, 4) + k_2(4, -5, -2)$, où $k_1, k_2 \in \mathbb{R}$

É.P.: $\begin{cases} x = -3 + k_1 + 4k_2 \\ y = 8 - 3k_1 - 5k_2 \\ z = 5 + 4k_1 - 2k_2 \end{cases}$, où k_1 et $k_2 \in \mathbb{R}$

É.C.: $26x + 18y + 7z - 101 = 0$

2. a) É.C.: $2x - 3y + z + 15 = 0$

É.N.: $\frac{2}{\sqrt{14}}x - \frac{3}{\sqrt{14}}y + \frac{1}{\sqrt{14}}z + \frac{15}{\sqrt{14}} = 0$

É.R.: $\frac{x}{\frac{-15}{2}} + \frac{y}{5} + \frac{z}{-15} = 1$

10

3. a) i) π_1 et π_2 sont sécants.

D: $(x, y, z) = (0, -8, 16) + t(1, 2, -5)$, où $t \in \mathbb{R}$

ii) π_1 et π_4 sont parallèles distincts.

b) i) Le point P(3, -2, 1)

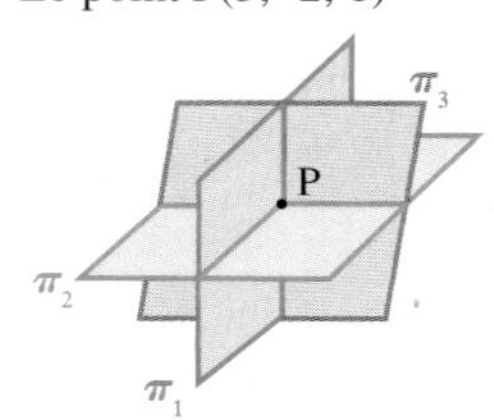

ii) D: $(x, y, z) = (-5, 0, 5) + t(4, -1, -2)$, où $t \in \mathbb{R}$

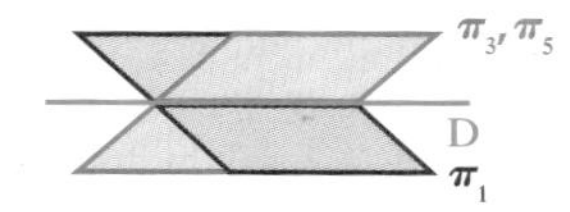

4. a) D est sécante à π; P(9, -3, 1); $\theta = 90°$

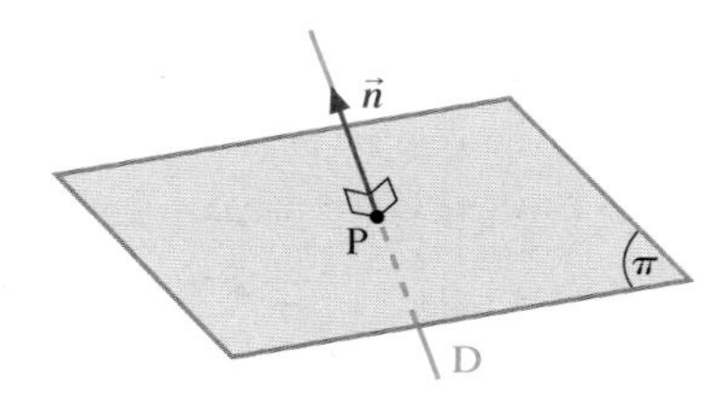

c) D // π et D $\subset \pi$; $\theta = 0°$

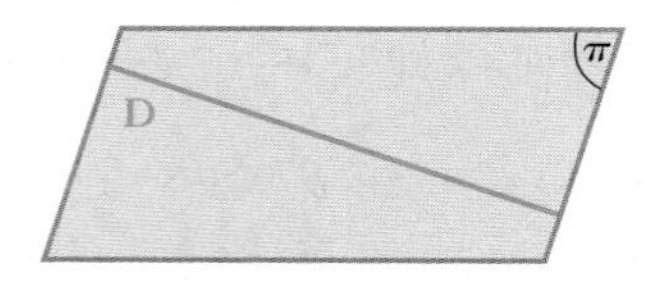

5. a) 5 unités; P $\notin \pi$

c) $2\sqrt{3}$ unités; D // π et D $\not\subset \pi$

e) 0 unité; les plans sont parallèles confondus.

6. a) F: $k_1(2x - y + 2z + 3) + k_2(6x + 2y - 3z - 4) = 0$, où $k_1, k_2 \in \mathbb{R}$ ($k_1 \neq 0$ ou $k_2 \neq 0$)

c) π_4: $10x + z + 2 = 0$; π_4 // axe des y et $\pi_4 \perp \pi_{XOZ}$

e) π_6: $2x + 9y - 16z - 23 = 0$

g) π_8: $46x + 22y - 35z - 48 = 0$

i) π_{11}: $2x - 11y + 20z + 29 = 0$

k) D: $x = \dfrac{y+1}{-18} = \dfrac{z+2}{-10}$

7. a) $b = 4$ et $c \in \mathbb{R}$

c) $b \in \mathbb{R}$ et $c = -6$

e) $b = c$, où b et $c \in \mathbb{R}\setminus\{0\}$

g) $b = -4$ et $c = 8$

i) Aucune valeur de b et de c

k) $b \in \mathbb{R}$ et $c = 0$

m) $b = 0$ et $c = 0$

8. a) $a = \dfrac{-7}{5}$ b) $a = 5$ ou $a = 47$ c) $a = 20$

9. a) $c = 26$ et $d \in \mathbb{R}$ b) $c = \dfrac{-9}{2}$ et $d = \dfrac{9}{2}$

11. a) $P_\pi(4, 2, -4)$

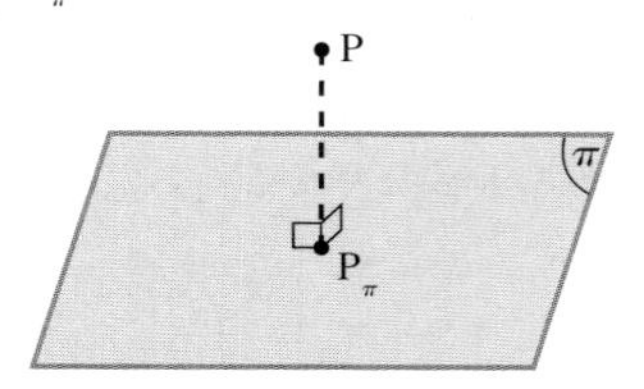

12. a) Le plan π: $4x - 4y + z - 8 = 0$

e) Les plans π_3 et π_4

π_3: $(\sqrt{2} - 1)x - (2\sqrt{2} + 1)y - (2\sqrt{2} + 4)z - \sqrt{2} - 1 = 0$

π_4: $(\sqrt{2} + 1)x + (1 - 2\sqrt{2})y + (4 - 2\sqrt{2})z - \sqrt{2} + 1 = 0$

16. S: $(x - 3)^2 + (y + 5)^2 + (z - 7)^2 = 121$

17. a) C(1, 3, -4) et $r = 7$ unités

b) π_1: $2x - 6y + 3z - 21 = 0$

e) P(-2, 1, -10)

f) $\{(x, y, z) \in \mathbb{R}^3 \mid (x - 1)^2 + (y - 3)^2 = 33 \text{ et } z = 0\}$; cercle de centre C(1, 3, 0), de rayon $r = \sqrt{33}$ unités situé dans le plan XOY

Problèmes de synthèse (page 407)

1. a) $\begin{cases} x = k_1 \\ y = k_2 \\ z = -k_2 + k_3 \end{cases}$, où k_1, k_2 et $k_3 \in \mathbb{R}$

b) $\dfrac{x}{\frac{4}{3}} + \dfrac{y}{\frac{-3}{2}} + \dfrac{z}{\frac{-12}{5}} = 1$

c) $(x, y, z) = (2, -1, 5) + k_1(2, -3, 4) + k_2(-2, 5, 2)$, où k_1 et $k_2 \in \mathbb{R}$

d) $\dfrac{7}{\sqrt{86}}x + \dfrac{1}{\sqrt{86}}y + \dfrac{6}{\sqrt{86}}z + \dfrac{13}{\sqrt{86}} = 0$

2. a) $\begin{vmatrix} x & y & z \\ 2 & 1 & 0 \\ 1 & 1 & 1 \end{vmatrix} = 0$

3. a) F: $k_1(8x - y + 4z) + k_2(6x + 5y + 3z - 23) = 0$, où k_1 et $k_2 \in \mathbb{R}$ ($k_1 \neq 0$ ou $k_2 \neq 0$)

4. a) La droite D: $(x, y, z) = (1, -2, 5) + t(3, 6, 2)$, où $t \in \mathbb{R}$

b) Le plan π: $2x + y - 6z + 30 = 0$

5. a) La droite D : $(x, y, z) = (-4, 2, 5) + t(2, 3, -1)$, où $t \in \mathbb{R}$

b) Le plan π

$\pi : (x, y, z) = (-4, 2, 5) + k_1(2, 3, -1) + k_2(-9, -16, 5)$, où k_1 et $k_2 \in \mathbb{R}$

7. a) E.-S. $= \{(t, t, t)\}$, où $t \in \mathbb{R}$

L'intersection des trois plans est la droite D d'équation

D : $(x, y, z) = (0, 0, 0) + t(1, 1, 1)$, où $t \in \mathbb{R}$

9. a) $P_1\left(\frac{3}{13}, \frac{56}{13}, \frac{-40}{13}\right)$ b) $P_2\left(\frac{-1}{7}, \frac{30}{7}, \frac{-24}{7}\right)$

c) $P_3(-3, 2, -4)$

10. a) Les points sont coplanaires ; $A = \sqrt{2546}$ unités²

11. a) $A = \frac{9\sqrt{5}}{2}$ unités² b) i) $A_1 = 5$ unités²

12. $V = \frac{7}{6}$ unité³

13. d) $V = \frac{20}{21}$ unité³

16. D : $(x, y, z) = (4, 0, -3) + s(-4, 17, 5)$, où $s \in \mathbb{R}$

17. a) $P(5, -4, 1)$ b) $\pi : 3x + 4y + 4z - 3 = 0$

c) $Q(-3, 2, 1)$

18. Environ 24,5 cm

21. a) $2x - 3y + z - 7 = 0$ b) $\frac{\sqrt{14}}{2}$ unité²

22. $\vec{v} = t(1, -1, 1)$, où $t \in \mathbb{R}\backslash\{0\}$

25. b) $P(7, 3, 1)$ c) $\pi : x - 2y + 2z - 3 = 0$

CHAPITRE 11

Exercices préliminaires (page 412)

1. a) $\theta \approx 33{,}7°$ b) $\beta \approx 236{,}3°$ c) $\sqrt{13}$

2. a) $\sin(A + B) = \sin A \cos B + \cos A \sin B$

b) $\sin(A - B) = \sin A \cos B - \cos A \sin B$

c) $\cos(A + B) = \cos A \cos B - \sin A \sin B$

d) $\cos(A - B) = \cos A \cos B + \sin A \sin B$

3. a) $x = -1$ ou $x = 1$ b) Aucune valeur réelle de x

4. a) $x = 4 - \sqrt{10}$ ou $x = 4 + \sqrt{10}$

b) Aucune valeur réelle de x

Exercices 11.1 (page 418)

1.

	Re(z)	Im(z)	Réel	Imaginaire pur
a)	2	3		
b)	0	1		X
c)	8	0	X	
d)	0	0	X	

2. a) $i^6 = (i^2)^3 = (-1)^3 = -1$

b) $i^{13} = (i^2)^6 i = (-1)^6 i = i$

c) $(-i)^{85} = (-1)^{85}(i^2)^{42} i = (-1)(-1)^{42} i = -i$

d) $(-i)^{11} i^{27} = (-1)^{11} i^{11} i^{27} = -1 i^{38} = -(i^2)^{19} = -(-1)^{19} = 1$

3. a) $(3 - 4i) + (5 + 9i) = (3 + 5) + (-4 + 9)i = 8 + 5i$

b) $(7 + 5i) - (9 - 2i) = (7 - 9) + (5 - (-2))i = -2 + 7i$

c) $-1 - 4i$

d) $(3 - 6i)(2 - 4i) = 6 - 12i - 12i + 24i^2 = -18 - 24i$

e) $4(2 + i) - 5i(4 - 2i) = 8 + 4i - 20i + 10i^2 = -2 - 16i$

f) $7 + 40i$

g) $[(2 + 9i)(1 - 2i)](3 - 6i) = [20 + 5i](3 - 6i) = 90 - 105i$

h) $(1 + i)^3 - (3 + 2i)^2 = (-2 + 2i) - (5 + 12i) = -7 - 10i$

4. a) $\bar{z} = 3 + 4i$; $z + \bar{z} = 6$; $z - \bar{z} = -8i$; $z\bar{z} = 25$

b) $\bar{z} = -5 - 2i$; $z + \bar{z} = -10$; $z - \bar{z} = 4i$; $z\bar{z} = 29$

c) $\bar{z} = 6 - 12i$; $z + \bar{z} = 12$; $z - \bar{z} = 24i$; $z\bar{z} = 180$

d) $\bar{z} = 14 - 6i$; $z + \bar{z} = 28$; $z - \bar{z} = 12i$; $z\bar{z} = 232$

5. a) $\frac{6 + 8i}{3i - 1} = \frac{6 + 8i}{-1 + 3i}\,\frac{-1 - 3i}{-1 - 3i} = \frac{18 - 26i}{10} = \frac{9}{5} - \frac{13}{5}i$

b) $\frac{3 + i}{5 - i} = \frac{3 + i}{5 - i}\,\frac{5 + i}{5 + i} = \frac{7}{13} + \frac{4}{13}i$

c) $\frac{7 - 3i}{6 - 2i} = \frac{7 - 3i}{6 - 2i}\,\frac{6 + 2i}{6 + 2i} = \frac{6}{5} - \frac{1}{10}i$

d) $3 + i + \left(\frac{5 - i}{3 - i}\,\frac{3 + i}{3 + i}\right) = 3 + i + \frac{46 + 12i}{10} = \frac{23}{5} + \frac{6}{5}i$

e) $\left(\frac{6 - i}{2 + i}\,\frac{2 - i}{2 - i}\right) - \left(\frac{1 - i}{4 - i}\,\frac{4 + i}{4 + i}\right) = \left(\frac{11 - 8i}{5}\right) - \left(\frac{5 - 3i}{17}\right) = \frac{162}{85} - \frac{121}{85}i$

f) $2 + 3i - \frac{-21 + 20i}{1 - i} = 2 + 3i - \frac{-41 - i}{2} = \frac{45}{2} + \frac{7}{2}i$

6. a) $i^{-1} = \frac{1}{i} = \frac{1}{i}\,\frac{i}{i} = \frac{i}{i^2} = \frac{i}{-1} = -i$

b) $i^{-2} = \frac{1}{i^2} = \frac{1}{-1} = -1$

c) $i^{-17} = \frac{1}{i^{17}} = \frac{1}{(i^2)^8 i} = \frac{1}{i} = -i$

d) $3i^{-3} + 4i^{-4} = \frac{3}{i^3} + \frac{4}{i^4} = \frac{3}{(i)^2 i} + \frac{4}{(i^2)^2} = 4 + 3i$

7. a) $z + \bar{z} = 2a$; nombre réel

b) $\bar{z} - z = -2bi$; imaginaire pur

c) $\frac{1}{z\bar{z}} = \frac{1}{a^2 + b^2}$; nombre réel

d) $\frac{z + \bar{z}}{z - \bar{z}} = \frac{-a}{b}i$; imaginaire pur

8. a) $a \in \mathbb{R}$ et $b = 0$

b) $a = 0$ et $b = 0$

9. a) $\bar{\bar{z}} = \overline{\overline{(4 - 5i)}} = \overline{(4 + 5i)} = 4 - 5i$, d'où $\bar{\bar{z}} = z$

b) $\overline{z + w} = \overline{(4 - 5i) + (-3 + 2i)} = \overline{(1 - 3i)} = 1 + 3i$

$\bar{z} + \bar{w} = (4 + 5i) + (-3 - 2i) = 1 + 3i$

d'où $\overline{z + w} = \bar{z} + \bar{w}$

c) $\overline{zw} = \overline{(4 - 5i)(-3 + 2i)} = \overline{(-2 + 23i)} = -2 - 23i$

$\bar{z}\,\bar{w} = (4 + 5i)(-3 - 2i) = -2 - 23i$

d'où $\overline{zw} = \bar{z}\,\bar{w}$

d) $\overline{\left(\frac{z}{w}\right)} = \overline{\left(\frac{4 - 5i}{-3 + 2i}\right)} = \overline{\left(\frac{-22}{13} + \frac{7}{13}i\right)} = \frac{-22}{13} - \frac{7}{13}i$

$\frac{\bar{z}}{\bar{w}} = \frac{4 + 5i}{-3 - 2i} = \frac{-22}{13} - \frac{7}{13}i$

d'où $\overline{\left(\frac{z}{w}\right)} = \frac{\bar{z}}{\bar{w}}$

Exercices 11.2 (page 432)

1. a) $\text{mod}(z_1) = \sqrt{(\sqrt{3})^2 + 1^2} = 2$;

$\text{Arg}(z_1) = \text{Arc tan}\left(\frac{1}{\sqrt{3}}\right) = 30°$;

$z_1 = 2(\cos 30° + i \sin 30°)$;

$z_1 = 2e^{i\frac{\pi}{6}}$

b) $\text{mod}(z_2) = 1$; $\text{Arg}(z_2) = 270°$;

$z_2 = 1(\cos 270° + i \sin 270°)$;

$z_2 = e^{i\frac{3\pi}{2}}$

c) $\text{mod}(z_3) = 1$; $\text{Arg}(z_3) = 180°$;

$z_3 = 1(\cos 180° + i \sin 180°)$;

$z_3 = e^{i\pi}$

d) $\text{mod}(z_4) = \sqrt{8}$; $\text{Arg}(z_4) = 135°$;

$z_4 = \sqrt{8}(\cos 135° + i \sin 135°)$;

$z_4 = e^{i\frac{3\pi}{4}}$

e) $\text{mod}(z_5) = 2$; $\text{Arg}(z_5) = 240°$;

$z_5 = 2(\cos 240° + i \sin 240°)$;

$z_5 = 2e^{i\frac{4\pi}{3}}$

f) $\text{mod}(z_6) = \sqrt{5}$; $\text{Arg}(z_6) = 296{,}5\ldots°$;

$z_6 = \sqrt{5}(\cos 296{,}5\ \ldots° + i \sin 296{,}5\ \ldots°)$;

$z_6 = \sqrt{5}e^{i5{,}17\ldots}$

Représentation graphique

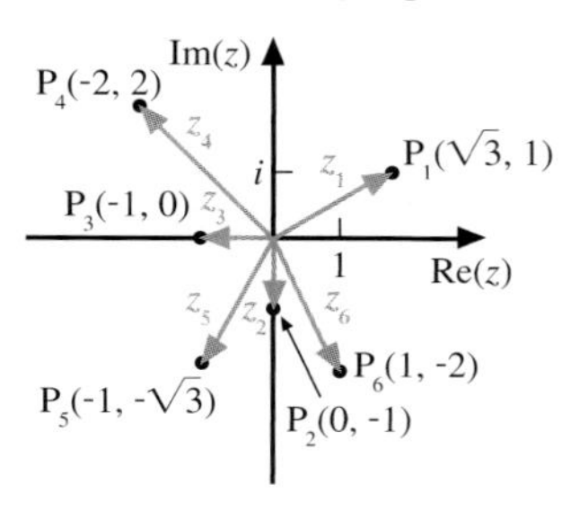

2.

	Forme binomiale	Forme trigonométrique	Forme exponentielle
a)	$\sqrt{2} + \sqrt{2}i$	$2\left(\cos\left(\frac{\pi}{4}\right) + i \sin\left(\frac{\pi}{4}\right)\right)$	$2e^{i\frac{\pi}{4}}$
b)	$\frac{-3}{2} + \frac{\sqrt{3}}{2}i$	$\sqrt{3}\left(\cos\left(\frac{5\pi}{6}\right) + i \sin\left(\frac{5\pi}{6}\right)\right)$	$\sqrt{3}e^{i\frac{5\pi}{6}}$
c)	$2\sqrt{3} + 2i$	$4(\cos 30° + i \sin 30°)$	$4e^{i\frac{\pi}{6}}$
d)	$-4 - 4\sqrt{3}i$	$8(\cos 240° + i \sin 240°)$	$8e^{i\frac{4\pi}{3}}$
e)	$4{,}75\ldots - 1{,}54\ldots i$	$5\left(\cos\left(\frac{19\pi}{10}\right) + i \sin\left(\frac{19\pi}{10}\right)\right)$	$5e^{i\left(\frac{19\pi}{10}\right)}$

3. a) $uv = \left(12\left(\cos\left(\frac{\pi}{3}\right) + i \sin\left(\frac{\pi}{3}\right)\right)\right)\left(4\left(\cos\left(\frac{\pi}{4}\right) + i \sin\left(\frac{\pi}{4}\right)\right)\right)$

$= 12(4)\left(\cos\left(\frac{\pi}{3} + \frac{\pi}{4}\right) + i \sin\left(\frac{\pi}{3} + \frac{\pi}{4}\right)\right)$

$= 48\left(\cos\left(\frac{7\pi}{12}\right) + i \sin\left(\frac{7\pi}{12}\right)\right)$

$\frac{u}{v} = \frac{12\left(\cos\left(\frac{\pi}{3}\right) + i \sin\left(\frac{\pi}{3}\right)\right)}{4\left(\cos\left(\frac{\pi}{4}\right) + i \sin\left(\frac{\pi}{4}\right)\right)}$

$= \frac{12}{4}\left(\cos\left(\frac{\pi}{3} - \frac{\pi}{4}\right) + i \sin\left(\frac{\pi}{3} - \frac{\pi}{4}\right)\right)$

$= 3\left(\cos\left(\frac{\pi}{12}\right) + i \sin\left(\frac{\pi}{12}\right)\right)$

b) $uv = 36\left(\cos\left(\frac{4\pi}{3}\right) + i \sin\left(\frac{4\pi}{3}\right)\right)$

$\frac{u}{v} = 4\left(\cos\left(\frac{-2\pi}{3}\right) + i \sin\left(\frac{-2\pi}{3}\right)\right)$

$= 4\left(\cos\left(\frac{4\pi}{3}\right) + i \sin\left(\frac{4\pi}{3}\right)\right)$

c) $uv = 6(\cos 80° + i \sin 80°)$

$\frac{u}{v} = 24(\cos 40° + i \sin 40°)$

d) $uv = 18(\cos 100° + i \sin 100°)$

$\frac{u}{v} = 8(\cos 20° + i \sin 20°)$

4. a) $z = 6e^{i\frac{\pi}{3}} - 4e^{i\frac{\pi}{4}}$

$= 6\left(\cos\left(\frac{\pi}{3}\right) + i \sin\left(\frac{\pi}{3}\right)\right) - 4\left(\cos\left(\frac{\pi}{4}\right) + i \sin\left(\frac{\pi}{4}\right)\right)$

$= 6\left(\frac{1}{2} + i\frac{\sqrt{3}}{2}\right) - 4\left(\frac{\sqrt{2}}{2} + i\frac{\sqrt{2}}{2}\right)$

$= (3 - 2\sqrt{2}) + (3\sqrt{3} - 2\sqrt{2})i$

b) $z = \frac{-\sqrt{3}}{2} + \frac{1}{2}i$

c) $z = \frac{1}{2}i$

5. a) $z = (1 + i)^7 = (\sqrt{2}(\cos 45° + i \sin 45°))^7$

$= (\sqrt{2})^7(\cos(7(45°)) + i \sin(7(45°)))$

$= 8\sqrt{2}(\cos 315° + i \sin 315°)$

$= 8\sqrt{2}\left(\frac{\sqrt{2}}{2} + i\left(\frac{-\sqrt{2}}{2}\right)\right)$

$= 8 - 8i$

b) $z = -128 - 128\sqrt{3}i$

c) $z = 0{,}84\ldots - 0{,}53\ldots\, i$

d) $z = 8 + 8i$

6. a) Soit $z = r(\cos\theta + i \sin\theta)$ tel que

$$z^3 = -9i$$

$r^3(\cos 3\theta + i \sin 3\theta) = 9(\cos 270° + i \sin 270°)$

ainsi, $r^3 = 9$ et $3\theta = 270° + k360°$, où $k \in \mathbb{Z}$

donc, $r = \sqrt[3]{9}$ et $\theta = 90° + k120°$

En donnant à k les valeurs 0, 1 et 2, nous obtenons

$z_0 = \sqrt[3]{9} \text{ cis } 90° = \sqrt[3]{9}i$

$z_1 = \sqrt[3]{9} \text{ cis } 210° = \frac{-\sqrt[3]{9}\sqrt{3}}{2} - \frac{\sqrt[3]{9}}{2}i$

$z_2 = \sqrt[3]{9} \text{ cis } 330° = \frac{\sqrt[3]{9}\sqrt{3}}{2} - \frac{\sqrt[3]{9}}{2}i$

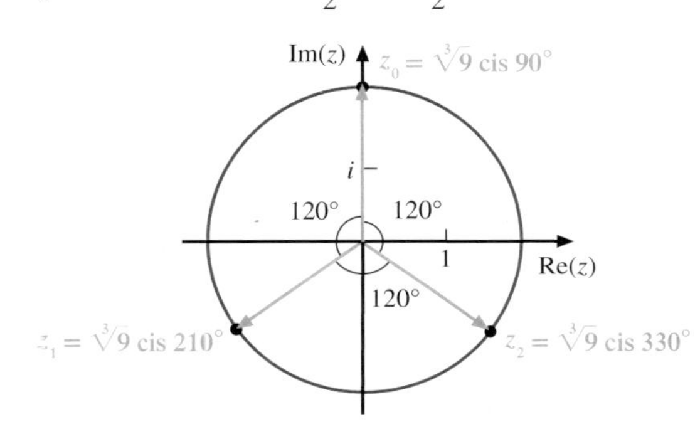

Les représentations sont laissées à l'élève pour b), c), d) et e).

b) $z_0 = \text{cis } 60° = \frac{1}{2} + \frac{\sqrt{3}}{2}i$

$z_1 = \text{cis } 180° = -1$

$z_2 = \text{cis } 300° = \frac{1}{2} - \frac{\sqrt{3}}{2}i$

c) $z_0 = \text{cis } 18°$, $z_1 = i$, $z_2 = \text{cis } 162°$, $z_3 = \text{cis } 234°$, $z_4 = \text{cis } 306°$

d) $z_0 = \sqrt[6]{2} \text{ cis } 10°$, $z_1 = \sqrt[6]{2} \text{ cis } 70°$, $z_2 = \sqrt[6]{2} \text{ cis } 130°$, $z_3 = \sqrt[6]{2} \text{ cis } 190°$, $z_4 = \sqrt[6]{2} \text{ cis } 250°$, $z_5 = \sqrt[6]{2} \text{ cis } 310°$

e) $z_0 = 2 \text{ cis } 21°$, $z_1 = 2 \text{ cis } 93°$, $z_2 = 2 \text{ cis } 165°$, $z_3 = 2 \text{ cis } 237°$, $z_4 = 2 \text{ cis } 309°$

7. a) $x = 1$
Droite

b) $y = 3$
Droite

c) $x = 0$
Droite

d) $x^2 + y^2 < 4$
Intérieur d'un cercle de centre C(0, 0) et de rayon 2 unités

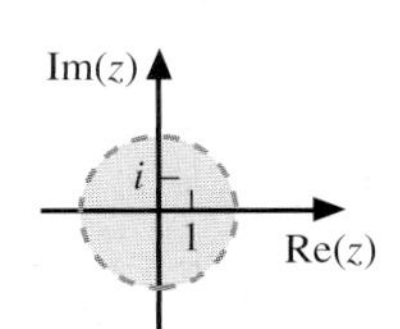

e)

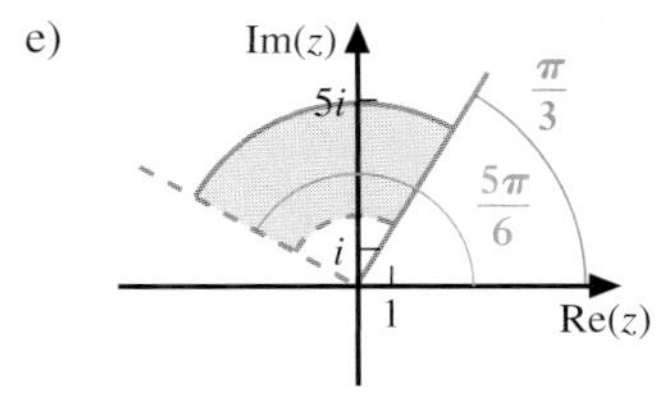

Portion d'un anneau

f) $y \geq 3x - 3$
Demi-plan fermé

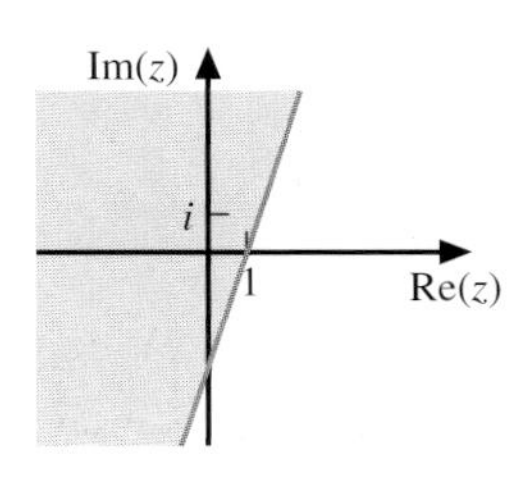

8. a) $z = \frac{3}{2}i$

b) $z = \frac{2}{5} - \frac{1}{5}i$

c) $z = \frac{-1}{2} - \frac{\sqrt{3}}{2}i$ ou $z = \frac{-1}{2} + \frac{\sqrt{3}}{2}i$

d) $z = \sqrt{\frac{3}{2}} - \sqrt{\frac{3}{2}}i$ ou $z = -\sqrt{\frac{3}{2}} + \sqrt{\frac{3}{2}}i$

e) $z = \frac{1}{\sqrt{2}} + \frac{1}{\sqrt{2}}i$ ou $z = \frac{1}{\sqrt{2}} - \frac{1}{\sqrt{2}}i$ ou

$z = \frac{-1}{\sqrt{2}} - \frac{1}{\sqrt{2}}i$ ou $z = \frac{-1}{\sqrt{2}} + \frac{1}{\sqrt{2}}i$

f) $z = 0$ ou $z = \frac{1}{2} + \frac{\sqrt{3}}{2}i$ ou

$z = -1$ ou $z = \frac{1}{2} - \frac{\sqrt{3}}{2}i$

Exercices récapitulatifs (page 434)

1. a) $8 + 2i$ c) $9 - 7i$

e) $\frac{-1}{6} - \frac{1}{3}i$ g) $0 + 0i$

i) $43 + 23i$ k) $\frac{11}{6} + \frac{\sqrt{5}}{6}i$

2. a) $0 + 3i$ c) $\frac{-5}{2} - \frac{\sqrt{3}}{2}i$

e) $\frac{1}{3} + \frac{5}{3\sqrt{2}}i$

3. a) $1 - i$ c) i e) 1

4. b) $x = -4{,}5$ et $y = -2$ d) $x = 43$ et $y = 7$

6. b) i) Non ii) Oui

9. a) 2 unités b) $2\,|b|$ unités

10. d) $a = 64$ et $b = -64\sqrt{3}$

e) $a = \frac{\sqrt{2}}{2}$ et $b = \frac{\sqrt{2}}{2}$

11. $z_2 = \frac{3}{a} - \frac{6}{a}i$

12. $z = \frac{7}{25} + \frac{26}{25}i$

13. $x = \sqrt{3}$

14. a) $2 + 3i$ et $2 - 3i$

c) $z_0 = \frac{\sqrt{3}}{2} + \frac{1}{2}i$; $z_1 = \frac{-1}{2} + \frac{\sqrt{3}}{2}i$;

$z_2 = \frac{-\sqrt{3}}{2} - \frac{1}{2}i$; $z_3 = \frac{1}{2} - \frac{\sqrt{3}}{2}i$

15. a) $z_0 = \frac{3}{2} + \frac{3\sqrt{3}}{2}i$; $z_1 = -3$; $z_2 = \frac{3}{2} - \frac{3\sqrt{3}}{2}i$

c) $z_0 = \sqrt{3} + i$; $z_1 = 2i$; $z_2 = -\sqrt{3} + i$;

$z_3 = -\sqrt{3} - i$; $z_4 = -2i$; $z_5 = \sqrt{3} - i$

e) $z_0 = \sqrt[3]{2}\,\text{cis}\left(\frac{4\pi}{9}\right)$; $z_1 = \sqrt[3]{2}\,\text{cis}\left(\frac{10\pi}{9}\right)$;

$z_2 = \sqrt[3]{2}\,\text{cis}\left(\frac{16\pi}{9}\right)$

16. a) $y = \frac{1}{\sqrt{3}}x$ ou $y = \frac{-1}{\sqrt{3}}x$

c) $(x + 3)^2 + (y - 2)^2 = 16$

Problèmes de synthèse (page 436)

3. $x = -5$ ou $x = 2$

4. c) $0 + i$

6. $|e^{iz}| = \frac{1}{e^2}$

8. 2014 couples

12. a) $z = \frac{e^{i\theta}}{2}$; $a_n = \frac{e^{in\theta}}{2^{n-1}}$

b) $|z| = \frac{1}{2}$; puisque $|z| < 1$, nous avons

$$e^{i\theta} + \frac{e^{i2\theta}}{2} + \frac{e^{i3\theta}}{4} + \ldots = \frac{e^{i\theta}}{1 - \left(\frac{e^{i\theta}}{2}\right)}$$

c) $e^{i\theta} + \frac{e^{i2\theta}}{2} + \frac{e^{i3\theta}}{4} + \ldots = \frac{2\cos\theta + 2i\sin\theta}{2 - \cos\theta - i\sin\theta}$

CHAPITRE 12

Exercices préliminaires (page 438)

1. a)

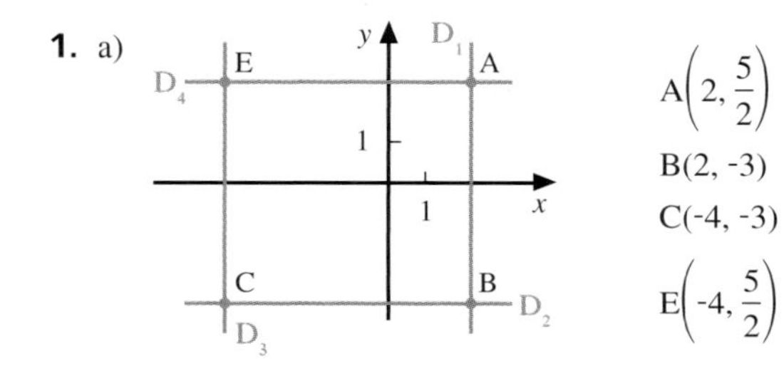

$A\left(2, \frac{5}{2}\right)$

B(2, -3)

C(-4, -3)

$E\left(-4, \frac{5}{2}\right)$

b)

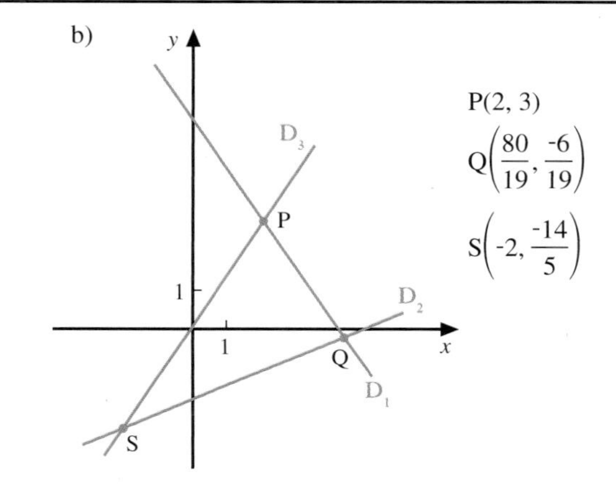

P(2, 3)

$Q\left(\frac{80}{19}, \frac{-6}{19}\right)$

$S\left(-2, \frac{-14}{5}\right)$

2. a) O(0, 0) et B(4, -5)

b) O(0, 0) et A(2, 3)

c) A(2, 3)

3. a) $x \leq 30$, $y \leq 60$ et $z \leq 30$

b) $x \leq 10$, $y \leq 15$ et $z \leq 7{,}5$

c) $x \leq \dfrac{10}{3}$, $y \leq 12{,}5$ et $z \leq 0{,}25$

Exercices 12.1 (page 452)

1 a)

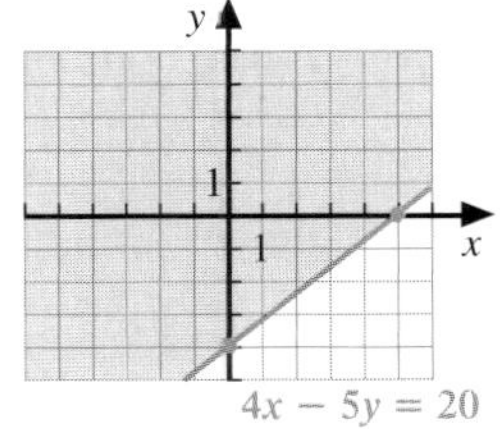

Demi-plan fermé

b)

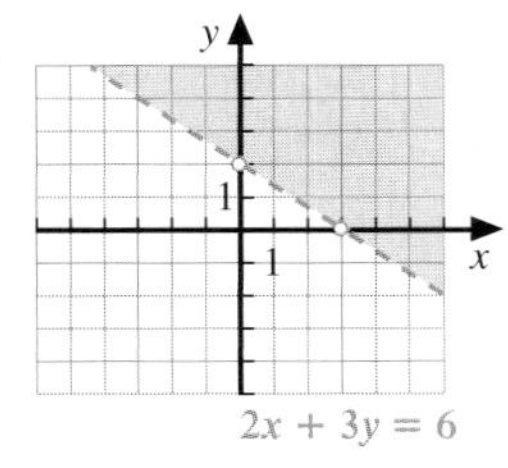

Demi-plan ouvert

c)

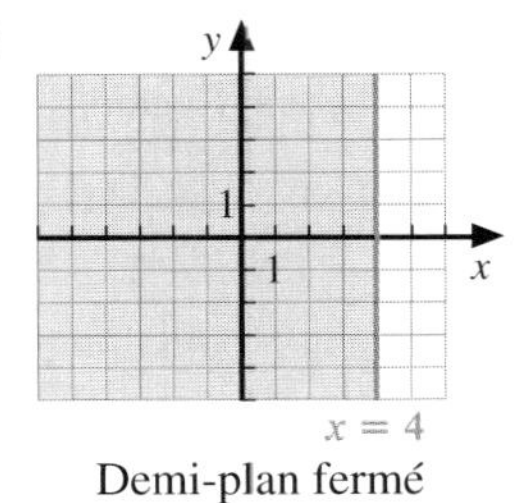

Demi-plan fermé

d)

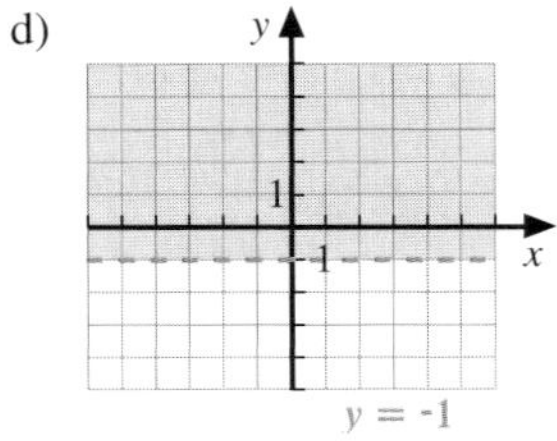

Demi-plan ouvert

2. a)

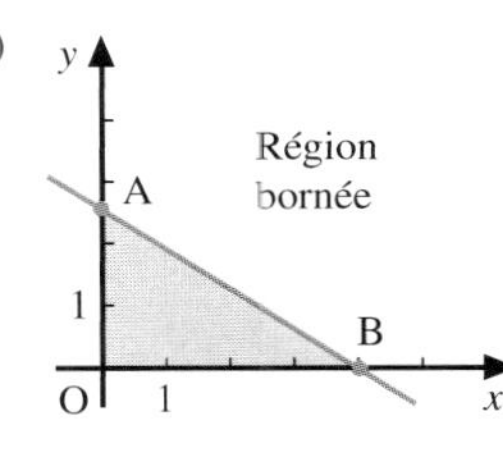

Sommets :

O(0, 0) ∈ R

$A\left(0, \dfrac{8}{3}\right) \in R$

B(4, 0) ∈ R

b)

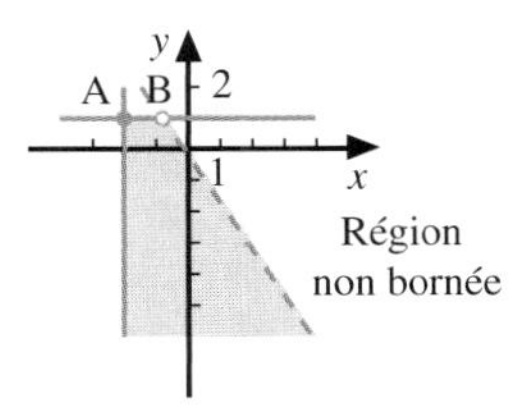

Sommets :

A(-2, 1) ∈ R

$B\left(\dfrac{-2}{3}, 1\right) \notin R$

c)

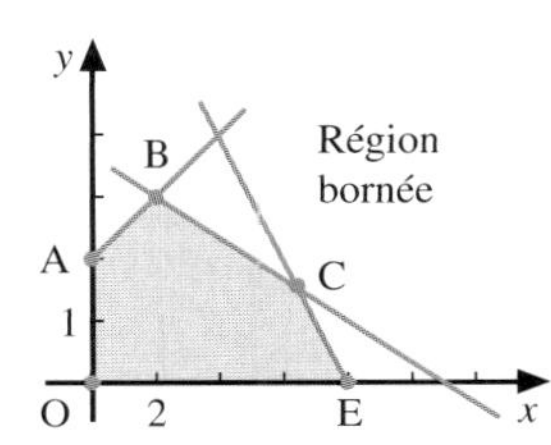

Sommets :

O(0, 0) ∈ R

A(0, 2) ∈ R

B(2, 3) ∈ R

$C\left(\dfrac{44}{7}, \dfrac{12}{7}\right) \in R$

E(8, 0) ∈ R

d)

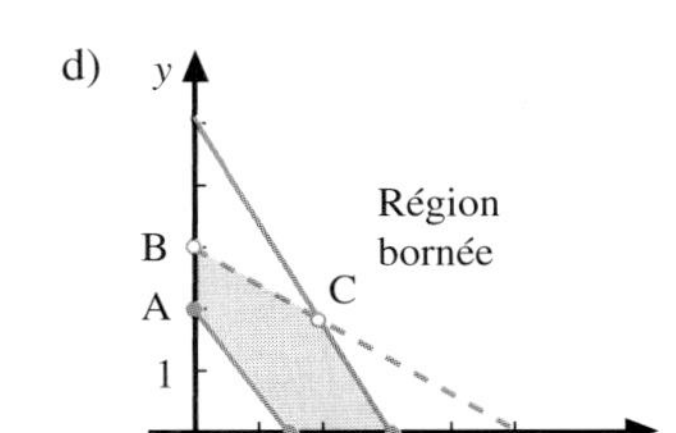

Sommets :

A(0, 2) ∈ R

B(0, 3) ∉ R

$C\left(4, \dfrac{5}{3}\right) \notin R$

E(6, 0) ∈ R

F(3, 0) ∈ R

3.

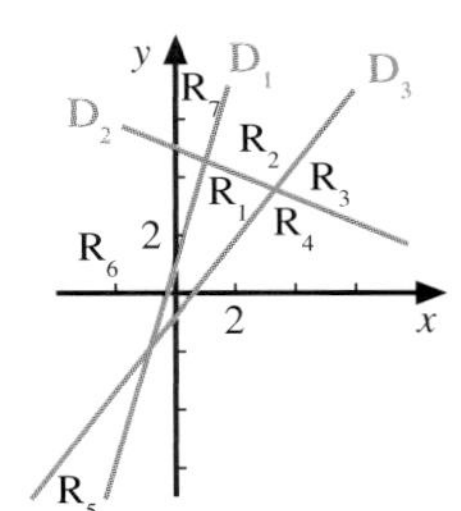

$$R_1 \begin{cases} 3x - y \geq -1 \\ x + 2y \leq 10 \\ 4x - 3y \leq 3 \end{cases}$$

$$R_2 \begin{cases} 3x - y \geq -1 \\ x + 2y \geq 10 \\ 4x - 3y \leq 3 \end{cases}$$

$$R_3 \begin{cases} x + 2y \geq 10 \\ 4x - 3y \geq 3 \end{cases}$$

Les autres systèmes d'inéquations sont laissés à l'élève.

4. a)

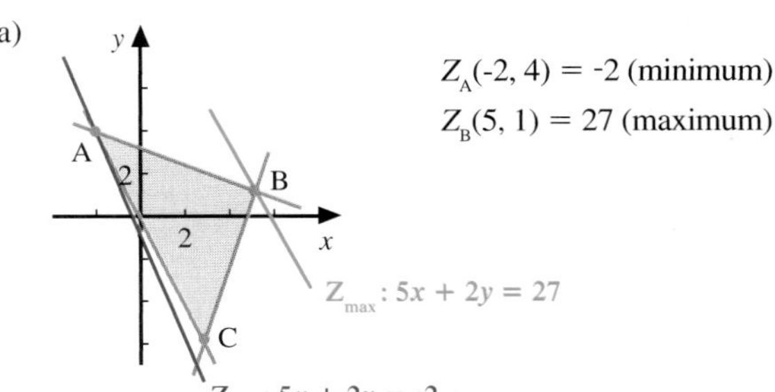

$Z_A(-2, 4) = -2$ (minimum)

$Z_B(5, 1) = 27$ (maximum)

b)

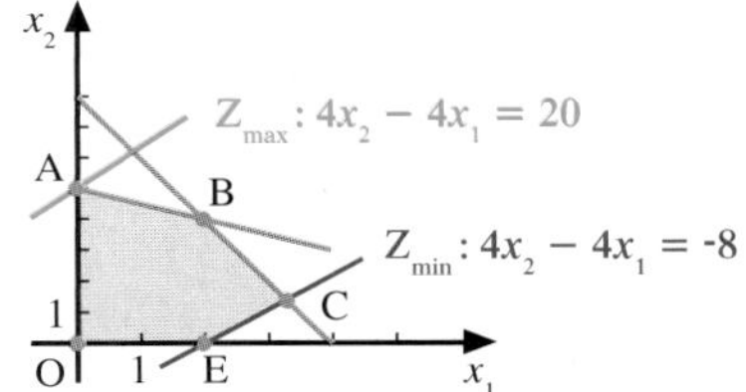

$Z_A(0, 5) = 20$ (maximum)

$Z_C\left(\dfrac{10}{3}, \dfrac{4}{3}\right) = -8$ (minimum)

$Z_E(2, 0) = -8$ (minimum)

(Tous les points situés sur le segment de droite CE ont aussi -8 comme valeur dans l'équation $Z(x_1, x_2) = 4x_2 - 4x_1$.)

c)

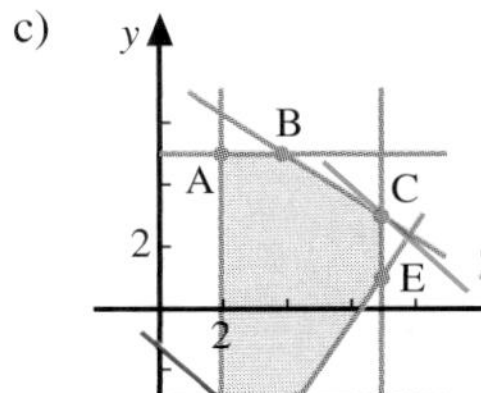

$Z_C(7, 3) = 129$ (maximum)

$Z_G(2, -3) = -21$ (minimum)

d) De $2x + 3y + t = 66$, nous obtenons

$$t = 66 - 2x - 3y$$

Puisque $t \geq 0$, $(66 - 2x - 3y) \geq 0$, donc $2x + 3y \leq 66$

En remplaçant t par $(66 - 2x - 3y)$ dans les inéquations, nous trouvons

$8x + 6y + (66 - 2x - 3y) \leq 126$, donc $2x + y \leq 20$

$14x + 7y + 2(66 - 2x - 3y) \geq 168$, donc $10x + y \geq 36$

$4x + 8y + (66 - 2x - 3y) \geq 102$, donc $2x + 5y \geq 36$

$Z(x, y) = 5x + 4y + (66 - 2x - 3y) - 66$

$= 3x + y$

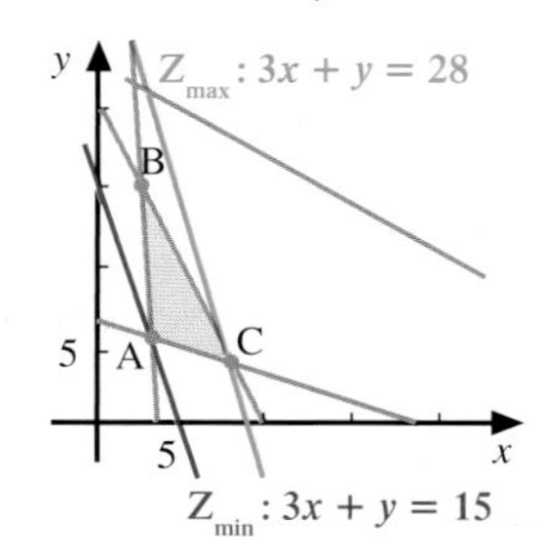

$Z_A(3, 6) = 15$ (minimum)

$Z_C(8, 4) = 28$ (maximum)

5. a)

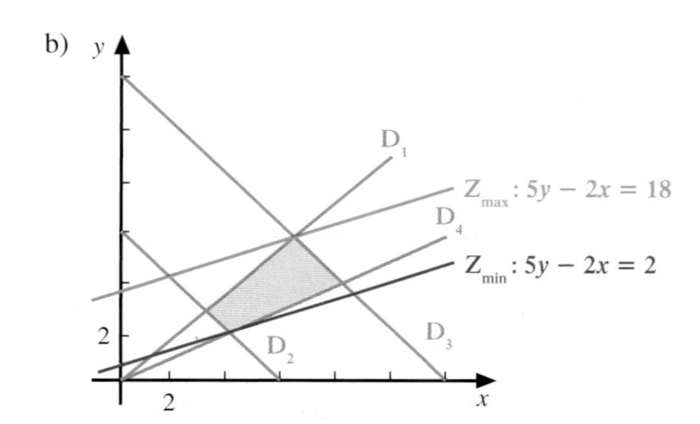

b)

c)

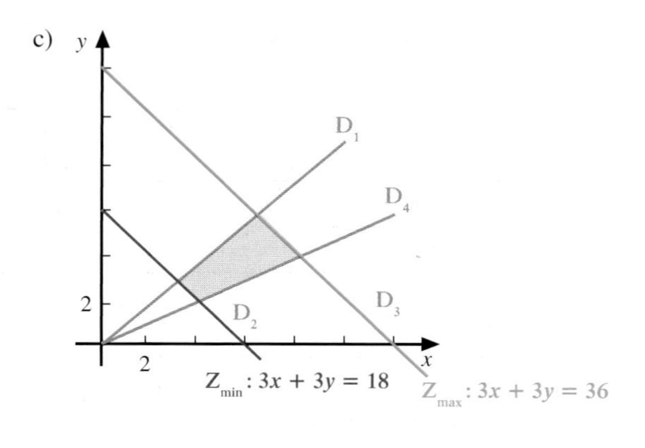

6. 1) Identifions les variables de décision.
Tableau des données

	Bateaux téléguidés	Autos téléguidés	Camions téléguidés
Saint-Jérôme	20	30	50
Lévis	30	20	20
Besoin minimal	1400	1600	2000

Soit x, le nombre de jours de production à l'usine de Saint-Jérôme, et y, le nombre de jours de production à l'usine de Lévis.

2) Traduisons les contraintes en un système d'inéquations linéaires.

$x \geq 0$ ① } contraintes de non-négativité
$y \geq 0$ ②

$20x + 30y \geq 1400$ ③ contrainte pour le nombre de bateaux téléguidés

$30x + 20y \geq 1600$ ④ contrainte pour le nombre d'autos téléguidées

$50x + 20y \geq 2000$ ⑤ contrainte pour le nombre de camions téléguidés

3) Déterminons la fonction économique à optimiser.

$Z(x, y) = 1000x + 800y$

est la fonction économique dont nous voulons déterminer le minimum.

4) Représentons le polygone de contraintes et déterminons les sommets du polygone.

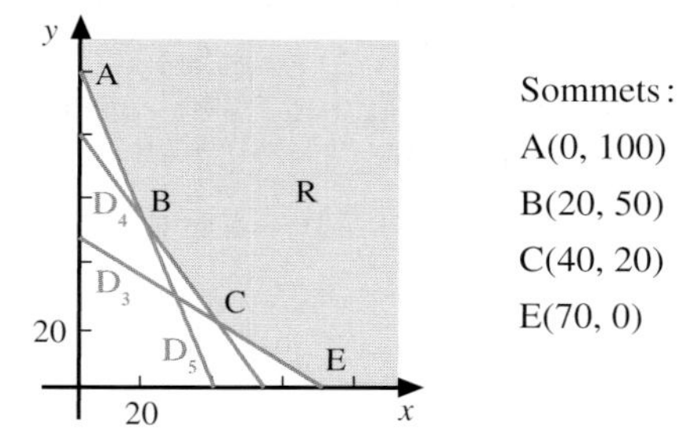

Sommets :
A(0, 100)
B(20, 50)
C(40, 20)
E(70, 0)

5) Évaluons $Z(x, y)$ à chaque sommet.

$Z(x, y) = 1000x + 800y$

$Z_A(0, 100) = 80\,000$ \$

$Z_B(20, 50) = 60\,000$ \$

$Z_C(40, 20) = 56\,000$ \$ (minimum)

$Z_E(70, 0) = 70\,000$ \$

Représentons graphiquement le polygone de contraintes et la droite

$Z_{min}: 1000x + 800y = 56\,000$

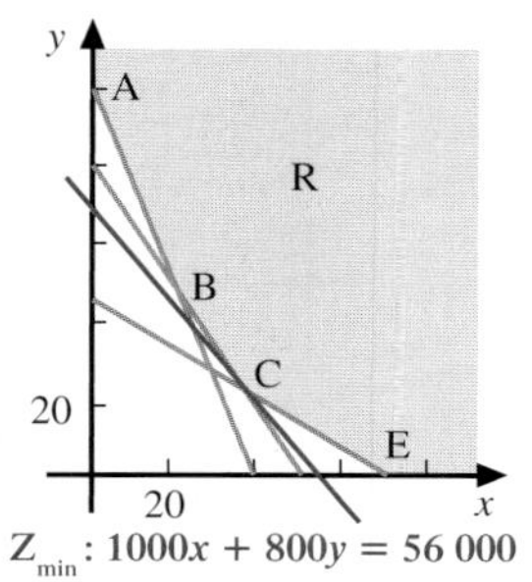

6) Formulons la réponse.

L'usine de Saint-Jérôme devra fonctionner pendant 40 jours, et l'usine de Lévis, pendant 20 jours, pour un coût minimal de 56 000 $.

7. a) 1) Identifions les variables de décision.

Tableau des données

	Unités de calcium	**Unités de vitamine C**
Sachet 1	200	200
Sachet 2	300	100
Besoin minimal	1400	600

Soit x, le nombre de sachets 1, et y, le nombre de sachets 2, pris quotidiennement.

2) Traduisons les contraintes en un système d'inéquations linéaires.

$$\begin{cases} x \geq 0 & ① \\ y \geq 0 & ② \\ 200x + 300y \geq 1400 & ③ \\ 200x + 100y \geq 600 & ④ \\ x + y \leq 6 & ⑤ \end{cases}$$

① ② contraintes de non-négativité
③ contrainte pour les unités de calcium
④ contrainte pour les unités de vitamine C
⑤ contrainte pour le nombre de sachets

3) Déterminons la fonction économique à optimiser.

$Z(x, y) = 0{,}20x + 0{,}50y$

est la fonction économique dont nous voulons déterminer le minimum.

4) Représentons le polygone de contraintes et les sommets du polygone.

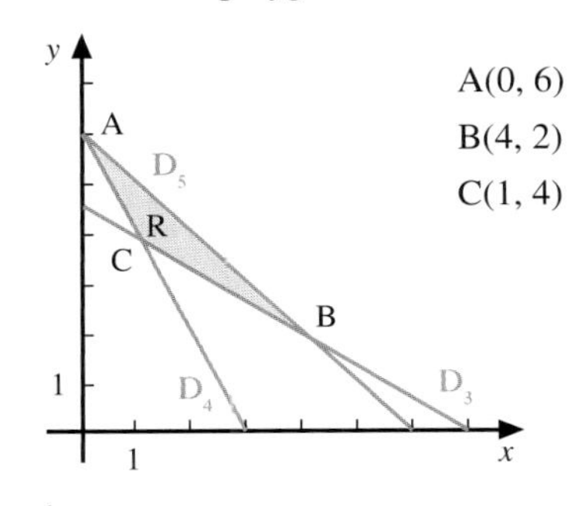

A(0, 6)
B(4, 2)
C(1, 4)

5) Évaluons $Z(x, y)$ à chaque sommet.

$Z(x, y) = 0{,}20x + 0{,}50y$

$Z_A(0, 6) = 3{,}00$ $

$Z_B(4, 2) = 1{,}80$ $ (minimum)

$Z_C(1, 4) = 2{,}20$ $

Représentons graphiquement le polygone de contraintes et la droite $Z_{min}: 0{,}20x + 0{,}50y = 1{,}80$

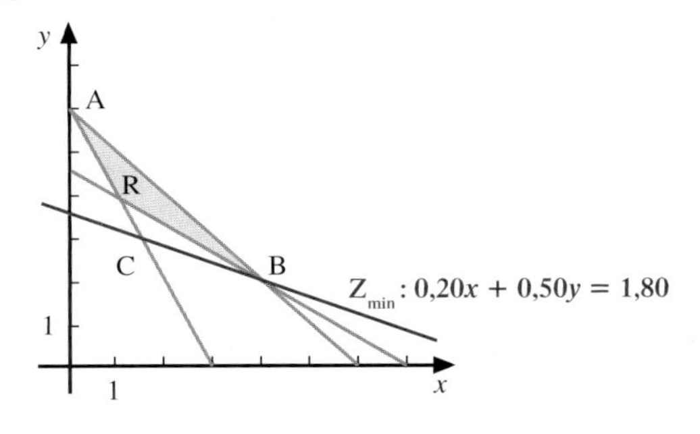

6) Formulons la réponse.

Elle devra prendre quatre sachets 1 et deux sachets 2 chaque jour; coût minimum par jour: 1,80 $.

7. b) Les étapes 1), 2) et 4) sont identiques.

3) Déterminons la fonction économique à optimiser.

$Z(x, y) = 0{,}80x + 0{,}60y$

est la fonction économique dont nous voulons déterminer le minimum.

5) Évaluons $Z(x, y)$ à chaque sommet.

$Z(x, y) = 0{,}80x + 0{,}60y$

$Z_A(0, 6) = 3{,}60$ $

$Z_B(4, 2) = 4{,}40$ $

$Z_C(1, 4) = 3{,}20$ $ (minimum)

Représentons graphiquement le polygone de contraintes et la droite $Z_{min}: 0{,}80x + 0{,}60y = 3{,}20$

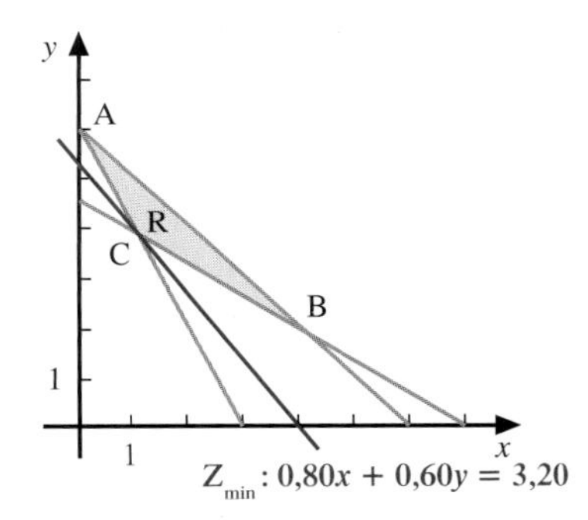

6) Formulons la réponse.

Elle devra prendre un sachet 1 et quatre sachets 2 chaque jour; coût minimum par jour: 3,20 $.

8. a) 1) Identifions les variables de décision.

Tableau des données

	Blé (en kg)	**Malt (en kg)**	**Levure (en kg)**
Bière blonde	2	16	0,1
Bière rousse	6	9	0,2
Quantité disponible	240	576	8,2

Soit x, le nombre de barils de bière blonde, et y, le nombre de barils de bière rousse.

12

2) Traduisons les contraintes en un sytème d'inéquations linéaires.

$$\begin{cases} x \geq 0 & ① \\ y \geq 0 & ② \end{cases} \text{ contraintes de non-négativité}$$

$$\begin{cases} x \geq 0 & ① \\ y \geq 0 & ② \\ 2x + 6y \leq 240 & ③ \text{ contrainte de quantité de blé} \\ 16x + 9y \leq 576 & ④ \text{ contrainte de quantité de malt} \\ 0{,}1x + 0{,}2y \leq 8{,}2 & ⑤ \text{ contrainte de quantité de levure} \end{cases}$$

3) Déterminons la fonction économique à optimiser.

$Z(x, y) = 125x + 90y$

est la fonction économique dont nous voulons déterminer le maximum.

4) Représentons le polygone de contraintes et les sommets du polygone.

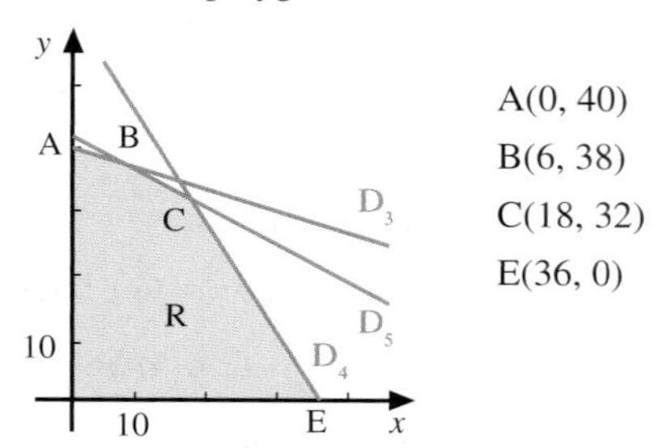

A(0, 40)
B(6, 38)
C(18, 32)
E(36, 0)

5) Évaluons $Z(x, y)$ à chaque sommet.

$Z(x, y) = 125x + 90y$

$Z_A(0, 40) = 3600$ \$

$Z_B(6, 38) = 4170$ \$

$Z_C(18, 32) = 5130$ \$ (maximum)

$Z_E(36, 0) = 4500$ \$

Représentons graphiquement le polygone de contraintes et la droite $Z_{max}: 125x + 90y = 5130$

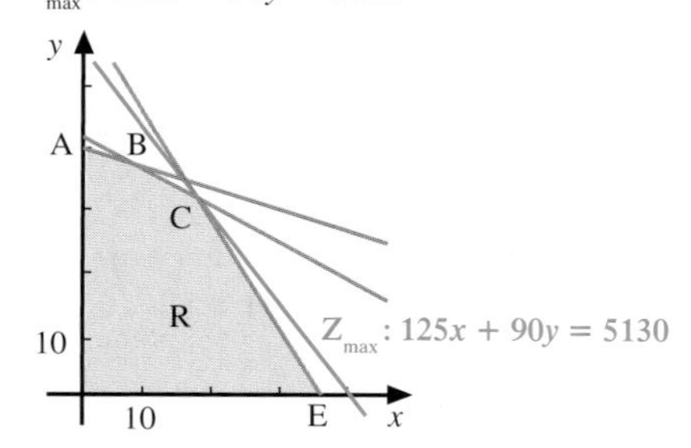

6) Formulons la réponse.

La micro-brasserie devra fabriquer 18 barils de bière blonde et 32 barils de bière rousse, pour un profit maximal de 5130 \$.

8. b) Les étapes 1), 2) et 4) sont identiques.

3) Déterminons la fonction économique à optimiser.

$Z(x, y) = 50x + 120y$

est la fonction économique dont nous voulons déterminer le maximum.

5) Évaluons $Z(x, y)$ à chaque sommet.

$Z(x, y) = 50x + 120y$

$Z_A(0, 40) = 4800$ \$

$Z_B(6, 38) = 4860$ \$ (maximum)

$Z_C(18, 32) = 4740$ \$

$Z_E(36, 0) = 1800$ \$

Représentons graphiquement le polygone de contraintes et la droite $Z_{max}: 50x + 120y = 4860$

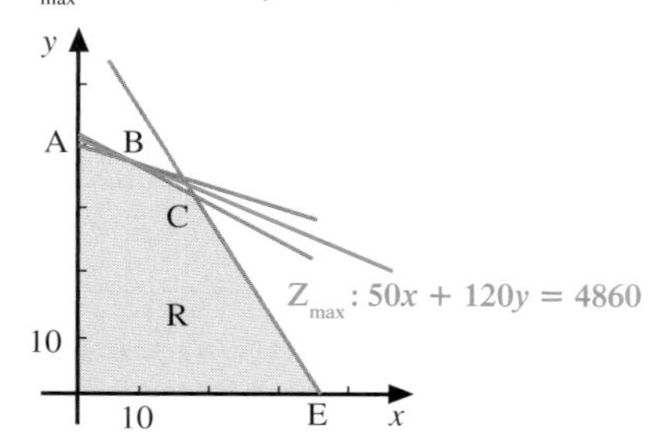

6) Formulons la réponse.

La micro-brasserie devra fabriquer 6 barils de bière blonde et 38 barils de bière rousse, pour un profit maximal de 4860 \$.

9. 1) Identifions les variables de décision.

Soit x, le nombre de mètres carrés des boîtes à fleurs,
y, le nombre de mètres carrés des arbustes, et
t, le nombre de mètres carrés des outils de jardinage.

Puisque $x + y + t = 160$, nous avons $t = 160 - x - y$, où $t \geq 0$.

2) Traduisons les contraintes en un système d'inéquations linéaires.

$$\begin{cases} x \geq 0 & ① \\ y \geq 0 & ② \\ t \geq 0 & ③ \end{cases} \text{ contraintes de non-négativité}$$

$$\begin{cases} x \geq 0 & ① \\ y \geq 0 & ② \\ t \geq 0 & ③ \\ x + y \leq 120 & ④ \\ x \leq 100 & ⑤ \\ y \geq 10 & ⑥ \\ t \leq x + y & ⑦ \\ y \leq \frac{1}{3}x & ⑧ \end{cases}$$

En remplaçant t par $(160 - x - y)$, nous obtenons

$$\begin{cases} x \geq 0 & ① \\ y \geq 0 & ② \\ 160 - x - y \geq 0 & ③ \\ x + y \leq 120 & ④ \\ x \leq 100 & ⑤ \\ y \geq 10 & ⑥ \\ 160 - x - y \leq x + y & ⑦ \\ y \leq \frac{1}{3}x & ⑧ \end{cases}$$

En transformant ce dernier système, nous obtenons

$$\begin{cases} x \geq 0 & \text{①} \\ y \geq 0 & \text{②} \\ x + y \leq 160 & \text{③} \\ x + y \leq 120 & \text{④} \\ x \leq 100 & \text{⑤} \\ y \geq 10 & \text{⑥} \\ x + y \geq 80 & \text{⑦} \\ x - 3y \geq 0 & \text{⑧} \end{cases}$$

3) Déterminons la fonction économique à optimiser.

$Z(x, y, t) = 24x + 40y + 5t$

$Z(x, y) = 24x + 40y + 5(160 - x - y)$

$Z(x, y) = 19x + 35y + 800$ (en \$)

4) Représentons le polygone de contraintes et déterminons les sommets du polygone en résolvant les systèmes d'équations appropriés.

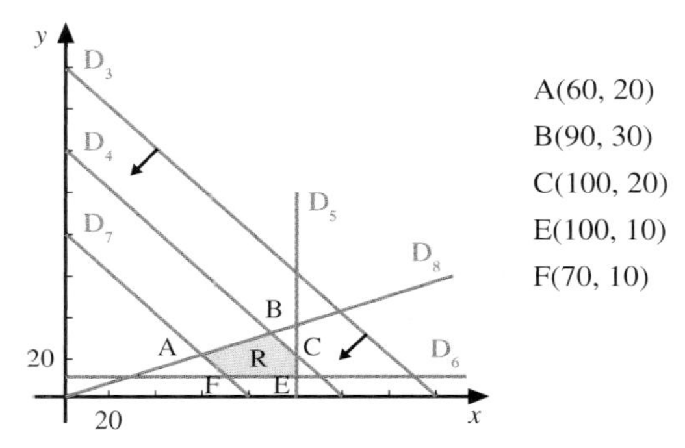

Notons que la contrainte ③, $x + y \leq 160$, est redondante.

5) Évaluons $Z(x, y)$ à chaque sommet.

$Z(x, y) = 19x + 35y + 800$

$Z_A(60, 20) = 2640$ \$

$Z_B(90, 30) = 3560$ \$ (maximum)

$Z_C(100, 20) = 3400$ \$

$Z_E(100, 10) = 3050$ \$

$Z_F(70, 10) = 2480$ \$

Représentons graphiquement le polygone de contraintes et la droite

$Z_{max}: 19x + 35y + 800 = 3560$

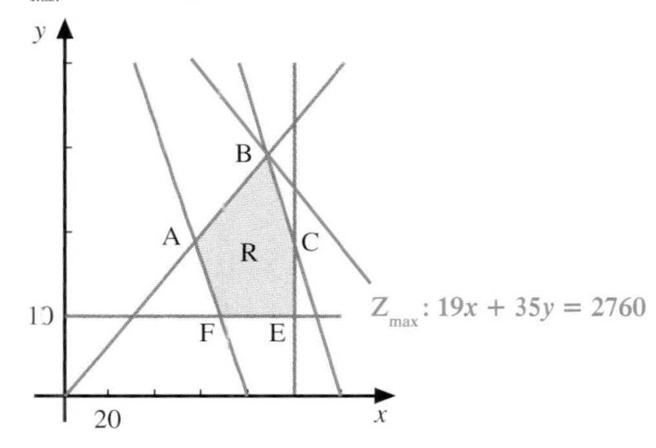

6) Formulons la réponse.

Le propriétaire devra allouer 90 m² pour les boîtes à fleurs, 30 m² pour les arbustes et 40 m² pour les outils de jardinage, pour un profit maximal de 3560 \$.

Exercices 12.2 (page 471)

1. a) i) En transformant d'abord les inéquations en équations à l'aide des variables d'écart e_1, e_2 et e_3, nous obtenons

$2x + y + e_1 = 16$, où $e_1 = 16 - 2x - y$ ①

$x + 2y + e_2 = 11$, où $e_2 = 11 - x - 2y$ ②

$x + 3y + e_3 = 15$, où $e_3 = 15 - x - 3y$ ③

La fonction économique peut s'écrire

$Z(x, y, e_1, e_2, e_3) = 30x + 50y + 0e_1 + 0e_2 + 0e_3$

Puisque le coefficient de y est positif et est le plus grand, il faut augmenter la valeur de y.

Premier calcul

Le tableau suivant nous indique la valeur maximale permise pour y, en respectant les contraintes.

Équation	Valeur maximale de y
① $e_1 = 16 - 2x - y$	16
② $e_2 = 11 - x - 2y$	5,5
③ $e_3 = 15 - x - 3y$	5

En exprimant y de ③ en fonction de x et de e_3, nous obtenons $y = 5 - \frac{1}{3}x - \frac{1}{3}e_3$ et, en remplaçant dans

$Z(x, y) = 30x + 50y$, nous obtenons

$Z(x, e_3) = 30x + 50\left(5 - \frac{1}{3}x - \frac{1}{3}e_3\right)$

$Z(x, e_3) = 250 + \frac{40}{3}x - \frac{50}{3}e_3$

Puisque le coefficient de la variable x est positif, nous pouvons augmenter cette variable.

Deuxième calcul

En remplaçant y par $\left(5 - \frac{1}{3}x - \frac{1}{3}e_3\right)$ dans ① et ②, nous obtenons

$e_1 = 16 - 2x - \left(5 - \frac{1}{3}x - \frac{1}{3}e_3\right)$, donc

$e_1 = 11 - \frac{5}{3}x + \frac{1}{3}e_3$

$e_2 = 11 - x - 2\left(5 - \frac{1}{3}x - \frac{1}{3}e_3\right)$, donc

$e_2 = 1 - \frac{1}{3}x + \frac{2}{3}e_3$

Le tableau suivant nous indique la valeur maximale permise pour x, en respectant les contraintes.

Équation	Valeur maximale de x
(1a) $e_1 = 11 - \frac{5}{3}x + \frac{1}{3}e_3$	6,6
(2a) $e_2 = 1 - \frac{1}{3}x + \frac{2}{3}e_3$	3
(3a) $y = 5 - \frac{1}{3}x - \frac{1}{3}e_3$	15

En exprimant x de (2a) en fonction de e_2 et de e_3, nous obtenons $x = 3 - 3e_2 + 2e_3$ et, en remplaçant dans

$Z(x, e_3) = 250 + \frac{40}{3}x - \frac{50}{3}e_3$, nous obtenons

$$Z(e_2, e_3) = 250 + \frac{40}{3}(3 - 3e_2 + 2e_3) - \frac{50}{3}e_3$$

$$Z(e_2, e_3) = 290 - 40e_2 + 10e_3$$

Puisque le coefficient de la variable e_3 est positif, nous pouvons augmenter cette variable.

Troisième calcul

En remplaçant x par $(3 - 3e_2 + 2e_3)$ dans (1a) et (3a), nous obtenons

$e_1 = 11 - \frac{5}{3}(3 - 3e_2 + 2e_3) + \frac{1}{3}e_3$, donc

$$e_1 = 6 + 5e_2 - 3e_3$$

$y = 5 - \frac{1}{3}(3 - 3e_2 + 2e_3) - \frac{1}{3}e_3$, donc

$$y = 4 + e_2 - e_3$$

Le tableau suivant nous indique la valeur maximale permise pour e_3, en respectant les contraintes.

Équation	Valeur maximale de e_3
(1b) $e_1 = 6 + 5e_2 - 3e_3$	2
(2b) $x = 3 - 3e_2 + 2e_3$	aucune
(3b) $y = 4 + e_2 - e_3$	4

En exprimant e_3 de (1b) en fonction de e_1 et de e_2, nous obtenons $e_3 = 2 + \frac{5}{3}e_2 - \frac{1}{3}e_1$ et, en remplaçant dans

$Z(e_2, e_3) = 290 - 40e_2 + 10e_3$, nous obtenons

$$Z(e_1, e_2) = 290 - 40e_2 + \frac{10}{3}(6 + 5e_2 - e_1)$$

$$Z(e_1, e_2) = 310 - \frac{10}{3}e_1 - \frac{70}{3}e_2$$

Puisque tous les coefficients des variables de la fonction économique sont négatifs, le maximum est atteint en posant $e_1 = 0$ et $e_2 = 0$.

D'où le maximum de $Z(x, y)$ est égal à 310.

ii) 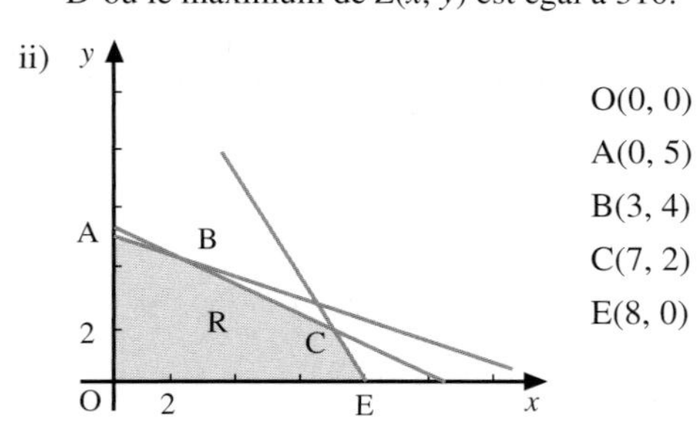

O(0, 0)
A(0, 5)
B(3, 4)
C(7, 2)
E(8, 0)

$Z(x, y) = 30x + 50y$
$Z_O(0, 0) = 0$
$Z_A(0, 5) = 250$
$Z_B(3, 4) = 290$
$Z_C(7, 2) = 310$ (maximum)
$Z_E(8, 0) = 240$

D'où le maximum de $Z(x, y)$ est 310.

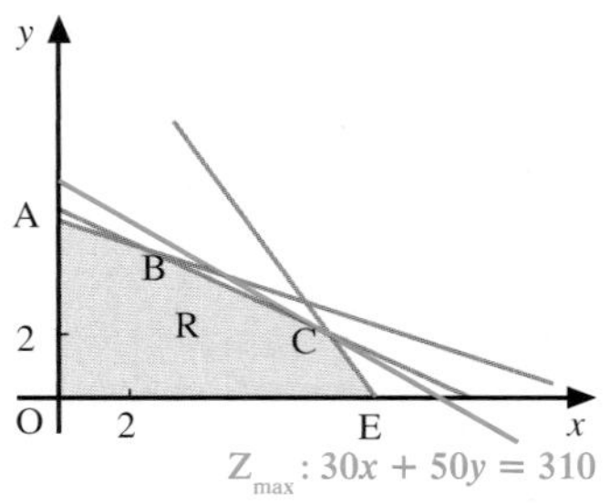

1. b) $P(x, y, z) = 6x + 9y + 6z$

En transformant d'abord les inéquations en équations à l'aide des variables d'écart e_1, e_2 et e_3, nous obtenons

$2x + 2y + z + e_1 = 100$, où $e_1 = 100 - 2x - 2y - z$ ①
$2x + 3y + 3z + e_2 = 150$, où $e_2 = 150 - 2x - 3y - 3z$ ②
$2x + 5y + z + e_3 = 200$, où $e_3 = 200 - 2x - 5y - z$ ③

La fonction économique peut s'écrire

$$P(x, y, z) = 6x + 9y + 6z + 0e_1 + 0e_2 + 0e_3$$

Puisque le coefficient de y est le plus grand, il faut augmenter la valeur de y.

Premier calcul

Le tableau suivant nous indique la valeur maximale permise pour y, en respectant les contraintes.

Équation	Valeur maximale de y
① $e_1 = 100 - 2x - 2y - z$	50
② $e_2 = 150 - 2x - 3y - 3z$	50
③ $e_3 = 200 - 2x - 5y - z$	40

En exprimant y de ③ en fonction de x, de z et de e_3, nous obtenons $y = 40 - \frac{2}{5}x - \frac{1}{5}z - \frac{1}{5}e_3$ et, en remplaçant dans

$P(x, y, z) = 6x + 9y + 6z$, nous avons

$$P(x, z, e_3) = 6x + 9\left(40 - \frac{2}{5}x - \frac{1}{5}z - \frac{1}{5}e_3\right) + 6z$$

$$P(x, z, e_3) = 360 + \frac{12}{5}x + \frac{21}{5}z - \frac{9}{5}e_3$$

Puisque le coefficient de z est le plus grand, nous pouvons augmenter cette variable.

Deuxième calcul

En remplaçant y par $\left(40 - \frac{2}{5}x - \frac{1}{5}z - \frac{1}{5}e_3\right)$ dans ① et ②, nous obtenons

$e_1 = 100 - 2x - 2\left(40 - \frac{2}{5}x - \frac{1}{5}z - \frac{1}{5}e_3\right) - z$, donc

$$e_1 = 20 - \frac{6}{5}x - \frac{3}{5}z + \frac{2}{5}e_3$$

$e_2 = 150 - 2x - 3\left(40 - \frac{2}{5}x - \frac{1}{5}z - \frac{1}{5}e_3\right) - 3z$, donc

$e_2 = 30 - \frac{4}{5}x - \frac{12}{5}z + \frac{3}{5}e_3$

Le tableau suivant nous indique la valeur maximale permise pour z, en respectant les contraintes.

Équation	Valeur maximale de z
(1a) $e_1 = 20 - \frac{6}{5}x - \frac{3}{5}z + \frac{2}{5}e_3$	$\frac{100}{3}$
(2a) $e_2 = 30 - \frac{4}{5}x - \frac{12}{5}z + \frac{3}{5}e_3$	$\frac{25}{2}$
(3a) $y = 40 - \frac{2}{5}x - \frac{1}{5}z - \frac{1}{5}e_3$	200

En exprimant z de (2a) en fonction de x_1, de e_1 et de e_3, nous obtenons $z = \frac{25}{2} - \frac{1}{3}x - \frac{5}{12}e_2 + \frac{1}{4}e_3$ et,

en remplaçant dans

$P(x, z, e_3) = 360 + \frac{12}{5}x + \frac{21}{5}z - \frac{9}{5}e_3$, nous obtenons

$P(x, e_1, e_3) = 360 + \frac{12}{5}x + \frac{21}{5}\left(\frac{25}{2} - \frac{1}{3}x - \frac{5}{12}e_2 + \frac{1}{4}e_3\right) - \frac{9}{5}e_3$

$P(x, e_1, e_3) = \frac{825}{2} + x - \frac{7}{4}e_2 - \frac{3}{4}e_3$

Puisque le coefficient de x est positif, nous pouvons augmenter cette variable.

Toisième calcul

En remplaçant z par $\left(\frac{25}{2} - \frac{1}{3}x - \frac{5}{12}e_2 + \frac{1}{4}e_3\right)$ dans (1a) et (3a), nous obtenons

$e_1 = 20 - \frac{6}{5}x - \frac{3}{5}\left(\frac{25}{2} - \frac{1}{3}x - \frac{5}{12}e_2 + \frac{1}{4}e_3\right) + \frac{2}{5}e_3$, donc

$e_1 = \frac{25}{2} - x + \frac{1}{4}e_2 + \frac{1}{4}e_3$

$y = 40 - \frac{2}{5}x - \frac{1}{5}\left(\frac{25}{2} - \frac{1}{3}x - \frac{5}{12}e_1 + \frac{1}{4}e_3\right) - \frac{1}{5}e_3$, donc

$y = \frac{75}{2} - \frac{1}{3}x + \frac{1}{12}e_2 - \frac{1}{4}e_3$

Le tableau suivant nous indique la valeur maximale permise pour x, en respectant les contraintes.

Équation	Valeur maximale de x
(1b) $e_1 = \frac{25}{2} - x + \frac{1}{4}e_2 + \frac{1}{4}e_3$	$\frac{25}{2}$
(2b) $z = \frac{25}{2} - \frac{1}{3}x - \frac{5}{12}e_2 + \frac{1}{4}e_3$	$\frac{75}{2}$
(3b) $y = \frac{75}{2} - \frac{1}{3}x + \frac{1}{12}e_2 - \frac{1}{4}e_3$	$\frac{225}{2}$

En exprimant x de (1b) en fonction de e_1, de e_2 et de e_3, nous obtenons $x = \frac{25}{2} - e_1 + \frac{1}{4}e_2 + \frac{1}{4}e_3$ et,

en remplaçant dans

$P(x, e_1, e_3) = \frac{825}{2} + x - \frac{7}{4}e_2 - \frac{3}{4}e_3$, nous obtenons

$P(e_1, e_2, e_3) = \frac{825}{2} + \frac{25}{2} - e_1 + \frac{1}{4}e_2 + \frac{1}{4}e_3 - \frac{7}{4}e_2 - \frac{3}{4}e_3$

$P(e_1, e_2, e_3) = 425 - e_1 - \frac{3}{2}e_2 - \frac{1}{2}e_3$

Puisque tous les coefficients des variables de la fonction économique sont négatifs, le maximum est atteint en posant $e_1 = 0$, $e_2 = 0$ et $e_3 = 0$.

D'où le maximum de $P(x, y, z)$ est égal à 425.

2. a) i) Variables de base : x et e_1
Variables hors base : y et e_2

ii) $x = 18, y = 0, e_1 = 10, e_2 = 0, P = 25$

iii) Non, car il y a une valeur négative sur la dernière ligne.

b) i) Variables de base : y et e_2
Variables hors base : x, z et e_1

ii) $x = 0, y = 20, z = 0, e_1 = 0, e_2 = 15, P = 37$

iii) Oui, car il n'y a aucune valeur négative sur la dernière ligne.

3. a)

$$\begin{aligned} x \quad + e_1 \quad\quad &= 5 \\ y \quad + e_2 \quad &= 3 \\ x + y \quad\quad + e_3 &= 6 \end{aligned}$$

$x \geq 0, y \geq 0, e_1 \geq 0, e_2 \geq 0, e_3 \geq 0$

b)

x	y	e_1	e_2	e_3	Décision	Point
0	0	5	3	6	Admissible	O(0, 0)
0	3	5	0	3	Admissible	A(0, 3)
0	6	5	-3	0	Rejeté	B(0, 6)
3	3	2	0	0	Admissible	C(3, 3)
5	3	0	0	-2	Rejeté	E(5, 3)
5	1	0	2	0	Admissible	F(5, 1)
5	0	0	3	1	Admissible	G(5, 0)
6	0	-1	3	0	Rejeté	H(6, 0)

4.

$$\begin{array}{c} \\ e_1 \\ e_2 \\ P \end{array} \begin{array}{c} \begin{array}{ccccc|c} x & y & e_1 & e_2 & P & \end{array} \\ \left[\begin{array}{ccccc|c} 3 & 6 & 1 & 0 & 0 & 24 \\ 4 & 2 & 0 & 1 & 0 & 28 \\ \hline -8 & -7 & 0 & 0 & 1 & 0 \end{array}\right] \end{array} \quad \begin{array}{l} \frac{24}{3} = 8 \\ \frac{28}{4} = 7 \text{ minimum} \end{array}$$

12

$$\sim\left[\begin{array}{ccccc:c} 3 & 6 & 1 & 0 & 0 & 24 \\ 1 & \frac{1}{2} & 0 & \frac{1}{4} & 0 & 7 \\ \hdashline -8 & -7 & 0 & 0 & 1 & 0 \end{array}\right] \quad (1/4)L_2 \to L_2$$

$$\sim\begin{array}{c} e_1 \\ x \\ P \end{array}\left[\begin{array}{ccccc:c} 0 & \frac{9}{2} & 1 & \frac{-3}{4} & 0 & 3 \\ 1 & \frac{1}{2} & 0 & \frac{1}{4} & 0 & 7 \\ \hdashline 0 & -3 & 0 & 2 & 1 & 56 \end{array}\right] \quad \begin{array}{l} L_1 - 3L_2 \to L_1 \\ \\ L_3 + 8L_2 \to L_3 \end{array}$$

$x = 7, y = 0, e_1 = 3, e_2 = 0, P = 56$

5. a)

$$\begin{array}{c} \\ e_1 \\ e_2 \\ P \end{array}\begin{array}{c} \begin{array}{ccccc} x & y & e_1 & e_2 & P \end{array} \\ \left[\begin{array}{ccccc:c} 3 & 5 & 1 & 0 & 0 & 3 \\ 1 & 5 & 0 & 1 & 0 & 2 \\ \hdashline -4 & -7 & 0 & 0 & 1 & 0 \end{array}\right] \end{array}$$

$$\sim\left[\begin{array}{ccccc:c} 3 & 5 & 1 & 0 & 0 & 3 \\ 1 & 5 & 0 & 1 & 0 & 2 \\ \hdashline -4 & -7 & 0 & 0 & 1 & 0 \end{array}\right] \quad \begin{array}{l} \frac{3}{5} \\ \frac{2}{5} \text{ minimum} \end{array}$$

$$\sim\left[\begin{array}{ccccc:c} 3 & 5 & 1 & 0 & 0 & 3 \\ \frac{1}{5} & 1 & 0 & \frac{1}{5} & 0 & \frac{2}{5} \\ \hdashline -4 & -7 & 0 & 0 & 1 & 0 \end{array}\right] \quad (1/5)L_2 \to L_2$$

$$\sim\begin{array}{c} e_1 \\ y \\ P \end{array}\left[\begin{array}{ccccc:c} 2 & 0 & 1 & -1 & 0 & 1 \\ \frac{1}{5} & 1 & 0 & \frac{1}{5} & 0 & \frac{2}{5} \\ \hdashline \frac{-13}{5} & 0 & 0 & \frac{7}{5} & 1 & \frac{14}{5} \end{array}\right] \quad \begin{array}{l} L_1 - 5L_2 \to L_1 \\ \\ L_3 + 7L_2 \to L_3 \end{array}$$

$$\sim\left[\begin{array}{ccccc:c} 2 & 0 & 1 & -1 & 0 & 1 \\ \frac{1}{5} & 1 & 0 & \frac{1}{5} & 0 & \frac{2}{5} \\ \hdashline \frac{-13}{5} & 0 & 0 & \frac{7}{5} & 1 & \frac{14}{5} \end{array}\right] \quad \begin{array}{l} \frac{1}{2} \text{ minimum} \\ \frac{2}{5} \div \frac{1}{5} = 2 \end{array}$$

$$\sim\left[\begin{array}{ccccc:c} 1 & 0 & \frac{1}{2} & \frac{-1}{2} & 0 & \frac{1}{2} \\ \frac{1}{5} & 1 & 0 & \frac{1}{5} & 0 & \frac{2}{5} \\ \hdashline \frac{-13}{5} & 0 & 0 & \frac{7}{5} & 1 & \frac{14}{5} \end{array}\right] \quad (1/2)L_1 \to L_1$$

$$\sim\begin{array}{c} x \\ y \\ P \end{array}\left[\begin{array}{ccccc:c} 1 & 0 & \frac{1}{2} & \frac{-1}{2} & 0 & \frac{1}{2} \\ 0 & 1 & \frac{-1}{10} & \frac{3}{10} & 0 & \frac{3}{10} \\ \hdashline 0 & 0 & \frac{13}{10} & \frac{1}{10} & 1 & \frac{41}{10} \end{array}\right] \quad \begin{array}{l} L_2 - (1/5)L_1 \to L_2 \\ \\ L_3 + (13/5)L_1 \to L_3 \end{array}$$

$x = \frac{1}{2}, y = \frac{3}{10}, e_1 = 0, e_2 = 0, P = \frac{41}{10}$ maximum

b)

$$\begin{array}{c} \\ e_1 \\ e_2 \\ e_3 \\ P \end{array}\begin{array}{c} \begin{array}{ccccccc} x & y & z & e_1 & e_2 & e_3 & P \end{array} \\ \left[\begin{array}{ccccccc:c} 2 & 2 & 1 & 1 & 0 & 0 & 0 & 100 \\ 2 & 3 & 3 & 0 & 1 & 0 & 0 & 150 \\ 2 & 5 & 1 & 0 & 0 & 1 & 0 & 200 \\ \hdashline -6 & -9 & -6 & 0 & 0 & 0 & 1 & 0 \end{array}\right] \end{array}$$

$$\sim\left[\begin{array}{ccccccc:c} 2 & 2 & 1 & 1 & 0 & 0 & 0 & 100 \\ 2 & 3 & 3 & 0 & 1 & 0 & 0 & 150 \\ 2 & 5 & 1 & 0 & 0 & 1 & 0 & 200 \\ \hdashline -6 & -9 & -6 & 0 & 0 & 0 & 1 & 0 \end{array}\right] \quad \begin{array}{l} \frac{100}{2} = 50 \\ \frac{150}{3} = 50 \\ \frac{200}{5} = 40 \text{ minimum} \end{array}$$

$$\sim\left[\begin{array}{ccccccc:c} 2 & 2 & 1 & 1 & 0 & 0 & 0 & 100 \\ 2 & 3 & 3 & 0 & 1 & 0 & 0 & 150 \\ \frac{2}{5} & 1 & \frac{1}{5} & 0 & 0 & \frac{1}{5} & 0 & 40 \\ \hdashline -6 & -9 & -6 & 0 & 0 & 0 & 1 & 0 \end{array}\right] \quad (1/5)L_3 \to L_3$$

$$\sim\begin{array}{c} e_1 \\ e_2 \\ y \\ P \end{array}\left[\begin{array}{ccccccc:c} \frac{6}{5} & 0 & \frac{3}{5} & 1 & 0 & \frac{-2}{5} & 0 & 20 \\ \frac{4}{5} & 0 & \frac{12}{5} & 0 & 1 & \frac{-3}{5} & 0 & 30 \\ \frac{2}{5} & 1 & \frac{1}{5} & 0 & 0 & \frac{1}{5} & 0 & 40 \\ \hdashline \frac{-12}{5} & 0 & \frac{-21}{5} & 0 & 0 & \frac{9}{5} & 1 & 360 \end{array}\right] \quad \begin{array}{l} L_1 - 2L_3 \to L_1 \\ L_2 - 3L_3 \to L_2 \\ \\ L_4 + 9L_3 \to L_4 \end{array}$$

$$\sim\left[\begin{array}{ccccccc:c} \frac{6}{5} & 0 & \frac{3}{5} & 1 & 0 & \frac{-2}{5} & 0 & 20 \\ \frac{4}{5} & 0 & \frac{12}{5} & 0 & 1 & \frac{-3}{5} & 0 & 30 \\ \frac{2}{5} & 1 & \frac{1}{5} & 0 & 0 & \frac{1}{5} & 0 & 40 \\ \hdashline \frac{-12}{5} & 0 & \frac{-21}{5} & 0 & 0 & \frac{9}{5} & 1 & 360 \end{array}\right] \quad \begin{array}{l} 20 \div \frac{3}{5} = 33,\overline{3} \\ 30 \div \frac{12}{5} = 12,5 \text{ minimum} \\ 40 \div \frac{1}{5} = 200 \end{array}$$

$$\sim\left[\begin{array}{ccccccc:c} \frac{6}{5} & 0 & \frac{3}{5} & 1 & 0 & \frac{-2}{5} & 0 & 20 \\ \frac{1}{3} & 0 & 1 & 0 & \frac{5}{12} & \frac{-1}{4} & 0 & \frac{25}{2} \\ \frac{2}{5} & 1 & \frac{1}{5} & 0 & 0 & \frac{1}{5} & 0 & 40 \\ \hdashline \frac{-12}{5} & 0 & \frac{-21}{5} & 0 & 0 & \frac{9}{5} & 1 & 360 \end{array}\right] \quad \begin{array}{l} \\ (5/12)L_2 \to L_2 \\ \\ \\ \end{array}$$

$$\sim\begin{array}{c} e_1 \\ z \\ y \\ P \end{array}\left[\begin{array}{ccccccc:c} 1 & 0 & 0 & 1 & \frac{-1}{4} & \frac{-1}{4} & 0 & \frac{25}{2} \\ \frac{1}{3} & 0 & 1 & 0 & \frac{5}{12} & \frac{-1}{4} & 0 & \frac{25}{2} \\ \frac{1}{3} & 1 & 0 & 0 & \frac{-1}{12} & \frac{1}{4} & 0 & \frac{75}{2} \\ \hdashline -1 & 0 & 0 & 0 & \frac{7}{4} & \frac{3}{4} & 1 & \frac{825}{2} \end{array}\right] \quad \begin{array}{l} L_1 - (3/5)L_2 \to L_1 \\ \\ L_3 - (1/5)L_2 \to L_3 \\ L_4 + (21/5)L_2 \to L_4 \end{array}$$

$$\sim\left[\begin{array}{ccccccc:c} 1 & 0 & 0 & 1 & \frac{-1}{4} & \frac{-1}{4} & 0 & \frac{25}{2} \\ \frac{1}{3} & 0 & 1 & 0 & \frac{5}{12} & \frac{-1}{4} & 0 & \frac{25}{2} \\ \frac{1}{3} & 1 & 0 & 0 & \frac{-1}{12} & \frac{1}{4} & 0 & \frac{75}{2} \\ \hdashline -1 & 0 & 0 & 0 & \frac{7}{4} & \frac{3}{4} & 1 & \frac{825}{2} \end{array}\right] \quad \begin{array}{l} \frac{25}{2} \div 1 = 12{,}5 \text{ minimum} \\ \frac{25}{2} \div \frac{1}{3} = 37{,}5 \\ \frac{75}{2} \div \frac{1}{3} = 112{,}5 \\ \\ \end{array}$$

$$\sim\begin{array}{c} x \\ z \\ y \\ P \end{array}\left[\begin{array}{ccccccc:c} 1 & 0 & 0 & 1 & \frac{-1}{4} & \frac{-1}{4} & 0 & \frac{25}{2} \\ 0 & 0 & 1 & \frac{-1}{3} & \frac{1}{2} & \frac{-1}{6} & 0 & \frac{25}{3} \\ 0 & 1 & 0 & \frac{-1}{3} & 0 & \frac{1}{3} & 0 & \frac{100}{3} \\ \hdashline 0 & 0 & 0 & 1 & \frac{3}{2} & \frac{1}{2} & 1 & 425 \end{array}\right] \quad \begin{array}{l} \\ L_2 - (1/3)L_1 \to L_2 \\ L_3 - (1/3)L_1 \to L_3 \\ L_4 + L_1 \to L_4 \end{array}$$

$x = \frac{25}{2}$, $y = \frac{100}{3}$, $z = \frac{25}{3}$, $e_1 = 0$, $e_2 = 0$, $e_3 = 0$,

$P = 425$ maximum

6. La manufacture devrait fabriquer 20 tentes à quatre places, 27 tentes à six places et 53 tentes à huit places, pour un profit de 6330 $.

Exercices récapitulatifs (page 474)

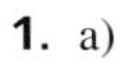

1. a)

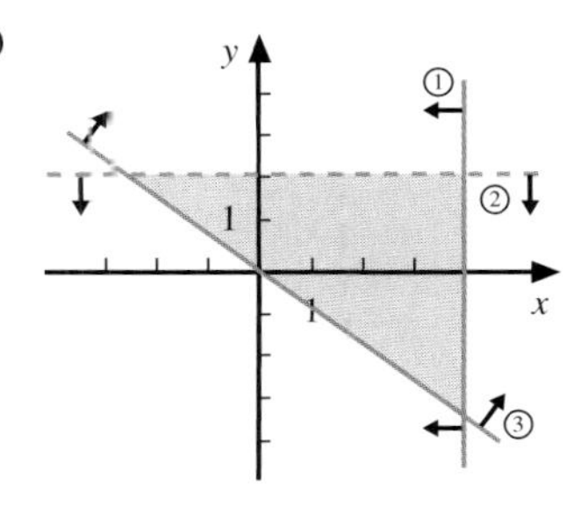

c)

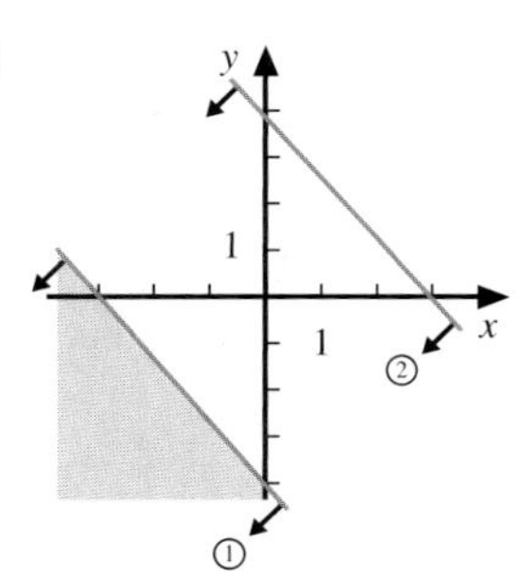

2. a)

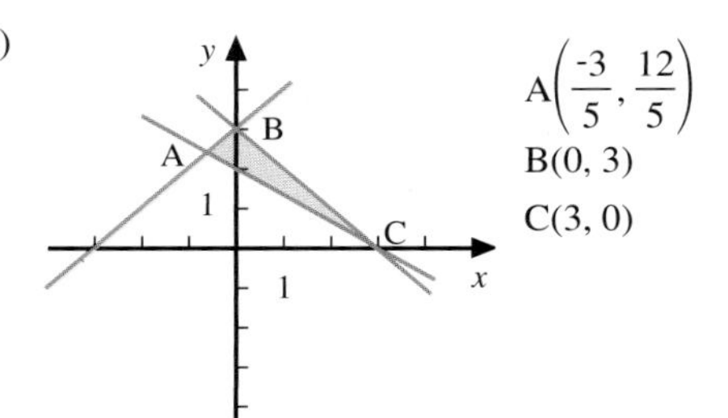

$A\left(\frac{-3}{5}, \frac{12}{5}\right)$
B(0, 3)
C(3, 0)

c)

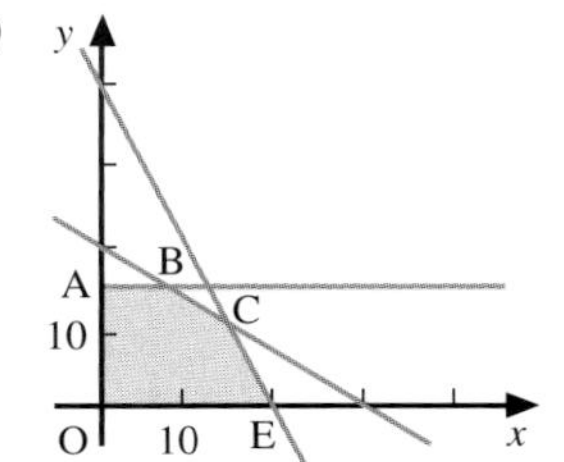

O(0, 0)
A(0, 16)
B(6, 16)
C(15, 10)
E(20, 0)

4. a) Minimum : 4 ; maximum : 18

c) Minimum : 125 ; maximum : aucun

5. a) 45 b) 122

6. 7 autobus et 10 minibus ; 10 400 $

Problèmes de synthèse (page 475)

4. a) $x = 0$, $y = 470$, $z = 220$, $w = 540$; $P = 8510$

b) $x = 12$, $y = 8$, $z = 21$, $w = 5$; $P = 1057$

6. 3 camions du premier type et 4 camions du deuxième type ; 27 $ par kilomètre

8. 70 billets de classe économique, 40 billets de classe affaires et 110 billets de première classe ; revenu de 82 050 $

9.

	Type 1	Type 2	Type 3	Profit
a)	20	20	10	800 000 $
c)	45	0	0	900 000 $

10.

	Type A	Type B	Type C	Type D	Revenu
a)	0 $	0 $	15 000 $	10 000 $	1450 $
c)	9000 $	1000 $	6000 $	9000 $	1535 $

SOURCES ICONOGRAPHIQUES

Photo de la couverture : Dominique Parent.
p. IV (haut) : Geneviève Séguin ; **p. IV (bas) et VI :** Wikimedia Commons ; **p. VII** : Dominique Parent.

Chapitre 1
p. 1, 14, 16, 23, 24, 37, 39 et 41 : Dominique Parent ; **p. 2 :** *The Yorck Project, 10.000 Meisterwerke der Malerei*, DVD-ROM, 2002, ISBN 3936122202, distribué par Directmedia Publishing GmbH / Wikimedia Commons ; **p. 19 :** © The Royal Society ; **p. 29 :** Library of Congress / Science Photo Library ; **p. 40 :** © technotr / iStockphoto ; **p. 42 :** Pierre Parent.

Chapitre 2
p. 45, 59, 68, 71, 80, 83, 84, 88, 89 (gauche) et 92 : Dominique Parent ; **p. 46 :** Wikimedia Commons ; **p. 60 :** peinture de Carl Friedrich Gauss par Gottlieb Biermann (1824-1908), photo de A. Wittmann / Wikimedia Commons ; **p. 72 :** Press Office, Leibniz Universität Hannover ; **p. 89 (droite) :** Pierre Parent.

Chapitre 3
p. 93 et 151 : Dominique Parent ; **p. 94, 104 et 108 :** Wikimedia Commons ; **p. 136 :** Muller Collection / New York Public Library / Science Photo Library.

Chapitre 4
p. 153, 156, 162 (gauche), 173, 178, 181, 185, 186 et 187 : Dominique Parent ; **p. 154 :** Wikimedia Commons ; **p. 162 (droite) :** Marc Tellier ; **p. 165 :** Bibliothèque de l'École polytechnique de Paris ; **p. 174 :** Library of Congress / Science Photo Library.

Chapitre 5
p. 189, 215 et 230 : Dominique Parent ; **p. 190 :** Wikimedia Commons ; **p. 208 :** © Sueddeutsche Zeitung Photo / The Image Works ; **p. 216 :** School of Mathematics and Statistics, University of St. Andrews, Scotland / Wikimedia Commons.

Chapitre 6
p. 231 : Dominique Parent ; **p. 232 :** © 2010, Dr Andrew Burbanks ; **p. 239 :** tiré du site ocw.mit.edu/courses/mathematics/18-712-introduction-to-representation-theory-fall-2010/, domaine public ; **p. 248 :** peinture *Portrait of René Descartes (1596-1650)*, par Frans Hals, Musée du Louvre, photo de André Hatala / Wikimedia Commons.

Chapitre 7
p. 269, 282, 285, 291, 295, 297, 300 et 307 : Dominique Parent ; **p. 270 :** illustration tirée de James Clerk Maxwell, *A Treatise on Electricity and Magnetism*, Oxford, Clarendon Press, 1873, p. 428 / Wikimedia Commons ; **p. 272 :** peinture de Galilée par Justus Sustermans (1636), National Maritime Museum, Greenwich, London / Wikimedia Commons ; **p. 286 :** tiré du site www.clerkmaxwellfoundation.org/html/picture_viewer_33.html.

Chapitre 8
p. 309, 338 et 341 : Dominique Parent ; **p. 310 :** page de Jean-Baptiste Biot, *Essai de géométrie analytique, appliquée aux courbes et aux surfaces du second ordre*, Paris, J. Klostermann, 1813, téléchargée de Google Books, livre original à la Bibliothèque cantonale et universitaire de Lausanne ; **p. 316 :** peinture *Portrait of René Descartes (1596-1650)*, par Frans Hals, Musée du Louvre, photo de André Hatala / Wikimedia Commons.

Chapitre 9
p. 343 et 356 : Geneviève Séguin ; **p. 344 :** page de l'article de Joseph Louis Lagrange, *Solution analytique de quelques problèmes sur la pyramide triangulaire*, publié dans le livre *Nouveaux mémoires de l'Académie royale des sciences et belles-lettres*, Berlin, Chrétien Frédéric Voss, 1775, p. 150, téléchargée de Google Books, livre original à l'Université de Gand ; **p. 370 :** Dominique Parent.

Chapitre 10
p. 371 : Dominique Parent ; **p. 372 :** planche I de Girard Desargues, *Brouillon-projet d'exemple d'une manière universelle du S.G.D.L. touchant la pratique du trait à preuves pour la coupe des pierres en l'Architecture*, Paris, 1640.

Chapitre 11
p. 411 : Dominique Parent ; **p. 412 :** page de Jérôme Cardan, *Ars Magna*, 1545, tirée du livre de Dirk Jan Struik, *A Source Book in Mathematics, 1200-1800*, Cambridge, Harvard University Press, 1969, p. 68 ; **p. 422 :** peinture *Portrait of Leonhard Euler*, par Jakob Emanuel Handmann (1718-1781) / Wikimedia Commons ; **p. 425 :** The Art Archive / National Gallery London / Eileen Tweedy.

Chapitre 12
p. 437, 449, 453, 454, 468, 472, 475 et 476 : Dominique Parent ; **p. 438 :** © Corbis ; **p. 444 :** Ed Souza / Stanford News Service ; **p. 448 :** Geneviève Séguin.

INDEX

INDEX des mots

N

O

P

Q

R

INDEX des noms propres

AIDE-MÉMOIRE

Ensembles de nombres

$\mathbb{N} = \{1, 2, 3, 4, \dots\}$

$\mathbb{Z} = \{\dots, -2, -1, 0, 1, 2, 3, \dots\}$

$\mathbb{Q} = \left\{ \frac{a}{b} \middle| a, b \in \mathbb{Z} \text{ et } b \neq 0 \right\}$

$\mathbb{R}$ = ensemble des nombres réels

$\mathbb{C}$ = ensemble des nombres complexes

$\mathbb{N} \subseteq \mathbb{Z} \subseteq \mathbb{Q} \subseteq \mathbb{R} \subseteq \mathbb{C}$

Zéros de l'équation quadratique

$ax^2 + bx + c = 0$, si

$$x = \frac{-b + \sqrt{b^2 - 4ac}}{2a} \text{ ou } x = \frac{-b - \sqrt{b^2 - 4ac}}{2a}$$

Théorème de Pythagore et trigonométrie

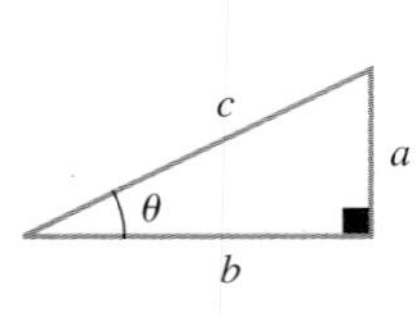

$a^2 + b^2 = c^2$

$\sin \theta = \frac{a}{c}$

$\cos \theta = \frac{b}{c}$

$\tan \theta = \frac{a}{b}$

Loi des cosinus et loi des sinus

Loi des cosinus

$a^2 = b^2 + c^2 - 2bc \cos A$

$b^2 = a^2 + c^2 - 2ac \cos B$

$c^2 = a^2 + b^2 - 2ab \cos C$

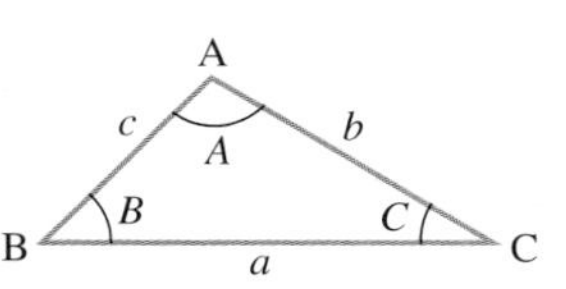

Loi des sinus

$$\frac{\sin A}{a} = \frac{\sin B}{b} = \frac{\sin C}{c}$$

Identités trigonométriques

$\sin^2 A + \cos^2 A = 1$

$\tan^2 A + 1 = \sec^2 A$

$\sin (A + B) = \sin A \cos B + \cos A \sin B$

$\sin (A - B) = \sin A \cos B - \cos A \sin B$

$\cos (A + B) = \cos A \cos B - \sin A \sin B$

$\cos (A - B) = \cos A \cos B + \sin A \sin B$

Valeur absolue

$$|a| = \begin{cases} a & \text{si} \quad a \geq 0 \\ -a & \text{si} \quad a < 0 \end{cases}$$

$|a| = |-a|$

$|a + b| \leq |a| + |b|$

$|a - b| \geq |a| - |b|$

Matrices

Somme de deux matrices

$$\begin{bmatrix} a_{11} & \dots & a_{1n} \\ \vdots & & \vdots \\ a_{m1} & \dots & a_{mn} \end{bmatrix} + \begin{bmatrix} b_{11} & \dots & b_{1n} \\ \vdots & & \vdots \\ b_{m1} & \dots & b_{mn} \end{bmatrix}$$

$$= \begin{bmatrix} a_{11} + b_{11} & \dots & a_{1n} + b_{1n} \\ \vdots & & \vdots \\ a_{m1} + b_{m1} & \dots & a_{mn} + b_{mn} \end{bmatrix}$$

$$[a_{ij}]_{m \times n} + [b_{ij}]_{m \times n} = [a_{ij} + b_{ij}]_{m \times n}$$

Produit d'une matrice par un scalaire

$$k \begin{bmatrix} a_{11} & \dots & a_{1n} \\ \vdots & & \vdots \\ a_{m1} & \dots & a_{mn} \end{bmatrix} = \begin{bmatrix} ka_{11} & \dots & ka_{1n} \\ \vdots & & \vdots \\ ka_{m1} & \dots & ka_{mn} \end{bmatrix}$$

$$k[a_{ij}]_{m \times n} = [ka_{ij}]_{m \times n}$$

Produit de deux matrices

$$\begin{bmatrix} a_{11} & a_{12} & \dots & a_{1p} \\ \vdots & \vdots & & \vdots \\ a_{i1} & a_{i2} & \dots & a_{ip} \\ \vdots & \vdots & & \vdots \\ a_{m1} & a_{m2} & \dots & a_{mp} \end{bmatrix} \begin{bmatrix} b_{11} & \dots & b_{1j} & \dots & b_{1n} \\ \vdots & & \vdots & & \vdots \\ b_{p1} & \dots & b_{pj} & \dots & b_{pn} \end{bmatrix}$$

$$= \begin{bmatrix} c_{11} & \dots & c_{1j} & \dots & c_{1n} \\ \vdots & & \vdots & & \vdots \\ c_{i1} & \dots & c_{ij} & \dots & c_{in} \\ \vdots & & \vdots & & \vdots \\ c_{m1} & \dots & c_{mj} & \dots & c_{mn} \end{bmatrix}$$

où $c_{ij} = a_{ij}b_{ij} + a_{i2}b_{2j} + \dots + a_{ip}b_{pj} = \sum_{k=1}^{p} a_{ik}b_{kj}$

Déterminant de matrices carrées

$$\begin{vmatrix} a & b \\ c & d \end{vmatrix} = ad - bc$$

$$\begin{vmatrix} a & b & c \\ d & e & f \\ g & h & i \end{vmatrix} = a\begin{vmatrix} e & f \\ h & i \end{vmatrix} - b\begin{vmatrix} b & f \\ g & i \end{vmatrix} + c\begin{vmatrix} d & e \\ g & h \end{vmatrix}$$

Règle de Cramer (2 × 2)

$$\begin{cases} ax + by = r \\ cx + dy = s \end{cases}, \text{ où } \begin{vmatrix} a & b \\ c & d \end{vmatrix} \neq 0$$

$$x = \frac{\begin{vmatrix} r & b \\ s & d \end{vmatrix}}{\begin{vmatrix} a & b \\ c & d \end{vmatrix}} \quad \text{et} \quad y = \frac{\begin{vmatrix} a & r \\ c & s \end{vmatrix}}{\begin{vmatrix} a & b \\ c & d \end{vmatrix}}$$

Inverse d'une matrice carrée

$$A^{-1} = \frac{1}{\text{dét } A} \text{ adj } A, \text{ si dét } A \neq 0$$

Vecteurs géométriques

Addition par la méthode du parallélogramme

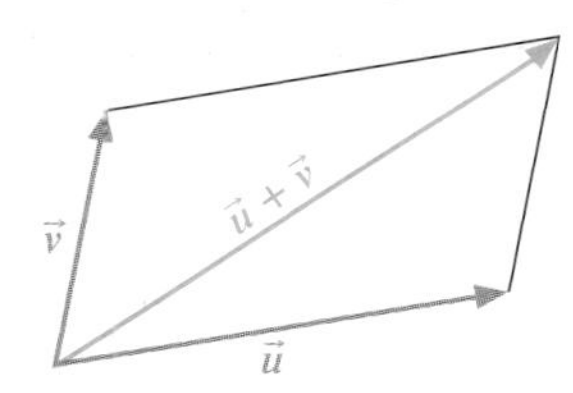

Addition par la méthode du triangle

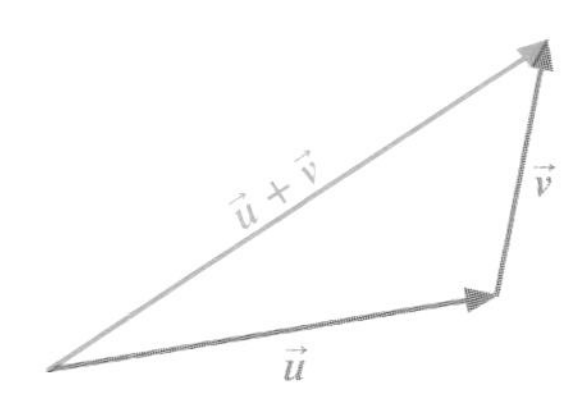

Loi de Chasles

$$\overrightarrow{AX_1} + \overrightarrow{X_1X_2} + \ldots + \overrightarrow{X_nB} = \overrightarrow{AB}$$

Vecteurs algébriques dans $\mathbb{R}^n$

Si $\vec{u} = (u_1, u_2, \ldots, u_n)$ et $\vec{v} = (v_1, v_2, \ldots, v_n)$

$$\vec{u} + \vec{v} = (u_1 + v_1, u_2 + v_2, \ldots, u_n + v_n)$$

$$k\vec{u} = (ku_1, ku_2, \ldots, ku_n)$$

Si $\vec{u} = u_1\vec{e_1} + u_2\vec{e_2} + u_3\vec{e_3} + \ldots + u_n\vec{e_n}$

$$\|\vec{u}\| = \sqrt{u_1^2 + u_2^2 + \ldots + u_n^2}$$

Projection orthogonale

Lorsque $0° < \theta < 90°$, $\vec{u}_{\vec{v}}$ est de même sens que $\vec{v}$.

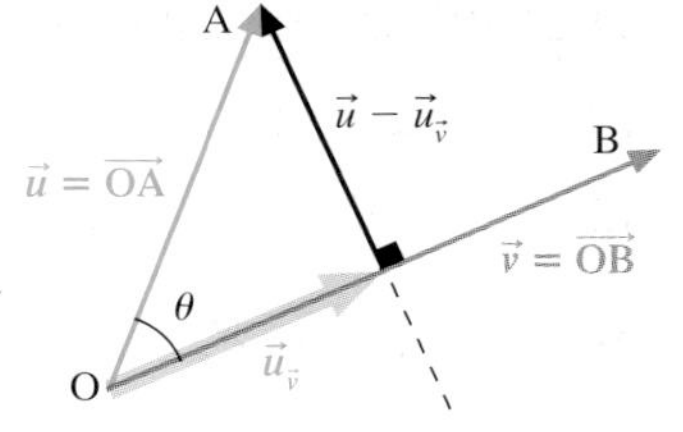

Lorsque $\theta = 90°$, $\vec{u}_{\vec{v}} = \vec{O}$.

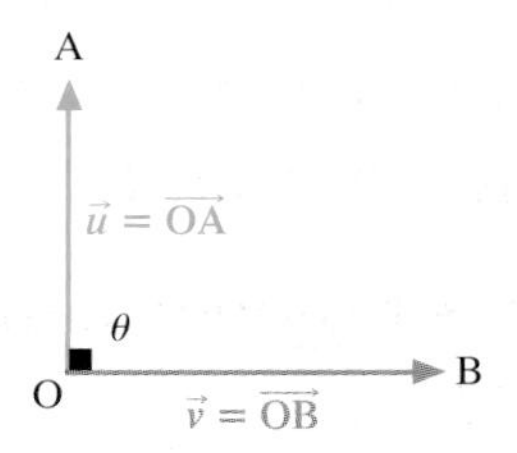

Lorsque $90° < \theta < 180°$, $\vec{u}_{\vec{v}}$ est de sens opposé à $\vec{v}$.

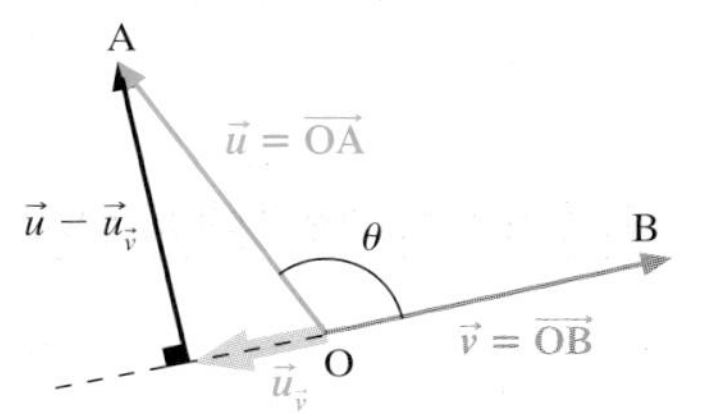

Lorsque $\theta = 0°$, $\vec{u}_{\vec{v}} = \vec{u}$ et $\vec{u}_{\vec{v}}$ est de même sens que $\vec{v}$.

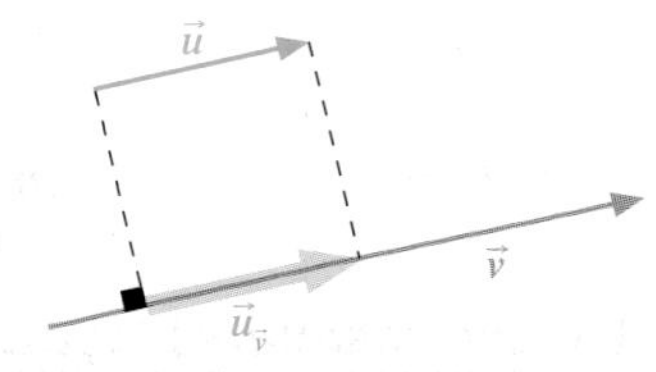

Lorsque $\theta = 180°$, $\vec{u}_{\vec{v}} = \vec{u}$ et $\vec{u}_{\vec{v}}$ est de sens opposé à $\vec{v}$.

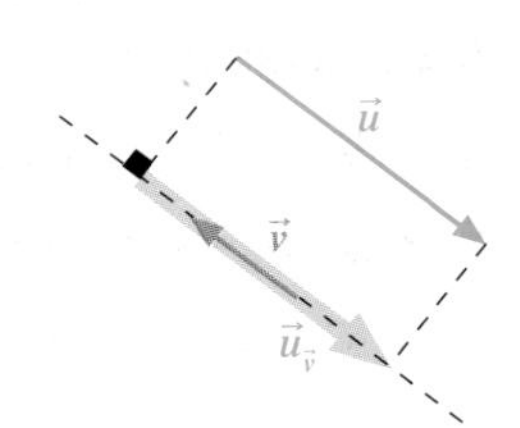

Produit scalaire de vecteurs

Dans $\mathbb{R}^n$, où $n = 2, 3, 4, \ldots$

Si $\vec{u} = (u_1, u_2, \ldots, u_n)$ et $\vec{v} = (v_1, v_2, \ldots, v_n)$

$$\vec{u} \cdot \vec{v} = u_1v_1 + u_2v_2 + \ldots + u_nv_n$$

Dans $\mathbb{R}^2$ et $\mathbb{R}^3$,

$$\vec{u} \cdot \vec{v} = \|\vec{u}\|\|\vec{v}\| \cos\theta, \text{ donc } \theta = \text{Arc cos } \frac{\vec{u} \cdot \vec{v}}{\|\vec{u}\|\|\vec{v}\|}$$

$$\vec{u} \perp \vec{v} \Leftrightarrow \vec{u} \cdot \vec{v} = 0$$

Projection orthogonale de $\vec{u}$ sur $\vec{v}$

$$\vec{u}_{\vec{v}} = \frac{\vec{u} \cdot \vec{v}}{\vec{v} \cdot \vec{v}} \vec{v} \qquad (\vec{v} \neq \vec{O})$$

Produit vectoriel de vecteurs

Si $\vec{u} = (u_1, u_2, u_3)$ et $\vec{v} = (v_1, v_2, v_3)$

$$\vec{u} \times \vec{v} = \left(\begin{vmatrix} u_2 & u_3 \\ v_2 & v_3 \end{vmatrix}, -\begin{vmatrix} u_1 & u_3 \\ v_1 & v_3 \end{vmatrix}, \begin{vmatrix} u_1 & u_2 \\ v_1 & v_2 \end{vmatrix} \right)$$

$$\vec{u} \times \vec{v} = \begin{vmatrix} \vec{i} & \vec{j} & \vec{k} \\ u_1 & u_2 & u_3 \\ v_1 & v_2 & v_3 \end{vmatrix}$$

Aire A du parallélogramme engendré par $\vec{u}$ et $\vec{v}$

$\mathrm{A} = \|\vec{u} \times \vec{v}\|$

Produit mixte de vecteurs

Si $\vec{u} = (u_1, u_2, u_3)$, $\vec{v} = (v_1, v_2, v_3)$ et $\vec{w} = (w_1, w_2, w_3)$

$$\vec{u} \cdot (\vec{v} \times \vec{w}) = \begin{vmatrix} u_1 & u_2 & u_3 \\ v_1 & v_2 & v_3 \\ w_1 & w_2 & w_3 \end{vmatrix}$$

Volume V du parallélépipède engendré par $\vec{u}$, $\vec{v}$ et $\vec{w}$

$\mathrm{V} = |\vec{u} \cdot (\vec{v} \times \vec{w})|$

Droites dans le plan cartésien

Équations

D passe par $\mathrm{P}(x_1, y_1)$, ayant $\vec{u} = (c, d)$ comme vecteur directeur et $\vec{n} = (a, b)$ comme vecteur normal, et $k \in \mathbb{R}$.

É.V.: $(x, y) = (x_1, y_1) + k(c, d)$

É.P.: $\begin{cases} x = x_1 + kc \\ y = y_1 + kd \end{cases}$

É.S.: $\dfrac{x - x_1}{c} = \dfrac{y - y_1}{d}$ $(c \neq 0, d \neq 0)$

É.C.: $ax + by - c = 0$, où $c = ax_1 + by_1$

Distance entre un point et une droite

Soit $\mathrm{P}(x_0, y_0) \in \mathbb{R}^2$ et $\mathrm{R} \in \mathrm{D}$.

$$d(\mathrm{P}, \mathrm{D}) = \frac{|\overrightarrow{\mathrm{PR}} \cdot \vec{n}|}{\|\vec{n}\|}$$

$$d(\mathrm{P}, \mathrm{D}) = \frac{|ax_0 + by_0 - c|}{\sqrt{a^2 + b^2}}$$

Droites dans l'espace cartésien

Équations

D passe par $\mathrm{P}(x_1, y_1, z_1)$, ayant $\vec{u} = (a, b, c)$ comme vecteur directeur, et $k \in \mathbb{R}$.

É.V.: $(x, y, z) = (x_1, y_1, z_1) + k(a, b, c)$

É.P.: $\begin{cases} x = x_1 + ka \\ y = y_1 + kb \\ z = z_1 + kc \end{cases}$

É.S.: $\dfrac{x - x_1}{a} = \dfrac{y - y_1}{b} = \dfrac{z - z_1}{c}$ $(a \neq 0, b \neq 0, c \neq 0)$

Distance entre un point et une droite

Soit $\mathrm{P}(x_0, y_0, z_0) \in \mathbb{R}^3$ et $\mathrm{R} \in \mathrm{D}$.

$$d(\mathrm{P}, \mathrm{D}) = \frac{\|\overrightarrow{\mathrm{PR}} \times \vec{u}\|}{\|\vec{u}\|}$$

Distance entre deux droites non parallèles

Soit $\vec{u_1}$, un vecteur directeur de D_1, et $\vec{u_2}$, un vecteur directeur de D_2.

$$d(\mathrm{D}_1, \mathrm{D}_2) = \frac{|\overrightarrow{\mathrm{P}_1\mathrm{P}_2} \cdot (\vec{u_1} \times \vec{u_2})|}{\|\vec{u_1} \times \vec{u_2}\|}, \text{ où } \mathrm{P}_1 \in \mathrm{D}_1 \text{ et } \mathrm{P}_2 \in \mathrm{D}_2$$

Plans dans l'espace cartésien

Équations

π passe par $\mathrm{P}(x_1, y_1, z_1)$, ayant $\vec{u_1} = (a_1, b_1, c_1)$ et $\vec{u_2} = (a_2, b_2, c_2)$ comme vecteurs directeurs et $\vec{n} = (a, b, c)$ comme vecteur normal, et $k_1, k_2 \in \mathbb{R}$.

É.V.: $(x, y, z) = (x_1, y_1, z_1) + k_1(a_1, b_1, c_1) + k_2(a_2, b_2, c_2)$

É.P.: $\begin{cases} x = x_1 + k_1a_1 + k_2a_2 \\ y = y_1 + k_1b_1 + k_2b_2 \\ z = z_1 + k_1c_1 + k_2c_2 \end{cases}$

É.C.: $ax + by + cz - d = 0$, où $d = ax_1 + by_1 + cz_1$

Distance entre un point et un plan

Soit $\mathrm{P}(x_0, y_0, z_0) \in \mathbb{R}^3$ et $\mathrm{R} \in \mathrm{D}$.

$$d(\mathrm{P}, \pi) = \frac{|\overrightarrow{\mathrm{PR}} \cdot \vec{n}|}{\|\vec{n}\|}$$

$$d(\mathrm{P}, \pi) = \frac{|ax_0 + by_0 + cz_0 - d|}{\sqrt{a^2 + b^2 + c^2}}$$